全国优秀教材一等奖

“十二五”普通高等教育本科国家级规划教材

化工过程设计

（化工设计　第二版）

王静康　主编

伍宏业　主审

化学工业出版社

·北京·

本书是在《化工设计》的基础上，依据国际化工发展新趋势与新成就，进一步编写的高等学校化学工程与工艺专业的专业课教材。本书系统地阐述了现代化工过程工程学中的核心内容：工艺过程设计与化工厂整体设计的基本原理、基本程序与基本方法。

本书共11章。第1章介绍了现代化工过程工程学的核心内容。第2章概述了化工厂整体设计内容与程序。第3章综合阐述了进行设计的基本运算——物料衡算与热量衡算的各种策略与方法。第4章较详细地论述了化工过程合成的基本法则。第5章重点讨论了过程可靠性、安全性与风险性分析的方法，以及它们在过程合成方案优化中的意义。第6章简要总结了化工管路的流体力学设计法。第7章较详细地介绍了对设计进行经济分析与评价的基本原理与方法。第8章探讨了过程控制的意义与描述方法。第9章介绍了安全工程与生态工业系统。第10章综合论述了化工设计的工具——化工应用软件的现在与未来，并为读者提供了一些常用的化工实用软件。第11章为了融会贯通前几章的内容特提供一个大型的实例设计。在附录中，还为读者提供了一些实用的设计基础数据源与实用设计软件表仅供参考。本书还配有热交换网络分析与设计、ASPEN PLUS计算实例、PROCESSⅡ计算实例、CHEMCAD计算实例，可登录化学工业出版社教学资源网 www.cipedu.com.cn 免费注册下载。

本书可作为高等院校化学工程与工艺专业本科生及研究生的教材，也可供化工、石油等领域从事科研、生产、设计的人员参考。

图书在版编目（CIP）数据

化工过程设计/王静康主编. —2版. —北京：化学工业出版社，2006.5（2024.2重印）
普通高等教育“十五”国家级规划教材
ISBN 978-7-5025-8747-5

Ⅰ.化… Ⅱ.王… Ⅲ.化工过程-设计-高等学校-教材 Ⅳ.TQ02

中国版本图书馆CIP数据核字（2006）第055080号

责任编辑：徐雅妮　骆文敏　　文字编辑：贾　婷　汲永臻　荣世芳
责任校对：李　林　　装帧设计：潘　峰

出版发行：化学工业出版社（北京市东城区青年湖南街13号　邮政编码100011）
印　　装：北京建宏印刷有限公司
787mm×1092mm　1/16　印张31¾　插页2　字数833千字　2024年2月北京第2版第25次印刷

购书咨询：010-64518888　　售后服务：010-64518899
网　　址：http://www.cip.com.cn
凡购买本书，如有缺损质量问题，本社销售中心负责调换。

定　　价：69.80元

第二版前言

《化工过程设计》是在《化工设计》（化学工业出版社出版，1995）的基础上，依据国际化工发展新趋势与新成就进一步编写的高等学校化学工程与工艺专业的专业课教材。内容包括化工工艺过程设计与化工厂设计。本教材系统地阐述了现代化工过程工程学中的核心内容：工艺过程设计与化工厂整体设计的基本原理、基本程序与基本方法。“化工设计”是化学工程技术人员必不可少的技术基础知识之一。

21世纪人类面临着资源、能源及环境的严峻挑战，为了全球的可持续发展，必须发展资源节约型、能源节约型及环境友好型的现代制造业。现代制造业包括离散型与过程工程型制造业。广义的化工过程产业概括了我国俗称的化工、轻工、食品加工、功能制品加工及制药等多种工业领域的过程，是典型的过程工程型制造业。

在现代化学工业中，“产品工程”发展迅速。现代化工过程工程发展的方向是绿色过程工程，以及实现过程工程与产品工程的结合。绿色化工过程工程是旨在减少或消除有毒有害物质使用与生成的化工生产过程设计的策略与方法。加速绿色化工产业建设，由末端治理向绿色过程设计采取源头防治的生产工艺转变，才能保证我国实现循环经济，保证社会的可持续发展。

21世纪以来，大型过程设计已进入以计算机辅助化工过程设计（CAPD）为主的阶段，化工过程系统工程是CAPD的基础。现代化学工业的特点是连续和间歇过程并重；规模大、单产品和中小规模多产品的工厂并存；产业链综合性强，自动化程度高，向生态工业园区方向发展。建立具有绿色环境友好过程的企业，必须完成一整套严谨的化工工艺过程设计与化工厂设计。为使我国化学工业能矗立于世界化学工业之林，要求现代化学工程师必须适应国际化工形势的发展，不能只停留在会设计过程操作及设备和使过程顺利运行这一水平上，而是要求具备一定的洞察化学工业全局的能力，对过程进行全面的技术经济以及环境影响的分析与评价，在设计中，善于将技术经济与资源、能源效率以及环境友好等多目标进行综合优化研究，以指导设计和处理设计中的具体问题。

由于世界性的能源短缺，原材料及能源费用的增加以及对环境保护的要求，更加剧了国际化工市场的竞争，必须按照绿色化学科学与工程的准则，不断地提高化工产品的质量和降低生产成本，所以设计新厂或改造老厂应做到：

① 保证产品质量；

② 投资少，操作效率高，即达到同样的目标所需工程量少，维修费用低，生产成本低；

③ 环境友好，资源、能源利用率高。

为达到优化设计，必须综合考虑技术的合理性和先进性、资源情况、工艺现有水平、安全可靠性、市场销售情况及经济等多方面的因素，要同时处理大量的信息，及时进行多方面的筛选，以求解出最终的优化方案。毫无疑问，进行这样的设计，必须付出巨大的计算工作量。如今，国际上广泛采用计算机快速而准确地完成复杂计算，应用现代过程系统工程方法，可以对不同情况和不同条件进行计算、比较，以选择优化方案。现代过程系统工程的发展，已将化工设计推向了一个新的阶段。应用“计算机辅助化工过程设计与分析”已有三十余年的历史，值得注意的是至今仍以惊人的速度在发展。化工工程师已可以采用成熟的、或者说是已达到化学工程实践年龄的CAPD（计算机辅助化工过程设计）应用软件，从不同的角度进行优化设计。

目前，在我国的化工设计部门，也已注意使用CAPD方法，在许多知名的化工或石油化工设计院中，不但均已购置了小型或中型计算机，提供了进行CAPD的硬件环境，而且购置了如“ASPEN”或“PROCESS”类型的CAPD的应用软件，具备了软件使用环境。可以预见，我国的化工设计也必将开始新的飞跃。计算机辅助化工过程设计与分析已成为“化工设计”的基本手段。

为使读者能够掌握“化工设计”的全貌以适应现代化建设的需要，本书不但简要地介绍了我国现行有关化工设计的规范、方法和程序，而且试图阐明采用计算机辅助手段的现代化化工设计的基本原理——现代过程系统工程方法，在设计实践中两者有机地融合为一体。

为了全面介绍化工工艺过程设计与化工厂整体设计的基本内容、基本原理、程序与方法，本书共安排了11章内容。第1章介绍了现代化工过程工程学的核心内容与化工工程师的光荣使命及责任。第2章概述了化工厂整体设计内容与程序。第3章综合阐述了进行设计的基本运算——物料衡算与热量衡算的各种策略与方法，其中包括简化运算与计算机辅助运算。第4章较为详细地论述了化工过程合成的基本法则，其中包括反应、分离、热交换网络、精馏塔网络、能量集成与质量集成合成方法与准则，还特别介绍了间歇过程合成的优化方法。第5章重点讨论了过程可靠性、安全性与风险性分析的方法，以及它们在过程合成方案优化中的意义，还简要介绍了现代能耗分析与评价方案——有效能分析法以及产品生命周期分析与评价方案。第6章简要总结了化工管路的流体力学设计法。第7章较详细地介绍了对设计进行经济分析与评价的基本原理与方法，特别是其中包括了环境影响的成本分析，并结合大型事例进行讨论。第8章探讨了过程控制的意义与描述方法。第9章介绍了安全工程与生态工业系统，在化工过程设计中要考虑维护化学过程安全，保护环境。第10章综合论述了化工设计的工具——化工应用软件的现在与未来，并为读者提供了一些常用的化工实用软件。第11章为了融会贯通前几章的内容特提供一个大型的实例设计。在附录中，还为读者提供了一些实用的设计基础数据源与实用设计软件表仅供参考。本书还配有热交换网络分析与设计、ASPEN PLUS计算实例、PROCESSⅡ计算实例、CHEMCAD计算实例，可登录化学工业出版社教学资源网 www. cipedu. com. cn 免费注册下载。

本书第1、5、9章由王静康编写；第2、3章由张美景编写；第4、6章由王永莉编写；第7章由尹秋响编写；第8章由侯宝红编写；第10、11章由龚俊波编写。

本书可作为化工类专业大学本科与研究生教材。对于本科生，限于学时，可重点学习第1～5章的内容；研究生可继续深入学习其他章节。本书亦可供化工、石油等行业的工程技术人员参考。

本书编写过程中，得到中国寰球工程公司伍宏业设计大师的指导并审阅全稿，以及胡健副总工程师的热情帮助，在此特表谢意。

主　编　王静康
副主编　张美景
2005年12月

第一版前言

“化工设计”是高等学校化学工程专业的专业课教材。内容包括化工工艺过程设计与化工厂设计。本教材系统地阐述了现代化工过程工程学中的核心内容：工艺过程设计与化工厂整体设计的基本原理、基本程序与基本方法。“化工设计”是化学工程技术人员必不可少的技术基础知识之一。

现代化学工业的特点是规模大，综合性强，自动化程度高。现代化工工艺过程，早已不是个别单元操作的机械组合，而是在“三传一反”基础上发展起来的“过程工程学”，其内容较详细地论述了过程开发、建立与改善中的规律与特征。建立具有这样过程的企业，必须完成一整套严谨的化工工艺过程设计与化工厂设计。为了使我国化学工业能矗立于世界化学工业之林，要求现代化学工程师必须适应国际化工形势的发展，不能只停留在会设计单元操作及设备，和使过程顺利运行这一水平上，而是要求具备一定的洞察化学工业全局的能力，对过程进行全面的技术经济评价，在设计中，善于将技术与经济进行综合研究来指导设计和处理设计中的具体问题。

由于世界性的能源短缺，原材料及能源费用的增加以及对环境保护的要求，更加剧了国际化工市场的竞争，必须不断提高化工产品的质量和降低生产成本。所以设计新厂或改造老厂应作到：

1. 保证产品质量；

2. 投资少，操作效率高，即达到同样的目的所需工程量少，操作能耗低，维修费用低，生产成本低。

为达到优化设计必须综合考虑技术的合理性和先进性，资源情况，工艺现有水平，安全可靠性，市场销售情况及经济等多方面的因素，要同时处理大量的信息，及时进行多方面的筛选，以求解出最终的优化方案。毫无疑问，进行这样的设计，必须付出巨大的计算工作量。在国外，计算机已被视为实现这些目标的关键工具。计算机辅助化工过程设计与分析已成为“化工设计”的基本手段。

在采用计算机之前，化学工程师运用繁琐而又费时的“台式计算器”或“算尺”进行化工设计，他们不可能对不同的工艺路线和操作条件进行定量的评比，仅能依靠定性的“经验”，也无法从繁重的劳动中解放出来去进行比较思考，寻找最佳方案。如今，国外广泛采用计算机快速而准确地完成复杂计算，可以对不同情况和不同的条件进行计算、比较，以选择优化方案。这种“应用计算机进行的发现”，继“经验”与“实验”之后，已变成化工工艺过程研究、开发和设计的第三技术，把化工设计推向了一个新的阶段。“计算机辅助化工过程设计与分析”目前已有二十余年的发展和应用历史，值得注意的是至今仍以惊人的速度在发展。化工工程师已可以采用成熟的，或者说是已达到化学工程实践年龄的 CAPD（计算机辅助化工过程设计）应用软件，由不同的角度进行优化设计。

目前在我国的化工设计部门，亦已开始注意使用 CAPD 方法，在许多知名的化工或石油化工设计院中，不但均已购置了小型或中型计算机，提供了进行 CAPD 的硬件环境，而且购置了如“ASPEN”或“PROCESS”类型的 CAPD 的应用软件，具备了软件使用环境。可以预见，我国的化工设计也必将开始新的飞跃。

为了使读者能够掌握“化工设计”的全貌以适应现代化建设的需要，本书不但简要地介绍了我国现行有关化工设计的规范、方法和程序，而且试图阐明采用计算机辅助手段的现代化化工设计的基本原理与方法，在设计实践中两者有机地融和为一体。

为了全面介绍化工工艺过程设计与化工厂整体设计的基本内容、基本原理、程序与方法，本书共安排了九章内容。第一章介绍了现代化工过程工程学的核心内容。第二章概述了化工厂整体设计内容与程序。第三章综合阐述了进行设计的基本运算——物料衡算与热量衡算的各种策略与方法，其中包括手工运算与计算机辅助运算。第四章较详细地论述了化工过程合成的基本法则，其中包括了反应、分离、热交换网络、精馏塔网络合成方法与准则，还特别介绍了间歇过程合成的优化方法。第五章重点讨论了过程可靠性与安全性分析的方法，以及它们在过程合成方案优化中的意义，还简要介绍了现代能耗分析与评价方案——有效能分析法。第六章较详细地介绍了对设计进行经济分析与评价的基本原理与方法，并结合大型事例进行讨论。第七章探讨了过程控制的意义与描述方法。第八章为了融会贯通前几章内容特提供一个大型的实例设计。第九章综合论述了化工设计的工具——化工应用软件现在与未来，并为读者提供了一些常用的化工实用软件程序。

本书第一、三、四、五、六章由王静康编写；第二、七章由黄璐编写；第八、九章由秦文军编写。

本书作为化工类专业大学本科与研究生教材。对于大学生，限于学时，可重点学习第一、二、三、四、六章内容；研究生可继续深入其它章节。本节亦可供化工、石油等行业的工程技术人员参考。

在本书编写过程中，得到清华大学苏健民教授、北京化工研究院肖成基总工的指导，在此特表谢意。

主编　王静康

1994.12.

目　　录

第 1 章 化工过程设计

1.1 现代过程工程

21 世纪人类面临着资源、能源及环境的严峻挑战，为了全球的可持续发展，必须大力发展循环经济，建设节约型社会；必须发展资源节约型、能源节约型及环境友好型的现代制造业。

现代制造业包括离散型与过程工程型制造业。广义的化工过程工程概括了我国俗称的化工、轻工、食品加工、功能制品加工及制药等多种工业领域的过程，图 1.1 给出了 20 世纪末国际大化工涵盖的主要部分及各部分 GDP 的百分率，充分显示了过程工程在国民经济产业发展中的重要地位。化工过程是上述工业群复杂系统的核心部分。由图可知，在现代化学工业中，“产品工程”发展迅速。所谓“产品工程”就是研究、设计并制造各种精细化、个性化及功能化的产品。这类产品的 GDP 值的百分率已占据重要地位，据统计 20 世纪末，各种精细化、个性化及功能化的产品的 GDP 已占美国大化工 GDP 的 79%，欧洲经济共同体（简称欧共体）也有同样的发展趋势。

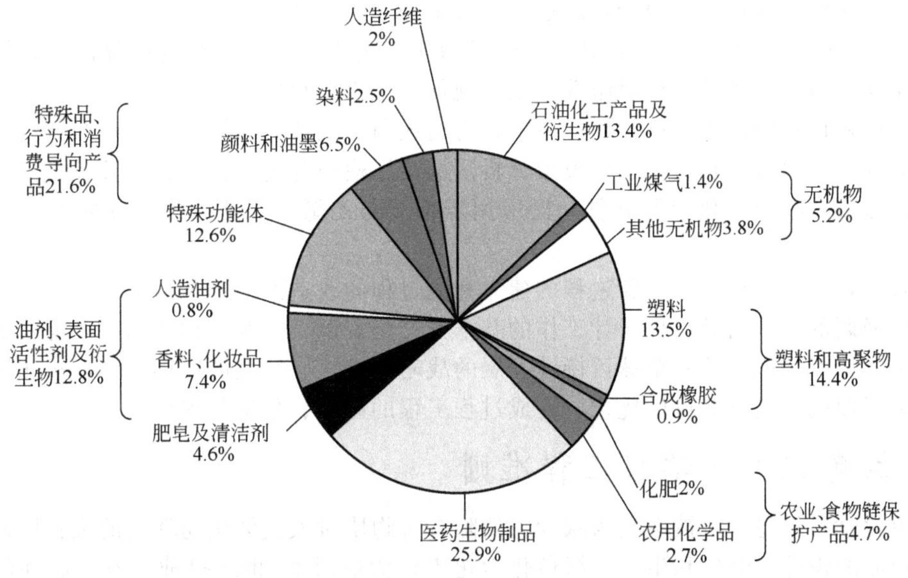

图 1.1 国际化工涵盖的主要部分及各部分 GDP 的百分率

作为核心的过程工程产业，化学工业在 21 世纪仍是全球经济中强大的基础产业之一：发达国家 1990～1999 年化学工业 GDP 平均增长率是其全部工业 GDP 平均增长率的 2.69 倍。化学工业在 2002 年的年收益增长率仍高于全球 GDP（国民生产总值）增长率。根据英国化工协会对全球化学品的统计和预测，2010 年将达到 2.04 万亿美元（是 2000 年的 1.42 倍），仍将一直保持较高的平均增长率。美国化学过程工业 GDP 持续保持占世界化工总值的 30%左右，它是美国少数具有贸易顺差的制造工业之一，它获得的附加值占美国全部制造业的1/3。根据联邦政府统计，在近六年中对化工R&D的投入，1美元可获得2美元的收益，即税后年收益率大于17%。中国国民经济GDP已居全球的第4位，大化学工业也一直以较高的速度发展，但目前化工业人均GDP仍低于世界人均水平，不能满足我国经济发展的需求，仍需化工界人士为我国化工工业的发展发愤图强，开拓创新。

化工过程工程发展的方向是绿色过程工程，以及实现过程工程与产品工程的结合。过程工程概括了建立和定量地分析整个工厂的工艺过程流程的全部工作内容，而且要求所建立的过程流程必须是技术上可行、经济上合理、符合安全条例、环境友好、易于操作的实体。一般来说，过程工程包括过程开发、过程设计和过程改善三个部分。过程工程的发展与化工过程系统工程的方法是密不可分的。

① 过程开发是将实验室研究成果实现工业化的必要步骤，是指过程的概念设计及研究的定向评价。其主要目的是找出尽可能优化的工艺流程及设计条件，其内容可分为以下几个方面：

ⓐ 研究部门所研究的过程开发及评价；

ⓑ 引进技术的过程评价；

ⓒ 新过程的基准规模或中试规模的开发及评价。

实践证明，运用现代过程系统工程的方法可以更有效及高效率地完成概念设计。

② 过程设计一般包括两方面内容：初步过程设计与最终过程设计。最终过程设计可提供建立过程所需的全部文件与图纸。过程设计一直是过程系统工程的主要应用领域，包括工艺流程的选择、物料及热量平衡、设备尺寸计算、投资与成本估算等。采用过程系统工程这一工具有助于以较高的效率做出优化设计。目前计算机辅助设计已日趋成熟，但仍有待于进一步开发多功能、高精度、智能化的过程系统工程应用软件。

③ 过程改善（或优化）是面对已经建成的化工过程，对它进行过程分析、寻找瓶颈因素、优化操作策略、改革工程设施等，以实现优化挖潜的目的。

生产过程优化的技术亦称为调优技术，有离线与在线调优技术两种。离线调优技术主要有统计调优法、模式识别法、操作模拟分析法及装置模拟与优化法。20世纪90年代在线优化技术已形成一些商业化应用软件，已应用于炼油与乙烯等工业过程，并取得了较显著的效益。

简言之，过程工程包括全新过程的建立和老过程的改造两大部分内容。

应该强调的是，指导过程设计工作的基本方针是资源、能源节约法则、环境友好法则和经济法则。也就是说，按照全球可持续发展的战略需求，必须发展循环经济，按照绿色化学科学与工程原则，进行多目标优化，完成过程工程的设计、分析与评价。

1.2 绿色化学科学与工程准则

绿色化学科学与工程被定义为减少与消除有害物质对人类健康与环境的威胁所做的化学过程与产品的设计、开发和生产。绿色化学化工作为应对21世纪挑战、发展循环经济、保持社会可持续发展的关键技术与基础，已成为21世纪世界科技前沿的热点。1995年美国总统克林顿宣布设立“总统绿色化学挑战奖”；日本政府规划了在21世纪重建绿色地球的“新阳光计划”；英国皇家化学会主办的国际性杂志《绿色化学》于1999年1月创刊；澳大利亚创建了绿色化学期刊；在美国2003年公布的21世纪化学化工发展战略中，再次强调了绿色化学科学与工程的重要性。图1.2列出了绿色制造产业与社会可持续发展的关联示意图。

绿色化工过程工程是以“减量化、再利用与资源化”（即3R）为原则，旨在减少或消除有毒害物质的使用与生成；减少废弃物并使废弃物最大限度地转化为再生资源；尽可能延长

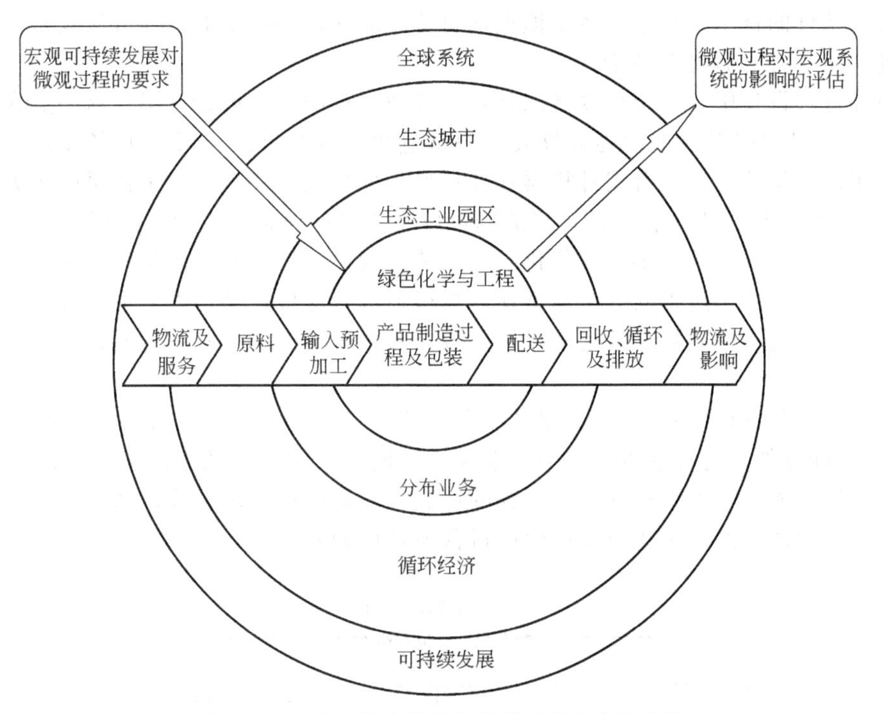

图1.2 宏观可持续发展与微观过程关联示意图

产品使用周期的化工生产过程设计策略与方法。鉴于生产化工产品的合成路线多种多样，设计工艺流程需要对反应原料、溶剂、反应路径和反应条件进行筛选，设计方案的选择对化工过程的总体环境性能有显著影响。理想的化学反应要具备下列特点：操作简便，安全，高收率和高选择性，节能，使用可再生和可循环利用的试剂与原料。通常，化工过程设计难以同时满足所有的目标，按照多目标寻求优化与平衡化工过程恰是化学家和化学工程师的任务。目前已建立了关于绿色化学的广泛知识体系，并涌现了一批定性和定量的设计软件工具可供参考，将在第10、11章中详细介绍。

美、英等国在20世纪绿色产业发展过程中，已经历了三个阶段。第一个阶段（20世纪70年代）：这时的主要驱动力是环保法规。解决方案是末端处理；企业三废处理成本愈来愈高。例如，日本在此时期，环境的清洁化措施占生产总成本由5%提高到18%。第二个阶段（20世纪80年代）：这时的主要驱动力是预防污染及清洁生产，解决方案已转向从生产源头减少污染的产生。第三个阶段（20世纪90年代）：依据可持续发展原则，将环境性能进一步集成到公司的业务策略方针中去。据美国环保部门KPMG对1100家公司进行调查，每年公司有环境报告的，由1993的13%提高到1999年的59%，实现了全系统优化。现今，美、英等国的化工规划已向生态化产业园区目标迈进。加速绿色化工产业建设，与国际接轨，由末端治理向绿色过程设计的源头防治生产工艺转变，才能保证我国实现循环经济，保证社会的可持续发展。

1.3 化工过程设计的基本内容

过程设计是过程工程中极有意义的一个阶段。通常是指继过程开发研究之后直至完成课题全部设计图纸的阶段。过程设计阶段是总结过程开发阶段的全部信息，进而完成全部过程的合成（或过程的改善）方案。因而，从事过程设计的设计者必须全面掌握过程开发的工作内容，分清所开发的内容哪些是属于成熟的、有操作经验的技术；哪些是没有经验的、不具备工业实践条件的技术。对于后者要慎重地对待，应在使用传统的设计方法及常用的数学模型，做进一步考察之后再下结论。

在现代过程设计中，一个重要概念就是，寻找过程的最优设计方案。这一点在过去是难以设想的，20世纪四五十年代逐级放大的中试过程，方案有限，谈不上多方案的比较；到了五六十年代，虽然出现了台式计算器和计算尺，但也无法应对庞大工作量的多方案寻优计算。20世纪70年代以来大容量计算机的问世以及化工过程系统工程的进展及其模拟与优化软件的出现，为过程设计提供了现代化工具，使过程设计有了实现优化的可能性。过程设计的优化过程，就是应用过程的数学模型在计算机上进行迭代计算，以求最终寻得优化设计方案的历程。优化的目标函数通常是多目标函数，其中包括经济指标和能耗资源利用率以及环境指标。

现代化工过程设计区别于20世纪的一个显著特点还在于，除重视每种产品的单一过程（子系统）设计以外，还特别重视整个大系统中不同子系统之间的系统集成，即大系统的能量集成、质量集成，其中也包括公用工程的集成，如水的集成优化等，系统集成的优化目标在于能量与资源消耗的最小化及保证生产过程与环境的安全。

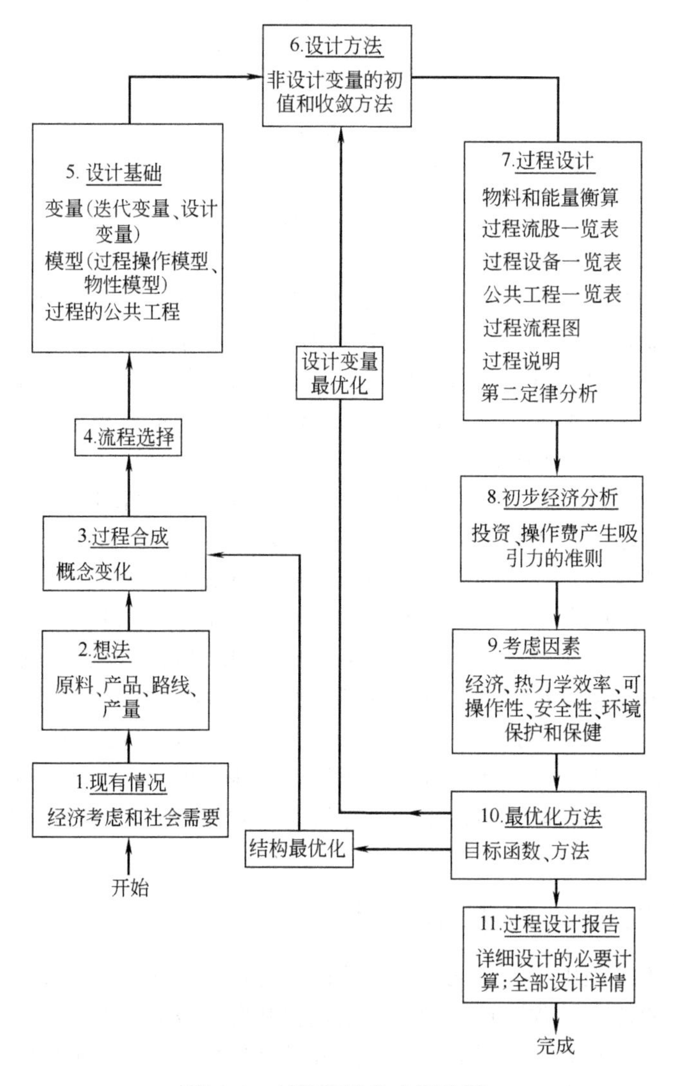

图1.3 过程设计的主要步骤

图 1.3 给出了国外现代化工过程设计的主要步骤。在数字计算机问世之前，模型常指物理模型，而将用来设计和模拟过程操作的数学模型称为“方法”，它可能是变量间的图形关系，也可能是用于逐个求解的方程。如图 1.3 所示，在连续稳态化工过程的设计中可能包括许多迭代和积分计算，以适应单元操作数学模型求解的需要。通过对现状（社会、经济、技术）的分析，确定了所采用的原料和为得到所需产品应采用的化学路线，这就是图中所示的第 1 步和第 2 步。第 3 步为过程合成，可产生一系列的概念流程。第 4 步通过定量比较（包括经济方面的因素）选择最佳过程流程。第 5 步建立设计基础，包括确定设计变量和迭代变量；选择单元操作及所需物性的数学模型；选定公用工程设施。第 6 步确定设计方法，包括非设计变量初值的选择及收敛方法的确定。第 7 步通过物料和能量衡算列出过程流股一览表、公用工程一览表，绘制过程流程图。第 8 步对以上的设计结果进行详细的经济分析，估计设备投资和操作费，且按一定的评价准则进行经济吸引力评估。第 9 步进一步考察经济可行性、资源与能源利用、热力学效率、可操作性、安全性、环境影响和保健等情况。第 10 步选用适宜的目标函数用最优化方法对结构参数及操作条件进行优化。优化计算包括两层迭代循环，选用的迭代方法要同时使结构及设计变量得到优化，在过程优化的同时又使衡算式收敛。提交过程设计结果时，必须完成过程设计的报告，它包括过程设计所产生的项目、设备设计的详情，如反应器结构的详情、精馏塔板结构详情、蒸发和冷凝器设计所需的加热和冷却曲线等。

现对设计步骤做如下分析，以明确设计工作的要点。

（1）过程的选择

用标准的单元操作实现过程合成是关键的一步。在过程开发阶段化学家们大多关心化学路线和反应器形式的选择，对于纯化工产品的分离步骤及反应试剂的再循环常常考虑的不多。纵使有所考虑也大多限于实验室的需要，很少顾及工业实践的需要。例如在小型实验中，分离手段常选择溶剂萃取操作（对溶剂的易燃性、毒性或成本考虑的很少），而在工业实践中，往往是精馏、结晶等分离方法用得更多些。所以在过程设计中应认真考虑全过程的优化合成策略问题。

此外，对于过程开发中提出的多种方案，在过程设计阶段应予以认真地评比，以选择出最佳方案。

（2）生产能力的选择

工厂的生产能力必须在设计的早期阶段予以固定，因为很多工作必须在固定它的前提下才能进行。但是确定生产能力却不是一个简单的问题，因为要涉及对未来市场及竞争对手日后情况的预测。而这种预测常常有一定的不确定性，因而增加了问题的复杂性。

（3）过程结构的选择

过程合成完毕，过程所需的单元操作已确定，该如何把这些单元操作联系在一起，组成最佳的过程网络呢？这是过程结构问题。由于这个问题的复杂性，目前还常常使用半经验、半数模的“事例研究”的优化方法求解。另外，动态规划、整数规划、数学规划法、人工智能法、直观推断法、多目标进化算法等方法亦已开始用于该系统的优化问题上。

（4）过程条件的选择

继过程合成、生产能力选择以及过程结构的选择之后，还应选择最佳的过程条件——温度、压力、浓度、停留时间等。它对过程的经济合理性与环境友好以及安全性均有较大的影响。

（5）其他条件的选择

设备的初估尺寸、备用件选定、可操作性、安全性、过程控制、外围设施配置等也都应尽可能地按最优化的方案予以确定。

综合上述五个要点可见，过程设计的核心目标是要确定出一个综合优化的设计方案，使其各个方面皆能处于优化状态。正如美国国家顾问团在他们的著作（《化学工程的新领域》）中指出的那样，“过程设计的基本目标是：确定最佳流程与设备单元及其间的最佳组合；寻找最佳操作条件，在此条件下，能使产品以最低成本，达到所希望的产率。同时还必须考虑安全与环境保护的必要约束条件，过程设计是一个复杂的问题，不但要进行定量计算，而且还要处理大量的信息，进行严密的逻辑推理，引用专家的经验。”现有许多类型的过程合成，还处于半科学、半艺术的阶段，确实需要参照专家的经验求解。

1.4 化工过程设计的深化改革

众所周知，工程设计是需多个专业合作完成的，其中又是以工艺专业为核心进行的。随着工厂设计的大型化及我国自主创新设计要求的提出以及与国际工程设计的深入接轨，近年来国内部分大型工程公司已将原来的工艺专业深化改革为“工艺”及“工艺系统”两个专业部。我国的设计部门最早的工艺专业部其设计任务涵盖了从确定工艺方案、设计流程一直到全部工艺配管图的完成，随着20世纪80年代开始引进国外化工技术及与国外工程公司接触，才将原工艺设计工作中的配管设计（主要为机械设计内容）从工艺中分离出来成为一个独立的专业部，近年来又进一步将“工艺”专业部分成“工艺”和“工艺系统”两个专业部，其目的在于使两个专业部的人员更加专业化，以期提高设计质量和设计的劳动生产率，它要求“工艺”专业部人员更集中精力于工艺流程的改进及技术创新；要求“工艺系统”专业部人员更专注于“工程化”的能力的提升，以共同完成不断改进的工艺设计任务。

1.4.1 工艺专业部

工艺专业在设计中主要要求完成工艺流程的模拟计算，工艺流程图的绘制以及和工艺过程密切相关的公用物料流程图，提出初步的设备平面布置图和主要设备条件。总地来说，工艺专业部应承担以下四方面的工作。

① 承担本设计项目各阶段工艺专业设计工作。

② 参加有关项目的合同谈判等设计前期工作中工艺专业的工作。

③ 参加工艺技术的开发，按照合同规定，完成科研成果的工艺设计工作。

④ 其他任务：包括为了提高工作效率对引进的计算机应用软件的二次开发，以提高CAD的应用水平；承担工艺专业的基础性工作，如编辑设计、技术数据手册、工程的统一规定等；及时收集了解国内外相关工艺技术领域的技术新进展，并不断提出所从事工艺的改进和创新等。

1.4.2 工艺系统专业部

一般是将前述工艺部完成的工艺流程设计进一步完善，以达到“工程化”要求。首先要完成各设备的结构尺寸计算，完成工艺管路及仪表流程图（PID）和公用物料管路和仪表流程图（UID），并给各专业提出设计条件。这些PID和UID的设计又是分为六个版次来完成的。总地来说，其工作内容如下。

① 作为基础工程设计阶段的主导专业，负责将化工工艺设计转化为工程设计成品，在仪表专业参与下编制出版PID及UID，作为配管专业进行配管研究和详细工程设计的主要依据。

② 通过对工艺流程系统的安全、经济分析和各项计算，在工艺流程中完成正确合理地配置管路、阀门、管件、设备管路的隔热及伴热、仪表及安全、泄放及气封系统的设计，以满足正常生产、开停车及事故情况下的安全要求。

③ 根据工程物料的特性和工艺流程的特点，在整个生产过程中采取切实可行的安全和工业卫生的防护措施，以符合国家颁发的对人身安全和环境保护的各项指标要求。

④ 为满足各专业开展工程设计及为他们提供订货所需的资料，而编制出必要的设计条件和基础数据。

至于工艺及工艺系统专业，在设计前期工作（项目建议书和可行性研究报告）及工程设计阶段（基础工程设计和详细工程设计，有时接受邀请编写工艺包等）的详细分工及任务分配，参见参考文献 [6]，在此不再详述。实践已证明，将传统的工艺专业部深化改革为“工艺”及“工艺系统”两个专业部的这种改革是完全正确的，这一经验应进一步推广，将对我国化工设计工作的创新发展起到极大的促进作用。

1.5 计算机辅助化工过程设计的基础——化工过程系统工程

21世纪以来，大型过程设计已进入以计算机辅助化工过程设计为主的阶段，以下简单介绍计算机辅助化工过程设计的硬件与化工过程系统工程软件的发展史。

1.5.1 计算机硬件发展

从1946～1951年Eckert和Mauohly研制成功第一台电子计算机（ENIAC）和第一台商用计算机系统（VNIVAC-1）以来，数字机的发展共经历了四代，见表1.1。从存储、计算速度和费用观点来看，现代的大型机（Mainframo）已能适应化工过程设计及模拟分析的需要。近来出现的32位或较大字长的超小型机（如VAX11/735和Prime750），尽管其功能略小于IBM大型机，但其价格低廉，主存储器已达200万字（Word），且有虚拟存储，已在计算机辅助化工过程设计中得到了广泛应用。现今已出现新一代计算机，它有平行处理的结构，计算速度达到10000亿次/秒以上，且装入具有IF-THEN知识基底（knowledge-based）的人工智能系统或专家系统，从而可具有机器图像、机器说话、机器理解语言等更有效的交互作用功能，为计算机辅助化工过程设计提供服务。

表1.1 适用于工程和科学的20世纪90年代前四代计算机的演变

型号IBM	代	时间	电路类型	主存储器容量/Word	CPU循环时间/μs	相对功能	相对运算费用	特点
701	1	1953	电子管	4096	12	1	1	批处理，较ENIAC快
704	1	1955	电子管	32768	12			FORTRAN编辑，自动处理子程序
7090	2	1960	晶体管	32768	2.2	20	0.13	生产者的操作系统，维修大大减少
360-75	3	1960	混合集成电路	262144	0.08	108	0.04	大大增加内存，分时操作既可用于商业又可用于科学计算
370-168	4	1973	整体集成电路	2097152	0.054	405	0.02	CACHE高速存储，多环节错误检查和校正
3033U	4	1978	大规模集成电路	6291456	0.057	838	0.008	双处理器，有诊断系统
3031K	4	1981	大规模集成电路	8388608	0.026	1698	0.0076	四处理器，可靠性大大增加，虚拟存储

微型计算机的出现对计算机辅助化工过程设计产生了巨大的影响。据统计，在1983年，每月售出的IBM PC机达45000台。正如Frank所述，微型计算机被用作大型机的终端，可将数据和程序传送到大型机中，此外还提供分布数据处理的环境。微型计算机对计算机辅助化工过程设计的影响有好、坏两个方面。好的影响是具有图像和扩展式微型计算机的大量涌现，使化学工程师思考问题的方式发生了改变，使许多设计者更多地熟悉计算机的功能，且能对计算机系统的开发者提出更多的要求，随着这种要求的实现，设计工程师将更进一步认识到计算机辅助化工过程设计的潜力，可以说微型计算机起着计算机科学与工程设计之间的催化剂作用。所谓坏的影响是：①年轻的工程师过多地相信计算结果，使对设计改进的预计可能会高于实际得到的效果；②如果所使用的模型及计算方法过于简化，会使所得的计算结果不是最佳条件，而与专家经验的判断有出入。但20世纪80年代中期以来，计算机硬件与软件急速发展，这些缺陷正在逐步被消除。对于所有类型的计算机，它们的硬件能力已提高了两个数量级，预期还将以这个速度发展下去。

目前，科学界与工程界主要在三种计算机系统中完成他们的计算，即高功能大型计算机、计算机工作站及个人计算机系统。高功能大型计算机系统可以进行平行与矢量过程处理，所包括的机型有类似CR YC90型的超型计算机、CM-5型联想机，或是类似Silicon Graphics VGX型的多处理工作站，或是类似Compaq Systempo型的多通道的个人计算机群组。计算机工作站具有多用户的能力，其主机一般是Sun Sparcstatins、IBM RS/6000s或HP 9000s等。对于单用户系统的个人计算机，其主要类型是Apple Macintosh、IBM PC或者是不同种但彼此相容的PC机等。随着超小型机的产生以及小型机微型化工作站的增多，促进了将它们联系成区域网络的发展，计算机联网已经实现，它的显著效果是不但可提高计算速度，而且可以实现内部通讯，共享不同计算软件模块库的资源，显著地提高了处理能力。众多的工程师们在微型计算机上即可完成向不同计算站的通讯、程序软件的调用，进行过去只有在大型计算站才能完成的计算，从而加快了计算机辅助化工过程设计的推广速度，提高了设计能力。现已出现64位微型计算机以及即将开发成功的新型网络系统——变形计算机系统（metacomputer），将有能力处理所有的计算机辅助设计问题。图1.4所示为化学工程计算系统应用的分布趋势。目前小型计算机已进入奔腾G、K阶段，个人计算机得到日益广泛地应用，在工程计算中起主导作用。

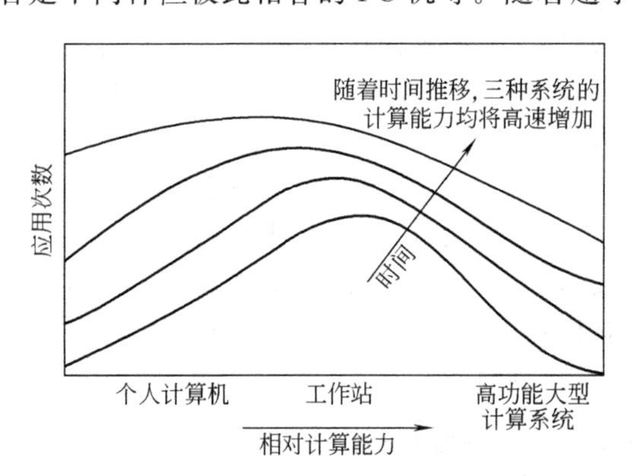

图1.4 化学工程计算系统应用的分布趋势

1.5.2 化工过程系统工程——计算机辅助设计软件的进展

过程系统工程又称为化工系统工程，是系统工程与化学工程结合的产物，也是系统工程在以化学工业为代表的过程工业中的应用，它是工程技术与管理技术的结合，它以处理物料流-能量流-信息流的过程系统为对象，核心功能是过程系统的设计图、控制和组织、计划和管理，目的是在总体上达到技术和经济上的最优化，并符合社会可持续发展的要求。过程系统工程的基本方法是过程模拟，即过程的模型化与求解。传统的过程模拟包括过程单元模拟和过程系统模拟这两个中观级系统层次，经过几十年的努力，在过程模拟上已从中观系统向微观和宏观系统两头扩展并取得较大进展。

在过程单元模拟方面，对那些只处理流体的过程单元如吸收、简单精馏、液-液萃取等模拟技术已基本成熟，早在20世纪50年代在一些先进的西方企业中，化学工程工程师首先在老式的计算机（穿孔或卡片式）上完成闪蒸和精馏的计算机辅助计算（computer-aided caculations），随后又应用FORTRAN语言进行不同单元操作的计算。目前除传统的平衡级模型以外，已出现直接利用速率方程及传递物性的非平衡模型，如Aspen Tech 1990推出的RATEFRAC软件等。此外，由于流体力学的进展，许多过去要用冷模研究解决的问题，现在应用计算机模拟技术即可解决，如在反应单元中，基于反应动力学的均相与非均相反应器的模拟也趋于成熟，例如乙烯工业裂解炉（KTI公司的SPYRO软件）和炼油工业的催化裂化和加氢反应器等。20世纪90年代在复杂的聚合反应器模拟上也取得了较好的进展，如Aspen Tech的POLYMER PLUS。表1.2给出了近年来化工单元操作模块与物性数据模块的进展情况。对于那些处理固体或固体-流体的单元，由于多相传质、传热复杂性较高，尚有许多问题有待解决，例如晶体粒子集合体的表征、固-液或固-液-气体系的流变性能、相平衡和反应平衡等。至于生物化工过程单元以及绿色过程系统的模型化与模拟技术尚未成熟，它将成为今后研究开发的重点。

表1.2　近年来化工工程模块的进展情况

开发程序	是否达到应用水平	开发程序	是否达到应用水平
单元操作模块		4. 电解系统	是
1. 包括反应的多相平衡	是	5. 聚合系统	是
2. 精馏		6. 生化系统	否
理想	是	7. 设备尺寸集成及速率	否
三相	是	8. 反应模型库	是
反应	是	物理性质模块	
带反应的三相	否	1. 状态方程	是
多塔	是	2. 高极性系统状态方程	否
非均相共沸	否	3. 严密的电解热力学	是
间歇	是	4. 模型库	否
反应速率	否	5. 特殊性质模型库	否
3. 含固定操作	是	6. 物理性质集成模块	是

在过程系统的模拟方面，使用序贯模块法的模拟系统已经历了三代发展。1958年M. W. Kellogg开发出了第一个过程模拟软件，即Flexible Flow Sheet，同时期一些大公司如Union Carbide Corp. 和Stamdard Oil Co. 也推出了序贯连续法的过程模拟程序。20世纪60年代中期成立了软件公司，专门从事软件开发，如Simulation Sciences和Chem Share等。60年代末期，一些大型企业中试厂将控制计算机用于石油化工、炼钢等方面；相应也产生了一些过程控制软件。70年代后期以及80年代，计算机辅助化工过程设计应用软件的开发和应用发展极为迅速，新的软件公司不断涌现，并产生了大量的新模拟系统，例如美国Chem Share公司的DESIGN/2000，美国MIT（麻省理工学院）开发的ASPEN PLUS，模拟科学公司的PROCESS，用于热交换及其网络设计的Profimatics公司的HEXNET/HEXTOP，传热研究公司的HTRI，Cincinnati大学的UCAN-Ⅱ，英国帝国化学公司（ICI）的ELOWPARCK-Ⅱ，牛津大学CAD研究中心的CONCEPT，帝国大学的SPEEDUP，匈牙利科学院的SIMUL等，至今已日趋成熟。表1.3列出了化工模拟软件发展的三代流程模拟系统的特征。计算机辅助化工过程设计软件主要包括物性数据库、稳态过程模拟软件、动态过程模拟软件、经济分析与评价软件、绘图（各种工程图，如流程、设备、施工管路图等）软件等。但随着过程系统的增大、循环回路的增多以及非线性化特征的增强，采用联立方程

表1.3 三代流程模拟系统

项 目	第一代	第二代	第三代
年份	1958～1965	1966～1975	1976至今
开发成本/美元	约20万	约100万	>600万
规模(FORTRAN语句)	1～5条	20～60条	120条
处理最大流股数	数千	(1～5)万	>20万
最多模块数	<50	<100	依机器容量而定
最多组分数	<20	<50	依机器容量而定
物性数据	≤20	<30	依机器容量而定
流股类型	无数据库	180～500种化合物物性	700种化合物物性
典型代表	气、液	气、液	气、液、固及电解质
	GIFS	FLOWTRAN	ASPEN
	PACER	CONCEPT	DESIGN/2000
	SP-05	PROCESS	PROCESS(新版)

法的过程模拟系统近年来发展较快，例如动态模拟软件ASCAND（美国大学）、SPEEDUP（英国理工学院和ICI公司，后为Aspen Tech收购改为Customer Modeler）和Star公司的HYSYS等已被工业界应用。90年代以来，已出现将稳态模拟与动态模拟结合的趋势，如Hyprotech公司开发的HYSYS软件已被工业界应用于在线优化操作。

近年来，化工过程系统工程发展较快，为化工过程设计的集成与优化提供了新的思路与应用软件（关于这方面还将在以后章节予以介绍）。在过程合成领域中，目前已有能量网络集成（如夹点技术等）、质量交换网络集成（如节水减排网络、氢夹点技术等）软件，国外在过程设计中广泛应用，已取得较大幅度节能降耗及资源节约等显著效果。

值得注意的是20世纪末期发展起来的大系统计算机集成制造系统CIMS，可能形成一个过程控制与管理一体化的高柔性的智能系统，它由三大模块组成：过程控制、管理信息系统MIS及决策支持系统DSS和介于上述两者之间的计算机辅助工厂运行系统CAPO。21世纪国际制造业的应用效果证明：合理地应用它可以在不同程度上达到提高产品质量、增进企业对市场变化响应的灵敏度；降低成本、提高生产安全性以及市场竞争力的目的。

在化工过程系统工程用于过程设计方面，应进一步开发与提高的软件内容是：高精确度的全流程大系统集成与整体模拟的方法；热物理性质模型；包括大系统过程控制与管理在内的过程合成；过程设计中的可操作性与安全性分析；绿色过程集成分析评价方法；专家系统与大系统的优化等。因为21世纪化学工程已进入过程工程与产品工程并重的阶段，批处理过程将持续与连续过程同时发展，所以还应特别重视过程工程与产品工程结合的模拟、分析与评估；多产品、多目的批处理工厂的设计优化策略等问题。

由于化工过程所包括单元操作的多样性与传热、传质的复杂性，应指出至今尚没有全部清晰的物理模型，即使是灰箱模型也存在很多偏微分方程与非线性关系，找不到分析解，这些特点皆赋予化工应用软件独有的复杂性，只能在一定简化条件下求取近似解。所以计算机辅助化工过程设计的另一个发展动向是人工智能和专家系统的优化应用软件进一步开发。在过程设计中，常常不能从有效的方法中选择最好的数值方法及模型，而专家系统能够很好地完成这个任务。一种新的程序化技术，它可将人类的经验变成有效的机器码，起到专家咨询的作用，这种码或程序称为专家系统。最早的专家系统曾被用作棋类比赛。后来该技术在医药和化学中得到应用。现有的专家系统大致可分成两类：分析系统，它以仪表所接受的数据作为输入，并产生一个解释，再以对此数据的诊断结果作为输出；合成系统，它为满足某一目标而创造一个计划和设计，它比前一类系统的开发又要难一些。表1.4给出了一些化工过

表 1.4 化工过程设计中的专家系统

名 称	年份	开发单位	用 途	备 注
HEATEX	1982	美国 Carnegie-Mellon 大学	换热器网络的合成	RI 型
CONPFYDE	1983	美国 Carnegie-Mellon 大学	选择 V-L-E 模型	PROSPEC-TOR 型
PICON	1984	美国 Carnegie-Mellon 大学	过程控制的实时专家系统	LISP 语言

程设计中的专家系统。

近年来，国内亦开始重视化工系统工程应用软件的开发、研究与应用。自 1985 年国内第一次化工系统工程学术会议以来，不但在各大设计院 ASPEN 与 PROCESS 等应用软件已用于计算机辅助化工过程设计，而且近年来在大型石化一体化的“中石化”产业中，计算机集成制造系统 CIMS 也被广泛应用；并已独立开发成功一批稳态与动态化工过程模拟软件以及化工过程与供应链管理软件等，并取得了工业有效利用的效果。此外，上述有关内容已列入高等教育工科教学规划中，正在为我国加速培养相关科技领域的高层次人才。

1.6 工程伦理学与责任关怀准则

1.6.1 工程伦理学

21 世纪以来，我国国民经济持续高速发展，GDP 已居世界第四位，与此同时我国亦在加速进行先进的社会主义文化即精神文明的建设。产业部门职工道德规范的建立，不但已是我国道德文化建设的主题之一，而且已经日益受到政府与人民的重视，很多大型企业已建立起自己优秀的企业文化。化学工程师具有维护化学过程安全性的责任，环境保护的责任。化学工程师的责任不仅仅在于维护生产过程的安全和保护环境，化学工程师对其委托人、同事和所从事的职业也负有责任。在国际上，自 20 世纪 80 年代起就开始探索化学工程师职业道德理念的建立，提出了责任关怀的法则。

以下仅将美国化学工程师协会制定的产品责任法规，及对其会员职业道德方面的要求进行简单介绍（见表 1.5），仅供我国有关规范的制定者参考。

表 1.5 由美国化学工程师协会提出的产品责任法规

产品管理法规的目的是将健康、安全和环境保护的意识融入产品设计、制造、销售、使用、循环和弃置等各环节中。该法规提供了产品管理实践中持续改进的监测方法和指南
该法规涉及产品生命周期的各个环节，有赖于各个环节承担相应责任才能成功实施。设计产品的每个人都有义务致力于环境保护和产品的安全使用。所有雇主都有责任提供安全的工作场所，使用或加工产品的所有人员都必须遵守安全和环境友好的操作规则
该法规要求每个企业必须独立申报对其产品、客户和业务往来实施法规要求细则的认证
执行法规的过程中，相关责任归属的指导性原则 · 在规划已有产品和新产品与过程时，优先考虑健康、安全和环境影响 · 研制并生产能够安全制造、运输、使用和处理的化学品 · 进行或支持与产品、过程和废物料的健康、安全、环境影响有关的研究 · 向客户咨询化工产品安全使用、运输和处理的信息 · 及时向官方、雇员、客户和公众报告与化学品相关的健康或环境危害，并建议保护措施 · 完善并与他人分享法规管理细则，而且向其他生产、加工、使用、运输或处理化学品的企业提供支持

1.6.2 责任关怀

近年来，国内各化工系统企业已在推行 ISO 1400（……）等一系列 HSE（职业健康、安全与环保）的取证工作，我国2005年11月13日发生了因吉林省中石油吉林石化分公司爆炸污染松花江流域影响较大的环保事故后，“责任关怀”被更加重视。HSE是强制的要求，而责任关怀则应是企业自愿的行为，两者进一步配合才能较大幅度地逐步扭转我国化工企业环保方面的潜在的安全与环保问题。为此，对于国际上于20世纪80年代提倡的“责任关怀”理念，并由国际化学品制造商协会（简称AICM，为非盈利性的行业协会）在国际推广的这一准则，介绍如下。

责任关怀是20世纪80年代国际上开始推行的一种企业理念，其宗旨是在全球石油和化工企业中自愿改善健康、安全和环境质量，目前已在52个国家和地区实施。责任关怀理念的推行，对促进全球石油和化工行业的可持续发展具有十分重要的意义。企业通过改善健康、安全和环境质量，可带来巨大的经济效益和社会效益。

责任关怀是针对化工行业的特殊性而自发产生的一种企业及其职工的自律行为，主要包括在环保、安全与健康三方面不断改善其表现，它对于化工行业的可持续发展非常重要。目前，在全球已有52个国家的代表着几乎所有世界大型跨国化工企业的行业协会加入到责任关怀这一体系中来。已有42个“国际化学品制造商协会”的成员承诺将共同努力在中国推进责任关怀。

责任关怀的主要原则为：

① 不断提高化工企业在技术、生产工艺和产品中对环境、健康和安全的认知度和行动意识，从而避免产品周期中对人类和环境造成的损害；

② 充分地使用能源并使废弃物达到最小化；

③ 公开报告有关的行动、成绩和缺陷；

④ 倾听、鼓励并与大众共同努力以达到他们关注和期望的内容；

⑤ 与政府和相关组织在相关规则和标准的发展和实施中进行合作，来更好地制定和协助实现这些规则和标准；

⑥ 在生产链中给所有管理和使用“化学品责任管理”的人提供帮助和建议。

责任关怀的管理准则如下。

① 社区管理与紧急预案：推动紧急情况反应计划和与当地社区的联络。

② 预防污染：减少排污。

③ 工艺安全：预防大灾、爆炸以及化学品泄漏事故。

④ 贮运安全：减少化学品装料中出现的危险情况并适用于化学品的运输、贮存、处理，以及二次包装。

⑤ 职业健康与安全：在保护环境以及保证工人和公众健康的前提下进行生产。

⑥ 产品的使用与安全：使健康、安全和环保融入产品的设计、生产、销售、运输、使用以及回收处理等各个环节。

⑦ 工厂安保：不断改进工厂的安保状况以保证工厂业务的正常运营。

在责任关怀理念的倡议下，全球化学工业已经承诺要在改善健康、安全和环境质量等各个方面不断努力，并通过对这三方面活动及其成果进行评估、公告、对话来树立现代化学工业在社会中的新形象，从而推动全球化学工业的可持续发展。20年来，几乎所有的世界大型跨国化工企业都已经把实践责任关怀作为自身可持续发展的重要发展战略之一。经过20多年的推广和实践，责任关怀已不仅仅是一系列规则和口号，而是通过信息共享、严格的检测体系、运行指标和认证程序，使化学工业向世人展示其在健康、安全和环境质量方面乃至推动工业发展等方面所取得的成就。事实也充分证明，责任关怀的实施不但使其生产过程更为安全可靠，从而为企业带来了巨大的经济利益，而且也为企业带来了不可估量的无形利益。更为重要的是，通过推行责任关怀，既可为企业树立良好的形象，也可为石油和化学工业在公众中树立良好的行业形象；也为树立全球化学工业在社会、社区和公众心目中的形象和推动全球化学工业可持续发展做出了巨大贡献。

参考文献

1 Warren D Seider，Seader J D，Daniel R. Lewin Process Design Principles Synthesis，Analysis，and Evaluation. New York：John Wiley & Sons，Inc.，1999
2 Anastas P T，Williamson T C. Green Chemistry：Frontiers in Design Chemical Syntheses and Processes. New York：Oxford University Press，1998
3 Turton，Bailie，Whiting，Shaewitz. Analysis，Synthesis，and Design of Chemical Processes. 2nd Edition. New Jersey：Pearson Education Inc.，2003
4 Warren D Seider，Seader J D，Daniel R Lewin. Process Design Principles Synthesis，Analysis，and Evaluation. Chichester，West Sussex：John Wiley & Sons，Inc.，England，2002
5 Robin Smith. Chemical Processes Design and Integration. Chichester，West Sussex：John Wiley & Sons，Inc.，2004
6 中国石油集团上海工程有限公司. 化工工艺设计手册. 上册. 北京：化学工业出版社，2003

习　　题

1.1　化工过程设计的绿色化学科学与工程准则包括哪些内容？

1.2　简述化工过程系统工程模拟软件的主要发展趋势。

1.3　试述化学工程师的责任及责任关怀的主要内容。

1.4　试述化工过程设计的基本内容是什么？

1.5　在化工过程设计中工艺专业主要负责的内容是什么？

第2章 化工厂设计概述

2.1 化工设计的工作程序

2.1.1 基本建设程序

一个工程项目从设想到建成投产这一阶段为基本建设阶段，此阶段可以分为三个时期，即投资决策前时期、投资时期和生产时期。投资决策前时期，主要是做好技术经济分析工作，以选择最佳方案，确保项目建设顺利进行和取得最佳的经济效果。这项工作在国外分为机会研究、初步可行性研究、可行性研究、评价和决策几个阶段。国内的做法稍有不同，分为项目建议书、可行性研究、编制计划任务书及扩大初步设计等阶段。投资时期包括谈判和订立合同、设计、施工、试运行等阶段。至于生产时期，当然就是正式投产后进行生产了。

基本建设阶段的工作，大部分是与设计工作密切相关的，有些工作甚至直接由设计工作者完成，是设计工作的一个组成部分。因此，为了对设计工作有一个全面的了解，有必要把基本建设程序做一简单介绍。

我国现行的基本建设程序可用图 2.1 来表示。为便于比较，后面还给出美国现行的基本建设程序，如图 2.2 所示。

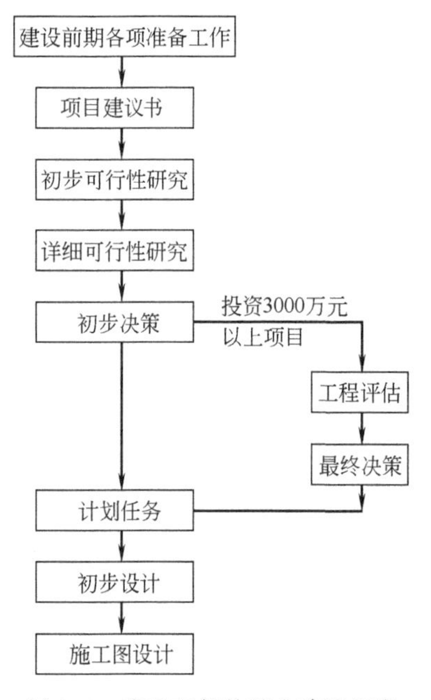

图 2.1 我国现行的基本建设程序

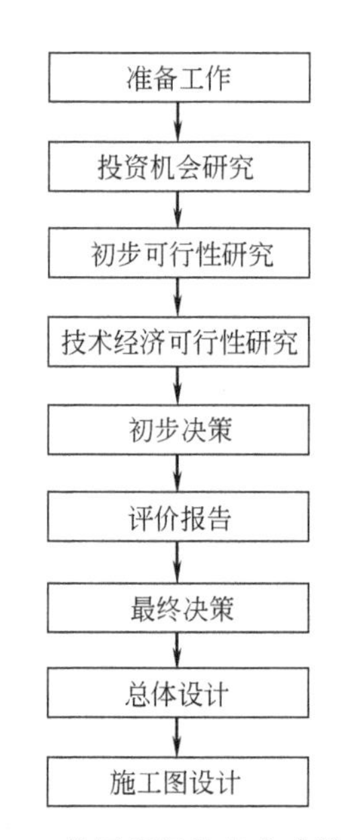

图 2.2 美国现行的基本建设程序

2.1.2 项目建议书

根据国民经济和社会发展的长远规划，结合矿藏、水利等资源条件和现有生产力分析，在广泛调查、收集资料、勘察厂址、基本弄清建厂的技术经济条件后，提出具体的项目建议书，向国家或上级主管部门推荐项目。项目建议书的主要内容有：

① 项目建设目的和意义，即项目提出的背景和依据、投资的必要性、经济意义及社会意义等；

② 产品需求初步预测；

③ 产品方案和拟建规模；

④ 工艺技术方案（原料路线、生产方法和技术来源）；

⑤ 资源、主要原材料、燃料和动力的供应；

⑥ 建厂条件和厂址初步方案；

⑦ 环境保护；

⑧ 工厂组织和劳动定员估算；

⑨ 项目实施规划设想（包括建设计划进度设想等）；

⑩ 投资估算和资金筹措设想；

⑪ 经济效益和社会效益的初步估算。

项目建议书由拟建项目的各部门、各地区、各企业提出，批准的项目建议书是正式开展可行性研究、编制计划任务书的依据。

2.1.3 可行性研究

项目建议书经综合部门平衡、筛选后，需要对项目进行可行性研究论证，这项工作是极其必要的，它是基本建设前期工作的重要内容，是基本建设程序中的组成部分。其基本任务是：根据国民经济长期规划和地区规划、行业规划的要求，对化工建设项目的技术、工程和经济进行深入细致的调查研究，全面分析和进行多方面比较，从而对拟建项目是否应该建设及如何建设做出论证和评价，为上级领导机关投资决策，为编制、审批计划任务书提供可靠的依据。

可行性研究报告（有时简称“可研”报告），按项目资金来源性质不同，可由项目实施单位自己委托具有相应咨询或设计资质的机构来完成，也可由资金提供方或有关上级主管部门指定具有相应资质的机构来完成。

可行性研究主要从以下几个方面进行研究论证。

① 市场销售情况的研究　研究拟建项目所生产的产品有没有销路，是否有利可图，并进行产品市场需求预测，从而拟定项目的发展方向、建设规划和产品方案。

② 原料和技术路线的研究　研究拟建项目采用何种原料和工艺技术及设备才能保证建成投产后技术上的先进性。对原料路线和技术路线提出几个可供选择的方案，经过比较与论证，选择优者。

③ 工程条件的研究　包括对资源储量、各种原料的来源、厂址、气象、水文地质、工程地质、交通条件、水电动力、建筑材料、协作区域的合理半径、文化生活设施以及三废处理等的综合性技术经济比较分析。

④ 劳动力来源和费用、人员培训、项目实施计划的研究　通过这些研究确定合理的建设进度和工厂组织机构。

⑤ 资金和成本的研究　包括工程项目建设投资和成本分析、资金筹集等。

⑥ 经济效益研究分析　对工程项目进行综合分析评价，从静态的投资利润率、投资回收期及动态的净现值、内部收益率和不确定性因素分析等方面进行评价。

根据原国家化工部对“可行性研究报告”的内容和深度的有关规定，以及国内著名的一些咨询机构（如中国国际工程咨询总公司等）对“可行性研究报告”的内容和深度的具体要求，将“可行性研究报告”的内容列出如下。

① 总论。内容包括项目名称、进行可行性研究的单位、技术负责人、可行性研究的依据（例如批准的项目建议书）、可行性研究的主要内容和论据、评价的结论性意见、存在问题及建议等，并附主要的技术经济指标表。

② 需求预测。

③ 产品方案及生产规划。

④ 工艺技术方案，包括工艺技术方案的选择、物料平衡和消耗定额、主要设备的选择、工艺和设备拟采用标准化的情况等内容。

⑤ 原材料、燃料及动力的供应。

⑥ 建厂条件和厂址方案。

⑦ 公用工程和辅助设施方案，包括总图运输、给排水、供电与电讯、供热、贮运设施、维修设施、土建、人防设施、生活福利设施等项。

⑧ 项目节能、节水方面的技术、措施等。

⑨ 环境保护及安全、工业卫生。

⑩ 工厂组织、劳动定员和人员培训。

⑪ 项目实施规划。

⑫ 投资估算和资金筹措。

⑬ 财务、经济评价及社会效益评价。

⑭ 结论，包括综合评价和研究报告的结论等内容。

2.1.4 我国投资体制的改革及当前的经济总量

2.1.4.1 我国投资体制的改革

按照完善社会主义市场经济体制的要求，我国投资体制的改革终于在2004年7月以“国务院关于投资体制改革的决定”（以下简称“决定”）正式颁布实施。该决定的出台，已经开始对我国投资建设领域产生积极的影响，也必将影响到我国化工项目的投资建设与化工设计过程。该“决定”共有六个重点。

① 对于企业不使用政府投资的项目，一律不再实行审批制，而是区别不同的情况，实行核准和备案制。审批制只适用于政府投资项目和使用政府性资金的企业投资项目，这类项目仍采用原有“项目建议书”、“可行性研究报告”及“开工报告”三项需要批准的手续。

核准制则适用于企业不使用政府性资金投资建设的重大项目、限制类项目。仅需向政府提交项目申请报告，政府主要从维护经济安全、合理开发利用资源、保护生态环境、优化重大布局、保障公共利益、防止出现垄断等方面进行核准。适用核准制的项目只有“项目申请报告”一项要由政府核准。

对于大多数企业投资的项目，按照“谁投资、谁决策、谁收益、谁承担风险”的原则，政府将不再审批，按照属地原则向地方政府投资主管部门备案，并依法办理环境保护、土地使用、资源利用、安全生产、城市规划等许可手续和减免税确认手续。

② 严格执行“政府核准的投资项目目录”（以下简称“目录”），该“目录”由国务院投资主管部门会同有关部门研究提出，已经经过国务院批准，并开始实施。“决定”明确指出，要严格限定实行政府核准制项目的范围并适时调整。“目录”中所列项目，是指企业不使用政府性资金投资建设的重大和限制类固定资产项目，分农林、水利、能源、原材料、轻工烟草等13个类别。

③ 放宽社会资本的投资领域，允许社会资本进入法律法规未禁入的基础设施、公共事

业及其他行业和领域。“决定”强调，能够由社会投资建设的项目，尽可能利用社会资金建设。决定还指出，逐步理顺公共产品价格，通过注入资本金、贷款贴息、税收优惠等措施，鼓励和引导社会资本以独资、合资、合作、联营、项目融资等方式，参与经营性的公益事业、基础设施项目建设。

④ 对非经营性政府投资项目加快推行“代建制”。所谓“代建制”，即通过招标等方式，选择专业化的项目管理单位负责建设实施，严格控制项目投资、质量和工期，竣工验收后移交给使用单位。

⑤ 改进投资宏观调控方式。综合运用经济的、法律的和必要的行政手段，对全社会投资进行以间接调控方式为主的有效调控。

⑥ 建立政府投资责任追究制度。工程咨询、投资项目决策、设计、施工、监理等部门和单位，都应有相应的责任约束，对不遵守法律法规给国家造成重大损失的，要依法追究有关责任人的行政和法律责任。

就化工行业而言，根据2004年“目录”的规定，在大化工范围内应由国家核准的项目仅为下述一些：

① 年产50万吨以上煤炭液化剂油品；

② 液化天然气接收贮运设施；

③ 新建炼油及扩建一次炼油项目，新建乙烯及改扩建新增加超过年产20万吨乙烯项目，新建PTA、PX、MDI、TDI项目以及PTA、PX改造能力超过10万吨的项目；

④ 年产50万吨以上钾矿肥项目；

⑤ 日产300t以上聚酯项目。

其他大化工范围内的项目，只要是企业自行投资，均只需向属地政府备案，这就充分体现了在国家宏观调控下充分发挥市场配置资源的基础作用，确立企业在投资活动中的主体地位。

2.1.4.2 我国当前的经济总量

根据我国加入世界贸易组织（WTO）所做的承诺，到2006年年底，过渡期即将结束，我国将在国内直面外国企业的激烈竞争。但在改革开放的二十多年中，我国国民经济已有了飞速的发展，2005年我国国内生产总值（GDP）为182321亿元人民币，折合美元为22574亿元。按世界GDP总量排名，我国已跃居全球第四位，仅次于美国、日本、德国，这一成就举世瞩目。

但我国人口众多，如按人均GDP计算则为1736美元，根据世界银行新编“World Development Report”2006年年初的统计，我国2005年人均GDP产值只能排在世界的71位以后。中共中央在“十一五”规划纲要中提出了全面建设小康社会的奋斗目标，要求以科学发展观统领经济社会发展全局，坚持加快改革开放和自主创新，着力提高经济增长的质量和效益。上述投资体制改革，必将为实现这一宏伟目标打下坚实的基础。

2.1.5 计划任务书

在可行性研究报告完成后，由各相关部门在一起对拟建项目的可行性研究报告进行论证、评审，按照论证评审结论，审定拟建项目的建设方案，落实各项建设条件和协作条件，审核技术经济指标，比较和确定厂址，落实建设资金。在以上工作完成后，便可以编写计划任务书（或可行性研究报告评审意见），作为整个设计工作的依据。

计划任务书的主要内容如下。

① 建设目的和依据。

② 建设规划、产品方案、生产方法或工艺原则。

③ 矿产资源、水文地质和原材料、燃料、动力、供水、运输等协作条件。

④ 资源综合利用和环境保护，"三废"治理的要求。

⑤ 建设地区或地点，占地面积的大小。

⑥ 防空、防震等的要求。

⑦ 建设工期。

⑧ 投资控制数（包括投资实施进度等）。

⑨ 劳动定员控制数。

⑩ 要求达到的经济效益。

2.1.6 设计阶段

我国目前工程设计阶段的划分，基本上已与国外工程设计接轨，即分为初步设计（也称基础工程设计）及施工图设计（也称详细工程设计）两个阶段。

初步设计：一般是根据已批准的计划任务书或可行性研究报告评审意见，对设计对象进行全面研究，探求在技术上可能、经济上合理的最符合要求的设计方案。设计中的主要技术问题，要使之明确化、具体化。在初步设计阶段编写初步设计说明书及工程概算书。

施工图设计：是根据已批准的初步设计进行的，它是进行施工的依据，为施工服务。在此设计阶段的设计成品是详细的施工图纸和重要的文字说明及工程预算书。

如果进行的工程设计，是国内开发的新工艺或引进国外的新工艺，则要由国内的新技术单位或国外专利商，提供它的工艺包。工艺包要包括一个化工产品生产技术的全部技术文件，在国内有些研究单位可能得与工程设计单位合作，才能完成工艺包的设计。

一般按工程的重要性、技术的复杂性并根据计划任务书的规定，可以分为两段设计或一段设计。

设计重要的大型企业以及使用比较新和比较复杂的技术时，为了保证设计质量，可以按初步设计、施工图设计两个阶段进行。

技术上比较简单、规模较小的工厂或个别车间的设计，可直接进行施工图设计，即一个阶段的设计。

总之，设计阶段的划分，需按上级的要求、工程的具体情况和设计能力的大小等条件来决定。

2.2 工艺包设计

2.2.1 工艺包设计概述

本节重点叙述工艺包设计的内容和工作程序。从广义上讲工艺设计应包含工艺包设计和化工工艺专业设计两方面的内容。

化工工艺专业设计的主要任务是对一个石油化工产品的生产流程先进行基本的计算，在此基础上给有关专业提供条件，在有关专业的参与下以工艺为主，完成PFD图的设计任务。这个生产流程可以是工艺专业的设计人员自行开发的，也可以是其他专利商提供的技术。

工艺包是一个专门的技术名词，它特指包含一个化工产品的生产技术的全部技术文件。这些文件通常应包含以下内容：生产该产品应该采取哪些化工生产单元？应该采用何种化工设备？应该采用何种自动控制方案？以及所采用的原料是什么？生产该产品的原料及公用物料的消耗量是多少？

工艺包设计的依据是已批准的可行性研究报告、总体设计和设计基础资料，依据上述文件来进行工艺包设计。

工艺包设计应完成的主要任务有：绘制 PFD 图，完成工艺物料平衡计算，编制工艺设备数据表（主要是技术规格要求和负荷），编制公用物料的设计原则和平衡图，确定环保的设计原则和排出物治理的基本原则等。

在工艺包设计的过程中，工艺专业要与不同专业互提条件。发出条件表的专业是主导专业，条件表是主导专业设计工作的初步成果，是接受条件专业的设计依据，是非常重要的技术文件。要做好设计就必须熟悉这些条件表，会正确填写这些条件表。

这一阶段中，主要工作是由工艺设计人员、其他专业的有关人员和项目管理人员参加并完成的，工艺过程的重大原则和设计方案应该组织有关人员评审后才能确定，此阶段是整个设计工作全面展开的基础。

2.2.2 工艺包设计的内容

工艺包设计文件一般应包含如下内容。

① 设计范围　说明工艺包包括的范围及生产规模。

② 设计基础　工艺对原材料、催化剂、化学品及公用工程的规格要求，成品规格，生产能力（收率、转化率），消耗定额、三废排放量及规格，生产定员，工程保证指标和需要说明的安全生产要求。

③ 工艺说明　按工艺流程的顺序，详细地说明生产过程，包括有关的化学反应及机理、操作条件、主要设备特点、控制方案以及工程设计所必需的工艺物料的物化性质数据。

④ 物料平衡及热量平衡计算结果　全流程典型的物料平衡，应考虑到负荷波动及各主要工程设计的重要依据。

⑤ PFD 图　表示工艺生产所有主要设备（包括位号、名称），特殊阀件设置，物流数据（流程、组成、温度、压力等特性）以及控制、联锁方案。

⑥ 设备表　应填写设备位号、设备名称、介质名称、操作压力、操作温度等。

⑦ 主要设备工艺规格书　包括主要机械设备规格书及仪表规格书。主要机械设备规格书，应列出所有工艺规格要求及有关数据、设备的材质要求、传动机械要求及必要的设备条件图。

⑧ PID 图 0 版　表示管路尺寸，材料等级，伴管、阀门、保温等级，安全阀系统，管路编号，仪表及控制回路等。

⑨ 配管规格书　包括介质、工艺条件、设计条件、管路尺寸、管路等级、保温等。

⑩ 初步布置图　根据转让方的经验，表示主要设备布置和占地面积，供配管专业参考。

此外，还要包括以下内容：

⑪ 特殊管路材料等级规定；

⑫ 生产操作和安全规程的要领；

⑬ 特殊要求的化验要领；

⑭ 特殊要求的检修要领；

⑮ 界区条件等。

2.2.3 工艺流程图及工艺流程说明

按工艺流程的顺序，详细地说明生产过程，包括有关的化学反应及机理、操作条件、主要设备特点、控制方案以及工程设计所必需的工艺物料的物化性质数据。一般应叙述以下内容。

① 生产方法、工艺技术路线（说明采用的工艺技术路线及其依据）、工艺特点（从工艺、设备、自控、操作和安全等方面说明装置的工艺特点）及每部分的作用。

② 工艺流程简述，叙述物料通过工艺设备的顺序和生成物的去向；说明主要操作技术条件，如温度、压力、物料流率及主要控制方案等；若是间歇操作，则需说明一次操作加料量和时间周期；连续操作或间歇操作时需说明工艺设备常用、备用工作情况；说明副产品的回收、利用及三废处理方案。

③ 生产过程中主要物料的危险、危害分析。

工艺流程图（PFD图）的设计是化工厂装置设计过程的一个重要阶段，在PFD图的设计过程中，要完成生产流程的设计、操作参数和主要控制方案的确定，以及设备尺寸的计算，是从工艺方案过渡到化工工艺流程设计的重要工序之一。

PFD图是项目设计的指导性文件之一，在工艺设计阶段完成、发布之后有关专业必须按PFD图进行工作，并只能由工艺专业解释和修改。

PFD图的主要内容应包括：全部工艺设备及位号，主要设备（如塔等）的名称、操作温度、操作压力；物流走向及物流号。此外，除PFD图以外，应有与物流号对应的物流组成、温度、压力、状态、流率及物性的物料平衡表；主要控制方案的仪表及其信号走向；标出泵的流率和进出口压力、塔的实际板数及规格、换热器的热负荷等。在PFD图中还要表示进出界区流股的流向。冷却水、冷冻盐水、工艺用压缩空气、蒸汽及冷凝液系统仅表示工艺设备使用点的进出位置。

2.2.4 工艺设备数据表及工艺设备表

工艺包设计阶段的设备数据表与初步设计阶段的设备数据表不完全一致，因而也有建议把工艺包设计阶段的设备数据表称为主要设备的工艺规格书。这两种设备数据表填写要求的区别主要是由于不同阶段的工作深度不同，在工艺包设计阶段一般不进行设备的水力学计算，也不进行管路的水力学计算，所以在设备数据表中不列出设计压力、设计温度和设备的外形尺寸，只列出该设备的操作参数、材质要求、传动机械要求及必要的特殊和关键的设备条件，还要列出工艺设备计算时的输入条件和计算结果。工艺设备数据表是进行化工系统专业设计的依据。

工艺设备表为装置界区范围内全部工艺设备的汇总表，用来表示装置工艺设备的概况。在PFD图中所有设备均需表示在该设备表中。

工艺设备表系根据工艺流程和工艺设备计算的数据进行编制。一般按容器类、换热器类、工业炉类、泵类、压缩机（风机）类、机械类及其他类进行编制。

由于工艺设计阶段一般来说不做塔的水力学计算和管路阻力降计算，所以这时的工艺设备表的内容和基础设计阶段的设备表的内容不可能相同。

容器类设备包括塔器、反应器和容器设备。这三种设备在容器类设备中按塔器、反应器和容器类的次序依次列出。在工艺设计阶段压缩机组和冷冻机组中随机配套的分离器、冷却器、过滤器、消声器等设备不必单独列出。机械类设备包括过滤机、粉碎机、螺旋加料机、挤压机、切粒机、压块机、包装机、码垛机、搅拌器、起重设备和运输设备等。由于机械类设备种类较多，使规格栏填写内容不易一致，一般需填写生产能力、参考的外形尺寸和对设备特征的说明。其他类设备包括喷射器、过滤器、消声器、称量器、旋风分离器和编有备位号的特殊阀门（例如旋转加料阀）等。

设备表中一般应说明设备名称、位号、设备数量、主要规格以及设计和操作条件。

2.2.5 工艺包设计的工作程序

前面讲述了一个工艺包的内容范围和深度要求，使我们知道了化工工艺包的含义，也明确了制作工艺包时的技术要求和规定。下面就工艺专业设计人员如何完成一个工艺包设计的工作程序做进一步的阐述。工艺包设计阶段的重要工作程序如下。

(1) 设计前期的工作

① 根据合同及公司的安排，参加项目建议书、项目可行性研究报告的编制工作。承担有关工艺部分的研究，并编写相应文件。

② 根据公司的安排，参加项目报价书、投标书技术文件的编写，承担有关工艺部分的研究并编写相应的文件，参加有关投标书的技术内容介绍、合同谈判，编写有关合同附件。

③ 根据公司的安排，参加引进技术项目的询价书编写，对投标书进行研究讨论（评标），参加合同谈判以及合同技术附件的研究讨论。

④ 大中型化工厂或联合装置需要进行总体规划设计时，对有关项目提出可供总体规划参考的设计条件。

(2) 工艺包设计的工作

① 进行主流程的工艺计算，完成全流程的模拟计算，即完成物料平衡的计算工作；提出主流程工艺流程图（PFD）。

② 在物料平衡计算的基础上完成初步的设备表、主要设备数据表和建议的设备布置图。

③ 在能量平衡计算的基础上提出公用物料及能量的规格、消耗定额和消耗量。

④ 提出必需的辅助系统和公用系统方案，并进行初步的计算；提出初步的公用物料流程图（UFD）。

⑤ 提出污染物排放及治理措施。

⑥ 编制重要设备清单和材料清单。

⑦ 进行初步的安全分析。

⑧ 进行设备布置研究和危险区划分的研究。

⑨ 其他专业针对设计目标、范围进行项目研究、设计定义、投资分析（包括人工时估算）、进度计划等。

⑩ 完成供各专业做准备和开展工作用的管路及仪表流程图（0版PID）。

如果是由第三方（专利商）提供工艺包，则工艺初步设计阶段的主要工作包括以下几方面。

① 研究并消化第三方提供的工艺包和执行的标准。

② 考虑工艺包中对主要系统的要求，提出必需的辅助系统和公用系统方案，提出初步的工艺流程图（PFD）。

③ 准备工程设计的设计条件、内容、要求和设计原则，编制设计统一规定，明确执行标准。

④ 编制工程规定和规定汇总表，并提交用户批准。

⑤ 初步的安全分析。

⑥ 编制项目设计数据和现场数据。

⑦ 编制重要设备清单和材料清单。

⑧ 完成供各专业做准备和开展工作用的管路及仪表流程图（0版PID）。

简言之，在第三方（专利商）提供工艺包时，工艺设计工程师的任务是将专利商的文件转换为工程文件，发表给有关专业开展设计，并提供用户审查。

通常的工作程序是先编制初步工艺流程图并送用户审查、认可。接着就要编制在项目实施初期即需采购的关键工艺设备的技术规格书和数据表，提出请购单及询价文件。随后再制定有关公用系统和环保系统的设计原则。

在此阶段还要对装置的综合经济评价、技术指标、质量要求和费用控制做出规定，对项目的整个进度做出具体计划；编制初期控制估算。

2.2.6 工艺包阶段各专业的条件关系

在工艺包设计阶段，有关专业提供给工艺专业的条件和资料见表2.1。

表2.1 有关专业提供给工艺专业的条件和资料

提出条件专业	条件名称	往返关系	备注
仪表专业	仪表专业确定的工艺流程图(PFD)	返回条件	确认控制方案
设备专业	设备专业返回的工艺设备表	返回条件	补充有关内容
其他专业	设备、配管、仪表专业返回的设备数据表	返回条件	补充有关内容

在工艺包设计阶段，应由工艺专业提交（或返回）给其他专业的条件和资料见表2.2，提交给工艺系统专业的条件在基础设计阶段提出。

表2.2 工艺包阶段工艺专业的条件关系

序号	条件名称	接受条件专业	往返关系	备注
1	安全和工业卫生状况表	工艺系统、环保		
2	测量和控制系统条件表	工艺系统、仪表		
3	程序控制装置条件表	工艺系统、仪表		
4	用电条件表	工艺系统、电气		①
5	爆炸危险区域划分条件表	工艺系统、电气		
6	电气控制联锁条件表	工艺系统		
7	电加热条件表	工艺系统		
8	软水及脱盐水条件表	工艺系统、热工		①
9	蒸汽及冷凝水条件表	工艺系统、热工		①
10	给排水条件表	工艺系统、给排水		①
11	水消防条件表	工艺系统、给排水、总图		①
12	装置空气条件表	工艺系统		①
13	仪表空气条件表	工艺系统		①
14	氧气条件表	工艺系统		①
15	氮气条件表	工艺系统		①
16	用冷条件表	工艺系统		①
17	化验分析条件表	工艺系统、分析		①
18	高架源排放废气条件表	工艺系统、环保、总图		①
19	无组织排放废气条件表	工艺系统、环保、总图		①
20	废渣(液)条件表	工艺系统、环保、总图		①
21	其他污染条件表	工艺系统、环保、总图		①
22	加热炉条件表	工艺系统、工业炉		
23	原料、燃料、产品、副产品、催化剂、化学品条件表	工艺系统、分析、建筑、总图、暖通、空调、工程经济		①
24	定员表	工艺系统、给排水、建筑、总图、暖通、空调、工程经济		①
25	工艺管路使用条件表	工艺系统、管路材料		
26	工艺设备表	工艺系统、配管、容器、机泵		
27	各类工艺设备数据表	工艺系统、容器、配管、仪表		
28	泵工艺数据汇总表	工艺系统、机泵		
29	压缩机、鼓风机类工艺数据汇总表	工艺系统、机泵		
30	PFD及UFD	工艺系统、仪表		
31	建议的设备布置图	配管、容器、热工、给排水、仪表、电气、电讯、建筑、总图		①
32	可燃气体检测点布置图	工艺系统、配管、电气、仪表		①

① 与配管专业共同完成。

2.3 化工工艺设计

一个化工厂的设计包括很多方面的内容，其核心内容是化工工艺设计，工艺设计决定了

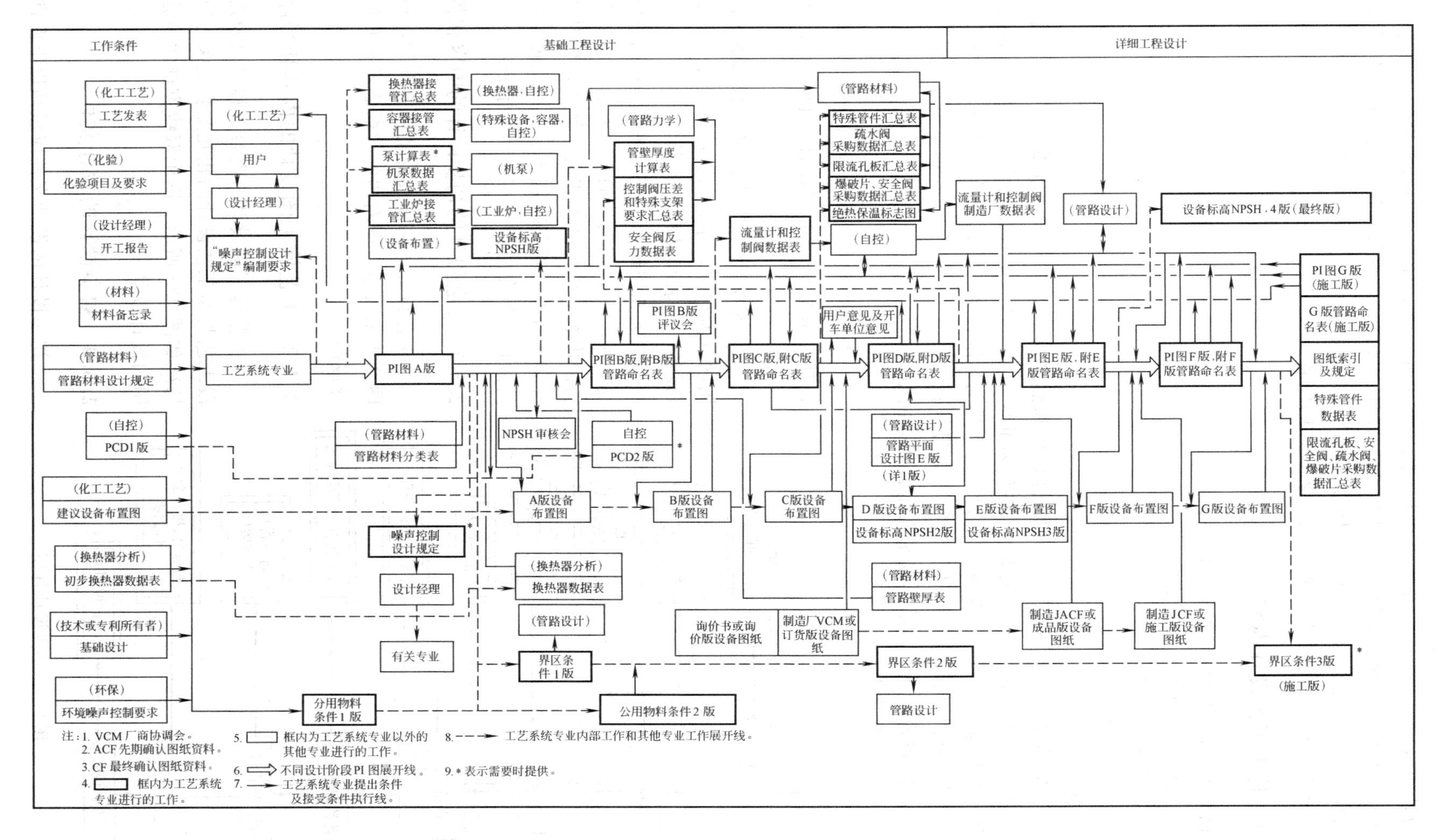

图 2.3　工艺系统专业工程设计阶段的工作程序

整个设计的概貌，是化工厂设计的龙头。除工艺设计以外，还有总图运输设计、土建设计、公用工程（供电、供热、给排水、采暖通风）设计、机修、电修等辅助车间设计、外管设计、工程概算和预算等非工艺设计项目。图2.3给出了工艺系统专业工程设计阶段的工作程序。

本节主要介绍工艺系统专业主要工艺设计的内容。

2.3.1 化工工艺设计内容

化工工艺设计包括下述一些内容：

① 原料路线和技术路线的选择；

② 工艺流程设计；

③ 物料计算；

④ 能量计算；

⑤ 工艺设备的设计和选型：在物料计算和热量计算的基础上，根据工艺要求的参数（流率、压力、换热面积、容积等），如有标准设备可供选型则选出符合工艺要求的标准设备，如没有标准设备可供选型或选不到合适型号的标准设备，工艺设计人员可向设备设计人员提出设计条件，由设备设计人员进行设备设计；

⑥ 车间布置设计，包括车间平面布置和立面布置；

⑦ 化工管路设计；

⑧ 非工艺设计项目的考虑，即由工艺设计人员提出非工艺设计项目的设计条件（见图2.5）；

⑨ 编制设计文件：包括设计说明书、附图（流程图、布置图和设备图等）和附表（设备一览表和材料汇总表等）。

上面叙述的是工艺设计的各项内容的汇总，实际上，在设计的不同阶段，所要求进行的内容和深度各不相同。例如，物料计算和能量计算一般是在初步设计阶段进行，而管路设计则是在施工图阶段才能进行。

2.3.2 工艺设计的初步设计的内容和程序

工艺设计的初步设计的内容和程序可用图2.4来表示。图右边的方框表示该步的设计成品。

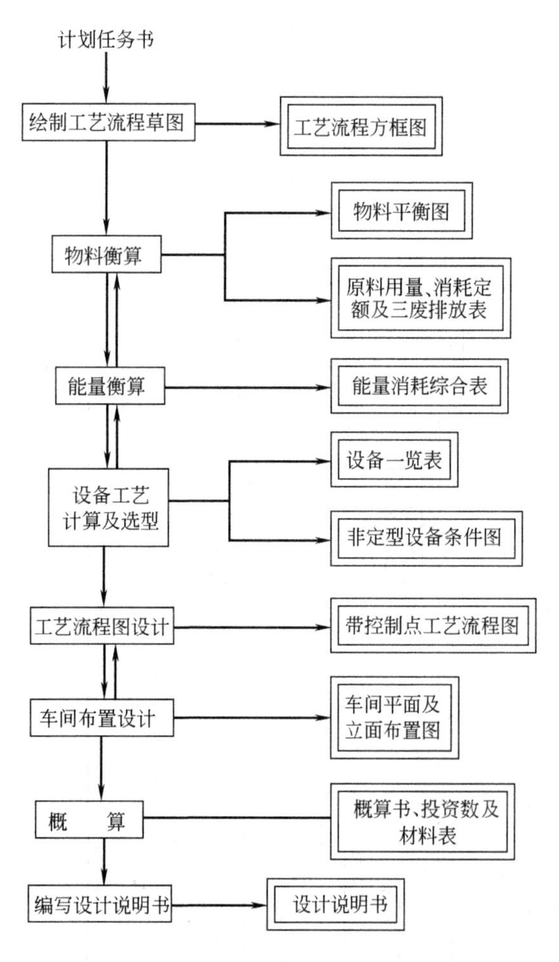

图2.4 初步设计程序

2.3.3 工艺施工图设计的内容和程序

工艺施工图设计的内容、程序以及此阶段工艺与非工艺设计的相互配合交叉进行的情况如图2.5所示。图中双线方框代表施工图的设计成品。

2.3.4 初步设计的设计文件

初步设计的设计文件应包括以下两部分

内容：设计说明书和附图、附表。化工厂（车间）设计说明书的内容和编写要求，根据设计的范围（整个工厂、一个车间或一套装置）、规模的大小和主管部门的要求而不同。对于炼油、化工厂初步设计的内容和编写要求，原化学工业部曾有文件规定。对于一个装置或一个车间，其初步设计说明书的内容如下。

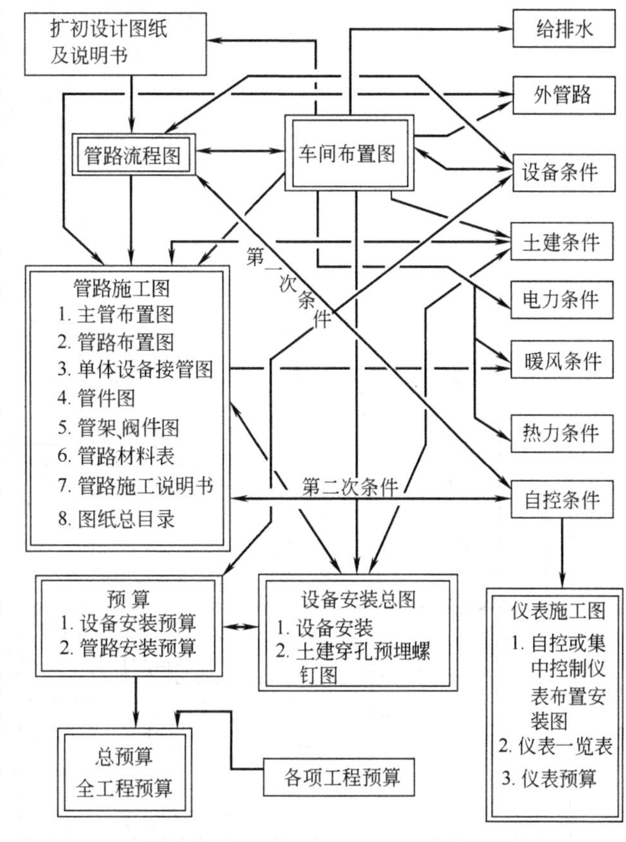

图2.5 工艺与非工艺设计配合关系

(1) 设计依据

① 文件　如可行性研究报告、计划任务书以及其他批文等。

② 技术资料　如中型试验报告、调查报告等。

(2) 设计指导思想和设计原则

① 指导思想　设计所遵循的具体方针政策和指导思想。

② 设计原则　总括各专业的设计原则，如工艺路线的选择、设备的选型和材质选用、自控水平等原则。

(3) 产品方案

① 产品名称和性质；

② 产品质量规格；

③ 产品规模（t/a）；

④ 副产品数量（t/a）；

⑤ 产品包装方式。

(4) 生产方法和工艺流程

① 生产方法　扼要说明设计所采用的原料路线和工艺路线。

② 化学反应方程式　写出方程式，注明化学名称、主要操作条件。

③ 工艺流程

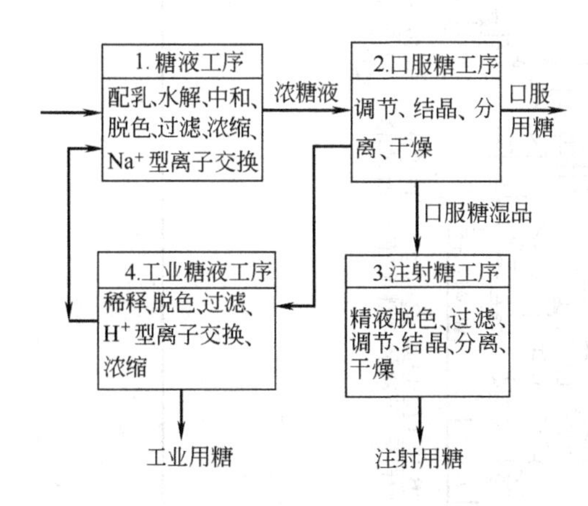

图2.6 葡萄糖车间工序划分

(a) 工艺划分简图，用方块图表示，以葡萄糖车间工序划分为例，如图2.6所示。

(b) 带控制点的工艺流程图应表示出全部工艺设备、物料管路、阀件、设备的辅助管路以及工艺和自控仪表的图例、符号。

带控制点的工艺流程图以碳八分离工段工艺流程图为例，如图2.7所示。该流程简述从略。

(5) 车间（装置）组成和生产制度

① 车间（装置）组成；

② 生产制度：年工作日、操作班制、间歇或连续生产。

(6) 原料、中间产品的主要技术规格

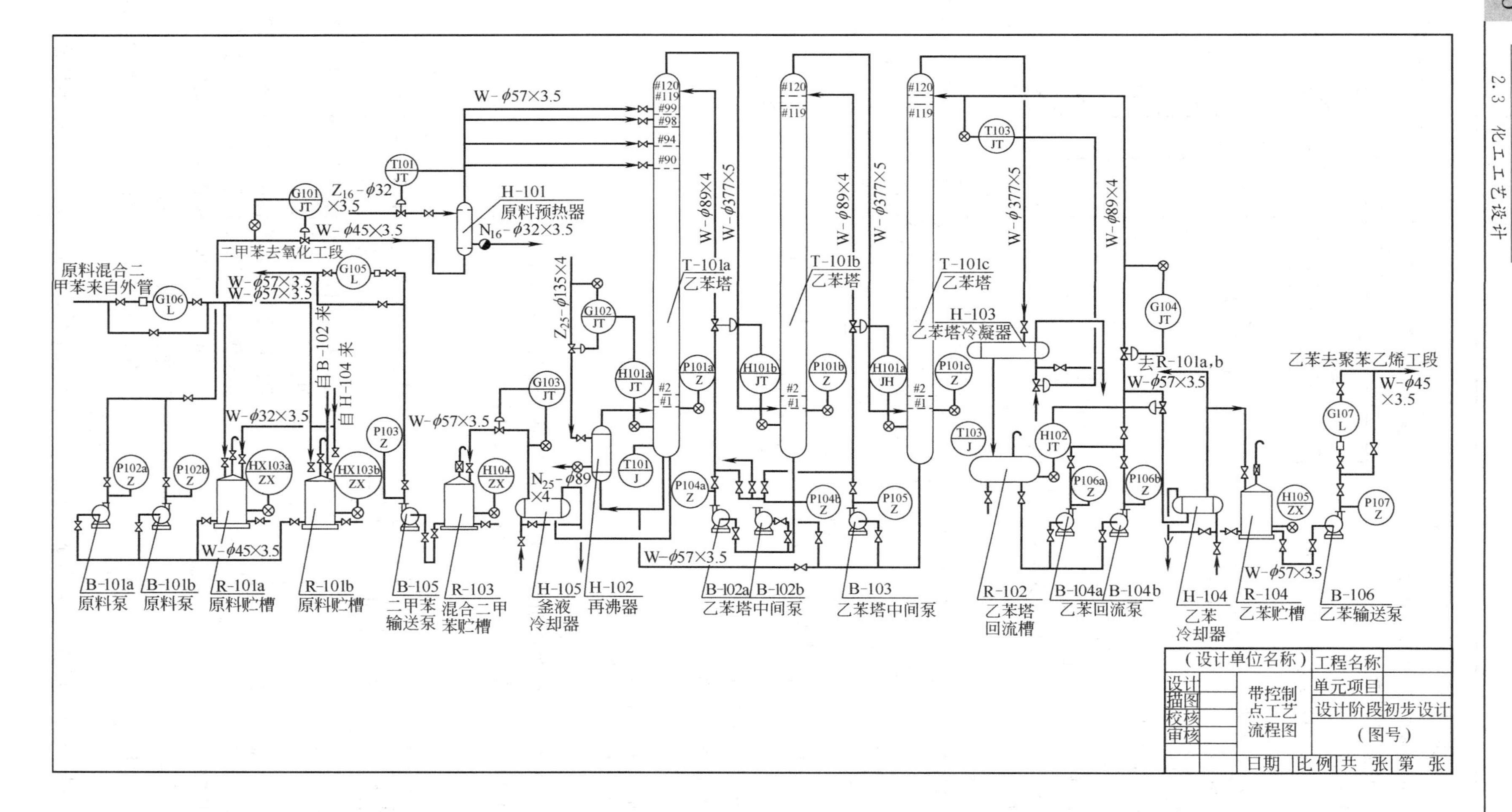

图2.7 带控制点工艺流程图——碳八分离工段工艺流程图

① 原料及辅助原料的主要技术规格；

② 中间产品及成品的主要技术规格。

（7）工艺计算

① 物料计算

（a）物料计算的基础数据。

（b）物料计算结果以物料平衡图表示，单位采用小时（连续操作）或每批投料（分批操作），单位在一个项目内要统一。

② 主要工艺设备的选型、工艺计算和材料选择

（a）基础数据来源：包括物料及热量计算数据、主要工艺数据等。

（b）主要工艺设备的工艺计算：按流程编号为序进行编写，内容包括以下几方面。

ⓐ 承担的工艺任务。

ⓑ 工艺计算：包括操作条件、数据、公式、运算结果、必要的接管尺寸等。

ⓒ 最终结论：包括计算结果的论述、设计选取。

ⓓ 材料选择。

（c）一般工艺设备以表格形式分类表示计算和选择结果。根据工艺特点列表，参见表2.3～表2.8。

表2.3 塔（T）

序号	流程编号	名称	介质	操作温度		塔顶压力（绝压）	回流比	气体负荷/(m^3/h)	液体负荷/(kg/h)
				塔顶	塔底				
1	2	3	4	5	6	7	8	9	10

允许空塔线速	塔径/mm		塔板型式	填料高度/mm		塔板数		塔高/mm
	计算	实际		计算	实际	计算	实际	
11	12	13	14	15	16	17	18	19

表2.4 反应器（F）

序号	流程编号	名称	数量/台	型号	操作条件			体积流率	装料系数
					介质	温度	压力(绝压)		
1	2	3	4	5	6	7	8	9	10

停留时间	容积/m^3	平均温度/℃	热负荷/(J/h)	传热系数/[J/(m^2·h·℃)]	传热面积/m^2		备注
					计算	采用	
11	12	13	14	15	16	17	18

表2.5 换热器（F）

序号	流程编号	名称	介质		程数	温度		压力（绝压）	流率/(kg/h)	平均温度/℃
			管内	管间		进口	出口			
1	2	3	4	5	6	7	8	9	10	11

热负荷/(J/h)	传热系数/[J/(m^2·h·℃)]	传热面积/m^2		型式	挡板间距/mm	备注
		计算	采用			
12	13	14	15	16	17	18

表2.6 泵类设备

序号	流程图位号	名称	型号	流率/(m^3/h)	扬程/m H_2O	泵压力			吸入高度/m H_2O
						入口	出口	压差	
1	2	3	4	5	6	7	8	9	10

介质				原动机型号	电压(V)或蒸气压(表压)	功率/kW	数量/台	重量/t		密封要求	备注
名称	温度	相对密度	黏度					单重	总重		
11	12	13	14	15	16	17	18	19	20	21	22

表 2.7 压缩机、风机类设备

序号	流程图位号	名称	型号	排气量/(m³/h)	主要气体成分	温度/℃		压力(表压)		防爆或防酸
						入口	出口	入口	出口	
1	2	3	4	5	6	7	8	9	10	11

叶片数及角度	原动机型号	功率/kW	电压(V)或蒸气压(表压)	安装方位	传动方式	数量/台	重量/t		备注
							单重	总重	
12	13	14	15	16	17	18	19	20	21

表 2.8 电动机

序号	流程图位号	名称	型号	技术条件	单位	数量	重量/t		备注
							单重	总重	

工艺设备一览表按非定型工艺设备和定型工艺设备两类编制。为便于查找，同一工序的各类设备采用一个位号，前面冠以不同代号。例如 H101a、H101b、F101、T101 等，各类工艺设备的代号见表 2.9。表中设备名称为工艺专用名称（设备图纸上为通用名称）。

表 2.9 各类工艺设备代号

工艺设备类别	代号	工艺设备类别	代号
定型设备		2. 换热器、再沸器、冷却器、蒸发器	H
1. 泵类	B	3. 反应器	F
2. 压缩机类、鼓风机类	J	4. 贮罐、计量槽	R
非定型设备		5. 干燥器、过滤器等	Z
1. 塔	T	6. 工业炉	L

③ 工艺用水、蒸汽、冷冻用量见表 2.10。

表 2.10 工艺用水、蒸汽、冷冻用量

设备编号	设备名称	规格	单位	小时用量		日用量	备注
				最大	平均		
1	2	3	4	5	6	7	8

④ 分批操作的设备要排列工艺操作时间表和动力负荷曲线。

(8) 主要原材料、动力消耗定额及消耗量

原材料、动力消耗定额及消耗量见表 2.11。

表 2.11 原材料、动力消耗定额及消耗量

序号	名称	规格	单位	每吨产品消耗定额	消耗量		备注
					每日	每年	
1	2	3	4	5	6	7	8
	原材料						
	⋮						
	⋮						
	动力						
	水						
	蒸汽						
	⋮						
	⋮						

(9) 生产控制分析

① 包括中间产品、生产过程质量控制的常规分析和三废分析等。

② 主要生产控制分析（见表2.12）。

表2.12 主要生产控制分析

序号	取样地点	分析项目	分析方法	控制指标	分析次数	备注
1	2	3	4	5	6	7

③ 分析仪器设备表。

(10) 仪表和自动控制

① 控制方案说明，具体表示在工艺流程图中。

② 控制测量仪器设备汇总表。

(11) 技术保安、防火及工业卫生

① 工艺物料性质及生产过程的特点。

② 技术保安措施。

③ 消防。

④ 通风：设计说明及设备材料汇总表。

(12) 车间布置

① 车间布置说明，包括生产部分、辅助生产部分和生活部分的区域划分、生产流向、防毒、防爆的考虑等。

② 设备布置的平面图与剖面图。

(13) 公用工程

① 供电

(a) 设计说明，包括电力、照明、避雷、弱电等。

(b) 设备、材料汇总表。

② 供排水

(a) 供水。

(b) 排水，包括清洁下水、生产污水、生活污水、蒸汽冷凝水等。

(c) 消防用水。

③ 蒸汽 各种蒸汽用量及规格等。

④ 冷冻与空压

(a) 冷冻。

(b) 空压，分为压缩用气和仪表用气。

(c) 设备、材料汇总表。

(14) “三废”治理及综合利用

① “三废”情况表（见表2.13）。

表2.13 “三废”情况表

序号	工序名称	排放量	成分含量	规定排放标准	设计排放标准	备注

② 处理方法及综合利用途径。

(15) 车间维修

① 任务、工种和定员。

② 主要设备一览表。

(16) 土建

① 设计说明。

② 车间（装置）建筑物、构筑物表。

③ 建筑平面、立面、剖面图。

(17) 车间定员

包括生产工人、分析工、维修工、辅助工、管理人员，见表2.14。

(18) 概算

(19) 技术经济

① 投资表（见表2.15）。

② 产品成本

(a) 计算数据

ⓐ 各种原料、中间产品的单价和动力单价依据。

ⓑ 折旧费、工资、维修费、管理费用依据。

(b) 成本计算

ⓐ 原料和动力单耗费用表（见表2.16）。

表2.14 车间定员表

序号	职能名称	人员配备班制	人数			备注
			每班	轮休	合计	
	共计					

表2.15 投资表

序号	项目	投资/万元	备注	序号	项目	投资/万元	备注
1	工艺设备及安装			5	自控		
2	工艺管路及安装			6	通风		
3	土建			7	其他		
4	供电照明						

表2.16 原料和动力单耗费用表

名称	单价/(元/t)[或(元/m³)]	耗量/t(或m³)	总价
原料 ⋮			
小计			
动力 ⋮			
小计			
合计			

ⓑ 折旧、工资、维修、管理费用及其他费用。

ⓒ 产品工厂成本。

③ 技术经济指标表（见表2.17）。

表2.17 技术经济指标表

序号	指标名称	计算单位	设计指标	备注	序号	指标名称	计算单位	设计指标	备注
1	规模 (1)产品 (2)副产品	t/h t/h			7	产品车间成本	元/t		
2	年工作日	d(或h)			8	年运输量 (1)运进 (2)运出	 t t		
3	总收率 分阶段收率	% %			9	基建材料 (1)钢材 (2)特殊钢材 (3)木材 (4)水泥	 t t t t		4
4	车间定员 (1)生产人员 (2)非生产人员	 人 人			10	三废排出量 (1)废气 (2)废水 (3)废渣	 m^3/h m^3/h t/h		
5	主要原材料及动力消耗 (1)原材料 (2)动力:电、汽、燃料				11	车间投资	万元		
6	建筑及占地面积 (1)建筑面积 (2)占地面积	 m^2 m^2							

(20) 存在问题及建议

附表1 工艺设备一览表

附表2 自控仪表一览表

附表3 公用工程设备材料表

附图1 带控制点工艺流程图

附图2 车间布置图(平面图及剖面图)

附图3 关键设备总图

附图4 建筑平面、立面、剖面图

2.3.5 工艺施工图设计文件

工艺施工图设计文件包括下述内容。

(1) 工艺设计说明

工艺设计说明可根据需要按下列各项内容编写。

① 工艺修改说明:说明对前段设计的修改变动。

② 设备安装说明:主要大型设备吊装、建筑预留孔、安装前设备可放位置。

③ 设备的防腐、脱脂、除污要求和设备外壁的防锈、涂色要求以及试压、试漏和清洗要求等。

④ 设备安装需进一步落实的问题。

⑤ 管路安装说明。

⑥ 管路的防腐、涂色、脱脂和除污要求及管路的试压、试漏和清洗要求。

⑦ 管路安装需统一说明的问题。

⑧ 施工时应注意的安全问题和应采取的安全措施。

⑨ 设备和管路安装所采用的标准规范和其他说明事项。

(2) 管路仪表流程图

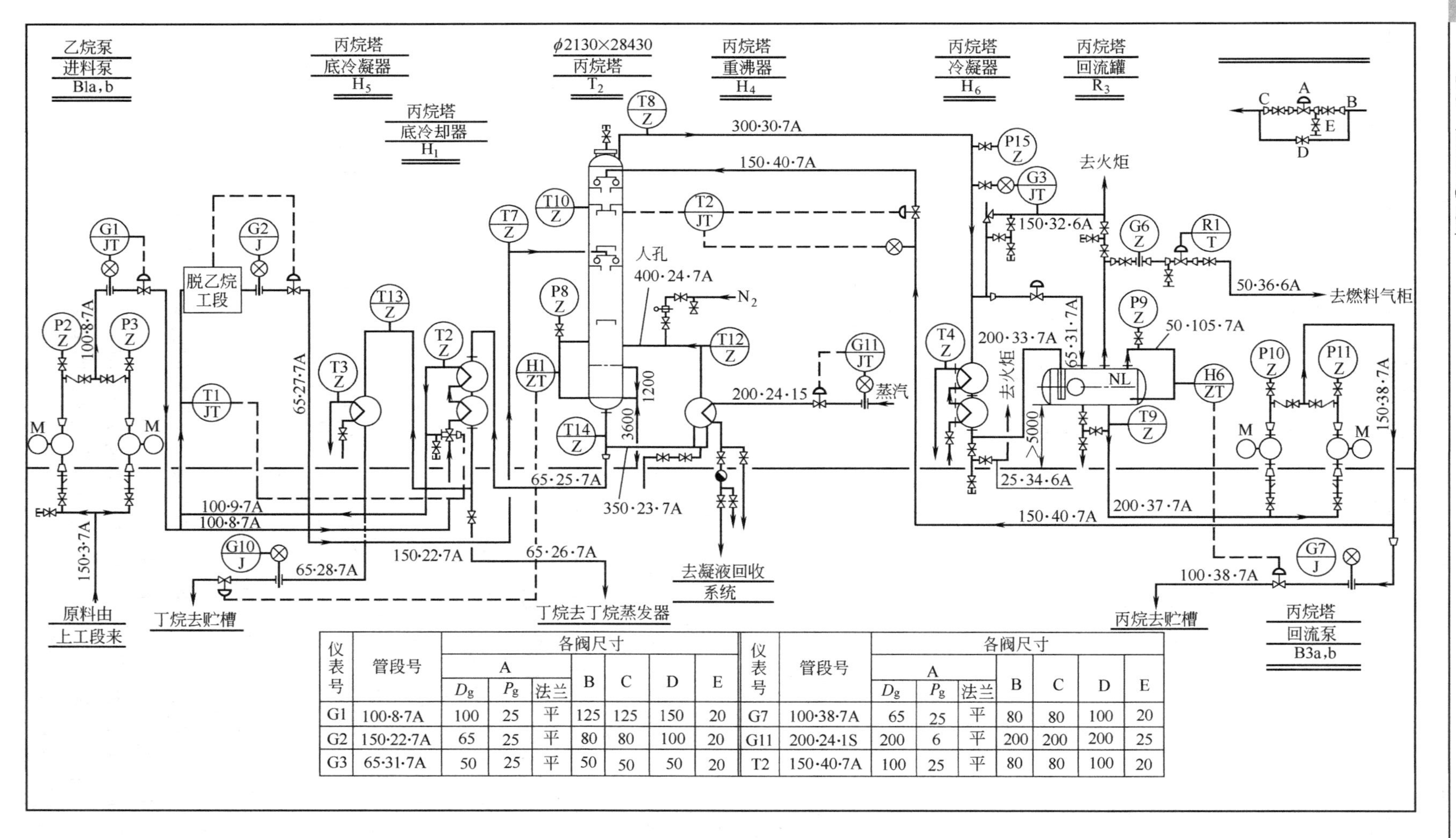

仪表号	管段号	各阀尺寸 A D_g	A P_g	A 法兰	B	C	D	E
G1	100·8·7A	100	25	平	125	125	150	20
G2	150·22·7A	65	25	平	80	80	100	20
G3	65·31·7A	50	25	平	50	50	50	20

仪表号	管段号	各阀尺寸 A D_g	A P_g	A 法兰	B	C	D	E
G7	100·38·7A	65	25	平	80	80	100	20
G11	200·24·1S	200	6	平	200	200	200	25
T2	150·40·7A	100	25	平	80	80	100	20

图2.8 丙烷、丁烷回收装置的管路仪表流程图

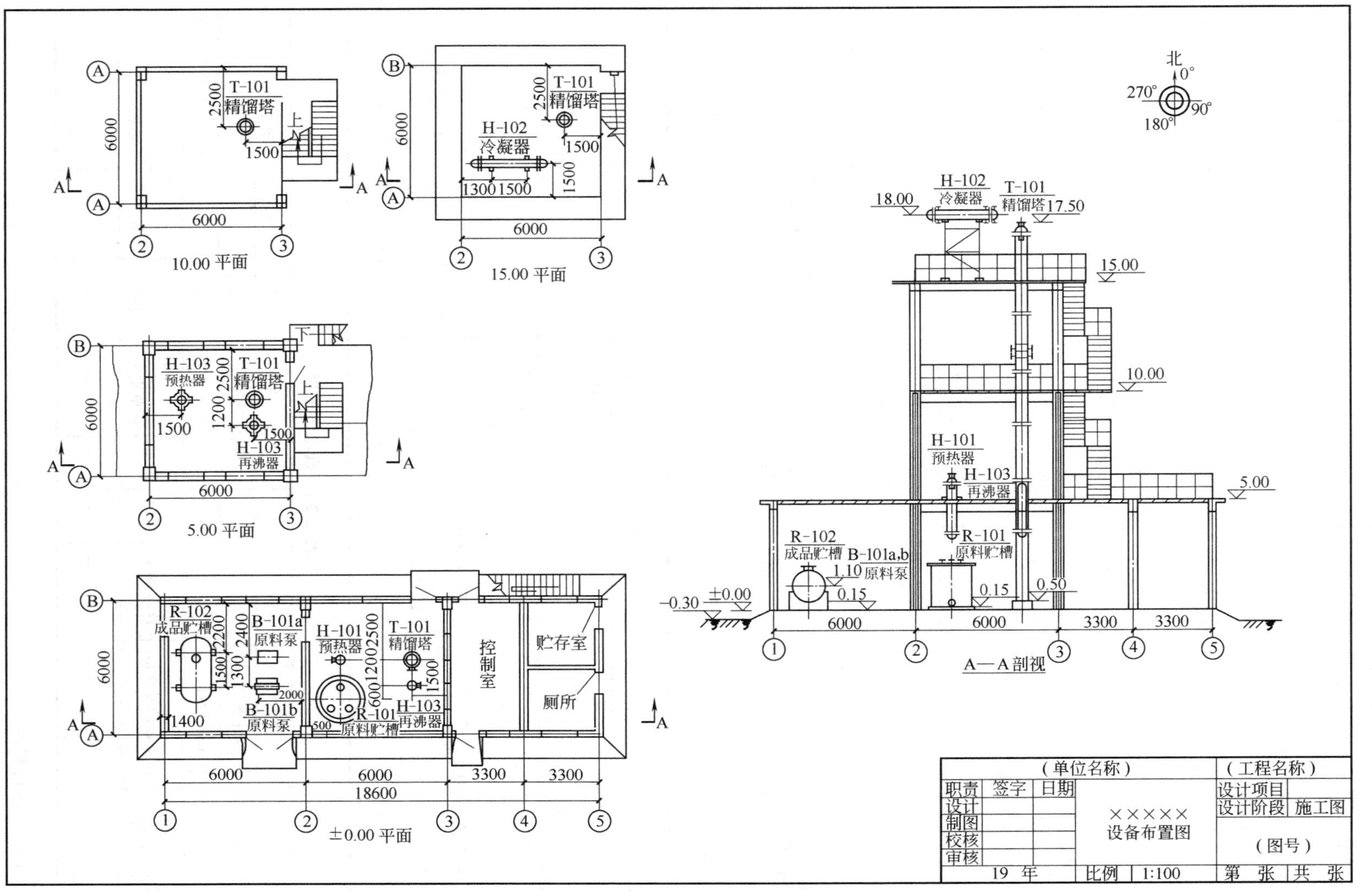

图 2.9　设备平面、立面布置图

管路仪表流程图要详细地描绘装置的全部生产过程，而且着重表达全部设备的全部管路连接关系，测量、控制及调节的全部手段。例如，丙烷、丁烷回收装置的管路仪表流程图如图 2.8 所示。

（3）辅助管路系统图

（4）首页图

当设计项目（装置）范围较大，设备布置和管路安装图需分别绘制时则应编制首页图。

（5）设备布置图

设备布置图包括平面图与剖面图，其内容应标示出全部工艺设备的安装位置和安装标高，以及建筑物、构筑物、操作台等。图 2.9 所示为设备布置图示例。

（6）设备一览表

根据设备订货分类的要求，分别做出定型工艺设备表、非定型工艺设备表、机电设备表等，格式参见表 2.18～表 2.20。

表 2.18 定型工艺设备表

设计单位名称	工程名称		定型工艺设备表（泵类、压缩机、鼓风机类）	编制		年 月 日	库号	
	设计项目			校对		年 月 日		
	设计阶段			审核		年 月 日	第 页	共 页

序号	流程图	名称	型号	流率或排气量/(m³/h)	扬程/m H_2O	介质		温度/℃		压力			原动机型号	功率/kW	电压(V)或蒸汽压(表压)	数量	单重/kg	单价/元	备注
						名称	主要成分	入口	出口	单位	入口	出口							

表 2.19 非定型工艺设备表

设计单位名称	工程名称		非定型工艺设备表	编制		年 月 日	库号	
	设计项目			校对		年 月 日		
	设计阶段			审核		年 月 日	第 页	共 页

序号	流程图	名称	主要规格	操作条件			材料	面积(m^2)或容积(m^3)	附件	数量	重量/kg	单价/元	复用或设计	图纸库号	保温		备注
				主要介质	温度	压力/kPa									材料	厚度	

表 2.20 机电设备表

设计单位名称	工程名称		机电设备表	编制		图号	
	设计项目			校对			
	设计阶段			审核		第 页	共 页

序号	流程图位号	名称	型号规格	技术条件	单位	数量	重量/t		价格/元		备注
							单重	总重	单价	总价	

（7）管路布置图

管路布置图包括管路布置平面图和剖视图，其内容应标示出全部管路、管件和阀件简单

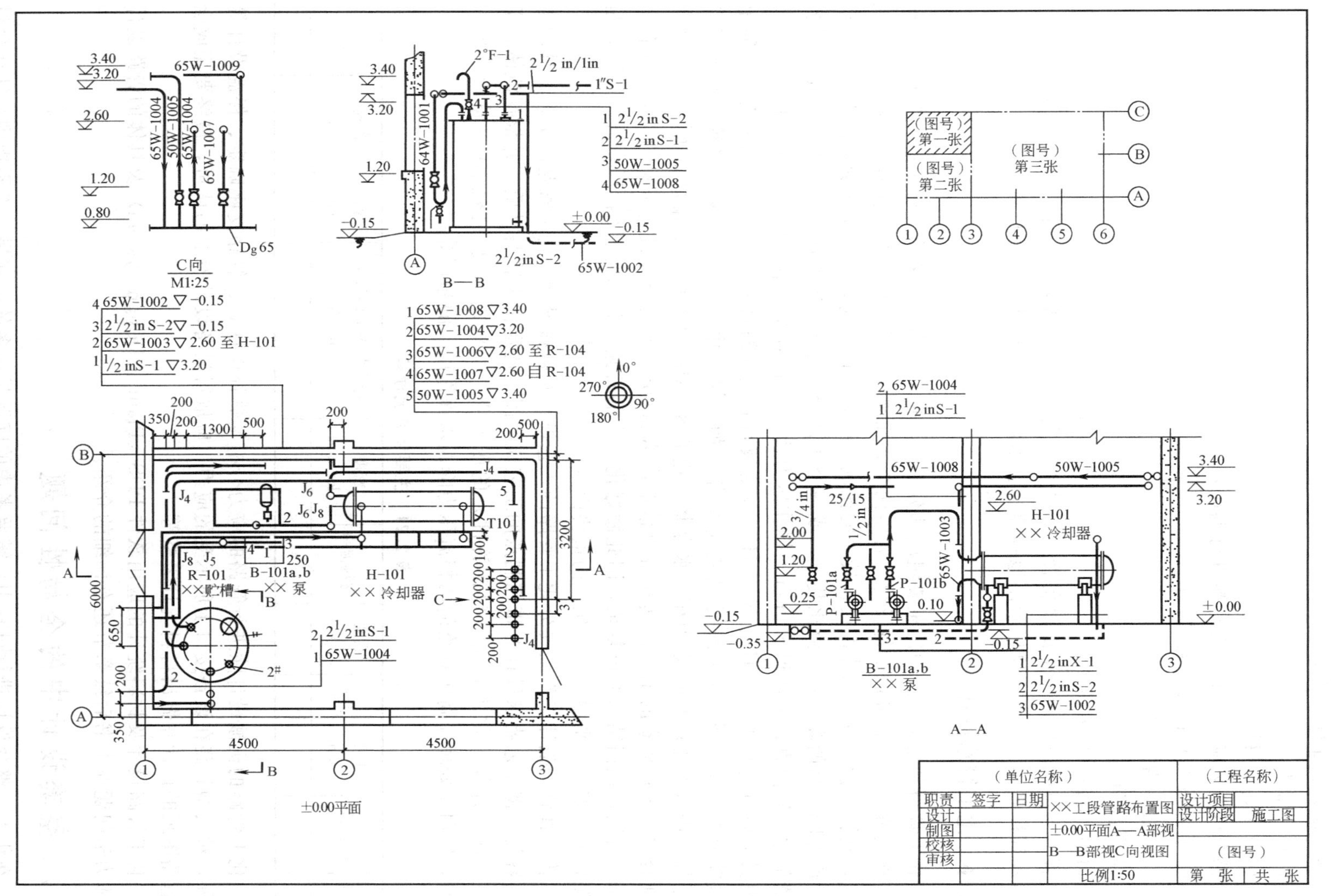
C向
M1:25
B—B
A—A
±0.00平面
H-101
××冷却器
B-101a.b
××泵
R-101
××贮槽
P-101a
P-101b
50W-1005
65W-1008
65W-1004
65W-1003
65W-1002
64W-1001
65W-1009
65W-1007
Dg65
4500
6000
3200
(图号)
第一张
(图号)
第二张
(图号)
第三张
(单位名称)
(工程名称)
职责
签字
日期
××工段管路布置图
设计项目
设计阶段
施工图
±0.00平面A—A部视
B—B部视C向视图
(图号)
比例1:50
第 张 共 张

图 2.10 管路布置图

的设备轮廓及建、构筑物外形，如图2.10所示。

(8) 管架和非标准管架图。

(9) 管架表

(10) 综合材料表

综合材料表应按以下三类材料进行编制：

① 管路安装材料及管架材料；

② 设备支架材料；

③ 保温防腐材料。

(11) 设备管口方位图

管口方位图应标示出全部设备管口、吊钩、支腿及地脚螺栓的方位，并标注管口编号、管口和管径名称。对塔还要标示出地脚螺栓、吊柱、支爬梯和降液管位置。

2.3.6 化工管路设计

化工管路是化工生产中的重要组成部分，一个化工厂当其工艺流程确定后，从机械和物料传输上考虑，就靠机械设备及化工管路两个方面来实现其建设意图，而且在一些大化工流程中，其管路投资占了总建设投资较大的比例。例如，在当前装置大型化的条件下，一个年产100万吨油品的煤炭直接液化装置，或一个年产合成氨50万吨的生产装置，其化工工艺装置的化工管路直径可达到500mm，操作压力达14～15MPa（绝压），温度达410～450℃。而且其流体具有高压下的H_2、N_2、H_2S及溶液具有较强的腐蚀性，其介质的流态亦从简单的气相或液相发展到加压下的气-液或气-固相［如干煤气化工艺的5.0MPa（绝压）氮气输送干煤粉进入气化炉］或液-固相［水煤浆气化的8.0MPa（绝压）水煤浆输送］。一个日产千吨合成氨配产尿素的工厂，其管路的总重量达2000t，为其全部设备重量的1/4，且有高合金钢管路，阀门结构亦很复杂，因此做好化工厂的管路设计（包括阀门等管件设计），是确保化工厂安全、平稳、经济生产的重要因素。

化工管路的设计工作主要分化工管路的工艺设计及机械设计。化工管路的工艺设计的主要内容是根据工艺要求设计好带控制点的工艺流程图，选定化工管路材质，并根据流体力学原理，详细计算出化工管路（包括管件）的压力降，并做出主要管路流速一览表，见表2.21，特别要处理好高压管路的两相流压力降及水锤作用下的超压等。

表2.21 主要管路流速表

序号	管路名称	压力/atm	介质	温度/℃	物料流率	密度/(kg/m³)	操作状态下的流率/(m³/h)	管径/mm	流速/(m/s)	备注

化工管路的机械设计除进行管路的应力分析及热补偿计算、管路支座确定、保温设计等以外，对大型管路在设备接口上所承受的应力，应取得设备设计专业的认可，最终要完成全部管路图纸的设计并做出材料统计表格等。

化工管路设计及材料统计的应用软件PDS（Plant+ Design System）及具体的管路设计流体力学问题在本书后续章节还有详细的介绍。

2.4 整套设计中的全局性问题

在化工厂整套设计进行过程中，需要考虑的问题是很多的，如果考虑不周到，往往会对工程项目的建设、施工、安全以及经济状况产生影响，甚至使建成的工厂无利可图。设计过程中有许多因素，包括厂址的选定、总图布置、公用工程、安全与卫生、土建设计、自动控制、技术经济等，都是十分重要的，它们是整套设计中必须考虑的全局性问题。本章主要讨论前六项因素，技术经济方面的内容将在本书后续章节中详细讨论。

2.4.1 厂址的选择

化工厂厂址选择是一项政策性及技术性很强、牵涉面很广、影响面很深的工作。工厂的地理位置对于企业的成败具有重大的影响，厂址选择的好坏对工厂的建设进度、投资数量、经济效益以及环境保护等方面关系密切，所以它是基本建设的一个重要环节。

厂址选择工作的阶段属于可行性研究的一个组成部分。在有条件的情况下，在编制项目建议书阶段就可以开始选厂工作，选厂报告也可以先于可行性研究报告提出。

目前，我国选厂工作大多采取由主管部门主持，项目拟建单位和设计部门参加的组织形式。选厂工作组一般由工艺、土建、供排水、供电、总图运输和技术经济等专业人员组成，由总图专业人员牵头完成。选址工作一般由厂址选择准备阶段、现场工作阶段、厂址方案比较和选厂报告阶段三个阶段组成。

在选择化工厂厂址时，应该考虑下述各项因素。

（1）原料和市场

厂址应靠近各种原料产地和产品市场，这样可以大大减少原料的运输及贮存费用，以及缩短产品运输所需时间及销售费用。

（2）能源

大多数工厂需要大量的动力和蒸汽，而动力和蒸汽通常由燃料提供，因此，在选择厂址时，动力和燃料是一个主要因素，例如电解工业需要廉价电源，如厂址能靠近大型水电站就很好；需要大量燃料的工厂，则厂址靠近这些燃料的供应地点，对提高经济效益是十分有利的。

（3）气候

气候条件也会影响拟建厂的经济效益，位于寒冷地带的工厂，需要把工艺设备安放在保护性的建筑物中，会增加基建投资；如果气温高，则可能需要特殊的凉水塔或空调设备，增加日常操作费用和基建投资。因此，选择厂址时应把气候条件这一因素考虑在内。

（4）运输条件

水路、铁路和公路是大多数企业常用的运输途径，应当注意当地的运费高低及现有的铁路线路。应该尽量考虑靠近铁路枢纽以及利用河流、运河、湖泊或海洋进行运输的可能性。公路运输可用作铁路运输和水运的补充。另外，供职工使用的交通设施也是选择厂址需要考虑的内容之一。

（5）供水

化工厂使用大量的水，用于产生蒸汽、冷却、洗涤，有时还用作原料。因此，厂址必须靠近水量充足和水质良好的水源。靠近大的河流或湖泊最好，如无此条件，也可考虑使用深井，这需要以厂址的水文地质资料作为依据。

（6）对环境的影响

选厂时应注意当地的自然环境条件，对工厂投产后给环境可能造成的影响做出预评价，并应得到当地环保部门的认可。

选择的厂址，应该便于妥善地处理废物（废气、废水和废渣）。

（7）劳动力的来源

必须调查厂址附近能够得到的劳动力的种类和数量以及工资水平等。

（8）用地

节约用地，尽量少占耕地，并考虑工厂发展的土地空间。

(9) 协作条件

厂址应选择在贮运、机修、公用工程（电力、蒸汽）和生活设施等方面具有良好协作条件的地区。

(10) 预防灾害及其他

厂址应避免低于洪水水位或在采取措施后仍不能确保不受水淹的地段，还应避免布置在下列地区：

① 地震断层地区和基本烈度9度以上的地震区；

② 厚度较大的Ⅲ级自重湿陷性黄土地区；

③ 易遭受洪水、泥石流、滑坡等危害的山区；

④ 有开采价值的矿藏地区；

⑤ 国家规定的历史文物、生物保护和风景游览地区；

⑥ 对机场、电台等使用有影响的地区。

2.4.2 总图布置

按我国化工设计领域的习惯做法，化工厂布置，划分为厂区布置和厂房（装置）布置两部分，前者习惯称为总图布置，后者称为车间布置。这样的划分可以使总图专业和工艺专业有各自明确的工作范围。就工作性质而言，二者是不可分割的整体，只是二者工作范围有大小之分，即总图布置是全局，车间布置则是局部。

总图布置设计的任务是要总体解决全厂所有的建筑物和构筑物在平面和竖向上的布置，运输网和地上、地下工程技术管网的布置，行政管理、福利及绿化景观设施的布置等问题，亦即工厂的总体布局。

化工厂总体布局主要应该满足以下三方面的要求。

(1) 生产要求

总体布局首先要求保证径直和短捷的生产作业线，尽可能避免交叉和迂回，使各种物料的输送距离最小。同时将水、电、汽耗量大的车间尽量集中，形成负荷中心，并使其与供应来源靠近，使水、电、汽输送距离为最小。

工厂总体布局还使人流和货流的交通路线径直和短捷，避免交叉和重叠。

(2) 安全要求

化工厂具有易燃、易爆、有毒的特点，厂区应充分考虑安全布局，严格遵守防火、卫生等安全规范和标准的有关规定，重点是防止火灾和爆炸的发生。

(3) 发展要求

厂区布置要求有较大的弹性，对于工厂的发展变化有较大的适应性。也就是说，随着工厂不断地发展变化，厂区不断扩大，厂内的生产布局和安全布局方面仍能保持合理的布置。

图2.11所示为一个化学纤维联合企业的总平面布置图，分析一下这个总平面图，对于我们体会总平面设计中应考虑的问题是有益的。

(1) 有短捷的生产作业线

生产石油化工初级原料（乙烯、丙烯、芳烃等）的化工一厂，生产合成纤维单体和化工原料（乙醛、乙酸、丙烯腈等）的化工二厂、腈纶厂、维尼纶厂、涤纶厂集中在一起，物料流顺利而短捷。

(2) 负荷中心靠近供应来源

化工一厂、化工二厂、腈纶厂、维纶厂、涤纶厂，加上邻近的维纶纺丝厂和涤纶纺丝厂构成了全厂生产中心，它们是水、电、汽、气（氧气、氮气）耗量大的单元，成为全厂的负荷中心。从总平面布置图可以看出，水、电、汽、气的供应来源（水厂、热电厂、空分）与上述负荷中心很靠近，减少了介质输送距离和耗损。

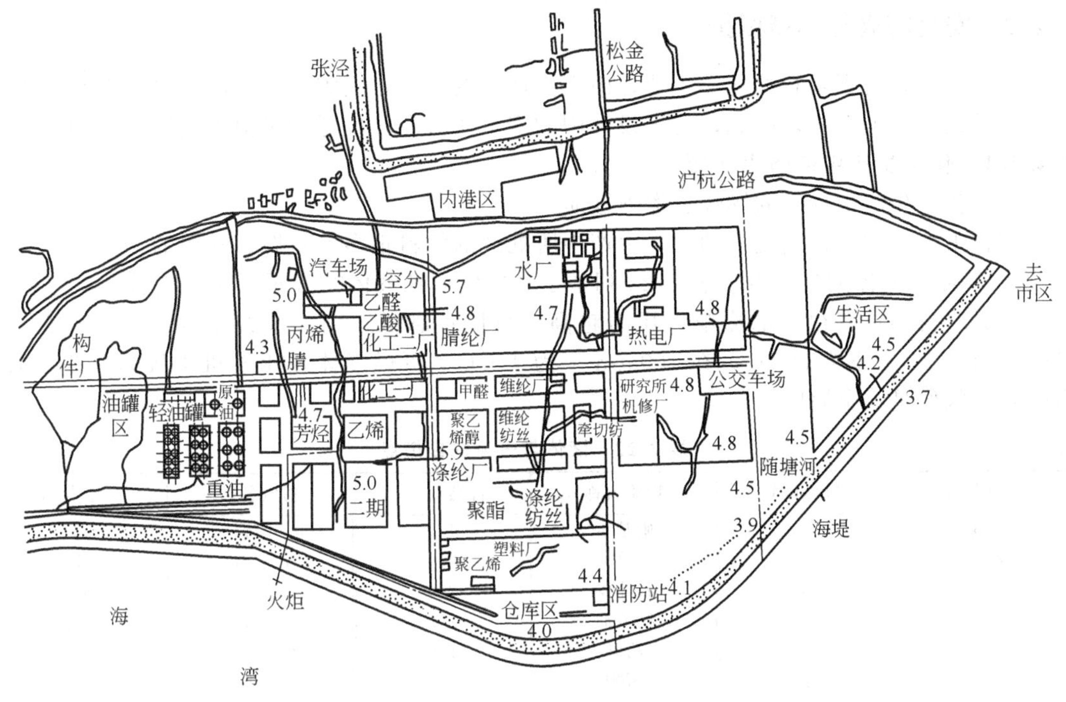

图2.11 总平面布置图

(3) 满足防火、卫生要求

该地区夏季主导风向是东南风，冬季主导风向是西北风，因此，将生活区布置在东面，然后按污染程度由小到大的顺序自东向西依次布置，即按辅助厂（机修厂、热电厂、水厂）、纺丝厂到化工厂的顺序布置。并且化工装置与生活区有1.5km以上的距离，能够满足卫生要求。

为了防止火灾和爆炸事故的发生，将各类明火源（如加热炉、乙烯车间的裂解炉以及机修、变电设施等）布置在主导风向的上风侧或平行风侧，而可能散发可燃气体的设备布置在下风侧，油罐集中在油罐区，布置在下风侧或平行风侧，靠近厂内偏远地带。

火源是一个明火源，在点燃失灵的情况下又是一个污染源，它在总图上与生产装置及罐区成平行风侧布置，并保持较大距离。

(4) 运输

化工一厂、化工二厂、腈纶厂、涤纶厂、纺丝厂等构成了全厂的生产中心，在生产中心以北不远是内河装卸区，以南是铁路装卸区。需要大量燃料的热电工厂靠近内河装卸区，而油罐区和仓库区则靠近南面铁路，这样的布置保证了原料、燃料和产品输送的路线最短。人员较集中的纺丝厂靠近生活区，减少了人员的流动，方便了生活。

(5) 发展要求

总平面布置图中为近期发展留出了适当的余地，使在可预见的将来不致打乱整个生产和安全布局。

如上所述，总平面布置只是确定全厂建筑物、构筑物、铁路、道路、码头和工程管网的坐标，但只确定坐标还不够，还必须确定它们的标高，这就是所谓的竖向布置。竖向布置和平面布置是不可侵害的两部分内容。竖向布置的目的是利用和改造自然地形使土方工程量为最小，并使厂内雨水能顺利排除，竖向布置的方式有平坡式和台阶式两种。

除竖向布置以外，总图布置还包括规划、布置工厂的各种公用系统管网（水管、蒸汽管、压缩空气管）和物料输送管网。

2.4.3 安全防火与环境保护

化学工业，特别是石油化学工业，由于生产上的特点，火灾、爆炸的危险性以及环境污染的问题甚于其他企业，因此，化工设计中的安全防火和环境保护是值得高度重视的。

2.4.3.1 化工生产中的防火防爆

（1）化工生产中物料的燃烧、爆炸性质

在化工生产中，特别是石油化工生产中所处理的物料很多是易燃、易爆的。

① 气体和液体的自燃点　表2.22列举了一些气体和液体在常压下的自燃点。

压力对自燃点有很大的影响，压力越高，自燃点越低。例如苯在1atm下的自燃点为680℃。在10atm下为590℃，在100atm下为490℃。可燃气体在压缩机中较易发生爆炸，自燃点降低便是一个原因。

表2.22 液体与气体的自燃点

物质名称	自燃点/℃	物质名称	自燃点/℃	物质名称	自燃点/℃
甲烷	650	硝基苯	482	丁醇	337
乙烷	540	蒽	470	乙二醇	378
丙烷	630	石油醚	246	乙酸	500
丁烷	429	松节油	250	醋酐	185
乙炔	406	乙醚	180	乙酸乙酯	451
苯	625	丙酮	612	乙酸戊酯	563
甲苯	600	甘油	343	氨	651
乙苯	553	甲醇	430	一氧化碳	644
二甲苯	590	乙醇(96%)	421	二硫化碳	112
苯胺	620	丙醇	377	硫化氢	264

② 液体的闪点　表2.23列出了部分液体的闪点。

闪点与燃点有关系，易燃液体的燃点约高于闪点1～5℃，闪点愈低，二者相差愈小，苯、乙醚、丙酮等的闪点都低于0℃左右。所以对于易燃液体，因为燃点接近于闪点，在估计这类易燃液体的火灾危险性时可以只考虑闪点而不再考虑其燃点。但可燃液体的闪点在100℃以上者，燃点与闪点相差可达30℃或更高。

表2.23 液体的闪点

物质名称	闪点/℃	物质名称	闪点/℃	物质名称	闪点/℃
甲醇	7	乙醚	−45	石油	−21
乙醇	11	丙酮	−20	乙酸	40
乙二醇	112	苯	−14	乙酸乙酯	1
丁醇	35	甲苯	1	乙酸丁酯	13
戊醇	46	氯苯	25	乙酸戊酯	25

③ 爆炸极限　表2.24列出了一些液体的爆炸极限。

每种物质的爆炸极限并非固定，而是随一系列条件变化而变化。混合物的初始温度愈高，则爆炸极限的范围愈大，即下限愈低而上限愈高；混合物压力在1atm以上时，爆炸极限范围随压力增大而扩大（一氧化碳除外）；而当压力在1atm以下时，随着初始压力的减小，爆炸极限范围也缩小；至压力降为某一数值时，下限与上限结成一点，压力再降低，混合物即变得不可爆炸。这一最低压力，称为爆炸的临界压力。

表 2.24 液体与气体的爆炸极限（20℃及1atm）

物质名称	爆炸极限(体积分数)/%		物质名称	爆炸极限(体积分数)/%	
	下限	上限		下限	上限
甲烷	5.00	15.00	丙酮	2.55	12.80
乙烷	3.22	12.45	氰酸	5.60	40.00
丙烷	2.37	9.50	乙酸	4.05	—
乙烯	2.75	28.60	乙酸甲酯	3.15	15.60
丙烯	2.00	11.10	乙酸乙酯	2.18	11.40
乙炔	2.50	80.00	乙酸戊酯	1.10	—
苯	1.41	6.75	氢	4.00	74.20
甲苯	1.27	7.75	一氧化碳	12.50	74.20
二甲苯	1.00	6.00	氨	15.50	27.00
甲醇	6.72	36.50	二硫化碳	1.25	50.00
乙醇	3.28	18.95	硫化氢	4.30	45.50
丙醇	2.55	13.50	乙醚	1.85	36.50
异丙醇	2.65	11.80	一氯甲烷	8.25	18.70
甲醛	3.97	57.00	溴甲烷	13.50	14.50
糠醛	2.10	—	苯胺	1.58	—

各种粉尘的爆炸下限见表2.25。

表 2.25 粉尘的爆炸下限

物质名称	爆炸下限/(g/m^3)	物质名称	爆炸下限/(g/m^3)	物质名称	爆炸下限/(g/m^3)
铝粉	58.0	小麦粉	35.3	锌粉	800.0
木粉	30.2	甜菜糖粉	8.9	硬橡皮粉	7.6
松香粉	5.0	硫粉	2.3		
马铃薯淀粉	40.3	烟草粉尘	101.0		

粉尘的爆炸下限不是固定的。它随下列因素而变化：分散度、温度、挥发性物质的含量、灰分的含量、火源的性质以及湿度等。一般来说，分散度越高，挥发性物质含量越大，火源越强，原始温度越高，湿度越低，灰分含量越少就越易引起爆炸，爆炸的范围也越大。

(2) 发生火灾与爆炸的主要原因

发生火灾与爆炸的原因很复杂，一般可归纳为以下几点。

① 外界原因，如明火、电火花、静电放电、雷击等。

② 物质的化学性质，如可燃物质温度达到自燃点、危险物品的相互作用、物料遇热或受光照自行分解等。

③ 生产过程和设备在设计上或管理上的原因，如设计错误；不符合防火或防爆要求；设备缺少适当的安全防护装置；密闭不良引起可燃气体或可燃液体大量外漏；操作时违反安全技术规程；生产用设备以及通风、照明设备失修与使用不当等。

④ 其他原因。

(3) 化工设计中应考虑的防火防爆问题

① 工艺设计的防火防爆 在工艺设计中，需要考虑防火防爆的方面是很多的。诸如在选择工艺操作条件时，在物料配比上要避免可燃气体或蒸汽与空气混合物落入爆炸极限范围内。例如邻二甲苯在空气中的爆炸下限是44g/m³空气，因此，在邻二甲苯用空气氧化制苯酐的工艺条件中规定，每立方米空气配入40g邻二甲苯，以避开爆炸极限。需要使用溶剂时，在工艺允许的前提下，设计上应尽量选用火灾危险性小的溶剂；使用的热源尽量不用明火，而用蒸汽或熔盐加热；在易燃、易爆车间设置氮气贮罐，用氮气作为事故发生时的安全

用气，并设有备用的氮气吹扫管线。

② 建筑设计的防火、防爆　建筑设计的防爆可从两个方面解决：一方面是合理地布置厂房的平面和空间，消除爆炸可能产生的因素，缩小极限爆炸的范围，保证工人的安全疏散。要做到这一点要求在设计中，工艺（也包括有关的非工艺专业）和建筑的布置方案能够符合防火、防爆的原则，遵守国家制定的“建筑设计防火规范”。另一方面是从建筑结构和建筑材料上来保证建筑物的安全，减轻建筑物在爆炸时所受的损害，例如在建筑布置上，将需要防爆的生产部分与一般生产部分用防爆墙隔开，防止相互影响，如图2.12所示。防爆车间必须设置足够的安全疏散用门、通道和楼梯，疏散用门一律向外开启。又如，在设计防爆车间的结构时，一般来说，用梁、柱系统的框架结构形式比砖墙承重的结构形式为好，因为在发生爆炸时，填充墙易于推倒，而使主要结构不致受到破坏并且易于修复。设计上还必须保证防爆车间有足够的泄压面积，门窗、天窗、外开的门或易于脱落的轻质屋面结构等均可作为泄压面积。一般要求泄压面积为0.05～0.10m^2/m^3厂房容积，体积超过1000m^3时可适当降低，但不应小于0.03m^2/m^3。另外在设计上应考虑把防爆车间设置于单层厂房内，不宜设置在多层厂房及地下室中。若因工艺生产要求必须设置于多层厂房内时要采取相应措施。

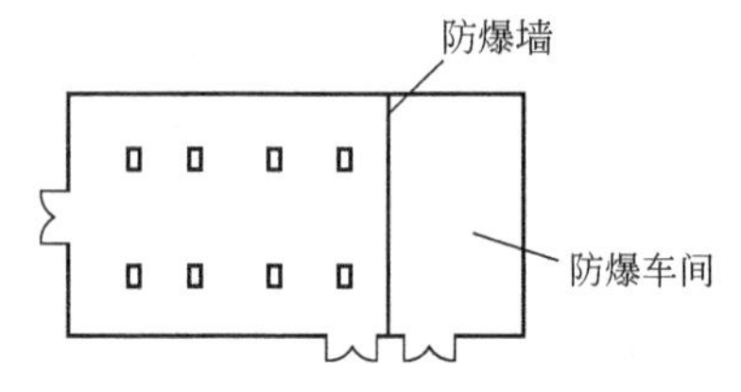

图2.12　单层厂房防爆墙布置方案

③ 根据所设计装置的爆炸危险性选用相应等级的电气设备、照明灯具和仪表。所有能产生火花的电器开关等均应与防爆车间隔离。

要防止静电放电现象的发生，在化工车间中，传动带的传动、流体在管路中的流动均能产生静电，因此在金属设备及管路上均应设置可靠的接地。防爆车间应设置避雷针。

④ 在通风方面要保证能迅速排除易爆易燃气体和粉尘，保证在爆炸极限以外的浓度下操作，设备布置上要避免在车间中形成死角以防止爆炸性气体及粉尘的积累。产生爆炸性物质的设备应有良好的密闭性，使爆炸性物质不致散发到车间中去。

2.4.3.2　防毒与环境保护

（1）工业毒物与环境污染物

工业毒物有氮、氢、一氧化碳、氰化氢等窒息性毒物，酸蒸气、氯气、氨气等刺激性毒物和芳烃及其衍生物和醇类等麻醉性毒物以及其他气体和挥发性毒物如金属蒸气、砷和锑的有机化合物等。化学工业中常见的环境污染物有：汞、氰、砷、酚、芳烃及其衍生物（如苯、甲苯、氯苯等）、饱和烃和不饱和烃及其衍生物（如石油、汽油、氯乙烯、丙烯、丁二烯、卤烃等）、醇（甲醇、丁醇、硫醇等）、二氧化硫、酸、碱等。它们都能污染环境，损害人体健康。

（2）设计工作中防毒与环境保护

首先，工艺设计上应尽量选用无毒或低毒的原料路线。对于同一产品，如果存在两条或两条以上的原料路线，在经济上合理、工艺上可行的前提下，尽量采用无毒或低毒的原料路线。选用催化剂时，在催化剂活性差别不大的前提下，尽量采用无毒或低毒催化剂。例如，许多有机物的合成反应，采用非汞型催化剂代替过去的汞催化剂。采用闭环工艺过程也是一种办法，有些原料或中间产物是有毒的，但它们的某些制成品却是无毒的（如聚氯乙烯、聚丙烯腈等），设计上如采用闭环工艺，有毒的原料和中间产物在系统内循环，只有无毒制成品出生产系统，则可大大减少污染。工艺上还应考虑综合利用，把生产过程中产生的副产物加以回收，不仅可以增加经济效益，还可减少污染。

国家根据各种有毒物质的性质，规定了生产操作岗位空气中有毒气体、蒸气及粉尘的最高允许浓度。在生产作业区，空气中的有毒气体、蒸气的最高允许浓度必须符合国家规定的标准，如“工业企业设计卫生标准”的规定，设计时必须根据国家最新规定的卫生标准进行。

设计中要考虑防止大气污染。工业废气中的污染物有二氧化硫、氮氧化物及各种有机气体和蒸气以及粉尘、烟雾、雾滴、雾气等。为确保居民的身体健康，应保证居住区大气中有害物质最高允许浓度不得超过国家规定标准。

设计中还要考虑到防止水质的污染，即防止有毒物质排入地面水或渗入地下水，造成水质的恶化。所以要按照国家规定的“生活饮用水标准”、“地面水水质卫生要求”、“地面水中有害物质的最高允许浓度”等标准选择水源和设计污水处理排放系统。

2.4.4 公用工程

公用工程包括动力、供排水和采暖通风等内容。

2.4.4.1 动力

在化工厂中，动力首先是以电能的方式供应的，搅拌机、泵、鼓风机、气体压缩机、提升机等通常都是由电动机带动，有时也使用蒸汽透平。

设计时，需要确定是使用电网的电力还是自备发电厂。自备发电厂除能得到电力以外，还有可能得到副产蒸汽以供工艺和加热使用；使用电网电力，则需设置锅炉房生产蒸汽。在大型化工厂中，为了综合利用能量，常使供热系统和生产装置（如换热设备、放出大量反应热的反应器等）以及动力系统（如发电设备、各种机、泵）密切结合，成为工艺-动力装置。这样的结构，可以大大降低能量消耗，甚至做到“能量自给”。

作为一个工艺-动力装置的实例，下面介绍某厂30万吨乙烯装置的能量综合利用情况，如图2.13所示。

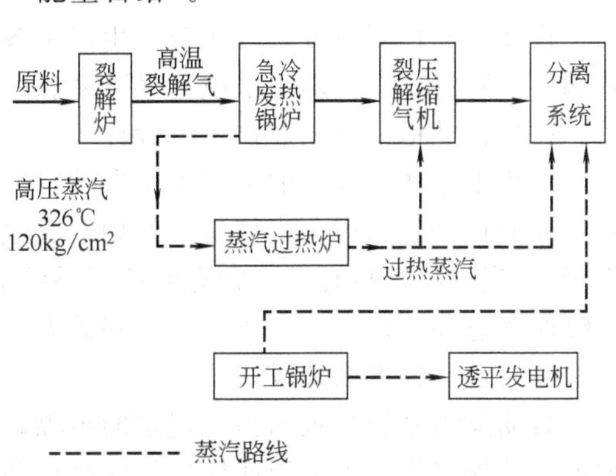

图2.13 乙烯工厂的能量综合利用

正常生产时，裂解炉产生的高温裂解气经过急冷废热锅炉急剧降温，在废热锅炉内产生$120kg/cm^2$、326℃的高压蒸汽，此高压蒸汽经蒸汽过热炉过热至520℃后，用以驱动裂解气压缩机以及分离系统的丙烯压缩机。在装置开工时，需要先从外界引入高压蒸汽，为此设置了开工锅炉。随着裂解气在急冷废热锅炉中的冷却，锅炉水所产生的高压蒸汽逐渐增加，开工锅炉的供气量逐渐减少；当装置投入正常生产后，开工锅炉所产生的高压蒸汽，仅以少量补充装置，绝大部分用来驱动透平发电机进行发电。由此可见，在整个装置中，工艺过程与废热系统以及开工锅炉、发电系统等关系紧密，且配套性强，做到了能量的综合利用。据统计，经柴油裂解装置的机泵总功率为50037kW，其中以裂解副产蒸汽带动的机泵就有42380kW，占装置总功率的84.7%。

2.4.4.2 供排水

工厂用水可以取自工厂的自备水源或市政供水系统。如果需要的水量大，工厂自备水源较为经济。自备水源可从深井、河流、湖泊及其他蓄水系统取水，可靠的水源（质和量）是建设工厂的先决条件，这一点在厂址选择和可行性研究中已经讨论过了。

如2.4.3节中所述，为了防止水质污染，应按国家有关标准设计污水排放系统。

为了节约工业用水，大量使用冷却水的化工厂应循环使用冷却水，将经过换热设备的热下水，送入冷却塔或喷水池降温，在冷却塔中或喷水池上空，水与大气接触换热，一部分水蒸发吸热，使水冷却。大型化工厂使用循环冷却水是十分普遍的，循环水水质好且稳定，能满足长期、连续、稳定操作的要求，只需补充少量新鲜水和排出少量循环水就可以了。

2.4.4.3 采暖通风

采暖通风是卫生工程，旨在保证厂房具有适宜的工作条件（温度、湿度以及洁净的空气）。因为化工生产在许多情况下劳动条件较差，如高温和散发有害气体或有侵蚀性的气体，处理易燃、易爆的原料和粉尘，需设置通风系统以改善劳动条件，保障安全生产。有些化工生产过程要求室内有一定的温度和湿度（如人造纤维厂的拉丝车间），这就需要在通风系统中考虑调节空气温度和湿度，在采暖地区还要进行冬季采暖的设计。

化工厂大多采用集中供暖，按传热介质可分为热水、蒸汽、热风三种，蒸汽采暖最为方便，应用最广。有些气体和粉尘与热管路或散热器表面接触会自燃（如乙醚、二硫化碳），这种情况不能采用蒸汽供暖系统，而应采用热风系统。热风系统是将加热到一定温度的热空气（低于70℃）送入车间，既能采暖又可兼作通风。

通风分自然通风和机械通风。通风设计要符合“工业企业设计卫生标准”规定的车间空气中有害物质的最高允许浓度的要求。例如乙烯、丁二烯为100mg/L，苯乙烯为40mg/L。

2.4.5 自动控制

化工厂的自动控制设计大致包括以下内容。

（1）自动检测系统设计

设计自动检测系统，以实现对生产中各参数（温度、压力、流率、液位等）的自动、连续测量，并将结果自动指示或记录下来。

（2）自动信号联锁保护系统设计

对化工生产过程中的某些关键参数设计信号自动联锁装置，即在事故即将发生前，信号系统就能自动发出声、光信号（例如合成氨厂的半水煤气气柜压力低于某值就会发出声、光报警），当工况已接近危险状态时联锁系统立即采取紧急措施，打开安全阀或切断某些通路，必要时紧急停车以防止事故的发生和扩大。

（3）自动操纵系统设计

自动操纵系统是根据预先规定的步骤，自动地对生产设备进行某种周期性操作。例如合成氨厂的煤气发生炉的周期性操作就是自动操纵系统来完成的。

（4）自动调节系统设计

化工生产中采用自动调节装置对某些重要参数进行自动调节，当偏离正常操作状态时，能自动地恢复到规定的数值范围内。

对于化工生产来说，常常同时包括上述各个方面，即对某一设备，往往既有测量，又有警报信号，又有自动调节装置。

我国新建的化工厂，采用自动控制已比较普遍：在控制室内，有模拟仪表盘，实现对工艺变量的指示、记录和调节。一些工厂还采用计算机集中控制。

设计中首先要确定达到何种自控水平，这要根据工厂规模、重要性、投资情况等各方面因素决定，以便制定具体的控制方案。

2.4.6 土建设计

土建设计包括全厂所有的建筑物、构筑物（框架、平台、设备基础、爬梯等）设计。

化工生产有易燃、易爆、腐蚀性等特点，因此对化工建筑有某些特殊要求，可参照“建筑设计防火规范”。生产中火灾危险分为甲、乙、丙、丁、戊五类。其中甲、乙两类是有燃烧与爆炸危险的，甲类是生产和使用闪点低于28℃的易燃液体或爆炸下限小于10%的可燃气体的生产；乙类是生产和使用闪点高于或等于28～60℃的易燃可燃液体或爆炸下限大于或等于10%的可燃气体的生产。一般石油化工厂都属于甲、乙类生产，建筑设计应考虑相应的耐燃与防爆的措施。

建筑物的耐火等级分为4个等级。耐火等级是根据建筑物的重要性和在使用中的火灾危险性确定的。各个建筑构件的耐火极限按其在建筑中的重要性有不同的要求，具体划分以楼板为基准，各钢筋混凝土楼板的耐火极限为1.5h，称此1.5h为该类楼板的一级耐火极限，依此定义，二级为1.0h，三级为0.5h，四级为0.25h。然后再配备楼板以外的构件，并按构件在安全上的重要性分级规定耐火极限，梁比楼板重要，定为2.0h，柱比梁更为重要，定为2～3h，防火墙则需4h。

甲、乙类生产应采用一、二级的耐火建筑，它们由钢筋混凝土楼盖、屋盖和砌体墙等组成。为了减小火灾时的损失，厂房的层数、防火墙内的占地面积都有限制，依厂房的耐火等级和生产的火灾危险类别而不同。

为了减少爆炸事故对建筑物的破坏作用，建筑设计中的基本措施就是采用泄压和抗爆结构。

在化工厂的土建设计中，结构功能比式样重要得多，建筑形式与所需的结构功能相比应是次要的。结构功能要适用于工艺要求，如设备安装要求、扩建要求和安全要求等。

目前，构件预制化、施工机械化和工业建筑模数制已为设计标准化提供了必要的条件。

2.5 化工厂设计的部分参考资料

在工艺包设计和化工工艺专业设计的过程中，设计人员需要查阅许多参考资料，才能正确完成设计任务。例如，项目产品牵涉到的化工基础数据及其估算方法、产品生产流程信息、产品生产流程中相关主要单元操作技术的要点、产品设计需要遵守的各类设计规范、行业各类标准设备图集、部分化工厂设备或仪表或管件的产品样本以及一些与设计有关的工艺技术评价和工艺经济评价方面的参考资料等。

化工设计的参考资料主要来源于以下几方面。

① 各类化工方面的中外文杂志、期刊、专利、文摘等。

② 各类中外文化工百科全书（此类百科全书一般包括许多文献资料，而且一般间隔一段时间会再版更新）。

③ 各类化工设计规范、手册（一般以国内出版的规范及手册为主）。

④ 世界著名研究机构编写的一些以产品目录为索引的化工技术及经济方面的报告。例如，美国斯坦福研究所（SRI International）编写的以活页形式装订的化工技术经济报告。这类报告在化工产品范围内覆盖面较广，而且经常更新，尤其是在初步设计时，极具参考价值。目前我国部分化工设计研究单位、化工信息中心（如大庆石化院等）等少数单位有此出版物。

参考文献

1 化学工业部. 化工工厂初步设计内容深度的规定. 北京：化学工业部，1988
2 化学工业部. 化工工厂初步设计样图和表格. 北京：化学工业部，1988
3 国家医药管理局上海医药设计院编. 化工工艺设计手册（修订版）. 上、下册. 北京：化学工业出版社，1995

4 丁浩. 化工工艺设计. 上海：上海科学技术出版社，1981
5 Perry R H，Chilton C L. Chemical Engineers Handbook. 6th Edition. New York：McGraw-Hill Inc.，1984
6 中国石油化工集团公司. 石油化工装置基础设计内容规定. 北京：中国石油化工集团公司，2003
7 中国石油集团上海工程有限公司. 化工工艺设计手册. 上册. 北京：化学工业出版社，2003
8 World Bank. World Development Report. New York：World Bank，2006
9 Ernest E Ludwig. Applied Process Design for Chemical and Petrochemical Plants. 3rd Edition. Vol，Ⅰ Ⅱ Ⅲ. Oxford：Gulf Professional Publishing，1999～2001
10 化学工业部. 化工装置工艺系统工程设计规定（一）. 北京：化学工业部，1994
11 王松汉主编. 石油化工设计手册. 第四卷. 北京：化学工业出版社，2002

习 题

2.1 简述我国现行的基本建设程序。

2.2 化工项目建议书应该包括哪些主要内容？

2.3 选择化工厂厂址时，应该考虑哪些方面的因素？

2.4 简述化工工艺包应该包括的主要内容。

2.5 思考一下，在化工厂总图布置时，将负荷中心靠近其供应源有哪些好处？

第 3 章

物料衡算与热量衡算

物料衡算与热量衡算是化工过程设计中最基本的运算之一，当流程选定后只有完成衡算，才能进行设备设计等大系统的其他方面的计算，完成过程设计。

化工过程与其他过程的重要区别之一是具有很多的输入与输出流股（物料流与能量流），本章内容是讨论与研究确定这些流股分布的策略与方法。对于化学工程师，物料衡算与热量衡算是最基本的也是接触最频繁的计算。化工过程按状态分类，可分为稳态过程（如石油炼制与烃加工的连续生产过程）与批处理过程（如精细化工间歇生产过程等）。这两类过程的物料与能量衡算在原则上没有不同，只是在计算基准（连续过程常以单位时间为基准，批处理过程常以批次为基准）上不一样，在运算时要予以注意。

为了掌握复杂的化工过程的衡算，首先由基本概念、简单的物料与热量衡算开始讨论，进而介绍带反应的复杂物系和复杂系统（如有物料或能量循环流）衡算以及物料衡算和热量衡算的联合计算；并以例题阐明基本计算的原理及方法和计算机辅助计算的原理及方法。

3.1 简单的物料衡算

物料衡算的基本准则是质量守恒定律。以稳态过程为例，该定律规定了进入系统的所有物流的总质量等于所有引出物流的总质量，所有进入的原子总数等于所有引出的原子总数，若没有化学反应发生，则所有进入过程的任一化合物的摩尔流率必然等于离开该过程的同一化合物的摩尔流率。

对于任一流程，求解物料衡算的主要步骤如下。

① 分析并确定求解问题的实质与求解的系统。

② 画出该过程的流程示意图。

③ 圈出求解系统在流程图中的边界。

④ 对于复杂的过程问题，需列表进行自由度分析，检查给定的数据条件与求解的变量数目是否相符，确定求解的步骤。

⑤ 选定计算基准。

⑥ 对于简单的衡算问题，可不做自由度分析，列表给出进、出流股，其后直接求解。

⑦ 列出衡算的数学模型，并进行求解计算。

下面首先研究几种基本操作物料衡算的数学模型。任一复杂过程皆可用这几个基本模型组合出的数学模型进行描述。

3.1.1 简单的衡算模型

对于任意系统皆可简化为下述具有 NI 个进入流股及 $(NT-NI)$ 个引出流股的简化示意图，如图 3.1 所示。对于该示意流程图，可写出如下一组物料衡算通式。

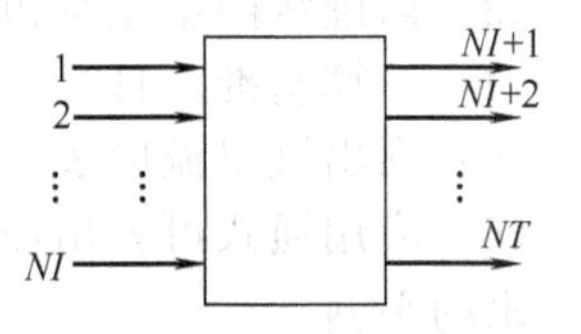

图 3.1　简单衡算系统示意图

总体的物料衡算

$$\sum_{i=1}^{NI} F_i = \sum_{i=NI+1}^{NT} F_i \tag{3.1}$$

组分的物料衡算

$$\sum_{i=1}^{NI} F_i Z_{i,j} = \sum_{i=NI+1}^{NT} F_i Z_{i,j} \quad (j=1,2\cdots,NC) \tag{3.2}$$

组成的约束条件

$$\sum_{j=1}^{NC} Z_{i,j} = 1.0 \quad (i=1,2\cdots,NT) \tag{3.3}$$

简单衡算模型中的符号含义见表3.1。

表3.1 简单衡算模型中的符号明细表

符号	意义	符号	意义
$a_{j,k}$	在第 j 个组分中第 k 个化学元素的原子数目	NI	进入流股的数目
F_i	第 i 个流股的总流率	NT	物质流股的总数
F_j^i	第 i 个流股中 j 组分的流率	Q	流动系统中传递的热量
H_i	第 i 个流股的焓	V_j	在反应中第 j 个组分的化学计量系数，对于反应物为负值；对于产物为正值
M_j	第 j 个组分的分子量		
NC	组分的数目	W	由流动系数中所得到的功
NE	化学元素的数目	$Z_{i,j}$	在第 i 个流股中 j 组分的组成

3.1.2 混合器和分离器的物料衡算

3.1.2.1 简单混合

简单混合是指若干不同流股在一容器内混合为一个流股而流出，如图3.2所示。

系统的物料衡算通式为

$$(F_i Z_{i,j})_{i=NT} = \sum_{i=1}^{NT-1} (F_i Z_{i,j}) \quad (j=1,2,\cdots,NC) \tag{3.4}$$

$$F_{NT} = \sum_{i=1}^{NT-1} F_i \tag{3.5}$$

【例3.1】 将含有40%（质量分数，下同）硫酸的废液与98%浓硫酸混合生产90%的硫酸，产量为1000kg/h。各溶液的第二组分为水，试完成其物料衡算。

解 （1）求解系统为简单的混合系统。

（2）简化流程如图3.3所示。

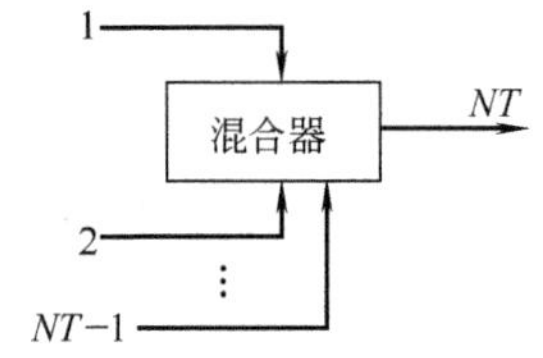

图3.2 简单混合系统示意图

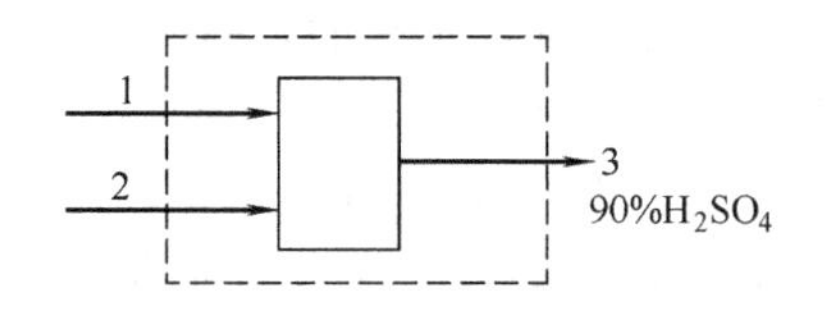

图3.3 例3.1简单混合系统示意图

（3）以虚线圈出系统边界，进两个流股，出一个流股。

（4）计算基准：1h。

（5）列出进出流股表。

（6）应用通式可列出衡算式。

水的平衡　　$0.60F_1 + 0.02F_2 = 100$

总体衡算　　$F_1 + F_2 = F_3 = 1000$

联解以上二式得　　$F_1 = 138\text{kg/h}$

$F_2 = 862\text{kg/h}$

最后用 F_1、F_2 及已知组成计算出各流股、各组分的量，并逐项填写在表3.2中，于是

表 3.2　例 3.1 的物料衡算表

流股	1		2		3	
组分	40%硫酸		98%硫酸		90%硫酸	
	/kg	质量分数	/kg	质量分数	/kg	质量分数
H_2SO_4	55.2	0.40	844.8	0.98	900.0	0.90
H_2O	82.8	0.60	17.2	0.02	100.0	0.10
总计	138.0	1.00	862.0	1.00	1000.0	1.00

该表就成为一份完整的物料衡算表。

3.1.2.2　简单分离

流程示意图如图 3.4 所示，其物料衡算通式为

$$F_1 = F_2 + F_3 \tag{3.6}$$

$$F_2 = \frac{F_1 Z_{1,j} - F_3 Z_{3,j}}{Z_{2,j}} \tag{3.7}$$

$$F_3 = \frac{F_1 Z_{1,j} - F_2 Z_{2,j}}{Z_{3,j}} \tag{3.8}$$

【例 3.2】 将一个含有 20%（摩尔分数，下同）丙烷（C_3）、20%异丁烷（i-C_4）、20%异戊烷（i-C_5）和 40%正戊烷（n-C_5）的混合物引入精馏塔分离。塔顶馏分为含 50%C_3、44%i-C_4、5%n-C_5 的混合物，塔底引出流股中仅含 1%的 C_3。试完成其物料衡算。

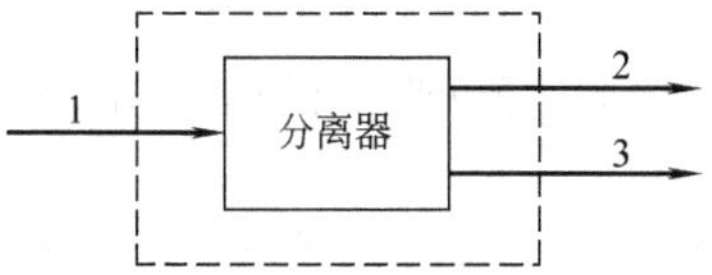

解　系统示意图如图 3.4 所示，该系统有一个流入流股，两个引出流股。计算基准：100kmol/h 进料。

图 3.4　简单分离系统示意图

按简单分离物料衡算通式写出

C_3 组分衡算式　$0.5F_2 + 0.01F_3 = 20\text{kmol/h}$

总体衡算式　$F_2 + F_3 = 100\text{mol/h}$

则可解出　$F_2 = 38.8\text{mol/h}$，$F_3 = 61.2\text{mol/h}$

用 F_2 和 F_3 以及已知数据求出塔底流股的未知组成及各流股的衡算数据，依次填入表 3.3 中。

表 3.3　衡算结果

流　股	1		2		3	
组　分	进　料		馏　分		塔底流	
	/(kmol/h)	组成	/(kmol/h)	组成	/(kmol/h)	组成
C_3	20	0.2	19.4	0.50	0.6	0.01
i-C_4	20	0.2	17.1	0.44	2.9	0.05
i-C_5	20	0.2	1.9	0.05	18.1	0.30
n-C_5	40	0.4	0.4	0.01	39.6	0.64
合计	100	1.00	38.8	1.00	61.2	1.00

3.1.3　具有化学反应的物料衡算

按照质量守恒定律，对于化学反应

$$V_1 A + V_2 B + V_3 C \rightleftharpoons V_4 D + V_5 E \tag{3.9}$$

其物料衡算通式为

$$\sum_{j=1}^{NC} M_j V_j = 0 \tag{3.10}$$

【例 3.3】 在催化剂作用下，甲醇借助空气氧化可以制取甲醛。为了保证甲醇有足够的转化率，在进料中空气过量 50%，甲醇转化率可达 75%。试列出物料衡算表。

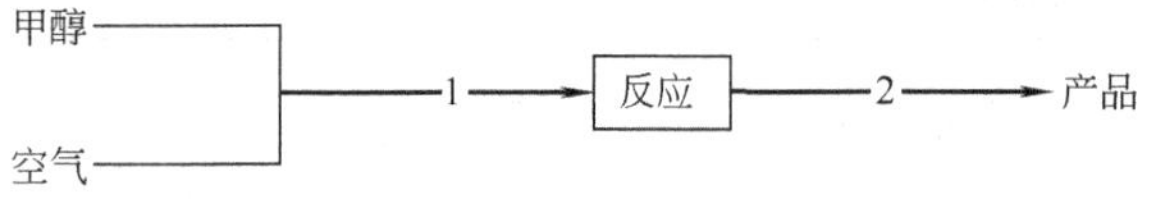

甲醇 空气 —1→ 反应 —2→ 产品

图3.5 例3.3简化流程图

解 按题意可绘出如图3.5所示的简化流程图。

计算基准：100kmol/h 甲醇进料。

$$CH_3OH+0.5O_2 \rightleftharpoons HCHO+H_2O$$

该反应式的化学计量系数为

甲醇 $V_1=-1$，氧 $V_2=-0.5$，甲醛 $V_3=1$，水 $V_4=1$

物料衡算的数学模型为

$$F_2Z_{2,j}=F_1Z_{1,j}-F_1Z_{1,k}\frac{Y_kV_j}{V_k} \quad (j=1,2\cdots,NC)$$

$$\sum_{j=1}^{NC}M_jV_j=0$$

式中 Y_k——关键的或基准的一种反应试剂的转化率。

亦可写出如下衡算式以进行计算

$$\sum_{j=1}^{NC}M_jF_2Z_{2,j}=\sum_{j=1}^{NC}M_jF_1Z_{1,j}$$

$$F_2\sum_{j=1}^{NC}Z_{2,j}a_{j,k}=F_1\sum_{j=1}^{NC}Z_{1,j}a_{j,k} \quad (k=1,2\cdots,NE)$$

按上述模型求出的解列出表3.4。

表3.4 例3.3计算结果

项目	CH_3OH	O_2	惰性组分	HCHO	H_2O
	$CH_3OH+0.5O_2 \rightleftharpoons HCHO+H_2O$				
按化学计算式计算需求量/(kmol/h)	100.0	50.0		100.0	100.0
过量50%空气，试剂量/(kmol/h)	100.0	75.0	282.1		
对于甲醇转化率75%时的					
转化物质/(kmol/h)	75.0	37.5			
产生物质/(kmol/h)				75.0	75.0
未转化物质/(kmol/h)	25.0	37.5	282.1		
总计/(kmol/h)					
进入气体	100.0	75.0	282.1		
引出气体	25.0	37.5	282.1	75.0	75.0
引出气体的组成分析(摩尔分数)/%	0.05	0.08	0.57	0.15	0.15

3.1.4 简单的过程计算

含有惰性组分的过程是常见的简单过程之一。所谓惰性组分即是在整个过程中含量始终不变的组分。下例中的氮就是惰性组分。

【例3.4】 今有一油分，经质量分析得知，其中含有84%的碳和16%的氢。现以100kg/h的油分、3.6kg/h的水蒸气和空气混合燃烧。分析燃烧尾气，其中含有9.5%的CO_2（体积分数）。试求供给燃烧炉的空气过剩量是多少？

解 该燃烧过程的反应为

$$C_nH_m+RO_2 \longrightarrow nCO_2+0.5_mH_2O$$

式中 $R=n+0.25m$。

该反应亦可分解为C与H_2的燃烧反应，即

$$C+O_2 \longrightarrow CO_2$$

$$H_2+\frac{1}{2}O_2 \longrightarrow H_2O$$

(1) 计算基准：1h。

(2) 估算输入流率

$$84\text{kgC}=\frac{84}{12}=7\text{kmol}$$

$$16\text{kgH}_2=\frac{16}{2}=8\text{kmol}$$

$$3.6\text{kgH}_2\text{O}=\frac{3.6}{18}=0.2\text{kmol}$$

(3) 用分解反应做反应物质的物料衡算，各组分在各个步骤中的数量分配列于表3.5中，表中 x 表示过剩的氧气量，y 表示进料中的氮。

表3.5 各组分数量分配 单位：kmol

项目	H_2	C	O_2	CO_2	H_2O	N_2
反应1 $C+O_2 \longrightarrow CO_2$						
消耗		7	7			
产生				7		
反应2 $H_2+\frac{1}{2}O_2 \longrightarrow H_2O$						
消耗	8		4			
产生					8	
未变组分			x		0.2	y
出口尾气			x	7	8.2	y

(4) 计算过剩的空气量

按化学计量式所需 O_2 为 $4+7=11\text{kmol}$

实际供应氧气量为 $11+x\text{kmol}$

氮气进出总量不变，按大气组成计算

$$y=(11+x)\times\frac{0.79}{0.21}=41.38+3.76x$$

全部引出的气体量为 $15.2+x+y=56.58+4.76x$

按题给条件在出口气体中 CO_2 占9.5%，即

$$\frac{7}{56.58+4.76x}=0.095$$

解得 $x=3.59\text{kmol}$

实际上供氧量为 $11+x=11+3.59=14.59\text{kmol}$

所以过剩空气量与反应所需空气量的百分比 p 等于其相应的氧气量的比，即

$$p=\frac{\text{出口流中 }O_2}{\text{化学计量中的 }O_2}\times100\%$$

$$=\frac{3.59}{11.00}\times100\%$$

$$=32.6\%$$

【例3.5】 吸收过程

应用惰性组分的特征可简化过程的物料衡算，例3.4已经说明了这一点，此例亦可运用这一概念简化运算。

有一股流率为50kmol/h，含有15%（摩尔分数，下同）CO_2 和5% H_2O 的气流送入吸

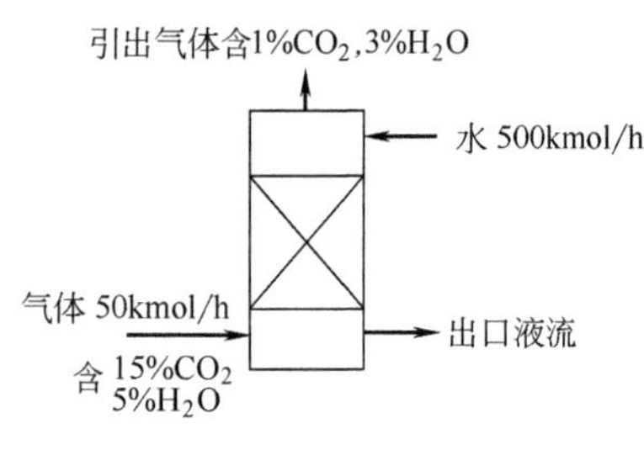

图 3.6 例 3.5 简化流程图

收塔，用新鲜水吸收 CO_2。吸收后的气体中，含 1% CO_2 和 3% H_2O。新鲜水的流率为 500kmol/h。试求出口流股的组成与流率。

解 按题意绘出图 3.6 所示的简化流程图。

按题给条件得知吸收过程中惰性物质的流率为：50×(1－0.15－0.05)＝40kmol/h，惰性物质在入塔气体及引出气体中的组成分别为：80%（100%－15%－5%）及 96%（100%－1%－3%）。

利用上述数据及已知数据对各个组分做物料衡算，将得到的全塔物料衡算结果列于图 3.7 中，该图称为全塔的物料平衡图。

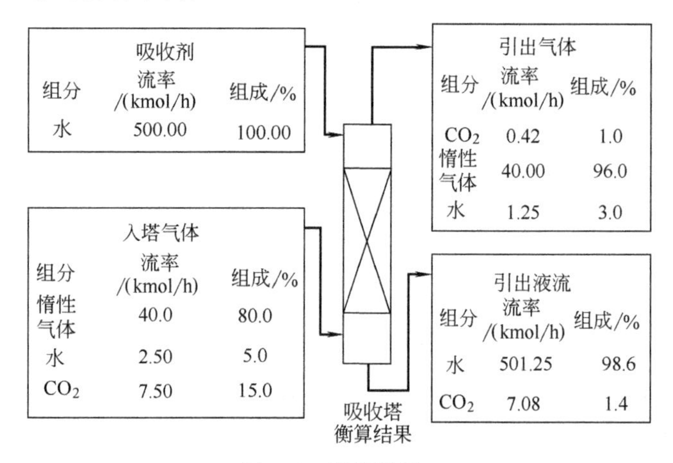

图 3.7 衡算结果

【例 3.6】 制取硝酸的物料衡算

图 3.8 给出了由氨转化制硝酸的主要步骤，各步骤的主要化学反应为

在转化器中 $NH_3+\frac{5}{4}O_2 \rightleftharpoons NO+\frac{3}{2}H_2O$

在氧化器中 $NO+\frac{1}{2}O_2 \rightleftharpoons NO_2$

在硝酸塔中 $2NO_2+H_2O+\frac{1}{2}O_2 \rightleftharpoons 2HNO_3$

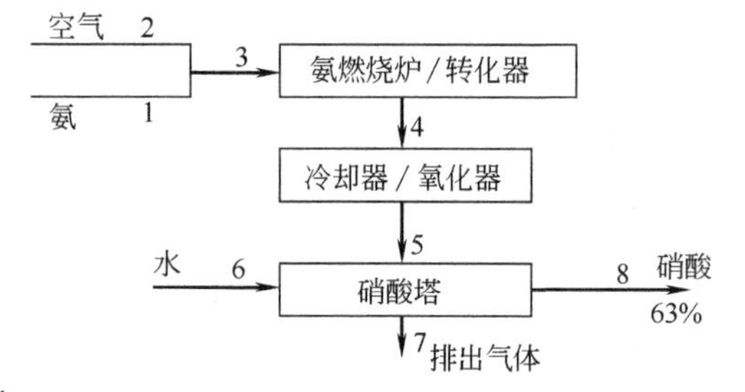

图 3.8 例 3.6 简化流程

已知数据如下。

(1) 供给系统的氨量为 100kmol/h。

(2) 由空气供给的氧量为 225kmol/h，氮为 846.43kmol/h。

(3) 在氨的燃烧炉和转化器中生成一氧化氮，98%的 NH_3 转化为一氧化氮，同时有 2%的 NH_3 分解为 H_2，H_2 继而被氧化为水，所以全部反应为 $NH_3+1.24O_2 \longrightarrow 0.98NO+0.01N_2+1.5H_2O$

(4) 在冷却器/氧化器中，99%的一氧化氮转化为二氧化氮。

(5) 在硝酸塔中，所有的二氧化氮被吸收而且氧化生成 63%（质量分数）的硝酸。

(6) 硝酸塔排出气体中有氮、氧和一氧化氮，该排出气体被 35℃的水蒸气所饱和，塔压为 4atm。在此条件下水蒸气压力为 42mmHg。试求加入硝酸塔的水量，并列出全系统的物料衡算表。

解 (1) 计算基准：1h。

（2）流 1 氨气和流 2 空气混合组成流 3，进入转化器进行氧化反应后得到流 4。流 4 进入氧化器反应后生成流 5。这几个流股的计算比较简单，硝酸塔中的物料衡算结果列于表 3.6 中。全系统流率的计算结果列于表 3.7 中。

表 3.6　例 3.6 硝酸塔中的物料衡算结果

化学计量式系数		流 5/(kmol/h)	出口流(流 7＋流 8)/(kmol/h)
HNO_3	2	0	97.02
NO_2	−2	97.02	0
NO	0	0.98	0.98
O_2	−0.5	52.49	52.49−97.02×(0.5/2)＝28.24
N_2	0	847.43	847.43
H_2O	−1	150.00	150.00−97.02×[−1/(−2)]＝101.49

流 7 由 NO、O_2、N_2 及水蒸气组成，假设流 7 混合物为理想气体，则有

流 7 中水的摩尔分数＝42/(4×760)＝0.0138

流 7 中 NO、O_2 及 N_2 的总流率为：0.98＋28.24＋847.43＝876.65kmol/h

流 7 中水分量为：876.65×0.0138/(1−0.0138)＝12.27kmol/h

最后可计算出硝酸塔的加入量（即流 6 的量）：流 6 中的水＝流 8 中的水＋流 7 中的水－出口流中的水＝199.68＋12.27－150＋48.51＝110.46kmol/h，最后将全系统中各流股各组分的流率列于表 3.7 中。

表 3.7　各流股各组分的流率　　单位：kmol/h

流股数	1	2	3	4	5	6	7	8
NH_3	100	0	100	0	0	0	0	0
HNO_3	0	0	0	0	0	97.0	0	97.0
NO_2	0	0	0	0	97.0	0	0	0
NO	0	0	0	98.0	1.0	0	1.0	0
O_2	0	225.0	225.0	101.0	52.5	0	28.2	0
N_2	0	846.4	846.4	847.4	847.4	0	847.4	0
H_2O	0	0	0	150.0	150.0	110.5	12.27	199.7

3.1.4.1　不带化学反应的化工流程的物料衡算

下面以一个例题来说明不带化学反应的化工流程的物料衡算计算过程，对于同样的例题，我们将在本章以后的部分介绍其计算机辅助化工过程设计的求解过程。

【例 3.7】　一个由四个精馏塔和一个分流器组成的化工流程示意图如图 3.9 所示。流程中无化学反应，所有组成均为摩尔分数。设计要求从塔 2 塔底出来的流股流率有 50％回流到塔 1，试计算确定流程中所有未知的流股流率和组成。

解　该过程的流程示意图如图 3.9 所示，其中一些流股的部分或全部流股变量已经由设计条件给出，但仍然有一些流股变量未知。由于该例题要求确定流程中所有未知的流股变量，所以，其物料衡算范围应该是全部流程。

该流程虽然只牵涉到 4 种组分，但由于牵涉到 5 个单元设备、11 个流股，所以其物料衡算计算相对一个单元操作的物料衡算要复杂一些，为了确定物料衡算计算的顺序，先进行该流程的物料衡算自由度分析，这样还可以对设计条件（数据）充分与否进行校验。

在做该流程的自由度分析之前，应该根据流程的特点和流股与单元设备的联系确定流程

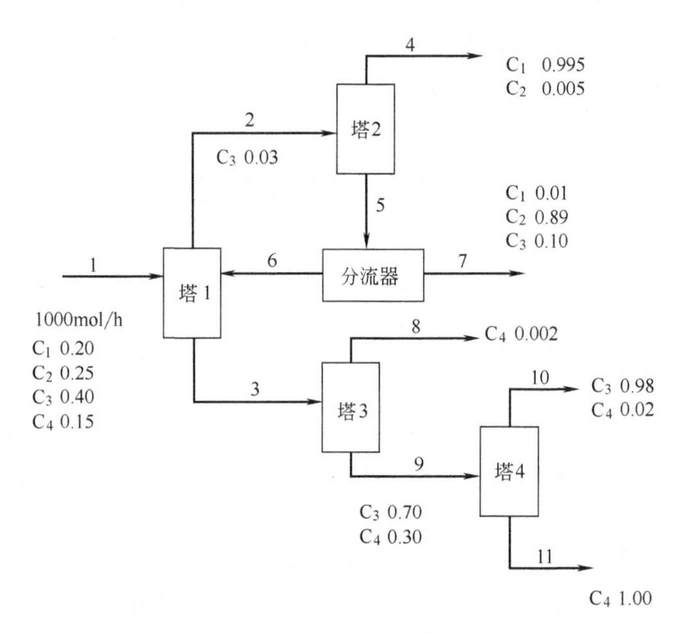

图3.9 不带化学反应的精馏塔群流程示意图

中所有过程可能含有的组分种类。在本例题中，1、4、5、6、7、9、10、11号流股的组分种类已经十分明显了，但2、3、8号流股的组分种类就需要根据流程的特点和流股与单元设备的联系来进行分析判断。本例题中，由于塔2的输出流股中含有3种组分，所以2号流股就必然含有3种组分（C_1、C_2、C_3），同理可以判断出3号流股和8号流股含有3种组分（C_2、C_3、C_4）。还应该注意，本例题中5、6、7三个流股是直接与分流器相连接的流股，它们的流股组成应该完全相同。

同时，由于本例题只要求做物料衡算，各流股的温度可以不当作流股变量。应该说明的是，这种情况在真实的化工流程设计中非常少见。

流程自由度分析说明以下几点。

（1）塔1的流股变量总数为13，因为塔1牵涉到1、2、3、6共四个流股，由1号流股4个流股变量、2号流股3个流股变量、3号流股3个流股变量、6号流股3个流股变量组成。塔1共牵涉到4种组分，所以可以列出4个独立的物料衡算方程。

（2）本例题的分流器虽然牵涉到3种组分，但其只能列出1个独立的物料衡算方程。而且其流股变量总数只有5个，分别是5号流股的流率、6号流股的流率、7号流股的流率以及任意两种组分的组成含率。

（3）自由度分析表中的过程自由度分析时，应该注意其流股变量总数包括了流程中所有流股（包括进出流程的流股和中间流股）的流股变量之和。其物料衡算方程数一般等于所有单元（不包括整体这个虚拟单元）物料衡算方程数之和。

（4）自由度分析表中整体的自由度分析时，应该注意流程整体这个虚拟单元的特性，它与过程的自由度分析不同。整体计算时，衡算范围边界线只穿过流程系统的进出流股，本例题可以将整体看作为1号流股进，4、7、8、10、11号流股出的一个虚拟精馏塔，整体的物料衡算只与这些进出系统的流股有关，而与其他中间流股无关。

由以上自由度分析表3.8可以看出，由于各单元（包括整体）的自由度均大于或等于零，而且流程过程的自由度等于零，所以该流程设计给定的数据条件与求解的变量数目是相符的，其物料衡算计算可以得到唯一的确定解。

表 3.8　例 3.7 流程的自由度分析

项　目	塔 1	塔 2	塔 3	塔 4	分流器	过程	整体
总流股变量数	13	8	8	5	5	25	15
MB 方程数	4	3	3	2	1	13	4
已知流股变量数	7	4	2	2	2	11	9
已知附加方程数	0	0	0	0	1	1	0
自由度	2	1	3	1	1	0	2

对于本例题，从流程过程自由度分析可以看出，其物料衡算总共牵涉到 25 个变量，其中有 11 个已知，相当于有 14 个未知变量，相应地可以列出 13 个物料衡算方程和 1 个设计约束的附加方程，总共 14 个独立的方程。本章以后将要介绍计算机辅助化工过程设计计算的联立方程法，就是用这 14 个方程联立求解出 14 个未知变量。但对于计算而言，联立方程求解的计算工作量是巨大的，所以，在此先介绍单个单元的逐个求解。

从本例题的自由度可以看出，应该先求解自由度最小的单元，然后求解与其相邻的自由度相对较小的单元，直到计算完所有的流程单元，求解出流程中所有的未知流股变量。具体求解过程如下。

塔 2 的 3 个独立的物料衡算方程为

$$F_2 = F_4 + F_5$$

$$0.03F_2 = 0.10F_5$$

$$X_{2,C_1} F_2 = 0.995F_4 + 0.01F_5$$

3 个方程、4 个未知变量，所以自由度为 1，与其自由度分析结果相符，只能部分求解。

解得

$$X_{2,C_1} = 0.6995,\ X_{2,C_2} = 0.2705,\ X_{2,C_3} = 0.03$$

$$F_5 = 0.3F_2$$

$$F_4 = 0.7F_2$$

分流器的物料衡算

$$F_5 = F_6 + F_7$$

$$F_6 = 0.5F_5$$

对于分流器而言，有 3 个未知变量，只有 2 个方程，表明其自由度为 1。同样只能部分求解。解得

$$F_6 = 0.15F_2$$

$$F_7 = 0.15F_2$$

塔 1 的物料衡算

$$1000 + F_6 = F_2 + F_3$$

$$200 + 0.01F_6 = X_{2,C_1} F_2$$

$$250 + 0.89F_6 = (1 - 0.03 - X_{2,C_1})F_2 + X_{3,C_2} F_3$$

$$400 + 0.10F_6 = 0.03F_2 + X_{3,C_2} F_3$$

以上 4 个方程中，有 6 个未知变量，自由度为 2。将塔 2 和分流器衡算方程部分求解的结果代入塔 1 的方程组中，塔 1 的物料衡算方程变为

$$1000 + 0.15F_2 = F_2 + F_3$$

$$200 + 0.0015F_2 = 0.6995F_2$$

$$250 + 0.1335F_2 = 0.2705F_2 + X_{3,C_2} F_3$$

$$400 + 0.015F_2 = 0.03F_2 + X_{3,C_3} F_3$$

以上4个方程组可完全求解，解得

$$F_2=286.53,\ F_3=756.45$$

$$X_{3,C_2}=0.2786,\ X_{3,C_3}=0.5231,\ X_{3,C_4}=0.1983$$

将上述结果回代入塔1和分流器的部分求解结果中，得

$$F_5=85.959,\ F_4=200.5711$$

$$F_6=42.9795,\ F_7=42.9795$$

至此，与塔1、塔2和分流器有关的流股变量以经通过衡算全部确定，虽然塔2和分流器的衡算是部分求解，但解到塔1后，其结果变成能全部求解。有经验的化学工程师很容易发现本例题流程的特点，全流程系统可以分成由塔1、塔2与分流器组成的子系统和由塔3、塔4组成的子系统两个相对独立的部分，而且两个子系统只通过一个流股（3号流股）相连，那么，物料衡算计算时，很容易使人产生将这两个子系统分开计算的意图，而这种意图将使衡算计算变得相对简单。而且对由塔1、塔2与分流器组成的子系统进行过程自由度分析可以发现，该子系统过程的自由度恰好为零，这也是塔2、分流器的衡算是部分求解，但解到塔1后就变成能完全求解的原因所在。

很明显，通过全流程的特点可以看出，下一步应该求解塔3的物料衡算。

塔3的物料衡算

$$F_3=F_8+F_9$$

$$X_{3,C_2}F_3=X_{8,C_2}F_8$$

$$X_{3,C_4}F_3=0.002F_8+0.3F_9$$

解得 $F_8=258.17,\ X_{8,C_2}=0.81616,\ X_{8,C_3}=0.18184,\ X_{8,C_4}=0.002$

$F_9=498.28,\ X_{9,C_3}=0.70,\ X_{9,C_4}=0.30$

塔4的物料衡算

$$F_{10}+F_{11}=F_9$$

$$X_{9,C_3}F_9=0.98F_{10}$$

解得 $F_{10}=355.914,\ F_{11}=142.366$

至此，全部未知的流股变量已经通过物料衡算解出，将衡算计算的结果以流程的物料衡算结果一览表的形式给出（见表3.9）。

表3.9 例3.7流程的物料衡算结果一览表

流率及组成	流股号						
	1	2	3	4	…	10	11
总流率/(mol/h)	1000	286.53	756.45	200.57		355.914	142.366
C_1 分流率/(mol/h)	200	200.428	0	199.567		0	0
C_2 分流率/(mol/h)	250	77.506	210.747	1.0029		0	0
C_3 分流率/(mol/h)	400	8.596	395.699	0		348.795	0
C_4 分流率/(mol/h)	150	0	150	0		7.1183	142.366
X_{C_1}(摩尔分数)	0.20	0.6995	0	0.995		0	0
X_{C_2}(摩尔分数)	0.25	0.2705	0.2786	0.005		0	0
X_{C_3}(摩尔分数)	0.40	0.03	0.5231	0		0.98	0
X_{C_4}(摩尔分数)	0.15	0	0.1983	0		0.02	1.0

该例题如上所述，是一个先部分衡算求解，然后完全求解的计算过程。针对本例题流程，不妨先将 $F_1=1000$mol/h 这个流率计算基准假设为未知，将该流程改为弹性设计流程，采用变量置换法重新挑选一个流股的流率作为计算基准，这样做将大大简化该流程的物料衡算计算。具体求解过程如下。

首先假设 F_1=1000mol/h 这个流率计算基准假设为未知，做流程自由度分析，然后选择 F_4=1000mol/h 为新的物料衡算计算基准，重新做流程的自由度分析（见表 3.10）。

表 3.10 例题 3.7 假设 F_1 未知时流程的自由度分析

项　目	塔 1	塔 2	塔 3	塔 4	分流器	过程	整体
总流股变量数	13	8	8	5	5	25	15
MB 方程数	4	3	3	2	1	13	4
已知流股变量数	6	4	2	2	2	10	8
已知附加方程数	0	0	0	0	1	1	0
原自由度	3	1	3	1	1	1	3
新计算基准		−1				−1	−1
新自由度	3	0	3	1	1	0	2

然后在以上自由度分析表的指导下，开始流程物料衡算计算，从塔 2→分流器→塔 1→塔 3→塔 4 顺序计算，将发现衡算计算变成了一个每个单元都能完全求解的计算序列，衡算计算变得十分简单。这样求解的结果，各流股的组成将与变量置换前的计算结果相同，只需将各流股的流率按原 F_1 流率与变量置换后计算出的 F_1 流率之间的比例换算一下即可。这就是在流程物料衡算中为简化计算使用的变量置换法。

3.1.4.2 带化学反应的化工流程的物料衡算

对有化学反应存在的化工流程进行物料衡算时，与不带化学反应的化工流程物料衡算相比，其最大区别在于，带化学反应流程的物料衡算，必须在衡算计算过程中引入描述化学反应程度的变量（如反应速率、反应转化率、反应选择性等）作为反应器的单元变量。而且，一个流程或一个反应器带有几种独立的化学反应，就应该相应引入几个反应单元变量。关于如何判断反应器内独立化学反应的数量，已经超出了本教材的内容，有兴趣的读者可以参考有关化学反应工程方面的著作。下面以一个两反应器串联的流程来说明存在化学反应时化工流程的物料衡算过程。

【例 3.8】 有下述一个水煤气转换流程。设计要求及已知条件如下。

（1）反应器 1 的水蒸气摩尔流率是另外两股干气进料摩尔流率之和的 2 倍。

（2）CO 在反应器 1 中的转化率为 80%。

（3）反应器 2 出口气流中 H_2 和 N_2 的分摩尔流率比等于 3。

所有组成均为摩尔分数，已知反应器 1 和反应器 2 中分别有一个化学反应：$CO+H_2O \longrightarrow CO_2+H_2$，流程中部分流股的流率及组成标注在其流程示意图中（见图 3.10）。试做该流程的物料衡算计算。

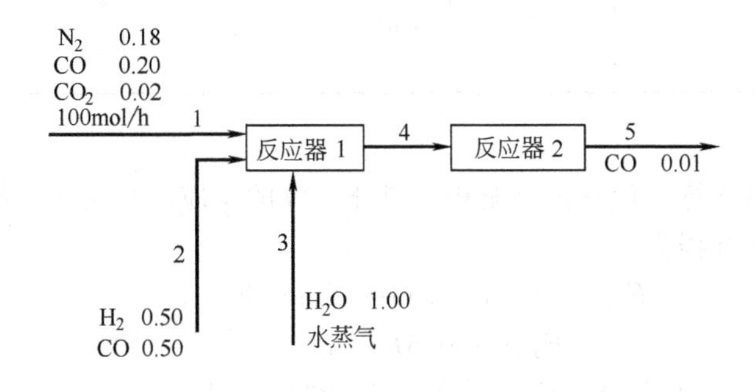

图 3.10 水煤气转化流程示意图

解 从流程的特点和流股出发，应该判断出流程中4号、5号流股分别含有N_2、H_2、H_2O、CO_2、CO五种组分。而且直观可以看出，流程有惰性组分N_2进出，可以优先考虑整体物料衡算计算。为了说明带化学反应的流程物料衡算的特点，首先来进行该流程的自由度分析。该流程的自由度分析结果见表3.11。

表3.11 例3.8流程自由度分析

项目	反应器1	反应器2	过程	整体
流股变量总数	11	10	16	11
单元变量总数	1	1	2	1
衡算方程式数	5	5	10	5
已知流股变量数	4	1	5	5
已知单元变量数	1	0	1	0
已知附加关系式数	1	1	2	2
自由度	1	4	0	0

在上述流程自由度分析中，应注意反应单元变量的意义，反应器1和反应器2因为分别存在一个化学反应，所以需要一个反应单元变量，但这个反应变量描述的是反应器1或反应器2中的单程反应程度。而该流程的整体相当于一个存在一种化学反应的虚拟反应器，需要描述整体反应程度的一个反应单元变量，但这个反应单元变量的意义与反应器1或反应器2不同，该整体反应单元变量描述的是流程全程的反应程度。

由流程自由度分析表可以看出，该流程过程的物料衡算自由度为零，表明该流程问题描述正确。同时，整体自由度为零，表明第一步应优先求解整体的物料衡算，而且整体的物料衡算能完全求解。完全求解完整体的物料衡算后，意味着与整体相关的流股的所有流股变量（即所有进出流程的流股变量）能全部解出来，然后再来看解完整体后，反应器1和反应器2的更新自由度分析情况。

由上述更新自由度分析表3.12可以看出，求解完整体的物料衡算后，应该接着做反应器1的物料衡算，而且反应器1的物料衡算是完全求解，可以求解出4号流股的所有流股变量。最后，通过4号流股和5号流股的关系，计算出反应器2的反应单元变量。也就是说，通过自由度分析在详细物料衡算计算之前，就可以确定物料衡算的计算步骤。

表3.12 例3.8完全求解整体物料衡算后两个反应器单元的自由度分析

项目	反应器1	反应器2	项目	反应器1	反应器2
流股变量总数	11	10	已知单元变量数	1	0
单元变量总数	1	1	已知附加关系式数	0	0
衡算方程式数	5	5	自由度	0	1
已知流股变量数	6	5			

具体求解过程如下。

(1) 求解整体的物料衡算。设整体（全程）基于CO的反应速率为r mol/h，则整体物料衡算方程和附加关系式方程为

$$F_{5,N_2}=0.78\times100=78\text{mol/h}$$

$$F_{5,H_2}=0.5F_2+r$$

$$F_{5,H_2}=3F_{5,N_2}=3\times78=234\text{mol/h}$$

$$F_{5,CO}=100\times0.2+0.5F_2-r$$

$$F_{5,CO_2}=100\times0.02+r$$
$$F_{5,H_2O}=F_3-r$$
$$F_3=2\times(F_1+F_2)$$
$$\frac{F_{5,CO}}{F_{5,CO}+F_{5,CO_2}+F_{5,H_2}+F_{5,H_2O}+F_{5,N_2}}=0.01$$

解得 $r=122.1443\text{mol/h}$，$F_2=233.7113\text{mol/h}$，$F_3=647.4226\text{mol/h}$

$F_{5,CO}=9.7113\text{mol/h}$，$F_{5,CO_2}=124.1443\text{mol/h}$，$F_{5,H_2O}=525.2783\text{mol/h}$

$F_{5,N_2}=78\text{mol/h}$，$F_{5,N_2}=234\text{mol/h}$

(2) 紧接着求解反应器1的物料衡算，设反应器1中基于CO的反应速率为$r_1$mol/h，则

$$r_1=(0.2\times100+0.5\times223.7113)\times80\%$$
$$=105.4845\text{mol/h}$$

通过反应器1的物料衡算方程式，可计算得

$$F_{4,N_2}=100\times0.78=78\text{mol/h}$$
$$F_{4,CO}=100\times0.2+223.7113\times0.5-r_1$$
$$=26.3712\text{mol/h}$$
$$F_{4,H_2O}=F_3-r_1$$
$$=647.4226-105.4845$$
$$=541.9381\text{mol/h}$$
$$F_{4,CO_2}=0.02\times100+r_1$$
$$=107.4845\text{mol/h}$$
$$F_{4,H_2}=0.5\times223.7113+r_1$$
$$=217.3402\text{mol/h}$$

(3) 最后，通过4号流股和5号流股的流股变量，可以计算出CO在反应器2中的反应速率r_2为

$$r_2=F_{4,CO}-F_{5,CO}$$
$$=26.3712-9.7113$$

所以，$r_2=16.66$ mol/h

至此，就完成了本例题流程的物料衡算，其流程物料衡算结果一览表见表3.13。

表3.13 例3.8物料衡算结果

流率及组成	流股号				
	1	2	3	4	5
总流率/(mol/h)	100	223.7113	647.4226	971.1342	971.1339
N_2 分流率/(mol/h)	78	0	0	78	78
H_2 分流率/(mol/h)	0	111.8557	0	217.3403	234
CO 分流率/(mol/h)	20	111.8557	0	26.3713	9.7113
CO_2 分流率/(mol/h)	2	0	0	107.4845	124.1443
H_2O 分流率/(mol/h)	0	0	647.4226	541.9381	525.2783
CO在反应器1内的反应速率为105.4845mol/h					
CO在反应器2内的反应速率为16.66mol/h					

3.1.5 再循环问题的简单代数解

一般的循环问题是在过程中存在一股定值的循环流股，它可约束另外一流股中某一组分的浓度。

【例3.9】 合成氨厂氩清除问题的物料衡算

某合成氨厂的进料为氮、氢及氩的混合气体，氢及氮的进料量为100kmol/h，氩的进料量为0.2kmol/h。氮、氢含量可按化学计量式配比计算，在转化器中以25%的一次转化率转化为氨。来自转化器的混合气体进入冷凝器，分离出来的不凝气循环使用，与进料混合进入反应器。为了限制氩的累积，不凝气只做部分循环，另一部分进入支流。若要求反应器进口流股中的氩与氮、氢总量的摩尔比为0.05，试求支流与循环流的流率比。

解 首先按题意绘出过程示意图，如图3.11所示。

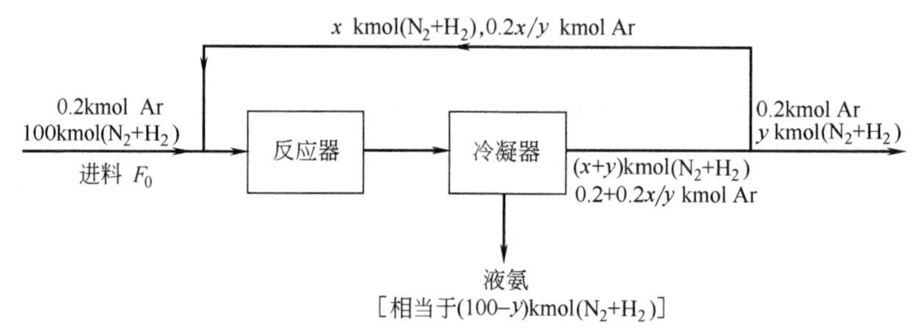

图3.11 例3.9过程示意图

计算基准：1h。

(1) 方法1：设在支流中引出 y kmol 的（N_2+H_2），为了避免氩在系统中的积累，必须同时引出0.2kmol氩。设循环流为含 x kmol 的（N_2+H_2）混合气体。
则在反应器入口氩的浓度为

$$\frac{0.2\left(1+\frac{x}{y}\right)}{100+x}=0.05$$

又因

$$\frac{100-y}{100+x}=0.25$$

或

$$\frac{x+y}{100+x}=0.75$$

于是解得

$$x=288\text{kmol},\quad y=3\text{kmol}$$

引出的支流率与循环流率的比率为

$$\frac{y+0.2}{x+0.2\frac{x}{y}}=0.01$$

(2) 方法2：上述解法比较简单，但不是典型解法。一般计算通常需要先假设进入反应器的总流股的速率 F_1 与支流移除分率 s。今设进入反应器的氢及氮的流率 F_1 为100kmol/h。s 的定义为支流移除的气体量与出冷凝器的气体总量的比率。按 F_1 与 s 的假设值列出流股衡算表，见表3.14。

表3.14 流股衡算

项目	N_2/(kmol/h)	H_2/(kmol/h)	NH_3/(kmol/h)	Ar/(kmol/h)
反应器进料 F_1	25	75		5
反应器出料	18.75	56.25	12.5	5
引出支流	18.75s	56.25s		5s
循环气体流	18.75×(1−s)	56.25×(1−s)		5×(1−s)

在循环气体和进料混合点做组分的物料衡算（见表3.15）。

表 3.15 衡算结果

组成	/(kmol/h)	摩尔分数
N_2	25	0.2495
H_2	75	0.7485
Ar	0.2	0.0020

进入反应器的氮 $0.2495F_0+18.75\times(1-s)=25$

进入反应器的氩 $0.0020F_0+5\times(1-s)=5$

联解以上两式得 $s=0.01$

应用因子（$100.2/F_0$）可得出实际流股速率。

重新计算并调整数据，直至进入反应器的氢及氮的流股流率为 100kmol/h 为止。

3.2 带有循环流的物料衡算

3.2.1 迭代法求解再循环问题

3.2.1.1 序贯模块法

所谓序贯模块法就是按照流程顺序，以进料直到产品逐个单元操作依次计算。所有输入流股的有关数值必须依次顺序提供。现以图 3.12 所示系统为例。

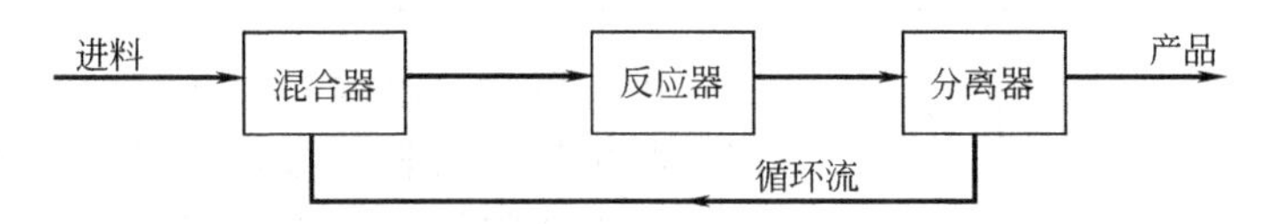

图 3.12 序贯模块法

为了开始序贯模块法的计算，首先需要确定进入混合器的循环流的数值。通常是假设位于循环流中的任一流股值，并由假设值开始计算。该计算技术通常称为“流”的切割。围绕这个循环流进行计算，并且在每一圈计算后核对确定此流值是否收敛。该个假设值不断用新的值直接取代或者在取代之前用某种方式进一步改善新的估算值。

收敛的检验是这样进行的，即观察在切割点校核老的估算值和经一圈计算后的新的估算值是否在一组允许的容差之中。此容差多用相对误差表示，即相对误差=|新估算值－老估算值|/新估算值。如果相对误差值小于允许的容差，则认为收敛。此试差系统如图 3.13 所示。

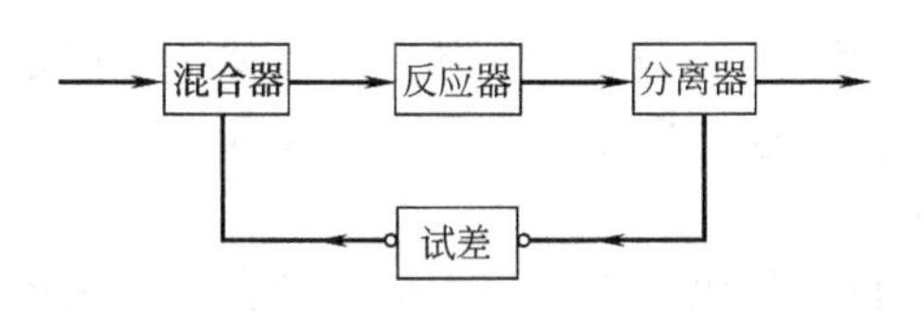

图 3.13 收敛过程

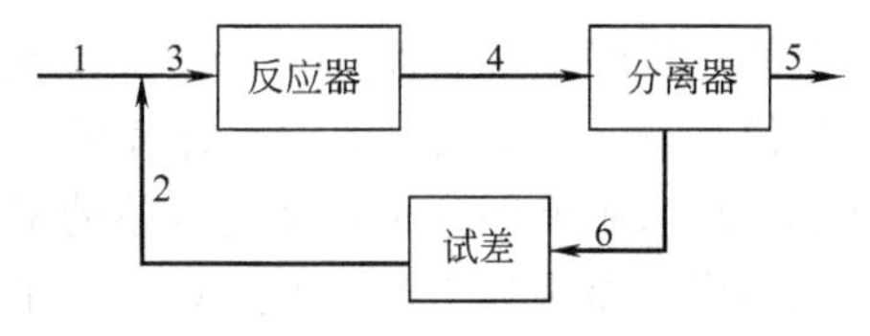

图 3.14 例 3.10 示意流程

【例 3.10】 用简单迭代法求解一个具有循环过程的物料衡算。

今有一反应器/分离器系统，它将 100kmol/h 的组分 A 转化为等物质的量的 B。每一单程有 80%的 A 被转化，在分离器内没有物质的变化，分离后的 98%的 A 和 1%的 B 再循环。

解 按题绘出流程示意图，如图 3.14 所示。

计算基准：1h。

目标容许误差=0.001。

迭代计算过程列于表 3.16 中（表中 $F_{i,j}$ 是指第 i 流股中 j 组分的流率）。

容差 $$\frac{F_A=|F_{6,A}-F_{2,A}|}{F_{6,A}}$$

容差 $$\frac{F_B=|F_{6,B}-F_{2,B}|}{F_{6,B}}$$

表 3.16 例 3.10 迭代计算

迭代次数	1	2	3	4	5	6
$F_{1,A}$	100	100	100	100	100	100
$F_{1,B}$	0	0	0	0	0	0
$F_{2,A}$	0	19.6	23.44	24.20	24.34	24.37
$F_{2,B}$	0	0.8	0.96	1.00	1.01	1.01
$F_{3,A}=F_{1,A}+F_{2,A}$	100	119.6	123.44	124.20	124.34	124.37
$F_{3,B}=F_{1,B}+F_{2,B}$	0	0.8	0.96	1.00	1.01	1.01
$F_{4,A}=0.2F_{3,A}$	20	23.92	24.69	24.84	24.87	24.87
$F_{4,B}=F_{3,B}+0.8F_{3,A}$	80	96.48	99.68	100.36	100.48	100.51
$F_{5,A}=0.02F_{4,A}$	0.4	0.48	0.49	0.50	0.50	0.50
$F_{5,B}=0.99F_{4,B}$	79.2	95.52	98.68	99.37	99.47	99.50
$F_{6,A}=F_{4,A}-F_{5,A}$	19.6	23.44	24.20	24.34	24.37	24.37
$F_{6,B}=F_{4,B}-F_{5,B}$	0.8	0.96	1.00	1.01	1.01	1.01
容差 F_A	1	0.16	0.031	0.006	0.0021	0
容差 F_B	1	0.17	0.04	0.01	0	0
被修正的 $F_{2,A}$	19.6	23.44	24.20	24.34	24.37	24.37
被修正的 $F_{2,B}$	0.8	0.96	1.00	1.01	1.01	1.01

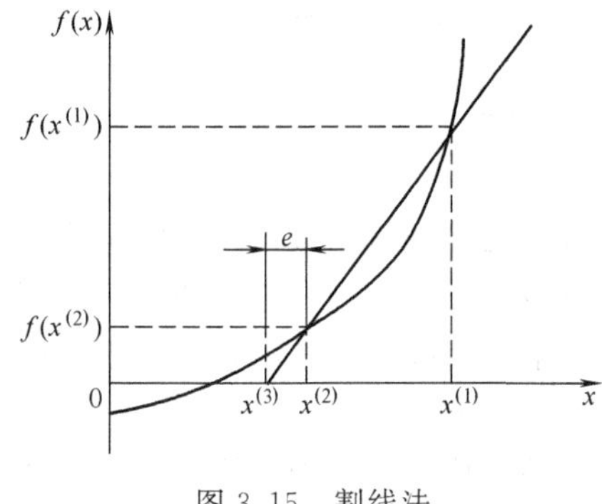

图 3.15 割线法

由表可知，收敛发生在第 6 次迭代。在某些情况下收敛进展得较缓慢，此时需要采用加速收敛的方法。加速收敛的方法很多，下面介绍一种较通用的方法——Secant 方法。

3.2.1.2 Secant 加速收敛的方法（割线法）

图 3.15 所示为一非线性函数，欲求取该函数 $f(x)=0$ 的根 $x^{(0)}$ 可按下述程序进行，即先计算出点 $f(x^{(1)})$ 和点 $f(x^{(2)})$ 的割线的斜率

$$\frac{f(x^{(1)})-f(x^{(2)})}{x^{(1)}-x^{(2)}}$$

该割线与横轴的交点，即坐标 $x^{(3)}$ 的值，可由下式计算，即

$$x^{(3)}=x^{(2)}-f(x^{(2)})\left[\frac{f(x^{(1)})-f(x^{(2)})}{x^{(1)}-x^{(2)}}\right]^{-1} \tag{3.11}$$

由于割线是线性函数，而 $f(x)=0$ 是非线性函数，因此 $x^{(3)}$ 仅是 $x^{(0)}$ 的一个近似值，但是若以 $x^{(3)}$ 代替 $x^{(1)}$，用式（3.11）计算出 $x^{(4)}$，则此值将进一步接近 $x^{(0)}$，由式（3.11）做迭代计算，最后定能得到满足规定容差的根的近似值。

假如用容差函数 $E_i^{(c)}$ 取代 $f(x)^c$，下标 i 代表存在的化学组分，上标 c 代表迭代循环的次数，则可得出割线加速收敛法通式

$$x_i^{(c')}=x_i^{(c)}-\frac{E_i^{(c)}(x_i^{(c-1)}-x_i^{(c)})}{E_i^{(c-1)}-E_i^{(c)}} \tag{3.12}$$

式（3.12）中 $E_i^{(c)}$ 和 $E_i^{(c-1)}$ 可分别表示为

$$E_i^{(c)}=x_i^{(c)}-x_i^{(c-1)},\ E_i^{(c-1)}=x_i^{(c-1)}-x_i^{(c-2)}$$

式中 c'——代表 c 次迭代循环新的估值；

x_i——组分 i 的一个变数；

E_i——容差函数。

只有迭代循环方向正确时，才能收敛，从而求出近似解。迭代的目标是减少容差值，使之趋近于零，或对每一组分趋近于零，对该组分近似的收敛准则是：$|E_i^{(c)}/x_i^{(c)}|$ <容差，一般容差取 0.001。对于早期计算或准确度要求不高的计算，允许用较大的数值。

这种加速收敛的方法，可用于过程的所有组分的各个结点处，如例 3.10 迭代循环 3 中

的组分 A 的 Secant 加速收敛计算为

$$E_{A}^{(3)}=F_{6,A}^{(3)}-F_{6,A}^{(2)}=24.20-23.44=0.76$$

$$E_{A}^{(2)}=F_{6,A}^{(2)}-F_{6,A}^{(1)}=23.44-19.60=3.84$$

于是 $F_{6,A}^{(3)}=24.20-0.76\times(23.44-24.20)/(3.84-0.76)=24.38$

上面算得的 $F_{6,A}$ 可在第 4 次迭代中作为 $F_{2,A}$ 的修正值。同理可估计出 $F_{6,B}$ 值为 1.01。

在例 3.10 的计算中，其收敛速度明显加快，见表 3.17。割线法快速收敛的原因是收敛模型的线性化。

但当系统方程非线性程度非常大时，使用该方法可能收敛得很慢，且可能出现振荡，甚至发散，得不到结果。在这种情况下可使用专门的方法，当函数符号改变时去限制修正变化的程度，或者使用简单迭代与割线法相结合的方法。其具体做法如下。

用简单迭代法得到估值 x^{r}，用割线法得到估值 x^{s}，则下一次迭代的新估值 $x^{(c)}$ 可由下式计算

$$x^{(c)}=fx^{s}+(1-f)x^{r}$$

式中　f——0～1 之间的分数。

上述处理称为缓冲收敛。

以加速收敛法计算例 3.10，其迭代过程见表 3.17。

表 3.17　收敛速度比较

迭 代 次 数	1	2	3	4
$F_{1,A}$	100.00	100.00	100	100.0
$F_{1,B}$	0	0	0	0
$F_{2,A}$	0	19.6	23.44	24.38
$F_{2,B}$	0	0.8	0.96	1.01
$F_{3,A}=F_{1,A}+F_{2,A}$	100	119.6	123.44	124.38
$F_{3,B}=F_{1,B}+F_{2,B}$	0	0.8	0.93	1.01
$F_{4,A}=0.2F_{3,A}$	20	23.92	24.69	24.88
$F_{4,B}=F_{3,B}+0.8F_{3,A}$	80	96.48	99.68	100.51
$F_{5,A}=0.02F_{4,A}$	0.4	0.48	0.49	0.50
$F_{5,B}=0.99F_{4,B}$	79.2	95.52	98.68	99.50
$F_{6,A}=F_{4,A}-F_{5,A}$	19.6	23.44	24.20	24.38
$F_{6,B}=F_{4,B}-F_{5,B}$	0.8	0.96	1.00	1.01
$F_{2,A}$的修正值	19.6	23.44	24.38	
$F_{2,B}$的修正值	0.8	0.96	1.01	

由表 3.17 可知，利用加速收敛法解出的 $F_{2,A}$ 的修正值应为 24.38，仅迭代 4 次即收敛。

3.2.2　非迭代法求解再循环问题

3.2.2.1　代数法

再循环问题也可用简单的代数法求解，其具体解法仍以例 3.10 为对象，说明如下。

物料衡算图如图 3.16 所示。

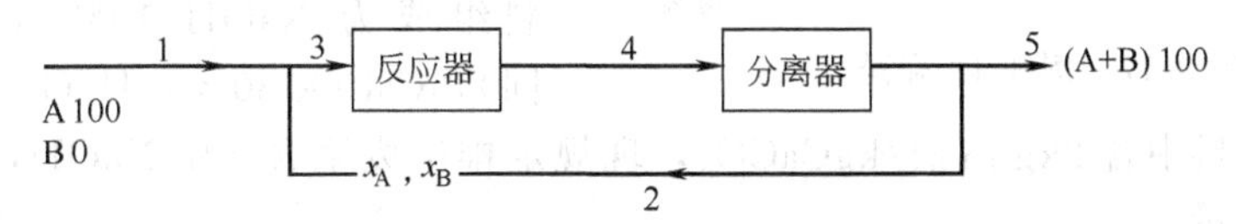

图 3.16　物料衡算图

① 围绕此回路做组分 A 的衡算

$$(100+x_{A})\times0.2\times0.98=x_{A}$$

其中，$(100+x_{A})$ 是组分 A 进入反应器的数量；0.2 是组分 A 未转化的分数；0.98 是

组分 A 的循环分率。由该式解得：$x_A=24.38$。

② 围绕此回路做组分 B 的衡算

$$0.8\times(100+x_A)\times0.01=x_B$$

其中，0.8 是组分 A 转化为组分 B 的转化率；0.01 是组分 B 的循环分率。由该式解得：$x_B=0.995$。

3.2.2.2 联立方程法

例 3.10 亦可用一组描述系统的方程式联立求解。利用此方法求解的特点在于只保留求解再循环问题的那些方程式。对于组分 A，这些方程式为

$$\begin{cases}F_{2,A}-F_{3,A}=-100\\0.2F_{3,A}-F_{4,A}=0\\F_{2,A}-0.98F_{4,A}=0\end{cases}$$

可用 Gauss-Jordon 消元法解此方程组，其计算步骤见表 3.18。

表 3.18 Gauss-Jordon 消元法计算步骤

令 $F_{2,A}=x_1$，$F_{3,A}=x_2$，$F_{4,A}=x_3$				$x_1+0-0.98x_3=0$	(3a)
	$x_1-x_2+0=-100$	(1a)	得到	$0+x_2-0.98x_3=100$	(3b)
	$0+0.2x_2-x_3=0$	(1b)		$0+0+0.804x_2=20$	(3c)
	$x_1+0-0.98x_3=0$	(1c)			
式(1c)－式(1a)	$0+x_2-0.98x_3=100$		式(3c)×(1/0.804)	$0+0+x_3=24.88$	(3c′)
	$x_1-x_2+0=-100$	(2a)	式(3c′)×(－0.98)	$0+0-0.98x_3=-24.38$	(3c″)
得到	$0+0.2x_2-x_3=0$	(2b)	式(3a)－式(3c″)	$x_1+0+0=24.38$	
	$0+x_2-0.98x_3=100$	(2c)	式(3b)－式(3c″)	$0+x_2+0=124.38$	
式(2c)×(－1)	$0-x_2+0.98x_3=-100$	(2c′)	得到		
式(2a)－式(2c′)	$x_1+0-0.98x_3=0$	(3a)		$x_1+0+0=24.38$	
式(2c′)×(－0.2)	$0+0.2x_2-0.196x_3=20$	(2c″)		$0+x_2+0=124.38$	
式(2b)－式(2c″)	$0+0-0.804x_3=-20$	(3c)		$x_3=24.88$	

假设在流程中包含有大量的约束条件，需要对许多流进行切割和迭代计算，在这种情况下用序贯模块法求解其效率必然很低。而采用全流程的联立方程求解显然有优点，应用计算机辅助计算效率就更高。若所有组分流的约束条件都是线性方程，用联立方程式求解物料衡算就更具特殊的吸引力。该方法的缺点在于它需要较大的计算机存储器。下面以实例来说明该法的要领及计算步骤。

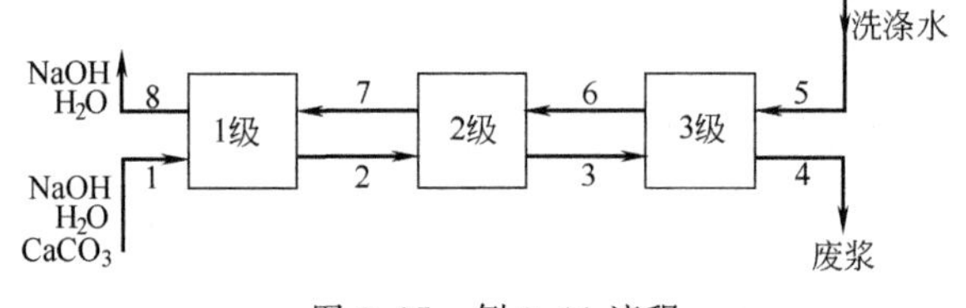

图 3.17 例 3.11 流程

【例 3.11】 某三级逆流洗涤过程如图 3.17 所示。用清水洗涤 $CaCO_3$ 固体悬浮物中的 NaOH，进料量为 100kmol/h，进料组成为 NaOH 10%（质量分数，下同），$CaCO_3$ 30%，H_2O 10%，离开各级的$CaCO_3$膏状物料中含 2kg 溶液/kg$CaCO_3$，现规定排出废浆含 1% NaOH，试求每千克进料所需的洗涤水量。

解 过程分析：对于较复杂（流股多或循环回路）的过程，应首先列出“自由度分析表”（见表 3.19）。很明显对于这个问题可列出 9 个线性的组分物料衡算式；3 个固体/溶液比例的线性关系式；一个流 4 的组分 NaOH 浓度线性关系式；在级 3 中组分浓度比线性关系式一个；级 1 和级 2 中非线性浓度比关系式 2 个。

表 3.19　自由度分析

项　　目	级 1	级 2	级 3	过程
流变量数目	10	10	9	19
衡算式数目	3	3	3	9
组分组成数目				
流 1	2			2
流 4			1	1
组分关系式数目				
固-液比	1	1	1	3
浓度比	1	1	1	3
自由度	3	5	3	1
基　准				−1 0

由此可见，求解的联立方程组包括 14 个线性方程式和 2 个非线性方程式。

现规定 F_i^j 为任一流股中任一组分的流率，单位为 kg/h，上标 j 为流股代号，下标 i 为组分代号（字数 1、2、3 分别代表 NaOH、H_2O、$CaCO_3$），于是这些方程式可写为

第一级衡算方程

$$100+F_1^7=F_1^2+F_1^8$$

$$600+F_2^7=F_2^2+F_2^8$$

$$300=F_3^2$$

第一级给定条件方程

$$F_1^2+F_2^2=2F_3^2$$

$$\frac{F_1^8}{F_1^8+F_2^8}=\frac{F_1^2}{F_1^2+F_2^2}$$

第二级衡算方程

$$F_1^2+F_1^6=F_1^3+F_1^7$$

$$F_2^2+F_2^6=F_2^3+F_2^7$$

$$F_3^2=F_3^3$$

第二级给定条件方程

$$F_1^3+F_2^3=2F_3^3$$

$$\frac{F_1^7}{F_1^7+F_2^7}=\frac{F_1^3}{F_1^3+F_2^3}$$

第三级衡算方程

$$F_1^3+0=F_1^4+F_1^6$$

$$F_2^3+F_2^5=F_2^4+F_2^6$$

$$F_3^3=F_3^4$$

第三级给定条件方程

$$F_1^4+F_2^4=2F_3^4$$

$$\frac{F_1^4}{F_1^4+F_2^4}=0.01$$

$$\frac{F_1^4}{F_1^4+F_2^6}=\frac{F_1^6}{F_1^6+F_2^6}$$

由于流 4 溶液的浓度已知，则组成比可减少至一个线性方程式。假如不考虑运行的 $CaCO_3$ 的平衡，则所导出的联立方程组将由线性衡算方程式组成，即

$$+F_1^2 \qquad\qquad -F_1^7+F_1^8=100$$

$$+F_2^2 \qquad\qquad -F_2^7+F_2^8=600$$

$$-F_1^2+F_1^3 \qquad\qquad -F_1^6+F_1^7=0$$

$$-F_2^2+F_2^3 \qquad\qquad -F_2^6+F_2^7=0$$

$$-F_1^3+F_1^4 \qquad +F_1^6 \qquad\qquad =0$$

$$-F_2^3+F_2^4-F_2^5+F_2^6 \qquad\qquad =0$$

它们的线性条件方程组为

$$F_1^2+F_2^2=600$$

$$F_1^3+F_2^3=600$$

$$F_1^4+F_2^4=600$$

$$0.99F_1^4-0.01F_2^4=0$$

$$0.99F_1^6-0.01F_2^6=0$$

它们的非线性条件为

$$F_1^8(F_1^2+F_2^2)=F_1^2(F_1^8+F_2^8)$$

$$F_1^7(F_1^3+F_2^3)=F_1^3(F_1^7+F_2^7)$$

至此，得到需联立求解的11个线性方程和2个二次方程。

3.2.2.3 方程组的求解

① 初值估计　应用联立方程式求解非线性方程组的物料衡算问题的策略，首先按照题意及所给条件给出一个估计的初始值（试探解），以此初值构造两个非线性条件，并使它们线性化，以便进一步求解。

因为有两个非线性方程，且又都与第一级、第二级相联系，所以需要估计出两个流的初值，且这两个流亦需与第一级、第二级相联系。考虑到进料所给的NaOH水溶液中NaOH只占14.3%，所以洗涤后获得的溶液浓度不会很高，现假设其浓度为10% NaOH。即使认为全部的NaOH进料进入流8中，则F_2^8将为1000kg/h。又因在第三级后NaOH浓度要降至1%，所以估计在第一级中浓度至少下降了1/2，即因[10/(60+10)]×1/2×1/2×1/2=1/56>1/100。根据这一推理，假设在第一级中移去1/2NaOH 50kg/h。几乎所有的NaOH进入流8，则流7含有50kg/h NaOH，所以$F_1^7=50$kg/h，这样即做了两个流的初值估计，它们都是在非线性方程中的因素。由此二初值出发，用其他线性衡算方程和条件方程可做出所有过程条件流的初值估计，计算结果见表3.20。

表3.20 计算结果

组成	流股数						
	2	3	4	5	6	7	8
NaOH/(kg/h)	56	15.94	6	—	9.94	50	94
H_2O/(kg/h)	544	584.06	594	994	984.06	944	1000

② 非线性条件的线性化　为了进行第一级计算，首先尚需对下述函数构造它们的线性近似式，将非线性关系化为线性

$$f_1=F_1^8(F_1^2+F_2^2)-F_1^2(F_1^8+F_2^8)=0$$

$$f_2=F_1^7(F_1^3+F_2^3)-F_1^3(F_1^7+F_2^7)=0$$

可用泰勒级数展开方法使函数f_1、f_2线性化。泰勒级数线性近似式的一般形式为

$$f(x^0)-\sum_{n=1}^{N}\left(\frac{\partial f}{\partial x_n}\right)_{x=x_0}(x_n-x_n^0)=0$$

欲用上式，需首先求出方程系数，即原函数在点x^0处的偏导数。f_1偏导数分别为

$$\frac{\partial f_1}{\partial F_1^8}=F_2^2,\quad \frac{\partial f_1}{\partial F_2^8}=-F_1^2$$

$$\frac{\partial f_1}{\partial F_1^2}=-F_2^8,\quad \frac{\partial f_1}{\partial F_2^2}=F_1^8$$

将初值代入以上各式得

$$\frac{\partial f_1}{\partial F_1^8}=544,\quad \frac{\partial f_1}{\partial F_2^8}=-56$$

$$\frac{\partial f_1}{\partial F_1^2}=-1000,\quad \frac{\partial f_1}{\partial F_2^2}=94$$

对于任一函数 $f_1(x)$，构造其线性近似式可写为

$$\sum_{n=1}^{N}\left(\frac{\partial f_1}{\partial x_n}\right)_{x=x^{(k)}} x_n=\sum_{n=1}^{N}\left(\frac{\partial f_1}{\partial x_n}\right)_{x=x^{(k)}} x_n^0-f_1(x^0)$$

式中　$x^{(k)}$——迭代点。

应用该近似式可以得到

$$\begin{aligned}&-1000F_1^2+94F_2^2+544F_1^8-56F_2^8\\&=-1000\times 56+94\times 544+544\times 94-56\times 1000\\&=-9728\end{aligned}$$

同样，f_2 的偏导数为

$$\frac{\partial f_2}{\partial F_1^7}=F_2^3,\quad \frac{\partial f_2}{\partial F_2^7}=-F_1^3$$

$$\frac{\partial f_2}{\partial F_1^3}=-F_2^7,\quad \frac{\partial f_2}{\partial F_2^3}=F_1^7$$

可得出

$$-944F_1^3+50F_2^3+584.06F_1^7-15.94F_2^7=14155.64$$

由此可得到整体的线性化方程组，其方程系数见表3.21。

表3.21　例3.11线性方程组分离系数

流股数	F_1^2	F_2^2	F_1^3	F_2^3	F_1^4	F_2^4	F_2^5	F_1^6	F_2^6	F_1^7	F_2^7	F_1^8	F_2^8	RHS
2	+1									−1		+1		100
3		+1									−1		+1	600
4	−1		+1					−1		+1				0
5		−1		+1					−1		+1			0
6			−1		+1			+1						0
7				−1		+1	−1		+1					0
8	+1	+1												600
9			1	+1										600
10					+1	+1								600
11					+0.99	−0.01								0
12								+0.99	−0.01					0
13	-10^3	+94										+544	−56	−9728
14			−944	+50						+586.04	−15.97			14155.64

表3.21中2～7行为线性衡算方程式的系数，8～12行为线性条件方程式的系数，13～14行为线性化的两个非线性条件方程式的系数。

③ 用迭代方法求解线性方程组，从而得到一组新的估值，见表3.22。

表 3.22 新的估值

组成	流股数						
	2	3	4	5	6	7	8
NaOH/(kg/h)	41.16	17.97	6	—	11.97	35.16	94
H_2O/(kg/h)	558.84	582.03	594	1196.99	1185.02	1161.83	1202.99

④ 终点的核实，用这组解估计非线性条件得到

$$f_1=3015.89>0$$

$$f_2=-413.91<0$$

这说明尚未达到终点，将新的估值作为下一次迭代计算的初值重复进行2～4步计算，直至f_1、f_2值满足容许误差为止。

本例的最后结果见表3.23。

表 3.23 最后结果

组成	流股数						
	2	3	4	5	6	7	8
NaOH/(kg/h)	42.84	18.166	6	—	12.166	36.84	94
H_2O/(kg/h)	557.16	581.834	594	1216.64	1204.47	1179.80	1222.64

以上介绍了做过程物料衡算的基本方法及其原理。显而易见，对于较大系统的物料衡算，尤其是非线性条件存在时，必须用迭代法求解，计算冗繁，应该选用计算机辅助计算方法。联立方程法构造简单，使用有弹性，适用于多种约束条件，但是要求解很大的线性与非线性联立方程组，存在储存大等缺点。序贯模块法应用了流程的自然结构顺序计算，但一般需要在一股或多股流切断点处迭代求解，比较复杂，对于求解复杂的大系统的物料衡算问题，这两种方法皆有不足之处。目前，已出现两者结合的"面向方程法"。关于该方法的详尽讨论已超出了本书范围，有兴趣的读者请参阅本章参考文献［4］和［5］。这是一个具有前途的系统工程的求解方法，目前小型和较大型化工应用软件的物料衡算部分主要使用的还是上述两种计算方法。

3.3 热量衡算

热量衡算类似于物料衡算，任何一个系统及其环境的能量是守恒的，也就是说都遵循热力学第一定律。对于进行连续稳态过程的系统，它的能量流也是守恒的，即系统内部没有能量的累积。

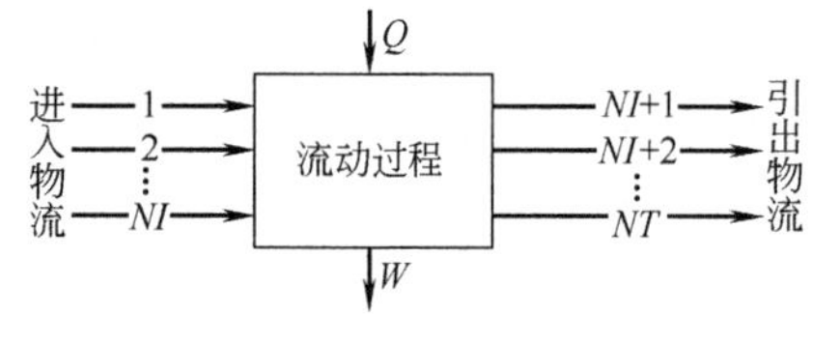

图 3.18 通用流动系统

图3.18所示为通用流动系统，围绕该流动系统的能量衡算式为

$$\sum_{i=1}^{NI} F_i H_i + Q - W = \sum_{i=NI+1}^{NT} F_i H_i$$

式中 H_i——第i流股的焓（包括动能的效应）。

在化工过程的能量传递中，热量传递是最主要的一种形式。所以本节着重讨论热量衡算，并用例题介绍一般的算法。

3.3.1 基本热量衡算

【例 3.12】 一个节热器（废热回收器）的热量衡算

在烟道中引入一个节热蛇管以回收烟道气的废热。烟道气温度T_1为250℃，流率F为1800kg/h。在蛇管内通入$T_L=15$℃的水，希望换热后产生$T_s=120$℃的饱和蒸汽，烟道尾

气温度为 $T_a=95℃$。流程如图 3.19 所示。给定数据如下。

焓计算的基准温度取为 0℃时，

15℃液态水的焓 $H_1=65\text{kJ/kg}$；

120℃液态水的焓 $H_L=500\text{kJ/kg}$；

120℃气态水的焓 $H_V=2700\text{kJ/kg}$；

在 100～250℃范围内气体的平均比定压热容为

$$\bar{c}_p=0.9\text{kJ/(kg·K)}$$

试求节热器的最大蒸汽发生量以及相应的烟道尾气的温度。如果维持最小温差为 20℃时，可发生多少蒸汽？（忽略热损失）

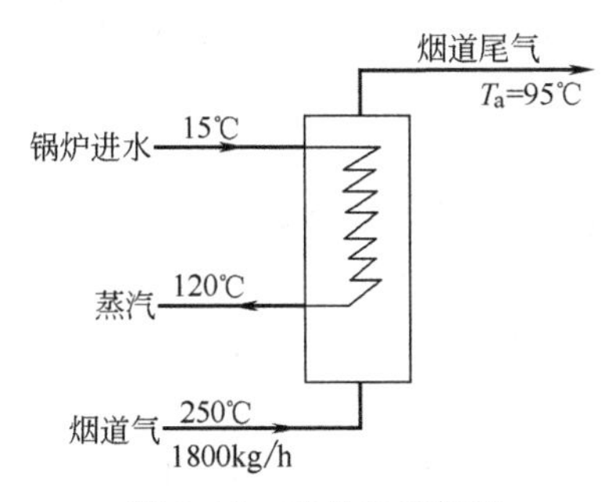

图 3.19 节热系统框架

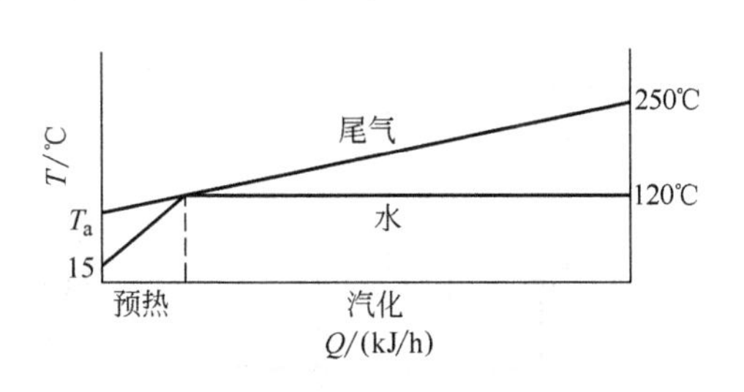

图 3.20 最大蒸汽发生量分析图

解 计算基准：1800kg/h 烟道气。

图 3.20 给出了该节热器最大蒸汽发生量时的传热速率-温度图。

（1）最大蒸汽发生量出现在冷、热介质温度分布曲线的交点（最小温差为零）处，即

$$F\bar{c}_p(T_1-T_s)=M(H_V-H_L)$$

$$1800\times0.9\times(250-120)=M(2700-2500)$$

解得蒸汽发生量 $M=95.7\text{kg/h}$。

按热量衡算式即可求出 T_a 值

$$F\bar{c}_p(T_s-T_a)=M(H_L-H_1)$$

$$1800\times0.9\times(120-T_a)=95.7\times(500-65)$$

解得烟道尾气的最低温度 $T_a=94℃$

（2）由热量衡算式求取最小温差为 20℃的蒸汽发生量 M 及 T_a。

图 3.21 给出了最小温差为 20℃时的换热速率-温度图。

$$F\bar{c}_p(T_1-T_s-20)=(H_V-H_L)M$$

$$1800\times0.9\times(250-T_a-20)=(2700-500)M$$

解得 $M=81\text{kg/h}$。

$$F\bar{c}_p(T_s-T_a)=M(H_L-H_1)$$

$$1800\times0.9\times(120-T_a)=95.7\times(500-65)$$

解得 $T_a=118℃$。

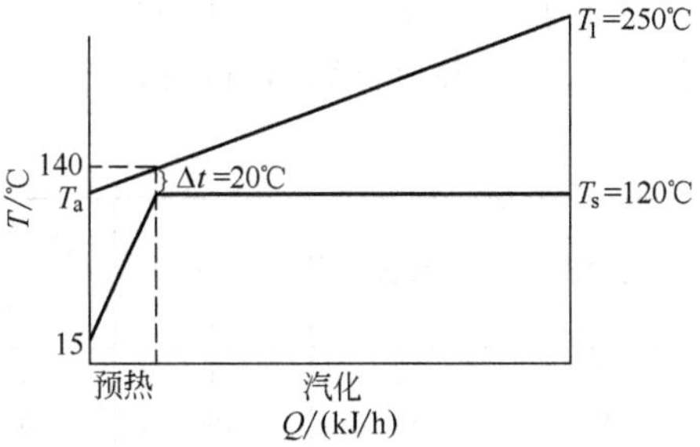

图 3.21 最小温差为 20℃时的换热速率-温度图

3.3.2 热量与物料衡算

目前尚无通用的简化物料与热量衡算的方法，对于一个系统的物料衡算与热量衡算，一般是先进行全系统（包括系统内循环流股）的衡算，然后将系统分解为几部分，再分别对每一部分进行物料衡算与热量衡算。

精馏单元包括有回流物料，是一个典型的例子。

【例 3.13】 一个精馏系统的衡算

图 3.22 所示为所讨论的精馏系统。该塔进料量为 12000kg/h，料液是由 A、B、C 三组分组成的混合物，其中 A 占 50%，B 占 36%，C 占 14%。进料为气-液混合状态，气-液比例为 1∶1。馏分的流率为 6050kg/h，组成为 98%的 A 及 2%的 B。料液及馏分的温度分别为 140℃及 95℃，过热蒸汽 100℃。所有组分的平均比定压热容皆为 $c_p=2\text{kJ/(kg·K)}$，所有组分的潜热皆为 $L=400\text{kJ/kg}$，回流比 $R=2.32$，忽略热损失。试求塔底组分流率、过热蒸汽速率、再沸器和冷凝器的热负荷。

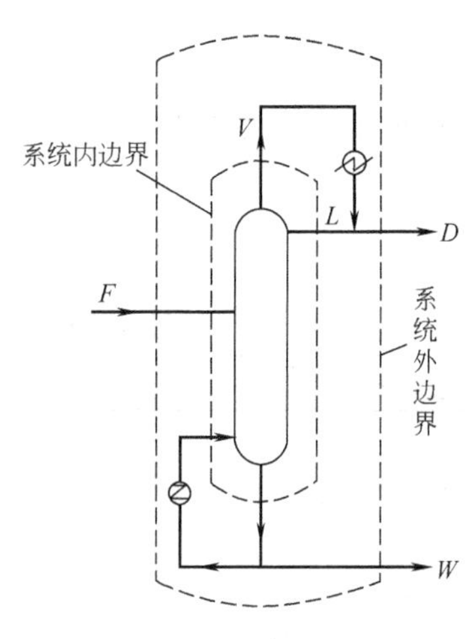

图 3.22 例 3.13 精馏系统

解 在图 3.22 中绘出系统外边界及内边界。表 3.24 列出了已知条件。

计算基准：1h。

(1) 物料衡算 按系统外边界做衡算。

全系统衡算 $W=12000-6050=5950\text{kg}$

组分 C 的衡算 $W_C=12000\times0.14=1680\text{kg}$

组分 B 的衡算 $D_B=6050\times0.02=120\text{kg}$

$W_B=0.36\times12000-120=4200\text{kg}$

组分 A 的衡算 $D_A=6050\times0.98=5930\text{kg}$

$W_A=0.50\times12000-5930=70\text{kg}$

塔顶馏分流率 $V=(R+1)D=(2.32+1)\times6050=20090\text{kg/h}$

表 3.24 已知量

项 目	流率/(kg/h)	T/℃	组分		
			A	B	C
F(进料)	12000	140	0.50	0.36	0.14
D(馏分)	6050	95	0.98	0.02	0.00
W(塔底引出流)		160			
V(上升蒸气)					
R(回流比)	$L/D=2.32$				

(2) 热量衡算 按系统内边界进行衡算。

由于系统最低温度为 95℃，故可选用 95℃为基准温度。进而可做出各流股的焓流表，见表 3.25，并可计算出热负荷。

表 3.25 热量衡算

流股	状态	T/℃	$(T-95)$/℃	流率/(kg/h)	显热	潜热	全部
					$Mc_p(T-95)$		
					/(GJ/h)	/(GJ/h)	/(GJ/h)
F	液	140	45	12000	1.080	2.400	3.480
W	液	160	65	5950	0.774	0.000	0.774
V	汽	100	5	20090	0.201	8.036	8.237

再沸器输入热量计算。

输入流股带进的总热量 Q_1

Q_1 =再沸器输入热流率+进料输入热流率+回流带进热流率

=再沸器输入热流率+3.48+0.00 (GJ/h)

再沸器输出热量 Q_2

Q_2 ＝再沸器带走热流率＋塔底出料带走热流率＋塔顶蒸汽带走热流率

＝再沸器带走热流率＋0.744＋8.237（GJ/h）

再沸器热负荷 Q_3

Q_3＝再沸器输入热流率－再沸器带走热流率＝5.53GJ/h

冷凝器热负荷 Q_4

Q_4＝上升蒸气热流率－回流热流率－馏分热流率＝8.237－0.00－0.00＝8.237GJ/h

以下讨论反应过程热量衡算的特征。

与一般分离过程相比，反应过程的热量衡算独具特点。按照 Hess 定律，反应热（反应焓变）ΔH_R为所有产品的生成焓与反应物生成焓的差值

$$\Delta H_R = \sum n_j \Delta H_f \text{（产品）} - \sum m_j \Delta H_f \text{（反应物）}$$

式中 n_j，m_j——产品和反应物的化学计量系数；

ΔH_f——生成焓。

化合物的生成焓，必要时可由燃烧焓计算。

【例 3.14】 甲烷的燃烧过程

甲烷和空气在 25℃进入燃烧炉。甲烷和 100%过剩的空气完全燃烧。甲烷进料量为 100kmol/h，离开燃烧炉的热气体温度为 600℃，试问燃烧炉散失的热量是多少？

已知数据如下。

生成热

$$C+2H_2 = CH_4 \qquad \Delta H_{f,298K} = -74500$$

$$C+O_2 = CO_2 \qquad \Delta H_{f,298K} = -393500$$

$$H_2+0.5O_2 = H_2O \qquad \Delta H_{f,298K} = -241800$$

平均比定压热容（25～600℃）$\bar{c}_p$分别为

CO_2 46.2，　　H_2O 36.2

O_2 31.7，　　N_2 30.2

$\Delta H_{f,298K}$的单位为 kJ/kmol，平均比定压热容$\bar{c}_p$kJ/(kmol·K)。

解 因为任一物质或一组物质的焓变只取决于初始状态与最终状态，与路径无关，所以可分三步计算。

第一步设想将反应试剂由初始温度冷却至基准温度，其焓变用 ΔH_{in}表示。

第二步设想反应在基准温度下进行，基准温度下的反应热记为$-\Delta H_R$。

第三步设想加热产物，使其由基准温度升温至出口温度，所需热量用 ΔH_{out}表示。

列出计算炉体散失热量 Q 的算式

$$Q = \Delta H_{in} - \Delta H_{out} - \Delta H_R \text{（基准）}$$

计算基准：100kmol/h 甲烷。

反应 $$CH_4 + 2O_2 \longrightarrow CO_2 + 2H_2O\ (g)$$

题给数据见表 3.26。

基准温度 298K

$$\Delta H_{in} = 0\ \text{kJ/kmol}$$

$$\begin{aligned}\Delta H_{out} &= \sum F_j \bar{c}_p (T-25)\\ &= 63.64\times(600-25)\\ &= 36590\ \text{MJ/h}\end{aligned}$$

$$\begin{aligned}\Delta H_R(298\text{K}) &= \sum n_j \Delta H_f - \sum m_j \Delta H_f\\ &= -39350+(-48360)-(-7450)\\ &= -80260\ \text{MJ/h}\end{aligned}$$

炉体散失热量 $Q=\Delta H_{in}-\Delta H_{out}-\Delta H_R$

$=43670$ MJ/h

表 3.26 例 3.14 数据

组　成	入口流 /(kmol/h)	出口流 F_j /(kmol/h)	出口流比定压热容 $\bar{c}_p$ /[kJ/(kmol·K)]	出口流 $F_j\bar{c}_p$ /[MJ/(h·K)]
CO_2		100	46.2	4.62
H_2O		200	36.2	7.24
O_2	400	200	31.7	6.34
N_2	400(79/21)	1505	30.2	45.44
CH_4	100			
$\sum F_j\bar{c}_p$				63.64

对于这一例题，如果需要计算的是出口温度而且又不能用平均比定压热容代替实际比定压热容时，则必须采用迭代法求解，在每一循环计算中估算出口温度，直至达到允许误差为止。

3.4 化工过程流程中的物料衡算与热量衡算

本节介绍求解过程流程的物料衡算与热量衡算的一般策略与方法。一类是计算，其内容包括适当地选择个别单元和全流程平衡方程组、物料和能量平衡式的类型以及应用完全和部分序贯模块法迭代求解的方法。另一类是计算机辅助计算方法，主要是扩展的序贯模块法及联立方程法。这类衡算的复杂性在于：

① 流股-焓项的非线性方程；

② 为了进行流股焓的计算，需要查找大量的热力学性质和使用大量的热力学性质模型进行计算；

③ 在进行流股焓、相分配、多种性质的换算中，计算是很复杂的。为了确定一个系统的状态性质，特别是有关相及相平衡的性质，并且完成各性质之间的转换常常是一个复杂的计算过程，常常需要进行迭代计算。

采用流程模型、热力学性质估算程序以及热力学性质库软件进行计算机辅助计算，可使设计工程师们由复杂的流程衡算中解放出来，同时达到节时和准确的目的。这也是近来计算机辅助计算受到广泛重视和快速发展的原因。

3.4.1 一般计算策略与方法

一般计算流程衡算的基本方法是将待求解过程分解为小方程组，如果可能，应分解为多个方程式逐个计算。对于任一衡算方程组只有在其自由度为零（自由度分析的结果）时，才有定解。所以确定求解顺序时应同时考虑过程的自然的序贯顺序与总体及单元自由度分析的结果。如果按单元分解后，在序贯中没有自由度为零的单元，也就是该分解法不成功时，则可考虑用整体衡算方程组替代一个单元衡算式组进行计算。如果该方案也无效，则应考虑使用单元衡算方程组的部分求解法。在同时求解物料衡算与能量衡算时，一般是同时做出物料衡算方程组与热量衡算方程组，二者既有区别也有联系，多数情况下，二者要联立求解，但在某些情况下，前者可不依赖后者求解，即物料衡算可在流程中的某一点独立求解，而能量衡算都是在其他后面的单元点先解出。自由度分析表对求解步骤的合理安排具有指导意义。

在使用整体衡算式求解时，要注意其中的一个单元的衡算方程组是不独立的，故整体衡算式中不应包括此方程组。在构造整体衡算方程组时，要着重注意下述问题。

① 将全部反应化简为最大程度的独立子集。

② 全部组分的衡算方程组应包括所有化学组分的衡算式，化学组分衡算式中应包括所有相对独立反应中的组分，虽然这些组分并未包括在过程的输入流及输出流中。

③ 全部的能量衡算式应包括过程的所有入口流股以及出口流股的能量衡算、所有独立反应的热流率和功率项。

【例 3.15】 一个苯蒸气的冷却流程如图 3.23 所示。压强为 2×10^5Pa、温度为 500℃的苯蒸气在换热器（1）、（2）内进行恒压冷却，温度降至 200℃。压强为 50×10^5Pa、温度为 75℃的冷却水首先通入换热器（2），出口为饱和液体状态。进入换热器（1）的冷却水为饱和液体状态，出口为汽-液混合状态。以两换热器流出的冷介质在混合器内合流，经汽液分离器分离出水汽，液体水进入换热器（1）。现已知冷却水在换热器（1）的流率 12 倍于换热器（2）中的流率。试求换热器（1）能产生多少 kg/h 的蒸汽量？换热器（1）产生的汽-液混合物中蒸汽的摩尔分数为多少？

解 由图 3.23 可知，这是一个多单元系统，假设每一单元都是绝热操作，即遵循 $dQ/dt=0$。全系统共 9 股流，其中 1、2、6 是液相，5 是汽相，3、4 是汽-液混合物。

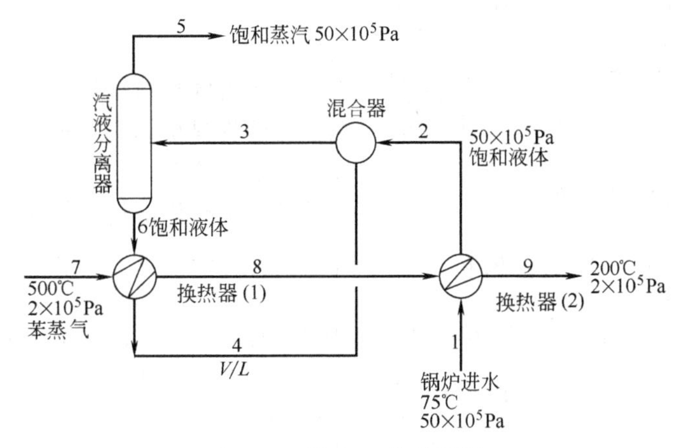

图 3.23 例 3.15 流程框图

为了正确地确定求解顺序，首先需做全系统的自由度分析表，见表 3.27。

由表 3.27 可知，整体衡算自由度为零，应首先求解。求解该衡算式组后，可解出流 1 和流 9。从而使换热器（2）的自由度为零，于是可解换热器（2）的方程式，得到流 8。因为循环比已给定，由流 8 和流 1 可算出流 6。由此，又将换热器（1）的自由度化为零，满足了求解条件。最后汽液分离器和混合器的自由度皆为零，可以联立求解，所以求解顺序如图 3.24 所示。

表 3.27 例 3.15 自由度分析

项 目	换热器 (1)	换热器 (2)	汽液分离器		混合器		过程	全部综合
			MB	CB	MB	CB		
变量数目								
流	2	2	3	3	3	3	5	2
蒸气分率	1		1	1	2	2	2	
T	3	4		2		1	7	4
dQ/dt	1	1		1		1	4 18	1
平衡式数目								
物料			1	1	1	1	2	

续表

项　目	换热器(1)	换热器(2)	汽液分离器		混合器		过程	全部综合
			MB	CB	MB	CB		
能量	1	1		1		1	4	1
条件数目								
$dQ/dt=0$	1	1		1		1	4	1
温度								
流 7	1						1	1
流 9		1					1	1
流 2		1				1	1	
流 1		1					1	1
流 5				1			1	1
流 6	1			1			1	
循环比					1	1	1 17	
自由度	3	2	3	2	3	2	1	1
基　准							−1 0	

注：MB—物料衡算；CB—物料及能量衡算的总体衡算。

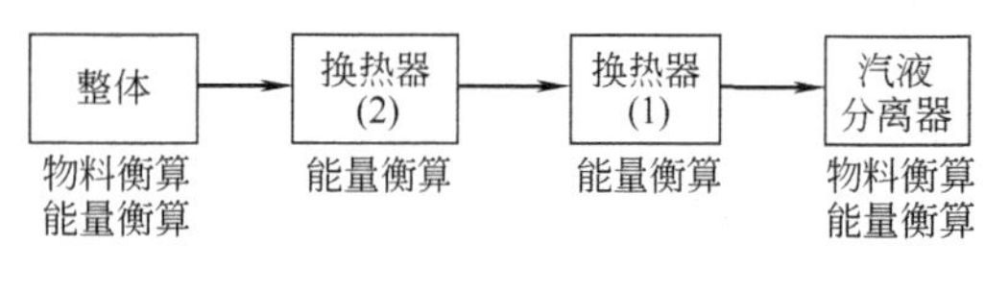

图 3.24　求解顺序

整体衡算式　$F^1=F^5$

汽液分离器的物料衡算式　$F^3=F^5+F^6$

混合器的物料衡算式　$F^3=F^4+F^2=F^6+F^1$

计算基准：流 7 为 100mol/h。

于是可列出整体能量衡算式，并简化为

$$\frac{dQ}{dt}=0=F^1[\dot{H}_V(\text{饱和},50\times10^5\text{Pa})-\dot{H}_L(75℃,50\times10^5\text{Pa})]+F^7[\dot{H}_V(200℃,2\times10^5\text{Pa})-\dot{H}_V(500℃,2\times10^5\text{Pa})]$$

所以

$$F^1=100\int_{200}^{500}\frac{c_{pV}\,dT}{2794.2-317.9}=\frac{100\times4.8266\times10^4}{2.4763\times10^6}=1.949\ \text{kg/h}$$

其中，水的焓和苯蒸气的比定压热容由热力学数据表中查取。由类似的推导可得到换热器（2）的能量衡算式

$$\frac{dQ}{dt}=F^1[\dot{H}_L(\text{饱和},50\times10^5\text{Pa})-\dot{H}_L(75℃,50\times10^5\text{Pa})]+F^7[\dot{H}_V(200℃,2\times10^5\text{Pa})-\dot{H}_V(T,2\times10^5\text{Pa})]=0$$

上式可简化为

$$\int_{200}^{T}c_{pV}\,dT=1.949\times(1154.5-317.9)=16.31\ \text{kJ/mol}$$

应用苯蒸气在总体衡算中 c_p 的平均值，可对中间过程流股的温度 T 做出第一个初值估计

$$\bar{c}_p=\int_{200}^{500}\frac{c_p\,dT}{500-200}=\frac{4.8266\times10^4}{300}=160.9\ \text{J/(mol·K)}$$

初值 T 可由下式求得

$$160.9\times(T-200)=1.631\times10^4$$

$$T=200+101.3=301.3℃=574.5\text{K}$$

以此为初值用 c_p 表达式迭代求解 T，迭代方程为

$$T=473.15+\frac{1}{18.5868}\times\left[1.6306\times10^4+\frac{0.117439}{2}\times10^{-1}\times(T^2-473.15^2)+\frac{0.127514}{3}\times10^{-2}\times(T^3-473.15^3)+\frac{0.207984}{4}\times10^{-5}\times(T^4-473.15^4)-\frac{0.105329}{5}\times10^{-8}\times(T^5-473.15^5)\right]$$

采用 Wegstein 方法迭代求解，其结果为 $T=586.61\text{K}$。

所以，中间过程流的温度 $T=313.46℃$

继续对换热器（1）做能量衡算

$$\frac{\mathrm{d}Q}{\mathrm{d}t}=F^7[\dot{H}_\mathrm{V}(313.46℃,2\times10^5\mathrm{Pa})-\dot{H}_\mathrm{V}(500℃,2\times10^5\mathrm{Pa})]+12F^1[\dot{H}_\mathrm{mix}(饱和,50\times10^5\mathrm{Pa})-\dot{H}_\mathrm{L}(饱和,50\times10^5\mathrm{Pa})]=0$$

所以有

$$\dot{H}_\mathrm{mix}(饱和,50\times10^5\mathrm{Pa})=\dot{H}_\mathrm{L}(饱和,50\times10^5\mathrm{Pa})+100\int_{586.61}^{773.15}\frac{c_{pV}\mathrm{d}T}{12\times1.949}$$
$$=1154+\frac{100\times31.96}{12\times1.949}$$
$$=1291.15\ \mathrm{kJ/kg}$$

由下式可得到蒸汽质量，蒸汽分率 x

$$1291.15=x\times2794.2+(1-x)\times1154.5$$
$$x=0.0834$$

应用汽液分离器的衡算式

$$F^3=F^6+F^5=12F^1+F^1=13\times1.949$$

$$\frac{\mathrm{d}Q}{\mathrm{d}t}=0=F^5\dot{H}_\mathrm{V}(饱和,50\times10^5\mathrm{Pa})+F^6\dot{H}_\mathrm{L}(饱和,50\times10^5\mathrm{Pa})-F^3\dot{H}_\mathrm{mix}(饱和,50\times10^5\mathrm{Pa})$$

$$13\times1.949\dot{H}_\mathrm{mix}=1\times1.949\dot{H}_\mathrm{V}(饱和)+12\times1.949\dot{H}_\mathrm{L}(饱和)\ \dot{H}_\mathrm{mix}=\frac{1}{13}\dot{H}_\mathrm{V}(饱和)+\frac{12}{13}H_\mathrm{L}(饱和)$$

$$=x\dot{H}_\mathrm{V}(饱和)+(1-x)\dot{H}_\mathrm{L}(饱和)$$

$$x=\frac{1}{13}=0.07692$$

由此得到流股的流率为 25.337kg/h，其蒸汽分率为 0.07692。

【例 3.16】 有一个常压绝热猝冷过程（过程中无化学反应），所有组分含量均为摩尔分数，其流程示意图如图 3.25 所示。

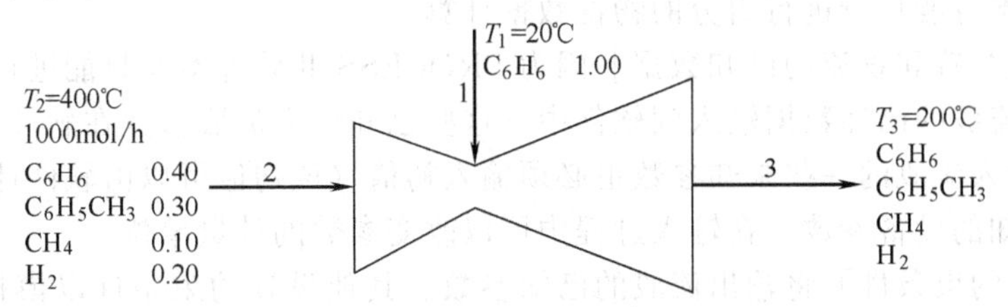

图 3.25 绝热猝冷过程示意图

试做该过程的物料衡算和热量衡算。

解 该过程的物料衡算方程如下。

$$F_3=1000+F_1$$

$$x_{3,C_6H_5CH_3}F_3=300$$

$$x_{3,CH_4}F_3=100$$

$$x_{3,H_2}F_3=200$$

很明显，上述4个物料衡算方程中，含有5个未知变量，不能完全求解。为了说明问题所在，先做该过程的自由度分析。

由自由度分析表3.28可以看出，该过程的物料衡算确实不能单独求解，而必须将物料衡算与热量衡算联立计算。但不能因为其物料衡算的自由度不为零，就说明该过程设计条件数据不正确，对于需要物料衡算与热量衡算联立计算的化工流程，必须看其联立衡算时的自由度分析结果，以判断过程设计条件数据是否正确。

表3.28 例3.16过程的自由度分析

项目	衡算种类		项目	衡算种类	
	物料衡算	物料衡算与热量衡算联立		物料衡算	物料衡算与热量衡算联立
总流股变量数	9	12	已知流股变量数	4	7
单元变量总数	0	1	已知单元变量数	0	1
物料衡算方程式数	4	4	已知附加关系式数	0	0
热量衡算方程式数	—	1	自由度	1	0

一般计算时，可以选200℃为过程参考温度，同时因为该过程为绝热操作，其热量衡算方程可简化为

$$F_2[H_2(400℃)-H_2(200℃)]=F_1[H_1(200℃)-H_1(20℃)]$$

将以上这个热量衡算方程和过程的4个物料衡算方程联立求解，就可以同时完成该过程的物料衡算和热量衡算。在求解过程中，需要查出1atm下C_6H_6、$C_6H_5CH_3$、CH_4、H_2这4个组分在200～400℃的气态热容，查出1atm下C_6H_6的沸点及汽化热，查出C_6H_6在20℃至其沸点温度之间的液态热容等数据，然后进行计算。

下面，利用PROCESS Ⅱ计算机辅助化工过程设计软件求解上述过程的物料及热量衡算。

[建立流程图] 首先在PROCESS Ⅱ中建立过程的流程示意图，输入所有的流股，确定各流股的走向，并给所有流股编号。

[定义组分] 为了利用PROCESS Ⅱ软件附带的物性数据库，第二步必须将流程中牵涉到的所有组分种类输入PROCESS Ⅱ软件。

[定义一个热力学方法] 根据过程的压力、温度等情况在众多的热力学方程（如Pen-Robinson cubic equation of state、Ideal、NRTL、UNIQUAC等）中，挑选一个适宜的热力学方法，软件本身能自行进行组分的物性数据计算。

[指定工艺装置和物流的已知数据] 因为PROCESS Ⅱ软件本身只能进行正向模拟计算，必须先将输入流股的已知数据输入到软件中（这些已知输入流股参数在软件计算过程中始终保持不变），输入流股的一些未知参数也必须输入初值（该初值可以由软件计算改变），输入各单元装置已知的设备参数。在输入过程中可以改变参数的计量单位。

[输入设计约束条件] 将输出流股的已知参数、其他设计约束条件以模拟计算控制模块的形式输入到PROCESS Ⅱ软件中，并设定模拟计算收敛精度和最大迭代计算次数。

[模拟计算] 启动PROCESS Ⅱ软件开始模拟计算，随着PROCESS Ⅱ软件模拟计算的进行，流程中的单元和流股不断变化，如果输入的数据满足了软件模拟计算的自由度要求，

PROCESS Ⅱ软件将给出计算结果。

[确定计算结果的输出格式] 按设计者爱好或设计计算要求，挑选确定计算结果的输出格式，确定数据的有效数据位数。

采用 PROCESS Ⅱ软件计算上述绝热猝冷过程，用一台 P4 2.6G 的台式计算机，瞬间即可完成计算，计算结果见表 3.29。

表 3.29 PROCESS Ⅱ软件对例 3.16 的计算结果

项 目	单 位	流 股		
		1	2	3
Pressure	atm	1.000	1.000	1.000
Temperature	℃	20.000	400.000	199.998
Total Molar Rate	kg-mol/h	0.260	1.000	1.260
Molar Comp. Rate				
H_2	kg-mol/h	0.0000	0.2000	0.2000
Methane	kg-mol/h	0.0000	0.1000	0.1000
Benzene	kg-mol/h	0.2600	0.4000	0.6600
Toluene	kg-mol/h	0.0000	0.3000	0.3000
Molar Comp. Percents				
H_2		0.0000	20.0000	15.8729
Methane		0.0000	10.0000	7.9364
Benzene		100.0000	40.0000	52.3813
Toluene		0.0000	30.0000	23.8093

3.4.2 带有循环流的物料衡算与热量衡算

在很多化工过程中存在有内部循环流，它对衡算有哪些影响呢？在各种情况下，整体衡算式（物料与能量衡算）的总数总是等于相应各个单元衡算式的总和。假如各个单元衡算式是线性无关的，则总体衡算方程组也往往是线性无关的。一般情况下，各个单元的衡算方程式都是线性无关的，只有一种情况例外，这就是存在内部循环流的情况。分析图 3.26 所示的系统，假设在内部循环流股 3 及流股 4 中，包含一特殊组分 K，它与进入和离开系统的流股 1、2、5、6 无关。在单元 1 中，有 R 个反应涉及到组分 K，其化学计量系数为 $\sigma_{K,I}$，反应速率为 γ_I。

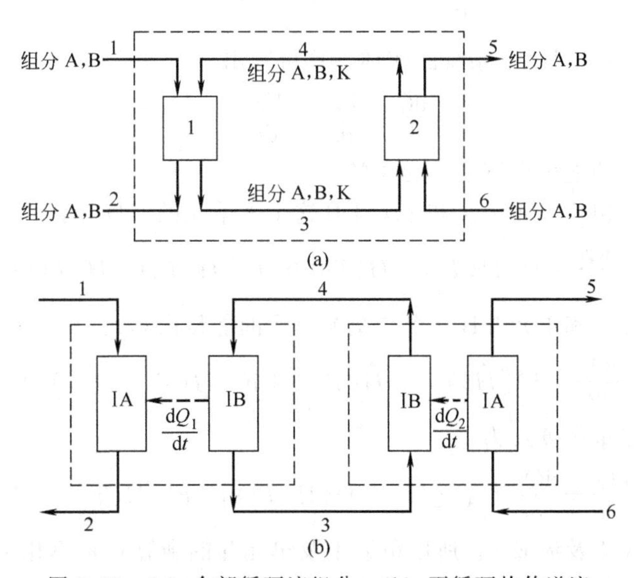

图 3.26 (a) 全部循环流组分；(b) 再循环热传递流

单元1中组分K的物料衡算式为

$$F_{\mathrm{K}}^{3}=F_{\mathrm{K}}^{4}+\sum_{I=1}^{R}\sigma_{\mathrm{K},I}\gamma_{I} \tag{3.13}$$

与此类似，如果在单元2中，组分K涉及到R'个反应，其化学计量系数为$\sigma'_{\mathrm{K},J}$，反应速率为γ'_J，则在单元2中组分K的衡算式为

$$F_{\mathrm{K}}^{4}=F_{\mathrm{K}}^{3}+\sum_{J=1}^{R'}\sigma'_{\mathrm{K},J}\gamma'_{J} \tag{3.14}$$

又因为组分K只在系统内循环，不进入也不离开系统，所以对组分K的整体衡算式为

$$\sum\sigma'_{\mathrm{K},J}\gamma'_J+\sum\sigma_{\mathrm{K},I}\gamma_I=0 \tag{3.15}$$

由组分K整体衡算式（3.15）看出，对于循环流的描述少用了一个方程。很明显，该整体衡算式可被一个单元衡算式所取代，而且维持线性无关的特性。

假如组分K不参与反应，则$\gamma_I=\gamma'_J=0$，有

$$F_{\mathrm{K}}^{4}=F_{\mathrm{K}}^{3} \tag{3.16}$$

在整体物料衡算中，没有组分K项。对于任一反应的内部循环流，只与该组分存在的单元物料衡算相关。如果组分流经M个单元，则独立的单元衡算式总是（$M-1$）个。也就是说，在这种情况下做自由度分析时，独立的物料衡算式数目比一般情况少1。

假如循环组分是一股再循环的热传递流股，则对这个热传递循环流的能量衡算也类似处理。

分析图3.26所示的系统，流1被流4传递的热量加热，流6又将自身热量传递给流3而被冷却。因为$F^3=F^4$，对环境的热损失可忽略，则围绕单元ⅠB的能量衡算式可简化为

$$\frac{\mathrm{d}Q_1}{\mathrm{d}t}=F^3[\dot{H}(T^3)-\dot{H}(T^4)] \tag{3.17}$$

围绕单元ⅡB的能量衡算为

$$\frac{\mathrm{d}Q_3}{\mathrm{d}t}=F^3[\dot{H}(T^4)-\dot{H}(T^3)] \tag{3.18}$$

围绕单元ⅠB、ⅡB封闭子系统的整体衡算可写出

$$\frac{\mathrm{d}Q}{\mathrm{d}t}=\frac{\mathrm{d}Q_1}{\mathrm{d}t}+\frac{\mathrm{d}Q_2}{\mathrm{d}t}=0 \tag{3.19}$$

显然这两个单元的能量衡算式是相关的。

另一方面，围绕包含单元ⅠA和单元ⅠB这个大单元的能量衡算式为

$$\frac{\mathrm{d}Q_{\mathrm{I}}}{\mathrm{d}t}=F^1[\dot{H}(T^2)-\dot{H}(T^1)]+F^3[\dot{H}(T^3)-\dot{H}(T^4)] \tag{3.20}$$

同时围绕单元ⅡA和单元ⅡB这个热交换单元的能量衡算式为

$$\frac{\mathrm{d}Q_{\mathrm{II}}}{\mathrm{d}t}=F^5[\dot{H}(T^5)-\dot{H}(T^6)]+F^3[\dot{H}(T^4)-\dot{H}(T^3)] \tag{3.21}$$

所以全系统的能量衡算式为

$$\frac{\mathrm{d}Q}{\mathrm{d}t}=\frac{\mathrm{d}Q_{\mathrm{I}}}{\mathrm{d}t}+\frac{\mathrm{d}Q_{\mathrm{II}}}{\mathrm{d}t}=F^5[\dot{H}(T^5)-\dot{H}(T^6)]+F^1[\dot{H}(T^2)-\dot{H}(T^1)] \tag{3.22}$$

因为存在有流股1及流股5，所以单元Ⅰ及单元Ⅱ的衡算式是不相关的，而且存在整体衡算式。但是对于仅包含一般热交换流体的各个单元的能量衡算式是不独立的。所以独立能

量衡算式的数目比有流体循环通过的单元少一个。

下面用一例题，具体说明循环流存在过程的物料衡算、热量衡算程序及有关细节。

【例 3.17】 图 3.27 所示为一个复杂的换热系统，有一股压力为 60×10^5 Pa 的水在此系统中与热的苯蒸气和冷的甲烷进行换热。热的苯蒸气流被水由 500℃ 冷却至 300℃，甲烷被水由 100℃加热至 260℃。假如离开换热器（1）的凝液为 60×10^5 Pa 的饱和水，而离开换热器（2）的流股为含 10%汽的 60×10^5 Pa 的汽液混合物。苯蒸气进料量为 200mol/h，计算甲烷的流率和水的循环流率。假如全部操作是绝热操作。

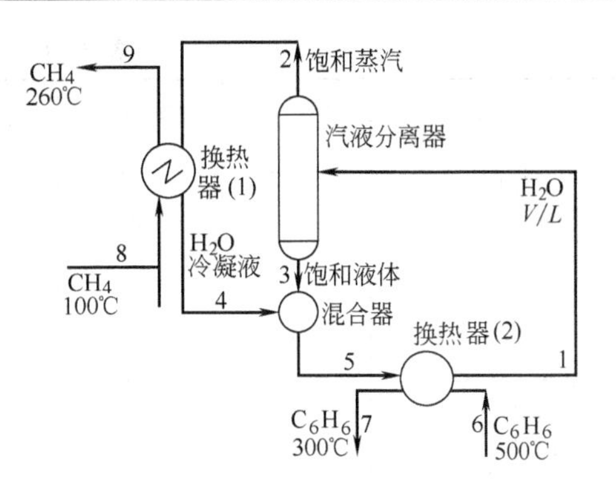

图 3.27 例 3.17 的复杂换热系数

解 与例 3.15 相似，所有流股仅包括一个单一组分。流股 1 是唯一的两相流。水在系统内部做全循环。

下面对水做物料衡算

换热器（1） $F^2=F^4$ (a)

换热器（2） $F^1=F^5$ (b)

混合器 $F^5=F^4+F^3$ (c)

汽液分离器 $F^1=F^2+F^3$ (d)

将式（a）、式（b）代入式（d），则式（d）变为 $F^5=F^4+F^3$，此式与式（c）相同，可见式（d）是不独立的，即对该系统的水流股做物料衡算时只有 3 个独立算式。但是，按上述范围对水做能量衡算时却可得到 4 个独立的衡算式。

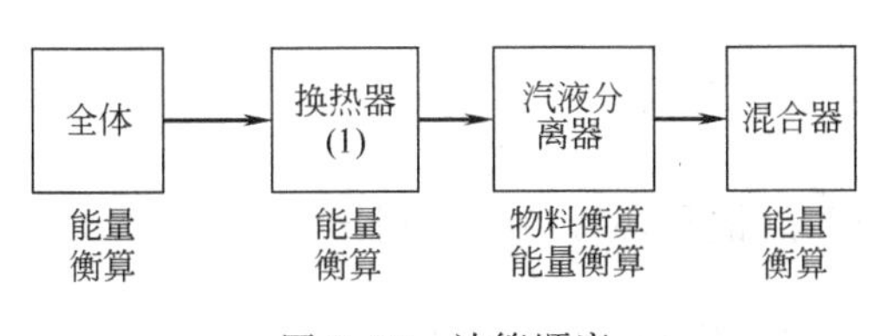

图 3.28 计算顺序

对该系统做自由度分析，结果见表 3.30。按照上述分析，其计算顺序如图 3.28 所示。

计算基准：200mol/h 苯蒸气。

整体的能量衡算式

$$\frac{dQ}{dt}=F^8[\dot{H}_{CH_4}(260℃)-\dot{H}_{CH_4}(100℃)]+200\times[\dot{H}_{C_6H_6}(300℃)-\dot{H}_{C_6H_6}(500℃)]=0$$

解得

$$F^8=200\frac{\int_{300}^{500}c_{p,C_6H_6}\,dT}{\int_{100}^{260}c_{p,CH_4}\,dT}=\frac{3.4034\times10^4\times200}{6.9838\times10^3}$$

$$=974.66\text{mol/h}$$

其中，c_p的积分是利用蒸汽热焓表查取数据得到的。

换热器（1）的能量衡算式：

$$\frac{dQ}{dt}=F^8[\dot{H}_{CH_4}(260℃)-\dot{H}_{CH_4}(100℃)]+F^2[\dot{H}_L(饱和,60\times10^5\text{Pa})$$

$$-\dot{H}_V(饱和,60\times10^5\text{Pa})]=0$$

解得 $$F^2=\frac{974.66\text{mol/h}\times6.9838\times10^3\text{J/mol}}{(2785.0-1213.7)\times10^3\text{J/kg}}$$

$$=4.332\text{kg/h}$$

表 3.30 例 3.17 自由度分析

项 目	换热器(1)	换热器(2)	汽液分离器		混合器		过程	全部综合
			MB	CB	MB	CB		
变量数目								
流	2	2	3	3	3	3	5	2
蒸汽分率		1	1	1			1	
T	4	3		2		3	8	4
$\mathrm{d}Q/\mathrm{d}t$	1	1		1		1	4 18	1
平衡式数目								
物料			1	1	1	1	1	
能量	1	1		1		1	4	1
条件数目								
$\mathrm{d}Q/\mathrm{d}t=0$	1	1		1		1	4	1
蒸汽分率		1	1	1			1	
温度								
流 6		1					1	1
流 7		1					1	1
流 8	1						1	1
流 9	1						1	1
流 2	1			1			1	
流 3				1		1	1	
流 4	1					1	1	
流 5		1					1	
自由度	1	1	2	1	2	2	0	0

注：MB—物料衡算；CB—物料及能量衡算的总体衡算。

汽液分离器的物料衡算式

$$F^1=F^2+F^3$$

参考流股 3 的状态，可以写出能量衡算式

$$\frac{\mathrm{d}Q}{\mathrm{d}t}=F^2[\dot{H}_{\mathrm{V}}(\text{饱和},60\times10^5\,\mathrm{Pa})-\dot{H}_{\mathrm{L}}(\text{饱和},60\times10^5\,\mathrm{Pa})]-$$

$$F^1[\dot{H}_{\mathrm{mix}}(\text{饱和},60\times10^5\,\mathrm{Pa})-\dot{H}_{\mathrm{L}}(\text{饱和},60\times10^5\,\mathrm{Pa})]$$

已知流股 1 的蒸汽分率，故可列出混合焓的算式

$$\dot{H}_{\mathrm{mix}}(\text{饱和},60\times10^5\,\mathrm{Pa})=0.1\dot{H}_{\mathrm{V}}(\text{饱和},60\times10^5\,\mathrm{Pa})+0.9\dot{H}_{\mathrm{L}}(\text{饱和},60\times10^5\,\mathrm{Pa})$$

$$F^1=F^2\frac{2785.0-1213.7}{0.1\times(2785.0-1213.7)}$$

$$=10F^2$$

$$=43.32\mathrm{kg/h}$$

$$F^3=F^1-F^2=9\times4.332=38.99\mathrm{kg/h}$$

混合器的能量衡算式

$$\frac{\mathrm{d}Q}{\mathrm{d}t}=F^3[\dot{H}_{\mathrm{L}}(T^5,60\times10^5\,\mathrm{Pa})-F^3\dot{H}_{\mathrm{L}}(\text{饱和},60\times10^5\,\mathrm{Pa})]-$$

$$F^4[\dot{H}_{\mathrm{L}}(\text{饱和},60\times10^5\,\mathrm{Pa})]=0$$

$$\dot{H}_{\mathrm{L}}(T^5,60\times10^5\,\mathrm{Pa})=\frac{9}{10}\dot{H}_{\mathrm{L}}(\text{饱和},60\times10^5\,\mathrm{Pa})+\frac{1}{10}\dot{H}_{\mathrm{L}}(\text{饱和})$$

$$=\dot{H}_{\mathrm{L}}(\text{饱和},60\times10^5\,\mathrm{Pa})$$

所以，T^5 将是在 $60\times10^5\,\mathrm{Pa}$ 压力下的饱和温度。

【例 3.18】 图 3.29 所示为经过三级绝热反应器生产合成氨的示意流程。氨合成反应为

$$N_2+3H_2 \rightleftharpoons 2NH_3$$

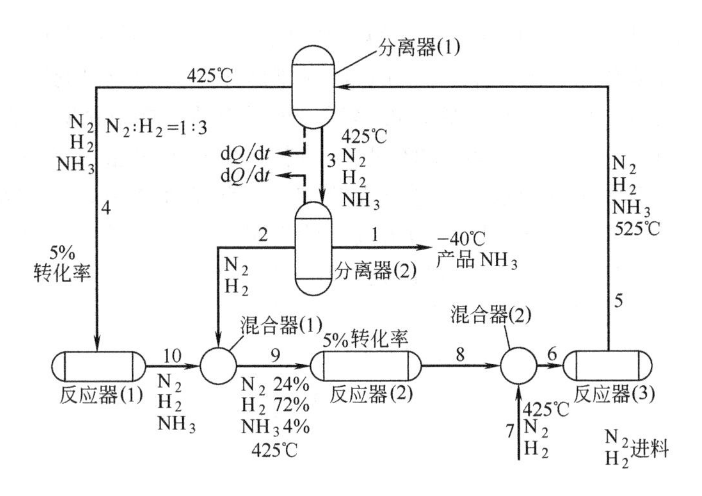

图 3.29　合成氨生产流程示意图

在反应器（1）（第一级反应）和反应器（2）（第二级反应）中 N_2 的每级转化率都为 5%，进口温度维持在 425℃。在第二级和第三级中是混合一股冷的支流和前级反应的产品流完成的。第一级进口温度与分离器（1）的操作温度一样为 425℃。第三级出口温度限制在 525℃。液体产品氨流股冷却至−40℃。假如流股 4 之中的 N_2 和 H_2 是按化学计量式给出的，流股 9 的组成为 24%N_2、72%H_2 和 4%NH_3（均为摩尔分数），而且按 1mol 流股 8 配 0.2mol 流股 7 的比例进料。计算在两个分离器中所有流股的条件和热负荷。假设是绝热混合并且忽略压力效应。

解　除产品流以外，所有流股都是两组分或多组分的气相混合物，各个流股的温度和组分流率都是独立变量。假定压力是给定的，且在能量衡算时可忽略压力的影响，故计算中不必考虑压力因素。

首先做自由度分析表，见表 3.31。

表 3.31　例 3.18 自由度分析

项　　目	反应器(1)		反应器(2)		反应器(3)		混合器(1)		混合器(2)		分离器(1)		分离器(2)		过程	全部综合	
	MB	CB	MB	CB	MB	CB	MB	CB	MB	CB	MB	CB	MB	CB		MB	CB
变量数目																	
流股:流率																	
T	6	8	6	8	6	8	8	11	8	11	9	12	6	9	36	3	5
单元 dQ/dt,r	1	2	1	2	1	2		1		1		1		1	10	1	2
平衡式数目																	
物料	3	3	3	3	3	3	3	3	3	3	3	3	3	3	21	3	3
能量		1		1		1		1		1		1		1	7		1
条件数目																	
组成 9			2	2			2	2							2		
比例 4	1	1									1	1			1		
比例 7∶8									1	1					1		
转化率	1	1	1	1											2		
dQ/dt		1		1		1		1		1					5		
温度																	
流 1															1		1
流 3												1		1	1		
流 4		1										1			1 }6		
流 5						1						1			1		
流 6						1				1					1		
流 9				1				1							1		
自由度	2	2	1	1	4	3	3	4	4	5	5	5	3	4	1	1	2

注：MB—物料衡算；CB—物料及能量衡算的总体衡算。

由表3.31可知，计算基准有两种选择的可能性：一是按整体的物料衡算选择；二是按第二级需要选择。现选择后者的基准，这样可同时求解该单元的能量衡算。

由解第二级反应器的物料衡算开始，再解第二级反应器的能量衡算，得到流股8的流率和温度以及流股9的全部流率。由表3.31可知，混合器（1）和混合器（2）的自由度下降至3和1。由已知的流率比及流股8可确定流股7。至此整体物料衡算式组的自由度为零，可以求解，解出流股1的流率和流股7的组成。然后可求解混合器（2）的物料衡算和能量衡算。按此方法，对照自由度分析表可推出合理的解题顺序，结果如图3.30所示。

计算基准：流股9的流率100mol/h。

按照给定数据计算二级反应转化率

$$\gamma=\frac{24\times0.05}{1}=1.2$$

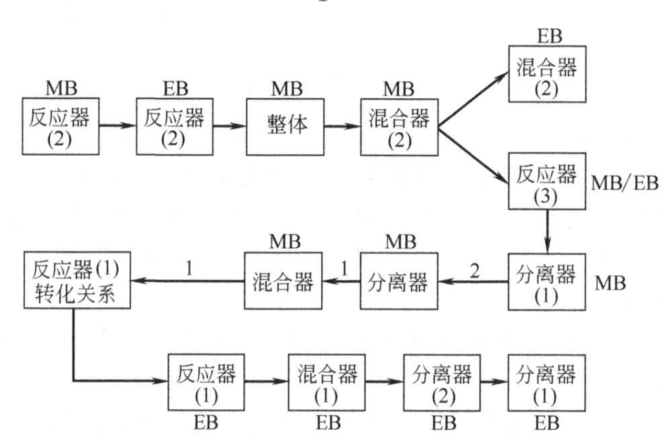

图3.30 计算次序

MB—物料衡算；EB—能量衡算

按照物料衡算求得

$$F^8=(F^8_{N_2},F^8_{H_2},F^8_{NH_3})$$
$$=(22.8,68.4,6.4)\text{mol/h}$$

做能量衡算需计算反应热，以进口流的状态为参考状态，在425℃时反应热为-1.127×10^5J/mol，能量衡算表达式为

$$\frac{dQ}{dt}=\gamma\Delta H_R(425℃)+\sum F^8_5\int_{425}^{T}c_p\,dT$$
$$=1.2\times(-1.127\times10^5)+\int_{425}^{T}(22.8c_{p,N_2}+68.4c_{p,H_2}+6.4c_{p,NH_3})dT=0$$

为了估计初值，以c_p的平均值为估值的起点，可得到8号流股温度的估算初值

$$T^0=\frac{1.127\times10^5}{22.8\times29.308+68.4\times29.308+6.4\times37.681}+425=471.4℃$$

应用c_p函数，可建立迭代函数

$$T^0=698.15+\frac{1.127\times10^5\times1.2}{2054.768}-$$
$$\frac{2.3408\times(T^2-698.15^2)-2.937\times10^{-3}\times(T^3-698.15^3)+1.830\times10^{-6}\times(T^4-698.15^4)-4.187\times10^{-10}\times(T^5-698.15^5)}{2054.768}$$

应用Wegstein的方法迭代求解，得到8号流股温度为

$$T^0=465.73℃$$

应用给定的流率比，由流股8计算流股7

$$F^7=0.2F^8=19.52\text{mol/h}$$

代入整体衡算式，得到 $\gamma=4.88\text{mol/h}$ 和 $F^1=9.76\text{mol/h}$。

依次可得

$$F^7_{N_2}=4.88\text{mol/h}$$

$$F^7_{H_2}=14.64\text{mol/h}$$

做混合器（2）的物料衡算，得到流股 6

$$F^6=(27.68,\ 83.04,\ 6.4)\text{mol/h}$$

继续进行混合器（2）的能量衡算，得到温度 T^7，以它作为流股 6 的参考状态，则

$$\frac{dQ}{dt}=-\sum F^8_s\int_{425}^{465.73}c_p dT-\sum F^7_s\int_{425}^{T}c_{p,s}dT=0$$

F^8 已由二级能量衡算式中计算出来，因而上式可简化为

$$\int_{T}^{425}(4.88c_{p,N_2}+14.04c_{p,H_2})dT=1.2\times1.127\times10^5$$
$$=1.3524\times10^5$$

为了求取 T^7 仍需进行迭代计算，首先使用 c_p 平均值做出第一估值，$T=188.7$℃，然后由估计的平均温度求取改善的 c_p 值，代入重复计算，求得 $T=192.2$℃。

对第三级反应进行衡算，以进口状态为参考状态，得到能量衡算式

$$\frac{dQ}{dt}=\gamma\Delta H_R(425℃)+\int_{425}^{525}(F^5_{N_2}c_{p,NH_3}+F^5_{N_2}c_{p,NH_3})dT=0$$

应用物料衡算法消去组分流率，可得到

$$\gamma(-1.127\times10^5)+(27.68-\lambda)\times3105.3+(83.04-3\gamma)\times2939.7+(6.4+2\gamma)\times4950.6=0$$

解出 $\gamma=3.154\text{mol/h}$

所以 $F^5=(24.525,\ 73.575,\ 12.71)\text{mol/ h}$

再作分离器（1）的物料衡算，得到带有两个出口流股的表达式

$$F^4=\begin{cases}F^4_{N_2} & F^3_{N_2}=24.525-F^4_{N_2}\\ 3F^4_{H_2}\text{ 和 } & F^3_{H_2}=73.575-3F^4_{N_2}\\ F^4_{NH_3} & F^3_{NH_3}=12.71-F^4_{NH_3}\end{cases}$$

由分离器（2）的物料衡算可得 F_{NH_3}，做 NH_3 的平衡式

$$12.71-F^4_{NH_3}=F^4_{NH_3}=9.76$$

求得 $F^4_{NH_3}=2.95$

利用其他衡算式简化给出

$$F^2_{N_2}=24.525-F^4_{N_2}$$

$$F^2_{H_2}=73.575-3F^4_{N_2}$$

应用混合器（1）的物料衡算，对流股 10 可写出下述表达式

$$F^{10}_{N_2}=F^4_{N_2}-0.525$$

$$F^{10}_{H_2}=3F^4_{N_2}-1.575$$

$$F^{10}_{NH_3}=4.0$$

应用反应器（1）的转化率算式可确定 $F^4_{F_2}$

$$0.05=\frac{F^4_{N_2}-F^{10}_{N_2}}{F^4_{N_2}}=\frac{0.525}{F^4_{N_2}}$$

可求得 $F_{N_2}^{4}=10.5\text{mol/h}$。

反应器(1)的反应速率

$$\gamma=\frac{0.05\times10.5}{1}=0.525\text{mol/h}$$

以上详细讨论了所有的物料衡算式，下面着手讨论一系列的能量衡算。

首先应用反应器(1)的能量衡算去确定流股10的温度，选用进口流的状态为计算的参考状态，该衡算式为

$$\frac{\mathrm{d}Q}{\mathrm{d}t}=-1.127\times10^{5}\times\left[0.5257+\int_{425}^{T}(F_{N_2}^{10}c_{p,N_2}+F_{H_2}^{10}c_{p,H_2}+F_{NH_3}^{10}c_{p,NH_3})\mathrm{d}T\right]=0$$

使用29.31J/(mol·K)、29.31J/(mol·K)和46.05J/(mol·K)的 c_p 平均值作为初始估值代入得

$$T^{0}=\frac{1.127\times10^{5}\times0.525}{9.975\times29.31+29.925\times29.31+4\times46.05}+425=468.7℃$$

为了改善估计值的迭代公式为

$$T=698.15+\frac{1.127\times10^{5}\times0.525-0.341(T^{2}-698.15^{2})+3.6896\times10^{-2}(T^{3}-698.15^{3})-2.9595\times10^{-7}(T^{4}-698.15^{4})+8.361\times10^{-11}(T^{5}-698.15^{5})}{1165.4}$$

进而采用Wegstein的方法迭代求解得

$$T=466.90℃$$

应用这一温度，可求解混合器(1)的能量衡算，应用流股9的状态为参考状态

$$\frac{\mathrm{d}Q}{\mathrm{d}t}=-\sum F_{s}^{2}\int_{425}^{T}c_{p}\mathrm{d}T-\sum F_{s}^{10}\int_{425}^{466.9}c_{p}\mathrm{d}T=0$$

流股10这项恰好等于反应器(1)的能量衡算式中的反应热一项，此式则化简为

$$1.127\times10^{5}\times0.525=\int_{T}^{425}(14.025c_{p,N_2}+42.075c_{p,H_2})\mathrm{d}T$$

使用平均 c_p 为29.31J/(mol·K)求出初温的初始估值，$T=389.03℃$。

在平均温度407℃时 c_p 值分别为

$$c_{p,H_2}=29.48\text{J/(mol·K)}$$

$$c_{p,N_2}=30.61\text{J/(mol·K)}$$

根据修正初始估值，结果为：$T=389.57℃$。

至此，所有流股的流率和温度皆已确定。

应用分离器(1)和分离器(2)的能量衡算进一步计算热传递速率。以流股3的状态为参考状态进行分离器(2)的能量衡算

$$\frac{\mathrm{d}Q}{\mathrm{d}t}=F^{2}[\dot{H}(T^{2})-\dot{H}(425℃)]+F^{1}[\dot{H}_{L}(-40℃)-\dot{H}_{V}(425℃)]$$

$$=0.525\times(-1.127\times10^{5})-9.76\times\left[\int_{-33.42}^{425}c_{pV}\mathrm{d}T+\Delta H_{VL}(-33.42℃)+\int_{-40}^{-33.42}c_{pL}\mathrm{d}T\right]$$

其中，F^2 项用混合器(1)的能量衡算结果估算。NH_3 蒸气在425℃相对于−40℃液氨的计算，应用了 NH_3 在正常沸点−33.42℃的蒸发热和气相及液相 NH_3 的比热容方程式计算。因而

$$\frac{\mathrm{d}Q}{\mathrm{d}t}=0.525\times(-1.127\times10^{5})-9.76\times(1.884\times10^{4}+2.336\times10^{4}+2.206\times10^{3})$$

$$=-4.926\times10^{2}\text{kJ/h}$$

对于分离器(1)的能量衡算的参考状态定为流股3的参考状态

$$\frac{dQ}{dt}=-\sum F_s^5\int_{425}^{525}c_p\,dT$$

$$=-(24.525\times3105.35+73.575\times2939.68+12.71\times4950.56)=-355.37\text{kJ/h}$$

由上述计算可知，该过程具有回收热能的潜力，可以用于发生蒸汽等方面。

3.5　计算机辅助过程物料衡算与热量衡算

在 3.2 节中已讨论过可在计算机辅助下用序贯模块法和联立方程法解决物料衡算问题。现在来讨论如何利用计算机辅助解决能量衡算的问题。欲使用序贯模块法，首先必须建立与能量衡算方程相适应的单元物料衡算模型，对于再循环计算尚需给出切断流的温度或焓流率的切断流变量。使用联立方程法，需要求解非线性方程组。导致非线性方程的因素是：其一，温度-焓函数的非线性；其二，包含能量衡算方程的非线性的焓流率方程。对于非线性能量方程组的求解，迭代计算是不可避免的。下面将着重讨论上述两种方法的解题策略。

3.5.1　序贯模块法求解的策略

序贯模块法计算的基本内容是：

① 将衡算方程式组合在操作流程的模型中；

② 在给定输入流和选定模型参数后按组成模型的衡算方程组计算输出流股；

③ 按流股流动的方向按顺序对各个模块进行运算求解流程的衡算式；

④ 以选定的切断流股矢量作为初值，利用迭代法确定循环流股。

采用上述策略进行能量衡算时，与做物料衡算的区别在于扩展了流股矢量的定义，使其包括进入流股的温度和相（或焓）分率，进而修正了模型。由模块的物料和能量衡算式可以确定与给定模块相联系的扩展的输出流股矢量，能量衡算可以直接用于计算选定的输出流股的能量衡算变量。对于可以忽略势能与位能变化的多流股输入与多流股输出系统，它们的能量衡算方程式可以写成下述形式

$$\underset{\substack{\text{出口流}\\ j}}{\sum F^j\hat{H}^j}=\frac{dQ}{dt}-\frac{dW}{dt}+\underset{\substack{\text{入口流}\\ i}}{\sum F^i\hat{H}^i} \tag{3.23}$$

令 $H^K=F^K\hat{H}^K$，则有

$$\underset{\substack{\text{出口流}\\ j}}{\sum H^j}=\frac{dQ}{dt}-\frac{dW}{dt}+\underset{\substack{\text{入口流}\\ i}}{\sum H^i} \tag{3.24}$$

假如将（$dQ/dt-dW/dt$）定义为固定的模块参数，则上述方程可以视为一特殊“组分 H”的一衡算式。于是可把每一流股的焓流率作为另外一个“组分”来研究。这种特殊“组分”的模块只包含简单的焓流率方程式，用这种模块仅能计算出输出流股的焓流率。

对于任一流程，皆可用四个基本单元——混合器、分离器、分割器、化学计量反应器模块来模拟并进行物料衡算。在做能量衡算时仅需在物料衡算的基础上增加一个热/功传递模块。下面研究几种基本模块及其方程组，讨论中假定在各种情况下流股的压力皆为已知数据。在 3.1 节中已经给出了 9 种基本单元物料衡算的一般模型，现将其推广到包括焓流在内的广义情况中。

（1）混合器

物料衡算模型

$$F_s^{out}=\sum_{\substack{\text{in} \\ \text{入口流 } i}} F_s^i \quad (s=1,\ 2,\ \cdots,\ S) \tag{3.25}$$

绝热无功过程的焓流衡算模型

$$H^{out}=\sum_{\substack{\text{in} \\ \text{入口流 } i}} H_s^i \quad (s=1,2,\cdots,S) \tag{3.26}$$

(2) 分离器

设 t_s^j 为组分的分割系数，Q^j 为焓分离系数，模型为

$$F_s^j=t_s^j F_s^{in} \quad (s=1,\ 2,\ \cdots,\ S) \tag{3.27}$$

对于所有出口流 j，有

$$\sum t_s^j=1 \tag{3.28}$$

$$H^j=Q^j H^{in} \tag{3.29}$$

$$\sum Q^j=1 \tag{3.30}$$

式中 i——入口流数目；

j——出口流数目。

(3) 分割器

区别于分离器，一个流股进入分割器后被分割为相同组分的几个流股。以 t^j 表示流股的分割系数，则入口流股和出口流股的流率关系可表示为

$$F_s^j=t^j F_s^{in} \quad (s=1,\ 2,\ \cdots,\ S) \tag{3.31}$$

$$\sum t^j=1 \tag{3.32}$$

式中 j——出口流数目；

t^j——出口流温度。

则

$$\hat{H}^j=F^j\dot{H}^j(T^1)=F^j\sum x_s^j\dot{H}_s(T^1) \tag{3.33}$$

$$\hat{H}^j=F^j\hat{H}^{in}(T^1)=t^jF^{in}\hat{H}^{in}(T^1) \tag{3.34}$$

假定为绝热操作，且 $dW/dt=0$，则焓流衡算为

$$H^{in}=\sum_j \hat{H}^j \tag{3.35}$$

置换 H^j 有

$$H^{in}=F^{in}\hat{H}^{in}(T^1)\sum t^j=F^{in}H^{in}(T^1) \tag{3.36}$$

所以

$$H^j=t^jH^{in}$$

对于所有流股都符合

$$x_s^j=x_s^{in} \quad (s=1,\ 2,\ \cdots,\ S) \tag{3.37}$$

$$T^j=T^{in} \tag{3.38}$$

(4) 反应器

基本反应器为单入/单出设备，单一反应按照给定的化学计量式和关键组分 K 的转化率 x_k 进行，其物料衡算模型为

$$F_s^{out}=F_s^{in}+\frac{\sigma_s}{-\sigma_k}x_kF_k^{in} \quad (s\neq k;\ s=1,\ 2,\ \cdots,\ S) \tag{3.39}$$

$$F_k^{out}=(1-x_k)F_k^{in} \quad (s=k) \tag{3.40}$$

假设为绝热操作，且 $dW/dt=0$，则以反应热形式表达的焓流衡算式为

$$H^{out}=\hat{H}^{in}+\Delta H_R^{\gamma}x_kF_k^{in} \tag{3.41}$$

式中 ΔH_R^{γ}——反应热。

（5）热/功模块

该模块代表简单进入/简单引出设备，在该设备中将给定的热或功传递给流股。

焓流衡算式简化为

$$H^{out}=H^{in}+\frac{dQ}{dt}-\frac{dW}{dt} \tag{3.42}$$

物料衡算为

$$F_s^{out}=F_s^{in} \tag{3.43}$$

在基本模块的基础上补充的基本模块是着重进行 dQ/dt 运算的模块，如非绝热分离器、非绝热反应器、多流股换热器、单组分相分离器、等温闪蒸器、一般闪蒸器等的焓流计算。

【例 3.19】 应用序贯模块法求解例 3.1。

解 第一步绘出流程模型示意图，如图 3.31 所示，在此将图 3.23 中的换热器（1）、（2）分别分解为 2 个基本换热器模块 1A、1B 和 2A、2B。汽液分离器必须用流股分离器描述，因为两个出口流股相分布是不同的，一个是液相，另一个是汽相。图中分离器和混合器都是绝热单元。该混合器包含在一个自循环中，是一个基本混合器模块，与它相连的流股 3 应该作为切割流股，而收敛模块必须插入在混合器和分裂器模块之间。

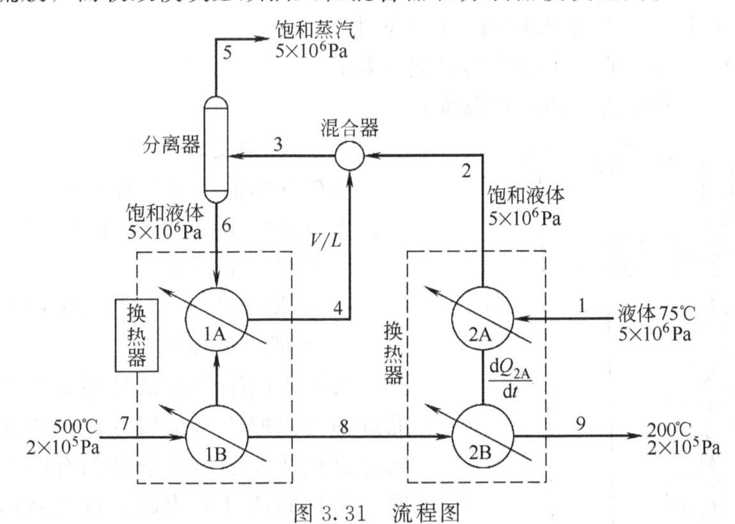

图 3.31 流程图

对这个问题的条件说明如下：流股 1 和流股 7 的组分流率和焓流率，所有 9 个基本换热器和热传递速率，以及分离器——汽液分离器的流股和焓的分裂系数。在此例题中已知给出的条件是：流股 7 的组分和焓（由已知的温度、压力求解），流股 1 的焓（由给出的温度、压力求解）和对于分离器的流股的分裂条件（给定流股 1 对流股 6 的比例相当于流股 6 对流股 3 的比例），需要 10 个条件，因而尚有 6 个条件未知，需由约束条件补充。这些约束条件是流股 2、5、6 和流股 9 的状态的摩尔焓和条件，可表示为

$$\frac{dQ_{1A}}{dt}=-\frac{dQ_{1B}}{dt}$$

$$\frac{dQ_{2A}}{dt}=-\frac{dQ_{2B}}{dt}$$

因为约束条件的数目等于未知参数的数目，故模型可以求解。

序贯模块法求解过程如下。

首先对 Q、F^1、$\mathrm{d}Q_{1A}/\mathrm{d}t$ 和 $\mathrm{d}Q_{2A}/\mathrm{d}t$ 做一初始估计。用热传递约束来估算 $\mathrm{d}Q_{1B}/\mathrm{d}t$ 和 $\mathrm{d}Q_{2B}/\mathrm{d}t$。然后开始对切断流变量 F^3 和 F^4 做进一步的初始猜测，并且使切断流收敛。使用下述4个约束条件：

$$H^5=F^5\hat{H}_V(\text{饱和}，50\times10^5\,\text{Pa})$$

$$H^6=F^6\hat{H}_L(\text{饱和}，50\times10^5\,\text{Pa})$$

$$H^2=F^1\hat{H}_L(\text{饱和}，50\times10^5\,\text{Pa})$$

$$H^9=F^7\hat{H}_V(200^\circ\text{C}，2\times10^5\,\text{Pa})$$

来评价和推算新的估算值 Q、F^1、$\mathrm{d}Q_{1A}/\mathrm{d}t$ 和 $\mathrm{d}Q_{2A}/\mathrm{d}t$。反复迭代，直至达到收敛为止。

在用序贯模块法求解本例的过程中，其计算比较麻烦。在使用那些补充模块时，因条件参数被包括在补充的辅助模块内，故可简化问题。

【例 3.20】 用序贯模块法求解例3.18。

解 分析题意可知，三个反应器和两个混合器是绝热的，而两个分离器是非绝热设备。已给出反应器（1）、（2）的转化率，这两个反应器可用基本反应器模块描述。反应器（3）已给出出口温度，但是不知道反应转化率，所以需用非绝热反应器来模拟。混合器可用基本混合器模块来计算。两个分离器用给定组分分裂系数和出口状态的非绝热分离器模块来计算。可计算出 $\mathrm{d}Q/\mathrm{d}t$。在此例中缺少的6个条件是：

① 对于分离器（1）的三个组分的分裂系数；

② 分离器（2）的流股2的出口温度；

③ 进料温度和组成。

可被利用的约束条件为：

① 流股9的温度和两个组成；

② 流股6的温度；

③ 流股4的 N_2 与 H_2 的比例；

④ 流股8的流率。

另外，已给定的条件还有作为基准的流股7的流率及流股7对流股8的流率比例。所以这个问题是包括6个约束条件的有约束的问题。选流股9为切断流开始求解，首先做出6个缺少条件的初始估计以及切断流的初始猜测。然后依次执行反应器（2）模块，应用对进料温度和组成的初始估计执行混合器模块，调节进料温度直至混合器出口温度达到425℃。进而执行反应器（3）模块、分离器（1）和反应器（1）模块，然后进行分离器（2）和混合器（1）的计算。重复调整流股2的温度，重复进行分离器（2）和混合器（1）的计算直至达到指定的混合器出口温度为425℃。以上是通过全流程的一个完整的迭代过程。反复迭代直到切断流收敛为止。达到收敛点后，计算4个约束条件：流股4中 N_2 对 H_2 的比

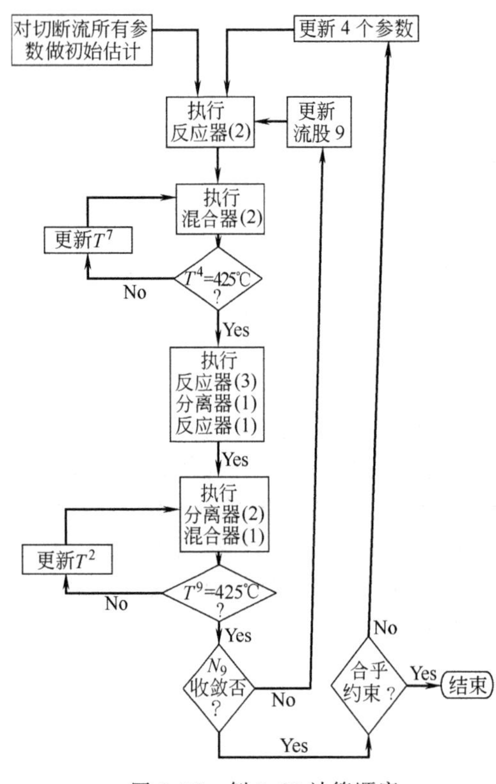

图3.32 例3.20计算顺序

例、流股 7 的流率、两个流股 9 的组成。再由此估计进料组成和分离器（1）的三个组分的分裂系数，重新开始切断流股循环计算。图 3.32 所示为上述全部计算的框图。

仔细分析此计算顺序可知，迭代求解要多次反复地进行热力学计算。为简化主程序并加速运算，有必要提供自动进行焓计算及热力学参数与函数相互转变等供热力学计算的多种子程序。这些必备的基本子程序的功能主要有四方面：

① 计算给定流股状态的流股焓；

② 计算反应热；

③ 计算给定流股组成及焓时的流股温度和相间分配；

④ 储存及随时调用进行 1～3 项计算所需的信息。

这些子程序如下。

① 流股焓计算子程序。

② 反应热计算子程序。

③ 流股温度计算子程序。

④ 性质数据库，这是进行物系热力学性质计算所必须具备的支撑部分，它可提供组分的基本性质，诸如：

(a) 标准生成热；

(b) 确定标准状态下的相态（气、液或固）；

(c) 临界温度；

(d) 沸点；

(e) 沸点下的汽化热；

(f) Watson 的关联因子；

(g) 蒸气热容方程的 5 个系数；

(h) 液体热容方程的 4 个系数；

(i) 蒸气压力方程的 3 个（或更多）系数，其他尚需给出摩尔质量、熔点、熔融热、固体热焓方程系数及真实气体状态方程的系数等。

⑤ 性质估算系统子程序：其中除包含一个性质数据库以外，尚具备评估各种热力学数据，如反应热、泡点、为执行绝热或闪蒸计算所需热力学数据等的计算模型库。

目前，过程模拟应用软件中（如 ASPEN、PROCESS 等应用软件）都包含这部分应用软件，而且在不断地补充与完善。

表 3.32 给出了一个典型物性数据库检索打印结果示例。

3.5.2　联立方程法求解的策略

与序贯模块法相比，联立方程法的优点是不需选定切断流，也不必确定约束（部分的或整体的）及执行顺序与切断流的迭代环。其缺点是方程组的容量大，存在非线性条件时，需要估计流程中所有流股矢量的初值，以开始用 Newton-Raphson 计算。另外，在化学工程计算中，通常可建立数百乃至上千个方程式，构成庞大的数组。对于大的稀疏方程组还必须使用特殊的解法。

同时求解物料衡算与热量衡算，在方法上没有原则的不同，主要的困难在于联合求解的非线性问题，多数情况下必须应用 Newton-Raphson 方法，应用线性化技术。一旦线性化得以完成，其求解路线与单纯物料衡算没有什么不同。下面着重讨论衡算方程组的线性化问题。

表 3.32 物性结果

1	2	3	4	5	6	7	8	9	10	11
				CRITICAL TEMPERATURE (DEG R)	CRITICAL PRESSURE (PSIA)	CRITICAL VOLUME (CU. FT. /MOLE)	CRITICAL COMP. FACTOR	NORMAL BOILING (DEG R)	MOLECULAR WEIGHT	ACENTRIC FACTOR
ID	COMPONENT		FORMULA	TC	PC	VC	ZC	TBP	MW	W
1	NITROGEN		N_2	2.2720E+02	4.9230E+02	1.4340E+00	2.9000E-01	1.3930E+02	2.8010E+01	2.0600E-02
2	OXYGEN		O_2	2.7830E+02	7.3190E+02	1.1760E+00	2.8800E-01	1.6230E+02	3.2000E+01	2.9900E-02
3	HYDROGEN		H_2	5.9760E+01	1.8810E+02	1.0410E+00	3.0500E-01	3.6700E+01	2.0160E+00	0
4	CARBON MONOXIDE		CO	2.3920E+02	5.0720E+02	1.4910E+00	2.9500E-01	1.4700E+02	2.8010E+01	-6.7000E-03
5	CARBON DIOXIDE		CO_2	5.4760E+02	1.0700E+03	1.5060E+00	2.7400E-01	3.5050E+02	4.4010E+01	1.7680E-01
6	CARBONYL SULFIDE		COS	6.7500E+02	8.5240E+02	2.2400E+00	2.6000E-01	4.0120E+02	6.0070E+01	9.9000E-02
7	CARBON DISULFIDE		CS_2	9.9360E+02	1.1460E+03	2.7180E+00	2.9300E-01	5.7490E+02	7.6130E+01	1.1500E-01
8	SULFUR DIOXIDE		SO_2	7.7540E+02	1.1430E+03	1.9540E+00	2.6800E-01	4.7360E+02	6.4060E+01	2.4020E-01
9	HYDROGEN SULFIDE		H_2S	6.7200E+02	1.2960E+03	1.5780E+00	2.8400E-01	3.8310E+02	3.4080E+01	8.6800E-02
10	AMMONIA		NH_3	7.3010E+02	1.6360E+03	1.1620E+00	2.4200E-01	4.3150E+02	1.7030E+01	2.5000E-01
11	HYDROGEN CHLORIDE		HCL	5.8430E+02	1.2050E+03	1.2980E+00	2.5000E-01	3.3860E+02	3.6470E+01	1.2000E-01
12	WATER		H_2O	1.1650E+03	3.2080E+03	9.1490E-01	2.3480E-01	6.7170E+02	1.8020E+01	3.4400E-01
13	METHANE		CH_4	3.4310E+02	6.6720E+02	1.5860E+00	2.8800E-01	2.0100E+02	1.6040E+01	0
14	ETHYLENE		C_2H_4	5.0830E+02	7.3040E+02	2.0660E+00	2.7600E-01	3.0500E+02	2.8050E+01	9.4900E-02
15	ETHANE		C_2H_6	5.4970E+02	7.0830E+02	2.3710E+00	2.8500E-01	3.3220E+02	3.0070E+01	1.0640E-01

		12	13	14	15	16	17	18
		REDLICH-KWONG CONSTANTS		VAPOR PRESSURE CONSTANTS			VAPOR PRESSURE TEMPERATURE LIMITS (DEG R)	
ID	COMPONENT	RKA	RKB	AVP	BVP	CVP	LTVP	UTVP
1	NITROGEN	7.7800E+04	4.2870E-01	4.7810E+00	4.6020E+02	-1.1880E+01	9.7200E+01	1.6200E+02
2	OXYGEN	8.6900E+04	3.5370E-01	4.9780E+00	5.7420E+02	-1.1610E+01	1.1340E+02	1.8000E+02
3	HYDROGEN	7.2300E+03	2.9550E-01	4.2070E+00	1.2890E+02	5.7420E+00	2.5200E+01	4.5000E+01
4	CARBON MONOXIDE	8.6800E+04	4.4350E-01	4.5260E+00	4.1450E+02	-2.3670E+01	1.1340E+02	1.9440E+02
5	CARBON DIOXIDE	3.2300E+05	4.7610E-01	8.0970E+00	2.4260E+03	-2.8800E-01	2.7720E+02	3.6720E+02
6	CARBONYL SULFIDE	6.8400E+06	7.3670E+00	4.5270E+00	4.1450E+02	-2.3670E+01	1.1340E+02	1.9440E+02
7	CARBON DISULFIDE	1.3400E+06	8.0640E-01	5.2280E+00	2.1040E+03	-5.6920E+01	4.1040E+02	6.1560E+02
8	SULFUR DIOXIDE	7.2100E+05	6.3090E-01	5.5690E+00	1.8000E+03	-6.4750E+01	3.5100E+02	5.0400E+02
9	HYDROGEN SULFIDE	4.4400E+05	4.8210E-01	5.2800E+00	1.3830E+03	-4.6910E+01	3.4200E+02	4.1400E+02
10	AMMONIA	4.3370E+05	4.1520E-01	5.6470E+00	1.6670E+03	-5.8630E+01	3.2220E+02	4.6980E+02
11	HYDROGEN CHLORIDE	3.3730E+05	4.5100E-01	5.4540E+00	1.3400E+03	-2.6010E+01	3.6000E+02	4.4670E+02
12	WATER	7.1090E+05	3.3760E-01	6.2360E+00	2.9830E+03	-8.3030E+01	4.9200E+02	1.1650E+03
13	METHANE	1.6100E+05	4.7840E-01	4.8980E+00	7.0190E+02	-1.2890E+01	1.6740E+02	2.1600E+02
14	ETHYLENE	3.9300E+05	6.4740E-01	5.0340E+00	1.0530E+03	-3.2670E+01	2.1600E+02	3.2760E+02
15	ETHANE	4.9300E+05	7.2200E-01	5.0890E+00	1.1820E+03	-3.0890E+01	2.3400E+02	3.5800E+02

续表

		19	20	21	22	23	24	25
		FREE ENERGY OF FORM. (BTU/MOLE)	HEAT OF FORM. (BTU/MOLE)	HEAT OF COMB. (BTU/MOLE)	VAPOR PHASE HEAT CAPACITY COEFFICIENTS			
ID	COMPONENT	GF	HF	HCOMB	ALPHA	BETA	CAMMA	GOVT
1	NITROGEN	−0	0	−0	6.8300E+00	5.0000E−04	0	−3.9800E+04
2	OXYGEN	−0	0	−0	7.1600E+00	5.5600E−04	0	−1.2960E+05
3	HYDROGEN	0	0	−1.2300E+05	6.4240E+00	5.8000E−04	2.4000E−08	−0
4	CARBON MONOXIDE	−5.9060E+04	−4.7550E+04	−1.2180E+05	6.7900E+00	5.4400E−04	0	−3.5640E+04
5	CARBON DIOXIDE	−1.6970E+05	−1.6930E+05	0	1.0570E+01	1.1670E−03	0	−6.6700E+05
6	CARBONYL SULFIDE	−7.1260E+04	−5.9540E+04	−2.3490E+05	5.6290E+00	1.0590E−02	−5.7130E−06	−0
7	CARBON DISULFIDE	2.8780E+04	5.0360E+04	−4.7500E+05	1.4450E+01	8.8900E−04	0	−5.8320E+05
8	SULFUR DIOXIDE	−1.2920E+05	−1.2770E+05	−0	1.1040E+01	1.0440E−03	0	−5.9160E+05
9	HYDROGEN SULFIDE	−1.4210E+04	−8.6670E+03	−2.4200E+05	7.8100E+00	1.6440E−03	0	−1.4900E+05
10	AMMONIA	−6.9480E+03	−1.9660E+04	0	7.1100E+00	3.3330E−03	0	−1.1990E+05
11	HYDROGEN CHLORIDE	−4.0990E+03	−3.9710E+04	0	6.2700E+00	6.8890E−04	−0	9.7200E+04
12	WATER	−1.0200E+05	−1.2300E+05	0	6.9600E+00	1.9240E−03	−1.4910E−07	0
13	METHANE	−2.1650E+04	−3.2200E+04	−3.7940E+05	3.3810E+00	1.0020E−02	−1.3300E−06	0
14	ETHYLENE	2.9300E+04	2.2490E+04	−5.9690E+05	2.8300E+00	1.5890E−02	−2.6900E−06	0
15	ETHANE	−1.4170E+04	−3.6420E+05	−6.6310E+05	2.2470E+00	2.1220E−02	−3.4100E−06	0

		26	27	28	29	30
		VAPOR PHASE HEAT CAPACITY TEMPERATURE LIMITS (DEG R)		LIQUID MOLAR VOLUME CONSTANTS		
ID	COMPONENT	LTCP	UTCP	VLIO	D1	D2
1	NITROGEN	4.9200E+02	5.4000E+03	8.4800E−01	−0	−0
2	OXYGEN	4.9200E+02	5.4000E+03	4.5400E−01	−0	−0
3	HYDROGEN	4.9200E+02	5.4000E+03	4.9600E−01	−0	−0
4	CARBON MONOXIDE	4.9200E+02	4.5000E+03	5.6300E−01	−0	−0
5	CARBON DIOXIDE	4.9200E+02	2.7000E+03	7.0400E−01	−0	−0
6	CARBONYL SULFIDE	4.9200E+02	2.700E+03	7.5600E−01	−0	−0
7	CARBON DISULFIDE	4.9200E+02	3.2400E+03	9.4300E−01	−0	−0
8	SULFUR DIOXIDE	4.9200E+02	3.6000E+03	7.2300E−01	−0	−0
9	HYDROGEN SULFIDE	4.9200E+02	4.1400E+03	6.9000E−01	−0	−0
10	AMMONIA	4.9200E+02	3.2400E+03	4.2700E−01	−0	−0
11	HYDROGEN CHLORIDE	4.9200E+02	3.6000E+03	4.8800E−01	−0	−0
12	WATER	4.9200E+02	4.9500E+03	2.8900E−01	−0	−0
13	METHANE	4.9200E+02	2.7000E+03	8.3200E−01	−0	−0
14	ETHYLENE	4.9200E+02	2.7000E+03	9.7600E−01	−0	−0
15	ETHANE	4.9200E+02	2.7000E+03	1.0880E+00	−0	−0

衡算方程的线性化：试考虑一下开放的稳态系统，它具有 R 个反应，S 个组分，J 个输出流股，K 个输入流股。假若已知状态压力和各个流股的相态，每一流股均为理想混合物，则可列出该系统的能量衡算方程式

$$\frac{dQ}{dt}-\frac{dW}{dt}=\sum_{i=1}^{R}\gamma_i\Delta H_{R_i}+\sum_{j=1}^{J}\sum_{s=1}^{S}F_s^j\hat{H}_s(T^j)-\sum_{k=1}^{K}\sum_{s=1}^{S}F_s^k\hat{H}_s(T^k) \tag{3.44}$$

上式中流股的流率与焓的乘积项为非线性项，如果物料衡算与能量衡算两者可以“分离”，则可以先用联立方程法求解物料衡算，然后再解能量衡算方程。在可以“分离”的情况下，可以用单一的焓流变量 H^j 代替流股流率和流股单位焓的乘积，从而导出一个线性的焓流率方程。但大多数情况下，并不可能这样运算，必须直接求解非线性方程组，也就是说组分流率和流股温度这两个变量都必须做迭代变量处理，然后再依据组分流率、流股温度和线性的 dQ/dt 、dW/dt 和 γ_i 变量构造线性化方程。

对于一个多变量函数 $f(x)$ 可以在 x^0 点依据泰勒展开而使函数线性化，现用 $f_L(x)$ 表示该线性化函数

$$f_L(x)\equiv f(x^0)+\sum_{n=1}^{N}\left(\frac{\partial f}{\partial x_n}\right)_{x=x^0}(x_n-x_n^0) \tag{3.45}$$

假若寻找出满足 $f(x)=0$ 的点，则在该点上有

$$f(x)+\sum_{n=1}^{N}\left(\frac{\partial f}{\partial x_n}\right)_{x=x^0}(x_n-x_n^0)=0 \tag{3.46}$$

对于能量衡算方程式，函数为

$$f\left(\frac{dQ}{dt},\frac{dW}{dt},\gamma,F^j,F^k,T^j,T^k\right)=\frac{dW}{dt}-\frac{dQ}{dt}+\sum\gamma_i\Delta H_{R_i}+\sum_{j=1}^{J}\sum_{s=1}^{S}F_s^j\dot{H}_s(T^j)-\sum_{k=1}^{K}\sum_{s=1}^{S}F_s^k\dot{H}_s(T^k) \tag{3.47}$$

假如对所有变量做一适当的估计，并以上标^0 注出此估计值。为了构造线性化函数，应首先求出 f 的各个偏导数，它们是

$$\frac{\partial f}{\partial(\partial Q/\partial t)}=-1 \tag{3.48}$$

$$\frac{\partial f}{\partial(\partial W/\partial t)}=+1 \tag{3.49}$$

$$\frac{\partial f}{\partial\gamma_i}=\Delta H_{R_i} \tag{3.50}$$

$$\frac{\partial f}{\partial F_s^j}=\hat{H}_s(T^j) \tag{3.51}$$

$$\frac{\partial f}{\partial F_s^k}=-\hat{H}_s(T^k) \tag{3.52}$$

流股温度的偏导数略为复杂，其形式为

$$\frac{\partial f}{\partial T^j}=\sum_{s=1}^{S}\frac{F_s^j\,\partial\dot{H}_s(T^j)}{\partial T^j}=\sum_{s=1}^{S}F_s^jc_{p,s}(T^j) \tag{3.53}$$

最后一项是近似值，如果是单相流股，c_p一般为组分比定压热容的函数。

于是可按式（3.46）写出能量平衡线性化式

$$\frac{dW^0}{dt}-\frac{dQ^0}{dt}+\sum_{i=1}^{R}\gamma_i^0\Delta H_{R_i}+\sum_{j=1}^{J}\left[\sum_{s=1}^{S}(F_s^j)^0H_s(T^j)^0\right]-\sum_{k=1}^{K}\left[\sum_{s=1}^{S}(F_s^k)^0\hat{H}_s(T^k)^0\right]+(-1)$$

$$\left(\frac{\mathrm{d}Q}{\mathrm{d}t}-\frac{\mathrm{d}Q^0}{\mathrm{d}t}\right)+(+1)\left(\frac{\mathrm{d}W}{\mathrm{d}t}-\frac{\mathrm{d}W^0}{\mathrm{d}t}\right)+\sum_{i=1}^{R}\Delta H_{\mathrm{R}_i}^0(\gamma_i-\gamma_i^0)+\sum_{j=1}^{J}\left\{\sum_{s=1}^{S}\dot{H}_s(T^j)^0[F_s^j-(F_s^j)^0]\right\}-\sum_{k=1}^{K}\left\{\sum_{s=1}^{S}\dot{H}_s(T^k)^0[F_s^k-(F_s^k)^0]\right\}+\sum_{j=1}^{J}\sum_{s=1}^{S}(F_s^j)^0c_{p,s}(T^j)^0[T^j-(T^j)^0]-\sum_{k=1}^{K}\left\{\sum_{s=1}^{S}(F_s^k)^0c_{p,s}(T^k)^0[T^k-(T^k)^0]\right\}=0 \tag{3.54}$$

其中，上标“0”表示初始估计值。前 5 项相应为在初始估计解处的能量平衡函数值，第6～8 项为简化的线性变量的偏导数项，最后 4 项相当于流焓项的偏导数。

在某些特定的情况下，常常可简化线性化的衡算方程式，在此简单地讨论下述三种情况。

（1）c_p为常数

假如可将流股比定压热容 c_p设定为常数，则在衡算方程式中线性化项可简化为

$$\sum_j\sum_s F_s^jH_s(T^j)=\sum_j(T^j-T^\gamma)\sum_s c_{p,s}F_s^j \tag{3.55}$$

式中　T^γ——选定的参考状态温度。

假如在所有流股中所有组分的相态与参考状态下的相态一致，则式（3.54）可简化为

$$\frac{\mathrm{d}W}{\mathrm{d}t}-\frac{\mathrm{d}Q}{\mathrm{d}t}+\sum\gamma_i\Delta H_{\mathrm{R}_i}+\sum[(T^j)^0-T^\gamma]\sum_s c_{p,s}F_s^j-\sum_k[(T^k)^0-T^\gamma]\sum_s c_{p,s}F_s^k+\sum_j[T^j-(T^j)^0]\sum_s c_{p,s}(F_s^j)^0-\sum_k[T^k-(T^k)^0]\sum_s c_{p,s}(F_s^k)^0=0 \tag{3.56}$$

显然求解上式时，不需使用物理性质估值系统软件，只需查出反应热 ΔH_{R}与比定压热容 c_p值即可，因而简化了运算。

（2）指定温度

假如流股温度是固定的，则相应的流股焓一项变为线性。显而易见，因为流股焓项为常数，则它对温度的偏导数项为零，相应的 c_p项亦简化为零。假如给定平衡温度，则平衡方程式的所有温度项的衡算式即简化为线性方程式。

（3）单组分流股

在衡算式中所有流股均为单组分的情况下，可直接以流股的摩尔焓——变量简化能量衡算式为流股和焓的双线性函数，简化的方程为

$$\frac{\mathrm{d}W}{\mathrm{d}t}-\frac{\mathrm{d}Q}{\mathrm{d}t}+\sum_j(H^j)^0F^j-\sum_k(H^k)^0F^k+\sum(F^j)^0H^j-\sum_k(F^k)^0H^k-\sum_j(F^jH^j)^0+\sum(F^kH^k)^0=0 \tag{3.57}$$

总结联立方程法的计算步骤如下。

对于任意形式的线性化方程，联立方程法求解的策略都是相同的。

首先假设一个完全解的初始估计，并且指定容许误差值 $\varepsilon(>0)$，然后

第一步：估算在初始估计解处的线性方程式系数；

第二步：求解这一由线性化方程和非线性方程组成的衡算方程组以获得新的估计值；

第三步：重复迭代直至每个非线性方程的相邻估值落于给定容许误差 ε 之内为止。

与物料衡算的情况相同，为了猜测出较好的初始值，一般是先估计出引起非线性因素的变量，然后再计算线性方程式求解出其他变量的估计值，以得到全部变量的初始值。

【例 3.21】　用联立方程法求解例 3.15。

解　计算基准：$F^7=100\mathrm{mol/h}$。

系统的物料衡算、能量衡算与约束条件方程式如下。

换热器（1）

$$\frac{dQ}{dt}=F^7\dot{H}_V(T^8,2\times10^5\text{Pa})-F^7\dot{H}_V(500℃,2\times10^5\text{Pa})+F^6H^4_{mix}(\text{饱和},50\times10^5\text{Pa})-$$

$$F^6\dot{H}_L(\text{饱和},50\times10^5\text{Pa})=0$$

换热器（2）

$$\frac{dQ}{dt}=F^1\dot{H}_L(\text{饱和},50\times10^5\text{Pa})-F^1\dot{H}_L(75℃,50\times10^5\text{Pa})+F^7\dot{H}_V(200℃,2\times10^5\text{Pa})-$$

$$F^7\dot{H}_V(T^8,2\times10^5\text{Pa})=0$$

混合器

$$F^3=F^1+F^6$$

$$\frac{dQ}{dt}=F^3\dot{H}^3_{mix}(\text{饱和},50\times10^5\text{Pa})-F^1\dot{H}_L(\text{饱和},50\times10^5\text{Pa})-F^6\dot{H}^4_{mix}(\text{饱和},50\times10^5\text{Pa})=0$$

汽液分离器

$$F^3=F^5+F^6$$

$$\frac{dQ}{dt}=F^5\dot{H}_V(\text{饱和},50\times10^5\text{Pa})-F^6\dot{H}_L(\text{饱和},50\times10^5\text{Pa})-F^3\dot{H}^3_{mix}(\text{饱和},50\times10^5\text{Pa})=0$$

约束条件

$$12F^1=F^6$$

以上7个方程的未知数为F^1、F^3、F^5、F^6、T^8以及流股3和流股4的蒸汽分率7个未知数，未知数与方程式数目相等，故有解。但应注意到有3个能量衡算式是非线性的，因为它们包括有未知流股的流率和焓的乘积，其余为线性方程式。

$\dot{H}^8$、$\dot{H}^3$和$\dot{H}^4$为变量时非线性方程线性化的结果如下。

换热器（1）

$$-\dot{H}_V(500℃,2\times10^5\text{Pa})+(\dot{H}^4)^0F^6-\dot{H}_L(\text{饱和},50\times10^5\text{Pa})F^6+100\dot{H}^8+$$

$$(F^6)^0\dot{H}^4-F^6(\dot{H}^4)^0=0$$

换热器（2）

$$\dot{H}_L(\text{饱和},50\times10^5\text{Pa})F^1-\dot{H}_L(75℃,50\times10^5\text{Pa})F^1+\dot{H}_V(200℃,2\times10^5\text{Pa})\times100-100\dot{H}^8=0$$

混合器

$$F^3-F^1-F^6=0$$

$$(H^3)^0-\dot{H}_L(\text{饱和},50\times10^5\text{Pa})F^1-(H^4)^0F^6+(F^3)^0H^3-(F^6)^0H^4-(H^3F^3)^0+(H^4F^4)^0=0$$

汽液分离器

$$F^3-F^5-F^6=0$$

$$\dot{H}_V(\text{饱和},50\times10^5\text{Pa})F^5+\dot{H}_L(\text{饱和},50\times10^5\text{Pa})F^6-(\dot{H}^3)^0F^3-(F^3)^0\dot{H}^3+(\dot{H}^3F^3)=0$$

结束条件

$$12F^1-F^6=0$$

令 $\alpha=\dot{H}_V$（饱和，50×10^5Pa）

$$\beta=\dot{H}_L(\text{饱和},\ 50\times10^5\text{Pa})$$

$$\gamma=\dot{H}_L(75℃,50\times10^5\text{Pa})$$

$$\delta=\dot{H}_{C_6H_6}(200℃, 2\times10^5 Pa)$$

$$\varepsilon=\dot{H}_{C_6H_6}(500℃, 2\times10^5 Pa)$$

该线性方程组分离系数的形式，见表3.33。

表3.33 分离系数

F^1	F^3	F^5	F^6	H^8	H^3	H^4	RHS
			$(H^4)^0-\beta$	100		$(F^6)^0$	$100\varepsilon+(F^6\dot{H}^4)^0$
$(\beta-\gamma)$				-100			-100δ
1	1		-1				0
$-\beta$	$(\dot{H}^3)^0$		$-(\dot{H}^4)^0$	$-(F^6)^0$	$(F^3)^0$		$(F^3\dot{H}^3)^0-(F^6\dot{H}^4)^0$
	1	-1	-1				0
	$-(\dot{H}^3)^0$	α	β		$-(F^3)^0$		$-(F^3\dot{H}^3)^0$
12			-1				0

为了求解，需规定参考状态，并做一个初始估计的解。为简化计算，指定在200℃、2×10^5 Pa压力状态并规定此状态为参考状态，该状态下苯蒸气的焓为零，在参考状态下水的有关值可查蒸汽表得

$$\alpha=2794.2\text{kJ/kg}$$
$$\beta=1154.5\text{kJ/kg}$$
$$\gamma=317.9\text{kJ/kg}$$
$$\delta=0$$
$$\varepsilon=618.795\text{kJ/kg}$$

其中，ε是由积分蒸汽比热容方程计算得出的。
选择变量的初始估值为

$$\dot{H}^3=1200\text{kJ/kg}$$
$$\dot{H}^4=1350\text{kJ/kg}$$
$$\dot{H}^8=256.41\text{kJ/kg}$$

于是可求解线性方程子集

$$(\beta-\gamma)F^1=100H^8$$
$$-F^1+F^3-F^6=0$$
$$F^3-F^5-F^6=0$$
$$12F^1-F^6=0$$

求解后得到流股的初始估计值如下。

$$F^1=F^5=2.389\text{kg/h}$$
$$F^6=28.670\text{kg/h}$$
$$F^3=31.060\text{kg/h}$$

进而用这组初始解去估算线性化方程组中的系数值，所得结果见表3.34。

表3.34 计算结果

F^1	F^3	F^5	F^6	H^8	H^3	H^4	RHS
			195.5	100		28.67	43531.1
836.6				−100			0
−1	1		−1				0
−1154.5	1200		−1350	−28.67	31.06		−1432.5
	1	−1	−1				0
	−1200	2794.2	1154.2		−31.06		−37272.0
12			−1				0

这一七元线性方程组可用消元法求解。第一轮计算结果（即一次近似解）如下。

$$F^1=1.949\text{kg/h},\ \dot{H}^3=1265.78\text{kJ/kg}$$

$$F^3=25.3385\text{kg/h},\ \dot{H}^4=1301.98\text{kJ/kg}$$

$$F^5=1.9491\text{kg/h},\ \dot{H}^8=209.051\text{kJ/kg}$$

$$F^6=23.3894\text{kg/h}$$

将该组数据作为第二轮计算的初始估值，依此类推重复迭代，得到如下的最终解。

$$F^1=1.9491\text{kg/h},\ \dot{H}^3=1280.63\text{kJ/kg}$$

$$F^3=25.3385\text{kg/h},\ \dot{H}^4=1291.14\text{kJ/kg}$$

$$F^5=1.9491\text{kg/h},\ \dot{H}^8=209.051\text{kJ/kg}$$

$$F^6=23.3894\text{kg/h}$$

因为迭代过程中只有湿蒸汽焓在变化，所以收敛进行得较快。由上述结果，进而可求出气相分率和流股8的温度。根据混合焓的定义可导出

$$1280.63=3794W^3+(1-W^3)\times1154.5$$

$$1291.14=3794W^4+(1-W^4)\times1154.5$$

则 $W^3=0.07692$，$W^4=0.08333$。

$$\int_{200}^{T^8} c_{p,C_6H_6}=16.306$$

$$T^8=574.5\text{K}$$

以上全面地介绍了过程设计中所必需的物料衡算与热量衡算的算法，其中包括手工计算与计算机辅助计算的基本方法。由例题可知，随着过程中单元模块及循环流股的增加，物料衡算与热量衡算的复杂性也随之增加，计算工作量急速上升。换言之，对于实际的复杂的大化工系统不依靠计算机辅助计算，将难以完成精确的衡算。回顾化工软件开发的历史，首先开发的就是物料衡算、热量衡算应用软件，其原因就在于此。任何一个化工过程模拟软件都必须以物料衡算和热量衡算为基础。目前，大多数实用的全流程模拟软件是以序贯模块法为基础的，随着高速大容量计算机的出现，近年来已把注意力集中到与稀疏技术相结合的联立方程法的开发工作上。例如美国 Carnegie-Mellon 大学的 ASCENDⅡ模拟系统；Connecticut 大学的 FLOWSIM；Illionois 大学的 SEQUEL；英国剑桥（Cambridge）大学的 QUASILIN；帝国大学的 SPEEDUP；德国 BASF 公司的 CHEMASIM 均是首批用于工业实践的这类软件。这种方法的优点是对设计变量的选择有弹性，适用于过程设计和优化，在动态模拟中将更有吸引力。

3.6 当代热动力——工艺工厂（Heat Power-Process Plant）的热量平衡

当代大型化工厂的设计特点为：一是装置的大型化；二是高度的热能综合利用，从而达到节约能源的目的。以天然气为原料的日产1000t或1500t合成氨厂为例，采用了下述一系列先进的措施来达到高度的热能综合利用。

① 采用先进的以天然气为燃料的燃气透平（9000～16400kW）直接驱动工艺空气压缩机，燃气透平排出的含18%O_2约500℃的高温尾气，送入合成氨生产的一段转化炉作为辅助助燃空气，从而回收热量，最终的尾气含3%O_2，以130℃的温度排入大气。

流股位号	1	2	3	4	5	6	7	8	9	10	11	12	13	14	15	16	17	18	19	20	21	22	23	24	25	26	27
蒸汽流量 /(kg/h)	151500	45500	197000	198000	105000	93000	额定量	77600	19600	32609	61791	64123	额定量	额定量	额定量	2900	额定量	4200	4200	额定量	400	1200	2600	2600	500		
冷凝液/锅炉给水 /(kg/h)																										200670	205370
压力(绝压) /bar	125	127	125	115	112	112	125	52.5	52.5	52.5	52.5	49	52.5	52.5	52.5	52.5	52.5	5.0	4.0	4.0	4.0	4.0	4.0	3.0	2.8		
温度 /℃	328	329	325	535	530	530	329	422	422	422	422	368	422	422	422	422	422	170	170	170	170	170	170	133	128	117	128

流股位号	28	29	30	31	32	33	34	35	36	37	38	39	40	41	42	43	44	45	46	47	48	49	50	51	52	53
蒸汽流量 /(kg/h)																										额定量
冷凝液/锅炉给水 /(kg/h)	202370	72270	82500	46500	1000	3000	1000	额定量	额定量	额定量	额定量	额定量	1000	1000	3370	1000	200670	4570	35641	51709	35000	2721	440539	25000	340000	
压力(绝压) /bar																										10
温度 /℃	128	110	306	128	128	128	128	128	128	128	128	128	128	128	128	128	45	133	82	50	50	56	15	20	15	180

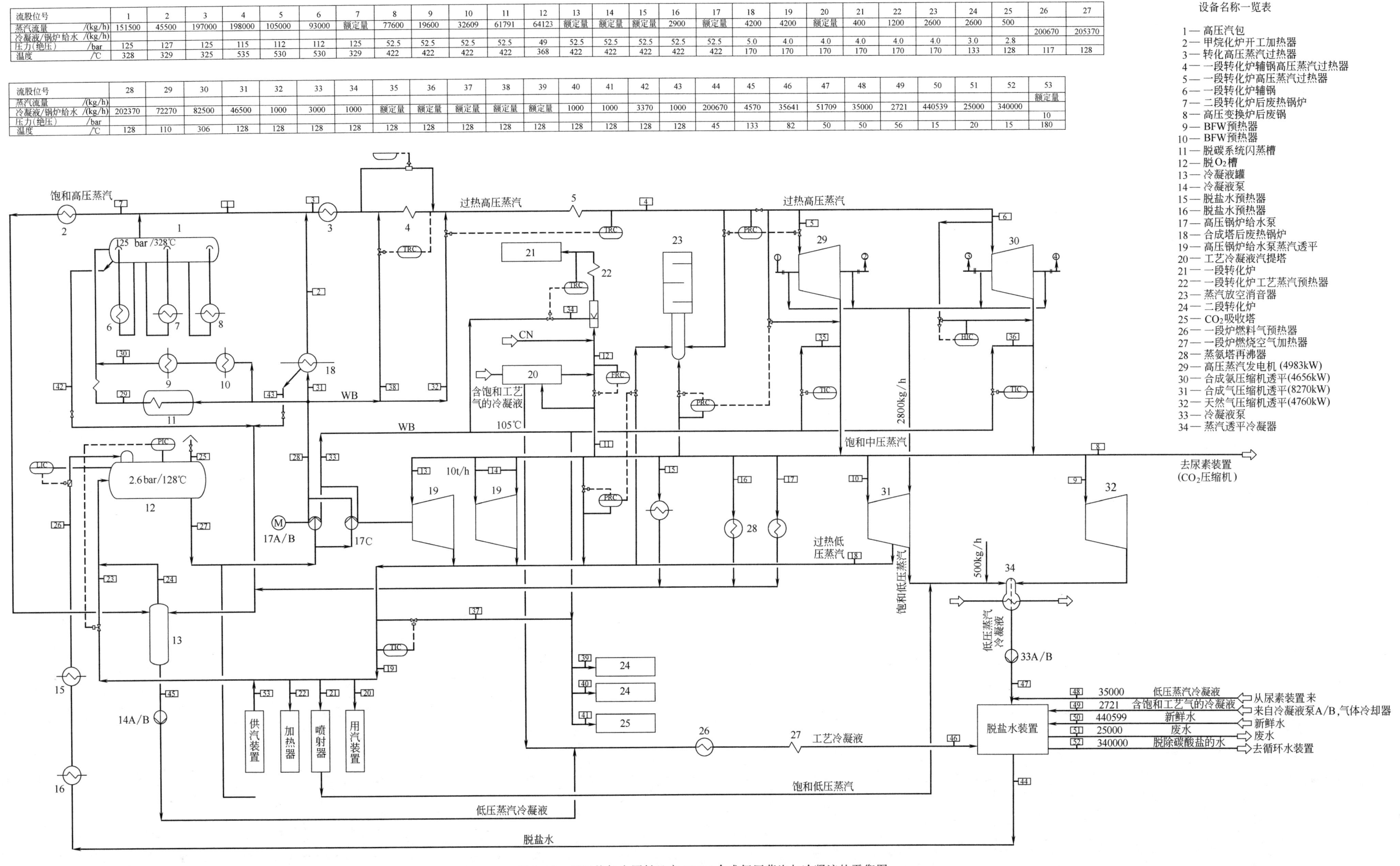

图 3.33 以天然气为原料日产 1000t 合成氨厂蒸汽与冷凝液的平衡图

② 将带有催化放热反应的二段转化炉、高温变换炉、氨合成塔等大型反应装置新产生的反应热生成的 440～1000℃的高温气体，在各反应器后的废热锅炉中副产 10～12MPa（绝压）的高压蒸汽，回收其大量高品位热量。而其中的低品位热量，利用脱盐水预热脱氧及锅炉给水预热，既回收了较难利用的低品位热源，又节省了冷却水耗量。

③ 在一段转化炉对流段配入烧天然气的辅助高压锅炉，其烟气与一段转化炉辐射段排出的高温烟气共同利用于预热高压蒸汽至约 510℃，用于驱动蒸汽轮机及原料天然气的预热等。这些蒸汽轮机带动了合成氨生产用的大功率主机，如天然气压缩机、氨合成压缩机、氨压缩机及尿素生产用的 CO_2 高压压缩机。

上述高度的热能综合利用，共生产出 198～270t/h 高压高温蒸汽，配以燃气透平一道驱动了合成氨-尿素装置的五台大功率主机，达到平稳操作，使合成氨-尿素大型联合装置的主要动力达到自给自足，每吨氨及尿素本身生产的电耗仅 10～20kW·h（不包括循环冷却水）。这种高度综合利用工艺反应热的工厂被称为热动力-工艺工厂（Heat Power-Process Plant），是当代热能综合利用的典范，每吨合成氨的综合能耗仅为 6.6～6.9Gcal（27.63～28.9GJ）。

以煤为原料年产 50 万吨的合成氨或年产 60 万吨的甲醇装置，在热能的高度综合利用上也具有上述相同的特点。仅用煤烧出高压蒸汽代替了上述天然气辅助高压锅炉，此高压蒸汽亦与高温变换合成塔后废热锅炉的副产蒸汽一并使用。

图 3.33 所示为以天然气为原料的日产 1000t 合成氨厂的蒸汽与冷凝液的平衡图实例。这样一个实例说明工厂的能耗与工厂的热量平衡计算达到十分紧密的结合，体现出热量平衡计算的重要性，这样全厂的蒸汽平衡（是全厂热量平衡的重要组成部分）图，必须在合成氨装置的工艺设计（物料热量平衡及化工设备设计）全部完成，且所有主机轴功率得到制造厂确认后才能完成。此蒸汽平衡图所代表的工厂合成氨吨氨能耗为 6.9Gcal/tNH_3（28.9GJ/tNH_3），此流程图唯一与上述叙述不同之处是在蒸汽平衡中多了一台蒸汽发电机组。

符号说明

$a_{j,m}$	第 j 个组分中第 m 个化学元素的原子数目
c_p	比定压热容，kJ/(kmol·K) 或 J/(mol·K)
F_i	第 i 个流股的总流率，kmol/h 或 mol/h 或 kg/h
$F_{i,j}$	第 i 个流股中 j 组分的流率，kmol/h 或 mol/h 或 kg/h
E_i	容差函数
NI	进入流股数目
NT	物质流股总数
Q	流动系统中传递的热量，MJ 或 kJ
Q^j	焓分离系数
R	回流比
T	温度，K 或℃
t^j	分割系数
H_i	第 i 个流股的焓，MJ/h 或 kJ/h
ΔH_f	生成焓，kJ/kg 或 J/kg
ΔH_R	反应焓，kJ/kg 或 J/mol
L	蒸发潜热，MJ/kg 或 kJ/kg
M_j	第 j 组分的分子量
Nc	组分数目
NE	化学元素数目
V_j	反应中第 j 组分的化学计量系数
W	自由流动系统中所得到的功，J
x_K	关键组分 K 的转化率
$Z_{i,j}$	第 i 流股中 j 组分的组成（摩尔分数）
r	反应速率
ε	容许误差

参考文献

1 Reklatics G V. Iitroduction to Material and Energy Balance. New York: John Wiley & Sons, Inc., 1983
2 Avriel M, Rijckaert M J, Wilde D J. Optimization and Design. Englewood Cliffs: Prentice-Hall, 1973
3 Mccabe W L, Smith C J. Unit Operations of Chemical Engineering. 3rd Edition. New York: McGraw-Hill Inc., 1976
4 Henley E J. Chemical Engineering Caculation (Mass and Energy Balances). New York: McGraw-Hill Inc., 1959
5 Whitwell J C, Toner R K, Knox Jr L J. Conservation of Mass and Energy. New York: McGraw-Hill, Inc., 1973

6 丁浩. 化工工艺设计. 上海：上海科学技术出版社，1981
7 Wells G L, Rose L M. The Art of Chemical Process Design (Computer-Aided Chemical Engineering). New York: Elsevier, 1986
8 Ulrich, Gael D. A Guide to Chemical Engineering Process Design and Economics. New York: John Wiley Inc., 1984
9 Perry R H, Chilton C L. Chemical Engineers Handbook. 6th Edition. New York: McGraw-Hill Inc., 1984
10 Seider W D, et al. Process Design Principles, Synthesis and Evaluation. New York: John Wiley&Sons, Inc., 1999
11 王静康. 化工设计. 北京：化学工业出版社，1995
12 陈声宗. 化工设计. 北京：化学工业出版社，2001
13 娄爱娟，吴志泉，吴叙美. 化工设计. 上海：华东理工大学出版社，2002

习 题

3.1 一个甲烷生产流程初步设计如下，试做流程的自由度分析，并指出物料及热量衡算计算顺序。

设计已知及要求为：

1. 除换热器（1）及分离器以外，其他单元均为绝热操作；
2. 8号流股为纯水液相流股，其余流股均为气相流股；
3. 整个流程处于100psia压力状态，压力对焓计算的影响可忽略；
4. 产品流中甲烷的分摩尔流率为1000kmol/h，图中组成均为摩尔分数；
5. 反应器中只有：$CO+3H_2 \longrightarrow CH_4+H_2O$；
6. 1号流股中只含有3个组分，且CO和H_2的摩尔比为1∶2.9。

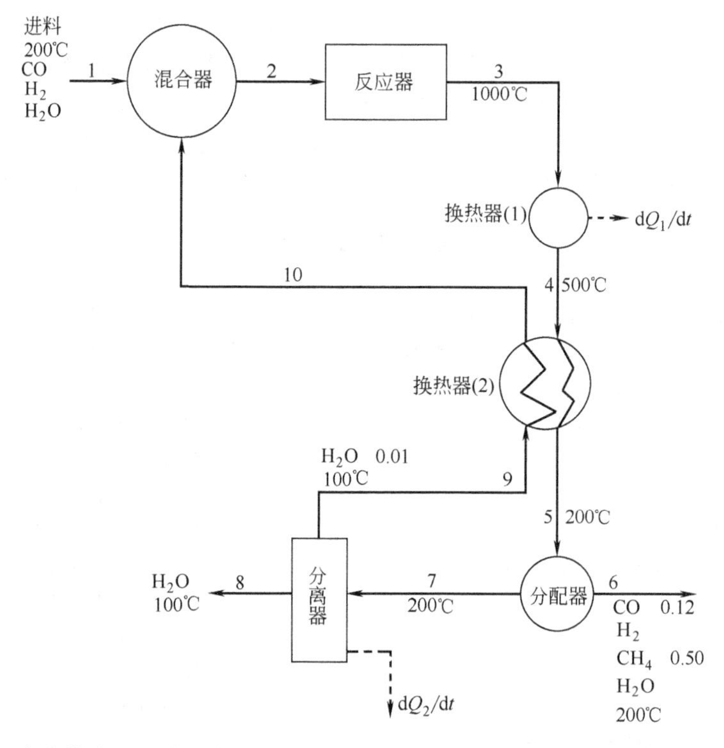

3.2 有如下一个连续流程，用于稀乙酸的浓缩处理，图中E代表某种溶剂。

已知：1. 产品精馏塔进料中的HAc有67.5%从产品流中产出；

2. $F_1=2.3F_{11}$；

3. 图中所有组成均为质量分数，过程无任何化学反应。

要求：1. 试做此过程做物料衡算时的自由度分析，列出自由度分析表；

2. 指出完整的物料衡算计算顺序；

3. 求解出9号（废料流股）的组成及F_2/F_7。

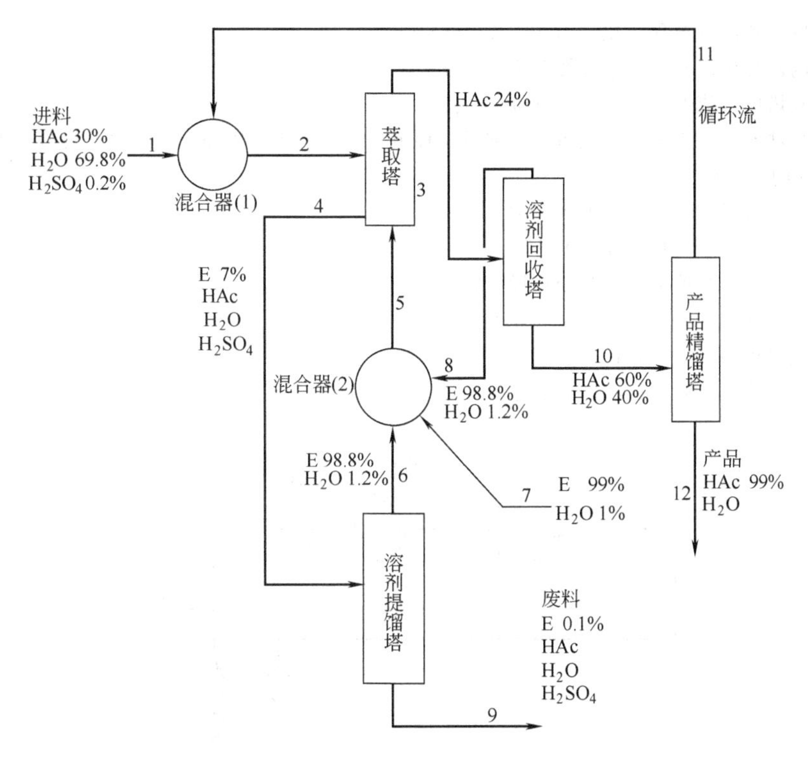

3.3 乙醛可通过乙烯在银催化剂作用下部分氧化制取，但通常伴随着一个副反应（乙烯的完全氧化反应），反应式如下。

$$2C_2H_4 + O_2 \longrightarrow 2CH_3CHO \quad \text{（主反应）}$$

$$C_2H_4 + 3O_2 \longrightarrow 2CO_2 + 2H_2O \quad \text{（副反应）}$$

设计出的流程示意图如下所示。

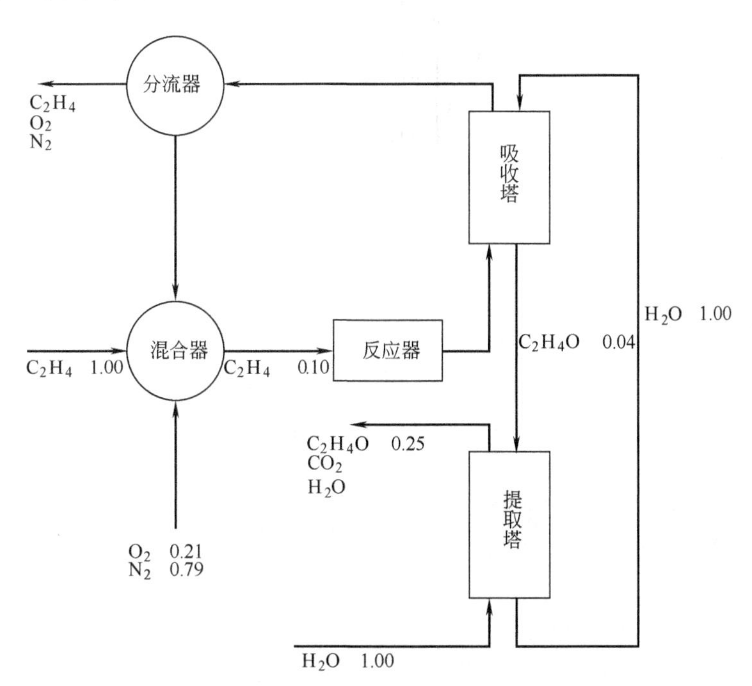

设计已知：

1. 乙烯在反应器内的单程转化率为 20％；

2. 反应器内乙烯生成乙醛的选择性率为 80％；

3. 离开吸收塔的气流股有 20％通过分流器放空；

4. 分流器只涉及 3 种组分，提取塔也只涉及 3 种组分，除反应器以外，其他单元设备内无化学反应。

试做该过程的物料衡算。

3.4 一个合成氨生产工艺流程图如下所示。

已知：1. 反应器（1）中 N_2 的转化率为 10％，图中组成均为摩尔分数；

2. 除分离器以外，其他单元均为绝热操作；

3. 两反应器中均只有一个反应，$N_2+3H_2 \longrightarrow 2NH_3$

要求：1. 做过程的自由度分析；

2. 指出物料及热量衡算计算的顺序。

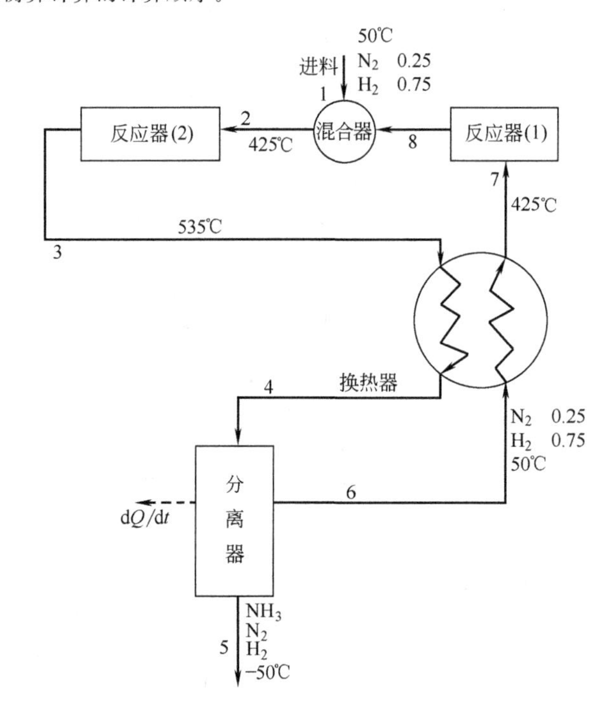

第4章 流程组织与合成

在进行基础工程设计前，设计人员必须对现有的科研结果及相关的技术进行综合研究以创建一个过程流程以及基础设计。在这个过程中要考虑几个具体的问题，如使用的反应原料的种类、来源，产品及副产品的要求及技术可行性。因此需要对流程进行组织与分析，即进行过程合成。在进行过程合成时，必须慎重地应用过程设计的方法及过程设计软件，仔细地权衡技术与经济的因素，同时要重视专家的经验。

一般说过程合成中必须分析、考虑与评比的技术经济因素主要为以下几个方面。

(1) 能量、质量效率分析

高收率与高选择性是尽可能减少废物排放与提高资源与能量利用率的关键因素之一。

(2) 操作费用与操作性能

在不同的流程中，或同一流程中选用不同的设备，都会导致操作、维修、折旧和质量或能量消耗费用不同。在操作费中，原料与能量的消耗是主要项目。

流程及设备的可操作性的设计，至今尚无明确的标准，但它直接影响了流程主设备的可靠性与操作安全性，必须予以重视。必须仔细考虑工程和操作者的经验及判断能力。例如在组织流程时，应考虑到处理气相和液相物料要比处理固体或固液、固气两相简单些，在选用常用机械、高速旋转的设备、易损坏的结构、难保养的设备时，应予以三思。

(3) 安全

在设计过程中，应重视进行风险性分析，所谓风险性分析即通过事故模型及效应，故障间的关系或其他的分析手段来定量地估计过程的风险性。对于某些随机因素，即因偶然可能性所带来的潜在损失也应考虑在内。例如高级推进剂混合物的真空蒸馏就包含有危险性，为此必须增加一定数量的安全费用。应避免包含有较大风险性的操作。

(4) 环境性能和社会的因素

过程流程图建立以后，经过能量、质量效率分析即可进行详细的环境影响评估。环境影响评价的最终结果是要形成一套环境度量标准（指标），以描述整个流程中主要的环境影响和风险性。需要许多指标以说明对人体健康和几个重要的环境介质的影响，这些指标在过程设计中具有重要的工程应用价值，包括技术等级排序、过程内部废物循环/回收过程的优化以及反应器操作模式的评价。

对于所建议的方案，必须分析是否存在环境问题，能否妥善解决，这对于现代化工是非常重要的。对于长远性的工程还不仅应满足现在的标准，同样要预见到新的标准。如设计井水冷却系统，会因长期打水而使土地下陷，无论对经济或社会都会带来灾难。对于目前来看是最便宜的，未必是最好的。

(5) 工程设计与开发的程度

如果过程是一个已经确立的过程，选用了较成熟的流程，也就是说该工程设计较成熟、可以购置标准机械设计的设备。标准机械设计的设备与非标准设备相比，不仅在可靠性与费用上相差很大，而且后者常常还需要开发与试验。在进行流程组织时，对于非标准设备的选择宜慎重。非特定情况，不应承担过大的技术风险。

（6）固定投资

固定投资中包括设备制造及安装费用。制造费用取决于设备几何形状的复杂性、结构材料和所要求的操作条件。考虑到后者，希望在常温与常压范围内操作。进行方案比较时，注意不要遗漏辅助设备的投资，如泵、压缩机等费用亦需包括在内。

综合以上因素可见，在组织工艺流程时，必须综合权衡技术合理性、先进性、工艺现状、安全可靠性、经济可行性、环境性能和社会等多种因素。

4.1 过程合成

任一化工过程，都可用图4.1所示的活性单元组合来描述，对于某一具体过程，可能有某些重复步骤，如过程中可能有几个反应过程或几个分离过程。一个化工过程可被看成为一个大系统。系统工程的方法是将一个大系统分解为相对独立的子系统，并分别研究与考察这些子系统对总目标所起的作用。

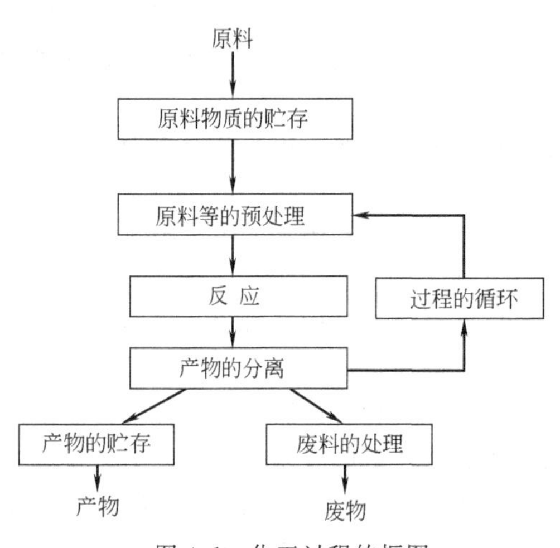

图4.1 化工过程的框图

由组织一个最佳流程的总目标出发，一个化工过程可分解为六个子系统的依次合成：

① 反应途径的合成；

② 专用地址的分配；

③ 分离技术的选择；

④ 分离顺序的合成；

⑤ 能量和质量的管理与集成；

⑥ 操作时间表的安排。

处理这几方面的内容有许多技巧，现通过事例对上述步骤进行简要说明并阐述过程合成中的一些基本原则。在后面的几节中还将较细致地讨论这些内容。

4.1.1 过程合成的事例分析

在设计过程中需要考虑的主要指导原则为：适用的原料（尽可能无毒性）；绿色溶剂；高选择性原料和反应路径、合成路径；更为安全的化学过程。

事例1 合成与制造每种化学物质都要从初始原料的选择开始。多数情况下初始原料的选择是决定化工过程环境影响的最重要的因素。本事例强调的是寻找途径以减少废物排放的环境影响，且提高原料利用率。

Friedel Crafts 酰化反应的原子经济性相对较低（Clark，1999）。该过程通常涉及酰氯与芳烃的取代反应，一般采用氯化铝作催化剂，产物与催化剂形成络合物，需用水洗，从而导致生成废物盐酸和盐。总的反应过程如图4.2所示。

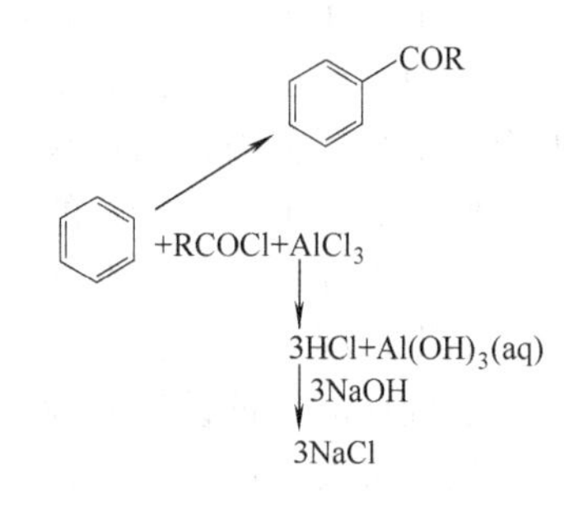

图4.2 总反应过程

由于不断消耗氯化铝催化剂，Friedel Crafts 酰化反应即使在收率和选择性均达到100%时，也会生成较多的废物。

题解 用简单的总反应的原子和质量衡算，表明仅有30%的起始物料转化为产品。因此，原子经济性的简单计算显示出 Friedel Crafts 反应有在原料利用率和环境影响方面得到改善的可能性。其中一种改进方法是反应路径不变，而氯化铝催化剂再生并重复使用；另一种改善环境性能的措施是选择出一种可替代的高收率与高选择性催化剂，如高酸性的分子筛（Davis，1994）。经研发后两方法应用均有效果，皆可减少废物排放且提高收率。

布洛芬的合成　有时可通过简化合成路径来减少废物的产生。以合成布洛芬（一种非处方镇痛药）为例，对于传统的合成方法（其中第一步是 Friedel Crafts 酰化反应），现在找到了一种可替代的新的合成方法，是用 HF 代替 $AlCl_3$ 酸性催化剂，从而减少了转化步骤和溶剂的使用。新合成路径的使用，使原子利用率从传统方法的不足 40%提高到了约 80%（美国环保署，1998）。

事例 2　考虑 1-萘基-甲基氨基甲酸酯的合成（Crabtree 和 El-Halwagi，1995），由 Union Carbide 生产，俗名为西维因。1984 年，印度博帕尔的西维因合成工厂发生了甲基异氰酸酯（合成西维因的一种反应物）的灾难性泄漏，导致数千人死亡。这场灾难以及其他较小的灾难事件说明了识别有毒物质、使用最小化的反应路径的重要性。下面给出了 1984 年博帕尔工厂生产西维因的反应路径，采用 α-萘酚和甲基异氰酸酯为反应物；另外还给出了生产西维因的另一种替代方法。

合成西维因的传统方法的反应路径为

$$CH_3NH_2 + COCl_2 \longrightarrow CH_3-N=C=O + 2HCl$$

甲胺　　光气　　　甲基异氰酸酯

$$C_{10}H_7-O-H + CH_3-N=C=O \longrightarrow C_{10}H_7-O-C(=O)-N(H)-CH_3$$

1-萘酚　　　　西维因（1-萘基-甲基氨基甲酸酯）

合成西维因的替代方法的反应路径为

$$C_{10}H_7-O-H + COCl_2 \longrightarrow C_{10}H_7-O-C(=O)-Cl + HCl$$

1-萘氯甲酸酯

$$C_{10}H_7-O-C(=O)-Cl + CH_3NH_2 \longrightarrow C_{10}H_7-O-C(=O)-N(H)-CH_3 + HCl$$

西维因

传统方法通过生成甲基异氰酸酯中间体合成西维因；替代方法则不涉及甲基异氰酸酯中间体。还存在其他可能的合成西维因的方法吗？辨别可能的反应路径首先要选择分析所用的一系列基本官能团。由于产品分子中包括芳香基，则需选择芳烃官能团，利用这些基本官能团可以辨别一系列可能的反应物分子。由于分子基团能够生成的可能的反应物数目庞大，因此需根据化学反应的特点提出约束条件。例如，在识别合成西维因的替代方法时，Buxton 等（1997）根据产品是单取代基的特点，提出反应物仅限于单取代基的芳烃化合物；另外还提出不采用碳骨架有可能发生改变的反应物（例如，苯不能作为反应物，因为由苯生成产品需通过缩环反应）。依据这些以及其他约束条件，Buxton 等（1997）确定了可能的反应物类型，如图 4.3 所示。

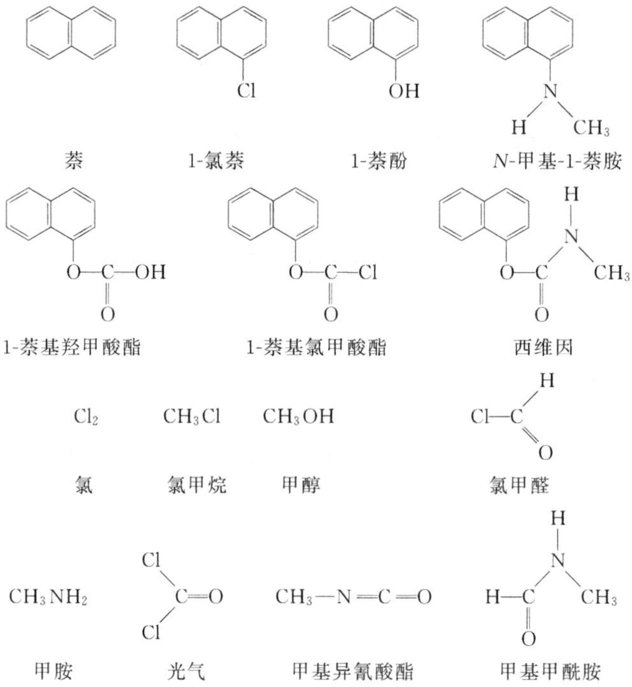

萘　1-氯萘　1-萘酚　N-甲基-1-萘胺

1-萘基羟甲酸酯　1-萘基氯甲酸酯　西维因

Cl_2　CH_3Cl　CH_3OH

氯　氯甲烷　甲醇　氯甲醛

CH_3NH_2　$CH_3—N═C═O$

甲胺　光气　甲基异氰酸酯　甲基甲酰胺

图 4.3　由 Buxton 等确定的合成西维因的可能反应物

一旦明确可能的反应物之后，需根据相应的规则和约束条件来描述反应物生成产品分子的路径。显然，最主要的约束条件是化学计量关系。某些反应路径分析方法假设化学计量关系平衡的化学反应具有100%的选择性和收率。除此之外，还有关于选择性的热力学约束（参见 Crabtree 和 El-Halwagi，1995）。

约束条件建立以后，即可确定出反应路径并进行评价排序。排序系统包括成本和环境性能两部分。Buxton 等（1997）对于合成西维因的反应路径进行了分析，确认并对13种不同的反应路径进行了排序，结果见表4.1。经济性排序取决于产品与反应物的价格差，环境性排序是根据对所用材料设定一个固定比例作为向环境的排放量。

表 4.1　西维因的替代合成路径（Buxton 等，1997）

（图4.3中涉及的各物质编号列于表下方；利润是产物与反应物之间的价格差，进行环境排序时假设一定比例的反应物和产物向环境排放）

1	2	3	4	5	6	7	8	9	10	11	12	13	14	15	16	17	18	19	利润	环境排序
−1								−1	1	1	−2								1.45	9
	1	1		−1	−1					1		−1							1.03	7
	2			−1	−1					1	−1								1.00	2
	1			−1						1		−1				1	−1		1.00	12
−1				−1	1					1	−1								1.00	1
		1			−1			−1		1		−1							0.976	13
				−1						1	−1					1		−1	0.967	4
	1				−1			−1		1	−1								0.952	8
								−1		1		−1				1	−1		0.952	11
		2				−1	−1		−1	1									0.604	5
	1	1				−1			−1	1								−1	0.543	6
1				−1					−1	1									0.503	3
								−1	−1	1									0.451	10

注：1—氧；2—氢；3—氯化氢；4—1-萘基氯甲酸酯；5—甲基甲酰胺；6—水；7—甲胺；8—光气；9—甲基异氰酸酯；10—1-萘酚；11—西维因；12—萘；13—1-氯萘；14—*N*-甲基-1-萘胺；15—1-萘基羟甲酸酯；16—氯；17—氯甲烷；18—甲醇；19—氯甲醛。

必须注意的是仅依据分析上述结果就确定最佳反应路径是不妥当的，还必须慎重地研究与评估分析其他技术经济指标后方可决策。这些分析方法旨在为可替代路径的搜索提供系统性的决策规则。根据计量关系和化学反应经验确定出起始物料群；接着可以鉴别反应路径并利用热力学方法估算反应选择性的上限；最后，根据经济和环境标准能够很快地对替代方案排序。这些系统的分析方法可能给出所希望的替代反应路径，也可能仅仅为评价可替代路径提供清晰的界定条件。

事例3 欲讨论的是以石油为原料的合成洗衣粉的过程合成的研究。

洗衣粉的主要活性成分是表面活性剂。其表面活性剂分子包括一部分油溶基团和一部分水溶基团，其油溶基团可溶解油脂，而水溶基团可使它溶于水，目前最常用的这种表面活性剂是十二烷基苯磺酸钠（见图4.4）。

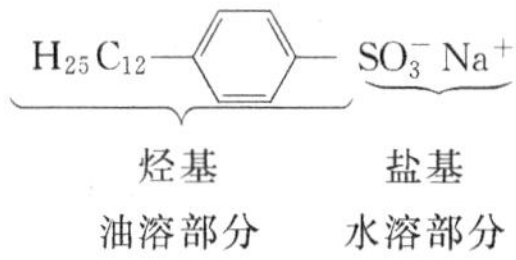

$H_{25}C_{12}$—⌬—$SO_3^-\ Na^+$

烃基 油溶部分　　盐基 水溶部分

图4.4 十二烷基苯磺酸钠分子结构图

这一物质，自然界不存在，需要以石油为原料人工合成。但这种分子的分子量大，导致单位重量洗衣粉除污能力较低，用量多又容易污染水源，影响生态环境。理想的洗衣粉应该是用量少而又易于降解，为对生态无害的物质，因此开发了低分子量的洗衣粉，如以 $C_{10}H_{21}Cl$ 为基本原料的较低分子量的洗衣粉。在该项过程开发的近1000个方案中，经优化筛选产生了三个可以比较的过程合成的方案。

下面看一下如何进行方案的优化筛选。

（1）社会需求量分析

根据历史的统计资料绘出图4.5。由图可见，在洗衣粉和肥皂的竞争中，洗衣粉不但占有明显的优势，而且对洗衣粉的需求量仍处于缓慢的增长过程中，所以新品种的开发是符合社会需要，具有广阔的市场前景的。

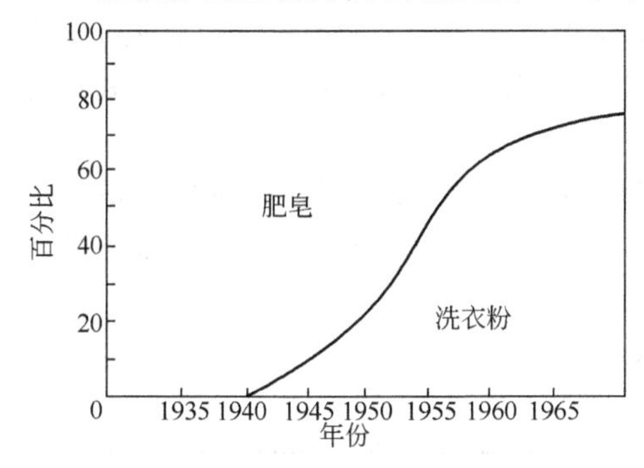

图4.5 肥皂与洗衣粉市场竞争的情况

（2）反应途径的筛选

过程开发的起始点常常是化学反应，每当化学家开发出一个新的反应时，就常常会导致一个新的产品，或者已知产品的一个更好的生产路线。但是化学家认为最好的路线，工程师并不一定认为是最好的。

一个化工产品的合成一般来说会由原料经过多步反应，这些步的反应顺序被称为反应途径。对于一个产品常常可能有几个反应途径，筛选出有竞争力的反应途径必须对反应途径进行合成与分析，考虑技术、经济及环境等因素。在开发和筛选有竞争力的反应途径的过程中，化学家和过程工程师应该很好地协作，才能确定最佳的反应途径。下面通过十二烷基苯磺酸钠的合成过程加以说明。

十二烷基苯磺酸钠的合成反应如下。

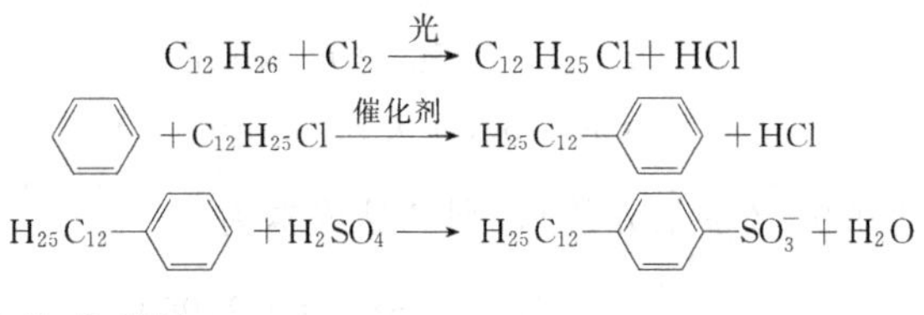

$$C_{12}H_{26}+Cl_2 \xrightarrow{光} C_{12}H_{25}Cl+HCl$$

$$⌬ + C_{12}H_{25}Cl \xrightarrow{催化剂} H_{25}C_{12}—⌬ + HCl$$

$$H_{25}C_{12}—⌬ + H_2SO_4 \longrightarrow H_{25}C_{12}—⌬—SO_3^- + H_2O$$

再加碱碱化生成十二烷基苯磺酸钠。

产品癸烷基苯磺酸钠合成反应的第二步及第三步与十二烷基苯磺酸钠十分相似，区别仅在于一氯癸烷（$C_{10}H_{21}Cl$）的合成途径。$C_{10}H_{21}Cl$ 的合成途径有三种，即途径1 $$C_{10}H_{22}+Cl_2 \xrightarrow{光} C_{10}H_{21}Cl+HCl \tag{1}$$

副反应为 $$C_{10}H_{21}+Cl_2 \xrightarrow{光} C_{10}H_{20}Cl_2+HCl \tag{2}$$

途径2 $$C_{10}H_{20}+HCl \longrightarrow C_{10}H_{21}Cl$$

途径3 $$C_{10}H_{21}OH+HCl \longrightarrow C_{10}H_{21}Cl+H_2O$$

按当前的国际市场的价格，三个途径的原料成本见表4.2。由表4.2可知，途径1的原料最经济。

表4.3给出了不同途径的产品成本，由此可筛选出途径1为优，从而淘汰其他两种途径。

表4.2 原料价格

原　　料	美元/kmol	美元/kg
癸烷 $C_{10}H_{22}$(DEC)	10.58	0.075
癸烯 $C_{10}H_{20}$	26.46	0.189
癸醇 $C_{10}H_{21}OH$	30.86	0.195
氯气	3.90	0.055
氯化氢	2.20	0.060

表4.3 产品成本

反　应	美元/kmol MCD	美元/kg
途径1	14.48	0.082
途径2	28.66	0.161
途径3	33.07	0.185

(3) 专用地址的分配

过程中的各个单元操作，常进出多种原料、试剂和多种产品，各原料和产品都可能存在于特定的环境中，存在一个专用地址分配问题。对于癸烷基苯磺酸钠，如果采用途径1生产，以癸烷（$C_{10}H_{22}$，简称DEC）为原料，其反应包括两步，需要注意必须抑制副反应(2)进行的程度，因为该反应消耗最终产品一氯癸烷（简称MCD)，使其转化为二氯癸烷（简称DCD)。

在此反应途径中，为了抑制DCD的生成，应尽可能降低MCD或Cl_2的浓度，最简便的方法是用过量的DEC以起到稀释作用。那么，DEC过量多少为合适呢？需要通过中试试验来确定。

采用图4.6给出的中试流程进行试验，结果见表4.4。

表4.4 试验结果

方案	进料比	产物组成	方案	进料比	产物组成
Ⅰ等摩尔比	1mol Cl_2 1mol DEC （按化学计量式配比）	0.8mol MCD 0.2mol DCD 痕量DEC HCl	Ⅱ DEC过量	1mol Cl_2 5mol DEC	0.95mol MCD 0.05mol DCD 4mol的癸烷 氯化氢和痕量的Cl_2

由表4.4可知，Cl_2与DEC的进料之比为1∶5（摩尔比）时MCD的收率较高，比较理想。但方案Ⅱ的成本却偏高，以每千克产品为基准，其成本如下。

DEC　10.58美元/kmol

Cl_2　3.90美元/kmol

产品中MCD含量0.95（摩尔分数），则产品成本为

$$\frac{1}{0.95}\times(5\times10.58+1\times3.90)$$
$$=59.79\text{ 美元/kmolMCD}$$
$$=0.3322\text{ 美元/kgMCD}$$

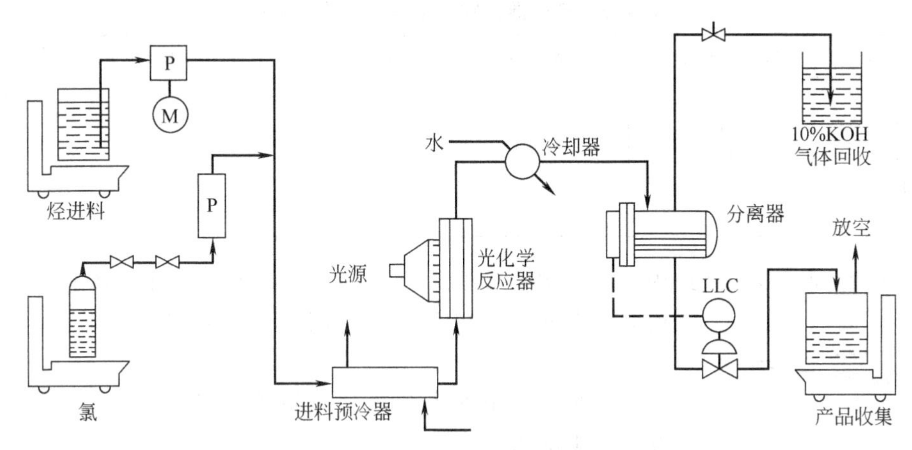

图 4.6 中试流程示意

而方案Ⅰ的单位产品成本仅为 0.1025 美元/kgMCD。因此，若不考虑过剩原料（DEC）的循环，则方案Ⅱ在经济上是不合理的。也就是说必须考虑各物料在流程中的合理分配及循环利用，使其达到既可以满足产生少的副产品又能不增加很多成本的目的。这是一个专用地址分配的问题。选用图 4.7 所示的专用地址可以达到这个目的。

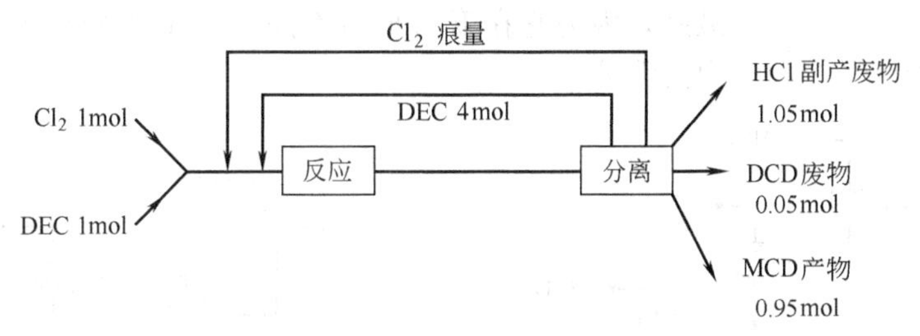

图 4.7 专用地址分配

(4) 分离技术与分离顺序的确定

一般来说，反应后的物料都为混合物，为得到希望纯度的产品必须对其进行分离。根据物料中各物质在特定环境下行为不同的特征来完成分离过程。同一混合物可以采用不同的分离方法，例如海水淡化，需将水由海水中移出并进行分离，可选用不同的技术。因此存在一个分离技术的选择问题。目前的分离方法很多，如精馏法、结晶法、膜分离法等。更详细的将在第 3 节中阐述。

在选用分离技术时，应尽可能地考虑使用低能耗低成本的新型的分离技术。

在分离技术选定之后，对于多种物质混合物的分离还存在一个分离顺序问题，因为这对分离过程的成本和能耗常常有很大的影响。

对于癸烷基苯磺酸钠，为了实现上述专用地址分配方案，必须循环使用 DEC，也就是必须很好地完成产品混合物的分离问题。从 DEC 含量较大的产品混合物中分离出少量的 HCl、DCD 以及最终产物 MCD，应该选用何种分离技术呢？要想回答这个问题应首先分析一下产品混合物中各组分的物化性质及其差异特征。表 4.5 列出了它们的物性及相对数量。

根据表 4.5 可以绘出各物质沸点差异图，如图 4.8 所示。

从图 4.8 可以明显看出，各物质的沸点相差较大，而且温度范围很宽，所以，可考虑用精馏方法分离。这是个多组分混合物的分离问题，应找出关键组分。由于 Cl_2 与 DEC 都是原料，且沸点相近，故可采取从产品混合物中一起分离除去，再返回使用的方法。首先暂定

表 4.5 产品混合物中诸成分的物性数据

名　称	相对分子质量	熔点/℃	沸点/℃	在水中溶解度/(g/L)	相对数量/mol
MCD	177	−50	215	—	0.95
DCD	211	−40	241	—	0.05
DEC	142	−30	174	—	4.00
Cl_2	71	−101	−34	25	痕量
HCl	36.5	−111	−85	380	1.05

DEC 与 Cl_2 在同一专用地址内。根据沸点数据，Cl_2 与 DEC 为关键组分。确定这个前提后，根据以上考虑可以有五种分离顺序，如图 4.9 所示。那么哪一个最好呢？

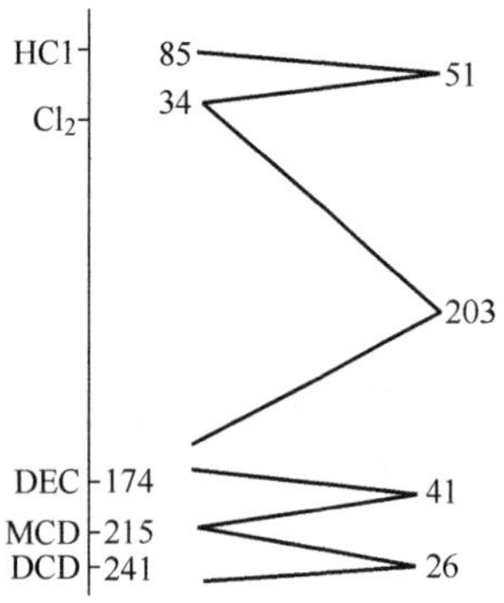

图 4.8 各物质沸点差异图

这是一个精馏塔系的合成问题，初步筛选时，可应用以下五个基本准则。

准则Ⅰ　为了减小过程的输送量，应尽早移出含量大的组分。

该例的混合物中 DEC 量最大，应尽早移出 DEC-Cl_2 组分。但因为它是沸点顺序中间的一档，所以首先必须移出 HCl，再分出 DEC-Cl_2 中间馏分。依照此准则，方案（a）、方案（c）为最好，因为它在第二步而不是第三步即分离出了 DEC-Cl_2 这个中间馏分。

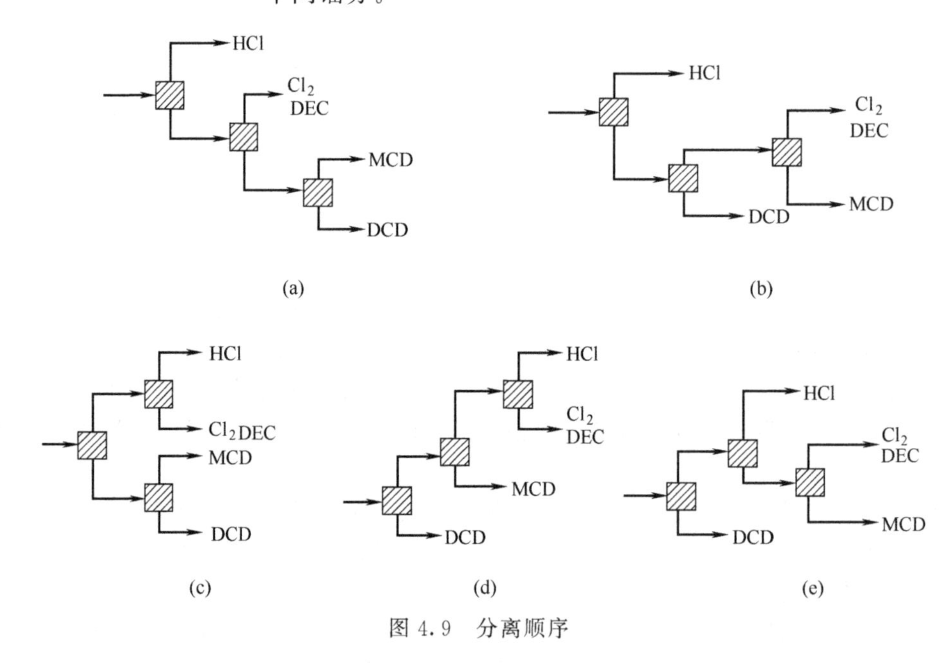

图 4.9 分离顺序

准则Ⅱ　首先移除低沸点组分。

因为低沸点物质难以冷凝，所以最好尽早地移除，免得重复冷凝（消耗冷源）过程。考虑这个原则，方案（a）和方案（b）可取，因为它们分别在第一步及第二步就除去了 HCl、Cl_2 低沸点物质。

准则Ⅲ　最难分离的组分在最后分离。

对于精馏过程最难分离的组分是指沸点差最小的组分，即 MCD-DCD，沸点差 26℃。最后分离可以减少过程中的物料量，可以降低过程的操作费、能耗等，从而降低成本。

方案（a）、方案（c）符合此原则。

准则Ⅳ 尽早移出腐蚀性物料。

HCl 腐蚀性强，尽早移除可减少设备材质的成本，按此原则，方案（a）、方案（b）可取。

准则Ⅴ 产物作为馏分产出，可保证产品的纯度。

依此原则，方案（a）、方案（c）符合。

综合考虑五个准则，在五个方案中的方案（a）为最好。

现在按照方案（a）创建流程，但还需做进一步的研究。首先移去 HCl，需要一精馏塔，这是否合理呢？由于 HCl 沸点低，必须使用高的操作压力和低的操作温度方可实施，在经济上是不合理的。那有没有其他的方法呢？从沸点数据看，在该混合物中 Cl_2 和 HCl 与其他的组分之间存在着较大的沸点差，因此，我们可以考虑采用“相分离”的方法代替精馏法。但这样又会使 Cl_2 随 HCl 一起分离出来，而带来新的 Cl_2 与 HCl 的分离问题。这里存在两种情况：一是如果 Cl_2 量极少，可不予回收，与 HCl 一起排放，其流程如图 4.10 所示；二是如果 Cl_2 量较大，必须考虑 HCl 与 Cl_2 的进一步分离。能否继续采用精馏分离呢？从沸点差看是完全可以的，但需高压、低温，在能耗上是不合理的。因此需要选择其他的分离方法，如可考虑用溶剂吸收法分出 Cl_2，因该法不需冷凝 HCl。

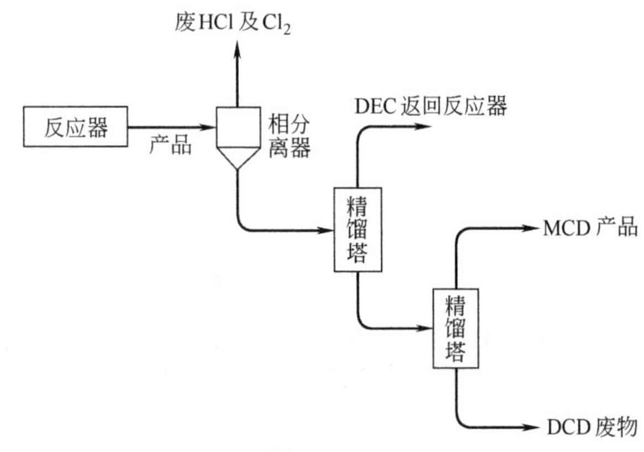

图 4.10 用相分离法分出低沸点的 HCl 与 Cl_2 的简单流程示意

如果采用吸收法，对吸收剂的要求是：能在混合物中移出 Cl_2 后又能很容易地解析出 Cl_2。最先考虑的溶剂自然是水。在高温下 HCl 易溶于水中，而 Cl_2 却不易溶解，例如在 100℃、1.013×10^5Pa 压力下，每升水可溶解 380g HCl，却只能溶 2.5g Cl_2。这个性质使水适于作为溶剂，从经济上考虑水也很便宜。但由于 Cl_2 离开分离设备时，处于被水饱和的状态，如立即返回进料，存在严重的腐蚀问题。所以使用水作溶剂还必须考虑用浓 H_2SO_4 等干燥 Cl_2 以除掉少量水分。由于增加了干燥设备会使投资及操作成本有所提高。该方案流程如图 4.11 所示。

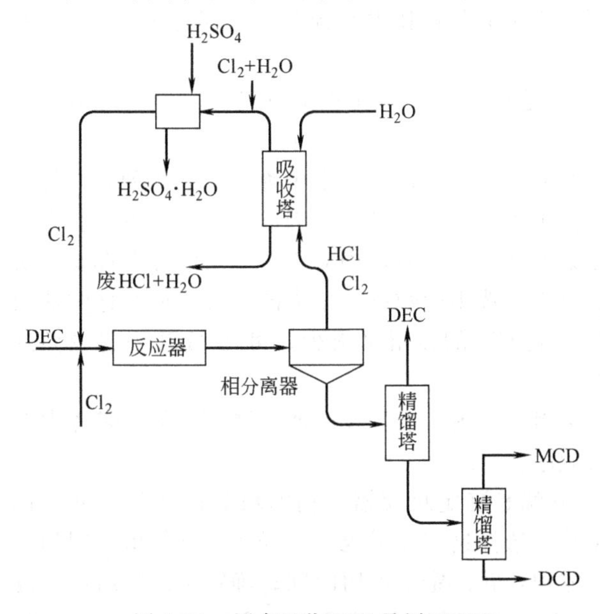

图 4.11 用水吸收 HCl 及用 H_2SO_4 干燥 Cl_2 的分离顺序

有没有其他更适宜的溶剂供选择呢？在溶剂选择问题上，应尽可能地首先考虑原物系中的物质，以降低成本。首先考虑能否用 DEC、MCD 或 DCD 作溶剂。事实上以 DEC 为溶剂最佳，因为它与

Cl_2 同样是原料，可省去精馏分离的一步。全流程如图 4.12 所示，显然比用水作溶剂的流程简单得多。另外用高沸点的碳氢化合物作溶剂，其优点是因其本身的蒸气压低，不易从气相带走而损失。分离能力取决于被分离物质的平衡分压。在吸收操作后，可再用精馏法将吸收物与溶剂分离。

能不能选用 MCD 为溶剂呢？

假如选用 MCD 为溶剂，则由吸收塔流出的 MCD 和 Cl_2 应被送至 DEC-MCD 分离塔，Cl_2-DEC 将由塔顶出来，返回反应器。

该流程的问题在于大量的 MCD 将通过吸收塔、DEC 分离塔和 MCD 分离塔而内循环，会增加操作费和设备费。该流程如图 4.13 所示。

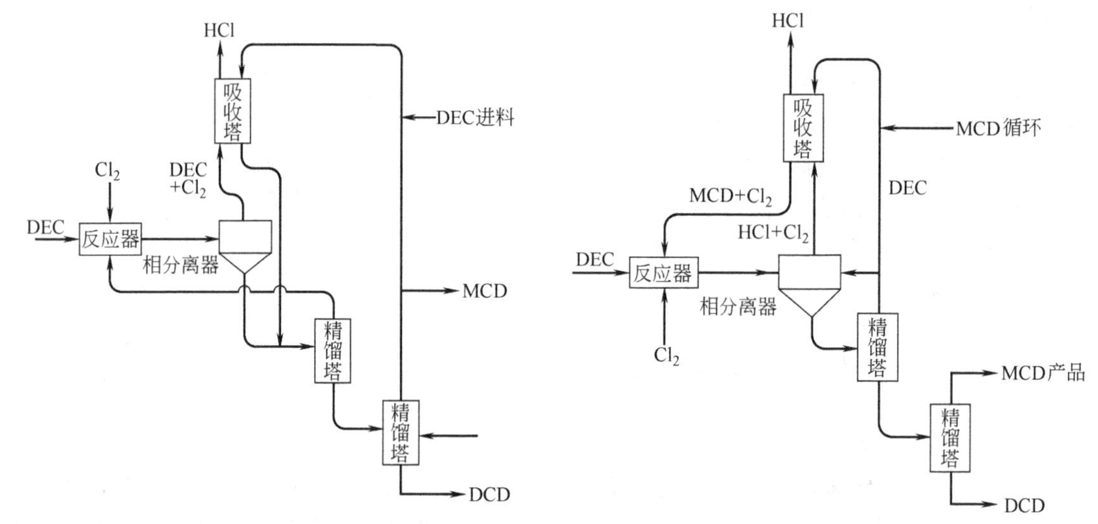

图 4.12 DEC 循环法的示意流程　　图 4.13 应用 MCD 为溶剂的流程示意

(5) 不同流程的分析与比较

对于癸烷基苯磺酸钠的过程合成，使用了简单的分析技术和预测法，其待选方案有 900 余种。

待选方案的个数＝3 个反应方案×2 个专用地址安排×15 个精馏方案＋15 个萃取方案×5 个溶剂方案≈900 个方案。

回顾一下前面几步过程合成的步骤，我们从 900 余种待选方案中筛选出七八种。在每一步筛选步骤中，必须以详细的研究、合理的分析为基础，如第一步因成本差距一下子就去掉了 2/3 个方案，如果其中第二方案、第三方案差别不明显时，则对于每一反应方案都要依次进行同前面所进行方案一样的分析与讨论。对于评选出少数有竞争力的方案，还要仔细地做详细的流程图及细致的投资成本估算。以反应后 Cl_2 的残留量很少，可与 HCl 一起废弃这一流程为例，做详细的讨论。主要分三步进行。

(a) 按工程的任务与要求确定流程，并绘制流程图。泵及换热器等辅助设备也需考虑在内。并列出设备一览表，标出设备的种类与顺序。

(b) 确定设备构造、尺寸及操作条件，也就是确定反应器、精馏塔等设备的尺寸，包括直径、高度以及操作温度、压力、进料比等。选择这些变量也不是轻而易举的事，因为这些变量彼此相关。例如，一旦确定了反应器体积，就固定了停留时间；确定了产品组成，也就决定了精馏塔的负荷等条件。利用相关软件，如 ASPEN PLUS、PRO/Ⅱ 等模拟求解，可以确定多变量之间的最佳配合，以完成优化设计。

(c) 进行投资及成本估算，最后以此数据为依据对各竞争方案进行评比与筛选。

对于本例题，所确定的流程如图4.14所示。最后估算出的经济数据见表4.6。图4.14流程图描绘了下面的过程。来自贮槽的DEC（癸烷）通过泵P-1输送至混合器，与循环的DEC混合，然后再与来自贮槽T_1液化氯的氯气相混合，进入具有蒸汽夹套的换热器预热至93.3℃后，进入反应器。在反应器中原料流经用紫外光辐射的玻璃管反应器，管外有循环的冷却水，以移去反应热。包括气相的HCl、Cl_2以及液相的DEC、MCD和DCD的两相混合物产品自反应器内流出，进入简单的气液两相分离器，由顶部逸出HCl及少量的Cl_2送至废物回收器；由底部流出的DEC、MCD及DCD混合物进入换热器，在这里被塔C-1及塔C-2的顶部馏分所预热。塔C-1高54.86m，直径2.134m，有39块塔板，在此塔中DEC由MCD和DCD中分离出来。DEC在换热器E-2和E-3中被冷凝后，又分为两股，80%量的DEC液流是MCD及DCD的混合物，该流股又被分流为两股，80%返回塔釜，20%进入塔C-2，在塔C-2中分离MCD和DCD。塔C-2高30.48m，直径1.524m，有50块塔板，塔体是用碳钢材料制造的。C-2塔底产物DCD流入贮槽，塔顶产物MCD冷却后泵入贮槽。这个厂的设计生产能力为45.359×10^3t/a，投资约为4000000美元，一氯癸烷的产品成本为0.1102美元/kg MCD，原料成本占产品成本的71%，为0.0772美元/kg。

表4.6 流程生产过程经济估算

（年产45.359×10^3t一氯癸烷）

Ⅰ. 投资成本			4000000美元		
Ⅱ. 年操作成本			4400000美元/年		
Ⅲ. 产品成本			0.1102美元/kgMCD		
成本分析	成本/(美元/kg)	占产品成本的比例/%	成本分析	成本/(美元/kg)	占产品成本的比例/%
投资成本	0.01323	12	劳动力	0.1102	10
原　　料	0.07716	71	其　　他	0.0022	2
公用工程	0.00661	5	全　　部	0.1102	100

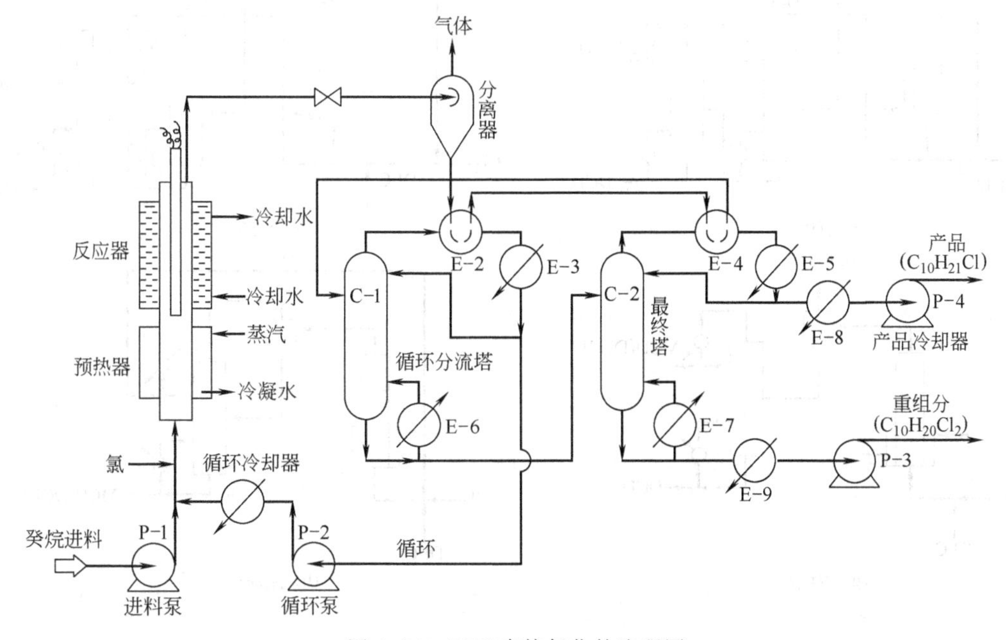

图4.14 DEC直接氯化的流程图

在前面的过程合成中，给出了有竞争力的癸烷基苯磺酸钠的过程合成八种可能的流程，如图4.15所示。对这八种可能的流程从生产利润、氯气的价格及反应器转化率的曲面关系进行进一步的分析，如图4.16所示，给出了在不同条件下八种流程的评选依据。

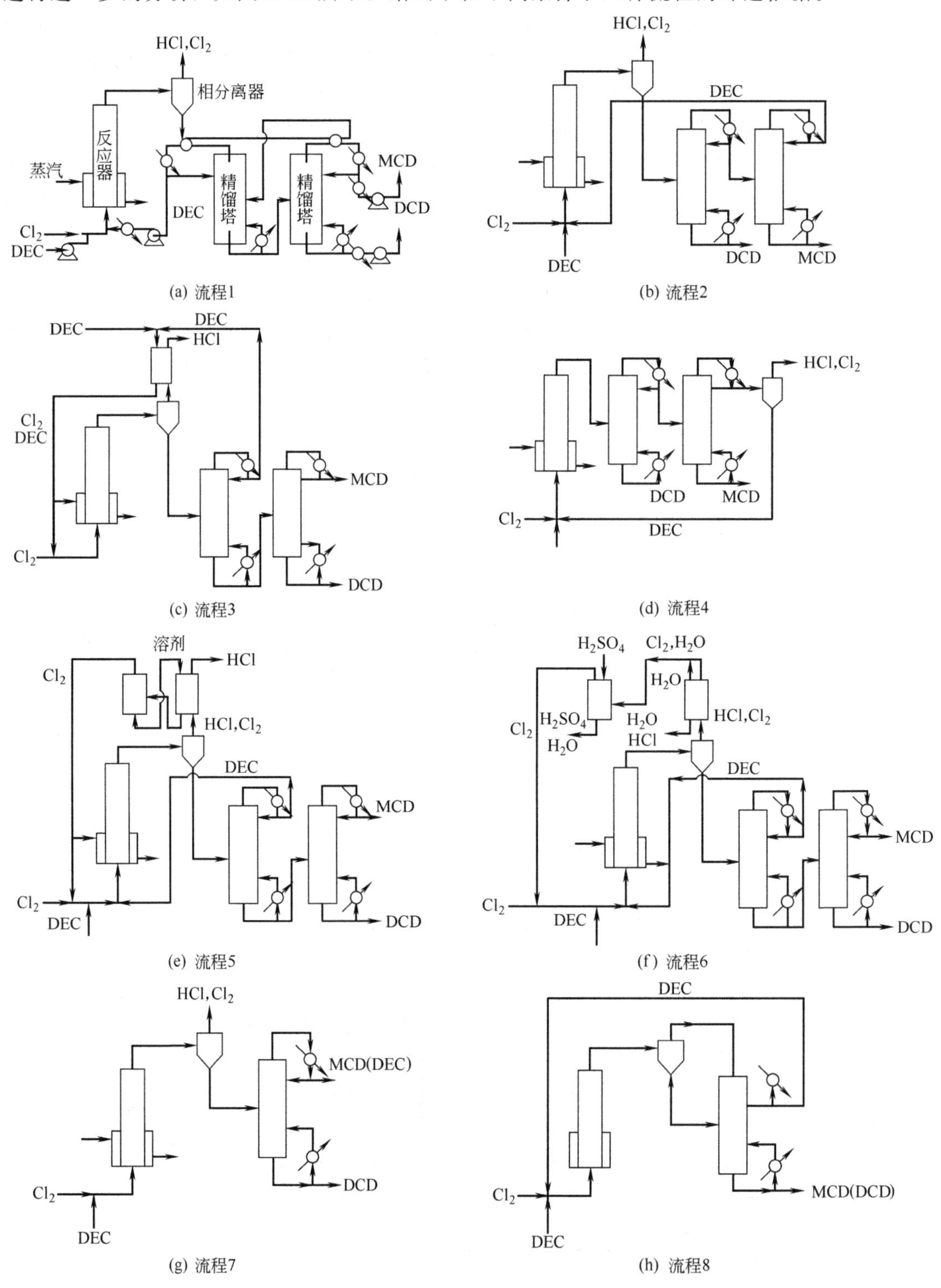

图4.15 可竞争的八种流程示意

图4.16有三个坐标，一个表示利润（百万美元/a），一个表示氯的价格，一个表示转化率。八个流程方案表示在立体图上是不同的曲面，现讨论如下。

流程1在反应的转化率低时，由于氯在系统中的损失而导致利润较低，当转化率提高时，相应氯的损失减少，收率增加。所以当废物中氯含量增加时，此流程的竞争吸引力下降。

流程2不同于流程1，最后两个分离塔的顺序相反，对于所有转化率的情况都不如流程1有吸引力。因为癸烷是反应器流出物中最大含量的组分，也是离开相分离器最低沸点的组分。这一流程的缺点在于移除高含量组分DEC过晚，导致了成本的增加。

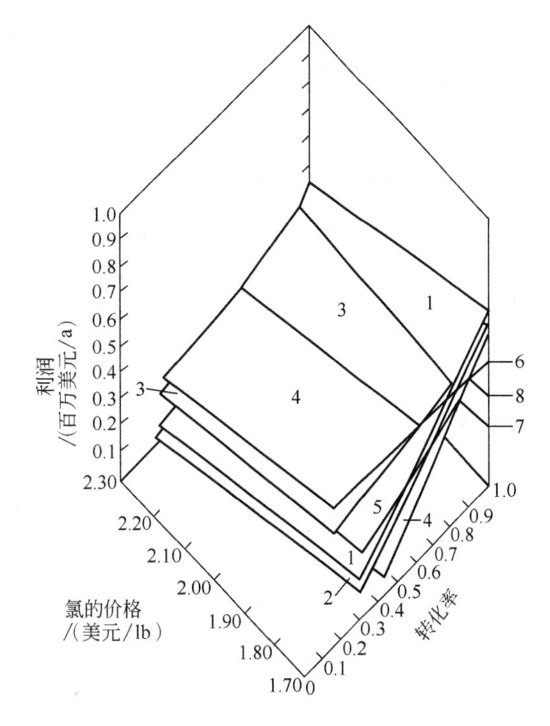

图4.16　八种氯化过程的利润曲面分析

（图中1，2，3，4，5，6，7，8分别表示八种流程）

流程3是以癸烷为溶剂移除Cl_2，由于未反应的Cl_2是在反应器中循环应用，所以它对氯的价格敏感性比流程1与流程2均小。这个流程的最大优点是对转化水平的敏感性小。所以如果设计的不确定性大时，选用此方案是明智的做法。但由于这方案增加了回收不转化Cl_2的设备，而导致设备费的增大。该方案的竞争力在于它有设计与操作的弹性。

流程4使用了与流程1相反的分离顺序，低沸点组分如HCl在流程中重复运行，导致了很高的设备与公用工程费用，因而竞争力很小。且类似于流程1和流程2，有Cl_2的损失，所以转化率与氯的价格均对它的利润有很大的影响。

流程5类似于流程3，受转化率的影响不大，但由于附加了分离器和溶剂的成本，使利润减少。

流程6获利情况与流程3类似，它是以水为溶剂，Cl_2中的水分用硫酸干燥，由于水的成本低不必再生，从而使这一方案具有一定吸引力。但由于HCl-水和H_2SO_4-水系统腐蚀性强，对设备材质要求高，必须考虑微量水进入反应器的危险，若用碳钢设备会导致严重的腐蚀。在低转化率时，与需要大量DEC循环的方案3相比，此方案获利性大。

流程7和流程8是转化率很高的特殊情况下的流程。流程7仅有两个分离器，没有循环，按化学计量式的分子比进料，转化率高，但DCD较多，使获利少。流程8是DEC高度过量的情况，Cl_2全部转化而不需分离。只有少量的DCD出现在产品中。其缺点是需要分离与循环大量的DEC，从而导致成本的上升。此一缺点足以抵消该流程的全部优点。

比较以上流程可以看出：

① 低转化率时，利用水分离HCl及Cl_2最好应使用流程6；

② 中等转化率时用DEC吸收Cl_2，流程3适宜；

③ 高转化率时可放弃少量不转化的Cl_2，流程1最有利。

由癸烷氯化物过程开发的典型事例可见，遵照过程开发的基本原则，可由许多可实施的方案中，选择出几个更有竞争活力的方案，这也是过去依靠经验进行设计的工程师的惯用方法。但是还必须进行更深入的探讨，进行工程与经济方面的研究，才能区别不同的情况，选择出最优或亚优的设计方案。无论由工程角度还是以经济角度来研究，这个事例只给出了一个起点，具体的经济与工程的分析和评价还要按其他章节提供的方法逐一进行。详细的分析借助计算机辅助设计方能较快完成。

4.1.2 能量的管理与组合

对于一个工程，要细致考虑、合理安排进出每一个操作单元的每一个流股的顺序或流经的途径，也就是要仔细考虑各流股的能量搭配和综合利用问题，以最经济地完成由原料到产品的生产过程。因为对于每一种产品成本来讲，直接成本中最重要的内容之一是水、电、汽等公用工程的消耗指标，而这一消耗与过程流股的能量组合密切相关。能量组合的基本原则是尽量应用内部能源（流程内流股的能量或反应热、相变热等）代替外部能源（水、电、汽等公用工程提供），这是降低成本的基本途径之一。热交换网络、多效蒸发、多级结晶等多级过程就是一种节能的组合方案。

【例 4.1】 以海水淡化为例，如果使用精馏法分离海水，流程如图 4.17 所示。

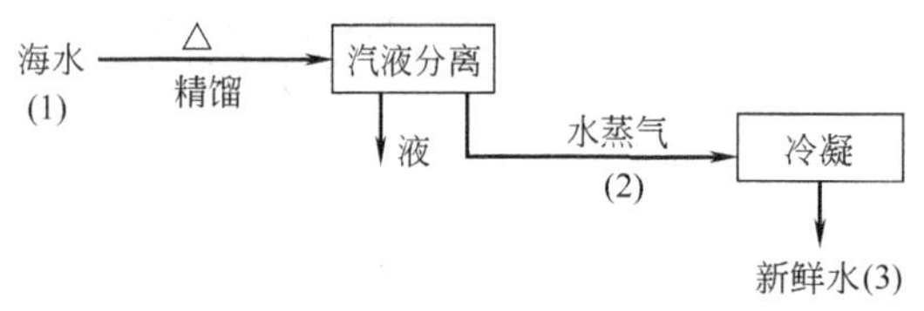

图 4.17 海水淡化流程图

如果将流股 2（水蒸气）冷凝放出的相变热经过换热器回收，将其用于预热进入精馏塔的海水，则可大幅度地降低能耗，减少对外加热源的需求量。尽管由于技术问题，当前无法实现这种热交换网络的设想，但它毕竟是一个值得探讨的节能措施。国内外在石油工业中，热交换网络的实施已显示出了巨大的经济效益。详细的内容将在第 4.4 节介绍。

4.1.3 最佳操作时间表的安排

一般的化工过程都是由多个单元操作组合而成，由总体目标出发，对于每一单元操作都存在最佳操作条件和相对停留时间的问题。特别是对于批处理过程，最佳操作时间表的安排尤为重要。按照全系统最佳操作周期，存在不同单元设备（包括贮槽）的串联、并联等最佳搭配问题，它对设备投资、产品成本、过程的可靠性及可操作性都有很大影响。具体内容将在第 4.7 节详述。

4.2 反应的合成

前面的事例分析说明一个化学品的生产会有不同的反应途径可供选择，但选择的前提是对于一个工业上的化工过程必须是经济上合理、技术上可行并符合环境等要求。反应途径的合成既要重视过程方法也要重视设备的选择。对于大规模连续化的化工产品的生产，在工厂设计中，应强调设备的选择及过程方法的选择，以保证规模的经济性。例如，常使用精馏塔生产大量物质，就不宜于选用气相色谱塔。精细化工和特殊的化工过程常具有较高的附加值，它们常常是小批量间歇生产过程，对于这类生产过程常常强调使用一些特殊的化工方法，如新颖的反应器，新型的分离方法等，在设计中与设备相比更重视过程的物理化学方面的问题，以便使产品质量更好地适应顾客的要求。工厂设计必须满足不同产品规格及不同的市场需要，而不增加设备费。

4.2.1 反应途径的合成

这一部分所讨论的反应过程合成方法，主要是针对大品种低产值的产品，当然所提出的原则对于精细化工等高产值的规模经济性的初始分析也适用，但是对于后者还要考虑市场需求等其他的因素。在筛选反应路线的评价准则中，成本的高低是主要原则之一，另外可以从综合产品的重要性、不希望的副产品的消除以及反应自由能等技术方面进行考虑。下面举例说明反应途径合成的原则和内容。

4.2.1.1 综合产品的重要性原则

【例 4.2】 丙烯腈生产过程

在 1960 年生产丙烯腈的主要路线是乙炔与氰化氢在催化剂 $CuCl_2$ 水溶液中于 70℃下的加成反应。

$$HC\equiv CH + HCN \longrightarrow CH_2 = CHCN$$

后来，这条路线逐渐被丙烯与氨的氧化过程（即 Sohio 过程）所代替。丙烯和氨于 400～500℃下，在催化剂作用下，用空气氧化。其反应过程为

$$2CN = CHCH_3 + 2NH_3 + 3O_2 \longrightarrow 2CN = CHCN + 6H_2O$$

丙烯的成本仅是乙炔的 1/6，NH_3 也比 HCN 便宜得多，所以，目前这条路线在生产中占优势。

过程后续的综合产品的需要影响过程的经济价值。例如主要的石油化工原料是乙烷、液化石油气、天然气、石脑油。应用裂化方法可以把它们转化为石油化工的基本原料如乙烯、丙烯、丁二烯、苯、苯乙烯等。利用这些原料又可以继续反应形成聚合物等多种产品，如由乙烯出发可制取 PVC（聚氯乙烯）、LDPE（低密度聚乙烯）、HDPE（高密度聚乙烯）等；由丙烯出发可制取 PP（聚丙烯）；由丁二烯出发可以制取 SBR（丁苯橡胶）；由苯乙烯出发可以制取 PS（聚苯乙烯）、TPS（韧性聚苯乙烯）、XPS（多孔聚苯乙烯）等。

由表 4.7 可见，含碳原子少的原料可裂解出较小分子的基本原料，如乙烷的裂解，其主要产物是乙烯。所以，如果需要的产品是乙烯，则可由乙烷制取，这样成本最低。但如果需要的是一系列较宽范围的化工的最终产品，则由天然气裂解。

表 4.7 裂解的原料产率

裂解物料	原料			
	乙烷	液化石油气(LPG)	石脑油	天然气
碳	2	3～4	5～10	10～20
乙烯	100	100	100	100
丙烯	4	50	50	70
丁二烯	3	17	17	20
苯	1	5	13	10

由此可见，决定一个过程获利因素还有综合的产品需要方面的考虑，按照一个公司或者一个国家的具体的多样化需要，来决定选用路线和决策，以此来选择原料路线。

4.2.1.2 不希望的副产品的消除

【例 4.3】 四氯化碳的生产过程

合成四氯化碳的路线有下面两种。

(1) 甲烷路线

$$CH_4 + Cl_2 \rightleftharpoons CH_3Cl + HCl$$
$$CH_3Cl + Cl_2 \rightleftharpoons CH_2Cl_2 + HCl$$
$$CH_2Cl_2 + Cl_2 \rightleftharpoons CHCl_3 + HCl$$
$$CHCl_3 + Cl_2 \rightleftharpoons CCl_4 + HCl$$

由上述反应历程可见，如果需要，该反应可同时给出 CH_3Cl、CH_2Cl_2、$CHCl_3$ 等副产品。

（2）丙烯路线

$$CH_3CHCH_2 + 7Cl_2 \rightleftharpoons C_2Cl_4 + CCl_4 + 6HCl$$
$$C_2Cl_4 + Cl_2 \rightleftharpoons 2CCl_4$$

这条路线可给出高氯乙烯副产品。

以上两种合成路线皆可由改变循环比来调节反应产物的组分分布。很明显，最适宜合成路线的确定，取决于原料的成本以及所需的副产品的品种和价值。此外，还有一个值得重视的因素是丙烯路线产生的 HCl 较少。一般来说，这是一个不受欢迎的副产品，因为它会导致设备的腐蚀。在过程中，应考虑尽早去除或转化成其他有用的物质，如乙烯氯化制备氯乙烯过程。

【例 4.4】 乙烯氯化过程

乙烯氯化过程的反应方程为

$$CH_2{=}CH_2 + Cl_2 \longrightarrow ClCH_2CH_2Cl \longrightarrow CH_2{=}CHCl + HCl$$

由此可见，该方法的缺点在于原料氯的 1/2 生成了氯化氢而被白白地消耗了。解决这个问题的方法之一是在原料中掺入一半乙炔。反应产生的 HCl 就可同时被乙炔转化为氯乙烯，即

$$HC{\equiv}CH + HCl \longrightarrow CH_2{=}CHCl$$

这条路线使用了较昂贵的乙炔为原料是它的缺点。

避免氯气浪费的另一方法是用氧化反应

$$2HCl + \frac{1}{2}O_2 \longrightarrow Cl_2 + H_2O$$

将氯化氢转化为氯气。该反应是在 450℃条件下，在氯化铜的水溶液中进行的，称为 Kellogg 氧氯化过程。该路线的特点是用氯和氧的混合物操作，是一个两级反应平衡过程，如图 4.18 所示。

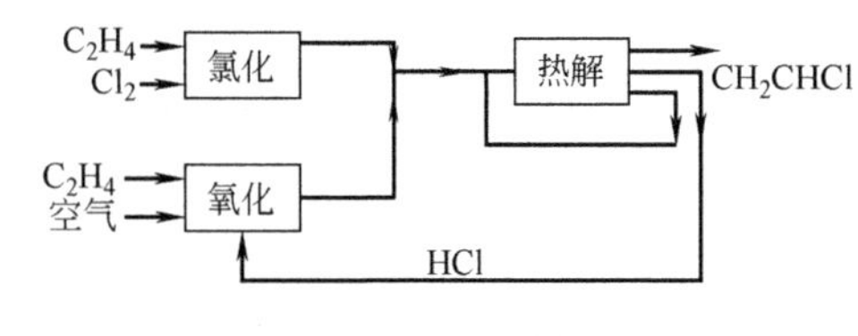

图 4.18 反应框图

4.2.1.3 反应自由能原则

按照反应的自由能，可给出反应路线的一个大致的评价准则。可用反应的自由能指示一个反应的技术可能性。一个自发的反应必然伴随自由能的下降。

对于一个有效的工业过程，经验法则是：

① $\Delta G<0$，即 ΔG 取负值，这反应是可能的；

② $\Delta G<40$kJ/mol，即 ΔG 是较小的正值，这反应还值得考虑；

③ $\Delta G>40$kJ/mol，则这反应只有在特定的情况下才值得考虑。

对于反应过程中的所有反应的动力学都应随后考虑，特别是趋近于平衡状态，反应较充分的情况下。反应的自由能 ΔG 可由反应温度下产物的自由能与反应物自由能之差来求。

【例 4.5】 乙基胺的生成过程反应自由能的评价

乙基胺的生成过程有三个反应途径，用反应物-产物的成本附加值作评价来看，均为可取。那么究竟哪一个更值得进一步研究呢？这可通过反应自由能法则来分析。

途径 1 $$CH_3CH_2OH + NH_3 \longrightarrow CH_3CH_2NH_2 + H_2O$$

298K时 $\Delta G=-[(-168.1)+(-16.1)-(37.2)-(-228.4)]=-7.0\text{kJ/mol}$

300K时 $\Delta G=-[+(8.3)+(62.1)-(254.8)-(-192.4)]=-8.0\text{kJ/mol}$

按自由能经验法则，此途径值得进一步开发。

途径2 $CH_2=CH_2+NH_3 \longrightarrow CH_3CH_2NH_2$

298K时 $\Delta G=-[(68.1)+(-16.1)-(37.2)]=-14.8\text{kJ/mol}$

300K时 $\Delta G=-[(118.1)+(62.1)-(254.8)]=74.6\text{kJ/mol}$

看来低温下此反应可行。

途径3 $CH_3CH_3+0.5H_2+0.5N_2 \longrightarrow CH_3CH_2NH_2$

298K时 $\Delta G=-[(-32.9)+0+0-(-37.2)]=70.1\text{kJ/mol}$

300K时 $\Delta G=-[(109.2)+0+0-(254.8)]=145.6\text{kJ/mol}$

该反应自由能高，低温可行性均小，不予考虑。

对于不可行的反应可以用两个反应或多个反应相结合的方法使其变为可行。例如，常常需要处理副产品氯化氢，如果有反应

$$2HCl \longrightarrow H_2+Cl_2 \qquad \Delta G_{900}=200\text{kJ/mol } Cl_2$$

将其分解为 H_2 和 Cl_2 就更为有用。但按照自由能经验法则，这反应不值得考虑。可是氢和氧生成水的反应

$$H_2+\frac{1}{2}O_2 \longrightarrow H_2O \qquad \Delta G_{900}=-196\text{kJ/mol } H_2O$$

易于完成。所以，若将此两项反应结合进行，就可以回收氯气。其结合后反应如下。

$$2HCl+\frac{1}{2}O_2 \longrightarrow Cl_2+H_2O \qquad \Delta G_{900}=4\text{kJ/mol } H_2O$$

H_2O 与 HCl 的反应的自由能随温度的变化规律如图4.19所示，由该图可见，所需反应的自由能（$\Delta G=\Delta G_{2HCl}-\Delta G_{H_2O}$）在低温区为负，适宜于反应的进行，但这仅仅满足了热力学的需要，对于反应动力学，低温区速率不高，所以需要使用催化剂。

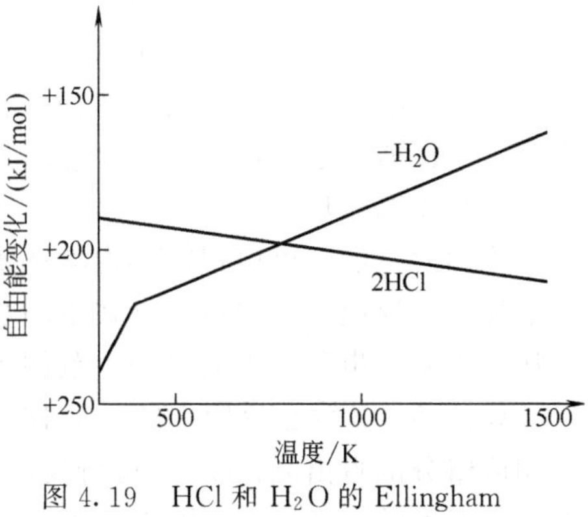

图4.19 HCl和 H_2O 的 Ellingham

【例4.6】 金属的萃取

自由能耦合的原则也常常被用在金属提取的工业中。如由镁的氧化物转化为镁的反应

$$2MgO \rightleftharpoons 2Mg+O_2$$

$$\Delta G_{2100}=420\text{kJ/mol}$$

由于这一反应的 $\Delta G \gg 0$，难以进行。而且镁是一个自燃的粉末，在 O_2 内也难以保存。但碳的燃烧反应

$$2C+O_2 \rightleftharpoons 2CO$$

$$\Delta G_{2100}=-600\text{kJ/mol}$$

易于进行。所以，可用镁分解与碳氧化的耦合反应

$$2MgO+2C \rightleftharpoons 2Mg+2CO$$

$$\Delta G_{2100}=-180\text{kJ/mol}$$

来提取镁。反应可用氢气的急冷法，来阻止逆反应的发生。

应强调指出的是，自由能评价方法只能指出平衡这一热力学的尺度是否适合，而对于一个工业上有吸引力的过程还要求具有较快的反应速率。所以，这一方法只能给开发反应途径以启示，而不能代替化学家们为确定新的反应路线所必须进行的实验工作。

4.2.1.4 反应途径合成的自由能方法

由指定的目标化合物出发，去确定它的原料及合成路线是一个艰巨的课题，不但需要仔细地确定原料路线，而且要慎重地确定其主要反应及一系列的副反应，以达到优化合成的目的。总结自由能等组合法，有以下两种合成途径。

(1) 开路循环反应途径

对于开路反应途径的合成问题，Govind 和 Power（1981）对现代的合成设计程序做了综述。化学工业是一个由3～5个基本原料出发，制取数百个目标分子的反应所组成的网络。网络的结点是共同的原料与副产品。为了优化合成途径，不但必须掌握所有的主反应，而且必须详知所有的副反应、副产品、产率、分离难度、安全性以及操作的难点，如催化剂的中毒、结块、腐蚀等问题。另外，原料中的杂质等问题也应予以考虑。对于反应过程可能发生的反应都必须考虑到，例如，对于以R为反应物、P为产品、I为杂质、BP为副产品的系统，可能出现的副反应如下。

平行反应 $R_1+R_2 = P$，$R_1+R_2 = BP_1$

串联反应 $R_1+P = BP_2$，$R_1+BP_1 = BP_3$

其他尚可能有的反应

R_1+R_2　R_1+R_1　R_1+P　$P+P$

R_2+R_2　R_2+P　R_1+BP_1　$P+BP_1$

原料中杂质可能产生的反应

R_1+I_1　R_2+I_2　I_1+P　I_1+BP_2

I_1+I_1　I_1+I_2　I_1+BP_1　等

对于这些可能存在的反应的相态、溶剂、催化剂、温度、压力、浓度、混合等也都应该掌握。掌握所有这些信息后，才能探讨反应途径的优化，进行技术经济评比。

(2) 闭路循环途径

应用此方法，可以根据热力学平衡条件，来判断或寻找可能的合成途径。这个方法的另一依据是，反应过程中可能存在中间步骤或产生中间物质，而中间物质或中间步骤在总反应表达式中并不出现。下面以一个范例来说明这个方法。

设计A、B为总反应中的反应物；Z为反应产物；L、N为中间反应中出现的组分；G_i为相应组分的自由能；G^*为可行反应的目标值，定为40kJ/mol；ΔG_Δ为每一步反应的自由能，是温度的函数；ΔG为实际达到总反应的自由能。

设想L可由Z中分离出来，且可在系统内循环。按照此种情况，可按表4.8来分析此系统。

表 4.8 判断反应是否具有吸引力的准则

反应		假如合乎以下准则,则所提反应有工业吸引力	用差值表示反应	假如下面规划成立,所需反应有吸引力
总反应	$A+B\longrightarrow Z$	$G^*>G_Z-G_A-G_B$	$A\longrightarrow Z-B$	$G^*+G_A>G_Z-G_B$
中间反应	$A+L\longrightarrow N$	$G^*>G_N-G_A-G_L$	$A\longrightarrow N-L$	$G^*+G_A>G_N-G_L$
	$N+B\longrightarrow Z+L$	$G^*>G_Z+G_L-G_N-G_B$	$N-L\longrightarrow Z-B$	$G^*+G_N-G_L>G_Z-G_B$

再用图给出每一步反应的自由能 G_Δ 对温度的依赖关系，如图 4.20 所示。

分析过程 a，如图 4.20 所示，$G_Z+G_B>G_A-G^*$，所以在给定范围的所有温度下，以下反应

$$A \longrightarrow Z-B \quad 或 \quad A+B \longrightarrow Z$$

均为不可取的。

分析过程 b，如图 4.20 所示，在温度高于 T_1 时，$G_A+G^*>G_N-G_L$，即反应

$$A+L \longrightarrow N$$

可行。当温度低于 T_2 时，$G_Z-G_B<G_N-G_L+G^*$，因此反应

$$N+B \longrightarrow Z+L$$

可行。

由此得出结论，假如第一个反应在高于 T_1 下进行，而第二个反应在低于 T_2 下进行，且二者结合的闭路反应是可行的，可以考虑选择。

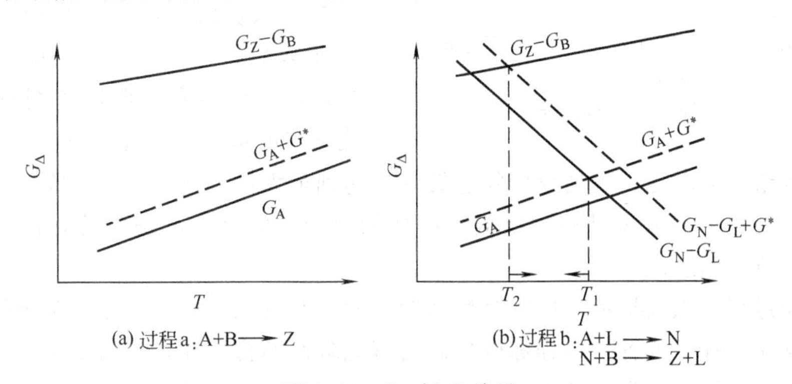

图 4.20　G_Δ 与 T 关系

【例 4.7】 由氯化氢生产氯

$$2HCl \longrightarrow H_2+Cl_2$$

或

$$2HCl-H_2 \longrightarrow Cl_2$$

如果此反应存在 $[G_{(2HCl-H_2)}+G^*]>G_{Cl_2}$ 关系，则此反应就具有工业吸引力。

但由图 4.21 可见，情况正好相反，说明单独的这个反应不可行。在图 4.21 上给出许多交替反应线，由图可见（$2HCl-H_2$）线靠近（$CrCl_3-CrCl_2$）线，而后者又靠近 $2(MnCl_4-MnCl_3)$ 线，此 $2(MnCl_4-MnCl_3)$ 线又与 Cl_2 线相近。

所以，可以选择反应

$$2HCl-H_2 \longrightarrow 2(CrCl_3-CrCl_2)$$

即

$$2HCl+2CrCl_2 \longrightarrow 2CrCl_3+H_2$$

在 700K 以下，此反应有效可行。再选择反应

$$2(CrCl_3-CrCl_2) \longrightarrow 2(MnCl_4-MnCl_3)$$

此反应在 1100K 以上有效，继续选择

$$2(MnCl_4-MnCl_3) \longrightarrow Cl_2$$

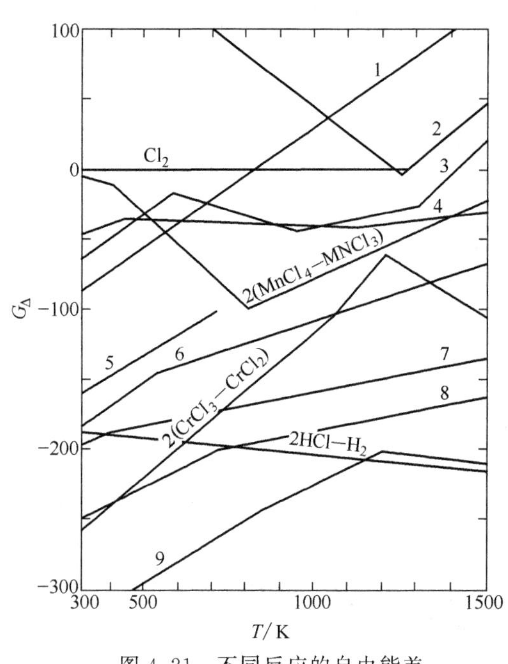

图 4.21 不同反应的自由能差

即 $$2MnCl_4 \longrightarrow Cl_2 + 2MnCl_3$$

在400K以下，此反应有效可行。至此闭环完成。有关这一路线更详细内容可见May和Rudd所著（1986）文章。由此可见，这个自由能的评价方法可以指出哪种反应是可能进行的，从而帮助人们去搜索经济合理的反应合成路线。

4.2.2 反应器的设计问题

4.2.2.1 操作条件及反应过程

对于已确定的反应路线，设计的中心问题是按给定的反应条件选择反应器类型。

按平衡转移的原则，一般说高压条件适合于总摩尔数减少的反应过程，高温条件有利于吸热反应。一般来说，从反应动力学角度分析，高温有利，但催化剂可以在低温下加速反应的进行。按化学计量式给定的配比，调整反应物各组分的配比，可使反应物总转化率达到最大值，使某一反应物组分过剩，可增加其他组分的转化率或减少某些副反应。同样的道理，由反应产物中及时移去某一产品组分，可增加反应的深度。

对于反应过程必须及早地考虑安全性问题。如果有可能，应尽可能地避免带爆炸、毒性源及高放热反应过程，或者对过程加以控制使有危险性的物质在系统内尽可能少地存在，尽可能地降低温度与压力。为了搜索最佳反应条件必须进行仔细的实验（包括中试）研究，以供放大设计使用。反应条件对过程经济有很大的影响。

在研究过程中，可以得到产物组成分布与转化率的关系曲线。在一般情况下，转化率低时选择性较高，转化率增高时选择性递减。必须综合研究反应器投资成本、反应物再循环成本与选择性下降的综合平衡问题，最优转化率一般少于最大产率时的转化率。按照生产所需的目标函数，可确定反应条件的使用区域。

4.2.2.2 反应器类型

一般反应器类型包括间歇的、管式的、流动床和具有返混的或连续搅拌釜式反应器。反应器网络可以用不同类型的反应器合成。在选择反应器类型时，要考虑的基本因素是流动的模式，它可控制化学因素、反应器功能和热传递功能。但反应器流动模式问题是反应工程问题，本节重点讨论反应热的供应与移除问题。

（1）吸热反应

吸热反应的反应器特点在于反应器内部或外部具有加热表面，一般按温度范围选择加热剂。表4.9给出几种加热剂及使用温度。

表 4.9 加热剂及使用温度限度

蒸汽	300℃	气体循环	500℃	炉(使用预热气)	2000℃
有机介质	450℃	金属介质	1000℃	电	3000℃

在过程中其他需冷却的热物流可选作加热介质。在选择加热系统时，需考虑安全性、可控制性及避免对产物污染问题。反应原料在进入反应器前，可以预热至反应温度，以省去反应器内的加热装置。

（2）放热反应

对放热反应，需考虑反应过程中热量移除问题。热量可借冷循环物流或惰性物质移除，或者逐渐加入反应原料，一般也常用设置蛇管或夹套等换热元件移除热量。

还可以把反应与另一单元操作结合起来，如反应精馏、反应结晶就分别是将反应与精馏、反应与结晶结合在一起的操作。这种结合常常既可节约能量，又可减少投资。当然在做这个决策之前，应该取得可靠的中试数据，必须做到技术可靠后，方可设计。

（3）反应效率与能量消耗

过程中反应步骤对过程能量的需要有极大的影响。反应效率不但影响能耗，而且影响投资及产品的成本。对于反应来讲，产率、转化率、反应原料的浓度和相对比例、操作的温度和压力都是重要的参数。选择适当的催化剂可同时改善反应条件，并降低成本。提高原料纯度往往也是改善反应效率的重要因素。

对于放热反应过程，特别要注意安全性。在允许使用绝热反应器条件下，可以省去附属设备。选用绝热反应器的条件是反应器内温度的升高不至于影响反应选择性、转化率及催化剂活性。合理地考虑反应器体积与表面积的比例，对控制反应条件有较大的作用。

对于放热反应，如果控制温度是关键问题时，加入多量反应物循环或加入惰性气体以控制温度，是经常使用的方法。但同时会减慢反应速率，使热力学平衡转移，影响转化率或反应速率，也增加一些能量的消耗，对方案的选择还应考虑能量集成优化问题，应尽量做到冷、热流股的搭配，多级反应器的安排问题，以达到能量及设备费的双目标优化。

（4）对于连续放热反应的安全防护措施

连续放热反应的主要危险是温度过高，反应失控，下列的防护措施在设计时应予以考虑，合理采纳。

① 改善反应器的设计措施：

(a) 减少系统中的物料量；

(b) 减少反应器尺寸（反应器体积的增大，意味着相对冷却表面的减少）；

(c) 使用稀的悬浮溶液；

(d) 使进料中某一组分缓慢加入，以控制温度的升高；

(e) 按一定顺序加入原料或物质，降低汽化或放热的速率；

(f) 想办法消除反应器内可能出现的热点；

(g) 避免反应器内出现高于10℃的温度梯度；

(h) 保证反应器内温度的均匀性，且能准确地测量各处温度；

(i) 安排一个带有挥发溶剂的回流系统；

(j) 安排一个应付各种故障发生的紧急排障系统，这些故障可能是冷却水没有了，公用工程发生故障，反应器内没有物流，偏离正常的压力、温度、停留时间等；

(k) 仔细安排，核实设计中安全防护系统，并慎重核实它们的可靠性。

② 控制系统必须可靠，只允许由系统单方面地向安全方面转移。改善控制的措施：

(a) 连续地控制反应器内组成，防止反应物的不平衡；

(b) 在温度、压力达到危险限之前报警；

(c) 设计一个高度灵敏的防护系统。

③ 所有设备与附属设备应有足够的强度及抗腐蚀能力。

④ 仔细设计与检查反应器的搅拌系统，并研究一旦搅拌停止，危险性的防止问题。

⑤ 控制有害物质进入系统。

⑥ 安放防止事故发生的阀门及设置等。如安放空阀、止逆阀、避雷器、减压阀等。

⑦ 一旦发生事故安排好救急设备及措施。如使系统释放、切断；反应器带有旁路；立即加入某种物质使催化剂脱活；立即稀释反应器内物料至危险之下；立即加入较冷物质以加强反应器的传递等。

4.2.3 进入系统物料的预处理

在反应过程合成中也要考虑物料的预处理过程。预处理的目的是尽量扩大物料的表面积以利于加速反应速度和扩散速率。可采取的手段主要为：

① 加入能量改变物料的相态，使它满足反应的要求；

② 加入能量以改变物料的形状，使物料充分地混合。

实际上扩大物料表面等操作，必然与反应或分离阶段联在一起。加入能量改变相态的主要方法有借助换热器使物流汽化；用燃料加热器加热物流等。一般在进入反应器前的预处理是为满足反应的要求，达到它所需要的温度或压力。物料中常常有杂质，杂质的分离可放在反应之前或反应之后，但必须加入辅助的分离手段。值得注意的是，物料的预处理也可提高转化率并延长催化剂的使用寿命。

物料预处理，扩大物料表面积和充分混合的方法见表4.10。

表4.10 物料预处理的方法

①固体外形尺寸的减少　粗糙的和精细的粉碎、锤磨、研磨、液压法、电击法、热击法等

②液体在气体中的分散　喷雾法、分配器、液滴发生设备、液体在固体表面（如塔壁或板表面上）上的撞击粉碎法、离心法、旋转盘式分布器等

③气体分散在液体中　鼓泡法、机械搅拌法、泡沫发生器、气体喷射液体霜化器等

④气体分散在固体中　流化床、气体流过事先做好的带孔的物质

⑤造粒　加压造粒、热熔造粒、滚动造粒等

⑥气-气混合　鼓风设备、喷射器、混合器（如管路混合器）等

⑦气-液混合　板式或填充床式气液接触设备、气动搅拌设备等

⑧气-固混合　将固体粉碎后分散在气流中

⑨液-液混合　机械搅拌、带挡板的釜、用泵或气体发射器使液体循环、乳化器、喷射器、离心法、超声波法等

⑩液-固混合　粉碎后固体分散在容器内、搅拌、多尔混拌器、外循环器等

⑪固-固混合/膏状物混合　螺杆推进混合器、环形或逆混合器、气动混合器、静态混合器、研磨混合器、盘式混合器、滚筒混合器等

4.3 分离过程的合成

大多数的化工过程都需要对混合物进行分离和纯化以得到所需要的产品，并且有时反应的循环物料也需要分离或净化。在化工生产过程中，分离设备的投资及操作费用占相当大的比例。因此在化工设计中必须重视对分离过程的研究，以便减少成本。

一般地开发一个分离过程需要选择和考虑以下问题。

① 分离方法的选择。

② 分离介质的选择，即选择使用能量分离剂（ESA）还是质量分离剂（MSA）。

③ 分离设备的选择。

④ 最优分离顺序的安排。

⑤ 确定最优的分离操作条件，如温度，压力等。如果使用MSAs还要考虑MSAs的回

收设备的设置。

因此分离过程合成就是在已知要分离混合物的组成、流率、温度、压力等操作条件下，系统地设计出能分离出所有要求产品的过程，并使总费用最小，即

$$\min_{I,X} F(x) = \sum_i D_i(X_i) \tag{4.1}$$

式中 F——总费用；

i——分离单元；

I——所有分离顺序的集合；

D_i——分离单元 i 的年度费用；

X_i——分离单元 i 的设计变量；

X——X_i 的取值范围，即可行域。

从式（4.1）可以看出，总费用是与分离单元，即分离方法和分离顺序直接相关。本节主要讨论分离方法和分离顺序选择的一般方法和原则。

4.3.1 分离方法的选择

大多数反应产物都是混合物，需要进行物质分离。物质分离主要是通过设计合理的方法，依靠化学位的差异而实现的有序地迁移。一般可按照产品混合物中各物质的物性差异来选择分离方法。这些物理性质是：沸点、熔点、挥发性、在不同溶剂中的溶解度、吸附性能、吸收性能、相对密度、尺寸（粒度）、分配量、相态、电磁性能、化学反应性能等。

一般工业上常用的分离方法见表4.11。关于设备详细的设计，详见本章末的参考文献[17～21]，从中可查到有关单元操作设计的内容。

表4.11 工业常用的分离方法

分离方法	进料状态	分离介质	过程物料状态或增加的相态	依据的分离原理
平衡闪蒸	液和(或)气	降低压力或热量传递	气或液	挥发度的不同
精馏	液和(或)气	热量传递或轴功	气或液	挥发度的不同
气体吸收	气	液体吸收剂	液	挥发度的不同
解吸	液	气体解吸剂	气	挥发度的不同
萃取精馏	液和(或)气	液体溶剂和热量传递	气和液	挥发度的不同
共沸精馏	液和(或)气	液体共沸剂和热量传递	气和液	挥发度的不同
液-液萃取	液	液体溶剂	第二液体	溶解度的不同
结晶	液	热量传递	固体	溶解度的不同
气体吸附	气	固体吸附剂	固体	吸收能力的不同
液体吸附	液	固体吸附剂	固体	吸收能力的不同
膜分离	液或气	膜	膜	渗透压或溶解度的不同
超临界萃取	液或气	超临界萃取剂	超临界流体	溶解度的不同
过滤	固	液体溶剂	液	溶解度的不同
干燥	固或液	热量传递	气	挥发度的不同

在选择分离方法时，要注意分析方法的有效性，要注意考虑所选用的方法能否使产品达到所需的纯度要求；另外应尽量选用已成熟的技术，尽量少用化学法。一般地对于高产值低产量的精细化工产品，分离成本不是重要问题，常选用效率高的新型分离装置，按产品质量

需要可选用膜分离、色谱法等；对于低产值大产量的产品必须考虑分离成本，并尽可能降低能量消耗。

选择分离方法时一般从几个方面考虑。

（1）原料的相态

① 如果进料是气态或能稳定地转化为气态，可以考虑采用部分冷凝、各种精馏、吸收、吸附、气体膜渗透等分离方法。

② 如果进料是液态或能稳定地转化为液态，可以考虑采用部分蒸发、各种精馏、结晶、解吸、液-液萃取、超临界萃取、吸附、透析、反渗透渗透膜分离等方法。

③ 如果进料包含固体，可以考虑采用干燥和过滤等分离方法。

（2）分离因子

如果一个混合物中包含组分1与组分2，则它们的分离因子定义为

$$SF=\frac{C_1^{\mathrm{I}}/C_2^{\mathrm{I}}}{C_1^{\mathrm{II}}/C_2^{\mathrm{II}}} \tag{4.2}$$

式中 C——组成变量，可以是摩尔分数、质量分数或浓度；

Ⅰ，Ⅱ——分离方法产生的相态。

除膜分离外，一般的分离方法中，SF 是由热力学平衡决定的，膜分离中 SF 取决于各组分质量传递的相对速率，而不是平衡数据。如果在两相中，相Ⅰ是气相，相Ⅱ是液相，那么 SF 可以通过汽-液平衡速率确定。

$$SF=\frac{y_1/x_1}{y_2/x_2}=\frac{K_1}{K_2}=\alpha_{1,2} \tag{4.3}$$

这里 α 是相对挥发度。一般设计组分1是易于挥发的，所以 $SF>1$。因此 SF 值越大，说明所选的分离方法越合适。但是，不能为得到大的 SF 而采用极端特殊的条件。如需要冷冻；对热敏性物料采用高温；气体压缩或真空；使用贵重的还需要回收的MSA等。一般情况下，在分离过程中使用ESA比使用MSA要经济些。特别是，如果混合物是液相或已部分被汽化，应首先考虑用精馏的方法分离。

式（4.2）在不同的条件下表达式不同，如对于理想状态（理想溶液及理想气体），SF 可表示为

$$SF=\alpha_{1,2}=\frac{p_1^{\mathrm{s}}}{p_2^{\mathrm{s}}} \tag{4.4}$$

对于应用MSA进行气液分离，混合物为非理想状态，则 SF 可表示为

$$SF=\alpha_{1,2}=\frac{\gamma_1^{\mathrm{s}}p_1^{\mathrm{s}}}{\gamma_2^{\mathrm{s}}p_2^{\mathrm{s}}} \tag{4.5}$$

如果加入MSA后造成液-液两相时，SF 就是相对分配系数 β，即

$$SF=\beta_{1,2}=\frac{\gamma_1^{\mathrm{II}}/\gamma_2^{\mathrm{II}}}{\gamma_1^{\mathrm{I}}/\gamma_2^{\mathrm{I}}} \tag{4.6}$$

MSAs在萃取精馏和液-液萃取的分离操作中使用，一般为极性的有机物，可以根据它循环使用率及 SF 的大小来选择。有关MSA的选择原则可参看有关分离方面的书籍，在此不再详细赘述。

对于部分蒸发和部分冷凝这样的只有一级操作的分离方法，要想得到希望的产品，SF 要很大才能满足分离的要求。例如，采用部分蒸发方法分离只包含组分1和组分2且等物质的量组成的混合物，只有 SF 大于1000时才能得到气相和液相分别含组分1和组分2的

产品。

MSA的加入可以改变 SF，选择分离方法时也要考虑。例如，对于 $1.05<SF<1.1$ 时，选用精馏法可以是比较经济。然而加入MSA后可能会使 SF 得到较大的值以至于可以选择比精馏更经济的分离方法。图4.22是Souders给出的萃取精馏与液-液萃取容许的 SF 值，不同分离方法 SF 值是不一样的。当采用一般精馏时，只需 $SF=2$ 即可；而采用萃取精馏法就要求 $SF>3.3$；采用液-液萃取法要求 $SF>18$ 时可以考虑采用。

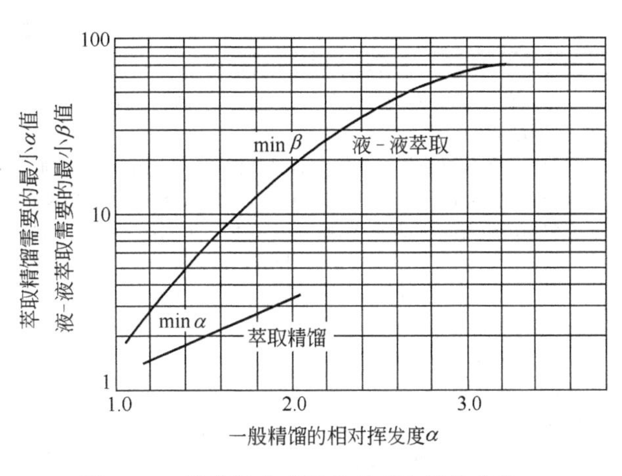

图4.22 等消耗分离器的相对选择性曲线

(3) 分离方法初选原则

对于低产值高产量的产品，通常可以考虑使用表4.12给出的分离方法的初选原则。

另外，在进行分离方案初步筛选时，还要注意以下几个准则。

① 优先使用常规精馏

② 在其他条件同等情况下，优先选用不用质量分离剂（如萃取剂）仅耗能量的分离方法，如常规精馏法。但如果关键组分分离因子或相对挥发度 $\alpha_{LK-HK}<1.05\sim1.0$ 时，则不再推荐使用常规精馏法。如果应用质量分离剂可改善关键组分之间的相对挥发度，可考虑使用质量分离剂。

③ 如果选用了质量分离剂，则应在使用后立即移除它。

④ 避免使用利用真空及冷冻的方法。在其他条件相同情况下，避免温度和压力大的偏移，若偏离不可避免时，宁取高值。在选用精馏，而且必须用真空精馏的情况下，就应先考虑能否使用适当萃取剂的液-液萃取方案。如果精馏操作中需用制冷（如精馏产品是一种低沸点物质时），则还应考虑有无更便宜的可代替精馏的方案，如吸收方案。

⑤ 如果可能，应尽量避免过程中有含固体的物流出现，因为它比气、液流更耗费能量。

⑥ 如果可能，应尽量避免使用质量分离剂（MSA）。因为，如果使用MSA，在下一步必须借助于能量分离手段将产品与MSA分离，从而增加了一个分离步骤。

⑦ 比较不同的分离过程，选用经济上合适的方案。

4.3.2 多组分混合物分离顺序的合成

多组分混合物要经常被分离成多种产品。虽然通过复杂设计可以用一种分离方法将各个产品分离出来，但分离的顺序不同，操作费及投资会有所不同，因此确定最优的分离序列，以降低各种费用为目标是分离顺序合成的主要目的。分离顺序的安排不仅与要分离的混合物中各物质的性质有关，而且也与采用的方法有关。本节主要介绍气-液混合物分离顺序的合成方法。

一般地，对气-液混合物的分离，首先按物理或化学性质（如相对挥发度等）将混合物中各组分排队，然后再依次按顺序考虑它们的分离顺序。如果用一种分离方法欲从 N 组分混合物中分出 N 个纯组分，则理论的分离顺序数 S_N 为

$$S_N=\frac{[2(N-1)]!}{N!(N-1)!}$$

那么，如果有 T 种分离方法可用，则理论的分离顺序增加数为

$$S_N^T=\frac{T^{N-1}[2(N-1)]!}{N!(N-1)!}$$

表 4.12 分离方法的初选原则

①按顺序列出产品混合物中所有组分的沸点,并给出混合物摩尔组成以及需达到的分离纯度要求

②考虑有没有可能,通过改变反应途径或提高转化率或用简单的分离方法解决问题,而避免使用产品混合物系统分离方法,并可建议新方案

③分析一下从反应器流出的产品混合物,在一定温度条件(如20～200℃)及一定压力条件(如1～4Pa)下的相态

④是否有更多的相态存在,可否利用这一特点作为分离的基础

⑤假如产品是固-气混合物,则可用气体清净方法分离该混合物

⑥假如产品是固-液混合物,则选择分离方法时,要考虑固体粒度和因相含量的多少。大致可做如下的选择,即

(a)如固体含量高,可用干燥法、压榨法或沥滤法

(b)对于少量细粒子必须使用细粒分离法

(c)对于中等固体含量

选择1:过滤、离心分离

选择2:静置沉降、蒸发、结晶

(其他方案有改变相态法、化学反应法等)

⑦假如产品是气-液混合物,分离方法为

选择1:重力沉降法

选择2:闪蒸、部分冷凝

选择3:精馏

选择4:其他特种精馏法、蒸发法

选择5:改变相态法、化学反应法等

⑧是否只有一相,如只一相则按以下原则考虑

⑨如果只是液相产品混合物,其分离方法为

选择1:如果是两个液相,可用沉降法分离

选择2:少量细粒的分离,可用液-液萃取法

选择3:用吸附质量传递法,改变相态为液相与气相

选择4:液体渗透性法、相改变法、化学反应法等

⑩如果只是气相产品混合物,其分离方法为

选择1:气体渗透法

选择2:吸收法或吸附法

选择3:改变相态后,再用相分离法或化学反应法等

⑪如果只是固相产品混合物,其分离方法为

选择1:筛分、分级

选择2:化学反应法或改变相态法

⑫综合并列出产品组成、再循环流和进料流,考虑用精制过程分离出微量的杂质

⑬综合分离顺序,并设法考虑能否减少分离步骤。不应一个个分离个别组分,而应考虑用系统分离法,逐次按组分分组,再按组分依次进行分离。其分离顺序的选择为

选择1:尽早移除导致副反应或特别有害的物质组

选择2:尽早移除特殊需要高压($>75\times10^5$Pa)、低压的组分及特殊物质等异常分离条件的组分

选择3:留下最难分离的物质,最后分离

选择4:较早分离出混合物中的大组分

选择5:首先进行最容易的分离

⑭慎重对待分离顺序中高成本分离设备的选用问题,考虑能否用其他设备代替

表4.13显示了10组分的混合物在$T=1$和$T=2$两种情况下理论上可能的分离顺序数,可见其分离顺序数可达10亿之多,数目相当可观。但在实际上有些分离方案是不能实现的,在进行分离顺序合成时,可以直接排除这些不可能的方案从而大大减少待选择的分离顺序数。

表 4.13 分离 N 组分混合物为纯物质的理论顺序数

组分数目 N	理论可能的顺序数目		组分数目 N	理论可能的顺序数目	
	$T=1$	$T=2$		$T=1$	$T=2$
3	2	8	7	132	33792
5	14	224	9	4862	9957376

【例 4.8】 对于如图 4.23 所示的过程，首先考虑用一般精馏的方法，如果必要也可以考虑其他的分离方法，但要实际可行。试确定可能的分离顺序。

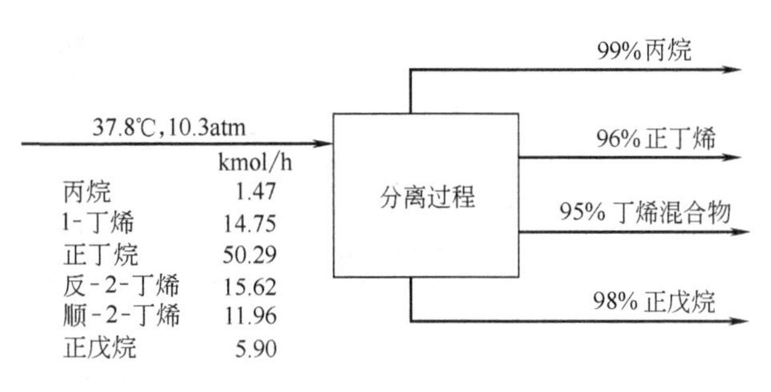

图 4.23 丁烯分离系统

解 首先查找各物质的物性数据，见表 4.14。

根据题意，本例要求分离出 A，C，BDE，F。首先考虑常规精馏，应计算各相邻组分的相对挥发度。因为反-2-丁烯与顺-2-丁烯都包含在产品丁烯混合物中，而且又是相邻组分，可以不必分离，所以可以不计算它们的相对挥发度。假设在 65.6℃下混合物为理想溶液，各相邻组分的相对挥发度见表 4.15。

表 4.14 例 4.8 各组分的物性数据

组 分	正常沸点 T/℃	临界温度/℃	临界压力/MPa	组 分	正常沸点 T/℃	临界温度/℃	临界压力/MPa
A 丙烷	−42.1	96.7	4.17	D 反 2-丁烯	0.9	155.4	4.12
B 1-丁烯	−6.3	146.4	3.94	E 顺 2-丁烯	3.7	161.4	4.02
C 正丁烷	−0.5	152.0	3.73	F 正戊烷	36.1	196.3	3.31

表 4.15 例 4.8 各相邻组分的相对挥发度

组 分	相对挥发度	组 分	相对挥发度
A/B	2.45	C/D	1.03
B/C	1.18	E/F	2.5

从表 4.15 中数据可知，A/B，E/F 的相对挥发度较高，完全可以用常规精馏进行分离。C/D 的相对挥发度小于 1.05，用常规精馏是不经济的，应考虑其他的分离方法。

本题要求正丁烯作为单个的产品，1-丁烯、反-2-丁烯与顺-2-丁烯作为混合丁烯的产品，而 1-丁烯的沸点要低于正丁烯，按常规精馏正常的顺序 1-丁烯不可能与反-2-丁烯与顺-2-丁烯一起分离出来，应考虑其他的方法。Hendry 和 Hughes（1972）以 96%的糠醛作为萃取精馏剂提高石蜡相对烯烃的挥发度，并使 1-丁烯与正丁烯的相对挥发度发生了逆转，因此问题中六个组分的分离顺序改变为：ACBDEF。这样 BDE 就可以作为一个产品被分离出来。加入萃取剂后，相对挥发度会有所改变，见表 4.16。

表 4.16 例 4.8 加入萃取剂后各相邻组分的相对挥发度

组 分	相对挥发度	组 分	相对挥发度
A/C	2.89	C/D	1.7
C/B	1.17		

通过以上的分析，现在可以确定可实现的关键组分的分割方案为：$(A/B\cdots)_{Ⅰ}$，$(\cdots B/C)_{Ⅰ}$，$(\cdots E/F)_{Ⅰ}$，$(A/C\cdots)_{Ⅰ}$，$(\cdots C/B\cdots)_{Ⅱ}$，$(\cdots C/D\cdots)_{Ⅰ}$，这里，Ⅰ表示用常规精馏的方法分离，Ⅱ表示用萃取精馏法分离。这样通过作图法可以得出该混合物的分离顺序的方案，如图 4.24 所示。

从 ABCDEF 进料开始，根据上述得到的关键组分分割方案，可以得到以下分离第一步的方案。方框内数字表示可能的分离方案排号。从这四个方案开始进行第二步分离，每一个方案又会衍生出不同的分离方案，依次下去就会得到问题的分离顺序合成方案，从而得到可选方案。如图 4.24（a）、图 4.24（b）、图 4.24（c）、图 4.24（d）所示。

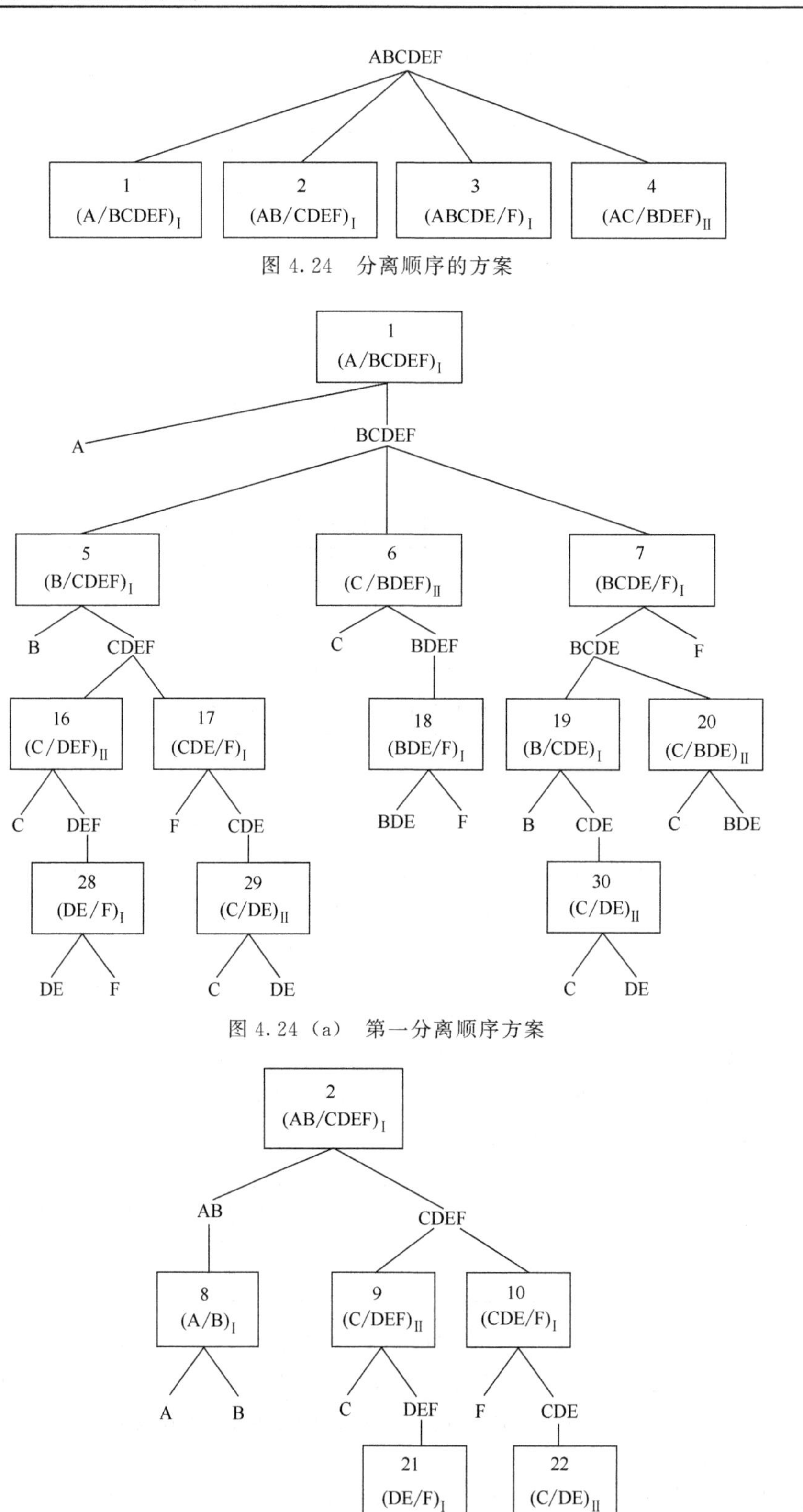

图 4.24 分离顺序的方案

图 4.24（a） 第一分离顺序方案

图 4.24（b） 第二分离顺序方案

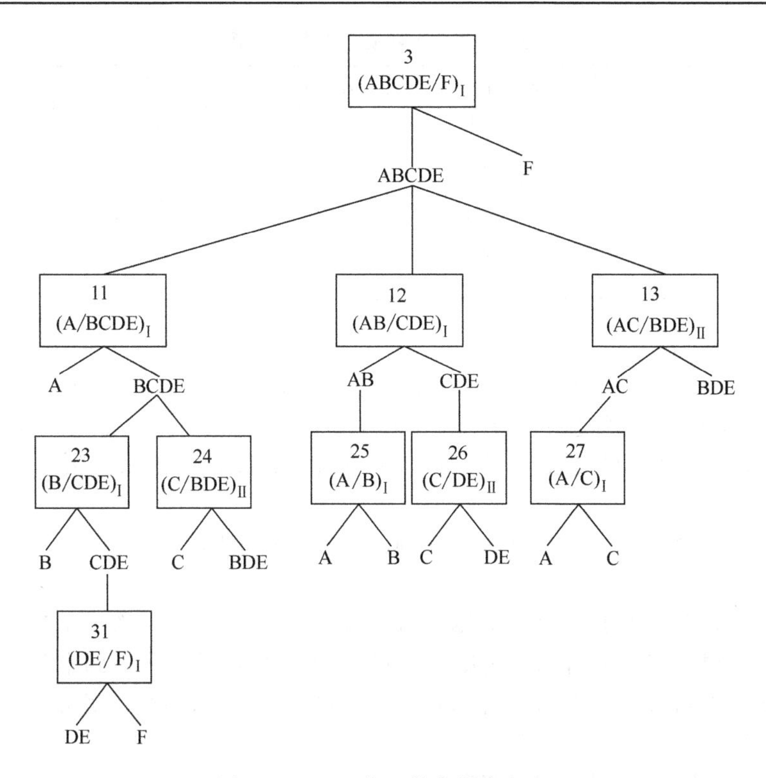

图 4.24（c）　第三分离顺序方案

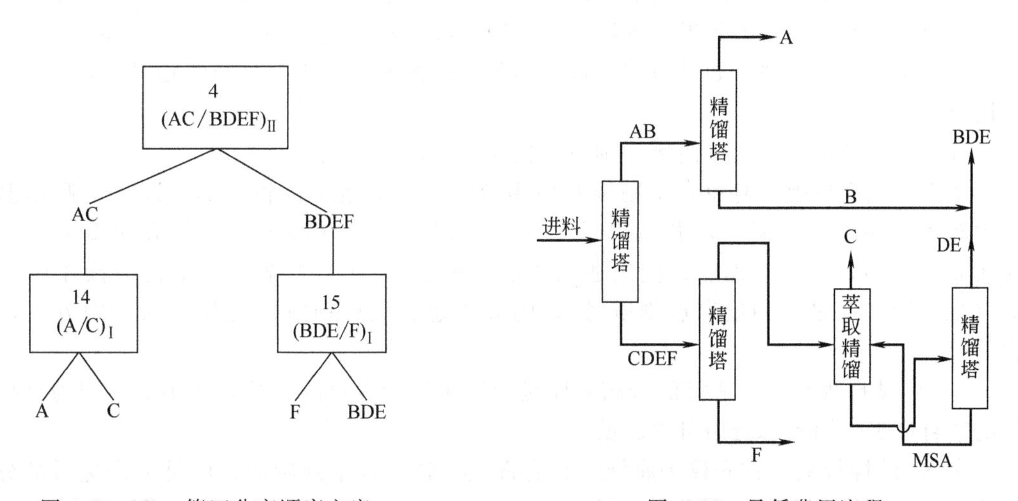

图 4.24（d）　第四分离顺序方案

图 4.25　最低费用流程

至此通过剔出不可能的关键组分的切割，选用常规精馏和萃取精馏的方法，得到 12 种可能的分离顺序见表 4.17。那么哪一种方案最优呢？还要通过计算确定。首先按照精馏塔的设计方法计算出塔板数、塔高、塔径，用第 6 章的知识估算出塔、冷凝器和再沸器的投资以及操作费，计算结果见表 4.17。最低耗费的分离顺序为第 7 种，其流程如图 4.25 所示。

用前述的方法从大量的方案中选择最合适的确实是一件不容易的事，除利用一些基本的原则外，还必须要借助一些数学方法，以便减少计算量。目前常用的方法有有序试探法、调优合成法以及数学优化算法。

表 4.17 分离顺序方案及费用

序号	分离顺序方案	年费用/美元	序号	分离顺序方案	年费用/美元
1	1-5-16-28	900200	7	2-(10,8)-22	860400
2	1-5-17-29	872400	8	3-11-23-31	878200
3	1-6-18	1127400	9	3-11-24	1095700
4	1-7-19-30	878000	10	3-12-(25,26)	867400
5	1-7-20	1095600	11	3-13-27	1080100
6	2-(9,8)-21	888200	12	4-14-15	1115200

4.3.2.1 有序试探法

有序试探法实际是一种经验方法，它没有坚实的数学基础，但是很实用。自1947年提出试探法基本方案以来，经过四十余年的发展，到了1983年，Nasdgir和Liu进一步开发的有序试探法在实际中已取得良好应用效果。这种确定分离顺序的试探策略从以下四个方面进行。

① 分离方法试探规则（以下简称M规则） 即在给定问题的条件下，适宜应用的分离方法的选择。

② 设计试探规则（以下简称D规则） 即借助于一定的性质来确定分离顺序。

③ 组分试探规则（以下简称S规则） 即基于组分性质的差异，确定分离的规则。

④ 组成试探规则（以下简称C规则） 即考虑进料与产品的组成对分离成本的影响。

有序试探方法系统地依次应用了下列七种试探策略。

① M1试探规则 优先使用常规精馏。

(a) 在其他条件相同的情况下，优先选用不用质量分离剂（如萃取剂）仅耗能量的分离方法，如常规精馏法。但如果关键组分分离因子或相对挥发度 $\alpha_{LK-HK}<1.0\sim1.05$ 时，则不再推荐使用常规精馏法。如果应用质量分离剂可以改善关键组分之间的相对挥发度，可考虑使用质量分离剂。

(b) 如果选用了质量分离剂，则应在使用后立即移除它。

② M2试探规则 避免真空精馏及使用冷冻。在其他条件相同的情况下，避免温度和压力较大地偏离环境温度，若偏离是不可避免时，宁可向高温高压的方向偏离。若必须使用真空精馏，可以考虑能否使用适当萃取剂的液-液萃取方案。如果精馏操作中需用冷冻（如精馏产品是一种低沸点物质时），则应考虑有无更便宜的可代替精馏的方案，如吸收等。

③ D1试探规则 最适宜的分离顺序是会产生最少数目的产品顺序集成，因为这样分离器的数目最少，因此总费用可以较低。

④ S1试探规则 首先移去腐蚀性和有毒化合物。这个规则的目的是为避免后继分离设备的腐蚀及尽量消除不安全操作的因素。

⑤ S2试探规则 在其他条件相同时，最难分离物质放在最后分离。这样可以降低能耗。

⑥ C1试探策略 首先移去含量最大的组分，以便减少后继设备的负荷。

⑦ C2试探策略 适用于50/50的分离。

假如组分的组成变化不大，可先考虑塔顶馏分与塔釜产品等物质的量分离的顺序。如难以判断哪一步分离是50/50分离，难以判断分离因子及相对挥发度，则按CES值执行，最高的先分离。CES为分离容易系数，定义为

$$\mathrm{CES}=f\times\Delta$$

式中 f——产品（如塔顶馏分与塔釜产品）摩尔流率的比例，以 M_B 与 M_D 分别代表顶馏分与底馏分的摩尔流率，则 f 取 M_B/M_D 还是取 M_D/M_B 取决于哪一比例更近于1；

Δ——两欲分离组分的沸点差（ΔT），或者 $\Delta=(\alpha-1)\times100$，$\alpha$ 为这两种欲分离组分的相对挥发度（分离因子）。

该顺序与现代工业实践分离顺序一致。

4.3.2.2 调优合成法

调优合成方法的要点在于“如何由一个初始顺序经修正得到一个改善的次优或最优的分离顺序”。调优合成分离顺序的主要步骤为：

① 应用试探法或其他方法产生一个初始顺序；

② 提出一系列法则去修正初始顺序；

③ 开发一个策略以适应调优法则；

④ 提出一个方案（如用相对的或绝对的分离成本）去比较初始的和修正的分离顺序。

在求取初始分离顺序时，用下述的有序试探法，即

① 首先分离容易分离的组分；

② 先移去含量最多的组分；

③ 优先直接分离的顺序；

④ 尽早移去质量分离剂；

⑤ 最适宜的分离顺序是产生最少数目的产物的分离顺序。

这个试探法与前述的有序试探法相比，道理相同，只是执行的次序不同，广义地分析，后者也被包括在前者之中。若用前述有序试探法求取初始分离顺序，也是可以的。

【例 4.9】 用有序试探法和调优法求解例 4.8。

解 首先用有序试探法确定一个初始的分离顺序。

① 应用 M1 规则 优先采用常规精馏（以后用下标Ⅰ表示）。根据相对挥发度的值，见表4.18，可以采用萃取精馏（以后用下标Ⅱ表示）分离 C/DE，其他采用常规精馏。

表 4.18 例 4.9 附表

<table>
<tr><th rowspan="2">组 分</th><th rowspan="2">沸点/℃</th><th colspan="4">相对挥发度</th><th rowspan="2">常规精馏(CES)$_Ⅰ$</th><th rowspan="2">萃取精馏(CES)$_Ⅱ$</th></tr>
<tr><th colspan="2">$\alpha_Ⅰ$</th><th colspan="2">$\alpha_Ⅱ$</th></tr>
<tr><td>A 丙烷</td><td>1.47</td><td rowspan="6">A/B
B/C
C/D
E/F</td><td rowspan="6">2.45
1.18
1.03
2.5</td><td rowspan="6">A/C
C/B
C/D
E/F</td><td rowspan="6">2.89
1.17
1.7</td><td>2.163</td><td></td></tr>
<tr><td>B 1-丁烯</td><td>14.76</td><td>3.485</td><td>3.29</td></tr>
<tr><td>C 正丁烷</td><td>50.29</td><td>3.485</td><td>35.25</td></tr>
<tr><td>D 反-2-丁烯</td><td>15.62</td><td></td><td></td></tr>
<tr><td>E 顺-2-丁烯</td><td>11.96</td><td></td><td></td></tr>
<tr><td>F 戊烷</td><td>5.90</td><td>9.406</td><td></td></tr>
</table>

② 应用 M2 规则 物质的沸点较低，故用低温和常压（适中的压力条件）。

③ 应用 D1 策略 避免分离 DE，并且将 DE 与 B 混合获得多组分的产品 BDE。

④ 本题各物质没有腐蚀性，故 S1 规则不予考虑。

⑤ 应用 S2 规则 因为 C/DE 难以分离，并且需要萃取精馏，故应最后分离，而且在 A、B 和 F 组分不存在下分离。

⑥ 应用 C1 规则 虽然 C 是一个高含量组分，但考虑 S2 规则，不能首先分离 C 组分；

又因 M1 规则分离 C/DE 要用萃取精馏，不宜将质量分离剂带至中间过程中，所以分离 C/DE 应放在最后。

⑦ 应用 C2 策略 首先计算 CES 值，见表 4.17。

如采用萃取精馏法分离 $(AB/CDEF)_{\mathrm{II}}$ 的 CES 值

$$CES=(M_D/M_B)\times(\alpha_{\mathrm{II}}-1)\times100$$

$$=\left[\frac{(1.47+14.75)}{(50.29+15.62+11.96+5.90)}\right]\times(1.17-1)\times100=3.29$$

根据 CES 值，为了分离 ABCDEF，第一步可以先考虑 $(A/BCDEF)_{\mathrm{I}}$、$(AB/CDEF)_{\mathrm{I}}$ 和 $(ABCDE/F)_{\mathrm{I}}$ 三个方案。ABCDE/F 的 CES 值为 9.406，在三个方案中最大，考虑先分离。又因 A/BCDE 的 CES 值 (2.301) 小于 AB/CDE 的 CES 值 (3.749)，所以本方案的第二步应作 $(AB/CDE)_{\mathrm{I}}$ 的分离。

综合以上应用各规则的结果，可以得到初始的分离顺序方案 a。第一步分离 $(ABCDE/F)_{\mathrm{I}}$，第二步分离 $(AB/CDE)_{\mathrm{I}}$，第三步分离 $(A/B)_{\mathrm{I}}$ 及 $(C/DE)_{\mathrm{I}}$，如图 4.26 所示。

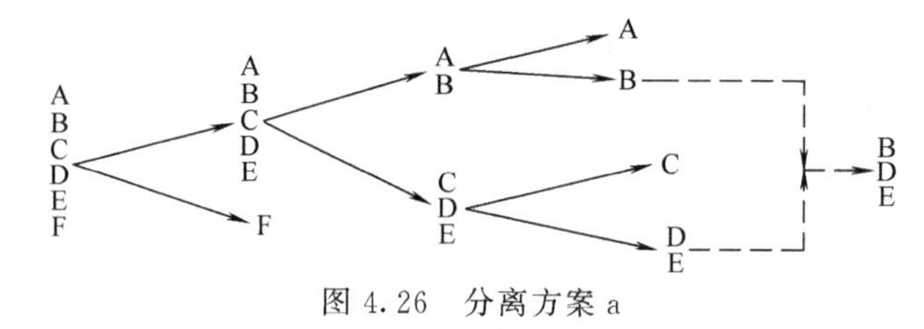

图 4.26 分离方案 a

方案 a 中采用常规精馏分离 C/DE 时，相对挥发度为 1.03 是较小的，所以考虑用萃取精馏。这样，在第二步分离 $(A/CBDE)_{\mathrm{II}}$，第三步分离 $(C/BDE)_{\mathrm{II}}$。其分离顺序为方案 b，如图 4.27 所示。

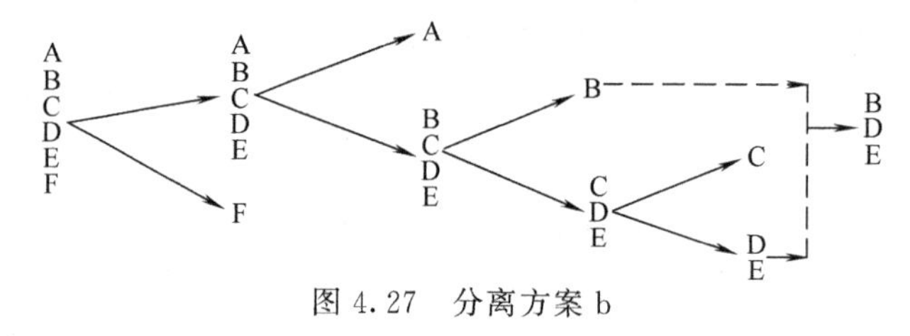

图 4.27 分离方案 b

同样可以考虑方案 c。首先应用常规精馏进行 $(AB/CDEF)_{\mathrm{I}}$ 第一步的分离，第二步分离 $(CDE/F)_{\mathrm{I}}$，最后分离 $(A/B)_{\mathrm{I}}$ 及 $(C/DE)_{\mathrm{I}}$。整个分离顺序如图 4.28 所示。

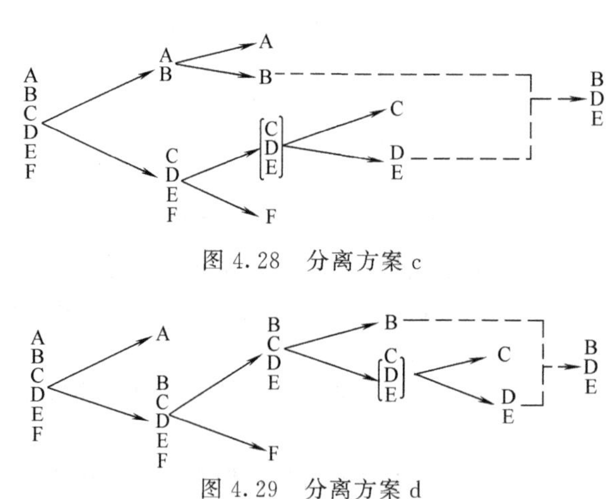

图 4.28 分离方案 c

图 4.29 分离方案 d

方案d是应用常规精馏，首先分离（A/BCDEF）$_{\mathrm{I}}$。整个分离顺序如图4.29所示。同样可以得到方案e及方案f，如图4.30及图4.31所示。

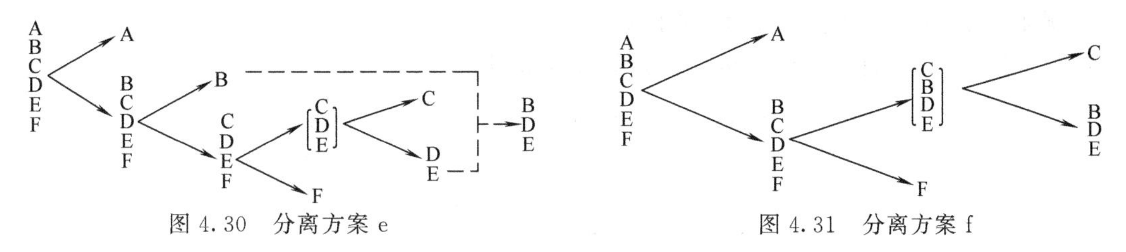

图4.30 分离方案e

图4.31 分离方案f

方案d与方案e的区别在于分离BCDEF一步方案的不同。由表4.18中的CES值可见，方案d优于方案e。

利用调优方法以方案d为初始值，以减少年费用为目标，经过第一次内部调优后，结果为方案e，再进行调优，最后调优结果为方案c，调优过程及结果如图4.32所示。

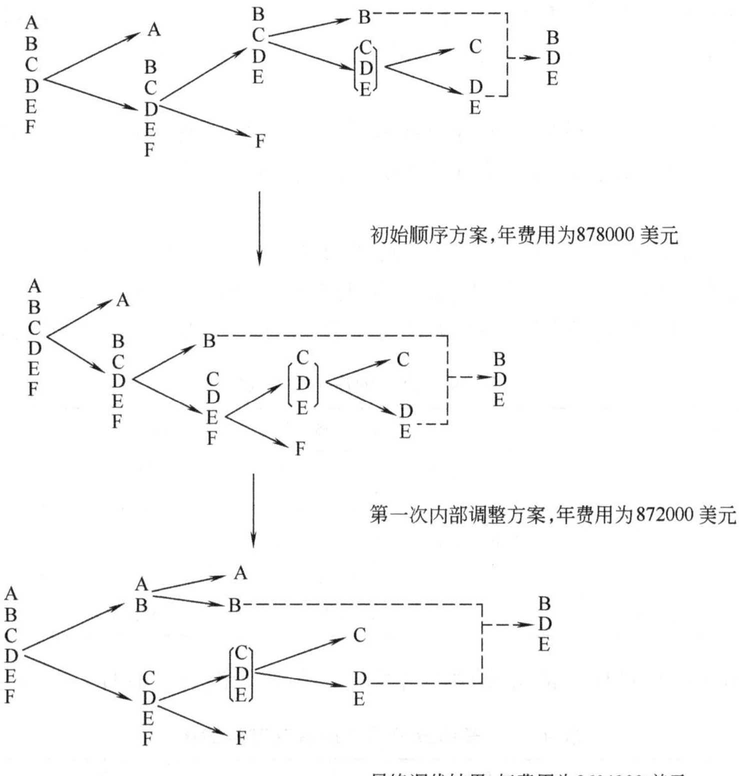

图4.32 调优过程及结果

4.3.2.3 数学优化法

利用有序探索法及调优法都只能得到接近最优的解。要想得到分离顺序的最优解，就必须利用最优化方法进行计算求解。分离顺序的最优化问题可以描述为：在给定进料流股的条件下，如组成、流率、温度、压力等，以投资最小为目标，寻找最优的产品分离顺序的问题。

分离顺序的最优化问题数学形式为式（4.1）

$$\min_{I,X} F(x) = \sum_{i} D_i(X_i)$$

上述分离顺序最优化问题属于非线性整数规划问题，可以用动态规划法及有序分支搜索法求解。有关方法的具体内容请参考有关文献。下面对例4.8再用有序分支搜索法求解。

【例4.10】 用分支定界法求解例4.8。

解 应用例4.8解结果的部分信息，如图4.33所示。

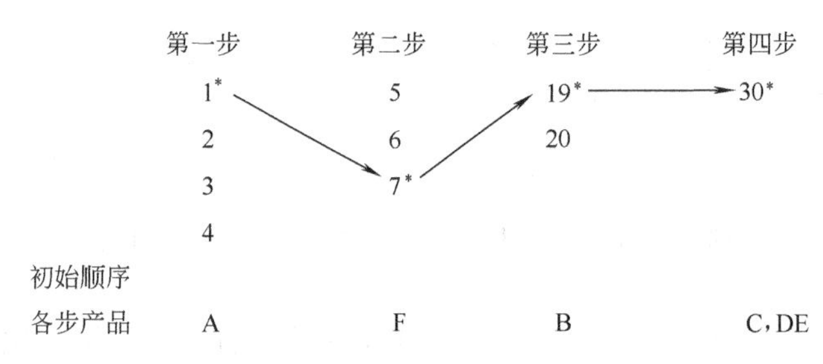

图4.33 用分离器序号表示的初始分离方案的分支图

第一步，选定初始顺序（初值）。这里假定初始顺序为图4.33中用箭头标明的分支，以分离器的编号表示为1-7-19-30，此方案的费用为878000美元/a。这个方案是利用调优得到的较优方案。

第二步，在此分支上从最后一个分离器开始往回退两步到分离器7。分离BCDE可以选择通过分离器20，则有分离顺序方案1-7-20。该方案的费用为1095600美元/a，比初始顺序费用值高，舍弃。

第三步，再往前退回一步到分离器1。这里分离器1为一边界。搜寻分离BCDEF可能的局部最优的方案。结果是1-5-17-29。此方案的费用为872400美元/a。这个方案的费用比初始方案费用低，因此用此方案代替初始方案，继续分支定界搜寻。结果见表4.19。

表4.19 分离顺序方案及费用

分离顺序方案	年费用/美元	搜索过程	分离顺序方案	年费用/美元	搜索过程
1-7-19-30	878000	初始上边界	3-11-23-31	878200	
1-7-20	1095600		3-11-24	1095700	
1-5-17-29	872400	新的上边界	3-12-(25,26)	867400	新的上边界
1-5-16-2/8	900200		2-(10,8)-22*	860400	新的上边界
1-6-16-28	1080800		2-(9,8)-21	888200	最优顺序

试探法、调优法与最优化的分离顺序合成方法各有优缺点，具体见表4.20的说明。

表4.20 多组分分离顺序合成方法的比较

方　法	优　点	缺　点
有序试探法	直接手算 不需数学背景与计算机技巧的要求 容易合成出初始分离顺序	各策略易于产生矛盾或重叠的结果 策略有依附性，应先使用何策略不清楚
调优法	通过调优可开发出新的顺序	需用其他方法建立初始顺序 策略有依附性，应首先使用哪一个调优准则不明确 需要定量的比较数据(设计计算及设备成本数据) 有限的问题大小，因需要比较许多顺序
最优化法	可用计算机计算 容易寻找次优方案	忽略进料的腐蚀、有害、低温性质 需要成本方程 受问题大小的限制

4.4 热交换网络的合成

化工生产过程中，经常需要加热或冷却许多流股，最简单的方案是按各流股的质量流率、热负荷、进出口温度分别引入外部热源或外部冷源，即用蒸汽加热或用冷却水、冷冻液冷却。这种设计虽简单，设备投资费较少，但热力学效率常常是很低，能耗较大，显然是不经济的，尤其是在能源日益危机的今天是不容许的。因为许多较高温的流股需要被冷却，而许多较低温的流股需要被加热，所以可以考虑将这些流股搭配起来，用需要被冷却的较高温的流股来加热需要热量的较低温的流股，可以实现能量的有效利用，从而节约了能量源，降低成本。以最大回收能量为目标对各流股进行有效的搭配，尽量避免使用外源的同时，设备费可能有所提高，二者是相互消长的因素。热交换网络的合成技术就是需要做出合理的权衡决策，按多目标最优化的方法建立最佳的热量交换网络。

热交换网络的合成方法，早在20世纪70年代Ponton和Nishia曾提出试探法，80年代Linnhoff又发展了窄点法，以后随着计算机应用的迅速发展，人工智能技术也被应用到热交换网络合成领域，如专家系统、神经网络模型等。在诸多的热交换网络合成方法中，由于Linnhoff的窄点技术具有较强的实用性，至今还被广泛的采用。本节主要介绍热交换网络合成的基本原理与方法，详细探讨可参考有关专著。

4.4.1 基本概念与热交换系统的表示方法

为了便于表述，在热交换网络的合成中定义“热流”为那些必须由起始温度被冷却至目标温度的流股；而“冷流”则为那些必须由起始温度被加热至目标温度的那些流股。

根据热量平衡原理，热流放出的热量等于冷流吸收的热量，即

$$Q=M_h c_{p,h}(T_{h,i}-T_{h,o})=M_c c_{p,c}(T_{c,o}-T_{c,i}) \tag{4.7}$$

对于逆流换热，传热速率方程为

$$Q=UA\Delta T_{L,M}$$

$$\Delta T_{L,M}=\frac{(T_{h,i}-T_{c,o})-(T_{h,o}-T_{c,i})}{\ln\dfrac{T_{h,i}-T_{c,o}}{T_{h,o}-T_{c,i}}} \tag{4.8}$$

式中 Q——热负荷，kJ/h；
U——换热系数，kJ/(m^2·h·℃)；
A——传热面积，m^2；
$\Delta T_{L,M}$——对数平均温度差，℃；
下标
h——热流；
c——冷流；
i——进；
o——出。

由式（4.8）可见，在换热器两端存在温差的情况下，才能在有限换热面积A上发生换热，也就是说必须维持热端和冷端温差以使$\Delta T \geqslant \Delta T_{min}$才行。这里$\Delta T=T_{h,i}-T_{c,o}$和$\Delta T=T_{h,o}-T_{c,i}$；$\Delta T_{min}$称换热流体的最小温差。

为进行热交换网络的设计与分析，需要做一些假定。

① 物料流股的流率、进出口温度、热容已知，温度对热容的影响可以忽略，公用工程（汽或水）的温度 T 恒定，流率大小不受限制。

② 传热系数依流股性质及操作条件而变化。

③ 设备投资与所用台数有关，而每台换热器的投资又与其传热面积 A 有关。但实践经验证明，当换热负荷及汽、水用量一定后，总传热面积 A 变化不大。

在热交换网络的合成中，为便于分析与比较，通常用以下五种形式表示。

（1）线、圈表示法

“流”用线表示，换热器用圈表示，如图 4.34 所示。

（2）矩阵表示法

冷流为行，热流为列，数列内填上换热器（或匹配）号，如图 4.35 所示。

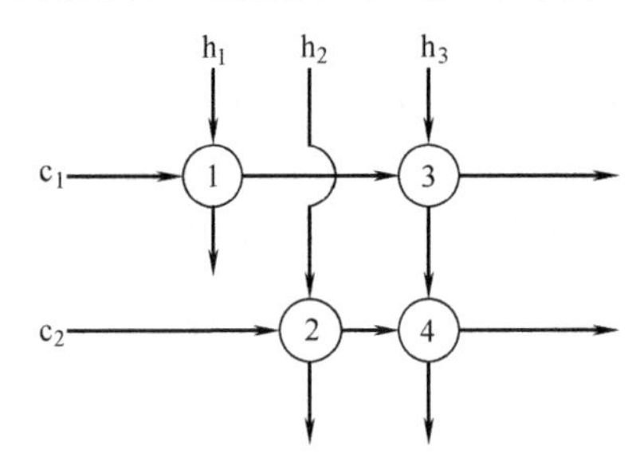

图 4.34 线、圈表示法

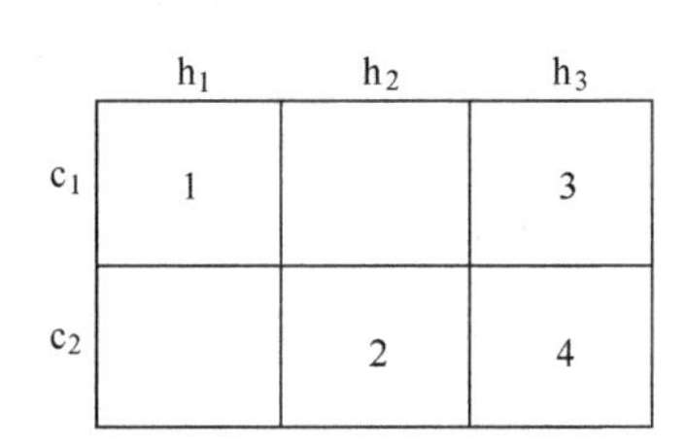

	h_1	h_2	h_3
c_1	1		3
c_2		2	4

图 4.35 矩阵表示法

（3）温度-焓图表示法

如图 4.36 所示流程的温度-焓图表示法。

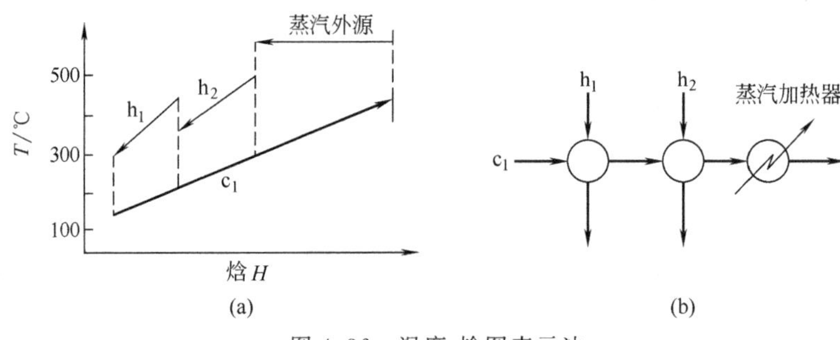

图 4.36 温度-焓图表示法

（4）热焓图表示法

图 4.37 为流程的热焓图。图的横坐标为热容流率 CP，其定义为质量流率与热容的乘积。如果流率为 M，比定压热容为 c_p，则 $CP=Mc_p$。纵坐标为温度 T，则焓变 $\Delta H=CP\Delta T$，可用图中的面积表示。图中这每一方块的面积相当于每一流股自始温度至终温度的热焓变化 ΔH。

（5）网络图表示法

热流在上方，从左向右，冷流在下方，从右向左，显示了逆流的特点。热交换流股的搭配，用垂线连接两个画在相搭配流股上的标有号码的圆圈表示。如图 4.38 所示。

【例 4.11】 今有如图 4.39（a）所示的过程，即将 25℃原料与 30℃的循环流分别加热到 200℃，送至反应器，反应产品流 170℃，冷却至 30℃后送入分离罐，试将此过程用热交换网络图表示出来。

解 根据图 4.39（a）并按照绘制网络图的要求，此过程的热交换网络图为 4.39（b）所示。

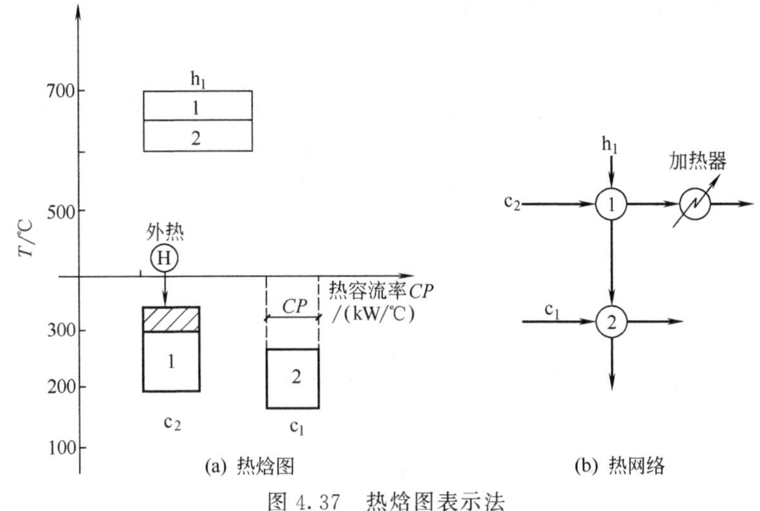

图 4.37 热焓图表示法

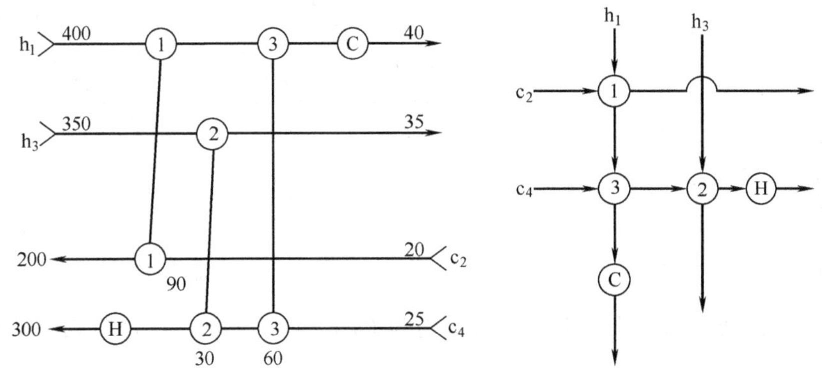

图 4.38 网络图表示法

h，c—热流与冷流；C—外冷源；H—外热源；n—内部流股搭配的换热器（$n=1$，2，…，N）

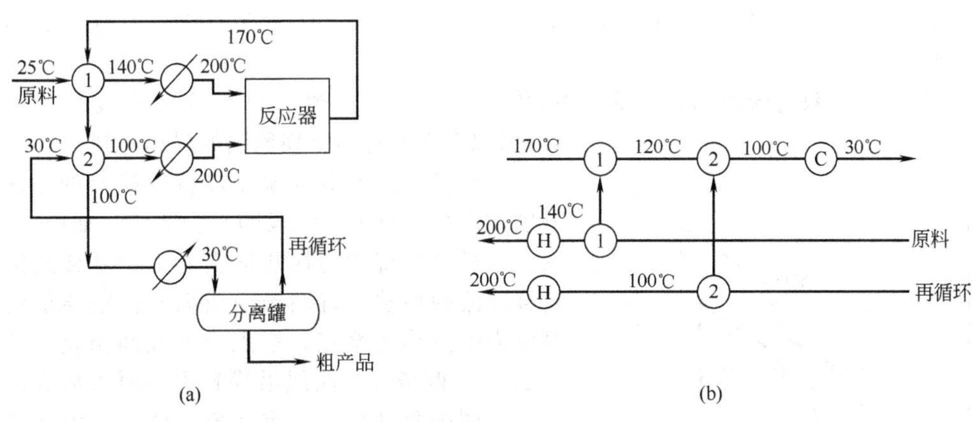

图 4.39 例 4.11 附图

4.4.2 流股的复合曲线、窄点与热交换网络的最小能耗

4.4.2.1 复合曲线

对于一个已知进口温度 T_i，目标温度 T_o，流率 M 和比定压热容 c_p 的流股，可以用温

度-焓（T-H）图来表示该物流的热特性，c_p 为恒值时，换热中物流的焓变为

$$\Delta H=\int_{T_i}^{T_o} Mc_p \mathrm{d}T=Mc_p(T_o-T_i) \tag{4.9}$$

式（4.9）表示在 T-H 图上，如图4.40所示的直线为该物流的特性曲线，其斜率为

$$\frac{\mathrm{d}T}{\mathrm{d}H}=\frac{1}{Mc_p}=\frac{1}{CP} \tag{4.10}$$

如果只对焓变 ΔH 感兴趣，则此条直线可沿 H 轴任意平移，而不改变 T_i 及 T_o。

在同一个 T-H 图上可以画多个物流的特性曲线。如有三股物流A、B、C，首先根据各流股的 T_i、T_o 在 T-H 图上画横轴平行线得到一系列的温度区间（T_1—T_2—T_3—T_4—T_5）；然后在每个物流的温度区间内画出各流股的特性曲线，如图4.41（a）所示。在每区间中将各流股的特性直线加和，即得到图4.41（b）中的总复合曲线，即折线①-②-③-④。下面对各温度区间进行分析。

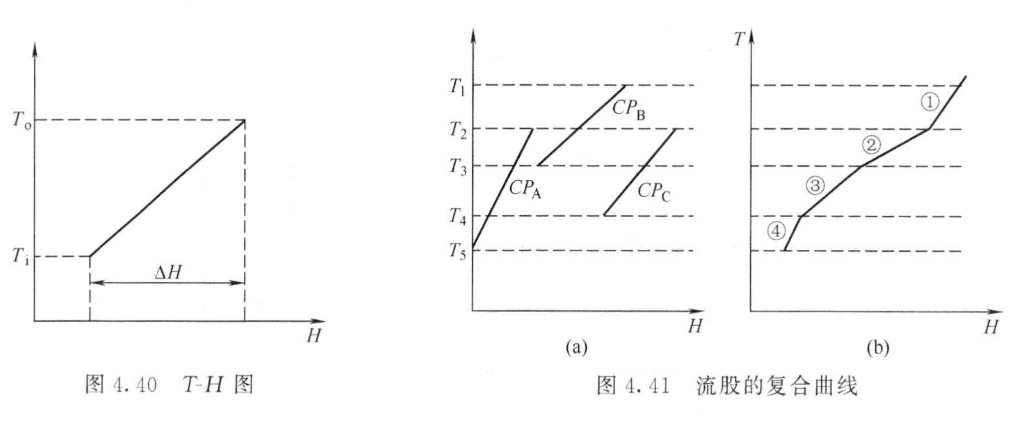

图4.40 T-H 图　　图4.41 流股的复合曲线

① T_1—T_2 区间　只有流股B，总焓变仍为 $CP_B(T_1-T_2)$，复合曲线①的斜率与原B线斜率相同。

② T_2—T_3 区间　A、B、C三流股均存在，总焓变为 $(CP_A+CP_B+CP_C)(T_2-T_3)$，为图4.41（b）中直线②。

③ T_3—T_4 区间　有流股A及C，总焓变为 $(CP_A+CP_C)(T_3-T_4)$，为图4.41（b）中直线③。

④ T_4—T_5　只有流股A，总焓变为 $CP_A(T_4-T_5)$ 为图4.41（b）中直线④。

4.4.2.2 窄点与热交换网络的最小能耗

对于多个热流股与多个冷流股换热的情况，可分别做出热流股及冷流股的复合曲线，如图4.42所示。这样多股流体的换热即变成了一复合热流与一复合冷流的换热。将两条曲线纵坐标距离最近处所对应横坐标点称为窄点，窄点处两线间温差最小，记为 ΔT_m。两条复合曲线沿横轴平移时可放大或缩小 ΔT_m。图中两复合曲线重叠覆盖部分表示换热交换网络在给定的 ΔT_m 下，能回收的最大热量。窄点右侧未覆盖部分 $Q_{H,min}$ 为给定的 ΔT_m 下，所需最小的外热源热量；窄点左侧未覆盖部分 $Q_{C,min}$ 为给定的 ΔT_m 下，所需最少的外冷源冷量。所以，根据冷、热复合曲线，原则上可求出在给定的 ΔT_m 条件下的

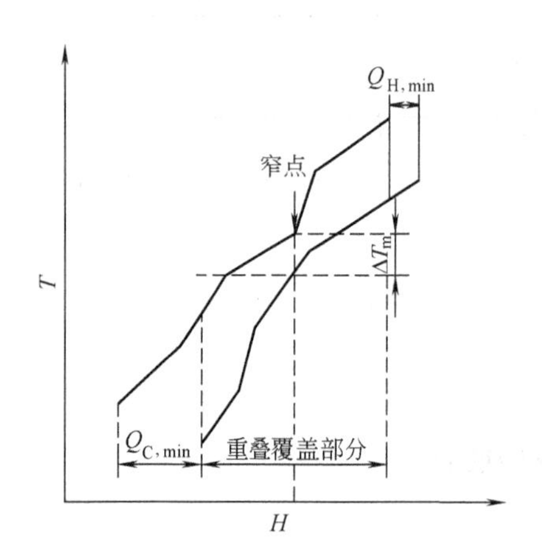

图4.42 窄点与热交换网络的最小能耗

最少能耗。这种图解法难于十分准确，下面介绍一种问题列表法，以便于准确地确定窄点以及 $Q_{H,min}$ 及 $Q_{C,min}$ 的值。

问题列表法的第一步是对热流及冷流的 T_i 及 T_o 进行分析，并建立温度区间，在每一区间内必须使冷流与热流的温差大于或等于可允许的最小温差 ΔT_{min} 值。

值得注意的是，每一区间边界的温度既非冷流体的温度，也非热流体的温度，为了保证传热的进行，取

$$T_{区间边界(上)}=T_{热液体}-\frac{\Delta T_{min}}{2} \tag{4.11}$$

$$T_{区间边界(下)}=T_{冷液体}+\frac{\Delta T_{min}}{2} \tag{4.12}$$

下面通过一个例题来阐述这个方法。

【例 4.12】 由 2 股冷流体和 2 股热流体构成一热交换网络。数据见表 4.21。

表 4.21 例 4.12 数据

物流号	物流	温度/℃		热容流率 CP /[10^4 kJ/(h·℃)]	热负荷 Q /[10^4 kJ/(h·℃)]
		T_i	T_o		
1	冷流	120	235	2.0	230
2	热流	260	160	3.0	300
3	冷流	180	240	4.0	240
4	热流	250	130	1.5	180

假定 $\Delta T_{min}=10$℃，试用问题列表法确定窄点温度及在最大回收能量时的 $Q_{H,min}$ 与 $Q_{C,min}$。

解 (1) 根据各流股的 T_i，T_o 画出冷、热流体的温度区间，如图 4.43 所示。

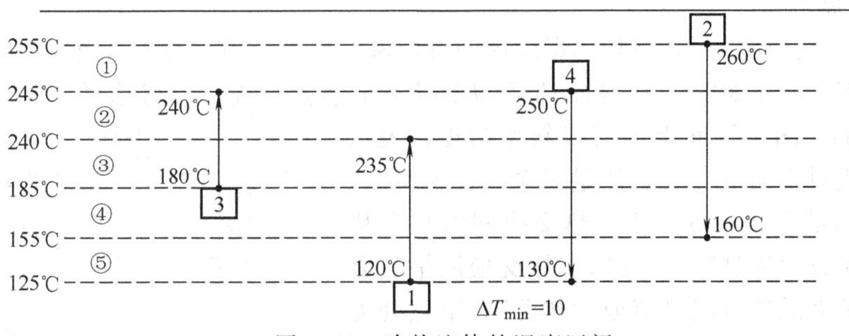

图 4.43 冷热流体的温度区间

图中箭头↑表示冷流体（升温）；箭头↓表示热流体（降温），箭头上、下两端标注的数字分别为流股的进、出口温度 T_i、T_o，图线左端的温度为区间边界温度。

(2) 对各个区间做热衡算，其结果见表 4.22。

表 4.22 例 4.12 热量衡算

区间边界温度/℃	区间号	T_i-T_{i+1}	$\Sigma CP_{冷}-\Sigma CP_{热}$ /[10^4 kJ/(h·℃)]	$\Delta H_i=\Delta\Sigma CP(T_i-T_{i+1})$ /(10^4 kJ/h)	热量(多余或不足)
$T_1=255$					
$T_2=245$	①	10	−3.0	−30	多余
$T_3=240$	②	5	−0.5	−2.5	多余
$T_4=185$	③	55	+1.5	+82.5	不足
$T_5=155$	④	30	−2.5	−75	多余
$T_6=125$	⑤	30	+0.5	+15	不足

(3) 画热阶流图

表4.22中列出了各区间“不足”及“多余”的热量，按热量回收的要求，将上一区间多余的热量传送至下一区间，得到如图4.44所示的“热阶流图”。图左边标出区间边界温度，在箭头连接的长方形内注明区间多余或不足的热量。图中的情况1是外热源供热为零的情况，区间①将多余的30×10^4kJ/h热量传至区间②，与区间②多余的2.5×10^4kJ/h加和为32.5×10^4kJ/h，区间②多余的32.5×10^4kJ/h热量又传至区间③，与区间③不足的82.5×10^4kJ/h热量合并后为-50×10^4kJ/h。依此类推，区间⑤将多余的热量传给外冷源。由图可见，区间③应传送给区间④的热流率为负值，但是这在热力学上是不可能实现的，违反热力学定律。

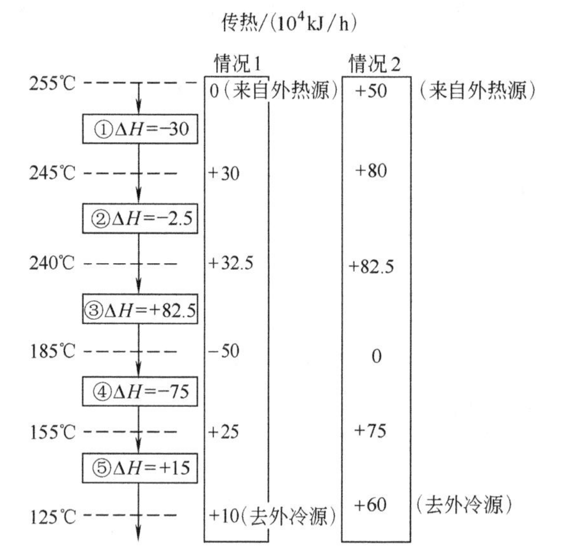

图4.44 热阶流图

图4.44中情况2是由外热源引入区间①$50\times10^4$kJ/h热量，致使所有传递的热量都增大了50×10^4kJ/h，使得区间③的热量总和为零，即区间③传送给区间④的热流为0，相应区间边界温度为185℃，此即窄点温度。情况2还指出，为了最大限度地回收热量，应于窄点以上引进$Q_{H,min}=50\times10^4$kJ/h。

由该例题可见，问题列表法的优点在于：准确可靠；简单问题可手算，复杂问题可用计算机寻找窄点及$Q_{H,min}$、$Q_{C,min}$。

4.4.2.3 窄点特性

对于例4.12按照情况2，将相邻温度区间所传递的热量、相应的区间边界温度及外热源供给区间的热量都表示在如图4.45所示的T-H图上，将各点相连即可得总复合曲线，即图中的折线$ABCDEGH$。图中区间上的直线斜率为正，表示热量不足，直线斜率为负，表示热量多余。E为窄点，它将区间分成两部分。窄点以上，热交换网络只需热量，是过程冷流或“热阱”；窄点以下热交换网络只需冷量，对于冷源来说是过程热流或“热源”；窄点处无热量通过。如果窄点以上流股与窄点以下流股换热，将会导致能耗的增加。因此得出以下结论。

最大回收能量的热交换网络设计的原则是：

① 过窄点无热量传递；

② 窄点以上需外热，不能引入外冷；

③ 窄点以下需外冷，不能引进外热。

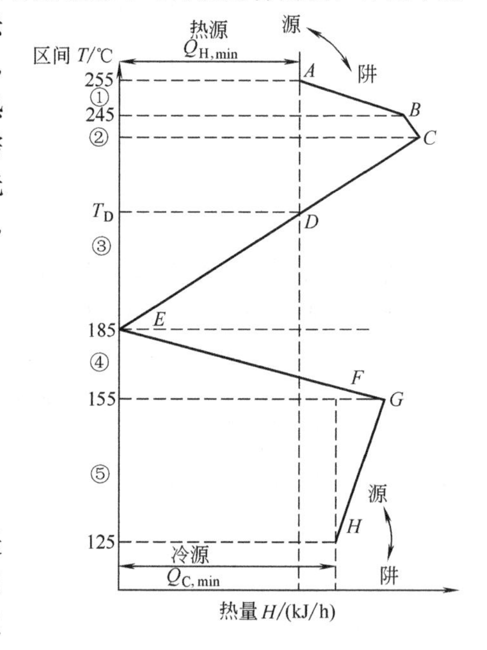

图4.45 总复合曲线

4.4.3 窄点法设计最小能耗的热交换网络的原则

根据最小能耗的热交换网络设计的原则，能耗最低的热交换网络分为两个部分：窄点以上和窄点以下。窄点以上要用尽所有的热流股提供的热量，窄点以下要用尽所有的冷流股提供的冷量。要想达到上述目的，流股数及 CP 应满足一定的要求。

(1) 总流股数可行性原则

窄点以上流股数应满足

$$N_{热} \leqslant N_{冷} \tag{4.13}$$

窄点以下流股数应满足

$$N_{热} \geqslant N_{冷} \tag{4.14}$$

式中 $N_{热}$——热流股数；

$N_{冷}$——冷流股数。

根据前面的热交换网络的表示法，对于窄点来说，窄点以上热流股是流入的，冷流股是流出的。同样，窄点以下热流股是流出的，冷流股是流入的。所以式（4.13）与式（4.14）可以合并用一个式子来表示，即在窄点的同一侧流股数必须满足

$$N_{流出} \geqslant N_{流入} \tag{4.15}$$

当给定流股不满足上述条件时，则必须对流股进行分割。

(2) 热容流率的可行性原则

窄点处传热的温差最小为 ΔT_{m}，离开窄点处的传热温差应大于等于 ΔT_{m}，即

$$\Delta T \geqslant \Delta T_{min}$$

因此，每个窄点匹配的流股热容流率应满足

窄点以上 $$CP_{热} \leqslant CP_{冷} \tag{4.16}$$

窄点以下 $$CP_{热} \geqslant CP_{冷} \tag{4.17}$$

同样式（4.16），式（4.17）可以合并为一式，即窄点的同一侧应满足

$$CP_{出} \geqslant CP_{入} \tag{4.18}$$

非窄点流股的匹配可以不满足上述的要求。

4.4.4 能耗与设备投资相互消长的权衡与最少搭配数

一般来说传热面与换热器台数均影响设备投资。根据传热面积计算方程

$$A = \frac{Q}{U\Delta T} \tag{4.19}$$

式中 A——所需换热面积；

ΔT——温差；

U——总传热系数；

Q——换热量。

分析影响换热面积 A 的因素。其中 U 与物性的操作条件有关，搭配数（即热交换网络中换热器的台数）对其影响很小。热流股与冷流股温度由生产过程而定也与网络无关。因此，在 Q 恒定条件下，能量回收问题虽然可能存在不同的热交换网络设计方案，但总的换热面积 A 变化不大。由经验得知，当 Q 恒定时，A 的变化仅为3%左右，并且热交换网络中的配管、设备基础、维护、控制的投资均随搭配数的增加而增加，也就是说热交换网络的固定投资主要取决于换热器的台数。因此在热交换网络的回收能量 Q 已定的情况下，设计中应尽量减少搭配数，这样才能满足降低设备成本的总优化目标的要求。

那么，热交换网络设计中的最少搭配数应如何计算呢？按照图论中 Euler 广义网络定理可以证明，最少搭配数 M_{min} 可按式（4.20）计算，即

$$M_{min} = (N_{过程} + N_{外}) - S + L = N - S + L \tag{4.20}$$

式中 N——过程中热流与冷流股数的总和 $N_{过程}$ 再加上外源股数 $N_{外}$；

S——网络中独立的次级网的数目；

L——网络中的回路数。

由于对一定过程 $N_{过程}$ 是定数，由上式可见要降低 M_{min} 应尽量减少网络中的回路数 L。下面用例题来说明 M_{min} 的确定方法。

【例 4.13】 今有 2 个热流股 h_1 和 h_2，2 个冷流股 c_1 和 c_2，按能耗最低的原则计算，构成热交换网络时，$Q_{H,min}$ 为 30HU❶ 的加热蒸汽，$Q_{C,min}$ 为 50HU，试分析其设计方案与塔配数。已知，$CP_{h_1}=70$HU/(℃·h)，$CP_{h_2}=90$HU/(℃·h)，$CP_{c_1}=40$HU/(℃·h)，$CP_{c_2}=100$HU/(℃·h)，st 代表热源，CW 代表冷源。

解 可以排出三个设计方案，同时满足最大能量回收的要求。

方案 1：如图 4.46 所示，共 6 个流股，5 个匹配单元。即

$N=6$，$S=1$，$L=0$。则

$M_{min}=6-1+0=5$

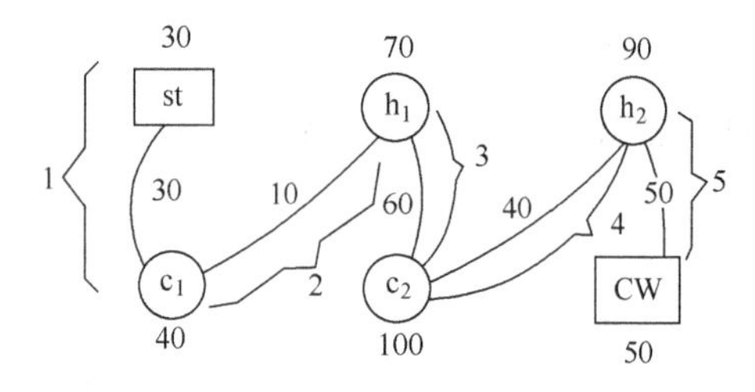

图 4.46 方案 1

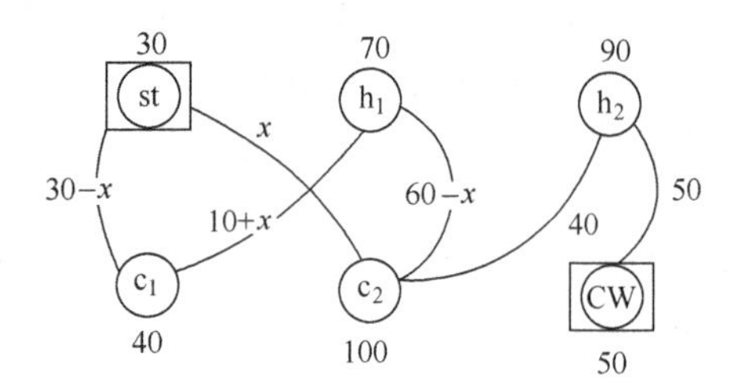

图 4.47 方案 2

方案 2：如图 4.47 所示，共 6 个流股，6 个匹配单元。即

$N=6$，$S=1$，$L=1$。则

$M_{min}=6-1+1=6$

方案 3：如图 4.48 所示。即

$N=6$，$S=2$，$L=0$，则

$M_{min}=6-2+0=4$

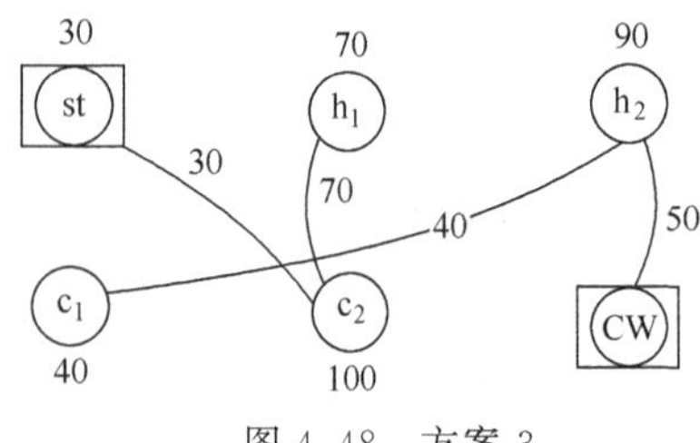

图 4.48 方案 3

在此方案中，因为部分热流股与部分冷流股正好相互满足热量的要求，而形成一个独立的次级网，所以有两个独立次级网

$$c_1—h_2—CW$$

$$st—c_2—h_1$$

因此，$S=2$

这也满足次级网等同性原则，即

$$M_{min}=2\times(3-1)=4$$

比较上述各个方案，以方案 3 的搭配数为最少，设备投资费最低。

应该指出的是，按照最大回收能量的要求及实际流股的情况建立热交换网络，有时回路难以消除。在这种情况下，就需要权衡减少能耗与提高设备费用相互消长的因素，由总费用最低的目标出发分析问题。常常使用“松弛”策略对待最大回收能量的要求，并尽量消除回路，减少换热器台数，使总目标最佳化。这一原则在后面的例题中将要用到。

❶ HU—热量单位，1HU=190040J=180Btu。

4.4.5 热交换网络的设计

热交换网络的设计，虽然已在工业实践中发挥了很大威力，但由于实际化工过程中冷热流股的数目大，流股物性又各有特异，存在很多实际问题，至今仍处于半理论半艺术的状态。本节着重介绍窄点型设计方法。

4.4.5.1 热交换网络设计的基本步骤

① 列表分析给定化工过程中所有的热流股及冷流股。

② 画出热能阶图，求出窄点及所需最少的外热量及外冷量。

③ 分析窄点上下的冷、热流股搭配，能否满足“流股数可行性准则”及“热容流率可行性准则”。

④ 如果满足上述二准则，则按窄点分析，画出热交换网络图，确定出最大能量回收的网络方案。

⑤ 研究上图中存在的回路，松弛对最大能量回收的要求，消除回路，减少搭配数，确定出总目标费用最少的网络方案。

⑥ 如果不满足③的要求，则必须研究流股分支方案，流股的分支是窄点型设计的重要组成部分。流股的分支还被用来增加网络设计的弹性，从而增加了热交换网络的实用性。所以流股的分支虽然复杂化了网络，但实际应用中还常常被采纳。

⑦ 实际化工厂中，还常存在着多品位热（冷）源的综合利用和如何尽量应用低品位能量问题，就是说，尚需要研究多品位热（冷）源的热交换网络问题。该问题较为复杂，限于篇幅，在此不多加讨论。

4.4.5.2 热交换网络设计的实例

下面以例题来说明热交换网络的设计原则和步骤。

【例 4.14】 今有2个冷流股，2个热流股，试做出其热交换网络。已知数据见表4.23。

表 4.23 例 4.14 已知条件

过程流的物流号和类型	供应温度/℃	目标温度/℃	热容流率/(kW/℃)	热负荷 ΔH/kW
c_1 冷	20	135	2	230
h_2 热	170	60	3	330
c_3 冷	80	140	4	240
h_4 热	150	30	1.5	180

注：最小的换热温差 $\Delta T_{min}=10$℃，采用蒸汽和冷水为公用工程的介质。

解 （1）建立最大能量回收的网络

① 确定区间边界温度 根据式（4.11）及式（4.12），相应的区间边界温度：冷流股加上 $\Delta T_{min}/2$ 值，对于热流股减去 $\Delta T_{min}/2$ 值，相同的只保留一个值，则本例的区间边界温度从高到低为165℃，145℃，140℃，85℃，55℃，25℃。

② 计算每个温度区间的热量

(a) 边界之间的温度差 ΔT_b。

(b) 总的热容流率 $CP_{总}$ 为

$$CP_{总}=\sum CP_h-\sum CP_c$$

下标h和c代表热流和冷流。

(c) 在每一区间中所供应的 ΔH_z 为

$$\Delta H_z=\Delta T_b CP$$

负值代表缺少的值。

计算结果见表4.24中。

③ 画热阶流图，确定最大的回收能量 根据表4.24中的数据，画热阶流图，见表4.25。

表 4.24 数据

区间号	边界温度/℃	边界之间温差/℃	流股与热容流率 (*CP*)/(kW/℃) c₃ ↑	c₁ ↑	h₄ ↓	h₂ ↓	区间总热容流率 Δ*CP*/(kW/℃)	每个区间的热负荷/(kW/h)
	165							
1	145	20				3	3.0	6.0
2	140	5	4		1.5	3	0.5	2.5
3	85	55	4	2	1.5	3	−1.5	−82.5
4	55	30		2	1.5	3	2.5	75.0
5	25	30		2	1.5		−0.5	−15.0

表 4.25 热阶流

各区边界温度/℃	一个不可行的格式热流来自公用工程热源，穿过边界 $Q_h=0$	热流来自公用工程热源，不穿过边界 $Q_h=20$
	↓	↓
165	ΔH_z 60	ΔH_z 60
	↓ 60	↓ 80
145	ΔH_z 2.5	ΔH_z 2.5
	↓ 62.5	↓ 82.5
140	ΔH_z −82.5	ΔH_z −82.5
	↓ (−20)	↓ 0
85	ΔH_z 75	ΔH_z 75
	↓ 55	↓ 75
55	ΔH_z −15	ΔH_z −15
	↓	↓
25	$Q_c=40$ 热流穿过边界到冷公用工程	$Q_c=60$ 热流穿过边界到冷公用工程

由热阶流表知：窄点温度为 85℃，最小外热量为 20kW，最小外冷量为 60kW。

按照窄点法设计原则，可设计出最大的能量回收系统：

(a) 来自公用工程热源的最小热量 Q_h 为 20kW；

(b) 来自公用工程冷源的最小热量 Q_c 为 60kW；

(c) 窄点温度为 85℃（边界温度）。

根据窄点流股匹配以及最大回收热量热交换网络设计原则，按照窄点以上和以下设计，如图 4.49 所示。

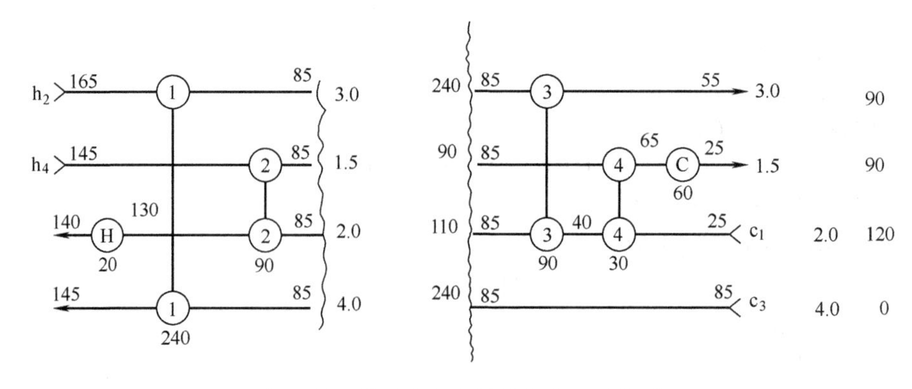

图 4.49 窄点以上和以下热交换网络图

窄点以上过程热端的匹配说明

由表 4.21 看出，在第 1 区间（165～145℃）内没有匹配的可能。最好的匹配发生在第 2 区间和第 3 区间内，即 h_2-c_3 间的匹配，两个流的 ΔCP 最小，热负荷都是 240kW。

ⓐ 匹配 1 是 h_2-c_3

$$\Delta H=(165-T_2)\times 3=(145-85)\times 4=240\text{kW}$$
$$\Delta T_c=0,\ \Delta T_h=20,\ T_2=85$$

ⓑ 匹配 2 是 h_4-c_1

$$\Delta H=(145-85)\times 1.5=(t_2-85)\times 2=90\text{kW}$$
$$\Delta T_c=0,\ \Delta T_h=15,\ t_2=130$$

ⓒ 在流 c_1 上加入加热器

$$\Delta H=110-90=20\text{kW}$$

窄点以下过程冷端的匹配说明：在这部分不存在 c_3 流股，所以两股热流都与冷流 c_1 匹配。

ⓐ 匹配 3 是 h_2-c_1

$$\Delta H=(85-55)\times 3=(85-t_1)\times 2=90\text{kW}$$
$$\Delta T_c=15,\ \Delta T_h=0,\ t_1=40$$

ⓑ 匹配 4 是 h_4-c_1

$$\Delta H=(85-T_2)\times 1.5=(40-25)\times 2=30\text{kW}$$
$$\Delta T_c=40,\ \Delta T_h=45,\ T_2=65$$

ⓒ 在流 4 上加一个冷却器

$$\Delta H=90-30=60\text{kW}$$

将窄点以上和窄点以下的图合并，即得到了可以最大回收热量的热交换网络，如图 4.50 所示。共用了 6 个换热器。

(2) 松弛最大能量回收的要求，减少搭配数

为了得到最佳化网络，其中包括设备投资与能量回收综合的最佳化，需要松弛最大能量回收的要求，以开发一个最佳化网络。

为了改善上述六个换热器网络，需要松弛最大能量回收的要求。首先的目标是避免 h_4-c_1 两股流双重换热器（即存在回路）的情况。考虑把换热器④与换热器②合并，把换热器④的负荷加至换热器②上。但是，这样一来匹配 2 就违反了最小换热温差的约束条件，即

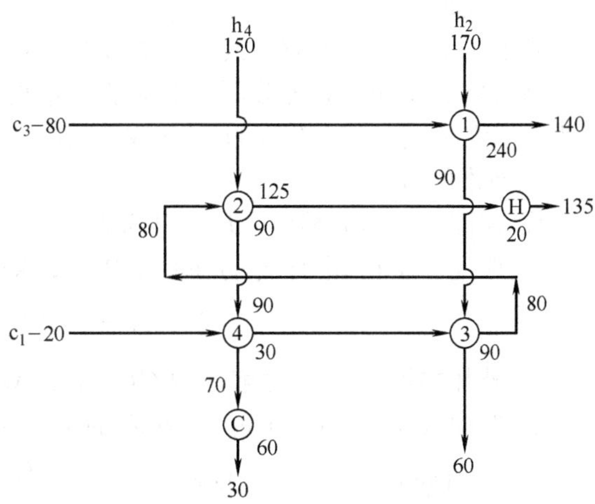

图 4.50 最大能量回收网络

$$\Delta H=120=(145-65)\times 1.5=(130-t_1)\times 2$$

计算出通过换热器后：$t_1=70$，所以换热器两端温差：$\Delta T_h=15$，$\Delta T_c=-5$。

因此必须减少换热器②的负荷，如图 4.51 所示。负荷的改变值设为 x，所引起的匹配 2 的负荷变化为

$$\Delta H=1.5\times[145-(65+5)]=112.5=120-x$$

解得

$$x=7.5\text{kW}$$

加在冷却器的负荷

$$\Delta H=60+x=67.5\text{kW}$$

加在加热器的负荷

$$\Delta H=20+x=27.5\text{kW}$$

松弛变化过程如图 4.51 和图 4.52 所示。

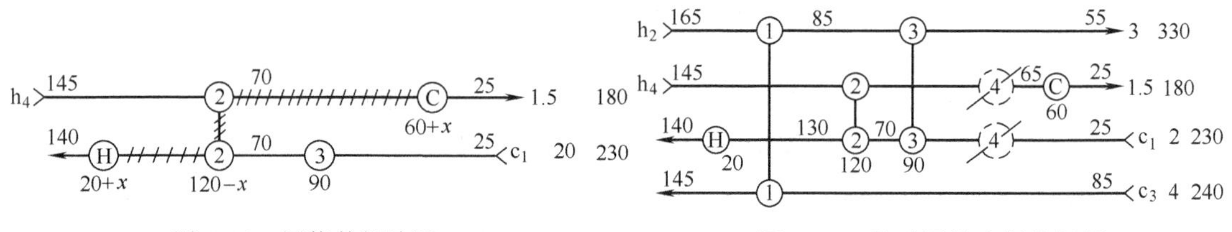

图 4.51 网络的松弛图　　图 4.52 松弛网络中间分析图

修改后的网络，减少了一个换热器，包括五个换热器，与最大能量回收系统相比多消耗了 7.5kW 能量，如图 4.53 所示。

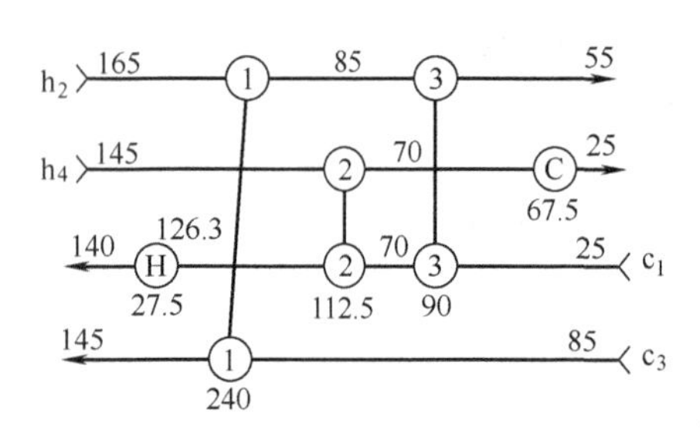

图 4.53 五个换热器的网络

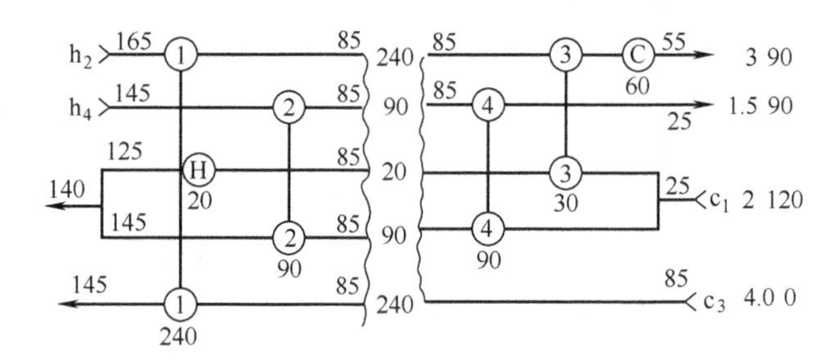

图 4.54 c_1 分割后网络图

（3）流股的分割

所有的流股均可分解为两个或更多个流股，按照设计者的需要分解出的流股，其可被冷却的程度将各不相同，即分割出的流股的温度可存有差异。对于以上例题，可分解流 c_1 为两股流，各股流的 CP 分别为 1.5kW/℃和 0.5kW/℃。如图 4.54 所示。

该网络的特点如下。

① 匹配 1 与前面相同，$H=240\text{kW}$。

② 匹配 2 是在 h_4 与 c_1 分解后 $CP=1.5\text{kW/℃}$ 的股流之间进行的，按完全配合的需要

$$H=90\text{kW}，t_2=145℃$$

③ 外加热器加至 c_1 分解后的 $CP=1.5\text{kW/℃}$ 的股流上，$H=20\text{kW}$，$t_2=125℃$。

④ 匹配 4 是在 h_4 与 c_1 分解后的 $CP=1.5\text{kW/℃}$ 的股流之间进行的，完全配合，$H=90\text{kW}$。

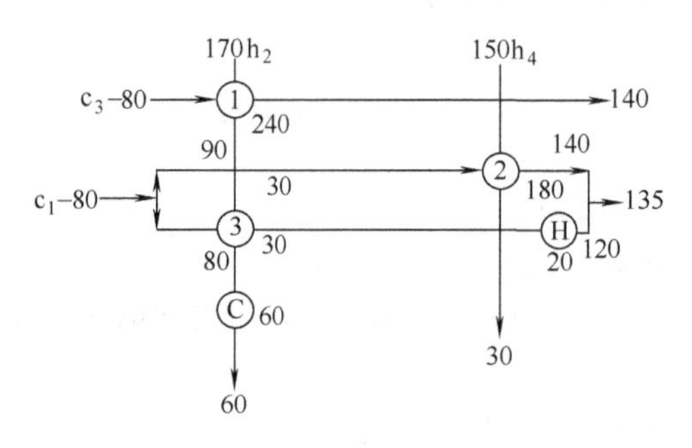

图 4.55 流股分流的网络

⑤ 匹配 3 是在 h_2 与 c_1 分解后的 $CP=0.5\text{kW/℃}$ 的股流之间进行的，$H=30\text{kW}$，$T_2=75℃$。

⑥ 外冷却器加在 h_2 上，$H=60\text{kW}$。

⑦ 合并换热器②和④。

这个网络如图 4.55 所示，共需要 5 个换热器，达到了最大的能量回收。但必须有附加的控制单元，以保证分流的执行且可以改变分流的大

小，以使系统最佳化。

4.5 过程能量集成

过程能量集成即指热交换网络技术在大系统（如工业园区或产业链等）中的应用。在大系统中，不同生产中的物流需要频繁地被加热，通常是为了达到目标反应的合适条件或是分离要求。不管是在加热炉中还是使用再沸器产生的蒸汽，加热每种过程流股都会消耗能量，增加生产费用并产生对环境的影响。生产中的物流也需要屡次冷却，用冷却塔将冷却水的温度维持在一个恒定值，但操作这些冷却塔会消耗能量，并且蒸发会引起水的损耗，从而增大了生产费用和对环境的影响。

过程能量集成的思想是用需要被冷却的热流体加热需要升温的流体。生产中的流股之间的热交换可以减少燃料和冷却塔操作负荷的需求，从而预防污染。生产中的热集成通常采用热交换网络（HEN）的技术实现热集成（Douglas，1988）。下面用一个简单例子说明这个问题。

【例 4.15】 图 4.56 所示的热平衡图，冷流体要从 50℃ 加热到 200℃，热流体需要从 200℃冷却到 30℃。为了简化问题，流体的热容均设为 1kJ/(kg・℃)。被冷却流体的流率是 1kg/s，而被加热流体的流率是 2kg/s。如图 4.56 所示，蒸汽或冷却公用工程可用来给物流换热，然而，如果在两物流之间进行热交换，会减少加热和冷却公用工程用量。

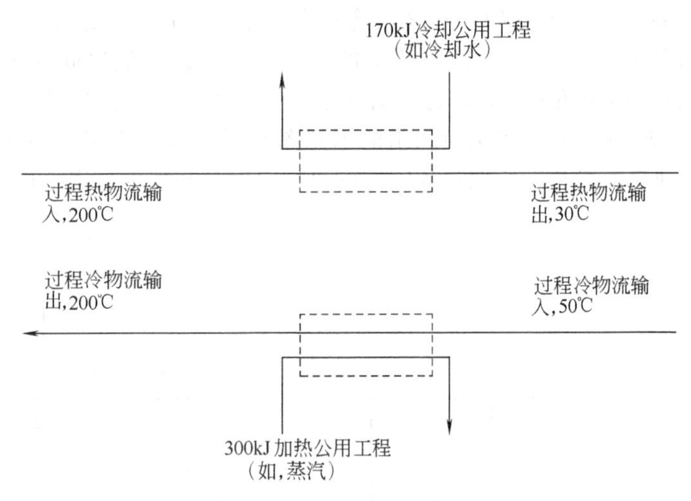

图 4.56 热集成前的加热和冷却需求

热集成网络中，用窄点图表示冷、热物流，这个图与前述热交换网络类似，它可用来确定换热的最大程度以及热流体与冷流体的匹配。窄点图中，y 轴表示流体间的换热量，x 轴表示温度。热的流体用向左下的斜线表示，冷的流体用向上的斜线表示，如图 4.57 所示。

注意表示冷流体（需要被加热）的斜线起点温度为 50℃，终点温度 200℃，焓值增高 300kW。类似地，热流体（需要被冷却）的矢量线起始温度为 200℃，终点温度 30℃，且比起始时的焓值低 170kW。

窄点图中的焓值（见图 4.57）是相对量。因此，热流体线和冷流体线都可以垂直移动。然而，因为热力学限制，两种流体间的热传递只能在热流体处于冷流体右侧的区域内进行（即当热流体的温度高于冷流体时，如图 4.57 所示，虚线所示纵坐标在 100kW 和 240kW 之间的对应区域）。两流股之间最大的理论换热量发生在两种流体相遇但不交叉的一点，即窄点。理论上的最大值在实际上是不可能达到的，因为传热温差为零时需要无限大的换热器。

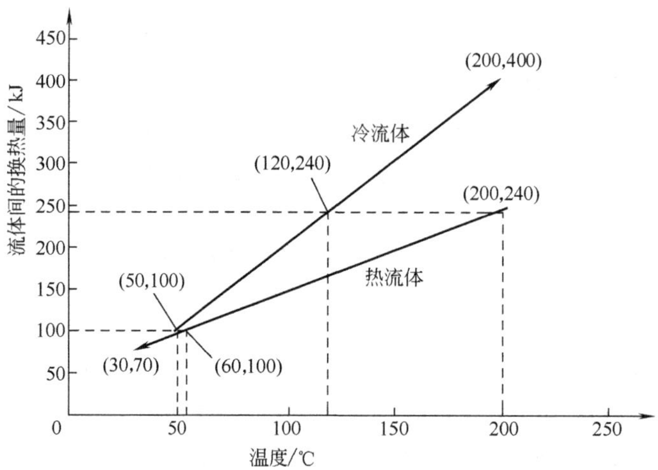

图 4.57 热交换网络合成中冷流体和热流体的换热负荷线图

两条线逐渐分开，热流体位于冷流体右端的区域会越来越少，同时两种流体间换热量也会下降。结果是，加热和冷却流体达到目标温度所需公用工程量增加。相反，换热器中从热流体到冷流体传递的热量会随着两条线分开而越来越少。因而，存在最佳传热温差，其对应的年费用（操作费，公用工程如水蒸气、冷却水费用和投资费）最小。

如果最佳温差是10℃，图4.57中所示的窄点图显示的两流股间的最佳传热量是240kJ－100kJ＝140kJ。同样图中还显示，在这些情况下，交换器中的冷流体从50℃加热到120℃，而热流体从200℃冷却到60℃。热交换网络的示意图在图4.58中给出。比较图4.58和图4.56，表明热集成可以使热流股和冷流股达到它们的目标温度，并减少公用工程用量。

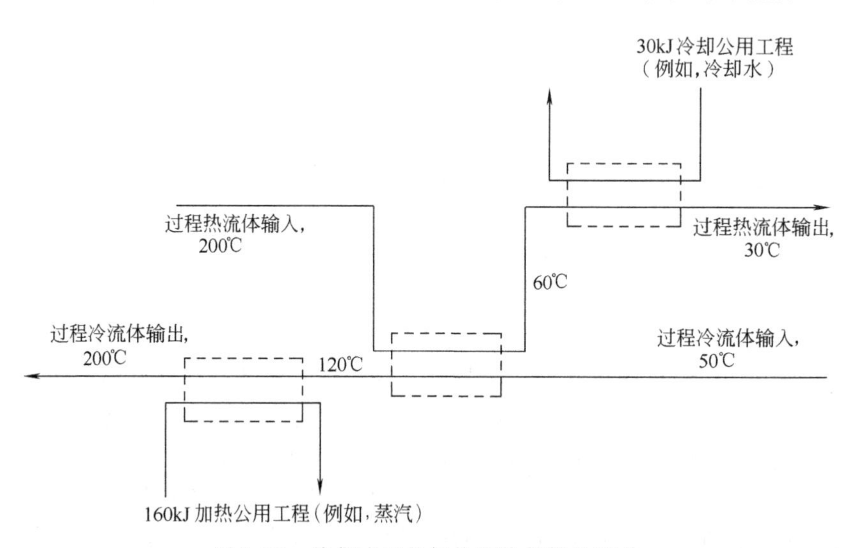

图 4.58 热集成后的加热和冷却能量需求

这个简单的过程能量集成的例子证实了一个基本概念——需要被加热的过程流股和需要被冷却的过程流股间的热交换（能量集成）可以降低整个大系统生产的能耗。

4.6 过程物质集成

本节讨论的是化工生产设计中通常未提到的过程物质集成及物质交换网络合成。

就像热集成应用是为了避免热量浪费一样，物质集成是为了避免物质的浪费。本节将介绍三种进行物质集成以确定过程结构的方法。

① 源-阱关系图，这也是其中最形象和最直接的方法。

② 确定最佳混合性、离析和循环的方法。

③ 物质交换网络合成，即类似于热交换网络合成的方法。

4.6.1　源-阱关系图

源-阱图用来确定废物流能否被用作进料。这是本章中讨论的第一个定量方法，因为它是确定物质集成中最为简单的方法。

生成源-阱图的第一步是要确定希望集成的物流源和物流阱。例如，如果要进行水的集成，就要确定废水流股（水流“源”）和过程用水（水流“阱”）。必须知道源流和阱流的流率，要记住每股阱流的流率可以不同；必须确定在源流中出现的且对阱流有潜在影响的污染物质；还必须知道污染物质在每一股阱流中的允许含量。一些过程需要纯度极高的进料，这种情况下使用含进料组成的废物流或含污染物的物流是不可行的。但是，许多生产都能利用含杂质的物料，而且一些阱流的允许杂质含量较宽。最后在构建源-阱图之前必须要知道污染物质（对阱流有影响的）的浓度。

一旦知道了这些参数，就能画出一个源-阱图。如果只考虑一种组分，图就是二维的，源流和阱流的流率标注于 y 轴，污染物质的浓度标注于 x 轴。每一种阱流由最低和最高流率及浓度界定的面积表示，而源流由一个点代表。

作为构建一个源-阱图的例子，考虑表 4.26 所示的源流和阱流。考虑物料（此刻，假设物料为水）的集成，物料的流率已知，假定污染物质为 X。图 4.59 显示了此表中流股的源-阱图。源流 A、B、C 在图 4.59 中表示为点（因为流率和污染物质的浓度均为点值），而阴影部分表示阱流 1 和阱流 2（阱流流率和可接受的污染物质浓度有一个范围）。

表 4.26　源-阱关系图的物流

源流			阱流				
标号	流率/(kg/s)	X 浓度/(mg/kg)	标号	流率/(kg/s)		X 浓度/(mg/kg)	
				最大	最小	最大	最小
A	3.0	7	1	4.8	4.0	5	0
B	5.0	15	2	2.5	2.1	1	0
C	1.0	4					

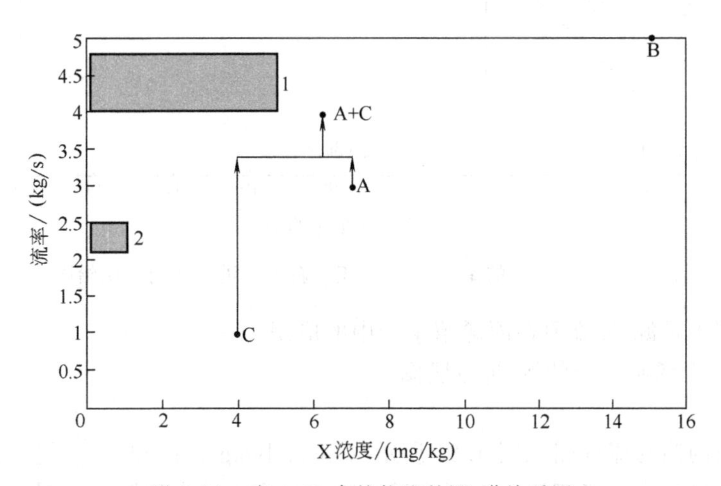

图 4.59　表 4.26 中的物流的源-阱关系图

图4.59的最初分析表明流股C可以用来部分地满足流股1的需要，因为流股C中的污染物浓度低于流体1允许的范围。没有其他可以直接再利用的可能；然而流股A中污染物的浓度略高于流股1所能允许的最大污染物浓度值，是否可能将流体A和C混合起来满足流股1呢？

污染物浓度远高于阱流进料要求的源流可以与污染物低含量的源流结合使用，以降低污染物浓度。在图4.59中，代表源流A和源流C混合物的点被描述出来。混合流体的流率是将两种独立流股的流率简单相加，混合流体中化合物X的浓度是流体A和C的加权平均，即

$$X=\frac{3.0\text{kg/s}\times 7\text{mg/kg}+1.0\text{kg/s}\times 4\text{mg/kg}}{3.0\text{kg/s}+1.0\text{kg/s}}=6.25\text{mg/kg} \tag{4.21}$$

注意到代表A和C混合流股的点的流率在阱流1可接受的范围内，但是其中污染物X的浓度太高以至于混合流股不能直接用于阱流1中。换句话说，流体A和C不能被混合作为阱流1的唯一的进料。

为了降低浓度，未污染的物料（X浓度为零的新鲜水）必须加入到源流A和C中。仍使用物流A和C的目的是减少废水量，向其中加入无污染的新鲜物流的最大流率为0.8kg/s，因为大于该值会使混合物流的流率高于阱流1需求的上限值。如果0.8kg/s的无污染物流加入到流体A和C中，混合流股中X的浓度就会变为

$$X=\frac{3.0\text{kg/s}\times 7\text{mg/kg}+1.0\text{kg/s}\times 4\text{mg/kg}+0.8\text{kg/s}\times 0\text{mg/kg}}{3.0\text{kg/s}+1.0\text{kg/s}+0.8\text{kg/s}}=5.2\text{mg/kg} \tag{4.22}$$

这个浓度仍然超过了阱流1所允许的范围。为了进一步降低浓度而不超过流率的限制，仅使用流股A的一部分。例如，2.8kg/s的源流A、所有的源流C和1.0kg/s的无污染物流混合会产生适合阱流1的进料，如图4.60所示。

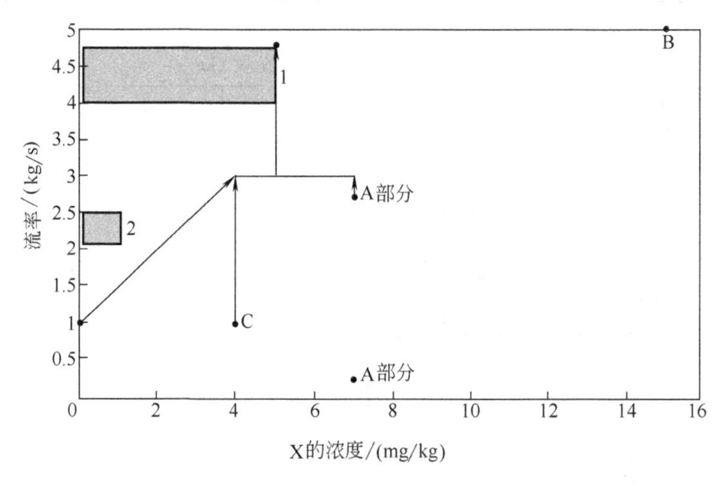

图4.60 表4.26的源-阱图，源流和新鲜的进料相结合供给阱流

接下来的例子是源-阱流图在丙烯腈生产中的应用。

【例4.16】 丙烯腈生产的源-阱流股图

（1）背景

生产丙烯腈的简易流程图如图4.61所示（El-Halwagi，1997）。氧气、氨和丙烯反应生成了含有产物、氨和水的气相流股。反应混合物被送入冷凝器以除去大量的水。

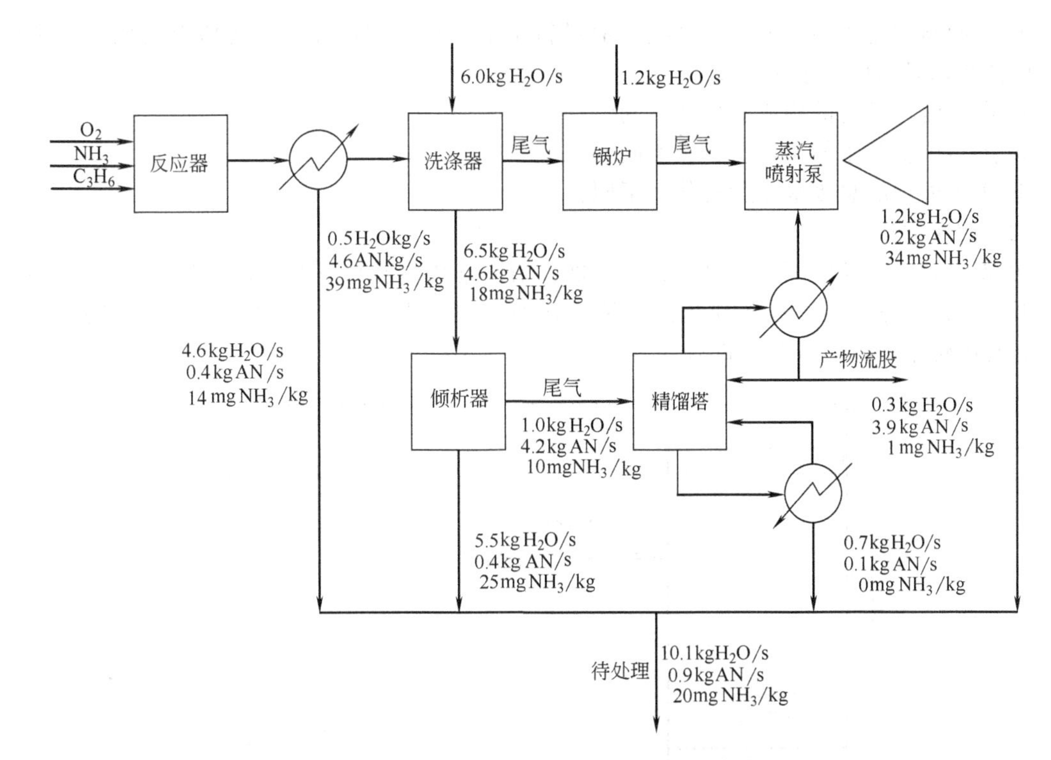

图 4.61 丙烯腈（AN）生产的流程图

由冷凝器而来的气相流股继而被送入洗涤器，洗涤后的液体出料进入倾析器，从洗涤器出来的气体中含的水、丙烯腈和氨可忽略。

洗涤器出来的液体是水、丙烯腈和氨的混合物，该流股进入倾析器分成水相和有机相（含有大部分丙烯腈）。几乎所有水相液体被送去处理，只有 1kg/s 的水相与非水相一起送入精馏塔以进一步纯化。水在有机相中的含量可忽略，但水相中丙烯腈的质量分数为 0.068。从倾析器出来的水相和丙烯腈相中均含有氨，水相中的浓度分数高达 4.3。从倾析器出来的非水相和部分水相被送入精馏塔以提纯丙烯腈。只要精馏塔的进料维持 NH_3 含量 15～25mg/kg，丙烯腈质量分数在 75%～85%之间，塔底物流组成就不会改变，该流股被送去处理。

精馏塔在真空中操作，由蒸汽喷射泵提供真空。喷射尾流会挟带精馏塔中的部分物质，包括 0.2kg/s 丙烯腈，挟带水的量很少，而 NH_3 的浓度是精馏塔塔顶丙烯腈产物中 NH_3 浓度的 34 倍，该尾流送去处理。

通过这个简单的例子，分析水和丙烯腈的集成，污染物仅考虑氨。洗涤器的液体进料在 5.8kg/s 和 6.2kg/s 之间，可以包含水或水和丙烯腈的混合物。洗涤器进料中氨的浓度必须不能超过 10mg/kg。相反，锅炉的进料中不能含有氨和丙烯腈，需要的流率为 1.2kg/s。

（2）问题

ⓐ 此生产中有多少种水源流？多少种水阱流？

ⓑ 画一个该过程的源-阱流图，总流率（水与丙烯腈之和）在 y 轴，氨的浓度表示在 x 轴。

ⓒ 什么废水流能用作洗涤器的进料？

ⓓ 锅炉中可以用什么废水流股？

ⓔ 如果要使进入洗涤器的丙烯腈量最大，进入洗涤器的每一股废水的流率是多少？

ⓕ 绘制新的流程图。如果将这些流股进行集成，那么洗涤器的下游所有流股中水和丙烯腈的流率以及氨的浓度是多少？

ⓖ 产品流与最初的构成有什么不同？

ⓗ 进料中新鲜水的用量有什么不同？

ⓘ 送去处理的总废水流股有什么不同？

（3）解决方法

ⓐ 废水和废丙烯腈源自冷凝器、倾析器、精馏塔和喷射泵。阱流对应于洗涤器和锅炉。

ⓑ 图4.62是此生产的源-阱流图。注意任何一股废水流都不能用作锅炉的进料因为它们都含有丙烯腈或氨，或两者都有。

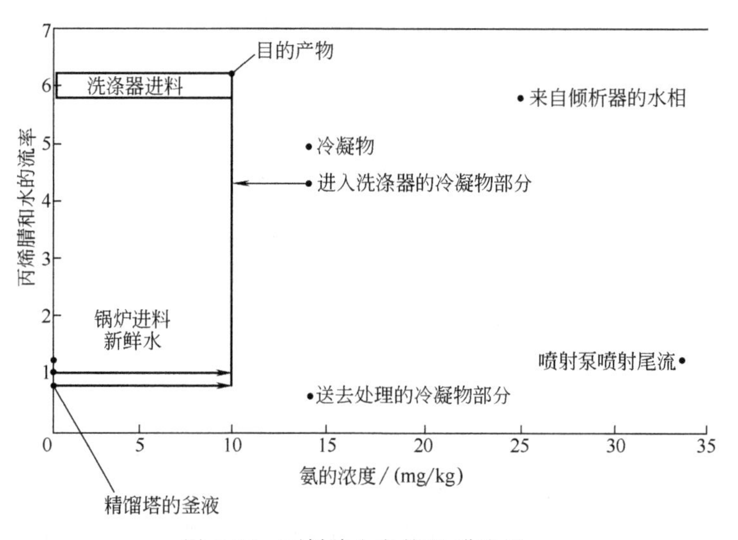

图4.62 丙烯腈生产的源-阱流图

ⓒ 源-阱流图表明精馏塔釜液和冷凝器出来的废物流可以作为洗涤器的进料。实际上，因为精馏塔底部流股中不含氨，所含丙烯腈的量是洗涤器进料流股中最高的。当洗涤器的进料流率最大（6.2kg/s）且氨的浓度最大时（10mg/kg），循环利用的冷凝器废流股中丙烯腈的含量最大。如果x是进入洗涤器的冷凝物流的流率，y是进入洗涤器的新鲜水的流率，水和氨的平衡方程式为

$$0.8\text{kg/s}+x+y=6.2\text{kg/s} \tag{4.23}$$

$$\frac{0.8\text{kg/s}\times 0+x\times 14\text{mg/kg}+y\times 0}{0.8\text{kg/s}+x+y}=10\text{mg/kg} \tag{4.24}$$

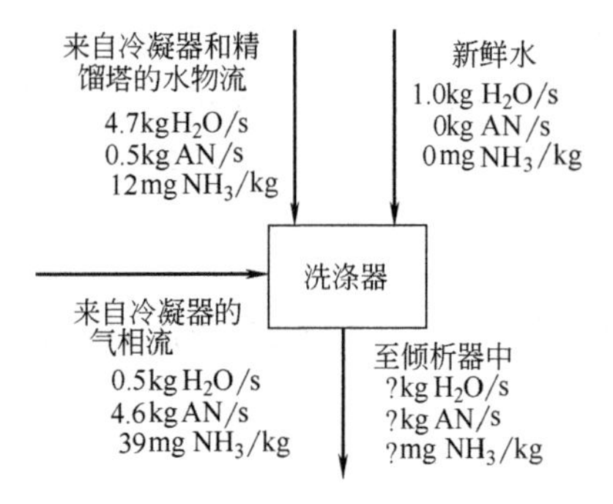

图4.63 丙烯腈生产中洗涤器的质量平衡图

解x和y，得到$x=4.4$kg/s，$y=1.0$kg/s。换句话说，4.4kg/s的冷凝器废物流（含有4.0kg/s水和0.4kg/s丙烯腈）和精馏塔的全部塔底物流以及1kg/s的新鲜水可以用作洗涤器的进料。如图4.62所示为丙烯腈生产的源-阱流图。

为了得到洗涤器下游各流股的特性，它们与图4.61显示的有所不同（因为洗涤器的进料不同），需要建立水、丙烯腈和氨在洗涤器中的质量平衡。质量平衡如图4.63所示。

离开洗涤器的水物流流率为

$$0.5\text{kg/s}+1.0\text{kg/s}+4.0\text{kg/s}+0.7\text{kg/s}=6.2\text{kg/s} \tag{4.25}$$

离开洗涤器的丙烯腈的流率为

$$4.6\text{kg/s}+0.35\text{kg/s}+0.1\text{kg/s}=5.1\text{kg/s} \tag{4.26}$$

离开洗涤器的氨浓度可以从下列方程中得到

$$\frac{39\text{mg/kg}\times5.1\text{kg/s}+0\text{mg/kg}\times0.8\text{kg/s}+0\text{mg/kg}\times1.0\text{kg/s}+14\text{mg/kg}\times4.4\text{mg/kg}\times1.0\text{kg/s}}{5.1\text{kg/s}+0.8\text{kg/s}+1.0\text{kg/s}+4.4\text{kg/s}}$$

$$=23\text{mg/kg} \tag{4.27}$$

接下来，对倾析器做质量平衡，如图 4.64 所示，以得到输出流股的特性。要记住在倾析器中，从洗涤器而来的物流分成两相：含有一些丙烯腈和氨的水相和含有可忽略的水和氨组分的有机相。所有的有机相和 1kg/s 的水相进入到精馏塔中，而余下的液相进入到废水处理装置中。

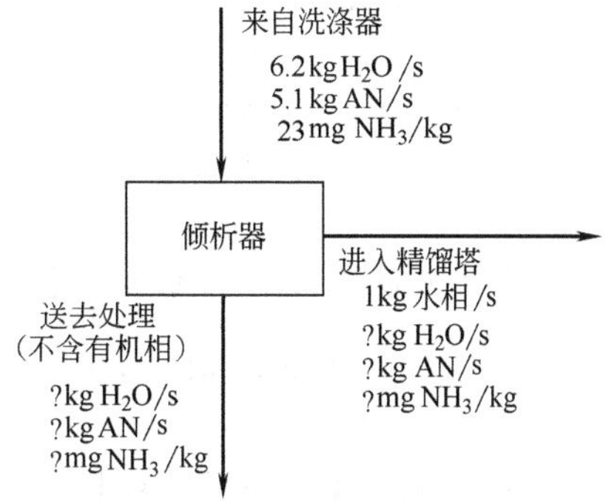

图 4.64 丙烯腈生产中倾析器的质量平衡图

用水相中丙烯腈的关系可以得到进入精馏塔的水流率

$$1\text{kg 水相/s}=\frac{0.0678\text{kg 丙烯腈}}{\text{kg 水相}}\times1\text{kg 水相/s}+z \tag{4.28}$$

其中 z 是进入到精馏塔的水相中的水流率，则

$$z=0.9\ \text{kg}H_2O\text{/s} \tag{4.29}$$

通过倾析器中水的质量平衡，可以计算出送去水处理的流股中水的流率

$$6.2\text{kg/s}-0.9\text{kg/s}=5.3\text{kg/s} \tag{4.30}$$

送去水处理的流股中丙烯腈的流率可以通过下式得到

$$5.3\text{kg}H_2O\text{/s}\times0.0678\text{kg 丙烯腈/kg }H_2O=0.4\text{kg 丙烯腈/s} \tag{4.31}$$

从丙烯腈的质量平衡，可以得到进入精馏塔中的丙烯腈量

$$5.1\text{kg/s}-0.4\text{kg/s}=4.7\text{kg/s} \tag{4.32}$$

离开倾析器的流股中氨的浓度取决于水相和有机相的流率，而不是取决于离开倾析器的水和丙烯腈的流率。因而，接下来的一步是要计算水相和有机相的流率。水相的总流率等于进入水处理的总流率加上进入精馏塔中的流率 1kg/s，或

$$1.0\text{kg/s}+0.4\text{kg/s}+5.3\text{kg/s}=6.7\text{kg/s} \tag{4.33}$$

有机相的总流率为 4.7kg/s。现在，如果 x 是水相中氨的浓度（mg/kg），而 y 是有机相中氨的浓度（mg/kg），倾析器中氨的平衡方程式为

$$23\text{mg/kg}\times(5.1\text{kg/s}+6.2\text{kg/s})=(6.7\text{kg/s})x+(4.6\text{kg/s})y \tag{4.34}$$

得到

$$x=4.34y \tag{4.35}$$

解 x 和 y，得到 $x=8$mg/kg 而 $y=33$mg/kg。进入精馏塔的氨的总浓度为

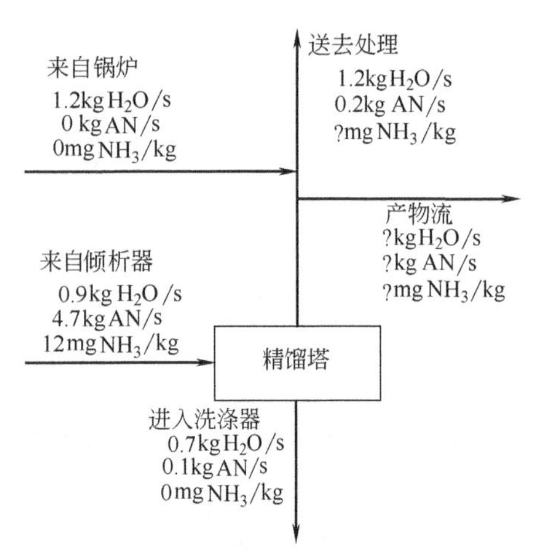

图 4.65 丙烯腈生产中精馏塔的质量平衡图

$$\frac{33\text{mg/kg}\times1.0\text{kg/s}+4.6\text{kg/s}\times8\text{mg/kg}}{5.6\text{kg/s}}=12\text{mg/kg} \tag{4.36}$$

现在，质量平衡可以应用于图 4.65 中所示的精馏塔，以得到产品流和喷射泵尾流的特性。

塔底部物流与以前一样，在蒸汽喷射泵中没有携带水，所以对产品流的水进行质量衡算

$$0.9\text{kg/s}-0.7\text{kg/s}=0.2\text{kg/s} \tag{4.37}$$

可以得到喷射泵尾流中丙烯腈的数量，同样，精馏塔的底部物流没有变化，所以产品流股中丙烯腈的数量由式（4.38）得出

$$4.7\text{kg/s}-0.2\text{kg/s}-0.1\text{kg/s}=4.4\text{kg/s} \tag{4.38}$$

接下来是氨的质量衡算，与产品物流和蒸汽喷射泵尾流中氨的浓度相结合，得到这些流股中氨的浓度。如果 x 是产品流中氨的浓度（mg/kg），而 y 是喷射泵尾流中氨的浓度（mg/kg），则

$$12\text{mg/kg}\times5.6\text{kg/s}=0\times0.8\text{kg/s}+(4.6\text{kg/s})x+(1.2\text{kg/s})y \tag{4.39}$$

$$y=34x \tag{4.40}$$

解得 $x=2\text{mg/kg}$，$y=50\text{mg/kg}$。

最终的流程图如图 4.66 所示，初始流程图的输出与废水再利用后流程图的输出之间的差异见表 4.27。新鲜水的用量是最初生产的 30%，而送去处理的物料流率是最初生产的 60%。进入到处理系统的物流中丙烯腈的质量分数比初始的低 15%，但是进入到处理系统的物料中氨的浓度是初始的 2 倍还要多。同样，产品流中氨的浓度是废水再利用之前的 2 倍。比这些变化更为重要的是，丙烯腈产量会由 3.9kg/s 提高到 4.4kg/s。以市场价 0.60 美元/kg 计算，每年生产 350 天，改进后的产值一年增长 9000000 美元。

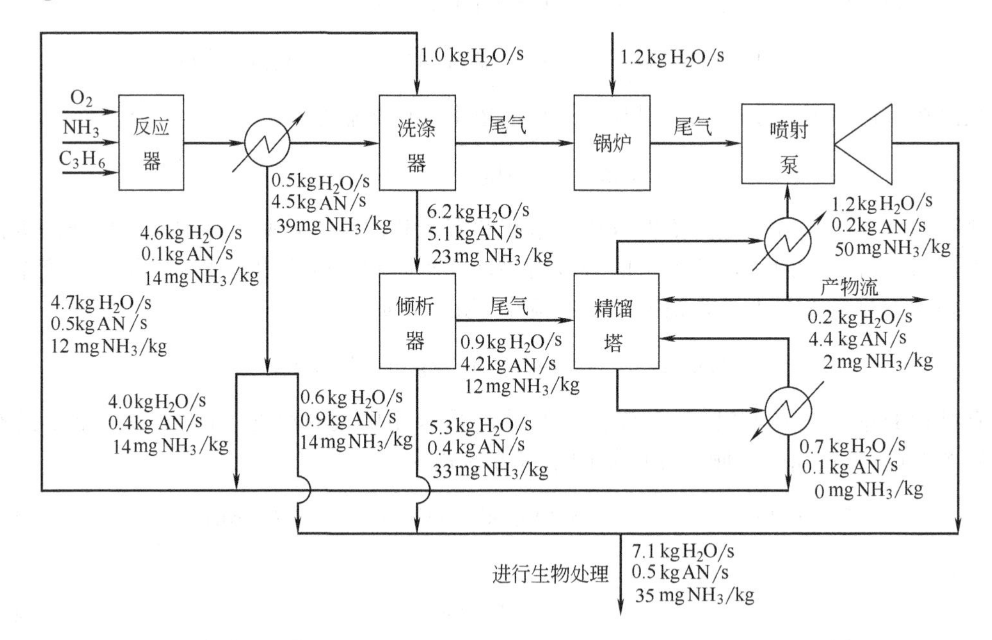

图 4.66 利用源-阱流图对水进行集成以后的丙烯腈生产流程图

表 4.27 废水再利用前后生产丙烯腈的输出物流

输出的特性	废水再利用之前	废水再利用之后	输出的特性	废水再利用之前	废水再利用之后
需要的新鲜水进料	71kg/s	21kg/s	进行处理的流股中丙烯腈质量分数	0.092	0.078
产品流中的丙烯腈	31kg/s	4.4kg/s	进行处理的物料中氨的浓度	20mg/kg	35mg/kg
处理的流速	13.1kg/s	7.7kg/s	产品流中氨的浓度	1mg/kg	2mg/kg

4.6.2 流股离析、混合和循环再利用的优化策略

丙烯腈例子中所描述的源-阱流图是一个相对简单的例子（仅有几种源流和阱流）。当要分析的流程变得更为复杂而且源流和阱流的数量增加时，通常采用数学优化方法，并结合过程模拟来确定循环、离析和物流混合的方案。最优化过程中用到的线性和非线性数学编程方法不在本书介绍范围内；不过，接下来的氯乙烷厂的源流-阱流相匹配的例子将说明可能会遇到的潜在问题的复杂性。

【例 4.17】 氯乙烷生产的源流-阱流匹配

图 4.67 是氯乙烷生产的流程图。在此生产中，乙醇和氯化氢在催化剂存在的情况下反应生成氯乙烷。反应表示为

$$C_2H_5OH + HCl \longrightarrow C_2H_5Cl + H_2O$$

氯乙醇是反应中产生的副产物。

给定了进行废水处理和作为产物流的氯乙醇的浓度和总流率，同时给出了进入洗涤器的新鲜水的流率。

反应器中得到两相，水相要被送去作废水处理，气相中含有产物。离开反应器的气相含有未反应的乙醇和氯化氢，同时还有氯乙烷和氯乙醇，要顺次通过两个洗涤器以使最终产物达到足够的纯度，进入精制和销售环节。从两个分离器流出的水相流股被混合，循环返回反应器。因为该流股中所含的氯乙醇可以通过还原反应（反应速率与流股中氯乙醇的浓度成正比）转化为氯乙烷。此反应是生产中减少氯乙醇总量的关键步骤。搭配过程流股，尽可能消除更多的氯乙醇，从而使污染物质最小化。

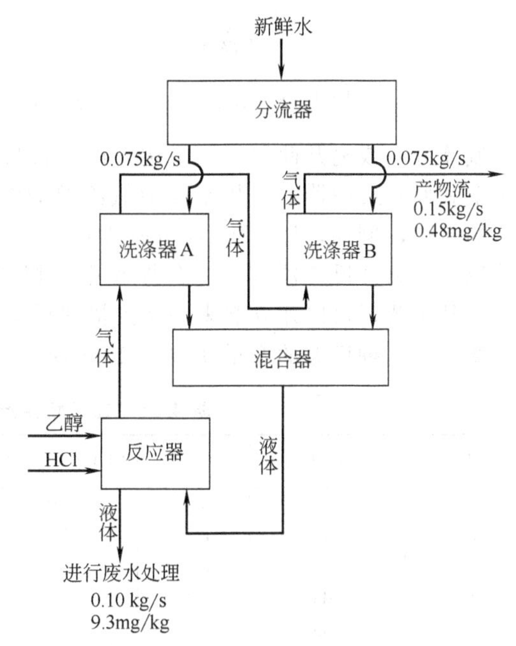

图 4.67 氯乙烷生产初始构型的生产流程图

本例分析的目的是确定物流如何离析、混合和再循环，以使产生的净氯乙醇最小。为了对此分析提供一种形象的帮助，流程图可以画成如图 4.68 所示的形式。这个图表明来自各操作单元的水物流都可以分流送往废水处理，或返回起始单元，或送往其他单元。混合器处于每个过程单元的前面，而分离器位于离开操作单元的输出流股处。在解决方案中，要确定每种流股的数量及其去向，注意从反应器中出来的气相物流必须要先通过洗涤器 A，然后再通过洗涤器 B。

注意到操作单元都已被编号。反应器是单元 1，洗涤器 A 是单元 2，洗涤器 B 是单元 3，废水处理系统是单元 4，提供新鲜水的源流是单元 5。水相流股中氯乙醇的浓度（mg/kg）设为 x，气相流股中氯乙醇的浓度（mg/kg）设为 y。液相流体的流率 L 单位是 kg/s，气相流体的流率 G 单位是 kg/s。下标 1～5 表示液相流体进入或离开的单元数，上标 in 或 out 表

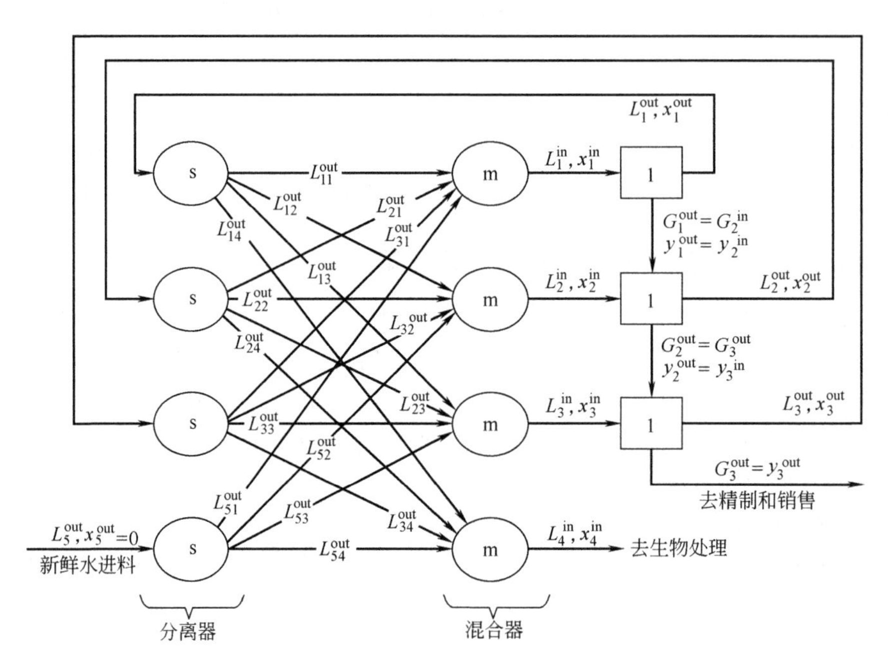

图4.68 氯乙烷生产的示意图，注明了每个离析、混合和循环利用的可能

示流体进入或离开此单元。举例来说，符号 L_1^{out} 和 y_1^{out} 分别表示离开反应器的水相流体的流率和离开反应器的气相流体中氯乙醇的浓度。另外，16种离开分流器的流股都给定了相应的名称，例如，L_{11}^{out} 和 L_{12}^{out} 分别表示离开且又返回到反应器中水相流股的部分（以kg/s为单位）和离开反应器进入洗涤器A中水相流股的部分（以kg/s为单位）。

基于此，可以建立起来一系列描述质量平衡和单元操作的方程，涉及几十个方程式和未知变量。这种模型的变量在表4.28中给出。

表4.28 氯乙烷生产的初始构造的模型变量值

变量	图4.68中的值	变量	图4.68中的值	变量	图4.68中的值	变量	图4.68中的值
L_{11}^{out}	0	L_2	? kg/s	L_{54}^{out}	0	x_2^{in}	0mg/kg
L_{12}^{out}	0	L_{31}^{out}	? kg/s	L_5^{out}	? kg/s	x_3^{in}	0mg/kg
L_{13}^{out}	0	L_{32}^{out}	0	L_1^{in}	? kg/s	x_4^{in}	9.3mg/kg
L_{14}^{out}	0.19kg/s	L_{33}^{out}	0	L_4^{in}	0.19kg/s	G	0.15kg/s
L_1^{out}	0.19kg/s	L_{34}^{out}	0	x_1^{out}	9.3mg/kg	y_1^{out}	? mg/kg
L_{21}^{out}	? kg/s	L_3	? kg/s	x_2^{out}	? mg/kg	y_2^{out}	? mg/kg
L_{22}^{out}	0	L_{51}^{out}	0	x_3^{out}	? mg/kg	y_3^{out}	0.48mg/kg
L_{23}^{out}	0	L_{52}^{out}	0.075kg/s	x_5^{out}	0mg/kg		
L_{24}^{out}	0	L_{53}^{out}	0.075kg/s	x_1^{in}	? mg/kg		

最优的混合和循环速率（其最佳的含义是指产生的氯乙醇的数量最少），可以用线性规划法予以确定。详细介绍参见El-Halwagi（1997）。初始的流程如图4.69所示，最优化流程见图4.70和表4.29。

表4.29比较了氯乙醇的产生、废水的流率、废水处理单元中氯乙醇的负荷以及优化的和最初的新鲜水的输入量。建议方案中新鲜水的用量是最初生产的38%，且废水处理单元的负荷由0.19kg/s减少为0.10kg/s。废水处理单元中氯乙醇的负荷由1.8mg/s减少为0.68mg/s。最后，反应器中氯乙醇的产生速率由1.9mg/s减少为0.76mg/s。

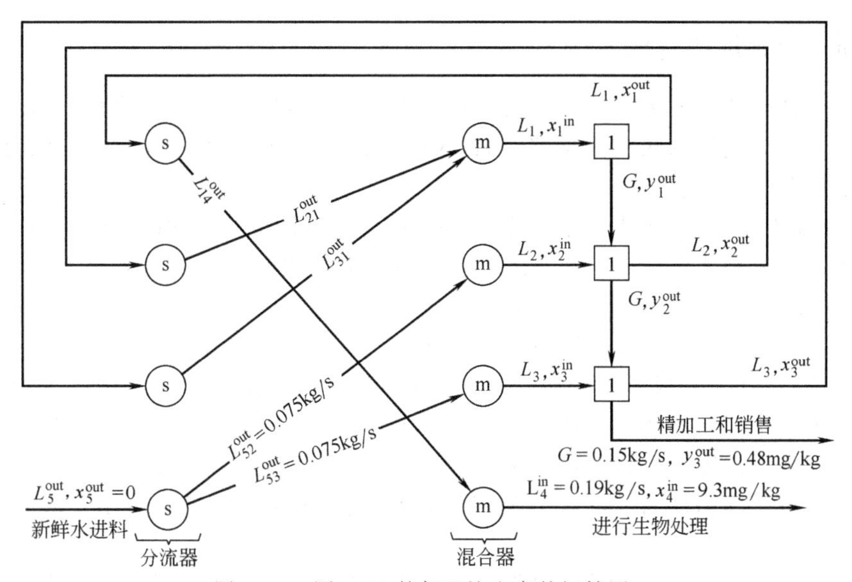

图 4.69 图 4.68 的氯乙烷生产的初始图

表 4.29 应用优化离析、混合、再循环策略之前后的氯乙烷生产特性

参数	优化之前	优化之后	参数	优化之前	优化之后
废水处理量/(kg/s)	0.19	0.10	反应器中净产生的氯乙醇/(mg/s)	1.9	0.76
废水流中氯乙醇的浓度/(mg/kg)	9.3	6.8	新鲜水的使用/(kg/s)	0.15	0.057
废水处理中氯乙醇的负荷/(mg/s)	1.8	0.68			

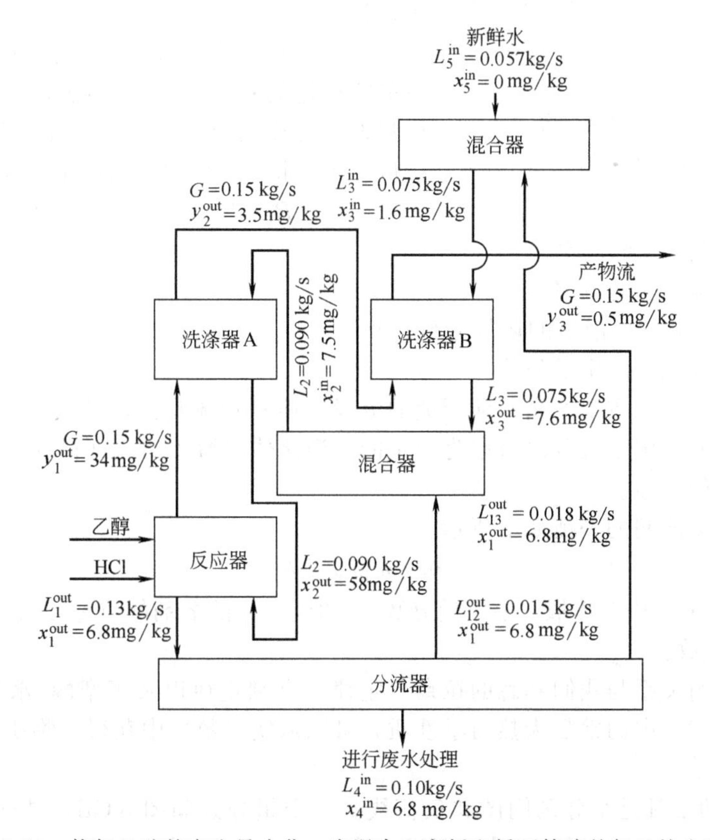

图 4.70 使氯乙醇的产生最小化，有混合、离析和循环策略的氯乙烷生产图

4.6.3 质量交换网络合成

一种更为严格的物质集成的流程图工具是质量交换网络（MEN）合成。MEN 合成类似于本章 4.5 节已讨论过的热交换网络（HEN）合成。然而，HEN 合成的目的是能量效率，MEN 合成的目的是质量效率。

与源-阱流图以及优化离析、混合和循环再利用法不同的是，MEN 不会通过重新设置过程流股的路线而实现质量集成。相反地，它们涉及流体之间直接的物质交换。MEN 合成最初由 Manousiouthakis 和他的合作者在 UCLA（参见 El-Halwagi 和 Manousiouthakis，1989）提出，被用来系统地生成物质交换的网络，目的是将物流中的污染物优先传递到其有价值的物流中。MEN 合成可用于逆流、直接接触的传质操作中，例如吸附、脱附或渗析。

石油精炼厂中苯酚的案例提供了一个应用 MEN 防治污染的例子。在这些炼油厂中，苯酚是催化裂解单元的废水、脱盐器的洗涤水和用过的清洗水中的污染物。在其他精炼的流股中，苯酚却是有用的添加剂。可以用 MEN 将苯酚迁移到需要它的流股中，从而预防精炼厂废水中的苯酚污染。

从本章前节知道，热量集成中限制热传递的是能量平衡和正的传热推动力。类似地，传质要受到质量守恒和平衡的限制。这些限制是：

① 富物流（物质从中迁移的流体）中传递物质的总量应该等于贫物流（接收物质的流体）接受的物质量；

② 传质仅在富物流和贫物流相比存在正传质推动力的时候才是可能的。

图 4.71 质量交换网络合成分析的质量平衡图

接下来我们将结合这些限制对 MEN 合成做详细地讨论。

因为它在一些流股中有积极的应用价值，因而不能将传递的物质归为污染物质，在接下来的讨论中将期望传递的化合物视为“溶质”。图 4.71 中从流股 i 到流股 j 溶质传递的质量平衡方程式

$$R_i(y_i^{in}-y_i^{out})=L_j(x_j^{out}-x_j^{in}) \qquad (4.41)$$

式中 R_i——富物流 i 的流率；

L_j——贫物流 j 的流率；

y_i——富物流 i 中溶质的质量分数；

x_j——贫物流 j 的质量分数。

注意到富物流是溶质浓度高于期望值的流股，而贫物流是溶质浓度低于期望值的流体。对于本章中的分析，假定流股的流率为恒定的，当流体中溶质的浓度很低且没有其他物料的迁移时这是合理的近似。

富物流和贫物流间的平衡如下所示

$$y_i=m_jx_j^*+b_j \qquad (4.42)$$

式中 x_j^*——流股 j 中与流股 i 中质量分数 y_i 达到平衡的溶剂的质量分数；

m，b——常数。

这种线性平衡关系与我们熟悉的拉乌尔定律、亨利定律以及正辛醇/水分配系数的表达式类似。式（4.42）中的常数为热力学性质，可以从实验数据中获得。物质传递的正推动力限制为：$x_j>x_j^*$。

MEN 合成的工具是组分区间图和负荷线。一个组分区间图（CID）描述了所要考虑的富物流和贫物流。表 4.30 所列的富物流和贫物流的 CID 如图 4.72 所示。为了构建这个图，

表 4.30　两种富物流和一种贫物流的流股数据

富物流				贫物流			
流股	流率/(kg/s)	y^{in}	y^{out}	流股	流率/(kg/s)	x^{in}	x^{out}
R_1	5	0.100	0.030	L	15	0.000	0.050
R_2	10	0.070	0.030				

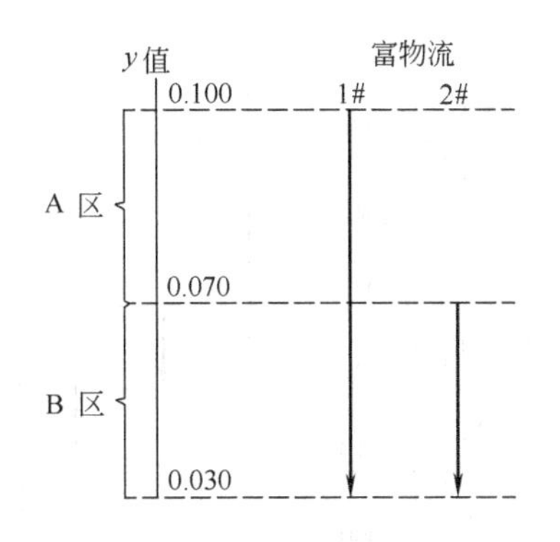

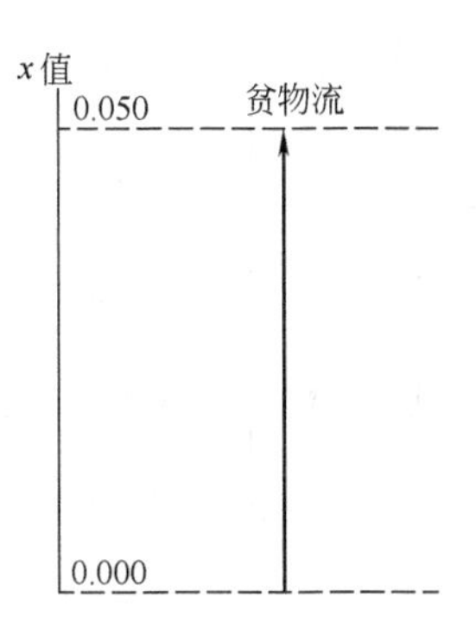

图 4.72　表 4.30 中流体的组分区间图

用带箭头的垂线表示各流股，它的尾端对应于输入的质量分数，而它的前端对应于出口的质量分数。接下来的例子将进一步说明如何在 CID 图上绘制出贫物流和富物流。

【例 4.18】　构建组分区间图

对表 4.31 所示的富物流构建一个 CID。在 CID 的帮助下，计算在 CID 的每一个区域内从富物流中传递出的物质量（kg/s）。每个区间内从富物流而来的物质的传递等于（$y^{out}-y^{in}$）$\times R_i$，其中 y^{out}和 y^{in}分别为进入和流出富物流的质量分数，R_i 是此区间内富物流的总流率。注意富物流间的传质是负值，因为它们在损失物质。

表 4.31　三种富物流和一种贫物流的流股数值

富物流				贫物流			
流股	流率/(kg/s)	y^{in}	y^{out}	流股	流率/(kg/s)	x^{in}	x^{out}
R_1	5	0.100	0.030	L	15	0.000	0.140
R_2	10	0.070	0.030				
R_3	5	0.080	0.010				

解　表 4.31 中所示的富物流产生的 CID 图见图 4.73。每个区间的质量传递为

区间 $1=(y^{out}-y^{in})\times R_i=(0.080-0.100)\times 5\text{kg/s}=-0.10\text{kg/s}$

区间 $2=(0.070-0.080)\times(5+5)\text{kg/s}=-0.10\text{kg/s}$

区间 $3=(0.030-0.070)\times(5+10+5)\text{kg/s}=-0.80\text{kg/s}$

区间 $4=(0.010-0.030)\times 5\text{kg/s}=-0.10\text{kg/s}$

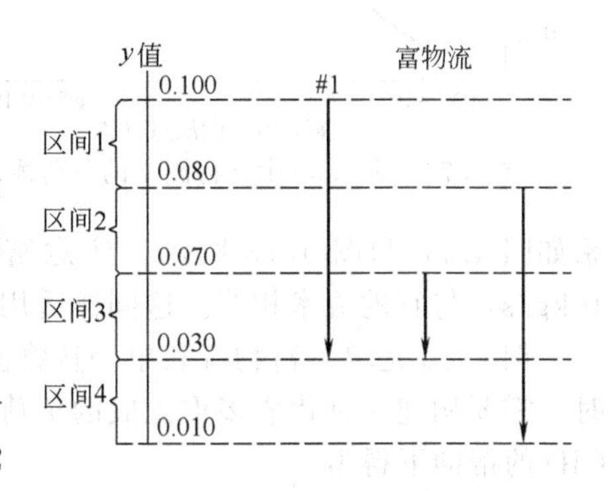

图 4.73　例 4.18 的富物流的组合区间图

图 4.72 中，用独立的坐标轴表示富物流和贫物流的组成，这些轴通过平衡关系相结合。如果此区间考虑的物质的平衡关系可以表示为

$$y=0.67x^*$$

则富物流中的质量分数 $y=0.1$ 与贫物流中的质量分数 $x^*=0.15$ 相平衡。通过应用质量平衡将图 4.72 所示的贫物流组成转化为富物流组成和多余质量，可

以构建出如图 4.74 所示含有共用坐标轴的复合 CID 图。

【例 4.19】 构建复合组分区间图

对表 4.31 所示的三种富物流和一种贫物流构建一个 CID。区间的平衡关系表示为

$$y=0.67x^*$$

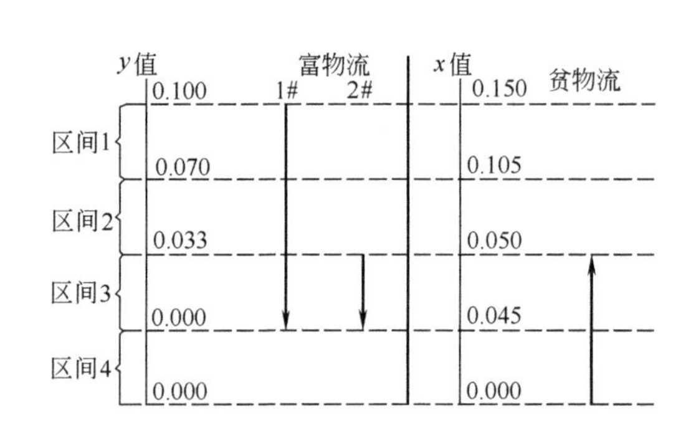

图 4.74 表 4.30 中流体的复合组分区间图

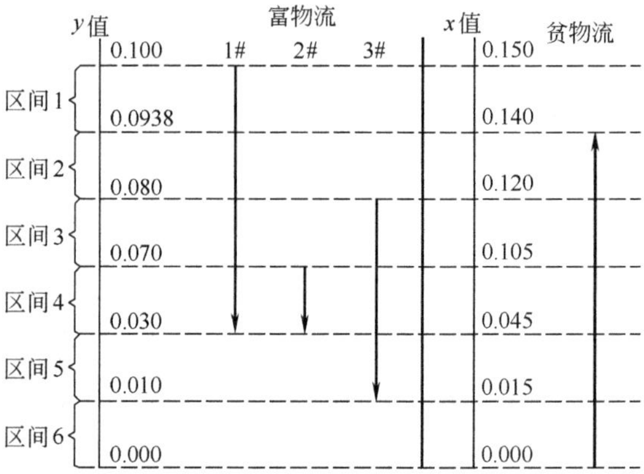

图 4.75 例 4.19 中表 4.31 所示流体的复合区间图

解 复合的 CID 如图 4.75 所示。

负荷线表示溶质的流率与流股组分的函数关系。这些负荷线与 HEN 合成的复合曲线类似，其区别在于用传质量代替传热量，用溶质的浓度代替温度。

举例说明如何构建单一流股的负荷线。以表 4.30 中的 R_1 为例。在它的入口处，流股还没有开始交换溶质，所以它的负荷线的一端是 $y^{in}=0.10$，传质量=0。在它的出口处，流股已经交换 5kg/s ×（0.03 − 0.10）或 − 0.35kg/s，所以相应的另一端点为（0.03，−0.35）。在出口处的传质量是负值，因为物质正从流股中迁移出去。这个负荷线如图 4.76 所示。注意有一个指向左下方的箭头表示传递的方向。在接下来的例子中，请读者构建表 4.29 中剩余流股的负荷线。

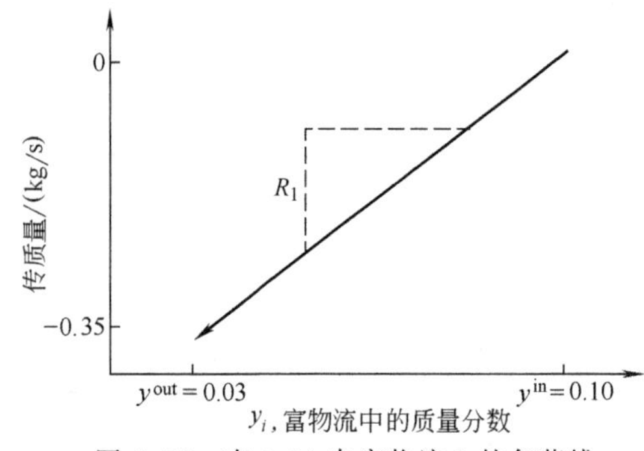

图 4.76 表 4.30 中富物流 1 的负荷线

【例 4.20】 构建负荷线

在独立坐标中，构建表 4.30 中的 R_2 和 L 的负荷线。传质量=（输出的质量分数−输入的质量分数）×质量流率。

解 富物流的一个端点是 y_2^{in}，此处没有物质的交换。因而，传质量 0 = kg/s，$y=0.07$，另外一个端点是［0.03，10×(0.03−0.07)=−0.4］。贫物流的负荷线的端点是 0kg/s，$x=0$ 和 0.75kg/s，$x=0.05$。在给定的坐标轴上标注这些点，传质量（kg/s）和质量分数之间的关系如图 4.77 和图 4.78 所示。注意富物流负荷线的斜率是（0.4−0)/(0.07−0.03）或 10kg/s，与它的流率相等。这同样适用于贫物流的负荷线。

例 4.20 是单一富物流和单一贫物流的负荷线。当需要考虑的富物流和贫物流多于一种时，需要构建一种代表多重流股的负荷线，称之为集成负荷线，是单独的负荷线的加和，在 CID 的帮助下得出。

作为例子，表 4.30 所示的富物流的集成负荷线标注于图 4.79 中。这个集成曲线是图

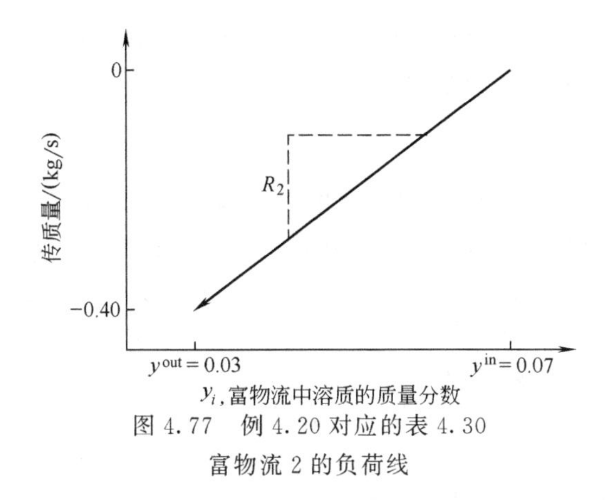

图 4.77　例 4.20 对应的表 4.30 富物流 2 的负荷线

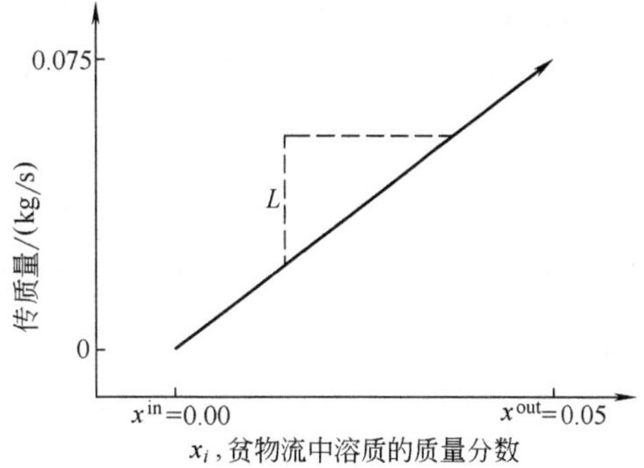

图 4.78　例 4.20 对应的表 4.30 中贫物流的负荷线

4.76 和图 4.72 所示的负荷线的加和。它由两部分组成，分别对应图 4.77 中 CID 的区间。区间 A 是富物流的质量分数大于 0.07 且小于 0.1（$0.07\leqslant y\leqslant 0.1$）。只有 R_1 满足要求，所以在这个复合区间内富物流的总流率是 5kg/s。负荷线的起点是（0.1，0.0）。由于每一个 CID 区间传递的物质等于此区间出口的质量分数减去入口处的质量分数再乘以此区间内的流率的和。因而，在 $y=0.07$ 处，5kg/s×(0.07－0.1) 或 －0.15kg/s已经被传递，则此区间负荷线的终点是（0.07，－0.15）。同先前一样，负荷线的斜率等于流股的质量流率。区间 B 是摩尔分数小于 0.07 而大于 0.03 的富物流，两种富物流都在此范围中，这部分的负荷线终点是 $y=0.03$，质量传递＝－0.15kg/s＋15kg/s×(0.03－0.07)＝－0.75kg/s。当绘制负荷线时，它的斜率等于这个区间内所有流股的流率之和。这部分负荷线的起始点是先前一区间的终止点。

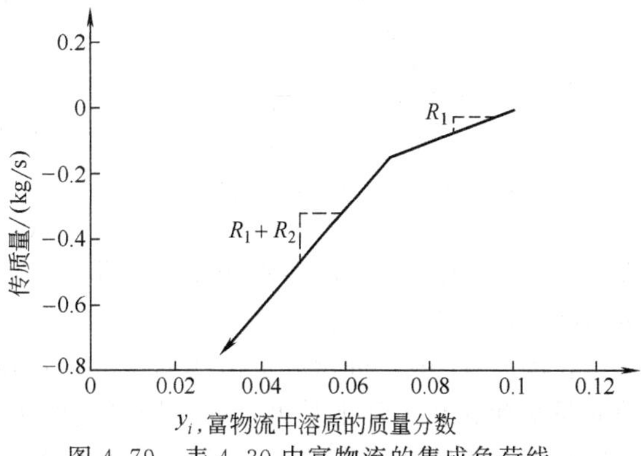

图 4.79　表 4.30 中富物流的集成负荷线

【例 4.21】 构建集成的负荷线

标绘表 4.31 所示的富物流的集成负荷线。以从富物流而来的总传质量为基础，计算贫物流需要的最小流率。在接下来的例子中分析了有效的利用这种简单的总质量平衡方法来确定贫物流的最小流率。

解　富物流的集成负荷线部分的终点是（0.1，0）、（0.08，－0.10）、（0.07，－0.20）、（0.03，－1.0）和（0.01，－1.1），如图 4.80 所示。注意标绘连续的负荷线时，利用累积的传质量，每个区间的传质量与前面区间的传质量的累加。如果富物流传递的质量等于贫物流获得的质量，且从富物流中传递的质量总数为 1.10kg/s，则表 4.30 中贫物流得到的质量为 L（0.14－0.0），其中 L 是贫物流的流率。因而，

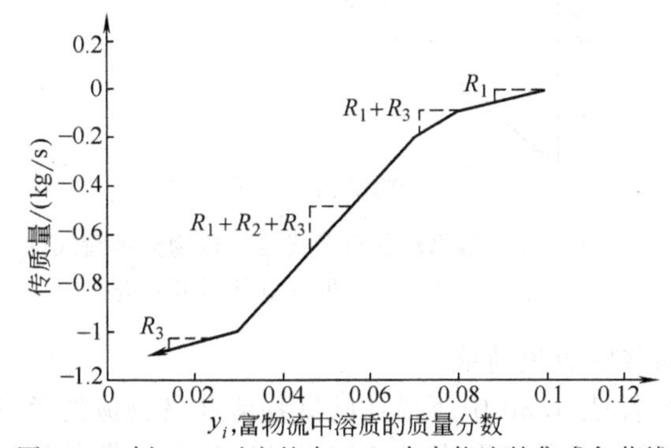

图 4.80　例 4.21 对应的表 4.31 中富物流的集成负荷线

$$L(0.14-0.0)=1.10 \quad 或$$

$$L=7.86\text{kg/s}$$

构建负荷线图的下一步是在同一坐标内标示富物流和贫物流。因为有复合 CID 图，将它与负荷线图、平衡关系相结合，假定在所考察的区间内数值关系为

$$y=0.67x^*$$

一个复合图可以通过一系列不同的方法得到，结果都相同。这里用来构建表 4.30 所示流股的复合图时，首先标注贫物流的负荷线（如图 4.81 所示）。富物流的集成负荷线在将富物流的质量分数转化为与之平衡的贫物流质量分数后，添加于图中，这样得到图 4.74 中的 CID。富物流的集成负荷线可以垂直平移，其位置决定了贫、富物流间的搭配。富物流负荷线之所以能垂直平移，是因为 y 轴的传质量不是绝对量，而是相对量，即表示点之间传质的不同。因此，富物流集成曲线在 x 轴的起点 x^* = 与之平衡的贫物流的质量分数 = 0.10/0.67 = 0.15，曲线指向左下方，斜率为 $0.67R_1$。接下来的点是 x = 0.07/0.67 = 0.10，其中斜率变化为 $0.67(R_1+R_2)$。负荷线终点位于 x = 0.03/0.67 = 0.045。表 4.30 中所示的贫物流和富物流的负荷线一同被标绘在图 4.81 中。如前所述，富物流集成负荷线可以垂直平移到任意位置。

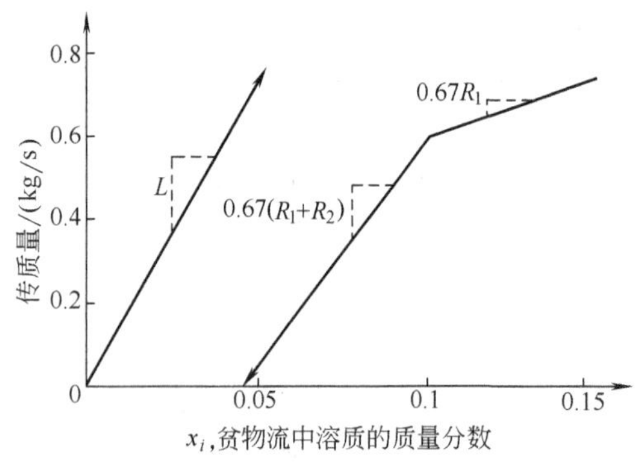

图 4.81 表 4.30 中物流的集成负荷线

在图 4.81 中，贫物流负荷线的每一点都位于富物流的集成负荷线的左侧。这表明期望的质量交换在热力学上是可行的（即平衡约束是满足的），而且这种传递可以用有限尺寸的交换器就能实现，不需要其他任何流股中输入或输出质量交换。在图 4.82 中，贫物流的负荷线处于富物流负荷线的左端，除了一个点——窄点处的线相交。这种情况下的质量交换在热力学上是可行的，但是需要无限大的质量交换器（例如，无限多理论板数）。因而，实际情况必须被控制在负荷线之间存在水平方向的 ε 正偏差时进行。ε 是物质交换的正推动力。如果在贫物流负荷线的任一点都位于富物流负荷线的右侧（图 4.83），期望的质量交换在热力学上是不可行的。实际上，有这些特性的流股相接触时，所发生的是从贫物流向富物流传递的质量交换。可以通过向下移动富物流的负荷线将这种不可行的情况变为可行的。

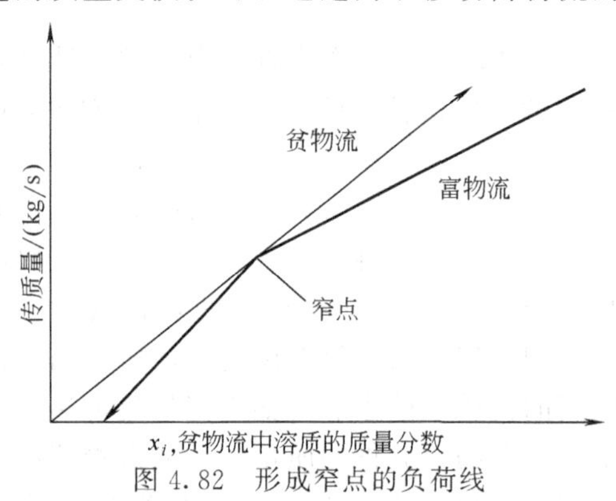

图 4.82 形成窄点的负荷线

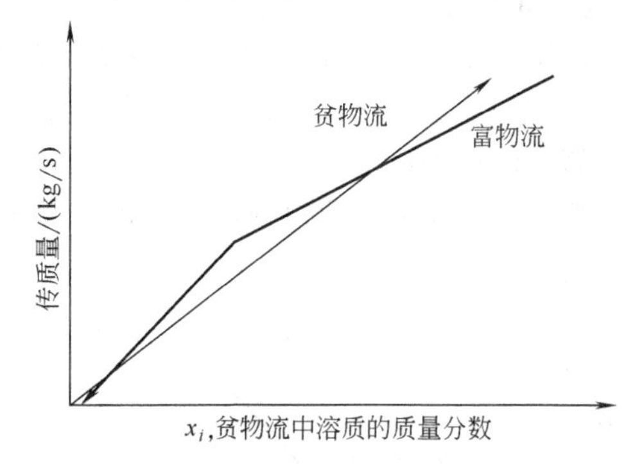

图 4.83 富物流的负荷线位于贫物流负荷线的左侧时，热力学分析传质是不可能进行的

【例 4.22】 在同一坐标轴上标绘富物流和贫物流负荷线

利用例 4.20 产生的 CID，在同一个图中标注表 4.30 中所描述的富物流和贫物流的负荷线以表示窄点。设贫物流的流率是 8kg/s。只通过搭配富物流和贫物流可以达到预期的浓度

吗？例 4.21 中当贫物流流率取最小值时，溶质的浓度如何？是否存在一合适的贫物流流率，在此流速下仅通过流股间的搭配就能实现所有期望的质量交换呢？如果有，流率是多少？

解　将富物流集成曲线添加到贫物流负荷线图中，可方便地确定窄点的位置，标注它再做进一步计算。通过考察图 4.80，可见 $x=0.07/0.67=0.104$ 的点就是窄点。此处传质量可以通过贫物流负荷线的方程来得到，此方程为

$$传质量=8x\ (\mathrm{kg/s})$$

因而，富物流集成负荷线第一个标注的点是（0.104，8×0.104=0.832），其余的点如图 4.84 所示。目标浓度仅通过流体间的传质交换是不能实现的，这是因为：

(a) 富物流与贫物流质量交换后，溶质浓度大于目标浓度（见图 4.84 左下方）；

(b) 贫物流与富物流传质交换后，溶质浓度高于期望的浓度值（见图 4.84 右上方）。此时贫物流的流率（8kg/s）大于例 4.21 中计算得到的最小贫物流的流率，但是它不能满足所必需的质量变换。不存在一个贫物流的流率，仅通过流股间相搭配就能达到所有期望的质量交换。

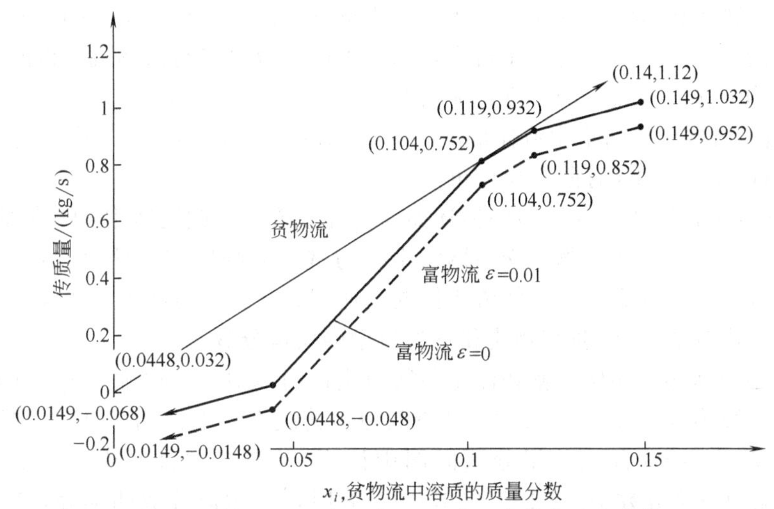

图 4.84　例 4.22 对应的表 4.31 中流体的集成负荷线

富物流和贫物流负荷线相结合，可显示来自贫物流和富物流的多余的传质能力。必须慎重确定这些区间，如果在热力学上是不可能的，就要从图 4.81、图 4.82、图 4.83 中删去。考察图 4.85 所示的区间Ⅰ、Ⅱ、Ⅲ。在区间Ⅰ内，贫物流可以交换更多的物质使溶质浓度增加，但缺少富物流，必须通过其他方法而不是与富物流进行物质交换，使贫物流达到目标浓度。例如，向贫流中添加溶质。在区间Ⅱ内，贫物流和富物流搭配进行质量交换，既无多余，也无不足。在区间Ⅲ内，富物流过多，贫物流不足，需要引入外来的贫物流质量分离剂使富物流达到目标浓度。例如，吸附剂（如活性炭等）可以用作吸附过量的溶质（富物流中的污染物质）。对于图 4.85 所描述的富物流和贫物流，富物流负荷线在窄点处（$\varepsilon=0$）所需的溶质量，外部贫物流或质量分离剂的量最少。当 ε 增加时，操作费用（溶质的费用和质量分离剂的费用）会增加，投资费用（网络费用）会下降。ε 减小时，操作费用下降，投资费用增加。与 HEN 合成类似，可以找到一个合适的 ε 值使每年总的费用最小。

MEN 合成是十分有效的。它可以用图确定窄点的存在，并且可以显示物质交换在热力学上是否可行。综合上述步骤就是物质交换网络的合成。集成负荷线图表明了在物质交换网络中富物流和贫物流相接触的地方。例如，图 4.84 揭示了当贫物流存在于物质交换网络中

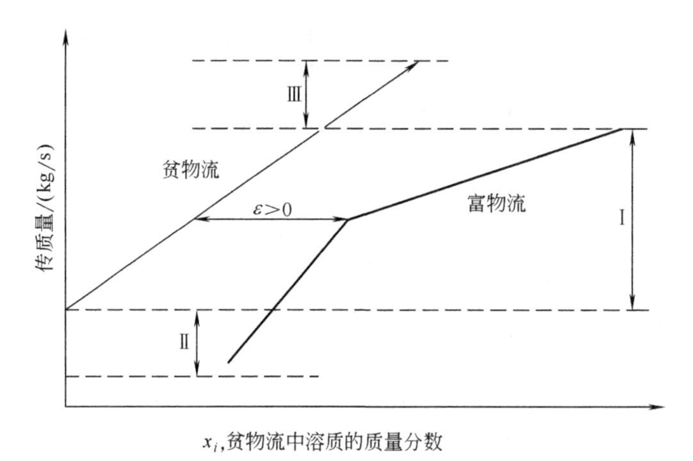

图 4.85 集成负荷线的三个区域

时富物流 1 与贫物流相搭配。继而，贫物流的质量分数位于 $0.60/L_1=0.04$ 时，贫物流被分成 3 股，其中的三分之一与富物流 1 搭配，而余下的三分之二与富物流 2 搭配。在这个物质交换网络中贫物流在同一点与两个富物流搭配。

【例 4.23】 物质交换网络中流体搭配（摘自 Allen 和 Rosselot，《化工过程污染防治》，1997，经 JohnWiley&Sons 有限公司许可）

在图 4.84 的最佳物质交换网络中描述如何搭配各流股（此网络中 ε 的值等于 0.01）。首先，富物流 1 在贫物流存在于物质交换网络中时与贫物流相搭配，继而沿着物质交换网络，贫物流分为两部分，三分之一与富物流 1 搭配，而三分之二与富物流 2 搭配。完成此物质交换网络，并且给出分股/汇流时富物流和贫物流中的质量分数。

解 如问题中陈述的那样，富物流 1 与物质交换网络中的贫物流接触。在这点，贫物流中溶质的质量分数为 0.952/8=0.119（从贫物流负荷线方程中得到），而富物流的质量分数为 0.149×0.67=0.10（直接从组分区间图中读出）。在贫物流的质量分数是 0.852/8=0.107 且富物流的质量分数是 0.119×0.67=0.08 时，贫物流分成两部分，1/2 与富物流 1 搭配，而另 1/2 与富物流 3 搭配。当贫物流的质量分数为 0.752/8=0.094 时，贫物流分成 3 部分，富物流的质量分数为 0.104×0.67=0.07；此时，贫物流有 1/4 与富物流 1 搭配，1/2 与富物流 2 搭配，而余下的 1/4 与富物流 3 搭配。为了得到富物流离开物质交换网络时贫物流中溶质的质量分数，首先要知道富物流集成负荷线中相关部分的方程式。这个负荷线的斜率是

$$m=0.67(R_1+R_2+R_3)=13.4\ \text{kg/s}$$

并可以通过已知点得到交点截距

$$0.752\text{kg/s}=13.4\text{kg/s}(0.07/0.67)+b$$

因而 $b=-0.648$kg/s。可以得出与 x 轴相交的负荷线的质量分数

$$0=(13.4\text{kg/s})x-0.648\text{kg/s}$$

这意味着当富物流中溶剂的质量分数为 0.67×0.648/13.4=0.0324 时，富物流会离开物质交换网络。贫物流在此点的质量分数为零。图 4.86 是此网络的流程图。窄点处流体的匹配是非常复杂的（见 Douglas，1988；El-Halwagi，1997）。MEN 合成更多细节的描述见 El-Halwagi（1997）。

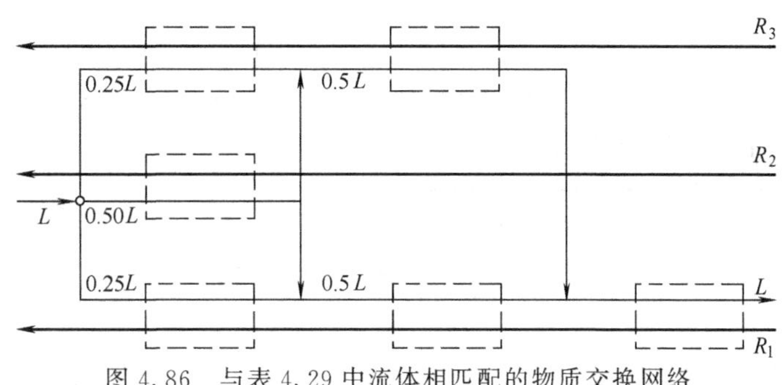

图 4.86　与表 4.29 中流体相匹配的物质交换网络

虚线表示例 4.23 的物质交换单元

4.7　批处理过程的过程合成

目前，化学工程发展的新动向之一是批处理过程。间歇/半连续过程作为精细化工、生物化工、医药工业、食品工业等的主要过程，近年来又受到世界科学界的重视。批处理过程的一个显著特点，就是它具有生产的灵活性，即对于同一系列的生产设备，可利用它按市场需要生产多品种产品。那些高价值、低产量或生产过程复杂，生产周期长，特别是有固相中间体的产品，按经济法则分析，最适合采用批处理过程生产。按世界生产发展预测，在现在与将来，批处理过程不但不会被淘汰，而且将与连续过程长期并存下去。该过程的生产产值在上述工业中始终占有优势。

批处理过程设计与操作时间最佳化的研究，早在 20 世纪 60 年代，Ketkentner（1960）、Youle（1960）等就首先开始了，但直至 70 年代以后才得到重视与发展。1970 年 Loonker、Robison 及 Hellinckx 探讨了单一产品间歇过程的最佳设计问题。随后 Robison、Loonker（1972）和 Grossman、Sargent（1979）处理了多产品间歇生产过程中平行设备元的数目及设备体积的最优化问题。F. Carlknopt 等（1981）较细微地讨论了最优化设计的目标函数的确定问题，他们建议要把经验的单位产品的能量消耗加入到总成本的目标函数元中。IrenSuhaml等（1981）研究了多目的间歇厂的最佳化设计问题。高松武一郎等（1982）着重解决了具有中间贮槽的间歇/半连续过程的设计与操作优化问题，在此基础上他们（1984）又提出了具有中间贮槽的批处理过程的弹性设计问题。Jog Lekert 和 Pek Laitis（1983）提出了他们设计的批处理过程的模拟器 Boss 软件包。但由于批处理过程的复杂性，其潜在的自由度大大地多于连续过程，所以迄今为止批处理过程尚无统一的分类方法，也没有受到世界公认的通用软件包。当前批处理过程仍处于开发和研究阶段。

4.7.1　批处理过程

批处理过程，也就是间歇/半连续过程，它包括间歇操作及半连续操作。间歇操作的特点是在操作周期内的任一时刻，设备都不能处于同时进料与出料状态。半连续操作是以周期地开车、停车以及在操作周期内连续运转为特征。图 4.87 所示为批处理过程的示意图，例如图中反应罐 1 为间歇操作设备，而泵 2 为半连续操作。

批处理过程与连续过程相比，有以下几点主要区别。

① 连续过程的操作，在正常状态下系统是处于稳态或其附近的状态，而批处理过程是处于不断变动的动态过程。分析前一过程，需对过程进行稳态模拟；而欲对后一过程的设计与操作实现最佳化，需要对过程进行动态模拟并求解最佳操作时间表。

② 连续生产的化工厂，一般是固定 1 或 2 个品种产品的生产，生产操作是在给定设备

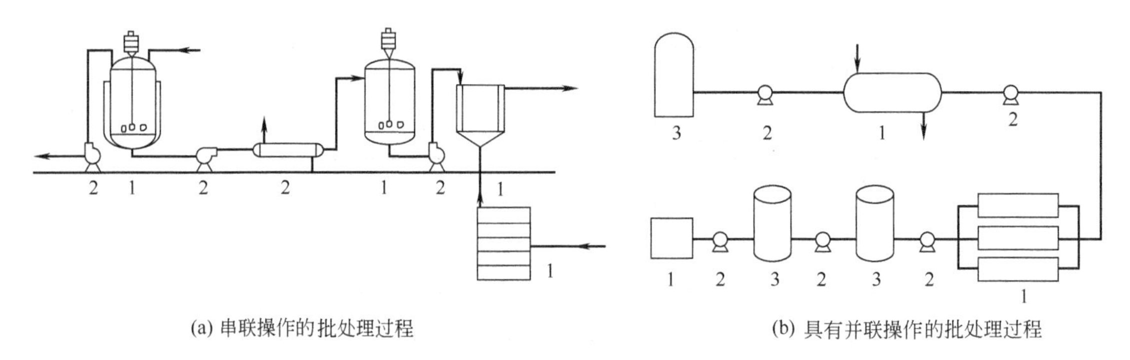

(a) 串联操作的批处理过程　　(b) 具有并联操作的批处理过程

图4.87 批处理过程示意图
1—间歇操作设备；2—半连续操作设备；3—贮槽

中以固定的顺序进行的。而批处理生产的化工厂则常常是多产品或多目的生产，生产操作的形式也是多样化的。可能有并联操作，也可能是串联操作，或者是多次反复地进行以上两种操作，甚至对同一品种产品按不同的市场要求，可用不同的方法或设备生产。所以，对批处理生产的设计要充分考虑市场需求的特征，要适应多品种要求，设计要具有弹性。

③ 批处理过程具有周期性，生产是按一定周期的时间表反复进行，操作周期内既包括生产时间也必须包括辅助操作时间即准备、清洗、更换等操作所需的时间安排。

区别于连续过程，批处理过程工厂的设计与操作最佳化的主要内容为：

ⓐ 各产品生产工艺过程合成及生产设备选型的最佳化；

ⓑ 单一设备间歇/半连续操作行为的最佳化；

ⓒ 产品生产设备序列操作的最佳化；

ⓓ 单一产品间歇生产厂设计最佳化；

ⓔ 多产品工厂设计的最佳化；

ⓕ 现存工厂的挖潜与操作的最佳化。

其中，第一项内容的实现方法与连续过程没有原则区别，故在本节中不再介绍。本节着重介绍ⓑ～ⓕ各项内容。

4.7.2 过程合成的最佳化

4.7.2.1 单一设备间歇操作行为的最佳化

单一设备间歇操作行为的最佳化是以指定的操作指标为目标函数，根据描述间歇操作行为的动态模型，模拟解出最佳操作变量分布（或随时间分布或随位置分布），按此分布函数控制操作变量，则可实现操作行为的最佳化。对于不同的间歇单元操作，衡量操作行为最佳化的目标函数——特定的操作指标，不尽相同。如反应操作习惯以产率为目标函数，精馏过程则常注目于分离纯度，结晶操作要求粒度分布为最佳等。但也常常选用成本或操作周期为较通用的目标函数。对不同的间歇单元操作有不同的最佳操作变量分布。例如，对于间歇反应是反应温度分布及加料速度分布；对于间歇精馏是回流比分布或滞液量分布；对于间歇结晶是结晶温度分布等。

针对反应、精馏、结晶等不同的单元操作，进行操作行为最佳化的研究，早在20世纪60年代就开始了。区别于连续过程，所使用的最佳化方法不是恒定操作条件最佳化问题，而是连续操作变量的最佳化。连续变量最佳化方法有多种，但应用得最广泛的是Pontryagin最大原理。求解的路线是首先构造Hamiltonian函数，将含有n个状态变量的动态模型（一般是偏微分方程）化为含有n个协状态变量的常微分方程组，然后，再按照目标函数的要求积分优化求解，解出最佳操作变量分布。

按照最佳化操作变量分布操作所得的效益，一般是与常规的恒定条件操作的指标相比较，常用图解法或表格法来表示。图解法是用可达区域图图解比较。以指定的操作指标为纵坐标，按一定的操作变量分布控制操作，将不同时间所达到的操作指标与时间做图，所绘出的曲线为可达区域边界，所圈出的区域为可达区域。很明显最佳操作变量分布进行操作，其所圈出的可达区域边界必然高于其他任意操作条件的可达区域边界。图4.88给出了一级可逆放热反应（活化能比 $E_{逆}/E_{正}=1.4$）在不同目标函数下的可达区域的比较。表4.32给出了相对于图4.88条件的最佳恒温操作与按最佳温度分布操作所达到的目标（操作指标）函数的比较。由表4.32可见，相对于不同的操作指标取得高达6%～47%效益。聚合、精馏与结晶有关方面的研究也各有报道，在此不一一列举。总之，不论什么过程，只要应用最佳操作变量控制操作，皆可取得明显的效益。

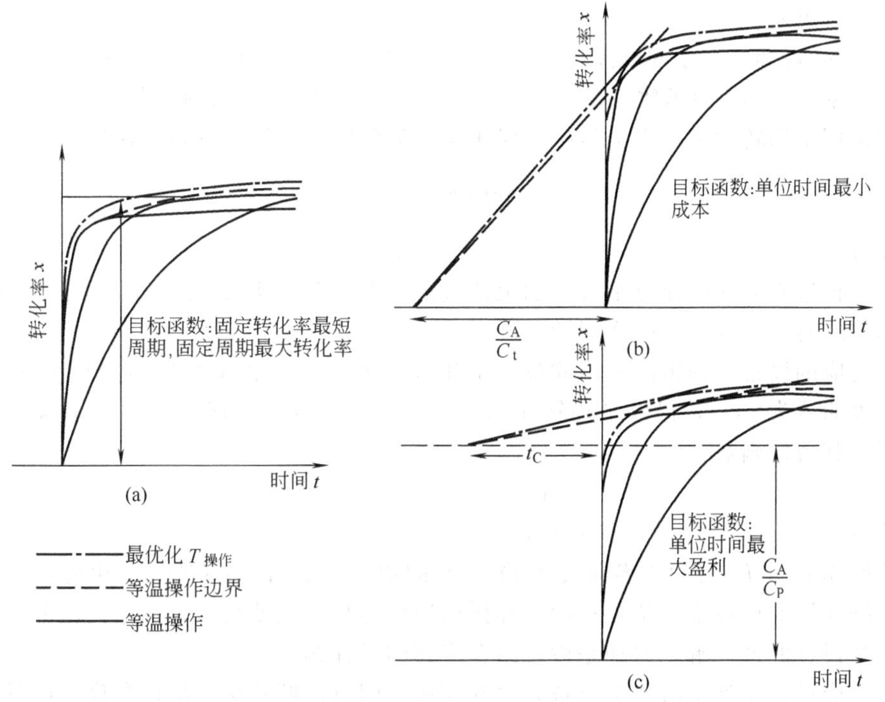

图4.88 一级可逆放热反应在不同目标函数下可达边界曲线比较

表4.32 最优等温反应器与最优温度变化反应器的功能比较①

目标函数	约束条件	最优等温反应器的功能	最优温度变化反应器的功能	最优温度变化反应器的相对优点
转化率最高	时间给定 $t=1.4$	0.802	0.834 转化率高	1.04
反应时间最短	转化率给定 $x=0.85$	2.83	1.72 时间短，好	1.67
单位产品的费用最少	原料费用 C_A 操作时间费用 C_t 每批产品 x $\min\frac{C_A+C_tt}{x}=\max\frac{x}{\frac{C_A}{C_t}+t}$，由 $t=-\frac{C_A}{C_t}$，$x=0$ 点作边界曲线的切线，其切点对应的时间即为所求，如图4.88(b)所示			1.04
市场不限定时每批的最大效益	产品价值 C_p^x 原料费用 C_A 各批间的转换时间 t_c $\max\frac{C_px-C_A}{t+t_c}$，由 $t=-t_c$，$x=\frac{C_A}{C_p}$ 点向边界曲线作切线，切点处的 x 值即为所求，如图4.88(c)所示			1.30

① 一级可逆反应，逆反应与正反应的活化能之比为1.4。

4.7.2.2 产品生产设备序列操作的最佳化

产品的生产过程按其生产工艺的复杂程度，可由一个工段（由几个设备组成的设备序列）来完成，也可经过几个工段或几个车间才能完成。所以，欲实现产品间歇生产的设计与操作的最佳化，首先应研究作为一个基本环节的设备序列操作的最佳化。

前面已经讨论过单个间歇操作设备的最佳操作时间表，按照这个时间表完成一次批量操作所需的时间（计入了辅助操作时间）称为该设备的最佳操作周期。对于产品生产的每一设备序列，可由几个间歇（或半连续）操作的设备元组成，对应于主要的间歇操作设备元都可求出各自的最佳操作周期。当这些个别的操作周期差别比较大时，如何确定整个设备序列的最佳操作周期呢？设备序列的最佳操作周期又与每个设备的最佳操作周期有什么关系呢？很显然，为了不浪费各个设备的生产能力，对于单一产品的生产过程，在同一设备序列中的各个设备应以相同的操作周期衔接操作为最适宜。下面以间歇反应为例，简单说明设备序列最佳周期的求解思路。

由图4.88可知，对于间歇反应，可达区域的边界曲线，实际上就是在最佳变量分布下操作的转化率和时间t的函数关系$f(t)$。对于间歇反应求取最佳操作周期的最佳化的目标函数，一般是用平均转化率最大为目标。对于单一的间歇反应器，其目标函数

$$\max p=\frac{f(t)}{t} \tag{4.43}$$

最佳解 $$f'(t)=f(t)/t$$

也就是说，将边界曲线的原点平移至加上清洗准备时间后的开始点，由该点向曲线作切线，其交点相应的时间即为最佳操作周期T_1。

如果反应的设备序列由两个串联反应器组成，如果反应器1的边界曲线为$f(t)$，反应器2的边界曲线为$g(t)$，仍以平均转化率为操作最佳化的目标函数，则对于这二元的简单设备序列，其目标函数

$$\max p=f(t)g(t)/t$$

最佳解 $$f'(t)/f(t)+g'(t)/g(t)=1/t$$

最佳操作周期T_2则为边界曲线$f(t)g(t)$的切线，如图4.89所示。由此可见，设备序列的最佳操作周期比各个设备独自的最佳操作周期为长，也就是说，这个共同的最佳操作周期不是各个设备的最佳解，但却是设备组合序列的最佳解。

如果反应设备序列是由几个设备元串联而成，则可仿照此法求出设备序列的共同最佳操作周期。

另外一类的特殊情况是，在设备序列中的各个主要的间歇操作设备元独立求解的最佳操作周期之间成n倍的关系，此时可以考虑重新安排设备序列，以便协调操作周期使之为最短。将几个周期长的设备元并联起来，再与一个短周期的设备元相连接的安排，即可达到上述目的。因为这时对应每一个长周期的设备元保证了其实际操作周期将为短周期的n倍。仍以上述反应器为例，如$g(t)$反应器的最佳周期是$f(t)$所代表的反应器最佳周期的2倍，则可考虑并联两个由$g(t)$描述的反应器，在这种情况下最佳化目标函数为

$$\max p=\frac{f(t)g(2t)}{t}$$

最佳解为 $$f'(t)/f(t)+2g'(2t)/g(t)=1/t$$

其最佳共同周期为$f(t)g(2t)$的边界曲线的正切所对应的时间，很明显比用简单串联法求解的最佳周期为短，如图4.89所示。

在实际的间歇过程中，单元操作是多样化的，问题比上例要复杂，设备序列的最佳化目

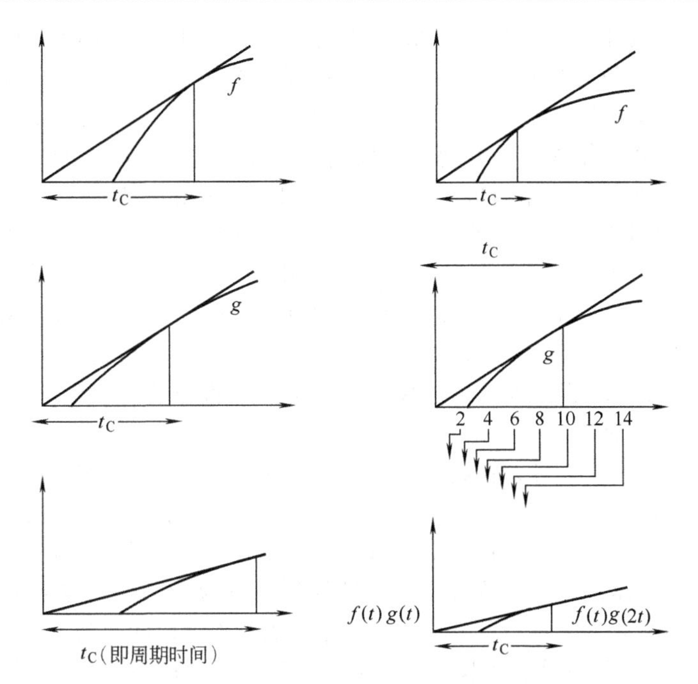

(a) 对于每一单元操作只有一个设备元　(b) 对于第 g 级操作有两个平行的设备元

图 4.89 循环周期的确定

标内容也较复杂。对最佳化目标的要求是，既要保证产品质量，又要求最低的成本（设备成本＋操作费）以及尽可能低的能耗（单位产品生产消耗的能量）。即使对于间歇反应，也不能始终以简单的平均转化率为唯一的目标函数。因为欲在设备序列中考虑并联设备时，就必然增加了设备费与操作费，最后的决策就是按成本函数等目标进行多目标优化求解。一般这类问题都属于非线性规划问题。

4.7.2.3 单一产品间歇生产厂设计最佳化

单一产品间歇生产化工厂，从原料到产品一般要经过几个工段而每一工段都是由一设备序列组成。当各个设备序列最佳操作方案初步确定后，可以此作为基本因素，按多层结构描绘产品生产过程，研究全厂设计的最佳化。工厂设计的最佳化包括两个主要方面，即设备尺寸的最佳化及设备链配制的最佳化。

经过以上计算所给出的最简单的情况是物料依次进入各工段，而各工段的最优操作周期又近似相等的情况，此时可把共同近似的操作周期作为全过程生产的最佳操作周期。这样做可同时充分地发挥所有设备的生产能力，并达到了操作指标的最佳化。当产量要求确定后，即可进行并完成设备尺寸最佳化的计算。

一般的情况是按原定工段的设备组合计算出的各个工段的最佳操作周期往往并不相同，有时差异较大。那么如何确定全过程的最佳操作周期呢？这时首先要考虑设备链（全过程设备序列）的重新配置，综合研究设备链配置（包括各工段设备序列的分工和重新组合）的最佳化、操作周期的最佳化与设备尺寸的最佳化。

设备链的重新配置，可以考虑：

① 操作任务合并；

② 设备元的平行配置与使用；

③ 工段任务链的中断；

④ 工段任务链的破坏。

如果少数工段的最佳操作周期明显低于其他工段的最佳操作周期，则可以合并操作任务，即所谓的“操作任务的合并”。例如在某些过程中有预热、反应、冷却等操作，则可以把它们合并在一个设备中进行。如果有个别工段的操作周期突出的长，则可以将该设备序列做并联安排，使其并联操作周期与其他工段周期相匹配。这两种配置的特点是仍然维持着间歇过程的整体性，假如某一产品的生产，并不一定要求过程的完整性，也就是说其中间产品较稳定，可以贮存相当长的时间。那么，当某几工段的最佳操作周期 n 倍于某一工段时，则可以对该工段重复 n 次批量操作，并将生产出来的中间产品贮存起来，最后一起输送至长周期的后续工段。这就是任务链中断安排的简例。在特定条件下，亦可以考虑先在全部设备序列内进行中间产品的制取，并将中间产品贮存起来，当中间产品足够量时再将它作为“原料”，并在重新安排各工段的配置后，再继续进行生产，直至获得最终产品为止。此为“任务链破坏”安排的另一简例。

针对一给定的具体生产任务，在确定的工艺路线下，究竟应按照哪种配置来确定设备的最佳尺寸呢？需要以指定的指标，即以设备成本最低、操作费最低、能耗最低分别为目标函数，亦可以以它们其中之一作为决策目标函数，进行最佳化计算来确定。现仍以图 4.88 所示的间歇操作流程为对象，具体讨论之。流程中的间歇操作设备为 M 个，半连续操作设备为 N 个，工厂的总生产能力为 W，T 为全流程操作周期，半间歇操作链段的数为 R，每一间歇操作设备批量周期为 t_i，每一半连续操作设备操作周期为 Q_i，V 为批量产品的总量。则该设计的最优化运算如以总投资函数 I 为目标函数，且假定可用幂指数定律费用-产量关系，则有

目标函数
$$\min I=\sum_{i=1}^{M} a_i\left(\frac{V}{T_i}\right)^{\alpha_i}+\sum_{k=1}^{N} b_k\left(\frac{V}{\theta_i}\right)^{\beta_k} \tag{4.44}$$

约束条件
$$W=V/T=\frac{V}{\sum_{i=1}^{M} t_i+\sum_{j=1}^{R}\theta_i} \tag{4.45}$$

式中 a_i，α_i——相应的主要设备投资估算因子；

b_k，β_k——辅助设备投资估算因子。

如果其中有 n 个并联设备，则其操作周期为 t_i/n。实际问题比较复杂，约束更多，如定型设备产品规格有限，设备尺寸改变时传热量不成比例地改变，不同单元操作的 t_i、θ_i 等都必须加以考虑。最佳化方法可用直接搜索或几何规划手法求解。

4.7.2.4 多产品工厂设计的最佳化

间歇（或半连续）过程经常被用来生产高产值低产量的产品，因而在同样的设备装置上安排生产多种产品在经济上是合理的，按此特点可设计多产品工厂或多目的工厂。

多产品工厂是指该厂生产固定的多种产品，它们的生产过程类似，而且可用相同的设备系列进行生产。一般的情况下，该厂是按逐个产品顺序生产的，并且一个时间内只生产一种至多两种产品。多目的的工厂也是多产品工厂，但它更类似于“装配车间”，可同时生产多种产品，而且可按变化的市场要求，停止生产老品种，更换生产新品种；产品生产顺序、生产品种、甚至某一产品的生产路线都可以随市场的波动而随时调整。显然它比多产品工厂的生产更灵活。下面重点讨论一般多产品工厂的最佳设计问题。

如前所述，对于单一产品间歇生产厂设计最佳化的中心问题是协调不同设备序列的最佳周期。多产品厂设计最佳化的基本问题之一则是最佳化地确定需面对多产品生产的全厂设备的尺寸，而使这些设备能满足不同产品及其不同生产定额的要求。问题的复杂性在于多产品不同的要求，诸如对于同一单元操作可选用不同结构的设备（如不同形式的反应器或结晶器等）；对于设备序列又可选用不同的设备元的组合排列；对于不同的产品又有不同的最佳化

操作周期及不同的质量与能耗的适宜标准。因此必须仔细地研究这个网络结构系统，对于不同产品的要求，一般不宜平等对待，而应根据价值或市场需要等因素做加权比较。间歇/半连续过程的设计本来就有不确定性问题，多产品问题使不确定性更加复杂化，因此要求多产品厂的设计必须具有弹性。尽管多产品厂的最佳设计问题的网络结构比较复杂，但它的最佳化目标仍不外乎成本、质量及能耗这三大因素，只是在成本因素中，贮存积压影响成本周转的因素更显突出一些，不能忽略。

即使对于数目不太多的产品，完成最佳化设计的工作量也是非常大的。据文献介绍，可用逐步半试探法求解这个问题。首先将产品按其共同使用的操作设备最大使用率的原则分组；第二步按最小设备元数目及内在联系为原则去确定各组的结构；第三步按不同的操作要求做最佳化的选择与确定设备的尺寸。

在设计时必须考虑不确定性因素。不仅由于小试（或中试放大）而带来设计的不确定性，还可由于原料组成的波动，市场需要的波动性或老产品的淘汰，新产品的加入等因素而带来不确定性，这也是间歇/半连续生产过程的特殊性之一。要解决这个问题必须增加设计的弹性，亦称弹性设计，也就是增加设计的灵活性。弹性设计的基本原则是增加各设备链段的独立性，在工程实际中，可用加设中间贮槽的办法，达到这个目的；在并联设备元内采用不同尺寸的设备亦可有利于各设备序列链操作周期独立调节的灵活性。

下面以一个最简单的设备投资为目标函数的设计问题。在此问题中没有考虑时间安排，但考虑了半连续操作对过程设计的影响。考察如图 4.90 所示的间歇半连续流程。它是由 M 个间歇级和 N 个半连续单元级所组成，并用来生产 P 个不同的产品。其每一间歇级 i 由 m_i 个相同的平行单元所组成。各个单元的特征容积为 V_i。每个半连续级由 n_k 个相同的其特征流率为 R_k 的平行单元组成。每个产品都遵循同样的加工次序，但必要时可跳过某些加工级。因此每个产品都有一个规定的级顺序 $O(\mathrm{p})$。它告诉在 p 产品加工中所用的级。对于每一个用来生产 p 的间歇级 i 都有一个固定的加工时间 $t_{i\mathrm{p}}$和固定的必须在级 i 上加工导致生成单位体积（或质量）最终产品 p 的物料体积（或质量）的物料平衡因子 $S_{i\mathrm{p}}$。并假定 $t_{i\mathrm{p}}$ 和 $S_{i\mathrm{p}}$是与单元容量 V_i 无关。而且对于每一半连续级 k，也有一个加工时间 $\theta_{k\mathrm{p}}$和物料平衡因子 $\overline{S}_{k\mathrm{p}}$，且假定这 $\overline{S}_{k\mathrm{p}}$与 R_k 无关。最后这操作策略用各产品 p 的间歇周期时间 T_p 和批量 B_p 来表示。工厂的设计包括给定的 $O(\mathrm{p})$，确定 V_i、m_i、R_k、n_k、$\theta_{k\mathrm{p}}$、T_p 和 B_p、$t_{i\mathrm{p}}$、总时间 T 等。这些变量必须满足如下的几类约束条件。

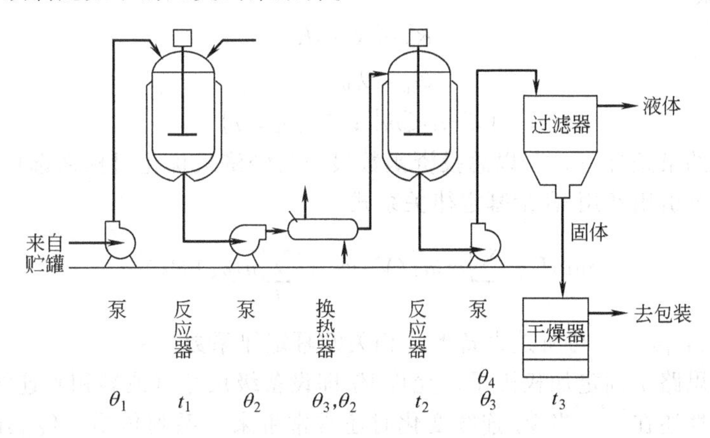

图 4.90　间歇半连续流程

① 单元容积必须满足最大批量

$$V_i=\max(S_{i\mathrm{p}}B_\mathrm{p})\ (i=1,\ 2,\ \cdots,\ M) \tag{4.46}$$

② 操作时间和各半连续单元的流率必须满足加工各批产品或连串的半连续的操作时间

$$\theta_{k\mathrm{p}}=\frac{\overline{S}_{k\mathrm{p}}B_{\mathrm{p}}}{R_{\mathrm{p}}}\quad(k=1,2,\cdots,N;\ \mathrm{p}=1,2,\cdots,P)\tag{4.47}$$

必须是相互联系的。如对产品 p，有两个半连续级 k 和 l 是串联的，且在加工顺序中 l 就在 k 之后，则需 $\theta_{k\mathrm{p}}\geqslant\theta_{l\mathrm{p}}$ 或

$$\frac{\overline{S}_{k\mathrm{p}}}{R_k}\geqslant\frac{\overline{S}_{l\mathrm{p}}}{R_l}\tag{4.48}$$

③ 工厂在总时间 T 内对每一产品 p 必须满足产量的需求 G_{p}，假定产品批的循环时间 T_{p} 与生产顺序无关，则

$$\sum_{\mathrm{p}}\frac{G_{\mathrm{p}}T_{\mathrm{p}}}{B_{\mathrm{p}}}\leqslant T\tag{4.49}$$

④ 各产品的批周期（循环）时间，取决于加工时间 $t_{i\mathrm{p}}$ 和 $\theta_{k\mathrm{p}}$，平行单元数 m_i 和 n_k 以及所选的操作策略，即有或无覆盖操作。在无覆盖操作情况下，新一批产品是在上一个产品完成最后一级加工后才开始加工的，因此这周期时间

$$T_{\mathrm{p}}\geqslant\sum_{i\in o(\mathrm{p})}t_{i\mathrm{p}}+\sum_{k\in o(\mathrm{p})}\theta_{k\mathrm{p}}\tag{4.50}$$

若有覆盖情况，即下一批加工只需所用的设备一空下来就可以进行，这样的周期时间为

$$T_{\mathrm{p}}=\max\left[\max_{i\in o(\mathrm{p})}\left(\frac{\overline{\theta}_{i\mathrm{p}}}{m_i}\right),\ \max_{k\in o(\mathrm{p})}\left(\frac{\theta_{k\mathrm{p}}}{n_k}\right)\right]\quad(\mathrm{p}=1,2,\cdots,P)\tag{4.51}$$

式中 $\overline{\theta}_{i\mathrm{p}}=\theta_{i\mathrm{p}}+t_{i\mathrm{p}}+\theta_{q\mathrm{p}}$，其中 p 是指在间歇级 i 上游的半连续级，q 是指其下游的半连续级。

⑤ 最后的约束是规定设计变量的上下限

$$V_i^{\mathrm{L}}\leqslant V_i\leqslant U_i^{\mathrm{U}}\tag{4.52}$$

式中 L——下限；

U——上限。

$$R_k^{\mathrm{L}}\leqslant R_k\leqslant R_k^{\mathrm{U}}\tag{4.53}$$

或操作约束

$$\theta_{k\mathrm{p}}^{\mathrm{L}}\leqslant\theta_{k\mathrm{p}}\leqslant\theta_{k\mathrm{p}}^{\mathrm{U}}\tag{4.54}$$

或空间约束

$$1\leqslant m_i\leqslant m_i^{\mathrm{U}};\ 1\leqslant n_k\leqslant n_k^{\mathrm{U}}\tag{4.55}$$

在满足上述约束条件下，若以总投资函数最小为经济最优化目标来选择设计变量时，这个总投资函数 I 可引用费用-容量幂定律关系式

$$\min I=\sum_i m_i a_i(V_i)^{\alpha_i}+\sum_k n_k b_k(R_k)^{\beta_k}\tag{4.56}$$

式中 a_i，α_i，b_k，β_k——与所选设备形式相关的幂定律系数。

优化求解的思路是固定加权因子，允许 V_i 即设备级尺寸（或容积）连续变化优化求解。实际问题的复杂性还在于，当 V_i 连续变化时还常常带来一系列传质、传热因素的非线性变化，如传热面、流体力学准数非线性的改变。它们反过来又改变了前几节计算的设备或设备序列的最佳操作周期计算结果，从而改变了进行这步最佳计算的基本的网络计算的基本数据，计算必须重新开始。

多产品工厂设计的最佳化，区别于单产品工厂设计的另一基本问题是，它不仅需要研究每个设备、每一设备序列以至每一生产流程整体的操作周期的时间表安排，而且要研究各个产品生产顺序的最佳时间表安排。这同样是以总成本（特别要考虑贮存占用成本因素）为目标函数，以市场需求的时间谱为约束条件的最佳化问题求解。

为完成本章2、3、4节优化计算所使用的最优化方法，对于不同的具体问题可用不同的方法，文献中已经使用的方法有直接搜索、线性规划、非线性规划、梯度法、动态规划等。

多目的工厂设计与操作的最优化类似于多产品工厂，只是处理方法更复杂一些，评比方案更多一些。在此不多介绍。

以上介绍了间歇/半连续过程工厂设计与操作的近期发展概况。20世纪80年代以来这方面的研究工作比较活跃，尽管如此，由于这种过程的复杂性，至今为止其研究工作仍处于开发阶段。对于间歇（或半连续）过程的分类问题D. N. T. Rippin曾提出方案，但至今尚未得到世界的公认。

4.7.2.5 现存工厂的挖潜与操作的最佳化

间歇（或半连续）过程的计算机模拟及最佳化方法，已被有效地应用于工厂挖潜、改造与管理工作中。对老厂的不确定性的估计模拟与计算机分析，可以相当准确地回答以下几个问题。

① 什么是现有间歇/半连续生产的卡颈因素（或环节）?

② 现有设备装置的生产能力其最大限度是什么?

③ 添加一定的设备、操作者或改变生产程序对生产能力有何种影响?

④ 什么是一般的或按特定目的要求的最经济有效的增加生产能力的途径?

在文献中已经报导了适用于一定模拟流程的间歇（或半连续）生产多种产品工厂的模拟、改造与调度方案的软件包。在满足指定产品特殊需要的约束条件下，线性规划的方法已被有效地应用于最大限度地提高老厂生产能力最佳方案的确定。所谓最大限度地提高现存厂的生产能力，对于多产品则由全年总和生产盈利最大为目标函数来求取。全部模拟、分析计算过程类似于前几节，详细内容可参考有关文献，在此不再讨论。

随着精细化工、生物化工等新兴工业领域的迅速发展，批处理过程必有广阔的发展前景。

4.7.3 多产品工厂事例分析

【例4.24】 某间歇过程包括3个间歇操作单元，即两台反应器和一台干燥器，以及5个半连续单元，即3台泵，1台换热器，1台离心机。如图4.90所示，用此过程生产三种产品，每一种产品的需求量见表4.33。

年工作时间为8000h。各产品在各间歇单元中的处理时间见表4.34，产品1和产品3的生产要经过所有的单元。而产品2的生产不经过反应器2，而直接进入离心机。由于每生产1lb不同产品在每一单元中所处理的物料量是不同的，故对3个产品、9个单元来说的容量因子S_{ip}见表4.35。

表4.33 产品需求量 单位：lb/a

产 品	需 求 量
产品1	400.000
产品2	300.000
产品3	100.000

表4.34 各产品的处理时间 单位：h

产品	反应器1	反应器2	干燥器
1	3	1	4
2	6	—	8
3	2	2	4

表 4.35 在各单元中产品的容量因子 单位：ft^3/lb

项目	设备	产品1	产品2	产品3
间歇操作单元的容量因子 S_{ip}	反应器1	1.2	1.5	1.1
	反应器2	1.4	—	1.2
	干燥器	1.0	1.0	1.0
半连续操作单元的容量因子 $\overline{S}_{kp}$	泵1	1.2	1.5	1.1
	泵2	1.2	1.5	1.1
	换热器	1.2	1.5	1.1
	泵3	1.4	—	1.2
	离心机	1.4	1.5	1.2

对八类设备的费用系数列于表4.36中。要求确定使投资最少的设备尺寸。

表 4-36 设备的费用系数

设备类型	间歇		半连续	
	a_i	α_i	b_k	β_k
反应器1	592	0.65		
反应器2	582	0.39		
干燥器	1200	0.52		
泵1			370	0.22
泵2			250	0.40
换热器			210	0.62
泵3			250	0.40
离心机			200	0.83

对于间歇单元，采用覆盖方式操作，其Gantt图如图4.91所示。其中单元2被连续使用，单元1在两批之间空两个时间单位，单元3空4个时间单位，以等待物料送入和送出单元2。每种产品的循环时间

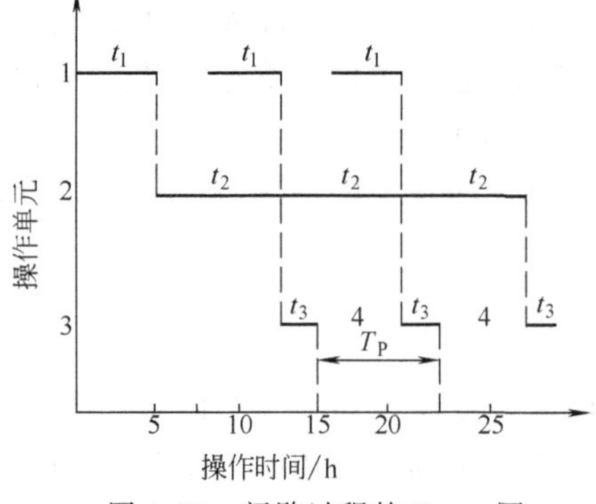

图4.91 间歇过程的Gantt图

$$T_p = \max t_i$$

对于图4.90所示的流程，因 t_2 是最长的加工时间，故

$$T_p = \max t_i = t_2 \tag{4.57}$$

当一种产品p的产量 Q_p 和总生产时间 T 给定时，即可求出批数

$$N_p = \frac{T}{T_p} \tag{4.58}$$

和每批的量

$$B_p = \frac{Q_p}{N_p} \tag{4.59}$$

当p种产品都用此设备生产时，应满足式

$$\sum_{p=1}^{p}\left(\frac{Q_p T_p}{B_p}\right) \leqslant T \tag{4.60}$$

对半连续单元的处理会影响循环时间，故式(4.57)变成

$$T_p = \max[\max_i(\bar{\theta}_{ip} \max_k \theta_{kp})] \tag{4.61}$$

式中 $\bar{\theta} = \theta_{ip} + t_{ip} + \theta_{kp}$。

间歇单元体积的选择要满足

$$V_i = \max_{\rm p}(S_{i\rm p}B_{\rm p}) \tag{4.62}$$

半连续单元的操作时间，当其操作流率为 R_k 时为

$$\theta_{k\rm p} = \frac{\overline{S}_{k\rm p}B_{\rm p}}{R_k} \tag{4.63}$$

最后当两个半连续单元相连接时，必须满足

$$\theta_{k\rm p} \geqslant \theta_{l\rm p} \tag{4.64}$$

这里意味着 l 在 k 之后。

工厂投资为

$$I = \sum_i \alpha_i V^{\alpha_i} + \sum_k b_k R_k^{\beta_k} \tag{4.65}$$

故问题变成以式（4.65）为目标函数，式（4.57）～式（4.64）为约束条件，再加上对一些变量的非负约束的非线性规划问题。

由于式（4.61）和式（4.62）不可微，故式（4.61）用式（4.70）与式（4.71）代替

$$T_{\rm p} \geqslant \overline{\theta}_{i\rm p} \tag{4.66}$$

$$T_{\rm p} \geqslant \theta_{k\rm p} \tag{4.67}$$

式（4.66）用式（4.72）取代

$$V_i \geqslant S_{i\rm p}B_{\rm p} \tag{4.68}$$

若进一步用式（4.61）、式（4.62）和式（4.63）消去 $\overline{\theta}_{i\rm p}$ 和 $\theta_{k\rm p}$ 则问题的变量为 V_i、R_k、$T_{\rm p}$ 和 $B_{\rm p}$。

在本例中的多产品间歇厂设备尺寸优化问题变成

$$\min(a_2V_2^{\alpha_1} + a_2V_2^{\alpha_2} + a_3V_3^{\alpha_3} + b_1R_1^{\beta_1} + b_2R_2^{\beta_2} + b_2R_3^{\beta_3} + b_4R_4^{\beta_4} + b_5R_5^{\beta_5}) \tag{4.69}$$

约束条件

总时间约束式（4.60）为

$$\frac{400.000}{B_1}T_1 + \frac{300.000}{B_2}T_2 + \frac{100.000}{B_3}T_3 \leqslant 8000 \tag{4.70}$$

反应器 1 的体积约束［式（4.68）］

$$V_1 \geqslant 1.2B_1 \tag{4.71}$$

$$V_1 \geqslant 1.5B_2 \tag{4.72}$$

$$V_1 \geqslant 1.1B_3 \tag{4.73}$$

反应器 2 的体积约束［式（4.68）］

$$V_2 \geqslant 1.4B_2 \tag{4.74}$$

$$V_2 \geqslant 1.2B_3 \tag{4.75}$$

干燥器体积约束［式（4.68）］

$$V_3 \geqslant 1.0B_1 \tag{4.76}$$

$$V_3 \geqslant 1.0B_2 \tag{4.77}$$

$$V_3 \geqslant 1.0B_3 \tag{4.78}$$

对半连续单元用式（4.66）

产品 1 的循环时间［式（4.67）］

$$T_1 \geqslant \frac{1.2B_1}{R_1} \tag{4.79}$$

$$T_1 \geqslant \frac{1.2B_1}{R_2} \tag{4.80}$$

$$T_1 \geqslant \frac{1.2B_1}{R_3} \tag{4.81}$$

$$T_1 \geqslant \frac{1.4B_1}{R_4} \tag{4.82}$$

$$T_1 \geqslant \frac{1.4B_1}{R_5} \tag{4.83}$$

产品 2 的循环时间 [式 (4.67)]

$$T_2 \geqslant \frac{1.5B_1}{R_1} \tag{4.84}$$

$$T_2 \geqslant \frac{1.5B_2}{R_2} \tag{4.85}$$

$$T_2 \geqslant \frac{1.5B_2}{R_3} \tag{4.86}$$

$$T_2 \geqslant \frac{1.5B_2}{R_5} \tag{4.87}$$

产品 3 的循环时间 [式 (4.67)]

$$T_3 \geqslant \frac{1.1B_3}{R_1} \tag{4.88}$$

$$T_3 \geqslant \frac{1.1B_3}{R_2} \tag{4.89}$$

$$T_3 \geqslant \frac{1.1B_3}{R_3} \tag{4.90}$$

$$T_3 \geqslant \frac{1.2B_3}{R_4} \tag{4.91}$$

$$T_3 \geqslant \frac{1.2B_3}{R_5} \tag{4.92}$$

对于间歇单元用式 (4.66)。

产品 1 的循环时间

$$\text{反应器 1} \quad T_1 \geqslant \frac{1.2B_1}{R_1} + 3 + \frac{1.2B_1}{R_2} \tag{4.93}$$

$$\text{反应器 2} \quad T_1 \geqslant \frac{1.2B_1}{R_3} + 1 + \frac{1.4B_1}{R_4} \tag{4.94}$$

$$\text{干燥器} \quad T_1 \geqslant \frac{1.4B_1}{R_5} + 4 \tag{4.95}$$

产品 2 的循环时间

$$\text{反应器 1} \quad T_2 \geqslant \frac{1.5B_2}{R_1} + 6 + \frac{1.5B_2}{R_2} \tag{4.96}$$

$$\text{干燥器} \quad T_2 \geqslant \frac{1.5B_2}{R_5} + 8 \tag{4.97}$$

产品 3 的循环时间

$$\text{反应器 1} \quad T_3 \geqslant \frac{1.1B_3}{R_1} + 2 + \frac{1.1B_3}{R_2} \tag{4.98}$$

$$\text{反应器 2} \quad T_3 \geqslant \frac{1.1B_3}{R_3} + 2 + \frac{1.2B_3}{R_4} \tag{4.99}$$

$$干燥器\quad T_3 \geqslant \frac{1.2B_3}{R_5}+4 \tag{4.100}$$

由于半连续单元2和单元3连接［式（4.63）和式（4.64）］

$$\left.\begin{array}{ll}产品1 & \dfrac{1.2B_1}{R_2}\geqslant\dfrac{1.2B_1}{R_3} \\ 产品2 & \dfrac{1.5B_2}{R_2}\geqslant\dfrac{1.5B_2}{R_3} \\ 产品3 & \dfrac{1.1B_3}{R_3}\geqslant\dfrac{1.1B_3}{R_3}\end{array}\right\}或\ R_3\geqslant R_2 \tag{4.101–4.103}$$

由于半连续单元4和单元5连接［式（4.63）和式（4.64）］

$$\left.\begin{array}{ll}产品1 & \dfrac{1.4B_1}{R_4}\geqslant\dfrac{1.4B_1}{R_5} \\ 产品3 & \dfrac{1.2B_3}{R_4}\geqslant\dfrac{1.2B_2}{R_5}\end{array}\right\}或\ R_5\geqslant R_4 \tag{4.104–4.105}$$

由于产品2从换热器（半连续单元2）直接进离心机（半连续单元5）故有

$$\frac{1.5B_2}{R_2}\geqslant\frac{1.5B_2}{R_5}或\ R_5\geqslant R_2 \tag{4.106}$$

问题的决策变量为T_1、T_2、T_3、B_1、B_2、B_3、V_1、V_2、V_3和R_1、R_2、R_3、R_4、R_5。因为泵2和换热器总是一起运行，故设定$R_3=R_2$。从变量R_3，不等式约束可归纳为：式（4.66）型约束8个，式（4.70）型约束1个，式（4.79）型约束中的前14个可由式（4.67）型约束加和得到。故实际上可将它简化为13个变量和18个不等式的非线性规划问题。若将不等式约束变成等式约束。则还需引进18个松弛变量。则变量数增至31个。用GRG优化软件处理，得到最小费用为159483，其占用CPU时间为200s。表4.37给出了本例中变量的起始猜算和最优解。在最优解上，产品1的循环时间受反应器1的限制，产品2受干燥器限制，产品3受反应器2的限制。

表4.37 例4.24的计算结果

项　目	起始猜算	最　优　解
反应器1体积	2000ft^3	1181.4ft^3=33.46m^3
反应器2体积	2000ft^3	1250.6ft^3=35.41m^3
干燥器体积	2000ft^3	893.3ft^3=25.29m^3
泵1流率	1000ft^3/h	753.1ft^3/h=21.33m^3/h
泵2流率	1000ft^3/h	422.1ft^3/h=11.95m^3/h
泵4流率	1000ft^3/h	422.1ft^3/h=11.95m^3/h
离心抗流率	1000ft^3/h	422.1ft^3/h=11.95m^3/h
批量		
产品1	2000lb	893.3lb=406.0kg
产品2	2000lb	787.6lb=358.0kg
产品3	2000lb	892.9lb=405.8kg
循环时间/h		
产品1	5.0	6.963h
产品2	5.0	10.799h
产品3	5.0	6.865h

符号说明

A	传热面积，m^2	c_p	比定压热容，kW/(kg·℃)
ΔA_E	有效能损失，kJ	CP	热容流率，kW/℃

CES	分离容易系数，℃	T	温度，℃
f	产品摩尔流率比	ΔT	温度差，℃
ΔH	焓变，kJ	ΔT_{min}	最小温度差，℃
L	网络中回路数	T	分离方法数目
M	流体质量流率，kg/s	T_C	冷凝器温度，℃
M_a	塔顶馏分摩尔流率，mol/s	T_h	再沸器温度，℃
M_D	塔底馏分摩尔流率，mol/s	T_0	环境温度，℃
M_{min}	最少搭配数	ΔT	沸点差，℃
N	热流股、冷流股及外源流股数总和	$\Delta T_{L,M}$	对数平均温度差，℃
n	塔个数	U	换热系数，kW/(m^2·℃)
N	混合物中的组分数（见4.5节）	α	相对挥发度
Q	热负荷，kW	$\alpha_{LK\text{-}HK}$	关键组分的相对挥发度
$Q_{C,min}$	所需最小外界冷负荷，kW/h	下标	
$Q_{H,min}$	所需最小外界热负荷，kW/h	h	热流股
Q_C	冷凝器热负荷，kW/h	c	冷流股
Q_h	再沸器热负荷，kW/h	i	进口
s	网络中独立的次级网数目	o	出口
S_N	分离顺序数		

参考文献

1 G. F. 弗罗门特，K. B. 比肖夫著. 反应器分析与设计. 邹仁鋆等译. 北京：化学工业出版社，1983

2 E. J. 亨利，J. D. 希德著. 化学工程中的平衡级分离操作. 许锡恩等译. 北京：化学工业出版社，1990

3 R. B. 伯德，W. E. 斯图瓦特，E. N. 莱特富特著. 传递现象. 袁一等译. 北京：化学工业出版社，1990

4 Linnhoff B，Townsend D W，et al. Vser Guide on Process Integration for the Effici Ent Use of Energy. England：Warwich Printing Commpany，1983

5 Скатецкий В г. Математическое Моделирование физико-химических процессов. Москва：Высшая школа，1981

6 Evans L B. Notes：Chemical Process System Analysis，Dept. of Chem. Engn.，Massachusetts Institute of Technology，Cambridge Massachusetts，1975

7 Nishida N，Stephanopoulos G，Westerberg A W. A Review of Process Synthesis. AICHEJ，1981，**27**（3）：321～330

8 Seider Warren D，Seader J D，Lewin Daniel R. Process Design Principles Synthesis，Analysis and Evaluation. New York：John Wiley & Sons，Inc.，1999

9 Richard Turton，Richard C Bailie，Wallace B Whiting，Shaeiwitz. Joseph A. Analysis，Synthesis and Dsign of Chemical Process. znd ed. New Jersey：Upper Saddle River，2003

10 Graves S C. AReview of Production Scheduling. OPS ReS，1981，26：646～665

11 王保国，许锡恩. 间歇过程设计与优化. 北京：中国石化出版社，1998

12 Ku H M，Rajagopalan D，Karimi I A. Scheduling in Batch Processes. Chem Engng Prog，1987

13 Szware W，Flowshop Problems with Time Lags. Mamt Sci，1983，**29**：477～489

14 Wiede W，Reklaitis G V. Determination of Completion Times for Serial Multiproduct Processes——3. Mixed Finite Intermidia Storage Systems. Comput Chem Engng，1987，**11**，357～368

15 Gupta J N D. Flowshop Schedules with Sequence Dependent Set-up Times. J Opl Res Soc，1986，**29**：206

16 Norman N Li，Joseph S Calo. Separation and Purification Technology. New York：Marcel Dekker，Inc.，1992

17 Welis G L，Rose L M. The Art of Chemical Process Design（Computer-Aided Chemical Engineering）. New York：Elsevier，1986

18 Peter Max S，Timmerhaus Klaus D. Plant Design and Economics for Chemical Engineers，Third Edition. London，Paris，Tokyo：Mc Graw-Hill International Book Company，1985

19 Ulrich，Gael D. A Guide to Chemical Engineering Process Desgn and Economics. New York：John Wiley Inc.，1984

20 Mcketta John J. Computer-Aided Process Plant Design. Houston，Texas：Gulf Pubilshing Company，1982

21 Resnick William. Process Analysis and Design for Chemical Engineers. New York: Mc Graw-Hill Book Company, 1981
22 Linnhoff B. Chem Engn Progs, 1994, **9** (8), 32～38
23 麻德贤，李成岳，张卫东. 化工过程分析与合成. 北京：化学工业出版社，2002
24 Douglas J M Conceptual Design of Chemical Processes. New York: McGraw-Hill, 1988
25 Douglas J M. Process Synthesis for Waste Minimization. Industrial and Engineering Chemistry Research, 1992, **31**: 238～243
26 El-Halwagi M, Manousiouthakis V. Synthesis of Mass Exchange Networks. AIChE Journal, 1989, **35**: 1233～1244
27 El-Halwagi M. Pollution Prevention Through Process Integration: Systematic Design Tools. San Diego, CA: Academic Press, 1997
28 Rossiter A P, Klee H. Hierarchical Process Review for Waste Minimization, Rossiter A P (ed). In: Waste Minimization Through Process Design. New York: McGraw-Hill, 1995
29 Warren D Seider, Seader J D, Daniel R Lewin. Process Design Principles Synthesis. Analysis and Evaluation（过程设计原理——合成、分析和评估）. 影印本. 北京：化学工业出版社，2002

习　　题

4.1 简要阐述过程合成的步骤。

4.2 举例说明什么是专用地址分配问题。

4.3 合成氯乙烯的反应途径有哪些？

4.4 对习题4.3的反应过程进行合成。

4.5 有一个4组分混合物，其沸点由高到低的排列顺序为：ABCD，确定用精馏法分离的可能的分离顺序及数目。

4.6 一个混合物由乙烷、丙烷、1-丁烯和正丁烯组成，现要将每个物质分离成希望纯度，选用一般精馏和萃取精馏方法，萃取剂为糠醛。试确定：

（1）可能的分离顺序数；

（2）为减少分离顺序的数目，应该做怎样的组分切割。

4.7 在一个反应器中碳氢化合物 RH_3 与 HCl 进行化学反应，反应器出口的组成及各物质的相对挥发度如下表所示。试用试探法确定出两个最合适的分离顺序，并说明你的理由。

习题4.7数据

组　分	流率/(mol/h)	相对 RCl_3 的挥发度	纯度的要求
HCl	52	4.7	80%
RH_3	58	15.0	85%
RCl_3	16	1.0	98%
RH_2Cl	30	1.9	95%
$RHCl_2$	14	1.2	98%

4.8 有两个热流股与两个冷流股进行换热，其进出口温度及热容如下表所示。

习题4.8数据

流　股	进口 T_i/℃	出口 T_o/℃	CP/(kW/℃)
H1	525	300	2
H2	500	375	4
C1	475	300	3
C2	275	500	6

如果最小的温差 $\Delta T_{min}=30℃$，确定：

（1）最小的外热和外冷量；

（2）以能耗为最低的热交换网络。

4.9 下图为一换热网络，最小的温差 $\Delta T_{min}=10$℃，热容流率为进料 3kW/℃，出口 6kW/℃，循环 2kW/℃。

(1) 试问图示网络是最大回收能量的热交换网络吗？为什么？

(2) 设计最大回收能量的热交换网络。

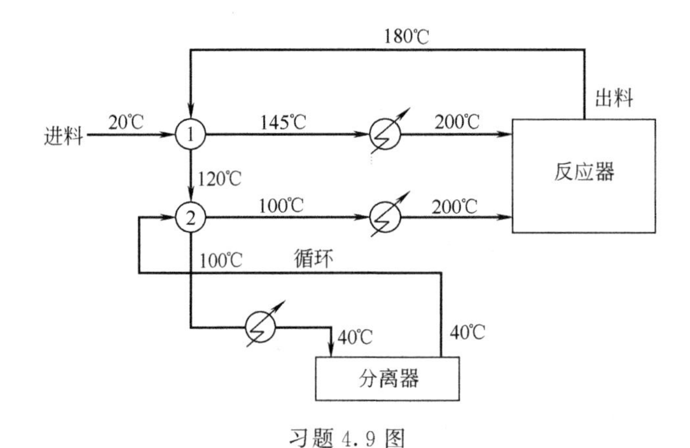

习题 4.9 图

4.10 构建一个典型的室内供热系统的热交换网络，确定节约能量的数量。

(1) 首先确定能获取能量（如洗碗机污水和洗浴污水）的热水物流。对每种物流，估算水的排出温度和每天的流率。

(2) 假设这些热流股与进入到热水加热器中的冷水搭配，估算从热流体中吸取的能量。如果家庭采用电热水器，且电费为 1kW·h0.06 美元，对热水加热器的效率作合理假设（用来使水温升高的耗电量所占份额）。

(3) 为供热系统安装非接触式单套管换热器的成本约 500 美元。假设热水出口管在热水器附近经过，不需要额外的布管。确定用节能省下的资金偿还安装成本的时间。

4.11 富物流和贫物流间的平衡列表如下

$$y=1.5x^{0.8}$$

富物流 1	$y_{in}=0.45$	$y_{out}=0.1$	流率＝3kg/s
贫物流	$x_{in}=0.45$	$x_{out}=0.1$	流率＝5kg/s

第二个富物流和贫物流间的平衡关系为

$$y=1.5x$$

第二种富物流的入口和出口浓度如下

富物流 2　　$y_{in}=0.3$　　$y_{out}=0.1$　　流率＝3kg/s

在同一坐标上标绘富物流和贫物流（传质量与贫物流质量分数的关系）并且确定窄点。

4.12 苯乙烯制备是通过乙苯在氧化物催化剂的作用下，温度为 600～650℃的脱氢反应。蒸汽通常与乙苯一起被注入反应器中，如习题 4.12 图所示《从苯乙烯制备过程中的废水回收苯》（El-Halwagi, 1997）。苯乙烯和氢气是最初的反应产物。副产物包括苯、乙烷、甲苯和甲烷。从反应器流出的产物和副产物被冷却到室温，较轻的产物如氢气、甲烷和乙烷在室温下不冷凝而放空。冷凝的物质进入倾析器中，在那里分层形成有机相和水相。含苯、甲苯和未反应的乙苯的有机层被循环再利用。从倾析器中流出的废水流（R_2）是苯的饱和溶液，必须经过处理才能排放。

另一股废水流（R_1）在此生产的开始阶段——乙苯的生产过程中形成。进入到苯乙烯生产操作的乙苯通常由乙烷和苯在线生成，同时会产生苯的饱和冷凝废水流。

因而，在生产中存在两种苯的饱和废水流（约为 1770mg/kg 或 0.00177kg 苯/kg 水）：R_1（1000kg/h）和 R_2（69500kg/h）。废流股中苯的浓度必须至少减少到 57mg/kg。设计一个利用蒸汽汽提和活性炭吸附苯的循环再利用体系。这个体系见习题 4.12 图 2。

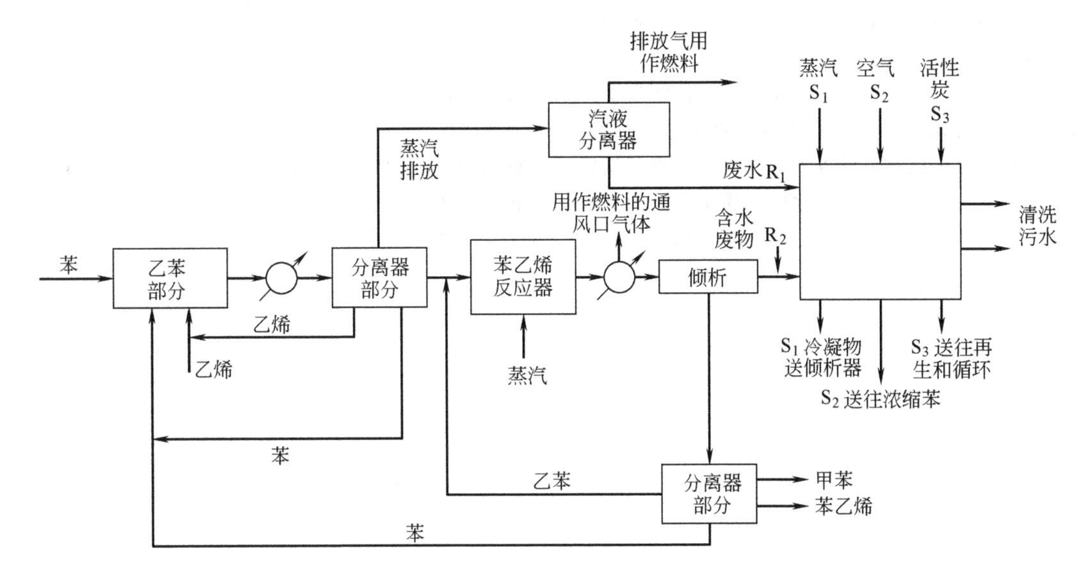

习题 4.12 图 1　苯乙烯生产厂的流程图

在设计中：①蒸汽汽提单元用来从废水中除去苯并实现再利用；这个单元会产生苯的饱和废水流（70kg/h，见习题 4.13 的图 2），必须送到回收系统；②用过的活性炭可用蒸汽再生，通过冷凝回收蒸汽，同时生成苯的饱和废液（37kg/h，见习题 4.12 的图 2），此废液被送入苯回收系统。

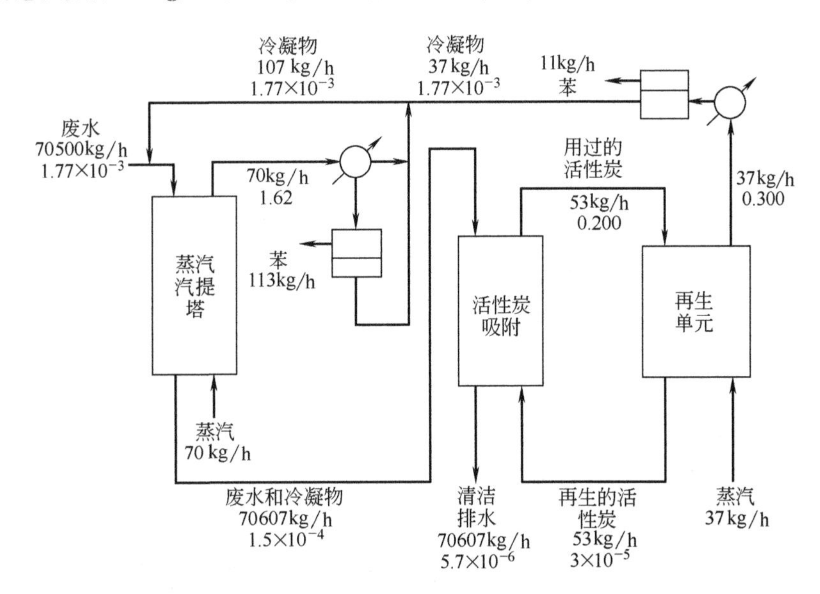

习题 4.12 图 2　苯乙烯生产的物质交换网络

所有的流率表示每小时的无苯物流率，没有注明的数代表质量比值，即 kg 苯/kg 无苯物流

（1）绘制苯富物流的组分区间图。

（2）贫物流组成数据见下。目标组成变化范围较大，例如，活性炭的供给物流中苯的组分与再生以后残留在炭中的苯含量密切相关，利用这些数据，绘制贫物流的组分区间图。

贫物流	供给组成/（kg 苯/kg 无苯物流）	目标组成/（kg 苯/kg 无苯物流）
蒸汽	0	1.620
活性炭	0.00003	0.200

（3）利用下列平衡关系，绘制体系的窄点图

$$y_i = m_i x_i$$

式中 y_i，x_i——苯在贫物流和富物流中的质量比，kg 苯/kg 无苯流体。
假设此蒸汽的 m_i 为 0.001，活性炭的 m_i 为 0.0071。

（4）假设无最小传质推动力，确定窄点的位置并计算苯回收的数量。如果苯售价为 0.20 美元/kg，回收苯的价值为多少？在最小物质传质推动力为 0.001 时重复计算。

（5）比较你的结果与习题 4.12 的图 2 中的流率，并讨论它们的差异。

第 5 章

化工过程分析

5.1 系统可靠性与可靠度分析

在实际上，化工厂常常不能精确地按照设计指标运行。对我国1980年以来引进的13套大型合成氨装置进行调查，发现其平均运转率只是设计值的76.5%。造成很大的利润亏损，详见表5.1。其运转率不足的主要原因是设备故障，这一点与国外情况相比也是一致的。这说明，即使是先进的工业生产线，可靠性问题也是影响工程企业经济效益的关键问题，在过程中必须充分考虑，才能保证设计目标的实现。以上所说的可靠性问题，对间歇过程和连续过程有同样重要的意义。

表5.1 13套进口装置年运转率的情况

厂数	3	4	2	2	2	合计平均
年运转率/%	>90	80～90	70～80	60～70	<60	76.5

项目	原因						
	设备	操作	仪表	电气	原料不足	其他	合计
停车次数/次	61	17	30	5	5	4	122
所占比例/%	50	13.93	24.59	4.10	4.10	3.28	100
减产损失/t	224177	29038	20826	7642	33406	4967	320056
所占比例/%	70.04	9.07	6.51	2.39	10.44	1.55	100

通过国内外调查说明，影响系统可靠性的主要因素除了设备的故障外，管理水平，设备维护及检查修理、测试、控制的准确及时等因素也都是影响可靠性的因素。在此重点分析设备故障的因素。

5.1.1 系统的可靠度

化工系统可靠度的定义是：在规定的条件和规定的时间内，系统完成规定功能的概率或程度，一般以 R 来表示，它的取值范围是 $0<R<1$。

为了完成指定的任务，一个大系统都是由若干子系统组成，一个子系统又是由基本元（单元）所构成，也就是说单元、子系统、系统之间可有如下关系。

$$S_{ijk} \in S_{ij} \qquad\qquad S_i \in S$$

单元　　子系统　　　　　　中系统　总系统

为了便于阐述，下面以间歇过程为例，介绍这些概念。

如果一个操作包含重复性或周期性的动作，例如开关控制阀、操作间歇反应器等，则可把可靠度 R 与操作联系起来。将操作成功的次数除以试验的次数 T，就可以定量表示出可靠度 R。

$$R=\frac{\text{成功的操作次数}}{\text{试验的次数}}$$

(1) 串联结构

考虑一个由 N 个组元串起来的系统，其中任何一个组元失效都会使系统停车。此系统为

$$\bigcirc \to R_1 \to \bigcirc \to R_2 \to \bigcirc \to \cdots \to R_{n-1} \to \bigcirc \to R_n \to \bigcirc$$

对第一个组元来说

$$\text{预期成功的次数} = R_1 T$$

对第2个组元来说，它所经受的试验次数等于第1个组元成功的次数，因而

$$\text{组元2的预期成功的次数} = R_2(R_1 T)$$

同样地，对于第 n 个组元来说，它所经受的试验次数等于第（$n-1$）个组元成功的次数，即 $R_1 R_2 \cdots R_{n-1} T$，因而

$$\text{组元}\ n\ \text{的预期成功的次数} = T(R_1 R_2 \cdots R_{n-1} R_n) = T\prod_{j=1}^{n} R_j$$

根据可靠度 R 的定义，整个系统的可靠度

$$R_{\text{sys}} = \prod_{j=1}^{n} R_j$$

可以看出，对于串联系统来说，整个系统的可靠度将小于或等于其中最不可靠的组元的可靠度。

(2) 并联结构

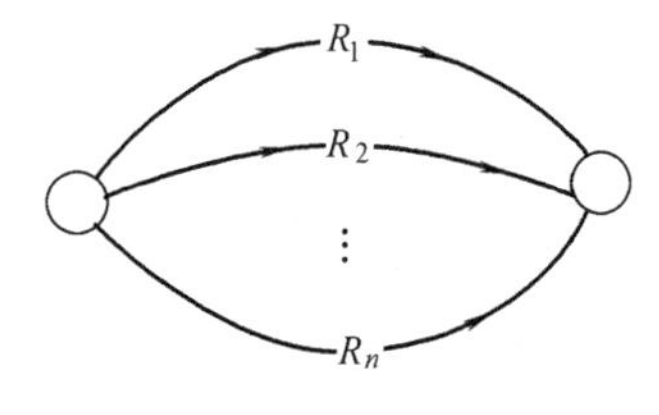

图5.1 并联结构

图5.1所示为一并联结构，如果其中一个组元失效，系统不会停车，一个其余的组元会开动起来，代替失效的那个组元。对总共 T 次试验来说，对于组元1而言，成功的次数 $= R_1 T$。组元2经受的试验次数是在组元1失败以后余下的，即

$$\text{试验的次数} = T - R_1 T$$

且

$$\text{成功的次数} = (T - R_1 T)R_2 = (1 - R_1)TR_2$$

对于组元1和组元2来说，

$$\text{成功的次数} = R_1 T + (1 - R_1)TR_2 = T[1 - (1 - R_1)(1 - R_2)]$$

对于组元3来说，

$$\text{试验的次数} = T\{1 - [1 - (1 - R_1)(1 - R_2)]\}$$

且

$$\text{成功的次数} = R_3 T\{1 - [1 - (1 - R_1)(1 - R_2)]\}$$

最后，对组元1、组元2和组元3来说，

$$\text{成功的次数} = T[1 - (1 - R_1)(1 - R_2)(1 - R_3)]$$

总而言之，对一个包含 n 个组元的系统，

$$\text{成功的次数} = T\left[1 - \prod_{j=1}^{n}(1 - R_j)\right]$$

于是系统的可靠度为

$$R = 1 - \prod_{j=1}^{R}(1 - R_j)$$

【例5.1】 假定系统由三个串联操作组成，即一个靠不住的间歇反应器，其产物排到一个好坏无常的离心机，接着是一个不协调的反应-结晶工序。从过去的运转记录可知，反应器运转正常占试验次数的3/4，离心机操作成功占试验次数7/8，而最后一道工序运转成功仅占试验次数的40%。试求系统同时成功的机会，即所有这些设备都成功地让一批产品通

过的概率。

解

$$R_{sys}=R_1R_2R_3=\frac{3}{4}\times\frac{7}{8}\times 0.40=0.2625$$

【例 5.2】 现仍用例 5.1 中各组元的可靠度的数值，但在本例中假设该三个组元成并联组合，试求系统成功的概率。

解

$$R_{sys}=1-\left(1-\frac{3}{4}\right)\times\left(1-\frac{7}{8}\right)\times(1-0.40)=0.981$$

有些组元容易失效，一旦失效将在安全方面产生危险的后果，这时或是由于修理，或是由于更换失效组元而需停车，从而造成经济上的损失。因而要为这些组元设置备用单元。

(3) 同时具有串并联结构的系统分析（等效框图原理）

对此类结构的系统可以采用等效框图的方法。先将并联结构的子系统化为同等可靠度的单一子系统进行计算。这样就把复杂的串并联结构化为了等效的串联结构予以计算。

现有化工系统 A，由四个子系统 A_1、A_2、A_3、A_4 串联而成，用等效原理，系统的总可靠度为

$$R_A=\prod_{i=1}^{4}R_{Ai}$$

它们的生产框图及等效框图如图 5.2 所示。

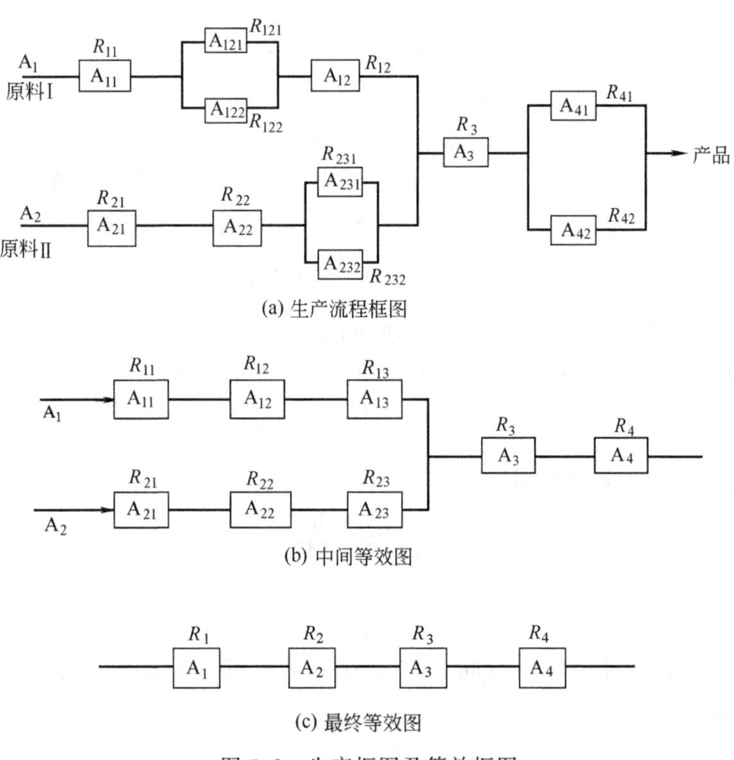

图 5.2　生产框图及等效框图

求取全流程可靠度 R

$$R_1=R_{11}R_{12}R_{13}=R_{11}[1-(1-R_{121})(1-R_{122})]R_{13}$$
$$=R_{11}(R_{121}+R_{122}-R_{121}R_{122})R_{13}$$

$$R_2=R_{21}R_{22}R_{23}=R_{21}R_{22}(R_{231}+R_{232}-R_{231}R_{232})$$

$$R_3=R_3$$

$$R_4=1-(1-R_{41})(1-R_{42})=R_{41}+R_{42}-R_{41}R_{42}$$

因为
$$R_A=\prod_{i=1}^{4}R_{Ai}$$

所以
$$R=R_{11}(R_{121}+R_{122}-R_{121}R_{122})R_{13}R_{21}R_{22}$$
$$(R_{231}+R_{232}-R_{231}R_{232})R_3(R_{41}+R_{42}-R_{41}R_{42})$$

化工系统一般是有序的串联结构形式。为了确保系统有较高的可靠性，由上述分析式可见，在工艺流程的设计上应力求设备少，流程简单，单个设备的可靠度高；并应考虑在可靠性低的卡脖环节考虑配置并联设备，如果由经济合理性上进行分析，经济合理时应予以并联备用设备。这是化工系统过程设计可靠性设计的一般原则。

5.1.2 过程利用率，并联备用件的经济合理性分析

Cox (1976) 同时从可靠性和经济观点两方面研究了设置备用问题。他用时间表征可靠度，这样不但可概括了连续操作并且能够在经济分析中考虑金钱的时间价值。本节以他的处理方法为基础予以介绍。

一个组元从启动到失效之间这段时间被看作是一个随机变量。这个失效前的时间随机变量的分布函数可用概率密度函数 $f_f(t)$ 来描述，其中时刻 t 到时刻 $(t+dt)$ 之间的失效概率为 $f_f(t)dt$。从启动到时刻 t 这段时间的失效概率为

$$P(\text{组元失效})=\int_0^t f_f(t)dt$$

而该组元在这段时间内成功操作的概率为

$$P(\text{组元成功})=1-P(\text{组元失效})$$

组元失效后可修复再用。假定组元失效前的概率密度仍可应用于修复后的组元。故障之间平均工作时间 (mean time between failure, MTBF) 为概率密度函数的平均值

$$\text{MTBF}=\int_0^\infty tf_f(t)dt$$

同样，假定修复或更换一个失效组元的时间也遵守随机分布，其概率密度函数为$f_r(t)$。这样，平均修复时间 (mean time to repair, MTTR) 可以表示为

$$\text{MTTR}=\int_0^\infty tf_r(t)dt$$

Cox (1976) 表示的组元平均利用率为

$$A=\frac{\text{MTBF}}{\text{MTBF}+\text{MTTR}}$$

而不能利用率

$$U=1-A$$

假定失效前工作时间和修复时间的概率密度函数可分别用指数函数 $f_f(t)=\lambda e^{-\lambda t}$ 及 $f_r(t)=\mu e^{-\mu t}$ 表示

则有
$$\text{MTBF}=\frac{1}{\lambda}\text{及 MTTR}=\frac{1}{\mu}$$

那么，λ 即平均失效率，μ 就是平均修复率。

现在研究二组元并联，一个操作，一个为备用件的情况。假定一个组元失效时，另一组元可立即投入运转，只有二组元同时失效过程才停车，如果只有一个修理组可修复失效的组

元，则根据二组元组合的利用率，可推导得出

$$A=\frac{1+\rho}{1+\rho+\rho^2}$$

式中　$\rho=\lambda/\mu$。

不能利用率则为

$$U=1-A=\frac{\rho^2}{1+\rho+\rho^2}$$

对于连续过程，过程可靠性用过程可利用率来量度，由以上分析可见，对关键的设备或机器加以并联的备件是提高其可靠性的方法之一。

5.2　安全性及损失的预防

正像人类会发生意外事件与疾病一样，在任一工业过程的寿命中也必然可能发生各种各样的事故、破损、不能正常运行等各种事件。这也就是说任何过程都包含着一定的风险，当其风险过大时会妨碍该过程工业化的实现。

认识到工业过程中可能的事故，并采取设计措施以保证一旦发生事故，可防止事故蔓延，避免造成人身和财产的损失，这正是工程师的义务。在这章我们要介绍设计防护系统的基本原则，以减少工业事故的危险性，增加工业过程的安全性，以保证工人安全的工作。

查阅各国发生的工厂重大事故及起因的统计材料，可有助于工程师充分认识这个问题。Spieglman 曾经对 31 个工业过程大事故做了统计分析，引起事故原因大致有 9 个方面：设备损坏占 31%，某些物质引起事故占 20%，操作失误占 17%，化工过程问题占 11%，防护失效占 8%，物质移动发生事故等占 4%，工厂位置问题占 4%，设计结构不适用问题占 3%，工厂方案不合适占 2%，这 9 个方面的主要内容如下。

① 设备损坏　腐蚀或侵蚀故障，金属的疲劳限度故障，安装故障，控制失效，保养不利，超过设计限工作，缺乏故障保险装置，未核实结构的限度及金属的规定，错误的修配及更换方案等。

② 对物料的性能考虑不足，由于某些物料引起事故　没有充分地估计所包括的所有物质的燃烧性、毒性、稳定性的特征，对于物料的安全使用的数量缺乏控制，没有充分估计过程的环境对于物料危害性的影响，缺乏有关物料粉末爆炸倾向的知识，未估计到毒性的危险性，不合理的填充和化学物质的不安定性等。

③ 操作失误　对于工厂所有部分缺乏详细的操作程序，不合适的开车和停车操作规程，没有紧急情况的操作规程，毒害物质通过允许系统的控制方案不正确，没有培训的程序，没有检查和管理的规章等。

④ 化工过程问题　缺乏必需的有关过程温度和压力变化的信息，对于副产品和副反应的危害认识不足，对于过程的反应认识不足，缺乏对爆炸反应的辨识，对于环境的认识不足，忽视过程所需要的特殊的过程条件等。

⑤ 缺乏防护规程　对于事故的处理没有充分的计划，没有充分的防护火灾的人力、设备及组织，没有责任制、爆炸保护和控制规程失效等。

⑥ 物料移动产生问题　对于单元操作内的物料没有控制，对于危险的粉末控制无效，未考虑管路流动的静电问题，在工厂中有负载及无负载问题，热传递的控制失效，风机、输送机爆炸，废物处理和空气污染问题。

⑦ 工厂位置问题　异常的风暴方位，洪水和地震的影响，附近有危险源，没有安排好水及其他公用措施，火灾及紧急防护措施的不合理性，室内的危险操作安置方位不符合气候

的要求等。

⑧ 设计的结构不合理问题　过程占地和贮存面积过于拥挤，对于特别危险操作没有隔离措施，没有提供防爆墙，没有提供合理的排水及排气的通道，没有保护线路如地线等，火源靠近了危险物，没有紧急事故的出口及通道，检测和更换设备困难。

⑨ 工厂方案　工厂方案本身存在技术上不合理性。

上述的记录统计结果，提醒过程设计人员要对设计与操作的有关安全问题给予格外的重视。在本书第2章（化工厂设计概述）中，已讨论了目前设计对安全问题的考虑。下面介绍国外在过程设计中对安全问题的处理方法，可供参考。

5.2.1　危险率分析与描述方法

FAFR死亡事故频率的定义是：在某种情况下暴露或工作10^8小时死亡发生的数目。也可定义为1000个人在某种环境或情况下工作50年，每年工作50周，每周工作40小时时死亡的人数。

当FAFR=1时，相当于一个人工作在某种危险性的环境或情况下，一年有10^{-4}的死亡概率。表5.2给出了不同专业或活动的FAFR值。

表5.2　不同行业及环境下的FAFR值

职业或环境(行业)	FAFR	职业或环境(行业)	FAFR	职业或环境(行业)	FAFR
一般的工业(工厂环境)	4	金属制造、造船	8	机器装配	65
服装制鞋业	0.15	农业	10	家务	1
制本	1.3	采煤	40	坐火车旅行	5
木器家具	3	铁路	45	坐汽车旅行	57

表5.2给出的不同的活动领域中的FAFR值是一个经验值。当然在不同的特定工厂会有特定的FAFR值，在一个厂的不同岗位也会有差别。一般认为平均的与特殊的FAFR值对同一环境各占一半。

对于化学工业，根据美国近年统计，平均FAFR值为5。这是一般的平均值。由此可见，化学工业并不是异常危险的行业，只是中等危险率的行业。表5.3列出了长时间从事某一行业的特殊的FAFR值，由该表数据可见长时间在某些化学工业中与短时间在一有爆炸危险的环境中工作的FAFR值有同样的数量级。

表5.3　不同化学环境长时间停留下的特殊的危险率

职　　业	死亡原因	FAFR	职　　业	死亡原因	FAFR
制鞋业	鼻病(如癌)	6.5	石棉工人	肺病(或癌)	男性115,女性205
印刷工作者	肺或气管病(如癌)	10	橡胶工人	膀胱病,肾病	325
油脂业		3～20	制造或机器装配	气管病	520
木工	鼻病(如癌)	35	炼镉工人	前列腺病	700
采铀业	肺病(如癌)	70	制镍工人	肺病(或癌)	330
烧炭	气管病(如癌)	140	萘胺制造者	膀胱病,肾病	1200
化学纤维制造纺织	冠心病	150			

在理论上要确定一个职业或环境的危险率，需要分析其中可能包括的所有致命的起因与各相应的FAFR值。例如在一个典型的工厂中预测有5个危险源，每一个危险源的FAFR值为1，则在这工厂工作的人员所面临的环境的特殊危险的FAFR值为5；如果这个工厂的一般危险率的FAFR值也等于5，根据特殊危险率与一般危险率的概率相等的原则，则该工作人员的死亡率FAFR值为10，即

$$一个特定情况下的FAFR值=该环境的一般FAFR值+\sum_{i=1}^{N}FAFR_i\quad(i=1,2,\cdots,n)$$

式中 N——危险源的数目。

事实上，不可能无误地确定任何岗位的所有的危险源及其准确的FAFR值，所以对这问题必须采取谨慎的态度。目前科学家认为对于一个工作者所面临的FAFR值应小于0.35。因此，在设计中应想方设法减少环境的危险率，降低FAFR值至0.35，应如何减少危险率呢？关于这个问题后面还将讨论，这还是一个处于半科学半艺术状态的问题。

5.2.2 燃烧和爆炸指数（FEI）

减少危险率的第一步就是分辨各种物质潜在的燃烧和爆炸趋势。美国道化学公司有效地应用了燃烧和爆炸指数FEI值来描述这个问题。这一指数较精确地反映了物质潜在的燃烧和爆炸的性能。FEI值可由以下四个因子计算出来。

（1）物质因子（MF）

按照物质分类的不同，这个因子的数值范围为1～20。其分类如下。

① 非燃烧的固体、液体和气体　对于不氧化不燃烧的物质，如水、碳、四氯化碳等，MF＝1。

② 燃烧固体

（a）可点燃的金属，但可点燃性不大，而且可用水熄灭，例如Mg，MF＝2。

（b）可点燃并且可继续燃烧的固体，例如木、纸、糖等，MF＝3。

（c）类似于高闪点液体的可点燃并可继续燃烧的固体，如橡胶、樟脑等，MF＝5。

（d）易燃且燃烧迅速，但可用水熄灭的固体，如硝化纤维、硫氢化钠等，MF＝10。

（e）粉末状固体，能点燃和爆炸，例如硫磺、镁粉等，MF＝10。

（f）能自燃并迅速燃烧，并且能与水作用产生可燃和爆炸的气体，如钠等，MF＝16。

③ 燃烧液体

（a）闪点超过500℉的液体，如桐油等，MF＝3。

（b）闪点超过140℉而小于500℉的液体，如乙二醇、动物油等，MF＝5。

（c）闪点介于23～60℃之间的液体，与水安全互溶的液体，如乙酸，MF＝7；其余液体，如溴苯等，MF＝10。

（d）闪点低于23℃，沸点高于37.8℃，与水完全互溶的液体，如丙酮、乙醇，MF＝12；其余液体，如苯等，MF＝15。

（e）闪点低于23℃，沸点低于37.8℃，如戊烷等，MF＝18。

（f）自燃温度低于190.6℃，如二硫化碳等，MF＝20。

④ 燃烧和爆炸的气体

（a）燃烧热低或爆炸下限较高的气体，如氨、二氧化碳等，MF＝6。

（b）燃烧热高且爆炸限宽，如甲烷、氢等，MF＝18。

（c）不稳定、易爆炸的气体，如压力大于1.38×10^5Pa的乙炔，MF＝20。

⑤ 氧化物质　与还原物质相遇即会起火和爆炸的物质，如氧、氯等，MF＝16。

⑥ 易爆的试剂　如TNT炸药、达纳炸药等，为MF＞20的特殊物质，需要特殊注意。

MF值是计算FEI值的基本数据，但考虑特殊物质的危害和特殊过程的危害，还要引入有关因子修正组合算出最终的FEI值。

（2）特殊物质的危害因子（SMH）

① 与水反应产生易燃气体的物质，例如碳化钙、钠、镁的应用，因子SMH的取值范围为0～30％。物质量少时SMH取零；在着火危险大的环境下使用时，SMH取30％。

② 氧化物质，如氧、过氧化物，依据物质存在的数量，因子SMH的取值范围为

0～20%。

③ 有爆炸倾向的物质，即该类物质易于分解，分解速度快，会爆炸，如高压乙烯、浓的过氧化物，SMH取125%。

④ 易爆炸物质，指处于爆炸限内的物质，如分压大于1.38×10^5Pa的乙炔，SMH应取150%。

⑤ 有自发聚合倾向，聚合时迅速散热的物质，如氧化乙烯，SMH的取值范围为50%～75%，加阻聚剂后取50%。

⑥ 自动发热的物质，加热时SMH取30%。

(3) 一般过程的危害因子（GPH）

① 仅有物理变化过程，GPH取值范围为0～50%。取值视情况而异，如在密封设备中进行物理变化GPH取零，用开口容器运送可燃物质则GPH取50%。

② 连续反应，附加的GPH值=25%～50%。取值按情况而异，如连续放热反应如加入了稀释剂可移走反应热，附加的GPH=25%；如果不加稀释剂的放热反应附加的GPH=50%。

③ 间歇反应，附加的GPH=25%～60%。按情况（同②）来定附加的GPH值。

④ 在同样设备进行多种反应，附加的GPH=0～50%。如果多种反应用类似的原料，反应条件也类似则其GPH=0，如果物质原料与条件都差别很大，可取GPH=50%。

(4) 专门的过程危害因子（SPH）

① 难以控制的反应，SPH=50%～100%。

② 高的压力

(a) 17.2×10^5～207×10^5Pa压力，SPH=30%。

(b) 大于207×10^5Pa压力，SPH=605。

③ 低的压力，附加SPH=0～100%。取值视情况而异，如漏气入系统无危险时，SPH=0；如漏气入系统会引起爆炸时，SPH=100%。

④ 高的温度

(a) 有80%可能超过自燃温度，附加SPH=25%。

(b) 操作条件260～538℃，气体取SPH=10%，液体取SPH=20%。

(c) 操作条件超过538℃，气体取SPH=15%，液体取30%。

⑤ 低温，SPH=15%～25%，依情况而异。

⑥ 接近爆炸限的条件工作，取SPH=0～150%。如果已考虑泄压措施，可取SPH=0，否则取SPH=150%。

⑦ 尘雾有爆炸危险时，取SPH=30%～60%，视情况而异。

⑧ 大于平均爆炸限操作，取SPH=60%～100%，视情况而异。

⑨ 大量的燃烧液体

(a) 建筑物或设备中有7.57～22.7m^3的燃烧液体，取SPH=40%～50%。

(b) 建筑物中或设备中有22.7～75.7m^3的燃烧液体，取SPH=55%～75%。

(c) 建筑物或设备中有75.7～189.3m^3的燃烧液体，取SPH=75%～100%。

(d) 建筑物或设备中有189.3m^3以上的燃烧液体，取SPH=100%。

对于一个特定单元或物质的燃烧和爆炸指数FEI计算公式为

$$FEI=MF(1+SMH)(1+GPH)(1+SPH)$$

【例5.3】 对于烷烃氧化制醇工厂的燃烧和爆炸指数的分析。丙烷氧化生成醇、醛、酮的流程中包括六个单元。反应物是O_2和C_3H_8，产品是CH_3OH、CH_3COCH_3和CH_3CHO。

单元Ⅰ是反应器，丙烷用空气气相氧化，反应温度是315.6～537.8℃，压力是20.7×10^5Pa。单元Ⅱ是醇的吸收器，将醇、醛、酮吸收在水中，残余的丙烷和氮气返回丙烷回收系统。单元Ⅲ是丙烷回收器，用一般的吸收、解吸操作回收丙烷。单元Ⅳ是醇的分离器，使用一般的反应精馏的分离方法。单元Ⅴ是丙烷的存贮装置，要有能维持几天生产的库存量，丙烷用桶车或载重车输运。单元Ⅵ是醇的存贮装置，能存贮几天生产的醇、醛、酮。

试分别计算每一个单元的FEI值。

解 计算结果如下。

单　　元	FEI	相对顺序爆炸及燃烧危险性	单　　元	FEI	相对顺序爆炸及燃烧危险性
反应单元	64.8	1	醇的分离单元	18.6	6
醇吸收单元	23.4	5	丙烷贮存单元	45.0	2
丙烷回收单元	33.3	4	醇的贮存单元	37.5	3

下面以反应单元为例，说明其FEI的计算步骤。

工厂:醇	单元:反应		
原料:丙烷		(2)高温 149～538℃	10%
产品:醇、酮、醛		(3)接近爆炸限操作时	总计 100%
反应:$C_3H_8+O_2 \longrightarrow CH_3OH+CH_3COCH_3+CH_3CHO$		反应器	46.8
1. 丙烷的 MF 值	18	醇吸收器	23.4
2. SMH	0	丙烷回收器	12.8
3. GPH	总计 50%		
连续反应	50%	FEI = MF(1+SMH)(1+GPH)(1+SPH)	
4. SPH	总计 140%	=18(1+0)(1+50%)(1+140%)	
(1)高压 17.2×10^5～207×10^5Pa	30%	=64.8	
(表压)			

比较不同方案的FEI值，即可确定相对安全的方案。

5.2.3 故障树分析

故障树分析法是以一种逻辑树的形式，定量地分析故障产生的内部关系。

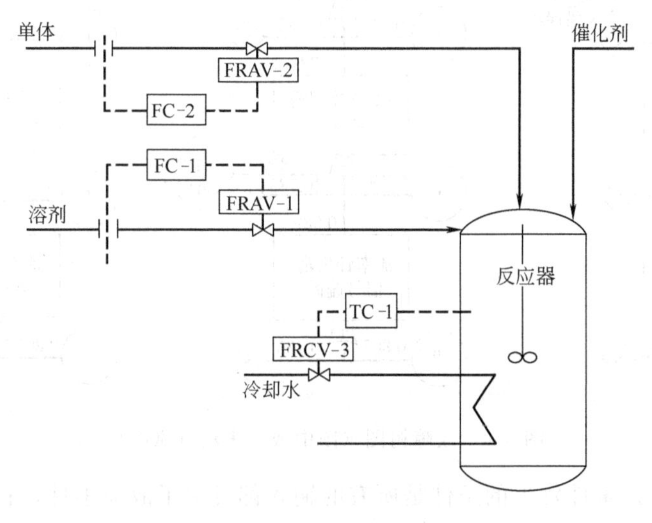

图5.3 催化聚合反应系统流程示意图

FC—流率控制阀；FRCV—流速调节阀；TC—温度控制器

我们以一个自动聚合的反应过程（图5.3）为例，讨论这一分析方法。进入该过程反应器的单体和溶剂的流速由包括有流量计、控制器和控制阀的控制系统来调节。反应器的温度靠冷却水夹套维持，而冷却水的流速是由热电偶、控制器和流率控制阀组成的控制系统来调节。这一系统最大的灾难是反应的失控，引起反应失控的原因为：

① 流入反应器的单体相对于溶剂的比例过大，反应将失控；

② 反应温度过高，反应不均失控。

图5.4给出了系统初始的故障树的图。图的顶部是反应失控的损失，引起反应失控的原因紧接写在它的下面，层层给出它们的因果关系。下面给出图中几个主要符号的说明。

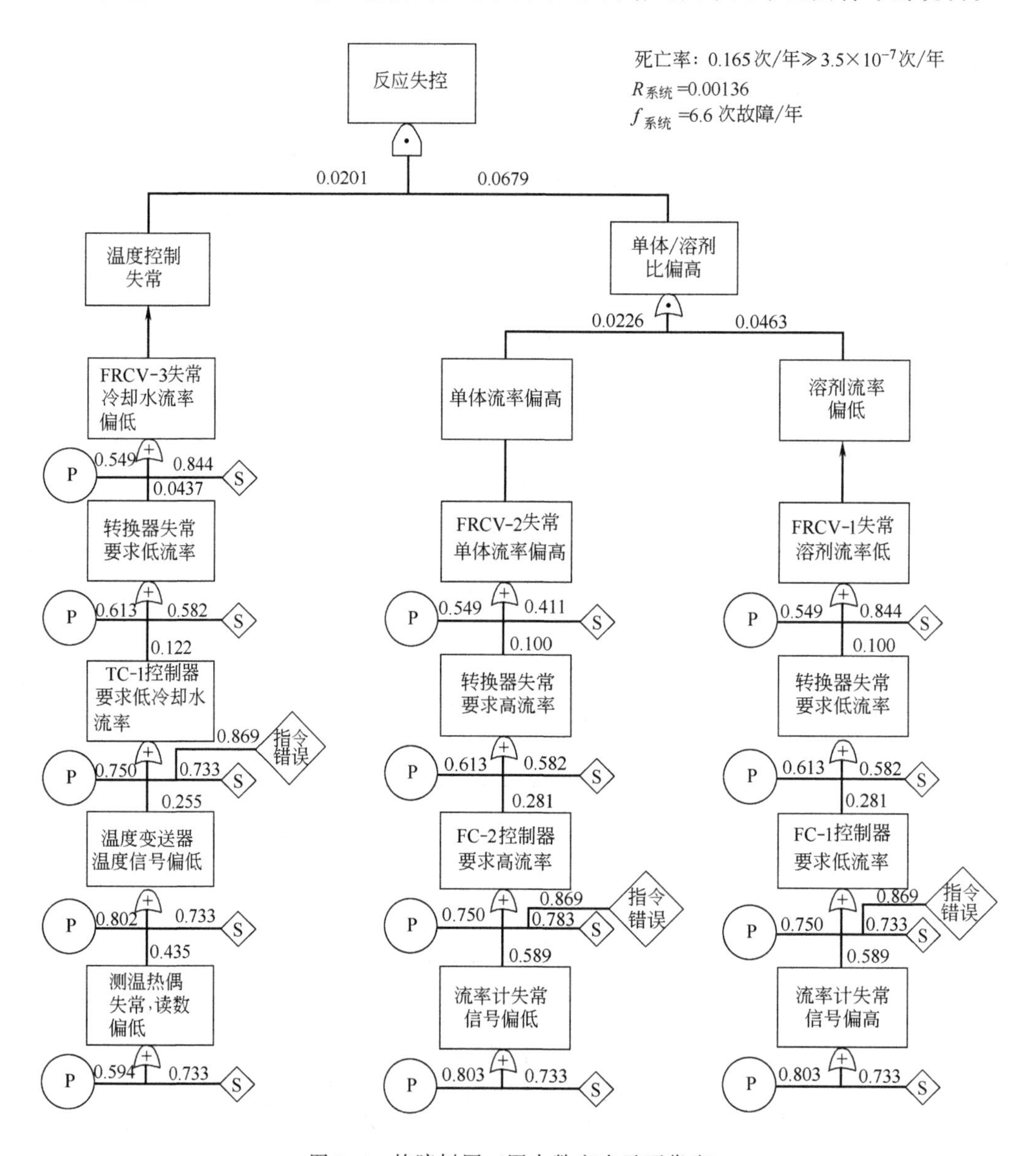

图5.4 故障树图（图中数字表示可靠度）

输出（故障）事件发生的条件是所有的输入都发生了故障事件，相当并联式事故。

只要任何一个输入发生事故，都会引起输出发生故障事件，相当串联式事故。

每一组元有三种故障的模式。

Ⓟ 第一种故障的模式：因组元不能执行其设计功能而失效。

Ⓢ 第二种故障的模式：由于外界的环境使某组元不能正常工作。

◇ 指令错误模式：系统过载或输入了错误的信号引起组元发生故障，这是第三种模式。

在图 5.4 中故障树的分支结束于Ⓟ、Ⓢ或□，在□中给出系统条件指令引起的损失。

使用这种分析方法的第一步是估计出比损失的频率。对于特定的元素 i，其故障的平均速率 f_i（失败次数/时间）。而故障之间的平均时间即

$$(\mathrm{MTBF})_i=\frac{1}{f_i}$$

对于化工过程失效速率的数据在文献中已开始有所记载，但是还没有较完全的数据库可供查阅。图 5.4 给出了该系统组元失效的平均速率，并注出了第一类、第二类故障速率。与每一组元的失效模式相联系的可靠性 R_i 就是组元不失效的概率，Buttham 曾用下式描述

$$R_i=\exp(-f_i)$$

式中　R_i——满足（R_i+Q_i）=1；

　　Q_i——不可靠性。

第二步是将可靠性数据用于故障树分析。

对于情况⊕（三角形内加号）

$$R_{\triangle}=\prod_{i=1}^{n}R_i\ (i=1，2，\cdots，n)$$

对于情况△（三角形内圆点）

$$R_{\triangle}=1-\prod_{i=1}^{n}Q_i=1-\prod_{i=1}^{n}(1-R_i)$$

图 5.4 中数据即按上式计算得到的。最后可求出这个系统的可靠性为 0.00136，换算为比损失频率为 6.6 次故障/年。

对于系统可靠性高的情况，操作者的危险性自然就比较少。前面曾提到人类安全工作环境的冒险死亡率要小于 3.5×10^{-7} 次/年。对于本例系统，假定工作者在危险区附近的时间

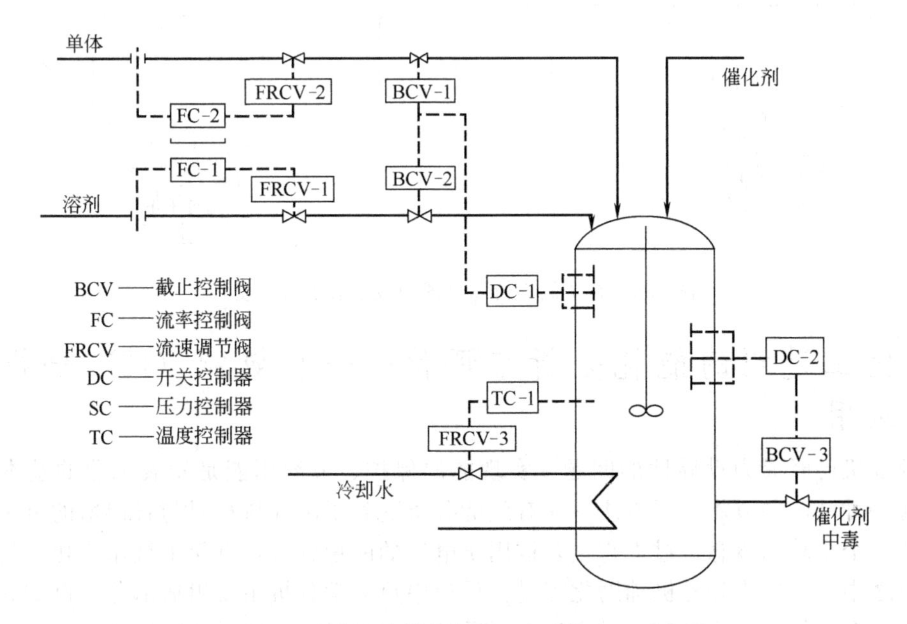

图 5.5　改进后的催化聚合反应系统流程示意图

概率是25%；在10次反应温度失控情况下又可能遇到一次死亡机会，所以操作者一年中死亡概率为

$$6.6\times0.25\times\frac{1}{10}=0.165\ [次/年]$$

此数据说明该设计的死亡概率大于规定值3.5×10^{-7}次/年。说明该设计不安全，必须加上保护性控制措施提高安全性，图5.5及图5.6给出了第二次改进后流程与效果。设计必须一次次改进至合乎安全标准为止。由图可见逐步增加控制措施第二次改进后系统可靠度为0.999，死亡率下降至2.2×10^{-5}次/年，但仍高于安全要求值，仍需改进。

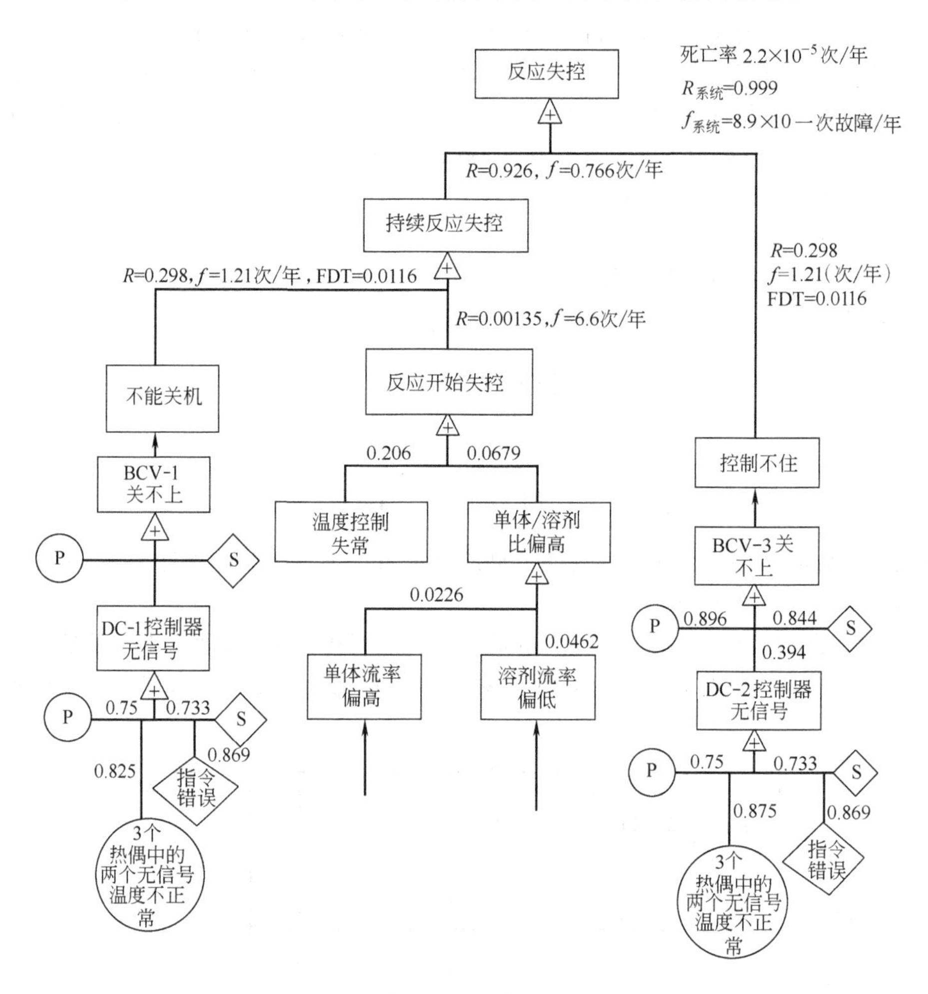

图5.6 系统故障树图（图中数字表示可靠度）

5.3 化工过程的能耗分析与评价——有效能（㶲）分析及其应用

能源危机已经成为世界性的问题。实现能源保护、节约用能是发展工业的基本方针之一。作为一种基础的节能分析方法——有效能分析受到了国外科技界与日俱增的重视。有效能并非是一个全新的概念，过去它主要被用于电厂的能量分析，近年来被用于化工过程的分析与合成之中，它成为计算机辅助化工过程设计中热力学分析主要组成部分。例如它已被成功地应用于合成氨、合成甲醇的过程设计以及各种分离过程的能量分析等方面。化工生产消

耗大量的能量，判断其能量合理使用的程度，分析其能量利用效率，以寻求节能的途径，必然具有重大的理论与实践的意义。目前在国内文献上，虽然对于有效能的基本算法已经涉及，但对于实际常用流动物系的有效能分析通式未加讨论。本书介绍了有效能基本概念及一般实用流动系统的有效能分析通式，并以简例说明。

5.3.1 有效能（烟）

什么是物质（或物系）所具有的有效能（烟）呢？简单地说，有效能是指该物质（或物系）所具有的能够转化为有用功的那部分能量，所谓提高有效能利用效率，就是指要充分利用这部分能量，尽量把它们全部地转化为有用功，尽量减少由于过程的不可逆性所导致的部分有效能未被利用就被遗失的浪费现象。能量转化是有条件的，正如热不能自动由低温物体传导至高温物体一样，物质（或物系）所具有的内能并不能全部转化为有用功，品位高的能量能转化为有用功，品位低的能量，即与周围稳定环境处于同品位的能量却不能。所以，有效能仅是内能的一部分。

“有效能”也称“烟”（exergy），这个概念是由 J. H. Keenan 在 1932 年首先提出的，在 20 世纪 50 年代他又作了进一步的阐述。他定义物质（或物系）的有效能 A_E 为

$$A_E=(H-T_0S)-(H_0-T_0S_0) \tag{5.1}$$

式中 H——该物质（或物系）在给定状态下的焓；

S——该物质（或物系）在给定状态下的熵；

T_0——规定的参照状态的温度。

下标 0 代表参考状态。

由有效能定义式（5.1）可见，由于焓与熵都是物质（或物系）的一种性质，是状态参数，因而有效能也必然是一个状态参数，但它的数值不仅与给定的状态有关，而且也与所取的参照状态有关。由常识可知，当一个物质（或物系）与稳定的周围环境处于稳定的平衡状态时，它就丧失了向周围环境做功的能力，如一个高压气团，当其泄压至大气压时，它就丧失了自动向环境做功的能力。为了统一标准，在一般的有效能分析中，就把稳定的环境状态规定为有效能定义中的参照状态，此参照状态亦称为死态。死态是由三个要素所规定的。

① 死态的温度定为 298.15K。

② 死态的压力定为 1atm。

③ 基础浓度与参照物质 规定在周围环境中（即地球大自然中）大量的以稳定浓度存在的物质（元素或化合物）为参照物质，其稳定存在摩尔分数被规定为基础浓度。如大气中氧（基础浓度为 0.2094），氮（基础浓度为 0.781），二氧化碳（基础浓度为 0.000302），自然界中的 SiO_2、Al_2O_3、H_2O、$CaSO_4 \cdot 2H_2O$（它们的基础浓度皆为 1）等皆可定为参照物质（或称基准物）。几种常用的参照物及其基础浓度见表 5.4。

表 5.4 参照物及其基础浓度 x_0

元素	参照物质	基础浓度	元素	参照物质	基础浓度
O	O_2(气)	0.2094	Mg	$MgCO_3$(固)或 $CaCO_3 \cdot MgCO_3$(固)*	1
N	N_2(气)	0.781			
H	H_2O(液)	1	Fe	$5Fe_2(SO_4)_3 \cdot 2Fe(OH)_3$(固) 或 Fe_2O_3(固)*	1
C	CO_2(气)	0.000302			
S	$CaSO_4 \cdot 2H_2O$(固)	1	Si	SiO_2(固)	1
Cl	NaCl(固)	1	Al	$Al_2O_3 \cdot H_2O$(固) 或 Al_2O_3(固)*	1
Ca	$Ca(NO_3)_2$(固)或 $CaCO_3$(固)*	1			

注：表中浓度为摩尔分数。除有 * 者以外，为表 5.4 的基准物。

严格地说，有效能乃是物质（或物系）的这样一种性质，它量度了此物质（或物系）由任一个状态转变至参照状态时（也就是转变至参照状态处于热的、机械的和化学的平衡时），该物质（或物系）从理论上所能做出的最大功（即可逆功）。任何物质当它处于参照状态（死态）时，其有效能必然为零。

如何计算指定物质的有效能呢？正如一般热力学计算时，常需要纯物质的摩尔热力学性质那样，在有效能计算中常要用到纯物质的摩尔有效能。按照有效能的定义式（5.1），根据摩尔焓 H_m 和摩尔熵 S_m 的计算式，可导出摩尔有效能 ε 的计算式

$$\varepsilon = \overbrace{[(H_m^{\ominus} - H_{m0}) - T_0(S_m^{\ominus} - S_{m0})]}^{\varepsilon^{\ominus}} + \overbrace{\int_{T_0}^{T} c_p\left(1 - \frac{T_0}{T}\right)dT}^{\varepsilon_T} + \overbrace{\int_{p_0}^{p} V dp}^{\varepsilon_p} \tag{5.2}$$

式中　下标“0”——死态；

上标“$\ominus$”——一般标准状态（298.15K，1atm）。

式（5.2）中等号右边的第一项仅与物质的化学组成有关，定义为摩尔化学有效能 $\varepsilon^{\ominus}$；第二项仅与温度有关（因为 c_p 也仅是温度的函数），定义为摩尔热有效能 ε_T；第三项与状态过程及压力有关，定义为摩尔压力有效能 ε_p。

纯物质的摩尔有效能表达式的另一种形式为

$$\varepsilon = \underbrace{RT_0\ln\left(\frac{1}{X_0}\right)}_{\varepsilon^{\ominus}} + \underbrace{\int_{p_0}^{p} V dp}_{\varepsilon_p} + \underbrace{\int_{T_0}^{T} c_p\left(1 - \frac{T_0}{T}\right)dT}_{\varepsilon_T} \tag{5.3}$$

（压力有效能）（热有效能）

如果给定的物质是一混合物，其热力学性质要按各个组分的偏摩尔热力学性质的加和规则运算，对于有效能也不例外。至于各组分偏摩尔有效能仍可用式（5.2）计算，只是在相应的 H_m、S_m、V 等符号上方冠以横线，以示区别，即

$$\bar{\varepsilon} = [\overline{H}_m^{\ominus} - \overline{H}_{m0} - T_0(\overline{S}_m^{\ominus} - \overline{S}_{m0})] + \int_{T_0}^{T} \bar{c}_p\left(1 - \frac{T_0}{T}\right)dT + \int_{p_0}^{p} \overline{V} dp \tag{5.4}$$

对于理想混合物，其各组分偏摩尔有效能即等于纯组分的摩尔有效能。则其混合物的摩尔有效能 ε_m 为

$$\varepsilon_m = \sum_j x_j RT_0 \ln\frac{x_j}{x_j^{\ominus}} + \sum_j x_j\left[\left(\int_{p_0}^{p} \overline{V}_j dp + \int_{T_0}^{T} \bar{c}_{pj}\right)\left(1 - \frac{T_0}{T}\right)dT\right] \tag{5.5}$$

下面对式（5.2）及式（5.3）做一简单推导。

将有效能定义式 $\varepsilon = (h - T_0S_m) - (h_0 - T_0S_{m0})$

$$\varepsilon = [(H_m - T_0S_m) - (H_m^{\ominus} - T_0S_m^{\ominus})] + [(H_m^{\ominus} - T_0S_m^{\ominus}) - (H_{m0} - T_0S_{m0})] \tag{5.6}$$

区别于 H_{m0} 与 S_{m0}，$H_m^{\ominus}$ 和 $S_m^{\ominus}$ 表示在标准状态下，但组成 x 不是 x_0 的情况。对于摩尔有效能，计算式中的 $x=1$。

按照纯物质的摩尔自由能或混合物中组分的偏摩尔自由焓，均等于化学位 μ 的定义，有

$$\mu_0 = H_m - T_0S_{m0} \qquad 死态\ x = x_0 \tag{5.7}$$

由于

$$T_0 = T^{\ominus} \tag{5.8}$$

所以 $\mu^{\ominus} = H_m^{\ominus} - T^{\ominus}S_m^{\ominus} = H_m^{\ominus} - T_0S_m^{\ominus}$ 标准态，x 为所讨论物系的实际组成，可以是任一小于或等于1的数。

将式（5.7）和式（5.8）代入式（5.6），并加整理得

$$\varepsilon = [(H_m - T_0S_m) - \mu^{\ominus}] + (\mu^{\ominus} - \mu_0) = [(H_m - T_0S_m) - \mu^{\ominus}] + \varepsilon^{\ominus} \tag{5.9}$$

其中

$$\varepsilon^{\ominus} = \mu^{\ominus} - \mu_0 \tag{5.10}$$

$\varepsilon^{\ominus}$是在 $T^{\ominus}$、$p^{\ominus}$和组成为 x（$x \leqslant 1$）条件下的摩尔有效能。

求解式（5.9）的第一步是求 $\varepsilon^{\ominus}$，对于理想溶液或理想气体，某物质在 $x=x_0$ 及 $T^{\ominus}$、$p^{\ominus}$条件下，等温等压转变为 $x=1$（纯物质）时自由焓的增量为 $-RT_0\ln x_0$，即

$$\varepsilon^{\ominus}=\mu^{\ominus}-\mu_0=RT_0\ln\frac{1}{x_0} \tag{5.11}$$

由此可见，$\varepsilon^{\ominus}$代表由于化学组成的改变所引起的有效能值的变化，故称 $\varepsilon^{\ominus}$为化学有效能。

第二步计算

$$\varepsilon-\varepsilon^{\ominus}=[(H_m-T_0S_m)-\mu^{\ominus}]=[(H_m-H_m^{\ominus})-T_0(S_m-S_m^{\ominus})] \tag{5.12}$$

因为热力学函数值与途径无关，仅与状态有关。所以这步计算，可分两步进行，先在恒温条件下把压力由 $p^{\ominus}$改变到 p，然后再在恒压的情况下，把温度由 T_0 提升到 T。当然先恒压后恒温变化，也会导出同样的结果。于是，式（5.12）中的（$H_m-H_m^{\ominus}$）、（$S_m-S_m^{\ominus}$）可分别表示如下

$$H_m-H_m^{\ominus}=\int_{p_0}^{p}\left(\frac{\partial V}{\partial T}\right)_{T_0}\mathrm{d}T+\int_{T_0}^{T}\left(\frac{\partial V}{\partial T}\right)_{p}\mathrm{d}T=\int_{p^{\ominus}}^{p}\left[V-T_0\left(\frac{\partial V}{\partial T}\right)_{p}\right]\mathrm{d}p+\int_{T_0}^{T}c_p\mathrm{d}T \tag{5.13}$$

$$S_m-S_m^{\ominus}=\int_{p_0}^{p}\left(\frac{\partial V}{\partial T}\right)_{T_0}\mathrm{d}T+\int_{T_0}^{T}\left(\frac{\partial V}{\partial T}\right)_{p}\mathrm{d}T=-\int_{p^{\ominus}}^{p}\left(\frac{\partial V}{\partial T}\right)_{p}\mathrm{d}p+\int_{T_0}^{T}(c_p/T)\mathrm{d}T \tag{5.14}$$

将式（5.13）、式（5.14）代入式（5.12），并加整理得

$$\varepsilon-\varepsilon^{\ominus}=\int_{T_0}^{T}c_p\left(1-\frac{T_0}{T}\right)\mathrm{d}T+\int_{p_0}^{p}V\mathrm{d}p$$

将式（5.11）代入上式，并加整理得

$$\varepsilon=\underbrace{\int_{p_0}^{p}V\mathrm{d}p}_{(\text{I})}+\underbrace{\int_{T_0}^{T}c_p\left(1-\frac{T_0}{T}\right)\mathrm{d}T}_{(\text{II})}+\underbrace{RT\ln\frac{1}{x_0}}_{(\text{III})} \tag{5.15}$$

式中第（Ⅰ）项为压力有效能，第（Ⅱ）项为温度有效能，第（Ⅲ）项为化学有效能。

对于混合物其摩尔有效能可按加和规则计算，即

$$\varepsilon_m=\sum_j x_j\bar{\varepsilon}_j \tag{5.16}$$

式中 x_j——组分 j 的摩尔分数；

$\bar{\varepsilon}_j$——组分 j 的偏摩尔有效能；

ε_m——混合物的摩尔有效能。

不难推出偏摩尔化学有效能的算式为

$$\bar{\varepsilon}_j^{\ominus}=\mu_j^{\ominus}=\mu_{0,j}=RT_0\ln\frac{X_j}{X_{0,j}} \tag{5.17}$$

于是，可得

$$\varepsilon_m=\sum_j x_j\left[\int_{p_0}^{p}\bar{V}_j\mathrm{d}p+\int_{T^{\ominus}}^{T}\bar{c}_{pj}\left(1-\frac{T^{\ominus}}{T}\right)\mathrm{d}T\right]+\sum_j x_jRT_0\ln\frac{x_j}{x_{0,j}} \tag{5.18}$$

常见物质死态的摩尔标准化学有效能已被计算出来，并已归纳列表，一些化学物质的标准化学有效能数据见表 5.5。所以在实际有效能分析中，一般物质的摩尔化学有效能，可以计算（见例 5.4），亦可查表。大部分官能团与各种化学链的 $\varepsilon^{\ominus}$已被推算出来并列为表格，对于某些结构复杂或罕见的化合物，其摩尔化学有效能值数据无表可查时，则可应用一致性估计或集团分配方法结合表格上的数据，加和求取。

【例 5.4】 求取氧气的摩尔标准化学有效能 $\varepsilon_{O_2}^{\ominus}$。

解 按定义

$$\varepsilon^{\ominus}=(H_m^{\ominus}-H_{m0})-T_0(S_m^{\ominus}-S_{m0})$$

因为

$$(H_m^{\ominus}-H_{m0})_{O_2}=\int_{298.15}^{298.15}c_p\mathrm{d}T+\int_{0.2094}^{1}\left[V-T\left(\frac{\partial V}{\partial T}\right)_p\right]\mathrm{d}p=0$$

而

$$(S_m^{\ominus}-S_{m0})_{O_2}=\int_{298.15}^{298.15}\left(\frac{c_p}{T}\right)\mathrm{d}T-\int_{0.2094}^{1}\left(\frac{\partial V}{\partial T}\right)_p\mathrm{d}p$$

$$=-R\ln\left(\frac{1}{x_0}\right)=-3.1067\times10^{-3}\ [\mathrm{kcal/(g\cdot mol\cdot K)}]$$

所以 $\varepsilon_{O_2}^{\ominus}=0-298.15\times(-3.1067\times10^{-3})=0.9263\ [\mathrm{kcal/(g\cdot mol)}]$

表 5.5 中部分物质的标准化学有效能就是这样计算出来的。

表 5.5 一些化学物质的标准化学有效能

物质	$\varepsilon_0^{\ominus}$/[kcal/(g·mol)]	物质	$\varepsilon_0^{\ominus}$/[kcal/(g·mol)]	物质	$\varepsilon_0^{\ominus}$/[kcal/(g·mol)]
O_2(气)	0.9263	F_2(气)	165.2	COS(气)	198.226
N_2(气)	0.149	Cl_2(气)	123.8	HCN(气)	154.96
H_2O(液)	0.00	Br_2(液)	112.57	NH_4Cl(固)	125.866
H_2O(气)	2.052	I_2(固)	92.87	NaCl(固)	56.03
H_2(气)	56.23	HF(气)	45.4	NaOH(固)	23.23
CO_2(气)	4.8002	HCl(气)	67.2	Na_2CO_3	20.866
CO(气)	65.815	HBr(气)	71.6	CaO(固)	30.74
C(固)	98.131	HI(气)	74.9	$CaCl_2$(固)	4.583
NO(气)	21.26	CH_4(气)	198.457	$MgCO_3$(固)	63.443
NO_2(气)	13.429	C_2H_6(气)	357.19	Fe_2O_3(固)	50.4
NH_3(气)	80.456	C_2H_4(气)	325.13	FeS_2(固)	53.01
S(固)	139.66	C_6H_6(气)	817.13	SiO_2(固)	0
SO_2(气)	68.85	CH_3OH(气)	172.3	$Al_2O_3\cdot H_2O$(固)	0
H_2S(气)	187.921	C_6H_5OH(液)	745.491	空气	0

上述例题指出了基本物本身或者表上可提供数据的物质的化学有效能的求取方法。如果本身既不是基准物，表上又查不出有关数据的物质，如何求取它的化学有效能呢？这可以通过它与基准物之间的化学反应，应用反应的吉布斯自由能的数据求取。下面由化学反应的角度来推演一下它的算式。

现考虑在环境状态下有下列化学平衡

$$\gamma_1A_1+\gamma_2A_2+\gamma_3A_3+\cdots+\gamma_nA_n=0 \tag{5.19}$$

式中 A——产物或反应物；

γ——化学反应的化学计量系数。

要求计算非基准物 A_1 在 T_0、p_0 和组成 $x=1$ 状态下的有效能，即化学有效能 $\varepsilon_1^{\ominus}$。为了利用热力学中已有的生成自由焓 $g_f^{\ominus}$ 数据，可选用标准状态：$T^{\ominus}=298.15\mathrm{K}$，$p^{\ominus}=101.3\mathrm{kPa}$，于是所要求的化学有效能就是标准化学有效能 $\varepsilon_1^{\ominus}$。

上述化学平衡的含意是参与反应的基准物都是在其基准状态下的基准组成；而非基准物的组成则是在该反应达到平衡时的组成。这就是说，所有物质都处于稳定的“死态”，各物质的浓度都是 x_0。由于达到化学平衡，所以它们的化学位总和为零，即

$$\sum_{j=1}^{n}(\gamma_j\mu_{0,j})=0\ (j=1,2,\cdots,n)$$

或
$$\mu_{0,1}=-\frac{1}{\gamma_1}\sum_{j\neq 1}^{n}\gamma_j\mu_{0,j}$$

以上各式中的 γ_j 对反应物为正值，对反应产物为负值。对于 $T^{\ominus}=298.15\text{K}$ 和 $p^{\ominus}=101.3\text{kPa}$ 的条件，按有效能定义

$$\varepsilon_1^{\ominus}=\mu_1^{\ominus}-\mu_{0,1}=\mu_1^{\ominus}+\frac{1}{\gamma_1}\sum_{j\neq 1}^{n}\gamma_j\mu_{0,j} \tag{5.20}$$

由自由焓增量，得方程

$$\mu_{0,j}^{\ominus}=\mu_j^{\ominus}+RT_0\ln x_{0,j}=g_{\mathrm{f},j}^{\ominus}+RT_0\ln x_{0,j}$$

代入式（5.20），可得

$$\varepsilon_1^{\ominus}=\frac{1}{\gamma_1}\left[\sum_j\gamma_j g_{\mathrm{f},j}^{\ominus}+RT_0\ln\left(\prod_{j\neq 1}x_{0,j}^{\gamma_j}\right)\right] \tag{5.21a}$$

令
$$-\Delta G^{\ominus}=\sum_j\gamma_j g_{\mathrm{f},j}^{\ominus}$$

则上式变为

$$\varepsilon_1^{\ominus}=\frac{1}{\gamma_1}\left[-\Delta G^{\ominus}+RT_0\ln\left(\prod_{j\neq 1}x_{0,j}^{\gamma_j}\right)\right] \tag{5.21b}$$

用式（5.21）可从各物质的 $x_{0,j}$ 和 $g_{\mathrm{f},j}$ 计算非基准物 A_1 的 $\varepsilon_1^{\ominus}$；其他物质可以是基准物，也可以是非基准物，根据上面已提出的规定，当 A_1 为反应物时，γ_1 为正，若为反应产物时，γ_1 为负。当任一 A_j 为元素时，其 $g_{\mathrm{f},j}^{\ominus}$ 为零。

【例5.5】 选在 $T_0=298.15\text{K}$ 和 $p_0=101.3\text{kPa}$ 的液态水为基准物，计算 H_2 的标准化学有效能 $\varepsilon_{0,1}^{\ominus}$。

解 设下列化学反应在 T_0 和 p_0 条件下达到平衡，即

$$H_2(气)+\frac{1}{2}O_2(气)\longrightarrow H_2O(液)$$

或
$$H_2(气)+\frac{1}{2}O_2(气)-H_2O(液)=0$$

令
$$A_1=H_2\ (气),\ A_2=O_2\ (气),\ A_3=H_2O\ (液)$$

则
$$\gamma_1=1,\ \gamma_2=\frac{1}{2},\ \gamma_3=-1$$

按式（5.21a）计算 $\varepsilon_{0,1}^{\ominus}$，即

$$\begin{aligned}\varepsilon_1^{\ominus}&=\frac{1}{\gamma_1}\left[\gamma_1 g_{\mathrm{f},1}^{\ominus}+\gamma_2 g_{\mathrm{f},2}^{\ominus}+\gamma_3 g_{\mathrm{f},3}^{\ominus}+RT_0\ln(x_{0,2}^{\gamma_2}x_{0,3}^{\gamma_3})\right]\\&=-g_{\mathrm{f},3}^{\ominus}+-RT_0\ln x_{0,2}^{\gamma_2}\\&=-(-56690)+1.987\times 298.15\ln 0.2094^{1/2}\\&=56230\text{cal/mol}\end{aligned}$$

【例5.6】 选在 $T_0=298.15\text{K}$ 和 $p_0=101.3\text{kPa}$ 的大气中 CO_2（气）为基准物，其基准组成 $x_0=0.000302$。试计算C的 $\varepsilon_{0,1}^{\ominus}$。

解 假定在 T_0 和 p_0 条件下下列反应达到平衡，即

$$C+O_2=\!=\!=CO_2$$

或
$$C+O_2-CO_2=\!=\!=0$$

令C为 A_1，O_2 为 A_2，CO_2 为 A_3。

则
$$\gamma_1=1,\ \gamma_2=1,\ \gamma_3=-1$$

已知 O_2 基准浓度为 $x_{0,2}=0.2094$，已经 $x_{0,3}=0.000302$。此外，$g_{\mathrm{f},1}^{\ominus}=0$，$g_{\mathrm{f},2}^{\ominus}=0$，$g_{\mathrm{f},3}^{\ominus}=-94.258\text{cal/mol}$。按式（5.21a）计算 $\varepsilon_0^{\ominus}$，即

$$\varepsilon_{0,1}^{\ominus}=\frac{1}{\gamma_1}[\gamma_1 g_{f,1}^{\ominus}+\gamma_2 g_{f,2}^{\ominus}+\gamma_3 g_{f,3}^{\ominus}+RT\ln(x_{0,2}^{\gamma_2}x_{0,3}^{\gamma_3})]$$
$$=[-(-94.258)+1.987\times298.15\ln(0.2094\times0.000302)^{-1}]$$
$$=94.258+1.987\times298.15\times6.542=98.130\text{cal/mol}$$

【例5.7】 试计算甲醇 CH_3OH（气）的 $\varepsilon_1^{\ominus}$。

解 甲醇不是基准物，假设在 $T_0=298.15K$ 和 $p_0=101.3kPa$ 的条件下，下列反应达到平衡，即

$$CO_2(气)+3H_2(气)\longrightarrow CH_3OH(气)+H_2O(气)$$

或
$$CO_2(气)+3H_2(气)-CH_3OH(气)-H_2O(气)=0$$

令 CH_3OH 为 A_1，其余依次 CO_2 为 A_2，H_2 为 A_3，H_2O（气）为 A_4。

则
$$\gamma_1=1,\ \gamma_2=1,\ \gamma_3=3,\ \gamma_4=-1$$

取 CO_2 为基准物，其 $x_{0,2}$ 为 0.000302。由例5.5得知 H_2 的 $\varepsilon_1^{\ominus}$ 为 56230cal/mol。可由下式计算其 $x_{0,3}$，对于 H_2O（气），在 T_0 下平衡组成 $x_0=0.0313$，查物化手册可知 CO_2、H_2、H_2O（气）、CH_3OH（气）等的 $g_f^{\ominus}$，则可代入式（5.21b）求得

$$\varepsilon_{0,1}^{\ominus}=\frac{1}{\gamma_1}\left[-\Delta G^{\ominus}+RT_0\ln\left(\prod_{i\neq1}x_{0,j}^{\gamma_j}\right)\right]$$
$$=\frac{1}{\gamma_1}[\gamma_2 g_{f,2}^{\ominus}+\gamma_3 g_{f,3}^{\ominus}+\gamma_1 g_{f,1}^{\ominus}+\gamma_4 g_{f,4}^{\ominus}+RT_0\ln(x_{0,2}^{\gamma_2}x_{0,3}^{\gamma_3}x_{0,4}^{\gamma_4})]$$
$$\varepsilon_0^{\ominus}=172300\text{cal/mol}$$

5.3.2 通用物系的有效能分析式

上一节介绍了物质的有效能的计算式，如果对象是一个物系，应如何对它进行有效能分析呢？

对于每一个真实的系统，或一个子系统，或者一个设备元，其有效能平衡式可表达为

$$\sum A_{Ei}=\sum A_{Ee}+\Delta A_{Ex}$$

式中 $\sum A_{Ei}$——进入系统有效能；

$\sum A_{Ee}$——引出系统有效能；

ΔA_{Ex}——有效能损失。

有效能损失是由于过程不可逆性引起的。Boinowski（1979）曾指出，这些不可逆因素可以是：

① 流体流动过程中节流作用，如通过精馏塔的阀门导致的节流；

② 在不同温度介质之间的热传递，或者不同温度流体的混合；

③ 在非平衡状态下流股间的质量传递。

也就是说，一切不可逆过程都必然产生有效能损失，不可逆性愈大损失也愈大。

下面推导一下通用物系的有效能平衡式，由此可导出上述几个公式来源。有效能平衡式是由系统的能量平衡式和熵平衡式联立推演得到的，下面先推导通用物系的能量平衡式，再推导熵平衡式，最后联立求解。

图5.7给出一个通用物系的示意图。系统A和几个外系统发生质量与能量的传递，导致系统A状态的变化，在指定的时间间隔中，由状态1变化至状态2。在以下所谈到的

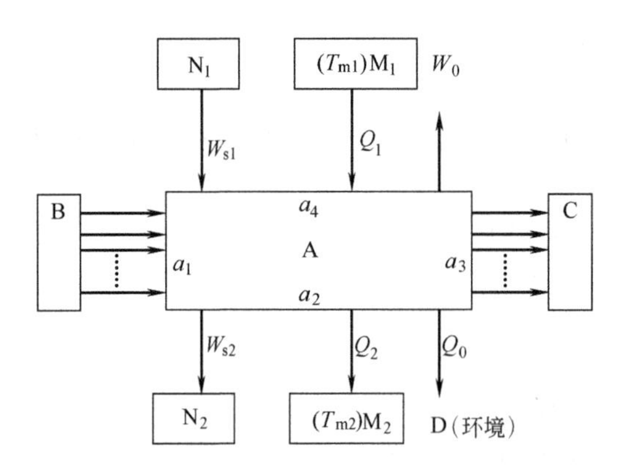

图5.7 通用物系的示意图

热量与功均指在指定的时间间隔中交换的总量。M_1 为高温热源，其温度为 T_{m1}，它向系统A输入热量 Q_1。M_2 为低温热源，其温度为 T_{m2}，系统A向它输出热量 Q_2。系统 N_1 向系统A所做的功为 W_{s1}，系统A向系统 N_2 所做的功为 W_{s2}。系统A温度高于环境，它散失于环境D的热量为 Q_0。此外，由于摩擦损耗等原因，A所遗失的总功为 W_0。a_1 为系统A的入口，若在 a_1 处由系统B流入系统A的物流数目为 l_i 股，每股物流可为 k 个组分的混合物。a_3 为A系统的出口，流出 l_e 股物流至C系统，每股物流亦可为 k 个组分的混合物。今以 $m(t)_{l,k,i}$ 为第 l 股进口物流第 k 组分的流率；相应设 $m(t)_{l,k,e}$ 为第 l 股出口物流第 k 组分的流率。此外，对于每股流中每一组分 k 来说，它除了随流股主体流流动外，由于分子扩散，它还可能发生扩散流，可用 $J(t)_{l,k,i}$ 与 $J(t)_{l,k,e}$ 代表相应于进口与出口处每股流中第 k 组分的扩散流的流率。所以，对于每股流中第 k 组分的总流率应为主体流与扩散流之和。对于不稳定流，m 与 J 都是时间 t 的函数。

如果系统A在 t_1 时刻处于状态1，和外界发生了上述的质量传递与能量传递后，在 t_2 时刻转变到状态2时，按照热力学第一定律对系统A可列出能量平衡式

$$
\begin{aligned}
&(E_{A2}-E_{A1})+\sum_{t_e}\int_{m(t_1)+J(t_1)}^{m(t_2)+J(t_2)}\sum_k\left(\overline{H}_m+x_g+\frac{U^2}{2}\right)_{k,l_e}d[m(t)+J(t)]_{k,l_e}-\\
&\sum_{t_i}\int_{m(t_1)+J(t_1)}^{m(t_2)+J(t_2)}\sum_{l_i}\left(\overline{H}_m+x_g+\frac{U^2}{2}\right)_{k,l_i}d[m(t)+J(t)]_{k,l_i}\\
&=|Q_1|-|Q_0|-|Q_2|+|W_{s1}|-|W_{s2}|-|W_0|
\end{aligned}
\tag{5.22}
$$

式中 E_A——系统A的总能量；

$\overline{H}_m$——偏摩尔焓；

x_g——摩尔势能；

$U^2/2$——摩尔动能。

式（5.22）中等号右侧各项加以绝对值符号，是为避免因对进出能量或功正负号规定不一致时带来的计算错误。为了简化，下式以下标i代表进口流，下标e代表出口流，积分上下限与式（5.22）相同不再标出，并设 $l=1$ 即进出仅一股流的情况，则式（5.22）可简化为

$$
\begin{aligned}
&(E_{A2}-E_{A1})+\int\sum_k(\overline{H}_m+x_g+\frac{U_2}{2})_{k,e}d[m(t)+J(t)]_{k,e}-\int\sum_k\left(\overline{H}_m+x_g+\frac{U_2}{2}\right)_{k,e}\\
&\qquad d[m(t)+J(t)]_{k,i}=|Q_1|-|Q_0|-|Q_2|+|W_{s1}|-|W_{s2}|+|W_0|
\end{aligned}
\tag{5.23}
$$

定义 $\bar{\beta}=\overline{H}_m+\overline{H}_{m0}$ 为某组分相对于死态的偏摩尔焓，并注意死态为热力学平衡态，整理式（5.23）可得非稳态流动能量衡算式

$$
\begin{aligned}
(E_{A2}-E_{A1})=&\left[\sum_K(\bar{\beta}+x_g+\frac{U_2}{2})_{k,i}d(m+j)_{k,i}+|Q_1|+|W_{s1}|\right]\\
&-\left[\sum_k\int\left(\bar{\beta}+x_g+\frac{U_2}{2}\right)_{k,e}d(m+j)_{k,e}+|Q_2|+|W_{s2}|\right]-[|Q_0|+|W_0|]
\end{aligned}
\tag{5.24}
$$

式（5.24）说明

[在系统A累积的能量]$=\Sigma$(输入系统A的能量)$-\Sigma$(由系统A输出的能量)
$+\Sigma$[由系统A损失的能量]

对于稳态过程，$\Delta E=E_{A2}-E_{A1}=0$，且可忽略各流股的动能与势能变化时，式（5.24）可简化为一般的能量平衡通式（简化设 $l=1$）。

$$
\sum_k\bar{\beta}_{k,e}(M+J)_{k,e}-\sum_k\bar{\beta}_{k,i}(M+J)_{k,i}=|Q_1|-|Q_0|-|Q_2|+|W_{s1}|-|W_{s2}|-|W_0|
$$

式中 M, J——分别代表在指定的时间间隔中某组分 k 的主流的总流率与扩散流的总流率。

按照所讨论的物系列出能量衡算式是推导有效能衡算式的第一步。

第二步，即按照系统A的前后两个状态，应用热力学第二定律，针对包括环境与系统A在内的整个孤立体系，建立熵平衡式。对于孤立体系，某熵变在经受可逆变化时为零，在进行不可逆变化时必然大于零，可写为 $\Delta S_{孤立} \geqslant 0$。若有有效能损失（不可逆）而［孤立体系的熵增］=［体系部分熵变之和］，令此孤立体系的熵增为 σ，即 $\sigma = \Delta S_{孤立}$。

所以 σ=［A系统熵变］+［B系统熵变］+［C系统熵变］+［环境D熵变］+［M_1系统熵变］+［M_2系统熵变］

$$\sigma = (S_{A2} - S_{A1}) - \sum_k \int \overline{S}_{k,i} \mathrm{d}(m+j)_{k,i} + \sum_k \int \overline{S}_{k,e} \mathrm{d}(m+j)_{k,e} + \frac{|Q_0|}{T_0} - \left|\frac{Q_1}{T_{m1}}\right| + \frac{|Q_2|}{T_{m2}} \tag{5.25}$$

定义 $\overline{r} = \overline{S} - \overline{S}_0$ 为某组分相对于死态的偏摩尔熵，并注意死态为热力学平衡态，用此概念整理式（5.25）可得熵平衡通式

$$\sigma = (S_{A2} - S_{A1}) - \sum_k \int \overline{r}_{k,i} \mathrm{d}(m+j)_{k,i} + \sum_k \int \overline{r}_{k,e} \mathrm{d}(m+j)_{k,e} + \frac{|Q_0|}{T_0} - \left|\frac{Q_2}{T_{m2}}\right| + \frac{|Q_1|}{T_{m1}} \tag{5.26}$$

对于稳态过程，有 $S_{A2} = S_{A1}$，式（5.26）简化为一般式

$$\sigma = \sum_k \int \overline{r}_{k,i} \mathrm{d}(m+j)_{k,i} + \sum_k \int \overline{r}_{k,i} \mathrm{d}(m+j)_{k,i} + \frac{|Q_0|}{T_0} - \left|\frac{Q_2}{T_{m2}}\right| + \frac{|Q_1|}{T_{m1}} \tag{5.27}$$

将能量衡算式（5.24）与熵平衡式（5.26）联立，消去 Q_0 项即可得到要推导的有效能衡算能式

$$\begin{aligned}
&[(E_{A2} - E_{A1}) - T_0(S_{A2} - S_{A1})] \\
&= \left[\sum_k \int \left(\overline{\varepsilon} + x_g + \frac{U^2}{2}\right)_{k,i} \mathrm{d}(m+j)_i + |W_{s1}| + |Q_1| \left(1 - \frac{T_0}{T_{m1}}\right)\right] - \\
&\quad \left[\sum_k \int \left(\overline{\varepsilon} + x_g + \frac{U^2}{2}\right)_{k,e} \mathrm{d}(m+j)_e + |W_{s2}| + |Q_2| \left(1 - \frac{T_0}{T_{m2}}\right)\right] + (|W_0| + T_0\sigma)
\end{aligned} \tag{5.28}$$

其中，$\overline{\varepsilon}$ 为偏摩尔有效能，即

$$\overline{\varepsilon} = (\overline{H}_m - \overline{T}_0 \overline{S}_m) - (\overline{H}_{m0} - \overline{T}_0 \overline{S}_{m0}) = \overline{\beta} - \overline{T}_0 \overline{r}$$

由式（5.28）可以说明有效能平衡遵循

［在系统A内累积的有效能］=［进入系统A的有效能］−［（引出系统A的有效能）+（损失的有效能）］

在实际有效能分析中，为研究系统A做功的效率，还经常把式（5.28）整理为另一种形式，即

$$\begin{aligned}
|(W_{s1})| - |(W_{s2})| &= [E_{A1} - E_{A2} - T_0(S_{A2} - S_{A1})] + \sum_k \int \left(\overline{\varepsilon} + x_g + \frac{U^2}{2}\right)_{k,e} \mathrm{d}(m+j)_{k,e} - \\
&\sum_k \int \left(\overline{\varepsilon} + x_g + \frac{U^2}{2}\right)_{k,l} \mathrm{d}(m+j)_{k,el} - |Q_1|\left(1 - \frac{T_0}{T_{m1}}\right) + |Q_2|\left(1 - \frac{T_0}{T_{m2}}\right) + |W_0| + T_0\sigma
\end{aligned} \tag{5.29}$$

式（5.29）等号左边项表示系统A与功源之间传递的实际的净功，只有对于可逆过程，$T_0\sigma$ 项为零，所以有

$$|W_{s1}| - |W_{s2}|_{不可逆} = [|W_{s1}| - |W_{s2}|]_{可逆} + T_0\sigma \tag{5.30}$$

分析式（5.30）可知，在 $|(W_{s1})|$ 一定条件下，实际功 $|W_{s2}|_{不可逆}$ 必然小于 $|W_{s2}|_{可逆}$，二者

比值 $|W_{s2}|_{不可逆}/|W_{s2}|_{可逆}$ 表示系统 A 做功的效率。

如果系统 A 处于稳态，则有效能衡算式（5.29）、式（5.30）可相应化简为

$$\left[\sum_k \bar{\varepsilon}_{k,\mathrm{i}}(M+J)_{k,\mathrm{i}}+|W_{s1}|+|Q_1|\left(1-\frac{T_0}{T_{m1}}\right)\right]$$
$$=\left[\sum_k \bar{\varepsilon}_{k,\mathrm{e}}(M+J)_{k,\mathrm{e}}+|W_{s2}|+|Q_2|\left(1-\frac{T_0}{T_{m2}}\right)\right]+|W_0|+T_0\sigma \tag{5.31}$$

所以 $|W_{s1}|-|W_{s2}|=$

$$\sum_k \bar{\varepsilon}_{k,\mathrm{e}}(M+J)_{k,\mathrm{e}}-\sum_k \bar{\varepsilon}_{k,\mathrm{i}}(M+J)_{k,\mathrm{i}}-|Q_1|\left(1-\frac{T_0}{T_{m1}}\right)+|Q_2|\left(1-\frac{T_0}{T_{m2}}\right)+|W_0|+T_0\sigma \tag{5.32}$$

一种最简单的情况是系统 A 本身即是一个孤立系统时，与外界无功与热的交换，则系统 A 的有效能变化为

$$\Delta E_{\mathrm{A}}=T_0\sigma$$

由式（5.24）、式（5.26）、式（5.28）三个衡算式的简单推导可见，它们是由总体衡算角度推导的总（或称宏观）衡算的通用表达式。之所以要强调“通用式”的意义，在于一般的物系（或过程）都是 A 物系的某种简化情况。对于任一物系，如果已经知道过程进行前后的不同状态以及状态发生变化期间 A 物系与外界发生各种传递的数量，应用前述总衡算式讨论是很方便的，特别是适用于稳态过程的分析。

完成了物系有效能衡算式，进而就可以分析有效能损失量，确定热力学效率。一个系统的热力学效率就是指在过程中被有效利用的能量（或有效利用的有效能）占外界供给此系统的全部能量（或外界供给此系统的全部有效能）的比例的大小。所以热力学效率是能量和有效能被合理利用程度的一个度量。常用的热力学效率按不同的具体情况，有不同的形式，实际计算时要按指定的效率公式进行。

下面我们仅介绍一般定义的热力学第一定律效率 η_1 与第二定律效率 η_2。

按定义
$$\eta_1=\frac{\text{由系统 A 输出的有用的能量总和}}{\text{外界输入系统 A 的能量总和}} \tag{5.33}$$

当系统 A 进行稳态过程，且可忽略流股的势能与动能的变化时，η_1 可按式（5.34）计算，即

$$\eta_1=\frac{\sum_k \bar{\beta}_{k,\mathrm{e}}(M+J)_{k,\mathrm{e}}+|W_{s2}|+|Q_2|}{\sum_k \bar{\beta}_{k,\mathrm{i}}(M+J)_{k,\mathrm{i}}+|W_{s1}|+|Q_1|}=\frac{1-|Q_0|+|W_0|}{\sum_k \bar{\beta}_{k,\mathrm{i}}(M+J)_{k,\mathrm{i}}+|W_{s1}|+|Q_1|} \tag{5.34}$$

由式（5.34）可见，η_1 是能量利用效率的一种形式。

$$\eta_2=\frac{\text{由系统 A 输出的所需的有效能总和}}{\text{外界输入系统 A 的有效能的总和}} \tag{5.35}$$

当系统 A 进行稳定过程，在可以忽略流股的位能与动能变化情况下，η_2 可按式（5.36）计算，即

$$\eta_1=\frac{\sum_k \bar{\beta}_{k,\mathrm{e}}(M+J)_{k,\mathrm{e}}+|W_{s2}|+|Q_2|\left(1-\frac{T_0}{T_{m2}}\right)}{\sum_k \bar{\beta}_{k,\mathrm{i}}(M+J)_{k,\mathrm{i}}+|W_{s1}|+|Q_1|\left(1-\frac{T_0}{T_{m1}}\right)} \tag{5.36}$$

按上述步骤我们完成了对 A 系统的有效能分析。但如果我们要研究的对象是由许多子系统组成的大系统，又如何对它进行有效能分析呢？这只要按上述步骤分别对每个子系统进行有效能分析，算出各个有效能损失值及热力学效率值。并将它们列成表格或给出有效能流

图，最后再求出整个大系统的有效能损失及热力学效率。由此我们可了解有效能损失与热力学效率在各个子系统的分配，找出最薄弱的环节，启示我们去确定改善已知过程热力学效率的方向和方法。

目前在国外进行的计算机辅助化工过程设计，已开始讨论以成本最低和有效能耗损最低、产品质量最佳作为多目标函数，对不同流程设备结构尺寸与操作条件进行最佳化选择了。这也说明了有效能分析与日俱增的重要性之所在。可以肯定，有效能分析作为一种节能分析手段，将会日益发挥出更大的作用，推广它的应用是极为有意义的。

5.3.3 事例分析

【例5.8】 图5.7给出一个应用于水泥生产的原料预处理工序的研磨过程，进入研磨设备的物质乃是平均湿度为3.5%（质量分数）的物理混合物。表5.6给出进出此系统各流股的速度及组成。在此设备中物料受到热空气的干燥及研磨粉碎。求取其损失的有效能及热力学第一定律效率，热力学第二定律效率以及设备的第一、第二定律效率 η_1、η_2、$(\eta_1)_0$、$(\eta_2)_0$。

表5.6 各流股流速及组成

流股		组分	化学式	摩尔分数	流率，$(m+j)$/(kmol/d)
1	B_1	石灰石	$CaCO_3$(97.6%) $MgCO_3$(2.4%)	0.664	5269.117
	B_2	黏土	$2SiO_2\cdot Al_2O_3$	0.03195	253.605
	B_3	鼓风炉渣	Fe_2O_3	0.0039	31.243
	B_4	黄铁矿	FeS_2	0.00305	24.222
	B_5	沙	SiO_2	0.126	999.966
	B_6	含湿(水分)	H_2O	0.171	1358.4
2		空气(热)	O_2,N_2,CO_2,H_2O	1	12020
3		空气	O_2,N_2,CO_2,H_2O	1	13268
4	C_1	石灰石	$CaCO_3$(97.6%) $MgCO_3$(2.4%)	0.788	5269.117
	C_2	黏土	$2SiO_2\cdot Al_2O_3$	0.0379	253.605
	C_3	鼓风炉渣	Fe_2O_3	0.00467	31.243
	C_4	黄铁矿	FeS_2	0.0036	24.222
	C_5	沙	SiO_2	0.1495	999.966
	C_6	含湿(水分)	H_2O	0.0165	110.4

注：其他已知条件：$Q=0$kcal/d，$W_s=12.464\times10^6$kcal/d。

解 分析图5.8所示的研磨过程示意图得知，它是正文中所述体系A的一个特例。仿照体系A的图示，我们把此研磨过程画出分析图，如图5.9所示。下面我们按照该图讨论其解题步骤。

限于篇幅，我们将计算中的中间数据一律省略，结果列于表5.7中。

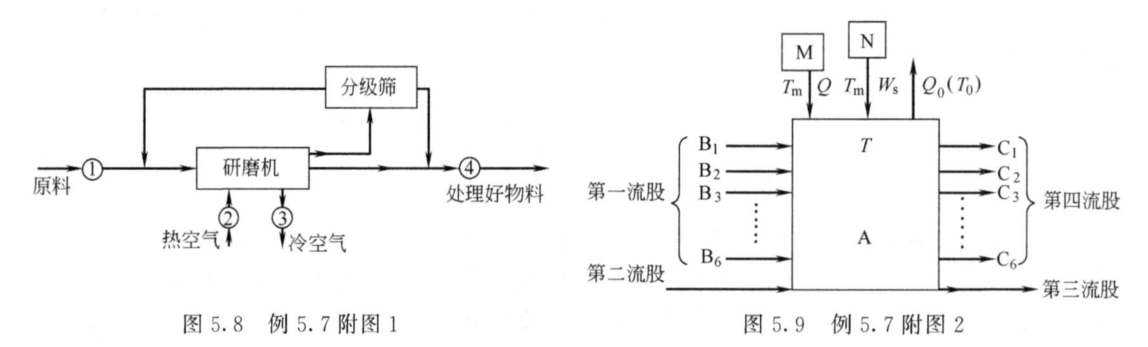

图5.8 例5.7附图1

图5.9 例5.7附图2

表 5.7 各股物流的摩尔焓 β° 及摩尔有效能 ε°

流股	温度/K	压力/MPa	β°/(kcal/kmol)	β_T/(kcal/kmol)	β_p/(kcal/kmol)	β/(kcal/kmol)
1	339.15	0.1	24301.73	887.45	0	25159.18
2	627.15	0.1	2273.5	2273.5	0	2273.5
3	422.15	0.1	975.41	885.49	0	1860.9
4	344.15	0.1	28836.41	1077.67	0	29913.8
流股	温度/K	压力/MPa	ε°/(kcal/kmol)	ε_T/(kcal/kmol)	ε_p/(kcal/kmol)	ε/(kcal/kmol)
1	339.15	0.1	7631.75	54.318	0	7685.568
2	627.15	0.1	0	758.4	0	758.4
3	522.15	0.1	197.37	135.8	0	333.17
4	344.15	0.1	9055.74	76.51	0	9132.247

注：β_T—摩尔温度焓；β_p—摩尔压力焓；ε_T—摩尔温度有效能；ε_p—摩尔压力有效能。

按题意图 5.9 中每股流皆可视为理想混合物，可用各组分摩尔焓与有效能代替偏摩尔值进行计算。对流股 1 其摩尔化学焓与摩尔化学有效能可按下式计算。

$$(\beta^\circ)_1 = X_{CaCO_3}\beta^\circ_{CaCO_3} + X_{MgCO_3}\beta^\circ_{MgCO_3} + X_{2SiO_2\cdot Al_2O_3}\beta^\circ_{2SiO_2\cdot Al_2O_3} + X_{Fe_2O_3}\beta^\circ_{Fe_2O_3} + X_{FeS_2}\beta^\circ_{FeS_2} + X_{SiO_2}\beta^\circ_{SiO_2} + X_{H_2O}\beta^\circ_{H_2O}$$

$$(\varepsilon^\circ)_1 = X_{CaCO_3}\varepsilon^\circ_{CaCO_3} + X_{MgCO_3}\varepsilon^\circ_{MgCO_3} + X_{2SiO_2\cdot Al_2O_3}\varepsilon^\circ_{2SiO_2\cdot Al_2O_3} + X_{Fe_2O_3}\varepsilon^\circ_{Fe_2O_3} + X_{FeS_2}\varepsilon^\circ_{FeS_2} + X_{SiO_2}\varepsilon^\circ_{SiO_2} + X_{H_2O}\varepsilon^\circ_{H_2O}$$

各纯组分的 β° 与 ε° 可由文献中查取，代入上式后得

$$(\beta^\circ)_1 = 24301.73\text{kcal/kmol}$$

$$(\varepsilon^\circ)_1 = 7631.75\text{kcal/kmol}$$

按摩尔热焓及摩尔压力焓计算公式求出第一流股 $(\beta_T)_1$ 与 $(\beta_p)_1$，则可求出第一流股的摩尔热有效能 $(\varepsilon_T)_1$ 与摩尔压力有效能 $(\varepsilon_p)_1$，进而按下式求出流股 1 的 $(\beta)_1$ 与 $(\varepsilon)_1$，列于表 5.7 中。

$$\beta = \beta^\circ + \beta_T + \beta_p,\quad \varepsilon = \varepsilon^\circ + \varepsilon_T + \varepsilon_p$$

用同样的步骤可求出第二、第三及第四流股的焓与㶲，也列于表 5.7 中。

按题意其热力学第一定律效率 η_1 以及热力学第二定律 η_2 定义如下。

$$\eta_1 = (\eta_1)_p = \frac{\beta_4 (m+j)_4}{\beta_1(m+j)_1 + \beta_2(m+j)_2 + Q + W_s} \tag{1}$$

$$\eta_2 = (\eta_2)_p = \frac{\varepsilon_4 (m+j)_4}{\beta_1(m+j)_1 + \varepsilon_2(m+j)_2 + Q(1-T_0/T) + W_s} \tag{2}$$

因第三流股是不可回收的，它带走的能量及有效能是无用的，所以不必考虑此项。

其中，的 β、ε 和 $(m+j)$ 值，可用表 5.7 的数值；Q 和 W_s 由过程给定为

$$Q = 0\ \text{kcal/d}$$

$$W_s = 12.464\times10^6\ \text{kcal/d}$$

所以可以算出

$$\eta_1 = (\eta_1)_p = \frac{29913.8\times6688.553}{25159.18\times7936.553 + 2273.5\times12020 + 12.464\times10^6} = 0.8355$$

$$\eta_2 = (\eta_2)_p = \frac{9132.247\times6688.553}{7684.11\times7936.553 + 758.4\times12020 + 0 + 12.464\times10^6} = 0.7398$$

按此题的具体情况，其设备的热力学第一定律效率 η_3 及热力学第二定律效率 η_4 定义

如下。

$$\eta_3=(\eta_1)_0=\frac{\beta_4(m+j)_4-\beta_1(m+j)_1}{\beta_2(m+j)_2-\beta_3(m+j)_3+Q+W_s} \tag{3}$$

$$\eta_4=(\eta_2)_0=\frac{\varepsilon_4(m+j)_4-\varepsilon_1(m+j)_1}{\varepsilon_2(m+j)_2-\varepsilon_3(m+j)_3+Q(1-T_0/T)+W_s} \tag{4}$$

将表5.7中的有关数据及 W_s、Q 值代入式（3）、式（4）可求出

$$\eta_3=(\eta_1)_0=0.0144 \qquad \eta_4=(\eta_2)_0=0.004466$$

此过程的能量损失计算公式为

$$Q_0+\beta_3(m+j)_3=\beta_1(m+j)_1+\beta_2(m+j)_2-\beta_4(m+j)+Q+W_s \tag{5}$$

此过程有效能损失计算公式为

$$T_0\sigma+\varepsilon_3(m+j)_3=\beta_1(m+j)_1+\varepsilon_2(m+j)_2-\varepsilon_4(m+j)_4+Q\left(1-\frac{T_0}{T}\right)+W_s \tag{6}$$

按照式（5），代入有关数值可求出有效能损失

$$Q_0+\beta_3(m+j)_3=39.389\times10^6\ \text{kcal/d}$$

$$Q_0=39.386\times10^6-\beta_3(m+j)_3=14.7\times10^6\ \text{kcal/d}$$

按照式（6），代入有关数值可求出有效能损失

$$T_0\sigma+\varepsilon_3(m+j)_3=21.484\times10^6\ \text{kcal/d}$$

【例5.9】 对一个锅炉系统（图5.10）进行有效能分析并计算过程的热力学第二定律效率。已知燃料气和烟道气成分见下表。

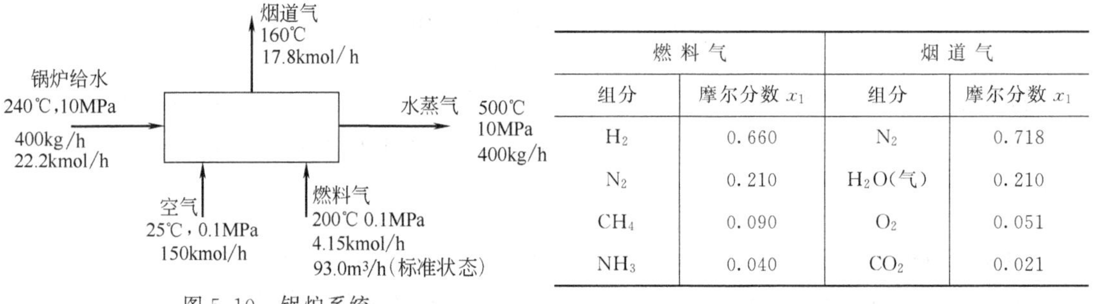

图5.10 锅炉系统

燃料气		烟道气	
组分	摩尔分数 x_1	组分	摩尔分数 x_1
H_2	0.660	N_2	0.718
N_2	0.210	H_2O(气)	0.210
CH_4	0.090	O_2	0.051
NH_3	0.040	CO_2	0.021

各气体的 c_p 方程式中的常数值见下表，$c_p=a+bT$（忽略第三项），单位为：cal/(mol·K)。

气体	a	b	气体	a	b
H_2	6.52	0.78×10^{-3}	H_2O(气)	7.30	2.46×10^{-3}
N_2	6.83	0.90×10^{-3}	O_2	7.16	1.00×10^{-3}
CH_4	3.381	18.044×10^{-3}	CO_2	10.57	2.10×10^{-3}
NH_3	7.11	6.00×10^{-3}			

解 首先计算各物料在所给情况下的摩尔有效能。为了这个目的，先要确定 T_0 和 p_0，然后求得在 T_0 和 p_0 下的化学有效能。今选系统的最低温度25℃为环境温度，即 $T_0=298.15$K，$p_0=0.1$MPa，因所选环境与死态有相当的温度与压力，所求的化学有效能即标准化学有效能。

水和水蒸气的焓 H 和熵值 S 如下。

水 态	温度/℃	压力/MPa	H/(kcal/kg)	S/[kcal/(kg·K)]
H_2O(气)	25	0.1	25.0	0.088
锅炉给水	240	10	248.0	0.642
水蒸气	500	10	806.6	1.579

按照混合物化学有效能计算式

$$\varepsilon_{0\mathrm{m}}^{\ominus}=\sum_j x_j RT_0\ln\left(\frac{x_j}{x_{0,j}}\right)=\sum_j x_j\varepsilon_{0,j}^{\ominus}+RT_0x_j\ln x_i$$

并选取表中相应的数值，可得燃料气的标准化学有效能为

$$\begin{aligned}\varepsilon_{0\mathrm{m}}^{\ominus}&=(0.660\times56.23+0.210\times0.149+0.090\times198.46+0.040\times80.46)+1.987\times\\&\quad 298.15(0.660\ln0.660+0.210\ln0.210+0.090\ln0.090+0.040\ln0.040)\times10^{-3}\\&=58.24+1.987\times298.15(-0.947)\times10^{-3}\\&=57.68\mathrm{kcal/mol}\end{aligned}$$

对于烟道气，类似计算有

$$\begin{aligned}\varepsilon_{0\mathrm{m}}^{\ominus}&=(0.718\times0.149+0.210\times2.052+0.051\times0.926+0.21\times4.8002)+1.987\times\\&\quad 298.15(0.718\ln0.718+0.210\ln0.210+0.051\ln0.051+0.021\ln0.021)\times10^{-3}\\&=0.213\mathrm{kcal/mol}\end{aligned}$$

第二步，求取燃料气和烟道气的物理有效能，由于压力不变，只需考虑温度有效解部分，由公式

$$\varepsilon_T=\varepsilon_{\mathrm{m}}-\varepsilon_{0\mathrm{m}}^{\ominus}=\int_{T_0}^{T}c_{p,\mathrm{m}}\left(1-\frac{T_0}{T}\right)\mathrm{d}T$$

对于燃料气假定为理想混合物，有

$$c_{p,\mathrm{m}}=\sum_j x_jc_{p,j}=\sum_j x_ja_j+\sum x_jb_jT$$

$$\begin{aligned}c_{p,\mathrm{m}}&=(0.66\times6.52-0.210\times6.83+0.090\times3.381+0.040\times7.11)+(0.660\times0.78\times\\&\quad 10^{-3}+0.210\times0.90\times10^{-3}+0.090\times18.044\times10^{-3}+0.040\times6.00\times10^{-3})T\\&=6.325+(2.568\times10^{-3}T)\end{aligned}$$

代入上式有

$$\begin{aligned}\varepsilon_T&=\int_{T_0}^{T}(6.325+2.568\times10^{-3}T)\left(1-\frac{T_0}{T}\right)\mathrm{d}T\\&=\int_{298.15}^{473.15}(6.325+2.568\times10^{-3}T)\mathrm{d}T-298.15\int_{298.15}^{473.15}\left(\frac{6.325}{T}+2.568\times10^{-3}\right)\mathrm{d}T\\&=277.1\mathrm{cal/mol}=0.277\mathrm{kcal/mol}\end{aligned}$$

所以可求出燃料气的有效能为

$$\varepsilon_{\mathrm{m}}=\varepsilon_{0\mathrm{m}}^{\ominus}+\varepsilon_T=57.68+0.277=57.96\mathrm{kcal/mol}$$

对于烟道气，重复类似的计算有

$$\begin{aligned}c_{p,\mathrm{m}}&=(0.718\times6.83+0.21\times7.3+0.051\times7.16+0.021\times10.57)+(0.718\times0.90\times\\&\quad 10^{-3}+0.210\times2.46\times10^{-3}+0.051\times1.00\times10^{-3}+0.021\times2.1\times10^{-3})T\\&=7.024+1.258\times10^{-3}T\end{aligned}$$

$$\varepsilon_T=\int_{T_0}^{T}(7.024+1.258\times10^{-3}T)\left(1-\frac{T_0}{T}\right)\mathrm{d}T=0.1788\mathrm{kcal/mol}$$

由此可得出烟道气的有效能

$$\varepsilon_{\mathrm{m}}=\varepsilon_{0\mathrm{m}}^{\ominus}=\varepsilon_T=0.213+0.1788=0.392\mathrm{kcal/mol}$$

以 298.15K 和 0.1MPa 的纯水为基准点，对于锅炉用水，用方程

$$\begin{aligned}\varepsilon &= \varepsilon_0^\ominus + [(H_m - H_{m0}^\ominus) - T_0(S_m - S_{m0}^\ominus)] \\ &= \varepsilon_0^\ominus + [(248.0-25.0) - 298.15\times(0.642-0.088)] \\ &= \varepsilon_0^\ominus + 104\text{kcal/kmol} = 0 + 104\text{kcal/kmol}\end{aligned}$$

（此外 $\varepsilon_0^\ominus=0$）

对于水蒸气可相似计算有

$$\begin{aligned}\varepsilon &= \varepsilon_0^\ominus + [(806.6-25.0) - 298.15(1.579-0.088)] \\ &= 0 + 337.1 = 337.1\text{kcal/kg} = 6068\text{kcal/kmol}\end{aligned}$$

空气的进入状态为基准点，所以其 $\varepsilon=0$。

第三步，对这一过程进行有效能平衡，计算基准为1h。

进入物料带入的有效能/(kcal/h)

燃料气　　$n\varepsilon_m = 4.15\times57.96\times1000 = 240500$

锅炉给水　　$n\varepsilon = 22.2\times1040 = 23098$

空气　　$n\varepsilon_0 = 0$

共 263600

流出物流带出的有效能/(kcal/h)

水蒸气　　$n\varepsilon = 22.2\times6068 = 134710$

烟道气　　$n\varepsilon_m = 17.8\times0.392\times1000 = 6978$

则有效能损失在过程中的量为

$$263600 - 141700 = 121900\text{kcal/h}$$

所以按收支平衡的过程效率为

$$\eta_2 = \frac{141700}{263600} = 1 - \frac{121900}{263600} = 0.538 = 53.8\%$$

表明过程作用的效率

$$\begin{aligned}\eta_2 &= \frac{(n\varepsilon)_{\text{水蒸气}} - (n\varepsilon)_{\text{锅炉给水}}}{(n\varepsilon_m)_{\text{燃料气}} + (n\varepsilon_m)_{\text{空气}} - (n\varepsilon_m)_{\text{烟道气}}} \\ &= \frac{134710-23088}{210500-6978} = \frac{111622}{233522} = 0.478 = 47.8\%\end{aligned}$$

表明有用产品保持有效能的效率

$$\eta_2 = \frac{(n\varepsilon)_{\text{水蒸气}}}{(n\varepsilon_m)_{\text{燃料气}} + (n\varepsilon)_{\text{锅炉给水}} + (n\varepsilon)_{\text{空气}}} = \frac{134710}{263600} = 0.511 = 51.1\%$$

总结以上两道例题，可见对有效能平衡和效率计算的主要步骤是：

① 对过程进行物料衡算，以确定各流股的流率和组成；

② 进行能量衡算，以确定单位时间功效应 W 和热流率 Q 以及各流股的温度和压力；

③ 选择各流股的组成、温度和压力，按上节及例题中给出的程序步骤，计算各流股的摩尔有效能 ε；

④ 计算各流股的有效能流率；

⑤ 进行过程的有效能平衡，计算有效能损耗率；

⑥ 选择适宜的效率表达方程式，计算过程的有效能效率。

对于化工过程进行有效能分析，可以针对一个单元过程或设备，若干设备所组成的局部生产过程，或生产的全过程。很明显，对单元过程的有效能分析是对全过程进行有效能分析的基础。对全过程进行有效能分析，通过对流程中各单元过程或各部分的有效能效率的比较，可找出薄弱环节，提出需改进的轻重缓急与顺序。在不同流程（或设备）进行筛选或比较时，根据各自有效能损失大小或效率，可作为一个尺度供优化决策（设计优化决策）或推动技术革新。应用有效能分析，进行过程合成决策的应用与研究目前进展很快。更深入的讨论请查阅有关的参考文献。

5.4　风险性分析与评估

风险性是化学工业中的一个概念。从工程角度来说，风险性是研究未来长期的安全性。传统意义上的安全性可以认为是当前有害影响发生的可能性，而风险性则是在将来长时间内有害影响发生的可能性。长期风险性与传统意义上的安全性问题的显著差别在于，后者化工事故的肇事原因便于调查，而前者化学品暴露的慢性后果却不易察觉。例如某设备发生化学爆炸，震碎了周围建筑物的窗户，并伤及居民，社区居民和设备管理者都清楚造成伤害或损害的原因，因为事故的后果当即可见。与此相反，通常很难将某地区高发的癌症与十年前可能发生的化学品暴露相关联。长期风险性和传统安全性问题的这些差异，阻碍了对化学品长期排放问题的关注。风险的涵义是多方面的，在许多领域中都有应用，例如，新建工厂或投资项目、工艺改进等的资金回收率风险，单一或反馈是原材料供应的风险，工厂与工艺变动新设计方案的风险以及与国内外形式相关的场址选择风险。尽管各领域的风险都可以进行定性或定量分析，然而不同领域中的风险分析不尽相同。本节重点阐述适应于化学品制造、加工和应用的环境风险和风险评估的基本概念以及化学品暴露对人类健康或环境的影响。

本节风险性分析与评估由四部分组成：危害性评估、剂量-响应、暴露性评价和风险性表征。因此风险性评估工作需要工程师、化学剂师和毒理学家等共同协作完成。尽管评估过程中存在很多不确定性，却有助于工艺路线的选择。

5.4.1　危害性评估

本书中，危害性是指某物质或某情况对人类或环境构成危害或产生有害影响的可能性。危害性的大小反映了可能产生的有害后果，包括死亡，寿命折损，身体机能损伤，对环境中化学物质的过敏反应，或生殖能力的丧失等。

危害性是指化学品暴露对健康的有害影响。化学品对健康的不利影响是什么？在什么条件下产生这种影响？例如，这种化学品能否致癌？这类分析工作通常由毒理学家进行。化学品的危害性与其使用密不可分，有些危害性信息资料可由参考文献获得。例如表5.8中以物

表5.8　美国环保署规定的十三种致癌物质（29CFR 1910.1003）

CAS编号	化学品名称	用　途
53-96-3	2-乙酰氨基芴	有害大气污染物，无特殊用途
92-67-1	4-氨基联苯	杀菌剂
92-87-5	联苯胺	用于生产偶氮染料
542-88-1	二氯甲基醚	用于生产离子交换树脂
91-94-1	3,3-对氯联苯	用于生产偶氮染料、黄色颜料
60-11-7	4-对二甲氨基偶氮苯（甲基黄）	pH指示剂
151-56-4	哌嗪	用于棉料的醚化
107-30-2	甲基氯甲基醚	用于生产离子交换树脂
134-32-7	α-萘胺	用于生产染料
91-59-8	β-萘胺	用于生产染料
92-93-3	4-硝基联苯	用于生产 p-联苯胺
62-75-9	N-硝基钠代甲基胺	润滑剂，聚合物软化剂中的抗氧化材料
57-57-2	β-丙醇酸内酯	杀菌剂、消毒剂

质名称和CAS编号列出的十三种化学物质，被美国职业安全和健康管理局确定为人体致癌物。表中还列出了这些物质的用途。由于这些化学品的生态毒性很大，其中多数早已退出市场或由毒性相对较小的化学品所代替。另外，其他组织如美国工业卫生学者政府会议也根据致癌风险的大小对化学品归纳分类。

【例 5.10】 有毒试剂的相互作用。在工作车间，抽烟可能与车间的有毒试剂发生协同作用，对健康造成更严重的危害，危害程度超过职业危害性和吸烟单独加和的结果。在一项对370名石棉工人的调查中，四年调查期间283名吸烟者中有24人死于支气管癌症，而其余87名不吸烟者无一人患此症。这项研究表明，石棉工人中吸烟者患肺癌的风险性是普通吸烟者的8倍，是不吸烟且无石棉暴露者的92倍。在随后的五年中继续对这组工人进行跟踪调查，期间283名吸烟者中有41人死于支气管癌症，而其余87名不吸烟者中只有1人（吸雪茄）患肺癌去世。其他可能与香烟发生协同作用的化学品和职业性暴露包括放射性氡，金矿开采业及橡胶工业的暴露。

【例 5.11】 有证据表明，暴露在某些环境化学品中的家畜和野生动物，患有内分泌系统失常的症状。这类问题主要发生在接触到高浓度有机氯农药、聚氯联苯（PCBs）、二噁英以及植物雌激素。暴露于上述环境中的人类或其他野生动物是否也会遭受相似的危害影响尚不清楚。尽管有报道指出，过去四十年人类精子的数量和质量有下降趋势，然而另一些研究否认这一说法。某些特定癌症发病率的上升（包括乳腺癌、睾丸癌、前列腺癌）也可能与内分泌系统紊乱有关。因为内分泌系统在生命机体的生长、发育和繁殖过程中发挥着关键作用，即使内分泌功能有微小的波动，也会对健康造成严重的、长期持续的影响。这种情况在异常敏感的怀孕期间极易发生，以至于内分泌微小的变化，就可能产生在胎儿长至成年或其下一代显示症状的效应。此外，还存在多种污染物发生协同效应的可能性。

5.4.2 剂量反应

多大的剂量会引起某种有害影响？一种化学品在不同的浓度所产生的有害影响具有多样性。每种有害影响都有其唯一的剂量-响应曲线。化学品的剂量-响应曲线是非线性的，因为人群对其敏感程度有差异。

这里“剂量”定义为进入人体内部或进入有机体内的化学品的量。进入的途径包括呼吸、摄食或皮肤吸收。剂量-响应表示化学品剂量大小与其对暴露人群产生负面影响程度的数学关系。

非致癌和非基因突变的危害影响通常认为有一剂量或暴露阈值，因此采用不同的方法来分析这类非致癌影响（包括肝脏中毒、神经系统中毒和肾中毒）。第一步首先确定多大的剂量能够引起显著的有害影响。参考剂量（RfD）法或参考浓度（RfC）法可用于此类慢性危害的评估。参考剂量法（RfD）定义为：在人一生中不产生明显的恶性危害的情况下，人群每天的化学品暴露量的估算值（其偏差大约为1个数量级），其单位是mg（污染物）/(kg·d)。参考浓度法（RfC）以浓度表示的单位是mg/m^3。大致而言，该阈值是“安全”剂量和浓度的基线，用来与实际暴露量做对比。

RfD或RfC的确定通常以在最低剂量下产生响应为基准。获取RfD或RfC数值的基本方法是：通过动物研究或人类流行病学研究，确定“不可见有害作用水平（NOAEL）”或“最低可见有害作用水平（LOAEL）”，然后应用相应的不确定系数和修正因子，获得RfD或RfC。每一系数代表某一特定的不确定性，这种不确定大约为1个数量级。例如通过长期动物实验测定的RfD（基于NOAEL）需要引入系数10表示由动物实验数据外推至人类的不确定性，还需引入另一系数10表示人群对所测物质敏感度的不同；另一常用系数可用于表示由实验的亚慢性暴露向人类长期慢性暴露的外推。基于LOAEL的RfD还应采用另一附加系数10以表示由LOAEL向NOAEL的外推。最后，常需引入一修正因子（1～10）对数据的不确定性进行修正。

利用这些不确定性系数能得到很保守的结果。从RfD数据中可能得出某化学品毒性很大，然而该化学品的毒性可能几乎不为人们所知。因此，工程师们在使用数据时，必须给定适当的警示，说明采用特定的RfD的理由。

上述NOAEL是基于某项单一研究或从更加全面的数据库中获取的数据点，然而，众所周知，作出结论最好根据所有可获的信息，而不是仅通过一个数据点。正因如此美国环保署正在建立一套完善的RfD或RfC确定方法，即通过所有的剂量-响应曲线关系来推导RfD或RfC值。这种新方法目的在于进一步提高RfD和RfC值的可靠度，并减少不确定性系数的使用（美国环保署，2000）。

【例5.12】 参考剂量用于评价化学品暴露引起的非致癌作用。参考剂量（RfD）是化学品暴露的阈值，低于RfD值体内保护机制会在相当长时间阻止有害作用的发生。如果可获得相关的人体毒理数据，则可作为计算RfD的参考。如果没有人体暴露数据，则利用对该化学品最敏感的动物物种的实验数据来确定最低可见有害作用水平（LOAEL）。NOAEL为最高不可见有害作用水平，在采用动物实验数据时，要引入外推因子，NOAEL或LOAEL转化为人体亚阈值或参考剂量。

$$\mathrm{RfD}=\frac{\mathrm{NOAEL}}{F_{\mathrm{A}}F_{\mathrm{H}}F_{\mathrm{S}}F_{\mathrm{L}}F_{\mathrm{D}}}$$

式中 F_{A}——将动物实验数据外推至人体的修正因子；

F_{H}——人群敏感度不同的修正因子；

F_{S}——亚慢性研究数据的修正因子；

F_{L}——LOAEL代替NOAEL应用时的修正因子；

F_{D}——不确定或不完全的数据信息的修正因子。

每个修正因子都是对两种检测结果间的系统偏差作修正，这两种检测结果可以通过外推与多种不确定性边界相关联。

例如，在一项三个月亚慢性老鼠研究中，1,3-二氯-2丙基-三磷酸盐的NOAEL为15.3mg/(kg·d)，LOAEL为62mg/kg，在该剂量下出现异常的肝脏反应（Kamata，1989）。如果每个修正因子皆取为10，该化学品的RfD值为

根据NOAEL $\quad \mathrm{RfD}=\frac{\mathrm{NOAEL}}{F_{\mathrm{A}}F_{\mathrm{H}}F_{\mathrm{S}}}=\frac{15.3\mathrm{mg/(kg\cdot d)}}{10\times10\times10}=0.015\mathrm{mg/(kg\cdot d)}$

根据LOAEL $\quad \mathrm{RfD}=\frac{\mathrm{LOAEL}}{F_{\mathrm{A}}F_{\mathrm{H}}F_{\mathrm{L}}F_{\mathrm{S}}}=\frac{62\mathrm{mg/(kg\cdot d)}}{10\times10\times10\times10}=0.0062\mathrm{mg/(kg\cdot d)}$

结论，两者之中的较小值0.0062mg/(kg·d)被选作人体的参考剂量。

剂量-响应曲线的曲率变化反映了接触人群中人们敏感的变化，因为如果人们对暴露化学品的敏感度都相同，那么剂量-响应曲线应是一直线。实际上并非如此，曲率的变化表明暴露人群中一些人对该化学品异常敏感，而另一些人对其有明显的抵抗性。常见的敏感亚人群包括儿童、老人和免疫受抑者。

利用阈限值（TLV）和允许暴露浓度极限（PEL）绘制剂量的响应曲线，并列出若干化合物的TLV和PEL值。

【例5.13】 两种化学品A，B的毒性响应百分率与剂量的函数关系示于图5.11。化学品A与化学品B相比，有较高的浓度阈值（没有发现毒性反应的浓度范围）。然而，一旦超过浓度阀值，化学品A的毒性响应随剂量的增大快速增长，变化速度高于化学品B。如果

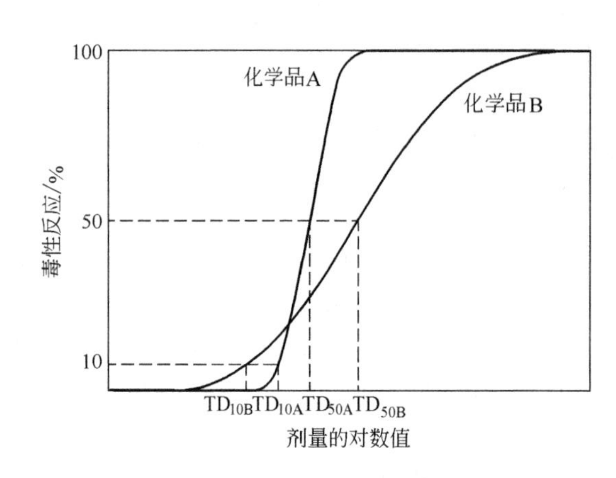

图 5.11 两种化学品的剂量-响应曲线
TD—中毒剂量

阈值（TLV）以10%人群发生毒性响应时所对应的剂量值为基准，则化学品B的TLV值小于A。反之，如果阈限值（TLV）以50%人群发生毒性响应时所对应的剂量值为基准，则A的TLV值较小。那么，哪一种物质的毒性较大？

解 问题的答案取决于毒性的精确定义和具体剂量-响应关系。例题旨在阐明利用简单的指数作为环境影响的准确、定量描述是很危险的，这些简单的指数在对影响进行粗略的定性描述时，是有应用价值的。

要绘制剂量-响应曲线必须获取相关数据，数据的获取是一项耗资费时且严格的工作。通常经筛查认为必要时，才进行实验获取数据。实验首先要作范围界定研究，这种预研究的目的在于确定产生有害效应的剂量范围，有助于提高剂量-响应实验质量。

总体剂量-响应实验的结论有助于评估者发现哪些是与我们有利害关系的重要的毒性效应。我们是要考察对儿童正在发育的神经系统的毒性效应吗？我们是要研究特定组织的癌变吗？剂量-响应研究还可提供NOAEL和基准剂量（BMD）值，这些数据是风险性评估的基础。

由于剂量-响应实验需要耗费大量资源，风险评估者有时采用构效关系法来估算NOAEL或BMD值，通常要结合修正系数表示估算法的不确定性。如果某化学品的NOAEL或BMD值已知，且含有与待测物相似的官能团，则用该物质的NOAEL或BMD来估算尚无剂量-响应曲线的待测物的NOAEL或BMD。

对于癌症而言，剂量-响应分析适用于A类和B类物质。市售的化学品约80000多种，其中只有不到10%的化学品具有剂量-响应曲线。

关于剂量-响应分析，还需指出以下要点。

① 不同物种具有不同响应。我们不知道人体对暴露化学品的敏感程度是否与实验物种的相同。在缺乏相关数据的情况下，风险评估者通常引入安全因子10修正这种不确定性。

② 某些情况下为了获得统计学上的显著影响，需要对被测动物进行高剂量的急性中毒反应测试。曲线中最低剂量以下的曲线形状无法得知，而实际的暴露浓度常低于实验最低剂量，因此就需引入相应的模型对这部分曲线进行近似拟合。

③ 实验中被测动物发现癌症可能要经过很长的时间，而一些精心设计的实验方案又可能过于简化。此外，肿瘤的生长（即癌变过程）是剂量的函数，这进一步增加了整个分析的难度。

④ 暴露途径也会影响分析结果。例如，吸入含Cr（5价）化合物对健康有害，而实验室研究还没有发现摄入铬对健康产生不良影响的证据。因此风险性评估必须了解暴露途径，这一点极为重要。

5.4.3 暴露性评价

暴露性表示有机体与环境污染物接触程度和时间，包括化学品、辐射、生物污染物等。谁接触了化学品？有多少化学品接触到人体？其中又有多少进入人体内部？暴露性可以测定，或由相应模型进行估算，甚至还可以根据接触人群中生物标志物的测量进行反向计算。

美国环保署定义与人体外部接触的化学品的量称作“暴露量”，穿透进入人体的量称作

"剂量"，其中被人体吸收的量称作"内部剂量"。内部剂量与暴露量的比值称作该物质的"生物可利用性"。化学品常见的两种暴露途径如下。

① 经由皮肤接触 大多数表皮暴露都由于与手的接触，常见于一些普通操作，如取样、装料、过滤器变换、维修等。皮肤可阻止许多化学品侵入体内，这类化学品的生物可利用性常常很低，约5%。

② 通过肺部吸入 吸入式暴露可能通过蒸气、气溶胶或固体小颗粒的形式。以蒸气暴露为例，在取样、装料过程产生的蒸气，或过程泄漏导致的挥发性物质。和表皮暴露不同，上述吸入蒸气的生物可利用性很高，常接近100%。

③ 摄入式 即通过饮食方式进入体内。这种途径在职业型暴露中不常发生，但工程师应意识到摄食有可能成为主要的暴露途径，例如工人在没有清洗时间或卫生设施的情况下饮食、吸烟（亦或是饮食、吸烟场所被化学品污染）。

④ 皮下注射式 这种途径在工作场所中很少发生，但在健康医疗诊所，针头即可能引发此类暴露。

评价暴露性的优选方法是利用目标化学品的监测数据，如果缺少数据，则可利用相近操作条件下其他"替代化学品"的检测数据替代。"替代化学品"指与目标化学品物理、化学性质极为相似，且操作工艺相近的化学品。最后，如果缺乏相关数据，则可采用模型评价暴露性。

另一种表示暴露性的方法是测定合适的生物标识物，该方法适用于与目标化学品已经发生接触的人群。一些物质的代谢产物可在血液或尿液中进行检测，这些代谢物常作为生物标识物进行检测。

除工作场所暴露性评价外，有时需进行因工厂排放引起的周围环境暴露性评价（Ott和Robert，1998），因排放导致的暴露性可以采用多种模型进行暴露评估，这些模型都考虑到环境风险和污染转移。

【例5.14】 某工厂排放的废水中含有几种有害化学品，下面列出了几种不恰当的处理方法，如果应用这些方法则可能导致工厂周围区域的居民暴露于这些化学品中。

① 在场房后放置敞口桶罐，有害废水排入其内，自然挥发。

② 废水排入水道流入厂外的溪流。

③ 将盛废水的容器埋于厂区地下。

针对上述不当处理方法，识别厂区周围居民的有害化学品暴露途径。

解 ① 允许挥发性废物自然挥发，会导致敞口容器周围区域和下风方位的居民的化学品暴露。主要的暴露途径是吸入含有挥发物的空气。如果化学品有腐蚀性，还会刺激皮肤和眼睛。

② 无论是有意地或是偶然泄露，流入排水道内的废水很快会流入周围的河流、溪水中。强降水还会将废水带入供水系统。如果河流下游区域供水厂没能及时处理，那么饮用了被污染的水的人就会发生化学品暴露。在干旱地区废水可能渗到土壤中，并随后续降水进一步渗入地下，该地区以地下水作为饮用水源的居民，会通过摄入受污染水质而发生有害化学品暴露。

③ 将废水容器不妥当地埋于地下，废水可能泄露到土壤中，泄露物在重力作用下会渗到地下水层。如果化学品可溶于水，则会在地下水中溶解。那么以地下水作为饮用水源的居民会摄入有害化学品，而且浅层地下水的流动还会将化学品带至周围区域。化学品会挥发并在空气流动性差的地下室等场所富集；居民会因吸入地下室内的空气而暴露于有害化学品蒸气中。

5.4.4 风险性表征

某化学品造成危害的可能性多大？评估分析存在多大的不确定性？分析结果的可信度如何？

风险性表征是已知的危害性和暴露性信息以及评估的各项主要问题（包括各方面分析的不确定性）的综合表述。它包括所关注的影响、估测的暴露途径及暴露程度、可能暴露的人群数等。如前所述，最主要关注的人体健康危害是致癌作用。通常应用药理动力学，结构类似物的长期毒性数据和相关机理信息对可能的致癌作用进行评估。

5.4.4.1 致癌风险性表征

癌症风险性的经典定义是一生中暴露于某化学品的亚人群，患有癌症的概率大小。人患癌症的原因除特定化学品暴露之外，还有许多其他原因，这一概念被称为癌变的基准水平。在确定给定化学品暴露的致癌概率时，必须减去癌变基准水平。因此，此处风险性定义为超过基准水平的癌变概率。风险性的基本公式

$$风险性=f(危害性、暴露性)$$

癌症发生的风险与化学品剂量之间的剂量-响应曲线是癌症风险性评估的基础。风险性基本方程的简单应用常为风险性管理者提供充足的信息以供决策之用。

5.4.4.2 非致癌风险性表征

非致癌风险性也有相应的剂量-响应曲线，而这种剂量-响应关系是线性的。因此，可以应用简单的比率或“危害指数”来表征非致癌风险性。“危害指数”是估算的长期暴露水平与 RfD 或 RfC 的比值。

如果危害指数值小于1，则说明该危害影响不可能发生；如果危害指数大于1，危害影响就可能发生，与1的差值愈大，相应的危害程度愈高。但需要指出的是，危害指数并不是风险性的概率表示。

5.4.4.3 附加风险性

前述风险性指的是来自单一源头的一种化学品所引起的风险。实际上，常常是多种化学品，多种来源和多种暴露途径并存。因此，有必要评估最重要的风险性，或者计算所有来源和途径的化学品的风险。累积风险和叠加风险是近年中出现的术语。累积风险性是各种暴露途径（表皮式、吸入式和摄入式）的风险性加和。新兴的叠加风险性评估主要应用于终点效应。某些情况下常常一种化学品引起的风险性很小可以不予考虑，但是有些不同的化学品具有相似的中毒终点效应，也就是说它们对器官或机体系统的危害影响相同，则需联合考虑这些化学品的暴露以确定其危害影响是否会因同时暴露而相互叠加。

风险性评估是用来确定危害性影响发生概率的系统性分析方法。风险性评估方法常用于评价化学品排放对人类健康和生态造成的影响。将环境监测所收集的资料数据与人（或工人）活动和化学品暴露模型结合，可以得到预估危害性影响发生可能性的计算公式。正因如此，风险性评估是考虑环境因素时，制定决策所依据的重要工具。但是在应用环境风险性评估结果制定决策时，必须要兼顾所提方案的经济、社会、技术及政治等多方面影响。

需要强调的是所有风险性评估必须仔细认真地记录，全部存档（包括所用数据的参考文献和结论推导的计算过程）。风险性评估工作与众多标准化工程任务的一个主要区别在于其所涉及数据的极大波动性。正因如此，全面的风险性评估需要认真详细的记录存档。如果将风险性评估与过程设计相结合，则不仅会产生经济效益，而且对环境有利。

5.4.4.4 基于风险性管理的环境法规

许多环境法规将风险性管理作为立法的一个目标。某些环境法规还会考虑到风险性管理

的经济影响。例如，《国家大气质量标准》中《清洁空气法》的相应条款提出了“确保公众健康的充足安全空间”的标准。这些标准仅是基于风险性提出的对公众健康的保护而未考虑技术或成本因素。另外，《清洁水法》要求企业采用特定的处理技术，诸如“最可控制技术”和“经济上可行的最优技术”。对于农药则需考虑相应的经济、社会和环境成本及其使用效益，当确定该农药不会对“人类和环境造成风险”时，才可获得使用许可。换言之，在法规制定和完善过程中，经济和其他因素可能与风险性问题相结合，也可能单独考虑。如果工程师需要了解和遵循相关法规，甚至被要求对提议法规做出评价，则上述细节问题就十分重要。

表 5.9 列出了部分美国安全、健康和环境法规，其具体条款在颁布之前曾进行了人类健康风险性评估。

表 5.9　美国安全、健康和环境法规体系

美国环保署	
原子能法(也称 NRC)	42. U. S. C. 2011
综合环境响应、补偿和责任法(CERCLA，也称超级基金法)	42. U. S. C. 9601
清洁空气法	42. U. S. C. 7401
清洁水法	33. U. S. C. 1251
紧急事故规划和社区知情权法	42. U. S. C. 11001
联邦食物、药品及化妆品法(也称 HHS)	21. U. S. C. 301
联邦杀虫剂、杀真菌剂和灭鼠剂法	7. U. S. C. 136
铅污染控制法 1988	42. U. S. C. 300j-21
原子能废物政策法	42. U. S. C. 10101
资源保护和回收法	42. U. S. C. 6901
安全饮用水法	42. U. S. C. 300f
有毒物质控制法	7. U. S. C. 136
食品质量保护法 1996	7. U. S. C. 6
消费者产品安全协会	
消费者产品安全法	15. U. S. C. 2051
联邦有害物质法	15. U. S. C. 1261
含铅漆有毒物质法(也称 HHS&HUD)	42. U. S. C. 4801
铅污染控制法 1988	42. U. S. C. 300j-21
防止有毒包装法	15. U. S. C. 1471
农业部	
蛋类产品检查法	21. U. S. C. 1031
联邦肉类检查法	21. U. S. C. 601
联邦家禽产品检查法	21. U. S. C. 451
劳动部	
联邦采矿安全和健康法	30. U. S. C. 801
职业安全和健康法	29. U. S. C. 651
交通部	
有害液体输送管路安全法	49. U. S. C. 1671
有害物质运输法	49. U. S. C. 1801
机动运输车安全法	49. U. S. C. 2501
国家交通和机动车辆安全法	15. U. S. C. 1381
国家天然气输送管路安全法	49. U. S. C. 2001

资料来源：联邦焦点 1991；Roberts 和 Abernathy，1997；福特，1996。

5.5　产品生命周期分析与评价

对于产品来说，生命周期开始于原材料的提取或获得，经过许多的生产步骤直到产品到达消费者手中，产品被使用，然后弃置或者回收。产品生命周期的各个阶段正如图 5.12 的横坐标所示。在这个图上，能源被消耗，同时每一步都会产生废弃物和排放物。

生产过程也有生命周期。它的生命周期开始于对生产过程的计划、研究和发展，然后设计产品和生产流程。生产过程有一定的运行寿命，然后进入退役阶段，如果需要的话还有可能被改造。在图5.12的垂直方向上，标明了生产过程的生命周期的主要内容。同样，其生命周期的每一步都包括了能耗、废弃物和排放物的产生。

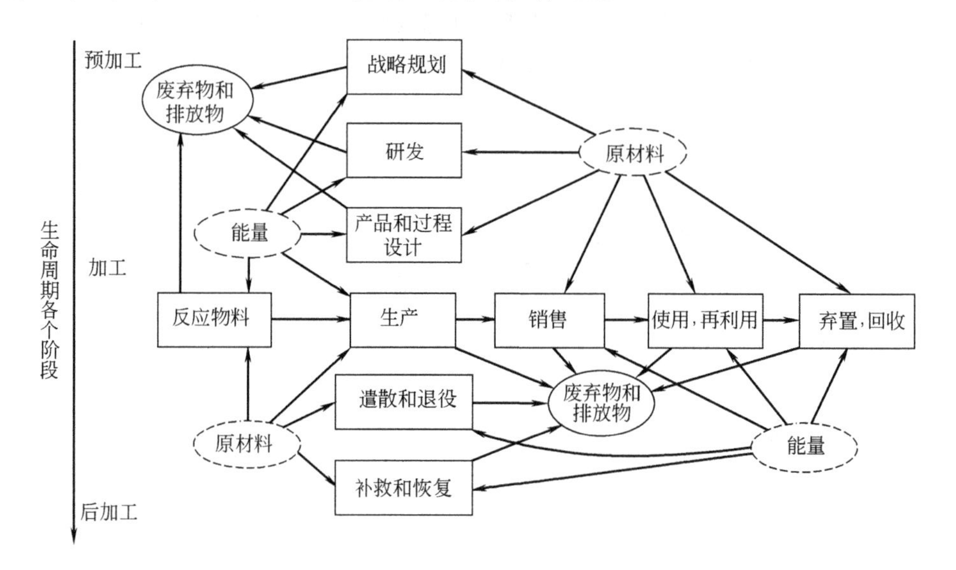

图5.12 产品的生命周期

水平轴线上表示原材料的精制、材料加工、使用、弃置各个阶段；垂直线上表示的是过程的生命周期，包括规划、研发、设计、生产、退役各阶段。在这两个生命周期中，都消耗了资源和能量，同时产生了废弃物和排放物

传统上，产品使用者往往只关心开始使用到报废阶段，产品和生产过程的设计者主要关注于生命周期中原料的提取到生产这一阶段，21世纪循环经济的发展要求化学产品设计者还必须考虑消费者如何使用他们的产品及废弃后的污染和再生利用，如何循环利用他们的产品问题，也就是说设计者必须对产品和加工过程的整个生命周期负责，要进行产品生命周期的分析与评价研究。

5.5.1 生命周期的分析评价

生命周期的研究包括对能量的使用、原材料的使用、废弃物的环境影响进行具体的定量的分析和表征，也包括定性地确认并分析生命周期中可能产生的主要影响类型。这一节我们要介绍高度定量的生命周期的评价方法。

生命周期评价（LCA）是生命周期研究的最完整、最详细的形式，它由四步组成。

第一步，确定产品要评价的内容范围和系统界限，简单地说，系统界限就是为了我们的研究进行数据采集的范围。

第二步，列出整个生命周期中的输入与输出清单——输入的清单包括如原料和能量，输出方面比如产品、副产品、废物和排放物等。如图5.13所示，这一步叫做生命周期清单。生命周期清单是一组数据和物料流与能量流计算结果的集合，以对产品生命周期的输入输出进行量化，其中一些数据的获得是基于能量守恒定律和质量守恒定律。

第三步，评估清单中所列的输入和输出物料对环境的影响，这一步叫做生命周期影响评估。

第四步，这一步是阐述评估结果，给出建议。如果生命周期评价是用来比较产品的，那么这一步可能包括推荐环保的产品的优劣。换句话说，如果是分析单个产品，可以给出提高环境质量的改进方案。这一步叫做分析改进或者评估结果的解释说明。

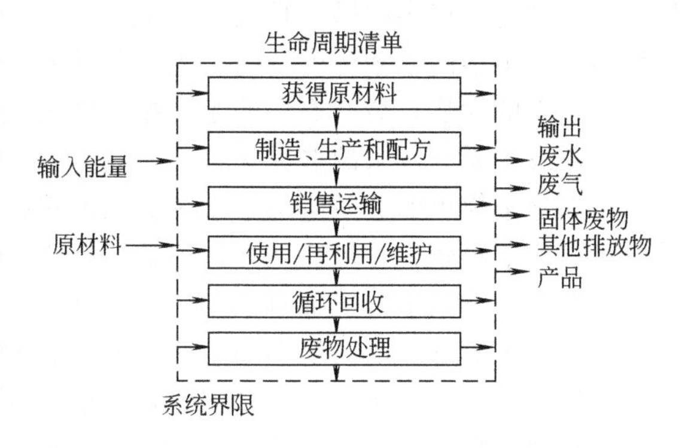

图 5.13　生命周期清单
涉及生命周期的各个阶段，包括材料的使用、能量的使用、废物和排放物、副产物等

在 20 世纪 90 年代，美国的 EPA 开始了一项绿色照明计划，鼓励人们用荧光灯代替白炽灯。这样做的动机在于荧光灯的节能。同其他产品一样，荧光灯并不是对环境完全无害，在绿色照明计划推行过程中，人们开始关注荧光灯中水银的使用。荧光灯是将灯管中水银气化后发光的，当灯管报废时，灯管中的水银会排放到环境中。这种做法（产品废弃时水银的排放）对环境的影响相比于白炽光灯来说是微不足道吗？如果我们把系统界限变一下呢？如果不只看产品的报废，如图 5.14 第一部分所示，而是考虑一下整个产品的生命周期，如图中第一部分所示，在对荧光灯和白炽灯两个系统进行比较的过程中，系统界限不但包括产品的废弃还包括发电厂部分，分析结果就不同了。尽管煤中的水银

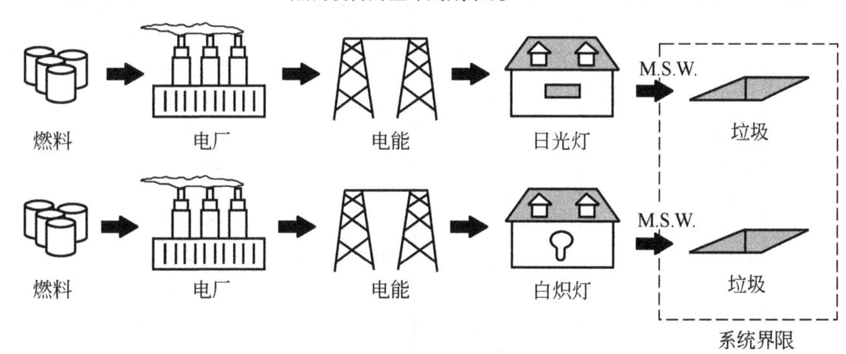

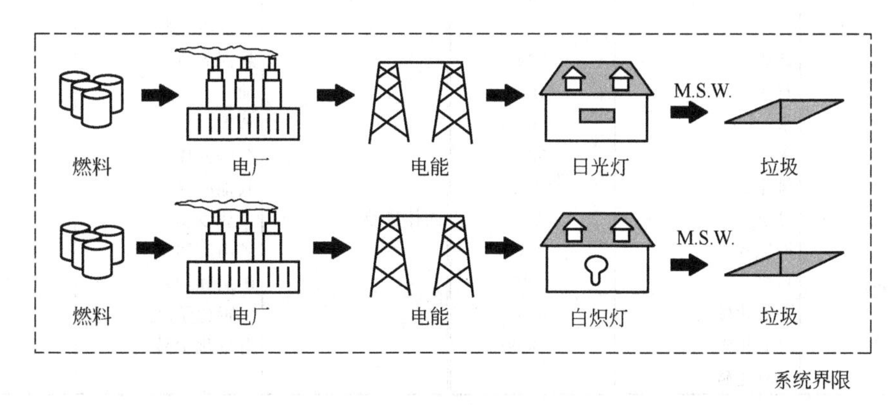

图 5.14　照明设备的情况显示了生命周期评价中系统界限的重要性
M. S. W. —含有微量水银的固体废弃物

是痕量污染物，但煤的燃烧是大气中 Hg 污染的源头。白炽灯需要更多的电能，所以使用白炽灯会造成更多的水银污染（与荧光灯报废所排放的水银相比，在白炽灯的整个使用过程中，由于煤的燃烧，会有更多的水银排放到大气中）。因此，在汞污染方面，决定选用哪种灯主要取决于系统界限的选择。

正如这个简单的例子所示，系统界限的选择会影响生命周期评价的结果。一个小的系统需要采集的信息较少，但往往会忽略系统的许多重要特征；另一方面，对于一个系统，从实际意义来讲，我们不可能面面俱到。在我们举的简单例子中，我们是否还要考虑开矿的影响？是否考虑灯管中所用玻璃的制造方面的影响呢？通常我们可以不去考虑这些影响甚微的因素。另一方面，对于一些特殊问题，比如水银的排放，辅助过程对环境的影响就十分显著了。哪些因素需要考虑，哪些可以不考虑往往取决于工程师的判断和对系统细致研究的愿望。

在用生命周期的方法对产品进行比较时，要仔细的计算不同产品的使用期。比如一个布制的包装袋可能和一个塑料袋承载货物一样多，但它使用时间往往较长，这在进行 LCA 时必须考虑到。在本章末尾的例子中可以看到，操作单元的选择对结果的影响并不总是很直接，但却有深刻的影响。

为了做一个全面的生命周期清单，需要在整个生命周期中跟踪物质的流向。即使是对一个简单的产品，它由原材料经一两步生产步骤完成，收集数据时仍需付出很大的努力。表 5.10 列出了一个相对简单的产品——1kg 乙烯产品的输入输出清单。

表 5.10 1kg 乙烯产品的输入输出清单

种类	输入或输出	平均值	种类	输入或输出	平均值
供能燃料/MJ	煤	0.94		氮氧化合物	6000
	石油	1.8		硫化氢	10
	天然气	6.1		氯化氢	20
	水电力	0.12		碳氢化合物	7000
	核能	0.32		其他有机物	1
	其他	＜0.01		金属	1
	总计	9.2	水体排放/mg	化学耗氧	200
原材料/MJ	煤	＜0.01		生物耗氧	40
	石油	31		酸(以氢离子计)	60
	天然气	29		金属	300
	总计	60		氯离子	50
功能燃料＋原材料		69		溶解有机物	20
原材料/mg	铁矿	200		悬浮固体	200
	石灰石	100		油	200
	水	1900000		苯酚	1
	矾土	300		溶解固体	500
	氯化钠	5400		其他的氮	10
	黏土	20	固体废物/mg	工业废物	1400
	铁锰齐	＜1		矿山废物	8000
空气排放/mg	粉尘	1000		矿渣和炉灰	3000
	一氧化碳	600		无毒化学品	400
	二氧化碳	530000		有毒化学品	1
	二氧化硫	4000			

表中的第一组数据是所需的能量。这些是生产乙烯的原材料提取和乙烯制造过程中需要的碳水化合物燃料和电能。下一组数据是和进料相关的能量，乙烯生产所用的主要原材料

（油和气）同样是燃料。乙烯产品中原料所用的能量是以能量为单位的，而不是质量，所以它可以和产品处理所用的能量放在一起。

表中的第二组数据是非燃料类原材料。它包括铁矿、碳石、水、铁矾土、氯化钠、黏土、锰铁。这些数据在生命周期中作为一个整体，并且报告的是总数。因此，用水包括油品用水，也包括乙烯裂解的蒸汽用水。有些输入看起来很模糊，仅用来指出产品的生命周期的复杂属性。比如，石灰石是用来消除生产过程中的酸性气体的。

最后一组是废弃物，在这里决定报告哪种物质具有主观性。比如，一些清单中不报道二氧化碳（一种温室气体）或者水的排放。忽略这些元素表明它们不重要。更微妙的是决定什么是、什么不是废弃物。比如造纸厂的木材外层。这些不用在造纸上的木头全部烧掉为造纸工序提供能量，有些学者们把它们当作燃料的废弃物，其他学者认为这是内部物料的流动。这两种计算方法得到的环境效应是相同的，但对于生命周期清单来说采用一种计算方法比另一种方法会产生更多的固体废物。

当生产中有副产品时，生命周期清单会更复杂。为了说明副产品分配的情况，见图 5.15 中的输入输出过程，左边的情况是一个输入生成两个产品输出同时产生一种排放物。如果我们就两个产品中的一种列清单，那么输入和排放物必须在两种产物间进行分配。以乙烯为例，乙烯的一部分是由液态烃如石脑油制成的。石脑油在炼油厂中制造出来，炼油厂生产多种产品，包括天然气、汽油、其他燃料油、沥青和石脑油。通常可以将排放物和使用的原油数据看成一个整体，用于石脑油生产的那一部分可以通过一定方法分配。一个常用的分配方法是按质量分配。如图 5.15 所示，每一种产品的输入和排放可以基于产品的质量来分配。在石脑油炼油厂的例子中，原油的用量及其排放物的量可以通过下面的方法分配。

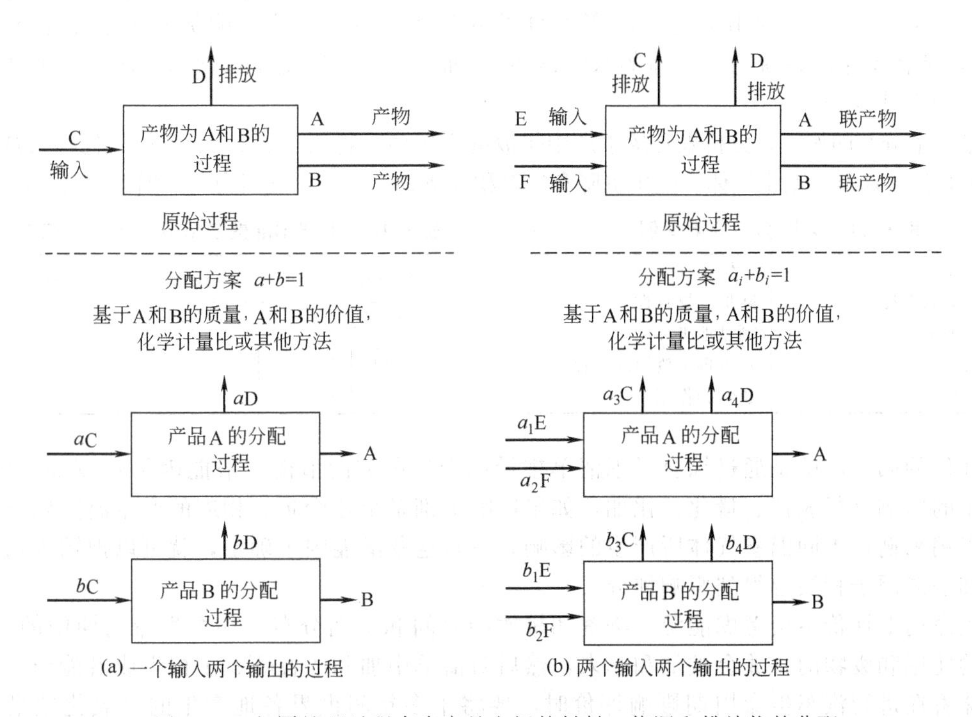

(a) 一个输入两个输出的过程　(b) 两个输入两个输出的过程

图 5.15　相同处理过程中多产品之间的材料、能源和排放物的分配

$$石脑油生产中所分配的原油量=\frac{整个炼油厂的原油用量\times 炼油厂生产的石脑油的质量}{炼油厂生产的产品总质量}$$

在大多数生命周期清单中，原材料、能量的排放物在几种产物之间的分配取决于质量，

有时另一个产品是副产品，那么根据价值来分配更合适，举一个形象的例子，比如养牛，牛产生牛肉和牛粪，养牛者的目的是生产牛肉，而不是牛粪。如果将输入和排放物按质量在牛肉和牛粪之间分配，大多数会被分配给牛粪。很显然，在一些情况下，按质量分配是不合适的。在这种情况下，按价值分配。

生命周期清单本身不能表征产品、服务或者生产过程对环境的影响，因为废物和排放物、原材料和能量的需求，必须联合考虑来分析对环境的影响。简单地说，1lb 铅排放到大气中与 1lb 铁排放到地表水中产生的环境影响是不同的。为了表征整个生命周期中产品或过程的环境性能，需要将生命周期清单中的数据转化为对环境影响的评估。

5.5.2 生命周期影响评价的过程

一般分为三个步骤。

① 分类　根据列清单过程中确定的输入输出数据，将其对环境的影响分成几类。比如甲烷、二氧化碳和 CFC 被归类为温室气体。

② 表征　确定输入输出对环境影响的程度。例如甲烷、二氧化碳和 CFC 的相对温室效应潜能（第 11 章）。

③ 评估　确定环境影响的相对重要性，以便计算出表示环境性能的单一指标。

需要注意的是分类和表征这两步通常基于科学数据或模型。数据可能不完整或者具有不确定性，但分类和表征的过程是客观的，相反，评价过程具有内在的主观性，依赖于社会对环境影响类型的分级。

在生命周期评价的第一步，根据所列清单过程中确定的输入输出数据，将其对环境的影响分成几类。表 5.11 列出的是环境影响分类的举例。注意一些影响类别可能是地区性的（例如，某特定生态系统内有机体的水体毒性），而另外一些则是全球性的（例如，平流层臭氧损耗和全球变暖）。

举一个分类的例子，分析聚乙烯生产中排放的空气污染物（见表 5.12），氮氧化物会被归类为产生光化学烟雾、温室气体、酸雨沉降和酸沉积前驱物。一氧化碳归为产生烟雾的前驱体。

表 5.11　环境影响分类举例

温室气体	水体毒性
平流层臭氧损耗	陆地土壤毒性
光化学烟雾	栖息地破坏
人体致癌	不可再生资源的消耗
大气酸化	超营养作用

表 5.12　生产 1kg 聚乙烯所产生的空气排放物

空气排放物	排放量/(kg 污染物/kg 聚乙烯)
氮氧化合物	0.0012
二氧化硫	0.009
一氧化碳	0.0009

评价的第二步就是通过综合考虑清单排量和产生影响的潜能（潜能因子），对清单各项所产生的影响进行表征、量化。比如，如果影响类别是全球变暖，相应的产生温室效应的潜能可以用来衡量不同温室气体所产生的影响。一旦这些潜能因子确定，就可以把输入输出的数值和潜能因子相结合得到影响评分。

生命周期评价不会考虑能源、物资和排放的时间和空间分布，整个生命周期中的能耗、材料的使用和废物的排放会被加和起来，然后对清单中加和的各项赋予权重或潜能因子。这是意味着在进行汽车生命周期影响评价时，要将十多年间世界各地产生的二氧化碳量加和吗？显然答案取决于我们所研究的项目界定以及影响所发生的时间和空间尺度。比如，我们可以在生命周期研究中，将全世界的温室气体排放加和起来，但不能将类似的加和处理应用于一个局部地区性问题。再比如，当土壤有很好的缓冲能力时，产生酸雨的化合物可能就不会引起环境问题。类似的，在一个地方硝酸盐的排放可能会导致营养富集，而在另一个地方磷酸盐的排放可能造成营养富集。

表 5.13 中对排放物的时间、空间平均值进行了总结。近期一些新的生命周期评价方法已经尝试来考察潜能因子在时间和空间上的变化，但这些研究在生命周期影响评价中有待进一步深入开展。大多数的研究仍然假定清单中的数据可以是整个生命周期中的加和，而不必考虑时间和空间上的分布。

表 5.13　生命周期评价中常见的影响分类

影响类别	空间尺度	时间尺度	影响类别	空间尺度	时间尺度
温室气体	全球	数十年或上百年	水体毒性	地区	几年
平流层臭氧损耗	全球	数十年或上百年	土壤毒性	局部	几小时(急性)至数十年(慢性)
光化学烟雾形成	地区/局部	几小时或几天	栖息地破坏	地区/局部	几年或数十年
人体致癌物作用	局部	几小时(急性)至数十年(慢性)	不可再生资源的破坏	全球	数十年或上百年
大气酸化	洲际的/地区	几年	富营养化	地区/局部	几年

注：空间范围是从局部到全球，时间范围是从几小时到数十年；这些影响的时间和空间特性应该与生命周期研究所收集的时间和空间分布数据作比较，引自 Owens (1997)。

【例 5.15】 聚乙烯生产中的影响评估绩效

生产 1kg 聚乙烯的清单表明其空气排放物包含的二氧化碳、一氧化碳、氮氧化合物和二氧化硫分别是 1.3kg、0.0009kg、0.012kg 和 0.009kg (Boustead，1993)。一般的影响评价方法中，将排放量乘以潜能因子以得到影响评分。如果指定用二氧化碳进行全球变暖的评分，计算聚乙烯的全球变暖总记分。假设其他排放物没有全球变暖潜能。如果指定一氧化碳、氮氧化合物和二氧化硫的人体致毒记分依次为 0.012、0.78 和 1.2，计算各化合物的影响评分以及每种影响类型的总评分，并且计算人体致毒的总评分。尽管将四种化合物的排放量加在一起是不对的，但它们的影响评分是可以联合使用的。将全球变暖总评分和人体致毒总评分相加，以得到单一的影响评分，这样做正确与否呢？

解　全球变暖影响评价记分为

$$1.3\times1=1.3$$

CO_2 的人体致毒记分为零，而 CO 的为

$$0.0009\times0.012=0.000011$$

对于氮氧化物　$0.012\times0.78=0.0094$

对于二氧化硫　$0.009\times1.2=0.011$

这组化学物质的全球变暖总评分为 1.3，人体致毒总评分为

$$0+0.000011+0.00941+0.011=0.020$$

将这组化合物的全球变暖评分与其人体致毒评分相加是不合适的。

影响评价涉及的另一个问题是对潜能因子的选择。实际应用中有许多可用的影响评分系统，其中多数是由生命周期的研究人员建立的 (例如，Guinee 等，1996；Fava 等，1993)。还有许多不是针对生命周期评价方发的衡量环境排放影响的方法，它们可以用于生命周期表征 (例如，Wright 等，1997；Pratt 等，1996，US EPA，1997)。有时，不同生命周期影响系统会得出不同的结果。例如，根据 Rosselot 和 Allen (1999) 提出的大湖流域的有机氯化物排放清单，用三种不同的人体和生态毒性影响的潜能因子对清单中数据进行排序，结果见表 5.14。理想情况下，每种潜能因子应该产生同样的结果，然而，数据表明，不同的潜能因子体系产生了某些化合物不同的排序结果。对于三氯乙烯、1,2-二氯乙烷、PCB 三种排序相同，而二氯甲烷、硫丹 (杀虫剂)、六氯丁二烯的排序则不同。注意表中所列表征系统的目的不都是用于生命周期影响评价的，有些是用来评价排放物的。另一个需要注意的是根

表 5.14 采用不同的潜能因子体系对1993年大湖流域排放的有机氯化物影响排序，化合物是按排放量递减的顺序排列

化合物	EPA人体风险性①	Dutch人体毒性②	Dutch水体毒性②	EPA生态风险性①	MPCA毒性记分③	Dutch土壤毒性②
四氯乙烯	8	4	5	10	6	3
三氯甲烷	13	5	8	10	2	9
三氯乙烯	8	12	12	10	10	10
1,1,1-三氯乙烷	8	1	6	10	7	4
氯仿	6	8	4	6	1	6
1,2-二氯乙烷	8	6	7	8	4	7
PCBs	1	2	2	1	5	1
硫丹	2	7	1	2	11	2
四氯化碳	3	10	10	2	3	11
氯乙烯	6	9	13	6	9	13
氯苯	8	14	14	8	13	14
苄基氯	13	15	15	10	14	15
六氯丁二烯	3	13	11	4	12	8
2,4-二氯苯酚	13	11	9	10	15	12
2,3,7,8-TCDD	3	3	3	4	8	5

① US EPA—废物最小化优先顺序法，用来对污染物排序。
② Dutch—Guinee 等（1996），考虑环境转变和传输，专门为生命周期评价而建立的。
③ MPCA—Pratt 等（1993），明尼苏达州污染控制局对大气污染物的排序，主要基于人体和动物的受影响程度。

据排放量的排序（表中所列化合物的顺序）与根据潜能影响的排序差异会很大。可见，虽然不同的潜能因子所得结果不一致，但若忽略潜能影响，只考虑排放量，则会导致对那些相对无害而排放量大的化合物的过分关注。

为什么不同的潜能因子会导致不同的结果呢？答案很简单，因为各种方法通常是基于不同的标准。常用的潜能因子［瑞士联邦环境部（BUWAL）Postlethwaite& de Oede，1996］是基于环境法规的数据。在这些系统中，排放物的表征是根据将排放物稀释到法规允许的浓度所需的空气和水的体积。例如，空气质量法令规定空气中某种化合物的体积浓度为百万分之一，那么需要1亿摩尔的空气（标准温度和压力下的空气22.4亿升）才能将1摩尔的此化合物稀释到允许的标准。这种每单位质量或摩尔排放物需要的体积叫做临界稀释体积（随国家不同而有差异）。其他的一些潜能因子是基于相对风险性，但相对风险性的建立需要对排放的环境介质进行假设，这些假设在不同的影响评价系统中可能是不同的。

5.5.3 评价

评价是整个生命周期影响评价的最后一步，它主要是对表征的结果进行权重分析，以使最重要的环境影响类型受到更多的关注。现在还没有一个被普遍接受的方法能够将不同影响类型的评价数据结合为一个环境影响评分。表5.15中列出了一些可使用的方法，某些方法根据影响的程度和不可逆性将影响类型分为高、中、低三档，所以平流层的臭氧损耗的评分高，而水的使用评分低。

根据输入和输出特点推荐不同评价方法。评价过程中，必须通过表征量化决定输入和输出的空气、水、土地以及其他资源的量。然后根据每种可用资源的量进行归一化（可以针对局部的或全球性），最后加入到资源清单中。标准化值最高的资源是受影响最严重的。实际上，在生命周期研究中，将容纳输入和输出所需的各种地球资源综合为一个数值。

公众愿意支付在环境健康上的全额调查数据也应用于评价过程中。然而，实际上这方面（人们支付的费用仅仅为了改善环境）的数据很少，大多数自愿付费的数据是通过调查得来的。

表 5.15 评价生命周期影响的策略（Christiansen，1997）

生命周期影响评价方法	描述
临界体积	按照法规要求的限值衡量排放物，并对各环境介质（空气、水、土壤）中的数据综合
环境优先系统（Steen 和 Ryding，1992）	对每项清单内容进行表征和评价时采用一致的权重因子（见下面的例子），根据自愿支付额调查进行评价
生态缺陷	对清单中各项内容进行表征和评价时采用一致的权重因子，根据环境承受废物的能力以及可用资源的量，评价排放和资源利用情况
目标差距法	根据荷兰国家环境规划要求的排放目标值进行评价

下面的这个例子将说明如何使用环境优先策略系统（EPS）。它建立于瑞典，可将表征和评价的结果综合为一个值。这个系统的影响类别包括生物多样性、人体健康、生态健康、资源和美学，化合物的环境指标要基于以下六点考虑。

① 范围　环境影响的总体印象。

② 分布　影响区域的大小。

③ 频率或强度　在影响地区问题产生的频率和强度。

④ 持续性　影响的时间长短。

⑤ 贡献　1kg 排放物相对于总体环境影响的显著性。

⑥ 补救　减少 1kg 排放物所需的成本。

从自愿付费研究中得到的数据也可用来建立影响指标。需要注意的是，体系中的影响是综合的，环境值的判断和优先性也综合在指数中。

【例 5.16】 环境优先策略系统中选择环境指标

在 EPS 系统中，环境指标与所用原材料或排放物的量相乘，可得到环境负荷单元（ELUs），在生命周期研究中可将 ELU 加和起来得到总的 ELU。表 5.16 列出了 EPS 系统中所选的环境权重因子。根据生产 1kg 乙烯所对应的空气排放量，计算环境负荷单元。排放物含有的二氧化碳、氮氧化物、一氧化碳和氧化硫分别为 0.53kg、0.006kg、0.0006kg 和 0.004kg（Boustead，1993）。

表 5.16 EPS 系统中所用的环境指标（Steen 和 Ryding，1992） 单位：ELU/kg

原材料		空气排放		水体排放	
钴	76	一氧化碳	0.27	氮	0.1
铁	0.09	二氧化碳	0.09	磷	0.3
铑	1800000	氮氧化物	0.22		
		氧化硫	0.10		

解 空气排放总的 ELU 为

$$
\begin{aligned}
& 0.53\text{kg } CO_2 \times 0.09\text{ELU/kg } CO_2 + \\
& 0.006\text{kg } NO_x \times 0.22\text{ELU/kg } NO_x + \\
& 0.0006\text{kg } CO \times 0.27\text{ELU/kg } CO + \\
& 0.004\text{kg } SO_x \times 0.10\text{ELU/kg } SO_x + \\
= & 0.05\text{ELU}
\end{aligned}
$$

注意：如果原材料和水体排放的量给定，则这些输入的 ELU 也应与空气排放的 ELU 相加。

任何一个生命周期研究中都隐含有评价过程，因为所选择的清单特性，诸如大气排放、能量消耗，都反应了资助这项研究的组织和研究者的评价观点。同样在分类和表征阶段选择待评估类型时也需要评价。比如，气味一般不作为一个影响类别，这意味着它对环境影响（诸如生态毒性和人体毒性）的程度很小。

当没有一个普遍接受的方法综合不同影响分类的影响评分时，通常可以在每种影响类型内部综合。因为评价过程是主观的，许多研究者仅进行到表征阶段。如果生命周期研究是比较两个产品，其中一个产品的各项影响分类的影响评分均高于另一个，则不需要评价指出哪种对环境更有利。然而这种情况很少，我们比较的产品和设计往往有利有弊，每种方案都会对环境造成独特的影响，这意味着任何设计的选择都要在各类影响之间权衡考虑。

5.5.4 生命周期分析应用

根据进行生命周期研究的组织所做的调查，其最重要的目标是使污染最小化（Ryding，1994）。其他目标还包括保护不可再生资源和能源；确保维护生态系统，尤其是受某些关键物种的平衡支配的地区生态平衡；开发新方法以增大资源和废物的循环再利用；施行较合适的污染防治法或减轻污染技术。正如本章所讨论的，生命周期分析已应用于许多行业，包括政府和私营部门以及对产品的开发、改进和比较过程中。

5.5.4.1 产品的比较

采用生命周期分析来比较产品是最为常用的一种方法。例如对尿布和一次性尿布进行比较、塑料杯和纸杯的比较、包装三明治用的聚苯乙烯材料和纸制材料的生命周期分析都是公众所关注的（见本章结尾提出的问题）。产品的比较研究都是那些在结果中有既得利益的组织发起的，由于生命周期研究理论的持续性，所以对制定的假设和研究过程中所收集的数据总存在许多值得批判的地方。由于周期研究得出的产品对比结果已经引起了诸多争议，人们开始对生命周期研究产生了怀疑。这导致了人们将注意力转向少有争议的应用方面（比如改进产品的研究）。

5.5.4.2 战略规划

对于制造商来说，生命周期研究的最大用处是为产品设计和原料供应的长期战略策划提供指导（Ryding，1994）。基于此，生命周期研究包括环境影响，既包括公司外部成本（如栖息地的破坏），又包括公司内部成本（例如，废物产生的成本）。评价这些外部成本是战略性策划的关键，因为法则趋向于将目前的公司外部成本进行内部化管理。

5.5.4.3 公共部门的应用

生命周期研究也应用于公共部门。政策制定者报道的生命周期研究最重要的应用有：

① 考虑总体物料的利用，资源的保护，并减少产品生命周期中物料和加工过程中对环境的影响和风险性，而制定长期政策；

② 评估与资源减少和废物管理技术相关的影响；

③ 向公众提供产品或原料的特性（Ryding，1994）。

生命周期研究最显著的应用是环境或生态标志的使用，图5.16给出了世界范围内的生态环境保护标志。除了在环保标志上的应用，公共部门还根据生命周期研究制定法则和作出决策。

例如，美国环保署参照生命周期信息制定了工业洗衣用水的有关法规。由于他们洗的是含油渍的破旧衣服，这些废水就是一个污染问题。但是这些法规制订的越严格，工业洗衣的成本越高，这会导致布料店的旧布向一次性布料转变。这是否对环境有利呢？生命周期概念提供一些深入的看法，Alle等（1997）收集了上述信息以及生命周期研究在政策制定中的其他应用。

5.5.4.4 产品设计和改进

产品的比较已受到了媒体的广泛关注，但是在一个调查中，制造商声明生命周期研究的

图 5.16　世界各国的环保标志

最主要应用是：确定对环境影响最大的工艺过程、原料成分和体系；比较在特定的工艺过程中不同的选择对环境的影响，以实现环境影响最小化的目标（Ryding，1994）。

制造商比产品的任何其他生命周期阶段的“所属者”更有可能使产品对环境造成影响，这是因为他们所选用的原料会对环境产生影响，还因为生产工艺过程中产生的废物占美国境内总排放废物的一大部分，并且制造商在一定程度上决定了其制造的产品的使用和废弃处理。

以改进产品为目的的生命周期研究的结果列于表 5.17 中，该表显示了生产 1kg 聚乙烯所需的能量清单。生产聚乙烯所需的最大能量不是燃料燃烧的能量，而是有机物转化为产品过程中的能量，实际上“进料能量”约占全部所需能量的 75%。该清单表明降低生命周期的能耗要把重点放在减轻产品聚乙烯的重量上（使其尽可能的轻）。

表 5.17　生产 1kg 聚乙烯所需要的平均总能量（Boustead，1993）　　单位：MJ

燃料类型	燃料生产能量	输送能量	进料能量	总能量
电	5.31	2.58	0.00	7.89
燃油	0.53	2.05	32.76	35.34
其他	0.47	8.54	33.59	42.60
总计	6.31	13.17	66.35	85.83

另一项改进产品的生命周期研究（Franklin 联合有限公司，1993）表明，聚酯衬衫使用过程中所需能量占到整个产品周期所需能量的 82%。因此，减少所需能量的最可行方法是用冷水洗涤并自然干燥以取代热水洗涤和在干燥器中干燥的方法。这种转变可以将使用过程中所用能量减少 90%。因此，在一件衣服上最好的改善环境的方法是使其可以冷水洗涤。

在产品改进的另一个生命周期研究中，对计算机工作站中组件的评估揭示了影响原材料的使用，废弃物、排放物的产生量和能耗的主要因素。所研究的部件包括半导体、半导体组件、印刷线路板和计算机集成器，还有显示监控器。研究结果之一是发现工作周期内能量主要消耗在显示监控器上。因此，要减少计算机工作站总能耗，最好是通过减少监控器的能耗。半导体生产是主要的有毒物质产生环节，是影响原材料使用的主要因素。尽管从重量来说，半导体是工作站中所占比例很小的一部分。

欧洲的一个光开关生产者进行了另一项生命周期研究，其目的是通过声称制造无镉开关来扩大市场份额（Besnainou 和 Coulon，1996）。生命周期清单表明，两种制造方法中开关接触器的含镉量与生产过程中电镀操作所用的镉相比是微不足道的。生产中，只有一家制造商生产含镉开关，但没有一种开关是真正“不含镉”的。同时，生命周期研究表明，最大的环境收益是在十年使用期内减少开关的耗电量。结果是令人惊奇的，因为每次耗电量是很少的，只有在整个生命周期内计算其总量时才显出其重要性。

5.5.4.5 产品设计初期阶段使用生命周期概念

传统观念中，性能、成本、文化需求和法律规定界定了产品设计的范围。逐渐地，环境方面的考虑也被包括在设计标准的核心部分，生命周期研究可用来评价环境性能。在设计过程开始阶段优化环境性能可获取最大收益，但它随市场、技术以及对影响的科学理解的加深而变化。但是正如前文所讲，产品环境成本中约80%是在设计阶段决定的，在以后的阶段对产品的改进也许仅有适度的影响，因此在早期设计阶段提高产品环境性能的生命周期研究是最有用的。

摩托罗拉建立了一种改进的生命周期评价矩阵，旨在应用于早期设计阶段（Graedel，1998）。该矩阵见表5.18，在矩阵中有五个生命周期阶段和三个影响评价分类（其中一个又分为两个次类别），摩托罗拉打算在三个连续定量阶段使用该矩阵：最初概念设计阶段、具体设计阶段和最终产品说明阶段。在最初设计阶段，矩阵元素可以通常回答一系列是否问题来填写，把肯定回答的分数相加得到总评分，总分可转化为说明产品环境特征的分数。此例代表了产品设计中出现的应用趋势。

表5.18 摩托罗拉的生命周期矩阵（Graedel，1998）

影响		部分资源	制造	输运	使用	寿命终止
持续性	资源使用 能源使用					
人类健康						
生态健康						

5.5.4.6 过程设计

工业过程的改变应该赋予战略思想，因为它们通常会经历几十年，而且其改进费用昂贵且很艰难。尽管过程的生命周期阶段与产品的生命周期阶段不同，如图5.11所示，其输入、输出和影响类型是相同的。通常，过程选择（包括过程原材料的选择）在过程的生命周期中的影响比生产设备本身更大。

Jacobs 工程已经开发了一个应用于过程的生命周期矩阵（不同于产品的）（Graedel，1998），见表5.19。该方法在两个空间尺度（车间范围和全球区域）确定五种清单分类和七个环境影响类型。针对过程的基本选择情况，矩阵的元素根据所选方案是改进的、等价的或较差的（与基本选择相比），分别设定为＋1、0或－1。值得注意的是在此表格中并不是所有的生命周期阶段都清晰地鉴别了。

表 5.19 雅各比（Jacobs）工程评价的分析矩阵

风险区域	影响参数											
	车间范围						全球范围					
	材料输入	能量输入	大气排放	废水	固体废物	总计	材料输入	能量输入	大气排放	废水	固体废物	总计
全球变暖												
臭氧损耗												
不可再生资源使用												
空气质量												
水体质量												
土地处理												
传输影响												
合计												

生命周期评价过程从原理上看起来很简单，实际上它会受到许多实际情况的限制。生命周期清单的局限进而影响到评价阶段，并且影响评价方法自身也存在不确定性。这并不是说生命周期评价没有价值。相反，尽管存在不确定性因素，但这些评价为决策制定和产品管理提供了宝贵的信息。它们可以对产品的整个生命周期涉及的环境问题进行策略性评价。根据进行生命周期研究的组织所做的调查，其最重要的目标是使污染最小化（Ryding，1994）。其他目标还包括保护不可再生资源和能源；确保维护生态系统，尤其是受某些关键物种的平衡支配的地区生态平衡；开发新方法以增大资源和废物的循环再利用；施行较合适的污染防治法或减轻污染技术。正如本节所讨论的，生命周期分析已应用于许多行业，包括政府和私营部门以及对产品的开发、改进和比较过程中。目前这种产品生命周期分析与评价法，受到世界科技界高度重视。鉴于工业制造业产品数量巨大，而且在不断增新，制造过程亦不断在提升，无论是产品还是工艺均个性极强，随着现代数学与计算机计算能力的发展，生命周期分析与评价法也仍处于不断发展与继续创新改进过程中。

符号说明

A 有效能，kcal 或 J

c_p 比定压热容，kcal/(mol·K)

FAFR 死亡事故频率，10^{-4}/年

FEI 燃烧爆炸指数

H 焓，kcal 或 J

H_m 摩尔焓，kcal/mol

p 压力，Pa 或 MPa

Q 热量，kcal/h 或 J/h

R 可靠度

S 熵，kcal/K 或 J/K

S_m 摩尔熵，kcal/(kmol·K)

T 温度，K

V 体积，m^3

x_i 摩尔分数

W 功，kcal 或 J

ε 摩尔有效能，kcal/kmol

β 相对于死态的偏摩尔焓，kcal/kmol

γ 相对于死态的偏摩尔熵

μ 化学位，kcal 或 J

参考文献

1 Ahern J E. The Exergy Method of Energy Systems Analysis. New York：Wiley-Interseience Publication，1980

2 Fan L T. Thermodynamically-Bsed Analysis and Synthesis of Chemical Process Systems. 华东化工学院印刷，1981

3 Nevers N D. Two Fundamental Apporoaches to Second-Low Analysis. In：Mah R S H，Seider W D. (ed). Foundations of Computer-Aided Chemical Process Design. New York：Engineering Foundation，1981

4 Lindley J，Centritages. Part 1：Guidelines on Selection. The Chemical Engineer，1984，**23**：409；Centrifuges. Part 2：Sate Operations. The Chemical Engineer，1985，**41**：411

5 Resnick William. Process Analysis and desing for Chemical Engineers. New York: McGraw-Hill Book Company, 1981
6 Auer C M, Nabholz J V, Baetcke K P. Mode of Action and the Assessment Chemical Hazards in the Presence of Limited Data: Use of Structure-Activity Relationships (SAR) under TSCA, Section 5. *Environ- mental Health Perspectives*. 1990, 87: 183～197
7 Casarett L J, Doull J, Toxicology. the Basic Science of Poisons Fifth Edition. New York: Macmillan Publishing Co., Inc., 1995
8 Cicmanec J L, Dourson M L, Hertzberg R C. Noncancer Risk Assessment: Present and Emergring Issues in Toxicology and Risk Assessment. New York: Academic Press, 1997
9 Cooke R, Jager E. A Probabilistic Model for Failure Frequency of Underground Gas Pipelines. *Risk Analysis*, 1998, 18 (4): 511～523
10 Fan A M, Chang L W. Toxicology and Risk Assessment: Principles, Methods, and Applications. New York: Marcel Dekker, Inc., 1996, 247
11 Fort D D. Environmental Laws and Risk Assessment. In: Fan A M, Chang L W (ed). Toxicology and Risk Assessment: Principles, Methods, and Applications. New York: Marcel Dekker, Inc., 1996, 653～677
12 Ott W R, Roberts J W. Everyday Exposure to Toxic Pollutants. *Scientific American*, 1998
13 Presidential/Congressional Commission on Risk Assessment and Risk Management. *Final Report*, 1997, Vol 1
14 Roberts W C, Abernathy C O. Risk Assessment: Principles and Methodologies. In: Fan A M, Chang L W (ed). Toxicology and Risk Assessment: Principles, Methods, and Applications. New York: Marcel Dekker, Inc., 1996, 245～270
15 Roberts W C, Abernathy C O. Risk Assessment: Principles and Methodologies in Toxicology and Risk. New York: Academic Press, 1997
16 Allen D T, Consoli F J, Davis G A, Fava J A, Warren J L. Public Policy Applications of Life Cycle Assessment, SETAC, Pensacola, FL, 1997, 127
17 Besnatiou J, Coulon R. Life-Cycle Assessment: A System Analysis in Environmental Life-Cycle Assessment. New York: McGraw-Hill, 1996
18 Fava J, Consoli F. Application of Life-Cycle Assessment to Business Performance, in Environmental Life-Cycle Assessment. New York: McGraw-Hill, 1996
19 Franklin Associates Ltd. Resource and Environmental Profile Analysis of a Manufactures Apparel Product, Prairie Village, KS, June 1993
20 Gradel T E, Allenby B R. Industrial Ecology. Englewood Cliffs, New Jersey: Prentice-Hall, Inc., 1995
21 Graedel T E. Streamlined Life-Cycle Assessment. Englewood Cliffs, New Jersey: Prentice-Hall, Inc., 1998
22 Microelectronics and Computer Technology Corporation (MCTC). Life-Cycle Assessment of a Computer Workstation. Report No. HVE-059-94, 1997
23 Owens J W. Life-Cycle Assessment: Constraints on Moving from Inventory to Impact Assessment. *Journal of Industrial Ecology*, 1997, **1** (1): 37～49
24 Postlethwaite D, de Oude N T. European Perspective Environmental Life-Cycle Assessment. New York: McGraw-Hill, 1996
25 Rosselot K S, Allen D T. Chlorinated Organic Compounds in the Great Lakes Basin: Impact Assessment. *Journal of Industrial Ecology*, 1999
26 Ryding S. International Experiences of Environmentally Sound Product Development Based on Life-Cycle Assessment. Swedish Waste Research Council, AFR Report 36, Stockholm, May 1994
27 United States Environmental Protection Agency (US EPA). Design for the Environment Computer Display Project (fact sheet). EPA 744-F-98-010, 1998
28 United States Environmental Protection Agency (US EPA). Cleaner Technologies Substitutes Assessment: A Methodology and Resource Guide, EPA 744-R-95-002, 1995
29 Anastas P T, Williamson T C. Green Chemistry: Frontiers in Benign Chemical Syntheses and Processes. New York: Oxford University Press, 1998

习　　题

5.1 如下图所示，收集池有两套控制系统，以防止池内液体发生外溢。第一套控制系统为水位传感器$^{\#}1$，液面上升到高水位时与传感器相连的报警器会发出警报提醒操作员。第二套控制系统为水位传感器$^{\#}2$，与电磁阀连接，可以打开排水管以降低水位。画出上述收集池控制系统的故障树分析。

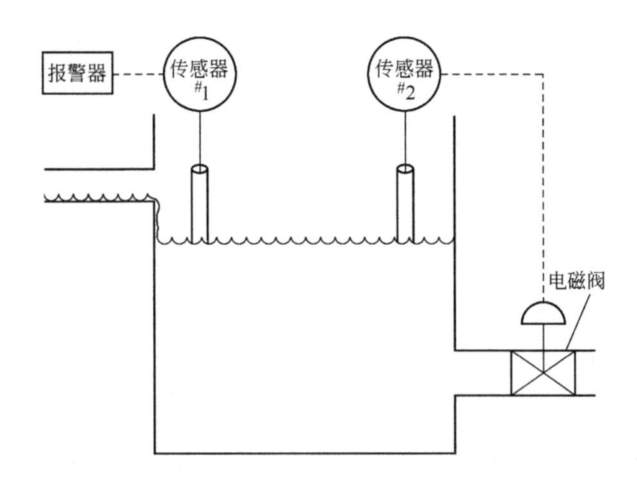

5.2 对非人物种小鼠、大鼠、兔、狗等动物进行毒理学试验，如果获取了这些实验动物的不可测危害影响水平（NOAEL），则由此 NOAEL 计算相应的人体暴露水平时，应考虑什么安全因子？

5.3 一位同事就选择安全的光刻蚀溶剂征求你的建议。光刻胶组成为涂敷在铜箔压板或硅片上的丙烯酸盐单体、聚合物黏合剂和光引发剂。溶剂挥发后，紫外光透过具有图形的掩膜照射对线路板或硅片刻蚀。紫外光照射过程中，光刻胶发生聚合反应，生成物不溶于显影液。接着，电路板或硅片用显影液冲洗，以除去未聚合的刻蚀胶，金属铜或硅片上留下的图形置于酸中腐蚀。你的同事已选出适合于光刻胶的下列溶剂。

溶　　剂	CAS登记号	蒸气压(25℃)/kPa	OSHA 允许暴露极限值/(mg/kg)
糠醇	98-00-0	0.1	50
二乙胺	109-89-7	30.1	25
乙酸乙酯	141-78-6	12.6	400
一甲基醚	109-86-4	1.3	25
甲基乙基酮	79-93-3	12.1	200
正丁基乙酸酯	123-86-4	1.3	150

(1) 用 OSHA 的允许暴露极限值代替相对危害性，较高的 OSHA PEL 值对应较低危害性。按危害性由高到低对溶剂进行排序。

(2) 用蒸气压值代替工人的溶剂暴露程度，按暴露程度由高到低对溶剂排序。

(3) 考虑危害性和暴露性两个方面，你将推荐哪一种溶剂？

(4) 要进一步降低溶剂的相关风险，还可选用什么替代溶剂？

5.4 炼油厂周围致癌性风险评价。东海岸一炼油厂开展自愿评估环境污染物排放源的工作。作为评估中一个重要环节，公司计划对工厂生产排放的挥发性有机化合物（VOC）进行定量风险性评价，这些化合物中部分是有毒的。例如对设备排放到空气中的苯及其对人体健康的影响（只考虑吸入式暴露的致癌作用）进行风险性评价，假定以设备排放源为中心的 1km 范围内为居民区。吸入苯的剂量-响应致癌斜率因子（SF）为 2.9×10^{-2} mg 苯/(kg 体重・d)$^{-1}$，工厂下风位居民区室外空气中年平均苯浓度最大值为 $82\mu g/m^3$（CA）。相关暴露特性数据见下表。

暴露特性		数据	暴露特性		数据
BW	成人平均体重/kg	70	EF	暴露频率(暴露天数/年)	365
CR	空气吸入速率/(m^3/d)	19.92	ED	暴露持续期/年	70
RR	吸入空气的滞留速率	1.0	AT	总平均时间/d	25550
ABS	吸入空气的吸收速率	1.0			

表中RR表示肺部滞留苯的效率，ABS表示肺组织对滞留苯的吸收速率。本题中RR和ABS数值都取1.0，实际值会比较低。

(1) 用下式计算一个居民的苯吸入剂量（注意单位）

$$吸入剂量[\text{mg 苯}/(\text{kg 体重}\cdot\text{d})]=\frac{C_A\times CR\times EF\times ED\times RR\times ABS}{BW\times AT}$$

(2) 运用下式计算吸入产生的致癌风险性

$$吸入产生的致癌风险性(无量纲)=吸入剂量\times SF$$

(3) (2) 中计算出的风险性是否高于建议的致癌风险值 $10^{-4}\sim10^{-6}$？

(4) 参考本章内容和题目中的相关信息，讨论该评价方法可能过高估计风险性的原因。

5.5 在超级市场的出口处，顾客被询问他们所购商品是装在未漂白的纸袋里还是聚乙烯的塑料袋里。一些顾客的选择是基于两种包装袋对环境影响的相对大小。这个问题可以从定量地研究两种产品的能耗和大气排放的生命周期清单数据来分析。

纸袋和塑料袋的生命周期清单数据如下表所示，它们可以用来对两种产品进行比较。假定比较过程中所用的功能单元定义为装载商品的体积，并且在这种功能单元下，两个塑料袋等价于一个纸袋。

纸袋和塑料袋的能耗和大气排放 (Allen等，1992)

生命周期阶段	纸袋的大气排放/(oz/个)	塑料袋的大气排放/(oz/个)	纸袋能耗/(Btu/个)	塑料袋能耗/(Btu/个)
原材料生产 + 产品制造 + 产品使用	0.0516	0.0146	905	464
原料获取+产品处理	0.0510	0.0045	724	185

注：这些数据是基于以前的调查，现在可能有变化。

(1) 使用表中数据，确定每个塑料袋的能耗和排放的空气污染物。同样确定具有相同装载体积的纸袋的能耗和排放的空气污染物的量。能耗和空气污染物都是循环利用率的函数，分别用三种循环利用率进行计算：0、50%、100%。注意50%循环利用率表示包装袋使用后有一半会被丢弃，另一半会被循环利用。

(2) 将 (1) 中两种包装袋能耗的计算数据绘在一张图上，对空气污染物进行同样的处理，比较两种包装袋在不同循环利用率下的能耗和空气污染物数据。

(3) 讨论两种产品的环境影响相对大小，其结果可以进行全面的比较吗？

(4) 塑料袋的原料和能源主要来自于石油（不可再生资源）。然而，纸袋对石油的依赖很少，仅需提供少量的生产和运输能耗。对生产两个塑料袋和一个纸袋所需的石油能源量进行比较，认为生产纸袋的总能耗中10%是由石油产生的。假定循环利用率为0，而生产1lb聚乙烯所需石油为1.2lb，石油的热值是20000Btu/lb。

(5) 在这个问题中，我们假定两个塑料袋等价于一个纸袋。这种等价关系的不确定性会不会影响到你的结果？

5.6 一次性尿布，原料是纸和石油产品，它使用非常方便，但布质的尿布被认为是最环保的产品，然而证据并不十分确凿。这个问题可以对两种产品能耗的相对大小和废弃物产生速率进行定量的比较分析。

我们在这个问题中考虑三种类型的尿布：家庭清洗布质尿布、商业清洗布质尿布和一次性尿布（含有一种强吸水性凝胶）。生命周期清单的结果见下表。

能耗和废弃物清单每千张尿布（Allen 等，1992）

影响因素	一次性尿布	商业清洗布质尿布	家庭清洗布质尿布
能耗/10^6 Btu	3.4	2.1	3.8
固体废物/ft^3	17	2.3	2.3
大气排放/lb	8.3	4.5	9.6
废水/lb	1.5	5.8	6.1
耗水量/gal	1300	3400	2700

（1）这个报告的作者发现平均每个婴儿每周要消耗 68 张布质的尿布，而一次性尿布要消耗的少，由于一次性尿布更换频率较小，并且没有一次用两三张的情况。为了进行比较，要确定与 68 张布质尿布等价的一次性尿布的数量，现假定：

（a）每年销售 158 亿张一次性尿布；

（b）每年 3787000 个婴儿出生；

（c）婴儿在前 30 个月使用一次性尿布；

（d）有 85%的婴儿使用一次性尿布。

（2）填写下表，使用（1）中确定的布质尿布与一次性尿布的等价因子，基于（1）中的假设，表中各项数据的准确度如何？

以家庭清洗布质尿布的影响为基准的相对比例

影响因素	一次性尿布	商业清洗布质尿布	家庭清洗布质尿布
能耗/10^6 Btu	0.5	0.55	1.0
固体废物/ft^3			1.0
大气排放/lb			1.0
废水/lb			1.0
耗水量/gal			1.0

（3）根据下面所给的数据，确定一次性尿布的循环利用率达到多少时，可以使其固体废弃物的量等价于布质尿布产生的量。

循环利用率对尿布固体废弃物的影响

尿布的循环利用比例	每千张产生的固体废弃物/ft^3	尿布的循环利用比例	每千张产生的固体废弃物/ft^3
0	17	75	4.9
25	13	100	0.8
50	9		

5.7 密歇根大学进行了一个案例研究，分析了麦当劳公司替换聚苯乙烯餐盒的决策。这个研究案例在 http：//www. umich. edu/～nppcpub/resources/compendia/chem. e. html 上可以看到。阅读网站上的材料，然后写一份总结。

5.8 选两个相似的产品，进行改进的生命周期评价，使用本章所述的 Graedel（1998）的方法。分析改进的生命周期评价方法在你选择的产品比较中是否有效。

第 6 章
化工管路的流体力学设计

化工工艺设计的一个重要内容就是根据工艺、公用工程及辅助系统的物料条件来进行管路的流体力学设计以确定流程图上每个管路的直径大小，为绘制带控制点的工艺流程图（PID）提供依据。

管路流体力学设计的内容可根据不同的设计阶段而不同。在初步设计（基础设计）阶段因不具备详细计算压力降来确定管径的条件，只能根据估计的数值初步选择管径，以满足管路有仪表流程图（PID）设计的需要；进入施工图设计（详细工程设计）时，工艺参数已确定，配管研究图也基本确定，此时应根据已确定的工艺参数以及配管设计的管长、管件数量等数据，详细核算管路的阻力降是否满足工艺流率、控制要求、泵入口 $NPSH_a$ 是否大于 $NPSH_r$ 以及其他安全要求，才能确定初步选择的管径是否合适或做相应的调整。

管路的流体力学设计计算是一个复杂的过程。目前有很多化工管路流体力学设计的应用软件，如 PRO/Ⅱ、ASPEN PLUS、CRANE、PDS 等能使管路流体力学计算变得快速、准确。然而这些软件也是建立在管路流体力学的基本计算方法和原理上的。因此本章主要介绍化工工艺管路的流体力学的基本原理，并依据流体的不同流动特性（单相流、气-液两相流）阐述管路压力降的计算方法。

6.1 工艺管路的设计原则

化工工艺管路设计应在满足工艺要求的前提下既要经济又要符合有关安全设计规定。一般应考虑以下原则。

6.1.1 经济管径的选择

据统计，一个化工装置的管路投资能占整个投资的 10%～20%，管路直径的大小又是影响管路投资的主要因素，因此化工装置的管径选择应慎重对待，否则可能因选择不当，在试车投产后出现不满足工艺要求的问题，此时再进行补救就比较困难了。

流体流率一定的情况下，流速越小，管径越大。随着管径增大，对管子质量的要求也随之提高，一般要增大管壁厚度，从而增加管路的直接投资。另外，管径增大，阀门和管件的尺寸也要随之增大，保温材料的用量要随之增加，这也会增加投资，因此在计算管径时应尽量选用较高的流速，以减小管径。但是，随着流速的增高，管内摩擦阻力也加大，压缩机和泵的功率消耗和操作费用也会随之增加。这就是说，需在投资和操作费用之间寻找最佳结合点，即成本最低点。称成本最低点对应的管径为经济管径。如图 6.1 所示，总成本曲线最低点对应的管径就是经济管径。

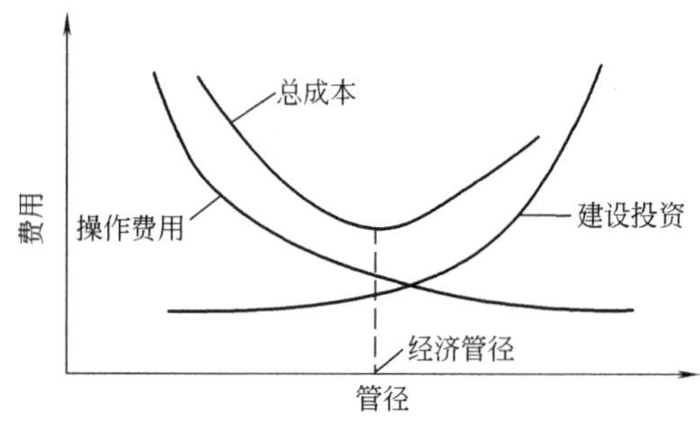

图 6.1　经济管径的确定

从理论上说，在初选管径时，采用经济管径的计算方法是可能的，但实际运用时较困难。因为此时还不具备从现有管材规格的价格求得适用的经济参数和有关附加参数。

然而，作为工艺（或系统）工程师建立采用经济管径的概念却是十分重要的。目前普遍采用的方法是按推荐的常用流速的范围表和每百米管长压力降控制值来初步选择管径，这样计算得到的管径比较接近经济管径。

6.1.2 允许压力降对管路设计的要求

管路压力降一般是按阀门全开的情况计算的。允许压力降是指各种流体在一定范围内允许使用的最高压力的损失数值。设计时管路的压力降必须小于该管路的允许压力降，否则将达不到设计流率（指工艺所需最大流率）。

设定管路允许压力降可以保证管路工作压力在比较经济的状态下工作，可使生产成本控制在一个合理的水平上，同时也使管路的一次性投资不会太高。一般地说，工作压力降 Δp 与允许压力降 Δp_e 之间有下列关系

$$\frac{\Delta p}{\Delta p_e}=0.33\sim1.0$$

即工作压力降可以选择在允许压力降的33%～100%范围内，尽可能不超过允许压力降的20%以上。

允许压力降的大小直接影响介质流速的选择。一般的经验原则是允许压力降较小的管路，应选用较低的流速。对于同一个介质在不同管径的情况下，流速虽相等，管路压力降却可能相差很大。因此，在计算管径时，如允许压力降相同，则流率不同的管路应选用不同的流速。小流率选用较低流速；大流率可选用较高流速；黏度较小的流体，管路压力降较小，应选用较高的流速。

6.1.3 工艺控制条件对管路设计的要求

在化工过程中，许多工艺系统要求精确的流率控制，尽管调节阀的计算属仪表专业范围，但工艺工程师应掌握工艺系统控制的要求。在实际操作时，流率是通过调节阀的阀杆行程变化调节的。如果调节阀压降很小，为了改变流率，调节阀阀杆行程需变化很大的百分数，因此当要控制低流率时，调节阀将几乎关闭，使流率很难被控制。为了较好地控制工艺系统的流率，一般要求调节阀压降应占整个控制系统总压力降的30%左右，在流率比较平稳的管路系统中，可取调节阀压降占系统总压力降的20%。

6.1.4 腐蚀性、安全规定及管路规格的要求

6.1.4.1 腐蚀性的要求

对于输送具有腐蚀介质的金属管路，由于其耐腐蚀性能主要依靠其接触腐蚀介质表面的一层保护膜，因此管内介质流速大小可以直接影响使用寿命。例如，当铜镍合金管内为海水介质时，允许的流速为1.5～3m/s，当流速达到45m/s时，其腐蚀速率将是不允许的。在进行管路工艺计算时，应该注意在下列条件下会使腐蚀速率加快，必须采取限制流速的措施。

① 腐蚀介质会引起管壁脆弱。

② 软金属（如铅或铜）。

③ 工艺介质中存在的管路将导致高的湍流。

④ 带有大量管件的管路将导致高的湍流。

在设计耐腐蚀性管路时可以采取限制流速的办法，一般建议液体最大流速为2m/s。部分腐蚀介质的最大流速见表6.1。

6.1.4.2 流体安全输送的规定

管路设计应注意安全性，在进行工艺管路设计时注意查对有关安全规定或安全资料后采

表 6.1 部分腐蚀介质的最大流速

介质名称	最大流速/(m/s)	介质名称	最大流速/(m/s)
氯气	25.0	碱液	1.2
二氧化硫	20.0	盐水和弱碱液	1.8
氨气 $p \leqslant 0.7$MPa 0.7MPa$<p\leqslant$2MPa	 20.2 8.0	酚水	0.9
		液氨	1.5
浓硫酸	1.2	液氯	1.5

用可靠的数据。特殊介质的流速还应符合相应的国家标准，例如：氧气流速应符合（GB 50030—91）《氧气站设计规范》；氢气流速应符合（GB 5077—93）《氢气站设计规范》；乙炔流速应符合（GB 50031—91）《乙炔站设计规范》。

6.1.4.3 满足噪声控制要求

管路系统在高流速、节流、气穴、湍流等情况下者会产生噪声。设计时应确定合适的流速，对管路系统在工作时由于高流速、湍流引起的高噪声进行控制。

管路内流速的限制值见表 6.2。

表 6.2 管内流速的限制值

管路周围的声压级/dB	防止噪声的流速值/(m/s)	管路周围的声压级/dB	防止噪声的流速值/(m/s)
70	33	90	57
80	45		

当无法用降低流速的办法控制噪声时，可查阅有关噪声控制设计规范如 HG/T 20570.10—1995《工艺系统专业噪声控制设计》，用其他方法控制管路系统噪声。

6.1.4.4 管材标准规格的要求

计算得出的管路的直径往往不是最终选择使用的管径，因为管路加工是有规格的，不是任意的尺寸。管路规格可分公制和英制，它们具有不同的外径和壁厚系列，常用公称直径的管路外径见表 6.3。由于与计算值不同，所以按管路规格选择后应做进一步的核算。

表 6.3 常用公称直径的管路外径

公称直径 *DN*		英制管路外径	公制管路外径	公称直径 *DN*		英制管路外径	公制管路外径
/mm	/in	/mm	/mm	/mm	/in	/mm	/mm
15	1/2	22	18	125	5	140	133
20	3/4	27	25	150	6	168	159
25	1	34	32	200	8	219	219
32	1¼	42	38	250	10	273	273
40	1½	48	45	300	12	324	325
50	2	60	57	350	14	356	377
65	2½	76	76	400	16	406	426
80	3	89	89	450	18	457	480
100	4	114	108	500	20	508	530

6.2 管路流体力学设计的基础

6.2.1 管路流体的机械能衡算与伯努利方程

6.2.1.1 机械能衡算

对于稳态流动过程，热力学第一定律表达式，即总能量衡算式可以表示为

$$W_e+Q_e=\Delta U+g\Delta Z+\frac{\Delta u^2}{2}+\Delta(pv) \tag{6.1}$$

在流体输送过程中，一般主要考虑机械能的转换，因此式（6.1）中内能 ΔU 和热量 Q_e 可以从式中消去，这样可以得到适用于计算流体输送系统的机械能变化关系式（6.2）。

$$W_e = g\Delta Z+\frac{\Delta u^2}{2}+\int_{p_1}^{p_2} v\mathrm{d}p+\sum h_f \tag{6.2}$$

式中　W_e——通过流体输送机械所获得的外加能量，J/kg；

Q_e——流动系统与外界交换的热量，J/kg；

ΔU——流动系统的内能变化，J/kg；

Z——界面处的标高，m；

$\frac{u^2}{2}$——动能，J/kg；

u——流速，m/s；

p——系统压力，N/m^2；

v——比体积，m^3/kg；

$\sum h_f$——总摩擦损失，J/kg。

下面对式（6.2）进行讨论。

6.2.1.2　伯努利方程

（1）不可压缩流体

由于不可压缩流体的比体积或密度 ρ 为常数，与压力无关，故

$$\int_{p_1}^{p_2} v\mathrm{d}p = v\Delta p = \frac{\Delta p}{\rho}$$

于是式（6.2）可改写为

$$W_e=g\Delta Z+\frac{\Delta u^2}{2}+\frac{\Delta p}{\rho}+\sum h_f \tag{6.3}$$

或

$$gZ_1+\frac{u_1^2}{2}+\frac{p_1}{\rho}+W_e=gZ_2+\frac{u_2^2}{2}+\frac{p_2}{\rho}+\sum h_f \tag{6.4}$$

对于理想流体，其流体流动时不产生流动阻力，则流体的能量损失 $\sum h_f=0$；如果系统又没有外加功，则 $W_e=0$，式（6.3）、式（6.4）可分别简化为

$$g\Delta Z+\frac{\Delta u^2}{2}+\frac{\Delta p}{\rho}=0 \tag{6.5}$$

或

$$gZ_1+\frac{u_1^2}{2}+\frac{p_1}{\rho}=gZ_2+\frac{u_2^2}{2}+\frac{p_2}{\rho} \tag{6.6}$$

式（6.5）、式（6.6）就是大家熟知的适合理想流动的不可压缩流体的伯努利方程。但通常也习惯地称可压缩流体的机械能衡算式（6.3）、式（6.4）也为伯努利方程。

（2）可压缩流体

可压缩流体是指当压力和温度发生变化时流体的密度也会发生很大的变化的流体，如气体。由于可压缩流体这个性质，机械能衡算方程式（6.2）就不能被简单地简化为伯努利方程的形式。分两种情况。

① 第一种情况　如果可压缩流体在所取系统两截面间的压力变化小于原来压力20%，即 $(p_1-p_2)/p_1<20\%$ 时，式（6.3）、式（6.4）仍可以利用，但式中的 ρ 要用气体的平均密度 ρ_m 代替，即 $\rho_m=(\rho_1+\rho_2)/2$，于是式（6.3）可改写为

$$W_e = g\Delta Z + \frac{\Delta u^2}{2} + \frac{\Delta p}{\rho_m} + \sum h_f \tag{6.7}$$

② 第二种情况　流体的可压缩性对 $\int_{p_1}^{p_2} v\mathrm{d}p$ 的影响较大，伯努利方程不能利用，而机械能衡算方程式（6.2）应按微分形式处理。假设在流体流过的管路中取一小的微元段，两横截面的位差为 dZ，长为 dl，流速为 u，若无外加功，则式（6.2）可以变为

$$g\mathrm{d}Z + \mathrm{d}\left(\frac{u^2}{2}\right) + \frac{\mathrm{d}p}{\rho} + \mathrm{d}h_f = 0 \tag{6.8}$$

上述微分方程要结合气体的 PVT 方程联合求解。具体求解过程将在 6.4 节中详细阐述。式(6.3)～式(6.8) 即为管路流体力学计算的基本公式。

6.2.2 管路流体力学设计的基本问题及计算步骤

管路的流体力学设计要回答的基本问题一般可分为以下两类：

（Ⅰ）已知管径、流率求阻力降；

（Ⅱ）已知压力降、流率求管径。

对这两类问题计算的共同步骤是：

① 计算雷诺数 Re 以确定流型；

② 选择管壁的绝对粗糙度，计算相对粗糙度，求得摩擦系数；

③ 求单位管路长度的压力降；

④ 确定直管长度和管件、阀门等的当量长度；

⑤ 求管路的总阻力降。

对于第（Ⅱ）类问题，由于管径未知，因此在上述第①步前首先选择合理的流速初估管径；而在上述第⑤步后要校正计算出的总压力降，即将计算得到的总压力降与已知的总压力降进行比较；如果计算的总压力降与已知的压力降相差较大，则调整管径，按上述步骤重新迭代计算，直到计算值与已知值的差达到预设的精度为止，即

$$|\Delta p_{计算} - \Delta p_{已知}| \leqslant \varepsilon \tag{6.9}$$

此时的管径即为所求管径。

下面 6.3 节和 6.4 节分别介绍管路直径、压力降的计算方法。

6.3 管径的计算

本节介绍化工装置中的工艺和公用物料管路初步选择管径的计算方法。

一般情况下，在管路情况比较简单时，可以根据以下公式计算管径

$$d = 0.01881 W^{0.5} u^{-0.5} \rho^{-0.5} \tag{6.10}$$

$$d = 0.01881 V_0^{0.5} u^{-0.5} \tag{6.11}$$

或按每 100m 计算管长的压力降控制值（Δp_{f100}）来计算管径

$$d = 0.01861 W^{0.38} \rho^{-0.207} \mu^{0.033} \Delta p_{f100}^{-0.207} \tag{6.12}$$

$$d = 0.01816 V_0^{0.38} \rho^{0.173} \mu^{0.033} \Delta p_{f100}^{-0.207} \tag{6.13}$$

式中　d——管路的内径，m；

W——管内介质的质量流率，kg/h；

V_0——管内介质的体积流率，m^3/h；

ρ——介质在工作条件下的密度，kg/m^3；

u——介质在管内的平均流速，m/s；

μ——介质的动力黏度，Pa·s；

p_{f100}——100m 计算管长的压力降控制值。

上述公式中的介质流速 u 及 Δp_{f100} 值可以参考经验的数值，见本书附录 J。

初步计算管路直径的方法是：第一步是按附录 J 提供的不同介质的经验的流速参考值选取流速，再按式（6.10）或式（6.11）初步计算管径，或按照附录 J 选择 100m 管路长度的压力降控制值，采用式（6.12）或式（6.13）计算管径。但选择流速时要注意介质的腐蚀性以及压力降等相关的要求。

当得到初步管径后，再根据管路系统详细计算压力降等有关参数，判断其是否满足允许压力降和工艺要求，以便最终确定管径。初步计算所得的管径可以作为 PID 图初步条件和用于工程设计中的投资估算。具体计算过程详见下一节内容。

6.4 管路压力降的计算

管径选取的是否合适是通过压力降来判别的，因此压力降的计算是管路流体力学设计计算中主要内容。下面对压力降的组成进行分析。

由式（6.3）可知不可压缩流体的压力损失，或压力降 Δp 的计算式为

$$\Delta p=(p_1-p_2)=\rho g\Delta Z+\rho\frac{\Delta u^2}{2}+\rho\sum h_f-\rho W_e \tag{6.14}$$

如果没有外功，则总压力降可以包括三个部分：由高度差引起的静压力降 $\rho g\Delta Z$，由速度产生的速度压力降 $\rho\frac{\Delta u^2}{2}$以及由摩擦力产生的摩擦阻力降 $\rho\sum h_f$。这里摩擦阻力降的计算是比较复杂。一般认为摩擦阻力降包括两个部分：一是由于流体在管路内流动，流体与管壁摩擦而引起的阻力降，可称为直管阻力降；另一部分是流体通过管件的变径、变方向的部位和阀门引起的阻力降，称为局部阻力降。本节主要介绍摩擦阻力降的计算方法。

6.4.1 流体摩擦阻力降的计算

6.4.1.1 直管阻力降

流体在管内以一定的速度流动时，有两个方向的力相互作用。一个是促进流体流动的推动力，这个力的方向和流动方向一致；另一个是由于摩擦而引起的阻力，这个力阻止了流体的运动，其方向与速度方向相反。在两个力达到平衡时，流体达到稳定状态。

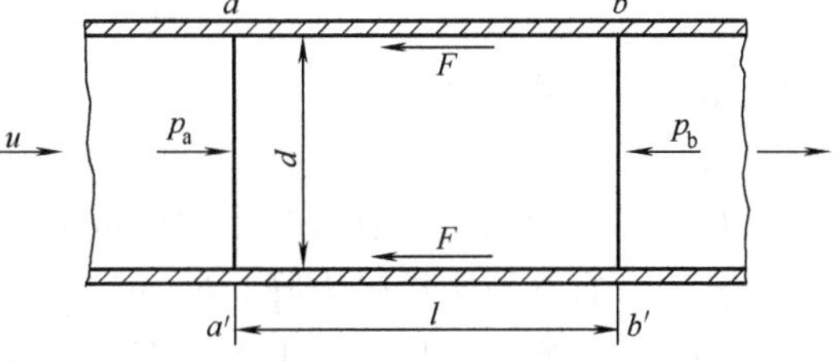

图 6.2 直管内流体流动摩擦阻力降分析

对于如图 6.2 所示的一段直管，管内径为 d，管长为 l，管内流体的流速为 u。取在 a-a'和 b-b'两个面，并应用伯努利方程式（6.4），假设无外界功的输入，则有

$$gZ_a+\frac{u_a^2}{2}+\frac{p_a}{\rho}=gZ_b+\frac{u_b^2}{2}+\frac{p_b}{\rho}+h_f$$

因为是直径相同的水平管，所以 $Z_a=Z_b$，$u_a=u_b=u$，则上式可化简为

$$p_a-p_b=\rho h_f \tag{6.15}$$

下面分析直管段受力的情况。

（1）压力

a-a'截面　垂直作用的压力 $P_a=p_aA_a=p_a\frac{\pi}{4}d^2$

b-b'截面　垂直作用的压力 $P_b=p_bA_b=p_b\frac{\pi}{4}d^2$

P_a与P_b的作用方向相反，所以净压力为

$$P_a-P_b=(p_a-p_b)\frac{\pi}{4}d^2$$

(2) 摩擦力

$$F=\tau S=\tau\pi dl$$

式中　τ——单位面积的摩擦力或称剪应力，N/m^2；

S——管路的横截面积，m^2。

根据牛顿第二定律，如果流体在管内要维持匀速运动，作用在流体上的推动力与阻力大小相等、方向相反，即

$$(p_a-p_b)\frac{\pi}{4}d^2=\tau\pi dl$$

则

$$p_a-p_b=\frac{4l}{d}\tau$$

将式(6.15)代入上式，整理得

$$h_f=\frac{4l}{\rho d}\tau \tag{6.16}$$

由实验知，流体只有在流动情况下才能产生阻力，并在流体的物理性质、管径与管长相同情况下，流速增大，能量损失也随之增大，可以确定阻力与流速有直接的关系，也就是说h_f可以表示为动能$\frac{u^2}{2}$的函数，这样式(6.16)可以改写为

$$h_f=\frac{4\tau}{\rho}\times\frac{2}{u^2}\times\frac{l}{d}\times\frac{u^2}{2}$$

令 $\lambda=\frac{8\tau}{\rho u^2}$，称为摩擦系数

则

$$h_f=\lambda\frac{l}{d}\times\frac{u^2}{2} \tag{6.17}$$

或

$$\Delta p_f=\rho h_f=\lambda\frac{l}{d}\times\frac{\rho u^2}{2} \tag{6.17a}$$

式中　d——管路内径，m；

l——管长，m；

h_f——直管段摩擦阻力产生的能量损失，J/kg；

Δp_f——直管段摩擦阻力降，N/m^2；

ρ——介质在工作条件下的密度，kg/m^3；

u——流体平均流速，m/s；

λ——摩擦系数，无量纲。

式(6.17)及式(6.17a)是计算圆形直管阻力所引起能量损失的通式，成为范宁公式。摩擦系数λ是雷诺数Re与管壁相对粗糙度ε/d的函数。如果Re很大，已处于阻力平方区，则摩擦系数λ与雷诺数Re无关。

如果令 $f=\frac{2\tau}{\rho u^2}$，则h_f也可以表示为

$$h_f=4f\frac{l}{d}\times\frac{u^2}{2} \tag{6.18}$$

或
$$\Delta p_{\mathrm{f}}=\rho h_{\mathrm{f}}=4f\frac{l}{d}\times\frac{\rho u^2}{2} \tag{6.18a}$$

式中 f——范宁摩擦系数。

式（6.18）和式（6.18a）在工程计算中经常使用。

用式（6.17）～式（6.18a）计算直管摩擦阻力降，需要先确定流体的流型，然后选取管路的相对粗糙度，再根据流型和相对粗糙度选取摩擦系数计算公式求得摩擦系数，然后将各数值代入上述计算公式，从而计算出直管的摩擦阻力降。

为了方便计算，在很多参考资料中会给出摩擦系数 λ 与管内流动介质的雷诺数 Re 和管壁相对粗糙度 ε/d 的函数关系，如表 6.4 及图 6.3 所示。通过查表和图即可确定出摩擦系数。更多地图表可参阅一些化工设计手册，在此不再赘述。

表 6.4 摩擦系数 λ、雷诺数 Re 和相对粗糙度 ε/d 关系

流体流型		雷诺数 Re	管壁相对粗糙度 ε/d	摩擦系数 λ	公式来源
层流		$Re\leqslant2000$	无关	$\lambda=\dfrac{64}{Re}$ (6.19)	
湍流	水力光滑管区	$3\times10^3<Re<4\times10^6$	$\dfrac{\varepsilon}{d}<\dfrac{15}{Re}$	$\dfrac{1}{\sqrt{\lambda}}=2\lg(Re\sqrt{\lambda})-0.8$ (6.20)	Prandtl-Karman
	水力光滑管区	$3\times10^3<Re<1\times10^6$	$\dfrac{\varepsilon}{d}<\dfrac{15}{Re}$	$\lambda=\dfrac{0.3164}{Re^{0.25}}$ (6.21)	Blasius
	过渡区		$\dfrac{15}{Re}\leqslant\dfrac{\varepsilon}{d}\leqslant\dfrac{560}{Re}$	$\dfrac{1}{\sqrt{\lambda}}=1.74-2\lg\left(\dfrac{2\varepsilon}{d}+\dfrac{18.7}{Re\sqrt{\lambda}}\right)$ (6.22)	Colerook
	阻力平方区	无关	$\dfrac{\varepsilon}{d}>\dfrac{560}{Re}$	$\dfrac{1}{\sqrt{\lambda}}=1.74-2\lg\left(\dfrac{2\varepsilon}{d}\right)$ (6.23)	Karman

表 6.4 中，ε 为绝对粗糙度，表示管子内壁突出部分的平均高度。应根据流体对管材的腐蚀、结垢情况和材料使用年龄等因素选用合适的值，表 6.5 给出了部分工业管路的绝对粗糙度的值供使用。

表 6.5 部分工业管路的绝对粗糙度 ε

金属管道	绝对粗糙度 ε/mm	非金属管路	绝对粗糙度 ε/mm
新的无缝钢管	0.02～0.10	清洁玻璃管	0.0015～0.01
中等腐蚀的无缝钢管	约 0.4	橡皮软管	0.01～0.03
铜管，铅管	0.01～0.05	木管、板刨得较好	0.30
铝管	0.015～0.06	板刨得较粗	1.0
普通镀锌钢管	0.1～0.15	上釉陶器管	1.4
新的焊接钢管	0.04～0.10	石棉水泥管，新	0.05～0.10
使用多年的煤气总管	约 0.5	石棉水泥管，中等状况	约 0.60
新铸铁管	0.25～1.0	混凝土管，表面抹得较好	0.3～0.8
使用过的水管(铸铁管)	约 1.4	水泥管，表面平整	0.3～0.8

6.4.1.2 局部阻力降

管路局部阻力降是指流体流经弯头、阀门等管件时由于流体改变方向、管路变径等原因导致的单位质量流体的机械能损失所引起的压力降。管路的局部阻力是各个管件的局部阻力之和，通常包括弯头、三通、渐扩管、渐缩管、阀门、设备接管口以及孔板、流率测量仪表等部件。计算局部阻力降工程上常用的方法有两种：当量长度法和阻力系数法。

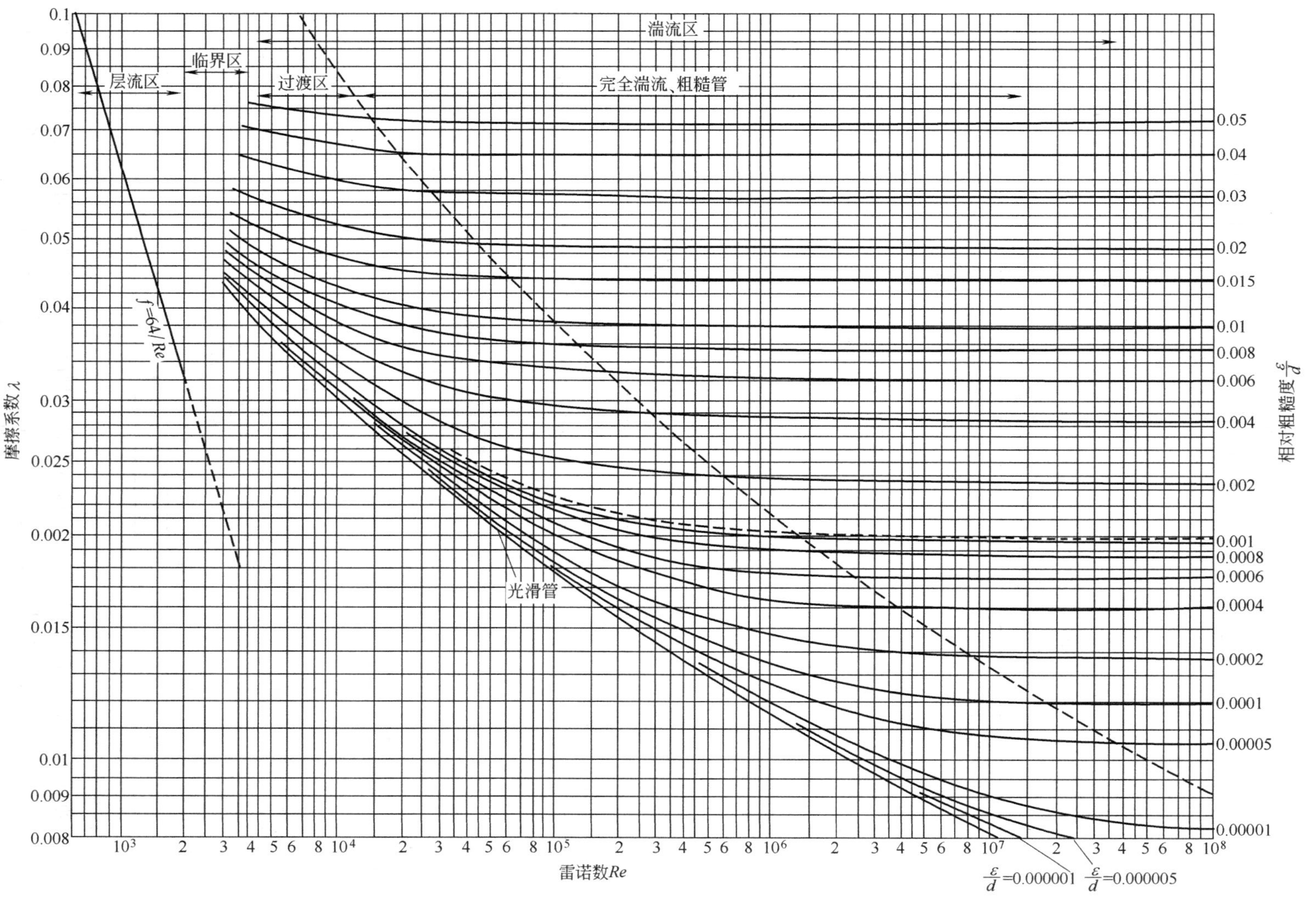

图 6.3 摩擦系数与雷诺数及相对粗糙度的关系

表 6.6　管件、阀门的当量长度（用于完全湍流，ε=0.000045m，法兰连接）　　单位：m

管件、阀门		公称尺寸 DN																								
		25	50	80	100	150	200	250	300	350	400	450	500	600	750	900	1050	1200	1350	1500	1650	1800	2100	2400	2700	3000
标准 90°弯头		0.61	1.25	1.86	2.47	3.66	4.88	6.10	7.62	8.23	9.45	10.67	11.89	14.33	17.37	21.64	25.30	28.65	32.61	36.88	40.23	43.89	50.29	56.39	63.09	69.19
长半径 90°弯头		0.49	0.94	1.40	1.77	2.62	3.35	4.27	4.88	5.49	6.10	6.71	7.62	8.84	10.97	13.11	15.24	17.07	19.20	21.64	23.47	25.30	28.65	32.31	35.36	38.40
标准 45°弯头		0.26	0.61	0.85	1.13	1.77	2.41	3.05	3.66	3.96	4.88	5.49	6.10	7.32	9.45	11.28	13.72	15.54	17.68	20.42	22.25	24.38	28.35	32.31	36.58	40.23
直流三通		0.52	0.85	1.19	1.68	2.56	3.35	4.27	5.18	5.49	6.40	7.32	7.92	9.75	11.89	14.63	16.76	19.20	21.64	24.69	27.13	28.96	33.53	37.80	42.06	46.02
支流三通		1.58	3.05	4.57	6.10	9.14	12.19	15.24	18.29	20.12	23.16	26.21	29.26	35.36	44.50	53.64	62.79	71.93	81.08	90.22	99.36	108.51	126.80	144.78	163.07	181.36
180°回弯头	标准	1.04	2.10	3.05	4.27	6.40	8.53	10.67	12.80	14.02	16.15	18.29	20.42	24.69	31.09	35.66	44.20	49.99	57.00	64.01	70.41	77.11	88.70	100.58	112.17	122.22
	长半径	0.82	1.55	2.26	2.93	4.27	5.79	7.01	8.53	9.14	10.67	11.58	12.80	15.54	18.90	22.56	26.21	29.57	33	37.80	40.54	44.20	50.29	56.08	62.48	68.58
截止阀		10.67	21.34	32.00	41.15	60.96	82.30	103.63	121.92	137.16	160.02	179.83	199.64	243.84	289.56	362.71	425.20	484.63	—	—	—	—	—	—	—	—
闸阀		0.30	0.61	0.82	1.07	1.68	2.16	2.68	3.35	3.66	3.96	4.57	5.18	6.10	7.62	9.45	10.97	12.19	—	—	—	—	—	—	—	—
角阀		5.49	10.67	15.24	20.42	30.48	39.62	51.82	60.96	67.06	76.20	88.39	99.06	118.87	149.35	179.83	210.31	240.79	—	—	—	—	—	—	—	—
旋启式止回阀		3.66	7.01	10.67	13.72	20.73	27.43	34.44	41.15	45.42	52.43	59.13	66.14	79.86	100.28	121.01	141.43	162.15	—	—	—	—	—	—	—	—
	ζ=0.04 圆角	0.05	0.11	0.18	0.25	0.43	0.58	0.76	0.94	1.07	1.28	1.46	1.65	2.10	2.74	3.35	4.27	4.88	5.79	6.71	7.32	8.23	9.75	11.28	12.80	14.33
	ζ=0.23 小圆角	0.28	0.64	0.98	1.40	2.53	3.35	4.27	5.49	6.10	7.32	8.53	9.45	12.19	15.85	19.51	24.69	28.04	33.53	38.71	42.06	47.55	56.08	64.92	73.76	82.30
	ζ=0.50 锐边	0.61	1.37	2.26	3.05	5.49	7.32	9.45	11.89	13.41	16.15	18.29	20.73	26.21	34.44	42.06	53.34	60.96	72.54	83.82	91.44	103.02	121.92	141.12	160.02	179.22
	ζ=0.78	0.94	2.13	3.66	4.88	8.23	11.28	14.94	18.29	20.73	24.99	28.65	32.00	41.15	53.34	65.53	83.21	95.10	112.78	130.76	142.65	160.63	190.20	220.07	249.63	279.50
	ζ=1.0	1.22	2.74	4.57	6.10	10.97	14.63	18.90	23.77	26.82	32.31	36.58	41.45	52.43	68.88	84.12	106.68	121.92	145.08	167.64	182.88	206.04	243.84	282.24	320.04	358.44
完全湍流流率边界	雷诺数 Re	7×10^5	9×10^5	1×10^6	2×10^6	2.5×10^6	3×10^6	4×10^6	6×10^6	9×10^6	1×10^7	1×10^7	1×10^7	2×10^7	3×10^7	4×10^7	5×10^7	5×10^7	6×10^7	7×10^7	8×10^7	9×10^7	1×10^8	1×10^8	2×10^8	2×10^8
	范宁摩擦系数 f	0.0056	0.00475	0.00435	0.0041	0.0037	0.0035	0.00335	0.0032	0.00315	0.00305	0.003	0.00295	0.0028	0.00027	0.0026	0.0025	0.00245	0.00238	0.02290	0.00225	0.00222	0.0219	0.00215	0.00212	0.0021

(1) 当量长度法

当量长度法就是将管件和阀门等折算为相当的直管长度，此长度称为管件和阀门的当量长度。这样将当量长度带入直管阻力降的计算公式中即可计算出局部阻力降，即

$$h_f'=\lambda\frac{l_e}{d}\times\frac{u^2}{2} \tag{6.24}$$

$$\Delta p_f'=\lambda\frac{l_e}{d}\times\frac{\rho u^2}{2} \tag{6.25}$$

式中 l_e——管件的当量长度，m；

h_f'——局部阻力引起的能量损失，J/kg；

$\Delta p_f'$——局部阻力降，N/m^2。

部分管件、阀门的当量长度见表6.6。

(2) 阻力系数法

阻力系数法的计算公式为

$$h_f'=\zeta\frac{u^2}{2} \tag{6.26}$$

$$\Delta p_f'=\zeta\frac{\rho u^2}{2} \tag{6.27}$$

式中 ζ——阻力系数。

上述计算公式很简单，主要是选取阻力系数。常用管件的阻力系数见表6.7和附录J。

表6.7 管路附件和阀门的局部阻力系数 ζ（层流）

管件和阀门名称	Re				管件和阀门名称	Re			
	1000	500	100	50		1000	500	100	50
90°弯头（短曲率半径）	0.9	1.0	7.5	16	截止阀	11	12	20	30
					旋塞阀	12	14	19	27
三通(直通)	0.4	0.5	2.5		角阀	8	8.5	11	19
三通(支通)	1.5	1.8	4.9	9.3	旋启式止回阀	4	4.5	17	55
闸阀	1.2	1.7	9.9	24					

6.4.1.3 管段的总阻力降

管段的总能量损失应为直管能量损失和局部能量损失之和，即

$$\sum h_f=\lambda\frac{l+\sum l_e}{d}\times\frac{u^2}{2} \tag{6.28}$$

或

$$\sum h_f=\left(\frac{\lambda l}{d}+\sum\zeta\right)\times\frac{u^2}{2} \tag{6.28a}$$

式中 $\sum h_f$——管路系统的总能量损失，J/kg；

l——管路系统一段直管长度，m；

$\sum l_e$——管路系统的一段直管中所有管件与阀门等的当量长度之和，m；

$\sum\zeta$——管路系统的一段直管中所有管件与阀门等的阻力系数之和；

u——流体的流速，m/s。

管段的总阻力降应为直管阻力降和局部阻力降之和，即

$$\Delta p_f=\lambda\frac{l+\sum l_e}{d}\times\frac{\rho u^2}{2} \tag{6.29}$$

或

$$\Delta p_f=\left(\frac{\lambda l}{d}+\sum\zeta\right)\times\frac{\rho u^2}{2} \tag{6.29a}$$

6.4.2　管路网络压力降计算

在化工过程中管路经常几条管路汇合在一起，形成较复杂的管网。下面介绍一下简单管路和复杂管路的压力降的计算方法。

(1) 简单管路

简单管路系指没有分支的管如图 6.4 所示，但可以不同管径串联连接的管路，如图 6.5 所示。

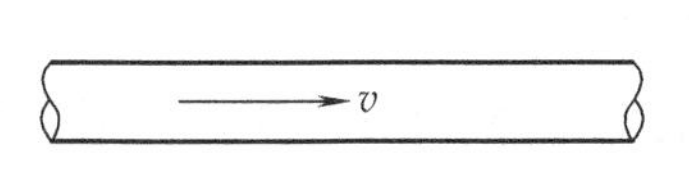

图 6.4　管径不变的简单管

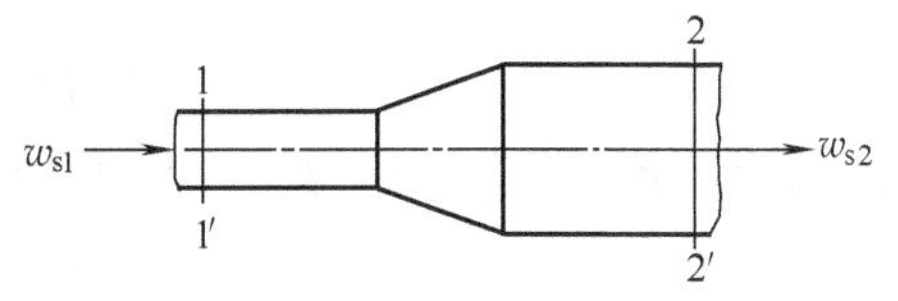

图 6.5　变径的简单管

对于在简单管中流动的不可压缩的流体，由于流体通过整个管路上任意一横截面的体积流率相等，即

$$V_1 = V_2 = \cdots = V \tag{6.30}$$

根据管路的压力降计算公式［式 (6.9)］及前述的阻力降计算公式，其总的管路压力降等于各管段压力降之和，即

$$\Delta p_1 = \Delta p_2 + \Delta p_3 + \Delta p_4 + \cdots \tag{6.31}$$

(2) 复杂管路

复杂管路即为有分支的管路。复杂管路可视为由若干简单管路组成。复杂管路又可分为并联管路和分支管路。如图 6.6 所示，在主管某处分为几支，然后又汇合为一主管的管路为并联管路；如图 6.7 所示，从主管分出支管，而在支管上又有分支的管路为分支管路。分支管路各分支不再汇成一根主管。

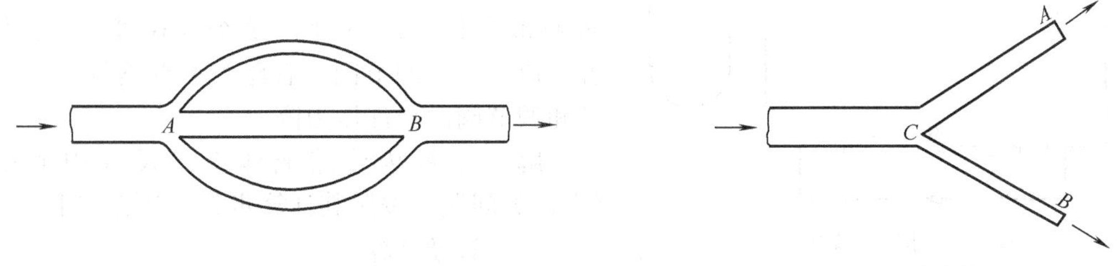

图 6.6　并联管路　　图 6.7　分支管路

对于并联管段，根据伯努利方程，两汇合点 A 与 B 的压力对于每个分支管路都一样，因此其两点的压力差是一定，因此并联的各个管段的压力降相等，即

$$\Delta p_1 = \Delta p_2 = \Delta p_3 = \cdots \tag{6.32}$$

对于分支管路其主管的流率等于各支管流率之和，如

$$V = V_1 + V_2 + V_3 + \cdots \tag{6.33}$$

虽然各支管的流率不等，但在分支处的总机械能是一定值。例如，图 6.7 中 C 点，从此处有部分流体以流速 u_A 流过 CA 管段，另一部分流体以流速 u_B 流过 CB 管段。u_A 与 u_B 的大小取决于下式

$$gZ_C + \frac{u_C^2}{2} + \frac{p_C}{\rho} = gZ_A + \frac{u_A^2}{2} + \frac{p_A}{\rho} + \sum h_{fCA} = gZ_B + \frac{u_B^2}{2} + \frac{p_B}{\rho} + \sum h_{fCB}$$

为了能保证将流体输送到需要能量最大的支管，管路能耗应以需要能量最大的支管计算为准。通常是从最远的支管开始，由远及近，依次进行各支管的计算。当分支管路中支管比

较多时，计算将会很复杂。一般为了便于计算，可在分支点处将其分为若干简单管路，按一般简单管路依次计算。

6.4.3 单相流管路压力降计算

6.4.3.1 不可压缩流体管路压力降计算

假设不可压缩流体在流动过程是绝热、不对外做功，则管路的压力降计算式（6.14）可改写为

$$\Delta p=\rho g\Delta Z+\rho\frac{\Delta u^2}{2}+\rho\sum h_{\mathrm{f}} \tag{6.34}$$

若用 Δp_{s}表示静压力降，Δp_{v}表示速度压力降，Δp_{f}表示摩擦阻力降，则式（6.34）可简单表示为

$$\Delta p=\Delta p_{\mathrm{s}}+\Delta p_{\mathrm{v}}+\Delta p_{\mathrm{f}} \tag{6.35}$$

其中

$$\Delta p_{\mathrm{s}}=\rho g\Delta Z \tag{6.36}$$

$$\Delta p_{\mathrm{v}}=\rho\frac{\Delta u^2}{2} \tag{6.37}$$

$$\Delta p_{\mathrm{f}}=\rho\sum h_{\mathrm{f}} \tag{6.38}$$

利用式（6.36）～式（6.39）即可计算出单相流管路不可压缩流体的压力降。在工程中，由于管材标准容许管径和壁厚有一定程度的偏差以及管路、管件和阀门等所采用的阻力系数与实际情况也存在偏差，所以，通常对最后计算结果要乘以15%的安全系数。下面以例题说明单相流不可压缩流体管路的流体力学设计的计算过程。

【例6.1】 图6.8反应器A液相出料依靠压差输送至精馏塔B，流率为7392kg/h，密度为616kg/m³，黏度1.5×10⁻⁴Pa·s，管路全长65m，管路起点压力380kPa、标高2m，管路终点压力150kPa、标高20m，管路包含7个90°标准弯头，2个闸阀，2个异径管，2个直流三通，一个调节阀。管路为无缝钢管。求管径和调节阀的允许压力降。

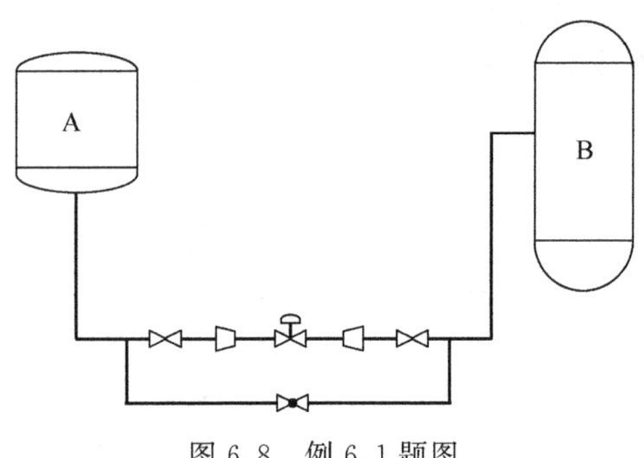

图6.8 例6.1题图

解 本题为管路流体力学设计中的第（Ⅰ）类问题，按照其计算步骤，计算如下。

（1）管径计算

本题液体的黏度较小，与水类似，查附录J常用流速表，选取流速 $u=1.5\mathrm{m/s}$。

由式（6.10）计算管径

$$d=0.0188\sqrt{\frac{W}{u\rho}}=0.0188\sqrt{\frac{7392}{1.5\times616}}=0.05317=53.17\mathrm{mm}$$

因此初取管径 $DN50\mathrm{mm}$。

根据已选的管径重新核算流体的实际流速

$$u=18.8^2\times\frac{W}{\rho d^2}=18.8^2\times\frac{7392}{616\times50^2}=1.70\mathrm{m/s}$$

（2）计算雷诺数，确定流型

$$Re=\frac{du\rho}{\mu}=\frac{0.05\times1.70\times616}{0.15\times10^{-3}}=349066>4000$$

属于湍流。

（3）选择管壁粗糙度

管路为无缝钢管，查表6.5，取绝对粗糙度$\varepsilon=0.1$，则

相对粗糙度
$$\frac{\varepsilon}{d}=\frac{0.10}{50}=0.002$$

（4）求摩擦系数及确定局部阻力系数

根据表6.4，求摩擦因子λ。

因为
$$\frac{\varepsilon}{d}=0.002>\frac{560}{Re}=\frac{560}{349066}=0.0016$$

所以使用式（6.23）即$\frac{1}{\sqrt{\lambda}}=1.74-2\lg\left(\frac{2\varepsilon}{d}\right)$计算，得

$$\frac{1}{\sqrt{\lambda}}=1.74-2\lg(2\times0.002)$$

$$\lambda=0.0234$$

根据附录J，查得各局部阻力系数如下。

名　称	阻力系数	数量	阻力系数×数量	名　称	阻力系数	数量	阻力系数×数量
90°标准弯头	0.75	7	5.25	塔器出口(锐边)	0.5	1	0.5
闸阀	0.17	2	0.34	塔器入口	1.0	1	1.0
异径管	0.55+0.17	2	1.44	小计$\Sigma\zeta$			9.29
直流三通	0.38	2	0.76				

（5）计算压力降

摩擦阻力降

$$\Delta p_{\mathrm{f}}=\rho\Sigma h_{\mathrm{f}}=\left(\lambda\frac{l}{d}+\Sigma\zeta\right)\frac{u^2}{2}\rho=\left(0.0234\times\frac{65}{0.05}+9.29\right)\frac{1.7^2}{2}\times616$$
$$=35346.67\mathrm{Pa}=35.35\mathrm{kPa}$$

静压力降

$$\Delta p_{\mathrm{s}}=(Z_2-Z_1)\rho g=(20-2)\times616\times9.81$$
$$=108773.28\mathrm{Pa}=108.77\mathrm{kPa}$$

速度压力降

$$\Delta p_{\mathrm{v}}=\frac{u_2^2-u_1^2}{2}\rho=\frac{1.7^2-0}{2}\times616=890\mathrm{Pa}=0.89\mathrm{kPa}$$

（6）总压力降

$$\Delta p=1.15\times(\Delta p_{\mathrm{v}}+\Delta p_{\mathrm{s}}+\Delta p_{\mathrm{f}})=1.15\times(0.89+108.77+35.35)$$
$$=166.76\mathrm{kPa}$$

式中　1.15——安全系数。

（7）调节阀的允许压力降

此流程中有一个调节阀，因此要计算调节阀的允许压力降以便检查是否符合自动控制的要求。可用下式计算

$$\Delta p_{\text{control vavle}}=p_{终点}-p_{起点}-\Delta p=380-150-166.76=63.24\mathrm{kPa}$$

调节阀的允许压力降占整个管路压力降的比例为

$$\frac{\Delta p_{\text{control vavle}}}{\Delta p}=\frac{63.24}{166.76+63.24}=0.27$$

通常此比例值为30%左右，所以可以确认初步估计管径为$DN50$合适。

【例6.2】 一并联液体输送管路，总体积流率$10800\mathrm{m^3/h}$，各支管的长度分别为$l_1=$

1200m，$l_2=1500$m，$l_3=800$m；管路内直径 $d_1=600$mm，$d_2=500$mm，$d_3=800$mm；油的黏度为 5.1×10^{-3}Pa·s，密度为 890kg/m³，管路材质为钢，求并联管路的压降及各支管的流率。

解 根据题意，可以绘出本题的管路示意图如下。

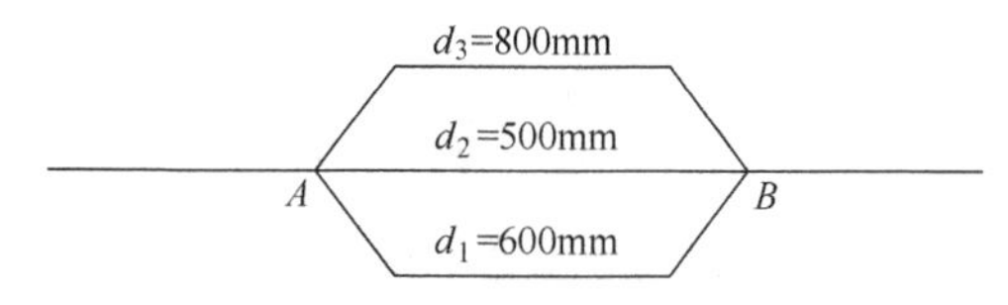

本题已知管径和总流率求压力降，属第（Ⅰ）类管路设计问题，但由于是复杂管路，分支管路的流率未知，所以需要迭代求解。

（1）建立求解方程

由于并联管路各支管的压力降相等，而各支管的压力降是由于阻力造成的，则

$$h_{f1}=h_{f2}=h_{f3}$$

代入 h_f 的计算公式，有

$$\frac{\lambda_1 l_1 u_1^2}{2d_1}=\frac{\lambda_2 l_2 u_2^2}{2d_2}=\frac{\lambda_3 l_3 u_3^2}{2d_3}$$

用流率代替流速，并化简得

$$\frac{\lambda_1 l_1 V_1^2}{d_1^5}=\frac{\lambda_2 l_2 V_2^2}{d_2^5}=\frac{\lambda_3 l_3 V_3^2}{d_3^5}$$

所以

$$V_1:V_2:V_3=\sqrt{\frac{d_1^5}{\lambda_1 l_1}}:\sqrt{\frac{d_2^5}{\lambda_2 l_2}}:\sqrt{\frac{d_3^5}{\lambda_3 l_3}} \tag{1}$$

又因为

$$V=V_1+V_2+V_3 \tag{2}$$

如果知道摩擦系数值，那么联立式（1）与式（2）即可求出各个支管的流率值，从而求得压降。

（2）初步确定 λ 值

设钢管的绝对粗糙度 $\varepsilon_1=\varepsilon_2=\varepsilon_3=0.2$，计算相对粗糙度为

$$\frac{\varepsilon_1}{d_1}=\frac{0.2}{600}=3.3\times10^{-4}$$

$$\frac{\varepsilon_2}{d_2}=\frac{0.2}{500}=4.0\times10^{-4}$$

$$\frac{\varepsilon_3}{d_3}=\frac{0.2}{800}=2.5\times10^{-4}$$

因为流率未知，不能判断流型，所以先假设流体在湍流状态下流动，则 λ 与 Re 无关，通过查图 6.3 得

$$\lambda_1=0.0153,\ \lambda_2=0.016,\ \lambda_3=0.0144$$

（3）计算流率及 Re

将各 λ 值代入式（1），得

$$V_1:V_2:V_3=1:0.554:2.592$$

结合式（2），得到

$$V_1=10800\times\frac{1}{1+0.554+2.592}=2605\text{m}^3/\text{h}$$

$$V_2=10800\times\frac{0.554}{1+0.554+2.592}=1444\text{m}^3/\text{h}$$

$$V_3=10800\times\frac{2.592}{1+0.554+2.592}=6751\text{m}^3/\text{h}$$

用流率表示 Re 的计算式为　$Re=\frac{du\rho}{\mu}=\frac{4V\rho}{3.14\times3600d\mu}$，则

$$Re_1=\frac{4V_1\rho}{3.14\times3600d_1\mu}=\frac{4\times2605\times890}{3.14\times3600\times0.6\times5.1\times10^{-3}}=2.68\times10^5$$

$$Re_2=\frac{4V_2\rho}{3.14\times3600d_2\mu}=\frac{4\times1443\times890}{3.14\times3600\times0.5\times5.1\times10^{-3}}=1.78\times10^5$$

$$Re_3=\frac{4V_3\rho}{3.14\times3600d_3\mu}=\frac{4\times6752\times890}{3.14\times3600\times0.8\times5.1\times10^{-3}}=5.21\times10^5$$

（4）通过求得的 Re 值确定 λ 值并与前面假设比较

用第（3）步得到的 Re 值再次查图 6.3 得

$$\lambda_1'=0.0173，\lambda_2'=0.0185，\lambda_3'=0.0159$$

与假设的 λ 值比较差异较大，应重新计算。即再次假设 λ 为上述计算值，然后按上述（2）～（4）的步骤计算，直到满足计算精度要求为止。

第二次计算

设　$\lambda_1=0.0173，\lambda_2=0.0185，\lambda_3=0.0159$

计算得到　$V_1:V_2:V_3=1:0.5483:2.6225$

所以　$V_1=2589\text{m}^3/\text{h}，V_2=1420\text{m}^3/\text{h}，V_3=6791\text{m}^3/\text{h}$

Re 值　$Re_1=2.67\times10^5，Re_1=1.75\times10^5，Re_3=5.24\times10^5$

查图 6.3 得，$\lambda_1'=0.0173$，$\lambda_2'=0.0185$，$\lambda_3'=0.0159$ 与假设相符，所以第二次计算的分支管流率即为所求。

由于并联管路的压力降相等，只求一支管的压力降即可，即

$$\Delta p=\Delta p_1=\rho h_{f1}=\frac{\rho\lambda_1 l_1 u_1^2}{2d_1}=\frac{4^2\rho\lambda_1 l_1 V_1^2}{2\times3.14^2\times3600^2 d_1^5}$$

$$=\frac{4^2\times890\times0.0173\times1.2\times2589^2}{2\times3.14^2\times3600^2\times0.6^5}=99.73\text{kPa}$$

本题的求解迭代的框图如图 6.9 所示。

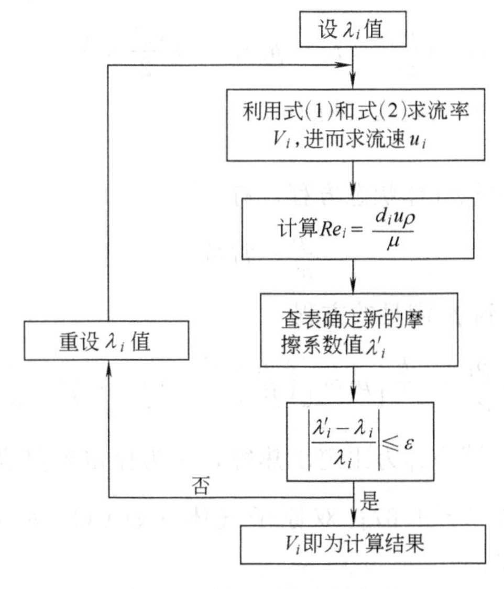

图 6.9　例 6.2 题计算框图

6.4.3.2 可压缩流体管路压力降计算

可压缩流体的密度随压力和温度变化的性质会影响流体的黏度从而造成压力降与管长不成正比。因此可压缩流体的管路阻力降就不能利用前面的计算公式而直接应利用式（6.8）计算。

将直管阻力的计算式代入式（6.8），则有

$$g\mathrm{d}z+\mathrm{d}\left(\frac{u^2}{2}\right)+\frac{\mathrm{d}p}{\rho}+\lambda\frac{\mathrm{d}l}{d}\times\frac{u^2}{2}=0 \tag{6.39}$$

对于气体流体，由于密度通常很小，假设管路为水平管，位能差 $g\mathrm{d}z$ 可以忽略不计。另外，由于气体流体的雷诺数 Re 通常很大，已处于阻力平方区，摩擦因子 λ 与雷诺数 Re 无关，保持不变；如果气体流体的雷诺数 Re 不处于阻力平方区，由于

$$Re=\frac{du\rho}{\mu}=\frac{dG}{\mu} \tag{6.40}$$

式中 $G=u\rho$——可压缩流体的质量流速，$\mathrm{kg/(m^2 \cdot s)}$，沿管长保持不变。

在直管相等的管路输送时，Re 只与气体的温度有关，但对于等温或温度变化不太大的流动过程，λ 也可以看成是沿管长不变的常数。反之，则可以把管路分成若干段，在每个管段中可以认为 λ 是沿管长 l 不变的常数。这样，假设管路的起点和终点的压力分别为 p_1、p_2，将气体流速 $u=\frac{G}{\rho}$ 代入式（6.39），积分可得可压缩流体终点压力 p_2 的计算公式

$$G^2\ln\frac{p_1}{p_2}+\int_{p_1}^{p_2}\rho\mathrm{d}p+\lambda\frac{G^2}{2}\times\frac{l}{d}=0 \tag{6.41}$$

由于 ρ 是与气体的状态有关的，因此要求解上式得到管路终点压力值，还必须结合气体的状态方程；另外气体的压降还和气体流速是否超声速有关。下面主要讨论等温、绝热及临界流动的情况。

（1）等温流动

根据理想气体状态方程

$$pV=nRT$$

对于等温流动的气体
$$\frac{p}{\rho}=\frac{RT}{M}=\text{常数}$$

将上式代入式（6.41），得到 p_2 满足的方程

$$G^2\ln\frac{p_1}{p_2}+(p_2-p_1)\rho_{\mathrm{m}}+\lambda\frac{G^2}{2}\times\frac{l}{d}=0 \tag{6.42}$$

式中 ρ_{m}——平均压强下气体的密度，$\mathrm{kg/m^3}$。

（2）绝热流动

对于绝热流动，根据理想气体状态方程，有

$$\frac{p}{\rho^k}=\text{常数}$$

将上式代入式（6.41），得到 p_2 满足的方程

$$\frac{G^2}{k}\ln\frac{p_1}{p_2}+\frac{k}{k+1}p_1\rho_1\left[\left(\frac{p_1}{P_2}\right)^{\frac{k}{k+1}}-1\right]+\lambda\frac{G^2}{k}\times\frac{l}{d}=0 \tag{6.43}$$

式中 k——绝热指数，$k=\frac{c_{\mathrm{p}}}{c_{\mathrm{V}}}$（$c_{\mathrm{p}}$ 为比定压热容，c_{V} 为比定容热容），常温常压下，单原子气体（如 He）$k=1.67$；双原子气体（如 CO）$k=1.40$；三原子气体（如 SO_2）$k=1.30$。

（3）临界流动

气体流速达到声速时，称为临界流动。可压缩流体在管路中可以达到的最大速度就是声速。流体流速达到声速后，即使下游压力进一步下降，管内的流速也不会增加，相应地，系统压力降也不会增加，所以，计算可压缩流体流动压力降时，应校核流速是否大于声速，当流速大于声速时，以声速作为计算压力降流速。对于设计型计算，应该避免管内流速大于声速的情况发生。气体的声速按下列公式计算。

等温流动
$$u=\sqrt{\frac{RT}{M}} \tag{6.44}$$

绝热流动
$$u=\sqrt{\frac{kRT}{M}} \tag{6.45}$$

式中 u——流体声速，m/s；

R——气体常数，$R=8.314\times10^3$ J/(kmol·K)；

T——热力学温度，K；

M——气体相对分子质量，kg/kmol。

【例 6.3】 液化石油气体经过进料缓冲罐后经气相输料管送至乙烯裂解炉。质量流率66000kg/h，流体密度12.7kg/m³，黏度0.01×10³Pa·s，温度80℃，相对分子质量44.1，绝热指数$k=1.15$，管路全长300m，管路起点压力800kPa，管路终点压力750kPa，管路包含9个90°标准弯头，2个闸阀。管路为无缝钢管，管外加装保温层。求管径和压力降。

解 查常用流速表，取$u=15$m/s。

由式（6.10）计算管路的直径

$$d=0.0188\sqrt{\frac{W}{u\rho}}=0.0188\sqrt{\frac{66000}{15\times12.76}}=0.349\text{m}=349\text{mm}$$

取管径为$DN350$。

根据题意，管外有保温层，所以可认为过程是绝热的。

（1）核对气体的流速是否超声速

对于绝热流动的气体，由式（6.45）计算声速，即

$$u_{\text{声速}}=\sqrt{\frac{kRT}{M}}=\sqrt{\frac{1.15\times8.314\times(273+80)}{44.1\times10^{-3}}}=277\text{m/s}$$

气体的实际流速为 $u=\frac{G}{\rho}$

$$G=\frac{\text{质量流率}}{\text{管路横截面积}}=\frac{66000}{\frac{\pi}{4}\times0.35^2\times3600}=190.6\text{kg/(m}^2\cdot\text{s)}$$

所以，计算流速 $u=\frac{190.6}{12.76}=14.94\text{m/s}<277\text{m/s}$。

计算流速小于气体声速，因此可以选用流速$u=14.94$m/s作为计算基准。

（2）求摩擦系数λ

$$Re=\frac{dG}{\mu}=\frac{0.35\times190.6}{0.01\times10^{-3}}=6.671\times10^6$$

$$\frac{\varepsilon}{d}=\frac{0.10\times10^{-3}}{0.35}=2.857\times10^{-4}$$

$$\frac{560}{Re}=\frac{560}{6.71\times10^6}=8.395\times10^{-5}$$

所以
$$\frac{\varepsilon}{d}>\frac{560}{Re}$$

根据表6.4，可用下式求摩擦系数λ。

$$\frac{1}{\sqrt{\lambda}}=1.74-2\lg\left(\frac{2\varepsilon}{d}\right)=1.74-2\lg(2\times2.857\times10^{-4})$$

$$\lambda=0.0148$$

（3）求管件的当量长度

根据表6.6查得管件的当量长度见下表。

名 称	当量长度	数量	阻力系数×数量	名 称	当量长度	数量	阻力系数×数量
5个90°标准弯头	8.23	9	74.07	缓冲罐出口（锐边）	13.41	1	13.41
闸 阀	3.66	2	7.32	小计 l_e			94.80

（4）计算管路终点的压力 p_2

由式（6.43）

$$\frac{G^2}{k}\ln\frac{p_1}{p_2}+\frac{k}{k+1}p_1\rho_1\left[\left(\frac{p_2}{p_1}\right)^{\frac{k+1}{k}}-1\right]+\lambda\frac{G^2}{2}\times\frac{l}{d}=0$$

将数据代入上式，有

$$\frac{259.5^2}{1.15}\ln\frac{800}{p_2}+\frac{1.15}{1.15+1}\times800\times10^3\times12.76\left[\left(\frac{p_2}{800}\right)^{\frac{1.15+1}{1.15}}-1\right]+$$

$$0.0148\times\frac{190.6^2}{2}\times\frac{300+94.80}{0.35}=0$$

上式为非线性方程，求 p_2 时需要用试差的方法。

用弦截法求，设 $p_{20}=770\text{kPa}$，$p_{21}=780\text{kPa}$

第1次迭代：$p_{22}=p_{21}-\dfrac{f(p_{21})}{f(p_{21})-f(p_{20})}(p_{21}-p_{20})=775.8\text{kPa}$

继续迭代，得 $p_{23}=776\text{kPa}$

第1次与第2次迭代值已相差很小，故取

$$p_2=776\text{kPa}$$

取安全系数为1.15。

所以 $\Delta p=1.15\times(800-776)=27.6\text{kPa}$

$\Delta p<(800-750)=50\text{kPa}$，说明所选流速合适。

因此可以确定：管径为DN350，管路压降为27.6kPa。

6.4.4 气-液两相流管路压力降计算

6.4.4.1 气-液两相流（非闪蒸型）管路的压力降计算

在化工设计中经常遇到气体和液体在管路中并行流动的情况，即两相流。例如，蒸汽发生器、冷凝器、气液反应器入口管段处经常出现气-液两相流的流体流动状况。气-液两相流的阻力降计算是一个复杂的过程，因为在两相流管路中，气相和液相物流的流率和密度都在不断的变化，存在着多种流型的变化。如再沸器的气相返回管路中的流型存在分散流、环状流、柱状流等流型的变化。从而给管路压力降的计算方程式的实验回归和理论推导带来了很大困难。

由于气-液两相流的流动情况复杂，科学家通过实验研究，在一定的条件下，用水、空气或汽油为介质来测定气-液两相流的管路中的流速和压力降，然后再回归成经验的公式。如Dukler和Lockhart-Martinelli公式都是在实验的基础上提出来的。但目前尚无准确的压力降计算公式，各种半理论、半经验的关联式也都存在着局限性。由于篇幅有限，本章只做简单的介绍。

两相流管路压力降计算的前提是确定两相流动的流型，然后在此基本上选用相应的计算公式进行计算。

（1）判断流型

① 水平管流型判断　水平管气-液两相流的基本流型主要取定于气速和液速的大小，管径和流体的性质。一般来说，水平管内气-液两相流的基本流型分为 7 类，见表 6.8。

表 6.8　水平管内气-液两相流的基本流型

流　型	图　例	特 征 说 明	气体、液体表面速度
分层流		液相和气相速度都很低，气、液分层流动，气-液表面比较平滑	$u_{sg}\approx0.6\sim3$m/s $u_{sl}<0.15$m/s
波动流		气液分层流动，但两相间的相互作用增强，界面上出现振幅较大的波动	$u_{sg}\approx4.5$m/s $u_{sl}<0.3$m/s
环状流		液体成膜状沿管壁流动，但膜厚不均匀，管底处的液膜厚得多，气体在管中心夹带着液滴高速地流动	$u_{sg}>6$m/s
塞状流		气体呈弹头性大气泡，气泡倾向于沿管顶流动。沿管上部液体和气体如活塞状交替运动	$u_{sg}<0.9$m/s $u_{sl}<0.6$m/s
液节流		泡沫液节沿管路流动，液相虽然连续但是夹带着许多气泡，管中常有突然的压力脉动，造成管路振动	
气泡流		气泡分散在连续的液相中，当气速较低时，气泡聚集于管顶，随着气速增加，气泡分布趋于均匀	$u_{sg}\approx0.3\sim3$m/s $u_{sl}\approx1.5\sim4.5$m/s
雾状流		管路内的液体大部分甚至全部被雾化，由气体夹带着高速流动	$u_{sg}>6$m/s

有关水平管内气-液两相流的基本流型的判定和流型转变的界定的文献有许多，但是由于实验方法和条件等方面的差异造成了各家对水平管内气-液两相流的基本流型的判定和流型转变的界定不尽相同。图 6.10 给出了 Troniewski 提供的水平流型图。图中，G_g、G_l 为气相和液相的质量流速，单位为 kg/(m² · s)。

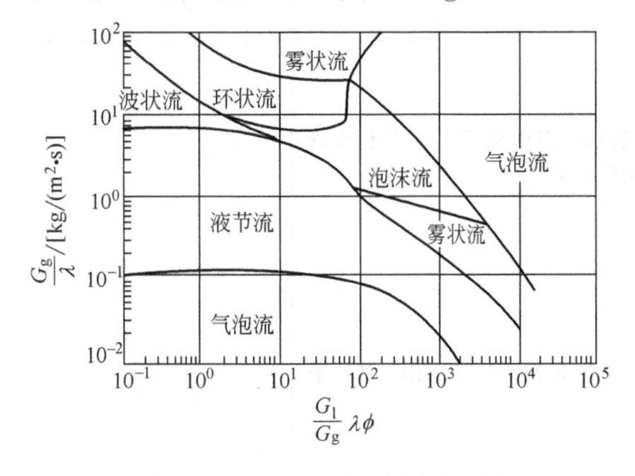

图 6.10　Troniewski 水平流型图

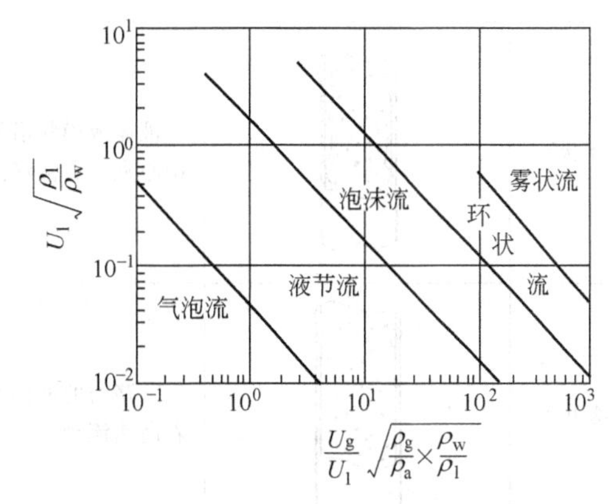

图 6.11　Troniewski 的垂直流型图

$$\lambda=\left(\frac{\rho_g}{\rho_a}\times\frac{\rho_l}{\rho_w}\right)^{0.5} \tag{6.46}$$

$$\Phi=\left(\frac{\sigma_w}{\sigma_l}\right)\left[\left(\frac{\mu_l}{\mu_w}\right)\left(\frac{\rho_w}{\rho_l}\right)^2\right]^{1/3} \tag{6.47}$$

式中 ρ_a，ρ_w——分别代表空气和水的密度；

σ_l，σ_w——分别代表液相和水的表面张力。

② 垂直管流型判断 垂直管内气-液两相流的基本流型和水平管一样主要决定于气速和液速的大小，管径和流体的性质。一般来说，垂直管内气-液两相流的基本流型见表6.11。图6.11给出了Troniewski提供的垂直流型图。

从表6.8和表6.9发现水平管内活塞状流和液节流及垂直管内液节流和泡沫流流型所表现出的液体和气体的交互作用最大，会引起管路的剧烈振动。因此，在工程中通常采取缩小或增大管径的方法避免上述流型的产生。

表6.9 垂直管内气-液两相流的基本流型

流型	图例	特征说明	气体、液体表面速度
气泡流		液体在垂直管内上升流动，气体以气泡的形式分散于液体中。随着气速的增加，气泡的尺寸和个数逐渐增加	$u_{sg}\approx0.3\sim3$m/s $u_{sl}\approx1.5\sim4.5$m/s
液节流		大部分气体形成弹头性大气泡，其直径大于管路半径。气泡均匀向上运动，液体中气泡呈分散状态。当含气量进一步增加，弹头性大气泡的长度和运动速度都相应增加	
泡沫流		弹头型气泡变得狭长并发生扭曲，相邻气泡间液节中的液体被气体反复冲击，呈现液体振动和方向交变的特征	
环状流		液体成膜状沿管壁流动，但膜厚不均匀，气体在管中心夹带着液滴高速地流动	$u_{sg}>6$m/s
雾状流		管路内的液体大部分甚至全部被雾化，由气体挟带着高速流动	$u_{sg}>60$m/s

（2）压降计算

① 持液量　由于两相流中气体的真实速度和液体的真实速度不相等，存在着相对速度。所以沿着通道各相所占的截面积并不与气-液两相的进口流率成正比，按 Hughmark 法，可由式（6.48）计算平均气量 $\bar{\varepsilon}_g$。

$$\bar{\varepsilon}_g=\frac{u_{sg}}{u_{sg}+u_{sl}}\overline{K} \tag{6.48}$$

当 $Z<10$ 时，

$$\overline{K}=-0.16367+0.310372Z-0.03525Z^2+0.001366Z^3 \tag{6.49}$$

当 $Z\geqslant 10$ 时，

$$\overline{K}=0.75545+0.003585Z-0.1436\times 10^{-4}Z^2 \tag{6.50}$$

$$Z=Re_m^{\frac{1}{6}}Fr_m^{\frac{1}{8}}C_l^{-\frac{1}{4}} \tag{6.51}$$

$$Re_m=\frac{d(\rho_g u_{sg}+\rho_l u_{sl})}{\bar{\varepsilon}_g\mu_g+\bar{\varepsilon}_l\mu_l} \tag{6.52}$$

$$Fr_m=\frac{(u_{sg}+u_{sl})^2}{gD} \tag{6.53}$$

$$C_l=\frac{u_{sl}}{\mu_{sg}+\mu_{sl}} \tag{6.54}$$

② Dukler 法计算压力降　Dukler 根据两相恒定滑动速度的假定，提出了 Dukler 法摩擦损失计算式。此计算方法对水平和垂直管气-液两相流都适用，平均误差约为 20%。

$$\Delta p_f=2f_{TP}l\frac{G_m^2}{D\rho_m} \tag{6.55}$$

$$2f_{TP}=\alpha\beta f_1 \tag{6.56}$$

$$f_1=0.0014+0.125Re_m^{-0.32} \tag{6.57}$$

$$Re_m=\frac{dG_m}{\mu_m} \tag{6.58}$$

$$\mu_m=\mu_l C_l+\mu_g(1-C_l) \tag{6.59}$$

$$G_m=\rho_g u_{sg}+\rho_l u_{sl} \tag{6.60}$$

$$\rho_m=\rho_l C_l+\rho_g(1-C_l) \tag{6.61}$$

$$C_l=\frac{u_{sl}}{u_{sg}+u_{sl}} \tag{6.62}$$

式中　下标 m——气液混合物；

ρ_m——两相平均密度，kg/m^3；

G_m——两相流的质量流速，$kg/(m^2\cdot s)$；

α，β——校正系数，按式（6.63）、式（6.64）计算。

$$\alpha=1+(-\ln C_l)/[1.281-0.478(-\ln C_l)+0.444(-\ln C_l)^2-0.094(-\ln C_l)^3+0.00843(-\ln C_l)^4] \tag{6.63}$$

$$\beta=\frac{\rho_l C_l^2}{\rho_m\bar{\varepsilon}_l}+\frac{\rho_g(1-C_l^2)}{\rho_m\bar{\varepsilon}_g} \tag{6.64}$$

6.4.4.2　气-液两相流（闪蒸型）管路的压力降计算

闪蒸型气-液两相流是指流体在管内时，随着流体压力的降低和温度的变化，与管外环境的热传递，流体中会有部分液体将闪蒸成气体，或是部分气体将冷凝成液体。在流动中，流体的气-液两相比例沿管长一直在发生变化。

计算（闪蒸型）气-液两相流的管路压力降，可以按照下列两种方法进行。

① 根据具体的工况条件，作出压力和密度对应的关系图表，然后把整个管路划分成若干个管段，分段计算阻力降。管段划分密度一般根据压力-密度曲线的陡峭程度来确定，在压力-密度曲线比较平缓的区域管段分得相对少一些，在压力、密度曲线比较陡峭的区域管段分得相对多一些。

② 应用Dukler法计算。由于篇幅限制，详细的计算过程在此不多介绍，可参看有关文献。

6.4.5 浆液流的管路压力降计算

浆液是由液体和固体两相组成的。由于其中存在着固体颗粒，因此按颗粒在液体里分布的情况，可以将浆液分为三种流型：均匀相型、混合相型和非均匀相型。

设计浆液输送管路应考虑以下问题。

① 均匀相型浆液的确定。均匀相型的浆液要求固体颗粒均匀分布在液相介质中，因此只要经筛分分析的全部固体粒径小于计算出的浆液中最大的粒径，则该浆液为均匀相型。

② 为避免固体颗粒在管路中沉降，必须使浆液的浓度、黏度和沉降速度间处于合理的关系中。浆液流动要求流速要适宜，既不能太快，否则管路摩擦压力降会较大，也不能太慢，否则管路易堵塞。特别对于有均匀相浆液的输送，必须在设计之前确定出浆液均匀相流动时的最低流速，且要求浓度要高、黏度要低、沉降速度亦要低。适宜的最低流速应由实验确定，必要时可以加入添加剂以获得高浓度、低黏度、低沉降速度的浆液。

③ 输送混合型或非混合型浆液时应保证浆液流动呈湍流状态。输送浆液的管路流体力学设计的主要内容不外乎是确定管径和计算压力降。但由于浆液本身的特点，其计算过程有其特殊性。下面简单介绍计算浆液流体的管路压力降的一般内容和要求。更详细的内容请参考相关文献。

6.4.5.1 浆液的管路流体力学计算的步骤

① 确定流型和管径，包括

(a) 计算浆液流体物性数据；

(b) 计算均匀相浆液的最大粒径（d_{max}）及管径。

② 计算吸入端、排出端总压力降$\sum p_s$、$\sum p_d$及泵的压差Δp。

6.4.5.2 确定浆液流体流型和管径

(1) 计算浆液流体物性数据

通常管路流体力学计算所需要的数据，对于浆液来说一般不可能在数据手册中查到，因此需要实验测试。这些参数是：浆液流体的最低流速U_{min}；固体筛分的质量分数x_{pi}；固体筛分的密度ρ_{pi}；浆液的表观黏度μ_s与剪切速率τ的关系；流变常数η和流变指数n。另外要计算一些物性数据，其主要有：连续相（液相）的黏度μ_L、密度ρ_L；固体的质量流率W_s或浆液的质量流率W_{sL}、浆液的浓度c_{sL}；液相的质量流率W_L；浆液的平均密度ρ_{sL}；固体的平均密度ρ_s。

① 已知ρ_s、ρ_L、W_s、W_L，计算ρ_{sL}。

$$\rho_{sL}=\frac{W_s+W_L}{\dfrac{W_s}{\rho_s}+\dfrac{W_L}{\rho_L}} \tag{6.65}$$

② 已知ρ_{sL}、ρ_L、W_{sL}、c_{sL}，计算ρ_s。

$$W_s=W_{sL}c_{sL} \tag{6.66}$$

$$W_L=W_{sL}-W_s \tag{6.67}$$

$$\rho_s=\frac{\rho_{sL}\rho_L W_s}{W_{sL}\rho_L-W_L\rho_{sL}} \tag{6.68}$$

③ 计算均匀相浆液的物性数据。

$$\rho_{1s}=\frac{100\rho_s}{\sum x_{pi}} \tag{6.69}$$

$$\rho_a=\rho_{hsL}=\rho_{sL} \tag{6.70}$$

④ 计算混合型浆液物性数据。

$$\rho_{1s}=\sum\frac{W_s x_{p1}}{100}\Big/\sum\frac{W_s x_{p1}}{100\rho_{pi}} \tag{6.71}$$

$$\rho_{2s}=\sum\frac{W_s x_{p2}}{100}\Big/\sum\frac{W_s x_{p2}}{100\rho_{pi}} \tag{6.72}$$

$$\rho_{hsL}=\rho_a=\sum\frac{W_s x_{p1}}{100}+W_L\Big/\sum\frac{W_s x_{p1}}{100\rho_{pi}}+\frac{W_L}{\rho_L} \tag{6.73}$$

$$x_{vs}=\frac{W_s}{\rho_s\left(\dfrac{W_s}{\rho_s}+\dfrac{W_L}{\rho_L}\right)} \tag{6.74}$$

$$x_{vhes}=\sum\frac{W_s x_{p2}}{100\rho_{pi}}\Big/\frac{W_s}{\rho_s}+\frac{W_L}{\rho_L} \tag{6.75}$$

(2) 浆液流体流型及均匀相最大粒径（d_{max}）的确定

① 均匀相浆液的表观黏度 μ_a

$$\tau=8\mu_s/d \tag{6.76}$$

$$\mu_a=1000\eta\tau^{n-1} \tag{6.77}$$

$$Y=12.6\left[\frac{\mu_a(\rho_{1s}-\rho_a)}{\rho_a^2}\right]^{1/3} \tag{6.78}$$

② 确定 d_{max}

当 $Y>8.4$ 时 $\quad C_h=18.9Y^{1.41}$ (6.79)

当 $0.5<Y\leqslant 8.4$ 时 $\quad C_h=21.11Y^{1.46}$ (6.80)

当 $0.05<Y\leqslant 0.5$ 时 $\quad C_h=18.12Y^{0.963}$ (6.81)

当 $0.0016<Y\leqslant 0.05$ 时 $\quad C_h=12.06Y^{0.824}$ (6.82)

当 $0.00146<Y\leqslant 0.016$ 时 $\quad C_h=0.4$ (6.83)

当 $Y\leqslant 0.00146$ 时 $\quad C_h=0.1$ (6.84)

$$d_{max}=\frac{1.65C_h\rho_a}{\rho_{1s}-\rho_a} \tag{6.85}$$

式中 Y——浆液流的有关参数；

C_h——阻滞系数。

若固体粒径均小于 d_{max}，为均相浆液，否则为混合型浆液或非均匀相浆液。

(3) 确定管径

① 输送均匀相浆液 由实验测得的浆液最低流速 U_{min}，计算管径 d

均匀相浆液流速 U_a 等于 U_{min}，即 $U_a=U_{min}$

$$d=\sqrt{\frac{\dfrac{W_s}{\rho_s}+\dfrac{W_L}{\rho_L}}{3600\times 0.785U_a}} \tag{6.86}$$

$$Re=1000d\rho_a U_a/\mu_a$$

浆液流流型应控制在滞流的范围内，故 Re 在 2300 以下。计算时调整 d 要满足 Re 的条件为止。

② 输送混合型浆液或非均匀相浆液 由试验获得浆液最低流速 U_{min}，计算允许流速 U_a；由浆液的有关参数 x、非均相中固体的平均粒径 d_{wa}，计算管径 d。x 与 $U_{min}/(gd)^{0.5}$ 的关联式由回归获得，计算公式如下。

$$U_a=U_{min}+0.8$$

$$U_a=\frac{\frac{W_s}{\rho_s}+\frac{W_L}{\rho_L}}{3600\times0.785d^2} \tag{6.87}$$

$$x=\frac{100x_{vhes}F_d(\rho_{2s}-\rho_a)}{\rho_a}$$

$$d_{wa}=\frac{\sum x_{p2}\sqrt{d_1+d_2}}{\sum x_{p2}} \tag{6.88}$$

当 $d_{wa}\geqslant368$ 时 $$F_d=1 \tag{6.89}$$

当 $d_{wa}<368$ 时 $$F_d=d_{wa}/368 \tag{6.90}$$

当 $0.006<x\leqslant2$ $$U_{min}/(gd)^{0.5}=\exp(1.053x^{0.149}) \tag{6.91}$$

当 $2<x\leqslant70$

$$\frac{U_{min}}{(gd)^{0.5}}=\exp\{[(4.2718\times10^{-3}\ln x+5.0264\times10^{-2})\ln x+4.7849\times10^{-2}]\ln x+8.8996\times10^{-2}\} \tag{6.92}$$

式中 d_{wa}——非均匀相浆液中固体颗粒的平均粒径，μm；

F_d——直径系数；

g——重力加速度，$g=9.81\text{m/s}^2$；

U——浆液的实际流速，m/s；

x——浆液的有关参数。

浆液流速应控制在湍流的范围内，计算并调整 d 直到满足目标函数 $|U_a-U_{min}|\leqslant\delta$ 为止。

6.4.5.3 计算吸入端、排出端总压力降 $\sum\Delta p_s$、$\sum\Delta p_d$ 及泵的压差 Δp

(1) 基础数据计算

由浆液流的有关参数 Z、非均匀相阻滞系数 C_{he}，可计算非均匀相尺寸 C_{ra}、沉降流速 V_t。

$$Z=0.000118d_{wa}\left[\frac{\rho_a(\rho_{2s}-\rho_a)}{\mu_a^2}\right]^{1/3} \tag{6.93}$$

当 $Z>5847$ 时， $$C_{he}=0.1 \tag{6.94}$$

当 $20<Z\leqslant5847$ 时， $$C_{he}=0.4 \tag{6.95}$$

当 $1.5<Z\leqslant20$ 时， $$C_{he}=10.979Z^{-1.106} \tag{6.96}$$

当 $0.15<Z\leqslant1.5$ 时， $$C_{he}=13.5Z^{-1.61} \tag{6.97}$$

沉降流速 V_t 为

$$V_t=0.00361\sqrt{\frac{d_{wa}(\rho_{2s}-\rho_a)}{\rho_aC_{he}}} \tag{6.98}$$

非均匀相尺寸 C_{ra}

$$C_{ra}=\frac{\sum(x_{p2}\sqrt{C_{he}})}{\sum x_{p2}} \tag{6.99}$$

(2) 摩擦阻力降 Δp_f的计算

采用当量长度法计算，其计算式为

① 均匀相摩擦阻力降 Δp_f的计算

$$\Delta p_f=0.03262\times10^{-6}\times\mu_a\times\frac{U_a(l+\sum l_e)}{d^2} \tag{6.100}$$

② 混合型浆液或非均匀相浆液摩擦阻力降 Δp_f的计算 首先计算浆液中非均匀相固体的有效体积分数 Ψ

$$\Psi=0.5\left(1-\frac{U\sin\alpha}{V_t}\right)\pm\sqrt{0.25\left(1-\frac{U\sin\alpha}{V_t}\right)^2+\frac{x_{vhes}U\sin\alpha}{V_t}} \tag{6.101}$$

$$U_{hsL}=U+\Psi V_t\sin\alpha \tag{6.102}$$

如果 $x_{vhes}V_t\sin\alpha\leqslant U$ 则

$$\Psi=x_{vhes}\qquad U_{hsL}=U \tag{6.103}$$

式中 U_{hsL}——非均匀相浆液流体实际流速，m/s；

Ψ——浆液中非均匀相固体的有效体积分数。

对于管路的不同类型分两种情况计算 Δp_f。

(a) 非垂直管路

$$\Delta p_{f1}=\frac{4\lambda_n\rho_a U_{hsL}^2(l+\sum l_e)}{20000g_c d}$$

$$dd=\left[\frac{U_{hsL}^2\rho_a C_{ra}}{9.18\cos\alpha\times d\times(\rho_{2s}-\rho_a)}\right]^{1.5}$$

$$\Delta p_f=\frac{0.11\Delta p_{f1}[1+(85\Psi/dd)]}{1+0.1\cos\alpha} \tag{6.104}$$

(b) 垂直管路

$$\Delta p_f=0.11\frac{4\lambda_n\rho_a U_{hsL}^2(l+\sum l_e)}{20000g_c d} \tag{6.105}$$

式中 dd——计算 Δp_f 时的中间变量；

g_c——量纲常数，kg·m/(kgf·s^2)；

λ_n——摩擦系数。

(3) 速度压力降 Δp_v的计算

流体在输送过程中由温度和管路的截面积变化会引起的密度和速度的变化从而导致压力降的变化。

① 均匀相浆液速度压力降 Δp_v的计算

$$\Delta p_v=\frac{0.1\rho_a U_a^2}{20000g_c} \tag{6.106}$$

② 非均匀相浆液速度压力降 Δp_v的计算

$$\Delta p_v=\frac{0.1\left[(1-x_{vhes})U_{hsL}^2+\left(\frac{\rho_{2s}}{\rho_a}\right)(U_{hsL}-V_t\sin\alpha)^2x_{vhes}\right]\rho_a}{20000g_c} \tag{6.107}$$

如果 $V_t\sin\alpha\ll U_{hsL}$，则 Δp_v可简化为

$$\Delta p_v=\frac{0.1\rho_a U_{hsL}^2}{20000g_c} \tag{6.108}$$

（4）静压力降 Δp_s 的计算

由于管路系统进出口高度的变化产生的压力降其值可正可负，正值表示压力降低，负值表示压力升高。

① 均匀相浆液速度压力降 Δp_s 的计算

$$\Delta p_s = 0.1\left(\frac{Z_{s,d}\sin\alpha\rho_a}{10000} \pm \frac{H_{s,d}\rho_{sL}}{10000}\right) \tag{6.109}$$

② 非均匀相浆液速度压力降 Δp_s 的计算

$$\Delta p_s = 0.1\left\{Z_{s,d}\sin\alpha\left[\frac{1.1\psi(\rho_{2s}-\rho_a)}{\rho_a}+1\right]\frac{\rho_a}{10000} \pm \frac{H_{s,d}\rho_{sL}}{10000}\right\} \tag{6.110}$$

式中 $Z_{s,d}$——泵吸入（排出）端垂直管长度，m；

$H_{s,d}$——泵吸入（排出）端容器液面至管接口之距离，m。

（5）泵压差 Δp 的计算

$$\sum\Delta p_s = (\Delta p_f)_s + (\Delta p_v)_s + (\Delta p_s)_s \tag{6.111}$$

$$\sum\Delta p_d = (\Delta p_f)_d + (\Delta p_v)_d + (\Delta p_s)_d \tag{6.112}$$

$$\Delta p = p_{rd} - p_{rs} + \sum\Delta p_s + \sum\Delta p_d \tag{6.113}$$

式中 p_{rd}——泵出口压力，N/m^2；

p_{rs}——泵进口压力，N/m^2。

（6）摩擦系数 λ_n 的计算

可以采用牛顿型流体摩擦系数的计算方法。

① 在层流范围之内（$Re<2300$）

$$\lambda_n = \frac{16}{Re} \tag{6.114}$$

② 在过渡流范围内（$2300<Re<10000$）

$$\lambda_n = 0.0027\left(\frac{10^6}{Re}+\frac{16000\varepsilon}{d}\right)^{0.22} \tag{6.115}$$

③ 在湍流范围内（$Re>10000$）

$$\lambda_n = 0.0027\left(\frac{16000\varepsilon}{d}\right)^{0.22} \tag{6.116}$$

（7）当量长度 $\sum l_e$ 的计算

当量长度的计算方法可以采用单相流时的方法。但如果已知阀门管件的局部阻力系数 ζ_n 的计算方法，可以采用 l_e 与 ζ_n 的关系式求 l_e

$$l_e = \frac{\zeta_n d}{4\lambda_n} \tag{6.117}$$

通过以上的计算，即可获得输送浆液管路的管径和压力降，从而完成浆液两相流流体输送管路的流体力学设计。

6.4.6 水锤问题

水锤是在液体输送和控制系统中经常发生的问题，产生的原因是管路中流动的非黏性液体由于突然改变速度（如快速关闭阀门）或流动方向，流体所带动能被转变成压能，使系统中的压力突然升高而引起管路发生剧烈震动。这种震动会从产生的阀门处传至与管路相连接的其他设备，特别是在较长的管路系统中。水锤往往会导致管路和设备的机械破坏并发生危险。

发生水锤问题的情况比较多，例如，泵的启动、关闭或转速的突然改变；突然停电；快速关闭阀门（通常是自动开关阀，会在1～2s内突然关闭）。

水锤震动的大小可由式（6.118）计算。

$$h_{wh}=\frac{a_w v_w}{g}=\frac{4660 v_w}{g\sqrt{1+K_{hs}B_r}} \tag{6.118}$$

式中　h_{wh}——震动导致的最大压力，ft 水柱；

v_w——速度减小值，ft/s；

g——重力加速度，32.2ft/s；

K_{hs}——水和管路材质弹性模量之比；

B_r——管路内径与壁厚之比；

a_w——在泄压管中弹性震动的传播速度，ft/s。

对水来说，a_w的计算式为

$$a_w=\frac{4660}{\sqrt{1+K_{hs}B_r}} \tag{6.119}$$

水/金属的 K_{hs} 值见表 6.10。

表 6.10　水/金属的 K_{hs} 值

金　属	水/金属的 K_{hs} 值	金　属	水/金属的 K_{hs} 值
铜	0.017	熟铁	0.012
钢	0.010	韧性铸铁	0.012
黄铜	0.017	铝	0.030

震动波在管路中来回传递的时间间隔为

$$t_s=\frac{2l}{a_w}\ (\mathrm{s}) \tag{6.120}$$

式中　l——管路长度，ft。

当由于设备（阀门、泵等）突然关闭而使流动停止的时间比 t_s短时，最大压力 h_{wh}将施加到该关闭的设备和管路上，而且是在系统原有静压的基础上再增加 h_{wh}。

【例 6.4】 水锤问题。在 8in 的标准管中传送 2000GPM（7570L/min）的甲醇；相对密度为 0.75。从生产车间到使用车间距离 2000ft；液体流速 10.8ft/s。当紧急控制阀突然关闭，求最大压力变化。

解　由于甲醇性质与水相似，根据式（6.119）

$$a_w=\frac{4660}{(1+K_{hs}B_r)^{1/2}}=\frac{4600}{(1+0.01\times 24.7)^{1/2}}=4175\ (\mathrm{ft/s})$$

对于一个 8in 的标准管　　$B_r=\frac{7.981}{0.322}=24.78$

压力波传递的时间间隔　　$t_s=\frac{2L}{a_w}=\frac{2\times 2000}{4175}=0.95\mathrm{s}$

如果阀（或者泵）关闭的时间小于 0.95s，那么水锤压力由式（6.118）计算得到

$$h_{wh}=\frac{4175\times 10.8}{32.2}=1400\mathrm{ft}\ 甲醇=\frac{1400\times 0.75}{2.31}=454\ (\mathrm{psi})$$

那么管路系统的总压力为（454＋从工段或泵来的压力）psi。

此压力很可能会破坏 8in Sch.40 管。若要求更精确的解，请参考有关专著。

6.5　管路流体力学设计的计算机应用

随着计算机科学的迅猛发展，管路流体力学计算的应用软件也得到了更进一步的发展。

目前比较有代表性的软件有美国CRANE阀门和管件制造商制作的CRANE系列软件，美国ASPEN软件公司制作的ASPEN PLUS系列过程模拟软件等。这些软件能够计算单相流（不可压缩流体和可压缩流体）、两相流（非闪蒸型和闪蒸型）、真空流动等流体的管路压力降。另外，CRANE系列软件还集成了各种型号和规格的阀门和管件的局部阻力系数的数据库以及各种型号机泵的性能曲线数据库，并且给上述两个数据的扩充预留了数据接口。ASPEN PLUS系列过程模拟软件则以其强大的物性数据库和与化工装置流程模拟的无疑连接把管路流体力学计算应用软件提升到了集准确性、简便性和集成性的高度。PDS是美国Interqraph公司开发的三维工厂设计系统软件，在绘制的PID图里每条管线都带有属性，每条管线都可以进行合理性的检查。PDS系统本身带有数据库是ANSI标准，对于管路选材、管件选型、连接方式和关键尺寸等方面都有很大的帮助。PDS软件的介绍请详见第9章有关内容。

符号说明

a_w　弹性震动的传播速度，ft/s
B_r　管路直径与壁厚之比
c_p　比定压热容，J/(kg·K)
c_V　比定容热容，J/(kg·K)
C_{sL}　浆液的浓度，kg/m^3
C_{he}　非均匀相阻滞系数
d　管路的内径，mm或m
f　范宁摩擦系数
G　可压缩流体的质量流速，kg/(m^2·s)
G_g　气相质量流速，kg/(m^2·s)
G_l　液相质量流速，kg/(m^2·s)
G_m　两相流的质量流速，kg/(m^2·s)
g　重力加速度，9.81m/s^2
g_c　量纲常数，9.81kg·m/(kgf·s^2)
h_f　管路能量损失，J/kg
$\sum h_f$　管路系统的总能量损失，J/kg
h_{wh}　震动导致的最大压力，ft水柱
K_{hs}　水和管路材质的弹性模量之比
k　绝热指数
l　管路系统直管段长度，m
l_e　管件的当量长度，m
$\sum l_e$　管件与阀门等的当量长度之和，m
M　气体分子量，kg/kmol
p　压力，Pa或N/m^2
p_{f100}　100m计算管长的压力降控制值，N/m^2
Δp　压力降，N/m^2
R　气体常数，$R=8.314\times10^3$J/(kmol·K)
S　管路横截面积，m
T　热力学温度，K
u　流体流速，m/s
u_{sg}　气体表面速度，m/s
u_{lg}　液体表面速度，m/s
ΔU　流动系统的内能变化，J/kg
U_{min}　浆液最低流速，m/s
V_0　管内介质的体积流率，m^3/h
v　比体积，m^3/kg
v_w　速度减小值，ft/s
W　管内介质的质量流率，kg/h
W_e　能量，J/kg
z　位高，m
α　校正系数
β　校正系数
$\bar{\varepsilon}_g$　平均持气量
ε　绝对粗糙度
λ　摩擦系数
μ　黏度 Pa·s
μ_g　气体黏度 Pa·s
μ_l　液体黏度 Pa·s
ρ　密度，kg/m^3
ρ_l　液体密度，kg/m^3
ρ_g　气体密度，kg/m^3
ρ_m　平均密度，kg/m^3
Δp_e　允许压力降，N/m^2
Δp_f　摩擦阻力降，N/m^2
Δp_v　速度压力降，N/m^2
Δp_s　静压力降，N/m^2
$\Delta P_{control\ vavle}$　调节阀的压力降，N/m^2
Q_e　流动系统与外界交换的热量，J/kg
σ_a　液相表面张力，mN/m
σ_w　水的表面张力，mN/m
τ　剪应力，N/m^2
ζ　阻力系数
$\sum\zeta$　阻力系数之和

参考文献

1　中国石化集团上海工程有限公司. 化工工艺设计手册. 下册. 第 3 版. 北京：化学工业出版社，2003
2　王松汉等. 石油化工设计手册. 第 4 卷. 北京：化学工业出版社，2002
3　姚玉英等. 化工原理（新版）. 上册. 天津：天津大学出版社，1999
4　化学工业部化工工艺配管设计技术中心站. 化工管路手册. 北京：化学工业出版社，1985
5　时均，汪家鼎，余国琮，陈敏恒主编. 化学工程手册. 第 2 版. 北京：化学工业出版社，1996

习　　题

6.1　简述化工管路设计的基本原则。

6.2　简述化工管路流体力学设计的方法和步骤。

6.3　什么是管路的允许压力降？为什么要设定管路允许压力降？

6.4　什么是经济管？确定经济管管径应从哪些方面考虑？

6.5　一敞开的水槽内维持液面高度不变为 h，水从槽底部的半径为 r 的小孔流出，试求由小孔排液的流率和流速。

6.6　某液体物料输送系统中，液体从设备 A 被输送到另一个设备 B。假设设备 A 的压力为 540kPa，温度为 35℃，液体的密度为 $930 kg/m^3$，黏度为 0.91mPa·s，质量流率为 4900kg/h，操作时该流率由一控制阀控制，管路为钢管，求控制阀的允许压力降。

6.7　空气流率为 $10000 m^3/h$（标准状态下），温度为 38℃，钢管公称直径 DN=108mm，长度为 65m，已知初始端的压力为 850kPa，求压力降。问在什么条件下达到声速，产生声速处的压力是多少？

6.8　验证例题 6.3 是否已达到经济管的管径。

第 7 章

经济分析与评价

21 世纪人类不但面临着资源和能源短缺的挑战，而且面临着环境危机的挑战。环境性能低劣的化工过程不但会威胁人类生存的环境，而且导致成本的巨大浪费，如废物处理费用、法规许可成本和债务成本的金额都很巨大，废物和排放物还会造成原料、能量的浪费以及生产能力降低。所以还必须关注与研究环境与经济的关系。

一个成功的有生命力的设计，不单是意味着工程方案能得以实现，工艺设备能顺利地运行，还应有充分的市场条件和竞争力。从近二十年来国际化工界的统计来看，平均每 15 分钟就能开发出一个工艺上可行的新的品种或工艺过程，但在实践中能通过经济与环境评价，认为合理而被工业界接受的仅有 1/15，即仅有 1/15 的建议具有经济吸引力。这就使我们受到启发，在化工过程设计工作中，只有认真地进行经济分析与环境评价，才能作出正确的决策。在现代过程设计中，逐渐深入地进行经济分析与环境评价就像一条主线贯穿在各个步骤中。因此，每一个化学工作者都应掌握最基本的技术经济概念和经济与环境分析评价方法。

在国民经济范畴内，存在着异常复杂的内部联系。它的某一部分发生扰动，就可灵敏地影响到表面上看来似乎完全不相同的部分。例如第二次世界大战期间，美国制造了 5000 架飞机，其结果是导致铝精制能力的增长，致使铝精制所必须消耗的铜导体出现短缺现象，不得不从国外引进银来代替铜。这一连串反应正是国民经济内部各部分之间微妙相关的缩影。所以，在进行过程开发及过程设计之前应该尽可能详细地了解与课题相关的整个经济系统，以正确地进行市场需求与价格预测，为方案的选择和经济评价奠定基础。

7.1 经济结构与投入产出模型

用工业分类的标准可把整个国民经济分成几百个大部分，每个大部分中包括许多类似工业。例如，20 世纪 70 年代美国的经济曾被分为 89 个主要的工业大类，诸如食品类、农业机械类、运输设备类等。这些部分之间存在着多层网状联系。图 7.1 为食品部分与其他部分之间关系的简化示意图。

借助统计方法，可得到国民经济各个部分之间传递关系的数据，但它们只能给出一个静态的描述，不能反映出其间的动态关系，这种动态关系是指一部分发生变化时，其他部分会产生何种反应。为了生动地描述其动态行为必须借助于系统工程的方法，即建立模型，应用模型进行深入的研究。目前世界上公认的用以描述宏观及微观经济的数学模型中，应用最广泛的是 Leontief 的投入产出模型。

Wassily Leontief 于 1930 年首创了经济的投入产出模型，自 20 世纪 60 年代以来已被美国、东欧、前苏联等世界各国广泛应用，1973 年获诺贝尔奖。该模型的特点在于既可用于宏观的经济分析，即整个国民经济的预测、分析与计划，又可用于微观的经济系统，如某一部门（例如化工系统）或某一生产单位（例如工厂）的经济预测、分析与计划择优。当今，无论是国内还是国外，都已将投入产出模型应用于化工过程的设计与分析中。

Leontief 经济理论的实施可分为两步：首先，根据统计数据，针对所研究的系统，归纳

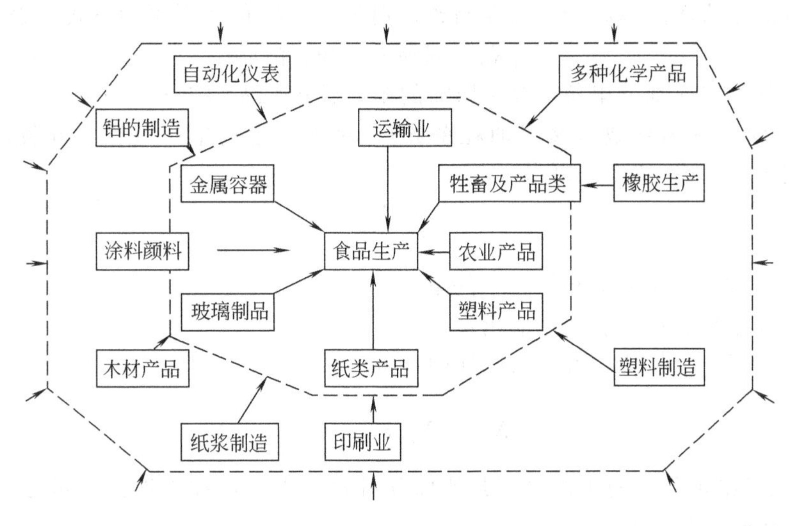

图 7.1 经济结构图例

出一张投入产出表，该表能全面反映该系统内各部门（或单元）间的产品流向和数量（包括外部消耗及流向）；然后，在此投入产出表的基础上形成投入产出的数学模型。借助于此表与数学模型可以定量地描述系统内各部门（或单元）之间的相互联系及数量的依存关系。一旦在某部门（或单元）内发生扰动（或外部需要情况的变化），则可立即用此模型预测出该扰动（或变化）对其他部门（或单元）的产品量所产生的影响。

下面先介绍一下 Leontief 理论的基本原理与假设，进而再推演出价值型企业投入产出表的基本形式与数学模型。

7.1.1 基本原理

Leontief 理论的出发点是建立一个经济系统内部作用的模型，并用少量简单而有效的参数来描述该系统。该模型假设经济系统可由不同部分（或工业类）组成，并设定每一部分有单一的产品输出，而这一产品是由一套复杂的生产设施生产出来的。每一部分可接受其他各部分（或经济领域）外部源供给的产品并将其转化为本身的产品，然后输出。也就是说，为了在某一部分中生产出单一的产品，必须输入其他部分的产品、劳动力等经济范畴之外的广义“原料”。每一部分的产品量应足以满足其他部分及外部的需要。外部的需要包括顾客（即消费者）、政府以及对外贸易的需要等。

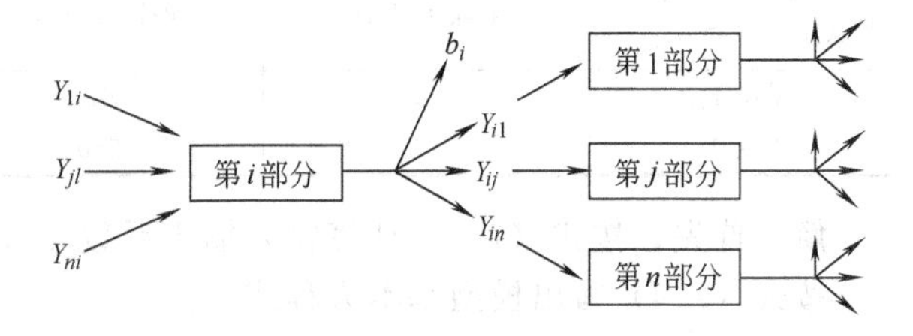

图 7.2 一个经济部分的示意图

假设某个经济系统有 n 个部分，现任取一部分 i 来研究，如图 7.2 所示。图中，Y_{ij} 为第 j 部分对第 i 部分产品的需要量；b_i 为外部对产品 i 的需要量；X_i 为第 i 部分的产品总量。

按图中所示符号，可写出第 i 部分产品量的计算式

$$X_i = b_i + \sum_{j=1}^{n} Y_{ij} \tag{7.1}$$

式中 i，j——$1 \sim n$ 的任意整数。

假设所有部分的产需函数皆为线性函数，则 Y_{ij} 与 X_j 的关系可用下式来表达，即

$$Y_{ij}=a_{ij}X_j \text{（对所有 } i \text{ 和 } j \text{ 都适用）} \tag{7.2}$$

式中 a_{ij}——制造第 j 部分单位产品 j 所需的第 i 部分产品 i 的量。

命名 a_{ij} 为输入输出系数（又名消耗系数），对于一定的生产过程，可假定 a_{ij} 是常数，并可定量地测出。由式（7.2）可得

$$a_{ij}=\frac{Y_{ij}}{X_j} \tag{7.3}$$

式中 Y_{ij}——对第 j 部分输入的产品 i 的量；

X_j——第 j 部分产品 j 的总输出量。

由式（7.1）及式（7.2）可导出线性的经济模型

$$X_i=\sum_{j=1}^{n}a_{ij}X_j+b_i \tag{7.4}$$

式（7.4）关联了给定部分的生产量与其他部分对它的需求量和外部需求量之间的关系。按下式定义 Leontief 逆反系数 a_{ij}

$$X_i=\sum_{j}^{n}a_{ij}b_j \tag{7.5}$$

上述模型将 X_i 与其他各单元外部需要关联起来。建立此模型的依据是在客观需求之间存在一定的比例关系。

式（7.1）、式（7.4）及式（7.5）联立为 Leontief 经济模型的简化式。它为掌握与分析大量的经济数据提供了一个很好的工具。下面用例题来说明该模型能解决何种问题，如何演算。

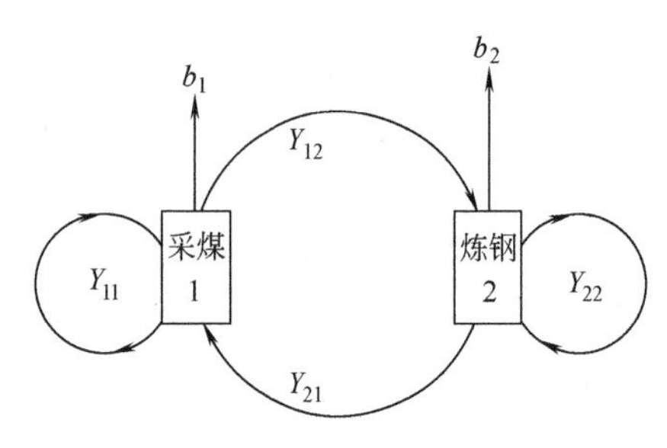

图 7.3 煤/钢经济联系货币流

【例 7.1】 煤和钢的经济分析。图 7.3 及表 7.1 给出了采煤和炼钢两个部分的经济结构关系，其中数据为统计值，而且用产值（资金）作基准，试分析当钢的外部需要增加 1 倍时，将对钢总产量及煤总量有什么影响。

表 7.1 采煤和炼钢两个部分的经济结构关系

投入 i \ 产出 j	采煤 1/万元	炼钢 2/万元	外部需要 b_i/万元	总产量 X_i/万元
采煤 1	60	67	84	211
炼钢 2	3	540	330	873

解 首先，按式（7.2）计算输入输出系数 a_{ij}，结果列于表 7.2。

按式（7.4）写出模型基本方程式

$$x_1=0.284x_1+0.0767x_2+b_1$$

$$x_2=0.014x_1+0.619x_2+b_2$$

第二步，将上面两式写成 b_i 的函数

$$x_1=1.394b_1+0.283b_2$$

$$x_2=0.051b_1+2.632b_2$$

对照式（7.5），可得 Leontief 逆反系数，见表 7.3。上式用矩阵形式写出为

$$\begin{bmatrix}x_1\\x_2\end{bmatrix}=\begin{bmatrix}1.397 & 0.283\\0.051 & 2.632\end{bmatrix}\begin{bmatrix}840\\3300\end{bmatrix}=\begin{bmatrix}2103\\8729\end{bmatrix}$$

表 7.2　输入输出系数

i \ j	a_{ij}	
	1	2
1	0.284	0.0767
2	0.014	0.619

表 7.3　逆反系数

i \ j	a_{ij}	
	1	2
1	1.397	0.283
2	0.051	2.632

第三步，分析钢的外部需要量增加 1 倍，对钢产量及采煤量的影响。

按该模型理论假设，对于一定的过程 a_{ij} 是不变的，所以当 b_2 变化时，x_1、x_2 相应改变，其算法如下。

$$\begin{bmatrix} x_1 \\ x_2 \end{bmatrix} = \begin{bmatrix} 1.397 & 0.283 \\ 0.051 & 2.632 \end{bmatrix} \begin{bmatrix} 840 \\ 6600 \end{bmatrix} = \begin{bmatrix} 3603 \\ 17414 \end{bmatrix}$$

由此可见，b_2（钢的外部需要量）增加 1 倍时，采煤量需增加 150 万元（产值），即增加了 17%，而钢产量则增加 868.5 万元（产值），即增加了 99.5%。

将 Leontief 经济分析模型应用于化工经济评价中时，模型基本方程中的系数就被赋予了非常重要的技术经济含义。例如，在产品成本计算中，技术经济指标中的单耗（t 原料/t 产品），就是该模型中输入输出系统的 a_{ij}，在此又可称 a_{ij} 为消耗系数。

7.1.2　用于经济分析和物料衡算的企业投入产出表及其数学模型

按化工厂的经济结构，可作出企业投入产出表，见表 7.4。表中，U_{ij}、D_j、V_j、M_j、S_j 分别为生产第 j 个产品所需外购原料 i 的总值、所分摊下的折旧费、工资、利税及其他费用的价值。

表 7.4　价值型企业投入产出的基本形式

投入 \ 产出		自产产品(内部消耗)						合计	最终产品外部供销			总产品
	序号	1	2	…	j	…	n		外销	储备	合计	
内供物料（自产产品）	1	Y_{11}	Y_{12}	…	Y_{1j}	…	Y_{1n}				b_1	X_1
	2	Y_{21}	Y_{22}	…	Y_{2j}	…	Y_{2n}				b_2	X_2
	⋮	⋮	⋮				⋮				⋮	⋮
	n	Y_{n1}	Y_{n2}	…	Y_{nj}	…	Y_{nn}				b_n	X_n
外购物料（包括原料、水、电、汽等）	1	U_{11}	U_{12}	…	U_{1j}	…	U_{1n}	U_1				
	2	U_{21}	U_{22}	…	U_{2j}	…	U_{2n}	U_2				
	⋮	⋮	⋮				⋮	⋮				
	m	U_{m1}	U_{m2}	…	U_{mj}	…	U_{mn}	U_m				
折旧费用		D_1	D_2	…	D_j	…	D_n					
净产值	工资利税其他	V_1	V_2	…	V_j	…	V_n					
		M_1	M_2	…	M_j	…	M_n					
		S_1	S_2	…	S_j	…	S_n					
总产值		X_1	X_2	…	X_j	…	X_n					

所谓价值型的表格，就是以资金计算价值的表，表 7.4 中各参数间的基本关系式，即投入产出模型如下。

7.1.2.1　产品总量关联式

$$\sum_{j=1}^{n} Y_{ij} + b_i = X_i \quad (i=1,\ 2,\ \cdots,\ n) \tag{7.6}$$

共有 n 个方程。

7.1.2.2 外购物料量关联式

$$\sum_{j=1}^{n} U_{kj} = U_k \quad (k=1,2,\cdots,m) \tag{7.7}$$

共有 m 个方程。

7.1.2.3 产品价值关联式

$$\underbrace{\sum_{j=1}^{n} Y_{ji} + \sum_{k=1}^{m} U_{ki} + D_i + V_i}_{\text{成本}} + \underbrace{S_i + M_i}_{\text{利税}} = \underbrace{X_i}_{\text{产值}} \tag{7.8}$$

由式（7.6）及式（7.8）得

$$\sum_{j=1}^{n} Y_{ij} + b_i = \sum_{j=1}^{n} Y_{ji} + \sum_{k=1}^{m} U_{ki} + D_i + V_i + S_i + M_i \quad (i,\ j=1,2,\cdots,n) \tag{7.9}$$

消耗系数

$$a_{ij} = \frac{Y_{ij}}{X_j} \quad (i,\ j=1,2,\cdots,n) \tag{7.10}$$

式中，a_{ij} 的消耗系数矩阵为

$$\boldsymbol{A} = \begin{bmatrix} a_{11} & a_{12} & \cdots & a_{1n} \\ a_{21} & a_{22} & \cdots & a_{2n} \\ \vdots & \vdots & & \vdots \\ a_{n1} & a_{n2} & \cdots & a_{nn} \end{bmatrix}$$

在矩阵 $\boldsymbol{A}$ 中，$a_{ij} \geqslant 0$，$\sum_{i=1}^{n} a_{ij} < 1$，$\sum_{j=1}^{n} a_{ij} < 1$。

将式（7.10）代入式（7.6），并写成矩阵形式

$$\boldsymbol{AX} + \boldsymbol{B} = \boldsymbol{X} \tag{7.11}$$

式中

$$\boldsymbol{X} = \begin{bmatrix} X_1 \\ X_2 \\ \vdots \\ X_n \end{bmatrix} \qquad \boldsymbol{B} = \begin{bmatrix} b_1 \\ b_2 \\ \vdots \\ b_n \end{bmatrix}$$

（产品列向量）（最终产品列向量）

变换式（7.11）得

$$(\boldsymbol{I} - \boldsymbol{A})\boldsymbol{X} = \boldsymbol{B}$$

即

$$\boldsymbol{X} = (\boldsymbol{I} - \boldsymbol{A})^{-1}\boldsymbol{B} \tag{7.12}$$

式（7.12）反映了企业总产品与可对外部供应的最终产品的关系，当已知最终产品列向量 $\boldsymbol{B}$ 时，即可利用式（7.12）求得产品的列向量 $\boldsymbol{X}$。

进一步考虑有外购物料（原材料及公用工程）的情况。

定义外购物料的消耗系数

$$d_{kj} = \frac{U_{kj}}{X_j} \quad (k=1,2,\cdots,m;\ j=1,2,\cdots,n) \tag{7.13}$$

令 $\boldsymbol{D}$ 为产品的外消耗系数矩阵，则式（7.13）中 d_{kj} 的矩阵为

$$D=\begin{bmatrix} d_{11} & d_{12} & \cdots & d_{1n} \\ d_{21} & d_{22} & \cdots & d_{2n} \\ \vdots & \vdots & & \vdots \\ d_{m1} & d_{m2} & \cdots & d_{mn} \end{bmatrix}$$

将式（7.13）代入式（7.7），并以联立方程表示，得

$$\begin{cases} d_{11}X_1+d_{12}X_2+\cdots+d_{1n}X_n=U_1 \\ d_{21}X_1+d_{22}X_2+\cdots+d_{2n}X_n=U_2 \\ \vdots \\ d_{m1}X_1+d_{m2}X_2+\cdots+d_{mn}X_n=U_m \end{cases} \tag{7.14a}$$

简写为

$$\sum_{j=1}^{n} d_{ij}X_j = U_i \quad (i=1, 2, \cdots, m; \ j=1, 2, \cdots, n) \tag{7.14b}$$

或写成矩阵形式

$$U=DX \tag{7.14c}$$

式（7.14c）中，U 为外购物列向量，即

$$U=\begin{bmatrix} U_1 \\ U_2 \\ \vdots \\ U_m \end{bmatrix} \text{（外购物列向量）}$$

企业投入产出数学模型由式（7.12）及式（7.14c）构成，即

$$\begin{cases} X=(I-A)^{-1}B \\ U=DX \end{cases} \tag{7.15}$$

由上述可见，利用投入产出模型不但可以揭示国民经济各部门之间的数量关系，而且可以作出一张能全面反映某一部门中各部分的投入产出表，该表中既有体现经济系统总体的综合性指标，又有各产品部门的分解指标；既能反映产品生产过程的消耗结构，又能反映产品分配的适用去向；既能反映经济系统内部各组成部分之间的直接关系，又能反映各部分之间复杂的间接关系，而且这些关系均可以用精确的数量关系表示出来。它们可以为经济预测和技术经济分析提供依据。

【例 7.2】 以上海高桥化工厂 1979 年的装置为对象，编制了包括 16 种主要产品的投入产出表，求出了各产品与原料间的输入输出系数（又称消耗系数），从而得知该系统的直接消耗与间接消耗有 65519 项之多，应用这些数据对 1980 年的材料消耗与产量进行预测，其结果与 1980 年的实际情况相比大体一致，这就说明了该模型的可用性。今仅列出最终结果（见表 7.5），表中计算值与实际值的偏差是由于一些客观因素变化造成的。

表 7.5　上海高桥化工厂 1980 年总产品产量计算值与实际值的比较

产品名称	计算值/t	实际值/t	误差/t	相对误差/%
乙烯	11.029	11.018	+11	+0.0998
深冷丙烯	4.219	4.407	−188	−4.26
预分丙烯	6.602	7.352	−750	−10.2
二乙苯	1.673	1.595	+78	+4.89
乙苯	19.252	19.154	+98	+0.511
环氧丙烷	4.880	4.746	+134	+2.82
丙烯腈	1.251	1.273	−22	−1.72
苯乙烯	13.768	13.929	−161	−1.15
丙酮	6.443	6.423	+20	+0.311

由上述可见，投入产出模型不但可用于经济分析、经济预测，而且可用于宏观经济或微观经济项目的规划与评价。对于从事过程设计工作的人员，该模型是一个值得注意的方法。

7.2 企业投资及成本估算

化工企业经济的现金流量可由图 7.4 给出的双股流示意图来概括地说明。一个化工过程，在投产前要投入资金，即建设投资；在该过程投产后，产品销售回收资金，扣除产品总成本，交纳国家税收后，即得到工厂净收益。下面首先由现金流量的基本概念出发，逐步来介绍投资与产品成本的组成部分及其估算。

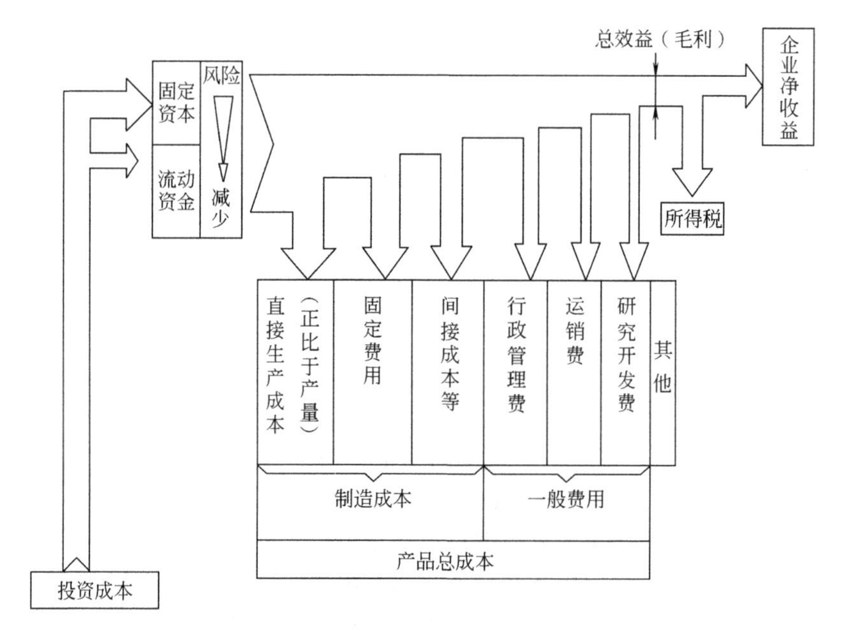

图 7.4 企业现金流量双股流示意图

建设一个工程项目：就是在某一地点，在一定时期内，投入资金、劳动力、材料和设备等资源；建成生产装置，然后再投入资金、劳动力、原料、燃料、水、电、气等资源进行生产；由产品销售得到经济收入，亦即回收投资和取得利润。建设和生产所消耗的资源都称作投入，生产出来的产品和副产品称作产出。在经济评价中，投入和产出都以同一种货币来计量，用以计量投入和产出的货币称为现金。经济评价的一项重要内容，是估算工程项目投入和产出之间的现金差额或比例。

一个工程项目在某一时间内，支出的费用称为现金流出，取得的收入称为现金流入。在经济评价中，现金流出用负值表示，现金流入用正值表示。现金流出和现金流入统称现金流量。在经济评价开始之前，必须先估算出各项现金流入和现金流出，力求做到准确，没有遗漏，这是经济评价的起点。

工程项目的现金流出，包括工程项目建成投入生产之前的总投资和生产之后的总生产成本。建设投资与生产成本是设计方案的经济分析、评价与优化评比的基础。在过程设计中优化方案的经济目标函数，不外乎是投资生产成本或由它们计算出来的获利性经济函数。在过程设计中，一般都要进行多次经济评价，只有确认有明显的经济效果时，才进行下一步工作，否则即行停止，以免造成人力和资金的浪费。对于一个工程项目，由立项、初步可行性论证、可行性研究、基础设计、初步设计或扩初设计到施工设计，经历着不同阶段，对经济分析与评价的深度和要求依次提高。对于这一问题的详细论述已超出本书的范围，需要时可参考有关成本工程的专著及我国有关的设计规定。本章着重介绍过程设计前期的投资、成本估算的简便方法，它们可借助计算机快速完成计算。应该指出的是，按照我国的实际情况进行投资与成本估算的问题，目前仍处于探讨阶段，尚无成熟方案。以下参考国外的经验，介绍几种国内外曾经使用的方法。

7.2.1 投资

7.2.1.1 投资的基本概念

建设项目总投资是指建设一个工厂或建立一套生产装置投入生产并连续运行所需的全部资金。它主要由固定资产投资、建设期借款利息和流动资金三部分组成。对有的项目，还应包括固定资产投资方向调节税。建设项目总投资构成如图7.5所示。

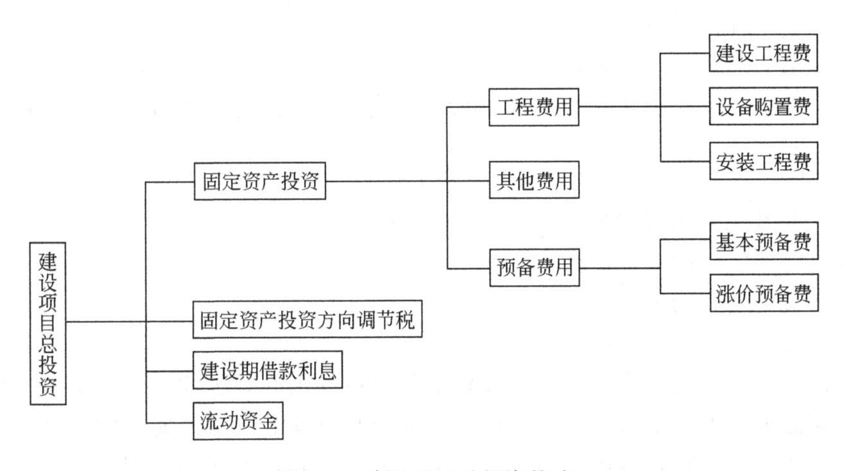

图7.5 建设项目总投资构成

固定资产投资是指建成一个工厂或一套装置所需费用，包括在生产运转中直接使用的机器设备费用，工程设计费用，土地购置费用，厂址平整费用，建筑物、贮存装置、公用和服务设施、职工福利设施（如食堂、娱乐场所）等所需费用。此外，还应包括开工费。按照我国的有关规定，固定资产投资又可分为基本建设投资和更新改造投资。基本建设投资是指完成新建和扩建项目全部工作所需的资金，即包括从项目建设书的提出、可行性研究、勘察设计到施工、竣工、试车验收为止发生的所有费用。而更新改造投资是指用于现有企业已有设施的技术改造和固定资产更新，以及相应的配套工程的投资。表7.6给出了某厂基建投资清单以及各部分的投资成分。

表7.6 某工厂基建投资清单

要素	成本/$\times10^3$美元	要素	成本/$\times10^3$美元
到货设备费	6054	工程和监督(25%)	1514
设备安装(47%)	2845	建设费用(30%)	1816
仪表(18%)	1090	间接成本	3330
管路(66%)	3996	总直接和间接成本	18950
电气(11%)	666	承包管理费用(直接和间接成本的5%)	948
建筑(10%)	605	应急费用(直接和间接成本的10%)	1895
场地平整(6%)	363	承包管理及应急费用	2843
工厂总直接成本	15620	总界区成本取整	21800

固定资产投资方向调节税是指国家为了引导和控制社会投资方向和规模，使其符合国民经济和社会发展规划和产业政策而采用的税收杠杆。对于限制投资的项目，将征收这种调节税。

流动资金是指使建设项目生产经营活动正常进行而预先支付并周转使用的资金。流动资金包括用于购买原材料、燃料动力、备品备件，支付工资和其他费用，以及垫支在制品、半成品和制成品所占用的周转资金。流动资金的价值全部转移到产品中去，通过销售实现回收，并不断周转。

7.2.1.2 固定资产投资的估算

固定资产投资费用的估算，是进行项目技术经济分析与评价的基础资料，也是投资决策的重要依据。投资估算的正确性取决于对工程项目的了解程度和投入估算力量的大小。在项目建议书阶段，不可能也不必要做很详细准确的估算，可依据已有工厂的资料进行粗略的估算。现将目前我国常用的投资估算方法介绍如下。

(1) 单位生产能力估算法

如果拟建装置与已建装置的产品品种和生产工艺路线相同、生产能力差别不大，可用已建装置单位生产能力的投资费用为基础，乘以拟建装置的能力，即得到拟建装置的投资额

$$I_A = \frac{I_B}{P_B} P_A \tag{7.16}$$

式中 I_A——拟建装置的投资额；

I_B——已建装置的投资额；

P_A——拟建装置的生产能力；

P_B——已建装置的生产能力。

这种方法假设装置的能力和装置的投资额具有线性关系，因此只适用于拟建装置和已建成装置能力接近的情况。如果拟建装置的生产能力是已建装置生产能力的2倍以上或1/2以下，便不能采用这种方法，否则会造成很大的误差。另外，地区的差别也不能忽视。

(2) 装置能力指数法

一般来讲，装置的投资费用与生产能力之间不是简单的线性关系，而是呈指数关系。因此，Williams (1947) 提出了估算设备投资的装置能力指数法。同时考虑到价格指数变动的影响，装置投资的指数法估算式为

$$\frac{I_A}{I_B} = \left(\frac{P_A}{P_B}\right)^n \frac{M_A}{M_B} \tag{7.17}$$

式中 I_A，I_B，P_A，P_B——定义同式(7.16)；

M_A/M_B——装置A、B的价格指数比；

n——能力指数。

该法可用来估算总项目投资，此时，化工装置的能力指数 n 可由文献中查得。该法亦可用来估算某一设备的投资，此时，设备的能力指数 n 可由表7.7中查得。粗略估算时，可设 M_A/M_B 为1。在没有能力指数数据时，对于工厂，n 可取0.7；对于设备，n 取0.6，此即所谓的“0.6次方法则”。

(3) 资金周转率法

$$资金周转率 = \frac{年销售金额}{建设投资额}$$

化学工业的平均资金周转率约为1。不同的化工厂，其资金周转率也有很大的差别。即使同一个化工厂，在不同时期内，资金周转率也有很大差别，因此，这种方法只能供粗略估算使用，表7.8给出了一些产品的资金周转率，仅供参考。

表 7.7 一些化工设备的能力指数

设备		能力指数	设备			能力指数
固体混合器		0.55	加热炉			0.78
鼓风机(低风压)		0.63	换热器	空冷		0.80
离心机		0.80	换热器	管壳式	(小)	0.45
压缩机	离心式	0.40	换热器	管壳式	(大)	0.75
压缩机	往复式	0.55	泵			0.72
传送机		0.65	槽			0.52
干燥器	鼓型	0.38	冷冻装置			0.72
干燥器	旋转型	0.80	容器			0.50
干燥器	喷雾	0.22	塔器直径 5m 以下			0.55
蒸汽喷射器		0.52	直径 5m 以上			0.70
过滤器		0.57				

表 7.8 部分化工产品的资金周转率

产品	1950 年资金周转率	1967 年资金周转率	产品	1950 年资金周转率	1967 年资金周转率
纯碱	0.35	0.36	硝酸	1.29	0.78
合成氨	0.35	2.53	甘油	1.41	
甲醇	0.37	1.89	二苯胺	1.87	2.33
碱	0.45	1.02	尿素	2.36	3.24
二乙烷	0.51	1.41	硫酸铝	2.66	4.23
苯乙烯	0.61	0.43	乙醛	4.15	2.56
硫酸	0.70	4.24	甲醛	4.4	0.53
苯酚	0.74	1.12	硫铵	5.55	3.20
乙二醇	1.11	3.0	乙醚	6.16	6.26
乙炔	1.14	3.46	氯仿	7.18	2.94

(4) 因子法

因子法也是目前国内外最常使用的方法之一，因子法以购置设备的成本为基础。Lang (1947，1948) 提出的这个简单方法是，用一个的适合的因子（称 Lang 因子）乘以设备成本来估算总固定投资。Lang 因子见表 7.9。用总的已交货设备的成本乘以表 7.9 中的因子，即可估算出固定投资或总投资。这些因子包括土地购置费和施工费等。

表 7.9 Lang 因子①

工厂类型	Lang 因子		工厂类型	Lang 因子	
	固定投资	总投资		固定投资	总投资
固体加工	3.9	4.6	流体加工	4.8	5.7
固体和流体加工	4.1	4.9			

① 引自 Peters 和 Timmerhaus (1968)。

虽然 Lang 因子考虑了工厂的类型，但未考虑这些类型中不同过程的变化。如果按照工厂类型确定因子，就可得到较大的精度。

【例 7.3】 某化工厂进行流体加工需要购置的设备项目见表 7.10，试估算其成本。

解 从表 7.9 查得，流体加工的 Lang 因子为 4.8，则固定投资为

$$4.8\times497000=2385600 \text{ 美元}$$

表 7.10 购置设备价格

项目	价格/10^3 美元	项目	价格/10^3 美元
鼓风机和吹风机	8	电动机	40
离心泵(不计电动机)	20	工艺贮槽	48
压缩机(不计电动机)	100	精馏塔	160
换热器	120	合计	497

Hirsch-Glazier 于 1960 年针对 42 个炼油和化工装置总结整理了一个系统的建设投资估算方法。这个方法也是以工艺界区内的主要工艺设备为基础，按式（7.18）～式（7.21）估算装置的界区建设投资。

界区的直接投资

$$C_{BLD}=A(1+F_L+F_P+F_M)+B+C \tag{7.18}$$

式中，A、F_L、F_P、F_M、B、C 等参数称为赫希-格莱齐尔因子。

F_L、F_P、F_M 可分别由下述三式计算，即

$$\lg F_L=0.635-0.154\lg A-0.992\frac{e}{A}+0.506\frac{f}{A} \tag{7.19}$$

$$\lg F_P=-0.266-0.014\lg A-0.165\frac{e}{A}+0.556\frac{P}{A} \tag{7.20}$$

$$F_M=0.344+0.033\lg A+1.194\frac{t}{A} \tag{7.21}$$

式中 C_{BLD}——界区直接投资；

A——折算为碳钢制的全部界区的机器设备总价（离岸价格）；

B——贮罐（T）、加热器（H）、工业炉（F）及已完成组装的设备安装费用；

C——合金增价；

F_L——现场施工的劳务系数；

F_P——现场施工的管路系数；

F_M——杂项安装系数，包括仪表、保温、基础、钢结构、电气、涂料等材料费和运费的系数；

e——换热器碳钢费用之和；

f——现场组装设备碳钢费用之和；

P——泵的碳钢费用之和；

t——全部塔壳（包括现场组装的，不包括塔盘及填料）的碳钢费用。

赫希-格莱齐尔法将界区的间接投资规定为界区直接投资的 40%。其分配情况为：工程与监督 15%；意外费用 10%；管理与利润 15%；合计 40%。

【例 7.4】 利用赫希-格莱齐尔算式，估算一个化工厂的总界区投资额，该厂估算的设备成本见表 7.11。

解 用表 7.11 的数据计算出赫希-格莱齐尔因子，其值如下。

$A=4330000$ 美元

$B=345000$ 美元

$C=(110+200+200+350)\times1000=860000$ 美元

$f=400000$ 美元

$P=250000$ 美元

$t=400000$ 美元

$e=900000$ 美元

表7.11 例7.4设备成本

设 备 项 目	成本碳钢基准/10^3 美元	成本合金基准/10^3 美元	合成增加的成本/10^3 美元
界区设备			
泵	250	360	110
压缩机	1380		
塔(直径小于12ft)			
壳体	400	600	200
塔板和内件	800	1000	200
换热器	900	1250	350
罐和槽			
直径小于12ft	200		
直径大于12ft	400		
总的设备费	4330		
装配的设备			
加热炉	285		
贮槽	60		
总装配的设备	345		

将已知数代入式(7.19)得

$$\lg F_{L}=0.635-0.154\lg 4330000-0.992\times\frac{900000}{4330000}+0.506\times\frac{400000}{4330000}=-0.54647$$

于是，$F_{L}=0.284$。

将已知数据代入式(7.20)得

$$\lg F_{P}=-0.266-0.014\lg 4330000-0.165\times\frac{900000}{4330000}+0.556\times\frac{250000}{4330000}=-0.36111$$

于是，$F_{P}=0.435$。

将已知数代入式(7.21)得

$$F_{M}=0.334+0.033\lg 4330000+1.194\times\frac{400000}{4330000}=0.663$$

将已知数值代入式(7.18)得

$C_{BLD}=1.4[4330000(1+0.284+0.435+0.663)+345000+860000]=16126684$美元

因子法详细估算如下。对于基础设计，则要进行较详细的估算，其步骤如下。

① 按已确定的流程图，根据物料衡算与热量衡算确定所有设备的尺寸、类型、材质，以及温度、压力等工艺条件。

② 利用设备费用的图表或估算式，逐台求出设备购置费用，然后总和出整个装置的设备费用。

③ 以主要设备费为基础，用因子法求出整个界区投资费用，进而可求出建厂投资。设备费用又分为离岸设备费与到岸设备费，其中差额为运杂费，一般取后者为前者的1.1倍。表7.12为以到货设备为基准的投资成分表。

如果对每个单项成本都仔细加以估算，则最大精度大约可达±5%。估算应尽可能以设备供应厂家的报价为基础。安装成本按每种设备所需工时、材料、工资以及工作效率进行估算。精确估算还应计入其他因素如工程制图、现场监督、建筑机械、采购、利润管理及总公司费用等。这种精度的预算通常只由承包人作出，以专门对由设计说明书和图纸构成的合同进行投标。投标额表示给承包人的成效价格，此价格必须足以偿付该工程的全部直接费用和间接费用，并使承包人能留有合理的利润或管理费。

表 7.12 以到货（岸）设备为基准的典型投资成分①

项目	相当于到货设备费的百分数		
	固体加工厂	固体-液体加工厂	流体加工厂
直接成本			
到货设备购置费(包括加工设备和机器)	100	100	100
安装费	45	39	47
仪表与控制(已安装)	9	13	18
管路(已安装)	16	31	66
电气(已安装)	10	10	11
建筑物(包括辅助建筑)	25	29	18
场地改进	13	10	10
服务设施(已安装)	40	55	70
土地(如需购买的话)	6	6	6
总直接工厂成本	264	293	346
间接成本			
工程监督费	33	32	33
建设费用	39	34	41
直接和间接成本总和	336	359	420
承包管理费(约为直接和间接成本之和的5%)	17	18	21
应急费(约为直接和间接成本之和的10%)	34	36	42
固定投资	387	413	483
流动资金(约为总投资的15%)	68	74	86
投资总额	465	487	569

① 引自 Peters 和 Timmerhaus (1968)。

费力较少而又精度较低的详细估算可用单位成本作计算基础。而单位成本又主要以设备购置费作基础。从原则上说，它们与例 7.3 中的方法相似，仅将成本因子分为单个设备项目，每个项目的成本因子，诸如材料、劳动力、管线、电气、工程等，是以过去的经验和记录为基础。再加上建设费、承包人管理费和应急因子，便完成了估算。

对详细估算方法进一步的讨论已超出本书的范围，有兴趣的读者可参阅 Bauman (1964)、Guthrie (1974) 的专著和其他类似著作。

除界区内投资外，尚需对厂外设施投资，并准备开车费，其估算如下。

厂区外设施费估算如下。界区工厂要求提供各种服务和便利条件才能运行。必须提供的条件包括蒸汽、电力、冷却水和工艺用水、冷冻剂和压缩空气。另外，还必须提供防火和废物处置设施。在许多情况下，还应有界区外原料的产品贮存设施。

从表 7.12 可以得到，服务设施费用约占设备购置费的 40%～70%，变化范围较宽。一个在新厂址上建设的大型新厂与现有厂区里建设一个小型工艺过程相比，前者用于界区外设施的投资在总投资中所占的百分数要高得多。

开车费用估算如下。在开车阶段，工厂一般尚不能在最优条件下操作，还可能生产出不合格产品。工厂在正常运行前，可能要修改和增添一些设备；开车费用包括开车阶段用于设备、原材料、人工和管理的支出。净开车费用包括一切开支减去所生产出来的可销售产品的价值。

开车费用可高达固定投资的 12%，对于熟悉的或试验过的工艺，开车费用会少得多。为了估算之用，可假定开车费用占固定资产的 10%。

7.2.1.3 流动资金的估算

流动资金的需要量是指为使项目生产和流通正常进行所必须保证的最低限度的物质储备量和必须维持制品与产品量的那部分周转用资金。一般流动资金的估算可采用类比估算法和分项详细估算法两种。

（1）类比估算法

由于项目的流动资金需要量与项目的产业类别及特点有密切的内在联系，一般可参照同类生产企业流动资金占销售收入、经营成本、固定资产投资的比率以及单位产量占用流动资金的比率来估算。例如，对于大多数化工项目，可取经营成本的25%，或固定资产投资额的12%～20%，或销售收入的15%～25%，或1.5～3个月的生产成本作为流动资金。

（2）分项详细估算法

需要分项详细估算流动资金时，可采用下列公式进行估算

$$\text{流动资金额}=\text{流动资产}-\text{流动负债} \tag{7.22}$$

式中

$$\text{流动资产}=\text{应收账款}+\text{存货}+\text{现金}$$

$$\text{流动负债}=\text{应付账款}$$

流动资产和流动负债的各项计算公式如下

$$\text{应收账款}=\frac{\text{年经营成本}}{\text{周转次数}} \tag{7.23}$$

式中

$$\text{周转次数}=\frac{360}{\text{最低周转天数}}$$

$$\text{存货}=\text{外购原材料和燃料}+\text{在制品}+\text{产成品} \tag{7.24}$$

式中

$$\text{外购原材料和燃料}=\frac{\text{年外购原材料和燃料费}}{\text{周转次数}}$$

$$\text{在制品}=\frac{\text{年外购原材料和燃料费}+\text{年工资及福利费}+\text{年修理费}+\text{年其他制造费用}}{\text{周转次数}}$$

$$\text{产成品}=\frac{\text{年销售收入}}{\text{周转次数}}$$

$$\text{现金}=\frac{\text{年工资及福利费}+\text{年其他费用}}{\text{周转次数}} \tag{7.25}$$

式中　年其他费用＝制造费用＋管理费用＋财务费用＋销售费用－（工资及福利费＋折旧费＋维简费＋修理费＋摊销费＋利息支出）

$$\text{应付账款}=\frac{\text{年外购原材料和燃料动力费}}{\text{周转次数}} \tag{7.26}$$

流动资金一般应在投产前开始筹措。为便于估算，按规定流动资金在投产第一年开始按负荷进行安排，其借贷部分按全年计算利息。流动资金利息应计入财务费用。

7.2.2　产品成本与费用

7.2.2.1　产品成本概念

产品成本是指企业在产品的生产和销售过程中所需费用的总和（见图7.6），也就是企业生产和销售某种产品所需的生产资料费用、工资费用和其他费用的总和。在财务评价中，通常以年为单位计算成本费用。产品成本费用的高低反映了投资方案的技术水平，是决定项目经济效益高低的重要因素。因此，产品成本的估算也是经济分析与评价以及投资决策的重要依据。

产品成本按其具体含义，有许多不同的名称。

根据费用的计量单位，产品成本可分为总成本和单位成本。其中以单位质量产品计算出的产品成本称为单位产品成本。

根据费用发生的范围，产品成本可分为车间成本、工厂成本、经营成本和销售成本等。

根据是否随生产负荷的变化而变化，产品成本可分为可变成本和固定成本。在产品总成

本中，随生产负荷的变化而改变的部分为可变成本，如原材料费用一般属于可变成本；而不随生产负荷改变的部分为固定成本，如固定资产折旧费、管理费用等。

7.2.2.2 产品总成本费用的构成

产品总成本费用是指项目在一定时期内（一般为一年）为生产和销售产品而支出的全部成本和费用，由生产成本、期间费用（管理费用、财务费用和销售费用）组成，如图7.6所示。

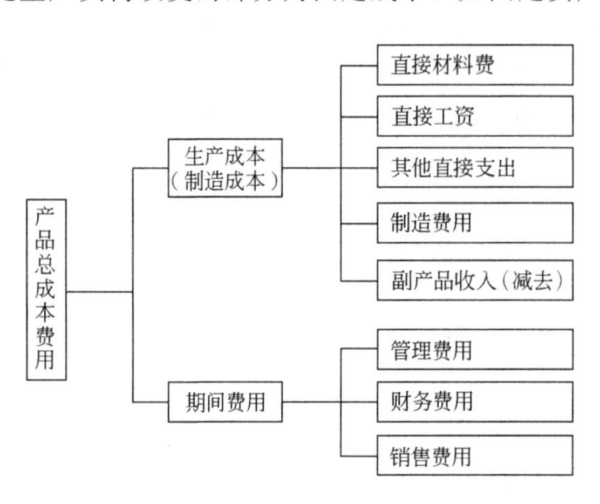

图7.6 产品总成本费用的构成

（1）生产成本

生产成本又称为制造成本，包括生产过程中各项直接支出（直接材料、直接工资和其他支出）及制造费用。

① 直接材料费　包括原材料费和燃料及动力费。

原材料包括主要原材料和辅助材料。主要原材料是指经过加工构成产品实体的各种物料，通常在化工产品成本中占有最大的比例。辅助材料是指虽不构成产品实体，但有助于产品的形成，或使产品具有某些性能的物料，如催化剂、助剂等。

燃料是指直接用于产品生产过程的各种固体、液体和气体燃料。动力包括直接用于生产过程的水、电、蒸汽、压缩空气等。

② 直接工资　是指直接从事产品生产工人的工资、奖金、劳动保护费，以及按比例提取的其他补贴。

③ 制造费用　是指组织和管理生产所发生的各项业务费用和管理费用。制造费用包括车间固定资产折旧费、车间维修费和车间管理费。车间折旧费是指按规定对车间拥有并管理的全部固定资产所提取的基本折旧费；维修费是指中、小修理费；管理费包括车间管理人员工资及附加费、劳动保护费、分析化验费、低值易耗品购置费等。

（2）管理费用

管理费用是指企业行政管理部门为管理和组织经营活动发生的各项费用，包括管理人员工资和福利费、折旧费、修理费、无形及递延资产摊销费以及其他管理费用（办公费、差旅费、劳动保护费、技术转让费、土地使用税）。

（3）财务费用

财务费用是指为筹集资金而发生的各项费用，包括生产经营期间发生的利息净支出及其他财务费用（汇兑净损失、金融机构手续费等）。

（4）销售费用

销售费用是指为销售产品和提供劳务而发生的各项费用，包括销售部门人员工资、职工福利费、折旧费、修理费以及其他销售费用（广告费、办公费、差旅费等）。

在产品总成本费用及其估算中，折旧费占有重要地位。在生产过程中，机器设备不可避免地要发生有形的和无形的磨损，造成其价值和使用价值的降低或丧失，这部分耗损的价值须以某种形式转移到产品中去，构成产品成本的一部分，提供产品销售收回。但设备的价值并非一次全部转移，而是分期逐渐转移到产品成本中去。这种通过产品销售分期逐渐回收转移到产品中的设备价值称为折旧，亦称基本折旧。设备的折旧费主要用于设备的更新以及作为社会补偿基金。

在生产过程中，为了保证设备的正常运转，还要进行维护保养和大修理。这部分额外的耗费也应计入成本。日常中小修费用计入车间成本，大修费用则列为大修基金，又称大修折旧。

常用的折旧费计算方法有直线法、余额递减法、年数总和法、偿债基金法等。我国一般采用直线折旧法，即在设备的折旧年限内，平均摊销设备耗损的价值。计算公式如下

$$\text{基本折旧率}=\frac{\text{固定资产原值}-\text{净残值}}{\text{折旧年限}\times\text{固定资产原值}}\times 100\% \tag{7.27}$$

$$\text{基本折旧费}=\text{固定资产原值}\times\text{基本折旧率} \tag{7.28}$$

7.2.2.3 产品成本费用的估算

(1) 生产成本

① 直接材料费

(a) 原材料费计算公式为

$$C_1=\sum_{i}^{n} q_i p_i \tag{7.29}$$

式中 C_1——原材料总费用；

q_i——原材料 i 的消耗定额；

p_i——原材料 i 的单价；

n——原材料种类数。

q_i 可由物料衡算获得

$$q_i=\frac{\text{原材料 } i \text{ 的化学计量需用量}}{\text{转换率}\times\text{选择性}\times\text{精制收率}} \tag{7.30}$$

外购原材料价格一般为其出厂价另加运杂费，即

$$p_i=\text{出厂价}+\text{运输费}+\text{装卸费}+\text{运输损耗费}+\text{库耗费} \tag{7.31}$$

如果所用原材料是由国外直接进口的，则

$$p_i=\text{到岸价}+\text{关税}+\text{产品税}+\text{国内运杂费} \tag{7.32}$$

(b) 燃料及动力费计算公式为

$$C_2=\sum_{i}^{n} q_i p_i \tag{7.33}$$

式中 C_2——燃料及动力总费用；

q_i——燃料或动力 i 的消耗定额；

p_i——燃料或动力 i 的单价；

n——燃料和动力种类数。

② 直接工资及其他直接支出费用　直接工资计算公式为

$$C_3=m\frac{N}{Q} \tag{7.34}$$

式中 C_3——生产工人工资及附加费；

m——生产工人平均工资及附加费；

N——生产工人定员；

Q——产品年产量。

根据有关规定，还可计取直接工资总额的14%作为其他直接支出费用（主要是福利费）

$$C_3=C_3\times 0.14 \tag{7.35}$$

③ 制造费用　类似车间经费，一般由基本折旧费、维修费用和其他费用组成。折旧费

按有关方法如直线折旧法计算；维修费用按固定资产原值的比率（如4%）计取，或者按基本折旧费的比率（如50%）计取；其他费用也可按基本折旧费的一定比率计取。另外，制造费用也可按直接材料费、直接工资及其他直接支出费用总额的一定比例计取。通常情况下，该比例取为15%～20%，即制造费用的计算公式为

$$C_5=(C_1+C_2+C_3+C_4)\times(0.15\sim0.20) \tag{7.36}$$

④ 副产品收入　化工副产品的净收入应在主产品成本中扣除，其净收入可按下式计算

$$C_6=\text{副产品销售收入}-\text{税金}-\text{销售费用} \tag{7.37}$$

由以上各项，可计算出产品生产成本或制造成本

$$\begin{aligned}\text{生产成本}&=\text{直接材料费}+\text{直接工资及其他支出费用}+\text{制造费用}-\text{副产品收入}\\&=C_1+C_2+C_3+C_4+C_5-C_6\end{aligned} \tag{7.38}$$

(2) 管理费用

管理费用高低取决于企业组织管理形式和管理水平，一般按制造费用的一定比例计取。对于化工企业，该比例取为6%～9%，即

$$\text{管理费用 } C_7=C_5\times(0.06\sim0.09) \tag{7.39}$$

(3) 财务费用

对于建设项目，财务费用主要是贷款利息，因而财务费用（C_8）可用贷款利息来计算。贷款利息的具体计算方法可参见本章的7.4.1节。

(4) 销售费用

一般销售费用可按销售收入的一定比例估算。对于化工企业，该比例取为1%～3%，即

$$\text{销售费用 } C_9=\text{销售收入}\times(0.01\sim0.03) \tag{7.40}$$

分别计算以上各项费用后，产品的总成本费用可计算如下

$$\begin{aligned}\text{总成本费用}&=\text{生产成本}+\text{期间费用}\\&=C_1+C_2+C_3+C_4+C_5-C_6+C_7+C_8+C_9\end{aligned} \tag{7.41}$$

为简便起见，在对进行技术经济分析和评价时，产品总成本费用也可按下式计算

$$\begin{aligned}\text{总成本费用}=&\text{原材料费用}+\text{燃料及动力费}+\text{工资及福利费}+\text{维修费用}+\text{折旧费用}\\&+\text{摊销费用}+\text{利息支出}+\text{其他费用}-\text{副产品收入}\end{aligned} \tag{7.42}$$

其中，其他费用可按工资及福利费的2～3倍估算。

需用指出的是，为便于进行建设项目的技术经济分析和评价而设置的经营成本，与企业财务会计中的产品总成本有差异。根据有关规定，经营成本不包括折旧费、维检费、摊销费用和借款利息，其计算公式为

$$\text{经营成本}=\text{总成本}-\text{折旧费}-\text{维检费}-\text{摊销费用}-\text{借款利息} \tag{7.43}$$

7.2.3 环境成本的评估

按照21世纪必须保证全球社会可持续发展的战略要求，应发展环境友好的化工过程，因此，过程设计环境成本的评估问题已被提上日程。但目前环境成本评估的方法仍处于发展完善阶段。在7.2.2节产品成本的估算中，在管理费用中包含了部分环境成本，如废水处理等，但并不是全部的环境成本都包含在传统的成本费用计算中。传统的会计核算常常隐瞒了治理低劣环境性能的成本。如果能合理地预算环境成本，不仅会带来良好的环境效益，也会带来较好的经济效益。最简单的环境成本是与排放和处置废弃物有关的成本，根据美国人口普查局对废物处理直接成本的调查结果，显示它呈稳定增长的态势。如1992年该方面的总花费金额达到了520亿美元（1990年的汇率，下同），并且预计2000年后会增长到大约

1400 亿美元，达到国民生产总值的 2.0%～2.2%。

表 7.13 表明与其他工业部门相比，石油炼制和化学品制造业用于污染物治理的费用占净销售额和资本消耗的比例较大。因此，在石化工业部门中，预防废弃物和排放物使成本最小化，与其他部门相比更有战略意义。

表 7.13　美国制造业的污染治理费用

工业部门	控制污染的支出（销售额的百分比）	控制污染的支出（附加值的百分比）	控制污染的投资支出（总资本支出的百分比）
石油	2.25%	15.42%	25.7%
基础冶金	1.68%	4.79%	11.6%
造纸	1.87%	4.13%	13.8%
（纸浆制造）	（5.70%）	（12.39%）	（17.2%）
化学品制造	1.88%	3.54%	13.4%
石制的产品	0.93%	1.77%	7.2%
木材	0.63%	1.67%	11.1%
皮革	0.65%	1.37%	16.2%
建筑材料	0.65%	1.34%	4.6%
食品	0.42%	1.11%	5.3%
橡胶	0.49%	0.98%	2.0%
纺织品	0.38%	0.93%	3.3%
电子产品	0.49%	0.91%	2.9%
运输业	0.33%	0.80%	3.0%
家具	0.38%	0.73%	3.4%
机械制造	0.25%	0.57%	1.9%

注：数据由美国国会，工艺评价办公室提供，1994；原始数据由美国人口普查局收集。

表 7.14 和表 7.15 分别示出了 Amoco Yorktown 炼油厂和 DuPont LaPorte 化工厂的环境成本分布。由表 7.14 可以看出，Amoco Yorktown 炼油厂只有 1/4 的环境成本和废弃物处置有关，但是为脱除燃料中的硫以满足燃料的环保要求所花费的成本和环保设备维修费之和要高于废物处理的成本。这也表明环境成本的数量实质上大于表 7.14 所报道的废物处理数量。在表 7.15 中，DuPont LaPorte 化工厂的环境成本也表现出了许多相似的特征。废弃物处理的成本小于可计量的年环境成本的 1/4。

表 7.14　美国 Amoco Yorktown 炼油厂的环境成本汇总（Heller 等，1995）

支出类别	占年操作成本的比例	支出类别	占年操作成本的比例	支出类别	占年操作成本的比例
废物处理	4.9%	折旧	2.5%	废物弃置	0.7%
维修费	3.3%	管理	2.4%	雇用费，环保罚款	0.2%
产品生产	2.7%	硫回收	1.1%	总计	17.8%

表 7.15　DuPont LaPorte 化工厂的环境成本汇总（Shield 等，1995）

支 出 类 别	占制造成本的百分比	支 出 类 别	占制造成本的百分比
纳税，雇用费，培训费，律师费	4.0%	工资	1.8%
折旧	3.2%	维修	1.6%
操作	2.6%	工程服务	1.1%
契约承担的废物处理费	2.4%	总计	19.0%
公用工程	2.3%		

综上所述，在石油炼制和化学品制造业中环境成本是巨大的，但是仔细量化这些成本却是个挑战。以下分别讨论环境成本的评价方法。

7.2.3.1 环境成本评价方法

根据AIChE废物处理技术中心提出的环境成本评价方法，环境成本可分为以下五类或五级（AIChE CWRT，2000）。

Ⅰ级——由传统工程经济性评价带来的成本；

Ⅱ级——管理的以及法规要求的环境成本；

Ⅲ级——债务成本；

Ⅳ级——与改善环境性能有关的公司内部成本和利润；

Ⅴ级——与改善环境性能有关的公司外部成本和利润。

Ⅰ级成本是传统经济分析中的量化成本类型。表7.16中所列的是传统经济分析方法中常忽视的部分成本。表中列出的成本通常属于企业管理费用，因此评估项目时可能被隐藏。这些可以归类于Ⅱ级或者隐藏成本。这些成本实际上均由工厂承担。

表7.16 纳入企业管理费的环境成本

远距离废弃物管理费	填写危险废弃物清单
废弃物处理设备	检查危险废弃物的存放区域并记录
废弃物处理操作费用	制定并更新紧急响应计划
许可文件存档	对暴雨水的取样
取样	制定化学品使用报告(某些州)
填写取样报告表	报告污染物防治计划和活动(某些州)
管理废弃物和排放的编目	

不太确定的成本被归类于Ⅲ级——债务成本。债务的定义是“将来可能损失的经济利益”。债务成本包括如下几项：

① 法律要求的义务；

② 补救的义务；

③ 罚款和处罚；

④ 赔偿私人团体的义务（个人伤害、财产损失、经济损失）；

⑤ 惩罚性的毁坏；

⑥ 自然资源的毁坏。

最后一组成本被定为Ⅳ级或者Ⅴ级，它可以认为是形象或者关系成本（AIChE CWRT，2000）。这些成本源自与消费者、投资者、保险者、供应者、贷方、职工、法规监督和社会公众的关系，它们可能是最难量化的。

Ⅰ级成本在传统会计方法中已充分计算（Valle-Riestra，1983）。Ⅱ级成本侧重于量化报告、有关汇报、通告和税收成本。这些成本通常很难从一般的管理费用中分离出来。

评估Ⅲ、Ⅳ、Ⅴ级成本会与突发事故相关。这些成本通常是源于意外事件，例如由于事故导致的民事罚款、补救的成本或者其他支付费用，应当谨慎地计算这些成本值。估算Ⅲ、Ⅳ、Ⅴ级成本涉及三个特征参数：

① 事件发生的概率；

② 与事件有关的成本；

③ 事件的发生时间。

例如，如果目的是估测民事罚款数额，应计算出罚款的概率和可能的额度。如果评价的罚款概率为每年0.1，罚金额度为10000美元，则预算的罚金年成本为1000美元。对于将来会发生的事件，例如遵从未来法规要求而产生的成本，事件何时会发生是决定预计成本现值的关键，评估方法将会在后节中介绍。

7.2.3.2 隐含的Ⅱ级环境成本——管理以及法规要求的环境成本

隐含的Ⅱ级环境成本中的第一部分，即表7.16中描述的一些排放和废弃物管理的费用，通常认为属于企业管理的期间费用，但常常被传统的会计系统所忽视。这些费用种类较多，主要包括废弃物治理成本、法规要求的成本以及隐含的能力维持成本。

废弃物治理成本是容易评估的，主要取决于污染物的类型。处理成本的数量级估计可以使用Douglas及其合作者推荐的值（Schultz，1998），见表7.17。

表7.17 Douglas及其合作者处理成本数量级估算（Schultz，1998）

处理技术	操作成本/(美元/lb)	投资成本/(美元/lb)	处理技术	操作成本/(美元/lb)	投资成本/(美元/lb)
空气处理	1.5×10^{-4}	1.0×10^{-3}	有机物/水	0.32	NA
水处理			有机物固体	0.80	NA
水流动	7.4×10^{-5}	7.4×10^{-4}	垃圾掩埋法	0.12	NA
有机物装载	0.25	0.74	深井法	0.30	NA
焚化					

注：NA—不能提供。

【**例7.5**】（摘自Schultz，1998）对由氧气、氨、二甲苯、乙二醇生产对苯二甲酸乙二醇酯（BHET）的过程进行的基础设计，相应的原料需求和废弃物生成的估算如下。

生产1mol BHET所需的原料［摩尔质量（*MW*）为254］为：

1mol间二甲苯（*MW*为106；价格为0.40美元/lb）；2mol氨（*MW*为17；价格为0.065美元/lb）；2mol乙二醇（*MW*为62；价格为0.176美元/lb）；3mol氧气（来自空气，不计成本）。

1lb产品产生的废物为：3.17lb气体排出物，需处理；0.39lb水，需处理；0.01lb有机物固体废弃物，焚烧。

要求初步估算每生产1lb产品对应的废弃物处理成本和所需原材料成本，并进行比较。

解 单位产品的原料成本

$$\frac{106\times0.40+2\times17\times0.065+2\times62\times0.176}{254}=0.26\text{ 美元/lb 产品}$$

废弃物处理的操作成本为

$$3.17\times0.00015+0.39\times0.000074+0.01\times0.80=0.0085\text{ 美元/lb 产品}$$

该成本约占原料成本的3%，其中主要是用于焚烧的成本。

隐含的Ⅱ级环境成本中的第二部分是与环境法规管理有关的工资。这些成本是很难估价的，因为环境报告和记录通常是由公司的员工兼职完成的。不过，可以估算出完成工作需要的时间（发布通告、填写报表、出示清单，以及其他与环境记录相关的管理工作）。

此外，还有两项常被忽视的与废弃物生成相关的主要成本是原料浪费和生产能力浪费量。例如，考虑将原料A转化为产物P，同时生成废物W的过程，如果过程收率从90%增至95%，则生成的废物和相应的废物治理成本会减半；更加显著的是，相同量的原料却使产品收率提高了5.5%（在90%收率的基础上增长5%）。另外，同样的加工设备（反应器）能够使设备的容时生产能力提高，并且使产品与废物的分离成本明显降低。因为提高生产能力和原料的利用率通常比避免废物处理成本更有效益。

【**例7.6**】 一个化工厂以0.50美元/lb的价格买进原料，每年生产产品9000万磅，其产品的销售价格是0.75美元/lb。一般此过程的选择性是90%，没有转化为产品的原料的处理成本是0.08美元/lb（通过焚烧）。工艺改进后可以把选择性提高到95%，使工厂的年生产能力提高到9500万磅。那么改变前后工厂的净收入是多少（产品销售—原料成本—废弃物处理成本）？有多少收入的增加是因为提高了产品的销售量，又有多少是因为减少了废弃物处理成本？

解 改进前的净收入

9000万磅×0.75美元/lb－10000万磅原料×0.50美元/lb－1000万磅废弃物×0.80美元＝950万美元/年

改进之后的净收入

9500万磅×0.75美元/lb－10000万磅原料×0.50美元/lb－500万磅废弃物×0.80美元＝1725万美元/年

改进前后相差775万美元，其中大约一半（375万美元）是由于增加了产品的销售量，其余的是由于减少了废弃物的处理成本。还需要注意的是减少了1lb产品的生产设备折旧成本。

7.2.3.3 Ⅲ级成本——债务成本

Ⅲ级成本（债务）包括将来法规要求的成本和义务、可能的民事和违法罚金、可能的污染治理成本、可能的补偿和惩罚性损失赔偿、可能的自然资源破坏赔偿、可能的远距离污染责任方（PRP）债务，以及可能的工业过程风险性。AIChE的废弃物处理技术中心（AIChE CWRT 2000）根据表7.18中的数据建立了每种成本的评估方法。美国EPA已汇总了大多数评估方法（US EPA，1996）。这些成本评估方法的介绍不属于本章的范围。由于每类成本的评估程序是相似的，本章仅关注其具体程序，通过民事和违法罚款成本以及远距离污染责任方债务来说明评价程序。

表7.18 在AIChE CWRT总成本评价方法中使用的数据资料（AIChE CWRT，2000）

Ⅲ级成本	数据资源
法律要求的义务	美国EPA在制定“国家有害空气污染物排放标准”(NESHAPs)时，提出的“要素和目的文件”(BPDs)、“背景资料文件”(BIDs)和“经济影响分析”(EIA)
土建和违法罚款	EPA的“实施分析综合资料”(IDEA)数据库
污染物补救的成本	联邦补救技术圆桌会议网站(141个工业生产和示范工程的补救案例)，关于污染物类型、补救技术和工程总成本的信息
补偿及惩罚性的损失赔偿	文献公布的关于有毒物质侵权案例的汇编
自然资源破坏赔偿	文献公布的关于自然资源破坏赔偿案例的汇编
远距离污染责任方债务	EPA CERCLIS① 数据库
工业过程风险性	EPA ARIP② 数据库，生产停工期(因公司而异，例如生产停工的日消耗成本)

① 综合环境响应、赔偿以及债务信息系统。
② 意外排放信息程序。

在每种情况下，估算债务成本要涉及以下三个参数：

① 事件发生的概率；

② 与事件有关的成本；

③ 事件发生的时间。

首先，分析民事和违法罚款成本。即使是运行最好的工厂也会偶尔发生违背环境法规的事件。导致违规可能是因为缺乏上报和通告（常称为文书工作违例），或是过程操作失常。大部分公司都对这些事故有历史记录，这些资料可以用来评估将来惩罚的概率。在评估惩罚的可能性时，要注意并不是所有的过程单元具有同样的概率。影响处罚可能性的因素包括（AIChE CWRT，2000）：

① 超出控制测量的适当范围；

② 工厂或公司的历史及信誉；

③ 当地文化和非政府组织操作的透明度；

④ 监测、记录和保存的管理要求是否严格执行；

⑤ 潜在污染物的毒性；

⑥ 大规模排放的概率。

表7.19示出了AIChE CWRT总成本会计法中的罚金数据。例7.7说明了如何将发生概率与成本评估相结合得到民事罚款成本的预计值。

表7.19 AIChE CWRT总成本会计法中的罚金数据（AIChE CWRT，2000）

法令	行政罚金/美元				民事司法罚金/美元			
	案例数量	平均值	中值	最大值	案例数量	平均值	中值	最大值
CAA	486	21000	10000	300000	157	486000	150000	11000000
CWA	767	19000	10000	150000	111	669000	201000	14040000
EPCRA	885	18000	7000	210000	3	31000	13000	74000
FIFRA	456	12000	3000	876000	6	8000	2000	39000
RCRA	904	31000	1000	1020000	44	795000	163000	8000000
SDWA	160	7000	3000	125000	18	247000	20000	2500000
TSCA	662	65000	14000	4000000	7	50000	33000	142000

注：CAA—清洁空气法；CWA—清洁水法；EPCRA—应急规划和公众知情权法；FIFRA—联邦杀虫剂、杀菌剂和灭鼠剂法；RCRA—资源保护回收法；SDWA—安全饮用水法；TSCA—有毒物质控制法。

【例7.7】 一个制造厂在空气法规许可的条件下进行操作，并产生一种有害的工业废弃物。这个工厂有良好的空气法规执行记录（在过去的5年中只有一次由于紧急停车排放的事故），在过去5年2次违反了RCRA的条例，都是因为不恰当填写的危险废弃物报告引起的。估算民事和管理处罚的年成本。

解 在历史数据的基础上，空气排放惩罚的概率可能是0.2次/年。如果这些排放是由于紧急停车引起的，并且及时上报，则可能受到行政处罚，而不是民事罚款。可以利用“清洁空气法”行政罚金的平均值和中间值，估算成本。

根据清洁空气法罚金中间值估算的年成本＝0.2×10000＝2000美元

根据清洁空气法罚金平均值估算的年成本＝0.2×21000＝4200美元

相反，如果事故引起了民事罚款，那么估算值是

根据清洁空气法罚金中间值估算的年成本＝0.2×150000＝30000美元

根据清洁空气法罚金平均值估算的年成本＝0.2×486000＝97200美元

再次依据历史，违反RCRA条例的年概率是0.4。假设文书工作违规将会导致行政罚款，成本估值如下

根据RCRA罚金中间值预算的年成本＝0.4×1000＝400美元

根据RCRA罚金平均值预算的年成本＝0.2×31000＝6200美元

本例计算的成本范围说明罚金成本可能较小，也可能数额很大。计算结果突出了收集公司相关数据进行惩罚成本估算的重要性。

接下来考虑另一类Ⅲ级成本，即远距离污染责任方债务。当工厂被指认为对场所污染负责时，就必须支付补救的成本。当然，支付补救成本的概率在很大程度上取决于废弃物管理和排放环节。应尽可能使用公司自身的数据来估算这种概率，本节仍假设这些概率是已知的，或者根据公司数据，或通过由CWRT总结的信息来估计。

由表7.20可知，补救债务的数额可能是很大的，与以下几种因素有关：

① 场所责任方的数量；

表 7.20 典型补救成本（AIChE CWRT，2000）

项　目	平均值/美元	最低值/美元	中间值/美元	最高值/美元
土壤/沉积物补救成本	20861000	114000	2602000	192395000
地下水补救成本	8366000	246000	2820000	53847000

② 与其他团体相比，处置废物数量的多少；

③ 污染物的毒性；

④ 场所将来的使用。

同样，这些成本在数量上差别很大，使得惩罚额度的平均值和中间值相差很远。例 7.8 说明了如何用这些数据估算补救成本。

【例 7.8】 一个制造厂会产生有害工业废弃物，并用垃圾掩埋法处理它们。为了估算将来的补救成本，公司收集一些具有类似处置场所的补救行动的数据。这些数据显示，平均来讲没有任何一个类似场所在 5 年之后就要求补救，10%的场所在 10 年之后要求对地下水进行补救，30%的场所在 15 年之后要求对地下水进行补救。

工厂使用的垃圾掩埋场所已运行了 5 年，并且有 5 个制造厂共同使用（近似等量分配）。估计下一个 10 年之后的补救成本值。

解 以历史数据为基础，基于补救概率的线性内插法，确定下一年地下水补救的概率为 0.02。第一年地下水补救成本值为

根据中间值计算的第一年地下水补救成本值＝0.02×2820000＝56400 美元

如果此成本由 6 个责任团体分担（5 个生产废弃物的工厂以及经营掩埋场的业主），第一年的成本值为 10000 美元。

地下水补救成本的概率在第一年到第二年间增长 2%（从 2%～4%的累计概率）。因此，在第二年附加成本与第一年相同，即 10000 美元。补救成本很可能在第二年相对于第一年有所上升，但是如果成本值转换成现值，补救成本的现值可以假定为与现在的补救成本相同。因此，第二年的补救成本值为 10000 美元。第三年到第五年的补救成本现值也与此相同。

第六年，补救成本的概率从 10%增加到 14%（再次选用线性内插法确定补救概率）。预计第 6～10 年成本的现值为 20000 美元。

因此，1～10 年间补救成本值约为 150000 美元（1～5 年为每年 10000 美元，6～10 年为每年 20000 美元）。

例 7.8 再次证明了拥有环境成本发生概率的相关数据的重要性。这些成本金额有可能较为适度，但是也可能高达几千万美元。

7.2.3.4 Ⅳ级成本——与改善环境性能有关的公司内部成本（内部无形成本）

比评估债务成本更难的是一些无形的环境成本和收益。这里简要介绍了与公司相关的无形成本的类型（内部无形成本）及其评估所用的数据资源。后面将描述由公司以外的个体和组织产生的无形成本。

内部无形成本的主要类型列于表 7.21，还列出了评价这些成本的数据。这些数据源详见 AIChE CWRT 总成本会计方法。

每种成本类型的定义如下。

全体职员（生产力、士气、人员更新、工会谈判时间）：较为恶劣的环境，尤其是工作场所的条件，可能增加员工的发病率，降低他们的生产力，增加人员更新比例。

市场占有份额：曾发生过的危害环境的事件可能会损失市场份额；其他符合绿色指南和环境等级的证据有利于增加市场份额。

表 7.21 内部无形成本的数据资源（AIChE CWRT，2000）

Ⅳ 级 成 本	数 据 资 源
全体职员（生产力、士气、人员更新、工会谈判时间）	关于特定行业工伤成本的发表文献；关于雇员死伤成本的发表文献
市场份额	关于环境声誉的市场价值的发布文献；关于环境事故引起的市场份额损失的文献；关于负面新闻报道对市场份额影响的文献
营业许可	许可营业的历史数据
投资者关系	关于环境声望的股票价值的文献；关于环境事故引起的股票价格下跌幅度的文献；关于负面新闻报道对股票价格的影响
贷方关系	环境事故影响信誉评价的数据
社会团体关系	公众关系工程的成本及利益
监督者关系	新监督者的成本

营业许可证：这不是与获得法律许可相关的直接成本；而是与导致延期许可的问题相关的成本。

投资者的关系：与投资者的关系，至少可以部分反映在股票价格上。

贷方的关系：与贷方的关系，至少可以部分反映在债券上。

社会团体以及监督者的关系：与社会团体以及监督者的关系是与营业许可相关的。

进行成本估算的困难在于大部分数据的可变性和不确定性。研究涉及的环境性能评定范围很广，从有毒物质排放清单报告、原油泄漏的次数，到公司是否签订环境法规契约等。因此，设计一个可以囊括所有数据的评估方法是很困难的。虽然难量化，然而这些内部无形成本是被广泛认同的。

7.2.3.5 Ⅴ级成本——与改善环境性能有关的公司外部无形成本（外部无形成本）

外部无形成本主要包括挥发性排放、废物、资源损耗、居住地毁坏而导致的成本。表7.22列出了有关这些外部影响（常称为外部因素）的例子以及评估这些成本的相关数据。

表 7.22 外部无形成本的资源数据（AIChE CWRT，2000）

Ⅴ 级 成 本	数 据 资 源
污染物排放到空气	每吨温室气体排放的成本；每例排放的发病率和死亡率；有关全球变暖的社会成本的文献
污染物排放到地表水	文献中损失了鱼类栖息地和渔业资源的成本，为保护环境的水体转移的成本
污染物排放到地下水/深井	使用新鲜水的成本；淡化海水的成本
污染物排放到陆地	有关自愿支付额的文献，包括再造使用陆地或者保护陆地；保留未开发陆地的成本和收益
自然栖息地的影响	文献中有关恢复湿地、栖息地和物种的成本的数据；违背湿地社会收益的成本；为保护自然栖息地自愿支付金额的文献报道

由于评估这些成本的步骤有着相似的特征，本书通过评估空气污染赔偿（成本）的步骤来说明。最近研究试图确定与空气污染物相关的健康成本，尤其是臭氧和颗粒物质。这些研究试图量化直接健康成本和损失的工作时间与空气污染物发病率的关系，并且试图通过统计丧失工作能力和其他因素来预算空气污染物致死率。例如，AIChE CWRT（2000）引用的有关每吨CO排放的成本介于0.22～19美元之间，颗粒物的外部成本为每吨600～26000美元。所报道的有关Hg、SO_2、氮氧化合物以及其他空气危险物质的成本变化范围也是类似的。在较大的城市区域例如洛杉矶和休斯顿做这种典型的评估时，由于超过国家环境空气质

量标准要求的臭氧和颗粒物质的浓度，相应的成本达到了每年几十亿美元。由此可见，进一步实现环境成本估算的必要性。

7.3 销售收入、税金和利润

7.3.1 产值和销售收入

年销售收入或年产值是衡量经济活动成果的一项重要指标。销售收入是产品作为商品销售后所得收入

$$销售收入=商品单价\times销售量 \tag{7.44}$$

在经济评价中，销售收入是根据项目设计的生产能力和估计的市场价格计算的，是一种预测值。在进行项目的企业财务评价时，商品单价可采用现行市场价格或预测市场价格。

产值是以货币计算和表示的产品数量的指标，计算式为

$$年产值=不变价格\times产品质量 \tag{7.45}$$

在计算年产值时采用不变价格是为了消除各时期、各地区价格差异而造成产值不可比较的缺点。不变价格由国家有关部门定期公布。

7.3.2 税金

税金是国家根据税法向企业和个人无偿征收的财政资金，用以增加社会积累和对经济活动进行调节，具有强制性、无偿性和固定性的特点。无论是盈利或亏损，都应照章纳税。税金是企业盈利的重要组成部分，体现了企业创造的利润在国家与企业之间的分配关系。

在税收的分类上，可按课税对象将税收分为流转税、所得税、财产税、行为税等。例如增值税、营业税、消费税就是以流转额为课税对象的。与项目的技术经济评价有关的税种主要有增值税、城市维护建设税和教育费附加等。

(1) 增值税

增值税是以商品生产制造与流通和劳务服务各个环节的新增加的价值或商品附加值为征税对象的一种税。增值税的计算公式为

$$增值税额=销项税额-进项税额 \tag{7.46}$$

其中

$$销项税额=\frac{含税销售收入}{1+税率}\times税率 \tag{7.47}$$

进项税是指企业在购进原材料等时已支付的增值税额，应从出售产品所交纳的增值税中扣除。进项税额的计算为

$$进项税额=\frac{购入品的外购含税成本}{1+税率}\times税率 \tag{7.48}$$

上述式中的税率即增值税率，按国家税制规定分为三个档次：第一档次是基本税率17%，大多数化工企业适用于该税率；第二档次是低税率13%，适用于某些农用化工产品，如饲料、化肥、农药、农用薄膜的生产和销售；第三档次是零税额，仅适用于出口商品。

(2) 所得税

所得税是指以纳税人的所得额或收益为课税对象而征收的一种税。企业所得税实际上是对有盈利的企业征收的。所得税的计算式为

$$所得税额=应纳税所得额\times所得税率 \tag{7.49}$$

对国有大型企业，所得税税率一般为33%。

(3) 城市维护建设税

城市维护建设税是为了加强城市的维护建设而征收的一种税。新税制规定以销售收入为课税对象征收城市维护建设税

$$城市维护建设费=增值税额\times城建税率 \tag{7.50}$$

城建税率因地而异，纳税者所在地为城市是7%，县、镇为5%，其他为1%。

（4）教育附加费

$$教育附加费=增值税额\times 2\% \tag{7.51}$$

（5）资源税

资源税是调节资源级差收入，促进企业合理开发国家资源，加强经济核算，提高经济效益而开征的一种税。征收对象是涉及自然资源开发利用的项目。目前，仅对表7.23列出的7种产品征收资源税。

表7.23 资源税的税目及税额幅度（人民币）

序　号	税　　目	单位税额幅度	序　号	税　　目	单位税额幅度
1	原油	8～30元/t	5	黑色金属矿原矿	2～30元/t
2	天然气	2～15元/10^3m^3	6	有色金属矿原矿	0.4～30元/t
3	煤炭	0.3～5元/t	7	盐　固体盐	10～60元/t
4	其他非金属矿原矿	0.5～20元/t		液体盐	2～10元/t

资源税额的计算公式为

$$资源税额=资源数量\times单位税额 \tag{7.52}$$

7.3.3 利润

利润是指企业生产成果补偿生产耗费以后的盈余，及产品销售收入扣除生产成本以后的余额。是企业为社会创造价值的一部分，是反映项目经济效益状况的最直接、最重要的一项综合指标。利润以货币单位计量，有多种形式和名称，计算式分别如下

$$毛利=销售收入-总成本费用 \tag{7.53}$$

$$销售利润=毛利润-销售税金=销售收入-总成本费用-销售税金 \tag{7.54}$$

$$利润总额=销售利润+营业外收支净额-资源税-其他税及附加 \tag{7.55}$$

$$税后利润=利润总额-所得税 \tag{7.56}$$

其中，毛利又称盈利，销售利润又称税前利润，税后利润又称净利润。

上述销售税金包括增值税和城市维护建设税；其他税及附加包括调节税、教育费附加等。

7.4 经济评价

经济评价的目的在于评估与比较各个方案的经济可取性，目标在于把对工程项目的成本和利润起作用的各种因素结合起来，形成描述财务吸引力指标。但至今尚没有一个公认的能统一各种因素的经济评价的通用数学模型。在国内外使用的评价方法不完全一致，但基本方法可概括为“两态”和“三种类型”。“两态”为静态法（不考虑资金的时间价值）与动态法（考虑资金的时间价值），“三种类型”为时间指标、资金指标与利润率指标。作为一个完整的过程设计的经济分析与评价，常常需要同时计算出上述各种指标，综合后再进行决策。但是还需强调的是，只计算出这些指标，对于决策还是不够充分的，因为这些经济分析与评价都是依据目前的情况或者经验数据对未来的一种预估，而未来是存在不确定性的，所以还必须考虑不确定性因素可能导致的结果，还需要对方案进行灵敏度分析及收支平衡点分析，进一步研究方案的风险程度，然后再作决策或确定最终的筛选方案。关于这些内容在有关的经济专著中都有详细论述，本章只介绍国内外常用的几个基本方法及基本概念。需用说明的

是，应用这些方法时，由于国情不同，具体条款将有所不同，所以在使用这些方法进行经济分析与评价时，应注意各国的有关规定，灵活应用。

7.4.1 资金的时间价值

将一笔资金存入银行或投资于某个项目进行扩大再生产或商业周转，随着时间的推移，将产生增值现象，这就是资金的时间价值。存款得到的利息或投资得到的利润，便是资金时间价值最常见的表现形式。

如果工程项目的投资所需的资金是由借贷而来，将来必然要还本付息，借贷时间愈长付出利息总额愈高。需付予利息的资金数额称之为本金，单位时间内利息与本金的比率称为利率。如果资金是自有的，不必付利息。但是，由于把这笔资金投入工程项目，从而失掉了赚取利息的机会，则这笔未赚到手的利息就是将这笔资金投入此工程项目的机会成本，也同样存在时间价值的问题。

通常，利率 i 以年作为时间单位，这样，如果年利率为8%，且在年末付息，则本金100元应得利息8元，如果债务在年末还清，则贷方收入为108元。如果计息时间单位为一季度，相应利率为2%。

当债务还清时，贷方收入的总数按下列公式计算

$$S=P(1+i)^n \tag{7.57}$$

式中 P——本金；

i——每个利息周期的利率；

n——利息周期个数；

S——经过 n 个利息周期后本金 P 的将来值。

式（7.57）为计算本金 P 将来值 S 的公式，这种计息方式称为复利，即将前一周期获得的利息作为下一周期的本金计算利息。在技术经济分析中，一般是按复利计息的。

式（7.57）中，P 又称为将来付款额 S 的现值，把这个将来付款额折合成现值的因子是 $1/(1+i)^n$。这个折合因子和式（7.57）适用于资金间断地从公司流进和流出的情况。但在实际生活中，资金差不多是连续地从公司流进和流出的。因此连续复利和连续现金流量才是更符合实际情况的概念。

令 m 为年利息周期数，i 是名义年利率，则金额 P 经过 t 年后的将来值为

$$S=P\left(1+\frac{i}{m}\right)^{mt} \tag{7.58}$$

式中 m——每年计息次数。

式（7.58）称为短期复利公式，如果其中的 m 趋近于无穷大，则为连续复利，即

$$S=P\lim_{m\to\infty}\left(1+\frac{i}{m}\right)^{mt}=Pe^{it} \tag{7.59}$$

或

$$P=Se^{-it} \tag{7.60}$$

由式（7.60）可算出 t 年后某一时刻付款额 S 的现值，其折现因子为 e^{-it}。S 即为第 t 年时刻本金 P 的将来值或终值。

在工程项目寿命期内，至少在一部分时间内现金（也可能是一部分）流通的速度是均匀的，例如发放工资。这种均匀现金流量的现值是很容易计算的。假如现金流量速度为 r，则在时间增量 dt 期间内的流通量将为 $r dt$，而该流通量的现值将为 $re^{-it}dt$，在时间间隔为 $0\sim t$ 时刻内积分，则得总均匀现金流量值，即

$$P=\int_0^t re^{-it}dt=\frac{r(1-e^{-it})}{i} \tag{7.61}$$

总的均匀现金流量为 $R=rt$，所以上述现值可写成

$$P=\frac{R(1-e^{-it})}{it} \tag{7.62}$$

式中　　R——t 年时间内以每年 r 元的均匀速度发生的总现金流量；

$(1-e^{-it})/(it)$——在 t 年时间内均匀发生的总现金流量的折现因子。

未来 t 年后，一年内均匀发生的现金流量的现值为

$$P=\frac{re^{-it}(1-e^{-1})}{i} \tag{7.63}$$

由此可见，一笔现金流量的值不是固定不变的，随时间的变化，其值也在不断变化，但是在某一特定时刻，其值是固定的数值，这一特定时刻的值，就叫做这一笔现金流量在某一特定时刻的终值。这也就是资金时间价值的一种体现。

7.4.2　现金流量图

一个工程项目在预计服务寿命期间内，各年的现金流量的累计情况，可以用累计现金流量图表示。典型的累计现金流量图如图7.7中的曲线1所示。这种曲线直观地、综合地表达了工程项目的可取程度。诸如需要多少资金、需要多少时间可以回收投资、到工程项目服务寿命终结时能够取得多少收入等都能一目了然地表示出来。因此，累计现金流量图对于经济评价是很有意义的。

在工程项目寿命期内预计的累计现金流量图是很有用的，该曲线图给出了不同阶段、不同时刻项目的现金状况。在图7.7中，把支出看作负现金流量，把收入看作正现金流量，工程项目从时刻 A 开始，其现金值为0。当工程项目开始时，资金用于开发，并随着设计工作的进展，现金流量变为负值。当大量开支用于设备、房屋和建设工作时，曲线在 B 点的负斜率急剧增加。建设完成时，投入流动资金，并开始投产运转。开车运转完成后，在 D 点开始生产和销售。随着销售收入超过生产和经营成本，曲线开始上升，在 F 点处，累计现金流量值为零，即所得收入至此刚好与以前用于该工程项目的支出相平衡。这一点称为盈亏平衡点。随着项目继续进行，累计正现金流量值持续增加。到工程项目的服务寿命终了时，由于回收流动资金和工厂残值（如果有的话），还可以收入一笔最后的现金流量。所谓残值，就是土地、旧建筑物、废旧设备和材料的价值减去拆除清理费。H 点即此项目在寿命终止时的现金位置。累计现金流量图是进行项目经济分析与评价的主要依据之一。

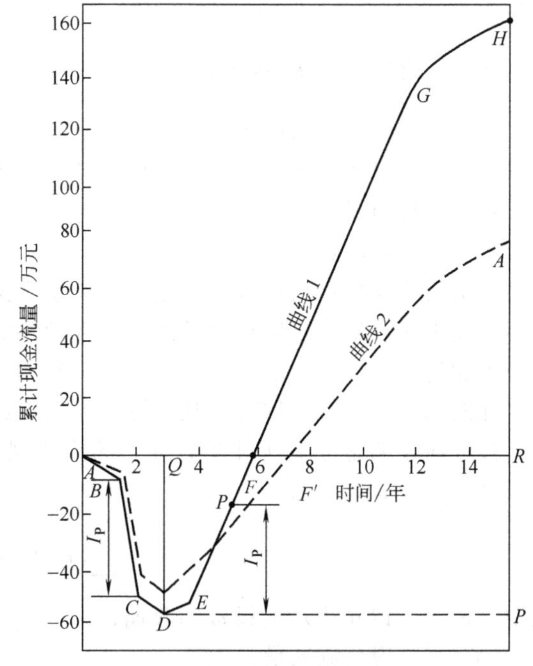

图7.7　累计现金流曲线和累计折现现金流量曲线

曲线1—累计现金流量曲线，曲线上各点和线段的意义如下。AR—工程项目经济活动寿命；AB—前期费用（研究、开发、可行性研究、设计等）；BC—基建费用（土地、厂房、设备、界区外建设等）；CD—试车前准备的支出；DE—试车合格产品的销售收入；$EFGH$—获利性生产；F—盈亏平衡点；QD—累计最大投资额或累计最大债务

曲线2—累计折现现金流量曲线（见后文有解释）

在工程项目建设期间，如果都使用自有资金来投资，则全部投资都是现金流出，没有现金流入；如果利用一部分贷款来投资，则贷款是现金流入。贷款将来要还本付息，就是现金流出。工程项目建成投产以后，按国外私营企业来说，主要的现金流入是销售收入，主要的现金流出是经营成本、利息支付和税金。如果还有建设投资，或流动资金需要补加，则当年建设投资和当年流动资金增加额也是现金流出。表7.24给出了项目不同时期现金流量的计算方法。

表7.24 项目不同时期现金流量的计算

时　　期	现金流量 CF
建设期	CF=－固定资产投资及其贷款利息
投产期	CF=销售收入－经营成本－税金－流动资金
达到生产能力生产期	CF=销售收入－经营成本－税金－新增固定资产投资－新增流动资金
最末年	CF=销售收入－经营成本－税金＋回收固定资产净残值＋回收流动资金

在绘制逐年现金流量图7.7中的曲线1时，逐年现金流量均未折算成现值。也可以认为已经折算成现值，但折现率 $i=0$，因为此时折现系数 $1/(1+i)^n=1$。

如果对项目每年的现金流量都以给定折现率 i 并按复利公式（7.57）进行折现，则可得到如图7.7中曲线2所示的累计折现现金流量图。曲线2与横坐标轴的交点 F' 是折现盈亏平衡点，它与 F 点不同之处在于，在 F' 上，该项目不仅偿还了投资，而且产生了相当于把等量资金以给定利率 i 投资所得利润。

7.4.3 经济评价指标及方法

依据资金时间价值的概念，通过计算投资、成本，并用累计现金流量（或现值）曲线可以描述建设项目的经济效果。下面要介绍一下进行经济评价时常用的基本指标和方法。

7.4.3.1 时间指标

（1）投资回收期

投资回收期也称为投资偿还期或投资返本期。它是一个粗略的、大约的然而又是常用的指标。投资回收期是指以项目的净收益或净利润抵偿全部投资额（固定资产投资、投资方向调节税和流动资金）所需的时间，一般以年表示。投资回收期可从累计现金流量图上直接读出。在图7.7中，投资回收期从投资开始时算起为 AF，从投产开始时算起为 QF。

投资回收期是考察项目在财务上的投资回收能力的重要指标，希望投资回收期越短越好。其一般计算方法为

$$\sum_{t=0}^{P_t}(CI-CO)_t=0 \tag{7.64}$$

式中　P_t——以年表示的投资回收期；

CI——现金流入量；

CO——现金流出量。

投资回收期可根据财务现金流量表（全部投资）中累计净现金计算求得。详细计算公式为

$$P_t=\text{累计净现金流量开始出现正值年份数}-1+\frac{\text{上年累计净现金流量的绝对值}}{\text{当年净现金流量}} \tag{7.65}$$

（2）等效最大投资期（equivalent maxinium investment period，EMIP）

它是由Allen（1967）提出的，其定义为：由累计现金流量曲线到达盈亏平衡点所包围

的面积（因投资支出取负值，故此面积为负值），除以最大累计投资额。对照图7.7，EMIP的计算式为

$$\text{EMIP}=\frac{\text{面积}\,ABCDEFA}{\overline{QD}} \tag{7.66}$$

EMIP的单位是（元×年)/元=年。

EMIP的含义是：假设项目的所有债务都是同时发生的，然后在将来的某个时刻全部一次偿还，那么EMIP就是相当于该最大债务保持的时间。

比较上述两个时间指标，EMIP比投资回收期稍为实际一些，因为它把支出的模式也考虑进去了，而且可以把还本期相同的工程项目区别开来。EMIP值小的工程项目，通常意味着盈亏平衡点的现金流量速度高，因而该项目在用其他指标考察时也是有吸引力的。

人们认为有吸引力的还本期数值，对高风险工程项目来说，约少于2年，对中等风险的项目约少于5年。故对中等风险的项目，EMIP值为3年就可以看成有吸引力了。

7.4.3.2 现金指标

(1) 累计净现金流量。

它代表工程项目估计寿命结束时或规定的年限末尾时的所有现金流量的累加值，代表了一种粗略的评价指标。可以从累计现金流量曲线上直接读出净现金量。这个方法可用于比较不同的可供选择的方案，但没有把产生这个净现金量所需要的投资额和模式考虑进去。

(2) 净现值。

按行业的基准收益率或设定的折现率，将项目寿命期内各年净现金流量折现到建设初期的现值之和，称为该项目的净现值（net present value，NPV）。计算公式为

$$\text{NPV}=\sum_{t=0}^{n}(CI-CO)_t(1+i)^{-t} \tag{7.67}$$

式中 i——设定的折现率或基准收益率；

n——工程项目的寿命期（建设期与服务年限之和）；

$(CI-CO)_t$——t年发生的净现金流量。

净现值法要求设定折现率或基准收益率，并用它来计算各年净现金流量的现值。按式(7.67)进行计算，如果净现值为0，则说明在资金时间价值的意义上，该项目的现金流入刚好抵消现金流出，即“不盈不亏”。如果净现值大于0，意味着在给定的折现率下，投资于该项目是可以获利的。净现值越大，获利能力越大。反之，如果净现值小于0，则该项目是不可取的。因此，净现值是衡量投资项目获利性的重要指标。

相对于现金指标，净现值指标不但考虑了资金的时间价值，还考虑了各现金流量的大小及其发生的时刻。

7.4.3.3 利润率指标

(1) 投资利润率

投资利润率（ROI）是指项目达到设计生产能力后的一个正常生产年份的利润总额或生产期年平均利润总额与项目总投资的比率，即

$$\text{投资利润率}=\frac{\text{年利润总额或年平均利润总额}}{\text{总投资}}\times 100\% \tag{7.68}$$

式中 年利润总额=年产品销售收入－年产品销售税金及附加－年总成本费用

年产品销售税金及附加=年增值税+年营业税+年资源税+年城市维护建设税

$$总投资=固定资产投资+投资方向调节税+建设期利息+流动资金$$

在财务评价中，将投资利润率与行业平均投资利润率或基准投资利润率对比，以判别项目单位投资盈利能力是否达到本行业或社会的平均水平。若项目的投资利润率大于或等于行业平均投资利润率或基准投资利润率，则该项目在经济上是可取的。否则，一般不可取。

(2) 投资利税率

投资利税率是指项目达到设计生产能力后的一个正常生产年份的利税总额或生产期年平均利税总额与项目总投资的比率，即

$$投资利税率=\frac{年利税总额或年平均利税总额}{总投资}\times 100\% \tag{7.69}$$

式中

$$\begin{aligned}年利税总额&=年产品销售收入-年总成本费用\\&=年利润总额+年产品销售税金及附加\end{aligned}$$

在财务评价中，将投资利税率与行业平均投资利税率或基准投资利税率对比，以判别项目单位投资对国家积累的贡献是否达到本行业或社会的平均水平。若项目的投资利税率大于或等于行业平均投资利税率或基准投资利税率，则该项目在经济上是可取的。否则，一般不可取。

(3) 资本金利润率

资本金利润率是指项目达到设计生产能力后的一个正常生产年份的利润总额或生产期年平均利润总额与资本金的比率，即

$$资本金利润率=\frac{年利润总额或年平均利润总额}{资本金}\times 100\% \tag{7.70}$$

式中，资本金是指项目的全部注册资金。

资本金利润率是反映投入项目的资本金盈利能力的重要指标。

(4) 可接受的最低投资利润率

该指标针对的是项目的投资决策问题，即一个项目是否应投资的问题，而不是为获取最大利润所需的投资大小问题。对于一个新的投资项目，需考虑获得的最低投资利润率应该等于国家工业平均投资利润率或企业股东们在公司之外同等投资中可获得的利润率，一般要高于银行存款利润率。对于投资者，当然希望项目所获得的利润能够弥补由于预测的不准确性带来的借贷及财务风险。

如果企业要求的可接受的最低投资利润率为 i_m，则项目所获得的年利润总额 R 必须大于项目总投资额 I 与 i_m 的乘积，两者之差即项目的风险投资利润 V

$$V=R-i_m I \tag{7.71}$$

一般来说，可接受的最低投资利润率是行业类型和风险的函数，并与公司当前的经济状况（资金多少、银行利率）和投资政策有关，根据可以得到的最少的平均报酬率来确定风险投资的可取性。

虽然上述几个简单的利润率指标忽略了现金流量模式，而且比较粗略，但是在许多应用场合，特别是欲对满足同一目标的几个投资方案作出选择时，它是很有用的。

【例 7.9】 试计算某公司表 7.25 所列项目的年风险投资利润 V。

假如该公司可接受的最低的投资利润为 12%。则在不考虑流动资金这一项时，此方案的风险利润为

$$V=R-i_m I=19.899-0.12\times 120=5.499\ 百万美元$$

表 7.25　某项目投资、收益情况

项　　目	金额/百万美元	备　　注
①投资 I	120	
②流动资金 I_w	60	
③年产品销售收入	510	
④原材料成本	320	
⑤除原材料之外的其他可变成本	70	
⑥折旧(按 I 值的 10%计)	12	①×0.1
⑦除折旧之外的其他固定成本(按 I 值的 10%计)	12	①×0.1
⑧年总成本费用	414	④+⑤+⑥+⑦
⑨年产品销售税金及附加(合计按③的 13%计)	66.3	③×0.13
⑩税前利润	29.7	③−⑧−⑨
⑪所得税(税率 33%)	9.801	⑩×0.33
⑫税后利润 R	19.899	⑪−⑩

上述计算表明，这一项目是可取的。

假如将本例中流动资金也考虑在内，则

$$V=R-i_m(I+I_w)=19.899-0.12\times(120+60)=-1.701\text{ 百万美元}$$

由此可见，该方案的吸引力小了些，但不可认定该方案就不可行。因为流动资金是完全可以回收的，所以说上述计算不够合理。于是，一些经济学家修改了上述的公式，把式中流动资金的利率 i_m 改为贷款利率 i（本例取为 8%）。用修改过的公式计算如下

$$V=R-i_mI-iI_w=19.899-0.12\times120-0.08\times60=0.699\text{ 百万美元}$$

由上述结果看出，用修改公式计算更合理一些。

(5) 增量投资利润率

在进行多方案比较时，一般可选用投资利润率最大且高于基准投资利润率（可接受的最低投资利润率）的方案。但是投资利润率最大的方案净收益并不一定最大，即不一定是最优方案。因为往往投资越大，净收益额越大，但投资利润率却稍低。当然如果资金比较充裕，可以选择利润率稍低而总收益较大的方案。从经济学的角度来说，在进行投资额不同的多方案比较时，必须把净收益的增长与投资额的增长联系起来综合考虑，也就要利用增量投资收益率这一指标来考查。所谓增量投资收益率，就是投资有一个增量 ΔI 时，净收益也有一个增量 ΔR，此时增量投资收益率 $\Delta\mathrm{ROI}$ 为

$$\Delta\mathrm{ROI}=\frac{\Delta R}{\Delta I} \tag{7.72}$$

增量投资收益率的思路是：不同的方案进行比较时，在满足 $\Delta\mathrm{ROI}$ 大于基本投资利润率条件下，优先选用投资额高的方案。此法可用下例说明。

【例 7.10】 某企业欲投资一个新的项目，预计该项目税后利润 R（美元/年）可按下式计算，即

$$R=(64M-0.0036M^2-0.15I)(1-t)$$

式中　M——年生产能力，t；

I——投资额，美元；

t——所得税税率。

设 i_m 为可接受的最低投资利润率。其投资 I 可根据生产能力的幂指数式来估算，即

$$I=4000M^{0.6}$$

所得税税率 t 取为0.33，i_m 可取0.1，不考虑流动资金的影响。试确定项目的最佳规模。

解 联立以上两式，得

$$R=4.254\times10^{-5}I^{1.67}-2.374\times10^{-15}I^{3.33}-1.005I$$

所得税后的最大利润位于 $dR/dI=0$，由

$$dR/dI=7.104\times10^{-5}I^{0.67}-7.905\times10^{-15}I^{2.33}-1.005=0$$

可得所得税后的最大利润及其投资规模为

$$I_1=844000\text{ 美元}$$

$$R_1=100957\text{ 美元/年}$$

所得税后的投资利润率ROI为

$$\text{ROI}=R/I=4.254\times10^{-5}I^{0.67}-2.374\times10^{-15}I^{2.33}-1.005$$

其最大值位于 $d(\text{ROI})/dI=0$ 处，经计算得

$$I_2=669000\text{ 美元}$$

$$R_2=88296\text{ 美元/年}$$

由式（7.71），所得税后的风险投资利润的计算式为

$$V=4.254\times10^{-5}I^{1.67}-2.374\times10^{-15}I^{3.33}-2.005I$$

其最大值位于 $dV/dI=0$ 处，经计算得

$$I_3=722000\text{ 美元}$$

$$R_3=94478\text{ 美元/年}$$

可见，分别以税后最大利润、税后最大投资利润率以及税后最大风险投资利润为目标，计算得到的投资规模（即投资方案）均不相同。下面采用增量投资收益率法，对上述三种投资方案 I_1、I_2、I_3 作进一步的筛选比较。

① 按投资额从小到大的顺序对三种方案进行排序号：$I_2>I_3>I_1$；

② 方案 I_3 与 I_2 比较，其增量投资收益率为

$$\Delta\text{ROI}_{3\text{-}2}=\frac{\Delta R_{3\text{-}2}}{\Delta I_{3\text{-}2}}=\frac{94478-88296}{722000-669000}=0.1166$$

此值大于 i_m 值，所以可认为 I_3 比 I_2 可取。

③ 方案 I_1 与 I_3 比较，其增量投资收益率为

$$\Delta\text{ROI}_{1\text{-}3}=\frac{\Delta R_{1\text{-}3}}{\Delta I_{1\text{-}3}}=\frac{100957-94478}{844000-722000}=0.0531$$

此值小于 i_m 值，所以 I_1 不可取。

由上述分析可知，方案 I_3 是最后确定的方案。投资额为722000美元，相应的年生产能力为5764.95t/a。

7.4.3.4 成本费用法

当只掌握较粗略的数据时，可用风险投资利润率、投资回收期以及投资利润率等简单指标和方法进行初始评价，并作投资决策。只有在项目投资决策的较后阶段才需用更完善的投资评价方法。当需从两个功能相同但固定资产投资和流动资金都不同的方案中选择其一时，

使用下面介绍的成本费用法比较方便。

成本费用的概念是 1975 年由 Happel 提出的。下面我们推导成本费用的定义式。

所得税后风险投资利润的计算式为

$$V=R(1-t)-i_{\mathrm{m}}I-iI_{\mathrm{w}} \tag{7.73}$$

式中 R——年利润总额；

I——固定资产投资；

t——所得税税率；

I_{w}——流动资金；

i_{m}——可接受的最低投资利润率；

i——贷款利率。

年利润总额为

$$R=S-C_{\mathrm{T}}-dI-T \tag{7.74}$$

式中 S——年产品销售收入；

C_{T}——除折旧费之外的年总成本费用；

T——年销售税及附加；

dI——折旧费。

式（7.74）中的 C_{T} 可表示如下

$$C_{\mathrm{T}}=C_{\mathrm{V}}+mI+rI+oI+gI \tag{7.75}$$

式中 C_{V}——可变成本与工资额之和；

mI——维修费；

rI——专利权使用费；

oI——间接成本；

gI——一般开支费用。

将式（7.74）和式（7.75）代入式（7.73），得

$$V=(S-C_{\mathrm{V}}-mI-rI-oI-gI-dI-T)(1-t)-i_{\mathrm{m}}I-iI_{\mathrm{w}} \tag{7.76}$$

定义成本费用

$$U=C_{\mathrm{V}}+mI+rI+oI+gI+dI+T+\frac{i_{\mathrm{m}}I+iI_{\mathrm{w}}}{1-t} \tag{7.77}$$

则式（7.76）简写为

$$V=(S-U)(1-t) \tag{7.78}$$

可见，U 相当于所得税前的全部成本费用。该指标对于快速评价多种方案特别有用，但要求销售价格不受方案决策变化的影响。式（7.77）也可用于最佳管理与最佳保温层厚度的决策以及泵和过滤器等最佳选择。其方法就是针对确定的生产能力，尽可能地减少成本费用 U 的数值。

【例 7.11】 应用成本费用法进行泵的选型。今有泵 A 和泵 B 都可应用，价值较高的泵能耗较低，那么究竟该用哪个泵呢？已知数据如下。

泵 A：效率为 75%，30kW，投资 7200 美元。

泵 B：效率为 90%，30kW，投资 8000 美元。

折旧率为0.1；电能价格0.03美元/kWh；所得税税率为33%；维修费为投资的7%，操作时间8000h/年；$i_m=0.15$。

解 将上述数据代入式（7.77），分别得到A泵和B泵的成本费用

$$U_A=(30/0.75)\times0.03\times8000+7200(0.07+0.10+0.15/0.67)=12436\text{美元}$$

$$U_B=(30/0.9)\times0.03\times8000+8000(0.07+0.10+0.15/0.67)=11151\text{美元}$$

由于$U_B<U_A$，所以选用B较为合理，当然，尚应进一步考察合理性、备件情况、安全性、操作弹性、可靠性、供应情况、最大输出等因素。

7.4.3.5 内部收益率法

由净现值的定义式可知，随着折现率的增大，项目的净现值减小。当折现率增大到某一特定值时，净现值NPV=0，若折现率继续增大，净现值将变为负值。项目在整个计算期内净现值等于零时的折现率，称为内部收益率（internal rate of return，IRR），又称为折现现金流量利润率（discounted cashflow rate of return，DCFRR）。

根据定义，内部收益率IRR满足下式

$$\sum_{t=0}^{n}(\mathrm{CI}-\mathrm{CO})_t(1+\mathrm{IRR})^{-t}=0 \tag{7.79}$$

内部收益率的实际意义在于，如果项目的投资全靠贷款筹集，当计算得到的IRR等于贷款利率时，表示在整个寿命期内项目的全部收益刚好够偿还贷款本息。所以，IRR代表项目所能承担的最高贷款利率或资金成本。在财务评价中，将计算得到的IRR与行业的基准收益率或设定的折现率（i_0）比较，当IRR$\geqslant i_0$时，即认为其盈利能力达到了最低要求，在财务上可以考虑接受。否则，不可取。内部收益率也可理解为项目对占用资金的一种回收能力，IRR值高的项目可取性亦高。

内部收益率可用迭代法或试差法计算。表7.26列出一个内部收益率计算的例子。由表可知，该项目的内部收益率为11%。

表7.26 内部收益率（IRR）的计算实例

年　份	现金流量/万元	$i=0.10$		$i=0.11$	
		折现因子	现值/万元	折现因子	现值/万元
0	−1000	1	−1000	1	−1000
1	400	1.1^{-1}	364	1.1^{-1}	360
2	300	1.1^{-2}	248	1.1^{-2}	244
3	200	1.1^{-3}	150	1.1^{-3}	146
4	200	1.1^{-4}	137	1.1^{-4}	132
5	100	1.1^{-5}	62	1.1^{-5}	59
5(残值)	100	1.1^{-5}	62	1.1^{-5}	59
NPV		+23		0	

7.4.4 通货膨胀的影响

前面讨论现金流量时，曾假定货币具有不变的真实价值。但从历史上看，不管是什么货币，它的购买力总是随时间而贬值的，这个趋势还会延续下去。这种货币价值的贬值现象称为“通货膨胀”。必须弄清楚的是“通货膨胀”与“折现”是完全不相同的两个概念。折现是指通过资金的运动，经过一定时间，会产生利息或利润，使资金增值的折算；而通货膨胀是指因价格水平的上升，或货币单位购买力下降所引起的货币真实值的降低，它通常用通货

膨胀率来表示。如果现在一笔资金 P 元可以买一定数量的商品，而一年后买同样数量的商品需花费 N 元，则通货膨胀率 f 由下式进行定义

$$Pe^{f}=N \tag{7.80}$$

如果通货膨胀率在 t 年内不变，则资金的时间价值的计算就可以与通货膨胀率的有关计算结合起来。也就是说将来 t 年末发生的一笔现金流量 S，其现值为

$$P=Se^{-ft}e^{-it} \tag{7.81}$$

式中 i——折现率。

如果通货膨胀率 f 不是常数，各年都不同，则 S 的现值为

$$P=Se^{-it}\prod_{k=1}^{t}e^{-f_k} \tag{7.82}$$

式 (7.80)～式 (7.82) 是按类似连续复利的方式考虑通货膨胀及时间价值对资金折现的影响，如果按类似普通复利的方式，且同时考虑投资者可以接受的最低投资利润率 i_m 的影响，则资金的综合折现率 r 可由下式计算

$$1+r=(1+i_m+i_r)(1+i_f) \tag{7.83}$$

式中 i_f——年通货膨胀率；

i_m——假定没有通货膨胀时可接受的最低投资利润率；

i_r——利率。

【例 7.12】 表 7.27 给出了通货膨胀对于现金流量和投资方案评价的影响。表中列出了某一项目各年的现金流量及净现值 NPV 的计算结果。其中情况 A 忽略了通货膨胀的影响，情况 B 则考虑了通货膨胀的因素。

表 7.27 通货膨胀对投资方案评价的影响 单位：美元

(A)不考虑通货膨胀的情况					
年	0	1	2	3	4
投资	−1000				+100
流动资金	−200				+200
收入		+1500	+2000	+2000	
成本		−900	−1000	−1000	
净收入税			−300	−500	−500
资本减税		+500			
净现金流	−1200	+1100	+700	+500	−200
现值	−1200	+1020	+600	+400	−150
NPV=670					

(B)考虑 10%通货膨胀和 12%成本上升的情况					
年	0	1	2	3	4
投资	−1000				+140
流动资金	−200	−20	−20	−30	+270
收入		+1650	+2420	+2660	
成本		+1010	−1260	+1410	
净收入税			−320	−580	−630
资本减税		+500			
净现金流	−1200	+1120	+820	+640	−220
现值	−1200	+1120	+550	+320	−100
NPV=520					

在计算过程中，没有通货膨胀情况下公司可以接受的最低投资利润率 i_{m} 定为0.08，预计年通货膨胀率为0.10，成本的上涨率定为每年0.02，利率定为0.03。

由式（7.83）可以计算得综合折现率为

$$r=(1+0.08+0.03)(1+0.1)-1=0.22$$

结果表明在两种情况下，项目的净现值NPV皆大于零，所以该项目是可取的。但比较A、B两种情况，B更符合实际。尽管由于考虑了通货膨胀以及资本减税等因素，使总现值NPV数值减少，但其值为正，所以认为还是可取的。如果NPV<0时，对方案的可取性就应慎重考虑，如果NPV$\ll 0$，则应予以否定。

7.4.5 项目方案的评价与选择

在实际工作中，为一个拟议的投资项目，通常要提出不止一种方案，因而就需对多方案进行比较和选优。根据方案的特点，可分为如下几种类型。

① 独立型方案　是指项目方案的采纳与否，只受自身条件的制约，不影响其他方案的采纳或拒绝。这种类型方案的现金流量是独立的，互不相关。如果评价的对象是单一方案，可以认为是独立型方案的特例。

② 互斥型方案　是指各方案之间存在互不相容、互相排斥的关系。对各个互斥方案只能选择其中之一，其余必须放弃。

③ 混合型方案　是指在一组可选方案中，既有互斥又有独立型方案的情况。

由于各方案的性质、类型及相互之间的关系各不相同，使经济效益比较和评价有一定的复杂性。所以简单地使用前面介绍的一些评价指标和方法，有可能难以获得正确的结论。为此，下面将简要介绍如何运用前面介绍的各种指标和方法，对各方案进行全面的评价和选择。

7.4.5.1 独立型方案的评价与选择

独立型方案的评价与选择，可分为资金不受限制和资金有限两种情况。

（1）资金不受限制时的评价与选择

在资金不受限制的条件下，独立型方案的采纳与否，只取决于方案自身的经济效益如何。所以，只需检验它们能否通过净现值、内部收益率等指标的评价标准，即方案在经济上是否可行。在这种情况下，独立方案的评价和选择与单一方案相同。

（2）资金有限时的评价与选择

在资金有限的条件下，不能保证通过绝对经济效益检验的所有方案都被采纳，必须放弃其中一些方案。此时应要求使一定的总投资发挥最佳的效益。为此，通常可采用两种方式。

① 净现值比排序法　首先计算各方案的净现值，然后分别与各方案的总投资相除得净现值比；然后对净现值比大于或等于零的方案按净现值比从大至小进行排序；最后根据排序情况从大至小选取方案，直到所选方案的投资总额接近或等于投资总额限制条件为止。这样，所选出的方案在一定投资限制条件下，具有最大的净现值。

② 互斥方案组合法　该法的基本思想是，将各独立型方案排列组合成若干相互排斥的方案组，再对各方案组用净现值进行比较，选出可满足总投资限制的净现值最大的方案组合。

这种方法是实现独立型方案最优选择的可靠方法，能保证所选方案的净现值总额最大。

7.4.5.2 互斥型方案的评价与选择

对互斥型方案的评价与选择，通常包括两方面的内容：一是考察各方案自身的经济效益，即进行方案绝对经济效益检验；二是考察哪一个方案相对最优，亦称为相对经济效益检验。两种检验的目的和作用不同，通常缺一不可。只有必须在多个互斥方案中选择一个时，才可以只进行相对经济效益检验。

互斥方案经济效益评价的主要内容是进行多个方案的比较和选择。要进行方案比较，就应满足方案间的可比性。而实际工作中方案的寿命期或计算期可能相同，也可能不同。针对方案寿命期是否相同，所采用的比较和评价指标也不一样，其方法也有差异。但无论采用何种评价指标和方法，都应满足方案间具有可比性的基本要求。

(1) 寿命期相同的互斥方案的评价与选择

对于寿命期相等的互斥方案，通常将它们的寿命期作为共同的计算期或分析期。可采用现金指标（如净现值、成本费用）进行方案比较评价，也可用利润率指标（如增量投资利润率、IRR等）比较和评价方案。

用净现值法对寿命相同的互斥方案进行评价和选择时，可依据 $NPV \geqslant 0$ 及净现值最大即为最优方案的原则来进行选优。

对于只需计算费用差异的互斥方案，可只进行相对经济效益检验，选择的原则是：费用现值或成本费用最小者为最优方案。

(2) 寿命期不相同的互斥方案的评价与选择

当互斥方案寿命期不相等时，各方案在各自寿命期内的净现值不具有时间可比性，需要设定一个共同的分析期或计算期。计算期的设定应根据决策的需要和方案的技术经济特征来决定。一般可采用以下几种处理方法，来决定共同的计算期。

① 寿命期最小公倍数法　此法的基本原理是假定可选方案中的一个或者若干个在其寿命期结束后，按原方案重复实施若干次，取各方案寿命期的最小公倍数作为共同的计算期，然后再进行计算和分析比较。这是对寿命期不同的互斥方案进行评价与选择的最常用方法。

② 分析截止期法　依据对未来市场状况和技术经济发展前景的估测，直接选取一个适宜的分析期或计算期，假定寿命短于此计算期的方案重复实施，并对各方案在计算期末的资产余值进行估算，在计算期结束时回收资产余值。如果各方案的寿命期相差不大，一般取最短方案寿命期作为共同计算期。

用上述计算期处理方法计算出的净现值，用于寿命不等的互斥方案比较和选择的准则是：净现值大于或等于零且净现值最大的方案为最优者。对于只需计算费用现金流量的互斥方案，可参照净现值的准则，即成本费用现值最小的方案为最优。

7.4.5.3 混合型方案的评价与选择

对于这类的方案选择，应认真研究各方案的相互关系，最终是选择一个最佳的方案组合，而非某一独立方案。

通常，混合型方案的评价和选择，按下述基本过程进行：

① 构成所有可能的组间独立、组内方案互斥的方案组合；

② 根据互斥型方案的比较和选择原则，对各组内的方案进行评价和选择；

③ 在总投资限额条件下，以独立型方案的比较和选择原则，选出最佳的方案组合。

7.4.6 项目的风险和不确定性分析

在对工程项目进行经济评价时，由于经济计算采用的数据大部分来自预测或估计，其中必然包含某些不确定因素和风险。另外，项目的经济效益也受各种不确定性因素的影响，例如销售量、成本、价格等。如果预先估计的条件未能实现，或项目的环境发生了变化，原来在预测基础上所作的决策就可能错误，投资项目就有失败的危险。为了使评价结果更符合实际情况，提高经济评价的可靠性，需要进行不确定性和风险分析，分析这些不确定性因素的变化对投资项目经济效果的影响。

7.4.6.1 收支平衡点分析

如上所述，工程项目的主要现金流入是产品销售收入。在工程项目建成后，如果产品销售量太小，将不得不降低产量，从而导致入不敷出，造成亏损。因此，必须估算一下这个工程项目投产后能够勉强维持下去的最低销售量或最低销售收入。这就是所谓收支平衡点分析（breakeven point analysis）。这里所说的收支平衡点，与7.4.2节累计现金流量图中的盈亏平衡点不是同一概念，不能混淆。那里所说的盈亏平衡点，是在工程项目从开始投资到项目终止的整个经济活动期中，累计净收入逐渐增加达到与总投资支出相平衡的时刻，也就是实现返本的时刻。这里所说的收支平衡点，则是在工程项目建设投产以后的任何一年中能够不亏损的年最低销售量或年最低销售收入。

为求出这个收支平衡点，先作下列假设：

① 产品价格稳定，且其单价与销售量无关；

② 年生产成本中，可变成本与产量成正比，固定成本则与产量无关；

③ 年销售量与年产量相同，即产品不积压；当收支平衡时，年总成本等于年销售收入。

根据上列①、②两项假设，可得下列两式

年销售收入 $y=px$

年生产成本 $y=Vx+f$

式中 y——年生产成本或年销售收入；
p——产品单价；
x——产品的年销售量或年产量；
V——单位产品的可变生产成本；
f——年固定生产成本。

再根据上列第③项假设，可得

$$px=Vx+f$$

于是

$$x_B=\frac{f}{p-V} \tag{7.84}$$

这就是收支平衡点 x_B 的基本运算公式。

上式是以年产量（亦即年销售量）表示的收支平衡点。如果乘以单价 p，就得到以货币单位表示的收支平衡点的计算公式

$$y=px_B=\frac{pf}{p-V} \tag{7.85}$$

收支平衡点还可以用生产装置的生产能力负荷率（capacity utilization）来表示。设该生产装置在满负荷生产时的能力为 X，以 X 去除式（7.84）两端，即得生产能力负荷率等式

$$\frac{x_B}{X}=\frac{f}{Xp-XV} \tag{7.86}$$

上述求收支平衡点的方法，可以用图解法来实现。即在以货币收支为纵轴，以产品产量（销售量）为横轴的坐标图上，画出年生产成本 $y=vx+f$ 与年销售收入 $y=px$ 两条直线，两直线的交点即为收支平衡点，见图7.8。

7.4.6.2 敏感性分析

敏感性分析是指通过分析和预测对经济评价有影响的各个因素发生一定变化时，对项目

经济效益的影响程度，从而找出敏感因素。敏感性分析中设定的变化因素和受影响的经济效益评价指标应根据项目特点和实际需要确定。可能发生变化的因素通常主要有：总投资、项目寿命期、建设周期、产品销售量、销售价格、可变成本、固定成本、主要原料和燃料动力的费用等。受影响的经济效益评价指标一般可采用投资利润率、投资回收期、净现值、内部收益率等。

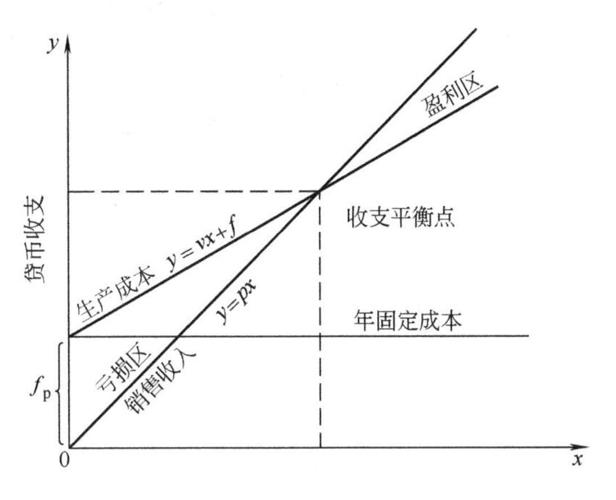

图 7.8 求收支平衡点的图解法

敏感性分析侧重于各个因素向不利方向变化的影响。如果一次只分析一个因素的影响，称为单因素敏感性分析。各个因素的变化对项目经济效益影响的程度，即经济效益指标对各个因素变化的敏感性（或灵敏度）是不相同的。影响程度大即敏感性大的因素称为敏感因素。敏感因素的不确定性会给项目带来较大的风险，甚至使原来盈利的项目变为亏损，即发生逆转。敏感性分析的目的就是找出敏感因素，发现项目经济效益可能发生逆转，即由盈利变为亏损的界限，以便采取有效措施，并在方案比较中作出正确的选择。

另外也可作多个因素同时发生变化的分析，称为多因素敏感性分析。

（1）单因素敏感性分析

单因素敏感性分析是指一次仅改变一个因素，而假定其他因素不变所进行的敏感性分析。

【例 7.13】 某企业考虑进行某项投资，各个参数的估计值如下表所示。

投资额/万元	寿命期/年	残值/万元	年净收益/万元	基准收益率/%
100	5	20	28	8

试分析项目净现值对寿命期、基准收益率的敏感性。

解 令 n 为项目寿命期（年），i 为基准收益率。则项目净现值 NPV 与它们的关系为

$$\text{NPV}=-100+28\times\sum_{t=0}^{n}(1+i)^{-t}+20(1+i)^{-n}$$

对 n 和 i，维持其中一个参数不变，对另一参数每变动一定幅度，按上式计算对应的 NPV 值，如表 7.28 所示。表中带“*”的行表示 n 和 i 都不变的情况。

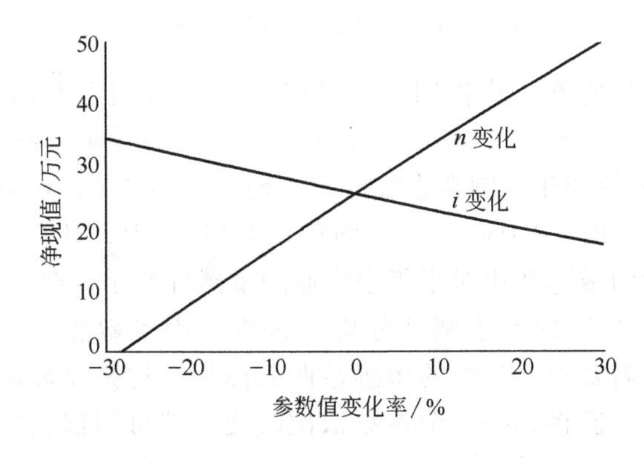

图 7.9 例 7.13 单因素敏感性分析

表 7.28 中给出了相对于 n 和 i 都不变的情况，NPV 的变化率。根据敏感性分析表，还可以画出直观的敏感性分析图，如图 7.9 所示。从表 7.28 及图 7.9 可以看出，在参数＋20%范围内，净现值对项目寿命 n 的变化是很敏感的，相对而言，对基准收益率不很敏感。分析结果还可看出，在其他参数不变的情况下，只要项目寿命不短于估计寿命的 80%，或基准收益率不大于估计值的 2 倍，该方案的净现值就大于零，即有利可图。

表 7.28 例 7.13 的单因素敏感性分析

变化因素	因素变化率/%	变化后因素值		NPV /万元	NPV 变化率 /%
		n/年	i/%		
n	+30	6.5	0.08	49.89	96.38
	+20	6	0.08	42.04	65.48
	+10	5.5	0.08	33.89	33.37
	−10	4.5	0.08	16.60	−34.68
	−20	4	0.08	7.44	−70.72
	−30	3.5	0.08	−2.08	−108.17
*	0	5	0.08	25.41	
i	+30	5	0.104	17.26	−32.06
	+20	5	0.096	19.88	−21.75
	+10	5	0.088	22.60	−11.06
	−10	5	0.072	28.32	11.47
	−20	5	0.064	31.34	23.35
	−30	5	0.056	34.47	35.67

(2) 多因素敏感性分析

单因素敏感性分析虽然便于找出敏感因素，但不能看出多个因素同时发生变化时的相互作用和综合效果，因为许多因素的变化具有相关性，因此有必要进行多因素敏感性分析。

① 两因素敏感性分析 两因素敏感性分析是研究两个参数同时发生变化的情况下，对项目经济效益的影响程度。两因素分析要用平面法，如下例所示。

【例 7.14】 某项目参数估计值同例 7.13。试分析投资额和年净收益同时变化对项目净现值的影响。

解 令 x 表示投资额的变化率，y 表示年净收益的变化率，则净现值可由下式算出

$$NPV=-100(1+x)+28(1+y)\sum_{t=0}^{5}(1+0.08)^{-t}+20(1+0.08)^{-5}$$

$$NPV=25.4-100x+111.8y$$

要使项目盈利，必须 NPV≥0，即

$$25.4-100x+111.8y\geqslant 0$$

故 $$y\geqslant -0.22727+0.89445x$$

将此不等式作图，可得图 7.10。由图可看出，直线 $y=-0.22727+0.89445x$ 是项目盈亏临界线，x、y 的变化范围在直线的上方时，NPV>0；在直线下方时，NPV<0。由图还可看出，NPV 对于投资额的敏感性比对于年净收益的敏感性要小一些。

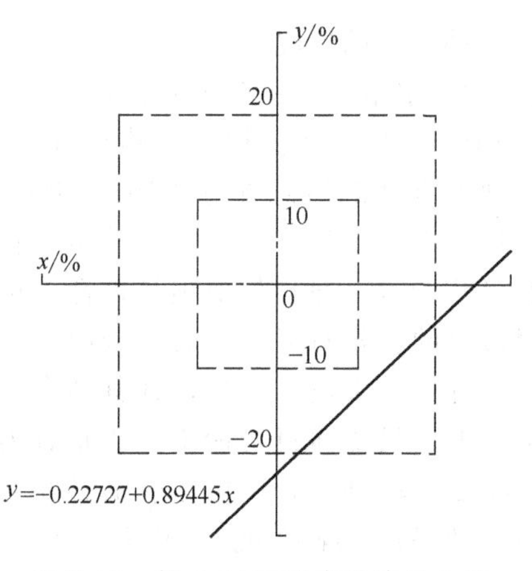

图 7.10 例 7.14 两因素敏感性分析

② 三因素敏感性分析 进行三因素敏感性分析，需要建立三维的敏感性曲面图形，这是比较困难的，但将其中一个参数依次改变，就可得出其他两个参数同时变化构成的一组临界曲线族。

【例7.15】 某项目参数估计值同例7.13。试分析项目寿命期、投资额和年净收益同时变化对项目净现值的影响。

解 令n为项目寿命期（年），x表示投资额的变化率，y表示年净收益的变化率，将净现值表示成n的函数

$$NPV(n)=-100(1+x)+28(1+y)\sum_{t=0}^{n}(1+0.08)^{-t}+20(1+0.08)^{-n}$$

依次令$n=3$、4、5、6、7，得

$$NPV(3)=-11.96-100x+72.16y\geqslant 0$$
$$y\geqslant 0.16581+1.38583x$$
$$NPV(4)=7.44-100x+92.74y\geqslant 0$$
$$y\geqslant -0.08023+1.07829x$$
$$NPV(5)=25.41-100x+111.80y\geqslant 0$$
$$y\geqslant -0.22727+0.89445x$$
$$NPV(6)=42.04-100x+129.44y\geqslant 0$$
$$y\geqslant -0.32481+0.77255x$$
$$NPV(7)=57.45-100x+145.78y\geqslant 0$$
$$y\geqslant -0.39408+0.68597x$$

将这一组方程画成临界线族，得到如图7.11所示的三因素敏感性分析。由图可以看出，当项目寿命期缩短时，临界线上移，使净现值NPV＞0的范围缩小。根据这种三因素敏感性分析图，可以直观地了解投资额、年净收益和寿命期这三个因素同时变动对项目经济效益的影响，有助于我们做出正确的决策。

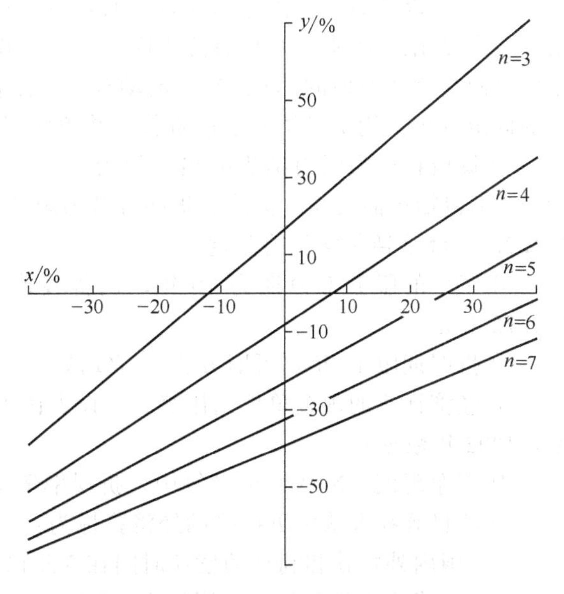

图7.11 例7.15三因素敏感性分析

7.4.7 经济评价实例

上面介绍了一些最常用的经济评价指标和方法。现试以一个实例来说明工程项目经济评价的具体步骤，以供参考。实例中所需的初始数据，如投资费用、生产成本等，只说明其来源及结果，不列出整个计算过程，以节省篇幅。

由于工程项目的性质、外界的条件、经济评价的目的、委托者的要求以及经济评价工作者的习惯都不相同，经济评价所包括的内容以及评价结果书面文件的编写形式和详略程度也互不相同。因此，这个实例的内容和形式并不是一个标准，只供参考。

这个经济评价实例的研究对象，是用氯化法生产钛白粉颜料的拟用外资建设的工程项目。

7.4.7.1 工程项目基本情况的假定

① 工厂规模：设计能力为年产钛白粉3万吨。

② 工厂年生产时间为7200h。

③ 厂生产装置的工艺、技术、设备由国外引进。生产所需的公用工程及辅助工程由国

内配套建设。

④ 本项目在引进生产装置合同生效后第36个月建成。建成投产后，最初两年的产品产量分别为设计能力的60%和80%，年操作时间不变，以后各年为满负荷生产。

⑤ 投资所需的人民币，按照国家规定，基本建设费用（包括开工费）由中国建设银行贷款，流动资金由中国人民银行贷款。国内贷款每年结算一次，利息以单利计算。基建贷款（包括开工费）年利率为3.0%。流动资金年占用费总额的5.04%。

投资所需外汇总额的85%为出口信贷，总额的15%为商业信贷。国外贷款每半年结算一次，利息以复利计算，出口信贷的年利率为8.2%，商业信贷的年利率为15%。

上述国内外贷款的利率，都是包括各项附加费在内的综合利率。

⑥ 建设期间分年度的贷款使用计划如下。出口信贷，第一年使用10%，第二年使用60%，第三年使用30%；商业信贷，第一年初使用66.66%，第三年中使用33.33%；国内基建贷款，第一年（开工费除外）使用30%，第二年使用50%，第三年使用20%。开工费在第四年开工时借贷。

⑦ 工厂所需的原材料全部由国内供应。在本项服务寿命期内，原材料费、公用工程费、人工费以及产品内外销的出厂价格均保持不变。

⑧ 工厂建成投产后，每年出口1万吨钛白粉产品，借以偿还国外贷款的本金和利息。其余的产品内销，并用所得的利润偿还国内贷款的本金和利息。偿还国内外贷款时，都是先还利率高的贷款。国外贷款的本金及利息还清后，产品全部内销。

⑨ 工厂以产品出口偿还国外贷款时，可向国家申请免缴这一部分产品的税金。产品内销，按产品出厂价的10%缴纳营业税。工厂自投产之日起，每年应向国家缴纳固定资金占用费（固定资产原值的3.6%）和流动资金占用费。工厂在偿还国内贷款期间，折旧费和应缴的固定资金占用费可用来偿还贷款，并免向国家上缴利润。

⑩ 钛白粉产品国内销售的出厂价为5500元/t；外销的离岸价格（F.O.B）为1200美元/t（不包括产品运输、保险、折扣等各项附加费用）。

7.4.7.2 经济评价条件的假定

① 工厂的服务寿命期为10年，设备残值与清理费相抵消，土地费和建筑物残值为449.72万元。

② 折旧期限10年，折旧方法为直线法。

③ 经济评价的现金单位选用美元，设人民币对美元的汇率为2.8∶1（贸易内部结算汇率，1992年数据）。

④ 在净现值（NPV）的计算中，折现率选用15%。

⑤ 项目委托人认定可接受的经济指标为：

(a) 国内外贷款和利息的偿还时间在5年以内；

(b) 正常生产年份的投资回报率（ROI）大于25%，ROI=(利润+折旧费)/总投资；

(c) 内部收益率IRR大于15%。

7.4.7.3 经济评价的内容要求

① 做国外贷款偿还表和国内贷款偿还表，并据此求出国外贷款和国内贷款的偿还期（精确到月）。

② 做出利润表，根据利润表计算各种利润率及投资回报率（ROI）。

③ 做出资金规划表。

④ 做出资产负债表。

⑤ 做出逐年现金流量表（包括现值计算）。

⑥ 根据逐年现金流量表，求出工程项目的投资回收期、折现率为15%的净现值(NPV)和内部收益率IRR。

⑦ 进行收支平衡点分析。

⑧ 进行敏感性分析。

7.4.7.4 所需初始数据的准备

(1) 投资估算

拟定从国外引进生产装置的投资是根据近年五个国外公司对钛白粉工程项目的投资和某单位的价格指数，用装置能力指数法和价格指数推算的。即1980年建设年产3万吨钛白粉(氯化法)生产装置的投资费用为4000万美元(包括专利费、设计费、设备材料费和技术服务费)。生产装置以外的配套工程投资是由工程量逐项估算而得的，为6000万元人民币。固定投资的估算结果见表7.29。

表7.29 固定投资表

内容	外汇/万美元	人民币/万元	总计/万美元
生产装置	4000	—	4000
辅助工程(包括服务设施)	—	6000	2142.29
合计			6142.9或17200万元人民币

(2) 生产成本估算

生产成本是按国内通行的方法估算的。原材料和公用工程的消耗定额以国外某公司的技术资料为依据，单价是按拟建厂的实际条件估算的。当生产负荷为80%和60%时，公用工程费用分别为原料费用的0.8～0.9和0.6～0.8。不同生产负荷的单位生产成本见表7.30。

表7.30 钛白粉的单位生产成本表 单位：元人民币/t

项目	生产负荷		
	100%	80%	60%
原材料费	1475.51	1475.51	1475.51
公用工程费	158.44	178.25	211.25
人工费	16.60	20.75	27.67
维修费(车间固定资产的6%)	224.00	280.00	373.33
车间折旧	373.33	466.67	622.22
车间管理费(车间成本的3%)	69.52	74.88	83.81
车间成本	2317.40	2496.06	2793.79
工厂折旧	200.00	250.00	333.33
企业管理费(车间成本的5%)	115.87	124.80	139.69
工厂成本	2633.27	2870.86	3266.81
销售费用	26.33	28.71	32.67
销售成本	2659.60	2899.57	3299.48
经营成本(销售成本－车间折旧－工厂折旧)	2086.27	2182.90	2343.93

(3) 流动资金的估算

表7.31列出不同生产负荷的年流动资金。

(4) 开工费的估算

开工费是以《燃料化学工业部炼油化工概算编制暂行办法》(1973)为基础估算的，见表7.32。

7.4.7.5 经济评价

根据前述工程项目基本情况的假定，在完成投资、生产成本、流动资金和开工费的估算

表 7.31 不同生产负荷下的年流动资金表

项目	生产负荷		
	100%	80%	60%
1. 储备资金	1745.30	1568.24	1391.18
①原材料库存(以 60d 计)	885.30	708.24	531.18
②备品备件(总固定资产的 5%)	860.00	860.00	860.00
2. 生产资金(按 30d 产量的车间成本计)	695.22	599.05	502.88
3. 成品资金(按 10d 产量的工厂成本计)	263.33	229.67	196.01
小计	2703.85	2396.96	2090.07
4. 手中现金(按总固定资产的 0.5%计)	86.00	86.00	86.00
5. 产品售出后应收款(按 10d 产量的销售收入计)	550.00	440.00	330.00
流动资产(1+2+3+4+5)	3339.85	2922.96	2506.07
6. 应付原材料费(以 30d 计)	442.65	354.12	265.59
7. 应付工资(以半个月工资计)	2.08	2.08	2.08
流动债务(6+7)	444.73	365.20	267.67
流动资金(流动资产－流动债务)	2895.12	2566.76	2238.40

表 7.32 开工费估算表 单位：万元人民币

项目	金额	备注
原材料费(以 90d 计)	845.91	系数 0.637
公用工程费(以 90d 计)	69.87	系数 0.490
催化剂及点火燃料(车间固定资产的 0.2%)	22.40	
检修费(车间固定资产的 1.5%)	168.00	
技术指导费(包括施工单位参加开车人员费)	4.5	
试车回收产品费	660.96	系数 0.204
开工费(1+2+3+4+5－6)	449.72	

以后，需依次做出以下各表，以便进行经济评价。

(1) 资金使用计划表

根据前述工厂建设进度和资金使用计划，做出资金使用计划表 7.33，工厂投产第一年的流动资金贷款是 60%负荷时的流动资金数额，工厂投产第二年的流动资金贷款是 80%负荷和 60%负荷流动资金的差额，工厂投产第三年的流动资金贷款是 100%负荷和 80%负荷流动资金的差额。

表 7.33 资金使用计划表

项目 \ 年份	0	1	2	3	4	5	合计
国外贷款/万美元							
出口借贷	340	2040	1020	0	0	0	3400
商业借贷	400	0	200	0	0	0	600
小计	740	2040	1220	0	0	0	4000
折合人民币/万元	2072	5712	3416	0	0	0	11200
国内贷款/万元							
基建贷款							
建设费	1800	3000	1200	0	0	0	6000
开工费	0	0	0	449.7	0	0	449.7
流动资金贷款	0	0	0	2238.4	328.4	328.4	2895.2
小计	1800	3000	1200	2688.1	328.4	328.4	9344.9
折合美元	642.9	1071.4	428.6	960.0	117.3	117.3	3337.5
合计/万美元	1382.9	3111.4	1648.6	960.0	117.3	117.3	7337.5
万元人民币	3872	8712	4616	2688.1	328.4	328.4	20544.9

(2) 国外贷款偿还表

前已述及本项目投资后，每年出口1万吨产品，以偿还国外贷款的本金和利息。根据资金使用计划表7.33中的国外贷款数额，即可做出国外贷款偿还表7.34。

表7.34 国外贷款偿还表 单位：万美元

年份	贷款			利息			还款			本利和		
	出口信贷	商业信贷	小计	出口信贷	商业信贷	小计	出口信贷	商业信贷	小计	出口信贷	商业信贷	小计
0	170.0	400.0	570.0	7.0	30.0	37.0	0	0	0	177.0	430.0	607.0
0.5	170.0	0	170.0	14.2	32.3	46.5	0	0	0	361.2	462.3	823.5
1	1020.0	0	1020.0	56.6	34.7	91.3	0	0	0	1437.8	497.0	1934.8
1.5	1020.0	0	1020.0	100.8	37.3	138.1	0	0	0	2558.6	534.3	3092.9
2	510.0	0	510.0	125.8	40.1	165.9	0	0	0	3194.4	574.4	3768.8
2.5	510.0	200.0	710.0	151.9	58.1	210.0	0	0	0	3856.3	832.5	4688.8
3	0	0	0	158.1	62.4	220.5	0	360.0	360.0	4014.4	534.9	4549.3
3.5	0	0	0	164.6	40.1	204.7	265.0	575.0	840.0	3914.0	0	3914.0
4	0	0	0	160.5	0	160.5	600.0	0	600.0	3474.5	0	3474.5
4.5	0	0	0	142.5	0	142.5	600.0	0	600.0	3017.0	0	3017.0
5	0	0	0	123.7	0	123.7	600.0	0	600.0	2540.7	0	2540.7
5.5	0	0	0	104.2	0	104.2	600.0	0	600.0	2044.9	0	2044.9
6	0	0	0	83.8	0	83.8	600.0	0	600.0	1528.7	0	1528.7
6.5	0	0	0	62.7	0	62.7	600.0	0	600.0	991.4	0	991.4
7	0	0	0	40.6	0	40.6	600.0	0	600.0	432.0	0	432.0
7.5	0	0	0	17.7	0	17.7	449.7	0	449.7	0	0	0

注：出口借贷8.2%，商业借贷1.5%。

由于商业信贷利率高于出口信贷利率，所以还款时，首先偿还商业信贷。国外贷款每半年结算一次。因为第一次还款正处于开工试车期，故只偿付0.3万吨，第二次偿付0.7万吨，全年度应偿付1万吨产品。

根据国外贷款偿还终了那一年的还款数额（A）计算出该年偿还国外贷款的产品数量（或称外销量）（B），内销量（C），以及该年的内销收入（D）和该年国外贷款的偿还时间（E）。计算方法如下。

$B=A/1200$（1200是产品外销售价，美元/t）

$C=30000-B$（30000是年总销售量，t）

$D=5500\times C$（5500是产品内销售价，元/t）

$E=B/10000\times 12$（10000是计划外销量，12是月份）

本项目国外贷款偿还终了那一年的还款数额A=449.7万美元+600万美元=1049.7万美元。该年的产品偿付数量B=1049.7万美元/(1200美元/t)=8747.5t。内销量C=30000t−8747.5t=21252.5t。内销收入D=5500元/t×21252.5t=11688.9万元。该年的偿还时间E=8747.5t/10000t×12=10.5月。

本项目的国外贷款期，从开始偿还算起，为4年10.5月。贷款总额为4000万美元，从初次贷款到偿还完毕，历时8年，还款总额为5849.7万美元，其中利息为1849.7万美元。

(3) 年度销售量和销售收入计划表

根据前述的内外销比例、内外销价格和表7.34国外贷款偿还表及其有关计算，做出年度销售量和销售收入计划表7.35。为了以后表格使用方便，需将内销收入折算为美元。

表 7.35 年度销售量和销售收入计划表

序号	项目	开工初期		满负荷生产期							
		60%	80%	100%							
		3	4	5	6	7	8	9	10	11	12
1	销售量										
	外销/(t/a)	10000	10000	10000	10000	8747.5	0	0	0	0	0
	内销/(t/a)	8000	14000	20000	20000	21252.5	30000	30000	30000	30000	30000
	合计/(t/a)	18000	24000	30000	30000	30000	30000	30000	30000	30000	30000
2	销售收入										
	外销/(万美元/年)	1200	1200	1200	1200	1049.7	0	0	0	0	0
	内销/(万元人民币/年)	4400	7700	11000	11000	11688.9	16500	16500	16500	16500	16500
	折合/(万美元/年)	1571.4	2750	3928.6	3928.6	4174.6	5892.9	5892.9	5892.9	5892.9	5892.9
	合计/(万美元/年)	2771.4	3950	5128.6	5128.6	5224.3	5892.9	5892.9	5892.9	5892.9	5892.9

(4) 年度人民币收支表

表 7.36 为年度人民币收支表。根据年度人民币的收支情况，可判断出各年度对国内贷款的偿还能力。表中收入项的数据取自销售计划表 7.35 中的内销收入，支出项的经营费是当年的经营成本和产量的乘积。年固定资金占用费是固定资产原值的 3.6%。年流动资金占用费是年流动资金额的 5.04%。工商税是当年销售收入的 10%。国家规定固定资金占用费和折旧可用于偿还贷款，故本项目偿还贷款期这两项不再重复支出。

表 7.36 年度人民币收支表 单位：万元人民币

序号	项目	开工初期		满负荷生产期							
		60%	80%	100%							
		3	4	5	6	7	8	9	10	11	12
1	收入	4400.0	7700.0	11000.0	11000.0	11688.6	16500.0	16500.0	16500.0	16500.0	16500.0
2	支出	4771.9	6138.4	7504.7	7504.7	7573.6	10393.9	10393.9	10393.9	10393.9	10393.9
	经营费	4219.1	5239.0	6258.8	6258.8	6258.8	6258.8	6258.8	6258.8	6258.8	6258.8
	固定资产占用费	0	0	0	0	0	619.2	619.2	619.2	619.2	619.2
	流动资产占用费	112.8	129.4	145.9	145.9	145.9	145.9	145.9	145.9	145.9	145.9
	工商税	440.0	770.0	1100.0	1100.0	1168.9	1650.0	1650.0	1650.0	1650.0	1650.0
	折旧	0	0	0	0	0	1720.0	1720.0	1720.0	1720.0	1720.0
3	盈亏	−371.9	1561.6	3495.3	3495.3	4115.0	6106.1	6106.1	6106.1	6106.1	6106.1

(5) 国内贷款偿还表

表 7.37 为国内贷款偿还表，根据表 7.33、表 7.35 和表 7.36 制成。因为国内贷款系单利，所以从开始贷款起，就要偿还当年的贷款利息。在建设期和开工试车期（指投产第 1 年），无力支付或偿还能力不足以支付当年利息时，可使用无息贷款支付。

表 7.37 国内贷款偿还表 单位：万元人民币

年份	贷款				利息		还款						累计负债			
	基建贷款			信用贷款	基建贷款	信用贷款	基建贷款			信用贷款		合计	基建贷款		信用贷款	合计
	年度有息	累计有息	年度无息				有息本金	无息本金	利息	本金	利息		有息	无息		
0	1800.0	1300.0	54.0	0	54.0	0	0	0	54.0	0	0	54.0	1800.0	54.0	0	1854.0
1	3000.0	4800.0	144.0	0	144.0	0	0	0	144.0	0	0	144.0	4800.0	198.0	0	4993.0
2	1200.0	6000.0	180.0	0	180.0	0	0	0	180.0	0	0	180.0	6000.0	373.0	0	6373.0
3	449.7	6449.7	193.5	391.6	193.5	19.7	0	0	193.5	0	19.7	213.2	6449.7	571.5	391.6	7412.8
4	0	6449.7	0	0	193.5	19.7	385.3	571.5	193.5	391.6	19.7	1561.6	6064.4	0	0	6064.4
5	0	6064.4	0	0	181.9	0	3313.4	0	181.9	0	0	3495.3	2751.0	0	0	2751.0
6	0	2751.0	0	0	82.5	0	2751.0	0	82.5	0	0	2333.5	0	0	0	0

投产第二年以后，如仍无偿还能力或偿还能力不足以支付当年利息，则需使用信用贷款支付。

投产后如发生亏损，也需要用信用贷款来平衡企业的收入和支出。信用贷款也必须支付当年的利息，其年利率为5.04％。因此，某年的信用贷款额可由人民币收支表7.36中该年的亏损额求得，即信用贷款额＝亏损额/(1－信贷利率)。本例中，表7.36年度人民币收支表显示，开工的第一年亏损371.9万元，根据上式必须借用信用贷款＝371.9万元/(1－0.0504)＝391.6万元，当年付出信用贷款利息19.7万元。

国内贷款的偿还过程中，每年要以1万吨产品偿还国外贷款，所以用于偿还国内贷款的现金系来自2万吨产品的内销收入减去3万吨的经营成本、内销产品的工商税、流动资金占用费和信用贷款的本利。国内贷款的偿还顺序如下：①信贷利息；②基建贷款利息；③信用贷款的本金；④基建贷款中的无息贷款本金；⑤基建贷款中的有息贷款本金。

国内贷款偿还期的计算方法与国外贷款偿还期计算方法相同。本例中国内贷款偿还表7.37国内贷款最后一次的偿还数额为2833.5万元，当年的偿还能力为3495.3万元，最后一次的偿还时间＝2833.5万元×12月/3495.3万元＝9.7月。本方案的偿还期，以开始偿还算起为3年9.7月。贷款总额为7412.8万元，历时7年共还款8481.6万元，其中利息为1068.8万元。

在经济分析中，国内贷款的偿还应全部视为国家投资所取得的利润，而不是国家的投资本金的撤出，以下各部分都将国内贷款视为自有资金，本息均包括在利润中。

(6) 利润

利润（见表7.38）是反映整个工程项目投产以后按年计算的收入或亏损。它根据的是工程项目投入生产以后的收支。为简化计，假定原材料、在制品和成品的库存变化为零。

为以后各表的使用方便，利润表中选用万美元为计算单位。

① 销售收入项见表7.35。

② 经营费用项见表7.36。

③ 折旧根据前述假定为固定资产的10％。

④ 经营利润等于销售收入减去经营费，再减去折旧。

⑤ 税金包括固定资金占用费、流动资金占用费和工商税，见表7.36。

⑥ 国外贷款利息见表7.34。

⑦ 信用贷款利息见表7.37。

⑧ 企业利润等于经营利润减去税金，再减去国外贷款利息，再减去信用贷款利息。

⑨ 累计保留利润即企业利润逐年累计值。

(7) 投资回报率（ROI）

前已述及投资回报率ROI随着定义的不同，其值会有很大变化。由于不同年份获利多少不同，在同一的ROI定义下，各年的ROI也不全都相同。本例中，投资回报率（ROI）定义为

$$\mathrm{ROI}=\frac{\text{企业利润}+\text{折旧}}{\text{总投资}}$$

$$\text{企业利润}=\text{销售收入}-\text{经营成本}-\text{折旧}-\text{税金}-\text{贷款利息}$$

$$\text{总投资}=\text{总固定资金}+\text{流动资金}$$

本例中，各年的ROI值附于表7.38中。

表7.38 利润表 单位：万美元

项目 \ 时期/年份	建设期			开工初期 负荷60%	开工初期 负荷80%	满负荷生产期 负荷100%	
	0	1	2	3	4	5	6
销售收入	0	0	0	2771.4	3950.0	5128.6	5128.6
经营费用	0	0	0	−1506.8	−1871.1	−2235.3	−2235.3
折旧	0	0	0	−614.3	−614.3	−614.3	−614.3
经营利润	0	0	0	650.3	1464.6	2279.0	2279.0
税金	0	0	0	−197.4	−321.2	−445.0	−445.0
国外贷款利息	0	0	0	−1114.0	−303.0	−227.9	−146.5
信用贷款利息	0	0	0	−7.0	−7.0	0	0
企业利润	0	0	0	−668.1	833.4	1606.1	1687.5
累计保留利润	0	0	0	−668.1	165.3	1771.4	3458.9
比率							
经营利润/销售收入/%	0	0	0	23.46	37.08	44.44	44.44
企业利润/销售收入/%	0	0	0	−24.11	21.10	31.32	32.90
企业利润/自有资金/%	0	0	0	−21.53	25.88	48.12	50.56
现金增值(企业利润＋折旧)	0	0	0	−53.8	1447.7	2220.4	2301.8
长期债务偿付的可靠性(现金增值/债务偿付)	0	0	0	−0.045	1.206	1.850	1.918
ROI(%)$=\frac{企业利润+折旧}{总投资}$	0	0	0	0.70	19.73	30.26	31.37

项目 \ 时期/年份	满负荷生产期 负荷100%					
	7	8	9	10	11	12
销售收入	5224.2	5892.9	5892.9	5892.9	5892.9	5892.9
经营费用	−2235.3	−2235.3	−2235.3	−2235.3	−2235.3	−2235.3
折旧	−614.3	−614.3	−614.3	−614.3	−614.3	−614.3
经营利润	2374.6	3043.3	3043.3	3043.3	3043.3	3043.3
税金	−469.6	−862.5	−862.5	−862.5	−862.5	−862.5
国外贷款利息	−58.3	0	0	0	0	0
信用贷款利息	0	0	0	0	0	0
企业利润	1846.7	2180.8	2180.8	2180.8	2180.8	2180.8
累计保留利润	5305.6	7486.4	9667.2	11348.0	14028.8	16209.6
比率						
经营利润/销售收入/%	45.45	51.64	51.64	51.64	51.64	51.64
企业利润/销售收入/%	35.35	37.00	37.00	37.00	37.00	37.00
企业利润/自有资金/%	55.33	65.34	65.34	65.34	65.34	65.34
现金增值(企业利润＋折旧)	2461.0	2795.1	2795.1	2795.1	2795.1	2795.1
长期债务偿付的可靠性(现金增值/债务偿付)	2.334	—	—	—	—	—
ROI(%)$=\frac{企业利润+折旧}{总投资}$	33.54	38.09	38.09	38.09	38.09	38.09

现就工厂正常生产年份（指偿还完国内外贷款后的满负荷生产年份）的投资回报率，举例计算如下。

$$投资回报率\ (ROI)=\frac{企业利润+折旧}{总投资}=\frac{年销售收入-年经营成本-税金}{总固定资金+流动资金}$$

$$税金=营业税+流动资金占用费+固定资金占用费$$

正常生产年份贷款利息等于零。

年销售收入、年经营费用、税金见表7.36。

总投资见资金使用计划表 7.33。

$$\text{产品全部内销时的投资回报率(ROI)}=\frac{16500-6258.3-(619.2+145.9+1650)}{20544.9}=38.09\%$$

$$\text{产品全部外销时的投资回报率(ROI)}=\frac{1200\times2.8\times3-6258.3-(619.2+145.9+1650)}{20544.9}=6.84\%$$

(8) 资金规划表

资金规划表（见表 7.39）主要用来说明资金流入（包括资金筹措、贷款、经营利润和折旧）的时间，是否与投资费用、生产费用及其他费用的流出相协调，借以避免出现资金闲置所造成的损失和财务困难所导致的计划延误。

表 7.39　资金规划表　单位：万美元

项目 \ 时期	建设期			开工初期		满负荷生产期	
				负荷 60%	负荷 80%	负荷 100%	
年份	0	1	2	3	4	5	6
收入	1382.9	3111.4	1648.6	2364.4	2196.2	3010.6	2893.3
资金筹措	1382.9	3111.4	1648.6	960.0	117.3	117.3	0
经营利润	0	0	0	650.3	1464.6	2279.0	2279.0
折旧	0	0	0	614.3	614.3	614.3	614.3
信用贷款	0	0	0	139.8	0	0	0
支出	1382.9	3111.4	1648.6	2364.4	1785.3	1762.3	1645.0
资产支出	1382.9	3111.4	1648.6	0	0	0	0
债务支出							
商业信贷本利支付	0	0	0	265	1200	1200	1200
出口信贷本利支付	0	0	0	935	0	0	0
信用贷款及利息	0	0	0	7	146.8	0	0
税金	0	0	0	197.4	321.2	445.0	445.0
开工费及流动资金	0	0	0	960.0	117.3	117.3	0
盈亏	0	0	0	0	410.9	1248.3	1248.3
累计结余	0	0	0	0	410.9	1659.2	2907.5

项目 \ 时期	满负荷生产期					
	负荷 100%					
年份	7	8	9	10	11	12
收入	2988.9	3657.6	3657.6	3657.6	3657.6	3657.6
资金筹措	0	0	0	0	0	0
经营利润	2374.6	3043.3	3043.3	3043.3	3043.3	3043.3
折旧	614.3	614.3	614.3	614.3	614.3	614.3
信用贷款	0	0	0	0	0	0
支出	1519.3	862.5	862.5	862.5	862.5	862.5
资产支出	0	0	0	0	0	0
债务支出						
商业信贷本利支付	1049.7	0	0	0	0	0
出口信贷本利支付	0	0	0	0	0	0
信用贷款及利息	0	0	0	0	0	0
税金	469.6	862.5	862.5	862.5	862.5	862.5
开工费及流动资金	0	0	0	0	0	0
盈亏	1469.6	2795.1	2795.1	2795.1	2795.1	2795.1
累计结余	4377.1	7172.2	9967.3	12762.4	15557.5	18352.6

资金规划表中所用的单位为万美元。

表中资金筹措即工厂建设期的投资，包括国外贷款及自有资金（国内贷款）。经营利润、折旧见利润表7.38，信用贷款见国内贷款偿还表7.37。

表中资产支出是工厂建设期的支出。债务支出包括国外贷款的本利支付及国内信用贷款的本利支付。开工费及流动资金见资金使用计划表7.33。

表中盈亏等于收入减支出。

表中累计结余即盈亏的逐年累计值。

(9) 资产负债表

资产负债表（表7.40）用以表示工程项目在经济寿命期内任一时间的财务状况，即工程项目某一时间所有的现金余额、流动资产、固定资产、自有资金、贷款资金以及为了平衡经营所需的流动债务。

表7.40 资产负债表 单位：万美元

项目 \ 时期/年份	建设期			开工初期 负荷60%	开工初期 负荷80%	满负荷生产期 负荷100%	
	0	1	2	3	4	5	6
资产	1382.9	4494.3	6142.9	6584.2	6529.7	7312.6	7946.6
总流动资产品税							
累计结余	0	0	0	0	410.9	1659.2	2907.5
年流动资产	0	0	0	895.0	1043.9	1192.8	1192.8
固定资产	1382.9	4494.3	6142.9	5689.2	5074.9	4460.6	3846.3
负债	1382.9	4494.3	6142.9	6584.2	6529.7	7312.6	7946.6
年流动债务	0	0	0	95.6	127.2	158.8	158.8
贷款							
国外贷款总计	740.0	2780.0	4000.0	3914.0	3017.0	2044.9	991.4
信用贷款	0	0	0	139.8	0	0	0
自有资金	642.9	1714.3	2142.9	3102.9	3220.2	3337.5	3337.5
累计保留利润	0	0	0	−668.1	165.3	1771.4	3458.9

项目 \ 时期/年份	满负荷生产期 负荷100%					
	7	8	9	10	11	12
资产	8801.9	10982.7	13163.5	15344.3	17525.1	197059
总流动资产品税						
累计结余	4377.1	7172.2	9967.3	12762.4	15557.5	183526
年流动资产	1192.8	1192.8	1192.8	1192.4	1192.8	1192.8
固定资产	3232.0	2617.7	2003.4	1389.1	774.8	160.5
负债	8801.9	10982.7	13163.5	15344.3	17525.1	197059
年流动债务	158.8	158.8	158.8	158.8	158.8	158.8
贷款						
国外贷款总计	0	0	0	0	0	0
信用贷款	0	0	0	0	0	0
自有资金	3337.5	3337.5	3337.5	3337.5	3337.5	3337.5
累计保留利润	5305.6	7486.4	9667.2	11848.0	14028.8	16209.6

资产负债表中的各项（除年流动资产和年流动债务外）都是逐年的累计值。

表中资产栏中的累计结余取自资金规划表，负债栏中的保留利润取自利润表。通过逐年资产负债的平衡，可保证以上利润表和资金规划表账面无误。

（10）逐年现金流量表

逐年现金流量表（表 7.41）是比较集中地反映经济分析结果的最重要的一张报表。工程项目的投资回收期、净现值和折现现金流量回收率都是根据这张表求出的。

表 7.41　逐年现金流量表

项　目	建　设　期			开工初期		满负荷生产期		
				60%	80%	100%		
	0	1	2	3	4	5	6	
现金收入	0	0	0	2771.4	3950.0	5128.6	5128.6	5224.2
产品内销收入	0	0	0	1571.4	2750.0	3928.6	3928.6	4174.5
产品外销收入	0	0	0	1200.0	1200.0	1200.0	1200.0	1049.7
现金支出	−642.9	−1071.4	−428.6	−3871.2	−3516.6	−3997.6	−3997.6	−3754.6
总投资费用								
自有资金	−642.9	−1071.4	−428.6	−960.0	−117.3	−117.3	0	0
出口信贷本利	0	0	0	−265.0	−1200.0	−1200.0	−1200.0	−1049.7
商业信贷本利	0	0	0	−935.0	0	0	0	0
经营费用	0	0	0	−1506.8	−1871.1	−2235.3	−2235.3	−2235.3
信用贷款利息	0	0	0	−7.0	−7.0	0	0	0
税金								
固定资产占有税	0	0	0	0	0	0	0	0
工商税	0	0	0	−157.1	−275.0	−392.9	−392.9	−417.5
流动资金利息	0	0	0	−40.3	−46.2	−52.1	−52.1	−52.1
现金流量	−642.9	−1071.4	−428.6	−1099.8	433.4	1131	1248.3	1469.6
累计现金流量	−642.9	−1714.3	−2142.9	−3242.7	−2809.3	−1678.3	−430	1039.6
现值(折现率 15%)	−642.9	−931.7	−324.1	−723.1	247.8	562.3	539.7	552.5

项　目	满负荷生产期 100%					残值①	总计
	8	9	10	11	12		
现金收入	5892.9	5892.9	5892.9	5892.9	5892.9		51667.3
产品内销收入	5892.9	5892.9	5892.9	5892.9	5892.9		45817.6
产品外销收入	0	0	0	0	0		5849.7
现金支出	−3097.8	−3097.8	−3097.8	−3097.8	−3097.8	1194.6	−35457.6
总投资费用							
自有资金	0	0	0	0	0		−3337
出口信贷本利	0	0	0	0	0		−4914.7
商业信贷本利	0	0	0	0	0		−935.0
经营费用	−2235.3	−2235.3	−2235.3	−2235.3	−2235.3		−21260.3
信用贷款利息	0	0	0	0	0		−14.0
税金							
固定资产占有税	−221.1	−221.1	−221.1	−221.1	−221.1		−1105.5
工商税	−589.3	−589.3	−589.3	−589.3	−589.3		−4581.9
流动资金利息	−52.1	−52.1	−52.1	−52.1	−52.1		−503.3
现金流量	2795.1	2795.1	2795.1	2795.1	2795.1 (3989.7)②	1194.6	16209.7
累计现金流量	3834.7	6629.8	9424.9	12220	16209.7		16209.7
现值(折现率 15%)	913.7	794.5	690.9	600.8	745.7		3026.1

① 残值：1194.6 万美元，包括流动资金 1034 万美元和土地建筑物残值 160.6 万美元。

② 括号内的数值是第 12 年的现金流量与工程项目残值之和，并以此值折现。

逐年现金流量表是根据前述假定条件、各项费用估算值并参照以上各表编制的。

表中的现金收入，无论产品是内销或是外销，均指销售净收入。

表中现金支出项中的自有资金是指国内贷款资金。国内资金虽系贷款，但这只是国家对企业投资的一种方式，企业和资金均属国家所有，故称自有资金，用于下列两方面。

① 建设期间国内配套建设的基本建设费用。

② 流动资金。

在逐年现金流量表中，国外贷款不出现在建设期，而是反映为工厂投产后出口信贷和商业信贷的本息支付。这是实际发生的现金流量，可视为投资时间的转移。

本表是从企业的角度出发的，故将税金作为现金流出。

(11) 净现值（NPV）

逐年现金流量表中的现值，系各年的现金流量按折现率15%折算为本项目开始建设时的时值。逐年现金流量表7.41中各年现值的代数和（包括经济活动终了时残值的现值），即为本项目的净现值（NPV）3026.1万美元。

(12) 内部收益率（IRR）

用试差法计算

当$i_1=28.5\%$时，$NPV_1=78.05$；当$i_2=29.5\%$时，$NPV_2=-38.40$。

将i_1、i_2、NPV_1、NPV_2代入内插公式

$$IRR=i_1+\frac{NPV_1}{NPV_1-NPV_2}(i_2-i_1)=0.285+\frac{78.05}{78.05-(-38.40)}(0.295-0.285)=29.17\%$$

本工程项目的折现现金流量回收率为29.17%。

(13) 投资回收期

工程项目的投资回收期系依据逐年现金流量表7.41中累计流通从负值转为正值的时间求取，表中第6年的累计现金流量为-430万美元，第7年为1039.6万美元，第7年的实际现金流量为1039.6万美元+430万美元=1469.6万美元，累计现金流量为零的时间是(430万美元/1469.6万美元)×12月=3.5月。

本项目的投资回收期是6年3.5月。

本例中投资回收期是以纳税付息后的利润（包括可用于还本的折旧和固定资金占用费）为基础计算的。

(14) 收支平衡点分析

收支平衡点分析，是基于工厂正常生产年份进行的，平衡点是产品全部内销的收支平衡点。工厂正常生产年份产品的单位销售价p为5500元/t，固定成本等于单位产品的人工费、维修费、车间管理费、工厂管理费、车间折旧、工厂折旧之和。年固定成本f_P=单价固定成本×年产量，即$f_P=999.32$元/t$\times3\times10^4$t。可变成本V是单位产品的原材料费与公用工程费之和，$V=1633.95$元/t。

收支平衡点，以年销售量表示

$$x_B=\frac{f_P}{P-V}=\frac{999.32\text{元/t}\times3\times10^4\text{t}}{5500\text{元/t}-1633.95\text{元/t}}=7755\text{t}$$

以销售额表示

$$M=7755\text{t}\times5500\text{元/t}=4265.25\text{万元}$$

以生产力能力利用率表示 $$Q=\frac{7755}{30000}=25.85\%$$

(15) 敏感性分析

为了观察某因素的变化对整个工程项目的经济效果产生多大影响，考虑了下列十个情况的单因素变化，并把生产力能力扩大到5万吨/年也作为一种情况，分别计算有关指标，以资比较。这十种情况变化因素依次如下。

① 生产装置及配套工程投资各增加10%。

② 生产装置及配套工程投资各增加20%。

③ 生产装置及配套工程投资各增加50%。

④ 原材料费增加30%。

⑤ 原材料费增加40%。

⑥ 原材料费增加50%。

⑦ 投产拖后一年。

⑧ 产品国内销售价降至4200元/t。

⑨ 产品国内销售价降至1000美元/t。

⑩ 生产能力扩大到5万吨/年，基本建设投资按装置能力指数法推算。

这十种情况变化后的经济评价结果见表7.42。

表7.42 敏感性分析

经济指标	情况				
	原始	1	2	3	4
总投资/万元人民币	20544.8	22405.6	24266.1	29847.7	21116.2
其中外汇折人民币/万元	11200.0	12320.0	13440.0	16800.0	11200.0
销售成本/(元/t)	2659.6	2745.1	2830.6	3087.1	3143.6
经营成本/(元/t)	2086.7	2114.5	2142.6	2227.1	2570.2
国内贷款偿还期	3年9.7月	4年1.7月	4年5.9月	5年8.3月	5年6.4月
国外贷款偿还期	4年10.5月	5年5.8月	6年1.6月	8年3.6月	4年10.5月
产品内销投资回报率ROI/%	38.09	34.25	30.99	23.66	30.11
产品外销投资回报率ROI/%	6.84	5.60	4.54	2.16	−0.29
当ROI=25%时					
最大出口限额/万吨	1.3046	0.9683	0.6796	—	0.5043
内销数额/万吨	1.6954	2.0317	2.3204	—	2.4957
投资回收期	6年3.5月	7年10.2月	8年2.5月	9年4.9月	8年9.1月
净现值(i=15%)/万美元	3212.6	2577.3	1614.7	−278.0	998.4
折现现金流量回收率/%	29.17	25.82	21.90	13.82	19.54

经济指标	情况					
	5	6	7	8	9	10
总投资/万元人民币	21306.7	21497.1	20544.8	20544.8	20544.8	29273.7
其中外汇折人民币/万元	11200.0	11200.0	11200.0	11200.0	11200.0	15680.0
销售成本/(元/t)	3304.9	3466.2	2659.6	2659.6	2659.6	2515.5
经营成本/(元/t)	2731.5	2892.9	2086.7	2086.7	2086.7	2033.9
国内贷款偿还期	6年2.4月	7年0.5月	4年10.4月	7年2.8月	3年9.7月	2年1.2月
国外贷款偿还期	4年10.5月	4年10.5月	5年5.6月	4年10.5月	6年1.3月	7年6.3月
产品内销投资回报率ROI/%	27.54	25.02	38.09	21.01	38.09	46.07
产品外销投资回报率ROI/%	−2.59	−4.84	6.84	8.74	6.84	9.52
当ROI=25%时						
最大出口限额/万吨	0.2534	0.0025	1.2570	—	1.2570	2.8824
内销数额/万吨	2.7466	2.9975	1.7430	—	1.7430	2.1176
投资回收期	9年4.1月	10年2.2月	7年9.8月	9年7.7月	7年4.1月	5年5.4月
净现值(i=15%)/万美元	240.8	−654.3	2492.6	−266.4	2435.3	7873.5
折现现金流量回收率/%	16.09	12.02	25.51	13.58	26.53	42.14

符号说明

a_{ij}　消耗系数

A　消耗系数矩阵

$A^{①}$　折算为碳钢制的全部界区的机器设备总价，人民币或美元

B　最终产品列向量

C_{BLD}　界区直接投资，人民币或美元

C_V　可变成本与工资额之和，人民币或美元

d_{kj}　外购物料的消耗系数

D 外购物料消耗系数矩阵

D_j 生产 j 产品的折旧费用，人民币或美元

e 换热器碳钢费用之和，人民币或美元

EMIP 等效最大投资期（年），年

f 现场组装设备碳钢费用之和，人民币或美元

f① 通货膨胀率

F_L 杂项安装系数

F_M 现场施工管路系数

F_P 一般开支费用，人民币或美元

i 每个利息周期的利率

P① 本金，人民币或美元

P 泵的碳钢费用之和

P_t 投资回收期，年

rI 专利权使用费，人民币或美元

R 总毛利润

R① 总现金流量

R 均匀现金流量速度

ROI 投资利润率

S_j 产品 j 包含的除工资、利税之外的其他产值，人民币或美元

S 本金的将来值，人民币或美元

t 全部塔壳的碳钢费用，人民币或美元

U_{ij} 生产第 j 产品对外购物料 i 的需要量

U_i 外购物料 i 的总需要量

U 外购物料列向量

V 利润

V_j 生产第 j 产品的工资付出

m 年利息周期数

mI 维修费，人民币或美元

I_w 流动资金，人民币或美元

n 能力指数

NPV 净现值

oI 间接成本

X_i 第 i 部分产品总量

X 产品列向量

Y_{ij} 第 j 部分对第 i 部分产品的需要量

a_{ij} Leontief 逆反系数

① 在本章不同节中，尚有其他意义，详见各节说明。

参考文献

1 宋航，付超. 化工技术经济. 北京：化学工业出版社，2002

2 苏键民. 化工技术经济. 第2版. 北京：化学工业出版社，1999

3 Guthrie K M. Process Plant Estimating，Evaluation and Control. Chem. Eng，1970，**77**（12）：140～149

4 Jelen E C. Cost and Optimization Engineering. New York：McGraw-Hill，1970

5 Rost L M. Engineering Investment Decisions：Planning Uncertainty. Amsterdan：Elsevier，1976

6 国家计划委员会，建设部. 建设项目经济评价方法与参数. 北京：中国计划出版社，1993

7 D. H 艾伦著. 工程项目经济评价入门. 陈演汉译. 北京：化学工业出版社，1980

8 马国瑜. 化工最优化基础. 北京：化学工业出版社，1982

9 Pikilik A，DiaZ H E. Cost Estimation for Major Process Equipment. Chem Eng，1977，**10**：107～122

10 Hall R S，Matley J，McNaughton K J. Current Costs of process Equipment. Chem Eng，1982，**5**：80～116

11 Grant E L，Ireson WG，Leavenworth R S. Principles of Engineering Economy. 7th ed. NewYork：Wiley，1982

12 沈永金，周格非. 实用经济预测. 北京：中国物资出版社，1986

13 孙白，陈乃丁，陈宝天. 企业实用投入产出技术. 成都：四川科学技术出版社，1896

14 Max S，Peters，Klaus D Timmerhaus. Plant Design and Economics for Chemical Engineers. 3rd ed. New York：McGraw-Hill，1985

15 Uirich，Gael D. A Guide to Chenical Engineering Process Design and Econoinics. New York：John Wiley Inc.，1984

16 Wells G L，Rose L M. The Art of Chemical Process Design（Computer-Aided Chemical Eng ineering）. New York：Elsevier，1986

17 American Institute of Chemical Engineers Center for Waste Reduction Technologies（AIChE CWRT）. Total Cost Assessment Methodology. AIChE，New York（ISBN 0-8169-0807-9），2000

18 Hall J V，Winer，A M，Kleinman M T，Lurmann F W，Brajer V，Colome S D. Valuing the Health Benefits of Clean Air. Science，1992，**255**：812～817

19 Heller M，Shields P D，Beloff B. Environmental Accounting Case Study：Amoco Yorktown Refinery. Green Ledgers：Case Studies in Corporate Environmental Accounting. Ditz D，Ranganathan J，Banks D（eds）. Washtington D C：World Resources Institute（ISBN 1-56973-032-6），1995

20 Kennedy M. Total Cost Assessment for Environmental Engineers and Managers. New York：John Wiley & Sons，1997

习　　题

7.1 简述化工项目总投资的基本构成。

7.2 化工项目建设投资的估算方法有哪几种？分别说明它们的特点和适用条件。

7.3 化工产品的总成本费用中包括哪些主要内容？

7.4 说明同一套化工生产装置，开工原设计生产能力的 50%和 100%，对各自产品生产成本有何影响？

7.5 2001 年在中国建立一个年产 14 万吨的乙烯生产装置，建设投资需要 40 亿元人民币，已知乙烯的规模指数为 0.58。同年若想新建一套乙烯生产装置，欲将该装置中的单位生产能力投资降至年产 14 万吨装置的单位生产能力投资的 70%。问新乙烯装置的年生产能力应扩大到多少？新装置的建设投资估计需要多少？

7.6 试根据化工企业建设期、试生产期和正常生产期现金流动的特点，绘制出我国化工企业在其全部寿命期内大致的累计现金流量图和累计折现现金流量图。

7.7 什么是静态经济评价方法？它们包括哪些评价指标，各有什么特点？

7.8 什么是动态经济评价方法？它们包括哪些评价指标，各有什么特点？

7.9 某人共有资金 50 万元，有以下四个投资方案可供其选择。

项　目	方　案			
	1	2	3	4
总投资/万元	38	20	15	42
年可变费用/万元	3.5	2.5	2.0	4.0
年固定费用占总投资百分数	20%	20%	20%	20%
年销售收入/万元	16	10	6.5	18

(1) 设基准投资利润率为 12%（不计各种税），应推荐哪个方案？

(2) 若此人除了投资以上一个方案（不能同时投资其中两个方案），剩余的资金只能以年利率 6%存入银行而无其他投资机会，你向此人推荐哪个方案，并计算各方案的年获利情况。

7.10 有一个化工项目，项目总投资共 3800 万元人民币（全部靠银行贷款），共 1 年建设期，第二年开始，连续 11 年预测其每年总销售收入 3700 万元人民币，每年其总成本费用为 2800 万元人民币，该项目全部税种免税（不计各种税收）。项目共 12 年寿命期，终了时无任何残值，按年复利计算。其各年现金流量表如下（单位：万元人民币）。

年度/年	1	2	3	…	12
总投资	3800				
总销售收入		3700	3700	…	3700
总销售成本		2800	2800	…	2800

(1) 令年折现率为 8%，试计算该项目的净现值。

(2) 试计算该项目能承担的最大银行贷款年利率。

7.11 说明化工项目经济分析与评价在化工设计中的地位，以及它与化工设计其他内容的联系。

7.12 对环己烷（0.1661 美元/lb）和氧气（来自空气）生产环己酮（0.731 美元/lb）和环己醇（0.831 美元/lb）的过程进行基础设计，此流程所需原料和产生的废物如下。

每摩尔环己酮/环己醇［平均摩尔质量（*MW*）为 99］所需的原料：1mol 环己烷（*MW*=84）；2mol 氧气（来自空气，不计成本）。

生产每磅产品产生的废弃物：0.060lb 排出气中的有机物，需要处理；0.2lb 有机物水溶液，需要处理。

初步估算一下废物处理成本，并把这些与生产每磅产品的原料成本进行比较（根据质量平衡计算液体废弃物中的有机物负荷和需要处理的空气总量）。

7.13 从 www.epa.gov/chief/的 AP-42 文件中选择一个过程，并且估算其生产每磅产品的废弃物处理成本。

7.14 一个化工厂购买了每磅 0.60 美元的原料，年生产量 9000 万磅，产品售价为 0.75 美元/lb。一般此过程有 90%的选择性，并且未转化为产品的原料处理费为 0.80 美元/lb（焚化）。通过改进提高选择性到 98%，可达到年产量为 9800 万磅。改善前后工厂的净收入分别为多少（产品售价-原料成本-废物处理成本）？有多少净收入是由提高产品售价带来的？又有多少净收入是由减少废物处理成本带来的？

7.15 Lurmann 等（1999）估算了休斯顿地区超出国家环境空气质量标准（NAAQSs）的臭氧和细颗粒物质的成本。经他们估算，与细颗粒物质浓度（超过 NAAQSs）有关的早期死亡和发病的经济成本大约为 30 亿美元/年。Hall 等人（1992）对洛杉矶地区也进行了类似的估算。在对休斯顿的研究中，Lurmann 等人估算了各种排放情况下的成本。计算表明，如果细颗粒物的排放量每天减少约 300t，则与超出 NAAQSs 标准的细颗粒物质接触的机会将减少 7 百万人/d，并且早期死亡的人数每年减少 17 人，患慢性支气管炎的人数每年减少 24 人。如果每个支气管炎发病案例的成本为 300000 美元，早期死亡案例的成本为 6000000 美元，试估算排放每吨细颗粒物质的社会成本是多少？并将此成本与 AIChE CWRT 提出的成本范围进行比较。复习评估成本的步骤（见 Hall 等人，1992）并且评价这种方法的不确定性。

7.16 浏览世界贸易组织可持续发展的网页（www.wvcsd.ch），并且选择一个通过生态效率改进提高公司经营业绩的案例，写出一页纸的总结。

第8章 化工过程的自动控制

8.1 工艺流程图简介

仪表和计算机自动控制系统在化工生产过程中发挥重要作用，可以提高化工工艺参数的操作控制精度，使化工过程严格按照工艺优化操作条件长期安全、稳定、自动地运行，提高产品质量和收率，保证产品质量的稳定性和重现性；降低工人的劳动强度，改善工作环境，减少了人为因素对过程操作和产品质量、收率等的影响。

化工过程自动控制系统设计是化工过程设计的主要内容之一，化工过程设计就是根据某一化学工业生产的设计要求和目标，提出各种可行工业化方案，经过多次筛选比较，确定最佳的原料和工艺技术路线、工艺条件、设备选型等相关内容，并形成文件资料。通常设计目标包括：项目投资、技术先进性、产品质量和产率、物料和能量消耗、环保、流程的易操作性和安全可靠性。化工设计是一项复杂而细致的工作，以工艺专业为主体，包括总图、土建、设备、给排水、暖通、电气、控制、仪表、公用工程等多个专业的密切协作。工艺设计是整个化工工程设计的关键，因为任何化工过程的设计从工艺设计开始，由浅入深、由定性到定量逐步进行，以工艺设计结束，其他专业要服从工艺设计，为工艺服务，同时工艺专业要接纳其他专业的意见。

工艺设计的主要任务包括两个方面：一是确定生产流程中各个基本化工单元操作的形式（如反应、精馏、精制结晶等）、设备和优化操作条件，并将它们优化组合为完整的流程，达到加工原料以制得所需产品的目的；二是绘制工艺流程图，以图解的形式表示生产过程中，当物料经过各个单元操作过程制得产品时，物料和能量发生的变化及其流向。此外还要求通过图解形式表示出化工管路和检测、控制流程。

一个化工新产品或新工艺的开发从实验研究至工业化生产的全过程，需进行两大类设计：首先是在化工新技术新过程的实验研究阶段需完成的设计，按照其进程可分为概念设计、中试设计和基础（或工艺包）设计。通常这些工作由化工研究单位的工程技术研发部门负责，此阶段的基础或工艺包设计也可由研究或工程设计单位合作完成。在此基础上，由化工设计单位完成工程设计。通常化工工程项目规模和投资较大，流程复杂，安全、环保和技术方面要求严格，工程设计工作一般也分两个阶段完成，即由研究单位提供工艺包后，由工程（设计）单位完成基础工程设计及详细工程设计。

在设计进行的不同阶段，工艺流程图的深度也有所不同，下面分别加以说明。

(1) 工艺流程框图

在设计的初始阶段绘制流程框图，不编入设计文件，扼要地表示出整个化工流程，多用于项目可行性研究报告，说明工程的总体情况，框图可详可略。此外，它为将要进行的物料衡算、能量计算以及部分设备的工艺计算提供依据。由于此时尚未进行定量计算，只能定性地标出物料由原料转化为产品的变化、物料流向以及所采用的各个化工单元操作及设备。工艺流程框图一般用矩形框表示，主要物料流股用粗实线标示，物料流向用箭头标示，可加入一些文字说明。

工艺流程框图看起来简单，但它反映出整个化工过程的基本流程，可以对技术、原料和产品要求、三废处理甚至土建和设备做出预估，为有关决策部门提供参考。

（2）工艺物料流程图

在工艺实验和计算完成后就开始绘制工艺物料流程图，它以图形与表格相结合的形式来反映各个单元操作和流程总体的物料衡算的结果。它表示出该化工流程中主要设备的进出口物料状态，如温度、压力、流率和组成等。它的作用是为设计审查提供资料，并且作为进一步设计的重要依据，还可作为日后生产操作的参考。

（3）带控制点工艺流程图

带控制点工艺流程图也称为管路仪表流程图，简称 PID（piping and instrumentation diagram）图。它全面地表示出整个工艺流程中全部工艺设备、管路和阀件的大小、数量、材质，包括公用工程（水、电、气、蒸汽等）在内的各种物料在设备间的流向、状态，在适宜的位置标注必要的工艺检测点仪表、控制部件的图例、符号等。征求设备设计、控制系统设计等专业的意见，作出必要修改，确定带控制点的工艺流程图。在其后的车间布置设计中，对流程图可能会进行一些修改，最后得到正式的带控制点的工艺流程图，作为设计的正式成果编入初步设计阶段的设计文件中。带控制点工艺流程图见图 8.1。

带控制点工艺流程图是化工工艺设计中最重要最基础的文件，其他各专业均以此图为依据进行设计，它是化工厂设计、施工、安装、调试和生产的基础文件资料。

带控制点工艺流程图图例见表 8.1。

表 8.1 仪表检测的图形符号

序号	名 称	符 号	序号	名 称	符 号
1	变送器		4	控制室仪表	
2	就地安装仪表		5	孔板流量计	
3	机组盘装仪表		6	转子流量计	

自控参量代号

T—温度	F—流率	P—压力或真空度
L—物位	C—浓度	pH—氢离子浓度
A—分析	V—黏度	M—搅拌转速

自控功能代号

I—指示	C—控制	Q—累积
J—记录	X—信号	T—调节
L—联锁	A—报警	R—人工遥控

如(FIC 101)表示将位号为 101 的流率信号引入计算机自控系统，显示并控制该值。(TI 101)表示在设备附近就地加装仪表显示温度 101，而不引入计算机自控系统。

（4）施工图

施工图设计是化工项目施工建设的依据，包括建筑体的平面布置和立面布置等，是基建、设备和管路布置设计的基本资料，也是测量仪表和控制调节器安装的指导性文件，它与

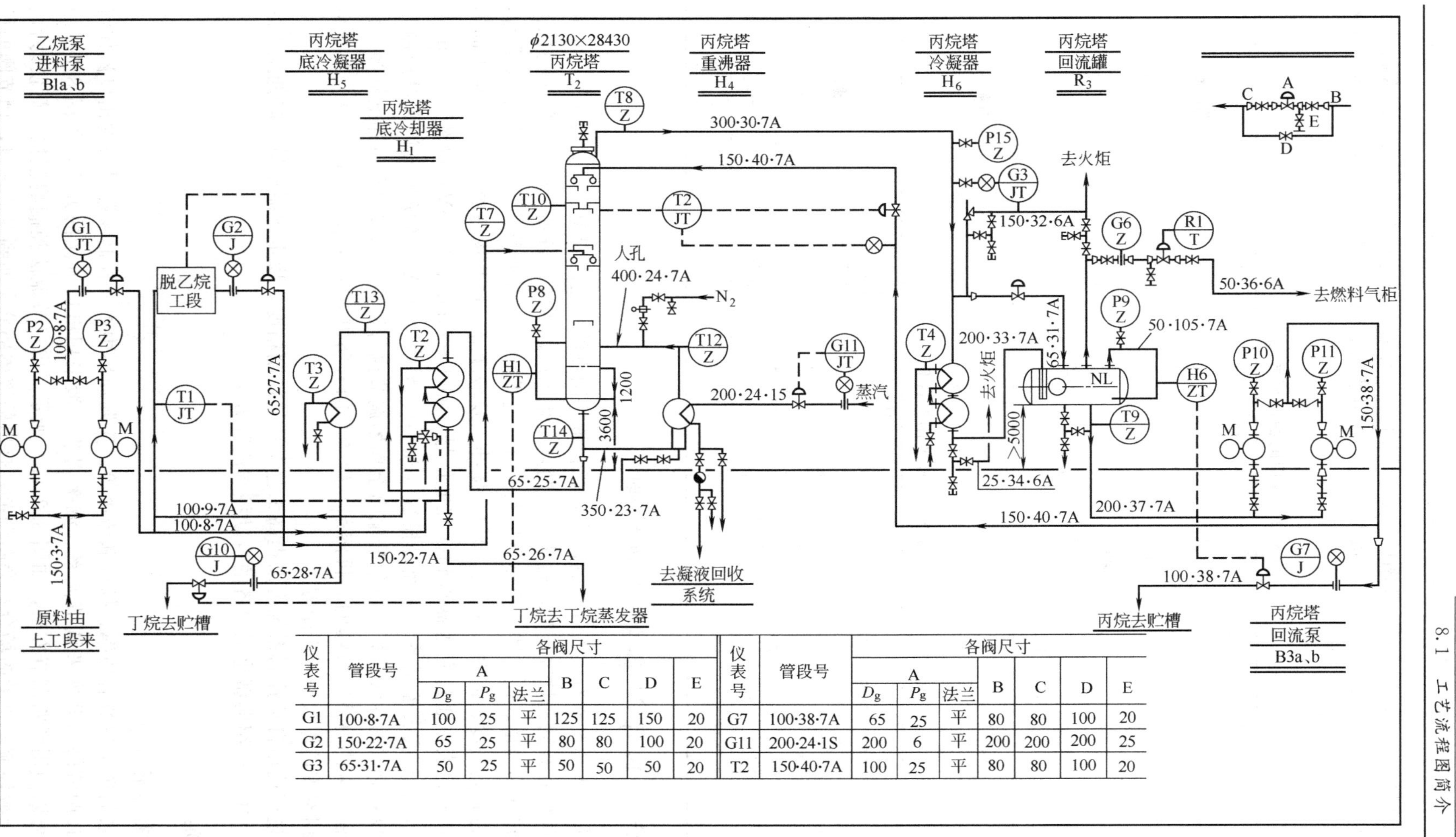

仪表号	管段号	各阀尺寸							仪表号	管段号	各阀尺寸						
		A			B	C	D	E			A			B	C	D	E
		D_g	P_g	法兰							D_g	P_g	法兰				
G1	100·8·7A	100	25	平	125	125	150	20	G7	100·38·7A	65	25	平	80	80	100	20
G2	150·22·7A	65	25	平	80	80	100	20	G11	200·24·1S	200	6	平	200	200	200	25
G3	65·31·7A	50	25	平	50	50	50	20	T2	150·40·7A	100	25	平	80	80	100	20

图 8.1　带控制点的工艺流程图

初步设计阶段的带控制点工艺流程图的主要区别在于：它着重表达所有设备及全部管路的连接关系、材质、等级、数量、尺寸，以及测量、控制及调节的全部手段。部分阀门和管件的符号见表8.2、表8.3。

表8.2 阀门的图形符号

序号	名 称	符 号	序号	名 称	符 号
1	闸门阀		6	常闭阀	
2	截止阀		7	止回阀	
3	气开式调节阀		8	减压阀	
4	气闭式调节阀		9	球阀	
5	隔膜阀		10	取样阀	

表8.3 管件的图形符号

序号	名 称	符 号	序号	名 称	符 号
1	法兰		5	疏水器	
2	大小头		6	Y型过滤器	
3	偏心大小头		7	软管活接头	
4	盲板		8	8字盲板	

8.2 化工典型设备的自动控制

根据化工工艺过程对仪表和控制的需要，在带控制点的工艺流程图上，尽可能在与设备和管路实际位置相同的地方，标注检测与控制点。化工厂使用的设备种类很多，常用的化工典型设备包括蒸馏塔、反应器、换热器以及泵等，这些设备一般涉及的检测和控制参数有：温度、压力和真空度、流率、成分、物位、搅拌以及酸度等。这些物理参数需要使用不同类型自动化检测仪表，通过变送器得到标准电信号，如4～20mA、1～5V，以及0～20mA、0～10V等，送至仪表控制系统或经过模数（A/D）、数模（D/A）转换进入计算机控制系统。经过控制算法的在线计算，将信号输出至现场调节执行机构，如阀门和搅拌电机等。化工生产过程经常使用易燃易爆的有机溶剂，生产车间有防爆等级要求，为保证生产的安全性，应采用本安防爆仪表及安全栅。

化工过程使用自动控制系统可以提高工艺参数的控制精度，稳定产品质量，降低工人的劳动强度。本节介绍典型化工设备的自动控制流程方案。

8.2.1 泵

(1) 离心泵

离心泵的选型参数有功率、扬程和流率等。实际使用中主要控制参数是泵的出口液体流率，可通过调节阀门开度来调节流率。流率调节一般采用出口节流的方法，如图8.2（a）所示；也可以使用旁路调节方法，如图8.2（b）所示。出口节流法控制响应快，简便易行，但不适用于液体流率较低的场合；旁路调节泵打出的液体部分又回到泵的进口，调节阀的尺寸比直接节流的小，节省设备投资，可用于液体流率较低的场合，缺点是耗费能量。

在离心泵设有分支路时，即一台泵需分送几支并联管路时，可采用图 8.3 所示的调节方案，在分支管路上进行各自的流率调节。

(2) 容积式泵（往复泵、齿轮泵、螺杆泵和旋涡泵等）

当流率减少时容积式泵的压力急剧上升，因此不能在容积式泵的出口管路上直接安装节流装置来调节流率，通常采用旁路调节或改变转速、改变冲程大小来调节流程。图 8.4 所示为旋涡泵的流率调节流程，此流程亦适用于其他容积式泵。

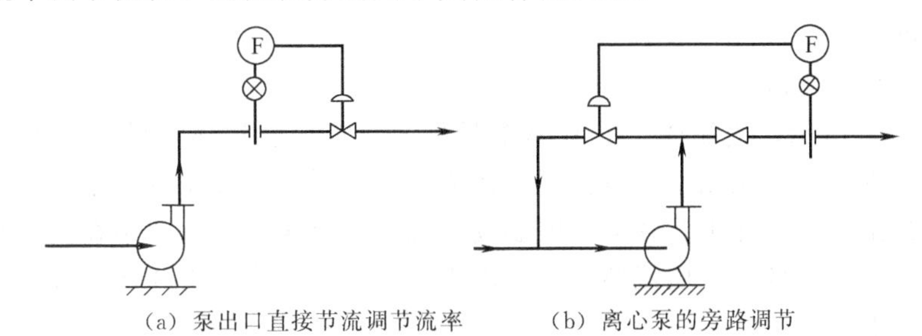

(a) 泵出口直接节流调节流率　　(b) 离心泵的旁路调节

图 8.2 离心泵的流率调节

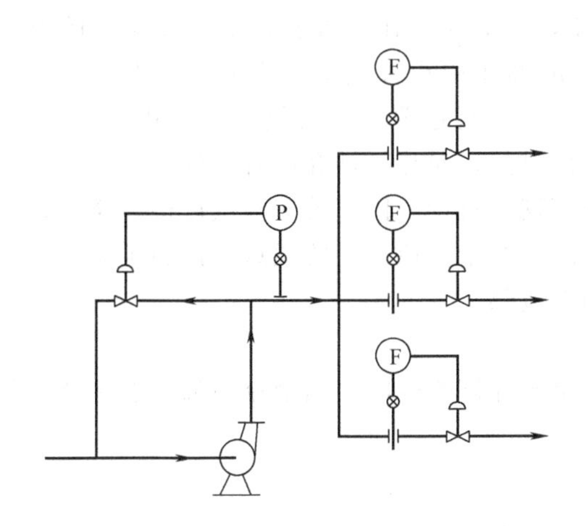

图 8.3 设有分支路的泵的调节方案

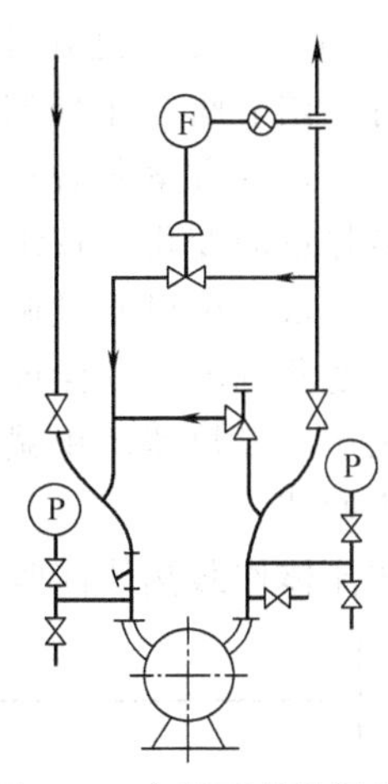

图 8.4 容积泵旁路调节

(3) 真空泵

真空泵可采用吸入管支路调节和吸入管阻力调节的方案，如图 8.5 (a) 和图 8.5 (b) 所示。蒸汽喷射泵的真空度可以用调节蒸汽量的方法来调节，如图 8.6 所示。

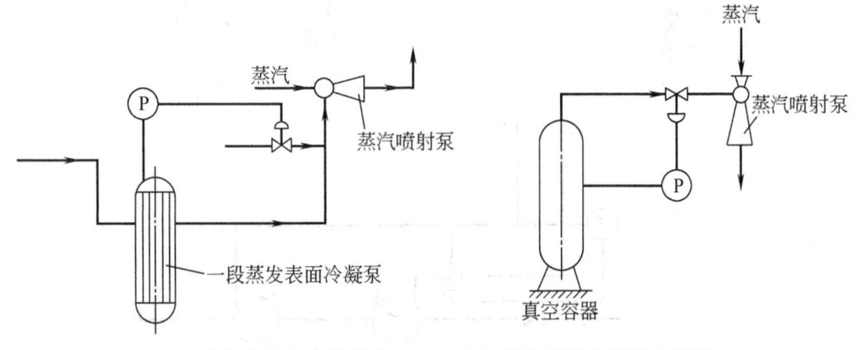

(a) 真空管吸入支路调节　　(b) 真空管吸入管阻力调节

图 8.5 真空泵的流率调节

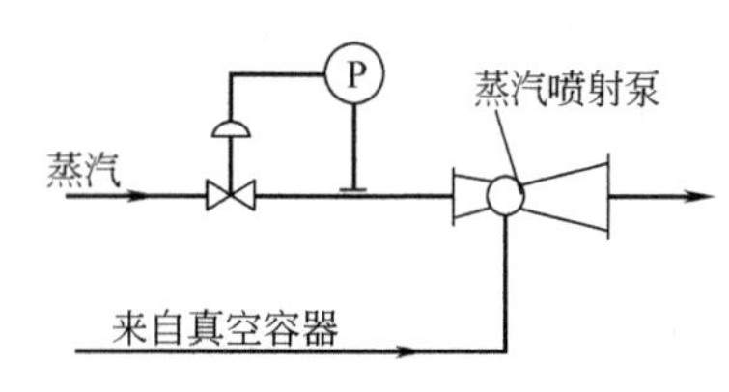

图8.6 蒸汽喷射泵的蒸流调节

8.2.2 换热器

为了使工艺物料达到指定温度再进入反应器，同时为了能量（热量和冷量）的回收和综合利用，可使用换热器进行加热或冷却。换热器的选型参数有：设备形式、工作压力、传热系数、换热面积、介质流率和温度。在设备使用过程中，通过控制换热器中一股物料的流率及温度，来调节另外一股物料的温度。

（1）调节换热介质流率

如图8.7（a）所示，用流体1的流率作调节参数来控制流体2的出口温度。这是一种应用广泛的调节方案，有无相变均可使用。作为换热介质，流体1的流率必须是可调的，必要时也可调节其温度，保证工艺物流2的温度跟踪工艺给定值，一般不在换热器中调节工艺物流2的流率。注意当换热介质流体1是冷冻水（约7℃）时，其出口回水温度应满足冷水机的制冷工作要求。

（2）调节传热面积

如图8.7（b）所示。适用于蒸汽冷凝换热器，调节阀装在凝液管路上。液体1的温度高于给定值时，调节阀关小使凝液积聚，有效冷凝面积减小传热量随之减小，直至平衡为止，反之亦然。这种方案滞后较大，控制精度较差，而且还要设备有较大的传热面积余量。但这种方法传热量的变化比较缓和，可以防止局部过热，对热敏性介质有好处。

这种工艺要求也可以通过调节换热介质流率实现。将调节阀安装在蒸汽进口管路上，调节阀门开度改变蒸汽流率，保证液体1的温度跟踪工艺给定值。它的优点是控制响应快，设备换热面积减小，换热器体积减小，但易造成局部过热。

（3）分流调节

在用工艺流体作载热体回收热量或冷却水流率不允许改变时，两个流率都不能调节。此

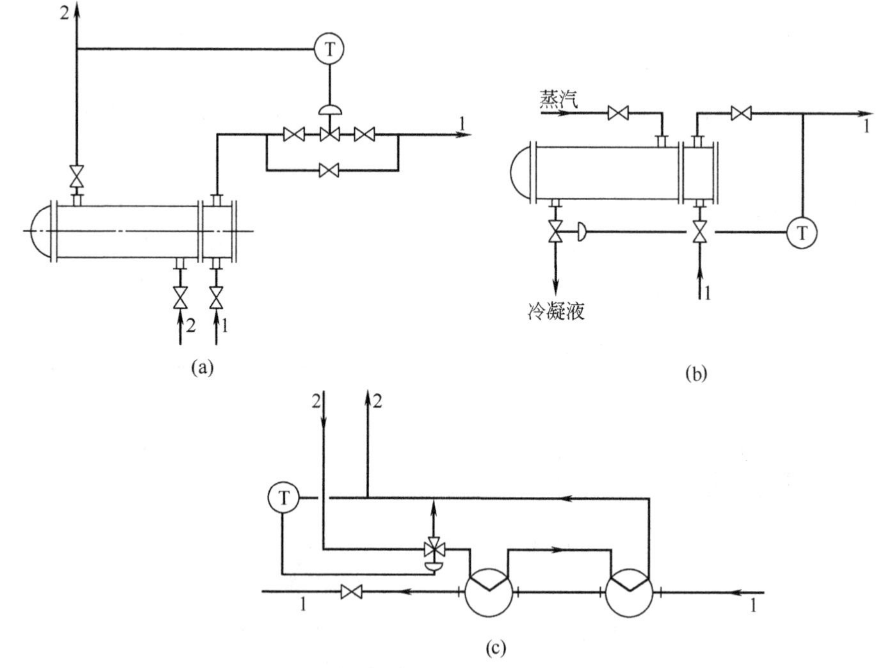

图8.7 换热器温度的控制方案

时可利用三通阀使其中一股流体的部分流体走旁路然后与换热器出来的部分相混合以调节温度，如图 8.7（c）所示。三通阀可装在换热器的进口处，用分流阀；也可装在换热器的出口处，用合流阀。这个控制方案迅速及时，但传热面积要有余量。

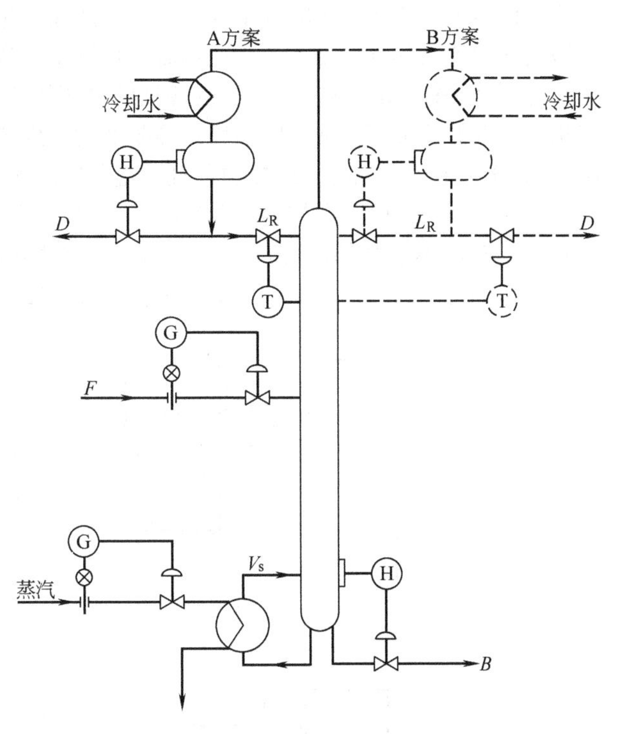

图 8.8 按精馏段指标控制的方案

8.2.3 蒸馏塔

（1）蒸馏塔的基本控制方案

蒸馏塔用于分离提取有机混合物，在正压、负压或常压下操作，根据工艺不同，控制方案很多，但基本形式通常只有两种。

① 按精馏段指标控制 取精馏段某点成分或温度为被调参数，而以回流量 L_R、馏出液量 D 或塔内蒸汽量 V_s 作为调节参数。它适合于馏出液的纯度要求较之釜液为高的情况，例如主产品为馏出液时。

采用这类方案时，在 L_R、D、V_s 及釜液量 B 四者中，选择一种作为控制成分的手段，选择另一种保持流率恒定，其余两个则按回流罐和再沸器的物料平衡，由液位调节器进行调节。

用精馏段塔板温度控制 L_R，并保持 V_s 流率恒定，这是精馏段控制中最常用的方案（图 8.8 方案 A)。用精馏段塔板温度控制 D，并保持 V_s 流率恒定（图 8.8 方案 B)。这在回流比很大时较为适用。

② 按提馏段指标控制 当对釜液的成分要求较之馏出液为高时，例如塔底为主要产品时，常用此方案。

目前应用最多的控制方案是用提馏段塔板温度控制加热蒸汽量，从而控制 V_s，并保持 L_R 恒定，D 和 B 都按物料平衡关系，由液位调节器控制（图 8.9 方案 A)。还可以有另外的控制方案，即用提馏段塔板温度控制釜液流率 B，并保持 L_R 恒定，D 由回流罐的液位调节，蒸汽量由再沸器的液位调节（图 8.9 方案 B)。

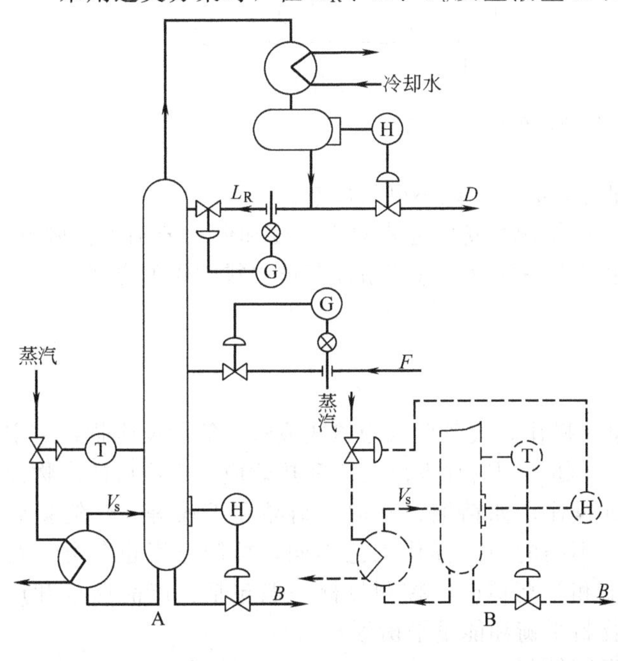

图 8.9 按提馏段指标控制的方案

（2）塔顶的流程与调节方案

塔顶压力是影响蒸馏塔稳定操作的重要参数，它的波动会导致塔内物料温度、流率及汽液传质传热平衡变化，影响设备连续生产，产品质量不稳定。塔顶控制方案的基本要求是：把出塔蒸气的绝大部分冷凝下来，把不凝气体排走；调节 L_R 和 D 的流率和保持塔内压力稳定。

① 常压塔 图8.10（a）是最常见的常压塔塔顶流程，塔顶通过回流罐上的放气口与大气相通，以保持常压。常压塔的塔顶冷凝器的温度调节系统必须使凝液过冷（用冷却水流率控制），这样调节阀才能有效地控制，且可避免馏出液在管路内因降压部分气化而产生汽蚀作用。

② 加压塔 在不凝性气体的含量不高时，可用冷凝器的传热量来调节塔顶压力。传热量减少，蒸汽不能全部冷凝，塔压升高；反之塔压降低。而冷凝器传热量的控制可用调节冷却水流率的方法［图8.10（b）］，也可采用旁路的方法［图8.10（c）］。

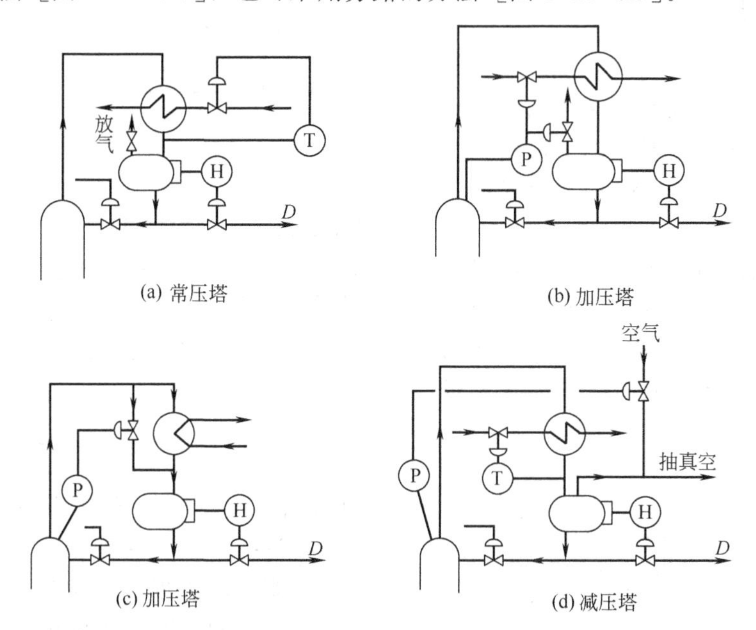

图8.10 塔顶流程与调节方案

不凝气体含量较高时，除调节传热量外，必须辅以不凝气放空。

③ 减压塔 减压塔与加压塔液相出料的情况相仿，通常对真空度和温度分别进行调节。蒸汽喷射泵入口的蒸汽压力保持恒定，用吸入一部分空气或惰性气体去排空管的方式相当方便［图8.10（d）］。

8.2.4 反应器

化学反应是化工生产中的一个基本单元操作，设备形式为釜式或管式等。反应物在一定的温度、压力和催化剂作用下，生成目标产物，同时伴有副反应和热效应。反应后的产物经过分离单元操作，如精馏、萃取、结晶和干燥等，最终得到目标产品。不同的单元操作工艺不同，控制方案也各异，在设计反应器和分离器时，控制目标一般包括：产品质量和产率指标、物料平衡和能量平衡等。

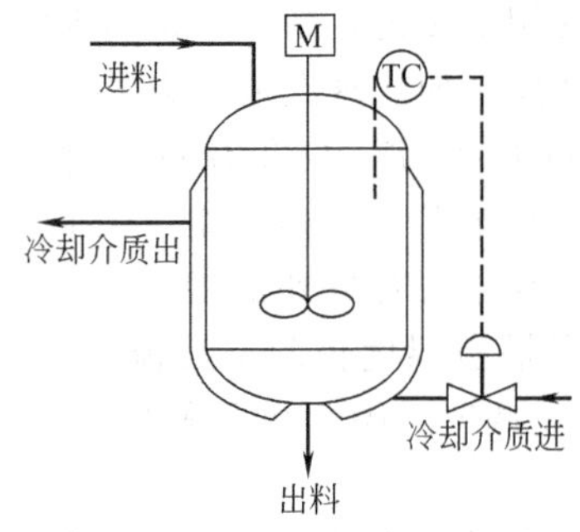

图8.11 釜式反应器温度控制

（1）温度控制

化学反应通常伴随大量放热或吸热，为保证反应温度基本恒定和设备的安全操作性，应及时移除反应热或输入热量。釜式反应器的料液温度控制一般通过调节设备夹套或盘管中介质流率及温度来实现，如图8.11所示。由工艺设计确定夹套介质的品质和能力。由于设备容积较大，热容系统具有较大的滞后性，因此操作中应使物料良好混合，保证内部温度均匀，同时选择对温度敏感的位置作测温点。

（2）流率控制

反应和分离过程是一个物理或化学变化，一般有一股或多股物料的定量加入，以保持物料平衡、热量平衡和停留时间。物料流率的控制可通过进料管路上流量计和调节阀组成的控制回路实现。多股物料同时加入时，应有各自的加料管路分别独立控制，避免相互干扰。根据不同的工艺流程，被加入的物料可采用高位物料罐自流、物料罐正压压入、反应器负压吸入等方法实现。

（3）搅拌控制

化工生产过程中应有搅拌控制，以保证反应器内物料混合良好和温度均匀，以及使过程操作中加入的物料及时分散进入体系中充分反应。控制搅拌输入的能量，维持物料理想的流场分布，强化传热和传质。

化工设备中使用的搅拌桨的形式多样，一般采用框式、螺带式和叶片式的机械搅拌桨，不同形式的桨叶其产生的作用力大小和方向不同，物料混合效果也不同。有的设备也采用从设备底部吹气体（如惰性气体等）的气流搅拌，这种方式搅拌混合不均匀，对于固液两相的物系，易造成固体颗粒破碎。

8.3　过程设计与过程控制的相互作用

化工过程设计中应该进行过程的可控性和可靠性分析，以辨别过程控制的难易程度和潜在的控制问题。进而开展化工过程大系统控制系统设计，选择被控变量和操作变量，在自由度分析的基础上，确定系统的控制对结构。

8.3.1　概述

化工过程是在给定操作范围内进行，要求所设计的控制系统能够使过程保持在理想的操作状态下，并且满足设计的约束条件。然而，不理想的过程静态和动态特性会影响控制系统的效果，导致过程无法满足设计要求。因此，在化工过程设计中，需要考虑过程可控性和可靠性。可控性是指维持一个生产流程处于特定状态的难易程度。可切换性是指过程从一个期望的状态点移动到另一个状态点的难易程度。可靠性指过程系统能够满足其设计目标，而不受外部干扰和设计参数不确定性影响的程度。显然，在过程设计中如果能尽早预测给定流程满足动态操作性能要求的程度，将有很大的好处。

在概念设计和初步设计阶段中，会产生许多可供选择的过程流程，通常人们仅从经济因素角度出发，在多种设计方案中进行取舍，而很少考虑方案的可控性和可靠性。这样设计出来的生产流程通常难于控制，产品不合规格，能源过量消耗，从而造成企业的利润损失。因此，必须使用化工过程设计稳态模拟与动态模拟软件计算，经过深入地分析，考虑更多的工程问题，筛选初步设计阶段提出的诸多流程，剔除不理想的设计方案，确定最佳设计方案。

下面的例子中，通过几个过程介绍如何在设计中考虑可控性和可靠性。

【例 8.1】　热交换网络

如图 8.12 所示，利用冷流体 2、3 将热流体 1 从 260℃降温至 149℃。流体 2、3 的初始温度分别为 149℃和 93℃，相应的目标温度分别为 189℃和 204℃，热流体的流率和温度间存在相互干扰。

如图 8.12（a）所示，两个目标温度可以通过控制两股冷流体的流率来保证。但是当热流体波动时，将有一个目标温度无法控制。另一个方案如图 8.12（b）所示，在前两个换热器增加了旁路，使三个目标温度都能被控制。因此应该对这两个网络及其控制结构进行可控性分析，选择恰当的输出变量，帮助我们从两种设计方案中选择其一。

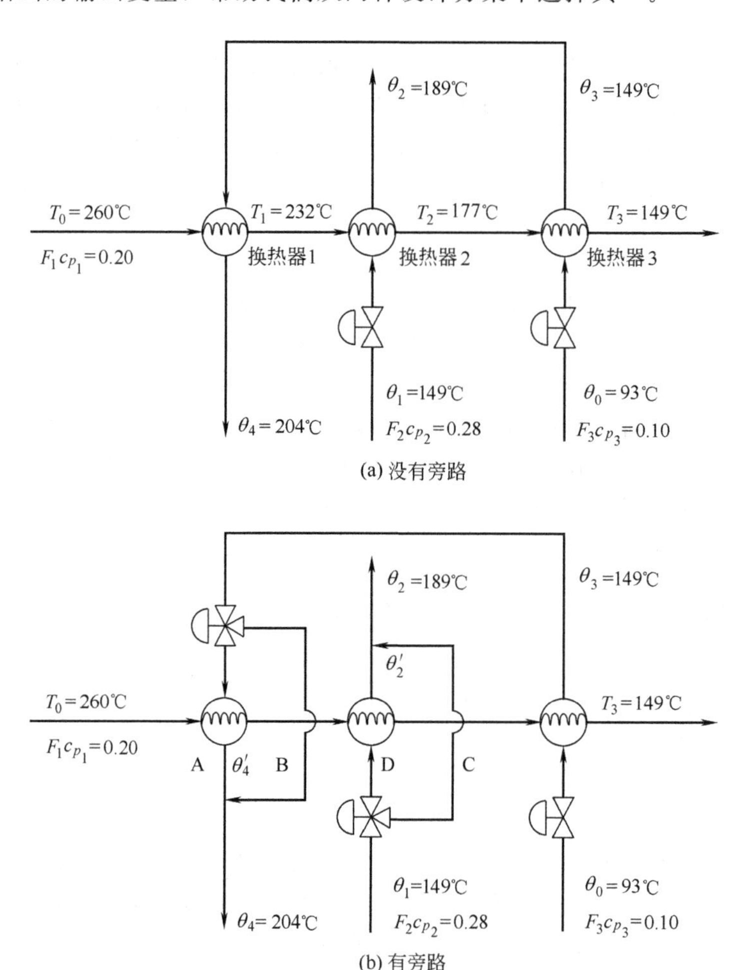

图 8.12 热交换网络

【例 8.2】 热综合精馏塔。甲醇生产是在中压条件下 CO_2 的加氢反应

$$CO_2 + 3H_2 \rightleftharpoons CH_3OH + H_2O \tag{8.1}$$

反应产物是甲醇和水的两元液体混合物，比例约为 1∶1。为了得到商用无水甲醇，通常采用精馏的方法进行脱水，该过程消耗能量实现物质的分离。为了降低能耗成本，通常使用热综合网络结构，而不用单台精馏塔（SC），如图 8.13 所示有三种形式。

FS（分离进料）：为了达到最优的操作性能，原料液均匀分配进入两个塔（$F_H \approx F_L$）。低压塔所需的热量可由高压塔塔顶产生的蒸汽提供。

LSF（不分离进料/正向热综合）：原料液全部进入高压塔。将约 50% 的甲醇产物从高压塔的馏出物中移除，塔底产物加入低压塔。热综合方向与物流方向一致。

LSR（不分离进料/反向热综合）：原料液全部进入低压塔，低压塔塔底馏出物进入高压塔，热综合方向与物流方向相反。

这几种配置方式利用了高压塔（H）塔顶浓缩物的热量为低压塔（L）蒸馏器内部沸腾提供能量，从而降低了能量消耗。虽然它们具有较高的经济性，但是在稳态操作下，由于配

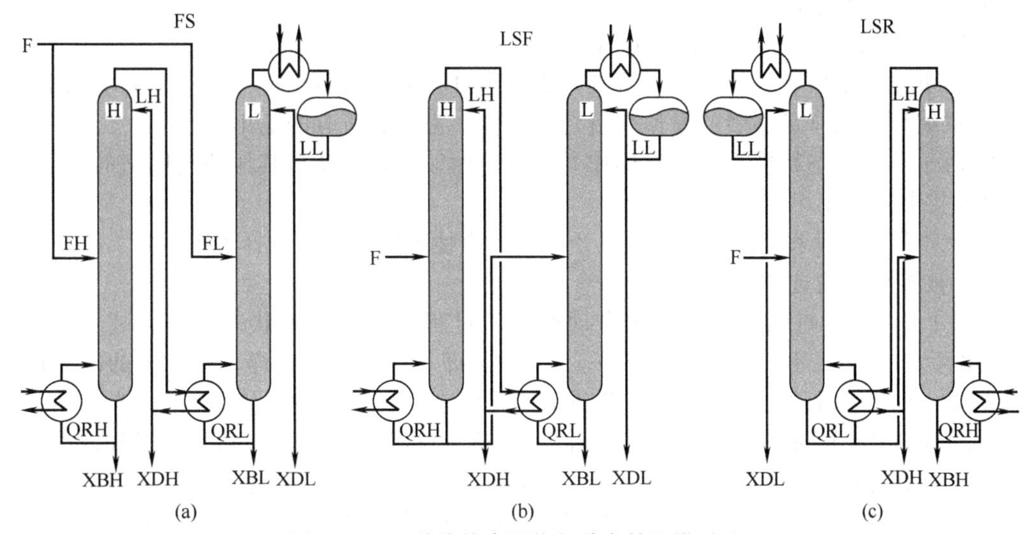

图 8.13　三种热综合网络与单台精馏塔对比

置［见图 8.13（a）］具有较高的耦合性，而配置［见图 8.13（b）］缺少一个过程操作变量，低压塔的再沸器不再是独立操作变量，它们难于控制。

为了节约能量，在加料速度均为 45kmol/min 的情况下，进行了四种流程的模拟，精馏产物为摩尔分数为 96%的甲醇，塔底产物为摩尔分数为 4%的甲醇，假设塔板效率为 75%，对环境也没有热量散失，用 UNIFAC 估算液相活度系数。四种方案总的能量消耗对比为：

SC　0.353×10^{6} kcal/min　　　LSR　0.205×10^{6} kcal/min

LSF　0.222×10^{6} kcal/min　　　FS　0.205×10^{6} kcal/min

显然，LSR 和 FS 方式最为节能。如果仅从经济因素方面考虑，那么应该在这两种方式中选择其一。但是，抗干扰分析表明，LSR 的抗干扰能力比 FS 好得多，仅比单塔 SC 稍差一些。

8.3.2　控制系统配置

化工厂控制系统设计的目标是将原料转化为有用产品，并使利润最大化，同时满足产品规格、安全性、操作规程和环境法规的要求。

① 产品规格　为了满足客户的需求，要求产品质量和产率都能达到指定的规格，在线过程优化控制是实现该目标的重要手段，可提高生产流程操作控制精度，保证产品质量稳定。

② 安全性　化工生产中涉及许多易燃、易爆和有毒物质，工厂必须安全运行，保证员工及附近居民的健康安全。比如要求钢制容器的操作温度和压力不得超过设计上限，否则会发生安全事故。

③ 操作规程　它们通常不直接与安全生产有关，操作规程规定了蒸汽流速的上限以避免精馏塔溢流，规定了反应器的温度范围以避免晶体溶解和副反应发生。

④ 环境法规　要求化工企业遵守国家有关空气、水质以及废物处理方面的法律规定。

8.3.2.1　过程变量的分类与选择

在进行大系统控制系统设计时，通常按照其输入和输出变量来考察过程。一般这些变量都与入口和出口流股有关，且可分类为状态（检测或被控）变量、操作变量及外部扰动变量。过程输出变量一般与离开过程的流体或过程设备内的测量有关，可作为过程被控变量。过程输入变量是影响过程及其输出的独立变量，可以进一步细分为操作变量或操纵变量，以及由外界环境控制的扰动变量。

通常不能控制某个过程所有的输出变量，大致有以下三个原因。

① 不可能测量所有的输出量，特别是物料组分。即使可能，检测仪器的费用也相当贵。

② 系统可能没有足够多的操作变量（自由度）去控制所有的输出。

③ 由于系统动态特性缓慢，对操作变量敏感性较差，以及与其他控制回路的相互作用，导致某些控制回路不可行。

对于大系统控制系统的初步分析设计，以下定性准则可用于选择各类变量。

（1）被控变量的选择

准则1 选择非自调整变量。非自动调节的过程可以用如下状态方程描述：$\dot{x}=f(x,u)$，其中状态变量x不出现在函数$f(x,u)$中，即$\dot{x}=f(u)$。这样，输入u的改变成为影响过程输出的唯一因素。当过程处于开环不稳定状态时（即缺少反馈控制），改变输入将使系统变得不稳定。这种过程与稳定的自调整过程形成鲜明对比，对于后一种过程，改变输入将使系统移动到另一个稳定状态。很明显，没有自调整作用的过程输出应选为被控变量。

准则2 选择那些一旦没有控制就会超出设备操作限的过程输出变量。考虑安全性和操作限制条件，检测这些输出变量，并通过与限制条件相比较来控制。

准则3 选择直接反映产品质量或对其有重要影响的输出变量。例如，组成和折射率可直接反映产品质量，温度和压力是对产品质量有重要影响。这一准则有助于控制系统更好地保证产品质量符合要求。

准则4 选择与其他被控变量之间存在较强耦合作用的输出变量。大系统控制必须面对过程内在的耦合作用，通过稳定那些相互耦合的输出变量，可以改善闭环控制的性能。

准则5 选择具有较好的静态和动态响应特性的输出变量。如果其他情况都相同，应该使用这条准则。

（2）操作变量的选择

准则6 选择显著影响被控变量的过程输入变量。对于各控制回路，尽可能选择具有较大稳态增益和操纵范围的输入变量。例如，当蒸馏塔在较大回流比下操作时，利用回流流率就比利用馏出物流率更容易控制回流罐的液位。

准则7 选择能够快速影响被控变量的输入变量。这条准则排除了那些具有较大时滞参数的输入变量。

准则8 操作变量直接影响被控变量的效果优于间接影响。例如，对于一个放热反应器，一股直接射入的冷流体要比夹套冷却的效果好。

准则9 避免干扰循环。消除干扰的影响，可以通过一股排出流体使之离开过程，而不是控制加料或循环流股。

（3）检测变量的选择

参数检测在过程控制中非常重要，以下准则用于选择检测变量和测量位置。

准则10 准确可靠的测量是良好控制的基础。

准则11 测量点应选择在比较敏感的位置。比如可以通过调节精馏塔塔顶的温度来间接控制精馏产物的组成，应将测温点选在靠近进料塔板的地方。

准则12 选择的测量点应使时滞最小。大的时滞和动态滞后会限制闭环回路的控制性能。因此在过程设计和测点选择时，应尽可能减小时滞。

8.3.2.2 自由度分析

在控制系统选择被控变量和操作变量之前，必须确定所能允许的自由变量数目。正如在前面“自由度”中介绍的那样，操作变量的数目不能超过自由度，自由度可通过如下方程

确定

$$N_{\mathrm{D}}=N_{\text{Variables}}-N_{\text{Equations}} \tag{8.2}$$

式中　N_{D}——自由度；

$N_{\text{Variables}}$——过程变量数；

$N_{\text{Equations}}$——描述过程的独立方程数目。

操作变量的数目一般都小于自由度，因为一些变量是由外部确定的，也就是说，$N_{\mathrm{D}}=N_{\text{Manipulated}}+N_{\text{Externally Defined}}$。因此，独立操作变量的数目可以用外部确定的变量数目来表示

$$N_{\text{Manipulated}}=N_{\text{Variables}}-N_{\text{Externally Defined}}-N_{\text{Equations}} \tag{8.3}$$

独立操作变量的数目等于可调节的操作变量的数目。当一个操作变量与一个调节输出相匹配后，其自由度就转移到输出的设定点，成为一个新的独立变量。

下面，我们对例 8.1 中的热交换网络以及一个带有搅拌的夹套反应器进行自由度分析，并考察它在控制系统设计中的应用。

【例 8.3】 重新考察例8.1

参考图 8.12 (a)，此过程可以用 15 个变量描述：F_1，F_2，F_3，T_0，T_1，T_2，T_3，θ_0，θ_1，θ_2，θ_3，θ_4，Q_1，Q_2 和 Q_3。这些变量中，四个可以被看作是外部扰动变量：F_1，T_0，θ_0，θ_1。对应每个换热器，过程的稳态模型由三个方程组成。例如对于第一个换热器，采用如下方程

$$Q_1=F_1c_{p_1}(T_0-T_1) \tag{8.4}$$

$$Q_1=F_3c_{p_3}(\theta_4-\theta_3) \tag{8.5}$$

$$Q_1=U_1A_1\frac{(T_0-\theta_4)-(T_1-\theta_3)}{\ln[(T_0-\theta_4)/(T_1-\theta_3)]} \tag{8.6}$$

式中　Q_i，U_i，A_i——换热器 i 的热负荷、换热系数和换热面积。

对于另外两个换热器，也可以写出类似的方程，则总的方程数量为 9 个。因此，操作变量的数量计算如下

$$N_{\text{Manipulated}}=N_{\text{Variables}}-N_{\text{Externally Defined}}-N_{\text{Equations}}=15-4-9=2$$

这样，只有两个独立操作变量，它们是两股冷流体的流率：F_2 和 F_3。理想情况下，所选择的被控变量为三个目标温度：T_3、θ_2 和 θ_4。但是，现有的准则无法从这三个变量中选择两个作为被控量：三个变量均直接影响产品质量（准则 3），三个变量间存在较强的相互

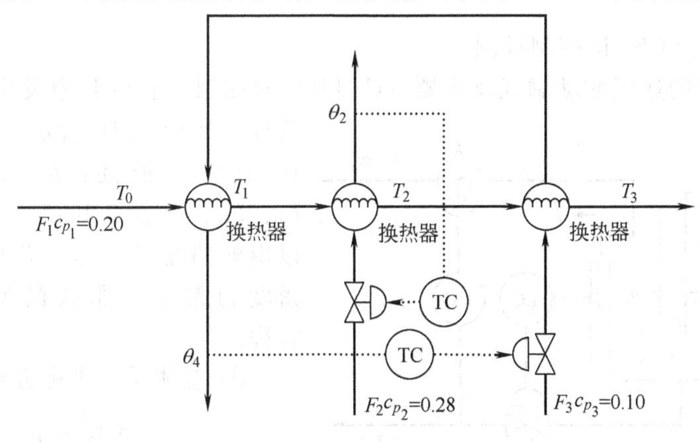

图 8.14　不带旁路的热交换网络的控制系统

作用（准则4）。如果没有定量分析，无法判断三个变量中哪些对操作变量具有良好的静态和动态响应特性。假设只有 T_3，θ_2 和 θ_4 可以作为被控变量，那么有三种控制系统需要考察。图8.14所示为两个控制回路的一种可选结构（θ_2-F_2，θ_4-F_3），另一种可选结构具有相反的控制对（如 θ_4-F_2，θ_2-F_3），但分析表明这种结构不稳定。

图8.12（b）所示的设计，包含两个旁路，能够满足对三个目标温度的控制。在该设计情况下，变量数目增加六个（四个流率 F_A、F_B、F_C 和 F_D，两个温度 θ'_2 和 θ'_4），使得总的变量数达到21个，但外部扰动变量还是那四个。新增四个过程模拟方程，即两个混合器的质量和能量平衡方程。对于混合器1有

$$F_3=F_A+F_B \tag{8.7}$$

$$F_3\theta_4=F_A\theta'_4+F_B\theta_3 \tag{8.8}$$

式中 F_A，F_B——A、B流股的流率；

θ'_4——换热器1的出口温度。

由于 $N_{\text{Manipulated}}=N_{\text{Variables}}-N_{\text{Externally Defined}}-N_{\text{Equations}}=21-4-13=4$，因此 F_2、F_3、F_A/F_B 和 F_C/F_D 四个变量可以作为操作变量。第二股冷流体的流率 F_3 影响三个换热器中的两个，F_2 只直接影响第二个换热器，而 F_A/F_B 直接影响 θ_4（准则6、准则7、准则8）。剩下的两个变量中，对于 θ_2 的控制，用 F_C/F_D 比 F_2 更好，因为它的响应速度更快（准则7）。通过定量分析可知，在保持 F_2 恒定的情况下，如图8.15所示的控制结构的可靠性和可控性较高。

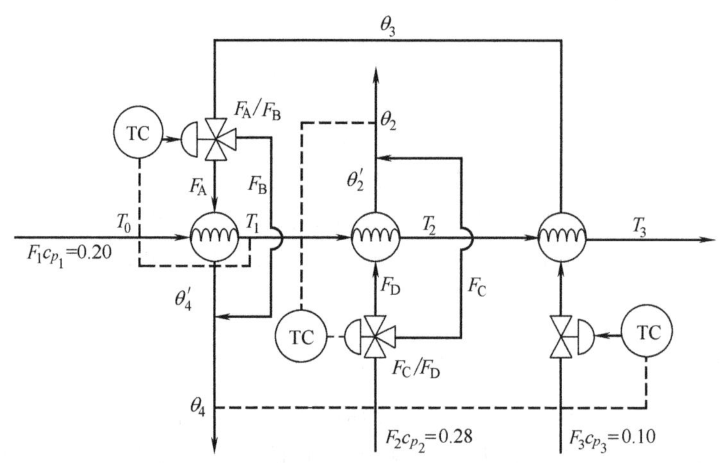

图8.15 带旁路的热交换网络的控制系统

【例8.4】 夹套CSTR控制框图。

考虑带有夹套的连续搅动罐式反应器（CSTR）的控制，假设其中发生由A→B的放热反应。如图8.16所示，该系统可以通过10个变量描述：h、T、c_A、c_{Ai}、T_i、F_i、F_o、F_c、T_c和 T_{co}，其中三个变量可以由外部确定：c_{Ai}、T_i和 T_{co}。假设流体密度为常数，那么模型包含以下四个方程。

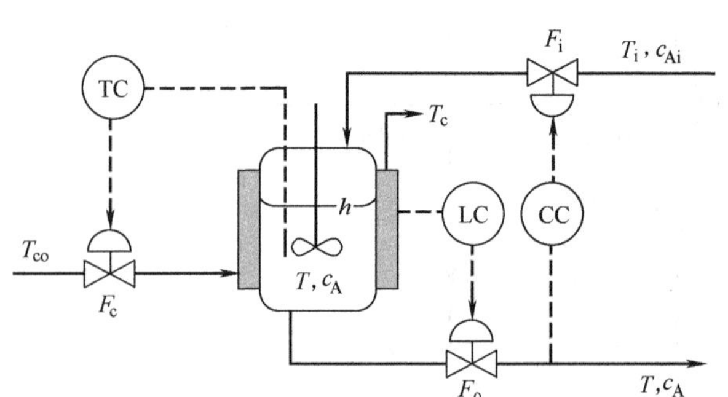

图8.16 夹套连续搅拌罐式反应器

① 总体质量平衡方程

$$A\frac{\mathrm{d}h}{\mathrm{d}t}=F_i-F_o \tag{8.9}$$

② 组分A的质量平衡方程

$$A\frac{d(hc_A)}{dt}=F_i c_{Ai}-F_o c_A-Ahr(c_A,T) \tag{8.10}$$

③ 反应物的能量平衡方程

$$A\rho c_p\frac{d(hT)}{dt}=F_i\rho c_p T_i-F_o\rho c_p T+Ahr(c_A,T)(-\Delta H)-UA_s(T-T_c) \tag{8.11}$$

④ 夹套冷却介质的能量平衡方程，假设夹套内的冷却介质混合充分

$$\rho_c V_c c_{p_c}\frac{dT_c}{dt}=F_c c_{p_c}T_{co}-F_c c_{p_c}T_c+UA_s(T-T_c) \tag{8.12}$$

式中 A——容器的截面积；
h——反应器内的液位高度；
A_s——换热器面积；
U——总的换热系数；
c_{Ai}，c_A——入口及反应器内 A 的浓度；
T_i，T——入口及反应器的温度；
F_i，F_o——入口和出口的体积流率；
ρ——液体密度；
F_c——冷却剂的质量流率；
ρ_c——冷却剂密度；
T_{co}，T_c——入口冷却剂温度及夹套温度；
V_c——冷却夹套体积；
r——反应速率常数；
ΔH——反应热；
c_p，c_{p_c}——反应混合物和冷却剂比热容。

这种情况下，独立操作变量数目为

$$N_{\text{Manipulated}}=N_{\text{Variables}}-N_{\text{Externally Defined}}-N_{\text{Equations}}=10-3-4=3$$

被控变量的选择。选择 c_A，因为它直接影响产品质量（准则 3)。选择 T，因为它必须控制以避免发生安全问题（准则 2)，同时它与 c_A 还有相互作用（准则 4)。还必须选择 h，因为它不能自调整（准则 1)。

操作变量的选择。选择加料体积流率 F_i，因为它直接、迅速影响转化率（准则 6、准则 7、准则 8)。同样原因，选择 F_c 来控制反应器温度 T，选择反应器流出物的流率 F_o 来控制液位高度 h。

8.3.3 定性的大系统控制系统集成

结合前面提到的有关操作变量和被控变量的选择准则，对于大系统过程集成与控制，应使用相关的控制系统概念设计的方法，该方法由如下步骤组成。

① 将过程分解为子系统。每个子系统由具有共同过程目标的一个或多个过程单元组成。例如，精馏塔的子系统应包括冷凝器和再沸器，还可以包括进料预热器。

② 为每个子系统确定自由度，以及操作变量和被控变量的数目。使用前面介绍的自由度计算公式：$N_{\text{Manipulated}}=N_{\text{Variables}}-N_{\text{Externally Defined}}-N_{\text{Equations}}$。

③ 为每个子系统确定所有可行的控制回路结构。这将用到前面介绍的定性准则，以及定量分析。

④ 重组带有控制回路结构的各个子系统。

⑤ 对于不同的子系统，消除控制系统间的冲突。该步骤是必要的，用来解决由于对每个子系统分别定义控制结构而引起的操作变量重复定义的问题。必要时，可以消除多余的回路以解决这些冲突。

⑥ 改进由第5步生成的控制框图。上述1～5步生成了分散控制系统。某些情况下，选择那些考虑了子系统间操作变量和被控变量相互作用的控制对，效果更好。

【例8.5】 化工过程控制系统概念设计。

如图8.17所示的化工过程，在反应器中物质A经过放热反应生成物质B。反应产物进入一个闪蒸器，浓缩后得到液相重组分B。为了预热反应器进料并移除反应热，使用预热系统控制进料温度，使用冷却系统控制冷却剂的输入温度和流率。

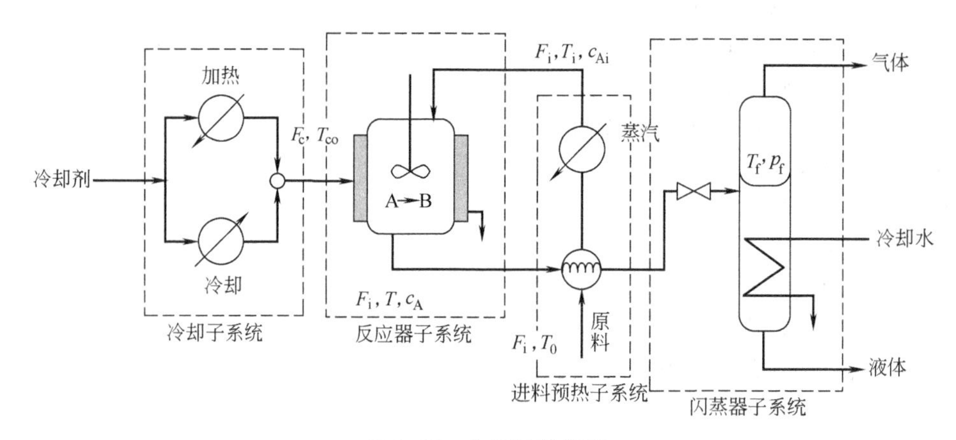

图8.17 化工过程控制

控制目标。控制系统的设计目标是：

① 维持过程的转化率处于较高水平；

② 维持产率恒定；

③ 维持闪蒸塔中流出的液体组分恒定。

第1步。如图8.17所示，整个过程被分为四个子系统：(a) 冷却子系统；(b) 反应器子系统；(c) 进料预热子系统；(d) 闪蒸器子系统。

第2、3步。确定每个子系统自由度、操作变量和被控变量。同时，绘制可能的控制回路结构，并为每个子系统选择一个较好的结构。

(a) 冷却子系统。如图8.18所示，有八个变量：R_{cf}、T_{cf}、F_{c1}、T_{c1}、F_{c2}、T_{c2}、F_c和T_{co}。其中，两个变量R_{cf}和T_{cf}由外部确定。与子系统变量相关的四个质量和能量衡算方程：①冷流股的热量平衡；②热流股的热量平衡；③交叉点的热量平衡；④交叉点的质量平衡。因此，独立操作变量数为$N_{\text{Manipulated}}=N_{\text{Variables}}-N_{\text{Externally Defined}}-N_{\text{Equations}}=8-2-4=2$。

选择被控变量。前面介绍的准则作用不大，因为输出变量均不直接影响产品质量，所有的变量都是自调整的，且所有变量均不会引起设备和操作约束方面的潜在问题。因为这个子系统的目的是要保证冷却剂的温度、流率满足要求，应该选择F_c和T_{co}作为被控变量。

选择操作变量。必须从变量F_c、F_{c1}、F_{c2}、$F_{c1}+F_{c2}$以及F_{c1}/F_{c2}中选择两个作为操作变量。定性准则表明，操作变量对所选的输出变量应该有显著（准则6）、快速（准则7）且直接（准则8）的影响。上述五个变量都具有这种特性，它们中的任何一个都会影响两个输出（例如，F_{c2}的增加会引起总流率F_c的增加和温度T_{co}的降低）。如图8.18所示，较好的控制结构是用比率F_{c1}/F_{c2}控制T_{co}，调节冷却剂的总流率$F_c=F_{c1}+F_{c2}$，以达到其设定值。这种配置方式可以解耦两个控制回路，即两个控制回路之间没有相互作用。

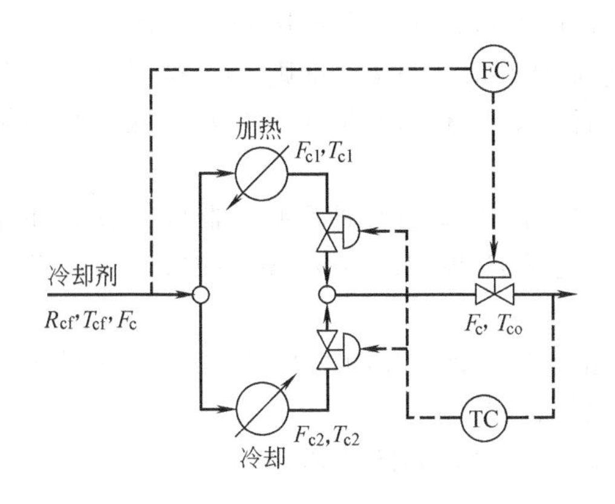

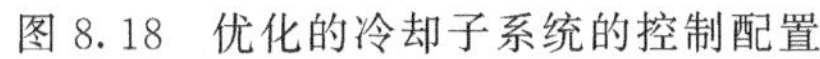
图 8.18 优化的冷却子系统的控制配置

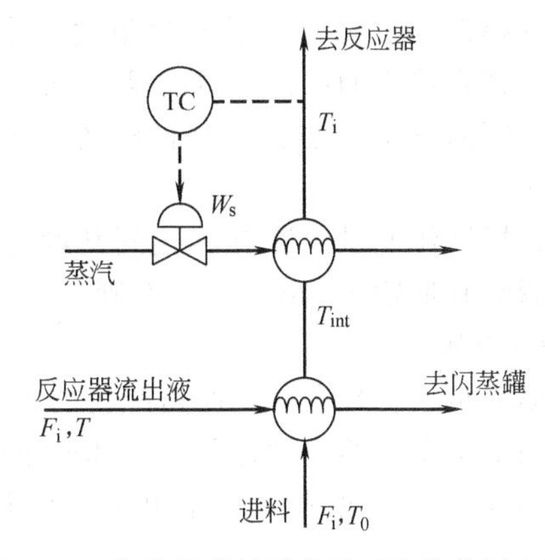

图 8.19 优化的进料预热子系统的控制配置

(b) 进料预热子系统。如图 8.19 所示，有六个变量：W_s，T_0，T_i，T，T_{int} 和 F_i。在这些变量中，有三个属于外部扰动变量：T_0，T，F_i。对于蒸汽加热器和进料-出料换热器，有两个能量平衡方程，因此，独立操作变量数为 $N_{Manipulated}=N_{Variables}-N_{Externally\ Defined}-N_{Equations}=6-3-2=1$。显然应该将 T_i 和 W_s 分别选为被控变量和操作变量。过程的主要目标是控制反应器进料温度，而蒸汽流率是唯一的操作变量。

(c) 反应器子系统。如图 8.20 所示，假设反应器装满料液，该子系统有八个变量：T，c_A，c_{Ai}，T_i，F_i，F_c，T_c 和 T_{co}。指定三个外部变量：c_{Ai}，T_i，F_c 或 T_{co}。假设反应器内液位高度恒定，有组分 A 的质量平衡方程、反应混合液和夹套冷却液的能量平衡三个模型方程。则独立操作变量数为 $N_{Manipulated}=N_{Variables}-N_{Externally\ Defined}-N_{Equations}=8-3-3=2$。

选择被控变量。选择直接影响产品质量的 C_A（准则 3）。选择避免安全问题的 T（准则 2），而且它与 C_A 有相互作用（准则 4）。

选择操作变量。选择直接快速影响转化率的加料流率 F_i（准则 6、准则 7、准则 8），同样选择 T_{co} 或 F_c 两者中未被指定为外部扰动变量的那个作为操作变量来控制反应器温度 T。一种可选的控制结构如图 8.20 所示，该结构还可以改进。

(d) 闪蒸器子系统。如图 8.21 所示，该子系统有 11 个变量：F_i，T，c_A，F_W，p_f，h，T_f，F_V，y_A，F_L 和 x_A。其中有两个外部变量：T 和 c_A。模型包含五个方程：一个总体质量平衡方程，一个组分 A 的质量平衡方程，一个总体能量平衡方程，以及各种组分的汽液平衡方程。因此，独立操作变量数为 $N_{Manipulated}=N_{Variables}-N_{Externally\ Defined}-N_{Equations}=11-2-5=4$。

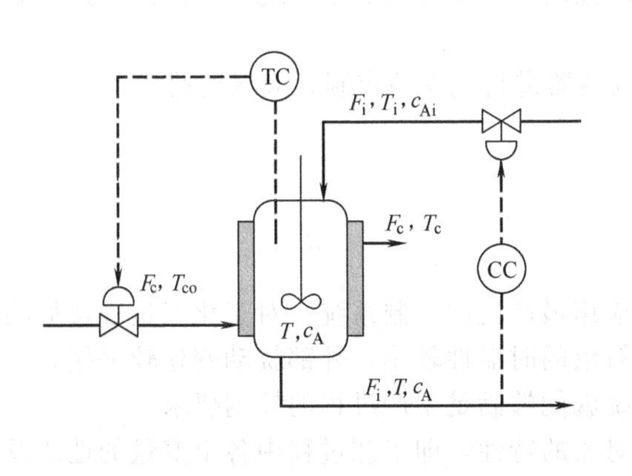

图 8.20 优化的反应器子系统控制配置

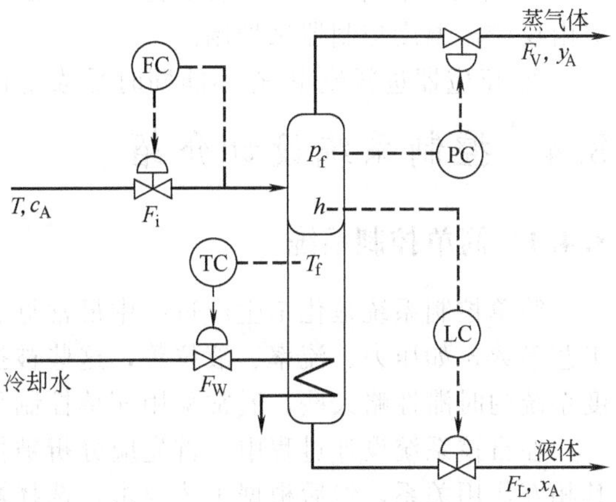

图 8.21 优化的闪蒸器子系统控制配置

选择被控变量。出于安全角度考虑选择 p_f（准则 2），而且它还影响产物浓度（准则 3），选择直接影响产品质量的 T_f（准则 3），选择非自调整变量 h（准则 1），选择直接控制产品流率的 F_i，它也是控制目标之一（准则 3）。注意，所有这些输出变量都存在较强的耦合作用。

选择操作变量。调节 F_i 达到其设定点（准则 8）。F_V 快速直接地影响容器压力 p_f，而几乎不影响其他输出（准则 7、准则 8）。同样原因，选择 F_L 控制液位 h，选择 F_W 控制闪蒸温度 T_f（准则 8）。

第 4 步。将带有控制回路配置的各个子系统组合在一起，如图 8.22 所示。即使对于只含有四个子系统的小型过程，可选的单回路配置数目也很大。

第 5 步。去除图 8.22 中由于重复定义引起的两个冲突，如图 8.23 所示。

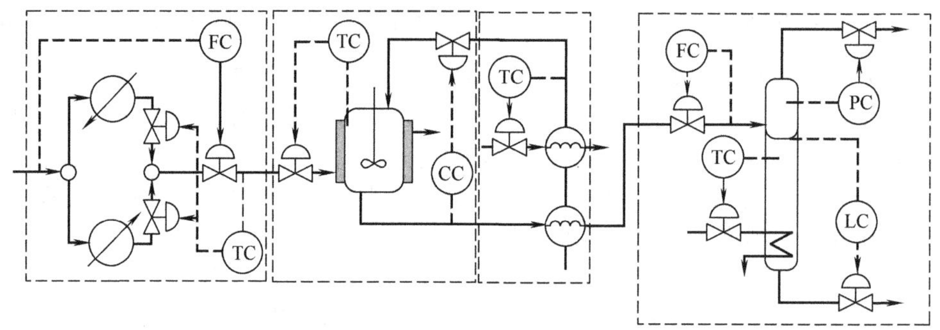

图 8.22 各子系统组合后的大系统控制系统

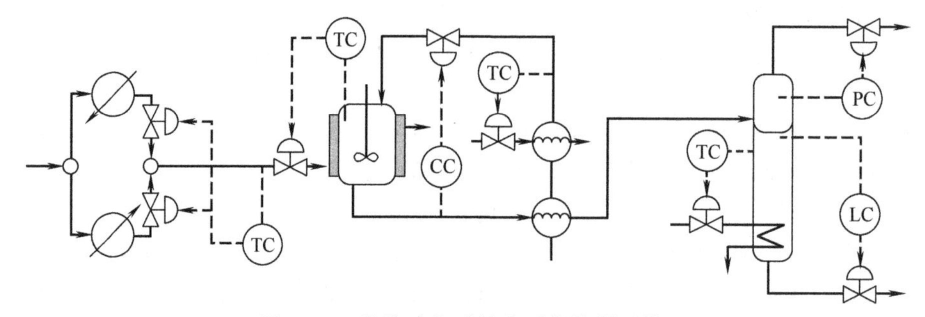

图 8.23 消除冲突后的大系统控制系统

① 冷却剂流率 F_c 不可能既受冷却子系统的控制，又受反应器子系统的控制。显然，它应由反应器温度控制器来控制。

② 反应器进料流率 F_i 不能同时受浓度和闪蒸器进料流率的控制，应保留前者。

8.4 控制系统设计介绍

8.4.1 简单控制系统

简单控制系统是化工生产过程中最常见、应用最广泛的控制系统。对于化工过程常见的工艺参数，如压力、流率、液位等，这些被控对象的时滞性较小、外部扰动变化较平缓，温度系统的时滞性略大些，通常采用简单控制系统就能够满足生产过程的控制要求。

在自控系统设计过程中，首先应分析被控对象的特性，即工艺过程中各个变量的性质及其相互作用关系，然后根据工艺要求，选择被控变量、操作变量，合理选择控制系统中的测量变送单元、调节器和执行器，建立一个较为合理的控制系统。对有多个控制回路的生产过程，还要考虑各个回路间的相互关联和相互影响，并按可能使每个控制回路对其他控制回路的影响为最小的原则来建立各个控制回路。

在简单控制系统中，比例积分微分（PID）控制是最经典，也是最实用有效的控制算法，其通用的算式可表示如下

$$u(t)=K_{\mathrm{p}}\left[e(t)+\frac{1}{T_{\mathrm{i}}}\int_{0}^{t}e(t)\mathrm{d}t+T_{\mathrm{d}}\frac{\mathrm{d}e(t)}{\mathrm{d}t}\right] \tag{8.13}$$

式中 $u(t)$——t 时刻调节器输出量；

$e(t)$——t 时刻采样时的偏差值；

K_{p}——比例系数；

T_{i}——积分时间；

T_{d}——微分时间。

在PID算法的参数中，增大比例系数 K_{p}，能加快响应，减小静差，但过大的 K_{p} 使系统有较大超调，并易振荡，稳定性变差。积分时间 T_{i} 主要用于消除静差，减小积分时间 T_{i}，积分作用增强，可以加速消除系统静差，但 T_{i} 过小亦会造成系统振荡，稳定性变差。微分时间 T_{d} 反映偏差信号的变化趋势（变化速率），增大微分 T_{d} 可加快响应，减小超调，但控制系统对扰动抑制能力减弱。

（1）流率控制

在流率控制中，被控变量和操作变量均是流率，所以对象的静态放大系数为1。流率对象的时间常数较小，一般仅为几秒，对象的纯滞后时间也很小。因为流率控制一般都与工艺的物料平衡有关，大多数情况下不允许有余差，因而总是选用比例积分调节器。由于对象时间常数小，反应灵敏，同时流体湍流流动以及泵的振动易产生流率微小脉动，所以调节器不必有微分作用。

（2）液位控制

一个设备的液位，表征了它的流入量和流出量之差的累积，液位控制应保持设备内的滞留量在规定的高限和低限之内，使它们具有一定的缓冲能力来保持前后工序负荷的平衡。在每一种滞留量下，在绝大部分时间内保持入口流率和出口流率之间的平衡，在需要改变流率时，希望能平滑地调整流率。

从工艺流程上看，液位控制有两种方式：由液位去控制流出量，或者由液位去控制流入量。液位对象的时间常数与设备的容积成正比，与流率成反比，一般为几秒至几分钟。由于液体进入容器时的飞溅和扰动，液位测量与流率测量相似，也是有噪声的。在实践中，大多数情况下液位控制的精度要求不是很高，这时可以选用比例控制器，若要求静态偏差小则可选择比例积分控制器。但对有相变过程的设备，如再沸器、锅炉汽包、蒸发器等，它们的液位控制比较复杂，因为它们不仅与物料平衡有关，而且与传热有关。在这些设备中，液位经常急剧波动，所以要实现良好的液位控制还需设计复杂控制系统。

（3）压力控制

化工过程压力控制大多为气体控制，如高压加氢反应釜中氢气压力控制、低压气体输送液体或固体物料等。气体的压力控制可通过调节进气量或者排气量实现。气体压力对象基本上是单容的，具有自衡能力，它的时间常数也与容积成正比与流率成反比，一般为几秒至几分钟。除了系统附近有脉动的压力源，如压缩机等，一般气体压力的测量是没有噪声的，通常选用比例积分调节器，积分时间可以放得比流率控制时大些。当同一根工艺管线上既要控制压力又要控制流率时，两个控制回路会互相影响。

（4）温度控制

温度控制实质上是一个传热的控制问题。温度对象常常是多容的，时间常数与对象的热容和热阻的乘积成正比，它可以从几分钟到几十分钟，滞后性较大。换热器传热面的结垢会引起热阻增大，因而对象时间常数还具有时变的特性，而且由于物料传质和传热的不均匀性，温度一般呈梯度分布。为了改善温度控制系统的品质，测量元件应选用时间常数小的元件，并尽量安装在测量纯滞后小的地方。调节器可以选用比例积分微分调节器，积分时间可置于几分钟，微分时间相对短一些。

（5）成分控制

通常成分控制的对象是多容的，且时间常数大，纯滞后时间大。有的控制对象如pH，则具有明显的非线性，最好使用非线性调节器。造成成分控制系统工作不良的原因还有分析器本身结构比较复杂，取样系统和样品预处理部分工作不良，纯滞后过大等多方面的原因。

成分控制通常选用比例积分微分调节器。由于成分控制的惰性较大，系统可靠性不高，所以调节器的比例系数一般均放得较大。对纯滞后特别大的成分控制可以考虑采用采样控制。当选不到合适的成分分析器时，也可以采用间接的被控变量如温度、温差等来代替。

简单控制系统的PID参数经验值可参考表8.4。

表8.4 常见PID参数经验值

被控变量	特　点	K_p	T_i/min	T_d/min
流率	时间常数小，有噪声。故 K_p 较小，T_i 较短，$T_d=0$	1～2.5	0.1～1	0
温度	多容系统，较大滞后，常用微分	1.6～5	3～10	0.5～3
压力	容量系统，滞后不大，不用微分	1.4～3.5	0.4～3	0
液位	受其他系统状态影响较小且精度要求不是很高时可用简单比例调节	1.25～5	0	0

8.4.2 复杂控制系统

只有一个被控变量的单回路简单控制系统解决了化工厂大部分的控制问题，但是它们功能单一，对纯滞后较大、时间常数较大、外部干扰多而剧烈的对象，控制质量较差，对各个过程变量内部存在相关的过程，控制回路相互之间会出现干扰等。因此在简单控制系统的基础上，又发展了众多的复杂控制系统，下面作简要介绍。

（1）串级控制

串级控制系统的特点是两个调节器相串联，主调节器的输出作为副调节器的给定，适用于时间常数及纯滞后较大的对象，如化工设备的温度控制等。

图8.24为串级控制系统的方框图，该系统有两个调节器，调节器1为主调节器，调节器2为副调节器，主调节器的输出作为副调节器的给定；系统有两个测量变送单元，一个测量主被控变量，另一个测量副被控变量。串级控制系统的目的主要在于控制主被控变量稳定。

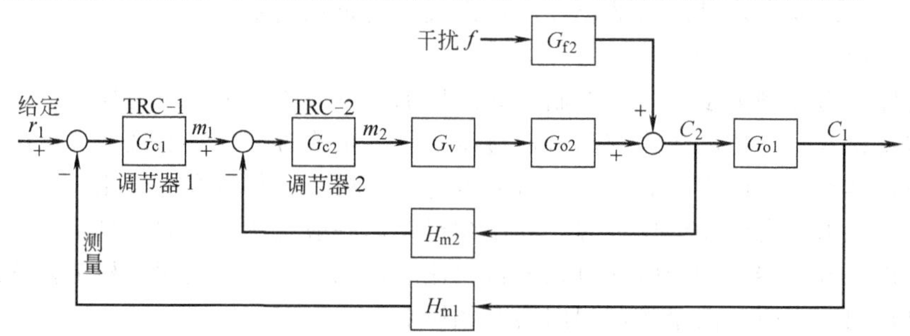

图8.24 串级控制系统的方框图

现以图8.25所示的加热炉出口温度串级控制系统为例来说明串级控制系统的工作过程。加热炉是石化生产过程中的重要设备，其作用是把原油加热至一定的温度，然后送入精馏塔。为了保证精馏塔生产正常稳定操作，必须控制加热炉出口温度，一般只允许波动在±2℃以内，为此采用了加热炉出口温度与炉膛温度串级控制系统。在外界干扰的作用下，系统的热平衡遭到破坏，加热炉出口温度发生变化，此时串级控制系统中的主、副调节器便开始了它们的工作过程。根据干扰施加点位置的不同，可分为下列三种情况。

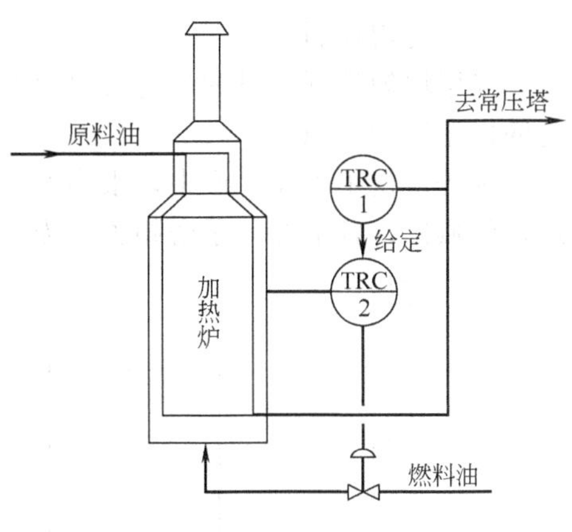

图8.25 加热炉出口温度串级控制系统图

① 干扰作用于副回路 当燃料油压力、流率、组分等发生变化时，炉膛温度也会相应发生变化，此时炉膛温度的副调节器TRC-2立即进行调节。如干扰较小，经副回路调节以后，炉膛温度基本保持不变，这样就不会影响加热炉的出口温度。当干扰很大时，还会影响到主被控变量——加热炉的出口温度，这时主调节器TRC-1的输出开始发生变化，对副调节器TRC-2来说，它将接受给定值与测量值两方面的变化，从而使输入偏差增加，校正作用加强，加速了调节过程。

② 干扰作用于主回路 当原料油的入口流率和温度发生变化时，炉膛温度尚未发生变化，但加热炉出口温度先行改变。此时主调节器TRC-1根据加热炉出口温度的变化去改变副调节器TRC-2的给定值，副调节器接到指令后，很快产生校正作用，改变燃料油输入管路上调节阀的开度，使加热炉出口温度跟踪给定值。在控制系统中由于多了一个副回路，调节和反馈的通道都缩短了，因而能使被控变量的超调量减小，调节过程缩短。

③ 干扰同时作用于主、副回路 当多个干扰同时作用于主、副回路时，如它们使得主被控变量与副被控变量往同一方向变化，则副调节器的输入偏差将显著增加，因而它的输出也将发生较大的变化，以迅速克服干扰。如果主被控变量与副被控变量分别往相反方向变化，则副调节器输入的偏差将缩小，它的输出只要有较小的变化即能克服干扰。

综上所述，在串级控制系统中，由于主、副两个调节器串联在一起，再加上一个闭合的副回路，因而不仅能迅速克服作用于副回路的干扰，而且对于作用于主回路的干扰也有加快调节的进程。在调节过程中，主、副回路互相配合，副回路具有先调、快调、粗调的特点；主回路则刚好相反，具有后调、慢调、细调的特点。与单回路简单控制系统相比，大大改善了调节过程的品质。

（2）比值控制

比值控制可以控制两个或两个以上的物料流率保持一定的比值关系。分为单闭环比值控制和双闭环比值控制。

若过程中有两股流率 Q_1 与 Q_2 需同时控制，且保持一定比例关系，其中 Q_1 是主动量，Q_2 是从动量，它随 Q_1 而变，在稳态时需保持 $Q_2=KQ_1$。单闭环比值控制系统仅适用于 Q_1 比较稳定的场合。当 Q_1 本身波动比较频繁，变化幅度较大时，Q_2 无论是从累计量还是瞬时量来看都很难严格保持等于 KQ_1，因此必须采用双闭环比值控制。即对 Q_1 主动量又增加了一个闭环控制回路，这样就构成了双闭环比值控制系统。这类控制系统的特点是在保持比值控制的前提下，主动量和从动量两个流率均构成了闭合回路，由于 Q_1 比较平稳，所以无论从累计量还是从瞬时量来看，双闭环比值控制的效果都比单闭环控制系统要好。因而在大多数情况下，都采用双闭环比值控制。

(3) 均匀控制

采用均匀控制的目的是它可以协调控制几个有关的变量，以缓和供求的矛盾并使后续设备的操作较为平稳。

现代大化工工业生产中，很多产品的工艺流程十分复杂，设备数量很多，而且随着生产过程的强化，各个部分紧密相关。为了减少设备投资和装置占地面积，要尽可能地减少中间贮罐的数量和容积，往往前一个设备的出料直接就是后一个设备的进料。如图8.26所示两个精馏塔串联操作时，对于前一个塔的液位控制LIC-1，除了保证本塔的液位在一定的控制范围以内，防止被抽空或满塔，还要控制本塔塔釜的出料流率，即兼顾后一个塔的进料流率，应使它不会有太大的波动，稳定操作。显然均匀控制既不是要严格保持液位在某一个给定值上，也不是严格控制流率在另一个给定值上，而是要兼顾液位和流率的矛盾，让它们都在各自工艺要求的控制范围内变化。对这个控制范围，不同的工艺过程要求的控制精度也不一样。

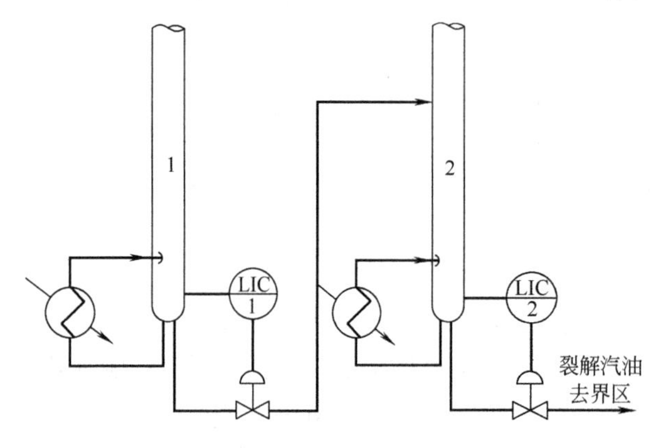

图 8.26 精馏塔均匀控制系统图

图8.26所示的精馏塔塔釜的液位控制采用均匀控制系统。从外表上看，它与单纯液位控制系统没有任何差别，但根据它们完成的任务不同，主要的差别在于液位测量变送器量程的确定以及调节器的选择与参数整定上。均匀控制用的液位测量变送器的测量量程可选得适当大一些，调节器可以选用比例或比例积分式的。调节器参数整定时，比例系数可由小到大逐步来进行试验。一般这样就能满足基本均匀控制的要求。而单纯的液位控制系统，从精确控制液位平稳的要求出发，液位测量变送器的量程不应太大，以使测量值有较高的灵敏度，调节器应选用比例积分的，比例系数设置较小。

(4) 分程控制

分程控制由一个调节器去控制两个或两个以上的调节阀，可应用于一个被控变量需要两个以上的操作变量来分阶段进行控制或者操作变量需要大幅度改变的场合。

通常一个调节器的输出只带动一个调节阀，而在分程控制系统中，一个调节器的输出却带动多个调节阀工作，每个调节阀仅在调节器输出的某段信号范围内动作。在化工生产过程中，为了适应工艺要求，可以采用两种或多种手段、介质来进行分程控制；采用分程控制来满足工艺生产不同负荷以及开、停车过程对自控的要求，或者扩大调节阀的可调比。

化工单元操作中的反应器温度控制一般需采用两种介质来进行调节。在反应开始时需要对反应器加热，以起动反应过程。反应起动后，因为化学反应放出大量的热量，为了能使反应持续稳定地进行下去，就必须把反应热及时取走。在这种场合就必须采用分程控制。开始时，由于反应器内的温度低于要求的反应温度，所以调节器控制蒸汽阀A打开，循环水经蒸汽加热以后，变成热水加热反应器。反应开始后，随着反应热的逐渐放出，将逐渐关闭蒸汽阀A，当反应充分进行后，就把蒸汽阀A全关，打开冷却水阀B，把反应热取走。这样在反应器的起动过程直至稳定操作，能基本上保持反应器内的温度不变，实现了工艺过程自动控制的要求。

此外，在化工过程开车、停车以及某些工艺参数大幅度变化的情况下，要求控制调节阀有很大的可调比，采用一个调节阀很难满足工艺要求。在这种场合下，可以采用分程控制，把两个不同口径的调节阀并联起来使用，扩大调节阀的可调比。

(5) 自动选择性控制

在大化工生产中，自动控制系统的主要任务之一就是要保证生产安全、平稳地进行。但在生产过程中，不可避免地会出现不正常的工况以及其他特殊的情况，过去通常采用报警后由人工去处理或自动联锁停车的对策。但随着装置的大型化，一次开停车过程要耗费大量的原料、燃料，并排放大量不合格产品，这显然是很不经济的。若出现不正常工况后全部转由人工处理，则可能造成操作人员的过分忙乱和紧张。所以必须考虑在不正常的工况下，由别的调节器按照适合当时特殊情况的另外一套规律来进行控制。此外有一些工艺变量的控制，受到多种条件的约束和限制，因而也必须根据不同的情况来分别对待。在这样的指导思想下就发展出了自动选择性控制系统。选择性控制系统的基本设计思想就是把在某些特殊场合下工艺过程操作所要求的控制逻辑关系叠加到正常的自动控制中去，由于选择性控制系统在生产操作中起了软限保护的作用，所以应用相当广泛。

自动选择性控制系统调节器的测量值可以根据工艺的要求自动选择一个最高值、最低值或者可靠值，也可以根据工艺的工况在预先设计好的几种控制系统中自动选择其一。

(6) 前馈控制

前面所提到的各类控制系统中，调节器都是按给定值与测量值之差，即按偏差来进行工作的，这就是反馈控制系统。它必须在被控变量存在偏差的前提下才能进行控制，因而是不完善的；调节器必须等待被控变量偏离给定值后才开始改变输出，对纯滞后时间长、时间常数大的对象，它的校正作用起步较晚，并且对应一定幅值的干扰，它不能立即提供一个精确的输出，只是在正确的方向上进行反复试探，以求得被控变量的测量值与给定值相一致，这种尝试的方法就导致了被控变量的振荡，可能使系统较难稳定。此外，某些黏度、组分等工艺变量，往往找不到合适的检测仪表来构成闭合的反馈控制系统，此时只能采取对主要干扰加以前馈控制的方法，来消除干扰对它们的影响。

前馈控制可以把影响被控变量的主要干扰因素测量出来，用前馈控制模型算出应施加的校正值的大小，使得在干扰刚开始影响被控变量时就起校正作用。所以前馈控制是按照扰动量进行校正的一种控制方式。从理论上讲，似乎前馈控制可以做得十分精确完美，但实际上却不可能。这是因为一个被控对象有许多干扰因素，不可能对每一个干扰都考虑采用前馈控制；其次有许多干扰如换热器热阻的变化、反应器催化剂活性的下降，它们很难测出；还有前馈控制模型难免有误差，这样在干扰作用后被控变量就回不到给定值。所以在实际应用中，常常把前馈控制与反馈控制结合起来，以消除某几个影响最大的干扰。

(7) 非线性控制

具有非线性特性的对象和控制环节在化工过程及其控制系统中经常出现，前面都把化工对象作为线性对象来处理，这种处理方法是基于对象的非线性特性不是很严重的假设，近似地认为控制系统在其工作点附近的小区段内对象特性是线性的。另外被控对象在整个工作范围内的非线性，还可以通过选择合适的调节阀流率特性等方法来设法加以补偿，使回路的总增益基本保持不变。实践已证明，这种处理方法在大多数场合尚能得到较为满意的结果。

当被控对象非线性较为严重时可以采用非线性控制，以起部分补偿作用。有时在某些场合采用非线性控制，以求得被控变量更加平稳。有些工艺参数如 pH，它具有显著的非线性特性，如果用常规的比例积分微分调节器来进行控制，就较难把 pH 控制在要求的范围内，而采用非线性调节器能较好地解决这类控制问题。另外有一些控制系统，如贮罐的液位控制，对象特性本身是线性或近似线性的，但是如果人为地在控制系统中引入非线性环节，则更能满足某些工艺的特殊要求，使调节阀的动作更为平稳，得到更为理想的控制效果。

(8) 采样控制

前面所述的控制系统均是连续控制系统，其特点是在时间域上调节器连续地接收测量信号，并连续地给出校正信号。与这类连续控制系统不同的还有一类离散控制系统，其测量和控制作用通过采样开关每隔一段时间进行一次，这种断续的控制方法就称为采样控制。由于采样控制中调节器的输出是断续的，为了在采样开关断开以后，调节阀仍能继续保持它在采样时刻的位置不变，因而在采样控制系统中必须设有零阶保持器，以保持调节器的输出不变。

采样控制可应用于离散过程控制，也可以将其引入到具有特大纯滞后的工艺对象上去，防止控制作用超调，以期得到较好的控制效果。因为一个具有纯滞后时间为 τ 的被控对象，任何校正作用至少要经过时间 τ 以后才能反映出来。常规的比例积分微分调节器是根据偏差来进行控制的，如果 τ 甚大，则长时间反馈回来的信号无变化，因而调节器对偏差的校正作用因得不到反馈信息而必然过头，积分作用将使过程产生严重的超调和振荡；另外当调节器改变它的输出而看不出效果时，继续改变它的输出就没有任何实际意义。因而在这种纯滞后特别大的场合采用采样控制，从控制策略上来理解，就是“调一下，等等看”的思想与做法。

(9) 模糊控制

由于化工过程的多样性，设备体积一般较大，化工过程常伴有热量传递、多相质量传递，过程机理较为复杂，系统具有非线性、时变性和较大的滞后性，其阶跃响应不易精确测得，只能得到带有一定误差的估计值，难以建立被控过程的精确数学模型，采用传统控制理论的方法控制效果不佳。模糊控制是一种对时滞具有良好控制效果、综合控制性能好且无需建立系统精确数学模型的先进控制系统。

模糊控制是以模糊数学为基础的一种智能控制，可以仿照专家的思维进行生产过程进行判断、推理和调节。它的设计包括以下三个方面。

① 精确量的模糊化　把语言变量的语言值量化为某适当论域上的模糊子集。

② 模糊控制算法设计　通过一组模糊条件语句构成模糊控制规则，运用模糊推理合成运算求得由模糊控制规则决定的模糊关系。

③ 输出信息的模糊判决　将运算得到的模糊量转化为精确量控制生产过程。

基本模糊控制系统包括：模糊控制器、反馈环节和被控对象，如图 8.27 所示。图中，s 为系统被控变量的设定值（精确量），e、ce 为系统被控变量的偏差和偏差变化率（精确量）；$\underset{\sim}{E}$、$\underset{\sim}{CE}$为反映系统偏差与偏差变化的语言变量的模糊集合（模糊量）；u 为控制器的输出（精确量）。

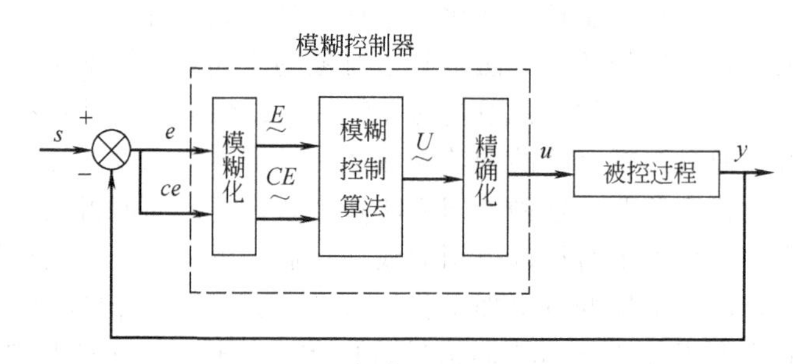

图 8.27　基本模糊控制系统框图

(10) 解耦控制

以上为了简化对问题的分析，所讨论的控制系统大多从单一被控变量和单一操作变量的角度出发，很少考虑多变量相互之间的影响，而实际化工过程中，存在许多多变量相互作用的现象。为了保证控制品质，必须对系统进行解耦。当一个生产装置或工艺过程的两个被控变量和两个操作变量间存在一定程度的相互关联与耦合作用时，它们相互配对并组成简单控制系统的方案有两种。在某些场合下，结合工艺机理可以确定出适宜的变量配对，建立两个看似独立的单回路控制系统。

在较为复杂的工艺过程中，某些操作变量与被控变量密切相关，变量配对比较复杂且不容易确定。例如精馏塔顶馏出物的组分可以由回流量或者由馏出量来控制；同样塔底出料的组分也可以由塔底出料量或者进再沸器的蒸汽量来控制，答案有时不太明确，借助自动控制领域中近期出现的一些新方法，例如定量计算每个被控变量对每个操作变量的相对增益，即可帮助自控人员去组成合理的控制回路，估计各个控制回路之间相关的性质和相关的程度，并作出为了保证控制质量是否有必要采取解耦措施等的判断，进而按需要利用解耦装置进行控制系统的解耦设计。

复杂控制系统绝非仅仅上面提到的几种，此外还有极值控制、最优时间控制等。应当注意的是这些复杂控制系统都是为了解决某个特殊矛盾而产生并发展的，它们均有各自适用的场合。能用单回路简单控制系统解决的问题，就不应设计复杂控制系统；复杂控制系统如果使用不当，不仅增加投资，不能奏效，有时反而会带来不必要的麻烦。

8.4.3　先进控制系统

随着科学技术的发展，现代工业的规模越来越大型化、复杂化，人们对工业过程的总体性能要求也越来越高，利用先进控制技术节约能源，保护环境，提高装置操作、控制、管理水平，追求更大的经济效益，已成为石化企业迫切需要解决的问题。不同的工业过程虽然具有其本身的特殊性，但一般来说都有以下共同点。

多变量和强耦合。现代工业生产的规模和控制对象越来越复杂，控制回路和过程变量众多，而且过程变量之间相互密切关联，给过程控制带来了很大的难度。

多目标。不仅要求生产过程平稳操作，还要求大规模工业生产安全、高效、优质、低耗。这就要求控制系统能够处理多目标问题。

非线性严重。严格地说，所有的工业过程都存在着不同程度的非线性。随着对控制品质要求的提高，需要进一步考虑非线性的影响。

存在各种约束。实际工业过程都存在各种各样的约束，而过程的最佳操作点往往在约束的边界上。为了取得更好的经济效益，要求控制器把系统推向约束边界而又不违背约束条件。

机理复杂。很多工业过程内部发生的物理变化和化学变化使人们无法确切了解过程的本质特性。这样，就给数学建模带来了困难。

干扰复杂。一般工业对象都受到各种各样的干扰，大多数既无法测量，又无法消除。

简单控制和复杂控制构成了整个过程生产自动化的基础。对于石油、化工、电力等领域复杂的工业过程，他们不能满足生产过程的全部要求。近代控制理论研究的新成果——先进过程控制系统，包括预测控制、多变量解耦、鲁棒控制、推断控制、人工神经元网络控制、自适应模糊控制以及各种智能控制等在工业生产过程中取得了成功的应用，提供了比基本调节控制更好的控制效果，并且能够适应复杂动态特性、时间滞后、多变量、有不可测变量、变量受约束等情况，在操作条件变化时仍有较好的控制性能。采用先进过程控制使生产操作更方便可靠，充分发挥装置的潜力，将生产装置推向更接近其约束边界的条件下运行，最终达到确保装置运行的稳定性和安全性、保证产品质量的一致性、提高目标产品的收率、增加装置处理量、降低运行的成本、减少能耗、减少环境污染等目的。先进控制技术在工业生产中的应用，给企业带来较显著的经济效益。

8.4.3.1 先进过程控制及预测控制的基本原理

基于模型的控制策略是先进过程控制的主要技术手段，也是先进过程控制区别于常规控制的一个主要特点，模型预测控制技术是先进过程控制技术之一。预测控制是指通过在未来时段（预测时域）上优化过程输出来计算最佳输入序列的一类系统。预测控制是现代控制理论提出的一种新的先进控制系统，能满足复杂系统控制的实际要求，已成为当前过程控制理论研究和应用的热点。预测控制通常建立在下述基本特征基础上。

（1）预测模型

预测控制是一种基于预测模型的控制算法，预测模型的功能是根据过程对象的历史信息和未来输入预测其未来输出。状态方程、传递函数等传统的模型，阶跃响应、脉冲响应等非参数模型，以及非线性系统、分布参数系统模型，均可作为预测模型使用。预测控制突破了传统控制中对模型结构的严格要求。

（2）滚动优化

预测控制中的优化不是采用一个不变的全局优化目标，而是采用滚动式的有限时段的优化性能指标，这一优化时段同时向前推移。不同时刻优化性能指标的相对形式相同，但其绝对形式，即所包含的时间区域是不同的。因此，在预测控制中，优化不是一次离线进行，而是反复在线进行的，这就是滚动优化的含义，也是预测控制区别于传统优化控制的根本点。这种有限时段优化目标的局限性是在理想情况下只能得到全局的次优解，但优化的滚动实施却能顾及由于模型失配、时变、干扰等引起的不确定性，及时进行弥补，始终把新的优化建立在实际的基础上，使控制保持实际上的最优。

（3）反馈校正

预测模型只是对象动态特性的简化描述，不变模型的预测不可能和实际情况完全相符，需要建立反馈校正环节。可以在保持预测模型不变的基础上，在每个采样时刻对未来的误差作出预测并加以补偿，也可以根据在线辨识的原理直接修改预测模型。滚动优化只有建立在反馈校正的基础上，才能体现出其优越性。预测控制中的优化不仅基于模型，而且利用了反馈信息，构成了闭环优化。

8.4.3.2 主要先进控制工具软件包简介

国际上一些著名的过程控制公司（如 SetPoint，DMC，ADERSA，Aspen，HHS 等）的先进控制软件的核心是模型预测控制算法。这些多变量约束控制软件包已在许多工业现场取得了成功应用，获得了巨大的经济效益。这一切也极大地刺激了先进过程控制系统的应用和发展。由于其巨大的经济效益，这些多变量约束控制软件包的价格非常昂贵，例如 IDCOM-M 每套约几十万美元，而且国外公司对这些软件仅出售使用权，而不出售其核心技术。

（1）DMC 动态矩阵控制器

美国 DMC 公司成立于 1981 年，总部设在美国得克萨斯州的休斯敦。DMC 公司的技术已在炼油、石化和化工等领域的 600 多个工程项目中得到了应用。DMC 动态矩阵控制和 DMO 在线实时优化技术是该公司的主要产品。

DMC 控制软件包的主要特征是：具有完善的多变量动态过程模型辨识软件；能有效地处理大规模复杂控制问题；能容易地处理大的纯滞后及大的时间常数过程；应用线性规划原理来实现经济性能指标（最大的产量和转化率，最小的能耗）的最优化；能处理动态响应区间内被控变量和操作变量的约束条件；具有动态加权和在线整定功能。

DMC 控制软件包中的 DMI 动态矩阵辨识软件可用于高达 60 个独立变量、120 个因变量的复杂相关多变量系统。与传统辨识方法不同，DMI特点是能在工业生产环境下进行现场装置试验。在动态特性测试期间，过程不需要处于稳态。操作人员可调节任何操作变量以使生产产品符合规格。

(2) IDCOM-M控制器

位于美国得克萨斯州休斯敦的SetPoint公司成立于1977年，它是在过程控制领域研究先进控制信息系统最早的公司之一。IDCOM-M控制器是该公司的主要产品，在石油、化工、电力等行业取得的许多成功应用，使其成为世界上著名的预测控制软件之一。

IDCOM-M控制器是一个多变量、多目标、基于模型的预测控制器。采用分层方法来处理控制要求与经济指标之间的关系，使用两个独立的目标函数，第一个目标函数是针对输出变量控制要求的，第二个目标函数是针对输入变量控制要求的。控制器先求解第一个目标函数，即在输入和输出约束的限制下，控制每个被控变量到其设定值或限制区间内，系统输出要求尽量接近期望值。如果满足第一个目标函数的解不唯一，表明系统还有多余的自由度，则可以求解第二个目标函数。此时要引入等式约束，以保证第一个目标函数的优化结果不受影响。

IDCOM-M易于在线组态，不需编程，还有功能强大的仿真软件包，可以用来测试、整定和培训。其主要特点：可控性监测器检查并防止病态系统产生，允许在线调整过程模型的稳态增益，可处理多个操作变量线性组合的约束，可处理零增益等特殊动态过程等。

8.4.4 过程控制与系统优化

通常人们将大工业过程控制与优化可分为以下四层结构。

第3层：生产的时空调度。

第2层：在保证产品质量和产量前提下，费用最小的优化求解。

第1层：过程的动态多变量控制，其他先进过程控制。

第0层：DCS，PID控制等。

过程控制和优化是正常生产和取得经济效益的重要基础与保证。控制采用的是动态的局部范围的回路级模型，优化采用的是稳态的单元级或流程级模型。在线优化层在控制-决策两个环节中起着承上启下的关键作用。它通过采集现场数据，对过程操作状况做出在线评价和分析，不断更新模型参数，修正约束条件，根据原料、产品、辅助设备费用等信息在线实时计算过程的最佳操作条件，并作为给定值送到下面的控制层，使生产过程始终处于最优工况附近。

应该指出经济效益并非主要来自动态多变量控制及先进过程控制层，而主要是来自优化层，这也正是国内外先进控制与优化软件包迅速发展的主要原因。由第0层和第1层控制所能获得的直接经济效益并不明显，第2层的优化却能明显地提高经济效益。因为好的过程控制只是能减小被控变量与设定值之间的偏差，即减小生产过程的波动，提高装置操作稳定性，而真正的经济效益来自于把被控变量的设定值推向约束边界，这一点正是由优化层来完成的。但必须注意的是，若想在第2层实现满意的优化，其必要条件是第0层和第1层必须有很好的控制效果。

近年来，国内外从事过程控制与优化的软件公司、大学、研究设计机构、工厂针对过程工业的特点，开发出一些先进有效的过程控制与优化的策略和方法，推出了许多高级控制和在线实时优化的商业工程软件包，在大型石化、化工、炼油、钢铁等企业应用成功，经济效益显著。在控制系统的软件和硬件方面，由于计算机技术的迅猛发展，使得分散式控制系统(DCS)成为大型工业过程自动控制的先进工具，特别在石油、化工、电力等生产过程中，DCS已被普遍采用，取得了一定的效果。使得系统的底层控制更加安全可靠，在DCS的基础上实现先进过程控制与优化成为可能。在各个层次上实现优化，推行管理信息系统(MIS)，进而组织计算机集成的管理与控制一体化，已成为发达国家过程工业自动化和计算机应用的标准发展模式。

8.5 计算机过程控制系统设计实例

结合国内某化工企业产品X的技术改造项目，本节说明化工过程计算机自动控制系统设计的内容和过程。改造前，企业工业生产中存在的主要问题，除工艺技术及装置落后外，生产过程自动化程度低也是影响产品质量的一个重要原因。人工操作造成化工过程不稳定，导致产品质量波动，批间差异较明显。通过技术改造，不仅建立了新的化工工艺流程与设备，而且配置了计算机控制系统，使生产过程能够严格按照工艺条件实施，保证生产系统的稳定性和重现性，提高了产品的质量和收率。

8.5.1 控制系统设计

结合工艺、设备和控制的要求，由工艺专业人员绘制制备化工产品X的带控制点的工艺流程简图，如图8.28所示。主要设备包括结晶器、水罐、换热器以及离心泵等。晶体产品X的制备采用冷却结晶生产工艺流程。在该工艺生产流程中，由于产品X结晶物具有高黏度高悬浮密度的特性，增加了过程传质、传热的难度，系统的时滞性较大。为了得到高质量的结晶产品X，在生产过程中必须进行多参数的综合相关控制。

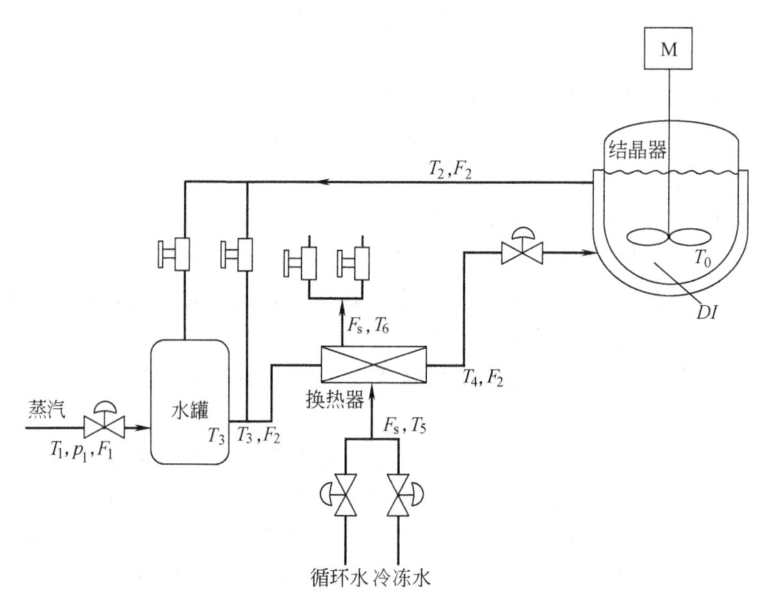

图8.28 产品X精制结晶工业生产过程流程简图

控制目标：维持结晶产品X质量（纯度、晶形、粒度及粒度分布等）处于较高水平；维持产率恒定；节约能量。

根据工艺流程，将整个系统分为三个子系统：①水罐子系统；②换热器子系统；③结晶器子系统。

确定每个子系统的自由度、操作变量和被控变量，并为每个子系统选择一个较好的控制结构。将带有控制回路的各子系统组合在一起，并检查有无重复定义。

(1) 水罐子系统

如图8.29所示，假设水罐内部混合良好，出口流股温度等于水罐内介质温度。忽略蒸汽冷凝水的质量，水罐进出口水流率相等。子系统共有六个变量：T_1，p_1，F_1，T_2，F_2，T_3。其中外部扰动变量四个：T_1，p_1，T_2，F_2（T_2和F_2受结晶器子系统控制）。与子系统相关的能量衡算方程

$$F_1 r_1 + F_1 c_{p_2}(T_1 - T_3) = F_2 c_{p_2}(T_3 - T_2) \tag{8.14}$$

式中 r_1——汽化热；

c_{p_2}——定压比热容。

由于$F_1 \ll F_2$，$c_{p_2} \ll r_1$，忽略方程左边第二项，则

$$F_1 r_1 = F_2 c_{p_2}(T_3 - T_2) \tag{8.15}$$

因此，独立操作变量数为一个。

选择被控变量。该子系统的目的是要保证水罐的温度满足生产要求，应该选择T_3作为被控变量。

选择操作变量。定性准则表明，操作变量应对所选的被控变量有快速、显著且直接的影响。因此，选择F_1为操作变量，且采取蒸汽直接加热方式。

生产过程中调节蒸汽阀门开度来控制蒸汽流率F_1，以控制水罐的温度T_3跟踪工艺设定值。开始结晶操作前，通过蒸汽加热水罐，使其温度达到预定温度。水罐温度在冷却结晶过程中按照工艺给定的降温速率逐渐降低。由于蒸汽的热容大，系统响应快，可以采用PID算法控制水罐内介质温度，使其达到工艺设定值。

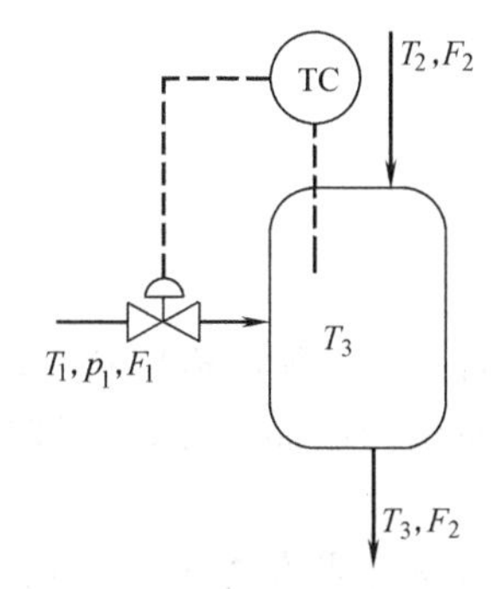

图8.29 水罐子系统

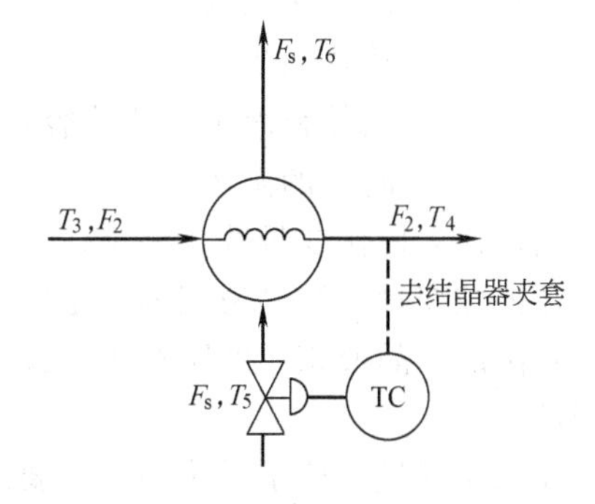

图8.30 换热器子系统

(2) 换热器子系统

如图8.30所示，子系统有六个变量：T_3，T_4，T_5，T_6，F_2，F_s。其中外部扰动变量三个：T_3（受水罐子系统控制），F_2（受结晶器子系统控制），T_5。与该子系统相关的能量衡算方程有两个

$$F_2 c_{p_2}(T_3 - T_4) = F_s c_{p_2}(T_6 - T_5) \tag{8.16}$$

$$F_2 c_{p_2}(T_3 - T_4) = U_2 A_2 \frac{(T_3 - T_6) - (T_4 - T_5)}{\ln[(T_3 - T_6)/(T_4 - T_5)]} \tag{8.17}$$

式中 U_2——总传热系数；

A_2——传热面积。

因此，独立操作变量数为一个。

选择被控变量。该子系统的目的是要保证进入结晶器夹套的循环水在换热器出口处的温度。显然，在T_4和T_6中，应该选择T_4作为被控变量。

选择操作变量。该子系统中，T_5为外部扰动变量，F_s是最直接影响T_4的变量，选择F_s作为操作变量。

按照结晶工艺优化操作时间表的安排，为实现制备高质量结晶产品的控制目标，结晶过程中要求循环水与结晶液相温度保持一定的温差，需按照工艺给定的降温速率降温。通过调节阀控制循环水或冷冻水的流率，来控制换热器出口介质的温度跟踪工艺设定曲线。由于板式换热器的换热面积大且传热系数高，过程阶跃响应较快，系统参数容易测取，且比较精确，另外过程模型也比较稳定，不易发生时变。对换热器出口温度回路采用常规的PID算法进行控制。

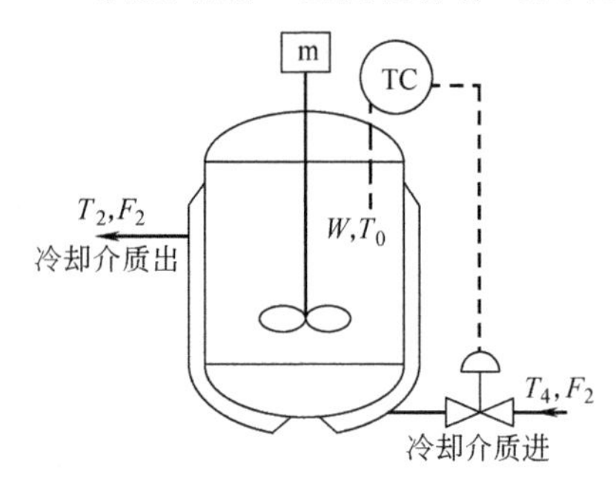

图8.31 结晶器子系统

(3) 结晶器子系统

如图8.31所示，该子系统为冷却结晶间歇过程，结晶料液温度由 T_{start} 降至 T_{end}，结晶器装料量为 W，结晶器液位保持恒定。子系统有五个变量：M，T_0，T_4，T_2，F_2。其中外部扰动变量两个：M，T_4（由换热器子系统控制）。忽略结晶热，该子系统相关的能量衡算方程有两个

$$\int_0^{\theta} F_2 c_{p_2}(T_2 - T_4)\mathrm{d}\theta = \int_0^{\theta} U_3 A_3 \left(T_0 - \frac{T_4 + T_2}{2}\right)\mathrm{d}\theta \tag{8.18}$$

$$\int_0^{\theta} F_2 c_{p_2}(T_2 - T_4)\mathrm{d}\theta = W c_{p_3}(T_{start} - T_{end}) \tag{8.19}$$

式中 θ——间歇冷却结晶时间；
U_3——总传热系数；
A_3——传热面积；
c_{p_3}——结晶料液定压比热容；
F_2，T_0，T_2——时间的函数。

因此，独立操作变量数为一个。

选择被控变量。结晶液相温度是影响产品质量的直接因素，必须严格控制。该子系统的目的是要保证结晶液相温度跟踪工艺设定值，以制备出高质量的结晶产品，应该选择 T_0 为被控变量。

选择操作变量。该子系统中，主要通过热量交换移除结晶料液的热量，可通过控制夹套水流率 F_2 或夹套水出口温度 T_2 实现，较好的方案是选择 F_2 为操作变量。

控制算法的选择。外部扰动变量中，M 是搅拌速度。根据结晶工艺的要求，在结晶过程中需控制不同的搅拌速度。生产现场中搅拌桨受变频调速电机控制，精度高、响应速度快，所以对搅拌速度的调节可依据结晶工艺的要求，采用开环控制实现。

小试研究和生产实践表明，在产品X结晶过程中，结晶器内液相温度 T_0 是影响产品质量和收率的重要因素，是整个系统最重要的被控变量，而且对其控制精度要求最高。冷却结晶过程中通过调节结晶器夹套入口的循环水阀门的开度，控制夹套与结晶器内部结晶料液的传热，来达到控制结晶液相温度的目的。

由于结晶器体积较大，结晶物系的黏度和悬浮密度较高，结晶过程伴有热量传递、固液相质量传递以及结晶成核生长，过程机理较为复杂，系统具有非线性、时变性和较大的滞后性，其阶跃响应不易精确测得，只能得到带有一定误差的估计值，难以建立被控过程的精确数学模型，采用传统控制理论的方法效果不佳。

近年来，在过程控制领域，各种控制新策略与新算法不断涌现和发展，如自适应控制、神经元网络、模糊控制和预测控制等，这些算法各有优点。经分析和比较，选择了一种对时滞具有良好控制效果、综合控制性能较好且无需建立系统精确数学模型的先进控制算法——

模糊控制。模糊控制是一种具有实际意义的智能控制方法，其核心是用具有模糊性的语言条件语句作为控制规则去执行控制过程。控制规则基于对被控过程十分熟悉的专家的经验，模糊控制反映着人们的智能对生产过程的自动控制作用。

(4) 控制系统中的其他操作要点

循环水路切换的控制。为了实现节约能源降低消耗的控制目标，同时满足工艺对冷量的需求，控制系统设计了两个循环水路的自动切换：结晶器夹套循环水的大、小循环回路以及换热器循环水工作介质（循环水、冷冻水）。结晶过程进行到一定状态后，结晶器夹套出来的循环水不再经过水罐而直接进入换热器，使水罐温度保持在较高值以备生产他用。换热器循环介质需保证足够的温差，由于季节不同，尽可能多使用经过空气冷却的循环水，当冷量不足时，自动切换到经过冷冻机组制冷的冷冻水。此控制目标可采用逻辑条件和时间条件相结合来实现。

出晶点检测及控制操作。如果出晶点判断不准确，随着结晶料液温度的降低，体系的过饱和度逐渐增大，当超过一定的限度时，会产生爆发成核，造成晶体细碎，产品质量变差。为了实现制备高质量结晶产品的控制目标，系统采用灵敏度较高的浊度仪在线检测结晶物料浊度变化情况。浊度仪能准确检测到微小固体粒子的出现，根据浊度值准确判断出晶点，自动进行相关操作。

8.5.2 控制系统软硬件设计

在工业生产应用中，需要根据工艺过程的实际情况，配置计算机自动控制系统的软硬件。这里简要介绍该过程控制系统的软硬件。

控制系统由一台计算机控制两套各自独立的产品X结晶装置。上位机选用德国西门子公司的工控机，操作系统WindowsXP，结晶过程的控制方案均由运行于上位机的美国Intellution公司的iFIX工控软件实施。A/D、D/A转换模块选用英国Eurotherm公司2500系列现场总线式智能模块。使用OPC（OLE for process control）协议建立输入/输出（I/O）模块数据与iFIX的通讯。

(1) 系统硬件配置

控制系统选用的I/O模块具有分散式、高性能、高精度和多功能的特点，兼容Modbus和Profibus两种通讯协议，适用于大多数现场控制，用于信号检测、报警监视、远程数据采集以及分散式控制系统。使用Eurotherm公司iTools软件进行各种类型I/O模块组态和功能设置。管理器模块除了组织现场的通讯数据，还自带八路一次自校正PID控制器，可自动完成各回路的PID参数的自动设定。每个基座最多可安装16个不同类型的模块，每个模块可有2～8个相互隔离的I/O点，并根据需要将多个基座用RS485通讯串联扩展来满足较大规模控制系统的要求。

根据工艺过程的要求和控制的需要，控制系统选用了以下一些硬件模块。模拟量输入点(AI)：温度、液位、浊度。模拟量输出点（AO)：调节阀和变频调速。开关量输入点(DI)：二位阀行程开关反馈。开关量输出点（DO)：二位阀输出。此外，还有数显表、打印机和UPS电源等。

(2) 控制系统软件设计开发

以产品X工业结晶生产过程带控制点的工艺流程图为基础，完成了控制系统硬件选型，接着对系统硬件模块进行组态，并进一步设计开发整个工业生产过程的控制系统应用软件。

① 数据库　是整个控制系统实时数据交换的基础平台。首先根据工艺检测和控制点及控制需要进行基本组态，输入各点的输入/输出类型、地址、采样周期、工程量程、报警限

以及有关点之间的连接要求等，计算结晶器的装料体积、工艺参数设定曲线。将多个生产操作任务分配给不同的子程序块，由一个主程序块根据时间或事件来调用，并行/串行执行这些子程序，自动完成结晶生产过程操作。

② 计算机操作画面　根据工艺和控制操作的需要，开发了若干画面，动态显示结晶工段工艺流程状况，修改控制操作参数，在这些画面上进行结晶过程的自动/手动控制，完成结晶过程的自动操作。

③ 历史数据　将过程工艺参数按一定周期记录在计算机硬盘上，通过历史数据查看，将任意一段时间内的历史数据用不同颜色的曲线显示出来，生成生产报表并打印输出。

④ 安全系统配置　在工业生产中，控制系统最重要的一个要求就是安全可靠。应仔细设置计算机安全系统，防止他人进入系统，严重时造成系统瘫痪，直接影响生产任务。

⑤ 第三家控制算法　软件设计人员可以用 VBA 语言自己开发控制算法，再联结到 iFIX 系统中。

8.5.3 生产现场运行效果

产品 X 结晶新工艺、设备及计算机控制系统已于 2004 年初在国内某厂投入生产运行。该控制系统操作简单，直观生动，性能稳定可靠，控制效果良好，能够很好地满足产品 X 结晶工艺提出的各项控制要求。图 8.32 是该生产过程的计算机自动控制操作界面，图 8.33 是结晶液液相温度控制曲线，可以看出使用模糊控制算法控制的液相温度操作曲线严格跟踪工艺设定曲线，结晶过程中液相温度控制精度在±0.7℃以内。图 8.34 是结晶液浊度检测曲

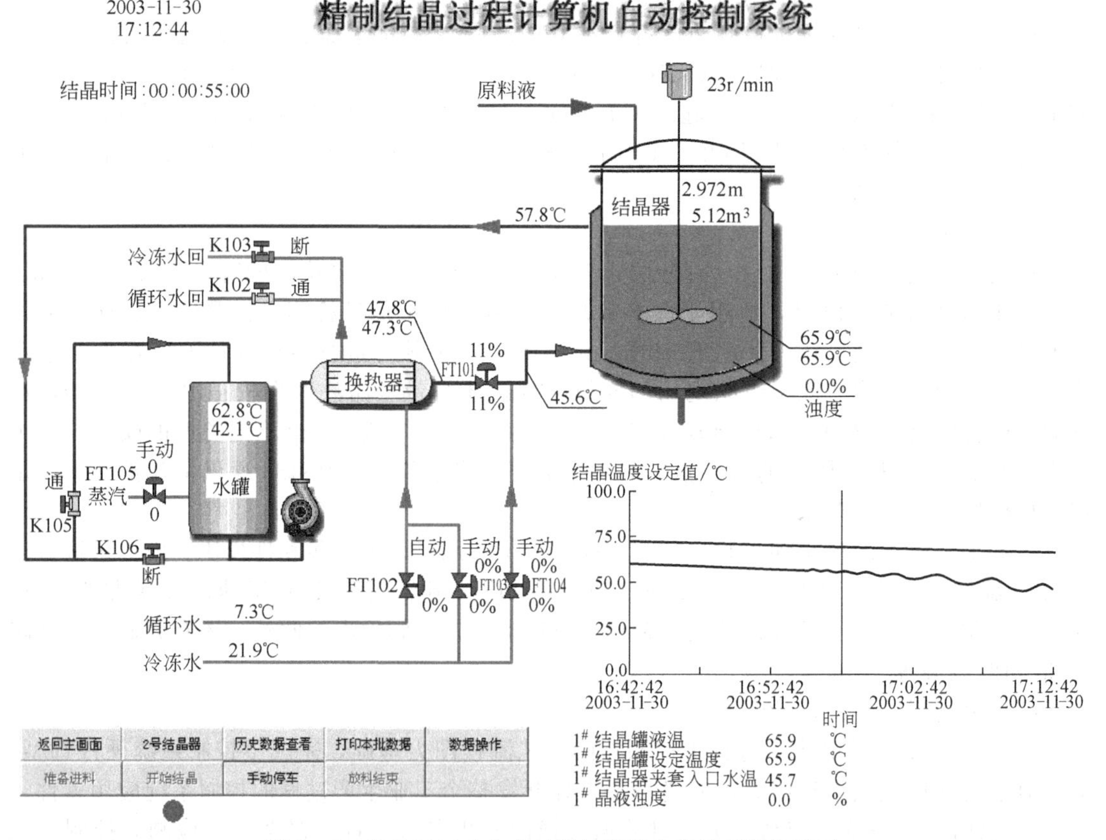

图 8.32　产品 X 工业生产过程计算机自动控制操作界面

线，在冷却结晶初期，体系中尚未出现固体，浊度值稳定在 0，当浊度值产生突越，如图 8.34 中的 t 时刻，表明体系中有晶体产生，计算机控制系统自动执行工艺给定的相关控制操作。随着结晶过程的进行，体系中的固体含量不断增加，浊度值也越来越高。使用浊度仪在线检测出晶点，具有准确、灵敏、可靠的优点，克服了以往操作人员用目测法判断出晶点误差大的缺点。

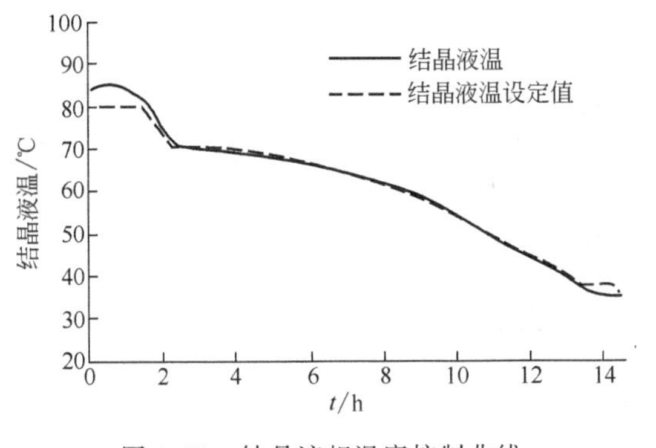

图 8.33　结晶液相温度控制曲线

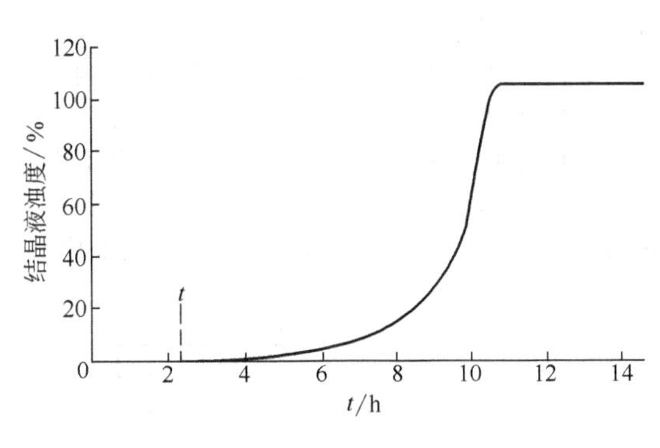

图 8.34　结晶液浊度检测曲线

应用计算机自动控制系统，实现了该工艺流程所需的多参数相关协调智能化控制。很好地实现了过程的优化工艺操作条件，保证了产品质量批间稳定性和重现性，从而使精制结晶过程产率维持在较高水平，工业生产得到的产品 X 粒度大且粒度分布集中、晶形好、纯度高、流动性好，产品质量达到了国际先进水平。

符号说明

符号	说明	符号	说明
A	分析	R	人工遥控
A	报警	t	温度
A	传热面积	p	压力或真空度
c	浓度	pH	氢离子浓度
c	控制	Q	热量
c_p	定压比热容	Q	累积
D	浊度	r	汽化热
F	流率	T	调节
I	指示	U	总传热系数
J	记录	V	黏度
L	联锁	W	质量
L	液位	X	信号
M	搅拌转速	θ	温度

参考文献

1　Govind R, Powers G J. Control System Synthesis Strategies. AIChE J, 1982, 28: 60～65
2　Warren D Seider, Seader J D, Daniel R Lewin. Process Design Principles. New York: John Wiley&Sons, 1999
3　Seborg D E, Edgar T F, Mellichamp D A. Process Dynamics and Control. New York: Wiley, 1989
4　Stephanopoulos G. Chemical Process Control. Englewood Cliffs, NJ: Prentice-Hall, 1984
5　Newell R B, Lee P L. Applied Process Control. Brookvale, NSW: Prentice-Hall of Australia, 1988
6　Luyben M L, Luyben W L. Essentials of Process Control. New York: McGraw-Hill, 1997
7　王松汉. 石油化工设计手册. 北京：化学工业出版社，2001

8 王红林，陈砺．化工设计．广州：华南理工大学出版社，2001
9 娄爱娟，吴志泉，吴叙美．化工设计．上海：华东理工大学出版社，2002

习　　题

8.1 常用化工设备的主要检测和控制参数有哪些？试说明化工生产过程中离心泵、换热器和釜式反应器的常规控制方案。

8.2 说明化工过程变量的分类及选择准则。

8.3 化工单元子系统的控制结构配置主要包括哪些内容？

8.4 如图所示的混合器。恒定流股2的组成 c_2，控制其流率与流股1混合。将流股1的流率 F_1 和组成 c_1 看作外部扰动变量。为了保证产品组成恒定，可操作产品流股 F_3 的流率。对该系统作自由度分析，配置可选的控制结构。注意，系统需设计为非稳态平衡过程。

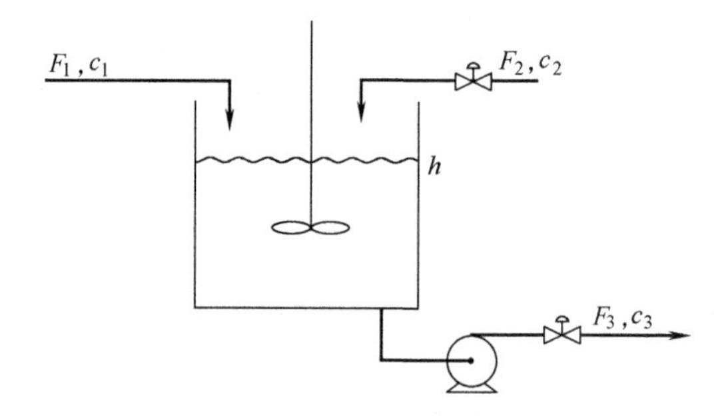

8.5 试述简单控制算法和复杂控制算法在化工过程控制中的应用。

8.6 如图8.16所示的放热反应器控制系统，优化该系统的控制结构，并与原配置比较。

8.7 化工过程计算机控制系统的开发包括哪些内容？

第 9 章 安全工程与生态工业系统

化学工业不但是国民经济的基础产业，而且是高新技术产业的支撑。化学工程师的核心任务就是设计并操作化工过程，以生产化学品，满足社会发展的需求，并且获得盈利；另一个重要任务就是使操作人员和在工厂附近的居民处在安全环境中，用循环经济的准则进行设计，不损害下一代的生存。化工过程设计应对环境和人类健康有保护性。应该特别重视的问题是：环境问题不仅在化学品生产的过程中要考虑，在化学品生命周期的其他阶段，如运输、消费者使用、循环利用和最后的处理过程等环节中均需考虑。也就是说化学工程师具有维护化学过程安全性、保护环境的责任。

9.1 安全工程

21 世纪化工过程设计安全工程的目标，不仅是维护生产，使有毒化学品的意外排放以及火灾和爆炸事故的发生最小化，以保证生产过程的安全、生产者的安全以及环境影响的最小化；而且要关注实现环境友好以保证长远的大环境安全，如大气环境、地球水体的安全以及资源与能源损耗等。我国重视安全生产工作，不但下达了关于《建设项目（工程）劳动安全卫生监察规定》及有关国家规定的标准，而且明确规定建设项目中的劳动安全卫生设施必须与主体工程“同时设计，同时投产和使用”的“三同时”原则。化工生产过程中不安全的职业危险及危害因素主要包括六部分：①火灾、爆炸危险；②毒性物质危险；③腐蚀性物料的危害；④噪声危害；⑤其他危害如雷击、电击、放射性危害，设备、管路气液固物料泄漏等灾害因素；⑥原料、中间品及产品贮存及输运过程的危险性，此外还关注“三废”对大气、水体及对生态系统的危害性等。

9.1.1 重大安全事故的分析

近三十年以来，世界发生几起大的化工厂安全事故，说明了化工过程整体安全性设计的重要性。这些事故直接导致人员伤亡、残疾、工厂设备及周围住宅的破坏以及对环境的影响。世界范围内，重大的安全事故发生在英国 Flixborough（1974）和印度的博帕尔（1984）在我国，于 2005 年 11 月发生的吉林石化双苯厂爆炸事件也造成了人员伤亡和松花江水体严重污染。

Flixborough 事件。Nypro 有限公司 Flixborough 车间年产 70000t 己内酰胺（生产尼龙的原材料）。该反应以环己烷为原料，在空气存在的条件下经过 6 个反应器逐步把环己烷氧化成环己醇。在过程操作中，环己烷在降压时迅速蒸发，形成可燃烧的混有空气的环己烷气团。5 号反应器的无缝钢铁设备结构上发现有微小裂纹而被去除，4 号反应器经 20in 的管路与最后一个反应器相连，但通常情况下应选用 28in 管路连接反应器。正是由于这段管线使用不合适，高压将管线压破，泄漏出大约 30t 环己烷并形成一个大气团。未知的火源引发气团爆炸，把整个工厂夷为平地。在这起事故中共有 28 人死亡，36 人受伤，其危害波及附近的房屋、商店和工厂。工厂爆炸引起的大火持续了 10 多天。其实采用后文讲述的适当安全设计和操作程序（包括减少现场可燃液体的使用），可以完全避免这起事故。

博帕尔事件。博帕尔位于印度中心，1984年12月3日，发生了甲基异氰酸酯（MIC）的意外泄漏事件，导致附近居民死亡2500人，200000多人受伤。这家工厂是由联合碳化学公司和当地投资商共同经营，用于生产农药，MIC就是生产这种农药的中间体之一。在大气环境下，MIC是液态的，沸点39.1℃，蒸气密度大于空气密度，在极低浓度下毒性就很强，工人在8h工作期间所能承受的MIC最大允许暴露浓度仅为0.02mg/kg。吸入大剂量MIC会导致死亡。MIC与水的反应是一个速度慢的放热反应，如果没有冷却，释放出的热量会使MIC沸腾。就在事发当天，由于劳动纠纷使MIC的操作设备没有开启，未知原因使MIC贮罐中混入了水，水和MIC发生反应导致温度升高达到MIC的沸点值，产生的蒸汽从容器上的压力调节阀逸出，转向专门设计用于控制MIC排放的洗涤-燃烧系统。不幸的是控制排放系统那天正巧没有启用，结果大约25tMIC蒸气泄露到环境中造成巨大的灾难。

我国近些年在某些亚麻厂、一些石油化工厂、化工厂等企业曾发生几起特大恶性安全事故，也给人民生命和国家财产造成重大损失，例如中国石油吉林石化公司双苯厂爆炸事件。2005年11月13日下午1时45分左右，位于吉林省吉林市东北方向龙潭区的中国石油吉林石化公司双苯厂，因为苯胺装置T-102塔发生堵塞，循环不畅，处理不当，发生着火爆炸事故。吉林石化公司爆炸事故共造成5人死亡、1人失踪、60多人受伤。事故造成新苯胺装置、1个硝基苯贮罐、2个苯贮罐报废，导致苯酚、老苯胺装置、苯酐装置、2,6-二乙基苯胺四套装置停产。爆炸还造成约100t苯类物质流入松花江，造成江水严重污染，沿岸数百万居民的生活受到影响。此外，我国也曾发生京沪高速公路车祸液氯泄露事故、黄浦区气罐（CNG）车侧翻事故、重庆化学品仓库爆炸事故以及多起煤矿塌陷爆炸事故等。

据美国政府公布的统计数字，美国1979年全年因各类事故造成的损失，死亡103500人，10万人因此丧失劳动力，损失费用达37574亿美元。1984年，印度博帕尔农药毒气泄漏，造成2500人死亡，20万人中毒的惨剧。1995年美国因各事故造成的经济损失约200亿美元，其中石油化工行业的事故经济损失高达100亿美元。

9.1.2 安全工程

为什么近代化工安全事故仍陆续发生且有增无减呢？这是因为在现代工业生产中，随着新技术、新能源和新材料的不断涌现，生产过程的大规模化和复杂化，以及各种危险物质的品种和处理量的增长，生产中防止灾害和损失的范围日益广泛，安全保障和技术难度也相应增大；随着现代科学技术的使用，出现了种类繁多难于识别的工程事故的“隐患”，又需要用新的科学方法和技术去识别、防止与控制；而且一些已经投入运行的生产装置和设备，由于陈旧和老化，它们的潜在危险也日益暴露出来。由此可见，更加重视化工安全问题已是当务之急。因此近年来在工程技术领域中出现了这一专门的工程技术——安全工程，安全工程是涉及各种技术领域的一种综合性的交叉性的专门技术。

9.1.3 化学工业安全设计——实现安全工程的首要措施

化学工业与炼钢、造船、机械、电气设备制造等工业相比，前者是过程制造业，后者是离散型制造业。在制造过程中，使用不同性质化学品种类多，其中包括可燃性或有毒性的物质，所以由这些物质引起的火灾、爆炸或中毒的危险性较大。另外，随着装置及设备的大型化，处理量明显增大，其操作也涉及到危险的反应和高温、高压等苛刻操作条件，苛刻的操作条件也增加了装置本身损伤、破坏的危险性，其灾害的波及面也就较大，亦增加了消防灭火的困难，最坏的情况是造成企业本身的致命损伤以及对周边环境的污染与污染的扩大。如何解决这些导致灾害的问题？必须强调的原则是源头防治为本，也就是说解决前述严重安全问题，最根本的方法是进行新的内在更安全的设计，即通过工艺设计减小固有危害性，而不是仅考虑选用对危害进行防护的方案；需进行环境影响最小化的新过程设计，而不是仅仅通过处理废料来实现环境友好。

9.1.3.1 在安全设计中必须考虑的基本项目

(1) 工艺的安全性

工艺必须以下列三项作为达到工艺安全的目标进行研究，即：

① 在设计条件下能够安全运转；

② 即使多少有些偏离设计条件也能将其安全处理并恢复到原来的条件；

③ 确立安全的起动或停车办法。

因此，必须评价化工工艺所具有的各种潜在危险性，例如原料、化学反应、操作条件的不同，偏离正常运转的变化，工艺设备本身的危险性，研究排除这些危险性或者用其他适当办法对这些危险性加以限制的方法。石化装置一般是多个工艺过程高度集中构成的，所以有时各工艺过程的每个阶段也影响其他阶段的操作。一开始就考虑全部工艺过程的安全问题是比较复杂的，所以有必要将工艺过程进行分类，考虑每类工艺过程对其他工艺过程的影响，以求达到整个工艺过程的安全化。

(2) 防止运转中的事故

应尽力防止由运转中所发生的事故而引起的次生灾害。事故的对象有废物的处理、停止供给动力、混入杂质、误操作、发生异常状态、外因等。

(3) 防止扩大受灾范围

万一发生灾害时，应防止灾害扩大，把灾害局限在某一范围内。

以上是安全设计的基本事项，但考虑到工厂厂址、化工装置的特殊性、企业内组织的不同及其他情况，还必须具体问题具体分析。

9.1.3.2 在进行设计或重新设计（过程改造）时必须首先考虑解决的问题

① 最小化　尽量使用最小量的危害性物质。

(a) 是否已经将贮罐中与过程相关的危险品存量压缩到最小？

(b) 是否已尽可能减少危险品的贮罐数量？

(c) 其他类型的单元操作或设备能够缩减化学品的使用限额吗（例如，用连续在线混合器代替混合容器)？

② 替代工艺或替代品　尽量使用危害性小的工艺和物质代替危害性大的工艺和物质。

(a) 有可能通过采用替代工艺而彻底消除危害性原料、过程中间体或副产物？

(b) 能否将原料替换为毒性更小的物质，或能否将易燃或有毒的溶剂替换为非易燃或无毒的溶剂？

③ 优化操作条件或设施　选用危害性更小的操作条件或设施，使排放物质或能量的危害性最小。

(a) 原料的进料压力能否被限制在接近容器的操作压力？

(b) 能否通过使用更优良的催化剂尽可能使反应条件（温度，压力）变得不那么苛刻？

④ 简单化　尽可能简化设计以消除不必要的复杂性，以避免因操作繁复而导致的操作失误的发生。

(a) 设计的容器能否承受最坏的情况发生时可能产生的最大压力？

(b) 能否实现过程单元的耦合，简化与减少高温高压设备与贮罐的个数？

其中选择安全的、经济的和环境友好的工艺路线，是一件非常重要也是较难的工作，因为必须考虑到整个化学品供应链优化。例如，在甲醇生产中，甲醇用一氧化碳制得。一氧化碳由另一过程的现有废物部分氧化制得。另一方面，把CO转变成甲醇需要能量密集型原料H_2。评价一个化学品生产的环境特征应当考察整个化学品的原料供应链，但是实际检验这些供应链，需要用化学生产工业物质流与能量流的综合、集成模型，目前已有些可供参考的模型，但仍在继续研发中。Rudd及其合作者已经建立了400多个化工过程的基本物质流和能量流模型（Rudd等，1981），与200多种化学品生产相关联，描述了复杂的化学品生产过程集成的网络。一旦确定了目标化学品的消费者和生产者，就可以用物料流和能量流模型构建网络。网络的构建取决于要优化的目标特性，通过分析鉴别能耗最小（Sokic等，1990a、b)、毒性中间体利用最少（Yang，1984；Fathi-Afsar和Yang，1985）和原料应用最小（Chang和Allen，1997）的安全的生产网络。当然同时还要进行其他分析，如网络对能量供应波动和有毒物质应用限制的响应。总之，化学品生产网络的物流模型可以提供判别和优化过程网络的基本必要信息，供设计者参考。

9.1.4 安全设计的分工

关于安全设计，需在设计的各阶段，事前充分审查与各专业设计有关的安全性，并制定必要的安全措施。另外，在通常的设计阶段中，各技术专业也要同时进行研究，对安全设计一定要进行特别慎重的审查，消除考虑不周和缺陷之处。安全设计的分工因进行设计的专业或工程公司归属关系及行业侧重点不同，分工也不尽一致，主要内容见表9.1，详见参考文献。

9.1.5 系统安全工程

系统安全工程可定义为：用系统工程方法创造系统可以接受的条件，使系统可能发生的事故减少到最低限度，并达到最佳安全状态。系统安全工程的方法可概括为：①系统安全分析；②危险性评价（包括对物质、工艺、人机关系、环境等的评价）；③比较；④综合评价；⑤最佳化计划的决策。其中系统分析和评价是系统安全工程的核心。

系统安全的分析方法现在已发展到许多种，其中最常用的有25种，它们各有特点。如果按照从初级到高级的不同程度分，则有安全检查表（CL）、初步危险性分析（PHA）、故障类型影响分析（FMEA）、致命度分析（CA）、事件树分析（ETA）、事故树分析（RA）。如果按照分析的数理方法划分，则有定性及定量分析；如果从逻辑的观点看，则有归纳分析和演绎分析。

系统安全的评价方法，当前主要的有两种：其一为对系统的可靠性、安全性进行评价；其二为利用生产所需原料，即所谓物质系数法，进行评价。美国的道化学公司的火灾爆炸指数评价法经过不断修改，现已发展为第七版。日本的冈山法、疋田法都源于此。最近英国帝国化学公司发展的蒙德法，较大幅度地改善了道化学公司的方法，使评价结果更接近实际。日本1976年发表的化工联合企业评价六步骤标准，简单易行，易于掌握，有很多可取之处。

系统安全工程的方法，不仅适用于工程，而且适用于管理，实际上现在已形成安全管理系统，两者结合才能确保安全。安全工程和系统安全管理两个分支，应用范围可归纳为以下方面：①发现事故隐患；②预测由故障引起的危险；③设计和选用安全措施方案；④组织实现安全措施；⑤对措施效果做出总结评价；⑥不断进行改善。在化工设计及企业安全领域里引进系统安全工程的方法优越性很多，它可以使安全工作从过去的凭直观、经验的传统方法改变成定性定量的方法，它亦是应用信息化手段完成安全性分析评估，进而指导安全性设计的近代新方法，目前仍处于进一步研究、发展与深化的阶段。

表 9.1　安全措施项目和分工

项目	目　　的	安全措施的内容	承担的专业
工艺过程的安全	评价物料、反应、操作条件的危险性，研究安全措施	1. 分析由物料特性引起的危险性 燃烧危险；有毒有害危险；腐蚀危害 2. 反应危险 3. 控制反应的失控 4. 设定数据测定点 5. 判断引起火灾、爆炸的条件 6. 分析操作条件产生的危险性 7. 材质分析 耐应力性；高低温耐应力性；耐腐蚀性；耐疲劳性；耐电化学性；隔音；耐火、耐热性 8. 填充材料 9. 其他危害分析 10. 提出有关专业安全设计的条件或要求	工艺
	选择机器、设备的型式、结构，并研究承受负荷的措施	1. 材质 2. 结构 3. 强度 4. 标准等级	机械设备（包括配管、贮罐、加热炉、电气、仪表、建筑）
	研究设备机器偏离正常的操作条件及泄漏时的安全措施	1. 选择泄压设施的性能、结构、位置 安全阀；爆破片；密封垫；过流量防止器；阻火器 2. 惰性气体注入设备 3. 爆炸抑制设施 4. 其他控制设施（包括程序控制等） 5. 测量仪表 6. 可燃、有毒气体监测报警设施 7. 通风装置（厂房） 8. 确定危险区和决定电气设备防爆结构 9. 防静电措施（包括防杂散电流的措施） 10. 避雷设备 11. 装置内的动火管理	工艺 工艺 工艺 工艺、仪表 仪表 仪表 建筑、暖通 电气 电气 电气 工程管理
防止发生运转中的事故	研究防止由运转中所发生事故引起的灾害的措施	1. 紧急输送设备 2. 放空系统 3. 排水、排油设备（包括室外装置的地面） 4. 动力的紧急停供措施 保安用电力；保安用蒸汽；保安用冷却水 5. 防止误操作措施 阀等的联锁；其他 6. 安全仪表 7. 防止混入杂质等的措施 8. 防止因外因产生断裂的措施	工艺 工艺 给排水 电气、热工 机械、仪表 配管 仪表 机械 机械
防止扩大受害范围的措施	防止发生灾害时扩大受害范围，研究将受害范围限制在最小限度内的措施	1. 总图布置、设备布置 2. 耐火结构 3. 防油、防液堤 4. 紧急断流装置 5. 防火、防爆墙 6. 防火、灭火设备 7. 紧急通话设备 8. 安全避难设备 9. 防爆结构 10. 其他	总图、配管 建筑、机械 建筑 工艺、仪表 建筑 消防 电信 项目安全 建筑 项目安全

9.2 单元操作的绿色环保化措施

在构建一个生产化学品的过程流程时，希望在设计中及时考查每个单元操作的环境影响，这种环境友好的设计方法形成的过程更为经济，因为设计中要求减少废物以及环境治理成本，从而有更多的原材料转化为可销售的产品。

在制定污染预防决策时，即对物料、单元操作技术、操作条件和能耗等进行筛选时，着重要考虑的是健康和环境风险因子，同时还要兼顾成本和安全问题。另外，也要考虑到防止“风险转移”。例如，化工厂常采用冷却塔贮存水源，用于冷却的过程水可以多次循环再利用。然而，对于操作人员而言，他们暴露于冷却水回路中用于抑制微生物生长的杀虫剂的风险就增加了；另外，某些冷却过程中会因固体物蓄积而产生有毒废物——比如，防腐剂六价铬（致癌剂）的使用。降低挥发性排放的一种策略是通过清除回路和备用的设备而减少阀、泵等的数量，这样可以减少常规的大气排放，但却增加了灾难性排放或其他安全事故的概率。简而言之，污染预防的目的在于减少所有可能的风险而不是将风险从一种形式转移为另一种。

9.2.1 单元操作物料选择的环境污染预防

设计和改进单元操作以实现污染预防的一个非常重要的因素就是化工生产中物料的选择。这些物质被用作原料、溶剂、反应物、质量分离试剂、稀释剂和燃料等。应避免使用持久性的、易生物积累或有毒的物料，随着相关法规的日趋严格，许多生产者不再选用这类物料。有关物料选择的问题如下。

① 什么是物料的环境、毒物学和安全特性？

② 与其他替代品相比较，这些特性有何优劣？

③ 这些物料导致废物产生或排放的贡献程度多大？

④ 在维持或提高目标产物总产率的前提下，是否存在其他的可选择方案使产生的废物或排放量更少？

如果能找到产生废物更少或毒性更小的物料，并且废弃物的危害性不显著，那么化学过程的污染防治方面将取得重大进展。

【例 9.1】 比较三类燃料燃烧释放的 SO_2，能量需求量均为 10^6Btu。燃料类型为6号燃料油、2号燃料油和天然气。每种燃料的质量组成和密度、较低热值均列于下表。

项　目	6号燃料油	2号燃料油	天然气	项　目	6号燃料油	2号燃料油	天然气
密度/(lb/ft^3)	61.23	53.66	0.0485	S(质量分数)/%	0.84	0.22	
较低热值/(Btu/gal)	148000	130000	1060Btu/ft^3	O(质量分数)/%	0.64	0.04	0.0073
C(质量分数)/%	87.27	87.30	74.8	N(质量分数)/%	0.28	0.006	
H(质量分数)/%	10.49	12.60	25.23	灰分/%	0.04	<0.01	

解　6号燃料油

6号燃料油所需体积为　10^6Btu/(148000Btu/gal)=6.76gal

6号燃料油所需质量为　6.76gal×(1ft^3/7.48gal)×61.23lb/ft^3=55.34lb

因而，产生的 SO_2 量为　55.31lb×0.0084lb S/lb×(64.06lb SO_2/32.06lb S)=0.929lb SO_2

2号燃料油

与6号燃料油计算方法类似。SO_2 的质量为0.243lb。

天然气

SO_2 的质量为 0.01lb SO_2。

2号燃料油与6号燃料油相比较，SO_2 减少的百分比为 [(0.928lb SO_2－0.243lb SO_2)/0.928lb SO_2]×100%＝73.81%

讨论　重点考虑燃料中硫含量的降低以减少酸雨的形成。然而，还需要考虑其他风险因素，诸如：①每种燃料的毒物学性质；②存贮和运输操作中排放烟道气的速度；③燃料油中导致烟雾形成的可能性；④燃料的费用。

本例题引自 M. Becker、I. Farag 和 N. Hayden 1996 年编著的《加强污染预防意识：工程课程习题集》中 John Walkinshaw 所著的问题。

毒性较小的物质（例如空气和水）在使用时，会产生废物流，因此也需考虑其对环境的影响。化学反应中经常用空气作为稀释剂或氧气的来源。对温度较高的反应，空气中的氮和氧分子会反应生成氮氧化物。一旦排放，在较低的大气压下 NO_x 会参与光化学烟雾反应。因此，很有必要考虑其他可选择的氧化剂（如富集空气或纯氧）以及稀释剂（如 CO_2 或其他惰性副产物）。水在化工中应用很多，可作为沸腾剂、冷却介质、反应物或质量分离剂。下面的例子说明进料中水的质量对精炼厂中有害废物的产生会有深刻的影响。

【例 9.2】 图 9.1 所示为精炼厂中过程用水的多种用途。水和原油同时进入的目的是除去其中可能破坏下游设备操作的盐和其他固态污染物。此操作中用过的水进入废水处理装置以回收残留的油并且脱去有毒物质。锅炉用水经离子交换器软化，锅炉产生的蒸汽用于过程的加热，一小部分冷凝返回锅炉。

问题　锅炉中固态物质的累积和超标的固态悬浮物会导致传热壁面产生污垢，降低传热效率。需要定期停工检查和清理壁面，以恢复正常操作。为了控制固态物质的累积，当溶解的固态物质达到饱和状态时，需将锅炉中的物质引入废水处理装置，术语称作“锅炉排水”。同样，在精炼厂的冷却系统中，由于冷却塔的冷却机制是蒸发，容易截留固体物使溶解的固态物质发生累积。冷却塔排出的高钙固体碰到碱性高的锅炉排水时，会产生沉淀。这种沉淀会堵塞废水处理设备，并与脱盐设备排出的废水混合形成油状污泥。已确定含油废水中每磅固体沉积物会产生 10lb 左右的油状污泥。这种污泥被 RCRA 列为有害废物，并且因其处理费用昂贵及造成过程中原油的浪费，导致成本增高。

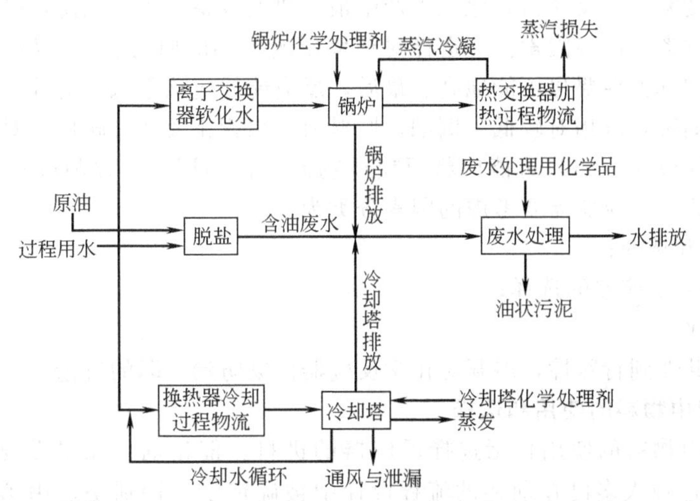

图 9.1　炼油厂中生产用水的示意图

资料来自：Allen 和 Rosselot，《化工过程污染防治》(1997)

污染防治解决方案如下。美国西北部的某石油精炼厂解决上述废水处理问题的方法是，对生产过程用水经反渗透的预处理以除去进料水中溶解的固体，从而消除油状污泥中固体的来源（Rosselot 和 Allen，1996）。这种解决方法能有效地降低成本，仅节约出的处理费用就足以支付预处理装置的投资和操作费用。额外的节省表现在所需的处理锅炉和冷却塔的化学试剂更少了（减少了90%）。维修成本也降低了，因为热交换表面损坏的比例减小了。

其他关于物料使用和单元操作污染预防的例子，参见本章后续各节中有关反应器和分离器的内容。表9.2对单元操作、物料选择和风险因素进行了总结。

表 9.2 化工生产中单元操作的物料选择一览表

单元操作	物料	风险和环境影响问题	章节
锅炉	燃料类型	标准污染物的排放 高效和低排放锅炉	9.2
反应器	进料，反应物，产物，副产物，稀释剂，氧化剂，溶剂，催化剂	环境和毒理性质 反应收率转化率和选择性 废物产生和排放机理 催化剂再利用或处理	9.3
分离器	质量分离剂，萃取溶剂，固体吸附剂	环境和毒理性质 操作性质(相对挥发性等) 能量消耗 固体吸附剂的再生	9.4
贮罐	进料，产物，溶剂	环境和毒理性质 空气排放 液体的蒸气压	9.6
挥发源	进料，产物，溶剂	同贮罐	9.6
冷却塔	水，生物抑制剂	生物抑制剂的环境/毒理性质	
换热器	热交换流体	溶解固体的废物产生 环境和毒理性质	

9.2.2 化学反应器的环境污染预防

从环境的角度来看，反应器是化工生产中最重要的设备。为了预防污染，在设计化学反应器时，需要慎重考虑许多因素。应选择对环境影响较小的原材料、产物和副产物。另外，目标产物的收率和选择性要尽可能地高。最后，反应能耗应该很低。另外，反应物、产物和副产物的生命周期影响应相对较低。例如，原材料的累积排放和影响应相对较低，消费者使用后对环境影响应较小，如果可能应将反应产物回收再利用。工程师应平衡所有的考虑因素。基于本章讨论，反应器需要考虑的因素分类为：

① 物料使用和选择；

② 反应类型和反应器的选择；

③ 反应器操作。

接下来，从共性到特殊性，展开对化学反应器污染防治问题的讨论。

9.2.2.1 反应器中物料的使用和选择

化学反应器中物料的使用包括选择反应器的进料、催化剂（如果需要）、溶剂或稀释剂。这些物质的选择大多已在前述的流程设计中被确定了，特别是运用第5～8章中所阐述的方法。然而，这里强调的物料选择，对降低化工生产中反应器对环境的影响是十分重要的。

（1）原料和进料

化学反应中使用的原料可能是高毒性的或者会形成副产物。

一种原料的消除或更友好的替代品的使用促使采用新的化学工艺。例如，光气被大量应用于世界上的聚碳酸酯和氨基甲酸酯的生产中。光气（$COCl_2$）是剧毒的，如果大量排放，会对工厂中的工人和周围的人群造成危害。在用光气制备聚碳酸酯的生产中，通过将双酚-A单体和光气溶解在两种溶剂——氯仿和水中合成聚碳酸酯。已实现的新合成方法是在不选用光气和氯仿（同样有毒）的情况下，采用碳酸二苯酯（DPC）和苯酚替代物，通过固态聚合（Komiya等，1996）合成聚碳酸酯。类似的，不用光气的氨基甲酸酯的合成路线在最近也取得了进展［见绿色化学专家系统（GCES）的引用，http：//www.epa.gov/greenchemistry/］。

在烃部分氧化合成醇或其他有机物的氧化反应中，空气是传统的氧来源，空气中的氮气充当稀释剂来控制放热反应中的温升。反应中会产生CO_2、水，由于N_2的存在，还会生成NO_x。NO_x是城市大气中形成光雾的前驱物，它的排放受到清洁空气法的限制。减少或消除部分氧化反应中形成的NO_x的一种方法是采用纯氧或富氧空气作为氧化剂，防止生成NO_x，从反应器出料或水蒸气中回收的CO_2可以代替氮气作稀释剂。另一种方法是在最初的工艺过程中安装NO_x控制设备。

（2）溶剂

化学反应器中另一类重要的原料是溶剂。在美国产量最大的聚合物是低密度聚乙烯（LDPE）、高密度聚乙烯（HDPE）、聚氯乙烯（PVC）、聚丙烯和聚苯乙烯，分别约占产量的20%、15%、15%、13%和8%（Aggarwal和Caneba，1993）。制备这些大宗聚合物所用的溶剂包括二甲苯、甲醇、润滑油、己烷、庚烷和水等。由于溶剂有高挥发性，并会导致大气烟雾反应形成地表臭氧，因此需要关注。它们还对工厂的操作人员和附近居民的健康影响。具有相似溶解性参数的替代溶剂，可以在标准参考资料和手册中查找（Hansen，2000；Svullivan，1996；Bvarton，1983；Flick，1985）。另外，还有关于替代溶剂评估的在线资源（附录F）。可以用第8章中介绍的方法，对替代溶剂的溶解性、毒性、成本和环境性质与最初的溶剂相比较。

超临界CO_2正被研究作为许多反应体系的替代溶剂（Morgenstern等，1996）。在均相和分散相聚合反应（DeSimone等，1992、1994）中，超临界CO_2代替传统的易挥发性有机化合物和氟氯烃作为溶剂。

（3）催化剂

催化剂允许对环境更友好的化学品作为原料，可以提高目标产物的选择性，且避免不需要的副产品（废物）生成，可以将废物转化为原材料（Allen，1992），同时可以通过反应生产出对环境更为友好的产品（Absi-Halabi等，1997）。

从原油中生产重整汽油（RfG）和柴油燃料就是一则由改进的催化剂生产对环境更友好的化学品的例子。由于最近石油炼制业的趋势，改进的催化剂已用于现代炼厂的若干反应过程中。表9.3所列为调和汽油和柴油生产中传统催化剂和改进催化剂。

9.2.2.2 反应类型和反应器的选择

化学反应机理包括反应级数、串联反应还是平行反应、反应是否可逆等，影响着化学反应器污染防治的可能及策略。这些细节将决定最优的反应器温度、停留时间以及混合方式。另外，反应器的操作会影响反应物转化的程度、选择性、目标产物的产率、副产物的形成以及废物的产生。接下来我们将说明串联反应中，选择性受反应器内停留时间的影响，因此化学反应器的污染预防必须考虑这些参数。

表 9.3 调和汽油和柴油生产中传统催化剂和改进催化剂一览表

生产	目的	传统催化剂	改进催化剂	改进催化剂的收益
调和汽油				
FCC	重油转化为汽油	沸石 REY 沸石	USY 沸石 USY+ZSM-5 USY/模式 GSR	提高汽油的产率 减少焦化 提高轻烯烃/选择性 减少汽油中的硫含量
重整	提高汽油辛烷值	Pt/Al_2O_3	$Pt-Ir/Al_2O_3$ $Pt-Re/Al_2O_3$ $Pt-Re/Al_2O_3$+沸石 $Pt-Sn/Al_2O_3$	低压操作 减少结焦 提高辛烷值 提高催化剂稳定性
烷基化	生产支链烷烃以提高汽油辛烷值	H_2SO_4 HF	负载的 BF_3 改性的 SbF_3 固载的液体酸催化剂	较低的腐蚀性 安全操作 更少的环境问题
异构化	使 C_5/C_6 烷烃转化为高辛烷值的支链异构体	Pt/Al_2O_3 $Pt/SiO_2-Al_2O_3$ 沸石	固体超强酸催化剂(如磺化氧化锆)	低温 提高转化率 更少裂解
柴油生产				
加氢处理的中间馏分	柴油脱硫	$Co-Mo/Al_2O_3$	高金属含量 $Co-Mo/Al_2O_3$ 与改进的多孔载体结构	脱硫达到小于 500mg/kg
芳烃加氢的中间馏分	生产低芳烃柴油	$Ni-Mo/Al_2O_3$	$Ni-Mo/Al_2O_3$ 贵金属-沸石二级反应	使柴油中的芳烃含量达到允许的水平
VGO 加氢处理	FCC 物料预处理以减少硫和氮含量	$Co-Mo/Al_2O_3$	$Co-Mo/Al_2O_3$ 改进配方,结合多孔结构 Ni-Mo/沸石+无定型 $SiO_2-Al_2O_3$	提高 S 和 N 的脱除率 提高循环周期 增加产量 温和的氢化裂解 提高中间馏分选择性
粗柴油裂解	重油转化为轻燃料(汽油和柴油)	$Ni-Mo/Al_2O_3$ $Ni-W/Al_2O_3$	Ni-W/改性 Al_2O_3 $Ni-Mo/SiO_2-Al_2O_3$ Ni-W/沸石+无定型 $SiO_2-Al_2O_3$	提高中间馏分选择性 提高中间馏分的质量 提高催化剂寿命

注：FCC—流态催化裂解；GSR—汽油脱硫；RE—稀土；US—极稳定；VGO—真空粗柴油；Y+ZSM-5—晶态 Y 型沸石催化剂。引自：Absi-Halabi 等，1997。

在串联反应中，副产物（废物）的产生速率取决于产物的生成速率，见下面的一级不可逆串联反应。

$$R \xrightarrow{k_p} P \xrightarrow{k_w} W \tag{9.1}$$

较长的反应器停留时间不仅会产生更多的产物，也会产生更多的副产物。串联反应的废物产生量取决于产物生成速率常数（k_p）与副产物生成速率常数（k_w）的比值，以及反应器的停留时间。图 9.2 显示了不同反应速率常数之比（k_p/k_w）下，反应器停留时间对反应物、产物和副产物浓度的影响。每一个比值存在一个最优反应时间，使产物浓度最大。图 9.3 显示了不同的反应速率比值对应的反应器停留时间，对产物收率（$[P]/[R]_0$）和修正选择性［$[P]/([P]+[W])$］的影响。对于不可逆串联反应，修正选择性随时间增长而持续降低。当停留时间较长时，废物的产生速率远大于产物生成速率。为了使串联反应中产生的废物最少，一项重要措施就是操作反应器尽可能增大 k_p/k_w 值，并控制反应器停留时间。另一

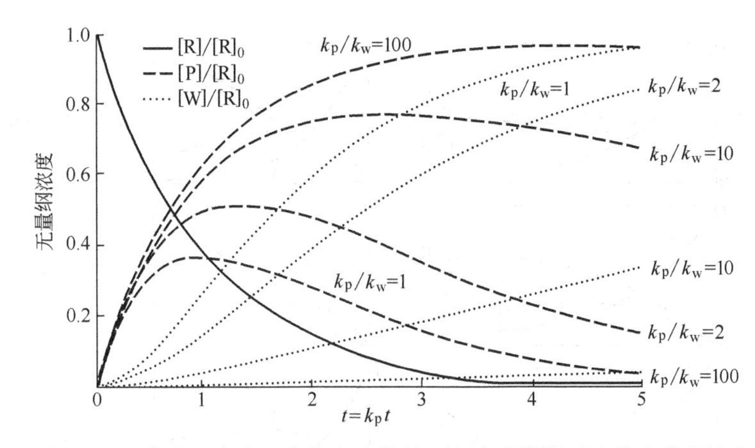

图 9.2 一级不可逆串联反应中，产物和废物的反应速率常数对产物和废物浓度的影响
（反应停留时间已经用产物的反应速率常数进行了无量纲处理）

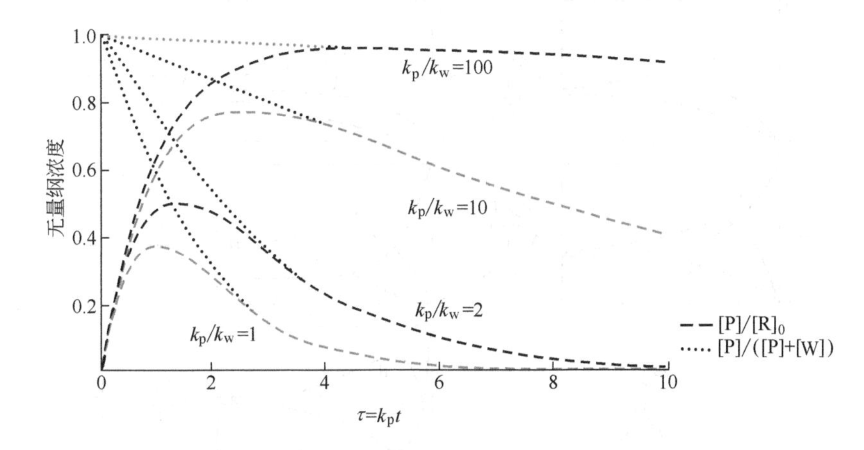

图 9.3 一级不可逆串联反应中，不同的产物和副产物的反应速率常数对产物收率
（[P]/[R]$_0$）以及修正选择性 [[P]/([P]+[W])] 的影响
（反应的停留时间用产物的反应速率常数进行了无量纲处理）

种方法是当产物形成时，就将它移出反应器以降低反应器内产物浓度，使副产物的含量最小化。我们将在本章后面深入讨论分离型反应器。

可逆反应是另一类重要的化学反应。图 9.4 展示了不同反应速率常数下，平行和串联可逆反应中反应物、产物、副产物浓度的变化趋势。很明显，可逆反应中反应物不会完全转化为产物。同时，反应器停留时间是可逆反应中一个关键的操作参数。通过平衡条件下未反应物的不断循环利用可以提高可逆反应的选择性。作为举例，考虑以甲烷、水蒸气重整产生制备甲醇用的合成气（$CO+H_2$）

$$CH_4+H_2O \rightleftharpoons CO+3H_2$$
$$CO+H_2O \rightleftharpoons CO_2+H_2$$

两个反应均是可逆平衡反应。若 CO_2 在反应器内循环，其生成的同时也在发生分解，因此最终没有 CH_4 转化为 CO_2。这需要额外增加操作成本，但不会损失反应物的选择性，此工艺更加清洁，而且总体费用最低（Mulholland 和 Dyer，1999）。

图 9.5 所示的流程图中反应器与分离器相连，可以使得反应物和副产物循环返回反应器中。这种操作能使进入反应器的反应物完全转化为产物，没有废物的净产生。在后面的讨论中可以看到使用分离型反应器可以提高可逆反应的选择性。

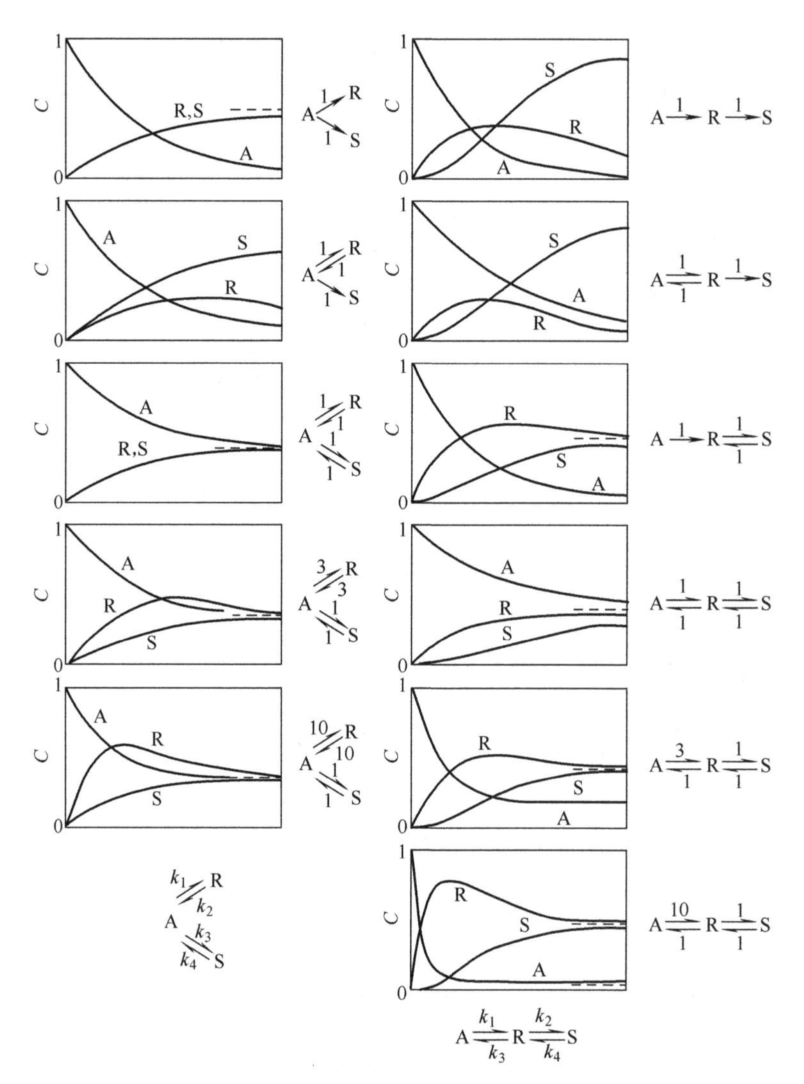

图 9.4 可逆平行反应和串联反应中产物和副产物的变化趋势

资料来源：Levenspiel，《化学反应工程（Ⅲ）》（1999），经 John Wiley&Sons，Inc. 许可

化学反应器类型的选择也是过程设计和污染预防中一个很重要的问题。全混流反应器（CSTR）并不总是最好的选择。活塞流反应器有很多优势，它可以进行多级串联，而每一级都可以在不同的条件下操作以使污染最小化（Nelson，1992）。在活塞流反应器的新应用中，DuPont 研发了一种管式反应器，在线生产甲烷异氰酸酯（MIC）的催化反应路径，使过程中生成的 MIC 量很少。这种策略使 MIC 灾难性排放的可能性降低到最小，如 1984 年在印度的 Bophal 发生的事故（Menzer，1994；Mulholland，2000）。

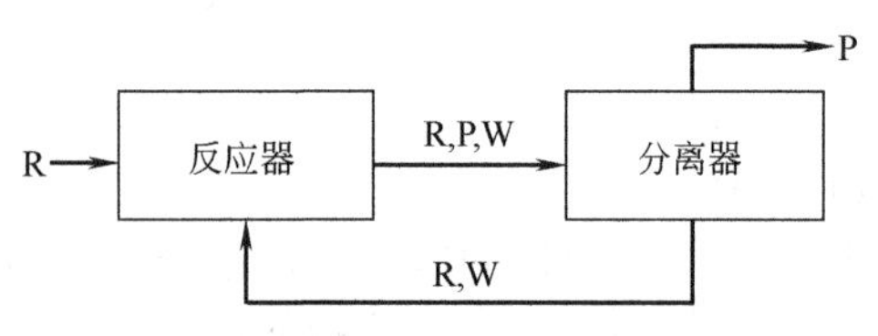

图 9.5 可逆反应中未反应物反复循环利用的生产流程图

注：R—反应物，P—产物，W—废物。

资料来源：Allen&Rosselot，《化工过程污染防治》（1997），经 John Wiley &Sons，Inc. 授权

固定床催化反应器中进行高放热反应会出现局部过热的问题，流化床催化反应器就很可能避免温度剧增。良好的温度控制对于减少副产物的形成，以及高温敏感型反应非常关键。一个成功地用流化床反应器来减少废物形成的

例子是，减少生产二氯乙烯［合成聚氯乙烯（PVC）的中间体］的过程废物（Randall，1994）。固定床设定的操作温度范围是230～300℃，而新的流化床温度可以在220～235℃运行。

9.2.2.3　反应器操作

（1）反应温度

反应温度会影响反应物向产物的转化程度、产物的收率以及产物的选择性。我们通过以下简单的一级不可逆平行反应机理来说明温度对反应选择性的影响。

$$\mathrm{R} \xrightarrow{k_p} \mathrm{P}$$
$$\mathrm{R} \xrightarrow{k_w} \mathrm{W} \tag{9.2}$$

式中　R——反应物；

P——产物；

W——副产物；

k_p，k_w——生成产物和副产物的一级反应速率常数（时间$^{-1}$），生成产物和副产物的反应速率常数的比值是反应选择性的重要指示剂。

$$\frac{k_p[R]}{k_w[R]}=\frac{k_p}{k_w}=\frac{A_P e^{-(E_p/RT)}}{A_w e^{-(E_w/RT)}} \tag{9.3}$$

式中　A_p，A_w——频率因子（T^{-1}）；

E_p，E_w——产物和废物的活化能（kcal/mol）；

R——气体常数，1.987×10^3kcal/(mol·K)；

T——热力学温度。

因为反应速率常数k_p和k_w是温度的函数，其比值亦为温度的函数，为便于说明，我们计算该比值随温度改变（从T_0到T_1）的变化量［$\Delta(k_p/k_w)$］。

$$\Delta\frac{k_p}{k_w}=\frac{e^{-(E_p/RT_1)}/e^{-(E_w/RT_1)}}{e^{-(E_p/RT_0)}/e^{-(E_w/RT_0)}}=\frac{e^{-(E_p-E_w)/RT_1}}{e^{-(E_p-E_w)/RT_0}} \tag{9.4}$$

图9.6表示当温度高于或低于T_0（ΔT）时，产物/副产物反应速率常数比值的变化。当$E_p>E_w$时，比值随温度升高而升高，随温度降低而降低。因此，对于平行反应（或串

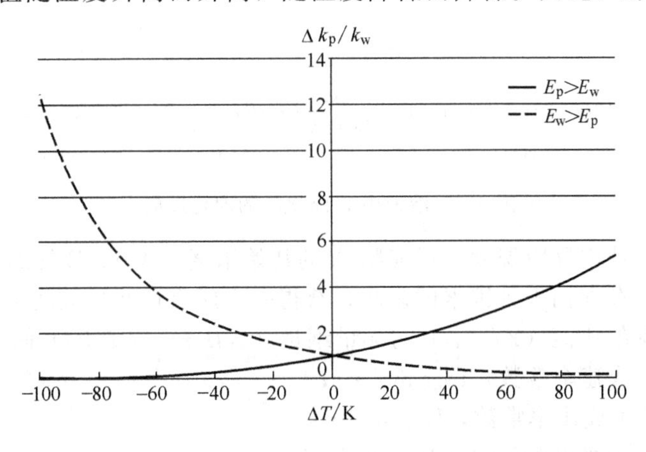

图9.6　不同反应温度对一级平行反应的反应速率的影响

注：$E_p>E_w$时，E_p设为20kcal/mol，E_w设为10kcal/mol；

$E_p<E_w$时，E_p设为10kcal/mol，E_w设为20kcal/mol

连）反应，当 $E_p > E_w$ 时，可以通过提高反应温度预防污染。$E_p < E_w$ 时，则相反。同样，当 E_p 和 E_w 差异增大时，温度对反应速率常数的变化有更显著的影响。

（2）混合程度

当进料物流中的一种反应物与反应器（充分均匀）中另一反应物混合时，复杂的多重反应历程将会与容器中混合强度有关。对于不可逆反应，与反应物快速混合达到分子水平的情况相比，反应的收率和选择性会有所改变。这会导致更多的副产物生成。另外，由于反应混合物不同微元间的扩散限制，反应速率将会降低。由不完全混合引起的复杂性对于快速反应体系特别明显。在这些情况下，充分混合之前，大部分反应物就已转化为产物和副产物。为了说明混合程度的效应，考察全混流反应器（CSTR）中的竞争-连串反应，反应机理如下[式（9.5）]（Paul 和 Treybal，1971）。

$$A + B \xrightarrow{k_1} R$$

$$R + B \xrightarrow{k_2} S \tag{9.5}$$

这个反应有时称作串联-平行反应。这种反应在它的许多工业应用中，有很好的代表性的是烃类硝化和卤化反应以及聚酯的皂化反应的动力学特性（Chella 和 Ottino，1982）。反应物 A 是最初注入到反应器中的反应物，溶液 B 通过进料管连续加入，直至达到化学计量比。R 是目标产物，S 是副产物。如果反应是一级的，混合程度将不会影响选择性。然而，如果反应是二级的，局部的 B 过量会导致 R 通过第二级反应形成 S。这种混合的影响对于均相和非均相反应体系，以及间歇式或半间歇式反应器（如上所述 B 加入到最初充入的反应物 A 中）都是存在的。

进行关于均匀液相二级竞争-连串反应的详细实验研究，以确定在全混流反应器中，混合程度对由反应物 A、B 生成产物 R 的速率的影响（Paul 和 Treybal，1971）。如图 9.7 所示，涉及反应是溶液中 L-酪氨酸（A）的碘化反应。

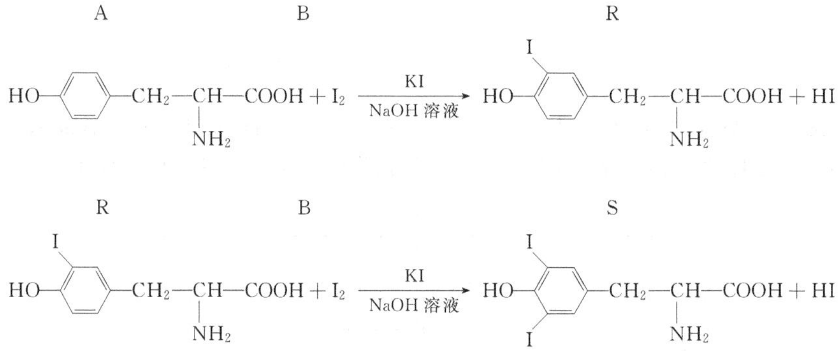

A: HO—C₆H₄—CH₂—CH(NH₂)—COOH + B: I₂ —(KI, NaOH 溶液)→ R: HO—C₆H₃(I)—CH₂—CH(NH₂)—COOH + HI

R: HO—C₆H₃(I)—CH₂—CH(NH₂)—COOH + B: I₂ —(KI, NaOH 溶液)→ S: HO—C₆H₂(I)₂—CH₂—CH(NH₂)—COOH + HI

图 9.7 溶液中 L-酪氨酸的碘化反应

作者研究了反应器内反应温度、反应物 A 的初始浓度（A_0）、B 的加入速率、容器叶轮的搅拌速率以及是否存在挡板等因素的影响，获得一个所有这些参数的关联方程式，描述了实测产率与理想产率的比值（Y/Y_{exp}）与无量纲量（$k_1 B_0 \tau$）（A_0/B_0）间的关系

式中 k_1——产物生成速率常数，L/g-mol·s；

k_2——副产物生成速率常数，L/g-mol·s；

A_0——进料中 A 的初始浓度，L/g-mol·L；

B_0——进料中 B 的初始浓度，L/g-mol·L；

τ——对于纯液体 B 的涡旋混合微时间尺度，s；

Y——反应收率为 R/A_0；

$(k_1 B_0 \tau)$——A 和 B 在部分混合条件下的转化程度；

Y_{exp}——预期产率（完全混合）为 $\dfrac{R}{A_0}=\dfrac{1}{(k_2/k_1-1)}\left[\dfrac{A}{A_0}-\left(\dfrac{A}{A_0}\right)^{k_2/k_1}\right]$；

A/A_0——反应结束时剩余 A 所占的分数。

$$A/A_0=x(A) \tag{9.6}$$

为了给出实验中测量收率的范围，测定了 Y/Y_{exp} 值在 0.66～0.98 时，与混合强度和其他参数的关系，数据关联拟合见图 9.8。发现当 $(k_1 B_0 \tau)(A_0/B_0)$ 小于或等于 10^{-5} 时，$Y \approx Y_{exp}$。这有助于我们设定任何二级竞争-连串反应的混合强度。

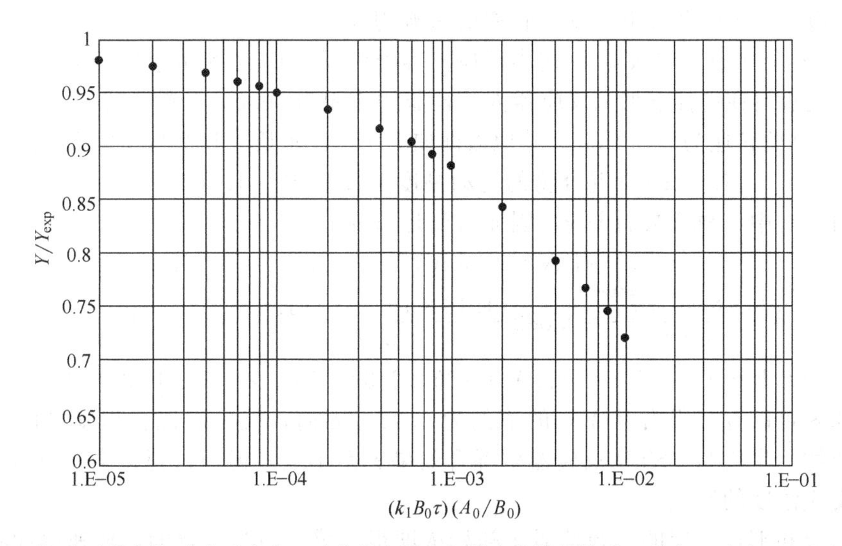

图 9.8 二级不可逆竞争-连串反应中，反应收率效率与混合参数的关系（引自 Paul 和 Treybal，1971）

$$10^{-5}=(k_1 B_0 \tau)(A_0/B_0)=(k_1 \tau A_0) \tag{9.7}$$

重整上述方程式得到 τ 的表达式，结合涡流的 Kolomogoroff 通用平衡理论（Kolmogoroff，1941）得到

$$\tau=\frac{10^{-5}}{A_0 k_1}=\frac{0.882 \nu^{3/4} L_f^{3/4}}{u'^{7/4}} \tag{9.8}$$

式中 L_f——容器的特征长度值，ft；

u——湍流速度，ft/s；

ν——运动黏度，ft^2/s。

在高速搅拌（$u'=0.45\pi DN$）进料条件下，可以重新调整上式中的 u'，且结合搅拌型 CSTR 中的湍流脉动速率（Cutter，1996），得到式（9.9）

$$u'=\left(\frac{0.882 \nu^{3/4} L_f^{3/4}}{\dfrac{10^{-5}}{A_0 k_1}}\right)^{4/7}=0.45\pi DN \tag{9.9}$$

因而，给定 k_1、ν、L_f 以及叶轮直径 D（ft），由此式可确定所需的叶轮搅拌速率（N，每秒转数），以实现混合程度不对收率产生负面影响。

【例 9.3】 CSTR 中收率最大化的混合器设计。

工业反应器中进行二级竞争-连串反应，利用上述基于 Paul 和 Treybal 导出的关联式，确定需要的搅拌转速（N）以评价混合效果，并达到预期的收率。

数据：$k_1=35$(L/g-mol·s)

$$L_f = 1.5\text{ft}$$

ν（混合物的运动黏度性质）$=1.08\text{cSt}=1.16\times10^{-5}\text{ft}^2/\text{s}$

A_0（CSTR 中 A 的最初浓度）$=0.1(\text{g-mol/L})$

D（叶轮的直径）$=0.5\text{ft}$

解 调整式（9.10），求得 N。

$$N=\frac{1}{0.45\pi D}\left(\frac{0.882\nu^{3/4}L_f^{3/4}}{\frac{10^{-5}}{A_0k_1}}\right)^{4/7}=\frac{1}{0.45\pi(0.5)}\left(\frac{0.882(1.16\times10^{-5})^{3/4}(1.5)^{3/4}}{\frac{10^{-5}}{0.1\times35}}\right)^{4/7}$$

$$N=17.69\text{r/s}=1062\text{r/min}$$

【例 9.4】 评估混合效果对反应收率的影响程度。

CSTR 反应器中进行二级竞争-连串反应。容器中反应物 A 的初始浓度是 0.2g-mol/L，含有反应物 B 的进料在搅拌下加入反应器内。容器的体积为 100L，叶轮直径为 0.5ft，$k_1=35\text{L}/(\text{g-mol}\cdot\text{s})$，叶轮转速为 200r/min。其他数据如下所示。求反应收率与预期收率的比值。

$$L_f=1.5\text{ft};\ \nu=\text{混合物的运动黏度}=1.08\text{cSt}=1.16\times10^{-5}\text{ft}^2/\text{s}$$

解 图 9.8 中 x 轴需要计算 τ，因而需要计算 u'

$$u'=0.45\pi DN=0.45\pi(0.5)(200/60)=2.36\text{ft/s}$$

$$\tau=\frac{0.882\nu^{3/4}L_f^{3/4}}{u'^{7/4}}=0.882\frac{(1.16\times10^{-5})^{3/4}(1.5)^{3/4}}{(2.36)^{7/4}}=5.29\times10^{-5}\text{s}$$

$$(k_1B_0\tau)(A_0/B_0)=(k_1\tau A_0)=35\times2.32\times10^{-5}\times0.2=1.62\times10^{-4}$$

由图 9.8 可以近似得出 Y/Y_{exp}的值约为 0.92。因而，反应的混合程度足以得到期望的收率。副产物的生成与 CSTR 反应器中混合效果关系不大，但通过搅拌会稍有改善。

（3）反应浓度的影响

串联反应和平行反应的选择性对于初始浓度很敏感，因为产物的形成速率和副产物的生成速率与浓度有关。表 9.4 总结了一些重要的改进措施，同时对于每一类问题简述其改进和有效的收益。

9.2.3 分离设备中的环境污染预防措施

分离技术是化学生产中最普遍和最重要的单元操作。因为进料通常是复杂的混合物而化学反应不可能达到 100%的效率，总是需要在后序生产步骤之前分离化合物。分离操作会产生废物，因为分离操作本身就不是 100%高效的，而且需要消耗额外的能量，以及废物治理来处理不合格的产品。首先介绍分离步骤中物料（质量分离剂）选择的重要性，然后介绍化工生产中分离技术的启发式设计，最后，举例说明在生产中，如何从废物流股中分离有用物质，以实现有用物质的回收再利用。

9.2.3.1 质量分离剂的选择

正确选择分离技术中的质量分离剂是污染预防中一个很重要的问题。不好的选择不仅对于工厂的工人而且对使用最终产品的消费者都会带来有毒物质的暴露。这在食品生产中尤为重要，残留剂会直接通过口服的方式进入人体。例如，用氯化溶剂萃取咖啡豆和速溶咖啡以脱去咖啡因，虽然这种溶剂可以有效地从咖啡豆中提取咖啡因，最终产品中的残留物却会引起消费者明显的健康风险。现在用超临界 CO_2（友好型试剂）提取咖啡因，它的残留物不会引起健康危害。食用油是用挥发性溶剂从植物中提取，当溶剂返回操作系统时，可以通过精馏分离出油，溶剂循环使用，但残留物也会出现在最终产品中。因而，在这些应用中采用毒性最低的质量分离剂是很重要的。除这些毒理学问题之外，质量分离剂的不良选择会导致

表 9.4 污染预防的反应器操作其他改进措施一览表（Nelson，1992；Mulholland 和 Dyer，1999）

改善反应物加料

问题：不理想的加料方式导致离析和过多副产物的形成

解决方法：在液体反应物和固体催化剂进入反应器之前用在线的静态混合器进行预混合

收益：使反应物充分混合，对于二级或更高级数的竞争-连串反应，可减少副反应生成的废物

解决方法：改进反应器中进料管和分布器的设计；不要在釜式反应器中的液相表面加入低密度物质，控制气相加入液相反应混合物中的停留时间

收益：改进了底喷式进液管的设计，优化了反应停留时间；控制措施的应用使有害废物的产生减少 88%，每年节约费用 200000 美元

催化剂

问题：均相催化剂会导致水和固体废物流中的重金属污染

解决方法：考虑使用非均相催化剂，金属可以覆着在固相载体上

问题：旧的催化剂设计强调反应物的转化率，忽视选择性

解决方法：考虑采用以更高选择性和更优物理性质（尺寸、形状、多孔性）为特色的新型催化剂工艺

收益：下游分离和副产物的废物处理费用较低。例如，制备光气（$COCl_2$）的新型催化剂使四氯化碳和一氯甲烷的生成最小化，节约费用 1000000 美元，同时可以去除末端治理设备

固定床反应器中的流动分布

问题：进入到固定床反应器中的反应物分布不均匀；物料优先进入反应器中心的下部；流体在中心处的停留时间太短，而在反应器壁处又太长；收率和选择性低

解决方法：在反应器的入口处安装液体分布器，以确保反应器截面上的均匀流动

控制反应器加热/冷却

问题：传统的热交换设计不是控制反应温度的最优设计

解决方法：对于高放热反应，从管式反应器入口处的外（此处反应速率和热产生速率最高）表面采用并流冷却，在反应器出口处（此处反应速率和热产生速率最低）采用逆流冷却

问题：气相反应中的稀释剂，通常是氮气或空气，能够移出反应热，但是会导致废物的产生，例如部分氧化反应产生的氮氧化物

解决方法：采用无反应活性的稀释剂，例如，部分氧化反应中的 CO_2 甚至水蒸气。CO_2 需要从产物中有效地分离出来，冷却并循环返回反应器。如果采用水蒸气，它可以被冷凝，但是在某些反应中会产生废水

其他的反应器操作问题

改进测量方法并控制反应参数以达到最优状态

提供供给循环流的独立的反应器

常规标定仪器

考虑使用连续的而不是间歇式反应器，以避免清洁废物

过多的能耗，排放出的标准污染物（CO、CO_2、NO_x、SO_x、颗粒物）会损害健康。

吸附过程中质量分离剂的选择可以用一个简单的例子来说明。吸附指溶解在气相或液相中的化学物质吸附在固体基底（吸附剂）表面。从水流中分离和回收有毒的金属离子是吸附操作的一个重要应用。活性炭（GAC）是一种很常见的吸附剂，但是对于金属的回收，已证实用浓的阳离子交换树脂吸附 Cu^{2+} 的容量是 GAC 的近 20 倍（Mulholland 和 Dyer，1999）。金属必须用强酸从再生吸附剂中回收。这种情况下，使用 GAC 需要消耗更多的能量，而且相对于阳离子交换树脂会产生更多的废酸。

9.2.3.2 分离技术的工艺设计和操作层次

典型的生产过程如图 9.9 所示，其中反应器将原料转化为产物和副产物，必须通过输入额外的能量来分离它们。废物流将离开生产过程进入空气、水及土壤中。评价所有的废物流是很困难的，也是不可能的，但可通过明智地选择质量分离剂，正确选择分离技术及分离顺序，并谨慎地控制操作过程中的系统参数使废物的产生最小化。

实现分离系统产生废物最小化的第一步是选择恰当的分离技术。根据被分离物质的物理和化学性质，作出正确的选择会使每个单元操作中的能耗较小，废物较少。分离操作对产品物流

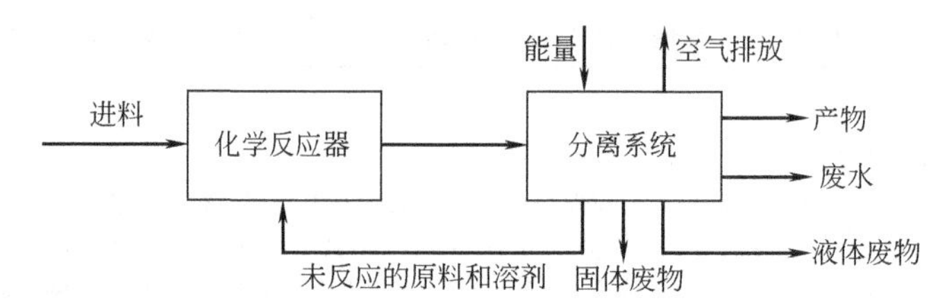

图 9.9 典型的生产工艺过程（引自 Mulholland 和 Dyer，1999）

和废物流都适用。表 9.5 列出了可选的分离操作及其所分离混合物中各组分的性质差异。

表 9.5 分离的单元操作及其特性

单元操作	特性	单元操作	特性
吸附	表面吸附	凝胶过滤	分子直径和形状
色谱法	取决于固定相	离子交换	化学反应平衡
结晶	熔点或溶解性	液-液萃取	水溶液相间的分配系数
渗析	扩散性	液膜	扩散性和化学平衡
精馏	蒸气压	膜气体分离	扩散性和溶解性
电渗析	电荷和离子迁移性	反渗透	分子尺寸
电泳	电荷和离子迁移性	微滤和超滤	分子尺寸

在选择了最恰当的分离技术之后，重新推断其他污染预防措施来指导流程图和单元操作的设计是很有价值的。表 9.6 列出了一些新型的分离工艺的设计和操作方法。为了减少单元操作的数目和相应的成本，成分极为相似的物流可被合为一股。首先去除生产中体积最大的组分可以减少下游的设备投资、能耗费用，加工物料量增大也是一种废物源。如果各组分的性质相当接近（难以分离），或对分离产物的浓度要求很高，则可以减少分离的组分数以简化分离操作，因而，这些问题应放在分离顺序的最后解决。原材料和产物会增加过程的价值，而质量分离剂只会增加投资、操作费用和废物负荷。因此，尽可能避免添加质量分离剂，如果必须添加，则在下一步操作中应将质量分离剂除去（更好的是采用循环利用）。生产中应避免在远离周围环境的温度及压力范围内进行分离操作；如果必要，则高于比低于环境条件更经济。

表 9.6 污染预防的分离经验规则（引自 Mulholland 和 Dyer，1999）

1. 合并相似的物流以使分离单元的数目最小
2. 较早地移除腐蚀性和不稳定的物质
3. 最先分离体积分数最高的化合物
4. 最后进行最难的分离操作
5. 最后进行纯度要求高的分离
6. 采用产品出现次数最少的分离顺序
7. 尽量避免在分离顺序中添加新的组分
8. 如果采用了质量分离剂，应在下一步进行回收
9. 不要用第二种质量分离剂来回收第一种
10. 避免极端的操作条件

在美国，精馏占化工生产中分离应用的 90%（Humphrey，1995）。因为它的重要性，我们将介绍一些精馏中的典型污染预防技术。精馏塔中废物产生的四大途径如下：

① 允许杂质残存在产物中；

② 塔自身产生的废物；

③ 塔顶产品的提纯不够；

④ 过多的能量消耗。

精馏操作中提高产品纯度最常用的方法是提高回流比。然而这会加大塔内的压降、再沸器的温度及其负荷。但是对于稳定的物质，这是提纯产品、减少废物的最简单的方法。如果塔的操作条件接近于液泛（不能选用提高回流比），则增加一塔节可得到纯度更高的产品。使用更高效的塔内件（塔板或填料）会使塔的分离效果更好，而且压降和再沸器的温度会降低。选用最佳进料位置可以提高产品的纯度，而不需要改变体系的其他参数。在一个存档案例中，将进料位置调整至最佳，可使产品的损失由 30lb/h 降到 1lb/h，塔生产能力提高 20%，冷凝器的冷却介质用量降低 10%（Mulholland 和 Dyer，1999）。这个简单的步骤带来的年均净收益高于 9000000 美元。提高塔分离效率的其他方法包括使塔绝热及减少热损耗，提高进料、回流和液体分布，预热塔进料，物流间的能量交换等。最后，如果塔顶产品中含轻组分杂质，则可以在塔顶部侧线采出产品。从顶端冷凝器中排出的废蒸汽可以在生产中循环利用，以除掉塔中的轻组分。

【例 9.5】 乙醇-水精馏操作中节能：侧线出料。

如果一种精馏产品的组成要求在馏出液（x_D）和釜液之间，从精馏塔的侧线采出获取此产品，比将塔顶和塔底产物混合得到产品更节约能量。如图 9.10 所示，考虑从精馏塔的侧线采出组成为 x_S，流率为 S（mol/h）的产品。利用 McCabe-Thiele 分析，验证使用侧线采出可节约能量。摩尔分数是指乙醇的。

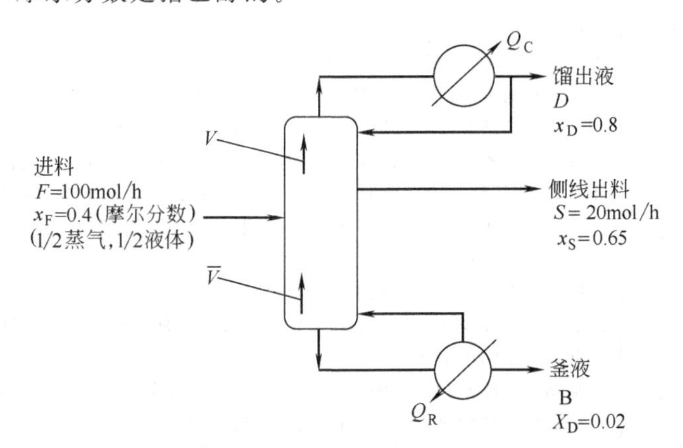

图 9.10 存在侧线采出的精馏塔示意图

解 利用任何一本标准教科书（Wankat，1988）中的图解法可以很容易得到精馏塔所需的分离条件，进料状况，完成分离任务，需要的理论平衡级为 12，回流比 $L/D=2.5$。从塔顶起第 5 块平衡级处开设侧线出料口。类似地，对于无侧线的 12 级精馏塔来说，完成分离任务的回流比仅为 2.0。虽然如此，由下表可以清楚地看到，采用侧线可以有效地节约能量。

塔设计	L/D	D	$\overline{V}$	Q_R(cal/h)
有侧线采出	2.5	32.56	63.96	63.96×10^4
无侧线	2.0	48.72	96.16	96.16×10^4

注：$D=F\dfrac{x_F-x_B}{x_D-x_B}$；$Q_R=\overline{V}\lambda_W$；$\overline{V}=D\left(\dfrac{L}{D}+1\right)-F(1-q)$。

应用侧线采出节能 $(96.16-63.96)/96.16\times100=33.5\%$。能量的节约会减少全球变暖和酸雨/沉积。

此例中，进料值 q 选为 1/2（1/2 蒸气和 1/2 的液体），λ_W 是水的蒸发潜热（再沸器中 10^4 cal/mol）。

一些方法可以用来减轻精馏塔中再沸器内的结焦现象。一种方法是降低塔的压力以使再沸器的温度降低。此操作必须要谨慎进行，因为这会影响冷凝器的温度和效率。它应该与降低物料温度联合使用，如果顶端冷凝器与塔的蒸汽负荷相比不够大，它可以用处理量大的单元代替。这样会减少因塔操作条件的波动而导致热蒸汽从塔出口排出的可能性。另一种减少精馏塔的排放和废物产生的方法是改进过程控制技术，以确保产品纯度达到标准，并减少不合格产品生成的可能性。

9.2.3.3 分离中污染预防案例

分离工艺可以将废物流中的有用物质回收或循环再利用，从而有效地防治污染。通常，将良好的分离技术与废物流中回收物质的市场销售相结合，不仅会带来经济效益，而且能防止环境污染。表9.7列举了许多分离技术在污染防治方面的成功应用。

表9.7 分离技术在污染防治中应用实例

分离技术	物料类型	说　明	参考文献
精馏	液体	从废水中回收溶剂。由聚合生产而来的废水中含RCRA规定的有机溶剂。以往废水被焚烧。重新评估发现精馏后再萃取可以回收溶剂10000000lb/年，同时减少焚烧负荷4000000lb/年，投资回收期仅为两年	Mulholland 和 Dyer，1999
精馏	液体	墨和溶剂的再循环。报纸印刷的废墨中含有有机溶剂(20%)、水(15%)和墨(65%)。可以用闪蒸精馏来分离溶剂/水中的高沸点组分墨，用二元精馏从水中分离溶剂。溶剂和墨可在生产中循环使用	Palepu 等，1995
精馏	液体	用过的防冻剂的间歇精馏。纯的乙二醇被回收，再与水混合并加入其他添加剂，可得到新的防冻剂	Palepu 等，1995
精馏	液体	从用过的废酸流股中回收酸。电镀工业中，来自蚀刻槽、清洗槽和酸浸槽中的废酸，通过精馏可以回收纯酸(HCl、HNO_3等)	Jones，1990
精馏	液体	气体喷漆操作中溶剂的回收和再利用。已经建立溶剂循环利用体系，用于清洗切换颜色时的管线。收集的漆料/溶剂混合物被送往中心处理车间，固体先被分离，纯溶剂通过精馏被回收，可在汽车喷漆中重新使用	Gage Products Inc
萃取	液体	间歇萃取残留物。间歇生产中很难使用精馏，从而导致近1/3的产品因焚烧而损失。从间歇残留物中回收的一种低沸点物质，可用于萃取残留物中更多的产品	Mulholland 和 Dyer，1999
萃取	液体和污泥	从精炼厂废水和污泥中回收烃。三乙胺被用作从精炼厂废水和污泥中回收烃的溶剂。烃可在生产中循环利用	Tucker 和 Carson，1985
反渗透	液体	电镀加工过程的闭路循环洗涤水。反渗透能够循环回收纯水，并将金属浓缩液返回电镀浴。有200多种工业应用实例	Werschulz，1985
反渗透	液体	均相金属催化剂的回收。利用反渗透替代其他沉积方法，每年可节约资金300000美元	Radecki 等，1999
超滤	液体	废水中聚合物的回收。清洗聚合反应器形成的物流中含有的聚合物(如橡胶等)可以被回收。同样，生产纱线所用的聚乙烯也可被回收	Bansal，1976
吸附	气体	天然气脱水。分子筛吸附剂已经被用于天然气的脱水，从而消除了溶剂(三甘醇)的使用	Mulholland 和 Dyer，1999
吸附	液体	代替共沸精馏。共沸溶剂如苯和环己烷可以被取代，将共沸物(乙醇/水或异丙醇/水)用分子筛吸附剂处理	Radecki 等，1999
膜	气体	高挥发性有机化合物的回收和循环利用。例如，聚烯烃生产中的烯烃单体回收，贮存设备中汽油蒸气的回收，PVC反应器通风口处乙烯氯的回收，过程通风口和运输操作中含氟氯烃(CFCS)的回收。也包括应急措施	Radecki 等，1999
膜	液体	废水物流中有机化合物的回收。渗透蒸发是用于回收低流速(10～100gal/min)和中等(质量)浓度(0.02%～5%)废水中有机化合物的膜技术	Radecki 等，1999
膜(RO、NF、UF、MF、ED)	液体	废物流中金属离子的回收	Radecki 等，1999

注：RO—反渗透；NF—纳滤；UF—超滤；MF—微滤；ED—电渗析。

9.2.3.4 分离反应器的污染防治应用

分离器可以与反应器相结合，以减少反应器中副产物的产生并提高由反应物向产物的转化率。分离器和反应器的结合可以是不同单元之间的组合（如 9.3 节所示），也可以是集成为一个单元（如 9.5 节）。

分离型反应器是一种诱人的、可有效减少污染产生的新型反应器。这些复合系统是将反应过程与分离过程集合于一个单元操作。当反应和分离过程同时发生时，减少了下游生产加工单元的要求，从而降低了成本。为防止产生污染物质并使产率达到最大，与传统的设计相比，其关键特征是能够准确控制反应物的加入和产物的移出。可以通过改变化学平衡来使反应物的转化率和产物的收率最大化。连串反应中在二级反应快速进行之前，及时地移出反应区域的目标产物可以使不希望的副产物生成最小化。和反应相结合的分离操作包括反应精馏、膜分离和吸收。最近已出现介绍运用膜和固体吸附剂的分离型反应来预防污染的研究综述（Radecki 等，1999）。

一个反应与吸附相结合的典型例子是甲烷氧化偶联（OCM）。甲烷与氧气在金属氧化物催化剂存在下反应，温度约为 1000K，生成乙烷和乙烯。

$$2CH_4+\frac{1}{2}O_2\longrightarrow C_2H_6+H_2O$$

$$2CH_4+O_2\longrightarrow C_2H_4+2H_2O$$

其中的平行副反应是甲烷的完全氧化，如下所示

$$CH_4+2O_2\longrightarrow CO_2+2H_2O$$

同样需要注意的是乙烯产物会氧化为 CO_2，从而会减少产物的收率，增加废物的生成。OCM 在工业上的成功应用，使得大量难以运输的甲烷转化为重要的聚合反应中间体乙烯。

传统的 OCM 在固定床或流化床反应器中应用的困难在于，CH_4/O_2 的进料比必须保持在 50 或更大值，以防止发生完全氧化反应。这会导致相对较高的选择性（80%～90%），但是会限制 C_2S 的收率（小于 20%）。一种由反应/吸附操作串联组成的分离型反应器可以充分提高 C_2 的收率（50%～65%）（Tonkovich 等，1993；Tonkovich 和 Carr，1994）。每一部分包含一个在高温（1000K）下操作的固定床催化反应器，然后立即进入冷却吸附床。图 9.11 显示了四段式的模拟逆流移动床色谱反应器（SCMCR）的装置，其中较小的塔是固定床催化反应器，而较大的塔是用作吸附的。在第 1 段中，载气（N_2）吹扫未反应的被吸附的 CH_4 至下一段（2 段进料）。按化学计量组成（反应中的消耗量），补入含有 CH_4/O_2 的一小股进料流，与 1 段中的载气流混合后进入进料段的反应器中。反应产物（C_2）和未反

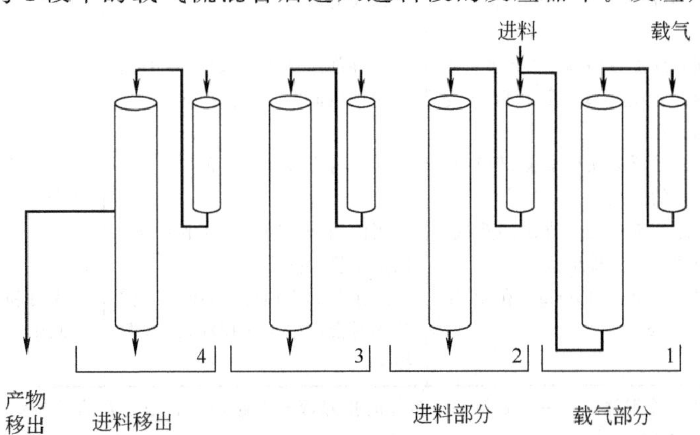

图 9.11 甲烷氧化的四段式模拟逆流移动床色谱反应器（SCMCR）图示

（引自 Tonkovich 等，1993）

应的CH_4会在第2段较大的塔中被吸附，C_2的产物会留在上部，而CH_4则会留在底部。3段在流程中是相对独立的，然而它的吸附塔也含有未反应的CH_4。4段是产物的解吸段，其中C_2产品被吸附床吹扫，并经位于塔中间处的侧线采出。保持这种SCMCR结构运行一段时间之后，流动的结构各向左侧移动一段，即第1段为产品移除段，2为载气段，3为进料段，而4为相对独立段。

部分氧化反应中膜分离反应器的应用已经显示出令人鼓舞的结果。乙烷氧化脱氢制乙烯的实验反应，显示单程产率可由12%提高为52%（Tonkovich等，1996）。同样膜分离反应器应用于乙苯脱氢制苯乙烯的反应中也得到积极的结果，实验测得的转化率高达70%，比传统方法高将近15%，并将苯乙烯的选择性提高了2%～5%（Radecki等，1999）。

在实现膜分离反应器的商业应用之前仍然存在一些挑战，包括：

① 经济地制备大表面积的、且无缺陷的选择性分层膜层；

② 高温密封的反应体系；

③ 去除或减少稀释产物流的吹扫气；

④ 提高膜和催化性能，包括抗淤塞和失活。

9.2.4 贮罐和挥发源的污染预防措施

9.2.4.1 贮罐的污染预防

贮罐是一些工业部门中常见的单元操作，包括石油的生产和精炼，石化产品和化学品的制造、存贮和运输，以及其他应用或生产有机液体化合物的行业。有六种主要的贮罐类型。这些贮罐类型、简要说明、排放结构以及污染减少的测定均列于表9.8。

表9.8 贮罐类型和减少污染的策略

贮罐类型	说明	损耗机制	污染减少
固定顶	有固定顶(平的、锥形或圆顶)的圆柱形壳体。自由通风口或加压/真空排气口	工作损耗：液相顶部空间的VOCs在贮罐装料时被排出。静置损耗：顶部气体因环境P或T膨胀/压缩	加压/真空排气口会减少静置损耗，加热贮罐减少标准损耗，通风口的污染控制设备(吸附、吸收、冷却)减少排放90%～98%。蒸气平衡方法
外部浮动顶	圆柱形壳体没有固定顶，一个盖板浮在液体表面并随液面的高低上升或下降，盖板与内壁有灵活的密封装置，使流体脱离壁面	工作损耗：液位下降时，壳壁或塔中的蒸发损耗。静置损失：壳壁和浮顶间的环形区域是此项损失的来源	无法控制或防止来自壳壁的风驱动造成的排放。排放要大于固定顶板的贮罐
内部浮动顶	同外部浮顶相同，在上部有固定顶。顶是由塔或由自身支撑的	同外部浮动顶，固定不变的顶板能挡风而减少工作损耗	与固定顶板相比，可将排放减少60%～99%
圆顶外部浮动顶	与内部浮动顶相类似，但有自身支撑的圆顶板	同自身支撑的固定顶	与固定顶板相比，可将排放减少60%～99%
可变蒸气空间	缩进顶部以接受排出的蒸气，隔膜用于接受排出蒸气	当液面升高时发生工作损耗，消除了静置损失	无可利用的数据来证明排放的减少
压力贮罐	低压（2～15psig）和高压（>15psig）	高压贮罐无损耗，低压贮罐供装料时会产生工作损耗，无静置损失	无可利用的数据来证明排放的减少

注：蒸气平衡包括由一个贮罐向另一个贮罐注入流体时排除蒸气的路径。T是室温的昼夜变化。P是大气压力的变化。出自：美国环保署，1998。

接下来的例子将说明工艺设计中用固定顶贮罐代替浮动顶贮罐时，可以减少排放。

【例 9.6】 贮罐的排放。

底特律附近的一家工厂，来自气体废物流的 VOCs 回收过程的甲苯产物流（516000gal/年）。利用 TANKS（见第8章）软件（美署环保 TTN，1999），计算并比较各新型贮罐的不可控制的年排放量，各贮罐的直径等条件如下。

固定顶贮罐：高度为 20ft，直径为 12ft，工作容积为 15228.53gal，最高液位为 18ft，平均液位为 10ft，无加热，圆顶高度为 2ft，而直径为 12ft，真空设为−0.03psig，而压力设定为 0.03psig。

内部浮动顶贮罐：高度为 20ft，直径为 12ft，工作容积为 15228.53gal，自撑式的顶，内壳有轻度铁锈，浮动顶类型为浮筒，初级机械密封，二级是垫片式密封，盖为标准焊接式。

圆顶外部浮动顶贮罐：同内部浮动顶贮罐。

解　TANKS 程序可以帮助使用者很快地计算出三种贮罐每年的排放量。结果如下：固定顶贮罐 337.6lb/a；内部浮动顶贮罐 66.2lb/a；圆顶外部浮动顶贮罐 42.8lb/a。

讨论　浮动顶贮罐与垂直的固定顶贮罐相比，排放的减少量如下。

内部浮动顶贮罐：减少量＝(337.6−66.2)/337.6×100＝80.4％

圆顶外部浮动顶贮罐：减少量＝(337.6−42.8)/337.6×100＝87.3％

减少程度是很明显的，可以帮助工厂达到地方、州和联邦法规的排放减少目标。浮动顶的贮罐要比固定顶的贮罐贵，任何一种设计决策都需要考虑到这一点。在固定顶贮罐的出口处进行污染控制会达到更高的排放减少量（90％～98％），但每年会增加操作费用。

9.2.4.2　减少挥发性源的排放

化学生产中挥发性排放源包括阀、泵、连接管、减压阀、取样口连接、压缩密封以及敞口管路。在典型的合成有机化学品生产（SOCMI）工厂中可能有成千种这样的挥发源，而在大的石油炼制厂中会有成千上万种这样的挥发源。SOCMI 工厂的这些排放源是空气污染的主要贡献者，通过估算得知它们的排放量占总空气排放的 1/3（美环保署，1986）。

（1）挥发性排放总览

同一工厂中不同类型挥发性有机化合物的平均排放速率是不同的。为了验证这一点，我们估算了某精炼厂中两个加工单元（裂解单元和加氢车间）所有挥发源的排放速率。通过给定的平均排放因子，并结合指定类型挥发源的数目及流股中 VOC 的质量分数。各组分排放速率计算方程式为

$$E=m_{\mathrm{VOC}}f_{\mathrm{av}}$$

式中　E——排放速率（kg/h）；

m_{VOC}——物料中 VOC 的质量分数；

f_{av}——平均排放因子。

挥发性源的数目及其在加工单元排放中所占比例见表 9.9。所有设备中的阀是这些加工单元中最大的排放源，分别占裂解单元和加氢车间总量的 55.3％和 63.4％。排放量与生产中阀的数目（在裂解单元和加氢车间中分别是 22.5％和 22.8％）成反比。所有设备中数目最多的构件是连接器，在裂解单元和加氢车间中分别占 74.4％和 75.1％。缓冲阀、泵和压缩机的封口也是重要的排放源。挥发源及其排放量缺省值的关联式见表 9.10。

（2）减少挥发性排放的方法

有两种减少或防止挥发源的排放和泄漏的方法，它们是：

① 对泄漏设备的泄漏检测和修补（LDAR）；

② 用无排放技术改进或替换设备。

表 9.9 精炼厂中裂解单元和加氢车间的挥发源和排放速率（Allen 和 Rosselot，1997）

构件	工作流体①	裂解单元				加氢车间②		
		构件数目	m_{VOC}	排放量/(kg/h)	排放量/%	构件数目	排放量/(kg/h)	排放量/%
泵密封	LL	6	0.75	0.51	4.0	2	0.22	1.9
	HL	9	0.55	0.1	0.81	2	0.042	0.36
压缩机密封	HC(气)	4	1.0	2.60	20	0	0	0
	H_2(气)	0		0	0	6	0.30	2.6
阀	HC(气)	200	1.0	5.3	42	70	1.9	16
	H_2(气)	0		0	0	80	0.66	5.7
	LL	196	0.75	1.6	13	427	4.7	41
	HL	294	0.55	0.037	0.29	427	0.85	0.73
连接器	所有	2277	0.75	0.42	3.3	3313	0.83	7.2
减压阀	气体	11	1.0	1.8	14	15	2.4	21
	液体	15	0.63	0.066	0.52	2	0.014	0.12
敞口管	所有	32	0.75	0.054	0.43	42	0.084	0.72
取样口	所有	17	0.75	0.19	1.5	24	0.36	3.1
总数	—	—	—	13	100	—	12	100

① HL 表示重液体；LL 表示轻液体；HC 表示烃类。

② 对于所有情况，$m_{VOC}=1.0$。

表 9.10 挥发源及其排放量缺省值的关联式（美环保署，1993b）

关联的泄漏速率/(kg/h)①				排放量缺省值/(kg/h)②
设备	工作流体	合成有机化学品生产	精炼	
阀	气体	$1.87\times10^{-6}C^{0.873}$	$2.18\times10^{-7}C^{1.23}$	6.56×10^{-7}
	轻液体	$6.41\times10^{-6}C^{0.797}$	$1.44\times10^{-5}C^{0.80}$	4.85×10^{-7}
泵密封	轻液体	$1.9\times10^{-5}C^{0.824}$③	$8.27\times10^{-5}C^{0.83}$④	7.49×10^{-6}③
	重液体		$8.79\times10^{-6}C^{1.04}$	
压缩机密封	气体		$8.27\times10^{-5}C^{0.83}$	
减压阀	气体		$8.27\times10^{-5}C^{0.83}$	
法兰/其他连接器	所有	$3.05\times10^{-6}C^{0.885}$	$5.78\times10^{-6}C^{0.88}$	6.12×10^{-7}

① C 为显示值，单位为 mg/kg。

② 这些值可应用于所有的排放源类型。

③ 这种关联/零缺省值可以应用在压缩机密封、减压阀、搅拌器密封和重液体泵。

④ 这种关联可用于搅拌器密封。

两种方法都可以有效减少过程流体的低级或瞬间的大量泄漏。

监测越频繁则费用越高，但能更有效地减少排放。例如，对轻流体设备中的阀进行每月一次的监测和维修所减少的排放比每季度一次多三分之一，是每半年一次的三倍（美国环保署，1982）。

为了减少挥发性排放的设备改进，可能会重新设计生产过程，使其拥有较少的部件及连接处，用新的无泄漏设备来替代泄漏设备，也包含用新的减少排放技术及密封剂的注射。这里的讨论，我们只关注主要挥发性排放源的减少，诸如阀、连接管/法兰、压缩机和泵等。要得到更完整的处理方法，读者可以参考有关的其他教科书（Allen 和 Rosselot 1997，第 7 章）。我们讨论易发生泄漏的设备类型，以及如何改进设备以减少或消除排放。

活动部件（如阀、泵和压缩机）的密封处常发生挥发性泄漏。泵的密封通常在旋转轴与固定外壳连接的地方，在过去的 10～20 年中，泵的机械密封已经有了很大的改进，在许多应用中作为无泄漏泵使用（Adams，1991）。压缩机在输送流体方面与泵类似，对于流体为气体的情况，压缩密封和机械密封都可用，但是压缩密封只能用于往复泵。在泵的设计中，不一定要用机械密封（还可采用碳环、曲径环式和油膜式密封）。

表征各种排放量减少程度的排放控制效率见表 9.11，以百分数表示。无泄漏技术能够完全消除某些运行设备的排放，但购置和维护费用却非常昂贵。例如，具有双机械密封的泵，估计每年的折旧费用约是每季度或每月 LDAR 的 10 倍。与没有排放减少规划的工厂相比较，见表 9.11，效率最高的减少排放技术可以使一个中等规模的石油炼制厂的挥发性排放量减少近 70%（Allen 和 Rosselot，1997）。类似的，对 SOCMI 设备，挥发性排放的减少约为 60%～70%。

表 9.11 各种挥发性排放削减技术的效率

设　备	控　制　技　术	控制效率/%	
		合成有机化学品生产厂	石油炼制厂
泵(轻液体)	双机械密封	100	100
	每月泄漏检测和维修	60	80
	每季度泄漏检测和维修	30	70
阀(气/轻液体)	每月泄漏检测和维修	60	70
	每季度泄漏检测和维修	50	60
减压装置	连接火炬，防爆膜	100	100
	每月泄漏检测和维修	50	50
	每季度泄漏检测和维修	40	40
敞口管线	封闭盖，塞子，盲端	100	100
压缩机	机械密封，连接脱气池的排气口	100	100
取样口连接	封闭吹扫取样体系	100	100

注：资料来自 Dimmick 和 Hustvedt，1984。

9.2.5 污染防治评估与 HAZ-OP 分析的集成

危害和操作性研究 HAZ-OP 研究法的目的是为过程设计提供一系列指导性评语。设计任务与生产中某一环节或单元的使用意图有关。例如：①流经反应器或精馏塔冷凝器的冷却水；②反应器、分离器或贮罐内的惰性物系；③气动阀的空气供给。

【例 9.7】 贮罐污染防治的安全性。

为了减少不可控制的挥发性有机化合物的排放，一个工厂计划用内部浮动顶贮罐来代替现有的外部浮动顶贮罐。用 TANKS 软件计算贮罐类型中甲苯排放量的减少。对每种贮罐类型进行有限的 HAZ-OP 分析，以评价每一个贮罐中聚积的蒸气可能爆炸的危害性。进口泵和出口泵的用途是装满继而排空贮罐以达到要求的液位。内部浮动顶贮罐中惰性物系的用途是保持介于浮动顶上部和贮罐顶下部的空间为无氧环境。

解

排放分析。TANKS 程序允许使用者快速地计算出每个贮罐的年排放量。结果如下。

外部浮动顶贮罐 1102.7lb/a；

内部浮动顶贮罐 66.2lb/a。

可见，内部浮动顶贮罐会减少近 20 倍的甲苯排放量。

HAZ-OP 分析（有限的）。对两种贮罐结构的 HAZ-OP 分析结果见表 9.12。与泵和每个罐的输入、输出物流相关的危害性认为相同。内部浮顶罐还存在额外风险——需要在罐的顶部维持一层惰性气体以防止燃烧。甲苯的闪点只有 40°F，因而，浮动顶上部空间杜绝空气是十分必需的。浮顶的移动和顶部密封缺陷都会使空气中的蒸气蓄积引起燃烧。

表 9.12 贮罐污染防治的有限 HAZ-OP 分析

指导评语	偏差	EFRT	IFRT	可能的原因	后果
NO(意图完全否定)	进口泵不能停止，或出口泵不能启动	√	√	1. 液位测量计故障 2. 泵故障	1. 甲苯从顶部溢出 2. 土壤和地下水污染 3. 现场工人暴露
NO(意图完全否定)	浮动顶不能移动	√	√	1. 密封连接在罐壁上 2. 浮筒故障	1. 浮动顶失控 2. 液位控制系统可能失效 3. 甲苯从顶部溢出
NO(意图完全否定)	惰性 N_2 停止		√	1. 压力控制失效 2. N_2 供给中断	1. 贮罐顶部引入空气 2. 甲苯和空气混合物可能会燃烧
MORE(定量的增加)	惰性 N_2 不能停止		√	压力控制失控	1. 贮罐超压，贮罐顶失控 2. 贮罐爆破及甲苯泄漏
LESS(定量的减少)	惰性 N_2 不足		√	覆盖“NO”的原因	覆盖“NO”的后果
AS WELL AS(定性的增加)	水进入贮罐	√	√	1. EFRT 的浮动顶泄漏 2. IFRT 的外部顶泄漏	1. 甲苯产物的污染和附加废物的产生 2. 包含“LESS”的后果
PART OF(定性的减少)	惰性 N_2 不足		√	含“LESS”的操作	含“LESS”的操作
REVERSE(与意图在逻辑上是相反的)	泵倒转	√	√	不可能	液面控制失败及甲苯溢出
REVERSE(与意图在逻辑上是相反的)	惰性系统抽真空		√	惰性系统误连入真空系统	贮罐破坏，甲苯溢出
OTHER THAN(完全替代)	混入非甲苯的其他的液体	√	√	1. 贮罐装料时与其他物料混合	1. 甲苯产物的污染 2. 贮罐内的物料再加工 3. 贮罐内的物料被废弃
OTHER THAN(完全替代)	其他惰性气体混入		√	使用其他的气体	如果误用了 O_2，将产生易燃混合物

注：EFRT—外部浮动顶贮罐；IFRT—内部浮动顶贮罐。

上面的贮罐污染防治实例说明内部浮动顶贮罐比外部浮动顶贮罐的危险性更高。内部浮动顶贮罐的复杂性会导致更易发生的失败。避免安全危害性的经验规则是“简化流程”。许多污染预防应用中的附加复杂性使安全性评估成为化工过程设计中减少废物与风险性的一个重要环节。

9.2.6 过程设计与风险性评估相集成——案例研究

这个案例研究针对生成丙烯腈的流化床反应器来选择其停留时间。

丙烯腈反应器（Hopper 等，1992）：基于风险性分析反应器的进料-出料。

丙烯腈是在装有催化剂（Bi-Mo-O）的流化床中生产的。丙烯腈的主要反应是氨氧化反应

$$\underset{\text{丙烯}}{CH_2{=}CH{-}CH_3}+\underset{\text{氨}}{NH_3}+\underset{\text{氧气}}{\frac{3}{2}O_2}\longrightarrow\underset{\text{丙烯腈}}{CH_2{=}CH{-}CN}+\underset{\text{水}}{3H_2O}$$

另外还有其他五个可能的副反应，包括

$$CH_2{=}CH{-}CH_3+O_2 \longrightarrow CH_2{=}CH{-}CHO+H_2O$$

丙烯酮

$$CH_2{=}CH{-}CH_3+9/4O_2 \longrightarrow CH_3{-}CN+1/2CO_2+1/2CO+3H_2O$$

乙腈

$$CH_2{=}CH{-}CHO+NH_3+1/2O_2 \longrightarrow CH_2{=}CH{-}CN+2H_2O$$

$$CH_2{=}CH{-}CN+2O_2 \longrightarrow CO_2+CO+HCN+3H_2O$$

氰化氢

$$CH_3{-}CN+3/2O_2 \longrightarrow CO_2+CO+HCN+H_2O$$

假定上述一系列关于反应物、产物和副产物的反应均为一级反应，Hopper 及其合作者（Hopper 等，1992）构建了一系列反应器模型。模型还包括反应器的质量平衡和能量平衡方程式。模型［连续的全混流反应器（CSTR）、活塞流反应器（PFR）和流化床反应器（FBR）］将被用来估算反应温度、停留时间以及反应类型对于丙烯腈中副产物生成的影响。这里我们将说明用 FBR 模型预测以确定最佳停留时间（使废物最少，且有经济效益）。评估的基础是兼顾生成量和风险性。

反应器出料中的原料、产物和副产物的浓度估算值与反应停留时间的函数关系如图 9.12 所示。结果表明当反应停留时间小于 10s 时，丙烯腈的浓度会随时间的增加而增加。继而，丙烯腈浓度的增加程度减缓，15s 之后浓度就不再增加。反应物（丙烯和氨）的浓度由于转化为产物和副产物而随反应停留时间的增加而持续下降。副产物氰化氢（HCN）和乙腈与停留时间的关系复杂。HCN 仅在停留时间大于 5s 以后大量生成，当停留时间较长时，HCN 是主要的副产物（按质量计算）。当停留时间较短时，乙腈的量要高于 HCN，但当停留时间延长至 20s 时，它会维持一个恒定的浓度。根据上述结果，作者（Hopper 等，1992）推荐此反应的操作温度为 400～480℃，停留时间为 2～10s，且使用流化床反应器。

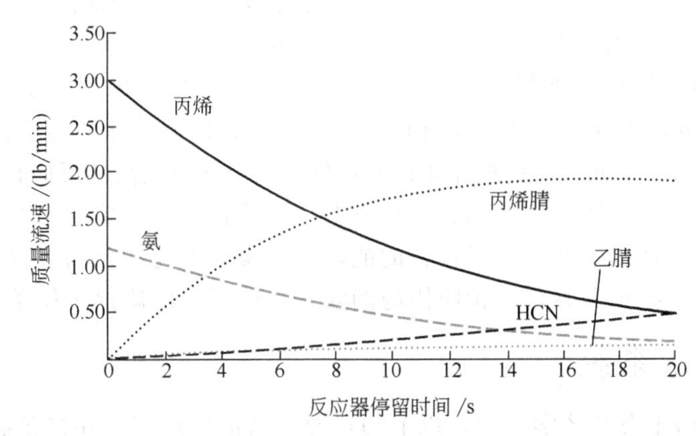

图 9.12 反应器的停留时间对丙烯和氨转化为产物（丙烯腈）和副产物（HCN 和乙腈）的影响

（此模型为 400℃下的流化床反应器，副产物的生成以质量计。）

对同一反应器，基于风险性分析的结果示于图 9.13，在绘制此图时，需要采用图 9.12 中所示的数据，通过利用相对于丙烯腈的反应物和副产物的质量流速之比，计算每一停留时间对应的化学计量系数。如图 9.13 所示，产物丙烯腈的环境指数要优于其他的环境指数，与反应停留时间无关。此反应器总的环境指数的详细信息见图 9.14。当反应停留时间为 10s 时，总指数最小。生产单位质量的丙烯腈的原材料费用见图 9.15，它是反应停留时间的函数。显然，当反应器中反应停留时间大于 5s 时，原材料的费用要少于丙烯腈的费用。

此案例研究证明将第 8 章提及的第 1 层环境性能评价与筛选经济性分析相结合可以对反应器设计的整体性能提供有价值的指导。反应操作的停留时间超过 10s 时，基本不会有经济

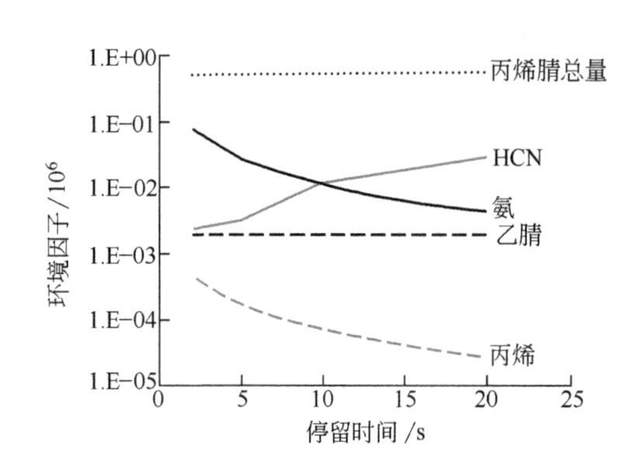

图 9.13 反应器停留时间对丙烯转化为产物（丙烯腈）和副产物（HCN和乙腈）的影响

（此模型为400℃下的流化床反应器，副产物的生成以风险性表示）

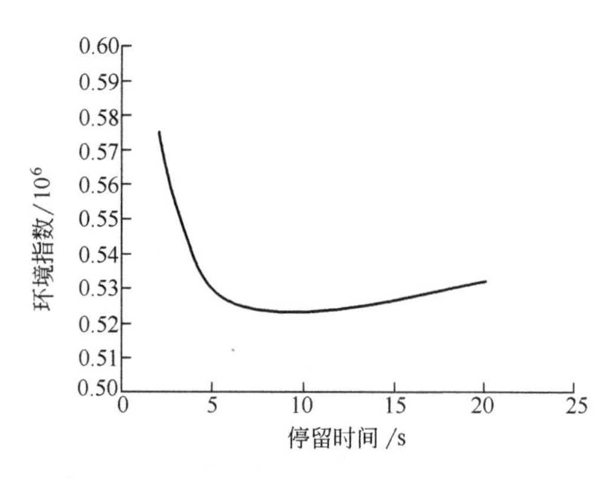

图 9.14 通过氨氧化方法生成丙烯腈的反应中总的环境指数［式（8.2）］与反应器停留时间的函数关系

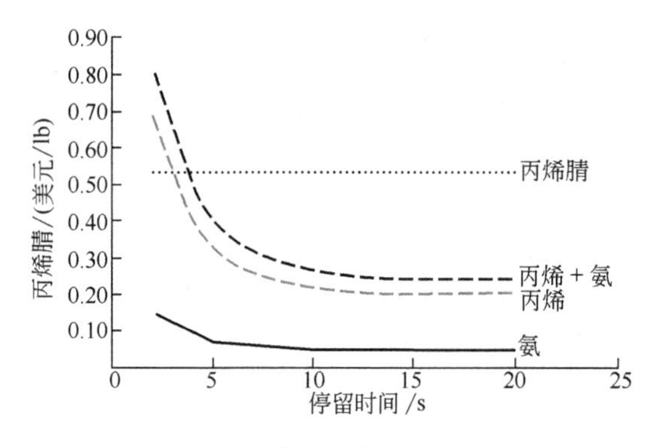

图 9.15 丙烯氨氧化中生产单位质量丙烯腈的原材料费用

效益，并且总的环境风险指数在10s时最小。因而，停留时间为10s是此反应器和反应系统的合理的操作点。

如上所述，化工过程设计中要预防单元操作的污染，应着重考虑以下几方面。

① 原料的选择。许多环境问题可归结为评价原料物性以及优选单元操作和操作条件。每个单元操作中所用的物质应该慎重考虑，以便使任何可能的泄漏对人类健康和环境的危害最小。

② 废物生成机理。仔细分析过程中生成废物的机理，通常可以引导设计者选用环境友好的原料，以及其他的污染预防措施。

③ 操作条件。每个单元设备的操作条件都应优化，以获得最高的反应转化率和分离效率。

④ 物料的贮运。应采用最佳的物料贮运方案，以使物料向环境的排放最小。

⑤ 能量消耗。应仔细考察各单元设备的能耗，以实现能耗和公用工程排放的最小化。

⑥ 生产安全性。必须考察污染预防措施的安全性问题，以确保工作条件的安全。

9.3 工业生态系统

生态工业是依据生态经济学原理，以节约资源、清洁生产和废弃物多层次循环利用等为特征，以现代科学技术为依托，运用生态规律、经济规律和系统工程的方法经营和管理的一种综合工业发展模式。工业生态学的核心是如何实现循环经济与环境友好理念，实现再生资源的利用，即用化学方法改变和回收利用废物，将废物转化为原料，进而达到资源与能源高效利用的目标。

按照循环经济的基本框架，工业生态系统应在三个层面，分别运用3R原则实现三个层面的物流、能流、信息流与资金流流动与管理。

在化工产业层面上：应根据生态效率的理念，推行清洁生产，减少产品生产和服务中的物料和能源使用量；减少有毒物质的排放；加强物质循环使用的能力；最大限度利用可再生资源；实现污染物排放的最小。

在区域层面上，应按照工业生态学原理，通过企业间的物质集成、能量集成和信息集成，形成企业间的工业代谢和共生关系，建立工业生态园区。

这样才能在社会层面上实现消费过程中和消费过程后的物质和能量的循环，以达到可持续发展的目标。

由上可见，社会发展对我们化工过程设计工作提出了更严格的要求，不但要善于设计单一的符合3R要求的化工过程；而且要设计不同层次的工业生态系统。要求过程制造工程师们放宽眼界，不但要研究与实现化工系统内部的工业生态过程集成，而且应该要研究与进行大系统（如整个工业园区系统内外范围）过程集成网络的设计，例如工业区内电厂与炼油厂之间的热集成，不同产品制造厂的原料与其他厂的副产品或废料之间的生产线的集成，或功能产品与原料生产线之间溶剂或水的集成循环使用等。

以下分两个层次介绍工业生态系统，即化工内部工业生态系统（产业内部子系统过程集成网络）与高级工业生态系统（即生态工业园区不同产业间的大系统）集成网络的建立的案例与基本方法。

9.3.1 化工内部工业生态系统及其集成网络的建立

现以氯元素利用高效化为例，说明如何按原子经济性（或资源节约型）准则，去确定化工产业内部生态系统的过程集成的方法。首先由一个典型的氯元素的循环利用案例——氯乙烯的生产开始讨论研究。

① 由简单过程集成达到提高氯原子的应用效率的事例　目前每年需生产数十亿磅的氯乙烯，大约一半的产品是通过乙烯的直接氯化产生的。乙烯与氯分子反应生成二氯乙烯（EDC），EDC再热解，生成氯乙烯和盐酸

$$Cl_2 + H_2C{=}CH_2 \longrightarrow ClH_2C{-}CH_2Cl$$
$$ClH_2C{-}CH_2Cl \longrightarrow H_2C{=}CHCl + HCl$$

在这个合成路线中，每生成1mol的氯乙烯，便有1mol盐酸生成。也就是说，单由这工艺生产氯乙烯，约有一半最初的氯反应后，没有进入期望的产品中，而是在废酸中。但是，如果将乙烯的直接氯化过程中得到的废盐酸作为乙烯氧氯化的原料，继续进入第二个工艺中，盐酸、乙烯和氧气一起又生成氯乙烯

$$HCl + H_2C{=}CH_2 + \frac{1}{2}O_2 \longrightarrow H_2C{=}CHCl + H_2O$$

通过上述这两个反应途径集成，如图9.16所示，废盐酸被作为原料加以利用，达到了所有的氯分子均被利用，与乙烯结合生成了氯乙烯。这两个工序的集成得到了乙烯生产的有效设计方案。

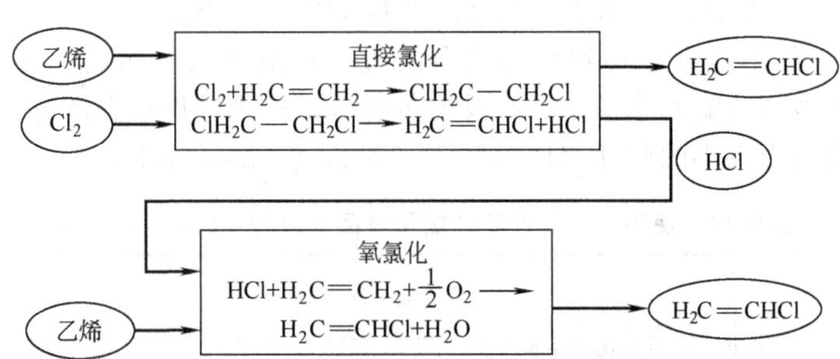

图9.16　乙烯直接氯化的副产物氯化氢可作为氧氯化反应的原料；将两过程耦合操作可高效使用氯

以上是一个由简单过程集成达到提高氯的应用效率的事例。

② 通过将几个异氰酸酯生产过程结合到氯乙烯生产网络中，形成了更为广泛的氯利用

网络的案例（McCoy，1998）。

在异氰酸酯生产中，氯分子与一氧化碳反应生成碳酰氯（光气）

$$CO+Cl_2 \longrightarrow COCl_2$$

然后，光气与胺类反应生成异氰酸酯，同时生成盐酸

$$RNH_2+COCl_2 \longrightarrow RNCO+2HCl$$

异氰酸酯常用于氨基甲酸乙酯的生产，盐酸可以循环利用。异氰酸酯工序反应的关键特征在于氯并未出现在最终产物中。因此，氯可以无消耗地经历整个系统，氯气转变为盐酸，又可继续转化为含有氯的最终产品如氯乙烯。这样类似的一个含异氰酸酯和氯乙烯的氯化氢生产网络已经在美国的墨西哥湾地区建立起来，这个网络如图 9.17 所示。氯气由 Pioneer 和 Vulcan/Mitsui 生产，它被送到直接氯化和异氰酸酯生产两个工序中，副产物盐酸被送到氧氯化工序或氯化钙生产工序中。该网络没有过剩的氯气流，因为大多数生产工序依赖于氯分子或氯化氢。

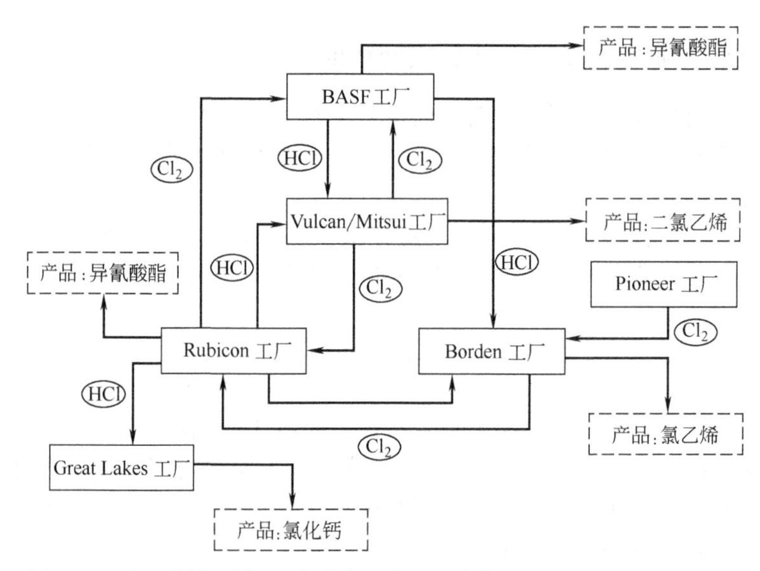

图 9.17 氯乙烯与异氰酸酯联合生产过程中氯的利用（McCoy，1998）

进入这个生产集成网络的不同公司均已受益（Francis 2000）：

Vulcan/Mitsui 有效地输送氯给 BASF 和 Rubicon 以生产异氰酸酯，氯则转变为盐酸用于二氯乙烯或氯乙烯产品生产；

BASF 和 Rubicon 保证了氯的供应及其副产物 HCl 的市场。

③ 对氯元素的利用还可以构建更为复杂的过程集成网络，如表 9.13 和表 9.14 所示，氯气可用于生产许多不含氯元素的产品，该表亦给出了这些过程与生产氯化物产品的过程相结合可构成网络的潜力大小的顺序（Rudd 等，1981；Chang，1996）。

表 9.13 使用氯气生产不含氯化学品的过程（Chang，1996）

产品	合成路径	每磅产品消耗的氯化物中间体的量/lb
丙三醇	环氧氯丙烷水解	4.3
环氧树脂	由烯丙基氯的氯醇化得环氧氯丙烷，再与双酚 A 发生反应	2.3
甲苯二异氰酸酯	甲苯二胺与光气反应	2.2
苯胺	经苯氯化反应得氯苯，再与氨反应	2.2
苯酚	由苯氯化得到氯苯，再发生脱除氯化氢的反应	2.1
亚甲基、联亚苯基二异氰酸酯	光气与苯胺反应（苯胺是经氯化物中间体制备的）	1.5
环氧丙烷	丙烯的氯化水合反应	1.46

表 9.14 生产和消耗盐酸的过程（这些在判别物质交换网络时是有用的）

消耗盐酸的过程	生产盐酸的过程	消耗盐酸的过程	生产盐酸的过程
由甲苯氯氧化制氯苯	丁二烯氯化制己二腈	二氯乙烯氯氧化制全氯乙烯	甲烷氯化制一氯甲烷
由乙炔双聚制氯丁二烯	甲苯氯化制苯甲酸		二氯乙烯氯化制全氯乙烯
乙醇氢氯化反应制乙基氯	甲烷氯化制四氯化碳	二氯乙烯氯氧化制三氯乙烯	氯苯脱氢氯化生成苯酚
环氧氯丙烷水解制甘油	一氯甲烷氯化制氯仿		二氯乙烯氯化制三氯乙烯
甲醇氢氯化制甲基氯	乙醇氯化制乙基氯		

分析表中每一个独立的生产过程可能有助于构建网络，但独立过程的数据还不能揭示氯在整个集成生产过程中的使用效率与重要性。为了确定整个生产过程集成网络中氯使用的效率与重要性，需考虑化学工业中整体氯的平衡。图 9.18 是在 20 世纪末，欧洲化学工业中的氯利用分布汇总图（Francis，2000），这些数据说明大约有 1/3 的氯最后进入了废弃物中。那么如何提升氯原子利用率呢？如果利用图 9.16 和图 9.17 中所示的网络过程，进一步建立过程集成的新网络，就可以减少总的耗氯量。

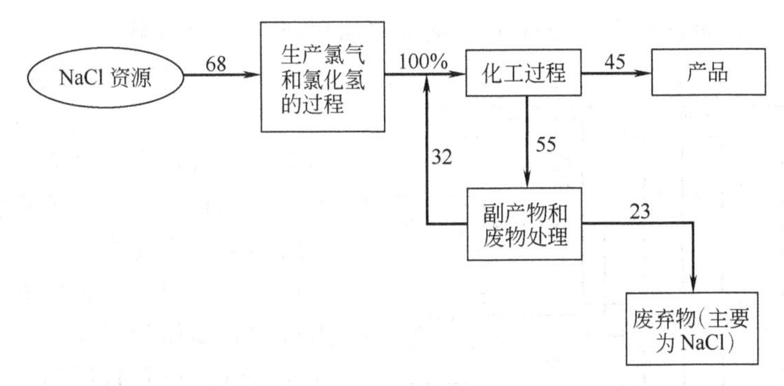

图 9.18 欧洲化学工业中的氯利用分布汇总（Francis，2000）

但是应选择哪一过程进行集成呢？也就是说哪一系统集成更具有技术经济指标的吸引力呢？这还要取决于其原料及产品的市场走势和其他社会经济因素。仍以氯元素在化工中应用为例，还可应用不采用包括 HCl 和 Cl_2 的复杂网络，应用另一种综合物质流模型评估新的工艺（Chang，Allen，1997），优先选用将废弃 HCl 转化为 Cl_2 的途径。表 9.15 中列出了一些推荐过程。这些过程如果比循环利用副产品 HCl 的网络占优势时亦可采纳。

表 9.15 减少消耗氯的化工生产过程

工艺说明
HCl 电解制氯（Ker-Chtor 过程）
HCl 氧化制氯气（$CuCl_2$ 催化）
HCl 氧化制氯气（HNO_3 催化）

显然，化学工程的设计者不仅要了解自身的工艺过程，还要清楚供应原料的过程及能够利用其副产物的过程。要进一步研究在化工生产中原料、产品和副产品的整体利用，以及将化学品生产中的物料和能量流与其他工业部分的物料和能量流相结合的潜力。其设计的目标就是要创造尽可能高效利用物质的工业系统。

9.3.2 生态工业园区及其大系统过程集成

生态工业园是依据循环经济理念和工业生态学原理而设计建立的一种区域型新型工业组织形式，通过模拟自然系统建立产业系统中“生产者-消费者-分解者”的循环途经，尽可能实现物质闭路循环和能量多级利用。即生态园内企业模拟自然界生态系统，相互之间存在协同和共生关系，将最大限度地充分利用资源和减少负面环境影响，最后达到工业可持续发展的目标。

上节所列举的过程网络是仅限于化工生产。然而，化工生产中的物料和能量流广泛用于各个工业部门。因此，用工业生态学的观念去研究与设计，在工业园区内包括各种工业部门的工业网络，可以达到更高层次循环经济的目标，是更为合理的。

9.3.2.1 典型生态工业园区简介

丹麦的卡伦堡（Kalunborg）生态工业园区。迄今为止，在世界上发展较为成熟的生态工业园区是丹麦的卡伦堡（Kalunborg）生态工业园区，该园区以一个炼油厂、一个硫酸厂、一个制药厂、一个火力发电厂、一个渔场和一个石膏板厂组成的一个工业网为核心，其他成员包括农场、大棚养殖、养鱼场，通过贸易方式把其他企业的废弃物或副产品作为本企业的生产原料，建立工业园区和代谢生态链关系，它们彼此交换能量和物质流。如图9.19所示，燃煤电厂位于这个工业生态系统的中心，对热能进行了多级使用，对副产品和废物进行了综合利用。电厂向炼油厂和制药厂供应发电过程中产生的蒸汽，使炼油厂和制药厂获得了生产所需的热能；通过地下管路向卡伦堡全镇居民供热、加热温室并给养鱼厂供暖，由此关闭了镇上3500个燃烧油渣的炉子，减少了大量的烟尘排放；将除尘脱硫的副产品工业石膏，全部供应给附近的一家石膏板厂作原料。同时，还将料煤灰出售，供铺路和生产水泥之用。炼油厂和制药厂也进行了综合利用。药厂处理的淤泥被送到附近的农场作为肥料。炼油厂产生的火焰气通过管路供石膏厂用于石膏板生产的干燥使用，又减少了火焰气的排空。一座车间进行酸气脱硫，生产的稀硫酸供给附近的一家硫酸厂；炼油厂的脱硫气则供给电厂燃烧。卡伦堡生态工业园还进行了水资源的循环利用。炼油厂的废水通过生物净化处理，通过管路向发电厂输送，每年输送电厂70万立方米的冷却水。整个工业园区由于进行水的循环使用，每年减少25%的需水量。

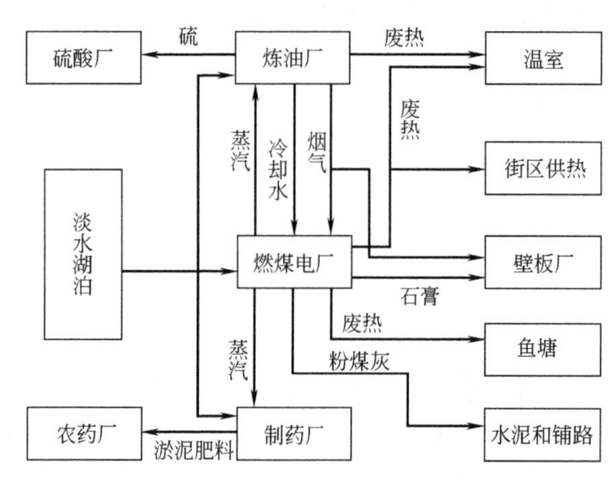

图9.19 丹麦Kalundborg的工业网络

最终实现了园区的“污染零排放”。通过各个成员间的物质和能量交换，实现了物质的部分循环和能源的逐级利用，获得了良好的经济和环境效益。

深入分析Kaluindbory的物质和能量的交换，还发现以下更多有趣的特征。

这种交换有更显著的能效。例如：电厂发电过程产生的废热和蒸汽，可送往炼油厂、温室、渔场及居民区供热系统进行利用。如果能找到废蒸汽的利用市场，那么90%以上的从工厂燃煤产生的热量能够被利用，唯一的损失便是烟囱排气所损失的能量。与此相比，典型的美国煤-火力发电厂利用燃煤产生的热量的效率约仅为40%。

物料和能量交换能为参与者提供经济效益。在某些情况下，例如电厂把硫酸钙卖给石膏板生产厂，直接的经济效益并不能完全收回成本；此时的交换是由相应的法规驱动的（例如需要净化电厂烟囱尾气以除去SO_2）。这些交换可避免废物掩埋或处理洗涤器废弃物的其他方式，故而使成本降低。而在其他情况下，例如炼油厂使用电厂的废热，这些交换是自给自足的。

美国北得克萨斯州的一个生态工业园。在美国北得克萨斯州的一个生态工业园的中心便

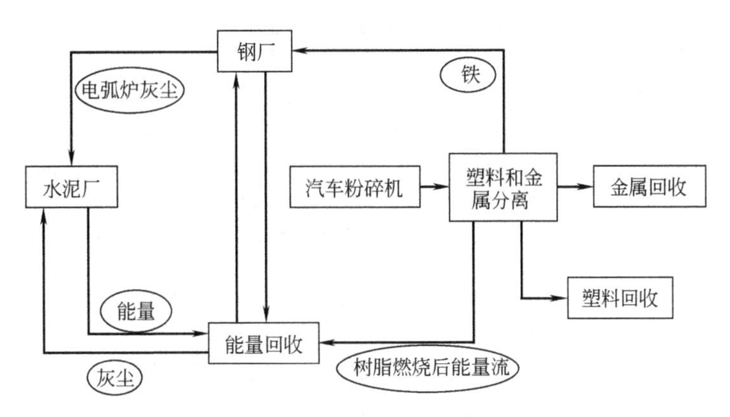

图 9.20 北得克萨斯州的工业生态园内的物质流

是一个钢厂，如图 9.20 所示，它利用废汽车作为主要的原材料。从废汽车中得到的钢，被送到电弧炉中，制成各种各样的钢铁产品。炉子同时产生大量的电弧炉（EAF）灰尘，其中包含大量锌、铅或其他金属。在北得克萨斯州工业园，EAF 灰尘被送到需要痕量金属（Cu、S、Mn、Cr、Ni、Zn、Pb 或其他金属）的水泥窑中。汽车粉碎后的残余物被燃烧以回收能量，或者将一些塑料从残余物中分离出来。

电弧炉灰尘的另一种用途是当前欧洲开发的用于 Zn 和 Pb 回收的原料，回收的锌作为替代锌源可用于生产马口铁产品和电池。

这两个案例研究显示了生态园的基本规则——集成不同工业单元操作中的能量和物料流，可以提高质量和能量利用效率。通过对美国能量流股进行简单的调查可以得出一个工业物料和能量交换的潜力评价。美国年耗能 $80\sim100\times10^{15}$ Btu，其中约 1/3 的能量是用于发电消耗，而这些用于发电的能量中约有 2/3 是以废热形式损失的。这就意味着美国需求的总能量中，约 1/4 可以由废热利用来满足。在全国范围内联合供热和发电系统具有明显优势，但尚需作进一步的研发工作。这说明世界的节能潜力还是极大的。

第二是关于水（普遍存在的物质）的物质交换。水实际上应用于所有工业生产过程，有很多方式对其回收利用，通常只有少量水被消耗。大部分的工业用水是用作冷却、加热或加工原料，而不是作为反应物。此外，不同的工业过程或工业部门的需水量相差悬殊。例如需要高纯水的半导体生产设备的废水可以被用于许多其他的工业过程。这亦说明世界的节约资源与水潜力也还是极大的。

9.3.2.2 世界生态工业园的建设情况

到目前为止，鉴于生态工业园具有突出的环境保护及显著的社会经济效益，已受到世界先进国家的广泛重视。

美国自 20 世纪 70 年代开始建设生态工业园区，至少有 40 个社区建立了生态工业园区项目，涉及生物能源的开发、废物处理、清洁工业、固体和液体废物的再循环等多种行业，形成了各自的特色。美国布朗斯维尔生态工业园区采用“虚拟”生态工业园区的模式，依托现有企业进行能量与物质的共享，并招募新的工业企业与现有企业互补和增强废弃物交换。自 1995 年以来，加拿大开始建设生态工业园区，现有 40 多个工业园区中有 9 个被认为具备生态工业发展的可能性，其中涉及的核心工业组合有造纸厂、包装业、副产蒸汽；聚氯乙烯、苯乙烯、发电、生物燃料；钢铁厂、造纸厂、刨花板厂、发电；炼油、化工、热电联产、水泥厂等。表 9.16 和表 9.17 列出了美国、加拿大部分生态工业园区。

近年亚洲生态工业园区发展迅速，日本先后建成了藤泽生态工业园区和 Kokubo 生态工业园区及札幌市（循环再利用工业园区）、北海道（循环再利用和促进副产品交换）、千叶县

表 9.16 美国生态工业园区

序号	生态工业区名称	地　址	涉及行业特点
1	查尔斯角	弗吉尼亚	农业、海产品及海水养殖、旅游、艺术品、高新技术产品
2	费尔菲尔德	马里兰	石化、有机化学品、废弃物再利用、环境技术
3	布朗斯维尔	得克萨斯	炼油、沥青、化工、纺织、车罩部件、热电、污水处理、溶剂回收
4	河岸	佛蒙特	生态农业、生物能源、废弃物处理
5	绿色协会	明尼苏达	绿色产业孵化器、废弃物再利用
6	普拉兹堡	纽约	军事设施再开发、资源和废弃物管理
7	东海岸	加利福尼亚	资源再生、自然美化、提高能源效率
8	特灵顿	新泽西	现有工业区的再开发、清洁工业
9	富兰克林	卡罗莱纳	可更新能源与环境技术的商贸联合体

表 9.17 加拿大部分生态工业园区

序号	生态工业区名称	园　址	主要生产企业
1	伏特萨斯喀彻温(FortSaskatchewan)	萨斯克(Sask)	化学品、聚氯乙烯、苯乙烯、电力、生物燃料等
2	康沃尔(Cornwall)	安大略湖(Ontario)	热电联产、造纸、化工、电力设备和水泥等
3	比勘克(BecancouE)	魁北克(Quebec)	氯碱、盐酸、双氧水、烷基苯磺酸盐等
4	东蒙特利尔(MontrealEast)	魁北克(Quebec)	炼油、石化、工业气体、石膏板、冶金等
5	圣乔尔(SaintJohn)	新布伦瑞克(NewBrunswick)	电力、造纸、炼油、酿酒、制糖等

(能源中心、零排放园)、岐阜市（循环再利用工业联合体）、大牟田市（循环再利用工业园区）、秋田辖区（电子产品循环利用）、莺池市（循环再利用矿业工业园）、北九州城（生态工业园区）和川崎市（循环再利用工业园区）等十个生态工业城项目。泰国正在对 28 个工业园区进行绿色工业园区试验，并将其中 5 个建成生态工业园区。印度已在不同工业系统进行了 4 个工业代谢研究，包括位于下 Tirupur 的棉织品生产中心、位于 Haora 的铸造厂、位于泰米尔 Nadu 的皮革工业和 Seshasayee 的造纸/制糖联合体。

我国从 1999 年已开始循环经济和生态工业园区的试点工作，2001 年 8 月广西贵港正式被国家环境保护总局确认为第一个国家生态工业（制糖）建设区；目前国家环保局按照循环经济理念，正在全国率先创建 10 个生态工业示范园区，并在不断探索以循环经济为特色的生态城市建设模式。

建设生态工业园区是世界应对全球资源、能源与环境危机的挑战，保持世界可持续发展的重要战略举措。我国化工界也必须与时俱进，开拓创新参与设计并建设好具有中国特色的一大批生态工业园区，走新型工业化道路，为把我国建设成世界制造强国贡献力量！

参考文献

1 Ehrenfeld J, Gertler N. Industrial Ecology in Practicer, the Evolution of Interdependence at Kalundborg. Journal of Industrial Ecology, 1997, **1** (1): 67～80
2 Fathi-Afshar S, Maisel D S, Rudd D F, Trevino A A. Yuan W W. Advances in Petrochemical Technology Assessment. Chemical Engineering Science, 1981, **36**: 1487～1511
3 Francis C G. personal communication. 2000
4 Keckler S E. Allen D T. Material Reuse Modeling: A Network Flow Programming Approach. Journal of Industrial Ecology, 1999
5 McCoy M. Chlorine Links Gulf Coast Firms. Chemical and Engineering News, 1998, September 7: 17～20
6 Sokic, Milorad, Cvetkovic R, Trifunovic Z. Thermodynamic aspects of the utilization of coal-based raw materials within the system of the petrochemical industry. Canadian Journal of Chemical Engineering, 1990a, **65**: 662～671
7 Sokic, Milorad, Zdravkovic S, trifunovic Z. Multiobjective approach to the structuring of an efficient system for producing petrochemicals from alternative raw materials. Canadian Journal of Chemical Engineering, 1990b, **68**: 119～126

8　Yang J. Designing the optimal structure of the petrochemical industry for the minimum cost and the least gross toxicity of chemical production. University of California, Los Angeles: 1984
9　王松汉主编. 石油化工设计手册. 北京：化学工业出版社，2002
10　US EPA. Compilation of Air Pollutant Emission Factors. Volume Ⅰ, 5th Edition. AP-42, Air CHIEF CD-ROM, ClearingHouse For Inventories And Emission Factors, Air CHIEF CD-ROM, (EFIG/EMAD/OAQPS/EPA), Version 6.0, U S Environmental Protection Agency, Research Triangle Park, NC, EPA-454/F-98-007, 1998
11　US EPA. Technology Transfer Network (TTN), United States Environmental Protection Agency, Office of Air Quality Planning and Standards, Technology Transfer Network Website, TANKS Storage Tank Emission Estimation Program, http://www.epa.gov/ttn/chief/tanks.html, June 1, 1999
12　Werschulz P. New membrane technology in the metal finishing industry. In: Klugman, I J (ed), Toxic and Hazardous Waste, Technomic Publishing, Lancaster, PA: 1985

习　　题

10.1　举出能够产生和消耗化学品氨和氢的过程。按表 9.3 的格式列出你的结果。你能识别出能交换这些物质的可能的网络吗？

10.2　在 Kalundborg 生态园里，蒸汽废热从 Asnaes 电厂输送到 Statoil 炼油厂（140000t/a），送往 Novo Nordisk 制药厂（215000t/a），送往居民区供暖（225000t/a）。此电厂额定发电量是 1500MW，蒸汽可回收的热量为 1000Btu/lb。每年电厂大约要烧掉热值为 10000Btu/lb 的煤 450 万吨。

（a）计算煤燃烧产生的能量中用于发电的能量，送往炼油厂的能量，送往制药厂的能量和社区供暖的能量各占总能量的百分比。能量的总利用率是多少？

（b）能量需求的运转循环不总是一样的。研究昼夜和季度变化引起的能量需求变化，建议电厂为适应需求变化应采取什么措施。

（c）社区供暖若不用废蒸汽，而采用加热油，计算其耗油量。假设每加仑燃油价值 2 美元，每加仑油含热量大约是 1.5×10^5 Btu，该能源的价值是多少？

10.3　串联反应的最佳活塞流反应器设计。

化合物 A 和化合物 S 反应生成目标产物 B，B 也可以和 S 反应生成有害的副产物 C，必须以高额费用处理 C。此串联反应为

$$A \xrightarrow{k_1} B \xrightarrow{k_2} C$$

反应不可逆，因 S 大量过量，可视为一级反应

$$r_A = -k_1 c_A$$

$$r_B = k_1 c_A - k_2 c_B$$

$$r_C = k_2 c_B$$

式中，$k_1 = 0.2\text{min}^{-1}$，$k_2 = 0.1\text{min}^{-1}$。进料的体积流率 $F = 100\text{gal/min}$，所含反应物 A 的浓度为 $c_{A0} = 0.1\text{lb-mol/gal}$。

（1）确定反应器的容积（单位为 ft^3）使 B 的收率最大，C 的生成最小，计算反应器出料中 A、B 和 C 的浓度。假设流体的浓度不受反应的影响。

（2）如果 S 不是过量很多，情况如何？例如，生成有害废弃物 C 是会更多还是更少？

第10章
设计的工具——化工设计软件

在较长的时间内，计算尺和台式计算器曾经是过程工程师的主要设计工具。对于一个复杂问题的严格解，常需要有几天或者几个月的计算，因工作量过大人们常常避免求解，而用近似的简化法代替，由此带来了较大的不确定性和冒险性，例如对于一个多组分的精确塔的计算也需要两人用几天的时间才能完成。

随着高速的数字计算机与大型的模拟计算机的发展，使设计的计算方法发生了急剧的变化。在20世纪50年代设计工具由手算转变为用机器来完成计算。从1955年开始数字计算机进入了化工行业，如IBM702被孟山都公司所引用，杜邦公司使用了CPIUNIVA计算机，作为过程工程所需要的工具，计算机迅速被很多知名的国际企业部门所接受，开始了在计算机上用程序软件进行化学工程设计的年代。这也就开始了化工设计软件开发时期，其中最主要的是化工流程模拟软件。

10.1 化工流程模拟软件

10.1.1 发展概述

在20世纪50年代强调的是个别的化工过程单元操作的计算机辅助设计，从60年代开始强调全过程的计算机模拟。Williams和Otto首先提出了一个通用的化学过程模型，即Williams Otto模型，可用于稳态与动态模拟。1962年Rosen提出了可用计算机完成的过程物料平衡的计算方法。1963年发表了两个过程模拟器：Kellogg的Flexible Flowsheet系统和Shell开发部门的CHEOPS（化学工程最佳化系统）。

孟山都的FLOWTRAN系统是第一个通向用户的模拟器。在1960年开发了这个系统，1966年由孟山都公司推广使用。1969～1973年在公司内部部门中销售，至1973年取得许可证可转让于外部公司。与此同时在世界上陆续开发了许多专用的或有一定的通用性的模拟软件，并开始在软件市场上流通与交易。

对于由许多单元操作设备组成的化工流程进行模拟，最常用的技术是序贯模块法，其原理如前所述。用来计算特定过程性能的计算机程序称为单元模块。对流程图中的每一个过程单元，有一个单元模块。给定输入流股的组成、流率、温度、压力、焓和设备参数，就可用此单元模块计算其输出流股的性质。前一单元输出流股将变成其下游单元的输入流股，逐个单元进行计算，直到对全流程完成计算。单元模块库是模拟软件的重要组成部分。为了解模型方程和连接方程，必须采用数值方法，故还必须有数值方法库。为了完成单元计算和解质量和能量的连续性方程，需要物理和热力学性质的数据，在模拟中这些数据可通过数据库和估算子程序库来提供。流程模拟系统的核心是控制计算顺序的执行程序，除了以上的那些子程序外，还有输入和输出子程序，可能还是最优化和经济分析的子程序。

序贯模块法有许多优点。因为它与过程流程紧密结合，故其结构最易弄懂。很容易将现有的单元模块纳入系统，也很容易在模拟中将模块加入流程和从流程中取出。该方法的缺点是在含有多个再循环流的复杂系统中，可能没有一个很好的方法来确定计算层次或优先顺序并迭代求解。所以在许多广泛运行的模拟系统中采用了具有最优顺序化方法的序贯模块法，这通常要使用迭代模拟，对于大的过程，计算效率是很低的，可能需要近1000次迭代。

对于流程进行模拟的另一种计算技术是联立方程法，在用同一程序来完成设计和优化的稳态流程模拟中，由于最优化问题引入的线性和非线性约束，使模块法很麻烦以致不能使用，迭代模拟所需的计算时间过长，为了解决这个问题开发了联立方程法。其基本原理如前所示，是用一组非线性代数方程和微分方程来表示整个系统，用它们来联解所有的未知量。此方程组包含模型方程、连接方程、设计规定、物理性质和热力学关联式。对中等大小的工厂，此方程数目可能有数千个。采用适当的分解技术，此方程组可以模块形式求解。这个技术的主要困难在于，对于大规模问题，对一组非常大的非线性方程求解方法，仍有待于发展。

目前使用的另一种计算技术名为联立模块法，与序贯模块法相似，求解步骤为：

① 对第一次迭代需假设再循环流股值的起始估计；

② 用序贯模块法求解问题；

③ 在已经得到了每个单元的输入和输出值的第一次估计后，在它们之间建立线性化的模型方程；

④ 因为连接方程已经是线性的，用矩阵法联解由模型方程和连接方程构成的方程组，得到一组新的输入流股值；

⑤ 若原假定的再循环流股值的两次顺序迭代偏差已收敛到小于预定的允许值，则模拟结束，否则返回步骤②。

联立模块法中，在序贯模块和解线性方程组之间交替地进行计算，故计算时间可以减少。此技术的优点在于容易将它用于设计计算中。例如在水解线性化的模型时，可不规定进料流股，而对中间或输出流股由设计提出约束。像FLOWPACKⅡ（ICI）这样的模拟系统已使用联立模块法，但对用户来说，似乎仍是序贯模块法。

目前已开发出许多稳态过程模拟软件，表10.1列出了有关的主要系统，其中ASPEN与PROCESS属于较大型软件。

表10.1 某些模拟系统及特征

模拟系统	开发者	结构	特点
GMB	美国Badger公司	序贯模块	交互作用方式
ASPEN	美国麻省理工学院	序贯模块扩展到联立模块	连接的列数据结构、POL、有费用和经济估算
FLOWPACKⅡ	英国/联邦德国 ICI-LINDEAG	序贯模块 可用联立模块	批处理和交互作用、POL
PROCESS	美国模拟科学公司	先进的序贯模块形式	批运算，输入准备、处理和输出检验交互作用方式
DESIGN2000	美国ChemShare公司	先进的序贯模块方式	
FLOWTRAN	美国Monsanto公司	序贯模块	连续修正的POL有费用和尺寸计算子程序
CAPES	日本Chiyoda化学工程建造公司	序贯模块	用户写主程序，有优化、费用和尺寸计算程序
CONCEPTⅢ	英国CAD中心	先进的序贯模块形式	交互作用方式
SYMBOL	美国CAD中心	面向方程	线性化法
SPEEDUP	英国伦敦帝国学院	面向方程	用PASCAL编程、产生FORTRA程序来执行
ASCEND	美国Carnegie-Mellon大学	面向方程	允许模拟和优化
FLOWSIM	美国Connecticut大学	面向方程	图形输入选择稀疏矩阵技术
QUASILIN	英国CAD中心	面向方程	允许模拟和优化

10.1.2 过程模拟软件系统的结构

图10.1绘出了模拟程序（软件）的基本组成。这样系统可以是刚性结构，也可以是弹性结构。具有刚性结构的程序比较简单、易懂，用户只需提供数据，不考虑被模拟过程的性质如何，都以同样方式执行运算。随着所包括的单元数、物性及热力学性质估计数增多，程序量大，复杂性大。故许多现代的模拟系统都采用弹性的或可变的结构。在弹性结构中，使用面向具体问题的语言（POL），过程的拓扑结构可用语句来说明，只需按语句装入实际需要的模块，存储空间可按问题的大需要而授予，用户自己提供的子程序可以通过接口与模拟软件相连。也就是说，可变结构的模拟系统有较大的柔性和模块性。分析图可见模拟软件三个基本部分为：执行部分，它控制输入输出和计算的进行；单元设备模型库，它安装了许多化工单元操作设备的模型程序；物性数据银行（库），它储存许多组分的物性参数以及各种热力学的关联式模型。这三部分概括了大多数应用软件的基本内容，扩展的应用软件尚有包括或连接了成本估算程序、优化程序、计算方法子程序库等。

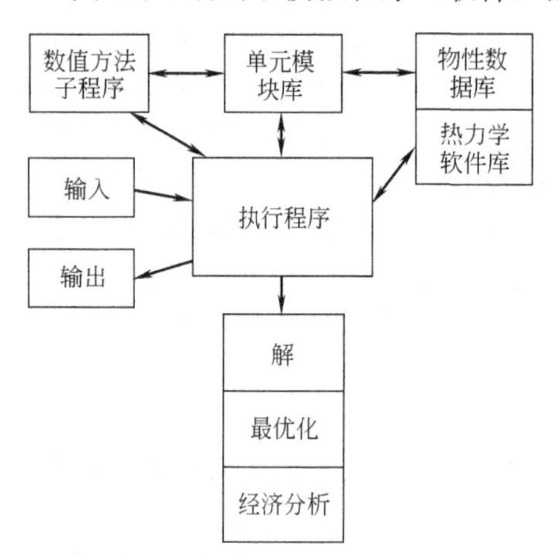

图10.1 模拟程序的组成

（1）执行部分

执行部分的功能是控制程序的输入，核对输入数据的合理化，即可否计算性；控制计算的进展，按照计算的顺序为每一个设备模块预先提供数据；在必要的情况下对循环流进行控制收敛；并以适当的形式提供输出。

核对输入数据的合理性是非常重要的一步，它包括核对已给出的数据是否落入正常的上限和下限之间，给出数据的数目是否过多或过少，对输入的流股进行网络分析，核对四种流股的输入有无混淆的情况等。这些错误如果不在一开始就指出和修正，会导出错误的计算结果或者使程序无法进行计算。

对于较高级的序贯模块法的执行部分可以通过计算找出最佳的设备求解顺序，执行部分还可以按需要与计算阶段提供不同形式的输出，如物料、热量衡算表、演算的中间数据，最后的简明的表格打出等。

（2）单元设备模型子程序（单元设备模型库）

设备模型子程序给出了输入与输出流之间的数学关系式。由于化工过程的基础就是单元操作，并包括了有限数目的设备，所以大多数标准的设备模型子程序可用于各种标准过程中的同样设备计算，也就是说它们具有一定的通用性。在计算进行之前，必须提供每一专用设备计算所需的数据，例如精馏的计算需要塔板数与回流比的信息，换热器的计算需要加热面积与全部热传递系数等。很多设备元的计算还需要进出设备元的组分的物性数据，例如精馏需要汽液平衡数据，换热器需要组分的比热容数据等。由物性数据库搜索获取这些数据是最简单的获取数据方法。当执行部分读入所有所需的数据后，则可根据充分的流股的数据、设备参数、物性数据计算出各设备未知的流股数据等。

根据需要计算程序的严格程度可以不同，一般有三种详细程度的情况。

① 初级　完成质量平衡的计算，需要的计算量最少，不需物性数据。

② 二级　用充分的物性数据以计算描述设备功能所进行的计算。

③ 三级 在进行物料衡算、热量衡算的基础上详细地计算出正确的有关设备性能的详细信息。

单元设备模型子程序就是针对该单元操作设备建立的数学模型软件，应注意的是对于不同单元操作机理认识深浅有不同，所以不同单元操作的数学模型有不同的精确程度或近似程度，对这一点设计者也应心中有数。在单元操作中，反应器是一种特殊情况，这是因为反应过程具有特定的动力学形式以及各种不同的流动模式和热传递形式的结合，因而难以建立一个通用的模型，至今只有一定有局限性的简单的反应过程模型被包括在应用软件中。

化工过程是由单元操作组成的，各单元操作子程序是彼此独立的，特别是在序贯模块法的程序中，仅仅是通过适当的界面，彼此联系起来，互相传递信息，为了便于使用，软件工作者正在通过建立“标准界面”，这是通过建立统一的输入-输出流的流矢量来实现的，流矢量中包括设备维数、组分检索的物性分量等。

(3) 数据库

按照流程程序调用子程序的命令，数据库可以向单元模型子程序传送所需要的经过严格校核过的物性数据。对于用户输入的实验结果，它也具有许多热力学物性数据模型供用户选择并计算出相关物性数据。

过程模拟的基本要求之一是要有准确的物性数据和采用准确的估算或关联方法。所以在数据库中包括这两个方面的类库，一是物性数据库，二是热力学方法类库。一些模拟中，用数据库进行的计算竟占总计算时间80%以上。

在数据库热力学软件包中最重要的模块是预示相平衡的模块，目前许多软件包的缺点是它们尚不能处理带固相的系统，ASPEN PLUS和PRO/Ⅱ已开始加入这个系统。目前工业应用的数据库若干举例如表10.2所示。

表10.2 一些物性数据库提要

数据库名称	开发者	要点
PPDS	英国化学工程师会	有1200种化合物，32种性质的扩展数据库
DSD	联邦德国DECHEMA	
CHEMTRAN	美国Chem Share公司	有限库，可从估算子程序产生信息
CBM	比利时Solvay公司	有限库，主要为内部使用开发
Uhde Stoffdaten Compiler	联邦德国Uhde公司	作为工业运用的数千种物质的大型DATABANK所有的许多性质
FPRI	英国流体性质研究公司	2000种以上的纯组分和200种混合物，参加此集团的成员公司可用
DIPPR	美国AIChE物性数据设计研究所	在1980年开始汇编数据
TRC	美国Texas A&M大学热力学研究中心	有机化合物和混合物
Thermodynamic Databank	美国国家标准局	3700种无机化合物和C_1、C_2化合物；主要是热化学数据库
IVTAN Thermodynamic data bank	莫斯科，苏联科学院高温研究所	含有化学平衡在内的1000种以上物质的扩展数据库
ECDIN	意大利Ispra Joint研究中心	环境化学数据包括数千种物质的毒性数据

查找性质方面的数据，以前主要是从工具书上获取，但是由于创刊年代久远，检索方法也各不相同，查找课题时，面对众多的工具书人们往往感到无从下手，有时必须靠工作人员

的经验，查起来比较麻烦，而且手工检索，费时费力，现在网上也有许多查找性质方面的网站，如由西弗吉尼亚大学校友 Christopher M. A. Haslego 维护的化学工程师资源主页（http：//www. cheresources. com/），由美国国家标准技术研究院开发的数据库（http：//webbook. nist. gov/chemistry），化学搜索器（http：//www. chemfinder. com/），材料信息资源数据库（http：//www. matweb. com/），Sigma-Aldrich 手册（http：//www. sigma-aldrich. com/）等一些相关站点可供参考。

10.1.3 化工过程动态模拟概述

随着化工过程稳态模拟的发展，动态模拟相继被提到日程上来。由于化工稳态过程只是相对的、暂时的，实际过程中总是存在各种各样的波动、干扰以及条件的变化，如计划变更、意外事故和装置的开停车等。因而化工过程的动态变化是必然的、经常发生的。这一过程中，人们最为关心的问题是如有无危害及其危害的程度、开停车的最佳策略等。这些问题不是稳态模拟所能解决，而必须由化工过程动态模拟来回答。正是在这样背景下，动态模拟在近 20 多年来尤其是进入 20 世纪 90 年代后，获得了长足进展和广泛应用。

动态模拟的发展较稳态模拟略迟。国外有关动态模拟的研究成果的报道出现于 20 世纪 70 年代初期，如 Bobrow、Ponton 等提出的 DYNSYS 系统，应用于指导丁二烯抽提装置的开车。Franks、Nuttal 及 Himmelblan 等开发的 DYFLO 软件用于可控 CSTR 反应器。Briggs 等的 DYSCO 软件用于 SO_2 吸收装置的开车等。这些初期的动态模拟软件，处理的变量少，应用范围较狭窄，只能对个别具体装置进行动态研究。这一时期尚未能形成通用化的动态模拟系统。

进入 20 世纪 80 年代以来，众多动态模拟软件纷纷推出，如美国普度大学的 BOSS、英国剑桥大学的 QUASLIN、美国威士康星大学的 POLYRED、德国 BASF 公司的 CHEMSIM、Linde 公司的 OPTSIM 等。然而商品化、通用化较好的动态模拟软件还是出自专业化的化工过程模拟公司。如 80 年代后期，美国 Aspen Tech 公司推出了著名的通用动态模拟软件 SPEED UP，美国 ABB Simcon 公司推出了 SIMCON 系统，并成功地将其应用于大型乙烯装置的动态模拟，在工业界有较大的影响。90 年代中期，加拿大 HYPROTECH 公司在其稳态模拟软件 HYSIM 的基础上，又推出了动态模拟软件 HYSIS。HYSIS 同时兼有稳态模拟和动态模拟的功能，用户可以很方便地应用。

先进控制是起源于 20 世纪 70 年代末，而在 90 年代获得了广泛应用的过程控制技术。先进控制系统设计的关键是了解装置的动态特性，而装置动态特性可以通过在线过程识别或者过程动态模拟获得。当没有动态模拟软件时，必须在现场进行动态测试，这就给生产带来极大的不便，同时生产装置的稳定运行要求，也给动态测试带来了种种限制，并非所有特性都可以通过现场测试得到。而动态模拟的发展，使得可以通过计算机模拟取代现场动态测试。这不仅节省了资金，加快了动态特性数据的获取，而且对生产无任何干扰，并可取得任何所需的数据。在国外，动态模拟已经大量地应用于先进控制系统的设计，尤其是在著名的过程控制公司如美国 Set Point 公司和 DMC 公司（均于 1996 年为 ASPEN TECH 公司兼并）等，并取得了极大的经济效益。

建立动态仿真系统是动态模拟的一项重要用途。动态仿真系统用来模拟装置的实际生产，它不仅能得到稳态的操作情况，更重要的是当有波动或干扰出现时，系统会产生什么变化，通过动态仿真便可一目了然。因而动态仿真系统可以广泛地用于教学和培训。以往新装置开车前，操作人员必须事先在同类的装置进行培训、实习，以便取得第一手的实际经验。这样做不但费时，费用高昂，更重要的是难以在实际装置上进行事故状态及异常情况的操作培训，也难以保证能够进行开、停车的训练。而这一切在动态仿真系统上都是轻而易举的“常规”训练，操作人员可以反复应用计算机仿真系统进行实践、练习，直至完全掌握。因而动态仿真系统的出现已使计算机培训逐渐取代了传统的实际装置培训。

国际上较有名的动态仿真系统有美国 ABB Simcon Inc 的 Simcon 动态模拟器。该模拟器提供用户统一的平台及智能化工具用来开发用户自己的工程和培训模型。用户可以开发操作规程；开停车操作程序；校验工艺控制系统及设计；异常情况处理；进行危害性操作研究；正常操作培训；检验工艺设计及分析操作性能。

SIMCON 动态模拟器由 SIMCON 智能图形化建模器 GMB、SIMCON 模拟语言、SIMCON 培训管理器、标准的及用户的单元操作工艺模型等部分组成。值得指出的是 SIMCON 智能图形化建模器 GMB 中采用了著名的 Gensym Corporation 的实时数据库 G2 软件，作为专家系统的基础。G2 融合了以下若干强有力的技术：基于规则的推理；用户/服务器网络；面向目标的设计；交互式图形系统；结构化的自然语言；高性能实时数据接口；动态建模。

将模拟软件用于过程设计或过程模拟，对于过程工程师已是一件很普通的工作。这些程序软件可用于以下化工过程工程方面。

① 初步设计阶段，可用于程序计算不同过程流程的物料和能量平衡，在此阶段只需提供简单的过程方块流程图。

② 最终设计阶段，在此阶段按较详细的过程流程，用模拟软件对流程中所有过程单元和流股进行详细计算。

③ 应用模拟软件分析现有的工厂操作，为了发现改进部位，用模拟结果可与原有设计计算结果进行对比诊断。

④ 应用软件模拟操作条件的改变，为提高过程的效率，识别工厂的卡脖部门，以进行现有工厂的挖潜。

⑤ 应用软件完成设计方案的最佳化评选。对于大规模工程设计依靠手工设计是难以实现的。

10.2 过程模拟系统应用软件介绍

10.2.1 软件概述

国外已有多年的开发流程模拟、先进控制和过程优化软件产品的经验，例如，Aspen Tech 公司的模型从诞生到现在已经有 30 多年的历史。据报道，国外已有 20 多家软件公司相继推出了在石油化工过程专用和通用的流程模拟软件 60 多种，已有 20 多家公司推出石油化工优化软件 30 余种。其应用领域涉及天然气加工、原油蒸馏和分馏、烷基化、催化重整、催化裂化、加氢、溶剂脱蜡、减黏、延迟焦化、硫回收、乙烯装置、合成氨、PET（聚酯）、苯乙烯、氯乙烯单体、用能组合、炼厂装置及整体等。表 10.3 比较了目前主要的几款大型商业软件（表中数据为 2005 年统计数据）。

在分离过程方面，基于平衡级模型的流程模拟软件包括 Aspen Tech 公司的 ASPEN PLUS 和 SimSci 公司的 Pro/Ⅱ with provision；将上述模型用于在线优化技术，Aspen Tech 公司推出了 RT-OPT，SimSci 公司推出了严格在线优化软件 ROM。另外，两个公司在反应器、换热网等的优化上也均有相应产品；同时，Honeywell 公司推出的先进控制和优化软件包 Profit Suite 和英国 KBC 公司的桌面炼油软件 Petrofine，也都是优化软件中具有竞争力的产品。上述软件都是以通用性为主，专门针对某些装置开发的流程模拟和优化软件还包括 Integrated Production Control System 公司、Continental Controls 公司和 Treiber Control 公

表 10.3 过程模拟软件比较

软　件		DESIGN Ⅱ for Windows	Hysys	Pro Ⅱ	Prosim	ASPEN PLUS	Chem CAD
价格估算	永久授权/美元	1万	无	无	无	无	无
	每年租金/美元	4000	12000	12000	12000	18000	12000
	租期/a	3	5	1	1	5	5
一般性质	数据输出到 Excel	有	无	无	无	无	无
	均有化学组分库、热力学选项、气体处理过程、循环收敛						
	间歇模拟		选件	选件		选件	选件
	动态模拟		选件	选件		选件	选件
	固体处理过程			有		有	有
	强电解质		选件	有		选件	有
	管路网络		选件	选件		选件	选件
	混合氨	有	选件	有	选件	选件	
单元模块	均有塔、管路、换热器、闪蒸、反应器、泵和压缩机等单元模块						
	贮槽			选件		选件	选件
界面	除 Prosim 外其他均是基于 Windows 的 GUI						
培训	提供现场培训和远程培训						
	网络会议	有	有			有	
	讲座培训	有	有		有	有	有
有多种方式的技术支持和升级							

司的产品等很多种。

在烯烃聚合过程方面，由于建模技术尚不成熟，真正用于烯烃聚合过程流程模拟和优化的商业软件还并不多见。在现有商业软件中，Aspen Tech 公司的 POLYMERS PLUS 是一个通用的聚合建模系统，但主要用于工艺过程设计，还难以对聚合过程进行在线优化。

从世界范围来看，目前石油化工企业流程模拟、先进控制与过程优化技术与软件正在形成垄断局面，产品系列化和系统集成技术迅速发展，通用性和专门化的流程模拟、先进控制和过程优化软件均具有很大的市场潜力。目前，过程模型化技术和优化技术特别是在线优化技术是石油化工模拟中重要的关键技术。

过程模型是开展流程模拟、先进控制和过程优化的核心技术，通过过程模型可以发展出各种适用于企业不同应用目的的软件产品和技术方案，ASPEN 产品中，过程模型化占据了最大的市场份额。目前，大型软件例如 PRO/Ⅱ、ASPEN PLUS 等也主要集中于比较成熟的精馏过程的建模和优化，在其他一些主要装置，如反应器、反应精馏、聚合等过程上尚没有模型或者只有简单的模型，许多新的技术如非平衡级模型，Pinch 分析等尚没有在商品化软件中得到普遍应用。

在线优化是指综合应用过程建模技术、优化技术、先进控制技术以及计算机技术，在满足生产安全要求及产品质量约束等条件下，不断计算并改变过程的操作条件，使得生产过程始终运行在“最优状态”。在线优化是比离线优化更为复杂和困难的技术，现有的优化系统和软件大多是离线优化。由于化工过程高度复杂，高度非线性以及约束条件复杂，现代工业系统的优化问题都属于有约束的多变量非线性系统的优化问题。因此，优化算法的选取是优化问题的关键之一，必须采用有约束条件下的优化算法、不依赖于模型导数的算法和非线性算法。

目前，随着国家对环保工作的重视，环保要求越来越严格，将对我国石化工业的发展产生重要的影响，环保问题已经成为我国石油化工工业发展需要面对的严峻挑战。因此，有必要研究流程模拟、先进控制和过程优化技术在“绿色”制造中的作用，从而创造更多的价值。在此方面，过程环保优化与控制将有可能成为新的研究课题。另外，重视以安全性为中心的安全监控和故障控制技术的研究与应用，也是过程模拟的发展重点。

Aspen Tech 的调查也表明，目前的工业发展水平给推广应用流程模拟、先进控制和过程优化提供了广阔的市场前景，各个石油化工企业都存在着巨大的潜力。根据 Aspen Tech 的资料，如果实现了生产管理所需要的从设计、操作到管理的各个子系统，企业平均每年增加的效益大约是 2000 万～4000 万美元。通过过程模拟可以增加产量、减少能耗和原材料消耗，以最低的操作成本生产出合格的产品、提高生产率等，每年效益在 100 万～500 万美元；先进控制和过程优化可以增加产量 2%～5%、减少冷端消耗 5%～10%、提高加热炉效率 1%～2%、提高操作工的技能、更加安全等，每年效益为 300 万～1000 万美元。可见，仅仅是过程建模和直接依靠模型的过程控制和优化，每年的效益就有 400 万～1500 万美元，而计划调度也直接或间接依赖模型计算结果，因此发展流程模拟、先进控制和过程优化技术及软件产品，其经济效益十分可观。

10.2.2 ASPEN PLUS 介绍

ASPEN PLUS 是一个通用过程模拟系统，用于计算稳态过程的物料平衡及能量平衡、设备尺寸，并对过程投资进行经济成本分析。在已经开发成功的模拟软件中，ASPEN PLUS 是比较先进的，在大型化工和热工系统模拟中更展现了它的优势。

ASPEN PLUS 是 ASPEN（即“先进过程工程系统” Advanced System for Process Engineering）经过提高的并得到工业部门支持的文本。ASPEN 最初是由美国能源部资助，于 1976～1981 年间由麻省理工学院（MIT）主持、55 个高校和公司参与开发的基于序贯模块法的稳态过程模拟软件。20 世纪 80 年代初开始商品化，经过十几年经验及不断增补完善，已成为世界性标准流程模拟软件，也是目前国际上功能最强的商品化流程模拟软件。

较早的过程模拟系统，大都用于石油和化工过程，一直不能方便地或广泛地模拟流股中存在的固体。ASPEN 中称为 PLEX 的记忆结构是很灵活的，允许流股中固体具有任意数量的信息。例如，固体的粉碎与分离，对于固体颗粒尺寸分布，PLEX 可以传送任意数量的尺寸信息。对于煤或矿石，可以传送很多不同的分析信息以计算设备的性能。对于造纸中的纤维链的长度分布，可以作为流股信息传送。

ASPEN PLUS 提供 3 种过程来进行模拟：除了有内置的单元操作模型外，还有用户自己定义的 FORTRAN 模块以及设计规定（design-specification）。ASPEN PLUS 提供了一个很宽的单元操作模型范围。必要时，用户可以利用自己的模型作为一个 FORTRAN 的子程序。

在整个 ASPEN 流程中，除了可以处理物流外，还可以给模块设定功流和热流，既可以模拟质量平衡也可以确保整个系统的能量平衡。并且通过物性分析，可以获得物流组分、温度、压力及热负荷参数，从而预测所选模型、物流类型、物性方法的正确性。

为了计算相平衡、热力学性质及传递性质，ASPEN PLUS 提供了一个广泛的物性模型程序库，包括 1773 种有机物、2450 种无机物、3314 种固体物、900 种水溶电解质的基本物性参数。由于能自动地从一个大的物性数据库里检索，因此避免了工程师们对物性数据的繁重查寻工作。对于不在数据库中的组分，ASPEN PLUS 提供了一个数据回归系统，用以从实验数据中拟合常数。ASPEN PLUS 有处理石油试验的分析能力，能建立产生石油馏分的物性常数的关联式。

ASPEN PLUS 的输入语言设计较易为工程师们使用，采用人们较熟悉的关键字，采用自由格式记录数据。输入语言处理器是表格导引式的，可剪裁词汇以适应不同过程的需要。

对于大型或小型的过程流程，自动流程分析能确定循环断裂流股及排序。还具备有力的收敛方法，解决多重循环流股和过程规定的任务。ASPEN PLUS 中的多级严格法精馏程序是极其可靠、稳定和有效的，并具有规定性能的能力，可以包括有多种不同的选择。

过程的设备成本计算是根据实际的设备价格，这个价格可随时间变化。有了具体的厂址，就可以估价某具体的工厂投资。还可以计算出生产费用，进行不同的经济分析，用以确定一个厂投资的适宜性。

10.2.2.1 ASPEN PLUS 软件的开发

1976 年，美国能源部开始关心今后的能源问题，认识到有必要对很多新的拟议中的合成燃料过程进行技术及经济可行性评价。由于中试和示范厂的费用很高，故需要有一个有效的和一致的手段进行方案评价，考虑使用计算机辅助化工过程模拟与分析方法。

为了满足这一需要，ASPEN 模拟系统项目于 1976 年在 MIT 开始进行，于 1981 年完成。开发 ASPEN 是用于稳态过程的物料及能量平衡、设备成本估价及进行经济评价。ASPEN 的设计是面向合成燃料过程，如煤的气化、煤的液化及油页岩回收。在这些过程中遇到非常规物料及矿石，可用 ASPEN 对此进行处理。除此之外，ASPEN 也设计用于处理更常规流体加工，这些流体对各种合成燃料过程来讲是共有的，在石油及化工过程中也是会遇到的。所以，ASPEN 系统是迄今较大型的、适应能力较广的、体现当代技术水平的模拟系统。

一个由过程模拟专家组成的顾问委员会指导 1976～1979 年在 MIT 进行的 ASPEN 的开发工作。这些专家来自 50 多个工业公司、政府部门及大学。参加 ASPEN 开发的大部分人员都具有广博的工作经验。ASPEN 的开发是基于新的思想，同时也得益于以前的很多知识和经验。

ASPEN 的工作文本于 1979 年 10 月完成，大约包含有 15000 条 FORTRAN 执行语句。那时为了检验 ASPEN，便把它提供给工业公司及政府团体使用。1981 年 10 月之前，工业及政府部门的 55 名参加检验者收到了 ASPEN 程序，开始检验 ASPEN。参加者很均匀地分布在石油、化工及其他工业部门。由于 ASPEN 多方面广泛的应用，许多故障被找到和排除，从而使 ASPEN 的设计可以满足各种不同用户的需要。这些检验工作与 ASPEN 小组继续开发工作同时进行，其最后内容在 1981 年 11 月交到能源部。

最后交会的 ASPEN 一些内容是：

FORTRAN 语句	353482
FORTRAN 执行语句	175000
字符数量	27 兆字节
子程序数目	1511

源程序码也交给了 55 名检验参加者并安装在大约 60 个不同的计算机系统上，包括 IBM、Univac、DEC、Cray、Prime 等。于是 ASPEN 实际上进入了公开范畴。

ASPEN 技术公司是 1981 年 10 月成立的一个私人公司，经 MIT 许可，此公司以 ASPEN 系统作为企业化的基础。公司的人员都是在 MIT 时 ASPEN 项目的成员。其产品命名为 ASPEN PLUS，以清楚地表示这是 ASPEN 的扩充与提高。实际上，ASPEN PLUS 一直在不断地改进和提高。这时的 ASPEN PLUS 较之 ASPEN 已有 400 多项变化和改进。一项广泛地提高 ASPEN 的计划正在执行中。ASPEN PLUS 是改进的及商业化的 ASPEN 文本。这个文本描述了 ASPEN PLUS，包括它的改进及将来的能力。

10.2.2.2 ASPEN PLUS 软件内容

ASPEN PLUS 对初次及临时使用者是易于使用的，它也为高水平的用户提供了进行过程模拟的多种能力。ASPEN PLUS 具有高度灵活性的特点。

(1) 执行系统

ASPEN PLUS 的执行系统是一个扩充了主模拟程序功能的预处理器。它可翻译用户输入语言，生成一个 FORTRAN 主程序以执行运算。这样就准许在 ASPEN PLUS 输入语言中含有 FORTRAN 语句。对于用户，这样也就可以容易地添加自己的单元操作及物性子程序。数据、程序结构都是在 ASPEN PLUS 运行中产生的。预处理器允许执行不同数目的模型程序，并仅装配所需要的子程序。预处理器允许用户规定：流股中组分的数目；流股数目，并给这些流股命名；流股的结构——包括任意属性；物性模型的各种组合、单元操作模型的各种组合等。

任何一个预先存储的输入语句段（一个内插文件）作为一条语句，从数据库中检索任何组分，直接读入任意物性常数，用户规定的任何新组分。

这是一个表格驱动系统，于是可建立一个内部的 ASPEN PLUS 文本，此文本有自己专门的形状。这项工作只要改变系统定义文件中的表格条目就可完成，而不是改变预处理器编码。

计算结构——ASPEN PLUS 中，计算过程单元的流程采用的方法是广为使用的所谓“序贯模块法”。即当模型的输出量已知时，计算得到模型的输出量，按排列顺序计算每个模型，这种方法保持了过程模型的一致性，而且能对模型的方程组使用有效的和专门的解算方法。

如果需要，ASPEN PLUS 可以使过程模型的计算排序对用户透明可知。执行系统包括自动进行的流程分析系统。通过规定收敛方法并/或规定断裂流股，用户能控制此分析系统。用户可规定部分或全部顺序。对于流股收敛可用的收敛方法有以下几种。

① Wegstein 法　传统的有限 Wegstein 方法通常是用于撕裂流股收敛的最快和最可靠的方法。是一种直接迭代循环的外推。变量间的相互作用被忽略，因此当变量之间的联系特别强时该方法不是很有效。Wegstein 方法可以仅用于撕裂流股，是用于 ASPEN PLUS 收敛的缺省方法。可同时把它应用于任意数目的撕裂流股，你可以控制 Wegstein 的上下限和加速的频率。

② Direct 法　使用直接迭代这种方法收敛较慢，但肯定会收敛。它对于其他方法不稳定的那些罕见情况是有效的。直接迭代还可以使辨别收敛题目（例如系统内含的组分）更容易。直接迭代法等效于 WEGSTEIN 法中上下限都等于零的情况。

③ Broyden 法　Broyden 方法是对 Broyden 的准 Newton 方法的修正。Broyden 方法和 Newwton 方法相似，但它使用了线性近似的方法。该近似法使 Broyden 更快，但是偶尔不像牛顿法那样可靠。

④ 正割法　正割是切割线性近似方法，有较高级增益。你可以选择一个定界/二等分间隔选项，无论函数何时不连续、非单调或在一阶区域内很平缓，就选择该选项。如果可能，划定界限会删去平缓区域并切换回正割法。你可以将正割法用于单个设计规定。正割是用于设计规定收敛的缺省方法并且被推荐用于用户生成的收敛模块。

此外还有 NEWTON 方法、COMPLEX 方法和 SQP 方法。

流股结构——用 ASPEN PLUS 中灵活的流股结构，几乎可以模拟任何一种连续过程。考虑这样一个例子，即在煤的直接液化中遇到的溶剂中的煤浆。需要有关溶剂信息，如溶剂的组分或沸程馏分、“状态”变量和其他一些流动条件。需要煤的一些属性，诸如它的工业分析、元素分析、矿物痕迹分析及其他信息。在 ASPEN PLUS 中，称这些为组分的属性。对于所有固体，这些固体也许不仅是煤，可能需要有关颗粒大小分布的信息。关于煤浆的信息，作为例子在表 10.4 中列出，ASPEN PLUS 皆可提供。

表 10.4 溶剂煤浆流股中所含的流股信息

组分的 MIXED 子流股	煤子流股组分	煤元素分析	颗粒尺寸分析
总流率	总流率	碳	尺寸 1
温度	温度	氢	尺寸 2
压力	压力	氮	尺寸 3
焓	焓	硫磺	…
汽化分率	质量汽化分率	氧	…
液化分率	质量液化分率	灰分	…
熵	熵		尺寸 N
密度	密度		
平均摩尔质量	组分属性		

注意流股信息被分成不同的子流股，这个子流股可能是汽液混合物。煤是另一个用质量单位来描述的子流股。元素分析是煤的一个属性。实际上，流股信息可以包括任何数量的固体组分及它们的属性。颗粒大小分布是对全部固体组分而言的，称为一个子流股属性。

流股信息中的这种树状结构几乎能传送单元操作模型所需要的任何信息。这一特点使 ASPEN PLUS 能用于众多类型的过程工业。

物性——过程模拟系统反映真实世界的能力主要在于它的物性模型。ASPEN PLUS 物性系统有一个强有力模型程序库，还能较灵活地规定这些模型。用户可以这样来描述一个特殊的物性，在工厂的某一区域用一种物性方法，而在此工厂的另一部分用另一个与此不同的物性方法。通过性质途径的概念，上述多种多样的用法可以在 ASPEN PLUS 中完成。性质途径就是详细规定如何计算纯组分或混合物的汽、液或固相的一个主要性质之一。通过过程段或在所希望的每一过程模型中，用户可以规定一个完整的性质途径集。

在输入语言中，有 4 级性质规定。用户可以：

① 不做任何规定，而得到补缺的物性模型（按理想假设）；

② 规定一个或多个内装的系统选择，以产生一组完整的物性方法和模型，用户将选择最适用它的过程的那些组物性方法和模型；

③ 用内装的性质途径建立一个物性选择集；

④ 建立自己的性质途径，这一级的范围是从用自己的物性模型代替一个内装物性选择集，到建立性质途径。

上面方法②是一种最常用的方法。ASPEN PLUS 中的 12 个内装物性选择集都列在表 10.5 中。

表 10.5 ASPEN PLUS 的内装物性选择集

系统选择号	性质途径的主要特征	系统选择号	性质途径的主要特征
0	理想气体	9	Van Laar 活度系统
1	扩展的 Scatchard-Hildehrand 和 Chao-Seader	10	Renon(NRTL)活度系数
2	扩展的 Scatchard-Hildehrand 和 Grayson Streed	11	Uniquac 活度系数
3	Redlish-Kwong-Soave 状态方程	12	蒸汽性质——1967 年 ASME 关联式
4	Peng-Robinson 状态方程	14	极性组分的 Redlich-Kwong-Soave 状态方程
5	正规溶液理论，Benedict-Webb-Rubin 状态方程	15	电解质体系活度系数
8	Wilson 活度系数		

系统选择 SYSOP12，只适用于 1967 年的 ASME 蒸汽关联式。这些关联式不但对蒸汽的超临界性质，而且对饱和蒸汽及水的性质都十分准确。SYSOP14 是 Redlich-Kwong-Soave 状态方程的修正式，用来处理混合物中有些组分呈现强极性情况。在用甲醇作溶剂的 Rectisol 低温甲醇洗酸气脱除系统的模型化中，曾很成功地得到应用。

系统选择 SYSOP15，对电解质体系的流程模拟可提供新的能力。它将处理强/弱电解质混合物、分子溶质和组分溶剂的汽液平衡（在水溶液中）。在闪蒸使用中，离子化平衡与物理平衡一起进行。这种选择一直用于酸气洗涤塔、酸水溶液蒸出塔、含水的无机体系。这个物性选择方案是以物性数据库为后盾的。此数据库包括：在水溶液中大约80种离子；100种以上的盐、水化物及其他固体。

输入语言——为满足过程模拟工程师们的需要，设计了ASPEN PLUS的输入语言。它并不要求用户具有计算程序的知识。可以认为输入语言是由段、句、字组成。段是以一级关键字开始，可含有一个或多个句子。采用自由格式，以空格作为分界符，这样在CRT上输入是很方便的。

ASPEN PLUS是一个表格驱动的模拟系统，含有语言的关键字、补缺规则及其他的标准特点，如流股属性及补缺规则等，都是系统定义文件的记录。这样，当这些量变动时，就不必重写程序。用此效用，系统管理人员就可以改变这些系统参数，公司也可送入自己的物性模型作为系统的标准模型。当然，为了维护，ASPEN PLUS的招待程序要保持一致。系统管理人员必须为用户把这些变化装入文件中。此特点使ASPEN PLUS比以前的模拟系统更适用于不同的工业部门和不同的具有各种特色的过程。

ASPEN PLUS的另一特点是具有内插文件的“宏指令”功能。每一批输入语句都可存入内插文件中，语句的长度可以任意。这些语句可用简单的标号调出，一个参数可作为子程序的调用哑元。这点对于产生一个输入语言最常使用的段来讲是格外方便的。例子包括二元交互作用系数的一系列物性常数，复杂流股定义，经常使用的流程子断面如吸收-蒸出系统等。

FORTRAN嵌入——以前的一些模拟系统，如FLOWTRAN，允许用户在输入语言中嵌入FORTRAN语句。这是一个强有力的特点，ASPEN PLUS也采用了这一点。过去，要使流程的变量与输入语言一致总是不方便的。ASPEN PLUS的输入语言简化了这一步，并使之自动文件化。DEEINE语句能用于在流股或过程块中访问任何流程变量。在按段嵌入输入语言中的FORTRAN语句中，可以引用已定义的变量，这样执行的需要可被放在任何过程块的前或后，这一点有很多用处。

设计规定——ASPEN PLUS的这个显著特点有时称为控制块。在流程的某一点上，用户可以规定条件。通过调节其他流程变量来实现这些条件。在ASPEN PLUS中，FORTRAN语句的灵活性可用于规定这些条件、目标或规定值。它们可以是FORTRAN表达式或变量，用这样的语句写

SPEC（表达式1）TO（表达式2）

另外，也规定容差。用户可指定流程变量中那一个调节变量或是VARY，还可定出调节变量的上、下限。

ASPEN PLUS的设计规定不仅限于解单变量方程，也能解决多重规定及多重调节变量。收敛方法有以下几种：

① 弦位法——对单变量；

② 修正的Marguardt法——对多重变量；

③ 修正的Broyden法——对多重变量。

设计规定，像任何一个过程块一样，可以自动排序，但是不能作为流程的一部分出现。流程分析人员要标出所需的输入输出流股并建立所需的顺序。ASPEN PLUS的另一特点是，用户可以使设计规定和含有设计规定的循环流股回路同时解算。当内圈设计规定的容差太松以至于引起外圈不易收敛时，这一点就显示出优越性。

编辑运行模拟——模拟系统的很多运行，可能达80%之多是重复运行，但是，是前一个过程模拟的修正后的运行。这种情况下，一些显著的操作费用可以减少。正在对ASPEN

PLUS进行改进提高以增强一些编辑特点。重新运行能力能使这次运行从先前存入的结果开始。这种改变试例能使前一个事例与新的流股或数据块一起重新运行。一个完整的编辑功能将允许编辑、删除或替换流股及数据块。灵敏度分析将生成作为流程参数函数的模拟结果表。

石油及合成燃料特性——石油工程内部的语言和通常接受的ASTM及API方法需要专门的能力。ASPEN PLUS正在进行一些提高以使其能规定石油流股和虚拟组分。用户可容易地定义从正常沸点、相对密度到分子量的伪组分。通过ASTMD856、ASTMD1160或减压蒸馏的试验数据分析，可以定义一个完整的流股。石油流股可以被混合也可被变换成其他的ASTM蒸煮曲线。

访问流股物性——ASPEN PLUS的另一先进特点是能访问流股物性及精馏塔板条件，可访问任何一种系统物性和用户自己定义的物性。以下几种情况要用到物性：性质的表列报告、闪蒸曲线、气液的 p-T 状态线、塔板剖面报告、设计规定、流股报告。

（2）单元操作模型

ASPEN PLUS单元操作模型程序库为过程模拟，为化工、石油、合成燃料及其他工业部门提供了一个相当完善的设施。这些模型列在表10.6中。由于篇幅限制，不能描述全部模型，仅讨论以下几个单元操作模型。

表10.6 ASPEN PLUS单元操作模型

模　型	说　明	目　的	用　法
1. 混合器/分流器			
Mixer	物流混合器	把多股物流混合成一股物流	混合三通，物流混合操作，添加热流股，添加功流股
FSplit	物流分流器	把物流分成多个流股	物流分流器，排气阀
SSplit	子物流分流器	把子物流分成多个流股	固体物流分流器，排气阀
2. 分离器			
模　型	说　明	目　的	用　法
Flash2	两股出料闪蒸	确定热和相态条件	闪蒸器，蒸发器，单级分离罐
Flash3	三股出料闪蒸	确定热和相态条件	倾析器，带有两个液相单级分离罐
Decanter	液-液倾析器	确定热和相态条件	倾析器，带有两个液相无气相的单级分离罐
Sep	组分分离器	把入口物流组分分离到出口物流	组分分离操作，如当分离的详细资料不知道或不重要时的蒸馏和吸收
Sep2	两股出料组分分离器	把入口物流组分分离到两个出口物流	组分分离操作，如当分离的详细资料不知道或不重要时的蒸馏和吸收
3. 换热器			
模　型	说　明	目　的	用　法
Heater	加热器或冷却器	确定热和相态条件	换热器，冷却器，阀门，当与功有关的结果不需要时的泵和压缩机
HeatX	两物流换热器	两股物流换热器	两股物流换热器
MHeatX	多物流换热器	任何数量物流的换热器	多股热流和冷流换热器，两股物流换热器，LNG换热器
Hetran	BJAC Hetran程序界面	管壳式换热器的设计和模拟	具有多种结构的管壳式换热器
Aerotran	BJAC Aerotran程序界面	空冷器的设计和模拟	具有多种结构的空冷器，用于模拟省煤器和加热炉的对流段

续表

4. 简捷塔

模　型	说　明	目　的	用　法
DSTWU	简捷法蒸馏设计	确定最小回流比、最小理论板数，以及利用 Winn-Underwood-Gilliland 方法得到的实际回流比或实际塔板数	带有一个进料物流和两个产品物流的塔
Distl	简捷法蒸馏核算	利用 Edmister 方法在回流比、理论板数和 D/F 比的基础上确定分离	带有一个进料物流和两个产品物流的塔
SCFrac	石油馏分的简捷法蒸馏	用分离指数确定产品的组成和流率、每段的塔板数、负荷	复杂塔，例如原油加工装置和减压塔

5. 严格塔

模　型	说　明	目　的	用　法
RadFrac	严格分馏	单个塔的严格核算和设计	蒸馏、吸收、汽提、萃取和恒沸蒸馏、反应蒸馏
MultiFrac	复杂塔严格分馏	多级塔和复杂塔的严格核算和设计	热集成塔，空气分离器，吸收塔/汽提塔结合，乙烯主分馏塔/急冷塔组合，石油炼制
PetroFrac	石油炼制分馏	石油炼制应用的严格核算和设计	预闪蒸塔，常压原油单元，减压单元，催化裂解塔或焦炭分馏塔，减压润滑油分馏塔，乙烯分馏塔和急冷塔
BatchFrac	严格间歇蒸馏	单个间歇塔严格核算	一般恒沸蒸馏，3 相和反应间歇蒸馏
RateFrac	基于速率的蒸馏	单个和多级塔的严格核算和设计，建立在非平衡计算的基础上	蒸馏塔，吸收塔，汽提塔，反应系统，热集成单元，石油应用
Extract	液-液萃取	液-液萃取塔的严格核算	液-液萃取

6. 反应器

模　型	说　明	目　的	用　法
RStoic	化学计量反应器	规定反应程度和转化率的化学计量反应器	动力学数据未知或不重要、但已知化学计量数据和反应程度的反应器
RYield	收率反应器	规定收率的反应器	化学计量系数和动力学数据不知道或不重要、但知道收率分配的反应器
REquil	平衡反应器	化学计量计算化学平衡和相平衡	单相、两相化学平衡，而且同时存在相平衡
RGibbs	平衡反应器	利用吉布斯最小自由能计算化学平衡和相平衡	化学平衡或同时发生的相平衡和化学平衡，包括固体相平衡
RCSTR	连续搅拌釜式反应器	连续搅拌釜式反应器	在液相或气相下具有动力学反应的 1 相、2 相或 3 相搅拌釜反应器
RPlug	活塞流反应器	活塞流反应器	有任何相态下具有动力学反应的 1 相、2 相或 3 相活塞流反应器，带有外部冷却剂的活塞流反应器
RBatch	间歇反应器	间歇或半间歇反应器	反应动力学已知的间歇或半间歇反应器

续表

7. 压力变化器

模 型	说 明	目 的	用 法
Pump	泵或水力透平	已知压力、功率需求或性能曲线时，可改变物流压力	泵和水力学透平
Compr	压缩机或透平	已知压力、功率需求或性能曲线时，可改变物流压力	多变压缩机，多变正位移压缩机，等熵曲线压缩机透平
MCompr	多级压缩机或透平	通过带有内冷器的多级压缩改变物流压力，允许从内冷器中采出液体物流	多级多变压缩机，多级正位移压缩机，等熵曲线压缩机，等熵曲线透平
Valve	控制阀	确定压降或阀系数(CV)	多相，绝热球型流量阀或蝶阀
Pipe	单段管	确定单段管或环型空间的压降或传热	多相，一维，稳态和全充满管线流动
Pipeline	多段管	确定多段管或环型空间的压降或传热	多相，一维，稳态和全充满管线流动

8. 操作器

模 型	说 明	目 的	用 法
Mult	物流乘法器	利用用户提供的系数乘以物流流率	将物流按比例放大或按比例缩小
Dupl	物流复制器	把物流复制成任何数量的出口物流	在同一流程中复制物流来观察不同方案
ClChng	物流类变化器	改变物流类	将使用不同物流的段或模块连接

9. 固体模型

模 型	说 明	用 法
Crystallizer	连续结晶器	MSMPR结晶器，用于单一固体产品
Crusher	粉碎机	旋转式/钳夹式、笼式磨房式压碎机和单多辊粉碎机
Screen	筛	用筛分离固体和固体
FabFl	纤维过滤器	用纤维过滤器分离气体和固体
Cyclone	旋风分离器	用旋风分离器分离气体和固体
VScrub	文丘里管洗刷器	用文丘里管洗刷器分离气体和固体
ESP	干燥静电沉淀器	用干燥静电沉淀器分离气体和固体
HyCyc	旋流除砂器	用旋流除砂器分离液体和固体
CFuge	离心分离过滤器	用离心分离过滤器分离液体和固体
Filter	旋转减压过滤器	用连续旋转减压过滤器分离液体和固体
SWash	单级固体洗涤器	单级固体洗涤器
CCD	逆流倾析器	多级洗涤器或一个逆流倾析器

RadFrac是一个严格的用于模拟所有类型的多级气-液分馏操作的模型。除了一般的蒸馏，它还能模拟吸收、再沸吸收、汽提、再沸汽提、萃取和共沸蒸馏。RadFrac适用于三相系统、窄沸程系统和宽沸程系统、具有液相高度非理想系统。RadFrac可以检测和处理游离水相或塔中任何地方的其他第二液相，可以从冷凝器中析出游离水。RadFrac还可以模拟正在进行化学反应的塔，反应可以有固定的转化率，或者是平衡反应器、流率控制的反应器、电解质反应。RadFrac能够模拟有两个液相的且在两个液相中有不同的化学反应发生的塔，也可以模拟盐沉降。RadFrac可以进行核算也可以进行设计。

RadFrac 对宽、窄程及高度非理想组分系统都适用。方便用户的一个特点是不需要塔板的初始温度及液相流率剖面。收敛一般是快速和稳定的。项目繁多的单、多重设计规定可与塔解算一起进行。近来，RadFrac 在改进中有一些独特的提高。其中一点是将建立一个具有侧线抽出、泵回流、旁路或外部换热器的复杂塔的模型。另一点将是允许在任何一块塔板、冷凝器及再沸器上可以有第二液相的三相塔严格模型。这些提高与类似 ASTM 性质规定相结合将会提供一个完善的炼油模拟能力。

ASPEN PLUS 中的反应器模型有很广泛的能力。RYield 通过模拟每个组分的反应速率来模拟一个反应器。RStoic 在反应的动力学未知或不重要时，或者已知化学计量关系，用户可以规定反应程度或转化程度时模拟一个反应器。RStoic 可以处理一系列反应器中独立发生的反应，也能进行产品选择性和反应热的计算。RGibbs 模型用于模拟单相化学平衡或相平衡和化学平衡同时存在的情况。你必须规定反应器温度和压力或压力和焓值。RGibbs 可以用来模拟固体，或者作为一个单独的冷凝相，或者作为固体溶液相。RCSTR 能够严格模拟一个连续搅拌罐式反应器，RPlug 可以严格模拟活塞流反应器，RBatch 可以严格模拟间歇或半间歇反应器。反应器模型不需规定反应热，从 ASPEN PLUS 组分的元素焓中，这些模型可自动计算出需要的或释放的热负荷。

ASPEN PLUS 中所有过程模型都可处理进料物流中的固体，不要用户特别注意。固体不参加相平衡计算，参加能量平衡计算。

为了表现新的或专有的能力，用户可以选择建立自己的过程模型。执行中，用户的模型以 FORTRAN 源程序码形式，或按预先编译好的目标码形式被访问。用户模型可以调物性系统计算物性，还可调如闪蒸这样的系统程序。当用户的模型被证明很可靠、准确且具有很多使用者时，这些模型就可成为 ASPEN PLUS 系统中的一部分。这一步在 ASPEN PLUS 系统管理手册中有所描述。

(3) 外部系统

一些外部系统在支持着 ASPEN PLUS，简述如下。

数据文件管理系统 (DFMS)——这个程序是为产生和更新物性数据而发展起来的。它可用来产生、编辑、打印数据文件内容。执行中，为了自动回归数据能够产生不同的数据库。存入的数据可以是纯组分的物性常数，也可以是二元交互作用的物性参数。

数据回归系统 (DRS)——对于任何物性模型，可用 DRS 来拟合此模型的物性常数和从文献或实验室得到的数据。所用的方法是 Britt-Luecke (1973) 归纳出的用最小二乘法得到的最大的似然估计法。由用户来决定是否允许这些有测量误差的观测数据的假设成立。DRS 的优点是，几种类型的数据可以一起表示，包括不同的状态变量（如 T-p-x，T-p-x-y，T-p-x-x）和不同的物性（如焓、密度）。

表生成系统 (TGS)——TGS 为用户提供一个已计算的物性表。它是关于 ASREN PLUS 如何表述物性的有价值的信息。对于纯组分，用户定义的混合物，模拟系统运行中的流股，它们的物性是温度、压力、汽化率及组成的函数。这个函数可以用表显示。表的类型有三种：①单相物性；②沿闪蒸曲线上各点的物性；③p-T 状态线的沿恒汽化率线上各点的线性。用这些表可以表示任何一种物性系统或用户定义的物性。在对流程的初步研究中，此系统在调试、数据库生成及其他方面是非常有用的。

(4) 成本估算系统

ASPEN PLUS 中，这部分与物料及能量平衡计算集成在一起称为成本估算及经济评价系统。初步估算过程设备，误差在 30%以内。

设备成本在单个过程设备模型中估算。ASPEN PLUS 中有 17 个不同的过程估算模型，每一模型可以有多种选择。这些估算单元中有根据以往数据的成本关联式。通过成本指数，用户可把成本乘上系数换算成现在或将来的成本。这些系统是内装的，在计算压力设备成本和材料安装费用时可以被略过。仪表、电器、混凝土、管路安装和其他所需的劳力及材料安装系数可以分为单个设备或过程段来规定，没有成本参数输入时，使用已选定的补缺值。设备成本输出报告中列出了全部使用了的数值。

系统的概念是很灵活的，包括：

① 根据热量和物料平衡自动计算成本；

② 根据已规定的设备尺寸进行成本计算；

③ 用户提供的成本关联式；

④ 直接输入设备成本。

在①的情况下，过程的条件自动地被送到成本估算模型中。设备尺寸参数是在过程模型中计算并被自动地送入成本估算中。如果用户想要确定过程决策对成本的影响，那么这一特点对于用户来讲是很方便的。也可以使用②或④的形式。通常，总是能找到与过程模型相对应的成本模型。如闪蒸罐按垂直容器作价。若没有找到与过程模型相应的成本模型，则用户就要按③中那样，代入自己的成本关联式。如果过程设备价格已知，可将这些价格输入。

经济评价子系统是 ASPEN PLUS 的一个组成部分，用户可用此系统来检查企业金融方面的问题。这个子系统将设备成本和其他的工厂操作数据结合起来，用以计算：资本投资；操作成本；衡量效益。经济评价系统可以做出过程的基础评价。

评价一个工厂的经济情况需要很多数据。经济评价系统输入语言中有很多可输入的关键字。用户使用这些输入语言，或只是相当简单地取补缺值，就可以做一个很详细的说明，输入语言中所有的关键字段可用来规定下面的任何一项：

① 成本指数，以使计算结果为用户规定的建设年度成本；

② 部分装置及材料系数；

③ 根据公用工程的用量估计的公用工程投资；

④ 包括很多工厂细目，而不是过程设备的投资；

⑤ 原材料、产品和副产品；

⑥ 操作成本，包括劳动力、工厂生产能力和其他数据；

⑦ 依赖于工厂寿命、折旧率、税收和其他数据的利润率。

最后生成报告来概括结果：成本报告可按工厂各部分做出。利润率报告可根据利润流动现金贴现率分析按四种不同方式输出。

10.2.2.3 ASPEN PLUS 软件功能

ASPEN PLUS 主要有以下几个功能。

(1) 建立基本流程模拟模型

Flowsheet 是 ASPEN PLUS 最常用的运行类型。可以使用基本的工程关系式，如质量和能量平衡、相态和化学平衡以及反应动力学去预测一个工艺过程。只要给定合理的热力学数据、实际的操作条件和严格的 ASPEN 平衡模型，就能够模拟实际装置的现象。按如下几个步骤：定义流程—计算全局信息的规定—规定组分—选择物性方法—规定物流—单元操作模型的参数设置—运行模拟程序—生成报告的顺序逐一完成。

(2) 灵敏度分析

此功能在 Data Browser 页面下的 Sensitivity Form 表单中设定。其目的是测定某个变量对我们的目标值的影响程度。

(3) 设计规定

在灵敏度分析的基础上，当确定了一个关键因素，并且希望它对系统的影响达到一个所希望的精确值时，就可通过设计规定来实现。对于这样的一个流程，需按以下步骤来执行：选择撕裂流股－定义收敛模块使撕裂流股、设计规定收敛－确定一个包括所有单元操作和收敛模块的次序。

（4）物性分析

确定各组分的相态及物性是否和你所选择的物性方法相适应。可通过 3 种方式使用物性分析：单独运行，即在运行类型中就设置为 Property Analysis；在流程图中运行；在数据回归中运行。可使用 Tool 菜单下的 Analysis 命令来交互生产物性分析，也可在 Data Browser 的 Analysis 文件夹中使用窗口手动生成。

（5）物性估计

估计物性所必需的参数有：标准沸点温度（T_b）、分子量（MW）和分子结构。为了获得最佳的参数估计，应尽可能地输入所有可提供的实验数据。

（6）物性数据回归

数据回归系统会基于你所选择的物性或数据类型，指定合理的标准偏差的缺省值，也可以自行设定。回归的结果在 Data Browser 页的 Regression 文件夹的 Results 中。

（7）关于 FORTRAN 模块

ASPEN 允许编写外部用户 FORTRAN 子程序，在编译子程序后，模拟运行时会动态地链接它们。

10.2.2.4　ASPEN PLUS 使用的基本步骤

（1）启动 ASPEN PLUS

使用 ASPEN PLUS 的主界面可建立、显示模拟流程图及 PFD-STYLE 绘图，如图 10.2 所示。在 ASPEN PLUS 的 Startup 对话框上使用 Blank Simulation 或 Template 建立新的模拟。对流程模拟（包括灵敏度分析和优化）使用 Flowsheet 运行类型，不进行流程模拟的其他运行类型还有性质常数估计、化验数据分析、数据回归、性质分析等。

（2）模拟流程的设置

当选定了合适的单元模块，就可以放到流程区中去。在画好流程的基本单元后，就可以打开物流区，用物流将各个单元设备连接起来。进行物流连接的时候，系统会提示在设备的哪些地方需要物流连接，在图中以红色的标记显示。在红色标记处，确定所需要连接的物流，当整个流程结构确定以后，红色标记消失，完成的 ASPEN PLUS 的用户界面如图 10.2 所示。在 Data 菜单 Setup 窗体中输入全局规定。

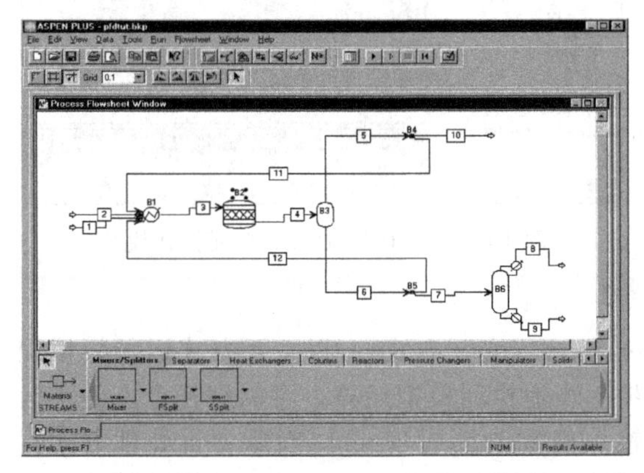

图 10.2　ASPEN PLUS 用户界面

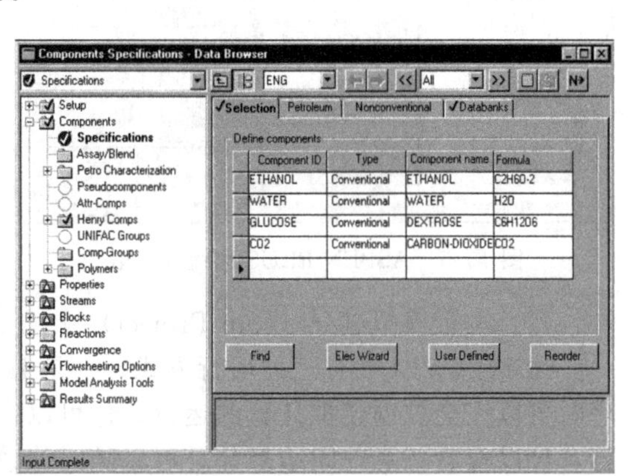

图 10.3　ASPEN PLUS 组分定义表

(3) 输入化学组分信息

ASPEN PLUS 在几个数据库中包含了大量组分的物性参数。除了标准的 ASPEN PLUS 数据库以外，在你的环境下还可以使用自己的数据库，但必须提供所有需要的物性参数。也可以使用 User Defined Component Wizard 用户定义的智能工具定义常规组分、固体组分和非常规组分所需的物性。如图 10.3 所示。

(4) 选用物性计算方法和模型

用户必须选择一个或多个 Property Methods 物性方法。ASPEN PLUS 提供的物性方法有理想物性方法、状态方程物性方法、活度系数物性方法、专用系统的物性方法等。在开始任何新的模拟时，检查你是否已经正确地表示模拟系统的物性是很重要的。选择物性方法后，你必须确定物性参数需求并且保证能得到所有需要的参数。如图 10.4 所示。

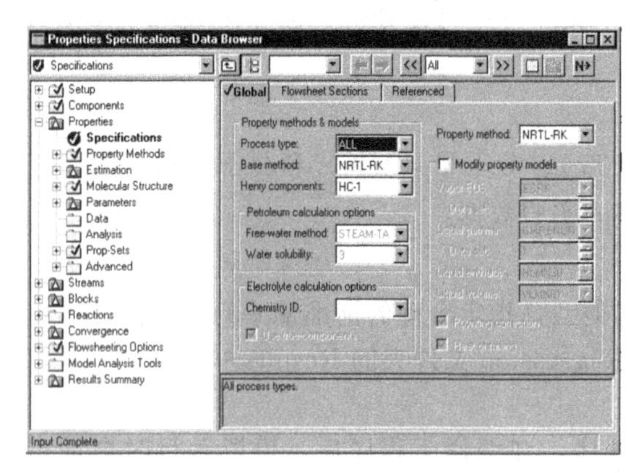

图 10.4 ASPEN PLUS 物性表

(5) 输入外部流股信息 (External Steams)

用户可以规定物流、功流和热流。对于所有的进料物流必须规定流率（如组分流率分率）、组成（如浓度）和热力学状态（温度、压力）信息。对固体子物流，ASPEN PLUS 中提供了粒子尺寸分布信息。物流输入表如图 10.5 所示。

(6) 输入单元模块参数

ASPEN PLUS 用单元操作模块来表示实际装置的各个设备。定义模拟流程时要正确选择流程模块的单元操作模型。对于每个单元操作模块你必须在 Block 模块窗口上输入规定 Specifications。模型参数的合理选取对仿真结果至关重要。模型参数的数量因模型而异，应认真理解其物理意义。单元模块参数输入如图 10.6 所示。

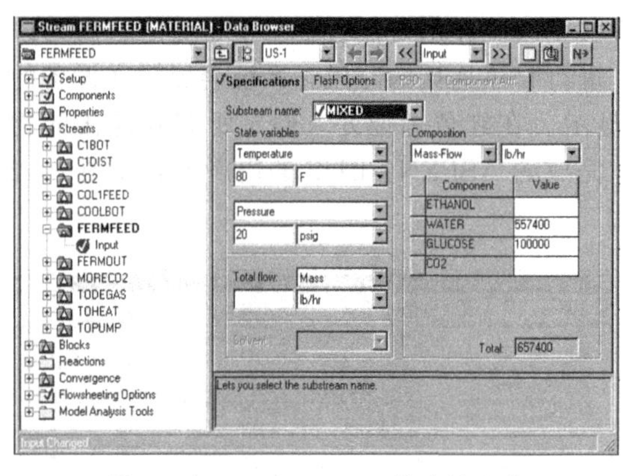

图 10.5 ASPEN PLUS 物流输入表

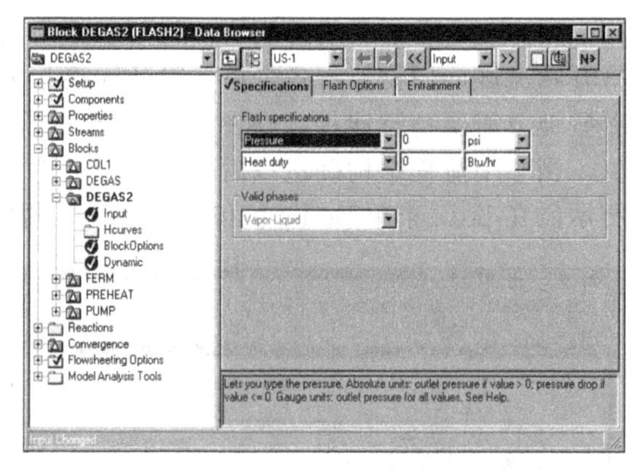

图 10.6 ASPEN PLUS 单元操作模块

(7) 运行模拟过程 (Run Project)

ASPEN PLUS 有三种运行方式。一是 Interactive（交互方式）：以交互方式运行模拟程序时可以完全控制模拟计算的运行，你可以一步一步地执行模拟运算，可以在任意点停止运算，可以查看任意中间结果并且可以随时修改输入规定。二是 Batch（在后台批处理方式）：以批处理方式在后台运行模拟程序时，不能控制模拟计算的运行，对于较长的模拟计算或者想同时运行几个模拟程序时采用这种方式运行模拟程序非常有效。三是 Standalone ASPEN PLUS（只有文本独立方式）：独立运行方式与批处理运行方式类似，只是它在用户界面的外面独立运行。

(8) 查看结果（View of Results）

要检查有关运行收敛和完成状态的汇总信息，可使用 Results Summary 页面，它给出计算是否为正常完成的信息。你可以为一个 ASPEN PLUS 运行生成报告文件。该文件提供了完整的输入规定和模拟结果。保存模拟项目，最后结束退出。

10.2.3 PRO/Ⅱ在化工设计及模拟中的应用

Simsci 公司的 PRO/Ⅱ流程模拟软件用于化工过程严格的质量和能量平衡模拟计算，可以提供在线模拟，其计算模型已成为国际标准。PRO/Ⅱ有标准的 ODBC 通道，可同换热器计算软件或其他大型计算软件相连，另外还可与 WORD、EXCEL、数据库相连，计算结果可在多种方式下输出。

该软件自 20 世纪 80 年代进入中国后，在一些大的石化和化工设计院广泛地应用，使用该软件产品可以降低用户成本、提高产品质量和效益、增强管理决策。PRO/Ⅱ适用于：油/气加工、炼油、化工、化学、工程和建筑、聚合物、精细化工/制药等行业，主要用来模拟设计新工艺、评估改变的装置配置、改进现有装置、依据环境规则进行评估和证明、消除装置工艺瓶颈、优化和改进装置产量和效益等。

10.2.3.1 PRO/Ⅱ软件功能特点

PRO/Ⅱ适用于油/气加工、炼油、化工、化学、工程和建筑、聚合物、精细化工/制药等行业。模拟应用设计新工艺、评估改变的装置配置、改进现有装置、依据环境规则进行评估和证明、消除装置工艺瓶颈、优化和改进装置产量和效益。

10.2.3.2 PRO/Ⅱ软件内容

PRO/Ⅱ软件模型包括典型的化学工艺模型、普通闪蒸模型、精馏模型、换热器模型、反应器模型、聚合物模型、固体模型等。见表 10.7。

表 10.7 PRO/Ⅱ软件模型

软件模型	说明
典型的化学工艺模型	合成氨、共沸精馏和萃取精馏、结晶、脱水工艺、无机工艺、液-液抽提、苯酚精馏、固体处理
普通闪蒸模型	闪蒸、阀、压缩机/膨胀机、泵、管线、混合器/分离器
精馏模型	Inside/out、SURE、CHEMDIST 算法，两/三相精馏，四个初值估算器，电解质，反应精馏和间歇精馏，简捷模型，液-液抽提，填料塔的设计和核算，塔板的设计和核算，热虹吸再沸器
换热器模型	管壳式、简单式和 LNG 换热器，区域分析，加热/冷却曲线
反应器模型	转化和平衡反应、活塞流反应器、连续搅拌罐式反应器、在线 FORTRAN 反应动力学、吉布斯自由能最小、变换和甲烷化反应器、沸腾釜式反应器、Profimatics 重整和加氢器模型界面、间歇反应器
聚合物模型	连续搅拌釜反应器、活塞流反应器、擦膜式蒸发器
固体模型	结晶器/溶解器、逆流倾析器、离心分离器、旋转过滤器、干燥器、固体分离器、旋风分离器

PRO/Ⅱ软件组分数据库包括 2000 多个纯组分库、以 DIPPR 为基础的库、固体性质、1900 多组分/种类电解质库、非库组分、虚拟组分和性质化验描述、用户库、根据结构确定性质、多个化验混合、用于聚合物的 Van Krevelen 方法。混合物数据包括 3000 多个 VLE

二元作用在线二元参数、300多个LLE二元作用在线二元参数、2200种在线共沸混合物用于参数估算、专用数据包等。热力学计算方法有60多种。操作单元包括蒸馏器、压缩机、结晶器、减压设备、严格空冷器模型、混合器、平衡反应器、流程优化器、过程数据、用户自定义操作单元（电解质模块，SIMSCI外接的模块）等近50个。

PRO/Ⅱ软件还提供用户扩展功能，用户可以自定义物流属性包、增加用户组分数据、增加热力学计算方法、增加自定义操作单元模块120个、增加自定义计算模型7个、增加自定义电解质模型20个等。

PRO/Ⅱ软件分析工具包括工况研究、优化器、单相变量控制器、多相变量控制器、加热/冷却曲线等。

PRO/Ⅱ软件除基本包以外，还提供给用户有如下模块。

（1）界面模块

① HTFS、PRO/Ⅱ-HTFS Interface自动从PRO/Ⅱ数据库检索物流物性数据，并用该数据创建一个HTFS输入文件。然后HTFS能输出该文件，以访问各种物流物性数据。

② HTRI、PRO/Ⅱ-HTRI Interface从PRO/Ⅱ数据库检索数据，并创建一个用于各种HTRI程序的HTRI输入文件。来自PRO/Ⅱ热物理性质计算的物流性质分配表提供给HTRI严格的换热器设计程序。这减少了在两个程序之间输入的数据重复。

③ Linnhoff March，来自PRO/Ⅱ的严格质量和能量平衡结果能传送给SuperTarget塔模块，以分析整个分离过程的能量效率。所建议的改进方案就能在随后的PRO/Ⅱ运行中求出值来。

（2）应用模块

① Batch　搅拌釜反应器和间歇蒸馏模型能够独立运行或作为常规PRO/Ⅱ流程的一部分运行。操作可通过一系列的操作方案来说明，具有无比的灵活性。

② Electrolytes　该模块严密结合了由OLI Systems Inc.开发的严格电解质热力学算法。电解质应用包作为该模块的一部分，进一步扩展了一些功能，如生成用户电解质模型和创建、维护私有类数据库。

③ Polymers　能模拟和分析从单体提纯和聚合反应到分离和后处理范围内的工业聚合工艺。对于PRO/Ⅱ其独到之处是通过一系列平均分子质量分数来描述聚合物组成，可以准确模拟聚合物的混合和分馏。

④ Profimatics　KBC Profimatics重整器和加氢器模型被添加到PRO/Ⅱ单元操作。对于PRO/Ⅱ其独到之处是由这些反应修改的基础组分和热力学性质数据被自动录入。

10.2.3.3 PRO/Ⅱ软件的典型应用

（1）电解质工艺模拟

① 概述　PRO/Ⅱ的电解质模块致力于对PRO/Ⅱ的电解质模型进行精确的稳态设计和运算分析。同时，PRO/Ⅱ和电解质模块构成了一个完美的工艺模拟器，由OLI系统开发，具有精确的热力学运算方法。电解质模块利用PROVISION的界面，可以方便地设计新工艺，分析原来的包含电解质的工艺。

② 优点　SIMSCI与OLI合作至今已21年，强大的模拟工具将节省您的时间和金钱，减少工艺停工期和节约在线测试费用，评估设计、实施和优化工艺，大多数相均衡模块不要求实验数据退回，节省收集和分析数据的时间，即使在化学溶液未知的情况下也可以生成自定义模型，提供访问附加的OLI技术。

③ 应用　天然气脱硫、酸水处理、气体洗涤、腐蚀剂（NaOH）制造、强酸应用（$H_2SO_4/HNO_3/H_3PO_4$）、无机工艺、尿素/化肥生产、井和管路中的结构生成、碱金属氯

化物处理、预防腐蚀（例如：湿 H_2S 或 Fe^{2+}/Fe^{3+}）、用 K_2CO_3 除去 CO_2/H_2S。

④ 电解质组分数据库模型

(a) 40多种对工业生产有广泛适用性的电解质模型。

(b) 电解质实用包（EUP）具有自定义模型生成能力。

(c) 2500多种可用化学物质。

(d) OLI界面技术提供了可访问的附加特性，如数据库（5000多种化学物质）、OLI分析器、ESP、OLI发动机、ESP数据库等。

⑤ 热力学方法

(a) 精确的第一热力学运算定律，模拟蒸汽、水成液、有机溶液、固体、固态氢氧化物间的化学平衡。

(b) 从HGK状态方程中得知水的热焓和体积。

(c) 从Meissner和Kusik中得知水化活性。

(d) 用到的平衡常数包括标准状态Gref、Href和CPref，从Tangert和Helgesonk中得到 $c_p(T)$ 等式。

(e) 三个相互关联的离子溶质的有效系数，分别为：Debye-Hucket（大范围的ion-ion）；Bromley-Zemaitis（小范围的ion-ion）；Pitzer（小范围的ion-molecule）。

(f) 处理高度浓缩和混合的电解质溶液系统的Chen NRTL模型。

(g) 精确而完备的pH值计算。

(h) 对氧化还原反应有广泛的模拟能力。

⑥ 精确的计算功能

(a) 增强的ELDIST蒸馏法则。

(b) 标准的单元操作包括：简单的和多芯（LNG）换热器；转化和平衡反应器；蒸馏塔。

(c) 特殊固体的处理操作，包括：精确的质量传递控制溶解器和结晶器；转鼓式过滤机；过滤式离心机。

(d) 针对实际的离子形式的化学和相平衡。

(e) 通过组分重建自动生成分子浓度。

⑦ 电解质实用包

(a) 通过PRO/Ⅱ电解质数据库广泛的数据生成自定义的电解质模型。

(b) 利用电解质模型运行独立的闪蒸。

(c) 创建并保存一个物性数据库。

(d) 从实验数据中还原模型参数。

(2) 精炼厂工艺模拟

① 概述　PRO/Ⅱ程序功能强大，它能灵活地模拟精炼厂工艺，是世界上领先的精炼公司的理想选择。PRO/Ⅱ模拟能力极其广泛，从原油的特性和预热到复杂反应和分离装置。PROVISION对建立和修改PRO/Ⅱ模型提供一个良好的用户界面。

② 优点　降低成本和操作费用、提高工厂设计、增加工厂效益和产品质量、众多的工艺模型、广泛的生产工艺过程、对复杂的生产模型简化经验曲线、节约资本或工程费用的5%～15%。

③ 应用　设计新工艺、评估改变的装置配置、改进现有装置、依据环境规则进行评估和证明、清除装置工艺瓶颈、优化和改进装置产量和效益。

④ 工艺　原油真空蒸馏、气体分馏装置、FCCU、碳氢化合物分裂装置、Reforming、

加氢处理、烷化、异构化、胺类、酸水反萃取器、润滑油工艺、炼焦。

(3) 化工工艺模拟

① 概述 PRO/Ⅱ程序功能强大，它能灵活地模拟有机工艺和无机工艺。它广泛适用于氨的生产、工业废气处理、基本的和中间的石化产品、聚合物、制药、电解系统（如：胺、酸、盐、酸水和腐蚀清除）；它能精确地模拟复杂的电解质化学、非理想蒸馏、多种反应系统、气/液/固分离，世界上100多个化学制品生产公司选择了这个理想的软件。

② 优点 降低成本和操作费用、提高工厂设计效果、增加工厂效益和产品质量、众多的工艺模型、广泛的生产工艺过程、在熟悉的PROVISION界面下集成了电解质、批处理和聚合技术、对复杂的生产模型简化经验曲线、节约资本或工程费用的5%～15%。

③ 化工工艺特征 对化工生产应用提供专用的模型，包括反应/批蒸馏、恒沸点分离和多种反应器模型、在熟悉的PROVISION界面下集成了电解质、批处理和聚合技术、在单相和多相系统中快速而方便地访问精确的热力学数据、电解质系统预备模型、对纯组分和混合组分提供完备的物性数据、强大的流程优化、对装置提供独特而综合的单元操作、所有组分和热力学数据。

④ 应用 设计新工艺、评估改变的装置配置、改进现有装置、依据环境规则进行评估和证明、清除装置工艺瓶颈、优化和改进装置产量和效益。

⑤ 工艺 烯烃/石油化工产品生产、氨/尿素/化肥、制药、无机化工、有机化工、固体处理。

(4) 间歇工艺模拟

① 概述 PRO/Ⅱ间歇模块能精确地设计和分析间歇反应器和间歇分裂蒸馏塔。间歇模块帮助你设计、控制、查找故障并调试间歇和间歇/连续工艺，评估装置的配置和产品的产量与利润。间歇模块拥有PROVISION界面，是全内置于PRO/Ⅱ的附加功能。

② 应用 制药、染料、特殊化学制品、精细化工、间歇工艺。

③ 优点 使用SIMSCI的间歇模块将在以下方面节省您的时间和金钱：降低成本和操作费用至少5%、提高工厂设计效果、增加工厂效益、提高产品质量、节约非特殊的产品再处理、众多的工艺模型、广泛的生产工艺过程、提高工艺设计效率、对工艺工程师减少经验曲线、减少在线测试费用和停工期、对完整工艺或间歇工艺与连续工艺提供设计和操作评估、自动调节单元之间的连接使间歇工艺与连续工艺完美结合、提供灵活的操作规则，使间歇方法很容易被设计。

④ 操作规则允许你定义 启动和终止条件，如时间、温度、组分、数量等；预先的操作设置，如反应器预热、容器装料等；精馏与反应条件；操作后处理，如最终馏分和容器排出Globe Stops条件可以个别规定。

⑤ 间歇单元操作

(a) 间歇反应器：同步而有序的液相反应（CSTR）；连续的相平衡反应分析允许跟踪和除去气相产品；通过实用流体具有反应器加热和冷却的能力。

(b) 间歇分裂蒸馏塔：包括一个具有沉淀槽、塔、冷凝器和贮料塔的整流器；支持多个进料和产品；支持连续或即时的进料和Draws；在连续间歇或稳态单元操作中，支持贮料塔物料处理；提供全部的逆流或贮料塔原始组分。

(c) 集成的间歇和稳态装置：通过一个虚拟的思想，对连续工艺集成间歇装置；自动连接时变和稳态物流；连续的油流用指定的或计算出来的间歇周期来描述。

10.2.3.4 PRO/Ⅱ软件基本操作步骤

下一章将用一个简单的脱甲烷工艺流程为例，来说明PRO/Ⅱ软件在流程模拟方面的基本操作和运用。

10.3 其他化工设计软件简介

10.3.1 化工装置设计软件 PDS

对化工生产装置设计而言，它是带控制点工艺流程图（PID）工艺过程设计工作的继续，或者说是工艺过程设计的具体化——即建立装置三维软模型的过程。也是绘制工程图纸、完成材料统计和其他设计文件的必要阶段，过程设计和装置设计在 CAD 技术中被划分为两个设计阶段。装置设计的内容是按照 PID 图上显示的设计意图以及有关的标准、规范和法规工程经验等的要求，在 CAD 系统上建立石化装置的软模型，再进行分析（应力分析等）、检查（碰撞检查等），最后汇出工程图纸、材料表及有关的设计文档，作为工程建设的基本依据。

化工生产装置管路复杂，管路压力等级多，热力管路、夹套管、伴热管、公用工程管路非常多。传统的化工生产装置设计方法是采用二维设计软件 AutoCAD 手工绘制设计所需的平、立、剖面图（如需生成单管图，也得人工逐张绘制），工作量非常大，并且不够精细，效率低，质量难以保证。特别是对比较复杂的化工装置来说，用传统的设计方法进行设计，要在较短的设计周期内高质量完成是非常困难的。

为了提高工程设计效率，有效降低设计人员的工作量和工作强度，提高了设计质量，目前国内外已经开发了几种三维装置设计软件如 PDS、PDMS、PDSOFT、Auto-Plant 等，这里简单介绍 PDS 的软件，对于其他设计软件读者如果感兴趣可以自行参考相关文献。

10.3.1.1 概述

PDS（plant design system）是美国 Inter-graph 公司开发的三维工厂设计系统软件，不仅具有多专业设计模块、强大的数据库支持能力，还有应力计算、结构分析等许多第三方软件的接口，而且具有模型的漫游和渲染功能（由专用软件 Smart Plant Review 完成），可以发现模型错误和设计中的错、漏、碰、缺等问题，能保证设计质量。三维模型设计在计算机上可动态直观地展示出工厂或单元装置建成后的实际情景，有利于业主决策和进行施工控制及生产维护。目前国外大型工程公司已广泛采用此软件。

PDS 不是单纯三维的工厂设计系统，而是包括了工厂设计全过程的系统，是从二维到三维的过程。使用 PDS 的 PDS 2D PID 模块可以绘制 PID，这种 PID 的每条管线都是带有属性的，它包括设计所需要的各种条件、数据以及绘图中所涉及的图符和标注文本等各种信息，因此每条管线都可以进行设计合理性的检查。在检查通过后，PID 上的信息可以被引入 PDS 系统的后台数据库中，PDS 3D 模块通过数据库的连接直接读取每条管线的有关信息，设计人员根据这些信息建立三维模型。这样就实现了信息的传递，减少了重复输入且不容易出错。在三维模型建好后，可以进行模型碰撞检查，抽取材料报告，设备布置图、管路平面、立面、剖面和轴侧图等工作。

10.3.1.2 用户化

PDS 的用户化一般包括以下内容：数据库、平面图和轴侧图、材料报告、系统环境等的用户化。

(1) 数据库

PDS 系统本身带的数据库是 ANSI 标准，而国内工程一般采用石化标准或国家标准，在材料、管件选型、连接方式和管件尺寸等方面都有所不同，因此数据库的用户化工作很重要，且工作量也是很大的。这部分要做的工作是定义以下 5 个库：材料等级库、管件物理尺寸库、组合件程序库、标准代码注释库和材料简短描述库。

(2) 平面图和轴侧图

PDS平面图由PDS三维模型直接切出来，由于PDS的三维模型是以设计的实际尺寸严格按照比例画出来的，决定了PDS平面图的精确性。这部分的用户化工作是定制图框和控制图面。图框文件名称的格式用“前缀字符图类型图尺寸”，图面控制由项目数据管理中的视图管理或种子文件管理实现，包括标注坐标格式、字体大小、线型、颜色等。

轴侧图用户化工作包括轴侧图开关设置和轴侧图批处理生成两部分。我们知道PDS的轴侧图是用ISOGEN来生成的，ISOGEN是著名的轴侧图生成软件，世界上几个大的三维软件系统都是用它来生成轴侧图。ISOGEN功能强大、使用灵活，其效果主要是由提供给用户140个开关设置决定的。为了配合生成轴侧图，Intergraph公司另外增加了一些开关，也要正确设置才能生成满意的轴侧图。

轴侧图生成后还要进行后期的修改，包括修改字体、加页号、改螺栓表等才能最终生成符合要求的轴侧图，而这些工作是枯燥的重复劳动。

(3) 材料报告

PDS材料报告是模型建立后，系统根据设计数据库的数据，结合参考数据库按照材料报告格式文件要求的内容和格式，自动生成文本格式的材料报告。用户化包括修改材料报告格式文件和报告后处理。

(4) 系统环境

系统环境主要包括不同流体介质的颜色和层、模型的线宽、连接方式匹配表、数据库文件定义，模型的设计坐标原点、坐标显示格式和精度、坐标单位的恰当表示等。

10.3.1.3 利用SmartPlant Review进行工程审核

Intergraph公司的SmartPlant Review是一种基于wintel平台的简单易用的设计检查工具。SmartPlant Review容易使用和控制。用户可以用键盘、鼠标及游戏杆来控制模型文件的显示方式。由于简单易用，因此它适合从工程设计人员、施工人员到总工、项目负责人等不同类型人员使用。由于它可被安装到从笔记本计算机到大型图形工作站等不同平台上，因此可以广泛地被应用于从设计院到施工现场等不同场所。SmartPlant Review提供一种可视化的工程设计模型检查平台。用户可以在不需要任何CAD平台的情况下，检查工程设计模型及其相关的工程数据，同时可对工程模型及数据进行批注。它全面地支持Intergraph的PDS模型、Microstation文件、AutoCAD文件及SAT格式的文件。为了满足用户对性能的要求，SmartPlant支持多线程OpenGL图形渲染，同时它用MSAccess97及MSAccess2000存放项目数据，使用户的协调、审核、评估、会审意见容易保存及备份。用户可以使用SmartPlant用公制或英制单位对模型进行测量。结果可以多种不同的方式表示并可根据需要永久保存和显示。用户还可以多种方式如标签对模型进行标注。并且这些标注数据可以返回设计者供修改设计时进行参考。同时用户可以使用文本和其他数据（使用“拖放”将模型元素和任何的文件相关联）对模型进行标注。它还可以用ODBC将模型和文件关联，用户甚至可以使用SmartPlant Review的数据关联功能将其用作一个小型的文件管理系统。

总之，Intergraph公司的SmartPlant Review是一个简单易用、功能强大的工程模型查看及分析系统。它安装简单且不需要后台数据库支持，它的数据是文本文件格式，把它的数据文件拷贝到一个目录里面就可以进行工程模型的检查、审核、漫游、渲染等，这种工作方式对于工程的异地审查更加方便。

10.3.2 化工过程模拟软件CHEMCAD和HYSYS

在化工过程模拟软件家族中，CHEMCAD和HYSYS也是两个重要的软件。

CHEMCAD在计算机上建立与现场装置吻合的数据模型，并通过运算模拟装置的稳态或动态运行，为工艺开发、工程设计以及优化操作提供理论指导。使用CHEMCAD可以设计更有效的新工艺和设备，使效益最大化，通过优化/脱瓶颈改造减少费用和资金消耗，评估新建/旧装置对环境的影响以及通过维护物性和实验室数据的中心数据库支持公司信息系统。CHEMCAD应用领域包括蒸馏/萃取（间歇和连续）、各种反应（间歇和连续）、含电解质的工艺、热力学-物性计算、汽-液平衡计算、设备设计、换热器网络、环境影响计算、安全性能分析、投资费用估算、火炬总管系统以及公用工程网络等。

HYSYS软件是世界著名油气加工模拟软件工程公司开发的大型专家系统软件。该软件分动态和稳态两大部分，其动态和稳态主要用于油田地面工程建设设计和石油石化炼油工程设计计算分析，其动态部分可用于指挥原油生产和贮运系统的运行。HYSYS软件的开发部门Hyprotech公司创建于1976年，是世界上最早开拓石油、化工方面的工业模拟、仿真技术的跨国公司。其技术广泛应用于石油开采、贮运、天然气加工、石油化工、精细化工、制药、炼制等领域。它在世界范围内的石油化工模拟、仿真技术领域占主导地位。Hyprotech已有17000多家用户，遍布80多个国家，其注册用户数目超过世界上任何一家过程模拟软件公司。目前世界各大主要石油化工公司都在使用Hyprotech的产品，包括世界上名列前茅的前15家石油和天然气公司，前15家石油炼制公司中的14家和前15家化学制品公司中的13家。2002年7月Hyprotech公司成为ASPEN科技公司的一部分，2004年10月13日，霍尼韦尔从ASPEN科技公司收购了HYSYS®建模软件知识产权和操作员培训仿真（operator training simulation，OTS）业务。目前，HYSYS在国内应用也非常广泛，国内用户总数已超过50，所有的油田设计系统全部采用该软件进行工艺设计。

比较几种大型化工过程模拟设计软件，目前一般认为，PRO/Ⅱ因其数据库中有不少经验数据，在炼油工业应用更为准确些，适用于设备核算、短流程等；而ASPEN是智能型的、开方式的，数据库比较全，在化工领域表现更好，适用于比较大或长的流程；HYSYS主要用于炼油，动态模拟是它的优势；CHEMCAD在学校教学方面应用广泛。从易收敛性上看，CHEMCAD要好于HYSYS和PRO/Ⅱ，而从贴近工业实际看，后两者要更强一些。

ASPEN PINCH是一个基于过程综合与集成的夹点技术的计算软件。它应用工厂现场操作数据或者ASPEN PLUS模拟计算的数据为输入，来设计能耗最小、操作成本最低的化工厂和炼油厂过程流程。ASPEN PINCH具有可与模拟软件ASPEN PLUS及PRO/Ⅱ集成、用户界面完全Windows化、有目标链接嵌入OLE功能等特点。它的典型作用有以下几个方面：

① 老厂节能改造的过程集成方案设计；

② 老厂扩大生产能力的“脱瓶颈”分析；

③ 能量回收系统（例如换热器网络）的设计分析；

④ 公用工程系统合理布局和优化操作。

采用这种夹点技术进行流程设计，根据一些大型石化公司经验，一般对老厂改造，可以节能20%左右，投资回收期一年左右；对新厂设计往往可节省操作成本30%，并同时降低投资10%～20%。

Aspen Custom Modeler是一套建立在联立微分-代数方程组求积分解基础上的动态模拟系统。它包括一套单元操作的动态模型库（其中包括各种控制和阀门模型）。它使用和ASPEN PLUS一样的物性数据库（PROPERTIES PLUS），这样可使稳态及动态模拟计算结果保持一致性。它与一些 MATLAB、G2、各种 DCS 工具软件都有接口。Aspen Custom Modeler 常用的几个方面是：

① 提高可操作性，包括开车方案、正常操作规程；

② 改进安全性，包括释放系统、事故分析；

③ 改进过程控制方案，测试可能的控制方案，研究先进的控制策略；

④ 开发用户模型及优化过程操作。

由于解算动态模型的微分方程组时，初值条件好坏非常关键，因此，计算之前必须输入一组稳态初值作为计算起始点。这种稳态初值通常由 ASPEN PLUS 模拟结果提供。

Aspen Dynamics 是一套基于 Windows 的动态建模软件，可方便地用于工程设计与生产操作全过程，模拟实际装置运行的动态特性，从而提高装置的操作弹性、安全性，增加处理量。Aspen Dynamics 与普通的 Windows 应用程序一样，使用起来非常简单，几分钟之内便可得到精确的动态结果。工程师可以将数据通过 Excel 与其他应用软件共享。这些应用方便的动态模型基于联立方程的建模技术，具有快速、精确与鲁棒性等优点。Aspen Dynamics 能用于实际工厂操作，如故障诊断、控制方案分析、操作性分析和安全性分析等。对塔开车、间歇过程、半间歇过程和连续过程都可以建立精确的模型。

ASPEN ICARUS 是一套投资估算、预算和项目进度管理软件。ICARUS 2000 是包括工程与设备设计、工程经济、项目控制及管理的多功能软件，世界上知名的炼油和石化公司与工程设计公司都用此软件作为其成本计算、投资估算预算及报价的标准。此软件在基础设计初期即可使用。仅需设备操作条件、工艺流程和初步的工厂配置总图，ICARUS 2000 即可进行设备尺寸及详细的机械设计，并计算其材料量、人工时等成本及其他的间接制造成本。再利用其内部的 PID 库自动设计并计算设备所需的周边管线、土建、钢结构、仪表、电气等制造及施工所需的一切细节。所有成本计算完全依据项目设计、采购及施工的实际步骤而定，并产生项目进度表。ICARUS Process Evaluator（IPE）和 ICARUS Project Manager（IPM）两个软件也具备一些相似的特性功能。

ASPEN PIMS（Process Industry Modeling System）生产信息管理系统，是一套灵活好用的处理商业经济方案的生产管理的软件系统，主要应用在石化工业。ASPEN PIMS 采用线性规划技术来优化过程工业各装置的操作和设计，它适用范围广，可用于短周期或长期战略性的规划，比如原料选择、产品调优、生产计划、库存和供应管理、技术评价、复杂的宽范围优化、投资计划以及确定装置的规模或扩建研究等。利用 ASPEN PIMS 系统可以快速地分析判断加工不同原油的装置加工瓶颈，并从经济上给出解决装置瓶颈的最佳方案；还可以选择适合系统加工而且效益又佳的原油并利用该系统进行保本点的优化求解等。目前我国有 PIMS 的单位正越来越多。

本书附录列出了其他一些化工设计相关软件，有兴趣的读者可以参考相应软件的详细介绍。

10.4 小结与展望

近 25 年来，随着计算机硬件、软件和数据库技术的进步，化工设计软件进入了高速发展的时期，形成了过程模拟软件、流程的组织与合成软件、设备分析和模拟软件、热工专业软件、系统专业软件、安全环保专业软件、经济分析与评价、工艺装置设计软件等诸多软件类别，用计算机辅助化工设计改造传统的设计方式，不但可以增加效率，节约成本，而且也提高了设计质量，因此目前国外普遍采用 CAD（computer aided design）方式进行化工设计。

当今，国际有名的工程公司已经通过建立主机（高级服务器）、工作站和微机终端的计算机网络系统，实现了各类应用及不同专业设计软件的一体化，以及从设计、订货、采购、施工等各阶段的集成化。所有设计图纸和资料以及原始条件均用电子资料保存，实现全过程“无图纸”设计。

随着我国进入WTO，国际项目合作和竞标已经日趋广泛。要与国际上的工程公司合作承接项目，在国外工程招标中竞争夺标，应用和开发化工设计软件是非常重要的，在化工和石化行业的发展过程中有可能起到关键性甚至是决定性的作用，因此，在国内普及和开发化工设计软件也将成为必然趋势。设计软件一体化，项目的评估、规划、可行性研究、工艺过程设计、装置设计、建设工作前期准备直到施工管理、开车、培训、维护等一系列过程的整体化，以后都可以由计算机来完成。进一步形成CAD/CAE（computer aided engineering）系统，将会带来生产力的进一步提高，从而促进CAD/CAE技术新的进步和发展，形成良性循环。

参考文献

1 王晓红，李玉刚，项曙光，韩方煜. 化工过程模拟软件系统结构的探讨. 青岛科技大学学报，2003，**24**（2）：129～131
2 赵琛琛. 工业系统流程模拟利器——ASPEN PLUS. 电站系统工程，2003，**19**（2）：56～58
3 ASPEN PLUS用户指导和教程. 2004
4 PRO/Ⅱ用户手册. 2004
5 刘红新. PDS及在工程上的应用. 化工设计，2004，**14**（3）：39～43

习　题

10.1 简述目前几种商用大型化工流程模拟应用软件，并简要说明其特点。

10.2 查阅相关文献了解ASPEN PLUS软件和PRO/Ⅱ软件的发展历程，简述目前这两种软件在国内外的使用情况。

第11章 化工设计实例

本章提供三个化工设计实例。用一个简单的脱甲烷工艺流程为例，来说明 PRO/Ⅱ软件在流程模拟方面的使用情况；然后介绍一个在石化行业中很重要的烃类裂解制乙烯的裂解炉辐射段炉管的化工设计以及解决在大化肥工程项目中关键的蒸汽透平机效率的计算问题；最后以年产 1500t 乙酸乙酯车间工艺设计为例，详细叙述系统的工艺设计过程。

11.1 PRO/Ⅱ软件设计脱甲烷工段

11.1.1 设计任务

本工艺设计的目的是考察入口物流成分的变化如何影响脱甲烷塔再沸器负荷和甲烷压力恢复。

① 设计项目　降低气体中的甲烷含量。

② 产品规格　使产出物流的甲烷与乙烷的比率低于 0.015。

③ 设计目标　考察入口物流成分的变化如何影响脱甲烷塔再沸器负荷和甲烷压力恢复。

④ 产品用途　满足特定产品的需要等。

11.1.2 入口物流条件

脱甲烷工艺入口物流的情况见表 11.1。

表 11.1　入口物流条件

组　分	摩尔分数	组　分	摩尔分数
氮气	7.91	正丁烷	2.44
甲烷	73.05	异戊烷	0.69
乙烷	7.68	戊烷	0.82
丙烷	5.69	正己烷	0.42
异丁烷	0.99	庚烷	0.31
流率/(m^3/s)		8	
温度/℃		42	
压力/atm		40	

11.1.3 工艺流程图

经过调研选定的生产工艺流程如图 11.1 所示，其中包括闪蒸器、液压阀、膨胀机、换热器、压缩机和蒸馏器等设备。

11.1.4 PRO/Ⅱ软件模拟过程

(1) 建立工艺流程图

首先需要在 PRO/Ⅱ软件中建立工艺流程图，所使用的工具是浮动的 PFD 图板，在浮

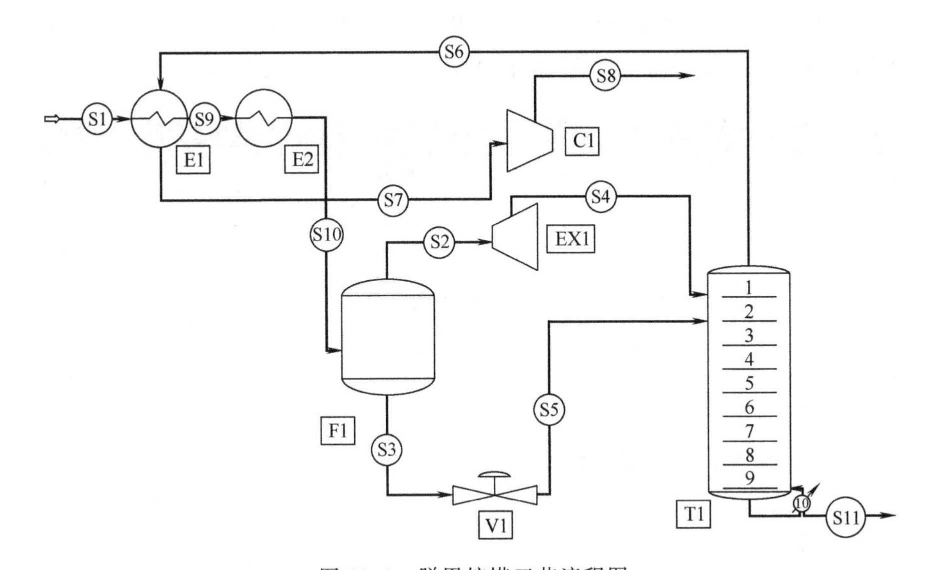

图 11.1　脱甲烷塔工艺流程图

F1—闪蒸器；V1—液压阀；EX1—膨胀机；E1，E2—换热器；C1—压缩机；T1—蒸馏器；
S1～S11—进口物流或出口物流

动的 PFD 图板中选取工艺装置、物流线等，建立的工艺流程图如图 11.2 所示。

缺省情况下，程序自动给出工艺装置和物流的代号，如入口物流代号为 S1、第一个闪蒸设备的代号为 F1 等。必须注意的是，当某装置或物流（入口物流）未输入数据或者输入的数据不全，其代号及框为红色。除入口物流以外，其余代号及框均为黑色。

（2）定义组分表

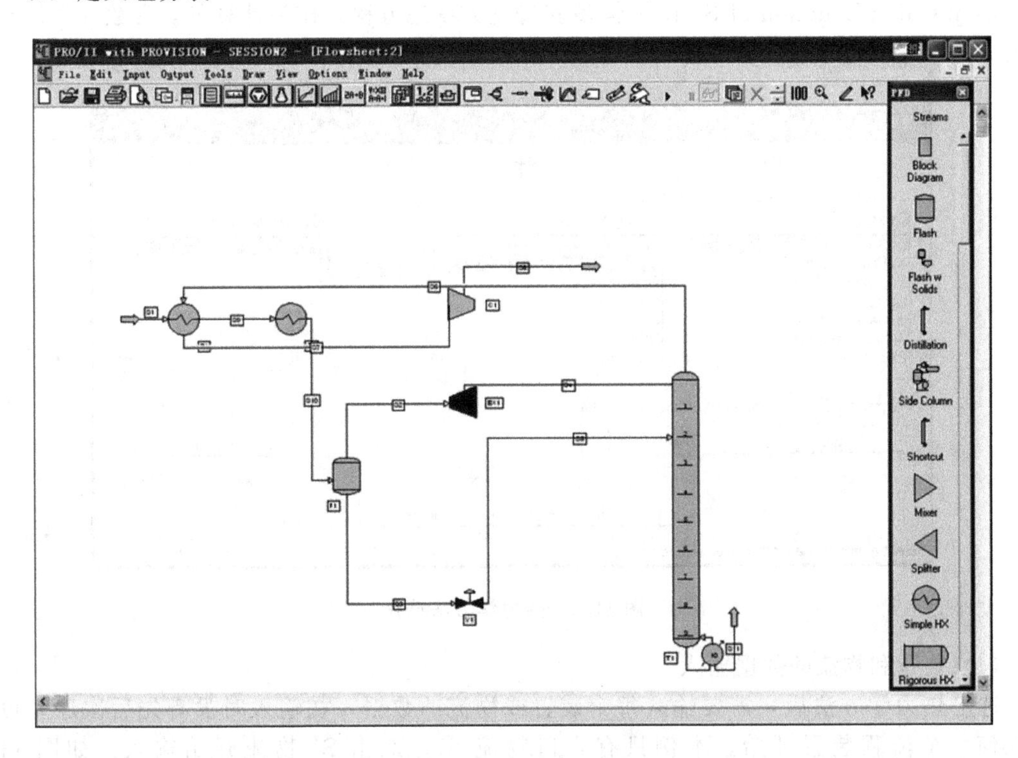

图 11.2　脱甲烷工艺流程图

建立流程图后，就开始定义组分表，输入物流由石蜡、甲烷～庚烷、氮气组成，所有这些组分都可以在庞大的 PRO/Ⅱ组分数据库中找到。输入窗口如图 11.3 所示。

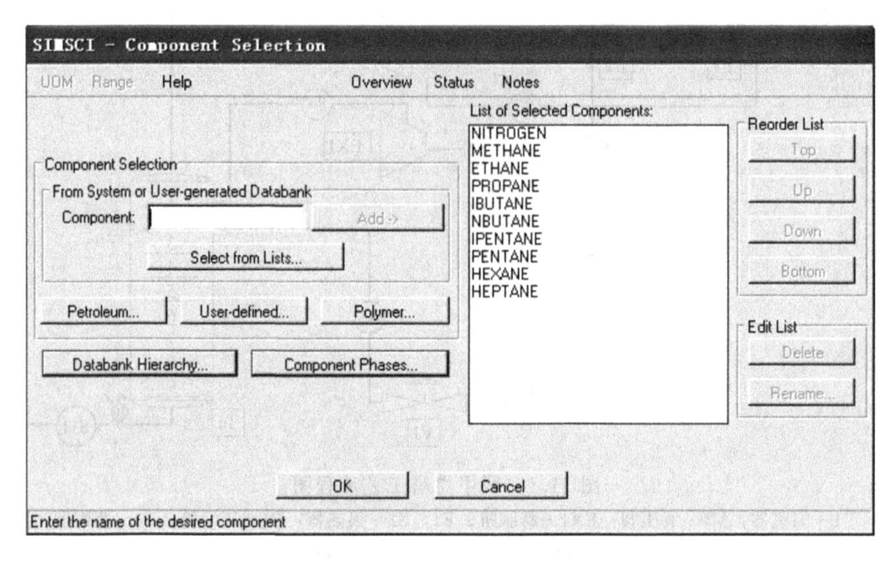

图 11.3 组分输入窗口

待 List of Selected Component（组分选择表）的框变为蓝色，表示为用户提供的数据。没有红框出现则表示没有需要输入的数据。

（3）选择一种适合的热力学方法

定义组分后，必须选择一种适合的热力学方法。由于组分涉及石蜡，因此选择 Pen-Robinson Cubic Equation of State（本-罗宾逊立方状态方程）作为计算平衡常数和气液相热焓的方法，这能提供较为理想的结果。图 11.4 所示为选择热力学方法的示意窗口。

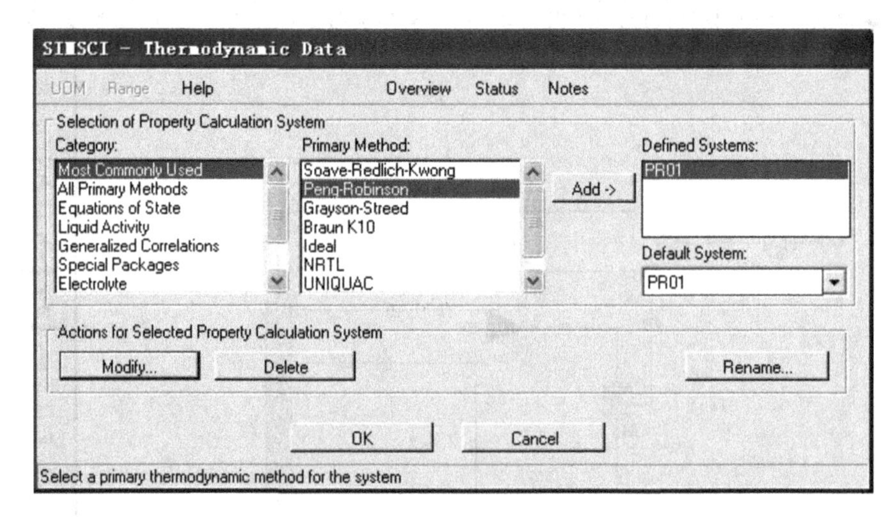

图 11.4 热力学方法选择

（4）装置和物流的数据输入

选定热力学方法后，需要输入每个装置或物流的数据。在输入时没有先后次序，可以从任何一个流程装置开始。本例只有入口物流 S1。双击 S1 物流开始输入，如图 11.5 所示。

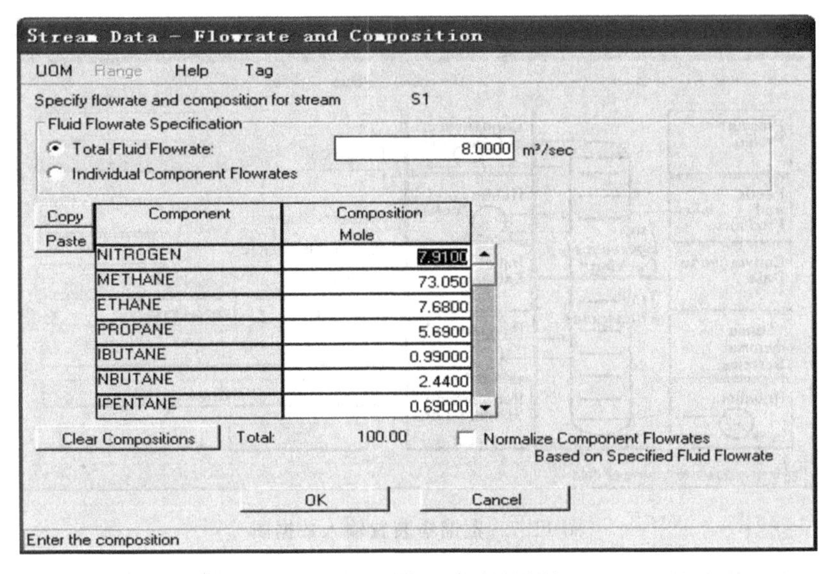

图 11.5 物流的流率和成分输入

如果需要改变单位，只需在上述窗口单击 UOM 按钮。输入完物流成分数据后，输入入口物流的温度和压力，如图 11.6 所示。

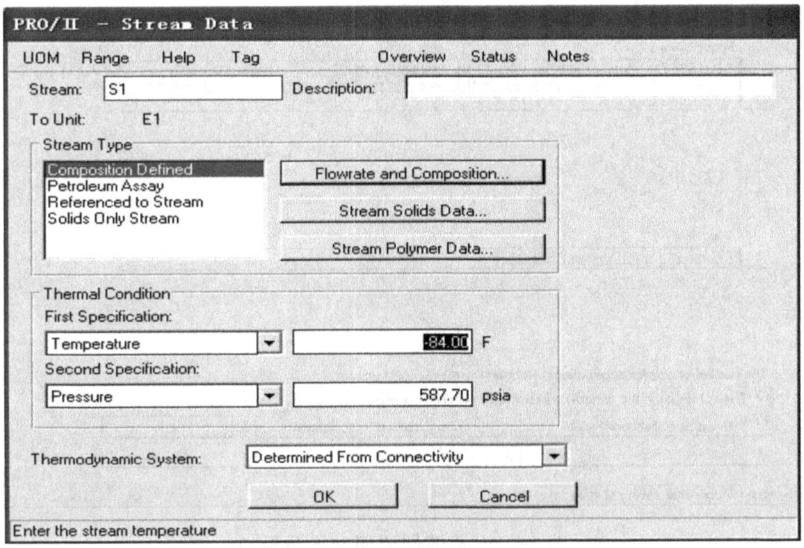

图 11.6 物流数据输入窗口

工艺装置的数据输入方法与物流线输入方法类似。双击设备图标，将设备参数逐个输入，直至设备标识符不是红色，这表示此装置需输入的数据都已输入完毕。以蒸馏塔为例，在蒸馏塔加入流程图时，会要求输入塔的层数。在 Number of Theoretical Tray（理论层数）处输入一个设定的数，此数包括再沸器，不包括冷凝器，这里取这个数为 10，如图 11.7 所示。

（5）说明参数和变量输入

本工艺的目的是为了从气体中除去甲烷，因此将底部产出物流中的甲烷与乙烷的比率定为 0.015。这需要在蒸馏塔数据输入主窗口中单击 Performance Specifications 图标，输入甲

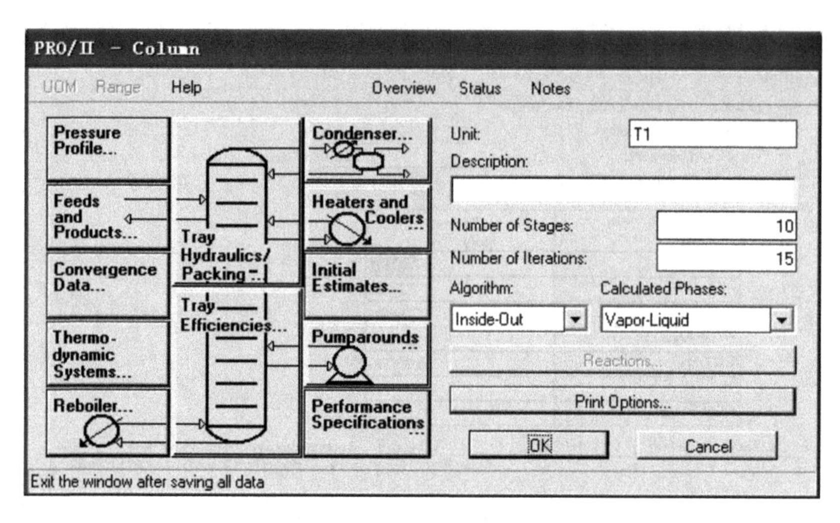

图 11.7 蒸馏塔装置输入数据图

烷与乙烷的比率的说明参数，同时面对这个说明参数，将再沸器负荷作为变量输入。最终输入结果如图 11.8 所示。

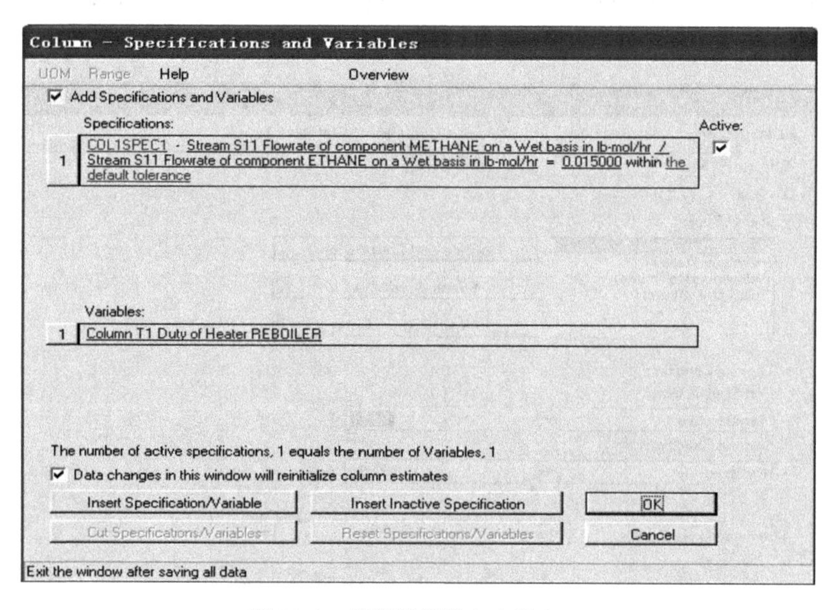

图 11.8 蒸馏器说明和变量窗口

当所有的工具条图标、装置图标、物流图标等都没有红色显示，这表明所有需输入的数据都已输入完毕。接下来就要运行这个化工模拟过程。

（6）运行化工模拟过程

在开始运算之前，需要用 Run 浮动图板上的“Check Data”来检查流程图中是否有错误出现，如果有，“Status”按钮将变为黄色或红色。修改好错误后，再单击“Run”按钮开始计算。当 PRO/Ⅱ完成全部流程计算时，装置和物流将全部变为深蓝色。Run 浮动图板上的“Messages”项将包含计算过程的每个步骤（见图 11.9）。

最后可以将结果以 file.out 文件的形式输出，如图 11.10 所示。

（7）结果输出

```
PRO/II with PROVISION - SESSION2 - [SESSION2 Solved]
File Edit Input Output Tools Draw View Options Window Help
    UNIT     4      BEGINS    - 'E1                 '
    UNIT     4      SOLVED
    UNIT     5      BEGINS    - 'E2                 '
    UNIT     5      SOLVED
    UNIT     1      BEGINS    - 'F1                 '
    UNIT     1      SOLVED
    UNIT     2      BEGINS    - 'EX1                '
    UNIT     2      SOLVED
    UNIT     3      BEGINS    - 'V1                 '
    UNIT     3      SOLVED
    UNIT     7      BEGINS    - 'T1                 '
** WARNING **  UNIT 7, 'T1' - Stream S6 - The given FIXED STREAM RATE (2197.3)
               and the PRODUCT RATE ESTIMATE (2393.3) were DIFFERENT, so the
               rate estimate has been changed to 2197.3.
** WARNING **  UNIT 7, 'T1' - Stream S11 - The given FIXED STREAM RATE
               (482.83) and the PRODUCT RATE ESTIMATE (286.8) were DIFFERENT,
               so the rate estimate has been changed to 482.83.
            INNER   0 : E(ENTH+SPEC) = 2.831E-01
            CALCULATING NEW MATRIX
            INNER   1 : E(ENTH+SPEC) = 1.863E-01   ALPHA =   0.0024
*** A FATAL ERROR OCCURRED ON ITERATION     1
*** ERROR HISTORY IS NOT AVAILABLE FOR THIS ITERATION
*** ERROR ***  UNIT 7, 'T1' - TEMPERATURE EXCEEDS LIMIT on tray 1.
    UNIT     7 NOT SOLVED
      MAX ERRORS:  X=1.  (S6)                    T=1640.  (S6)
                   P=0.  (S7)
      Loop   1 NOT SOLVED after     4 trials
    UNIT     4      BEGINS    - 'E1                 '
    UNIT     4      SOLVED
    UNIT     5      BEGINS    - 'E2                 '
    UNIT     5      SOLVED
    UNIT     1      BEGINS    - 'F1                 '
    UNIT     1      SOLVED
    UNIT     2      BEGINS    - 'EX1                '
    UNIT     2      SOLVED
    UNIT     3      BEGINS    - 'V1                 '
    UNIT     3      SOLVED
    UNIT     7      BEGINS    - 'T1                 '
            INNER   0 : E(ENTH+SPEC) = 1.352E+01
            CALCULATING NEW MATRIX
Run: Status / Check Data / Run / Step / Stop / Set Breakpoints / Goto / Messages / View Results / Show Breakpoints
Push this button to view the complete flowsheet diagram
```

图 11.9　PRO/Ⅱ详细的计算过程

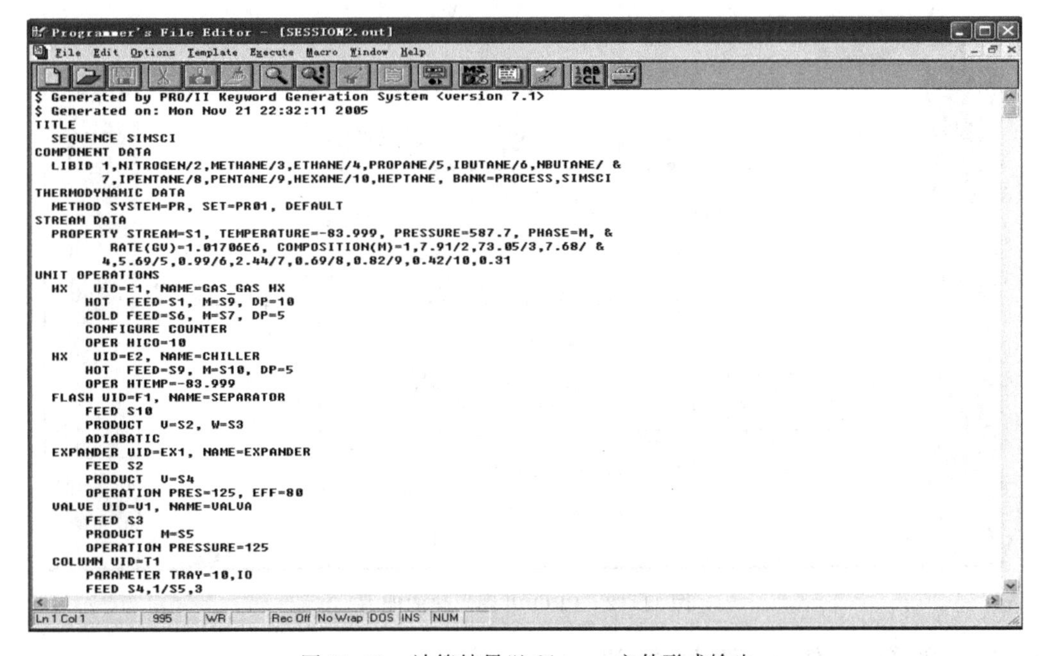

```
Programmer's File Editor - [SESSION2.out]
File Edit Options Template Execute Macro Window Help
$ Generated by PRO/II Keyword Generation System <version 7.1>
$ Generated on: Mon Nov 21 22:32:11 2005
TITLE
  SEQUENCE SIMSCI
COMPONENT DATA
  LIBID 1,NITROGEN/2,METHANE/3,ETHANE/4,PROPANE/5,IBUTANE/6,NBUTANE/ &
        7,IPENTANE/8,PENTANE/9,HEXANE/10,HEPTANE, BANK=PROCESS,SIMSCI
THERMODYNAMIC DATA
  METHOD SYSTEM=PR, SET=PR01, DEFAULT
STREAM DATA
  PROPERTY STREAM=S1, TEMPERATURE=-83.999, PRESSURE=587.7, PHASE=M, &
        RATE(GV)=1.01706E6, COMPOSITION(M)=1,7.91/2,73.05/3,7.68/ &
        4,5.69/5,0.99/6,2.44/7,0.69/8,0.82/9,0.42/10,0.31
UNIT OPERATIONS
  HX    UID=E1, NAME=GAS_GAS HX
      HOT  FEED=S1, M=S9, DP=10
      COLD FEED=S6, M=S7, DP=5
      CONFIGURE COUNTER
      OPER HICO=10
  HX    UID=E2, NAME=CHILLER
      HOT  FEED=S9, M=S10, DP=5
      OPER HTEMP=-83.999
  FLASH UID=F1, NAME=SEPARATOR
      FEED S10
      PRODUCT  V=S2, W=S3
      ADIABATIC
  EXPANDER UID=EX1, NAME=EXPANDER
      FEED S2
      PRODUCT  V=S4
      OPERATION PRES=125, EFF=80
  VALVE UID=V1, NAME=VALVA
      FEED S3
      PRODUCT  M=S5
      OPERATION PRESSURE=125
  COLUMN UID=T1
      PARAMETER TRAY=10,IO
      FEED S4,1/S5,3
Ln 1 Col 1 | 995 | WR | Rec Off | No Wrap | DOS | INS | NUM
```

图 11.10　计算结果以 file.out 文件形式输出

PRO/Ⅱ软件有很好的兼容性和易用性，几乎与所有常用软件都可以连接，包括 Microsoft Office、Lotus SmartSuite、Visio（Technical）、AutoCAD、Visual Basic、Visual C++等。如 PRO/Ⅱ能在微软的 Excel 中产生一个预先备好格式的模拟结果物流报告，如图 11.11 所示。

另外，PRO/Ⅱ内置图形的功能也很强大，它能够将 Excel 中的图形直接粘贴进入报告。在脱甲烷塔流程中，可以浏览蒸馏塔的压力，如图 11.12 所示。

Stream Name		S1	S2	S3	S4	S5	S6	S7
Description								
Phase		Mixed	Vapor	Liquid	Mixed	Mixed	Vapor	Vapor
Total Stream Properties								
Rate	LB-MOL/HR	2680.118	1832.242	847.877	1832.242	847.877	2196.760	2196.759
	LB/HR	60328.004	33014.188	27313.813	33014.188	27313.813	38201.645	38201.625
Std. Liquid Rate	FT3/HR	2553.098	1547.550	1005.548	1547.550	1005.548	1834.358	1834.357
Temperature	F	-84.000	-84.000	-84.000	-178.129	-134.622	-173.883	-94.000
Pressure	PSIA	587.700	572.700	572.700	125.000	125.000	125.000	120.000
Molecular Weight		22.509	18.018	32.214	18.018	32.214	17.390	17.390
Enthalpy	MM BTU/HR	-2.797	-0.589	-2.128	-1.664	-2.128	-1.399	0.113
	BTU/LB	-46.364	-17.840	-77.903	-50.403	-77.903	-36.610	2.969
Mole Fraction Liquid		0.3247	0.0000	1.0000	0.0620	0.6509	0.0000	0.0000
Reduced Temp.		0.9533	1.1067	0.7336	0.8294	0.6347	0.8540	1.0928
Pres.		0.9113	0.8824	0.9003	0.1926	0.1965	0.1921	0.1844
Acentric Factor		0.0401	0.0181	0.0875	0.0181	0.0875	0.0149	0.0149
Watson K (UOPK)		16.647	17.204	15.973	17.204	15.973	17.482	17.482
Standard Liquid Density	LB/FT3	23.629	21.333	27.163	21.333	27.163	20.826	20.826
Specific Gravity		0.3789	0.3421	0.4355	0.3421	0.4355	0.3339	0.3339
API Gravity		241.971	282.168	193.384	282.168	193.384	292.251	292.251
Vapor Phase Properties								
Rate	LB-MOL/HR	1809.937	1832.242	n/a	1718.719	295.983	2196.760	2196.759
	LB/HR	32621.092	33014.188	n/a	30212.896	5034.575	38201.645	38201.625
	FT3/HR	8840.076	9284.403	n/a	36538.750	7528.756	47546.195	67857.344
Std. Vapor Rate	FT3/HR	686841.125	695305.438	n/a	652225.250	112320.461	833633.938	833633.563

图 11.11 PRO/Ⅱ在电子表格中生成物流报告

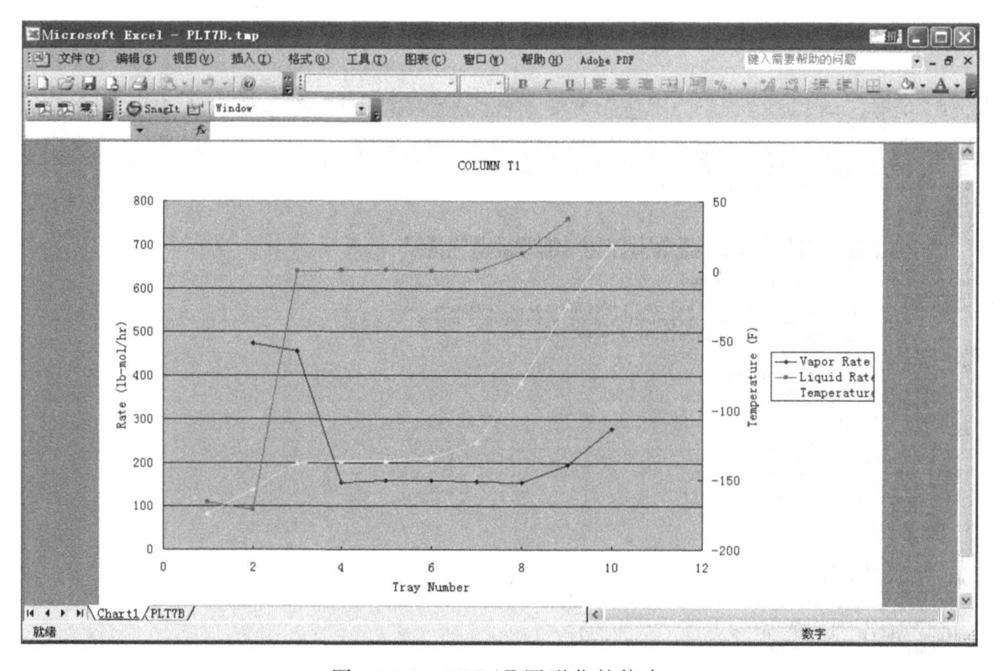

图 11.12 PRO/Ⅱ图形化的能力

11.2 裂解炉辐射段炉管设计

11.2.1 设计任务

① 设计项目 未结焦状态下烃类裂解制乙烯的裂解管式炉辐射段的炉管设计。

② 设计内容 某厂的共裂解炉（轻烃、天然气凝析液及回炉乙烷、丙烷共裂解）36.58～38.40m 处这段炉管，依据操作条件计算出该段炉管的热流率以及炉管外壁平均温度确定炉管设计。

③ 设计目标 以设计内容为基础，做详细计算，算出在炉管洁净时，物料在炉管内的停留时间、管内物料温度分布、压力降变化情况，以及炉管各点的最高壁温，以最后确定该组炉管是否符合所要求的操作条件。

11.2.2 公式及数据

11.2.2.1 辐射段炉管传热公式

$$\frac{Q}{A}=C\sigma(T_w^4-T_s^4)+2.0\times(T_w-T_s)$$

式中 Q——热量，W；

A——炉管表面积，m^2；

$C\sigma(T_w^4-T_s^4)$——辐射传热量，W/m^2；

σ——斯蒂芬-玻耳兹曼常数，$\sigma=5.67\times10^{-8}W/(m^2\cdot K^4)$；

C——系统几何尺寸等有关系数，取 0.71；

$2.0\times(T_w-T_s)$——对流传热量，W/m^2；

T_w——炉壁的热力学温度，K；

T_s——炉管表面的热力学温度，K。

11.2.2.2 物料的热焓、比定压热容、黏度、热导率、密度的计算方法

热焓（H）：按理想气体，用摩尔比法计算混合物料的热焓。各单组分的热焓取自参考文献［1］。

比定压热容（c_p）：按理想气体，用摩尔比法计算混合物料的比定压热容。各单组分的比定压热容值的计算参见参考文献［2］中的式（7A1-2）。

黏度（μ）：利用参考文献［2］中的式（11B2.1-1）计算混合物料的黏度。氢的黏度计算参见参考文献［2］第 11～79 页；蒸汽的黏度计算参见参考文献［2］第 11～81 页。

热导率（K）：利用参考文献［2］中的式（12B2.1-1）计算混合物料的热导率。蒸汽的热导率取自参考文献［3］中的蒸汽表。

密度（ρ）：按理想气体，用摩尔比法计算。

在炉管内，不同转化率时混合物料物性的计算方法如图 11.13 所示。

11.2.2.3 压力降计算

在压力降（Δp）计算中用到的物料平均摩尔质量（M_m），不能用进出口平均摩尔质量直线关系进行内插，因为这样算出的压力降偏低，应按图 11.14 所示虚线分段算出。

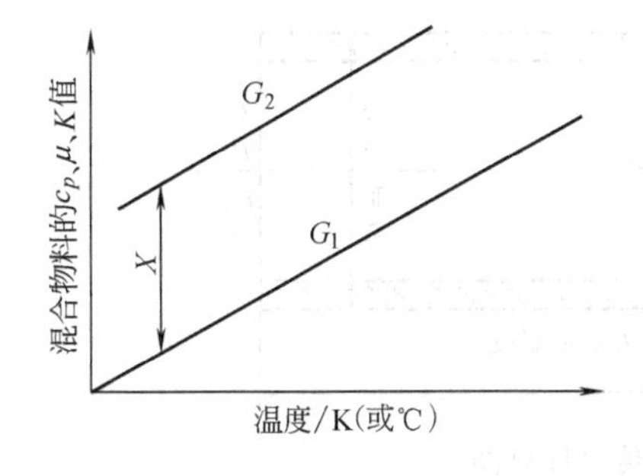

图 11.13 不同转化率时混合物料物性的计算方法图

G_1—原料的 c_p、μ、K 值（即转化率为零时的数值）；G_2—反应产物的 c_p、μ、K 值；X—炉管中各段物料的物性（按转化率％进行内插而得）

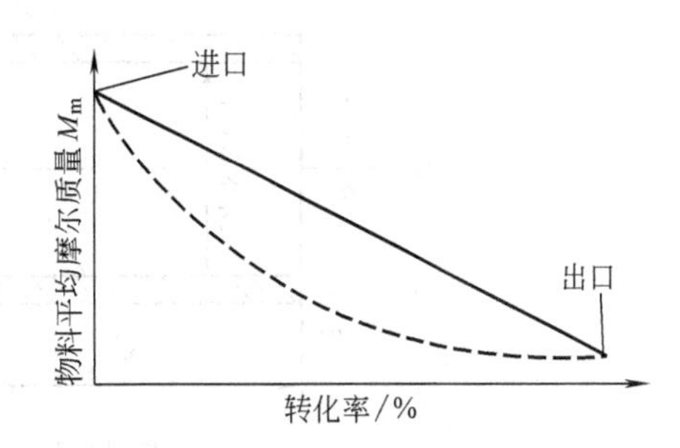

图 11.14 压力降计算方法图

11.2.3 计算步骤

裂解炉系统流程如图 11.15 所示。

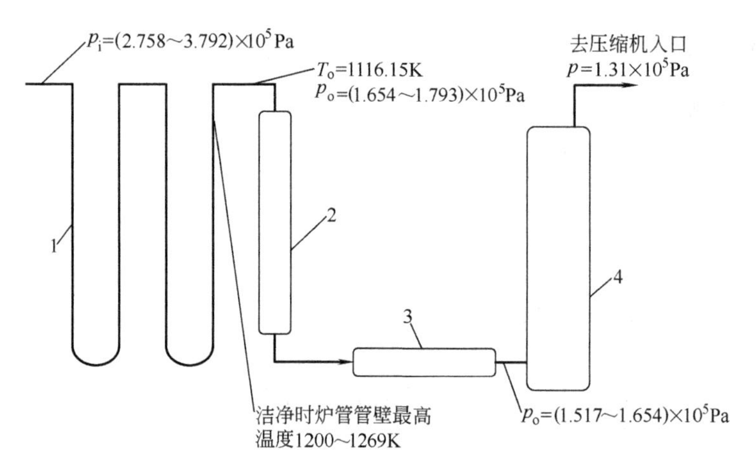

图 11.15 裂解炉系统流程图

1—裂解炉辐射段；2—淬冷换热器；3—废热锅炉；4—初馏塔；p_i，p_o—炉管进、出口压力；T_o—炉管出口温度

轻柴油裂解（炉管壁温每日温升较大），炉管壁最高温度从洁净时的 1200K 升至结焦时的 1373K。

轻烃裂解（高裂解深度，反应热大，即 ΔH_r 值大），炉管壁最高温度从洁净时的 1269K 升至结焦时的 1373K。

先设定 T_o、p_o 值，确定炉管尺寸；再假设辐射段炉壁温度及辐射段炉管进口压力（p_i），并做详细计算，确定炉管内气体温度分布情况、炉管壁温度分布情况、烃分压分布情况、压力降变动情况等。

若计算结果是炉管出口气体温度过高，则要降低炉壁温度；若计算结果是炉管出口压力不对，则要调整炉管进口压力；若计算结果符合上述各项假设条件，则可认可。

11.2.3.1 热量平衡及传热计算

热量平衡及传热计算图如图 11.16 所示。所有传热面积均以炉管外壁为基准。在 L 长的炉管内，所传进的热量（Q）为气体物料的增加显热加上裂解反应热，即

$$Q=UA\Delta T_1=Wc_p\Delta T_2+H_r \tag{11.1}$$

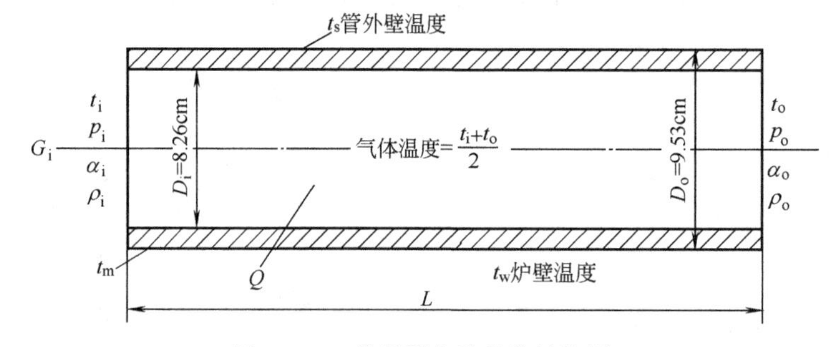

图 11.16 热量平衡及传热计算图

炉管外壁与管内气体平均温度之差为

$$\Delta T_1=t_m-\frac{1}{2}(t_i+t_o) \tag{11.2}$$

管内气体温升为

$$\Delta T_2 = t_o - t_i \tag{11.3}$$

将式（11.2）、式（11.3）代入式（11.1）即得

$$UA\left[t_m - \frac{1}{2}(t_i + t_o)\right] = Wc_p(t_o - t_i) + H_r \tag{11.4}$$

$$t_o = \frac{2Wc_p t_i + UA(2t_m - t_i) - 2H_r}{2Wc_p + UA} \tag{11.4A}$$

式中 $U = \dfrac{1}{R_s + R_f}$；

R_s——炉管热阻；

R_f——内膜热阻。

$$R_f = \frac{1}{h_o} = \frac{D_o}{h_i D_i}$$

将式（11.3）代入式（11.1）后，再除以炉管表面积 A，得

$$\frac{Q}{A} = \frac{Wc_p(t_o - t_i) + H_r}{A} \tag{11.1A}$$

炉壁对炉管的传热量为

$$\frac{Q}{A} = U\Delta T_1 \tag{11.1B}$$

$$\frac{Q}{A} = 4.026 \times 10^{-8}(T_w^4 - T_s^4) + h_o(T_w - T_s) \tag{11.5}$$

11.2.3.2 停留时间及转化率计算

停留时间（θ）为

$$\theta = \frac{L}{V_m} = \frac{1}{0.5G\left(\dfrac{1}{\rho_o} + \dfrac{1}{\rho_i}\right)} \tag{11.6}$$

第一次估算停留时间时无 ρ_o 值，只能利用进口条件算出 θ 的近似值。石脑油等裂解均为一级反应，其反应速率常数求法为

$$K = A_0 e^{-\frac{E}{RT}} \tag{11.7}$$

式（11.7）可换成更方便的算式

$$\lg K = \lg A_0 - \frac{E}{2.3RT} = \lg A_0 - \frac{C}{T} \tag{11.7A}$$

其中，$\lg A_0$ 及 C 值见表 11.2。

表 11.2 式（11.7）及式（11.7A）中的常数值

组分	$\lg A_0$	$C=E/(2.3R)$	$E/(10^5\,\text{kJ/kg})$	组分	$\lg A_0$	$C=E/(2.3R)$	$E/(10^5\,\text{kJ/kg})$
乙烷	14.6737	28452	3.027	异丁烷	12.3173	22550	2.399
丙烯	13.8334	26450	2.814	正丁烷	12.2545	22160	2.357
丙烷	12.6160	23524	2.503	正戊烷	12.2479	21811	2.320

$$T = \frac{1}{2}(t_i + t_o) \tag{11.8}$$

该管段中的裂解深度函数为

$$K\theta = \ln\left(\frac{1-\alpha_i}{1-\alpha_o}\right) \tag{11.9}$$

$$e^{K\theta} = \frac{1-\alpha_i}{1-\alpha_o}$$

所以
$$\alpha_o = 1-\left(\frac{1-\alpha_i}{e^{K\theta}}\right)$$

$$H_r = HC(\alpha_o-\alpha_i)k \tag{11.10}$$

式中 k——全部进料所需的裂解反应热，kJ/kg。

混合物料裂解反应热的有关数据及计算方法见表11.3及表11.4。

表11.3 1100K时某些组分的气相生成热

正构及异构烷烃			环烷烃及芳烃			烯 烃		
组 分		气相生成热/(kJ/kg)	组 分		气相生成热/(kJ/kg)	组 分		气相生成热/(kJ/kg)
氢	H_2	0	环戊烷	C_5H_{10}	−1612.6	乙烯	C_2H_4	1346.2
甲烷	CH_4	−5650.3	甲基环戊烷	C_6H_{12}	−1723.8	丙烯	C_3H_6	−17.910
乙烷	C_2H_6	−3550.6	乙基环戊烷	C_7H_{14}	−1728.6	1-丁烯	C_4H_8	−459.61
丙烷	C_3H_8	−2952.1	环己烷	C_6H_{12}	−1847.7	2-丁烯(顺式)	C_4H_8	−649.88
正丁烷	C_4H_{10}	−2696.3	甲基环己烷	C_7H_{14}	1914.9	2-丁烯(反式)	C_4H_8	−668.72
正戊烷	n-C_5H_{12}	−2516.9	乙基环己烷	C_8H_{16}	−1859.6	异丁烯	i-C_4H_8	−746.87
正己烷	n-C_6H_{14}	−2400.2	苯	C_6H_6	784.09	丙二烯	C_3H_4	4500.1
正辛烷	n-C_8H_{18}	−2251.3	甲苯	C_7H_8	243.53	1,3-丁二烯	C_4H_6	1751.0
正癸烷	n-$C_{10}H_{22}$	−2149.4	邻二甲苯	C_8H_{10}	−118.62	异戊间二烯	C_5H_8	829.45
异丁烷	i-C_4H_{10}	−2829.5	间二甲苯	C_8H_{10}	−149.09	乙炔	C_2H_2	8547.1
异戊烷	i-C_5H_{12}	−2615.5	对二甲苯	C_8H_{10}	−151.42	甲基乙炔	C_3H_4	4320.3
2-甲基戊烷	C_6H_{14}	−2467.1	乙基苯	C_8H_{10}	−9.0714	乙基乙炔	C_4H_6	2722.3
3-甲基戊烷	C_6H_{14}	−2461.8	1,2,3-三甲基苯	C_9H_{12}	−411.01	二甲基乙炔	C_4H_6	1838.9

注：其他组分的以及其他温度下的生成热，可查参考文献[1]。

表11.4 石脑油裂解反应热计算实例①

反应生成物组分	质量分数(进料)/%	H_2(质量分数)/%	H_2(进料,质量分数)/%	生成热/(kJ/kg)	部分生成热(进料)/(kJ/kg)
氢气 H_2	0.8	100.0	0.8	0	0
甲烷 CH_4	13.0	25.0	3.25	−5650.3	−735.01
乙炔 C_2H_2	0.2	7.7	0.015	8547.12	17.212
乙烯 C_2H_4	24.0	14.3	3.429	1346.28	323.08
丙炔 C_3H_4	5.4	20.0	1.080	−3550.64	−191.89
丙二烯 C_3H_4	0.2	10.0	0.020	27670	6.9780
丙烯 C_3H_6	15.7	14.3	2.243	−17.910	−2.7912
丙烷 C_3H_8	0.8	18.2	0.145	−2952.1	−23.725
乙基乙炔 C_4H_6	3.5	11.1	0.389	1751.0	61.406
二甲基乙炔 C_4H_6	6.5	14.3	0.920	−618.94	−40.239
全部 C_4 及以下的组分	70.1	17.52	12.300	−832.70	−583.12
C_5 及477K以下的组分	24.0	11.28	2.807	−674.54	−168.40
燃料油	5.0	6.25	0.313	1093.2	54.661
合计	100.0	15.42	15.420	—	−696.87
进料	100.0	15.42	15.420	−2139.92	−2139.9
裂解反应热$(\Delta h)_{裂解}=(\Delta h_{生成})_{产品}-(\Delta h_{生成})_{进料}=1443.05$					

① 由表11.3以及生成热计算得出。

11.2.3.3 压力降计算

$$p_i-p_o=\underbrace{3.36\times\left(\frac{W}{1000}\right)^2\frac{fL_e}{D_i^5}\frac{1}{\rho_m}}_{由摩擦引起的压力降}+\underbrace{\frac{G}{4630}\left(\frac{1}{\rho_o}-\frac{1}{\rho_i}\right)}_{由于速度改变形成的压力降} \tag{11.11}$$

$$\rho_i=\frac{p_iM_m}{10.73t_i} \tag{11.12}$$

$$\rho_o=\frac{p_oM_m}{10.73t_o} \tag{11.12A}$$

$$\rho_m=\frac{1}{2}(\rho_i+\rho_o) \tag{11.13}$$

$$G=\rho V \tag{11.14}$$

式中 t——气体温度，K；
W——气体总流率，kg/s；
p——压力，Pa；
L——管段长度，m；
L_e——计算压力降的当量长度，m；
D_i——管内径，m；
f——摩擦系数；
ρ——密度，kg/m^3；
V——气体线速度，m/s；
G——质量流速，m/s；
M——气体的分子量；
下标
i——管段进口；
o——管段出口；
m——平均值。

11.2.4 初步物料衡算

11.2.4.1 已知数据

$t_i=1103.7K$； $D_i=8.26cm$； $G_i=790Pa\cdot s$；
$p_i=1.945\times10^5Pa$； $T_w=1402.6K$； $\alpha_i=0.7791$；
$c_p=3.56kJ/(kg\cdot K)$；$U=285.8W/(m^2\cdot K)$；$K=2219kJ/kg$（共裂解按100%转化）。
利用戊烷裂解的动力学数据：

$$E=2.32\times10^5 kJ/kmol$$

$$\lg A_0=12.2479$$

11.2.4.2 进炉物料量

物料平衡表上未给出，自行归纳见表11.5。

表11.5 进炉物料组分（$M_m=42.1$）

进料量/(kmol/h)	乙烷回炉 11950	丙烷回炉 5267	天然气(液) 18637	轻烃 34090	小计 69944	质量分数/%
50.38	CH_4(16.043)		×0.006=111.8	×0.021=715.9	827.7	1.18
699.42	C_2H_6(30.070)	11950	×0.244=4547.4	×0.133=4534	21031.4	30.07
548.41	C_3H_8(44.097)	5267	×0.4077=7598.3	×0.332=11317.9	24183.2	34.57
53.46	i-C_4(58.124)		×0.0588=1095.9	×0.059=2011.3	3107.2	4.44
177.21	n-C_4(58.124)		×0.1777=3311.8	×0.205=6988.5	10300.3	14.73
27.74	i-C_5(72.151)		×0.0269=501.4	×0.044=1500	2001.4	2.86
56.08	n-C_5(72.151)		×0.036=670.9	×0.099=3375	4045.9	5.79
30.02	C_6(86.178)		×0.0108=201.4	×0.07=2386	2587.4	3.70
16.18	C_7(100.205)		×0.0321=598.1	×0.03=1023.7	1620.8	2.32
1.19	C_8(114.232)			×0.004=136.4	136.4	0.20
0.80	C_8(128.259)			×0.003=102.3	102.3	0.15
1660.89	11950	5267	18637	34090	69944	100.00

11.2.4.3 出炉物料量（见表11.6）

表11.6 出炉物料组分

组　分	摩尔分数/%	kmol/h	质量分数/%	kg/h
H_2	23.22	726.1	2.105	1464
CH_4	21.14	660.9	15.247	10603
C_2H_2	0.50	15.7	0.587	408
C_2H_4	30.54	955.4	38.540	26801
C_2H_6	12.19	381.1	16.477	11458
C_3H_4	0.57	17.7	1.020	709
C_3H_6	6.17	193.0	11.678	8121
C_3H_8	2.16	67.7	4.291	2984
C_4H_8	0.91	28.5	2.217	1542
其他C_4	1.06	33.3	2.683	1866
C_5	0.42	13.0	1.316	915
苯	0.80	24.9	2.797	1945
其他C_6	0.04	1.1	0.132	92
甲苯	0.17	5.2	0.693	482
其他C_7	0.00	0.1	0.022	15
二甲苯,乙基苯,苯乙烯	0.02	0.6	0.089	62
其他C_8	0.00	0.1	0.010	7
C_9及200℃以下的组分	0.02	0.5	0.095	66
合　计	100.00	3124.9	100.00	69540
蒸　汽		1642.6		29594
总　计		4767.5		99134

11.2.4.4 其他数据

管段	Ⅰ	Ⅱ	Ⅲ	Ⅳ	
炉管内径(ϕ)/cm	6.35	6.98	7.62	8.26	W型炉管
冷管长度/m	10.73	10.63	10.62	10.72	
热管长度/m	43.9				
炉管钢材	Cr-Ni25-20(Ⅰ、Ⅱ段)Cr-Ni25-35(Ⅲ、Ⅳ段)				

进炉：H_2O/烃类=0.42

烃流率=1.092×10^3kg/h

蒸汽流率=459kg/h

11.2.5 设计计算

① 先试算此管段进口处的炉管外壁温度t'_m　将式（11.1B）及式（11.5）联立，因在此管段出口处的气体温度尚未算出以前，先假设进口处的炉管外壁温度为t'_m，用试差法解得：t'_m=1231.5K。

② 试算管段出口处的转化率　由式（11.12）可得

$$\rho_i=\frac{p_iM_m}{10.73t_i}=0.0293$$

$$V_i=\frac{G_i}{\rho_i}=171.5\text{m/s}$$

$$\theta=\frac{L}{V}=0.01066\text{s}$$

此为按进口条件第一次试算的近似值。

$$K=A_0 e^{-\frac{E}{RT}}=12.74$$

第一次试差值

$$K\theta=12.74\times 0.01066=0.1358$$

由此试差算出的 $K\theta$ 值，可算出［利用式（11.9）］出口处的转化率

$$\alpha_o=1-\frac{1-\alpha_i}{e^{K\theta}}=1-\frac{1-0.7791}{e^{0.1358}}$$

$$=1-\frac{0.2209}{1.1455}=1-0.1928=0.8072$$

③ 试算管段出口处的气体温度　已知（初试算出的）α_i、α_o，按式（11.10）可算出裂解反应热

$$H_r=1.89\times 10^4\,W$$

将 H_r、$c_p=3.56kJ/(kg\cdot K)$ 等代入式（11.4A）得

$$t_o=1113.9K$$

④ 第二次试算炉管外壁平均温度　有了初试算出的气体出口温度 t_o，可重新计算较准确的炉管外壁温度 t_m，将式（11.1B）及式（11.5）联立用试差法求解得 $t_m=1234.8K$。

⑤ 计算该管段的 Δp　Δp 用式（11.11）计算。为计算其中的 ρ_o，则要先假定一个 Δp 值；算出 p_o 再算出 ρ_o，从而可算得 Δp 值是否与假定值相符；若不符则变更假定值。

已给出的 $p_o=1.906Pa$，据此

$$\Delta p=p_i-p_o=3999Pa$$

下列试算得到的 Δp 值小于上值，但本计算中仍决定采用已给出的 Δp 值。

通过式（11.12）可得

$$\rho_o=0.45kg/m^3$$

用式（11.11）试算 Δp 值

$$p_i-p_o=3.36\times\left(\frac{W}{1000}\right)^2\frac{fL_e}{D_i^5}\frac{1}{\rho_m}+\frac{G}{4630}\left(\frac{1}{\rho_o}-\frac{1}{\rho_i}\right)=2689Pa$$

其中，f 的计算：$Re=4.91\times 10^5$，由图 11.17 查得，当 $D_i=8.26cm$ 时，$\varepsilon/D=0.00055$，普通钢管。

由图 11.18 查得 $f=0.0182$，计算所得 $\Delta p=2896Pa$，与已给出的 $\Delta p=3999Pa$ 相比，其值较小。估计计算中的主要差别在于摩擦系数 f 值的确定。

⑥ 再次试算管段出口处的气体温度 t_o　根据 $\rho_o=0.45kg/m^3$

$$V_o=178.8m/s$$

根据 V_i、V_o，重算 θ_m。

$$\theta_m=0.01044$$

再算 K

$$K=A_0 e^{-\frac{E}{RT}}=14.296$$

所以 $K\theta_m=14.296\times 0.01044=0.1493$（平均值）

以此 $K\theta_m$ 代入式（11.9）

$$\alpha_o=0.8097$$

$$H_r=2.06\times 10^4\,W$$

代入式（11.4A）得

$$t_o=1113.4K$$

这一计算结果（$t_o=1113.4K$），与第一次试算结果（$t_o=1113.9K$）相比，虽尚有

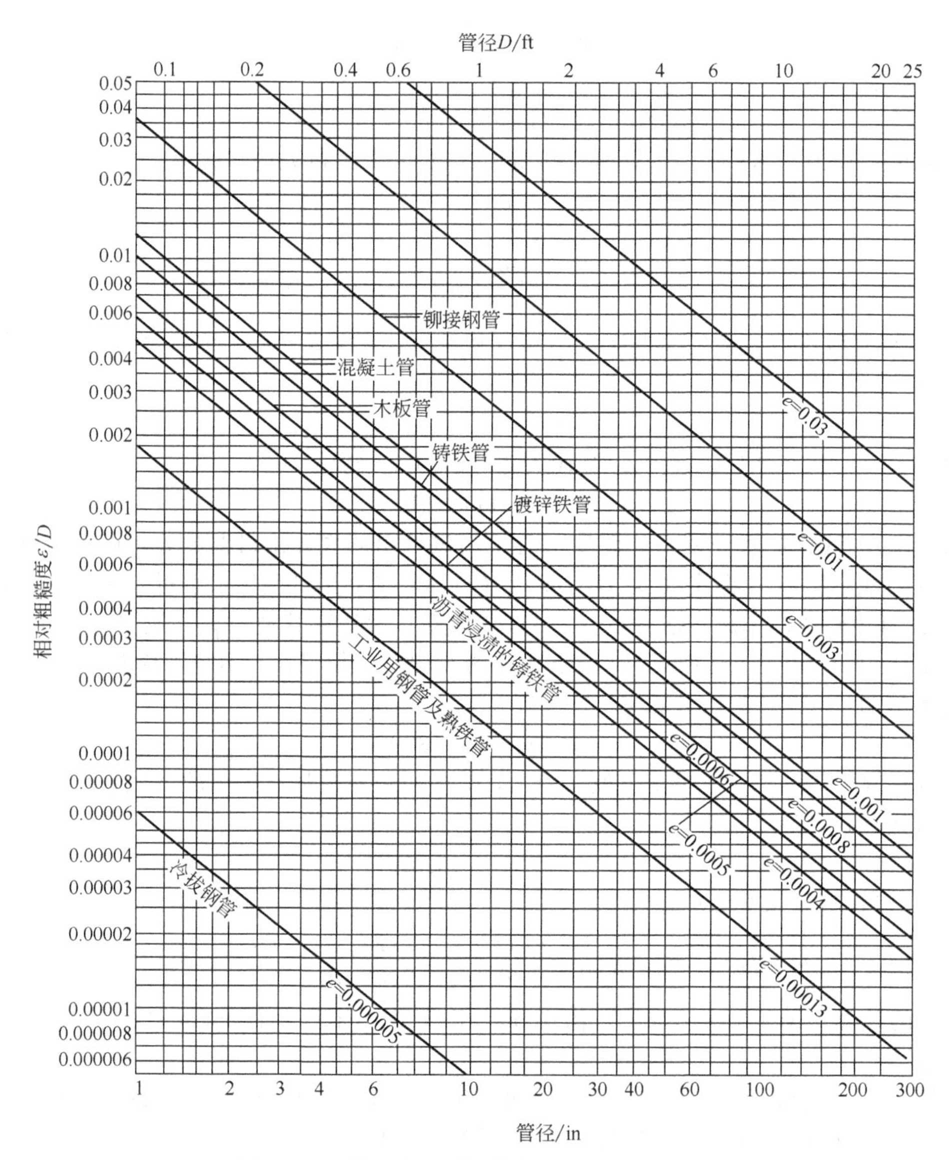

图 11.17 管径与相对粗糙度（ε/D）的关系图

（1ft=0.3048m，1in=0.0254m）

0.5K之差，但已比较接近，就不再计算。

⑦ 计算热流率（Q/A） 此管段的热流率为

$$\left(\frac{Q}{A}\right)_m=6.48\times10^4\,W/m^2$$

至此，可认为此段炉管的 t_m、t_o、p_o、$(Q/A)_m$ 均已成立，继续试算下一管段。

此处算出的炉管外壁平均温度（t_m）为1234.8K，可视为（36.58m＋38.40m）/2＝37.49m处的；这样再查所给的该厂洁净炉管壁的最高温度曲线，则37.49m处的管壁温度 t_m 为1232.6K。与1234.8K相比，仅差2.2K，可认为由计算误差所致，计算结果已非常接近，可以采用。并可以此法为基础，通过软件计算炉管洁净时，物料在炉管内的停留时间、管内物料温度分布、压力降变化情况，以及炉管各点的最高壁温，以最后确定该组炉管是否符合所要求的操作条件。

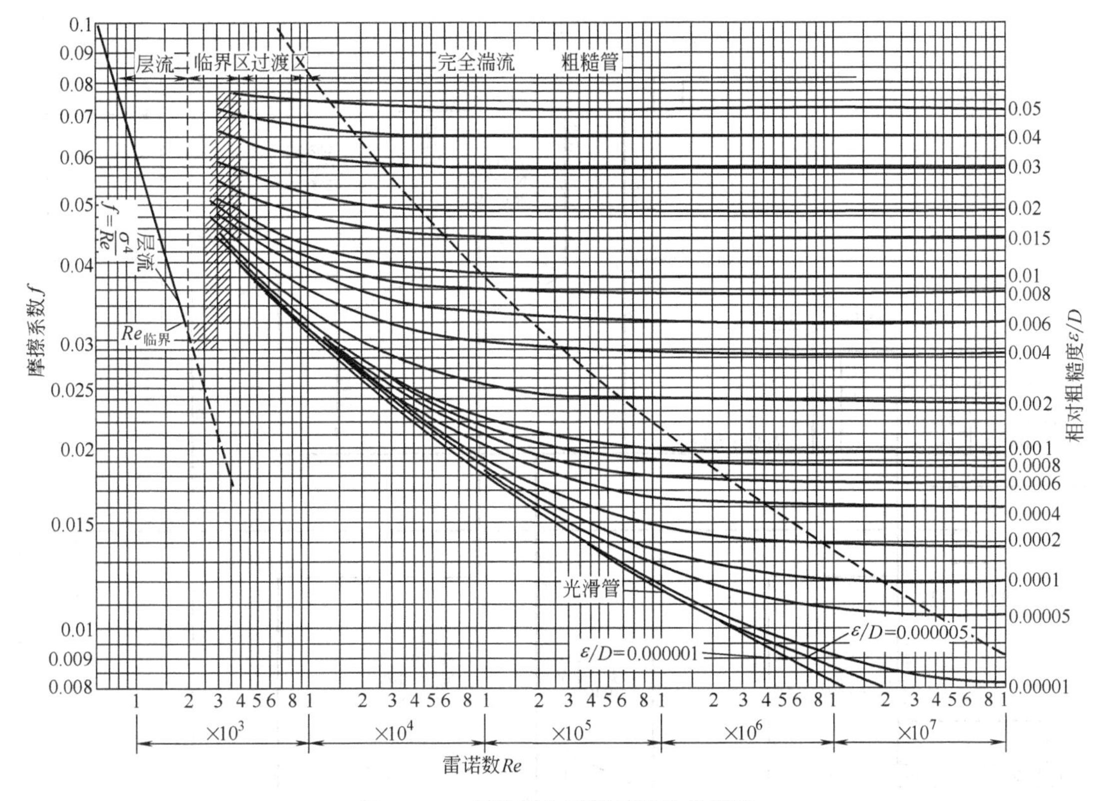

图 11.18 雷诺数与摩擦系数的关系图

11.3 大型化肥厂工程项目设计中蒸汽透平机效率的计算

11.3.1 透平机蒸汽消耗

某大化肥工程项目中的蒸汽平衡图（见图 11.19）是基于透平机制造厂商的操作性能曲线（见图 11.20）而做出来的。

根据在正常工况下的蒸汽平衡图中蒸汽透平机 A-GT601 的抽气量 13.26t/h，就可以从操作性能曲线（见图 11.20）中读出蒸汽透平机 A-GT601 入口节流阀门处的蒸汽流率为 33.28t/h。

11.3.2 透平机效率计算

抽（汽）凝（汽）式蒸汽透平机有两个效率，分别为高压抽汽（extraction）段效率和低压凝汽（condensing）段效率。

11.3.2.1 根据数据表计算效率

根据水蒸气温度-焓图或表格，可以查得在所附数据表（见图 11.20）中所规定的 7MPa、445℃入口条件下，水蒸气的焓值和熵值分别为 782.6kcal/kg 和 1.581kcal/(kg・K) 及在 0.49MPa 抽汽条件下，熵值仍为 1.581kcal/(kg・K)（等熵过程）时，查得水蒸气的焓值为 635.1kcal/kg。得出在理想状态下（100%效率）的理想焓差为：782.6－635.1＝147.5kcal/kg。

再查得在数据表中所规定的 0.49MPa、169℃抽出条件下，查得水蒸气的焓值和熵值分别为 665.8kcal/kg 和 1.653kcal/(kg・K)。

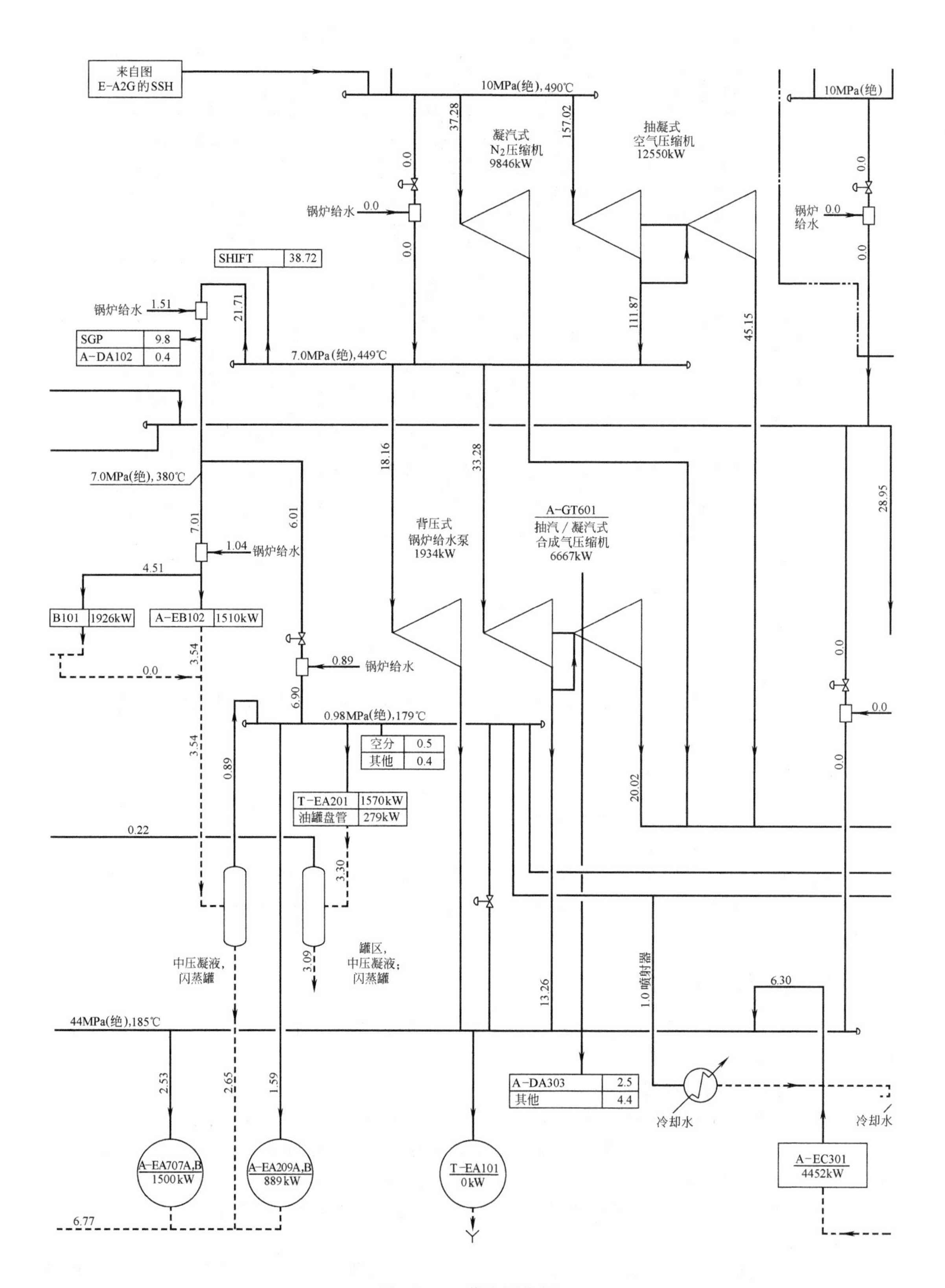
来自图
E-A2G的SSH
10MPa(绝),490℃
10MPa(绝)
凝汽式
N_2压缩机
9846kW
抽凝式
空气压缩机
12550kW
37.28
157.02
钢炉给水
0.0
SHIFT 38.72
钢炉给水 1.51
SGP 9.8
A-DA102 0.4
21.71
111.87
45.15
7.0MPa(绝),449℃
7.0MPa(绝),380℃
18.16
33.28
28.95
7.01
6.01
1.04 钢炉给水
4.51
背压式
钢炉给水泵
1934kW
A-GT601
抽汽/凝汽式
合成气压缩机
6667kW
B101 1926kW
A-EB102 1510kW
3.54
0.89 钢炉给水
6.90
0.98MPa(绝),179℃
空分 0.5
其他 0.4
T-EA201 1570kW
油罐盘管 279kW
0.22
3.30
20.02
中压凝液,
闪蒸罐
罐区,
中压凝液;
闪蒸罐
3.09
13.26
1.0喷射器
6.30
44MPa(绝),185℃
2.53
2.65
1.59
A-DA303 2.5
其他 4.4
冷却水
A-EA707A,B
1500kW
A-EA209A,B
889kW
T-EA101
0kW
A-EC301
4452kW
6.77

图11.19 蒸汽平衡图

操作条件

入口蒸汽压力	7.0MPa（绝压）
入口蒸汽温度	445.0℃
抽汽压力	0.49MPa（绝压）
凝汽压力	0.0126MPa（绝压）
透平转速	12190r/min
抽汽量	13.26t/h

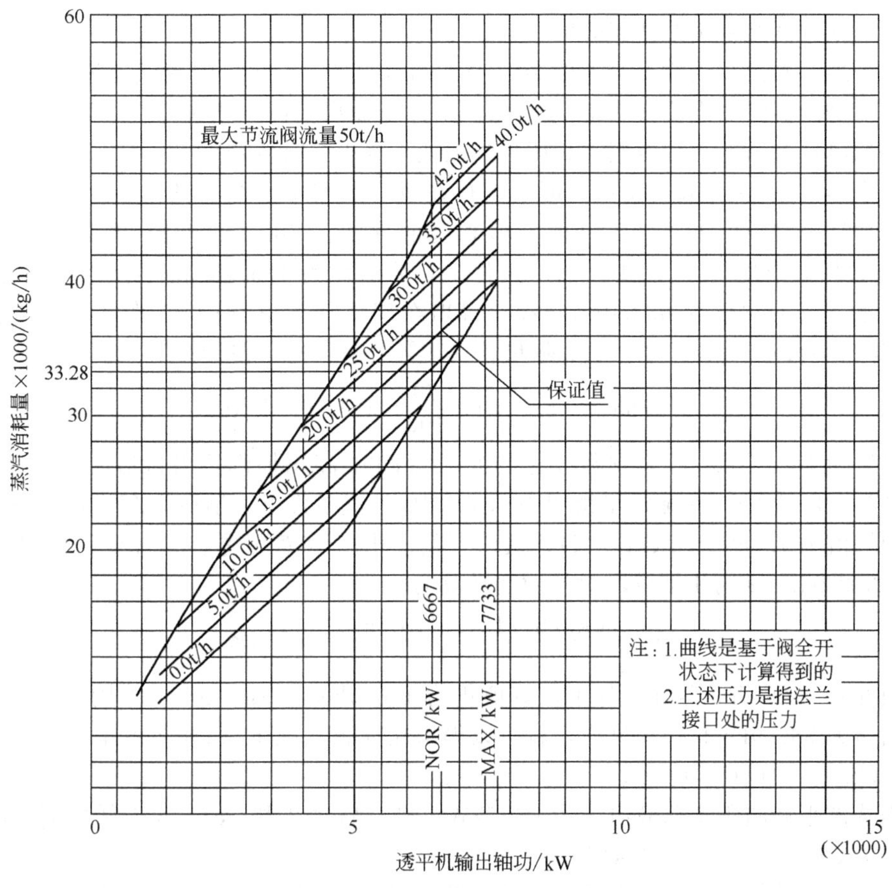

图 11.20　透平机操作性能曲线图

所以，高压抽汽段的效率计算为

$$100\times\frac{782.6-665.8}{782.6-635.1}=100\times\frac{116.8}{147.5}=79.19\%$$

由于数据表中规定在正常工况下，入口节流阀门处的蒸汽流率为 33.6t/h，则蒸汽透平机 A-GT601 高压抽汽段对外做功计算为

$$\frac{36300\text{kg/h}\times(782.6-665.8)}{860}=4930\text{kW}$$

根据数据表中规定低压凝汽段在 0.0126MPa 出口凝汽条件下，熵值仍然为 1.653kcal/(kg・K)（等熵过程）时，查得饱和水蒸气的焓值为 530.6kcal/kg。计算出焓差为 665.8－530.6＝135.2kcal/kg。

根据数据表中规定的总输出功为 6667kW，则蒸汽透平机 A-GT601 低压凝汽段需要对外做的功为：6667－4930＝1737kW。

为得到此对外做功，则蒸汽透平机 A-GT601 低压凝汽段所需焓差计算为（数据表中规

定在正常工况下，背压抽出蒸汽流率为20.0t/h）

$$\frac{1737\text{kW}\times 860}{36300-20000}=91.6\text{kcal/kg}$$

所以，低压凝汽段的效率计算为

$$100\times\frac{91.6\text{kcal/kg}}{665.8-530.6}=100\times\frac{91.6}{135.2}=67.75\%$$

11.3.2.2 根据蒸汽平衡图计算效率

如上所述，根据在正常工况下的蒸汽平衡图（见图11.19）中蒸汽透平机A-GT601入口节流阀门处的实际蒸汽流率为33.28t/h，而背压抽出实际蒸汽流率为13.26t/h。由于不知道背压抽出蒸汽温度，只能假定高压抽汽段效率为上述计算出的79%。

根据水蒸气温度-焓图或表格，可以查得在所附蒸汽平衡图（见图11.19）中所规定的7MPa、449℃进汽条件下，水蒸气的焓值和熵值分别为785.0kcal/kg和1.584kcal/(kg·K)，及在数据表中规定0.49MPa抽汽条件下，熵值仍为1.584kcal/(kg·K)（等熵过程）时，查得水蒸气的焓值为632.0kcal/kg。得出在理想状态下（100%效率）的理想焓差为785.0－632.0＝153.0kcal/kg。则实际状态（79%效率）的焓差计算为

$$(785.0-632.0)\times\frac{79}{100}=121.0\text{kcal/kg}$$

入口焓为785.0kcal/kg，则蒸汽透平机A-GT601高压抽汽段出口焓的计算为785.0－121.0＝664.0kcal/kg。在蒸汽平衡图中0.49MPa抽汽条件下，焓值为664kcal/kg时，查得水蒸气的熵值为1.660kcal/(kg·K)。蒸汽平衡图中所示蒸汽透平机A-GT601入口的蒸汽流率为32.28t/h，则高压抽汽段对外做功计算为

$$\frac{33280\text{kg/h}\times 121.0\text{kcal/kg}}{860}=4682\text{kW}$$

继而在0.0126MPa蒸汽条件下，熵值仍为1.660kcal/(kg·K)（等熵过程）时，查得蒸汽的焓值为532.9kcal/kg。这样，就可以得出在理想状况下（100%效率）的理想焓差为664.0－532.9＝131.1kcal/kg。

根据蒸汽平衡图所示总输出功为6667kW，则蒸汽透平机A-GT601低压凝汽段所需对外做的功为6667－4682＝1985kW。

为产生此对外做功，则蒸汽透平机A-GT601低压凝汽段所需焓差计算为（蒸汽平衡图所示实际背压抽出蒸汽流率为20.02t/h）

$$\frac{1985\text{kW}\times 860}{20020\text{kg/h}}=85.3\text{kcal/kg}$$

所以，低压凝汽段的实际效率计算为

$$100\times\frac{85.3\text{kcal/kg}}{664-532.9}=65.06\%$$

11.4 年产1500t乙酸乙酯车间工艺设计

11.4.1 设计任务

① 设计项目　乙酸乙酯车间。

② 产品名称　乙酸乙酯。

③ 产品规格　纯度99%。

④ 年生产能力　折算为100%乙酸乙酯1500t/a。

⑤ 产品用途 作为制造乙酰胺、乙酰乙酸酯、甲基庚烯酮、其他有机化合物、合成香料、合成药物等的原料；用于乙醇脱水、乙酸浓缩、萃取有机酸；作为溶剂广泛应用于各种工业；食品工业中用作芳香剂等。

由于本设计为假定的设计，因此有关设计任务书中的其他项目，如进行设计的依据、厂区或厂址、主要技术经济指标、原料的供应、技术规格以及燃料种类、水电汽的主要来源、与其他工业企业的关系、建厂期限、设计单位、设计进度及设计阶段的规定等均从略。

11.4.2 生产方式的选择

乙酸乙酯的生产方法有以下三种。

① 乙酸与乙醇在催化剂硫酸的存在下进行液相酯化反应，反应式如下。

$$C_2H_5OH + CH_3COOH \rightleftharpoons CH_3COOC_2H_5 + H_2O$$

不加硫酸作为催化剂，上述反应虽然也可进行，但反应速率非常慢，无工业生产价值。

上述反应为可逆反应，当等物质的量的乙酸和乙醇起反应时，66%的乙酸转化成乙酸乙酯，化学反应平衡常数等于4。

$$K = \frac{[CH_3COOC_2H_5][H_2O]}{[CH_3COOH][C_2H_5OH]} \approx 4$$

乙酸和乙醇的化学反应平衡实际上几乎与温度无关，当反应温度为10℃时，转化率为65.2%；220℃时，转化率为66.5%。此说明升高温度，对反应无多大帮助，即$\Delta H \approx 0$或极小。

② 乙酸和乙醇在金属氧化物（如TiO_2）催化剂存在下于280～300℃进行气相酯化反应。

③ 在三乙酸铝［$Al_2(OC_2H_5)_3$］存在下，乙醛经二聚作用制得乙酸乙酯，化学反应式如下。

$$CH_3CHO + CH_3CHO \longrightarrow CH_3COOC_2H_5$$

第一种生产方法已经充分研究，是比较成熟的工业生产方法，而且国内已有较大规模的工业生产。为设计所需的技术数据散见于专利和各种文献中，不难找到，同时还可到现场搜集资料，因此从设计的角度来看，选定第一种生产方法是合理的。当然在实际设计时，还必须考虑其他因素，如原料的供应、水电汽的来源、与其他工业企业的关系、技术经济指标等均需一并考虑。

乙酸乙酯装置的生产能力根据设计任务规定为年产100%乙酸乙酯1500t。取年工作日为328d，则每昼夜的生产能力为4580kg乙酸乙酯；每小时生产能力为191kg乙酸乙酯，这样的规模采用连续操作是比较合理的。

11.4.3 初步物料衡算

乙酸和乙醇在催化剂浓硫酸的存在下进行液相酯化反应生成乙酸乙酯，此生产方法包括下列主要生产步骤。

① 等物质的量的冰醋酸和95%乙醇混合液与少量浓硫酸接触，进行酯化反应达平衡状态，并加热至沸点。

② 达平衡状态的混合液通入精馏塔Ⅰ，由于不断移去难挥发的水分，在塔中反应趋于完全；由塔Ⅰ顶部出来的馏出液组成为

乙酸乙酯	20%（质量分数，下同）	乙醇	70%
水	10%		

③ 由塔Ⅰ顶部出来的馏出液通入精馏塔Ⅱ进行蒸馏，由塔Ⅱ顶部出来的三组分恒沸液

组成为

乙酸乙酯 83%(质量分数,下同) 乙醇 9%

水 8%

由塔Ⅱ底部流出的残液组成为乙醇和水，重新送入塔Ⅰ作为第二进料。

④ 由塔Ⅱ顶部出来的馏出液和塔Ⅲ顶部出来的馏出液汇合并加等量的水，三者混合后流入沉降器进行分层。

上层富有乙酸乙酯，其组成为

乙酸乙酯 94%(质量分数,下同) 乙醇 2%

水 4%

下层主要为水，其组成为

乙酸乙酯 8%(质量分数,下同) 乙醇 4%

水 88%

下层（即水层）重新送入塔Ⅱ作为第二进料。

⑤ 上层（即酯层）送入精馏塔Ⅲ进行蒸馏，由塔Ⅲ底部流出的即为成品乙酸乙酯。这是由于乙酸乙酯与三组分恒沸液和双组分恒沸液比较起来，其挥发度最小。由塔Ⅲ顶部出来的为三组分恒沸液和双组分恒沸液，其组成如下。

三组分恒沸液组成

乙酸乙酯 83%(质量分数,下同) 乙醇 9%

水 8%

双组分恒沸液组成

乙酸乙酯 94%(质量分数,下同) 水 6%

⑥ 塔Ⅲ顶部出来的馏出液包括三组分恒沸液和双组分恒沸液送回沉降器中。

初步物料衡算即根据上述数据进行。

① 每小时生产能力的计算：根据设计任务，乙酸乙酯的年生产能力为1500t/a（折算为100%乙酸乙酯）。

全年365d，除去大修理、中修理等共37d，则年工作日为

$$355-37=328\text{d}$$

每昼夜生产能力为

$$\frac{1500\times1000}{328}=4580\text{kg}\ （100\%乙酸乙酯）$$

24h连续生产，则每小时生产能力为

$$\frac{4580}{24}=191\text{kg}\ （100\%乙酸乙酯）$$

以此作为物料衡算的基准。

为使物料衡算简单化，在初步物料衡算中假定成品乙酸乙酯的纯度为100%，在生产过程中无物料损失，塔顶馏出液等均属双组分或三组分恒沸液。当然这在事实上是不可能的，故将在最终物料衡算中予以修正。

在实际设计时，大、中修理等所需天数可根据生产车间的实际数据而定。

② 绘出生产工艺流程示意图（见图11.21），然后进行计算。

③ 进出酯化器的物料衡算：乙酸和乙醇的酯化反应式如下。

$$\begin{array}{ccccc} CH_3COOH & + C_2H_5OH & \xrightleftharpoons{H_2SO_4} & CH_3COOC_2H_5 & + H_2O \\ 60 & 46 & & 88 & 18 \\ x & y & & 191 & z \end{array}$$

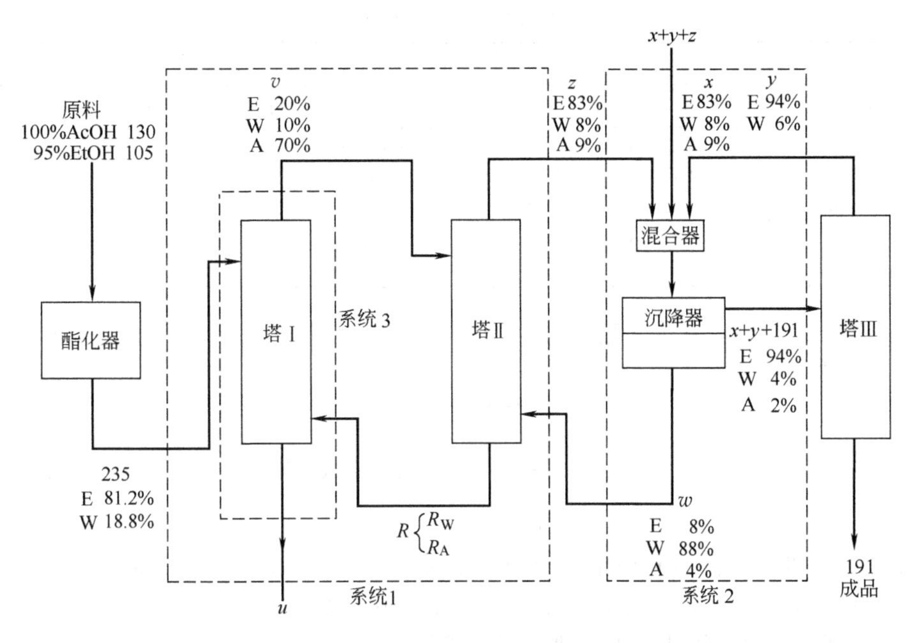

图 11.21　生产工艺流程示意图

E—乙酸乙酯；W—水；A—乙醇

原料规格：乙酸纯度为 100%；乙醇纯度为 95%；浓硫酸纯度为 93%（相对密度 1.84）。

加入

(a) 100%乙酸量

$$\frac{60}{x}=\frac{88}{191};\ x=\frac{60\times191}{88}=130\text{kg/h}$$

100%乙醇量

$$\frac{46}{y}=\frac{88}{191};\ y=\frac{46\times191}{88}=99.8\text{kg/h}$$

(b) 95%乙醇需要量$=\frac{99.8}{0.95}=105\text{kg/h}$

其中，乙醇量=99.8kg/h；水量=5.2kg/h。

(c) 浓硫酸量=5.8kg/h

其中，硫酸量=5.4kg/h；水量=0.4kg/h。

支出

转化率为 66%。

(a) 乙酸乙酯生成量$=130\times0.66\times\frac{88}{60}=125.8\text{kg/h}$

(b) 乙酸剩余量=130×0.34=44.2kg/h

(c) 乙醇剩余量=99.8×0.34=34.0kg/h

(d) 反应生成水量

$$\frac{18}{z}=\frac{88}{125.8};\ z=\frac{18\times125.8}{88}=25.8\text{kg/h}$$

总水量=25.8+5.2=31.0kg/h

(e) 浓硫酸量=5.8kg/h

于是进出酯化器的物料衡算列成表 11.7。

表11.7 进出酯化器的物料衡算

加入				支出			
序号	物料名称	组成/%	数量/(kg/h)	序号	物料名称	组成/%	数量/(kg/h)
1	乙酸	100	130	1	乙酸乙酯		125.8
2	乙醇	95	105	2	水		31.0
	其中乙醇		99.8	3	乙醇		34.0
	水		5.2	4	乙酸		44.2
3	浓硫酸	93	5.8	5	浓硫酸		5.8

由酯化器出来的混合液进入精馏塔Ⅰ，在塔Ⅰ中反应趋于完全，因此进入塔Ⅰ的混合液（240.8kg/h）在塔中最后生成

$$乙酸乙酯量=191\text{kg/h}$$

$$水量=\frac{18\times191}{88}+5.2=44\text{kg/h}$$

$$浓硫酸量=5.8\text{kg/h}$$

④ 塔Ⅰ、塔Ⅱ、沉降器和塔Ⅲ之间均有相互关系，它们的物料衡算汇总计算如下。

在生产工艺流程示意图（见图11.21）中注出有关数据，并画出三个计算系统，如图11.21所示；逐个列出衡算式，然后进行联立求解。

设 u=塔Ⅰ底部残液量（kg/h，不包括浓硫酸5.8kg/h在内）；

v=塔Ⅰ顶部馏出液量（kg/h）；

R=塔Ⅱ底部残液量（kg/h）；

其中 R_W——R中的水量，kg/h；

R_A——R中的乙醇量，kg/h；

z——塔Ⅱ顶部残液量，kg/h；

x——塔Ⅲ顶部馏出液中三组分恒沸液量，kg/h；

y——塔Ⅲ顶部馏出液中双组分恒沸液量，kg/h；

w——沉降器下层（即水层）量，kg/h。

系统1的物料总衡算

$$235+w=u+z$$

$$u-w+z=235 \tag{11.15}$$

系统1的乙酸乙酯衡算

$$0.812\times235+0.08w=0.83z$$

$$0.08w-0.83z=-191 \tag{11.16}$$

系统1的乙醇衡算

$$0.09z=0.04w \tag{11.17}$$

系统2的物料总衡算

$$2x+2y+2z=w+x+y+191$$

$$x+y+2z-w=191 \tag{11.18}$$

系统2的乙酸乙酯衡算

$$0.83x+0.94y+0.83z=(x+y+z)\times0.94+0.08w$$

$$0.08w+0.11x-0.83z=-180 \tag{11.19}$$

解上述五元一次联立方程式。由式（11.17）得

$$z=0.445w \tag{11.20}$$

将式（11.20）代入式（11.16）得

$$0.08w-0.83\times0.445w=-191$$

$$-0.289w=-191$$

所以　$$w=660.3\text{kg/h}$$

代入式（11.20）得

$$z=0.445\times660.3=293.5\text{kg/h}$$

将 z 值代入式（11.15）得

$$u=235+w-z$$

所以　$$u=235+660.3-293.5=601.8\text{kg/h}$$

另有浓硫酸 5.8kg/h，共 607.6kg/h。

将 z、w 值代入式（11.18）得

$$x+y=191+w-2z$$

所以　$$x+y=191+660.3-2\times293.5=264.3\text{kg/h} \quad (11.21)$$

将 z、w 值代入式（11.19）得

$$0.11x=-180+0.83\times293.5-0.08\times660.3=11.2$$

所以　$$x=\frac{11.2}{0.11}=101.9\text{kg/h}$$

将 x 值代入式（11.21）得

$$y=264.3-101.9=162.4\text{kg/h}$$

因为 v 中含有 20%乙酸乙酯，而乙酸乙酯量=191kg/h，故

$$v=\frac{191}{0.20}=954.5\text{kg/h}$$

系统 3 的物料总衡算

$$R+235=v+u$$

所以　$$R=v+u-235=954.5+601.8-235=1321.3\text{kg/h}$$

系统 3 的水衡算

$$R_W+0.188\times235=u+954.5\times0.100=601.8+95.5=697.3\text{kg/h}$$

$$R_W=697.3-0.188\times235=653.3\text{kg/h}$$

系统 3 的乙醇衡算

$$R_A=954.5\times0.70=668\text{kg/h}$$

将计算结果整理在各物料衡算表（见表 11.8～表 11.11）中，并汇总绘出初步物料衡算图（见图 11.22）。

表 11.8　进出塔Ⅰ的物料衡算

加入				支出			
序号	物料名称	组成/%	数量/(kg/h)	序号	物料名称	组成/%	数量/(kg/h)
1	来自酯化器的混合液		240.7	1	塔顶馏出液		954.5
(1)	$CH_3COOC_2H_5$		125.8	(1)	$CH_3COOC_2H_5$	20	191
(2)	H_2O		31.0	(2)	H_2O	10	95.5
(3)	EtOH		34.0	(3)	EtOH	70	668
(4)	CH_3COOH		44.2	2	塔底残液		607.6
(5)	浓硫酸		5.8	(1)	H_2O		601.8
2	来自塔Ⅱ的塔底残液		1321.3	(2)	浓硫酸		5.8
(1)	H_2O		653.3				
(2)	EtOH		668				
	合计		1562.1		合计		1562.1

表 11.9 进出塔Ⅱ的物料衡算

加入				支出			
序号	物料名称	组成/%	数量/(kg/h)	序号	物料名称	组成/%	数量/(kg/h)
1	来自塔Ⅰ顶部馏出液		954.5	1	塔顶馏出液		293.5
(1)	$CH_3COOC_2H_5$	20	191	(1)	$CH_3COOC_2H_5$	83	243.7
(2)	H_2O	10	95.5	(2)	H_2O	8	23.4
(3)	EtOH	70	668	(3)	EtOH	9	26.4
2	来自沉降器的下层(水层)		660.3	2	塔底残液		1321.3
(1)	$CH_3COOC_2H_5$	8	52.7	(1)	H_2O		653.3
(2)	H_2O	88	581.2	(2)	EtOH		668
(3)	EtOH	4	26.4				
	合计		1614.8		合计		1614.8

表 11.10 进出沉降器的物料衡算

加入				支出			
序号	物料名称	组成/%	数量/(kg/h)	序号	物料名称	组成/%	数量/(kg/h)
1	塔Ⅱ顶部馏出液		293.5	1	沉降器上层(酯层)		455.3
(1)	$CH_3COOC_2H_5$	83	243.7	(1)	$CH_3COOC_2H_5$	94	428.2
(2)	H_2O	8	23.4	(2)	H_2O	4	18.0
(3)	EtOH	9	26.4	(3)	EtOH	2	9.1
2	塔Ⅲ顶部馏出液		264.3	(2)	沉降器下层(水层)		660.3
	其中:			(1)	$CH_3COOC_2H_5$	8	52.7
(1)	三组分恒沸液		101.9	(2)	H_2O	88	581.2
i	$CH_3COOC_2H_5$	83	84.6	(3)	EtOH	4	26.4
ii	H_2O	8	8.2				
iii	EtOH	9	9.1				
(2)	双组分恒沸液		162.4				
i	$CH_3COOC_2H_5$	94	152.6				
ii	H_2O	6	9.8				
3	添加水		557.8				
	合计		1115.6		合计		

表 11.11 进出塔Ⅲ的物料衡算

加入				支出			
序号	物料名称	组成/%	数量/(kg/h)	序号	物料名称	组成/%	数量/(kg/h)
1	来自沉降器上层(酯层)		455.3	1	塔顶馏出液		264.3
(1)	$CH_3COOC_2H_5$		428.2		其中		
(2)	H_2O		18.0	(1)	三组分恒沸液		101.9
(3)	EtOH		9.1	i	$CH_3COOC_2H_5$		84.6
				ii	H_2O		8.2
				iii	EtOH		9.1
				(2)	双组分恒沸液		162.4
				i	$CH_3COOC_2H_5$		152.6
				ii	H_2O		9.8
				2	塔底成品		
					$CH_3COOC_2H_5$		191
	合计		455.3		合计		455.3

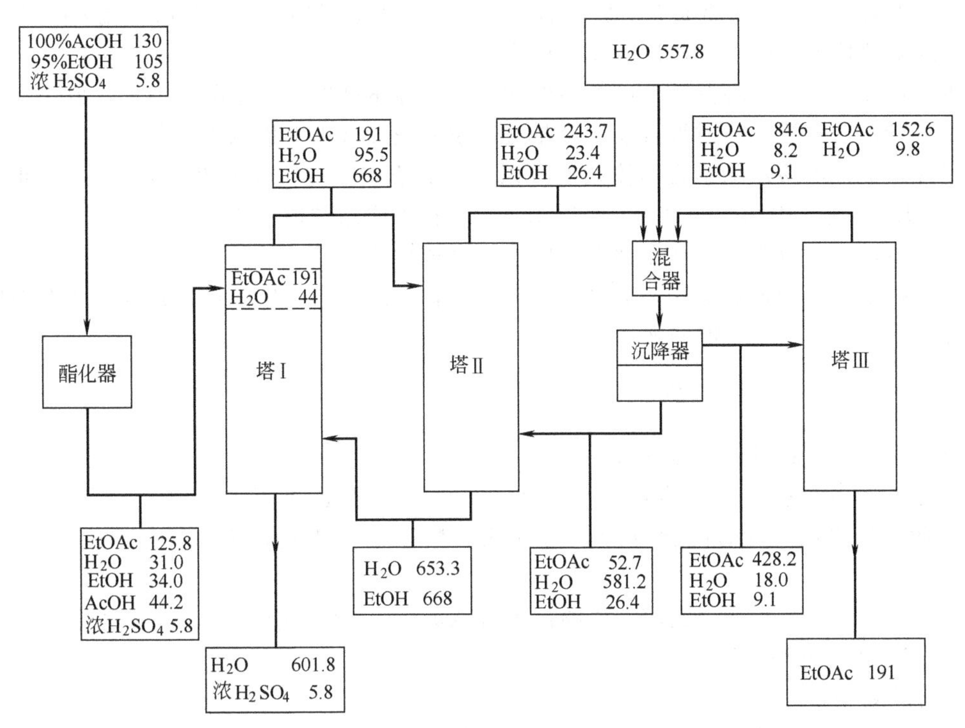

图 11.22 生产工艺流程图设计

11.4.4 生产工艺流程图设计

当选定生产方法后，即可设计生产工艺流程示意图（见图11.21），供初步物料衡算用。

待初步物料衡算确定后，容积型设备，如贮槽、计量槽等已初具规模。此时即可着手设计生产工艺流程草图。生产工艺流程草图在本设计中未列入，其内容大致与生产工艺流程图相似。但设备的规格和尺寸以及某些流程布局，甚至设备的数量与有无都有可能和生产工艺流程图有所不同。同时草图不是一气呵成的，它在设备设计进行一阶段时才开始设计，而在设备设计结束后才告完成。

生产工艺流程草图是这样考虑的（见图11.27）。

原料乙酸由贮槽T-1借泵P-1打入酯化器T-4；乙醇由贮槽T-2借泵P-2打入酯化器；浓硫酸用量很少，所以它的贮槽T-3兼作计量槽用。其位置高于酯化器T-4，借位差流入酯化器。

乙酸和乙醇在硫酸的存在下，在酯化器内进行酯化反应。生产的酯化液由泵P-3送入塔Ⅰ（C-1）作为进料之一。塔Ⅰ的另一进料是由塔Ⅱ（C-2）底部残液借泵P-4打入。塔顶蒸气在冷凝器E-1中冷凝后经回流分布器RD-1部分送入塔Ⅰ；另一部分借位差自流入塔Ⅱ作为进料用。塔Ⅰ底部残液经冷却器E-2冷却后放入下水道。

塔Ⅱ的另一进料来自加热器E-6。塔Ⅱ顶部蒸气经冷凝器E-3冷凝后由回流分布器RD-2一部分送入塔Ⅱ，另一部分送去沉降分离，因此需要在冷却器E-4中进一步冷却后依靠位差自流入喷射混合器。塔底设有蒸馏釜E-5作为再生蒸汽用。

来自蒸馏釜E-5和E-9以及加热器E-6和E-10的蒸汽冷凝水收集在贮槽T-5中。用泵P-8经冷却器E-12冷却后送入喷射混合器J-1。喷射混合器的另一支料流来自冷却器E-8，三支料流在喷射混合器中混匀后，借位差流入沉降器T-6中进行沉降分离。下层水层自流入贮槽 T-7，用泵 P-6 打入加热器 E-6 加热后送入塔Ⅱ作为进料用。上部酯层自流入贮槽 T-8，借泵 P-5 经加热器 E-10 送入塔Ⅲ（C-3）作为进料。

塔Ⅲ顶部蒸气进入冷凝器 E-7 冷凝后经回流分布器 RD-3 一部分送入塔Ⅲ，另一部分经冷却器 E-8 冷却后自流入喷射混合器。塔Ⅲ底部设有蒸馏釜 E-9 借以再生蒸汽。

为了保证成品乙酸乙酯不含固体杂质，以蒸气状态自塔Ⅲ底部取出，经冷凝冷却器 E-11 冷凝冷却后自流入中间贮槽 T-9。然后用泵 P-7 打入成品贮槽 T-10。

最后的生产工艺流程图是在车间布置图设计完成后绘制而成的。

所有的贮槽、塔和换热器均与氮气连通管连接，目的是与空气隔绝，减少介质对铜质材料的腐蚀，特别是车间停车的时候。

11.4.5 设备设计和热量计算

11.4.5.1 精馏塔Ⅱ的设计（流程号 C-2）

由于塔Ⅰ中包含有 4 个挥发组分（乙醇、乙酸、乙酸乙酯和水）和 1 个不挥发组分（硫酸），而且塔中尚存在着酯化反应，与其他两塔相比，要复杂得多，因此首先从塔Ⅱ着手。

塔Ⅱ中包含有 3 个组分（乙醇、乙酸乙酯和水），均为非理想液体，需要利用实验获得的汽-液平衡图进行逐板计算。

（1）计算塔板数

修正塔Ⅱ的物料衡算：根据初步物料衡算的数据，必须做相应的修正，方可作为精馏塔设计用。

① 在初步物料衡算中，塔Ⅱ顶部溢出者为纯三组分恒沸液，这样的假定需要无穷多塔板数方可完成。实际上含有水和乙醇各 5%（摩尔分数），连同乙酸乙酯组成两个双组分恒沸液。

于是塔Ⅱ顶部馏出液组成如下。

物　流	流率/(kg/h)	物质的量/mol		摩尔分数/%
E	243.7	$59.64+5\times\frac{54}{46}+5\times\frac{76}{24}$	=81.34	61.8
W	23.4	28.00+5	=33.00	25.0
A	26.4	12.36+5	=17.36	13.2
			131.70	100.0

注：E—乙酸乙酯；W—水；A—乙醇。

② 在初步物料衡算中，塔Ⅱ底部出料不含乙酸乙酯，这也属不可能，实际上含有 1%（摩尔分数）乙酸乙酯，其他两组分的含量降低至 99%（摩尔分数）。

于是塔Ⅱ底部残液组成如下。

物　流	流率/(kg/h)	物质的量/mol	摩尔分数/%	
E	—	—	1	=1.0
W	653.3	71.4	$\frac{71.4\times99}{100}$	=70.7
A	668.0	28.6	$\frac{28.6\times99}{100}$	=28.3
				100.0

注：E—乙酸乙酯；W—水；A—乙醇。

进料组成不变，于是进出塔Ⅱ的物料衡算如下。

$$馏出液\begin{cases}x_E=61.8\% & 191.9\text{kg/h}\\ x_W=25.0\% & 15.7\text{kg/h}\\ x_A=13.2\% & 19.4\text{kg/h}\end{cases}$$

$$混合进料\begin{cases}x_E=4.98\% & 243.7\text{kg/h}\\ x_W=67.40\% & 676.7\text{kg/h}\\ x_A=27.62\% & 694.4\text{kg/h}\end{cases}$$

$$残液\begin{cases}x_E=1.0\% & 51.8\text{kg/h}\\ x_W=70.8\% & 661\text{kg/h}\\ x_A=28.2\% & 675\text{kg/h}\end{cases}$$

取出100mol进料液，其中，乙酸乙酯的物质的量为4.98mol，设D=馏出液的物质的量，则残液的物质的量为（100－D)mol。

所以

$$0.618D+0.01\times(100-D)=4.98$$

$$0.618D+1.0-0.01D=4.98$$

$$0.608D=3.98$$

$$D=\frac{3.98}{0.608}=6.55\ \text{mol}$$

所以残液的物质的量＝100－6.55＝93.45mol

馏出液中乙酸乙酯的物质的量＝0.618×6.55＝4.05mol

残液中乙酸乙酯的物质的量＝4.98－4.05＝0.93mol

馏出液中水的物质的量＝0.25×6.55＝1.64mol

残液中水的物质的量＝67.4－1.64＝65.76mol

馏出液中乙醇的物质的量＝0.132×6.55＝0.86mol

残液中乙醇的物质的量＝27.62－0.86＝26.76mol

最小回流比的估算：由于上述系统和理想液体比较出入很大，既不能应用Fenske公式在全回流时计算理论塔板数，又不能采用Under Wood公式计算最小回流比。今采用Colburn方法估算最小回流比。

这里附Colburn方法的主要步骤以及逐板计算的步骤。

Colburn方法估算最小回流比的主要步骤如下。

① 在加料组成中选择轻和重关键组分各一。

② 估算r_f（T_f为加料板上主组分的比例）。

③ 估算$\sum \alpha x_{FR}$（$\sum \alpha x_{FR}$为进料液相中重于重关键组分的所有组分的αx值总和。其中，α为相对挥发度；x为摩尔分数，%）。

④ 根据算得的数据利用下式计算x_{lk}和x_{hk}。

$$x_{lk}=\frac{T_f}{(1+r_f)(1+\sum \alpha x_{FR})}$$

$$x_{hk}=\frac{x_{lk}}{r_f}$$

式中　x_{lk}——下提浓带（lower pinch zone）中轻关键组分的摩尔分数，%；

x_{hk}——上提浓带（upper pinch zone）中重关键组分的摩尔分数，%。

⑤ 利用下式求出最小回流比

$$\left(\frac{L}{D}\right)_{最小}=\frac{1}{\alpha-1}\left(\frac{x_{Dlk}}{x_{lk}}-\frac{x_{Dhk}}{x_{hk}}\right)$$

式中 x_{Dlk}——塔顶轻于重关键组分的任意组分的摩尔分数，%；

x_{Dhk}——塔顶重关键组分的摩尔分数，%。

⑥ 根据$(L/D)_{最小}$，计算 L_m/W 即提馏段对塔底的回流比。

$$L_m=L+qF,\ W=F-D$$

⑦ 计算二提浓带的组成 x_n 和 x_m

$$x_n=\frac{x_D}{(\alpha-1)\dfrac{L_n}{D}+\alpha\dfrac{x_{Dhk}}{x_{hk}}}$$

$$x_m=\frac{\alpha_{lk}x_W}{(\alpha_{lk}-\alpha)\dfrac{L_m}{W}+\alpha\dfrac{x_{Wlk}}{x_{lk}}}$$

式中 x_D——塔顶轻关键组分的摩尔分数，%；

α_{lk}——下提浓带的相对挥发度；

x_{Wlk}——塔底轻关键组分的摩尔分数，%。

提浓带的温度可取为塔顶和塔底温度差的1/3和2/3。

⑧ 计算

$$\frac{r_m}{r_n}$$

式中 r_m——提馏段的提浓带中轻关键组分和重关键组分的浓度比；

r_n——精馏段的提浓带中轻关键组分和重关键组分的浓度比。

⑨ 计算 Ψ

$$\Psi=\frac{1}{(1+\sum C_m\alpha x_m)(1-\sum C_n\alpha x_n)}$$

式中 $\sum C_m\alpha x_m$——提馏段的提浓带中重于重关键组分的所有组分的 $C_m\alpha x_m$ 值总和；

$\sum C_n\alpha x_n$——精馏段的提浓带中轻于轻关键组分的所有组分的 $C_n\alpha x_n$ 值总和；

C_m，C_n——由图中查得的校正系数。

⑩ 比较 r_m/r_n 和 Ψ：如 $r_m/r_n>\Psi$，则估计的最小回流比过大；如 $r_m/r_n<\Psi$，则估计的最小回流比过小。

采用不同的回流比值，重复上述步骤，直至 r_m/r_n 接近于 Ψ 值为止。取最宜回流比为上述估计的最小回流比的3倍。

逐板计算气-液相平衡数据可表示成下列三种图表。

① $\dfrac{y_E}{y_E+y_A}$对$\dfrac{x_E}{x_E+x_A}$标绘，x_W视作参量。

② $\dfrac{y_E}{y_E+y_W}$对$\dfrac{x_E}{x_E+x_W}$标绘，x_A视作参量。

③ $\dfrac{y_W}{y_W+y_A}$对$\dfrac{x_W}{x_W+x_A}$标绘，x_E视作参量。

由于在任何情况下，液相的摩尔分数（x）均为参量，平衡图只能用来由液相组成求取气相组成。因此逐板计算时，从塔底自下向上算。

从 x 的三个已知数（塔底的 x_E、x_W 和 x_A）出发，可求得两个经验值：或①或②；或②和③；或③和①。究竟选择哪一对，应以易于从图中读出数值为准。

如果采用③和①，则根据 $\frac{x_W}{x_W+x_A}$ 和 x_E 值读出 $\frac{y_W}{y_W+y_A}$ 值；根据 $\frac{x_E}{x_E+x_A}$ 和 x_W 值读出 $\frac{y_E}{y_E+y_A}$ 值。

设 $\frac{y_W}{y_W+y_A}=N$ 和 $\frac{y_E}{y_E+y_A}=M$，

所以
$$Ny_W+Ny_A=y_W,\quad My_E+My_A=y_E$$

故
$$y_W=\left(\frac{N}{1-N}\right)y_A \tag{a}$$

$$y_E=\left(\frac{M}{1-M}\right)y_A \tag{b}$$

但
$$y_E+y_A+y_W=1$$

所以
$$\left(\frac{M}{1-M}+1+\frac{N}{1-N}\right)y_A=1$$

$$y_A=\frac{1}{\frac{M}{1-M}+1+\frac{N}{1-N}}$$

求出 y_A 后，y_W 和 y_E 即可代入式（a）和式（b）求得。

下一塔板上的液相组成可应用操作线方程式求得。

较低加料板以下的部分

$$R'=\frac{L_m}{W}=\frac{L_n+qF}{F-D}=\frac{RD+qF}{F-D}$$

式中 R'——较低加料板以下的回流比；
R——较高加料板以上的回流比；
F——进料的物质的量；
D——馏出液的物质的量；
W——残液的物质的量。

对于每种组分

$$L_m x_{n+1}=Wx_W+\overline{V}y_n$$

式中 L_m——较低加料板以下回流液的物质的量；
$\overline{V}$——较低加料板以下上升蒸气的物质的量；
x_W——残液中某组分的摩尔分数；
y_n——第 n 块塔板上蒸气中某组分的摩尔分数；
x_{n+1}——第（$n+1$）块塔板上液相中某组分的摩尔分数。

经物料衡算

$$\overline{V}=L_m-W$$

所以
$$L_m x_{n+1}=Wx_W+(L_m-W)y_n$$

又
$$R'=\frac{L_m}{W}$$
所以
$$R'x_{n+1}=x_W+(R'-1)y_n$$
$$x_{n+1}=\frac{(R'-1)y_n+x_W}{R'}$$

根据求得的 x_E、x_W、x_A 值，再应用气-液相平衡数据依次自下向上算出全部数据。

将每块塔板上的液相组成对塔板数进行标绘，即可看出：当塔板数达到一定数量，液相组成达到稳定状态，即使再增加塔板数，也不再改变。

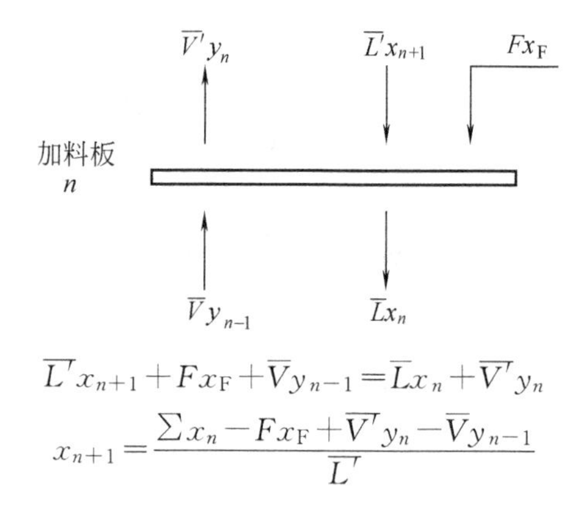

$$\overline{L'}x_{n+1}+Fx_F+\overline{V}y_{n-1}=\overline{L}x_n+\overline{V'}y_n$$
解之得
$$x_{n+1}=\frac{\sum x_n-Fx_F+\overline{V'}y_n-\overline{V}y_{n-1}}{\overline{L'}}$$

式中 $\overline{L}$——由加料板流下的液相的物质的量；
$\overline{L'}$——流到加料板上的液相的物质的量；
F——进料的物质的量；
$\overline{V}$——升到加料板上的蒸气的物质的量；
$\overline{V'}$——由加料板上升的蒸气的物质的量；
x_F——进料液中某组分的摩尔分数。

总物料衡算如下。
$$\overline{L'}+F+\overline{V}=\overline{L}+\overline{V'}$$
但$\overline{L}=\overline{L'}+qF$，且为沸点进料时，$q=1$，于是$\overline{L}=\overline{L'}+F$，代入上式得
$$\overline{V}=\overline{V'}$$
故
$$x_{n+1}=\frac{\overline{L}x_n-Fx_F+\overline{V}(y_n-y_{n-1})}{L'}$$

关于加料板以上的塔板，其组分的物料衡算如下。

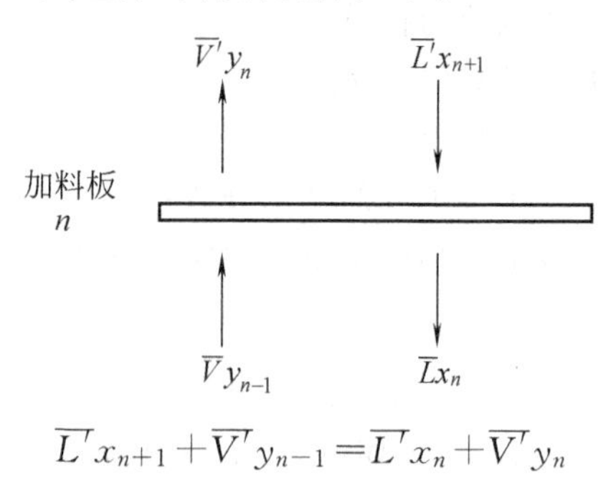

$$\overline{L'}x_{n+1}+\overline{V'}y_{n-1}=\overline{L'}x_n+\overline{V'}y_n$$

解之得

$$x_{n+1}=x_n+\frac{\overline{V'}}{\overline{L'}}(y_n-y_{n-1})$$

第二块加料板上的物料衡算类似于第一块加料板。

上述计算继续进行，直至达到所要求的馏出液组成为止。

现选择轻关键组分为乙酸乙酯（E），重关键组分为水（W），平均相对挥发度 α_{av}。

馏出液中

$$\frac{x_E}{x_E+x_W}=\frac{61.8}{61.8+25.0}=\frac{61.8}{86.8}=0.71，\ x_A=13.2$$

由平衡图中找出

$$\frac{y_E}{y_E+y_W}=0.69$$

所以

$$y_E=0.69y_E+0.69y_W$$

$$0.31y_E=0.69y_W$$

所以

$$\frac{y_E}{y_W}=\frac{0.69}{0.31}$$

$$\alpha_t=\frac{y_E}{y_W}\frac{x_W}{x_E}=\frac{0.69}{0.31}\times\frac{0.25}{0.618}=0.90$$

残液中

$$\frac{x_E}{x_E+x_W}=\frac{1.0}{1.0+70.8}=\frac{1.0}{71.8}=0.0139，\ x_A=28.2$$

由平衡图中找出

$$\frac{y_E}{y_E+y_W}=0.20$$

所以

$$y_E=0.20y_E+0.20y_W$$

$$0.80y_E=0.20y_W$$

所以

$$\frac{y_E}{y_W}=\frac{0.20}{0.80}$$

$$\alpha_s=\frac{y_E}{y_W}\frac{x_W}{x_E}=\frac{0.20}{0.80}\times\frac{0.708}{0.01}=17.7$$

所以

$$\alpha_{av}=\sqrt{\alpha_t\alpha_s}=\sqrt{0.90\times17.7}=3.99$$

应用 Colburn 方法

$$r_f=\frac{x_{Ef}}{x_{Wf}}=\frac{4.98}{67.4}=0.0739$$

$$x_{lk}=\frac{r_f}{1+r_f}=\frac{0.0739}{1.0739}=0.0688$$

$$x_{hk}=\frac{x_{lk}}{r_f}=\frac{0.0688}{0.0739}=0.931$$

$$\frac{L_n}{D}=\frac{1}{\alpha_{av}-1}\left(\frac{x_{Dlk}}{x_{lk}}-\frac{x_{Dhk}}{x_{hk}}\right)=\frac{1}{3.99-1}\times\left(\frac{0.618}{0.0688}-\frac{0.25}{0.931}\right)$$

$$=\frac{1}{2.99}\times(8.983-0.269)=\frac{8.714}{2.99}=2.91$$

$$D=6.55\text{mol}/100\text{mol 进料}$$

所以
$$L_n=2.91\times6.55=19.06\text{mol}/100\text{mol 进料}$$

$$L_m=L_n+qF$$

对于沸点进料

$$q=1,\ F=100\text{mol}$$

所以
$$L_m=19.06+100=119.06\text{mol}/100\text{mol 进料}$$

$$W=93.45\text{mol}/100\text{mol 进料}$$

所以
$$\frac{L_m}{D}=\frac{119.06}{93.45}=1.274$$

上提浓带轻关键组分的摩尔分数

$$x_n=\frac{x_D}{(\alpha-1)\left(\frac{L_n}{D}+\alpha\frac{x_{Dhk}}{x_{hk}}\right)}=\frac{0.618}{(3.99-1)\left(2.91+3.99\times\frac{0.25}{0.931}\right)}$$

$$=\frac{0.618}{2.99\times(2.91+1.07)}=\frac{0.618}{2.99\times3.98}=0.0519$$

所以
$$r_n=\frac{x_n}{x_{hk}}=\frac{0.0519}{0.931}=0.0557$$

下提浓带重关键组分的摩尔分数

$$x_m=\frac{\alpha_{lk}x_W}{(\alpha_{lk}-\alpha)\frac{L_m}{W}+\frac{\alpha x_{Wlk}}{x_{lk}}}$$

$$\alpha_{lk}=(\alpha_t-\alpha_s)^{2/3}=6.331$$

$$x_m=\frac{6.331\times0.708}{(6.331-3.99)\times1.275+\frac{3.99\times0.01}{0.0688}}=\frac{6.331\times0.708}{2.341\times1.275+0.580}=\frac{6.331\times0.708}{2.985+0.580}$$

$$=\frac{6.331\times0.708}{3.565}=1.257$$

所以
$$r_m=\frac{x_{lk}}{x_m}=\frac{0.0688}{1.257}=0.0547$$

$$\frac{r_m}{r_n}=\frac{0.0547}{0.0557}=0.98$$

$$\Psi=\frac{1}{(1-0)(1-0)}=1$$

所以 $r_m/r_n<\Psi$ 算得的回流比过小。

试以 $L_n/D=3.5$

所以
$$L_n=6.55\times3.5=22.93\text{mol}/100\text{mol 进料}$$

$$L_m=122.93\text{mol}/100\text{mol 进料}$$

$$\frac{L_m}{W}=\frac{122.93}{93.45}=1.315$$

$$x_n=\frac{0.618}{2.99\times(3.50+1.07)}=\frac{0.618}{2.99\times4.57}=0.0452$$

所以

$$r_n=\frac{0.0452}{0.931}=0.0485$$

$$x_m=\frac{6.331\times0.708}{2.341\times1.315+0.580}=\frac{6.331\times0.708}{3.078+0.580}=\frac{6.331\times0.708}{3.658}=1.225$$

所以

$$r_m=\frac{0.0688}{1.225}=0.0562$$

$$\frac{r_m}{r_n}=\frac{0.0562}{0.0485}=1.159$$

所以 $r_m/r_n>\Psi$ 这样算得的回流比过大。

试以 $L_n/D=3.2$

所以

$$L_n=6.55\times3.2=20.96\text{mol/100mol 进料}$$

$$L_m=120.96\text{mol/100mol 进料}$$

$$\frac{L_m}{D}=\frac{120.96}{93.45}=1.294$$

$$x_n=\frac{0.618}{2.99\times(3.20+1.07)}=\frac{0.618}{2.99\times4.27}=0.0484$$

所以

$$r_n=\frac{0.0484}{0.931}=0.0520$$

$$x_m=\frac{6.331\times0.708}{2.341\times1.294+0.580}=\frac{6.331\times0.708}{3.029+0.580}=\frac{6.331\times0.708}{3.609}=1.242$$

$$r_m=\frac{0.0688}{1.242}=0.05539$$

所以

$$\frac{r_m}{r_n}=\frac{0.05539}{0.0520}=1.065$$

逐板计算：最宜回流比为上述算得的最小回流比的 3 倍，现首先采用最宜回流比 10：1 进行逐板计算。

$$L_n=6.55\times10=65.5\text{mol/100mol 进料}$$

$$V=65.5+6.55=72.05\text{mol/100mol 进料}$$

$$L_m=165.5\text{mol/100mol 进料}$$

$$\frac{L_m}{W}=\frac{165.5}{93.45}=1.77$$

来自塔 I 的进料组成

$$x_E=9.86\%$$
$$x_W=24.10\%$$
$$x_A=66.04\%$$
(40.2mol)

来自沉降器的进料组成

$$x_E=1.79\%$$
$$x_W=96.49\%$$
$$x_A=1.72\%$$
(59.8mol)

在较低的加料板上（来自塔 I 的进料）

表 11.12 采用最宜回流比 $L/D=10$ 的逐板计算数据

由蒸馏釜至下加料板 $R=1.77$，$R-1=0.77$，$\overline{V}=72.05$，$\overline{L}=165.5$

					$0.77y$	$0.77y+x_W$	$\frac{0.77y+x_W}{1.77}$
$x_E=0.010$ $x_W=0.708$ $x_A=0.282$ 蒸馏釜中的液体	$x_E+x_A=0.292$ $x_W+x_A=0.990$	$x_E/(x_E+x_A)=0.0342$ $x_W/(x_W+x_A)=0.715$	$y_E/(y_E+y_A)=0.11$ $y_W/(y_W+y_A)=0.44$	$y_E=0.065$ $y_W=0.412$ $y_A=0.524$	0.050 0.317 0.403	0.060 1.025 0.685	0.034 0.580 0.387 1.001
$x_E=0.034$ $x_W=0.580$ $x_A=0.387$ 塔板 1 上的液体	$x_E+x_A=0.421$ $x_W+x_A=0.967$	$x_E/(x_E+x_A)=0.081$ $x_W/(x_W+x_A)=0.600$	$y_E/(y_E+y_A)=0.225$ $y_W/(y_W+y_A)=0.410$	$y_E=0.146$ $y_W=0.350$ $y_A=0.504$	0.112 0.270 0.388	0.122 0.978 0.670	
$x_E=0.069$ $x_W=0.552$ $x_A=0.378$ 塔板 2 上的液体	$x_E+x_A=0.447$ $x_W+x_A=0.930$	$x_E/(x_E+x_A)=0.154$ $x_W/(x_W+x_A)=0.594$	$y_E/(y_E+y_A)=0.328$ $y_W/(y_W+y_A)=0.412$	$y_E=0.223$ $y_W=0.321$ $y_A=0.457$	0.172 0.247 0.352	0.182 0.955 0.634	
$x_E=0.103$ $x_W=0.540$ $x_A=0.358$ 塔板 3 上的液体	$x_E+x_A=0.461$ $x_W+x_A=0.898$	$x_E/(x_E+x_A)=0.223$ $x_W/(x_W+x_A)=0.601$	$y_E/(y_E+y_A)=0.450$ $y_W/(y_W+y_A)=0.445$	$y_E=0.313$ $y_W=0.306$ $y_A=0.382$	0.241 0.236 0.294	0.251 0.944 0.576	
$x_E=0.142$ $x_W=0.533$ $x_A=0.326$ 塔板 4 上的液体	$x_E+x_A=0.468$ $x_W+x_A=0.859$	$x_E/(x_E+x_A)=0.303$ $x_W/(x_W+x_A)=0.621$	$y_E/(y_E+y_A)=0.535$ $y_W/(y_W+y_A)=0.467$	$y_E=0.380$ $y_W=0.290$ $y_A=0.331$	0.292 0.224 0.255	0.295 0.932 0.537	
$x_E=0.167$ $x_W=0.526$ $x_A=0.303$ 塔板 5 上的液体	$x_E+x_A=0.470$ $x_W+x_A=0.829$	$x_E/(x_E+x_A)=0.355$ $x_W/(x_W+x_A)=0.635$	$y_E/(y_E+y_A)=0.570$ $y_W/(y_W+y_A)=0.483$	$y_E=0.407$ $y_W=0.287$ $y_A=0.308$	0.314 0.221 0.237	0.324 0.929 0.519	
$x_E=0.183$ $x_W=0.525$ $x_A=0.293$ 塔板 6 上的液体	$x_E+x_A=0.476$ $x_W+x_A=0.818$	$x_E/(x_E+x_A)=0.384$ $x_W/(x_W+x_A)=0.641$	$y_E/(y_E+y_A)=0.590$ $y_W/(y_W+y_A)=0.497$	$y_E=0.420$ $y_W=0.288$ $y_A=0.292$	0.323 0.222 0.225	0.333 0.930 0.507	

续表

由下加料板至上加料板$\overline{V}=72.05$，$\overline{L}=165.5-40.2=125.3$，$\frac{\overline{V'}}{\overline{L'}}=0.575$							
$x_E=0.188$				$y_E=0.424$	$x_s=\frac{165.5\times0.188-40.2\times0.0986+72.05\times(0.424-0.420)}{125.3}=0.219$		
$x_W=0.525$	$x_E+x_A=0.474$	$x_E/(x_E+x_A)=0.397$	$y_E/(y_E+y_A)=0.595$	$y_W=0.288$	$x_s=\frac{165.5\times0.525-40.2\times0.2411+72.05\times(0.288-0.288)}{125.3}=0.615$		
$x_A=0.286$	$x_W+x_A=0.811$	$x_W/(x_W+x_A)=0.647$	$y_W/(y_W+y_A)=0.500$	$y_A=0.288$	$x_s=\frac{165.5\times0.286-40.2\times0.6604+72.05\times(0.288-0.292)}{125.3}=0.164$		
塔板7上的液体							
					Δy	$0.575\Delta y$	$0.575\Delta y+x_n$
$x_E=0.219$				$y_E=0.527$	0.103	0.059	0.278
$x_W=0.615$	$x_E+x_A=0.383$	$x_E/(x_E+x_A)=0.571$	$y_E/(y_E+y_A)=0.750$	$y_W=0.297$	0.009	0.005	0.620
$x_A=0.164$	$x_W+x_A=0.779$	$x_W/(x_W+x_A)=0.789$	$y_W/(y_W+y_A)=0.628$	$y_A=0.176$	−0.112	−0.064	0.100
塔板8上的液体							
$x_E=0.278$				$y_E=0.574$	0.047	0.027	0.305
$x_W=0.620$	$x_E+x_A=0.378$	$x_E/(x_E+x_A)=0.735$	$y_E/(y_E+y_A)=0.833$	$y_W=0.311$	0.014	0.008	0.628
$x_A=0.100$	$x_W+x_A=0.720$	$x_W/(x_W+x_A)=0.862$	$y_W/(y_W+y_A)=0.730$	$y_A=0.115$	−0.061	−0.035	0.065
塔板9上的液体							
$x_E=0.305$				$y_E=0.610$	0.036	0.021	0.326
$x_W=0.628$	$x_E+x_A=0.370$	$x_E/(x_E+x_A)=0.825$	$y_E/(y_E+y_A)=0.890$	$y_W=0.315$	0.004	0.002	0.630
$x_A=0.065$	$x_W+x_A=0.693$	$x_W/(x_W+x_A)=0.906$	$y_W/(y_W+y_A)=0.807$	$y_A=0.075$	−0.400	−0.023	0.042
塔板10上的液体							
$x_E=0.326$				$y_E=0.625$	0.015	0.009	0.335
$x_W=0.630$	$x_E+x_A=0.368$	$x_E/(x_E+x_A)=0.886$	$y_E/(y_E+y_A)=0.925$	$y_W=0.324$	0.009	0.005	0.635
$x_A=0.042$	$x_W+x_A=0.672$	$x_W/(x_W+x_A)=0.938$	$y_W/(y_W+y_A)=0.865$	$y_A=0.051$	−0.024	−0.014	0.028
塔板11上的液体							
$x_E=0.335$				$y_E=0.641$	0.016	0.009	0.344
$x_W=0.635$	$x_E+x_A=0.363$	$x_E/(x_E+x_A)=0.923$	$y_E/(y_E+y_A)=0.948$	$y_W=0.324$	0.000	0.000	0.635
$x_A=0.028$	$x_W+x_A=0.663$	$x_W/(x_W+x_A)=0.958$	$y_W/(y_W+y_A)=0.902$	$y_A=0.035$	−0.016	−0.009	0.019
塔板12上的液体							

续表

					Δy	$0.575\Delta y$	$0.575\Delta y+x_n$
上加料板以上$\overline{V}=72.05,\overline{L}=125.3-59.8=65.5$							
$x_E=0.344$ $x_W=0.635$ $x_A=0.019$ 塔板 13 上的液体	$x_E+x_A=0.363$ $x_W+x_A=0.654$	$x_E/(x_E+x_A)=0.948$ $x_W/(x_W+x_A)=0.971$	$y_E/(y_E+y_A)=0.965$ $y_W/(y_W+y_A)=0.935$	$y_E=0.642$ $y_W=0.333$ $y_A=0.023$	$x_{14}=\frac{125.3\times0.344-59.8\times0.018+72.05\times(0.642-0.641)}{65.5}=0.641$ $x_{14}=\frac{125.3\times0.635-59.8\times0.9649+72.05\times(0.333-0.324)}{65.5}=0.327$ $x_{14}=\frac{125.3\times0.019-59.8\times0.0172+72.05\times(0.023-0.035)}{65.5}=0.034$		
$\frac{V}{L}=\frac{72.05}{65.5}=1.1$							
					Δy	$1.1\Delta y$	$1.1\Delta y+x_n$
$x_E=0.641$ $x_W=0.327$ $x_A=0.034$ 塔板 14 上的液体	$x_E+x_W=0.968$ $x_E+x_A=0.675$ $x_W+x_A=0.361$	$x_E/(x_E+x_W)=0.663$ $x_E/(x_E+x_A)=0.95$ $x_W/(x_W+x_A)=0.906$	$y_E/(y_E+y_W)=0.695$ $y_E/(y_E+y_A)=0.945$ $y_W/(y_W+y_A)=0.895$	$y_E=0.644$ $y_W=0.319$ $y_A=0.037$	0.002 −0.014 0.014	0.002 −0.015 0.015	0.643 0.312 0.049
$x_E=0.643$ $x_W=0.312$ $x_A=0.049$ 塔板 15 上的液体	$x_E+x_W=0.955$ $x_E+x_A=0.692$ $x_W+x_A=0.361$	$x_E/(x_E+x_W)=0.674$ $x_E/(x_E+x_A)=0.929$ $x_W/(x_W+x_A)=0.864$	$y_E/(y_E+y_W)=0.694$ $y_E/(y_E+y_A)=0.920$ $y_W/(y_W+y_A)=0.753$	$y_E=0.655$ $y_W=0.288$ $y_A=0.057$	0.011 −0.031 0.020	0.012 −0.034 0.022	0.655 0.278 0.069
					Δy	$0.575\Delta y$	$0.575\Delta y+x_w$
$x_E=0.655$ $x_W=0.278$ $x_A=0.069$ 塔板 16 上的液体	$x_E+x_W=0.933$ $x_E+x_A=0.724$ $x_W+x_A=0.347$	$x_E/(x_E+x_W)=0.701$ $x_E/(x_E+x_A)=0.905$ $x_W/(x_W+x_A)=0.801$	$y_E/(y_E+y_W)=0.696$ $y_E/(y_E+y_A)=0.892$ $y_W/(y_W+y_A)=0.802$	$y_E=0.642$ $y_W=0.281$ $y_A=0.079$	−0.013 −0.007 0.022	−0.014 −0.008 0.024	0.641 0.270 0.093
$x_E=0.641$ $x_W=0.270$ $x_A=0.093$ 塔板 17 上的液体	$x_E+x_W=0.911$ $x_E+x_A=0.734$ $x_W+x_A=0.363$	$x_E/(x_E+x_W)=0.704$ $x_E/(x_E+x_A)=0.874$ $x_W/(x_W+x_A)=0.744$	$y_E/(y_E+y_W)=0.698$ $y_E/(y_E+y_A)=0.863$ $y_W/(y_W+y_A)=0.708$	$y_E=0.628$ $y_W=0.272$ $y_A=0.100$	−0.014 −0.009 0.021	−0.015 −0.010 0.023	0.626 0.260 0.116
$x_E=0.626$ $x_W=0.260$ $x_A=0.116$ 塔板 18 上的液体	$x_E+x_W=0.886$ $x_E+x_A=0.742$ $x_W+x_A=0.376$	$x_E/(x_E+x_W)=0.706$ $x_E/(x_E+x_A)=0.844$ $x_W/(x_W+x_A)=0.691$	$y_E/(y_E+y_W)=0.702$ $y_E/(y_E+y_A)=0.844$ $y_W/(y_W+y_A)=0.703$	$y_E=0.624$ $y_W=0.261$ $y_A=0.115$	−0.004 −0.011 0.015	−0.004 −0.012 0.016	0.620 0.248 0.132
$x_E=0.620$ $x_W=0.248$ $x_A=0.132$ 塔板 19 上的液体							

表 11.13 采用最宜回流比 $L/D=2$ 的逐板计算数据

$L_n=6.55\times2=13.1\text{mol}/100\text{mol}$ 加料，$L_n=113.1\text{mol}/100\text{mol}$ 加料

$\frac{L_m}{V}=\frac{113.1}{93.45}=1.211$，$V=13.10+6.55=19.65\text{mol}/100\text{mol}$ 加料

由蒸馏釜至下加料板 $R=L/W=1.211$，$R-1=0.211$，$\overline{V}=19.65$，$\overline{L}=113.10$

					$0.211y$	$0.211y+x_W$	$\frac{0.211y+x_W}{1.211}$
$x_E=0.010$ $x_W=0.708$ $x_A=0.282$ 蒸馏釜中的液体	$x_E+x_A=0.292$ $x_W+x_A=0.990$	$x_E/(x_E+x_A)=0.034$ $x_W/(x_W+x_A)=0.715$	$y_E/(y_E+y_A)=0.11$ $y_W/(y_W+y_A)=0.44$	$y_E=0.065$ $y_W=0.412$ $y_A=0.524$	0.014 0.087 0.111	0.024 1.795 0.393	0.020 0.656 0.324
$x_E=0.020$ $x_W=0.656$ $x_A=0.324$ 塔板 1 上的液体	$x_E+x_A=0.344$ $x_W+x_A=0.980$	$x_E/(x_E+x_A)=0.058$ $x_W/(x_W+x_A)=0.670$	$y_E/(y_E+y_A)=0.183$ $y_W/(y_W+y_A)=0.422$	$y_E=0.115$ $y_W=0.373$ $y_A=0.512$	0.024 0.079 0.108	0.034 0.787 0.390	0.028 0.649 0.322
$x_E=0.028$ $x_W=0.649$ $x_A=0.322$ 塔板 2 上的液体	$x_E+x_A=0.350$ $x_W+x_A=0.971$	$x_E/(x_E+x_A)=0.080$ $x_W/(x_W+x_A)=0.668$	$y_E/(y_E+y_A)=0.240$ $y_W/(y_W+y_A)=0.426$	$y_E=0.153$ $y_W=0.361$ $y_A=0.486$	0.032 0.076 0.103	0.042 0.784 0.385	0.035 0.647 0.318
$x_E=0.035$ $x_W=0.647$ $x_A=0.318$ 塔板 3 上的液体	$x_E+x_A=0.353$ $x_W+x_A=0.965$	$x_E/(x_E+x_A)=0.099$ $x_W/(x_W+x_A)=0.670$	$y_E/(y_E+y_A)=0.290$ $y_W/(y_W+y_A)=0.435$	$y_E=0.187$ $y_W=0.353$ $y_A=0.459$	0.040 0.074 0.097	0.050 0.782 0.379	0.041 0.645 0.313
$x_E=0.041$ $x_W=0.645$ $x_A=0.313$ 塔板 4 上的液体	$x_E+x_A=0.354$ $x_W+x_A=0.958$	$x_E/(x_E+x_A)=0.116$ $x_W/(x_W+x_A)=0.673$	$y_E/(y_E+y_A)=0.325$ $y_W/(y_W+y_A)=0.442$	$y_E=0.212$ $y_W=0.348$ $y_A=0.440$	0.047 0.074 0.093	0.057 0.782 0.375	0.047 0.645 0.310
$x_E=0.047$ $x_W=0.645$ $x_A=0.310$ 塔板 5 上的液体	$x_E+x_A=0.357$ $x_W+x_A=0.955$	$x_E/(x_E+x_A)=0.1315$ $x_W/(x_W+x_A)=0.675$	$y_E/(y_E+y_A)=0.337$ $y_W/(y_W+y_A)=0.442$	$y_E=0.221$ $y_W=0.44$ $y_A=0.435$	0.047 0.073 0.092	0.057 0.781 0.374	0.047 0.644 0.309

续表

由下加料板至上加料板$\overline{V}=19.65,\overline{L}=113.1-40.2=72.9,\overline{V}/\overline{L}=0.270$							
$x_E=0.047$ $x_W=0.644$ $x_A=0.309$ 塔板6上的液体	$x_E+x_A=0.356$ $x_W+x_A=0.953$	$x_E/(x_E+x_A)=0.132$ $x_W/(x_W+x_A)=0.676$	$y_E/(y_E+y_A)=0.350$ $y_W/(y_W+y_A)=0.443$	$y_E=0.231$ $y_W=0.341$ $y_A=0.428$	$x_{E_7}=\frac{113.10\times0.047-40.2\times0.0986+19.65\times(0.231-0.221)}{72.9}$ $=1.5485/72.9=0.027$ $x_{W_7}=\frac{113.10\times0.644-40.2\times0.2411+19.65\times(0.341-0.344)}{72.9}$ $=63.10/72.9=0.866$ $x_{A_7}=\frac{113.10\times0.309-40.2\times0.6604+19.65\times(0.428-0.435)}{72.9}$ $=8.27/72.9=0.119$		
					Δy	$0.256\Delta y$	$0.256\Delta y+x_n$
$x_E=0.021$ $x_W=0.866$ $x_A=0.113$ 塔板7上的液体	$x_E+x_A=0.134$ $x_W+x_A=0.979$	$x_E/(x_E+x_A)=0.157$ $x_W/(x_W+x_A)=0.885$	$y_E/(y_E+y_A)=0.555$ $y_W/(y_W+y_A)=0.565$	$y_E=0.352$ $y_W=0.366$ $y_A=0.282$	0.121 0.025 −0.146	0.031 0.006 −0.037	0.052 0.872 0.076
$x_E=0.052$ $x_W=0.872$ $x_A=0.076$ 塔板8上的液体	$x_E+x_A=0.128$ $x_W+x_A=0.948$	$x_E/(x_E+x_A)=0.406$ $x_W/(x_W+x_A)=0.920$	$y_E/(y_E+y_A)=0.805$ $y_W/(y_W+y_A)=0.710$	$y_E=0.544$ $y_W=0.324$ $y_A=0.132$	0.192 −0.042 −0.150	0.049 −0.011 −0.038	0.101 0.861 0.038
$x_E=0.101$ $x_W=0.861$ $x_A=0.038$ 塔板9上的液体	$x_E+x_W=0.962$ $x_E+x_A=0.139$ $x_W+x_A=0.899$	$x_E/(x_E+x_W)=0.105$ $x_E/(x_E+x_A)=0.726$ $x_W/(x_W+x_A)=0.959$	$y_E/(y_E+y_W)=0.670$ $y_E/(y_E+y_A)=0.896$ $y_W/(y_W+y_A)=0.810$	$y_E=0.622$ $y_W=0.306$ $y_A=0.072$	0.078 −0.018 −0.060	0.020 −0.005 −0.015	0.121 0.856 0.023
$x_E=0.121$ $x_W=0.856$ $x_A=0.023$ 塔板10上的液体	$x_E+x_W=0.977$ $x_W+x_A=0.879$	$x_E/(x_E+x_W)=0.124$ $x_W/(x_W+x_A)=0.975$	$y_E/(y_E+y_W)=0.680$ $y_W/(y_W+y_A)=0.875$	$y_E=0.650$ $y_W=0.307$ $y_A=0.043$	0.028 0.001 −0.029	0.007 0.000 −0.007	0.128 0.856 0.016
$x_E=0.128$ $x_W=0.856$ $x_A=0.016$ 塔板11上的液体	$x_E+x_W=0.984$ $x_W+x_A=0.872$	$x_E/(x_E+x_W)=0.130$ $x_W/(x_W+x_A)=0.983$	$y_E/(y_E+y_A)=0.682$ $y_W/(y_W+y_A)=0.910$	$y_E=0.661$ $y_W=0.002$ $y_A=0.030$	0.011 0.002 −0.013	0.003 0.000 −0.003	0.131 0.856 0.013
$x_E=0.131$ $x_W=0.856$ $x_A=0.013$ 塔板12上的液体							

续表

上加料板以上$\overline{V}=19.65,\overline{L}=72.9-59.8=13.1,\overline{V}/\overline{L}=1.42$					
$x_E=0.131$ $x_W=0.856$ $x_A=0.013$ 塔板 12 上的液体	$x_E+x_W=0.987$ $x_W+x_A=0.869$	$x_E/(x_E+x_W)=0.133$ $x_W/(x_W+x_A)=0.987$	$y_E/(y_E+y_W)=0.688$ $y_W/(y_W+y_A)=0.940$	$y_E=0.675$ $y_W=0.306$ $y_A=0.019$	$x_{E_{13}}=\frac{72.9\times0.131-59.8\times0.018+19.65\times(0.675-0.661)}{13.1}=\frac{8.751}{13.1}=0.667$ $x_{W_{13}}=\frac{72.9\times0.856-59.8\times0.9649+19.65\times(0.306-0.309)}{13.1}=\frac{4.63}{13.1}=0.353$ $x_{W_{13}}=\frac{72.9\times0.013-59.8\times0.017+19.65\times(0.019-0.030)}{13.1}=\frac{0.274}{13.1}=-0.021$

表 11.14　采用最宜回流比 $L/D=5$ 的逐板计算数据

$L_n=6.55\times5=32.75$mol/100mol 加料，$L_n=132.75$mol/100mol 加料

$\frac{L_m}{V}=\frac{132.75}{93.45}=1.421$，$V=32.75+6.55=39.30$mol/100mol 加料

由蒸馏釜至下加料板 $R=L/M=1.421$，$R-1=0.421$，$\overline{V}=39.3$，$\overline{L}=132.75$

					$0.421y$	$0.421y+x_W$	$\frac{0.421y+x_W}{1.421}$
$x_E=0.010$ $x_W=0.708$ $x_A=0.282$ 蒸馏釜中的液体	$x_E+x_A=0.292$ $x_W+x_A=0.990$	$x_E/(x_E+x_A)=0.034$ $x_W/(x_W+x_A)=0.715$	$y_E/(y_E+y_A)=0.11$ $y_W/(y_W+y_A)=0.44$	$y_E=0.065$ $y_W=0.412$ $y_A=0.524$	0.0274 0.1735 0.2200	0.0374 0.8815 0.5020	0.0263 0.620 0.353
$x_E=0.026$ $x_W=0.620$ $x_A=0.353$ 塔板 1 上的液体	$x_E+x_A=0.379$ $x_W+x_A=0.973$	$x_E/(x_E+x_A)=0.069$ $x_W/(x_W+x_A)=0.637$	$y_E/(y_E+y_A)=0.20$ $y_W/(y_W+y_A)=0.41$	$y_E=0.128$ $y_W=0.357$ $y_A=0.514$	0.054 0.150 0.216	0.064 0.858 0.498	0.045 0.603 0.352
$x_E=0.045$ $x_W=0.603$ $x_A=0.352$ 塔板 2 上的液体	$x_E+x_A=0.397$ $x_W+x_A=0.955$	$x_E/(x_E+x_A)=0.113$ $x_W/(x_W+x_A)=0.632$	$y_E/(y_E+y_A)=0.30$ $y_W/(y_W+y_A)=0.42$	$y_E=0.199$ $y_W=0.336$ $y_A=0.465$	0.084 0.142 0.192	0.094 0.850 0.474	0.066 0.598 0.333
$x_E=0.066$ $x_W=0.598$ $x_A=0.333$ 塔板 3 上的液体	$x_E+x_A=0.399$ $x_W+x_A=0.931$	$x_E/(x_E+x_A)=0.166$ $x_W/(x_W+x_A)=0.642$	$y_E/(y_E+y_A)=0.39$ $y_W/(y_W+y_A)=0.45$	$y_E=0.261$ $y_W=0.333$ $y_A=0.407$	0.110 0.140 0.171	0.120 0.848 0.458	0.084 0.596 0.320

续表

					$0.421y$	$0.421y+x_W$	$\frac{0.421y+x_W}{1.421}$
$x_E=0.084$ $x_W=0.596$ $x_A=0.320$ 塔板 4 上的液体	$x_E+x_A=0.404$ $x_W+x_A=0.916$	$x_E/(x_E+x_A)=0.208$ $x_W/(x_W+x_A)=0.651$	$y_E/(y_E+y_A)=0.45$ $y_W/(y_W+y_A)=0.458$	$y_E=0.308$ $y_W=0.316$ $y_A=0.376$	0.130 0.133 0.158	0.140 0.841 0.440	0.099 0.591 0.310
$x_E=0.099$ $x_W=0.591$ $x_A=0.310$ 塔板 5 上的液体	$x_E+x_A=0.409$ $x_W+x_A=0.901$	$x_E/(x_E+x_A)=0.242$ $x_W/(x_W+x_A)=0.655$	$y_E/(y_E+y_A)=0.483$ $y_W/(y_W+y_A)=0.47$	$y_E=0.331$ $y_W=0.314$ $y_A=0.355$	0.140 0.132 0.150	0.150 0.840 0.432	0.105 0.590 0.305
由下加料板至上加料板$\overline{V}=39.3$，$\overline{L}=132.74-40.2=92.55$，$\overline{V}/\overline{L}=0.424$							
$x_E=0.105$ $x_W=0.590$ $x_A=0.305$ 塔板 6 上的液体	$x_E+x_A=0.410$ $x_W+x_A=0.895$	$x_E/(x_E+x_A)=0.256$ $x_W/(x_W+x_A)=0.659$	$y_E=0.338$ $y_W=0.317$ $y_A=0.345$	$x_{E_7}=\frac{132.75\times0.105-40.2\times0.099+39.3\times(0.338-0.331)}{92.55}=\frac{10.24}{92.55}=0.111$ $x_{W_7}=\frac{132.75\times0.590-40.2\times0.241+39.3\times(0.317-0.314)}{92.55}=\frac{68.72}{92.55}=0.742$ $x_{A_7}=\frac{132.75\times0.305-40.2\times0.660+39.3\times(0.345-0.355)}{92.55}=\frac{13.51}{92.55}=0.147$			
				Δy	$0.424\Delta y$	$0.424\Delta y+x_n$	
$x_E=0.111$ $x_W=0.742$ $x_A=0.147$ 塔板 7 上的液体	$x_E+x_A=0.258$ $x_W+x_A=0.889$	$x_E/(x_E+x_A)=0.43$ $x_W/(x_W+x_A)=0.835$	$y_E=0.490$ $y_W=0.310$ $y_A=0.200$	0.152 −0.007 −0.145	0.064 −0.003 −0.061	0.175 0.739 0.086	
$x_E=0.175$ $x_W=0.739$ $x_A=0.086$ 塔板 8 上的液体	$x_E+x_A=0.261$ $x_W+x_A=0.825$	$x_E/(x_E+x_A)=0.674$ $x_W/(x_W+x_A)=0.895$	$y_E=0.592$ $y_W=0.297$ $y_A=0.111$	0.102 −0.013 −0.089	0.043 −0.006 −0.037	0.218 0.733 0.049	
$x_E=0.218$ $x_W=0.733$ $x_A=0.049$ 塔板 9 上的液体	$x_E+x_A=0.267$ $x_W+x_A=0.782$	$x_E/(x_E+x_A)=0.816$ $x_W/(x_W+x_A)=0.936$	$y_E=0.605$ $y_W=0.320$ $y_A=0.075$	0.013 0.023 −0.036	0.005 0.010 −0.015	0.223 0.743 0.034	
$x_E=0.223$ $x_W=0.743$ $x_A=0.034$ 塔板 10 上的液体	$x_E+x_W=0.257$ $x_W+x_A=0.777$	$x_E/(x_E+x_W)=0.867$ $x_W/(x_W+x_A)=0.955$	$y_E=0.605$ $y_W=0.328$ $y_A=0.067$	0.000 0.008 −0.008	0.000 0.003 −0.003	0.223 0.746 0.031	

续表

上加料板以上 $\overline{V}=39.3,\overline{L}=92.55-59.8=32.75,\overline{V}/\overline{L}=1.2$							
$x_E=0.223$	$x_E+x_W=0.969$	$x_E/(x_E+x_W)=0.230$	$y_E/(y_E+y_W)=0.69$	$y_E=0.618$	$x_{E_{12}}=\frac{92.55\times0.223-59.8\times0.018+39.3\times(0.618-0.605)}{32.75}=\frac{20.08}{32.75}=0.613$		
$x_W=0.746$	$x_E+x_A=0.254$	$x_E/(x_E+x_A)=0.878$	$y_E/(y_E+y_A)=0.91$	$y_W=0.321$	$x_{W_{12}}=\frac{92.55\times0.746-59.8\times0.965+39.3\times(0.312-0.328)}{32.75}=\frac{11.03}{32.75}=0.337$		
$x_A=0.031$	$x_W+x_A=0.777$	$x_W/(x_W+x_A)=0.961$	$y_W/(y_W+y_A)=0.84$	$y_A=0.061$	$x_{E_{12}}=\frac{92.55\times0.031-59.8\times0.017+39.3\times(0.061-0.067)}{32.75}=\frac{1.64}{32.75}=0.050$		
塔板 11 上的液体							
					Δy	$1.2\Delta y$	$1.2\Delta y+x_n$
$x_E=0.613$	$x_E+x_W=0.950$	$x_E/(x_E+x_W)=0.645$	$y_E/(y_E+y_W)=0.66$	$y_E=0.617$	−0.001	−0.001	0.612
$x_W=0.337$	$x_E+x_A=0.663$	$x_E/(x_E+x_A)=0.925$	$y_E/(y_E+y_A)=0.909$	$y_W=0.321$	0.000	0.000	0.337
$x_A=0.050$	$x_W+x_A=0.387$	$x_W/(x_W+x_A)=0.87$	$y_W/(y_W+y_A)=0.84$	$y_A=0.062$	0.001	0.001	0.051
塔板 12 上的液体							
$x_E=0.612$	$x_E+x_W=0.949$	$x_E/(x_E+x_W)=0.645$		$y_E=0.633$	0.016	0.019	0.631
$x_W=0.337$	$x_E+x_A=0.663$	$x_E/(x_E+x_A)=0.923$	$y_E/(y_E+y_W)=0.675$	$y_W=0.304$	−0.017	−0.020	0.317
$x_A=0.051$	$x_W+x_A=0.388$	$x_W/(x_W+x_A)=0.868$	$y_W/(y_W+y_A)=0.83$	$y_A=0.063$	0.001	0.001	0.052
塔板 13 上的液体							
$x_E=0.631$	$x_E+x_W=0.948$	$x_E/(x_E+x_W)=0.666$		$y_E=0.635$	0.002	0.002	0.633
$x_W=0.317$	$x_E+x_A=0.683$	$x_E/(x_E+x_A)=0.925$	$y_E/(y_E+y_W)=0.68$	$y_W=0.299$	−0.0058	−0.006	0.311
$x_A=0.052$	$x_W+x_A=0.369$	$x_W/(x_W+x_A)=0.859$	$y_W/(y_W+y_A)=0.82$	$y_A=0.066$	0.003	0.004	0.056
塔板 14 上的液体							
$x_E=0.633$	$x_E+x_W=0.944$	$x_E/(x_E+x_W)=0.671$		$y_E=0.636$	0.001	0.001	0.634
$x_W=0.314$	$x_E+x_A=0.689$	$x_E/(x_E+x_A)=0.916$	$y_E/(y_E+y_W)=0.685$	$y_W=0.293$	−0.006	−0.007	0.304
$x_A=0.956$	$x_W+x_A=0.367$	$x_W/(x_W+x_A)=0.843$	$y_W/(y_W+y_A)=0.805$	$y_A=0.071$	0.005	0.006	0.062
塔板 15 上的液体							
$x_E=0.634$	$x_E+x_W=0.938$	$x_E/(x_E+x_W)=0.675$		$y_E=0.632$	−0.004	−0.005	0.629
$x_W=0.304$	$x_E+x_A=0.696$	$x_E/(x_E+x_A)=0.910$	$y_E/(y_E+y_W)=0.685$	$y_W=0.290$	−0.003	−0.004	0.300
$x_A=0.062$	$x_W+x_A=0.366$	$x_W/(x_W+x_A)=0.83$	$y_W/(y_W+y_A)=0.79$	$y_A=0.078$	0.007	0.009	0.071
塔板 16 上的液体							

续表

					Δy	$1.2\Delta y$	$1.2\Delta y+x_n$
$x_E=0.629$	$x_E+x_W=0.929$	$x_E/(x_E+x_W)=0.677$	$y_E/(y_E+y_W)=0.685$	$y_E=0.625$	−0.007	−0.008	0.621
$x_W=0.300$	$x_E+x_A=0.700$	$x_E/(x_E+x_A)=0.898$		$y_W=0.288$	−0.002	−0.002	0.298
$x_A=0.071$	$x_W+x_A=0.371$	$x_W/(x_W+x_A)=0.809$	$y_W/(y_W+y_A)=0.77$	$y_A=0.087$	0.009	0.010	0.081
塔板 17 上的液体							
$x_E=0.621$	$x_E+x_W=0.919$	$x_E/(x_E+x_W)=0.676$	$y_E/(y_E+y_W)=0.685$	$y_E=0.620$	−0.005	−0.006	0.615
$x_W=0.298$	$x_E+x_A=0.702$	$x_E/(x_E+x_A)=0.885$		$y_W=0.285$	−0.003	−0.004	0.294
$x_A=0.081$	$x_W+x_A=0.379$	$x_W/(x_W+x_A)=0.786$	$y_W/(y_W+y_A)=0.75$	$y_A=0.095$	0.008	0.010	0.091
塔板 18 上的液体							
$x_E=0.615$	$x_E+x_W=0.909$	$x_E/(x_E+x_W)=0.677$	$y_E/(y_E+y_W)=0.695$	$y_E=0.625$	0.005	0.006	0.621
$x_W=0.294$	$x_E+x_A=0.706$	$x_E/(x_E+x_A)=0.87$	.	$y_W=0.273$	−0.012	−0.014	0.280
$x_A=0.091$	$x_W+x_A=0.385$	$x_W/(x_W+x_A)=0.763$	$y_W/(y_W+y_A)=0.73$	$y_A=0.102$	0.007	0.008	0.099
塔板 19 上的液体							
$x_E=0.621$	$x_E+x_W=0.901$	$x_E/(x_E+x_W)=0.690$	$y_E/(y_E+y_W)=0.698$	$y_E=0.620$	−0.005	−0.006	0.615
$x_W=0.280$	$x_E+x_A=0.720$	$x_E/(x_E+x_A)=0.862$		$y_W=0.268$	−0.005	−0.006	0.274
$x_A=0.099$	$x_W+x_A=0.379$	$x_W/(x_W+x_A)=0.739$	$y_W/(y_W+y_A)=0.705$	$y_A=0.112$	0.010	0.012	0.111
塔板 20 上的液体							
$x_E=0.615$	$x_E+x_W=0.889$	$x_E/(x_E+x_W)=0.692$	$y_E/(y_E+y_W)=0.698$	$y_E=0.612$	−0.008	−0.010	0.605
$x_W=0.274$	$x_E+x_A=0.726$	$x_E/(x_E+x_A)=0.846$		$y_W=0.265$	−0.003	−0.004	0.270
$x_A=0.111$	$x_W+x_A=0.385$	$x_W/(x_W+x_A)=0.711$	$y_W/(y_W+y_A)=0.68$	$y_A=0.123$	0.011	0.014	0.125
塔板 21 上的液体							
$x_E=0.605$	$x_E+x_W=0.875$	$x_E/(x_E+x_W)=0.692$	$y_E/(y_E+y_W)=0.698$	$y_E=0.608$	−0.004	−0.005	0.600
$x_W=0.270$	$x_E+x_A=0.730$	$x_E/(x_E+x_A)=0.828$		$y_W=0.263$	−0.002	−0.002	0.268
$x_A=0.125$	$x_W+x_A=0.395$	$x_W/(x_W+x_A)=0.683$	$y_W/(y_W+y_A)=0.67$	$y_A=0.129$	0.006	0.007	0.132
塔板 22 上的液体							

$$L'_m = 165.5 - 40.2 = 125.3\text{mol}/100\text{mol 进料}$$

$$R' = \frac{L'_m}{W'} = \frac{125.3}{L'_m - V'} = \frac{125.3}{125.3 - 72.05} = \frac{125.3}{53.25} = 2.35$$

在较高的加料板上（来自沉降器的进料）

$$R''_m = 125.3 - 59.8 = 65.5\text{mol}/100\text{mol 进料}$$

$$R'' = \frac{L}{D} = 10$$

详细的逐板计算数据见表 11.12。计算结果为塔Ⅱ的馏出液组成。

$$x_E = 0.620$$

$$x_W = 0.248$$

$$x_A = 0.132$$

当 $L/D = 10$ 时，塔板数为 19 块。

除最宜回流比采用 10∶1 以外，还采用 2∶1 和 5∶1 进行逐板计算，以做比较，所有详细计算数据均列于表 11.13 和表 11.14 中。

讨论逐板计算的结果：根据 Colburn 方法算得的最小回流比为 3.2∶1。

上列逐板计算中，所采用的最宜回流比有三种：10∶1；2∶1；5∶1。

① 如采用 10∶1，则最宜回流比约为最小回流比的 3 倍。

根据计算结果，说明：由第 7 块塔板（由塔底数起）上加入来自塔Ⅰ的进料；由第 13 块塔板上加入来自沉降器的进料，运算第 19 块塔板时，所得馏出液组成即可近似地达到所要求的结果。

图 11.23（a）所示为最宜回流比为 10∶1 时的逐板计算图解。

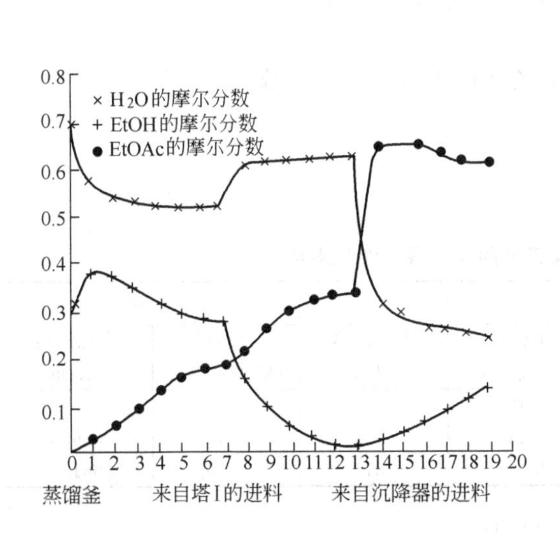

图 11.23（a） 回流比 $L/D = 10$ 时，x 对塔板数的标绘图

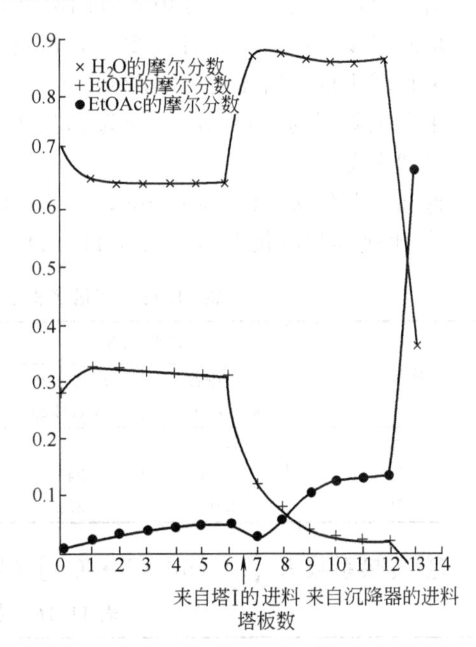

图 11.23（b） 回流比 $L/D = 2$ 时，x 对塔板数的标绘图

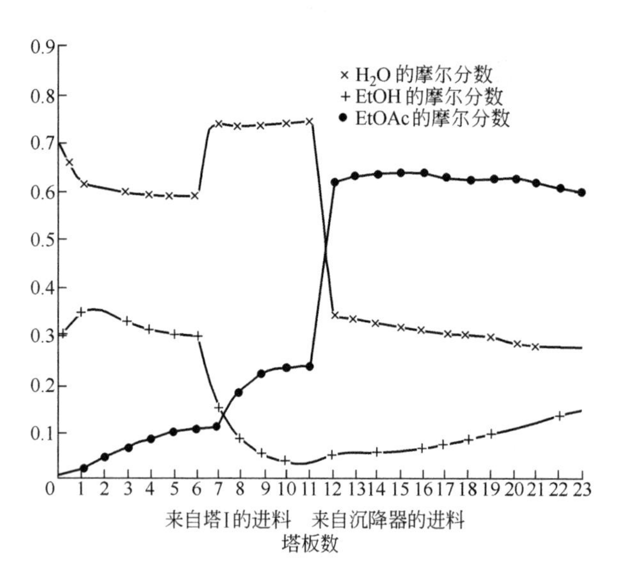

图 11.23 (c) 回流比 $L/D=5$ 时，x 对塔板数的标绘图

② 如最宜回流比采用 2∶1，即小于最小回流比。算得的结果说明：由第 12 块塔板上加入来自沉降器的进料后，乙醇组成变为负值，这说明不可能实行这样的蒸馏。

计算结果的图解如图 11.23 (b) 所示。

③ 如最宜回流比采用 5∶1，计算结果说明：由第 6 块塔板上加入来自塔Ⅰ的进料，由第 11 块塔板上加入来自沉降器的进料。这样，精馏塔上段的塔板数要比 $L/D=10$ 时为多，需要 11 块塔板，总共为 22 块塔板。

图 11.23 (c) 所示为 $L/D=5$ 时的计算图解。

由于蒸馏液为非理想溶液，以及其他特殊性，由上述分析结果看出：最宜回流比由 5∶1 加倍达到 10∶1 时，理论塔板数仅由 22 块降至 19 块，这说明设备投资省不了多少，然而操作费用却加了倍。

所以决定采用 $L/D=5∶1$，假定塔板效率为 50%，则实际塔板数取为 40。

(2) 热量计算

数据

① 温度

塔顶温度（约为三组分恒沸液的沸点） 71℃

塔底温度（约为 71%水，29%乙醇的沸点，摩尔分数） 79℃

来自塔Ⅰ的进料温度 84.2℃

来自沉降器的进料温度（约为 97%水，3%乙醇的沸点，摩尔分数） 94.7℃

冷却水温度 15℃

饱和水蒸气 $p=1.35\mathrm{kg/cm^2}$，$t=108℃$

② 比热容和汽化潜热（见表 11.15）

表 11.15 乙酸乙酯、水及乙醇的比热容和汽化潜热

温度/℃	乙酸乙酯		水		乙醇	
	比热容/[kJ/(kg·℃)]	汽化潜热/(kJ/kg)	比热容/[kJ/(kg·℃)]	汽化潜热/(kJ/kg)	比热容/[kJ/(kg·℃)]	汽化潜热/(kJ/kg)
20	1.916	—	4.184	—	2.35	—
71	1.983	343	4.213	2327	3.13	836.8
79	2.004	352	4.217	2310	3.26	861.9

③ 传热系数 K [kJ/(m³·h·℃)]（见表 11.16）

表 11.16 各种物系的传热系数

有机蒸气冷凝-水	液体-液体	蒸汽-沸腾液体	蒸汽-水	蒸汽-有机液体
2008	502	5858	3054	1004

④ 组成　馏出液组成如下。

	kg/h	kmol/h
$x_E=0.647$	243.8	2.760
$x_W=0.233$	18.2	0.995
$x_A=0.120$	23.6	0.513
		4.268

$$\frac{L}{D}=5,\ L=5D,\ V=L+D=6D$$

来自塔顶的蒸气组成

	kg/h
$x_E=0.647$	243.8×6=1460
$x_W=0.233$	18.2×6=107.5
$x_A=0.120$	23.6×6=141.8

塔底残液组成

	kg/h	kmol/h
$x_E=0.010$	51.8	0.589
$x_W=0.708$	661	36.7
$x_A=0.282$	675	14.7
		51.989

来自塔Ⅰ的进料组成

	kg/h	kmol/h
$x_E=0.120$	242.8	2.75
$x_W=0.240$	99.2	5.51
$x_A=0.660$	676.4	14.70
		22.96

来自沉降器的进料组成

	kg/h	kmol/h
$x_E=0.018$	52.8	0.6
$x_W=0.968$	580.0	32.2
$x_A=0.014$	22.2	0.483
		33.283

所以　　　　　总加料量=22.96+33.283=56.243kmol/h

$\overline{V}=\overline{L}-W=L+F-W=5D+F-W=5\times4.268+56.243-51.989=25.594$kmol/h

来自塔底的蒸气组成

	kg/h
$y_E=0.065$	0.065×25.594×88=146.8
$y_W=0.411$	0.411×25.594×18=189.9
$y_A=0.524$	0.524×25.594×46=616.0
	952.7

热量计算、水汽消耗、热交换面积

① 来自塔顶的蒸气冷凝液

$q=\sum W\lambda$ 在71℃冷凝（沸点）=1460×343+107.5×2327+141.8×836.8=870105kJ/h

设冷却水出口温度为49℃

$$\Delta t_m=\frac{(71-15)-(71-49)}{\ln\frac{71-15}{71-49}}=36.5℃$$

71℃→71℃

49℃←15℃

取 $K=2008\text{kJ/(m}^2\cdot\text{h}\cdot℃)$

所以
$$F=\frac{q}{K\Delta t_m}=\frac{870105}{2008\times36.5}=11.9\text{m}^2$$

冷却水用量

$$W=\frac{q}{c\Delta t}=\frac{870105}{4.184\times(49-15)}=6120\text{kg/h}$$

② 馏出液的冷却（由71℃至27℃）

$$q=\sum Wc\Delta t=\left[243.8\times\left(\frac{1.916+1.983}{2}\right)+18.2\times4.18+23.6\times\left(\frac{2.448+3.13}{2}\right)\right](71-27)$$

$$=27112\text{kJ/h}$$

设冷却水出口温度为21℃

$$\Delta t_m=\frac{(71-21)-(27-15)}{\ln\frac{71-21}{27-15}}=\frac{50-12}{\ln\frac{50}{12}}=26.6℃$$

71℃→27℃

21℃←15℃

取 $K=502\text{kJ/(m}^2\cdot\text{h}\cdot℃)$

所以
$$F=\frac{q}{K\Delta t_m}=\frac{27112}{502\times26.6}=2.03\text{m}^2$$

冷却水用量

$$W=\frac{1}{c\Delta t}=\frac{27112}{4.184\times(21-15)}=1080\text{kg/h}$$

③ 蒸馏釜

$$q=\sum W\lambda(79℃时)=146.8\times352+189.9\times2310+616.0\times861.9=1122360\text{kJ/h}$$

取 $K=5858\text{kJ/(m}^2\cdot\text{h}\cdot℃)$

$$\Delta t_m=108-79=29℃$$

所以
$$F=\frac{q}{K\Delta t_m}=\frac{1122360}{5858\times29}=6.0\text{m}^2$$

108℃时 $\lambda(H_2O)=2235\text{kJ/h}$

蒸汽消耗量

$$W=\frac{q}{\lambda+c\Delta t}=\frac{1122360}{2235+4.184\times(108-79)}=\frac{1122360}{2235+121.3}=434\text{kJ/h}$$

④ 来自沉降器的进料的加热（由 27℃至 94.7℃）

$$q=\sum Wc\Delta t=\left[52.8\times\left(\frac{1.916+2.02}{2}\right)+580\times4.18+22.2\times\left(\frac{2.45+3.49}{2}\right)\right](94.7-27)$$

$$=175728\text{kJ/h}$$

取 $K=3054\text{kJ/(m}^2\cdot\text{h}\cdot℃)$

所以
$$F=\frac{q}{K\Delta t_m}=\frac{175728}{3054\times(108-94.7)}=\frac{175728}{3054\times13.3}=4.33\text{m}^2$$

蒸汽消耗量

$$W=\frac{q}{\lambda+c\Delta t}=\frac{175728}{2235+4.184\times(108-94.7)}=\frac{175728}{2235+4.184\times133}=76.8\text{kg/h}$$

将上述计算结果汇总，见表 11.17。

表 11.17　热量计算和传热面汇总

项　　目	热量/(kJ/h)	冷却水量/(kg/h)	加热蒸汽量/(kg/h)	换热器传热面积/m²
塔顶蒸气冷凝至沸点	+870105	6120	—	11.9
馏出液冷却至 27℃	+27112	1080	—	2.03
蒸馏釜	−1022360	—	434	6.00
来自沉降器的进料的加热(由 27℃至 94.7℃)	−175728	—	76.8	4.33

热量衡算：取基准温度 $t_0=15℃$。

① 塔顶［见图 11.24 (a)］

流体①

	kg/h	t	$t-t_0$	c_{av}	λ	H_s	H_λ	H
E	1460	71℃	56℃	1.95	343	158992	502080	
W	107.5			4.184	2327	25188	249785	
A	141.8			2.74	836.8	21757	118658	
						205936	870523	1076460

流体②

$$H=H_{(1)}-H_{\lambda(1)}$$

流体③

$$H=\frac{5}{6}\times H_{(2)}=205936\times\frac{5}{6}$$

流体④

$$H=\frac{1}{6}\times H_{(2)}=205936\times\frac{1}{6}$$

流体⑤

	kg/h	t	$t-t_0$	c_{av}	H_s	
E	243.8	27℃	12℃	1.916	5607	
W	18.2			4.184	900	
A	23.6			2.35	665	
						7173

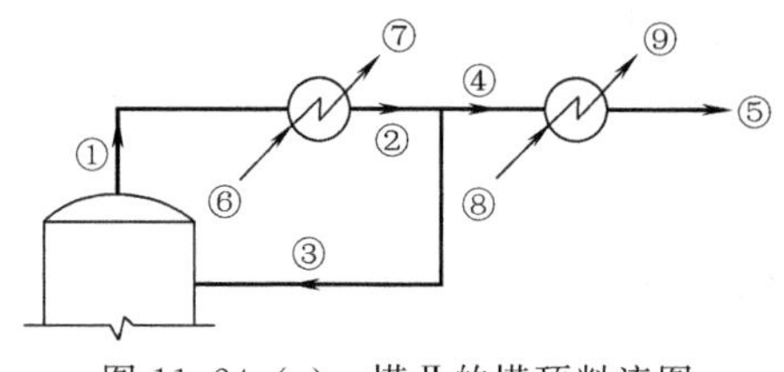

图 11.24 (a) 塔Ⅱ的塔顶料流图

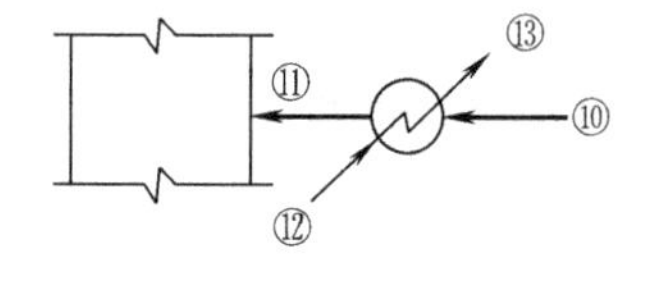

图 11.24 (b) 来自沉降器的进料料流图

流体⑥和⑧

$$t=15℃，所以 H=0$$

流体⑦

	kg/h	t	$t-t_0$	c_{av}	
W	6.120	49	34	4.184	870272

流体⑨

	kg/h	t	$t-t_0$	c_{av}	
W	1.080	21	6	4.184	27112

② 来自沉降器的进料 [见图 11.24 (b)]

流体⑩

	kg/h	t	$t-t_0$	c_{av}	H_s	
E	52.8	27℃	12	1.916	1213	
W	580.0			4.184	29121	
A	22.2			2.351	628	
						30962

流体⑪

	kg/h	t	$t-t_0$	c_{av}	H_s	
E	52.8	94.7	79.7	1.916	8284	
W	58.0			4.184	193301	
A	22.2			2.97	5272	
						206857

流体⑫

	kg/h	t	$t-t_0$	c_{av}	λ	H_s	H_λ	
W	76.8	108	93	4.184	2235	29874	171544	
								201418

流体⑬

	kg/h	t	$t-t_0$	c_{av}	
W	76.8	94.7	79.7	4.184	25606

③ 来自塔Ⅰ的进料 [见图 11.24 (c)]

流体⑭

	kg/h	t	$t-t_0$	c_{av}	H_s	
E	242.8	84.2	69.2	1.962	32844	
W	99.2			4.2	28828	
A	676.4			2.9	135562	
						197234

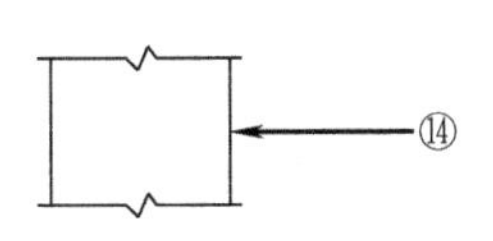

图 11.24（c） 来自塔Ⅰ的进料料流图

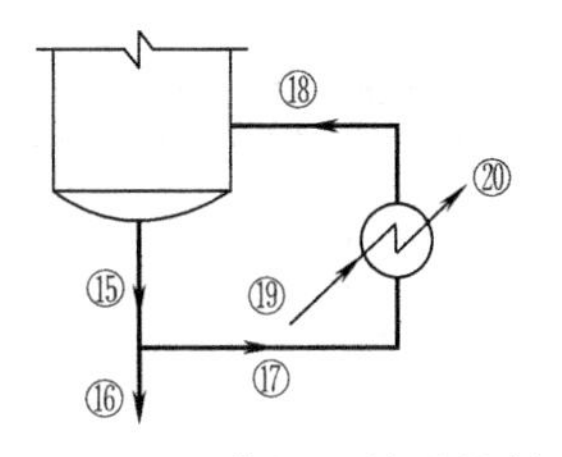

图 11.24（d） 蒸馏釜的进料料流图

④ 蒸馏釜［见图 11.24（d）］

流体⑮

	kg/h	t	$t-t_0$	c_{av}	H_s	
E	198.6	79	64	1.962	24937	
W	850.9			4.2	228865	
A	1291.0			2.8	23179	
						485595

流体⑯

	kg/h	t	$t-t_0$	c_{av}	H_s	
E	51.8	79	64	1.962	6485	
W	661			4.2	176983	
A	673			2.8	120918	
						304386

流体⑰

$$H=H_{(15)}-H_{(16)}=485595-304386=181209$$

流体⑱

	kg/h	t	$t-t_0$	c_{av}	λ	H_s	H_λ	
E	146.8	79	64	1.962	352	18410	51631	
W	189.9			4.2	2310	50208	439320	
A	616.0			2.8	862	110458	531368	
						179075	102232	1201394

流体⑲

	kg/h	t	$t-t_0$	c_{av}	λ	H_s	H_λ	
W	434	108	93	4.184	2235	169034	966504	
								1135538

流体⑳

	kg/h	t	$t-t_0$	c_{av}	
W	434	79	64	4.184	115897

⑤ 全塔（单位：1000kJ）（见图 11.25）

	加入热量		移走热量
⑥	0	⑤	8
⑧	0	⑦	870
⑩	29	⑨	25
⑫	200	⑬	25
⑭	197	⑯	306
⑲	1134	⑳	117
	1560		1351

全塔的加入热量和移走热量相差很大，下面进行热量校正。

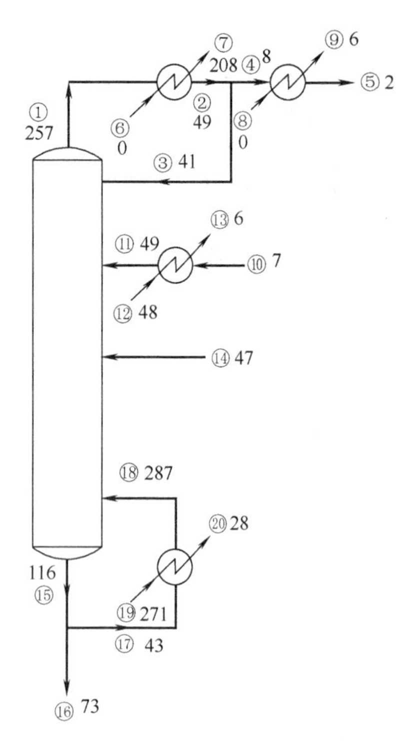

图 11.25 塔Ⅱ的热量衡算图

对于恒分子溢流来说，蒸馏系统中所有组分的$\frac{M\lambda}{T_b}$值均相等。

水 $\frac{18\times552}{352}=28.2$（79℃）

乙醇 $\frac{46\times206}{352}=26.9$（79℃）

乙酸乙酯 设$\frac{M}{T_b}=27.55$（79℃）

所以 $M\frac{27.5\times352}{84.1}=115$

根据虚拟的乙酸乙酯的分子量重新计算组成

馏出液

	kg/h
$x_E=0.584$	243.8
$x_W=0.274$	18.2
$x_A=0.142$	23.6

进料

	kg/h	kmol/h
$x_E=0.046$	295.6	2.56
$x_W=0.680$	679.2	37.70
$x_A=0.274$	698.6	15.20
		55.46

残液

	kg/h
$x_E=0.009$	51.8
$x_W=0.709$	661.0
$x_A=0.282$	675.0

设 D 为馏出液的物质的量

由于
$$0.274D+0.709\times(100-D)=68.0$$
$$0.274D+70.9-0.709D=68.0$$
$$0.435D=2.9$$
$$D=\frac{2.9}{0.435}=6.67\text{mol/100mol 进料}$$

所以
$$W=100.0-6.67=93.33\text{mol/100mol 进料}$$
$$\overline{V}=6D=6\times6.67=40.02\text{mol/100mol 进料}=\frac{40.02\times55.46}{100}=22.2\text{mol/h}$$

塔底蒸气组成

	kg/h
$y_E=0.065$	$0.065\times22.2\times115=166$
$y_W=0.412$	$0.412\times22.2\times18=164.5$
$y_A=0.524$	$0.524\times22.2\times46=535$
	865.5

重新计算蒸馏釜

$$q=166\times352+16.4\times2310+535\times862=58576+379489+460240=898305\text{kJ/h}$$

K 仍取 5858kJ/(m^2·h·℃)，Δt_m 仍取为 29℃。

所以

$$F=\frac{q}{K\Delta t_m}=\frac{898305}{5858\times 29}=5.3\text{m}^2$$

蒸汽消耗量

$$W=\frac{898305}{4.18\times 563.1}=382\text{kg/h}$$

流体⑮

	kg/h	t	$t-t_0$	c_{av}	H_s	
E	217.8	79	64	1.96	27322	
W	825.5			4.2	221752	
A	1210.0			2.8	217150	
						466223

流体⑰

$$H=H_{(15)}-H_{(16)}=485595-304386=181209$$

流体⑱

	kg/h	t	$t-t_0$	c_{av}	λ	H_s	H_λ	
E	166	79	64	1.962	351.9	20836	58367	
W	164.5			4.2	2310	44225	379070	
A	535			2.8	862	95814	460240	
						160875	897677	1058552

流体⑲

	kg/h	t	$t-t_0$	c_{av}	λ	H_s	H_λ	
W	382	108	93	4.184	2235	148988	853536	1002486

流体⑳

	kg/h	t	$t-t_0$	c_{av}	
W	382	79	64	4.184	102090

校正后的热量衡算（见表 11.18）

	加入热量		移走热量
⑥	0	⑤	8
⑧	0	⑦	870
⑩	29	⑨	25
⑫	201	⑬	25
⑭	197	⑯	306
⑲	1004	⑳	108
	1431		1334

表 11.18　校正后的热量计算汇总

项　　目	热量/(kJ/h)	冷却水量/(kg/h)	加热蒸汽量/(kg/h)	换热器传热面积/m^2
塔顶蒸气冷凝至沸点	870105	6120	—	11.9
馏出液冷却至 27℃	27112	1080	—	2.03
蒸馏釜	−898305	—	382	5.30
来自沉降器的进料的加热(由 27℃至 94.7℃)	−175728	—	76.8	4.33

11.4.5.2　填料塔的设计

根据上述计算结果确定

型式：250YC 型拉鲁派克填料；

材料：铜；

理论塔板数：22；

填料理论等板高度：250mm；

来自沉降器的进料由第 9 块理论塔板（自塔顶数起）处加入；

来自塔Ⅰ的进料由第 14 块理论塔板（自塔顶数起）处加入。

数据

（1）来自塔Ⅰ的进料

	kg/h	x	kmol/h
E	242.8	0.120	2.75
W	99.2	0.240	5.51
A	676.4	0.640	14.70
			22.96

（2）来自沉降器的进料

	kg/h	x	kmol/h
E	52.8	0.018	0.60
W	580.0	0.968	32.20
A	22.2	0.014	0.48
			33.28

所以总加料量＝22.96＋33.28＝56.2kmol/h

（3）塔底蒸气负荷

	kg/h	y	My/(kg/mol)
E	166	0.083	7.30
W	164.5	0.404	7.26
A	535	0.513	23.60
			38.16

$$\text{平均摩尔质量 } M_{av}=\frac{38.16}{22.41}\times\frac{273}{273+79}=1.32\text{kg/m}^3$$

（4）塔顶蒸气负荷

	kg/h	y	My/(kg/mol)
E	1460	0.647	57.00
W	107.5	0.233	4.20
A	141.8	0.120	5.52
			66.72

$$\text{平均摩尔质量 } M_{av}=\frac{66.72}{22.41}\times\frac{273}{273+71}=2.36\text{kg/m}^3$$

（5）填料底层处的液体

$$\overline{L}=132.75\text{mol/100mol 进料}=74.5\text{kmol/h}$$

	x	kmol/h	kg/h	相对密度	m^3/h
E	0.026	1.94	171	0.901	0.190
W	0.620	46.20	828	1.000	0.828
A	0.353	26.30	1197	0.789	1.516
		74.44	2196		2.534

$$M_{av}=\frac{2196}{2.534}=867\text{kg/m}^3$$

(6) 填料顶层处的液体

$$L=32.75\text{mol}/100\text{mol 进料}=18.4\text{kmol/h}$$

	x	kmol/h	kg/h	相对密度	m^3/h
E	0.605	11.14	980	0.901	1.090
W	0.270	4.97	89.5	1.000	0.089
A	0.120	2.21	102	0.789	0.129
		18.32	1171.4		1.308

$$M_{av}=\frac{1171.4}{1.308}=893\text{kg/m}^3$$

(7) 填料层高度

$$22\times0.25=5.5\text{m}$$

(8) 填料塔直径

① 载点状态下气-液相流速有下述关系

$$U_{LS}=\frac{L}{V}\frac{\rho_V}{\rho_L}U_{VS}$$

式中 L——塔顶液体流率，kg/h；
V——塔顶气体流率，kg/h；
U_{LS}——载点下的液体流速，m/s；
U_{VS}——载点下的气体流速，m/s；
ρ_L——液体密度，kg/m^3；
ρ_V——气体密度，kg/m^3。

代入数据

$$U_{LS}=\frac{1171.4}{1709.3}\times\frac{2.36}{893}U_{VS}=0.001811U_{VS}$$

② 载点负荷下的阻力系数

$$\xi_s=\frac{g}{C_s^2\left[\frac{L}{V}\sqrt{\frac{\rho_L}{\rho_V}}\left(\frac{\eta_L}{\eta_V}\right)^{0.4}\right]^{-0.65}}$$

式中 C_s——载点填料因子，250YC型拉鲁派克填料的$C_s=3.178$；
η_L，η_V——气-液动力黏度，经估算，液相动力黏度$\eta_L=3.44\times10^{-4}$Pa·s，气相动力黏度$\eta_V=9.26\times10^{-6}$Pa·s。

$$\xi_s=\frac{9.806}{3.178^2\left[\frac{1171.4}{1709.3}\times\left(\frac{2.36}{893}\right)^{1/2}\times\left(\frac{3.44\times10^{-4}}{9.26\times10^{-6}}\right)^{0.4}\right]^{-0.65}}=0.2824$$

③ 载点负荷公式

$$U_{VS}=\left(\frac{g}{\xi_s}\right)^{1/2}\left[\frac{\varepsilon}{a^{1/6}}-a^{1/2}\left(\frac{12\eta_L}{g\,\rho_L}U_{LS}\right)^{1/3}\right]\left(\frac{12\eta_L}{g\,\rho_L}U_{LS}\right)^{1/6}\sqrt{\frac{\rho_L}{\rho_V}}$$

式中 ε——填料空隙率，取为0.963；

a——填料几何表面积，取为250m^2/m^3。

$$U_{VS}=\left(\frac{9.806}{0.2824}\right)^{1/2}\left[\frac{0.963}{250^{1/6}}-250^{1/2}\times\left(\frac{12}{9.806}\times\frac{3.44\times10^{-4}}{893}U_{LS}\right)^{1/3}\right]$$

$$\left(\frac{12}{9.806}\times\frac{3.44\times10^{-4}}{893}U_{LS}\right)^{1/6}\sqrt{\frac{893}{2.36}}$$

代入 $U_{LS}=0.001811U_{VS}$

迭代得 $U_{VS}=1.364\text{m/s}$

$U_{LS}=0.00247\text{m/s}$

填料顶层蒸气体积流率 $\dfrac{1702.3}{2.36}=724.3\text{m}^3/\text{h}$

塔截面积 $F=\dfrac{724.3}{3600\times1.364}=0.1475\text{m}^2$

塔内径 $D=\sqrt{\dfrac{4}{\pi}F}=\sqrt{\dfrac{4}{\pi}\times0.1475}=0.433$

所以取塔径0.45m，即450mm。

塔Ⅱ设计汇总

型式：规整填料塔；

填料规格：250YC型拉鲁派克填料；

填料高度：5.5m；

填料层上部高度：0.45m；

填料层下部高度：0.6m；

塔总高：6.55m；

塔内径：450mm；

填料材料：铜；

塔壁厚度：3.5mm。

注：精馏塔Ⅰ、Ⅱ及其他设备的设计参照丁浩编著的《化工工艺设计》。

11.4.6 修正后的物料衡算

11.4.6.1 各主要设备的物料衡算

经过塔Ⅰ、塔Ⅱ、塔Ⅲ等主要设备的计算和设计后，物料衡算也有相应的改变，现将修正后的物料衡算总汇列于表11.19～表11.23及图11.26中，供其他设备设计时使用。

表11.19 T-4酯化器

加入				支出			
序号	物料名称	组成/%	数量/(kg/h)	序号	物料名称	组成/%	数量/(kg/h)
	来自乙酸泵P-1				去加料泵P-3		
1	乙酸	100	136.4	1			132.3
	来自乙醇泵P-2			2			32.1
2	乙醇	95	114.5	3			40.0
(1)	其中C_2H_5OH		109	4			46.5
(2)	H_2O		5.5	5			5.8
	来自硫酸贮槽T-3						
3	硫酸	93	5.8				
	合计		257.74		合计		

表 11.20　C-1 精馏塔Ⅰ

加入				支出			
序号	物料名称	组成/%	数量/(kg/h)	序号	物料名称	组成/%	数量/(kg/h)
	来自加料泵 P-3				去塔Ⅱ C-2		
1	酯化液进料		256.7	1	馏出液		1018.4
(1)	EtOAc		132.3	(1)	EtOAc		242.2
(2)	H_2O		32.1	(2)	H_2O		99.2
(3)	EtOH		40.0	(3)	EtOH		676.0
(4)	AcOH		46.5		去冷却器 E-2		
(5)	硫酸		5.8	2	残液		626.4
	来自加料泵 P-3			(1)	EtOAc		9.10
2	塔Ⅱ残液进料		1387.8	(2)	H_2O		608.0
(1)	EtOAc		51.8	(3)	EtOH		3.2
(2)	H_2O		661.0	(4)	硫酸		5.8
(3)	EtOH		675.0				
	合　计		1644.5		合　计		

表 11.21　C-2 精馏塔Ⅱ

加入				支出			
序号	物料名称	组成/%	数量/(kg/h)	序号	物料名称	组成/%	数量/(kg/h)
	来自塔Ⅰ				去混合器		
1	馏出液		1018.4	1	馏出液		285.6
(1)	EtOAc		242.8	(1)	EtOAc		243.8
(2)	H_2O		99.2	(2)	H_2O		18.2
(3)	EtOH		676.4	(3)	EtOH		23.6
	来自沉降器				去塔Ⅰ		
2	水层		665.0	2	残液		1387.8
(1)	EtOAc		52.8	(1)	EtOAc		51.8
(2)	H_2O		580.0	(2)	H_2O		661.0
(3)	EtOH		22.0	(3)	EtOH		675.0
	合　计		1673.4		合　计		1673.4

表 11.22　T-6 沉降器

加入				支出			
序号	物料名称	组成/%	数量/(kg/h)	序号	物料名称	组成/%	数量/(kg/h)
	来自塔Ⅱ				去塔Ⅲ		
1	馏出液		285.6	1	酯层		455.3
(1)	EtOAc		243.8	(1)	EtOAc		423.2
(2)	H_2O		18.2	(2)	H_2O		18.0
(3)	EtOH		23.6	(3)	EtOH		9.1
	来自塔Ⅲ				去塔Ⅱ		
2	馏出液		262.39	2	水层		655.0
(1)	EtOAc		237.2	(1)	EtOAc		58.8
(2)	H_2O		17.52	(2)	H_2O		574.0
(3)	EtOH		7.67	(3)	EtOH		22.2
	来自冷凝水贮槽						
3	添加水		562.31				
	合　计		1110.3		合　计		1110.3

表11.23 C-3精馏塔Ⅲ

加入				支出			
序号	物料名称	组成/%	数量/(kg/h)	序号	物料名称	组成/%	数量/(kg/h)
	来自沉降器						
1	馏出液		455.3	1	馏出液		262.39
(1)	EtOAc		428.2	(1)	EtOAc		237.2
(2)	H_2O		18.0	(2)	H_2O		17.52
(3)	EtOH		9.1	(3)	EtOH		7.67
				2	塔底成品		192.91
				(1)	EtOAc		191
				(2)	H_2O		0.48
				(3)	EtOH		1.43
	合　计		455.3		合　计		455.3

11.4.6.2 原料消耗综合

序号	物料名称	成分	单位	每吨产品(工业品)消耗量		每小时消耗量(工业品)	每昼夜消耗量(工业品)	每年消耗量(工业品)	备　注
				100%	工业品				
1	2	3	4	5	6	7	8	9	10
1	乙酸	100%	t	0.707	0.707	0.764	3.274	1073.5	
2	乙醇	95%	t	0.565	0.593	0.1145	2.748	901.1	
3	浓硫酸	93%	t	0.028	0.030	0.0038	0.139	45.6	
4	原料水	—	t	2.910	2.910	0.5623	13.495	4425.3	蒸汽冷凝水

11.6.4.3 能量消耗综合

序号	物料名称	单位	每吨产品(工业品)消耗量	每小时消耗量	每昼夜消耗量	每年消耗量	备　注
1	2	3	4	5	6	7	8
1	冷却水(15℃)	t	272	525	1260	413300	
2	蒸汽/(1kg/cm^2,表压)	t	13.2	2.55	61.2	20100	
3	电	kW·h	33.6	—	156	5110	不包括照明用电

11.4.6.4 能量消耗综合

序号	名　称	特性和成分	单位	每吨产品(工业品)排出量	每小时排出量	每年排出量	备　注
1	2	3	4	5	6	7	8
1	酸性下水(来自塔Ⅰ底部)	其中 EtOAc 1.45%, EtOH 0.51%, H_2SO_4 0.86%,温度约49℃	t	3.24	0.626	4860	排入下水道
2	净下水(来自冷凝器和冷却器;E-1,E-2,E-3,E-4,E-7,E-8,E-11,E-12)	平均温度约41℃	t	27.2	0.525	41330	排入下水道
3	蒸汽冷凝水(来自冷凝水贮槽T-5)	温度79.5℃	t	0.78	0.150	1170	排入下水道

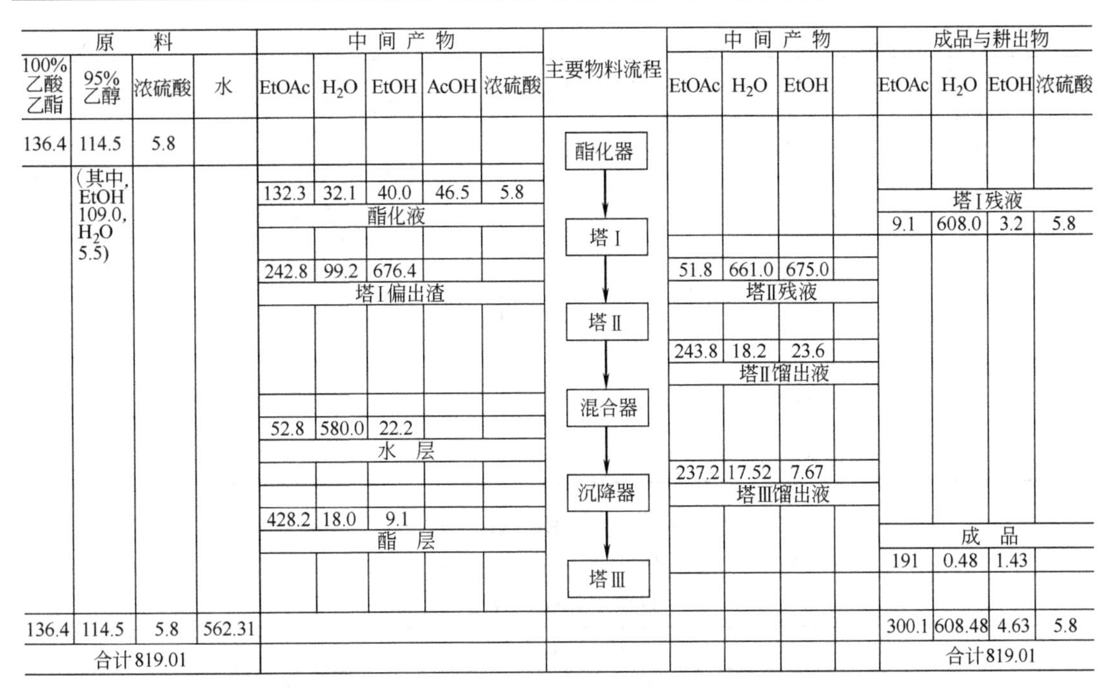

图 11.26　修正后的物料衡算（单位：kg/h）

11.4.7　生产工艺流程图

乙酸乙酯生产工艺流程图如图 11.27 所示，设备一览表见表 11.24。

表 11.24　设备一览表

序号	流程号	名　称	规　格	数量	材料	备　注
1	T-1	乙酸贮槽	$V=6280$L	2	钢	
2	T-2	乙醇贮槽	$V=6280$L	2	钢	
3	T-3	硫酸贮槽	$V=280$L	2	钢	
4	T-4	酯化器	$V=3850$L	2	铜	
5	T-5	冷凝水贮槽	$V=1360$L	1	铜	
6	T-6	沉降器	$V=1360$L	1	铜	
7	T-7	水层中间贮槽	$V=1360$L	1	铜	
8	T-8	酯层中间贮槽	$V=1360$L	1	铜	
9	T-9	成品中间贮槽	$V=1130$L	1	铜	
10	T-10	成品贮槽	$V=9420$L	2	铜	
11	C-1	精馏塔Ⅰ	ϕ1000mm×11000mm	1	铜	
12	C-2	精馏塔Ⅱ	ϕ700mm×11000mm	1	铜	
13	C-3	精馏塔Ⅲ	ϕ600mm×4500mm	1	铜	附搅拌器和回流冷凝器
14	E-1	冷凝器	$F=32m^2$	1	铜，钢	
15	E-2	冷却器	$F=20m^2$	1	不锈钢，钢	
16	E-3	冷凝器	$F=12m^2$	1	铜，钢	
17	E-4	冷却器	$F=2.2m^2$	1	铜，钢	
18	E-5	蒸馏釜	$F=6m^2$	1	铜，钢	
19	E-6	进料加热器	$F=5.5m^2$	1	铜，钢	
20	E-7	冷凝器	$F=10m^2$	1	铜，钢	
21	E-8	冷却器	$F=2.2m^2$	1	铜，钢	
22	E-9	蒸馏釜	$F=6m^2$	1	铜，钢	
23	E-10	进料加热器	$F=1.6m^2$	1	铜，钢	
24	E-11	成品冷凝冷却器	$F=2.1m^2$	1	不锈钢，钢	
25	E-12	冷凝水冷却器	$F=10m^2$	1	铜，钢	

续表

序号	流程号	名称	规格	数量	材料	备注
26	P-1	乙酸泵	1-4.5电型齿轮泵，$Q=3.3m^3/h$，$H=3.3kg/cm^2$，$N=1.7W$	1	装配	
27	P-1	乙醇泵		1	装配	
28	P-2	加料泵		2	装配	其中一台备用
29	P-3	加料泵		2	装配	
30	P-4	加料泵		2	装配	
31	P-5	加料泵		2	装配	
32	P-6	成品泵		2	装配	
33	P-7	冷凝水泵		2	装配	
34	RD-1	回流分布器		1	铜	
35	RD-2	回流分布器		1	铜	
36	RD-3	回流分布器		1	铜	
37	J-1	喷射混合器		1	铜	

附表一 部分混溶液体的溶解度①

水 H_2O（W），乙酸乙酯 $CH_3COOC_2H_5$（E），乙醇 C_2H_5OH（A）

（以摩尔分数/%表示）

W	E	A	W	E	A
温度 0℃					
90.4	9.6	0.0	2.3	97.7	0.0
86.9	9.3	3.8	2.4	97.5	0.1
84.2	9.1	6.7	2.9	95.6	1.5
80.2	9.0	10.8	3.6	93.1	3.3
76.9	9.2	13.9	4.6	89.6	5.8
73.8	9.7	16.5	6.7	84.1	9.2
68.9	11.3	19.8	10.7	75.9	13.4
温度 20℃					
92.2	7.8	0.0	2.8	97.2	0.0
88.1	7.9	4.0	3.6	94.2	2.0
84.0	8.4	7.6	5.3	89.2	5.5
80.4	9.2	10.4	7.0	85.2	7.8
75.6	10.7	13.7	8.6	81.2	10.2
70.5	13.0	16.5	13.4	72.1	14.5
62.6	17.9	19.5	21.3	60.4	18.3

① 数据引自：D. G. Beech，S. Glasstone，J. Chem. Soc.，67（1938）。

附表二 乙醇-乙酸乙酯-水液相平衡数据①

乙醇 C_2H_5OH（A），乙酸乙酯 $CH_3COOC_2H_5$（E），水 H_2O（W）

液体中的摩尔分数/%			蒸气中的摩尔分数/%			温度/℃	压力/MPa
A	E	W	A	E	W		
6.2	85.0		7.6	73.6		71.8	
6.5	87.7		10.4	76.7		72.8	
7.8	89.9		10.7	86.6		72.7	
8.1	0.2		33.1	3.8		85.4	
8.9	0.5		32.5	21.2		82.0	
9.6	0.4		37.2	12.5		82.4	
10.0	70.3		10.2	64.5		70.6	
11.6	2.0		29.9	28.4		76.3	

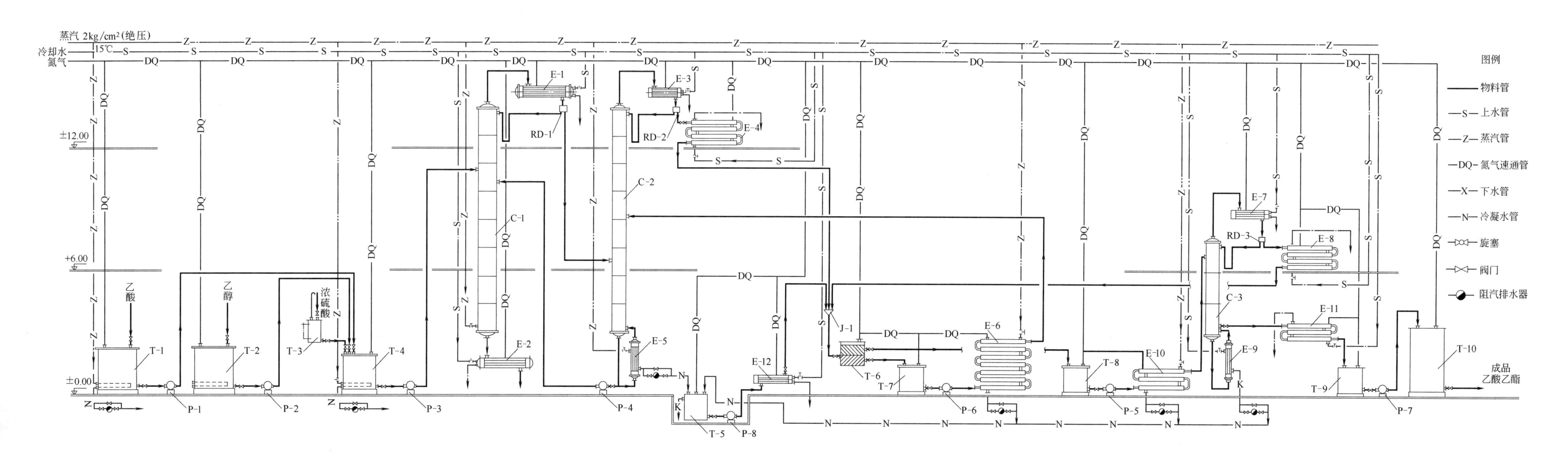

图 11.27　乙酸乙酯生产工艺流程图

续表

液体中的摩尔分数/%			蒸气中的摩尔分数/%			温度/℃	压力/MPa
A	E	W	A	E	W		
11.7	34.3		14.0	55.1		70.8	
13.4	76.5		16.4	66.3		71.8	
13.6	1.4		37.1	20.6		78.9	
14.9	31.9		15.2	50.0		71.0	
14.9	64.9		15.2	61.3		70.6	
15.6	10.2		23.0	38.6		72.8	
15.8	4.6		27.6	35.4		73.4	
16.0	12.5		20.8	41.7		72.2	
17.3	68.2		19.1	58.1		70.7	
18.3	76.2		23.6	66.9		72.3	
18.4	22.8		20.4	49.7		71.6	
18.6	54.8		16.9	57.9		70.7	
18.9	43.1		16.2	54.4		70.7	
19.0	72.7		22.7	64.9		71.6	
19.0	3.6		34.8	25.5		76.4	
19.1	59.6		18.0	60.0		70.8	
19.4	9.6		24.2	38.4		72.8	
20.8	20.9		20.3	46.8		71.9	
22.2	26.4		21.2	44.6		71.6	
23.1	2.4		41.2	18.6		77.6	
23.7	1.7		45.2	11.5		78.8	
24.4	52.1		22.4	55.2		70.8	
25.4	38.3		22.0	47.8		71.1	
25.9	8.0		32.7	30.7		74.8	
27.3	18.8		26.4	39.8		72.3	
28.2	50.4		26.3	52.5		70.8	
28.6	17.0		28.0	40.8		72.9	
31.0	29.0		28.0	40.0		71.7	
31.8	3.9		44.5	17.4		76.4	
32.8	14.3		32.7	34.5		73.6	
34.5	33.6		30.2	44.2		71.5	
35.4	36.9		30.3	47.5		71.4	
38.3	22.7		33.8	37.7		72.4	
38.5	11.3		39.2	30.0		74.4	
40.2	54.2		39.9	54.5		71.6	
42.3	8.5		44.2	25.0		75.2	
42.4	28.8		37.4	38.6		72.0	
43.3	18.5		40.7	29.9		72.8	
45.7	0.4		62.1	23.0		80.0	
46.2	35.0		40.1	43.1		71.5	
46.9	5.7		51.3	17.6		76.4	
49.5	15.4		46.0	24.6		73.8	
49.6	21.3		42.6	35.0		73.0	
49.8	40.5		44.4	44.4		71.6	
49.9	45.1		48.0	47.3		71.8	
53.3	1.5		63.4	5.6		78.8	
53.6	28.2		46.7	36.8		72.4	
54.3	16.6		47.8	28.8		73.6	

续表

液体中的摩尔分数/%			蒸气中的摩尔分数/%			温度/℃	压力/MPa
A	E	W	A	E	W		
54.6	12.0		52.0	18.6		74.2	
58.0	37.2		53.5	43.0		72.2	
58.6	0.8		67.8	2.5		79.1	760
59.0	32.7		51.3	40.6		72.4	
60.3	22.3		53.3	31.9		72.7	
62.7	3.3		64.3	9.1		77.4	
64.6	9.5		59.1	20.1		75.4	
66.0	25.3		56.7	34.6		72.5	
66.3	16.4		57.5	26.0		73.8	
66.3	29.0		57.1	38.2		72.9	
69.0	12.1		62.1	22.6		75.0	
70.0	12.3		65.2	20.0		74.4	
70.4	4.8		67.3	11.0		76.7	
71.7	23.1		66.0	30.7		73.4	
72.7	19.7		62.4	30.1		73.7	
74.2	6.2		68.1	14.0		76.2	
75.0	2.4		74.3	5.5		77.5	
77.9	13.6		70.6	22.2		74.7	
79.0	16.5		73.9	24.6		74.3	
79.3	13.6		71.0	22.7		74.8	
82.9	9.2		74.9	16.4		75.8	
84.2	4.8		80.4	9.6		77.0	
85.1	1.5		85.3	2.4		78.1	
85.3	5.3		79.7	12.0		76.6	
85.4	10.5		78.0	19.0		75.4	
89.0	6.8		83.5	12.6		76.2	
89.8	2.2		87.6	5.0		77.0	
89.9	1.6		87.4	3.6		77.6	
95.0	1.7		94.0	3.6		77.6	
96.9	0.6		97.3	1.2		78.1	

① 数据引自：Ju Chin Chu：Distillation Equilibrium Data，Reinhold Publishing Corporation，1950. p. 244 System 154.
注：W 的摩尔分数未列入，其值按 W＝100－（A＋E）计算。

符号说明

A　传热面积，m^2
c_p　气体的比定压热容，kJ/(kg・K)
D　管径，m
f　摩擦系数
G　质量流速，m/s
h_C　对流传热系数，W/(m^2・K)
H_r　裂解反应热，W
L　管段长度，m
W　总流率，kg/h
L/D　回流比
L_e　计算压力降的当量长度，m
M　气体分子量
t，T　温度，K
p　压力，Pa
Q　热量，W
U　总传热系数，W/(m^2・K)
V　气体线速度，m/s
ρ　密度，kg/m^3
α　转化率
θ　停留时间，s

下标
i—管段进口
o—管段出口
m—平均值

参考文献

1 API-44. Selected Values of Properties of Hydroearbons and Related Compound
2 API. Technical Data Book. 3rd Edition. 1976
3 ASME Steam Tables. 3rd Edition，1977；Thermodynamle and Transport Properties of Steam
4 C. 贾德森. 金著. 分离过程. 大连工学院化工原理教研室译. 北京：化学工业出版社，1987
5 丁浩. 化工工艺设计. 上海：上海科学技术出版社，1981
6 中国石化集团上海工程有限公司编. 化工工艺设计手册. 上、下册. 第 3 版. 北京：化学工业出版社，2003

习　　题

11.1　利用 PRO/Ⅱ软件，求解一个三元混合物的双塔精馏过程，各种参数自行设定。

11.2　利用 PRO/Ⅱ软件，求解一个用液相原料进行气相催化反应，并将反应气体冷凝成液体的计算。

11.3　列出工艺设计过程中的典型步骤。

附　　录

附录 A　主要物理量的单位换算

说明　各单位名称上的数字代表所属的单位制度：①c. g. s 制，②MKS 制，③SI，④工程制；无标号者为制外单位。标 * 号者为英制单位。

（1）长度

① cm　厘米	②　③　④ m　米	* ft　英尺	* in　英寸
1	10^{-2}	0.3281	0.3937
100	1	3.2808	39.37
30.48	0.3048	1	12
2.540	0.0254	0.08333	1

（2）面积

① cm^2　厘米^2	②　③　④ m^2　米^2	* ft^2　英尺^2	* in^2　英寸^2
1	10^{-4}	0.001076	0.1550
10^4	1	10.76	1550
929.0	0.0929	1	144.0
6.452	0.0006452	0.006944	1

（3）体积

① cm^3　厘米^3	②　③　④ m^3　米^3	1 公升	* ft^3　英尺^3	* Imperial gal 英加仑	* U. S. gal 美加仑
1	10^6	10^{-3}	3.531×10^{-5}	2.200×10^{-4}	2.6417×10^{-4}
10^6	1	10^3	35.31	220.0	264.17
10^3	10^{-3}	1	0.03531	0.2200	0.26417
28320	0.028317	28.317	1	6.228	7.481
4546	0.004546	4.546	0.1605	1	1.20094
3785.4	0.0037854	3.7854	0.1337	0.8327	1

（4）质量

① g　克	②　③ kg　千克	④ kgf · s^2/m 公斤(力) · 秒^2/米	t 吨	* lb　磅
1	10^{-3}	1.020×10^{-4}	10^{-6}	0.002205
1000	1	0.1020	10^{-3}	2.2046
9807	9.807	1		
453.59	0.45359		4.5359×10^{-4}	1

(5) 重量或力

① dyn　达因	②　③ N　牛顿	④ kgf　公斤(力)	* lbf　磅(力)
1	10^{-5}	1.020×10^{-6}	2.2481×10^{-6}
10^{5}	1	0.1020	0.22481
9.807×10^{5}	9.807	1	2.205
4.4482×10^{5}	4.4482	0.45359	1

(6) 密度

① g/cm^3　克/厘米^3	②　③ kg/m^3　千克/米^3	④ $kgf\cdot s^2/m^4$ 公斤(力)·秒^2/米^4	* lb/ft^3　磅/英尺^3
1	10^{3}	120.0	62.43
10^{-3}	1	0.1020	0.6243
0.009807	9.807	1	
0.01602	16.02		1

(7) 压力

① bar 巴$=10^6 dyn/cm$	②　③ N/m^2 牛顿/米^2	④ $kgf/m^2=mmH_2O$ 公斤(力)/米^2	atm 物理大气压	$at=kgf/cm^2$ 工程大气压	mmHg(0℃) 毫米汞柱	lbf/in^2 磅(力)/英寸^2
1	10^{5}	10200	0.9869	1.020	750.0	14.5
10^{-5}	1	0.1020	9.869×10^{-6}	1.020×10^{-5}	0.007500	1.45×10^{-4}
9.807×10^{-5}	9.807	1	9.678×10^{-5}	10^{4}	0.07355	0.001422
1.01325	1.01325×10^{5}	10330	1	1.033	760.0	14.696
0.9807	9.807×10^{4}	10^{4}	0.9678	1	735.5	14.22
0.001333	133.3	13.60	0.001316	0.001360	1	0.0193
0.0689476	689476	703.1	0.06804	0.07031	51.715	1

(8) 能量、热、功

① erg 尔格$=dyn\cdot cm$	②　③ J 焦耳$=N\cdot m$	④ $kgf\cdot m$ 公斤(力)·米	②　④ kcal 千卡=1000cal	$kW\cdot h$ 千瓦时	* $ft\cdot lbf$ 英尺·磅(力)	* Btu 英热单位
1	10^{7}					
10^{7}	1	0.1020	2.39×10^{-4}	2.778×10^{-7}	0.7376	9.486×10^{-4}
	9.807	1	2.344×10^{-3}	2.724×10^{-6}	7.233	0.009296
	4187	426.8	1	1.162×10^{-3}	3088	3.968
	3.6×10^{5}	3.671×10^{5}	860.0	1	2.655×10^{6}	3413
	1.356	0.1383	3.239×10^{-4}	3.766×10^{-7}	1	0.001285
	1055.06	107.6	0.2520	2.928×10^{-4}	778.17	1

(9) 功率、传热速率

① erg/s 尔格/秒	② ③ kW 千瓦=1000J/s	④ (kgf·m)/s 公斤(力)·米/秒	② ④ kcal/s 千卡/秒	* ft·lbf/s 英尺·磅(力)/秒	* Btu/s 英热单位/秒
1	10^{-10}				
10^{10}	1	1.02	0.2389	737.6	0.9486
	0.009807	1	0.002344	7.233	0.009296
	4.187	426.8	1	3088	3.968
	0.001356	0.1383	3.239×10^{-4}	1	0.001285
	1.055	107.6	0.2520	778.1	1

(10) 黏度

① P 泊=g/(cm·s)	② ③ Pa·s =kg/(m·s)	④ kgf·s/m² 公斤(力)·秒/米²	cP 厘泊	* lb/(ft·s) 磅/(英尺·秒)
1	10^{-1}	0.01020	100.0	0.06719
10	1	0.1020	1000	0.6719
98.07	9.807	1	9870	6.589
10^{-2}	10^{-3}	1.020×10^{-4}	1	6.719×10^{-4}
14.88	1.488	0.1517	1488	1

(11) 运动黏度、热扩散率、扩散系数

① cm²/s 厘米²/秒	② ③ ④ m²/s 米²/秒	m²/h 米²/时	ft²/h 英尺²/时
1	10^{-4}	0.36	3.875
10^{4}	1	3600	38750
2.778	2.778×10^{-4}	1	10.764
0.2581	2.581×10^{-5}	0.09290	1

(12) 表面张力

① dyn/cm 达因/厘米	② ③ N/m 牛顿/米	④ kgf/m 公斤(力)/米	lbf/ft 磅(力)/英尺
1	0.001	1.020×10^{-4}	6.852×10^{-5}
1000	1	0.1020	0.06852
9807	9.807	1	0.672
14590	14.59	1.488	

(13) 热导率

① cal/(cm·s·℃) 卡/(厘米·秒·℃)	② ④ kcal/(m·s·℃) 千卡/(米·秒·℃)	③ W/(m·K) 瓦/(米·K)	kcal/(m·h·℃) 千卡/(米·时·℃)	* Btu/(ft·h·℉) 英热单位/(英尺·时·℉)
1	10^{-1}	4.187×10^{2}	3.60×10^{2}	241.9
10	1	4.187×10^{3}	3.60×10^{3}	2419
		1	0.8598	0.5778
		1.163	1	0.6720
		1.731	1.488	1

(14) 焓、潜热

① cal/g 卡/克	② kcal/kg 千卡/千克	③ J/kg 焦耳/千克	④ kcal/kg 千卡/千克	* Btu/lb 英热单位/磅
1	1	4187	1	1.8
2.389×10^{-4}	2.389×10^{-4}	1	2.389×10^{-4}	4.299×10^{-4}
0.5556	0.5556	2326	0.5556	1

(15) 比热容、熵

① cal/g·℃ 卡/(克·℃)	② kcal/(kg·℃) 千卡/(千克·℃)	③ J/(kg·K) 焦尔/(千克·K)	④ kcal/(kg·℃) 千卡(千克·℃)	* Btu/(lb·℉) 英热单位/(磅·℉)
1	1	4.187×10^{3}	1	1
2.389×10^{-4}	2.389×10^{-4}	1	2.389×10^{4}	2.389×10^{-4}

(16) 传热系数

kcal/(m²·h·℃) 千卡/(米²·时·℃)	③ W/(m²·K) 瓦/(米²·K)	* Btu/(ft²·h·℉) 英热单位/(英尺²·时·℉)
1	1.163	0.2049
0.8598	1	0.1761
4.882	5.678	1

(17) 传质系数

h_G: 1[kmol/(m²·s·atm)]=0.98692×10^{-5}[kmol/(m²·s·Pa)]

1[lb-mol/(ft²·h·atm)]* =4.882[kmol/(m²·h·atm)]

k_c: 1[ft/h]* =8.4668×10^{-5} m/s②③④

k_x: 1[lb-mol/(h·ft²·Δx)]* =1.3562×10^{-3}[kmol/(m²·s·Δx)]

k_L: 1[lb-mol/(ft²·h·(lb-mol/ft³)]* =0.3048[kmol/m²·h·(kmol/m³)]

k_Ga: 1[lb-mol/(ft³·h·atm)]* =16.02[kmol/(m³·h·atm)]

k_La: 1[lbmol/ft³·h·(lbmol/ft³)]* =1[kmol/m³·h·(kmol/m³)]

(18) 通用气体常数

R =847.796[kgf·m/(kmol·K)]②④
=8.3143[kJ/(kmol·K)]③
=8314.34[Pa·m^3/(kmol·K)]③
=82.057[atm·cm^3/(mol·K)]
=0.08257[atm·m^3/(kmol·K)]
=0.08257[atm·L/(mol·K)]
=1.9872[cal/(mol·K)]
=1.9872[Btu/(lb-mol·°R)]
=1545.3[lbf·ft/(lb-mol·°R)]*
=0.7302[ft^3·atm/(lb-mol·°R)]*

附录B 空气的物理性质

(p=1.01325×10^5 Pa)

温度 t /℃	密度 ρ /(kg/m^3)	比定压热容 c_p /[10^3 J/(kg·K)]	热导率 k /[10^{-2} W/(m·K)]	热扩散率 a /[10^{-5} m^2/s]	黏度 μ /(10^{-5} Pa·s或N·s/m^2)	运动黏度 γ /(10^{-6} m^2/s)	普朗特数 Pr
−50	1.584	1.013	2.034	1.27	1.46	9.23	0.727
−40	1.515	1.013	2.115	1.38	1.52	10.04	0.723
−30	1.453	1.013	2.196	1.49	1.57	10.80	0.724
−20	1.395	1.009	2.278	1.62	1.62	11.60	0.717
−10	1.342	1.009	2.359	1.74	1.67	12.43	0.714
0	1.293	1.005	2.440	1.88	1.72	13.28	0.708
10	1.247	1.005	2.510	2.01	1.77	14.16	0.708
20	1.205	1.005	2.591	2.14	1.81	15.06	0.686
30	1.165	1.005	2.673	2.29	1.86	16.00	0.701
40	1.128	1.005	2.754	2.43	1.91	16.96	0.696
50	1.093	1.005	2.824	2.57	1.96	17.95	0.697
60	1.060	1.005	2.893	2.72	2.01	18.97	0.698
70	1.029	1.009	2.963	2.86	2.06	20.02	0.701
80	1.000	1.009	3.044	3.02	2.11	21.09	0.699
90	0.972	1.009	3.126	3.19	2.15	22.10	0.693
100	0.946	1.009	3.207	3.36	2.19	23.13	0.695
120	0.898	1.009	3.335	3.68	2.29	25.45	0.692
140	0.854	1.013	3.486	4.03	2.37	27.80	0.688
160	0.815	1.017	3.637	4.39	2.45	30.09	0.685
180	0.779	1.022	3.777	4.75	2.53	32.49	0.684
200	0.746	1.026	3.928	5.14	2.60	34.85	0.679
250	0.674	1.038	4.625	6.10	2.74	40.61	0.666
300	0.615	1.047	4.602	7.16	2.97	48.33	0.675
350	0.566	1.059	4.904	8.19	3.14	55.46	0.677
400	0.524	1.068	5.206	9.31	3.31	63.09	0.679
500	0.456	1.093	5.740	11.53	3.62	79.38	0.689
600	0.404	1.114	6.217	13.83	3.91	96.89	0.700
700	0.362	1.135	6.700	16.34	4.18	115.40	0.707
800	0.329	1.156	7.170	18.88	4.43	134.80	0.714
900	0.301	1.172	7.623	21.62	4.67	155.10	0.719
1000	0.277	1.185	8.064	24.59	4.90	177.10	0.719
1100	0.257	1.197	8.494	27.63	5.12	199.30	0.721
1200	0.239	1.210	9.145	31.65	5.35	233.70	0.717

附录C 水的物理性质

(p=1.01325×10^5 Pa)

温度 t /℃	压力 p /10^5 Pa	密度 ρ /(kg/m^3)	焓 I /(J/kg)	比定压热容 c_p /[10^3 J/(kg·K)]	热导率 k /[10^{-2} W/(m·K)]	热扩散率 a /(10^{-7} m^2/s)	黏度 μ /(10^{-5} Pa·s)	运动黏度 γ /(10^{-2} m^2/s)	体积膨胀系数 β /(10^{-4}/K)	表面张力 σ /(10^{-3} N/m)	普朗特数 Pr
0	1.013	999.9	0	4.212	55.08	1.31	178.78	1.789	−0.63	75.61	13.66
10	1.013	999.7	42.04	4.191	57.41	1.37	130.53	1.306	+0.70	74.14	9.52
20	1.013	998.2	83.90	4.183	59.85	1.43	100.42	1.006	1.82	72.67	7.01
30	1.013	995.7	125.69	4.174	61.71	1.49	80.12	0.805	3.21	71.20	5.42
40	1.013	992.2	165.71	4.174	63.33	1.53	65.32	0.659	3.87	69.63	4.30
50	1.013	988.1	209.30	4.174	64.73	1.57	54.92	0.556	4.49	67.67	3.54
60	1.013	983.2	211.12	4.178	65.89	1.61	46.98	0.478	5.11	66.20	2.98
70	1.013	977.8	292.99	4.167	66.70	1.63	40.60	0.415	5.70	64.33	2.53
80	1.013	971.8	334.94	4.195	67.40	1.66	35.50	0.365	6.32	62.57	2.21
90	1.013	965.3	376.98	4.208	67.98	1.68	31.48	0.326	6.95	60.71	1.95
100	1.013	958.4	419.19	4.220	68.21	1.69	28.24	0.295	7.52	58.84	1.75
110	1.43	951.0	461.34	4.233	68.44	1.70	25.89	0.272	8.08	56.88	1.60
120	1.99	943.1	503.67	4.250	68.56	1.71	23.73	0.252	8.64	54.82	1.47
130	2.70	934.8	546.38	4.266	68.56	1.72	21.77	0.233	9.17	52.86	1.35
140	3.62	926.1	589.08	4.287	68.44	1.73	20.10	0.217	9.72	50.70	1.26
150	4.76	917.0	632.20	4.312	68.33	1.73	18.63	0.203	10.3	48.64	1.18
160	6.18	907.4	675.33	4.346	68.21	1.73	17.36	0.191	10.7	46.58	1.11
170	7.92	897.3	701.29	4.379	67.86	1.73	16.28	0.181	11.3	44.33	1.05
180	10.03	886.9	763.25	4.417	67.40	1.72	15.30	0.173	11.9	42.27	1.00
190	12.55	876.0	807.63	4.460	66.93	1.71	14.42	0.165	12.6	40.01	0.96
200	15.55	863.0	852.43	4.505	66.24	1.70	13.63	0.158	13.3	37.66	0.93
210	19.08	852.8	897.65	4.555	65.48	1.69	13.04	0.153	14.1	35.40	0.91
220	23.20	840.3	943.71	4.614	66.49	1.66	12.46	0.148	14.8	33.15	0.89
230	27.98	827.3	990.18	4.681	63.68	1.64	11.97	0.145	15.9	30.99	0.88
240	33.48	813.6	1037.49	4.756	62.75	1.62	11.47	0.141	16.8	28.54	0.87
250	39.78	799.0	1085.64	4.844	62.71	1.59	10.98	0.137	18.1	26.19	0.86
260	46.95	784.0	1135.04	4.949	60.43	1.56	10.59	0.135	19.7	23.73	0.87
270	55.06	767.9	1135.28	5.070	58.92	1.51	10.20	0.133	21.6	21.48	0.88
280	64.20	750.7	1236.28	5.229	57.41	1.46	9.81	0.131	23.7	19.12	0.89
290	74.46	732.3	1289.95	5.485	55.78	1.39	9.42	0.129	26.2	16.87	0.93
300	85.92	712.5	1344.80	5.736	53.92	1.32	9.12	0.128	29.2	14.42	0.97

续表

温度 t /℃	压力 p /10^5 Pa	密度 ρ /(kg/m³)	焓 I /(J/kg)	比定压热容 c_p /[10^3J/(kg·K)]	热导率 k /[10^{-2} W/(m·K)]	热扩散率 a /(10^{-7} m²/s)	黏度 μ /(10^{-5} Pa·s)	运动黏度 γ /(10^{-2} m²/s)	体积膨胀系数 β /(10^{-4}/K)	表面张力 σ /(10^{-3} N/m)	普朗特数 Pr
310	98.70	691.1	1402.16	6.071	52.29	1.25	8.83	0.128	32.9	12.06	1.02
320	112.90	667.1	1462.03	6.573	50.55	1.15	8.53	0.128	38.2	9.81	1.11
330	128.65	640.2	1526.19	7.243	48.34	1.04	8.14	0.127	43.3	7.67	1.22
340	146.09	610.1	1594.75	8.164	45.67	0.92	7.75	0.127	53.4	5.67	1.38
350	165.38	574.4	1671.37	9.504	43.00	0.79	7.26	0.126	66.8	3.82	1.60
360	186.75	528.0	1761.39	13.984	39.51	0.54	6.67	0.126	109	2.02	2.36
370	210.54	450.5	1892.43	40.319	33.70	0.19	5.69	0.126	264	0.47	6.80

附录D 水在不同温度下的黏度

($1\text{cP}=1\times10^{-3}\text{Pa}\cdot\text{s}$ 或 $1\text{Ps}\cdot\text{s}=1\times10^{3}\text{cP}$)

温度/℃	黏度/cP	温度/℃	黏度/cP	温度/℃	黏度/cP	温度/℃	黏度/cP
0	1.7921	25	0.8937	51	0.5404	77	0.3702
1	1.7313	26	0.8737	52	0.5315	78	0.3655
2	1.6728	27	0.8545	53	0.5229	79	0.3610
3	1.6191	28	0.8360	54	0.5146	80	0.3565
4	1.5674	29	0.8180	55	0.5064	81	0.3521
5	1.5188	30	0.8007	56	0.4985	82	0.3478
6	1.4728	31	0.7840	57	0.4907	83	0.3436
7	1.4284	32	0.7679	58	0.4832	84	0.3395
8	1.3860	33	0.7523	59	0.4759	85	0.3355
9	1.3462	34	0.7371	60	0.4688	86	0.3315
10	1.3077	35	0.7225	61	0.4618	87	0.3276
11	1.2713	36	0.7085	62	0.4550	88	0.3239
12	1.2363	37	0.6947	63	0.4483	89	0.3202
13	1.2028	38	0.6814	64	0.4418	90	0.3165
14	1.1709	39	0.6685	65	0.4355	91	0.3130
15	1.1404	40	0.6560	66	0.4293	92	0.3095
16	1.1111	41	0.6439	67	0.4233	93	0.3060
17	1.0828	42	0.6321	68	0.4174	94	0.3027
18	1.0559	43	0.6207	69	0.4117	95	0.2994
19	1.0299	44	0.6097	70	0.4061	96	0.2962
20	1.0050	45	0.5988	71	0.4006	97	0.2930
20.2	1.0000	46	0.5883	72	0.3952	98	0.2899
21	0.9810	47	0.5782	73	0.3900	99	0.2868
22	0.9579	48	0.5683	74	0.3849	100	0.2838
23	0.9358	49	0.5588	75	0.3799		
24	0.9142	50	0.5494	76	0.3750		

附录 E　某些液体的主要物理性质

序号	名　称	分子式	分子量 /(kg/kmol)	密度(20℃) /(kg/m^3)	沸点(1.013×10^5Pa)/℃	汽化潜热 (1.013×10^5Pa) /(kJ/kg)	比热容(20℃) /[kJ/(kg·K)]	黏度(20℃) $\mu/10^{-3}$Pa·s	热导率(20℃) /[W/(m·K)]	体积膨胀系数(20℃) $\beta/(10^{-4}/K)$	表面张力(20℃) $\sigma/(10^{-4}N/m)$
1	水	H_2O	18.02	998	100	2258	4.183	1.005	0.599	1.82	72.8
2	盐水(25%NaCl)	—	—	1186(25℃)	107	—	3.39	2.3	0.57(30℃)	(4.4)	—
3	盐水(25%$CaCl_2$)	—	—	1228	107	—	2.89	2.5	0.57	(3.4)	—
4	硫酸	H_2SO_4	98.08	1831	340(分解)	—	1.46(98%)	23	0.38	5.7	—
5	硝酸	HNO_3	63.02	1513	86	481.1	—	1.17(10℃)	—	—	—
6	盐酸(30%)	HCl	36.47	1149	—	—	2.55	2(31.5%)	0.42	—	—
7	二硫化碳	CS_2	76.13	1262	46.30	351.7	1.01	0.38	0.16	12.1	32
8	戊烷	C_5H_{12}	72.15	626	36.07	357.5	2.24(15.6℃)	0.229	0.11	15.9	16.2
9	己烷	C_6H_{14}	86.17	659	68.74	335.1	2.31(15.6℃)	0.313	0.115	—	18.2
10	庚烷	C_7H_{16}	100.20	684	98.43	316.5	2.21(15.6℃)	0.411	0.123	—	20.1
11	辛烷	C_8H_{18}	114.22	703	125.67	306.5	2.19(15.6℃)	0.540	0.131	—	21.8
12	三氯甲烷	$CHCl_3$	119.38	1489	61.20	253.7	0.992	0.58	0.138(30℃)	12.6	28.5(10℃)
13	四氯化碳	CCl_4	153.82	1594	76.80	195.1	0.850	1.0	0.116	—	26.8
14	1,2-二氯乙烷	$C_2H_4Cl_2$	98.96	1253	83.60	324.1	1.26	0.83	0.14(50℃)	—	30.8
15	苯	C_6H_6	78.11	879	80.10	393.9	1.76	0.737	0.147	12.4	28.6
16	甲苯	C_7H_8	92.13	867	110.63	363.4	1.70	0.675	0.221	10.9	27.9
17	邻二甲苯	C_8H_{10}	106.16	880	144.42	340.7	1.74	0.811	0.142	—	30.2
18	间二甲苯	C_8H_{10}	106.16	864	139.10	342.9	1.70	0.611	0.167	10.1	29.0
19	对二甲苯	C_8H_{10}	106.16	861	138.35	340.0	1.71	0.643	0.129	—	28.0
20	苯乙烯	C_8H_8	104.10	911(15.6℃)	145.20	(351.7)	1.73	0.72	—	—	—
21	氯苯	C_6H_5Cl	112.56	1106	131.80	324.9	1.30	0.85	0.14(30℃)	—	32

续表

序号	名称	分子式	分子量 /(kg/kmol)	密度(20℃) /(kg/m³)	沸点(1.013×10⁵Pa)/℃	汽化潜热 (1.013×10⁵Pa) /(kJ/kg)	比热容(20℃) /[kJ/(kg·K)]	黏度(20℃) μ/10⁻³Pa·s	热导率(20℃) /[W/(m·K)]	体积膨胀系数(20℃) β/(10⁻⁴/K)	表面张力(20℃) σ/(10⁻⁴N/m)
22	硝基苯	$C_6H_5NO_2$	123.17	1203	210.90	396.5	1.465	2.1	0.15	—	41
23	苯胺	$C_6H_5NH_2$	93.13	1022	184.40	448.0	2.07	4.3	0.17	8.5	42.9
24	酚	C_6H_5OH	94.10	1050(50℃)	181.80 (熔点40.9℃)	510.8	—	3.4(50℃)	—	—	—
25	萘	$C_{10}H_8$	128.17	1145(固体)	217.90 (熔点80.2℃)	314.0	1.80(100℃)	0.59(100℃)	—	—	—
26	甲醇	CH_3OH	32.04	791	64.70	1101.2	2.49	0.6	0.212	12.2	22.6
27	乙醇	C_2H_5OH	46.07	789	78.30	845.8	2.39	1.15	0.172	11.6	22.8
28	乙醇(95%)	—	—	804	78.20	—	—	1.4	—	—	—
29	乙二醇	$C_2H_4(OH)_2$	62.05	1113	197.60	799.7	2.35	23	—	—	47.7
30	甘油	$C_3H_5(OH)_3$	92.09	1261	290(分解)	—	—	1499	0.59	5.3	63
31	乙醚	$(C_2H_5)_2O$	74.12	714	34.60	360.1	2.34	0.24	0.14	16.3	18
32	乙醛	CH_3CHO	44.05	783(18℃)	20.20	573.6	1.88	1.3(18℃)	—	—	21.2
33	糠醛	$C_5H_4O_2$	96.09	1168	161.70	452.2	1.59	1.15(50℃)	—	—	43.5
34	丙酮	$(CH_3)_2CO$	58.08	792	56.20	523.4	2.35	0.32	0.17	—	23.7
35	甲酸	$HCOOH$	46.03	1220	100.70	494.1	2.17	1.9	0.255	—	27.8
36	乙酸	CH_3COOH	60.03	1049	118.10	406.1	1.99	1.3	0.17	10.7	23.9
37	乙酸乙酯	$CH_3COOC_2H_5$	88.11	901	77.10	368.5	1.92	0.48	0.14(10℃)	—	—
38	煤油	—	—	780～820	—	—	—	3	0.15	10	—
39	汽油	—	—	680～800	—	—	—	0.7～0.8	0.18(30℃)	12.5	—

附录F　某些气体的主要物理性质

序号	名称	分子式	分子量 /(kg/kmol)	密度(0℃,1atm) /(kg/m³)	比热容(20℃,1atm) /[kJ/(kg·K)]		$k=\frac{c_p}{c_V}$	黏度(0℃,1atm) $\mu/10^{-3}$ Pa·s	沸点(1atm) /℃	汽化潜热(1atm) /(kJ/kg)	临界点		热导率(0℃,1atm) /[W/(m·K)]
					c_p	c_V					温度/℃	压力/atm	
1	空气	—	28.95	1.293	1.009	0.720	1.40	173	−195	196.8	−140.70	37.20	0.0244
2	氧	O_2	32	1.429	0.913	0.653	1.40	203	−132.98	213.2	−118.82	49.72	0.0240
3	氮	N_2	28.02	1.251	1.047	0.745	1.40	170	−195.78	199.2	−147.13	33.49	0.0288
4	氢	H_2	2.016	0.0899	4.26	10.13	1.407	84.2	−252.75	454	−239.90	12.80	0.163
5	氦	He	4.00	0.1785	5.275	3.182	1.66	188	−268.95	19.5	−267.96	2.26	0.144
6	氩	Ar	39.94	1.7820	0.532	0.322	1.66	209	−185.87	163	−122.44	48.00	0.0173
7	氯	Cl_2	70.91	3.217	0.481	0.355	1.36	129(16℃)	−33.80	305	+144.00	76.10	0.0072
8	氨	NH_3	17.03	0.771	2.22	1.71	1.29	91.8	−33.40	373	+132.40	111.50	0.0215
9	一氧化碳	CO	28.01	1.250	1.047	0.753	1.40	166	−191.48	211	−140.20	34.53	0.0225
10	二氧化碳	CO_2	44.01	1.976	0.837	0.653	1.30	137	−78.20	573	+31.10	72.90	0.0137
11	二氧化硫	SO_2	64.07	2.927	0.632	0.502	1.25	117	−10.80	393	+157.50	77.78	0.00767
12	二氧化氮	NO_2	46.01	—	0.804	0.615	1.31	—	−21.20	712	+158.20	100.00	0.040
13	硫化氢	H_2S	34.08	1.539	1.059	0.804	1.30	116.6	−60.20	548	+100.40	188.90	0.0131
14	甲烷	CH_4	16.04	0.717	2.223	1.700	1.31	103	−161.58	511	−82.15	45.60	0.030
15	乙烷	C_2H_6	30.07	1.357	1.729	1.444	1.20	85.0	−88.50	486	+32.10	48.85	0.0180
16	丙烷	C_3H_8	44.10	2.020	1.863	1.649	1.13	79.5(18℃)	−42.10	427	+95.60	43	0.0148
17	正丁烷	C_4H_{10}	58.12	2.673	1.918	1.733	1.108	81.0	−0.50	386	+152	37.50	0.0135
18	正戊烷	C_5H_{12}	72.15	—	1.716	1.574	1.09	87.4	−36.08	151	+197.10	33.00	0.0128
19	乙烯	C_2H_4	28.05	1.261	1.528	1.223	1.25	98.5	−103.70	481	+9.70	50.70	0.0164
20	丙烯	C_3H_6	42.08	1.914	1.633	1.436	1.17	83.5(20℃)	−47.70	439	+91.40	45.40	—
21	乙炔	C_2H_2	26.04	1.171	1.683	1.352	1.24	93.5	−83.66(升华)	829	+35.70	61.60	0.0184
22	氯甲烷	CH_3Cl	50.49	2.308	0.741	0.582	1.28	98.9	−24.10	406	+148	66.00	0.0825
23	苯	C_6H_6	78.11	—	1.252	1.139	1.10	72	+80.20	394	+288.50	47.70	0.00884

附录G 互联网上化学物质性质数据库

1. 化学工程师资源主页

该站点由西弗吉尼亚大学校友 Christopher M. A. Haslego 维护，包括一些查找物性数据比较好的站点（http：//www. cheresources. com/physinternetzz. shtml）

（1）物性数据（http：//www. cheresources. com/data. xls）

该数据库为浏览型数据库，包含有 470 多种纯组分的物性数据，如分子量、冰点等。

（2）聚合物和大分子的物理性质数据库（http：//funnelweb. utcc. utk. edu/～athas/databank/intro. html）

该数据库为浏览型数据库，包含有 200 多种线型大分子的物性数据，如熔融温度、玻璃转换温度、热容等。该站点不仅提供物理性质，还提供一些估计物质物理性质的软件，如 PhysProps from G&P Engineering、Prode′s thermoPhysical Properties Generator(PPP）等。

（3）物性数据（http：//www. questconsult. com/～jrm/thermot. html）

该站点可查 294 种组分的热力学性质，还可根据 Peng Robinson 状态方程计算纯组分或混合物的性质，包括气-液相图、液体与气体密度、焓、热容、临界值、分子量等数据。

（4）物性数据（http：//www. gpengineeringsoft. com/）

G&P Engineering 是一个软件，提供物质 28 种物理性质并估算其他 18 种物理性质。

2. 由美国国家标准技术研究院开发的数据库

（1）标准参考数据库化学网上工具书（http：//webbook. nist. gov/chemistry）

该数据库为检索型数据库，可通过化学物质名称、分子式、部分分子式、CAS 登记号、结构或部分结构、离子能性质、振动与电子能、分子量和作用进行检索，可检索到的数据包括分子式、分子量、化学结构、别名、CAS 登记号、气相热化学数据、凝聚相热化学数据、液态常压热容、固态常压热容、相变数据、汽化焓、升华焓、燃烧焓、燃烧熵、各种反应的热化学数据、溶解数据、气相离子能数据、气相红外光谱、质谱、紫外/可见光谱、振动/电子能及其参考文献。

（2）美国标准技术研究所物理网上工具书（http：//physics. nist. gov/）

该站点包括物性常数、原子光谱数据、分子光谱数据、离子化数据、X 射线、γ 射线数据、放射性计量数据、核物理数据及其他数据库。

3. 化学搜索器（http：//www. chemfinder. com/）

Chemfinder 化学搜索器是免费注册使用的数据库，是目前网上化合物性质数据最全面的资源。可通过分子式、化学物质名称、分子量或化合物的结构片段来检索，检索结果包括化合物的同义词、结构图形及物理性质，如熔点、沸点、蒸发速率、闪点、折射率、CAS 登记号、相对密度、蒸气密度、水溶性质及特征等。该数据库目前含有 75000 种化合物的数据，其中包括几千种最常见化合物的详细资料。使用起来方便、简单。

4. sigma-aldrich 手册（http：//www. sigma-aldrich. com/）

该数据库为检索型数据库，通过产品名称、全文、分子式、CAS 登记号等进行检索，检索结果包括产品名称、登记号、分子式、分子量、贮存温度、纯度、安全数据等。

5. 热化学性质估计（http：//pirika. com/chem/TCPEE/TCPE. htm）

有机化合物的热化学性质通过化学物质的结构来预测，可预测到沸点、蒸气压、临界性质、密度、液相密度、溶解参数、黏度等数据。

6. 加拿大环境技术中心网（http：//www. etcentre. org/cgi-win/）

该数据库为检索型数据库，包含412种原油及油品的性质，包括油的来源、含水量、相对密度、Reid蒸气压、非金属含量等。

7. 基础物理常数（http：//www. omnis. demon. co. uk/conversn/constant. html）

该站点包括基础物理常数，如阿伏加德罗常数、光速等。

8. 气味数据库（http：//mc2. cchem. berkeley. edu/Smells/index. html）

该数据库为浏览型数据库。包括数十种化合物的化学名称、常用名称、分子式、气味类别、属性、熔点、沸点、蒸气压、颜色、状态等数据。

9. 检索数据库（http：//toxnet. nlm. nig. gov/servlets/simple-search? 1. 5. 0）

（1）美国国立医学图书馆毒性化学物质数据（HSDB）

可通过化学物质的名称、别名、CAS登记号、化学物质的部分名称进行检索，检索结果包括化学物质名称、登记号、同义词、RTECS号、运输方式、所含杂质等数据。

（2）CCRIS（Chemical Carcinogenesis Research Information Systems）

可通过化学物质的名称、别名、CAS登记号、化学物质的部分名称进行检索，检索结果包括化学物质名称、登记号、同义词、分子式、各种动物的致癌数据。

（3）GENE-TOX [Genetic Toxicology（Mutagenicity）Data]

可通过化学物质的名称、别名、CAS登记号、化学物质的部分名称进行检索，检索结果包括同义词、登记号、遗传性等数据。

（4）IRIS（Integrated Risk Information System）

可通过化学物质的名称、别名、CAS登记号、化学物质的部分名称进行检索，检索结果包括同义词、登记号、IRIS号、对人体器官的影响等数据。

10. http：//www. atsdr. cdc. gov/hazdat. html HazDat

该数据库可通过化合物分子式、结构等检索，可以连接到该物质的立体照片、相关材料安全数据以及暴露在环境中会出现的情况、对身体的危害、致癌性等数据。

11. 材料信息资源数据库（http：//www. matweb. com/）

MatWeb为免费材料信息资源数据库。该数据库包括金属、塑料、陶瓷和复合物等18548种材料的数据，如物理性质（吸水性、吸潮性、相对密度）、机械性质（抗张强度、弹性模量等）、热力学性质（如熔点）、电性质（抗电性、偶极矩等）。

12. 材料安全数据搜索引擎（http：//siri. uvm. edu/msds/Material Safety Data Sheet）

可输入物质名称、CAS登记号或RTECS号码来检索材料安全数据，也可以链接到其他化学和有毒数据库。

13. 声学性质数据库（http：//www. ultrasonic. com/tables/index. html）

该数据库为浏览型数据库。包括部分固体、环氧树脂、塑料、橡胶、液体、气体等材料的声学性质。

14. 物性数据库（http：//wulfenite. fandm. edu/Data/Data. html）

浏览型普通化学、有机化学和物理化学的数据表，包括溶剂的物理性质、金属的冷凝点和沸点常数、电负性、生成焓、离解能、电子亲和力、键能、键长、原子、离子半径、溶解性、分裂常数、蒸气压、电极电压等其他性质。

15. 常用工程材料的性质数据库（http：//www. apo. nmsu. edu/Telescopes）

该数据库为浏览型数据库，列出了常用工程材料的性质，如相对密度、弹性模量、热容、燃烧热、蒸发热、热交换系数、导热性、热容胀系数等。

附录H 常规大气污染物和国家大气环境质量标准（美国）

污染物	一级标准（公众健康相关）		二级标准（公共福利相关）	
	平均类型	浓度[1]	平均类型	浓度
CO				
[−38%][8]	8h[2]	9mg/m^{3}(10mg/m^{3})	无二级标准	
[−25%][9]	1h[2]	35mg/m^{3}(40mg/m^{3})	无二级标准	
Pb				
[−67%]	季度最大值	1.5mg/m^{3}	同一级标准	
[−44%]	平均			
NO_2				
[−14%]	年平均	0.053mg/m^{3}(100μg/m^{3})	同一级标准	
[−1%]				
O_3				
[−19%]	1h平均[3]	0.12mg/m^{3}(235μg/m^{3})	同一级标准	
	8h平均[4]	0.08mg/m^{3}(157μg/m^{3})		
PM_{10}				
[−26%]	年平均	50μg/m^{3}	同一级标准	
[−12%]	24h平均[5]	150μg/m^{3}	同一级标准	
$PM_{2.5}$	年平均[6]	15μg/m^{3}	同一级标准	
	24h平均[7]	65μg/m^{3}	同一级标准	
SO_2				
[−39%]	年平均	0.03mg/m^{3}(80μg/m^{3})	3h平均[2]	0.50mg/m^{3}(1300μg/m^{3})
[−12%]	24h平均[2]	0.14mg/m^{3}(365μg/m^{3})		

① 括号内的浓度为对应的质量浓度。
② 不超过每年1次。
③ 平均不超过每年1次。
④ 每年第4次最高浓度的3年平均值。
⑤ 原有的是超过值，修订的为达到99%的值。
⑥ 监测值的空间平均值。
⑦ 达到98%的值。
⑧ 空气质量浓度，%（1988～1997年的变化）。
⑨ 排放量，%（1988～1997年的变化）。
注：数据来源：美国联邦注册法规（CFR），50卷，1997年7月18日修订版。
引自美国环保署（1998）。

附录I 国家工业废物趋势数据资源（美国）

无毒固体废弃物

呈交国会的报告："美国的固体废物处理"（Ⅰ和Ⅱ），美国环保署
EPA/530-SW-88-011和EPA/530-SW-88-011B，1988

常规大气污染物

"气体测量信息检索系统"（AIRS），美国环保署空气质量规划与标准，US EPA
"国家空气污染排放评估"，美国环保署空气质量规划与标准，US EPA

有害废弃物（空气排放、废水和固体废物）

"两年制汇报系统"（BRS），华盛顿地区的TRK NET可查到
有害废弃物处理、存贮和弃置工厂每2年呈交的国家报告（依照RCRA法规要求），华盛顿特区美国环保署固体废物办公室
"1986年有毒废物生成和处理、存贮、弃置和循环利用工厂的国家普查"，国家技术信息服务可查得（NTIS），如PB92-123025
"残余物料的生成和管理"；"石油炼厂性能"（取代废物和二级物料供应链的生成和管理），美国石油协会，华盛顿特区的美国石油炼制协会
"化工过程的污染、防治：5年的进展"（取代"CMA有害废物调查系列"），化工制造协会（CMA），华盛顿特区
呈交国会的报告："矿物加工的特殊废物"，美国环保署的固体废物办公室，华盛顿特区呈交国会的报告："原油、天然气和地热等的开发、开采和生产的废物管理，石油和天然气"（第1卷），美国环保署的固体废物办公室，华盛顿特区
"有毒化学品排放清单"（TRI），国家医学图书馆（Bethesda，马里兰和RTK NET）可查，华盛顿特区
"毒性物质排放清单：公共数据"（取代"社区有毒物质：国家和地区性前景"），EPCRA热线（800）-535-0202. www.epa.gov/TRI
"许可证发放系统"，美国环保署水质管理办公室，华盛顿特区

污染削减的经济考虑因素

"生产商污染削减的资金投入和操作成本"，商业部，人口普查局，华盛顿特区。
"矿物年鉴（卷Ⅰ）金属和矿物"，内政部，矿物局，华盛顿特区
人口系列："农业、建筑业、制造业、矿业"，商业部，人口普查局，华盛顿特区

注：资料来源为美国能源部（DOE），"主要工业废物数据来源归类"，DOE/CE-40762T-H2，1991.

附录J　化工管路流体力学计算数据

常用介质流速的推荐值

介质名称	流速/(m/s)
饱和蒸汽　主管 　　　　　支管	30～40 20～30
低压蒸汽<1.0MPa(绝压)	15～20
中压蒸汽1.0～4.0MPa(绝压)	20～40
高压蒸汽4.0～12.0MPa(绝压)	40～60
过热蒸汽　主管 　　　　　支管	40～60 35～40
一般气体　常压	10～20
高压乏气	80～100
蒸汽　加热蛇管入口管	30～40
氧气0～0.5MPa 0.05～0.6MPa 0.6～1.0MPa 1.0～2.0MPa 2.0～3.0MPa	5.0～8.0 6.0～8.0 4.0～6.0 4.0～5.0 3.0～4.0
车间换气通风　主管 　　　　　　　支管	4.0～15 2.0～8.0
风管距风机　最远处 　　　　　　最近处	1.0～4.0 8.0～12
压缩空气0.1～0.2MPa	10～15
压缩气体(真空) 0.1～0.2MPa(绝压) 0.2～0.6MPa(绝压) 0.6～1.0MPa(绝压) 1.0～2.0MPa(绝压) 2.0～3.0MPa(绝压) 3.0～25.0MPa(绝压)	5.0～10 8.0～12 10～20 10～15 8.0～10 3.0～6.0 0.5～3.0
煤气	2.5～15 8.0～10 (经济流速)
煤气　初压200mmH_2O	0.75～3.0
煤气　初压6000mmH_2O (以上主、支管长50～100mm)	3.0～12
半水煤气0.01～0.15MPa(绝压)	10～15
烟道气　烟道内 　　　　管路内	3.0～6.0 3.0～4.0
氯化甲烷　气体 　　　　　液体	20 2
氯乙烯 二氯乙烯 三氯乙烯	2
乙二醇	2
苯乙烯	2
二溴乙烯(玻璃管)	1
自来水　主管0.3MPa	1.5～3.5
支管0.3MPa	1.0～1.5
工业供水<0.8MPa	1.5～3.5
压力回水	0.5～2.0
水和碱液<0.6MPa	1.5～2.5
自流回水(有黏性)	0.2～0.5
黏度与水相仿的液体	取值与水相同
自流回水和碱液	0.7～1.2
锅炉给水>0.8MPa	>3.0
蒸汽冷凝水	0.5～1.5
凝结水(自流)	0.2～0.5
气压冷凝器排水	1.0～1.5
油及黏度较大的液体	0.5～2
黏度较大的液体(盐类溶液)	0.5～1
液氨(真空) <0.6MPa <1.0MPa,2.0MPa	0.05～0.3 0.3～0.5 0.5～1.0
盐水	1.0～2.0
制冷设备中的盐水	0.6～0.8
过热水	2
海水,微碱水<0.6MPa	1.5～2.5
氢氧化钠　0～30% 　　　　　30%～50% 　　　　　50%～73%	2 1.5 1.2
四氯化碳	2

续表

介 质 名 称	流速/(m/s)
工业烟囱(自然通风)	2.0～3.0 实际 3～4
石灰窑窑气管	10～12
乙炔气 PN<0.1MPa 低压乙炔 PN<0.01～0.15MPa 低压乙炔 PN>0.15MPa 低压乙炔	 <15 <8 ≤4
氨气(真空) 0.1～0.2MPa(绝压) 0.35MPa(绝压) <0.06MPa <1.0～2.0MPa	15～25 8～15 10～20 10～20 3.0～8.0
氮气 5.0～10.0MPa(绝压)	2～5
变换气 0.1～1.5MPa(绝压)	10～15
真空管	<10
真空度 650～710mmHg 管路	80～130
废气 低压 高压	20～30 80～100
化工设备排气管	20～25
氢气	≤8.0
氮 气体 液体	10～25 1.5
氯仿 气体 液体	10 2
氯化氢 气体(钢衬胶管) 液体(橡胶管)	20 1.5
溴 气体(玻璃管) 液体(玻璃管)	10 1.2
硫酸 88%～93%(铅管) 93%～100%(铸铁管,钢管)	1.2 1.2
盐酸 (衬胶管)	1.5

介 质 名 称	流速/(m/s)
离心泵 吸入口 排出口	1～2 1.5～2.5
往复式真空泵 吸入口	13～16 最大 25～30
油封式真空泵 吸入口	10～13
空气压缩机 吸入口 排出口	<10～15 15～20
通风机 吸入口 排出口	10～15 15～20
旋风分离器 入气 出气	15～25 4.0～15
结晶母液 泵前速度 泵后速度	2.5～3.5 3～4
齿轮泵 吸入口 排出口	<1.0 1.0～2.0
往复泵(水类液体) 吸入口 排出口	0.7～1.0 1.0～2.0
黏度 50cP 液体(ϕ25mm 以下) 黏度 50cP 液体(ϕ25～50mm) 黏度 50cP 液体(ϕ50～100mm)	0.5～0.9 0.7～1 1～1.6
黏度 100cP 液体(ϕ25mm 以下) 黏度 100cP 液体(ϕ25～50mm) 黏度 100cP 液体(ϕ50～100mm)	0.3～0.6 0.5～0.7 0.7～1
黏度 1000cP 液体(ϕ25mm 以下) 黏度 1000cP 液体(ϕ25～50mm) 黏度 1000cP 液体(ϕ50～100mm) 黏度 1000cP 液体(ϕ100～200mm)	0.1～0.2 0.16～0.25 0.25～0.35 0.35～0.55
易燃易爆液体	<1

一般工程设计中每 100m 管长的压力控制值

管 路 类 别	最大摩擦压力降/kPa	总压力降/kPa
液体		
泵进口管	8	
泵出口管		
DN40、DN50	93	
DN80	70	
DN100 及以上	50	
蒸气和气体		
公用物料总管		按进口压力的 5%
公用物料支管		按进口压力的 2%
压缩机进口管		
p<350kPa(表压)		1.8～3.5
p>350kPa(表压)		3.5～7
压缩机出口管		14～20
蒸 汽		按进口压力的 3%

每100m管长压力降控制的推荐值

介　　质	管　道　种　类	压力降/kPa
输送气体的管路	负压管路[①]	
	$p \leqslant 49$kPa	1.13
	49kPa $< p \leqslant$ 101kPa	1.96
	通风机管路 $p=101$kPa	1.96
	压缩机的吸入管路	
	101kPa $< p <$ 111kPa	1.96
	111kPa $< p \leqslant$ 0.45MPa	4.5
	$p >$ 0.45MPa	0.01
	压缩机的排出管及其他压力管路	
	$p \leqslant$ 0.45MPa	4.5
	$p >$ 0.45MPa	0.01
	工艺用的加热蒸汽管路	
	$p \leqslant$ 0.3MPa	10.0
	0.3MPa $< p \leqslant$ 0.6MPa	15.0
	0.6MPa $< p \leqslant$ 1.0MPa	20.0
输送液体的管路	自流的液体管路	5.0
	泵的吸入管路	
	饱和液体	10.0～11.0
	不饱和液体	20.0～22.0
	泵的排出管路	
	流率小于 150m^3/h	45.0～50.0
	流率小于 150m^3/h	45.0
	循环冷却水管路	30.0

① p—管路进口端流体的绝对压力。

管路附件和阀门局部阻力系数 K（湍流）

名　　称	简　　图	阻　力　系　数 K
由容器流入管路内(锐边)		0.50
由容器流入管路内(小圆角)		0.25
由容器流入管路内(圆角)		0.04
由容器流入管路内		0.56
由容器流入管路内		1.0
由容器流入管路内	θ	$K=0.5+0.3\cos\theta+0.2\cos^2\theta$

θ/(°)	10	20	30	40	45	50	60	70	80	90
K	0.989	0.959	0.910	0.847	0.812	0.775	0.700	0.626	0.558	0.500

续表

名称	简图	阻力系数 K
突然扩大	截面积A,流速u_A 截面积B,流速u_B	$K=(1-A/B)^2$ 流速取u_A

A/B	0	0.1	0.2	0.3	0.4	0.5	0.6	0.7	0.8	0.9	1.0
K_A	1.0	0.81	0.64	0.50	0.36	0.25	0.16	0.09	0.04	0.01	0

名称	简图	阻力系数 K
突然缩小	截面积A,流速u_A 截面积B,流速u_B	$K=(1-B/A)^2$ 流速取u_B

A/B	0	0.1	0.2	0.3	0.4	0.5	0.6	0.7	0.8	0.9	1.0
K_A	0.5	0.45	0.40	0.35	0.30	0.25	0.20	0.15	0.10	0.05	0

渐扩管（简图：d_A，d_B）

d_B/d_A	1.1	1.2	1.3	1.4	1.5	1.6	1.7	1.8	1.9	2.0
K_A	0.05	0.10	0.15	0.20	0.24	0.27	0.31	0.34	0.36	0.38
K_B	0.07	0.21	0.43	0.78	1.22	—	—	—	—	—

渐缩管（简图：d_A，d_B）

d_B/d_A	1.1	1.2	1.3	1.4	1.5	1.6	1.7	1.8	1.9	2.0
K_A	0.06	0.10	0.15	0.22	0.31	0.36	0.42	0.49	0.57	0.7
K_B	0.04	0.05	0.055	0.06	0.065	0.07	0.07	0.075	0.075	0.08

名称	阻力系数 K
45°标准弯头	0.35
90°标准弯头	0.75
180°回弯头	1.5

三通(直流)

DN	20	25	40	50	80	100	150	200	250	300	350	400
K	0.48	0.45	0.40	0.38	0.35	0.33	0.30	0.28	0.27	0.26	0.25	0.25

三通(支流)

DN	20	25	40	50	80	100	150	200	250	300	350	400
K	1.44	1.35	1.21	1.14	1.04	0.98	0.89	0.84	0.81	0.78	0.76	0.74

名称	阻力系数 K
活管接	0.4

闸阀

全开	3/4 开	1/2 开	1/4
0.17	0.9	4.5	24

截止阀

全开	1/2 开
6.4	9.5

蝶阀（简图：θ）

$\theta/(°)$	0	5	10	20	30	40	45	50	60	70	90
K	0.05	0.24	0.52	1.54	3.91	10.8	18.7	30.6	118	751	∞

名称	阻力系数 K
升降式止回阀	12
旋启式止回阀	2

底阀(带滤网)

DN	40	50	75	100	150	200	300	500	750
K	12	10	8.5	7	6	5.2	3.7	2.5	1.6

名称	阻力系数 K
角阀(90°)	5

附录K 化工设计软件简介

软件分类	软件名称	应用范围	主要功能
流程模拟软件	ASPEN PLUS	稳态流程模拟，也可以做一些动态模拟	物料平衡、热量平衡
	PRO/Ⅱ		
	HYSYS		
	ECCS(国产软件)		
	CHEMCAD		
	ASPEN DYNAMICS & Custom Modeler	动态流程模拟	可以进行装置安全分析和预测、装置操作规律的研究、安全生产指导和调优、在线优化与先进控制等
	HYSYS DYNAMICS		
流程的组织与合成软件	PINCH夹点分析软件	基于过程综合与集成的夹点技术的计算软件	应用工厂现场操作数据或ASPEN PLUS模拟计算的数据为输入，设计能耗最小、操作成本最低的化工厂和炼油厂过程流程
设备分析和模拟软件	FRI	塔器水力学计算软件	塔设计、校核计算等
	PFR	加热炉模拟软件	包括通用加热炉、烃蒸汽转化炉、裂解炉等传热计算软件包
	ANSYS	非线性动态和静态有限元分析	包括计算流体功能
	SW6	钢制压力容器、管壳式换热器、塔设计计算软件包	采用国标
	B-JAC	管壳式换热器设计	符合ASME、TEMA标准
	VESSEL	容器设计、局部应力分析	符合ASME标准
热工专业软件	HTRI	换热器模拟、设计与校核计算软件	包括多种换热器设计、校核、模拟和机械设计计算软件包
	HTFS		
系统专业软件	SINET	工艺系统和设备尺寸选型计算及管网设计软件	设计管线和管网系统尺寸和工艺设备尺寸
	PIPENET	管路设计系统软件	解决管网内流场稳态和动态水力计算，并有专门针对消防系统设计开发的模拟软件
	PIPEPHASE	精确模拟稳态多相流程软件	应用于油气管路网络和管路系统
	Visual FLOW	泄压系统的模拟计算与设计	从简单的火炬泄压阀核算到设计最复杂的泄压系统
	INPLANT	管网水力学计算	严格稳态模拟程序用来设计、核算和分析装置管线系统
	ASPEN FlareNet	火炬管网稳态模拟计算软件	可以完成单一或多重火炬系统的稳态设计、计算以及消除瓶颈
安全环保专业软件	ADMS	大气扩散模拟软件	
	Cadna/A	环境噪声模拟软件	
	DNV SAFETI&LEAK	安全分析评估软件	SDAFETI是世界上著名的定量风险分析QRA的标准，LEAK软件是收集完整的事故发生频率的专家系统与数据库，其计算结果提供给SAFETI进行风险分析

续表

软件分类	软件名称	应用范围	主要功能
经济分析与评价	ICARUS 2000	投资估算、预算和项目进度管理软件	包括工程与设备设计、工程经济、项目控制及管理的多功能软件，世界上知名的炼油和石化公司与工程设计公司都用此软件作为其成本计算、投资估算预算及报价的标准
	ICARUS Process Evaluator (IPE)		在可行性研究时即可使用，有与 ASPEN PLUS、PRO/Ⅱ等大型工艺流程模拟软件的接口
	ICARUS Project Manager (IPM)		在详细设计初期使用，较适用于炼油厂和石化工厂的改造或较小的项目
	ASPEN PIMS	过程工业用的经济计划软件包	采用线性规划(Linear Programming，LP)技术来优化生产作业计划优化、后勤及供应链管理、技术评价、工厂各单元规模估算及扩产研究等过程工业企业的运营计划
工艺装置设计软件	PDS	以装置为核心的集成化设计解决方案	能够应用于工艺、配管、仪表、结构、电气等专业，工程师在计算机上建立完整的材料、元件及设备数据库，建立整套装置的三维模型，自动生成平面图，抽取单管图和汇总材料，并可进行碰撞检查
	AUTOPLANT	专门为针对三维工厂设计系统的详细设计阶段提供的软件解决方案	紧密整合于项目数据库，直接和工艺流程与仪表设计系统共享工程资料。通过与全自动三维配管优化系统、全自动管路标注系统、实时漫游模拟系统、工厂知识管理系统等的相互补充，提供了针对工厂全生命周期的集成软件解决方案。系统包括三维管路设计模块 Piping、三维设备建模 Equipment、三维钢结构设计模块 Structural、全自动单管图生成 ISOGEN、智能化单管图设计模块 Isometrics。此外，通过与其他系统的集成，可以扩展系统的功能
	PDA(国产软件)	微机三维配管设计软件包	基本上包括了管路工程设计专业的所有功能，是唯一的国产商业化 CAD 软件，切合国情，性价比较好
	PDMS	能完成大型复杂的石化装置设计	用来完成设备布置、钢结构布置和设计、管路布置和设计、电缆槽架、采暖通风管路等方面的三维设计
	CASEAR Ⅱ	管路静、动力应力分析计算	按照 ANSI B31 及其他主要规范进行管系的静态(线性和非线性)和动态分析